OPTIK

EIN LEHRBUCH DER ELEKTROMAGNETISCHEN LICHTTHEORIE

VON

DR. MAX BORN

PROFESSOR DER THEORETISCHEN PHYSIK
AN DER UNIVERSITÄT GÖTTINGEN

MIT 252 FIGUREN

Published and distributed in the Public Interest by Authority of the Alien Property Custodian under License No. A-100

Photo-Lithoprint Reproduction
EDWARDS BROTHERS, INC.
LITHOPRINTERS
ANN ARBOR, MICHIGAN
1943

BERLIN
VERLAG VON JULIUS SPRINGER
1933

ISBN-13: 978-3-642-98784-7 e-ISBN-13: 978-3-642-99599-6
DOI: 10.1007/978-3-642-99599-6

Softcover reprint of the hardcover 1st edition 1933

Vorwort.

Dieses Buch unterscheidet sich von älteren Darstellungen der Optik durch die Grenzziehung gegen andere Gebiete der Physik. Die überkommene Einteilung (Mechanik, Elektrizität und Magnetismus, Optik, Thermodynamik, ergänzt durch kinetische Theorie der Materie und Atomphysik) ist wohl vorläufig für den Unterricht noch unentbehrlich, so wenig sie auch der Einheit des Lehrgebäudes Rechnung trägt. Die Optik ist seit langem als elektromagnetische Lichttheorie ein Sonderkapitel der allgemeinen Lehre vom elektromagnetischen Felde. Man kann sich dabei natürlich nicht auf das sichtbare Licht beschränken, sondern muß den Frequenzbereich nach oben und unten erweitern. Die HERTZschen Wellen pflegt man aber nicht hinzuzunehmen; nach kurzen Wellen zu scheint es geboten, die Röntgen- und γ-Strahlen auszuschließen oder wenigstens nur andeutungsweise zu behandeln. Auch hier wird diesem Brauche gefolgt. Die Optik bewegter Körper durfte früher in einem Lehrbuche der Lichttheorie nicht fehlen. Ich halte das nicht für zeitgemäß; diese Dinge gehören zur Relativitätstheorie, die sich zu einem besonderen Kapitel der Physik entwickelt hat. Am schwierigsten ist die Frage der Spektren. Sind doch für die meisten Experimentalphysiker heute die Methoden der Optik nur Hilfsmittel zur Erforschung der Spektren und ihrer Träger. Und doch gehören, meine ich, die Gesetzmäßigkeiten der Spektrallinien nicht in ein Lehrbuch der Optik, sondern in eines der Atomphysik, die nach Umfang und Bedeutung ein selbständiges Teilgebiet der Physik bildet. Für die Optik im engeren Sinne bleibt noch genug übrig, wie der Umfang dieses Buches zeigt. Es enthält alles das, was in der Optik ohne Heranziehung der Quantentheorie verständlich ist, und sein Ziel ist, den Leser bis an die Probleme hinzuführen, die den eigentlichen Inhalt der quantentheoretischen Atomphysik bilden.

Die Darstellung setzt Kenntnis der elementaren Optik voraus und stellt sich von Anfang an auf den Standpunkt der elektromagnetischen Lichttheorie. Das ist unhistorisch, aber unvermeidlich, wenn man den Weg bis zum heutigen Stande der Forschung nicht endlos verlängern will. Über die historische Entwicklung wird in einer besonderen Einleitung kurz berichtet.

Die vorhandenen Lehr- und Handbücher habe ich zu Rate gezogen, aber nach Möglichkeit die Originalarbeiten nachgeschlagen. In manchen Einzelheiten der ersten Kapitel bin ich dem klassischen Lehrbuche von DRUDE gefolgt, weil jede Abweichung Verschlechterung bedeutet hätte. Dieses Buch gehört zu der kleinen Zahl wissenschaftlicher Schriften, die wie echte Kunstwerke niemals veralten. Nach seinem Vorbilde habe ich versucht, den durch die Forschung gewaltig vermehrten Stoff zu behandeln.

Die Literaturangaben sind nicht vollständig, sondern haben nur den Zweck, dem Leser das Nachschlagen der wichtigsten Originalarbeiten und das Zurechtfinden in dem Chaos der Zeitschriften zu erleichtern. Wenn eine Abhandlung nicht zitiert ist, so braucht das nicht immer zu bedeuten, daß ich sie für schlecht halte.

Ich habe unter meinen Mitarbeitern, Schülern und Freunden viele freundliche Helfer gefunden. Entwürfe für einige Abschnitte haben gemacht: Herr Dr. L. NORDHEIM über absorbierende Kristalle (VI, § 69); Herr Dr. W. HEITLER über die Vereinigung von geometrischen und undulatorischen Abbildungsfehlern (IV, § 56); Herr Dr. V. WEISSKOPF über die strenge Begründung des LORENTZ-LORENZschen Gesetzes (VII, § 74); Herr Dr. E. TELLER über den RAMANeffekt (VII, § 82 und VIII, § 100). Herr Prof. Dr. F. REICHE und Herr Dr. WEISSKOPF haben sich der Mühe unterzogen, das Kapitel über Dispersionstheorie (VIII) ganz durchzusehen. Ebenso hat Herr Dr. H. A. STUART die Abschnitte über KERReffekt und Lichtstreuung (VII, §§ 80, 81) durch wertvolle Ergänzungen bereichert. Durch die liebenswürdige Vermittlung von Herrn Prof. M. v. ROHR erhielt ich eine schöne Aufnahme der Beugungserscheinungen am rechteckigen Spalt (§ 48, Fig. 88), die Herr Prof. A. KÖHLER angefertigt hat. Herr Dr. G. CARIO hat die anomale Dispersion des Na-Dampfes nach der Methode von WOOD für dieses Buch neu aufgenommen (§ 93, Fig. 216). Allen diesen Helfern bin ich zu großer Dankbarkeit verpflichtet.

Die ersten beiden Kapitel habe ich schon vor vielen Jahren auf Grund meiner Vorlesungen niedergeschrieben. In diesem Zustande wäre das Manuskript wohl geblieben, wenn ich nicht die Hilfe zweier Studenten gewonnen hätte, der Herren H. LIEB und W. WEPPNER. Diesen habe ich die übrigen sechs Kapitel diktiert. Sie haben nicht nur mit größtem Fleiße die Reinschrift und die Anfertigung der Figuren besorgt und die Rechnungen nachgeprüft, sondern auch die Rolle pädagogischer Versuchsobjekte gespielt. An ihrer Reaktion konnte ich erkennen, ob die Darstellung den Grad der Verständlichkeit erreicht hatte, den ich anstrebte. Auch bei den Korrekturen haben diese beiden Herren unermüdlich geholfen.

Wertvolle Hilfe haben mir ferner geleistet: Herr G. RATHENAU und Fräulein G. PÖSCHL bei der letzten Durchsicht des Manuskriptes und den Korrekturen; Herr W. LOTMAR bei der letzten Korrektur; die Herren A. WEYGANDT, R. BUNGERS und F. BOPP durch Anfertigung von numerischen Tabellen und Kurventafeln. Ihnen allen bin ich zu größtem Danke verpflichtet.

Dem Verlage habe ich für den sorgfältigen Druck und die schöne Ausstattung zu danken.

Göttingen, im Oktober 1932.

MAX BORN.

Inhaltsverzeichnis.

Die mit ✱ bezeichneten Abschnitte können beim ersten Studium übergangen werden.

Viertes Kapitel.

Beugung.

Fünftes Kapitel.

Kristalloptik.

Sechstes Kapitel.

Metalloptik.

Siebentes Kapitel.

Molekulare Optik.

Achtes Kapitel.

Emission, Absorption, Dispersion.

Einleitung. Historische Übersicht.

Das Ziel dieses Buches ist, einen systematischen Überblick über das ausgedehnte Gebiet der theoretischen Optik zu geben. Bei der außerordentlichen Fülle des Stoffes scheint es unmöglich, in der Darstellung der historischen Entwicklung mit ihren zahllosen Umwegen und Abwegen zu folgen; wir werden vielmehr den heutigen Stand unserer Kenntnisse zum Ausgangspunkt nehmen und von ihm aus deduktiv die Erscheinungsgruppen abzuleiten suchen. Das bedeutet einen Verzicht auf den lehrreichen induktiven Weg, der, von einfachsten Ansätzen ausgehend, Schritt für Schritt das System der Begriffe unserer Wissenschaft aufbaut. Zur Ergänzung des Vorgetragenen sei daher dem Leser aufs eindringlichste das Studium der Originalarbeiten empfohlen, deren wichtigste wir im Laufe unserer Darlegungen nennen werden. Eine ganz kurze historische Übersicht, die wir der systematischen Darstellung vorausschicken, möge dazu dienen, die einzelnen Entdeckungen und die Namen der bedeutendsten Forscher in ihrem geschichtlichen Zusammenhang zu überblicken.

Die griechischen Naturphilosophen haben Hypothesen über das Wesen des Lichts aufgestellt, die griechischen Mathematiker bereits eine Art geometrischer Optik getrieben.

Unter den Begründern der neueren Philosophie war es besonders RENÉ DESCARTES (1596—1650), der sich Vorstellungen über das Wesen des Lichts auf Grund seiner metaphysischen Ideen machte[1]. Doch gewann die Optik erst festen Grund, als GALILEO GALILEI (1564—1642) die Macht der experimentellen Methode durch die Entwicklung der Mechanik erwiesen hatte. Während das Reflexionsgesetz schon den Griechen bekannt war, wurde das Brechungsgesetz 1621 von WILLEBRORD SNELL (SNELLIUS, 1591—1626) experimentell gefunden[2]. DESCARTES gab eine Erklärung auf Grund der Vorstellung, daß das Licht aus geschleuderten Teilchen besteht (Emissions- oder Korpuskulartheorie), die in verschiedenen Körpern verschiedene Geschwindigkeit haben. Eine andere, tiefe Formulierung gab PIERRE DE FERMAT (1601—1665), der das allgemeine Prinzip aufstellte, daß „die Natur immer auf dem kürzesten Wege handle“[3]; hiernach verläuft das Licht immer auf dem Wege, der es in schnellster Zeit zum Ziele bringt, und daraus ergibt sich das Brechungsgesetz mit Hilfe der Annahme verschiedenen „Widerstandes“ in verschiedenen Körpern. Dieses Prinzip des kürzesten Lichtweges ist von großer philosophischer Tragweite infolge seines teleologischen Charakters, der in den Naturwissenschaften als Fremdkörper empfunden wurde und zu zahllosen Diskussionen Anlaß gab.

Die erste Interferenzerscheinung, die Farben dünner Blättchen, heute auch „NEWTONsche Ringe“ genannt, wurde unabhängig von ROBERT BOYLE[4] (1626 bis 1691) und ROBERT HOOKE[5] (1635—1703) entdeckt. HOOKE fand auch das Auftreten von Licht im geometrischen Schatten, die „Beugung“ des Lichts;

[1] R. DESCARTES: Dioptriques, Météores. Leyden 1638; Principia Philosophiae. Amsterdam 1644.

[2] SNELL teilte seine Entdeckung schriftlich anderen Forschern, darunter auch DESCARTES mit, der sie in seiner Dioptriques veröffentlichte.

[3] Œuvres de FERMAT Bd. II Paris (1894) S. 354.

[4] Boyle's Works Bd. I (1774) S. 742.

[5] R. HOOKE: Micrographia (1667) S. 47.

doch ist diese Beobachtung schon vorher von FRANCESCO MARIA GRIMALDI[1] (1618—1663) gemacht worden. HOOKE vertrat als erster die Auffassung, daß Licht aus schnellen Schwingungen besteht, dabei nahm er an, daß diese sich momentan über jede Entfernung fortpflanzen; er versuchte auf Grund dieser Vorstellungen eine Erklärung der Brechung und eine Deutung der Farben. Die Grundeigenschaft des farbigen Lichts wurde aber erst klar, als im Jahre 1666 ISAAC NEWTON (1642—1727) die Zerlegbarkeit des weißen Lichts durch ein Prisma entdeckte[2] und feststellte, daß jede reine Farbe durch eine bestimmte Brechbarkeit charakterisiert ist. Die Schwierigkeiten, denen die Wellentheorie bei der Erklärung der geradlinigen Ausbreitung des Lichts und der (von HUYGENS[3] entdeckten) Polarisation begegnet, schienen NEWTON so ausschlaggebend, daß er sich der Emissionstheorie zuwandte und sie ausbaute. In diese Zeit fällt die erste Bestimmung der Geschwindigkeit des Lichts, die 1675 von OLAF RÖMER (1644—1710) mit Hilfe der Verfinsterungen der Jupitertrabanten ausgeführt wurde. Der eigentliche Begründer der Undulationstheorie ist CHRISTIAN HUYGENS (1629—1695); er dachte sich als Träger der Wellen einen alle Körper durchdringenden „Lichtäther" und sprach das später nach ihm benannte Prinzip aus, wonach jeder von der Lichterregung getroffene Punkt des Äthers als Zentrum einer neuen, kugelförmigen Lichtwelle aufgefaßt werden kann; die sekundären Wellen wirken dann in der Weise zusammen, daß ihre Enveloppe die resultierende Wellenfront bestimmt. Hierdurch gelang ihm die Ableitung der Gesetze der Reflexion und Brechung, ferner die Deutung der von ERASMUS BARTHOLINUS (1625—1698) entdeckten Doppelbrechung des Kalkspats durch die Annahme, daß in dem Kristall außer einer kugelförmigen Elementarwelle sich eine ellipsoidische fortpflanzt. Wie schon erwähnt, machte HUYGENS hierbei die fundamentale Entdeckung der Polarisation, d. h. der Tatsache, daß jeder der beiden Strahlen, die durch Brechung im Kalkspat entstehen, beim Durchgang durch einen zweiten Kristall sich durch bloße Drehung des letzteren um die Strahlrichtung auslöschen läßt. Aber die Deutung dieser Erscheinung als „Seitlichkeit" (Transversalität) des Strahles gelang nicht ihm, sondern NEWTON 1717. Dieser wieder sah darin ein unübersteigbares Hindernis für die Annahme der Wellentheorie, da man sich zu dieser Zeit Wellen nur als longitudinal vorstellen konnte.

Die Ablehnung der Wellentheorie durch NEWTONS Autorität versperrte ihr fast 100 Jahre den Weg. Doch fand sie immer vereinzelte Anhänger, so den großen Mathematiker LEONHARD EULER[4] (1707—1783).

Erst am Anfang des 19. Jahrhunderts erfolgten die entscheidenden Entdeckungen, die den Sieg der Wellentheorie herbeiführten. Der erste Schritt war die Aufstellung des Interferenzprinzips 1801 durch THOMAS YOUNG (1773 bis 1829) und die darauf beruhende Erklärung der Farben dünner Blättchen[5]. Doch konnten sich YOUNGS mehr qualitative Darlegungen nicht allgemeine Anerkennung verschaffen.

In dieser Zeit wurde die Polarisation des Lichts durch Spiegelung von ÉTIENNE LOUIS MALUS (1775—1812) entdeckt[6]; er beobachtete im Jahre 1808 eines Abends durch einen Kalkspat das Spiegelbild der Sonne in einem Fenster und fand die

[1] F. M. GRIMALDI: Physico-Mathesis de lumine, coloribus, et iride. Bologna 1665.

[2] I. NEWTON: Philos. Trans. Roy. Soc., Lond. Nr 80 (1671/72) Febr. 19; Optics, Newtoni Opera, S. 385.

[3] CHR. HUYGENS: Traité de la lumière (verfaßt 1678, veröffentlicht Leiden 1690). Deutsch: OSTWALDS Klassiker Bd. 20 (1890).

[4] L. Euleri Opuscula varii argumenti, S. 169. Berlin 1746.

[5] TH. YOUNG: Philos. Trans. Roy. Soc., Lond. 1802 S. 12, 387; Works Bd. I S. 202.

[6] É. L. MALUS: Nouveau Bull. d. Sci., par la Soc. Philomatique Bd. I (1809) S. 266; Mémoires de la Soc. d'Arcueil Bd. II (1809).

beiden durch Doppelbrechung entstehenden Bilder bei Drehung des Kristalls um die Blickrichtung sehr unterschiedlich hell. Doch verzichtete MALUS auf eine Deutung der Erscheinung in der Meinung, daß die vorliegenden Theorien nicht dazu imstande wären.

Die Emissionstheorie war inzwischen von PIERRE SIMON DE LAPLACE (1749 bis 1827) und JEAN-BAPTISTE BIOT (1774—1862) bis zur letzten möglichen Stufe ausgebildet worden. Ihre Anhänger schlugen als Gegenstand der großen Preisarbeit der Pariser Akademie für 1818 das Problem der Beugung vor, in der Erwartung, daß die Bearbeitung den letzten Triumph der Emissionstheorie bedeuten würde. Aber ihre Hoffnung wurde enttäuscht; denn die trotz aller Widerstände gekrönte Preisschrift von AUGUSTIN JEAN FRESNEL (1788—1827) stand auf dem Boden der Wellentheorie[1] und war die erste einer Serie von Arbeiten, durch die die Korpuskulartheorie innerhalb weniger Jahre vollkommen verdrängt werden sollte. Der Gedanke der Preisschrift beruht auf einer Vereinigung des HUYGENSschen Prinzips der Elementarwellen mit dem YOUNGschen Prinzip der Interferenz; hierdurch gelingt nicht nur eine Erklärung der „geradlinigen Ausbreitung" des Lichts, sondern auch der als Beugungserscheinungen bekannten kleinen Abweichungen davon. FRESNEL berechnete die Beugung an geraden Kanten, kleinen Öffnungen und Schirmen; besonders eindrucksvoll war die experimentelle Bestätigung der theoretischen Voraussage, daß im Mittelpunkt des Schattens einer kleinen, kreisförmigen Scheibe ein heller Fleck auftreten sollte. Im selben Jahre (1818) untersuchte FRESNEL das wichtige Problem des Einflusses der Erdbewegung auf die Lichtfortpflanzung; die Frage war, ob sich das von Sternen kommende Licht anders verhielte als das von irdischen Lichtquellen. DOMINIQUE FRANÇOIS ARAGO (1786—1853) entschied experimentell, daß (abgesehen von der Aberration) kein Unterschied zu finden sei, und hierauf gestützt entwickelte FRESNEL seine Lehre von der partiellen Mitführung des Lichtäthers durch die Materie, die erst 1851 von ARMAND HYPOLIT LOUIS FIZEAU (1819—1896) durch direktes Experiment bestätigt werden konnte. Gemeinsam mit ARAGO untersuchte FRESNEL die Interferenz polarisierter Lichtstrahlen und fand 1816, daß zwei senkrecht aufeinander polarisierte Strahlen unter keinen Umständen interferieren. Diese Tatsache war mit der Annahme longitudinaler Wellen, die bis dahin als selbstverständlich galt, unvereinbar; YOUNG, der durch ARAGO von der Entdeckung gehört hatte, fand 1817 den Schlüssel zur Lösung: die Annahme transversaler Schwingungen.

FRESNEL begriff sogleich die Tragweite dieser Hypothese, aus der er mannigfache Folgerungen zog und die er durch eine dynamische Theorie tiefer zu begründen suchte[2]. Da nämlich in Flüssigkeiten nur longitudinale Schwingungen möglich sind, mußte der Äther einem festen Körper analog sein; doch war zu jener Zeit eine Theorie der elastischen Wellen in festen Substanzen noch nicht vorhanden. Anstatt diese begrifflich zu entwickeln und daraus die optischen Tatsachen zu deduzieren, ging FRESNEL induktiv vor und suchte aus den Beobachtungen die Eigenschaften des Lichtäthers abzuleiten. Die merkwürdigen Gesetze der Lichtfortpflanzung in Kristallen waren FRESNELS Ausgangspunkt; ihre Aufklärung und Zurückführung auf einige einfache Annahmen über die Form der elementaren Wellen sind eines der größten Meisterwerke naturwissenschaftlicher Forschung. Auf eine wichtige Folgerung aus FRESNELS Konstruktion wies 1832 der um die Ausgestaltung der Optik hochverdiente WILLIAM ROWAN HAMILTON[3] (1805—1865) hin, die sog. konische Refraktion,

[1] A. FRESNEL: Ann. Chim. et Phys. (2) Bd. 1 (1816) S. 239; Œuvres Bd. I S. 89, 129.
[2] A. FRESNEL: Œuvres Bd. II S. 261, 479.
[3] W. R. HAMILTON: Trans Roy. Irish Acad. Bd. 17 (1833) S. 1.

deren Existenz bald darauf von HUMPHREY LLOYD[1] (1800—1881) experimentell bestätigt wurde.

FRESNEL gab auch (1821) die ersten Hinweise für eine Erklärung der Farbenzerstreuung (Dispersion) durch Heranziehung der molekularen Struktur der Körper[2]; ein Gedanke, der später von CAUCHY weitergeführt wurde.

Dynamische Vorstellungen über den Mechanismus der Ätherschwingungen führten FRESNEL zur Ableitung der nach ihm benannten Gesetze über die Intensität und Polarisation der durch Reflexion und Brechung entstehenden Strahlen[3].

FRESNELS Werk hatte die Wellentheorie auf so sichere Grundlagen gestellt, daß es fast ein überflüssiges Unternehmen schien, als im Jahre 1850 LÉON FOUCAULT (1819—1868) und FIZEAU ein schon von ARAGO vorgeschlagenes experimentum crucis ausführten. Die Korpuskulartheorie erklärt nämlich die Brechung als Anziehung der Lichtteilchen an der Grenze gegen das optisch dichtere Medium hin, woraus sich eine höhere Geschwindigkeit in diesem ergibt; die Wellentheorie dagegen fordert nach dem HUYGENSschen Prinzip eine kleinere Geschwindigkeit im optisch dichteren Medium. Die direkte Messung der Lichtgeschwindigkeit in Luft und Wasser entschied eindeutig zugunsten der Undulationstheorie.

Die folgenden Jahrzehnte waren dem Ausbau der Lehre von den elastischen Ätherschwingungen gewidmet. Der erste Schritt bestand in der Aufstellung einer Theorie der Elastizität fester Körper. CLAUDE LOUIS MARIE HENRI NAVIER[4] (1785—1836) entwickelte eine solche Theorie auf Grund der Vorstellung, daß die Körper aus zahllosen Partikeln (Massenpunkten, Atomen) bestehen, die mit Zentralkräften aufeinander wirken. Die heute übliche Ableitung der elastischen Gleichungen auf Grund der Kontinuumsvorstellung stammt von AUGUSTINE LOUIS CAUCHY (1789—1857)[5]. Am Ausbau der optischen Theorie waren ferner beteiligt SIMÉON DENIS POISSON[6] (1781—1840), GEORGE GREEN[7] (1793—1841), JAMES MACCULLAGH[8] (1809—1847), FRANZ NEUMANN[9] (1798—1895) u. a. Es ist heute wohl nicht mehr angebracht, auf die Einzelheiten dieser Theorien und die Schwierigkeiten, die sie zu überwinden hatten, einzugehen; denn diese Schwierigkeiten rührten alle von dem Postulat her, die optischen Vorgänge mechanisch zu erklären, ein Ziel, das heute längst aufgegeben ist. Folgende Andeutung mag genügen: Man betrachte zwei aneinander grenzende elastische Festkörper und nehme an, daß in dem ersten eine ebene, transversal schwingende Welle auf die Grenzebene zulaufe; im zweiten Medium wird sie nach den mechanischen Gesetzen notwendig aufgespalten in transversale und longitudinale Wellen. Da aber in der Optik longitudinale Wellen durch den Versuch von FRESNEL und ARAGO ausgeschlossen sind, so muß man die elastische longitudinale Welle unterdrücken, und das geht nicht ohne Verletzung der mechanischen Gesetze, nämlich der Grenzbedingungen für die Verzerrungen und Spannungen. Die verschiedenen Theorien der genannten Autoren unterscheiden sich durch ihre Annahmen über die Grenzbedingungen, die jedesmal irgendwie der Mechanik widersprechen.

Ein primitiver Einwand gegen die Auffassung des Äthers als Festkörper ist der: wie soll man sich vorstellen, daß durch ein solches Medium die Planeten mit

[1] H. LLOYD: Trans. Roy. Irish Acad. Bd. 17 (1833) S. 145.

[2] A. FRESNEL: Œuvres Bd. II S. 438. [4] A. FRESNEL: Œuvres Bd. I S. 767.

[3] C. L. M. H. NAVIER: Mém. de l'Acad. Bd. 7 S. 375 (vorgelegt 1821, veröffentlicht 1827).

[5] A. L. CAUCHY: Exercices de Mathématiques Bd. 3 (1828) S. 160.

[6] S. D. POISSON: Mém. de l'Acad. Bd. 8 (1828) S. 623.

[7] G. GREEN: Trans. Cambr. Phil. Soc. 1838; Math. Papers, S. 245.

[8] J. MACCULLAGH: Philos. Mag. (3) Bd. 10 (1837) S. 42, 382; Proc. Roy. Irish Acad. Bd. 18 (1837).

[9] F. NEUMANN: Abh. Berl. Akad., Math. Kl. (1835) S. 1.

ihrer großen Geschwindigkeit sich ohne merklichen Widerstand bewegen können? Diese Schwierigkeit glaubte GEORGE GABRIEL STOKES (1819—1903) durch den Hinweis beseitigen zu können, daß diese planetarischen Geschwindigkeiten im Verhältnis zu den bei Lichtschwingungen auftretenden Geschwindigkeiten der Ätherteilchen ganz außerordentlich klein seien; es ist aber bekannt, daß Körper wie Pech oder Siegellack zwar schneller Schwingungen fähig, gegenüber langsamen Beanspruchungen aber völlig nachgiebig sind. Uns scheinen heute solche Diskussionen recht überflüssig, da wir die Forderung, für alle Naturvorgänge mechanische Bilder aufzustellen, nicht mehr anerkennen.

Ein erster Schritt von dem Bilde des elastischen Äthers hinweg wurde von MACCULLAGH getan[1]. Er ersann ein Medium mit Eigenschaften, wie sie gewöhnlichen Körpern nicht zukommen; während diese nämlich bei Deformationen der Volumenelemente Energie aufspeichern, bei Rotationen aber nicht, soll es bei dem Äther von MACCULLAGH genau umgekehrt sein. Die Gesetze der Fortpflanzung von Wellen in einem solchen Medium zeigen einen hohen Grad von Verwandtschaft mit den MAXWELLschen Gleichungen der elektromagnetischen Wellen, die heute als Grundlage der Optik dienen.

Trotz aller Schwierigkeiten hat sich die Lehre vom elastischen Äther lange erhalten, und alle bedeutenden Physiker des 19. Jahrhunderts haben dazu beigetragen. Außer den schon genannten seien noch erwähnt WILLIAM THOMSON[2] (Lord KELVIN, 1824—1908), CARL NEUMANN[3] (1832—1925), JOHN WILLIAM STRUTT[4] (Lord RAYLEIGH, 1842—1919), GUSTAV KIRCHHOFF[5] (1824—1887). Die Optik wurde in dieser Zeit in vielen Einzelheiten ausgebaut, die Grundlagen aber blieben unbefriedigend.

Inzwischen hatte sich ziemlich unabhängig von der Optik die Lehre von der Elektrizität und dem Magnetismus entwickelt und einen Höhepunkt in den Entdeckungen MICHAEL FARADAYS[6] (1791—1867) erreicht. Die Zusammenfassung aller Erfahrungen in ein System mathematischer Gleichungen gelang JAMES CLERK MAXWELL[7] (1831—1879); als wichtigste Folgerung ergab sich die Möglichkeit elektromagnetischer Wellen, deren Geschwindigkeit sich auf Grund rein elektrischer Messungen von RUDOLPH KOHLRAUSCH (1809—1858) und WILHELM WEBER (1804—1890)[8] als der des Lichtes gleich herausstellte. Dies führte MAXWELL zu der Behauptung, daß die Lichtwellen elektromagnetische Wellen seien. Der direkte experimentelle Nachweis der elektromagnetischen Wellen wurde 1888 von HEINRICH HERTZ (1857—1894) erbracht[9]. Gleichwohl hatte die elektromagnetische Lichttheorie von MAXWELL einen langen Kampf durchzufechten, bis sie zur unumschränkten Herrschaft gelangte. Es ist eben eine Eigentümlichkeit des menschlichen Geistes, gewohnte Vorstellungen nur äußerst ungern aufzugeben, besonders dann, wenn dabei ein Opfer an Anschaulichkeit gebracht werden muß. So versuchte MAXWELL selbst, seine elektromagnetischen Felder durch Mechanismen zu veranschaulichen, ein Bestreben, das sich noch lange Zeit erhielt. Erst die Gewöhnung an die MAXWELLschen Begriffe ließ allmählich diesen Wunsch nach „mechanischer Erklärung“ zurücktreten; heute bereitet es

[1] J. MACCULLAGH: Trans. Roy. Irish Acad. Bd. 21; Coll. Works, Dublin (1880) S. 145.

[2] W. THOMSON: Phil. Mag. (5) Bd. 26 (1888) S. 414. Baltimore Lectures. London 1904.

[3] C. NEUMANN: Math. Ann. Bd. 1 (1869) S. 325, Bd. 2 (1870) S. 182.

[4] J. W. STRUTT (Lord RAYLEIGH): Philos. Mag. (4) Bd. 41 (1871) S. 519, Bd. 42 (1871) S. 81.

[5] G. KIRCHHOFF: Berl. Abh. Abteilg. 2 (1876) S. 57; Ges. Abh. S. 352; Berl. Ber. 1882 S. 641; Pogg. Ann. Physik u. Chem. (2) Bd. 18 (1883) S. 663; Ges. Abh., Nachtrag S. 22.

[6] M. FARADAY: Experimental Researches in Electricity. London 1839.

[7] J. C. MAXWELL: Electricity and Magnetism. Oxford 1873.

[8] R. KOHLRAUSCH u. W. WEBER: Pogg. Ann. Physik u. Chem. (2) Bd. 99 (1856) S. 10.

[9] H. HERTZ: Pogg. Ann. Physik u. Chem. (2) Bd. 34 (1888) S. 551; Berl. Ber. 1888, S. 197; Werke Bd. II S. 115.

keinerlei Schwierigkeiten mehr, sich die MAXWELLschen Felder als nicht weiter reduzierbare Dinge vorzustellen. Die elektromagnetische Theorie sollte die Gesamtheit der physikalischen Erfahrungen in eine Einheit zusammenfassen.

Aber auch die elektromagnetische Lichttheorie hat die Grenzen ihrer Leistungsfähigkeit erreicht. Sie vermag in der Hauptsache alle die Erscheinungen zu erklären, die bei der Ausbreitung des Lichts auftreten; dagegen versagt sie bei den Vorgängen der Emission und Absorption des Lichts. Es handelt sich dabei um Prozesse, bei denen das feinere Wechselspiel zwischen Materie und Lichtfeld in Betracht kommt.

Die Gesetze dieser Vorgänge sind der eigentliche Gegenstand der modernen Optik, ja der ganzen heutigen Physik. Ihren Ausgangspunkt fanden sie in der Entdeckung gesetzmäßiger Erscheinungen in den Spektren; der erste Schritt war JOSEF FRAUNHOFERS (1787—1826) Auffindung der (nach ihm benannten) dunklen Linien im Sonnenspektrum[1] (1814—17) und (1861) die Deutung als Absorptionslinien (von kühleren Gasen vor dem Hintergrunde des heißen Sonnenkörpers mit seinem kontinuierlichen Spektrum) auf Grund der Beobachtungen von ROBERT WILHELM BUNSEN (1811—1899) und GUSTAV KIRCHHOFF (1824 bis 1887)[2]. Diese Entdeckung war zugleich die Geburtsstunde der Spektralanalyse, die auf der Erkenntnis beruht, daß jedem gasförmigen chemischen Element ein ihm charakteristisches Linienspektrum zukommt. Die Untersuchung dieser Spektren hat all die Jahrzehnte bis in unsere Tage einen Hauptgegenstand physikalischer Forschung gebildet und wird, da sie Licht zum Gegenstand hat und optische Methoden verwendet, gewöhnlich als Teil der Lehre vom Licht betrachtet. Die Frage, wie Licht in den Atomen erzeugt oder vernichtet wird, ist aber im Grunde nicht mehr eine rein optische, sondern betrifft in ebensolchem Maße die Mechanik der Atome selbst, und die Gesetze der Spektrallinien offenbaren nicht so sehr Eigentümlichkeiten des Lichts wie solche der Struktur der emittierenden Partikel. Die gesamte Spektroskopie hat sich daher aus einem Teil der Optik immer mehr zu einem Sondergebiet entwickelt, das die empirischen Grundlagen für die Atom- und Molekularphysik liefert. Der Umfang dieses Gebietes und die Eigenart der dabei benutzten Methoden machen eine Behandlung in diesem Buche unmöglich.

Was die Methoden betrifft, so hat sich gezeigt, daß die gewöhnliche klassische Mechanik zur Beschreibung der atomaren Vorgänge nicht ausreicht; an ihre Stelle ist die von MAX PLANCK (geb. 1858) entdeckte Quantentheorie (1900) getreten. Ihre Anwendung auf die Struktur der Atome führte NIELS BOHR (geb. 1885) zu einer Erklärung der einfachen Gesetze der Linienspektren von Gasen (1913). Aus diesen Anfängen entstand im Wechselspiel mit den sich immer mehr häufenden Beobachtungen die heutige Quantenmechanik (HEISENBERG, DE BROGLIE, SCHRÖDINGER; 1925). Durch sie haben wir eine weitgehende Einsicht in die Struktur der Atome und Moleküle erlangt[3].

---

[1] J. FRAUNHOFER: Gilberts Ann. Bd. 56 (1817) S. 264. — Erwähnt sei, daß vor FRAUNHOFER schon im Jahre 1802 die schwarzen Linien im Sonnenspektrum von W. H. WOLLASTON beobachtet, aber falsch gedeutet wurden (Philos. Trans. Roy. Soc., Lond. 1802) S. 365.

[2] R. BUNSEN und G. KIRCHHOFF: Untersuchungen über das Sonnenspektrum und die Spektren der chemischen Elemente. Abh. kgl. Akad. Wiss., Berlin 1861, 1863.

[3] Für genaueres Studium verweisen wir auf die Lehrbücher der Quantentheorie, wie A. SOMMERFELD: Atombau und Spektrallinien, 5. Aufl. Braunschweig 1931; Derselbe: Wellenmechanischer Ergänzungsband. Braunschweig 1929; E. BLOCH: L'ancienne et la nouvelle theorie des quanta. Paris 1930; M. BORN: Vorlesungen über Atommechanik. Berlin 1925; M. BORN u. P. JORDAN: Elementare Quantenmechanik. Berlin 1930; E. SCHRÖDINGER: Abhandlungen zur Wellenmechanik, 2. Aufl. Leipzig 1928; W. HEISENBERG: Die physikalischen Prinzipien der Quantentheorie. Leipzig 1930; L. de BROGLIE: Einführung in die Wellenmechanik. Leipzig 1929; J. FRENKEL: Einführung in die Wellenmechanik. Berlin 1929;

Aber auch die Vorstellung vom Lichte selbst ist von der Quantentheorie wesentlich beeinflußt worden. Schon in ihrer ersten Fassung durch PLANCK erscheint eine den klassischen Vorstellungen kraß widersprechende Behauptung, daß nämlich ein elektrisches schwingendes System seine Energie nicht kontinuierlich an das elektromagnetische Feld als Welle abgibt oder von ihm aufnimmt, sondern diskontinuierlich, in endlichen Beträgen oder „Quanten", deren Größe proportional der Frequenz ν des Lichts, gleich $\varepsilon = h\nu$ sein soll. Die hier eingeführte sog. PLANCKsche Konstante $h = 6{,}55 \cdot 10^{-27}$ ergsec ist das Merkmal, das die ganze neuere Physik von der älteren unterscheidet.

Die paradoxe, ja irrationale Natur dieses PLANCKschen Ansatzes $\varepsilon = h\nu$ ist erst allmählich den Physikern zum Bewußtsein gekommen, hauptsächlich durch Arbeiten von EINSTEIN und BOHR. EINSTEIN sah sich durch PLANCKS Theorie (1905) veranlaßt, die Emissionstheorie des Lichts in einer neuen Form wiederzuerwecken, indem er annahm, daß die PLANCKschen Energiequanten als wirkliche Lichtteilchen, auch „Lichtquanten" oder „Photonen" genannt, existierten, und es gelang ihm, durch diese Annahme einige in neuerer Zeit entdeckte und wellentheoretisch unerklärbare Eigenschaften bei der Umsetzung von Licht in korpuskulare Energie zu erklären, vor allem den sog. lichtelektrischen Effekt und die Grundtatsachen der Photochemie. Bei dieser Gruppe von Erscheinungen wirkt das Licht nicht, wie es wellentheoretisch sollte, indem es dem losgelösten Partikel eine seiner Intensität proportionale Energie zuführt, sondern vielmehr wie ein Geschoßhagel, wobei die dem Sekundärteilchen erteilte Energie unabhängig von der Intensität und nur von der Frequenz des Lichts abhängig ist (nach dem Gesetz $\varepsilon = h\nu$). Die Anzahl der Experimente, die diese Eigenschaft des Lichts herausstellten, hat sich von Jahr zu Jahr vermehrt, und es ergab sich die Sachlage, daß man die gleichzeitige Gültigkeit der Wellen- und der Korpuskulartheorie des Lichts anerkennen mußte, wobei die erste durch die Interferenzerscheinungen, die letzte durch die lichtelektrischen Auslösungen experimentell sichergestellt wird. Dieser paradoxe Sachverhalt ist erst in den letzten Jahren durch die Entwicklung der Quantenmechanik bis zu einem gewissen Grade aufgeklärt worden (Kap. VIII, § 90), allerdings nur unter Aufgabe eines Grundprinzips der älteren Physik, nämlich des Kausalprinzips in der Fassung des Determinismus.

Eine völlige Klarlegung dieser Verhältnisse wäre die Aufgabe einer zukünftigen Optik, von der heute zwar einige Grundzüge festliegen, die aber noch keineswegs ausgeführt ist. Das vorliegende Buch wird in seinen Schlußabschnitten bis an die Fragestellung dieser Zukunftsoptik heranführen.

In diesem Buch fehlt ferner ein weiterer Zweig der Optik, der sich in ähnlicher Weise wie die Quantentheorie zu einem selbständigen Teilgebiet von großem Umfang entwickelt hat, nämlich die Lehre von der Optik bewegter Körper. Die erste Erscheinung dieser Art, die beobachtet wurde, ist die Aberration des Fixsternlichts, aus der JAMES BRADLEY (1692—1762) die Lichtgeschwindigkeit bestimmen konnte. Einige andere hierhergehörige Erscheinungen haben wir oben erwähnt: FRESNEL hat die ersten Betrachtungen über die Mitführung des Lichts durch bewegte Körper angestellt und gezeigt, daß es sich so verhält, als ob der Lichtäther nur mit einem Bruchteil der Geschwindigkeit der Körper an der Bewegung teilnimmt; FIZEAU hat dann diese Mitführung des Lichts an

---

A. MARCH: Die Grundlagen der Quantenmechanik. Leipzig 1931; P. A. M. DIRAC: Die Prinzipien der Quantenmechanik (deutsch von W. BLOCH). Leipzig 1930; H. WEYL: Gruppentheorie und Quantenmechanik, 2. Aufl. Leipzig 1931; E. WIGNER: Gruppentheorie und Atomspektren. Braunschweig 1931; B. L. VAN DER WAERDEN: Die gruppentheoretische Methode in der Quantenmechanik. Berlin 1932.

strömendem Wasser experimentell nachgewiesen. Der Einfluß der Bewegungen von Lichtquelle und Beobachter ist von CHRISTIAN DOPPLER (1803—1853) in dem bekannten nach ihm benannten Prinzip formuliert worden. Solange die elastische Lichttheorie galt und die Meßgenauigkeit nur beschränkt war, reichte der FRESNELsche Gedanke der partiellen Mitführung zur Erklärung aller Erscheinungen aus. Die elektromagnetische Lichttheorie aber stieß auf prinzipielle Schwierigkeiten. HERTZ machte den ersten Versuch, die MAXWELLschen Gesetze auf bewegte Körper zu verallgemeinern. Seine Formeln stehen aber im Widerspruch zu einigen elektromagnetischen und optischen Experimenten. Eine große Bedeutung erlangte die Theorie von HENDRIK ANTOON LORENTZ (1853—1928); dieser nahm einen „absolut ruhenden" Äther als Träger des elektromagnetischen Feldes an und führte die Eigenschaften der materiellen Körper auf das Zusammenwirken von elektrischen Elementarteilchen, Elektronen, zurück. Er konnte zeigen, daß sich hieraus FRESNELS Mitführungskoeffizient richtig ergab und daß überhaupt alle damals (1895) bekannten Erscheinungen durch diese Hypothese erklärt wurden. Doch führte die ungeheure Steigerung der Meßgenauigkeit bei der Bestimmung von Lichtwegen durch das Interferometer von ALBERT ABRAHAM MICHELSON (1852—1931) zu einem neuen Widerspruch: es gelang nicht, den von der Theorie des „ruhenden Äthers" geforderten Ätherwind nachzuweisen. Die Aufklärung brachte ALBERT EINSTEIN (geb. 1879) mit seiner Relativitätstheorie. Sie beruht auf einer Kritik der Begriffe von Raum und Zeit und führt zu einer Aufgabe der euklidischen Geometrie und des anschaulichen Begriffs der Gleichzeitigkeit. Ihre weitere Entwicklung zur sog. allgemeinen Relativitätstheorie brachte eine ganz neue Auffassung der Gravitationserscheinungen durch eine „Geometrisierung" der raumzeitlichen Mannigfaltigkeit. Alles dies erfordert einen Aufwand besonderer mathematischer und physikalischer Methoden, die zwar überall in die Optik eingreifen, sich aber doch zwanglos von ihr trennen lassen. Die Menge der Lichterscheinungen, bei denen die Bewegung der Körper (z. B. der Lichtquellen) eine wirklich wesentliche Rolle spielt, ist ziemlich gering. Wir werden in diesem Buch nur an einer Stelle darauf stoßen (bei der Anwendung des DOPPLERschen Prinzips auf die Verbreiterung der Spektrallinien, Kap. VIII, § 86, 92). Im allgemeinen aber verweisen wir für das Studium dieser besonderen Vorgänge auf die Literatur über Relativitätstheorie[1].

Zum Schluß der Einleitung sei darauf hingewiesen, daß die Einwirkungen des Lichts auf unser Sinnesorgan, das Auge, in diesem Buch überhaupt nicht behandelt werden. Das Auge selbst ist zwar ein optischer Apparat, und seine einfachsten Eigenschaften kommen gelegentlich (bei der geometrischen Optik und Beugungstheorie, Kap. II u. IV) kurz zur Sprache. Die Farbempfindungen aber gehören in die Physiologie. Die Physik hat im wesentlichen nur mit solchen Erscheinungen des Lichts zu tun, die sich unabhängig vom Auge mit physikalischen Mitteln, wie photographische Platte, lichtelektrische Zelle od. dgl. nachweisen lassen. Bezüglich des Zusammenhangs mit der physiologischen Optik verweisen wir auf die entsprechenden Lehr- und Handbücher[2].

---

[1] Bücher zur Einführung: M. BORN: Die Relativitätstheorie Einsteins, 3. Aufl. 1922; A. S. EDDINGTON: Raum, Zeit, Schwere. Braunschweig 1923. — Ausführliche Werke: H. WEYL: Raum, Zeit, Materie. Vorlesungen über Relativitätstheorie, 5. Aufl. Berlin 1923; M. v. LAUE: Das Relativitätsprinzip, Bd. I, 2. Aufl. 1913, Bd. II, 2. Aufl. 1923. Braunschweig; W. PAULI; Relativitätstheorie. Enzyklopädie der mathematischen Wissenschaften Bd. V, 2; auch als Sonderdruck erschienen; A. S. EDDINGTON: Relativitätstheorie in mathematischer Behandlung. Berlin 1925.

[2] Eine Darstellung der Gesichtsempfindungen durch einen Physiker findet man in: MÜLLER-POUILLET Bd. 2 I, 11. Aufl. Braunschweig 1926. Artikel von SCHRÖDINGER: III. Die Gesichtsempfindung, §§ 21—64 S. 456—560.

Erstes Kapitel.

Elektromagnetische Lichttheorie für durchsichtige isotrope Körper ohne Farbenzerstreuung.

§ 1. Die MAXWELLschen Gleichungen[1].

Der Zustand des Äthers ist bestimmt durch zwei Vektoren:

die elektrische Feldstärke $\mathfrak{E}$,
die magnetische Feldstärke $\mathfrak{H}$.

Der Zustand der Materie erfordert zur Beschreibung außerdem noch die drei Vektoren:

die Dichte des Leitungsstroms $\mathfrak{i}$,
die dielektrische Verschiebung $\mathfrak{D}$,
die magnetische Induktion $\mathfrak{B}$.

Dabei sind $\mathfrak{E}$, $\mathfrak{D}$ und $\mathfrak{i}$ polare, $\mathfrak{H}$ und $\mathfrak{B}$ axiale Vektoren.

Die raumzeitlichen Änderungen dieser Vektoren sind durch die MAXWELL*schen Gleichungen*[2]

$$(1)\begin{cases}\text{(a)} & \operatorname{rot}\mathfrak{H} - \frac{1}{c}\dot{\mathfrak{D}} = \frac{4\pi}{c}\mathfrak{i}, \\ \text{(b)} & \operatorname{rot}\mathfrak{E} + \frac{1}{c}\dot{\mathfrak{B}} = 0\end{cases}$$

verkoppelt; zu diesen treten noch die skalaren Relationen

$$(2)\begin{cases}\text{(a)} & \operatorname{div}\mathfrak{D} = 4\pi\varrho, \\ \text{(b)} & \operatorname{div}\mathfrak{B} = 0,\end{cases}$$

von denen die erste die elektrische Ladungsdichte definiert, während die zweite aussagt, daß es keinen wahren Magnetismus gibt.

Was die gebrauchten Einheiten betrifft, so werden ϱ, $\mathfrak{i}$, $\mathfrak{E}$, $\mathfrak{D}$ im elektrostatischen Maßsystem gemessen, $\mathfrak{H}$ und $\mathfrak{B}$ im magnetostatischen; c ist dann die im BIOT-SAVARTschen Gesetz auftretende Konstante von der Dimension einer Geschwindigkeit, die man als das Verhältnis der Ladungseinheit im elektromagnetischen und im elektrostatischen Maße bestimmen kann (nach KOHLRAUSCH und WEBER, s. historische Einleitung S. 5) und deren Zahlenwert recht genau $3\cdot 10^{10}\,\text{cm}\,\text{sec}^{-1}$ beträgt (genauere Zahlenwerte s. § 4).

[1] Zur Einführung in die MAXWELLsche Theorie seien folgende Bücher empfohlen: M. ABRAHAM: Theorie der Elektrizität, neu bearbeitet von R. BECKER. Leipzig: 1930; M. PLANCK: Einführung in die Theorie der Elektrizität und des Magnetismus. Leipzig 1922; J. FRENKEL: Lehrbuch der Elektrodynamik. Berlin 1. Bd. 1926, 2. Bd. 1928.

[2] Hier wie im folgenden bedeutet ein Punkt über einem Buchstaben den Differentialquotienten der betreffenden Größe nach der Zeit.

Aus (1a) und (2a) folgt

$$\operatorname{div} \mathfrak{i} = -\frac{1}{4\pi} \operatorname{div} \dot{\mathfrak{D}} = -\frac{\partial}{\partial t} \frac{1}{4\pi} \operatorname{div} \mathfrak{D} = -\frac{\partial \varrho}{\partial t}$$

oder

$$\operatorname{div} \mathfrak{i} + \frac{\partial \varrho}{\partial t} = 0 . \tag{3}$$

Das ist die *Kontinuitätsgleichung* der elektrischen Ladung. Integriert man sie über einen beliebigen Raum, so erhält man nach dem GAUSSschen Satze

$$\int \mathfrak{i}_\nu d\sigma + \frac{d}{dt} \int \varrho dS = 0 ,$$

wo dS ein Volumenelement, $d\sigma$ ein Oberflächenelement und ν die äußere Normale bedeuten. Diese Gleichung besagt, daß die gesamte, in dem Raumstück vorhandene Ladung

$$e = \int \varrho dS \tag{4}$$

nur dadurch zunehmen kann, daß ein Strom der Stärke

$$J = \int \mathfrak{i}_\nu d\sigma \tag{5}$$

durch die Oberfläche eintritt:

$$\frac{de}{dt} = -J . \tag{6}$$

Die zwei vektoriellen Feldgleichungen (1a, b) genügen nicht zur Bestimmung der fünf Vektoren $\mathfrak{E}$, $\mathfrak{H}$, $\mathfrak{i}$, $\mathfrak{D}$, $\mathfrak{B}$; sie müssen ergänzt werden durch Beziehungen, die das Verhalten der Materie unter der Wirkung eines Feldes darstellen und die wir *Materialgleichungen* nennen wollen. In diese geht alles ein, was von der Struktur der Materie abhängt; es handelt sich also im allgemeinen Falle um höchst verwickelte Beziehungen. Der Aufbau unserer Darstellung wird durch den Gedanken bestimmt, daß wir von den Substanzen mit einfachen Materialgleichungen zu solchen mit immer komplizierteren aufsteigen.

Wir beginnen mit der Betrachtung *homogener, isotroper Körper*; bei diesen kann man eine große Gruppe von Erscheinungen darstellen durch den Ansatz

$$(7) \begin{cases} \text{(a)} & \mathfrak{i} = \sigma \mathfrak{E} , \\ \text{(b)} & \mathfrak{D} = \varepsilon \mathfrak{E} , \\ \text{(c)} & \mathfrak{B} = \mu \mathfrak{H} \end{cases}$$

mit drei Materialkonstanten

σ: die spezifische Leitfähigkeit,
ε: die Dielektrizitätskonstante,
μ: die magnetische Permeabilität.

Die Gleichung (7a) ist das OHMsche Gesetz in differentieller Form; (7b) faßt die Erfahrungen über Kapazitäten von Kondensatoren mit verschiedenen isotropen Isolatoren zusammen; (7c) beschreibt das Verhalten isotroper para- und diamagnetischer Körper.

Die Gesetze der Fortpflanzung des Lichts sind zuerst an solchen Körpern studiert worden, bei denen das Licht größere Schichtdicken ohne merkliche Schwächung passieren kann; diese *durchsichtigen Substanzen* müssen elektrische Nichtleiter sein, weil Leitfähigkeit immer mit Entwicklung JOULEscher Wärme und dadurch mit Energieverlust verbunden ist (s. § 2). Wir werden daher hier mit dem Fall von *isotropen Nichtleitern* beginnen und $\sigma = 0$ setzen (Kap. I—IV). Ehe wir dann zur Behandlung der Leiter übergehen, werden wir die Voraussetzung der Isotropie fallen lassen; so gelangen wir zur *Kristalloptik*, bei der an die Stelle der Proportionalitäten (7) allgemeinere lineare Vektorgleichungen treten (Kap. V).

Durch die Voranstellung der Kristalloptik gewinnen wir den Vorteil, zahlreiche optische Meßapparate verstehen zu lernen, die später, vor allem in der Metalloptik, gebraucht werden. *Metalloptik* ist die Behandlung der Lichtwellen in leitenden Körpern (Kap. VI).

Bis dahin werden die Substanzen als Kontinua behandelt. Für eine große Reihe von Erscheinungen, vor allem immer da, wo die Temperatur Einfluß hat oder Abweichungen von der Isotropie durch äußere Kräfte erzwungen werden, muß man die Molekularstruktur der Körper in Rechnung setzen. Dies geschieht zunächst dadurch, daß man gewissermaßen das einzelne Molekül als anisotropen Körper behandelt und dann die der Temperatur und den äußeren Feldern entsprechenden Mittelungen ausführt. Das ist der Inhalt des Abschnitts über *Molekularoptik* (Kap. VII).

Das letzte Kapitel über *Emission, Absorption, Dispersion* behandelt Erscheinungen, welche zum Teil bereits den Rahmen dieses Buches überschreiten, weil der innere Bau der Atome oder Moleküle dabei genauer in Betracht gezogen werden muß. Man kann aber auch ohne Eingehen auf die Quantentheorie bereits eine sehr große Anzahl von Erscheinungen verständlich machen; der Grundgedanke ist die Berücksichtigung der „Trägheit" der materiellen Partikel beim Mitschwingen im Lichtfeld, die zu einer charakteristischen Abänderung der Materialgleichungen führt (Abhängigkeit aller Konstanten von der Frequenz).

Nach diesem Programm wenden wir uns wieder unserem Gegenstand zu.

§ 2. Der Energiesatz.

Die Lichtstärke ist vom Standpunkte der elektromagnetischen Optik nichts als Energie des Feldes. Es ist daher notwendig, sich der Formulierung des Energiesatzes in der MAXWELLschen Theorie zu erinnern.

Die *gesamte Energie E* des elektromagnetischen Feldes innerhalb eines Raumteils setzt sich zusammen aus der *elektrischen* und der *magnetischen Energie*:

$$E = \int U dS + \int T dS\,; \tag{1}$$

dabei sind die Energiedichten durch

$$U = \frac{1}{8\pi} \mathfrak{E}\mathfrak{D}\,, \tag{2}$$

$$T = \frac{1}{8\pi} \mathfrak{H}\mathfrak{B} \tag{3}$$

definiert; ihre Summe bezeichnen wir mit

$$W = U + T = \frac{1}{8\pi}(\mathfrak{E}\mathfrak{D} + \mathfrak{H}\mathfrak{B}) = \frac{1}{8\pi}(\varepsilon\mathfrak{E}^2 + \mu\mathfrak{H}^2) \tag{4}$$

und haben dann

$$E = \int W dS\,. \tag{5}$$

Die in der Zeiteinheit im betrachteten Raumteil entwickelte JOULE*sche Wärme Q* ist

$$Q = \int \mathfrak{i}\mathfrak{E} dS = \int \sigma\mathfrak{E}^2 dS\,. \tag{6}$$

Außer dem Verlust durch Wärmeentwicklung besteht noch eine Abnahme der elektromagnetischen Energie infolge der Ausstrahlung durch die Oberfläche; diese wird bestimmt durch den POYNTING*schen Strahlvektor*

$$\mathfrak{S} = \frac{c}{4\pi} \mathfrak{E} \times \mathfrak{H}\,. \tag{7}$$

Wir zeigen jetzt, daß auf Grund der MAXWELLschen Gleichungen die Energieänderung tatsächlich durch die Wärmeentwicklung und Ausstrahlung kompensiert wird.

Man hat nach (4) und (5)

$$\frac{dE}{dt} = \frac{\partial}{\partial t}\int W dS = \frac{1}{8\pi}\frac{\partial}{\partial t}\int(\varepsilon\mathfrak{E}^2 + \mu\mathfrak{H}^2)dS = \frac{1}{4\pi}\int(\varepsilon\mathfrak{E}\dot{\mathfrak{E}} + \mu\mathfrak{H}\dot{\mathfrak{H}})dS.$$

Aus den MAXWELLschen Gleichungen § 1 (1a, b) ergibt sich nun durch skalare Multiplikation mit $\mathfrak{E}$ und $\mathfrak{H}$:

$$(8)\quad \begin{cases} \frac{1}{c}\mathfrak{E}\dot{\mathfrak{D}} = \frac{\varepsilon}{c}\mathfrak{E}\dot{\mathfrak{E}} = \mathfrak{E}\,\mathrm{rot}\,\mathfrak{H} - \frac{4\pi}{c}\mathfrak{i}\mathfrak{E}, \\ \frac{1}{c}\mathfrak{H}\dot{\mathfrak{B}} = \frac{\mu}{c}\mathfrak{H}\dot{\mathfrak{H}} = -\mathfrak{H}\,\mathrm{rot}\,\mathfrak{E}. \end{cases}$$

Unter Verwendung der Vektoridentität

$$(9)\quad \mathfrak{E}\,\mathrm{rot}\,\mathfrak{H} - \mathfrak{H}\,\mathrm{rot}\,\mathfrak{E} = -\mathrm{div}(\mathfrak{E}\times\mathfrak{H})$$

erhält man also

$$\frac{dE}{dt} = \frac{c}{4\pi}\int(\mathfrak{E}\,\mathrm{rot}\,\mathfrak{H} - \mathfrak{H}\,\mathrm{rot}\,\mathfrak{E})dS - \int\mathfrak{i}\mathfrak{E}dS = -\frac{c}{4\pi}\int\mathrm{div}(\mathfrak{E}\times\mathfrak{H})dS - \int\mathfrak{i}\mathfrak{E}dS.$$

Anwendung des GAUSSschen Satzes auf das erste Integral rechter Hand liefert dann mit Rücksicht auf die Definitionen (6) und (7)

$$(10)\quad \frac{dE}{dt} = -\int\mathfrak{S}_\nu d\sigma - Q.$$

Diese Gleichung stellt die Energiebilanz dar.

Bei der Ableitung sind die Materialgleichungen in der speziellen Form § 1 (7) vorausgesetzt worden; wir werden daher bei jeder Verallgemeinerung dieser Materialgleichungen von neuem zu untersuchen haben, welche Form der Energiesatz annimmt, sofern eine solche Überlegung sich nicht als selbstverständlich erübrigt.

§ 3. Fortpflanzung ebener Wellen.

Eine bestimmte Raumrichtung sei durch den Einheitsvektor $\mathfrak{s}$ gegeben. Ist $\mathfrak{r}$ der Ortsvektor, dessen Komponenten in einem rechtwinkligen Koordinatensystem die Koordinaten x, y, z selbst sind, so ist

$$(1)\quad \mathfrak{r}\mathfrak{s} = \text{konst.}$$

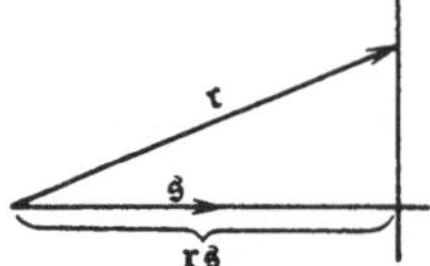

Fig. 1. Wellenebene und Wellennormale.

die Gleichung einer auf $\mathfrak{s}$ senkrechten Ebene (s. Fig. 1).

Ein Vorgang, bei dem in einem bestimmten Augenblick das elektromagnetische Feld nur in der Richtung $\mathfrak{s}$ variiert, aber innerhalb jeder Ebene (1) konstant ist, und bei dem dieser Zustand mit einer konstanten Geschwindigkeit c_1 in der Richtung $\mathfrak{s}$ vorwärts rückt, heißt eine *ebene Welle*. Die Ebenen (1) werden *Ebenen konstanter Phase* oder *Phasenebenen* genannt; da sie sich mit der Geschwindigkeit c_1 bewegen, entsprechen allen Punkten, die der Gleichung

$$(2)\quad \mathfrak{r}\mathfrak{s} - c_1 t = \text{konst.}$$

genügen, dieselben Feldvektoren; diese sind also nur Funktionen des Arguments $\mathfrak{r}\mathfrak{s} - c_1 t$. Eine ebene Welle wird mithin dargestellt durch

$$(3)\quad \begin{cases} \mathfrak{E} = \mathfrak{E}(\mathfrak{r}\mathfrak{s} - c_1 t), \\ \mathfrak{H} = \mathfrak{H}(\mathfrak{r}\mathfrak{s} - c_1 t). \end{cases}$$

Wir fragen nun, ob sich solche Wellen in isotropen Nichtleitern ($\sigma = 0$) mit den Materialgleichungen § 1 (7b, c) fortpflanzen können. Aus $\sigma = 0$ folgt $\mathfrak{i} = 0$, also aus § 1 (3) $\partial \varrho/\partial t = 0$; wenn wir von einer zeitlich konstanten (statischen) Ladungsverteilung absehen, können wir auch $\varrho = 0$ setzen.

Es handelt sich also darum, ob der Ansatz (3) mit den MAXWELLschen Gleichungen

$$(4) \quad \begin{cases} \operatorname{rot} \mathfrak{H} - \dfrac{\varepsilon}{c} \dot{\mathfrak{E}} = 0, \\[2ex] \operatorname{rot} \mathfrak{E} + \dfrac{\mu}{c} \dot{\mathfrak{H}} = 0 \end{cases}$$

verträglich ist.

Nach (3) sind $\mathfrak{E}$, $\mathfrak{H}$ Funktionen des einen Arguments $u = \mathfrak{r}\mathfrak{s} - c_1 t = x\mathfrak{s}_x + y\mathfrak{s}_y + z\mathfrak{s}_z - t c_1$; wir wollen die Ableitungen nach u mit $\mathfrak{E}'$, $\mathfrak{H}'$ bezeichnen. Dann wird

$$\dot{\mathfrak{E}} = -c_1 \mathfrak{E}',$$

$$\operatorname{rot}_x \mathfrak{E} = \frac{\partial \mathfrak{E}_z}{\partial y} - \frac{\partial \mathfrak{E}_y}{\partial z} = \mathfrak{E}'_z \mathfrak{s}_y - \mathfrak{E}'_y \mathfrak{s}_z = -(\mathfrak{E}' \times \mathfrak{s})_x .$$

Also gehen die Gleichungen (4) für den Ansatz (3) über in:

$$\mathfrak{H}' \times \mathfrak{s} - \varepsilon \frac{c_1}{c} \mathfrak{E}' = 0,$$

$$\mathfrak{E}' \times \mathfrak{s} + \mu \frac{c_1}{c} \mathfrak{H}' = 0.$$

Hieraus folgt durch skalare Multiplikation mit $\mathfrak{s}$

$$\mathfrak{E}'\mathfrak{s} = 0, \qquad \mathfrak{H}'\mathfrak{s} = 0.$$

Diese Formeln kann man auch aus den Divergenzgleichungen § 1 (2a, b) mit $\varrho = 0$ folgern.

Die Integration nach u läßt sich sofort ausführen; die dabei rechter Hand auftretenden Integrationskonstanten kann man Null setzen, was bedeutet, daß man von einem dem Wellenvorgange überlagerten räumlich konstanten Felde absieht. Man hat also die Gleichungen

$$(5) \quad \begin{cases} \text{(a)} \quad \mathfrak{H} \times \mathfrak{s} - \varepsilon \dfrac{c_1}{c} \mathfrak{E} = 0, \\[2ex] \text{(b)} \quad \mathfrak{E} \times \mathfrak{s} + \mu \dfrac{c_1}{c} \mathfrak{H} = 0 \end{cases}$$

und

$$(6) \qquad \mathfrak{E}\mathfrak{s} = 0, \qquad \mathfrak{H}\mathfrak{s} = 0.$$

Diese letzten Formeln bedeuten physikalisch die „Transversalität" der elektrischen und magnetischen Schwingungen. Überdies folgt aus (5) durch skalare Multiplikation der ersten Gleichung mit $\mathfrak{H}$ oder der zweiten mit $\mathfrak{E}$:

$$(7) \qquad \mathfrak{E}\mathfrak{H} = 0.$$

Der elektrische und der magnetische Vektor stehen also auch aufeinander senkrecht. Nach (5a) bilden die drei Vektoren in der Reihenfolge $\mathfrak{E}$, $\mathfrak{H}$, $\mathfrak{s}$ ein Rechtssystem.

Zerlegt man die Formeln (5) in Komponenten, so hat man sechs homogene, lineare Gleichungen für die sechs Komponenten von $\mathfrak{E}$ und $\mathfrak{H}$. Sie sind im allgemeinen nicht miteinander verträglich, sondern nur, wenn die Determinante verschwindet. Das gibt eine Bedingung für die Fortpflanzungsgeschwindigkeit c_1.

Man erhält sie am einfachsten, indem man zunächst einen der beiden Vektoren, etwa $\mathfrak{H}$, eliminiert; aus (5b) folgt

$$\mathfrak{H} = \frac{c}{c_1}\frac{1}{\mu}\,\mathfrak{s}\times\mathfrak{E} \tag{8}$$

und dann aus (5a)

$$\mathfrak{E} = \frac{c}{c_1}\frac{1}{\varepsilon}\,\mathfrak{H}\times\mathfrak{s} = \frac{c^2}{c_1^2}\frac{1}{\varepsilon\mu}(\mathfrak{s}\times\mathfrak{E})\times\mathfrak{s}.$$

Nun ist nach einer bekannten Vektoridentität

$$(\mathfrak{s}\times\mathfrak{E})\times\mathfrak{s} = \mathfrak{E}(\mathfrak{s}\mathfrak{s}) - \mathfrak{s}(\mathfrak{E}\mathfrak{s}) = \mathfrak{E}$$

wegen (6) und $\mathfrak{s}\mathfrak{s} = 1$. Daher ergibt sich für jene Determinantengleichung

$$\frac{c^2}{c_1^2}\frac{1}{\varepsilon\mu} = 1. \tag{9}$$

Jetzt nimmt die Beziehung (8) zwischen $\mathfrak{E}$ und $\mathfrak{H}$ die Form an

$$\mathfrak{H} = \sqrt{\frac{\varepsilon}{\mu}}\,\mathfrak{s}\times\mathfrak{E}, \tag{10}$$

und hieraus folgt die symmetrische Relation

$$\sqrt{\mu}\,|\mathfrak{H}| = \sqrt{\varepsilon}\,|\mathfrak{E}|, \tag{11}$$

die zusammen mit den Richtungsbestimmungen (6), (7) den Inhalt der MAXWELLschen Gleichungen hinsichtlich der Feldvektoren in einer ebenen Welle erschöpft.

Wir bestimmen die Energiemenge, die von der Welle in der Zeiteinheit durch ein zur Fortpflanzungsrichtung $\mathfrak{s}$ senkrechtes Flächenelement transportiert wird. Dazu betrachten wir einen Zylinder, dessen Achse mit $\mathfrak{s}$ parallel und dessen Querschnitt gleich der Flächeneinheit ist; alle Energie, die in einem Stück dieses Zylinders von der Länge c_1 enthalten ist, wird dann in der Zeiteinheit die Grundfläche passieren. Der Energiestrom wird also den Betrag $c_1 W$ haben, wo W die durch § 2 (4) definierte Energiedichte ist. Wegen (11) wird

$$W = \frac{\varepsilon}{4\pi}\mathfrak{E}^2. \tag{12}$$

Andererseits folgt für den POYNTINGschen Strahlvektor § 2 (7) nach (6) und (7)

$$\mathfrak{S} = \frac{c}{4\pi}\mathfrak{E}\times\mathfrak{H} = \frac{c}{4\pi}|\mathfrak{E}|\cdot|\mathfrak{H}|\cdot\mathfrak{s}$$

oder nach (11)

$$\mathfrak{S} = \frac{c}{4\pi}\sqrt{\frac{\varepsilon}{\mu}}\,\mathfrak{s}\,\mathfrak{E}^2. \tag{13}$$

Nach (12) und (9) erhält man also

$$\mathfrak{S} = \frac{c}{\sqrt{\varepsilon\mu}}W\cdot\mathfrak{s} = c_1 W\cdot\mathfrak{s}. \tag{14}$$

Der POYNTINGsche Vektor stimmt demnach seinem Betrage und seiner Richtung nach mit dem oben anschaulich berechneten Energiestrom überein; er kann also zur Darstellung der Lichtstrahlung nach Intensität und Richtung dienen.

Um einen Begriff von der Größenordnung der in Lichtwellen vorkommenden elektrischen Feldstärken zu geben, betrachten wir die Sonnenstrahlung, die auf die Erde auffällt. Die Wärmemenge, die von der Sonne in ihrer mittleren Entfernung in 1 Minute auf 1 cm^2 der Erdoberfläche senkrecht eingestrahlt würde, wenn es keine Absorption in der Atmosphäre gäbe, heißt die *Solarkonstante*; ihr Wert beträgt etwa 2,0 cal cm^{-2} min^{-1}. Das gibt, umgerechnet auf Sekunde und Erg, einen Energiestrom von

$$|\mathfrak{S}| = \frac{2{,}0 \cdot 4{,}19 \cdot 10^7}{60} = 1{,}39 \cdot 10^6 \,\text{erg}\,\text{cm}^{-2}\,\text{sec}^{-1}.$$

Aus (13) folgt dann mit $\varepsilon = \mu = 1$

$$\mathfrak{E}^2 = \frac{4\pi}{c}|\mathfrak{S}| = 5{,}83 \cdot 10^{-4},$$

$$|\mathfrak{E}| = 0{,}0242 \,\text{e. s. E.}$$

Das entspricht nach dem COULOMBschen Gesetz $|\mathfrak{E}| = e/r^2$ dem Felde der Ladung $e = 1$ e. s. E. im Abstande

$$r = \frac{1}{\sqrt{0{,}0242}} = 6{,}4 \,\text{cm}.$$

Bedenkt man, daß eine Kugel von 1 cm Radius gegenüber entfernten leitenden Wänden die Kapazität 1 hat, also für das Potential 1 e. s. E. = 300 Volt die Ladung 1 e. s. E. annimmt, so bekommt man eine Anschauung von der Größe des Feldes.

§ 4. Das SNELLIUSsche Brechungsgesetz.

Wir kommen nun zur Diskussion der Formel § 3 (9), die eine Bedingungsgleichung für die Wellengeschwindigkeit c_1 darstellt.

Zunächst sieht man, daß im Vakuum, wo $\varepsilon = \mu = 1$ ist, $c_1 = c$ wird. Die Messungen der elektrodynamischen Konstanten c, deren erste von WEBER und KOHLRAUSCH wir in der Einleitung erwähnt haben, und die direkten Messungen der Lichtgeschwindigkeit haben in der Tat sehr gute Übereinstimmung ergeben. Auf die Methoden dieser Messungen gehen wir nicht ein, da sie (wenigstens sofern die Lichtfortpflanzung im Vakuum in Betracht kommt) keine neuen theoretischen Überlegungen erfordern, sondern verweisen auf die Lehrbücher der Experimentalphysik. Erwähnt sei nur, daß die erste Messung der Lichtgeschwindigkeit mit irdischen Lichtquellen 1849 von FIZEAU nach der Methode des rotierenden Zahnrades ausgeführt wurde; die bessere, bis heute gebrauchte Methode des rotierenden Spiegels wurde 1862 von FOUCAULT angegeben. Die Ergebnisse der neuesten Messungen sind folgende:

Elektromagnetische Bestimmung von GRÜNEISEN und GIEBE (1920)
$c = 299790$ km sec^{-1} $\pm$ 30

Messung der Lichtgeschwindigkeit zwischen Mount Wilson und Mount Antonio (Kalifornien) von MICHELSON (1927) $c = 299796$ km sec^{-1} $\pm$ 14.

Die Übereinstimmung ist also vorzüglich.

Für die Lichtgeschwindigkeit in anderen Medien gilt nach § 3 (9)

$$\frac{c}{c_1} = \sqrt{\varepsilon\mu}. \tag{1}$$

Da ε stets größer als 1 und μ für durchsichtige Körper nicht merklich von 1 verschieden ist, so folgt $c_1 < c$. FOUCAULT hat, wie in der Einleitung erwähnt, die Lichtgeschwindigkeit in Wasser direkt gemessen und sie tatsächlich kleiner als im Vakuum (praktisch: Luft) gefunden, wie es die Wellentheorie verlangt.

Die exakte Bestimmung von c_1 geschieht aber nicht direkt, sondern relativ zu c durch den Zusammenhang mit dem Brechungsgesetz. Um dies abzuleiten, überlegen wir, daß irgendeine Feldkomponente für eine ebene Welle bestimmt ist, wenn man ihren Verlauf an einem einzigen Raumpunkte für alle Zeiten kennt. Ist nämlich $f(t)$ die Funktion, die diesen Verlauf darstellt, so ist $f(t - \mathfrak{r}\mathfrak{s}/c_1)$ die Darstellung der Welle in irgendeinem Punkte zu irgendeiner Zeit.

Fällt nun eine ebene Welle auf die ebene Grenzfläche zweier Substanzen mit verschiedenen Lichtgeschwindigkeiten, so spaltet sie sich erfahrungsgemäß in eine reflektierte und eine gebrochene Welle. In einem Punkte der Grenzebene muß der zeitliche Ablauf der Schwingung für diese sekundären Wellen mit dem der primären identisch sein; also muß das Argument $t - \mathfrak{r}\mathfrak{s}/c_1$ der Wellenfunktionen für die drei Wellen übereinstimmen. Nehmen wir die Grenze als Ebene $z = 0$, so ist $(x\mathfrak{s}_x + y\mathfrak{s}_y)\cdot 1/c_1$ invariant, und zwar für alle Punkte x, y der Grenzebene; daher sind die Tangentialkomponenten $\mathfrak{s}_x/c_1$, $\mathfrak{s}_y/c_1$ des Vektors $\mathfrak{s}/c_1$ einzeln invariant.

Wir betrachten nun zunächst den reflektierten Strahl; für diesen hat c_1 denselben Wert wie für den einfallenden. Daraus folgt die Invarianz der Tangentialkomponenten von $\mathfrak{s}$ selbst. Hierin ist erstens das Gesetz enthalten, daß die Wellennormale des reflektierten Strahls in der durch die Grenzflächennormale (z-Achse) und den einfallenden Strahl bestimmten *Einfallsebene* liegt; zweitens folgt aus dem Umstande, daß $\mathfrak{s}$ Einheitsvektor ist, die Gleichheit der Beträge von $\mathfrak{s}_z$ für den einfallenden und reflektierten Strahl und damit die Gleichheit des Reflexions- und des Einfallswinkels.

Für die gebrochene Welle folgt zunächst ebenso, daß ihre Normale in der Einfallsebene liegt. Setzt man ferner $\mathfrak{s}_z = \cos\varphi$, so hat man die Invarianz von
$$\frac{1}{c_1}\sqrt{\mathfrak{s}_x^2 + \mathfrak{s}_y^2} = \frac{1}{c_1}\sin\varphi .$$

Beziehen sich die Indizes 1 auf den einfallenden, 2 auf den gebrochenen Strahl, so gilt *das* SNELLIUS*sche Brechungsgesetz*

$$\frac{\sin\varphi_1}{c_1} = \frac{\sin\varphi_2}{c_2}. \tag{2}$$

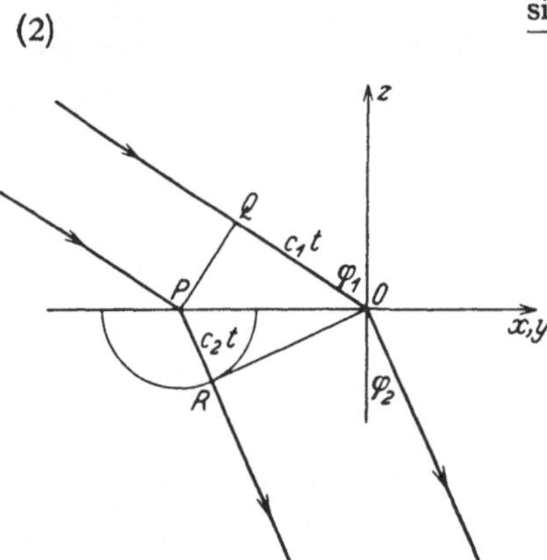

Fig. 2. Konstruktion der Brechung nach dem HUYGENSschen Prinzip.

Man nennt das Verhältnis

$$n_{12} = \frac{\sin\varphi_1}{\sin\varphi_2} = \frac{c_1}{c_2} \tag{3}$$

den *Brechungsindex* oder *Brechungsquotienten* für den Übergang vom ersten nach dem zweiten Medium.

Handelt es sich um den Übergang vom Vakuum in das Medium 1, so nennt man

$$n = \frac{\sin\varphi}{\sin\varphi_1} = \frac{c}{c_1} \tag{4}$$

den *Brechungsindex dieses Mediums* schlechtweg. Sind dann n_1, n_2 die Brechungindizes zweier Medien, so gilt

$$n_{12} = \frac{n_2}{n_1}. \tag{5}$$

Die Fig. 2 zeigt die Konstruktion der gebrochenen Welle aus elementaren Kugelwellen nach dem HUYGENS*schen Prinzip*. P sei ein Punkt der Grenzebene, PQ die Spur der durch P gehenden Wellenebene des einfallenden Lichts in der als Zeichenebene gewählten Einfallsebene. Diese Wellenebene brauche die Zeit t, um beim Vorrücken den Punkt Q in den Oberflächenpunkt O zu verschieben; dann ist $QO = c_1 t$. In derselben Zeit hat sich von P aus eine Kugelwelle vom Radius $c_2 t$ ausgebreitet; nach HUYGENS ist die Enveloppe aller solcher

Elementarwellen, d. h. die von O aus an die Kugel gelegte Tangentialebene, die gebrochene Wellenfront; ihre Spur in der Einfallsebene ist die Tangente OR. Man liest aus der Figur ohne weiteres das Brechungsgesetz (3) ab.

§ 5. Die MAXWELLsche Formel für den Brechungsindex.

Wir können nun den physikalischen Inhalt der Formel § 4 (1) untersuchen; sie drückt den Brechungsindex durch elektromagnetische Konstanten der Substanz aus. Da alle durchsichtigen Körper nahezu unmagnetisierbar sind, kann man praktisch $\mu = 1$ setzen und hat dann durch Vereinigung von § 4 (1) und § 4 (4)

$$n = \sqrt{\varepsilon}. \tag{1}$$

Diese von MAXWELL aufgestellte und nach ihm benannte Relation fordert zu einer Prüfung der elektromagnetischen Lichttheorie heraus, da die Dielektrizitätskonstante durch rein elektrische Messungen bestimmbar ist. Sogleich stößt man dabei auf den Widerspruch, daß zwar ε eine Materialkonstante, der Brechungsquotient n aber von der Farbe, also von der Schwingungszahl des Lichts abhängig ist. Die MAXWELLsche Beziehung kann also keinesfalls streng gelten, höchstens angenähert bei solchen Substanzen, wo erfahrungsgemäß n nur wenig von der Frequenz des Lichts abhängt.

Diese Bedingung ist vor allem bei einer Reihe von Gasen chemisch einfacher Bauart erfüllt. BOLTZMANN[1] hat daher bald nach MAXWELLS Veröffentlichung die Brechung solcher Gase möglichst genau gemessen. Tabelle 1 gibt einen Auszug aus seinen Resultaten. Man sieht, daß eine recht gute Übereinstimmung vorhanden ist.

Tabelle 1.

	n	$\sqrt{\varepsilon}$
Luft	1,000294	1,000295
Wasserstoff H_2	138	132
Kohlendioxyd CO_2 . . .	449	473
Kohlenoxyd CO	340	345

Auch bei manchen flüssigen Kohlenwasserstoffen stimmt die Beziehung einigermaßen; z.B. ergibt sich für Benzol C_6H_6:

$$n = 1{,}482\,, \qquad \sqrt{\varepsilon} = 1{,}489\,.$$

Dagegen versagt sie bei vielen Flüssigkeiten und festen Körpern, wie Tabelle 2 zeigt.

Tabelle 2.

	n	$\sqrt{\varepsilon}$
Methylalkohol CH_3OH . .	1,34	5,7
Äthylalkohol C_2H_5OH . . .	1,36	5,0
Wasser H_2O	1,33	9,0

Wie sind diese Abweichungen zu erklären?

Sie beruhen offenbar auf der Annahme eines konstanten Wertes von ε; darin liegt die Voraussetzung, daß die Verschiebung $\mathfrak{D}$ in jedem Augenblick dem elektrischen Felde $\mathfrak{E}$ exakt proportional ist. Indem wir Überlegungen vorwegnehmen, die später genau begründet werden (Kap. VII, VIII), denken wir uns $\mathfrak{D}$ zerlegt in einen Anteil des Vakuums, der direkt gleich $\mathfrak{E}$ ist, und einen Anteil $4\pi\mathfrak{P}$, der dem elektrischen Moment pro Volumeneinheit der Materie $\mathfrak{P}$ proportional ist:

$$\mathfrak{D} = \mathfrak{E} + 4\pi\mathfrak{P}\,.$$

Diese durch $\mathfrak{P}$ gemessene räumliche Elektrisierung entsteht durch Einwirkung des Feldes auf die Materie. Wir gehen kurz auf den atomaren Mechanismus dieses Vorganges ein. Die Atome und Moleküle sind aus positiven Kernen und

[1] L. BOLTZMANN: Wien. Ber. Bd. 69 (1874) S. 795; Pogg. Ann. Bd. 155 (1875) S. 403; Wiss. Abh. physik.-techn. Reichsanst. Bd. 1 Nr. 26 S. 537.

negativen Elektronen zusammengesetzt; sie sind nicht nur als Ganzes beweglich, sondern auch bis zu gewissem Grade deformierbar. Ein elektrisches Feld wird allemal eine solche Deformation des Teilchens und damit ein elektrisches Moment (Summe über die Produkte Ladung mal Verschiebung) erzeugen, das dem Felde proportional ist. Dabei sind aber zwei Fälle zu unterscheiden, je nachdem ob bei der Deformation nur Elektronen verschoben werden oder auch Kerne. Der physikalische Effekt ist nämlich wegen des großen Massenunterschiedes von Elektronen und Kernen sehr verschieden, sobald das elektrische Feld nicht statisch ist, sondern schwingt.

Die leichten Elektronen werden einem Wechselfelde bis zu sehr hohen Frequenzen nahezu momentan folgen; wir werden später in der Dispersionstheorie (Kap. VIII) das Mitschwingen der Elektronen genauer untersuchen und sehen, daß in den meisten Fällen bis zu den Frequenzen des sichtbaren Spektrums herauf nur eine sehr geringfügige Abweichung vom instantanen Mitschwingen zu spüren ist. Wir können daher für den Anteil der reinen Elektronenschwingung am elektrischen Moment schreiben

$$\mathfrak{P}_1 = \frac{a}{4\pi}\mathfrak{E},$$

wo a von ganz langsamen Schwingungen bis ins sichtbare Gebiet hinein nahezu konstant ist.

Sobald aber Kerne mit in Bewegung geraten, werden die Oszillationen des elektrischen Moments schon für wesentlich langsamere Schwingungen gegen die des erregenden Feldes nachhinken. Die Schwingungen des sichtbaren Lichts sind bereits so schnell, daß die Kernmassen ihnen überhaupt nicht mehr folgen können, sondern in Ruhe bleiben. Schreibt man für diesen Anteil des elektrischen Moments

$$\mathfrak{P}_2 = \frac{b}{4\pi}\mathfrak{E},$$

so wird b eine Funktion der Frequenz sein, die von ihrem Werte bei sehr langsamen Schwingungen (statischen Feldern) an einer bestimmten Stelle des Spektrums noch vor dem sichtbaren Gebiet auf Null absinkt.

Die Bewegung der Kerne im elektrischen Felde kann in zwei wesentlich verschiedenen Formen vor sich gehen: Oszillationen und Rotationen. In mehratomigen Molekülen und in Kristallen entstehen Schwingungen der Kerne, wenn die Ladungsverteilung nicht symmetrisch ist; besonders wichtig ist hier der Grenzfall, bei dem man die Moleküle oder Kristalle aus geladenen Atomen (Ionen) zusammengesetzt denken kann[1].

Es gibt aber noch den anderen Fall der Rotation, auf den DEBYE[2] aufmerksam gemacht hat. Wenn nämlich die Moleküle einer Flüssigkeit oder eines Gases von Natur „Dipole" sind, d. h. wenn der elektrische Schwerpunkt der Elektronen nicht mit dem der Kerne zusammenfällt, so werden sie sich in einem elektrischen Felde in die Richtung des Feldes hineinzudrehen suchen. Wegen der Wärmebewegung kommt allerdings keine vollständige Parallelrichtung zustande; die oben eingeführte Größe b wird hier offenbar von der Temperatur abhängig. Der Spektralbereich, wo infolge der Trägheit die Einstellung nicht mehr zustande kommt, liegt in der Gegend von 1 cm Wellenlänge.

[1] Siehe hierzu die ausführlichere Darstellung in Kap. VIII. Wir erinnern hier nur an die Arbeiten von RUBENS über ultrarote Kristallschwingungen (Reststrahlen) und von SCHÄFER und seinen Schülern über intramolekulare Schwingungen.

[2] Zusammenfassende Darstellung: P. DEBYE: Polare Molekeln. Leipzig 1929.

Nunmehr können wir das verschiedene Verhalten der Körper hinsichtlich der Gültigkeit der MAXWELLschen Relation verstehen. Man hat

$$\mathfrak{D} = \mathfrak{E} + 4\pi(\mathfrak{P}_1 + \mathfrak{P}_2) = (1 + a + b)\mathfrak{E},$$

also

$$\varepsilon = 1 + a + b .$$

Hier ist von ganz langsamen Schwingungen bis herauf zum sichtbaren Licht a praktisch konstant, während b entweder überhaupt fehlt oder, wenn es in statischen Feldern vorhanden ist, im sichtbaren Gebiete verschwindet. Für den optisch gemessenen Brechungsindex gilt also jedenfalls

$$n^2 = 1 + a .$$

Mithin ist es die von den Kernbewegungen herrührende Größe b, die die Abweichungen vom MAXWELLschen Gesetze erzeugt; man erhält durch Subtraktion der beiden letzten Gleichungen:

$$\varepsilon = n^2 + b .$$

Wir werden demnach die Gültigkeit des MAXWELLschen Gesetzes zu erwarten haben, wenn keine Kernbewegungen möglich sind. Das ist der Fall erstens bei einatomigen Gasen (Edelgasen, die zur Zeit der Aufstellung des Gesetzes noch nicht bekannt waren, und Metalldämpfen). Zweitens bei symmetrischen Gasmolekülen, wie N_2, O_2, H_2. Hierher gehören die von BOLTZMANN untersuchten Stoffe Luft und H_2 unserer Tabelle 1, auch Kohlensäure ist nach den neuesten Forschungen (Ramaneffekt, s. VIII, § 100) symmetrisch, entsprechend der Formel O—C—O (dagegen hat CO einen kleinen Dipol). Drittens sind dipolfrei die symmetrischen Kohlenwasserstoffe, für die wir oben als Beispiel das Benzol angeführt haben.

Starke Dipole haben die Alkohole, den stärksten bekannten hat Wasser; hierdurch wird die Tabelle 2 verständlich.

Für feste Körper (Salzkristalle) zeigt die folgende Tabelle 3 den Einfluß der von RUBENS entdeckten ultraroten Kernschwingungen (Reststrahlen):

Tabelle 3.

	ε	n	$\varepsilon - n^2$
Steinsalz NaCl . . .	5,82	1,52	3,51
Sylvin KCl	4,75	1,47	2,59
Flußspat CaF_2 . . .	6,82	1,43	4,78

Die hier angestellten Überlegungen führen zu der experimentellen Aufgabe, durch Verwendung immer langwelligeren Lichts die kritische Stelle zu überbrücken und in das Gebiet zu gelangen, wo die Formel $n^2 = 1 + a$ in $n^2 = 1 + a + b = \varepsilon$ übergeht. Dies Problem ist von RUBENS[1] für Kristalle vollständig gelöst worden, indem er Wärmestrahlen von über 100 μ Wellenlänge benutzte. Bei den Dipolflüssigkeiten muß man bis über 1 cm, also ins Gebiet der HERTZschen Wellen gehen.

Wir sehen also, daß mit gewisser Einschränkung die MAXWELLsche Behauptung zu Recht besteht, nämlich für hinreichend langsam veränderliche, „quasistatische" Felder. Damit haben wir ein Fundament der elektromagnetischen Lichttheorie gesichert.

§ 6. Die skalare einfach harmonische Welle.

Der zeitliche Ablauf einer ebenen Welle an einem bestimmten Raumpunkte ist für jede Vektorkomponente eine beliebige Funktion der Zeit, $f(t)$. Die Exi-

[1] H. RUBENS: Berl. Ber. 1915 S. 5, 1916 S. 1280; PH. LIEBISCH u. H. RUBENS: Berl. Ber. 1919 S. 198, 876.

stenz der Interferenzerscheinungen, die wir später (Kap. III) genauer untersuchen werden, lehrt, daß die Lichtwellen einen stark ausgeprägt periodischen Charakter haben. Wir werden daher die wirklichen Schwingungen durch idealisierte ersetzen, die exakt periodisch sind; und zwar genügt es, *einfach periodische* (*harmonische*) *Schwingungen* der Form

$$f(t) = a\cos\left(2\pi\frac{t}{T} + \delta\right) \tag{1}$$

zu betrachten. Denn aus solchen lassen sich nach den FOURIERschen Sätzen beliebige Funktionen durch Summation und Integration aufbauen. Überdies liefern die physikalischen Spektralapparate (Prisma, Gitter) Zerlegungen des Lichts in räumlich getrennte Strahlen, die nahezu harmonisch sind.

Ersetzt man in (1) t durch $t - \mathfrak{r}\mathfrak{s}/c_1$, so erhält man nach § 4 die Darstellung einer *einfach harmonischen, ebenen Welle*:

$$f\left(t - \frac{\mathfrak{r}\mathfrak{s}}{c_1}\right) = a\cos\left(\frac{2\pi}{T}\left(t - \frac{\mathfrak{r}\mathfrak{s}}{c_1}\right) + \delta\right). \tag{2}$$

Man nennt a die *Amplitude*, T die (zeitliche) *Periode*; die räumliche Periode oder *Wellenlänge* ist

$$\lambda = c_1 T. \tag{3}$$

Unter der *reduzierten Wellenlänge* λ_0 versteht man die Wellenlänge einer Schwingung derselben Periode T im Vakuum:

$$\lambda_0 = cT = n\lambda. \tag{4}$$

Die *Schwingungszahl* ν ist die Zahl der Schwingungen pro Zeiteinheit (Sekunde); es gilt also

$$\nu T = 1. \tag{5}$$

Statt dieser Schwingungszahl verwendet man auch die *Kreisfrequenz* oder kurz *Frequenz* ω, welche die Zahl der Schwingungen in 2π Sekunden angibt:

$$\omega = 2\pi\nu = \frac{2\pi}{T}. \tag{6}$$

In der Spektroskopie gebraucht man meist anstatt der Schwingungszahl ν die *Wellenzahl* $\bar{\nu}$, d. h. die Anzahl räumlicher Perioden pro Längeneinheit (cm) des Vakuums; sie beträgt

$$\bar{\nu} = \frac{1}{\lambda_0} = \frac{\nu}{c}. \tag{7}$$

Das ganze Argument des Kosinus in (2) heißt die *Phase* der Schwingung, δ die *Phasenkonstante*. Wir werden den variablen Teil der Phase häufig mit τ bezeichnen:

$$\tau = 2\pi\nu\left(t - \frac{\mathfrak{r}\mathfrak{s}}{c_1}\right) = \omega\left(t - \frac{\mathfrak{r}\mathfrak{s}}{c_1}\right) = 2\pi\left(\frac{t}{T} - \frac{\mathfrak{r}\mathfrak{s}}{\lambda}\right). \tag{8}$$

Statt δ gebraucht man auch den *Gang* der Welle Δ, d. h. den Weg, den eine Phasenebene zurücklegt, wenn die Phase um δ zunimmt:

$$\Delta = \frac{c_1}{\omega}\delta = \frac{\lambda}{2\pi}\delta = \frac{\lambda_0}{2\pi n}\delta. \tag{9}$$

Von physikalischer Bedeutung ist nur der *Gangunterschied* zweier Wellen.

Es ist vielfach bequem, statt der reellen Kosinus oder Sinus komplexe harmonische Funktionen zu gebrauchen. Wir setzen

$$a\cos(\tau + \delta) = \Re\, a e^{i(\tau+\delta)} = \Re\, A e^{i\tau} \tag{10}$$

mit

$$A = a e^{i\delta}. \tag{11}$$

Dabei bedeutet $\mathfrak{R}$ den Realteil der dahinterstehenden komplexen Größe. A wird als *komplexe Amplitude* bezeichnet.

Das Rechnen mit komplexen Größen ist nützlich und erlaubt, solange man mit linearen Beziehungen zwischen ihnen zu tun hat; man kann dann das Zeichen $\mathfrak{R}$ sogar weglassen und die physikalische Interpretation direkt an die komplexen Ausdrücke anknüpfen. Sobald aber quadratische (oder höhere) Ausdrücke in den Wellengrößen vorkommen, wie z. B. beim Energiesatz, ist es notwendig, zur reellen Schreibweise überzugehen.

Bisher haben wir nur von einer skalaren Welle bzw. einer Komponente einer vektoriellen Welle gesprochen. Jetzt wollen wir Vektorwellen ins Auge fassen.

§ 7. Die einfach harmonische Vektorwelle. Elliptische Polarisation.

Eine *Vektorwelle* stellen wir in komplexer Schreibweise dar durch

$$\mathfrak{E} = \mathfrak{A} e^{i\tau}; \tag{1}$$

dabei ist $\mathfrak{A}$ ein *komplexer Amplitudenvektor* mit den Komponenten

$$\mathfrak{A}_x = a_1 e^{i\delta_1}, \quad \mathfrak{A}_y = a_2 e^{i\delta_2}, \quad \mathfrak{A}_z = a_3 e^{i\delta_3}. \tag{2}$$

Hiernach ist z. B. die reelle Darstellung der x-Komponente von $\mathfrak{E}$:

$$\mathfrak{E}_x = \mathfrak{R}\, a_1 e^{i(\tau+\delta_1)} = a_1 \cos(\tau + \delta_1).$$

Elektromagnetische Wellen sind nach § 3 transversal; legen wir die z-Achse in die Fortpflanzungsrichtung $\mathfrak{s}$, so sind nur die x- und y-Komponenten von $\mathfrak{E}$ und $\mathfrak{H}$ von Null verschieden. Wir fragen nun nach der Kurve, die der Endpunkt des elektrischen Feldvektors, also der Punkt mit den Koordinaten

$$\left\{\begin{aligned} \mathfrak{E}_x &= a_1 \cos(\tau + \delta_1), \\ \mathfrak{E}_y &= a_2 \cos(\tau + \delta_2), \\ \mathfrak{E}_z &= 0 \end{aligned}\right. \tag{3}$$

beschreibt. Hierzu haben wir τ aus (3) zu eliminieren. Wir multiplizieren die Gleichungen

$$\left\{\begin{aligned} \frac{\mathfrak{E}_x}{a_1} &= \cos\tau\cos\delta_1 - \sin\tau\sin\delta_1 \quad \Bigg| \quad \sin\delta_2 \quad \Bigg| \quad \cos\delta_2 \\ \frac{\mathfrak{E}_y}{a_2} &= \cos\tau\cos\delta_2 - \sin\tau\sin\delta_2 \quad \Bigg| \quad -\sin\delta_1 \quad \Bigg| \quad -\cos\delta_1 \end{aligned}\right. \tag{4}$$

mit den rechts angegebenen Faktoren und addieren; dann erhalten wir mit

$$\delta = \delta_2 - \delta_1 : \tag{5}$$

$$\frac{\mathfrak{E}_x}{a_1}\sin\delta_2 - \frac{\mathfrak{E}_y}{a_2}\sin\delta_1 = \cos\tau\sin\delta,$$

$$\frac{\mathfrak{E}_x}{a_1}\cos\delta_2 - \frac{\mathfrak{E}_y}{a_2}\cos\delta_1 = \sin\tau\sin\delta.$$

Durch Quadrieren und Addieren folgt

$$\left(\frac{\mathfrak{E}_x}{a_1}\right)^2 + \left(\frac{\mathfrak{E}_y}{a_2}\right)^2 - 2\frac{\mathfrak{E}_x}{a_1}\frac{\mathfrak{E}_y}{a_2}\cos\delta = \sin^2\delta. \tag{6}$$

Das ist die Gleichung eines Kegelschnitts, und zwar einer *Ellipse*; denn die Determinante ist nicht negativ:

$$\begin{vmatrix} \dfrac{1}{a_1^2} & -\dfrac{\cos\delta}{a_1 a_2} \\ -\dfrac{\cos\delta}{a_1 a_2} & \dfrac{1}{a_2^2} \end{vmatrix} = \frac{1}{a_1^2 a_2^2}(1 - \cos^2\delta) = \frac{\sin^2\delta}{a_1^2 a_2^2} \geqq 0.$$

Der elektrische Vektor schwingt also in Form einer Ellipse, die dem Rechteck mit den achsenparallelen Seiten $2a_1$, $2a_2$ eingeschrieben ist (s. Fig. 3). Die Berührungspunkte sind $(\pm a_1, \pm a_2 \cos\delta)$ und $(\pm a_1 \cos\delta, a_2)$. Man sagt: Die einfach harmonische Vektorwelle ist *elliptisch polarisiert*.

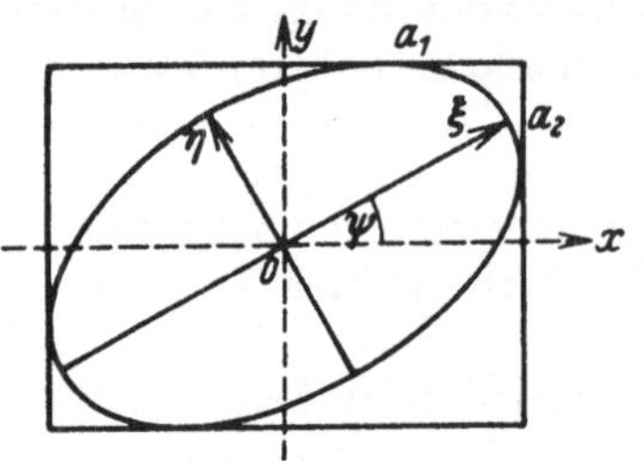

Fig. 3. Elliptisch polarisiertes Licht. Schwingungsellipse von $\mathfrak{E}$.

Analog würde sich ergeben, daß auch der magnetische Vektor eine elliptische Schwingung vollführt; da nach § 3 (10)

$$(7)\quad \left\{\begin{aligned} \mathfrak{H}_x &= -\sqrt{\frac{\varepsilon}{\mu}}\,\mathfrak{E}_y, \\ \mathfrak{H}_y &= \sqrt{\frac{\varepsilon}{\mu}}\,\mathfrak{E}_x \end{aligned}\right.$$

ist, liegt diese Ellipse in dem Rechteck mit den achsenparallelen Seiten $2\sqrt{\frac{\varepsilon}{\mu}}a_2$, $2\sqrt{\frac{\varepsilon}{\mu}}a_1$.

Im allgemeinen sind die Hauptachsen der Schwingungsellipse nicht mit den Koordinatenachsen parallel. Führen wir ein Koordinatensystem ξ, η ein, das mit den Hauptachsen zusammenfällt, so gilt

$$(8)\quad \left\{\begin{aligned} \mathfrak{E}_\xi &= \mathfrak{E}_x \cos\psi + \mathfrak{E}_y \sin\psi, \\ \mathfrak{E}_\eta &= -\mathfrak{E}_x \sin\psi + \mathfrak{E}_y \cos\psi, \end{aligned}\right.$$

wo ψ den Winkel zwischen der großen Achse ξ der Ellipse und der ursprünglichen x-Achse bedeutet (s. Fig. 3). In diesem System wird dann die Ellipse durch

$$(9)\quad \left\{\begin{aligned} \mathfrak{E}_\xi &= a\cos(\tau + \delta_0), \\ \mathfrak{E}_\eta &= \pm b \sin(\tau + \delta_0) \end{aligned}\right.$$

dargestellt, wobei die positiven Zahlen a, b die *Längen der Hauptachsen* messen und das doppelte Vorzeichen eingeführt ist, um die beiden möglichen Umlaufsrichtungen zu unterscheiden.

Durch Verbindung von (4), (8) und (9) folgt:

$$\begin{aligned} a(\cos\tau\cos\delta_0 - \sin\tau\sin\delta_0) &= a_1(\cos\tau\cos\delta_1 - \sin\tau\sin\delta_1)\cos\psi \\ &\quad + a_2(\cos\tau\cos\delta_2 - \sin\tau\sin\delta_2)\sin\psi, \\ \pm b(\sin\tau\cos\delta_0 + \cos\tau\sin\delta_0) &= -a_1(\cos\tau\cos\delta_1 - \sin\tau\sin\delta_1)\sin\psi \\ &\quad + a_2(\cos\tau\cos\delta_2 - \sin\tau\sin\delta_2)\cos\psi. \end{aligned}$$

Durch Gleichsetzen der Koeffizienten von $\sin\tau$ und $\cos\tau$ ergibt sich:

$$(10)\quad \left\{\begin{aligned} &\text{(a)} \quad a\cos\delta_0 = a_1\cos\delta_1\cos\psi + a_2\cos\delta_2\sin\psi, \\ &\text{(b)} \quad a\sin\delta_0 = a_1\sin\delta_1\cos\psi + a_2\sin\delta_2\sin\psi, \end{aligned}\right.$$

$$(11)\quad \left\{\begin{aligned} &\text{(a)} \quad \pm b\cos\delta_0 = a_1\sin\delta_1\sin\psi - a_2\sin\delta_2\cos\psi, \\ &\text{(b)} \quad \pm b\sin\delta_0 = -a_1\cos\delta_1\sin\psi + a_2\cos\delta_2\cos\psi. \end{aligned}\right.$$

Durch Quadrieren und Addieren von (10) und (11) erhält man mit $\delta = \delta_2 - \delta_1$:

$$\begin{aligned} a^2 &= a_1^2\cos^2\psi + a_2^2\sin^2\psi + 2a_1a_2\cos\delta\cos\psi\sin\psi, \\ b^2 &= a_1^2\sin^2\psi + a_2^2\cos^2\psi - 2a_1a_2\cos\delta\cos\psi\sin\psi, \end{aligned}$$

und hieraus:

$$(12)\quad a^2 + b^2 = a_1^2 + a_2^2.$$

Multipliziert man (10a) mit (11a), (10b) mit (11b) und addiert, so folgt:

$$(13)\quad \pm ab = a_1 a_2 \sin\delta.$$

Ferner bekommt man bei Division von (11a) durch (10a), (11b) durch (10b):

$$\pm\frac{b}{a}=\frac{a_1\sin\delta_1\sin\psi-a_2\sin\delta_2\cos\psi}{a_1\cos\delta_1\cos\psi+a_2\cos\delta_2\sin\psi}=\frac{-a_1\cos\delta_1\sin\psi+a_2\cos\delta_2\cos\psi}{a_1\sin\delta_1\cos\psi+a_2\sin\delta_2\sin\psi}.$$

Hieraus ergibt sich eine Bestimmungsgleichung für ψ:

$$(a_1^2-a_2^2)\sin 2\psi=2a_1a_2\cos 2\psi\cos\delta.$$

Setzt man

$$\frac{a_2}{a_1}=\operatorname{tg}\alpha, \tag{14}$$

so wird

$$\operatorname{tg}2\psi=\frac{2a_1a_2}{a_1^2-a_2^2}\cos\delta=\frac{2\operatorname{tg}\alpha}{1-\operatorname{tg}^2\alpha}\cos\delta,$$

$$\operatorname{tg}2\psi=\operatorname{tg}2\alpha\cdot\cos\delta. \tag{15}$$

Nennt man das Achsenverhältnis der Ellipse

$$\frac{b}{a}=\operatorname{tg}\vartheta, \tag{16}$$

so folgt aus (12) und (13):

$$\sin 2\vartheta=\frac{2ab}{a^2+b^2}=\pm\frac{2a_1a_2}{a_1^2+a_2^2}\sin\delta,$$

$$\sin 2\vartheta=\pm\sin 2\alpha\cdot\sin\delta. \tag{17}$$

Wir fassen das *Resultat* zusammen: Sind die Amplituden a_1, a_2 und die Phasendifferenz δ bezüglich beliebiger Achsen gegeben, somit auch der Winkel α durch

$$\operatorname{tg}\alpha=\frac{a_2}{a_1}, \tag{14}$$

so erhält man die Hauptachsen a, b und den Winkel ψ der großen Achse a gegen die x-Achse mit Hilfe der Formeln

$$a^2+b^2=a_1^2+a_2^2, \tag{12}$$

$$\operatorname{tg}2\psi=\operatorname{tg}2\alpha\cdot\cos\delta, \tag{15}$$

$$\sin 2\vartheta=\pm\sin 2\alpha\cdot\sin\delta, \tag{17}$$

wobei der Hilfswinkel ϑ das Achsenverhältnis festlegt:

$$\operatorname{tg}\vartheta=\frac{b}{a}. \tag{16}$$

Sind umgekehrt Achsen und Lage der Schwingungsellipse, d. h. a, b, ψ gegeben, so kann man Amplituden und Phasendifferenz a_1, a_2, δ daraus berechnen. Wir werden später (Kap. V, § 63) Apparate kennenlernen, die solche Bestimmungen ermöglichen.

§ 8. Lineare und zirkulare Polarisation.

Zwei Spezialfälle der elliptischen Schwingung sind besonders wichtig, nämlich die, bei denen die Ellipse in eine Gerade oder in einen Kreis ausartet.

Nach § 7 (3) zieht sich die elliptische Schwingung zu einer geradlinigen Pendelbewegung zusammen, wenn

$$\delta=\delta_2-\delta_1=k\pi, \qquad k=0,\ \pm 1,\ \pm 2,\ \ldots$$

ist; denn dann hat man

$$\frac{\mathfrak{E}_y}{\mathfrak{E}_x}=(-1)^k\frac{a_2}{a_1}. \tag{1}$$

In diesem Falle nennen wir das Licht *linear polarisiert*. Man kann durch Drehung des Koordinatensystems die eine Komponente, etwa $\mathfrak{E}_y$, zum Verschwinden bringen.

Da $\mathfrak{H}$ auf $\mathfrak{E}$ senkrecht steht, so verschwindet mit $\mathfrak{E}_y$ auch $\mathfrak{H}_x$. Die Frage nach der „Polarisationsrichtung", die in der historischen Entwicklung der Optik eine große Rolle gespielt hat, läuft darauf hinaus, ob man $\mathfrak{E}$ oder $\mathfrak{H}$ als „Lichtvektor" deuten will. Vom Standpunkt der physikalischen Wirksamkeit aus muß zweifellos $\mathfrak{E}$ als Lichtvektor angesprochen werden. Denn jede Wirkung läßt sich darauf zurückführen, daß das elektromagnetische Feld Elementarladungen (Elektronen, Kerne) in Bewegung setzt; die mechanische Kraft im Felde ist nun nach LORENTZ gegeben durch

$$\mathfrak{K} = e\left(\mathfrak{E} + \frac{\mathfrak{v}}{c} \times \mathfrak{H}\right),$$

wo e die Ladung, $\mathfrak{v}$ die Geschwindigkeit eines Teilchens ist. Also greift der Vektor $\mathfrak{E}$ schon an ruhende Ladungen an, während $\mathfrak{H}$ eine Zusatzkraft an bewegten Ladungen bestimmt, die wegen des im Nenner auftretenden $c = 3 \cdot 10^{10}\,\mathrm{cm\,sec^{-1}}$ gewöhnlich äußerst klein ist. Wir werden sehen, daß man durch direkte Versuche die Wirksamkeit des Vektors $\mathfrak{E}$ bestätigen kann.

Trotzdem ist es üblich, die Richtung von $\mathfrak{H}$ in einer linear polarisierten Welle als *Polarisationsrichtung* zu bezeichnen. Den historischen Grund dafür werden wir sogleich bei der Betrachtung der durch Spiegelung erzeugten Polarisation kennenlernen. Man muß sich wohl an diese überlieferte Bezeichnung halten; wir werden aber die Ausdrücke Polarisationsrichtung, Polarisationsebene (Ebene durch $\mathfrak{s}$ und $\mathfrak{H}$) möglichst vermeiden und statt dessen von *Schwingungsrichtung* und *Schwingungsebene* des Lichts, d. h. des Vektors $\mathfrak{E}$, sprechen.

Der zweite, wichtige Spezialfall ist der *zirkularer Polarisation*. Damit die Schwingungsellipse in einen Kreis ausartet, ist zunächst notwendig, daß das umschriebene Rechteck ein Quadrat ist,

$$a_1 = a_2 = a,$$

sodann, daß immer eine Komponente gleich Null ist, wenn die andere ein Extremum erreicht hat; es muß also

$$\delta = k \cdot \frac{\pi}{2}, \qquad k = \pm 1, \pm 3, \ldots$$

sein. Dann geht § 7 (6) in die Kreisgleichung

$$\mathfrak{E}_x^2 + \mathfrak{E}_y^2 = a^2$$

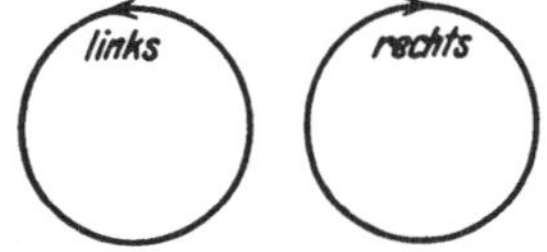

Fig. 4. Links und rechts zirkular polarisiertes Licht bei einer Fortschreitungsrichtung senkrecht zur Zeichenebene gegen die Blickrichtung.

über. Nun sind noch zwei Fälle zu unterscheiden, je nach dem Umlaufssinn, in dem der Kreis vom Endpunkt des Vektors $\mathfrak{E}$ durchlaufen wird. Gemäß der Tradition, an die man sich halten muß, bezieht man den Drehsinn „rechts" und „links" nicht auf die Fortpflanzungsrichtung, sondern auf die entgegengesetzte, die „Blickrichtung" (s. Fig. 4).

Für rechts-zirkulares Licht eilt die y-Komponente der x-Komponente um eine Viertelperiode voraus (negative Drehung um die Fortpflanzungsrichtung):

$$\delta = \frac{\pi}{2} + 2k\pi, \qquad k = 0, \pm 1, \pm 2, \ldots,$$

also

$$\mathfrak{E}_x = a\cos(\tau + \delta_1),$$

$$\mathfrak{E}_y = a\cos\left(\tau + \delta_1 + \frac{\pi}{2}\right) = -a\sin(\tau + \delta_1).$$

Für links-zirkulares Licht eilt die x-Komponente der y-Komponente voraus (positive Drehung um die Fortpflanzungsrichtung):

$$\delta = -\frac{\pi}{2} + 2k\pi, \qquad k = 0, \pm 1, \pm 2, \ldots,$$

also

$$\mathfrak{E}_x = a\cos(\tau + \delta_1),$$

$$\mathfrak{E}_y = a\cos\left(\tau + \delta_1 - \frac{\pi}{2}\right) = a\sin(\tau + \delta_1).$$

Die Fig. 5 zeigt, wie bei stetiger Veränderung von δ die Schwingungsellipse sich deformiert. Für $\delta = 0$ entartet sie in eine Gerade; ist $0 < \delta < \pi$, so haben wir „rechtsläufige" Ellipsen, unter denen für $\delta = \pi/2$ eine symmetrisch zu den Achsen gelegene ist, die für $a_1 = a_2$ in den rechtsläufigen Kreis übergeht. Für

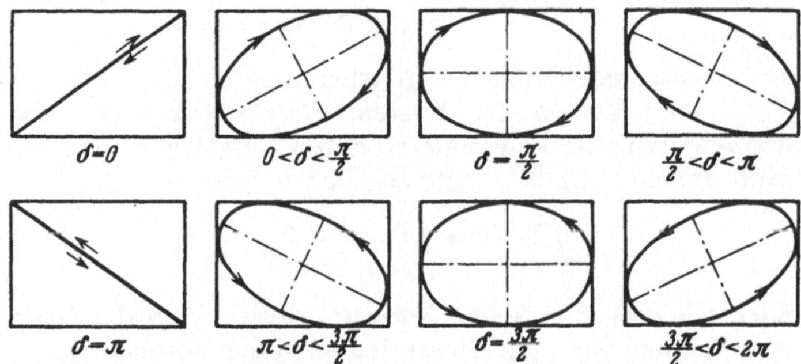

Fig. 5. Elliptisches Licht verschiedener Phasendifferenz der rechtwinkligen Komponenten.

$\delta = \pi$ haben wir wieder lineare Schwingung und für $\pi < \delta < 2\pi$ linksläufige Ellipsen; unter denen ist für $\delta = 3\pi/2$ eine symmetrisch gelegene, die für $a_1 = a_2$ in den links umlaufenen Kreis übergeht.

Rechnet man mit komplexen Amplituden,

$$\mathfrak{E} = \mathfrak{A}e^{i\tau},$$

so läßt sich aus dem Amplitudenverhältnis der x- und y-Komponenten (die z-Achse ist Fortpflanzungsrichtung) entscheiden, was für Licht vorliegt. Es ist [§ 7 (2)]

$$\frac{\mathfrak{E}_y}{\mathfrak{E}_x} = \frac{a_2}{a_1} e^{i(\delta_2 - \delta_1)} = \frac{a_2}{a_1} e^{i\delta}.$$

Für *linear polarisiertes Licht* ($\delta = k\pi$, $k = 0, \pm 1, \pm 2, \ldots$) ergibt sich ein reelles Komponentenverhältnis:

$$\frac{\mathfrak{E}_y}{\mathfrak{E}_x} = \pm \frac{a_2}{a_1}. \tag{2}$$

Für *rechts-zirkulares (linksdrehendes) Licht* ($a_1 = a_2$, $\delta = \pi/2$) wird

$$\frac{\mathfrak{E}_y}{\mathfrak{E}_x} = e^{i\frac{\pi}{2}} = i, \tag{3}$$

für *links-zirkulares (rechtsdrehendes) Licht* ($a_1 = a_2$, $\delta = -\pi/2$):

$$\frac{\mathfrak{E}_y}{\mathfrak{E}_x} = e^{-i\frac{\pi}{2}} = -i. \tag{4}$$

Allgemein gilt für elliptische Schwingungen, daß einem rechtsläufigen Drehsinn ein Komponentenverhältnis mit positivem Imaginärteil, einem linksläufigen Drehsinn ein solches mit negativem Imaginärteil entspricht.

§ 9. Die Grenzbedingungen an der Berührungsfläche zweier Medien.

Unser nächstes Ziel ist das genauere Studium des Durchtritts einer ebenen Welle durch die Berührungsfläche zweier Substanzen. Hierzu haben wir zunächst einmal zu untersuchen, welche Grenzbedingungen aus der MAXWELLschen Theorie für die vier Zustandsvektoren $\mathfrak{E}$, $\mathfrak{D}$, $\mathfrak{H}$ und $\mathfrak{B}$ folgen.

Wir grenzen, wie Fig. 6 zeigt, an der Trennungsfläche G der Medien 1 und 2 einen Raum von der Form eines flachen Kastens ab, der durch zwei zu G parallele Flächen und durch einen ringförmigen „Mantel" begrenzt ist. Über diesen Raum integrieren wir nun die beiden Divergenzgleichungen § 1 (2a, b) und wenden den GAUSSschen Satz an. Mit $\varrho = 0$ (s. S. 13) folgt aus $\operatorname{div} \mathfrak{D} = 0$:

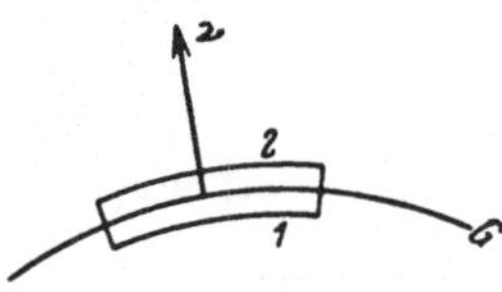

Fig. 6. Zur Ableitung der Grenzbedingungen für die Normalkomponenten des elektromagnetischen Feldes.

$$\int \operatorname{div} \mathfrak{D}\, dS = \int \mathfrak{D}_\nu\, d\sigma = 0\,,$$

wobei das Oberflächenintegral über die Begrenzungsflächen des Kastens zu erstrecken ist. Die von dem Mantel herrührenden Anteile konvergieren gegen Null, wenn man die Höhe des Kastens zu Null abnehmen läßt. Demnach haben wir

$$\int\limits_1 \mathfrak{D}_\nu\, d\sigma + \int\limits_2 \mathfrak{D}_\nu\, d\sigma = 0\,,$$

wo ν in beiden Gliedern die *äußere Normale*, also die von der Grenzfläche fort gerichtete ist. Nehmen wir statt dessen jedesmal die Normale vom 1. ins 2. Medium, so kann man schreiben:

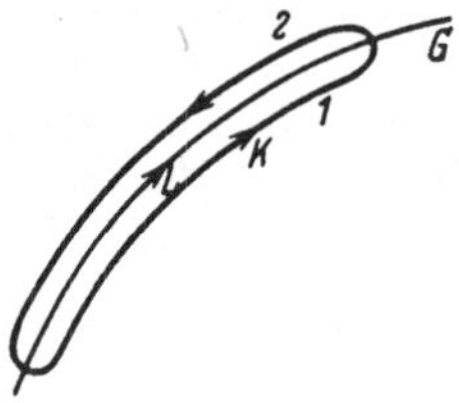

$$\int \{(\mathfrak{D}_\nu)_1 - (\mathfrak{D}_\nu)_2\}\, d\sigma = 0\,,$$

und dies gilt für jedes Stück der Grenzfläche. Daher können wir schließen:

(1a) $$(\mathfrak{D}_\nu)_1 = (\mathfrak{D}_\nu)_2\,,$$

und ebenso folgt aus $\operatorname{div} \mathfrak{B} = 0$:

(1b) $$(\mathfrak{B}_\nu)_1 = (\mathfrak{B}_\nu)_2\,.$$

Fig. 7. Zur Ableitung der Grenzbedingungen für die Tangentialkomponenten des elektromagnetischen Feldes.

Die Normalkomponenten von $\mathfrak{D}$ und $\mathfrak{B}$ verhalten sich an der Grenze stetig.

In ähnlicher Weise können wir aus den MAXWELLschen Gleichungen § 1 (1a, b) Schlüsse über das Verhalten der Tangentialkomponenten von $\mathfrak{E}$ und $\mathfrak{H}$ an der Grenze mit Hilfe des STOKESschen Satzes ziehen. Dazu beschreiben wir eine geschlossene Kurve K, die zu einem Teil dicht unter, zum andern dicht über der Grenzfläche verläuft, wie Fig. 7 zeigt. Durch diese Kurve K legen wir eine beliebige stetige und stetig gekrümmte Fläche F, die aus der Grenze G eine Linie L ausschneidet. Dieser Linie geben wir eine bestimmte Richtung und der geschlossenen Kurve K einen solchen Umlaufssinn, daß dieser im Medium 1 mit der positiven Richtung von L übereinstimmt. Dann folgt aus der MAXWELLschen Gleichung [§ 1 (1b)]

$$\operatorname{rot} \mathfrak{E} + \frac{1}{c} \dot{\mathfrak{B}} = 0$$

durch Anwendung des STOKESschen Satzes auf das von der Kurve K auf der Fläche F umschlossene Flächenstück:

$$\int\limits_F (\operatorname{rot} \mathfrak{E})_\nu\, d\sigma = \int\limits_K \mathfrak{E}\, d\mathfrak{s} = -\frac{1}{c} \int\limits_F \dot{\mathfrak{B}}_\nu\, d\sigma\,,$$

wo ν die dem Umlaufssinn von K entsprechende Normalenrichtung von F ist.

Nehmen wir nun an, daß der Vektor $\mathfrak{B}$ jederzeit und überall endlich ist, so folgt durch Zusammenziehen der Kurve K auf die doppelt bedeckte Linie L

$$\int\limits_K \mathfrak{E}\, d\mathfrak{s} = \int \mathfrak{E}\, d\mathfrak{s}_1 + \int \mathfrak{E}\, d\mathfrak{s}_2 = 0,$$

wo $d\mathfrak{s}_1$ das Wegelement des im Medium 1, $d\mathfrak{s}_2$ das Wegelement des im Medium 2 verlaufenden Stückes von K ist. Bevorzugt man erstere Richtung, die mit der von L übereinstimmt, so hat man wegen $\mathfrak{E}\, d\mathfrak{s} = \mathfrak{E}_s\, ds$:

$$\int\limits_L \{(\mathfrak{E}_s)_1 - (\mathfrak{E}_s)_2\} ds = 0.$$

Da dies für jedes beliebige Kurvenstück L auf der Grenzfläche G gilt, so folgt

$$(2a) \qquad (\mathfrak{E}_s)_1 = (\mathfrak{E}_s)_2;$$

und ebenso folgt aus $\operatorname{rot}\mathfrak{H} - \frac{1}{c}\dot{\mathfrak{D}} = 0$ (s. S. 13):

$$(2b) \qquad (\mathfrak{H}_s)_1 = (\mathfrak{H}_s)_2.$$

Dabei ist vorausgesetzt, daß $\mathfrak{D}$ jederzeit und überall endlich ist; das bedeutet, daß wahre Flächenströme ausgeschlossen sind.

Die Gleichungen (2a) und (2b) besagen, daß *die Tangentialkomponenten von* $\mathfrak{E}$ *und* $\mathfrak{H}$ *die Grenzfläche stetig durchsetzen.* Dabei enthält jede der Gleichungen zwei unabhängige Aussagen; denn man kann die Komponente eines Vektors in einer gegebenen Fläche immer in zwei zueinander senkrechte Komponenten spalten.

Wesentlich sind nur die Grenzbedingungen (2a, b), also vier skalare Gleichungen; die beiden anderen (1a, b) liefern nichts Neues, ebenso wie die Divergenzbedingungen [§ 1 (2a, b)], aus denen sie gefolgert werden.

§ 10. Die FRESNELschen Formeln für Reflexion und Brechung einer ebenen Welle.

Mit Hilfe der Grenzbedingungen berechnen wir nun den Durchgang einer ebenen Welle durch eine ebene Grenzfläche zweier Medien.

Die z-Achse habe die Richtung der Normalen der Grenzfläche vom Medium 1 zum Medium 2; diese Richtung nennt man das *Einfallslot.* Die xz-Ebene sei die Einfallsebene (s. § 4, S. 16), die in Fig. 8 als Zeichenebene gewählt ist.

Die Richtung der ankommenden (einfallenden) Strahlung sei durch den Einheitsvektor $\mathfrak{s}^a$ gegeben; er bildet mit der z-Achse den Winkel φ, seine Komponenten sind also

$$(1) \qquad \mathfrak{s}_x^a = \sin\varphi, \quad \mathfrak{s}_y^a = 0, \quad \mathfrak{s}_z^a = \cos\varphi.$$

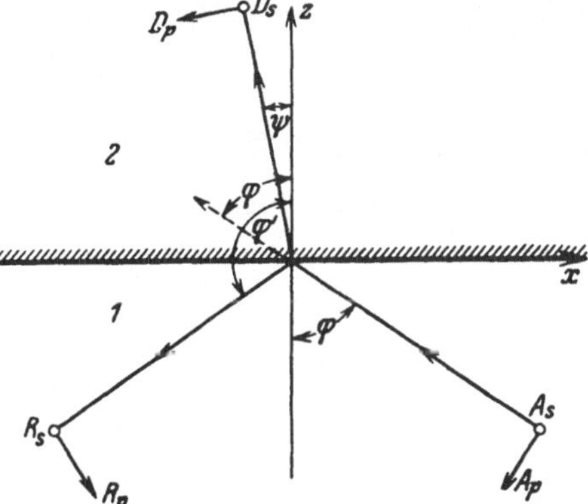

Fig. 8. Brechung und Reflexion (Einfallsebene).

Macht man die Annahme, daß sich die aus dem Medium 1 kommende Welle lediglich in das Medium 2 fortsetzt, und versucht die Grenzbedingungen des § 9 durch diesen Ansatz zu befriedigen, so erweist sich das als unmöglich (wie wir nachher an unserer allgemeineren Rechnung erkennen werden). Dies entspricht der Erfahrungstatsache, daß immer eine reflektierte Welle auftritt. Wir setzen dementsprechend neben der die Grenzfläche durchlaufenden gebrochenen eine von ihr in das Medium 1 zurücklaufende, reflektierte Welle an. Die Normalen der reflektierten und der durchgehenden (gebrochenen) Welle liegen, wie wir in § 4 gesehen haben, in der Einfallsebene; der Einheitsvektor $\mathfrak{s}^r$ für die reflektierte Welle bilde den Winkel φ' mit dem Einfallslot, der Einheitsvektor $\mathfrak{s}^d$ für die durchgehende Welle den Winkel ψ. Dann sind die Komponenten

$$\text{(2)} \qquad \mathfrak{s}^r_x = \sin\varphi', \quad \mathfrak{s}^r_y = 0, \quad \mathfrak{s}^r_z = \cos\varphi',$$

$$\text{(3)} \qquad \mathfrak{s}^d_x = \sin\psi, \quad \mathfrak{s}^d_y = 0, \quad \mathfrak{s}^d_z = \cos\psi.$$

Offenbar hat man für die vorwärtsgerichteten Wellen

$$\text{(4)} \qquad \mathfrak{s}^a_z = \cos\varphi \geqq 0, \quad \mathfrak{s}^d_z = \cos\psi \geqq 0,$$

für die rückwärtsgerichtete Welle

$$\text{(4a)} \qquad \mathfrak{s}^r_z = \cos\varphi' \leqq 0.$$

Den elektrischen Vektor der ankommenden Welle $\mathfrak{E}^a$ zerlegen wir in eine zur Einfallsebene parallele Komponente mit der Amplitude A_p und eine zur Einfallsebene senkrechte Komponente mit A_s. Ebenso zerlegen wir den elektrischen Vektor der gebrochenen Welle $\mathfrak{E}^d$ in die Komponenten D_p und D_s und den elektrischen Vektor der reflektierten Welle $\mathfrak{E}^r$ in die Komponenten R_p und R_s.

Die entsprechende Zerlegung der magnetischen Vektoren $\mathfrak{H}^a$, $\mathfrak{H}^d$, $\mathfrak{H}^r$ erhalten wir hieraus, indem wir einmal die Tatsache verwenden, daß die drei Vektoren $\mathfrak{E}$, $\mathfrak{H}$, $\mathfrak{s}$ so zueinander liegen wie die Achsen eines rechtshändigen Koordinatensystems (§ 3), und ferner, daß die Gleichung § 3 (11) gilt, die mit $\mu = 1$

$$|\mathfrak{H}| = \sqrt{\varepsilon}\,|\mathfrak{E}|$$

lautet. In der Fig. 8 sind die p-Komponenten durch →, die s-Komponenten durch ⊙ angedeutet; die Komponenten der magnetischen Vektoren sind nicht eingezeichnet.

Sämtliche Amplituden A, D, R setzen wir komplex an, um das Auftreten von Phasenkonstanten einzuschließen. Die variablen Teile der Phase sind:

$$\text{(5)} \begin{cases} \text{(a)} & \tau_a = \omega\left(t - \dfrac{\mathfrak{r}\mathfrak{s}^a}{c_1}\right) = \omega\left(t - \dfrac{x\sin\varphi + z\cos\varphi}{c_1}\right), \\ \text{(b)} & \tau_d = \omega\left(t - \dfrac{\mathfrak{r}\mathfrak{s}^d}{c_2}\right) = \omega\left(t - \dfrac{x\sin\psi + z\cos\psi}{c_2}\right), \\ \text{(c)} & \tau_r = \omega\left(t - \dfrac{\mathfrak{r}\mathfrak{s}^r}{c_1}\right) = \omega\left(t - \dfrac{x\sin\varphi' + z\cos\varphi'}{c_1}\right). \end{cases}$$

Nunmehr können wir die x-, y-, z-Komponenten der Vektoren $\mathfrak{E}$, $\mathfrak{H}$ in den drei Wellen folgendermaßen darstellen:

$$\text{(6)} \begin{cases} \mathfrak{E}^a_x = A_p\cos\varphi\, e^{i\tau_a}, & \mathfrak{H}^a_x = -A_s\cos\varphi\sqrt{\varepsilon_1}\, e^{i\tau_a}, \\ \mathfrak{E}^a_y = A_s\, e^{i\tau_a}, & \mathfrak{H}^a_y = A_p\sqrt{\varepsilon_1}\, e^{i\tau_a}, \\ \mathfrak{E}^a_z = -A_p\sin\varphi\, e^{i\tau_a}, & \mathfrak{H}^a_z = A_s\sin\varphi\sqrt{\varepsilon_1}\, e^{i\tau_a}; \end{cases}$$

$$\text{(7)} \begin{cases} \mathfrak{E}^d_x = D_p\cos\psi\, e^{i\tau_d}, & \mathfrak{H}^d_x = -D_s\cos\psi\sqrt{\varepsilon_2}\, e^{i\tau_d}, \\ \mathfrak{E}^d_y = D_s\, e^{i\tau_d}, & \mathfrak{H}^d_y = D_p\sqrt{\varepsilon_2}\, e^{i\tau_d}, \\ \mathfrak{E}^d_z = -D_p\sin\psi\, e^{i\tau_d}, & \mathfrak{H}^d_z = D_s\sin\psi\sqrt{\varepsilon_2}\, e^{i\tau_d}; \end{cases}$$

$$\text{(8)} \begin{cases} \mathfrak{E}^r_x = R_p\cos\varphi'\, e^{i\tau_r}, & \mathfrak{H}^r_x = -R_s\cos\varphi'\sqrt{\varepsilon_1}\, e^{i\tau_r}, \\ \mathfrak{E}^r_y = R_s\, e^{i\tau_r}, & \mathfrak{H}^r_y = R_p\sqrt{\varepsilon_1}\, e^{i\tau_r}, \\ \mathfrak{E}^r_z = -R_p\sin\varphi'\, e^{i\tau_r}, & \mathfrak{H}^r_z = R_s\sin\varphi'\sqrt{\varepsilon_1}\, e^{i\tau_r}. \end{cases}$$

Hierbei sind die Komponenten A_p, D_p, R_p für $\tau = 0$ so gerichtet angenommen, wie die Fig. 8 zeigt; die Komponenten A_s, D_s, R_s sind alle in der Richtung der positiven y-Achse (nach hinten) gedacht.

Um die Grenzbedingungen zu erfüllen, hat man zunächst einmal für $z = 0$ die Größen τ_a, τ_d, τ_r einander gleichzusetzen; das gibt das Reflexions- und Brechungsgesetz wie in § 4:

$$\frac{\sin\varphi}{c_1} = \frac{\sin\psi}{c_2} = \frac{\sin\varphi'}{c_1}, \tag{9}$$

also wegen (4) und (4a)

$$\varphi' = \pi - \varphi, \qquad \begin{aligned} \cos\varphi' &= -\cos\varphi, \\ \sin\varphi' &= \sin\varphi, \end{aligned} \tag{10}$$

und

$$\frac{\sin\varphi}{\sin\psi} = \frac{c_1}{c_2} = \sqrt{\frac{\varepsilon_2}{\varepsilon_1}} = n_{12}. \tag{11}$$

Die Grenzbedingungen für die Feldvektoren § 9 (2a, b) verlangen nun:

$$\begin{cases} \mathfrak{E}_x^a + \mathfrak{E}_x^r = \mathfrak{E}_x^d, & \mathfrak{H}_x^a + \mathfrak{H}_x^r = \mathfrak{H}_x^d, \\ \mathfrak{E}_y^a + \mathfrak{E}_y^r = \mathfrak{E}_y^d, & \mathfrak{H}_y^a + \mathfrak{H}_y^r = \mathfrak{H}_y^d; \end{cases} \tag{12}$$

die Bedingungen § 9 (1a, b) sind dann, wie wir schon sagten und wie sich leicht nachrechnen läßt, von selbst erfüllt.

Setzt man in (12) die Ausdrücke (6), (7), (8) ein und berücksichtigt, daß nach (10) $\cos\varphi' = -\cos\varphi$ ist, so erhält man

$$\begin{cases} \cos\varphi(A_p - R_p) = \cos\psi D_p, \\ A_s + R_s = D_s, \\ \cos\varphi\sqrt{\varepsilon_1}(A_s - R_s) = \cos\psi\sqrt{\varepsilon_2}D_s, \\ \sqrt{\varepsilon_1}(A_p + R_p) = \sqrt{\varepsilon_2}D_p. \end{cases} \tag{13}$$

Aus diesen vier Gleichungen lassen sich nun die Amplituden der reflektierten und der gebrochenen Welle durch die der einfallenden ausdrücken; indem man noch (11) benutzt, erhält man:

$$\begin{cases} D_p = \dfrac{2\sin\psi\cos\varphi}{\sin(\varphi+\psi)\cos(\varphi-\psi)}\cdot A_p, \\ D_s = \dfrac{2\sin\psi\cos\varphi}{\sin(\varphi+\psi)}\cdot A_s; \end{cases} \tag{14}$$

$$\begin{cases} R_p = \dfrac{\operatorname{tg}(\varphi-\psi)}{\operatorname{tg}(\varphi+\psi)}\cdot A_p, \\ R_s = -\dfrac{\sin(\varphi-\psi)}{\sin(\varphi+\psi)}\cdot A_s. \end{cases} \tag{15}$$

Dies sind die FRESNEL*schen Formeln*; sie wurden zuerst von FRESNEL auf Grund seiner elastischen Lichttheorie abgeleitet.

Wenn das Medium 2 „optisch dichter“ ist als das Medium 1, d. h. wenn $\varepsilon_2 > \varepsilon_1$, also $n_{12} > 1$ ist, so existiert nach dem Brechungsgesetz (11)

$$\sin\psi = \frac{\sin\varphi}{n_{12}}$$

zu jedem Einfallswinkel φ ein reeller Brechungswinkel ψ. Ist aber das Medium 2 das „optisch dünnere“, d. h. $n_{12} < 1$, so gibt es reelle Lösungen ψ nur, wenn $\sin\varphi \leqq n_{12}$ ist. Den Fall $\sin\varphi > n_{12}$ (Totalreflexion) werden wir nachher (§ 13) gesondert behandeln. Wir schließen ihn zunächst aus. Die reellen Winkel φ und ψ können wir zwischen 0 und $\pi/2$ annehmen. Dann zeigen die Gleichungen (14), (15), daß zu reellen Werten von A_p, A_s auch immer reelle Werte von

D_p, D_s, R_p, R_s gehören. Dies bedeutet, daß die Phasen der gebrochenen und der reflektierten Welle sich von den Phasen der einfallenden Welle gar nicht oder um π unterscheiden.

Nach Fig. 8 wird man die Komponenten der gebrochenen Welle als gleichphasig mit denen der einfallenden Welle bezeichnen, wenn D_p, D_s gleiche Vorzeichen haben wie A_p, A_s; dasselbe wird auch gelten für die Komponente R_s der reflektierten Welle. Dagegen wird man nach der gewählten Zuordnung der positiven Schwingungsrichtung zur Wellennormale die Komponenten R_p und A_p bei gleichem Vorzeichen als gegenphasig bezeichnen; denn dann springt bei senkrechter Inzidenz die p-Komponente genau in die entgegengesetzte Richtung um.

Aus (14) folgt nun, daß D_p, D_s immer das gleiche Vorzeichen haben wie A_p und A_s; also setzt die gebrochene Welle ohne Phasensprung die ankommende fort.

Bei der reflektierten Welle haben wir verschiedenes Verhalten, je nachdem ob $n_{12} \gtrless 1$ ist. Ist das zweite Medium das optisch dichtere, $n_{12} > 1$, also $\varphi > \psi$, so haben R_s und A_s entgegengesetzte Vorzeichen. Die s-Komponente macht also bei der Reflexion stets einen Phasensprung um π. Ist überdies $\varphi + \psi < \pi/2$, $\operatorname{tg}(\varphi + \psi) > 0$, so haben R_p und A_p dasselbe Vorzeichen; das besagt nach den oben getroffenen Festsetzungen, daß auch die p-Komponente bei der Reflexion um π springt. Bei größeren Einfallswinkeln aber sind die p-Komponenten der einfallenden und reflektierten Welle in Phase.

Ist das zweite Medium das optisch dünnere, $n_{12} < 1$, also $\varphi < \psi$, so kehren sich in (15) die Vorzeichen der Komponenten der reflektierten Welle gerade um. Die s-Komponente macht also keinen Phasensprung; die p-Komponente ebenfalls nicht für kleine Einfallswinkel bis zur Grenze $\varphi + \psi = \pi/2$, und sie springt um π oberhalb dieser Grenze. Im § 13 werden wir hierauf bei der Besprechung der Polarisation durch Totalreflexion zurückkommen.

Für den Fall *senkrechter Inzidenz* werden die Formeln (14), (15) unbrauchbar, da dann die Brüche rechter Hand die Form 0/0 annehmen. Man bekommt brauchbare Formeln am einfachsten, indem man auf die Gleichungen (13) zurückgeht und darin $\cos\varphi = \cos\psi = 1$ setzt. Schreiben wir statt $n_{12} = \sqrt{\varepsilon_2/\varepsilon_1}$ kurz n, so wird:

$$(16)\quad \begin{cases} D_p = \dfrac{2}{n+1} A_p, \\[2mm] D_s = \dfrac{2}{n+1} A_s; \end{cases}$$

$$(17)\quad \begin{cases} R_p = \dfrac{n-1}{n+1} A_p, \\[2mm] R_s = -\dfrac{n-1}{n+1} A_s. \end{cases}$$

Der Unterschied zwischen p- und s-Komponenten ist verschwunden, der Begriff der Einfallsebene bedeutungslos geworden.

§ 11. Polarisation bei Spiegelung und Brechung.

Die *Lichtintensität* ist nach § 3 (13) definiert durch

$$(1)\quad |\mathfrak{S}| = \frac{c}{4\pi}\sqrt{\varepsilon}\,\mathfrak{E}^2 = \frac{cn}{4\pi}\mathfrak{E}^2,$$

wobei $\mu = 1$ gesetzt ist. Um hiernach die Intensitäten des gespiegelten und gebrochenen Lichts mit Hilfe der FRESNELschen Formeln zu bestimmen, muß man bedenken, daß der Querschnitt eines Lichtbündels bei der Brechung sich ändert. Nehmen wir an, daß gerade die Flächeneinheit der Grenzfläche beleuchtet ist, so ist der Querschnitt des einfallenden und reflektierten Strahls $\cos\varphi$, der des gebrochenen $\cos\psi$. Sind nun A_p, R_p, D_p die gesamten Strahlungsmengen der p-Komponenten im einfallenden, reflektierten und gebrochenen Licht, so gilt für dieses Bündel

$$(2)\quad \begin{cases} \mathsf{A}_p = |\mathfrak{S}^a|\cos\varphi = \dfrac{c n_1}{4\pi} A_p^2 \cos\varphi\,, \\[2ex] \mathsf{R}_p = |\mathfrak{S}^r|\cos\varphi = \dfrac{c n_1}{4\pi} R_p^2 \cos\varphi\,, \\[2ex] \mathsf{D}_p = |\mathfrak{S}^d|\cos\psi = \dfrac{c n_2}{4\pi} D_p^2 \cos\psi\,, \end{cases}$$

wo A_p, R_p, D_p die in § 10 (14), (15) vorkommenden Größen sind; und entsprechendes gilt für die s-Komponenten. Man erhält also durch Elimination von A_p^2, A_s^2 *Reflexionsvermögen* und *Durchlässigkeit* für die beiden Komponenten:

$$(3)\quad \begin{cases} r_p = \dfrac{\mathsf{R}_p}{\mathsf{A}_p} = \dfrac{\operatorname{tg}^2(\varphi-\psi)}{\operatorname{tg}^2(\varphi+\psi)}\,, \\[2ex] r_s = \dfrac{\mathsf{R}_s}{\mathsf{A}_s} = \dfrac{\sin^2(\varphi-\psi)}{\sin^2(\varphi+\psi)}\,; \end{cases}$$

$$(4)\quad \begin{cases} d_p = \dfrac{\mathsf{D}_p}{\mathsf{A}_p} = \dfrac{\sin 2\varphi \sin 2\psi}{\sin^2(\varphi+\psi)\cos^2(\varphi-\psi)}\,, \\[2ex] d_s = \dfrac{\mathsf{D}_s}{\mathsf{A}_s} = \dfrac{\sin 2\varphi \sin 2\psi}{\sin^2(\varphi+\psi)}\,. \end{cases}$$

Man verifiziert leicht, daß

$$(5)\quad r_p + d_p = 1\,, \qquad r_s + d_s = 1$$

ist, wie es der Satz von der Erhaltung der Energie fordert.

Bei senkrechter Inzidenz, für die der Unterschied der p- und s-Komponenten verschwindet, hat man nach § 10 (16), (17):

$$(6)\quad \begin{cases} r = \left(\dfrac{n-1}{n+1}\right)^2, \\[2ex] d = \dfrac{4n}{(n+1)^2}\,, \end{cases}$$

mit

$$(7)\quad r + d = 1\,.$$

Die Größe r nennt man *das Reflexionsvermögen* und *d die Durchlässigkeit* schlechthin. Offenbar folgt aus (6)

$$(8)\quad \lim_{n\to 1} r = 0\,, \qquad \lim_{n\to 1} d = 1\,;$$

dieselben Formeln gelten auch für die Größen r_p, r_s und d_p, d_s nach (3) und (4), da mit $n \to 1$ $\psi \to \varphi$ wird. Je geringer also der optische Unterschied zweier Medien, desto weniger Energie verliert ein durch ihre Grenze tretender Lichtstrahl durch Reflexion.

Aus (3) und (4) erkennt man, daß für streifende Inzidenz, d. h. für $\varphi = \pi/2$, $r_p = r_s = 1$ wird, während d_p und d_s verschwinden.

Die Nenner der Ausdrücke (3), (4) bleiben immer endlich mit einer Ausnahme: Für $\varphi + \psi = \pi/2$ wird $\operatorname{tg}(\varphi+\psi) = \infty$ und damit $r_p = 0$. In diesem Falle stehen der reflektierte und der gebrochene Strahl aufeinander senkrecht (s. Fig. 9), und aus dem Brechungsgesetz folgt wegen $\sin\psi = \sin\left(\frac{\pi}{2} - \varphi\right) = \cos\varphi$:

$$\operatorname{tg}\varphi = n\,. \tag{9}$$

Der Winkel, der diese Beziehung erfüllt, heißt *Polarisationswinkel* oder BREWSTER*scher Winkel*; er wurde im Jahre 1815 von DAVID BREWSTER (1781 bis 1868) abgeleitet.

Wird eine Welle unter diesem Winkel reflektiert, so wird die parallel zur Einfallsebene schwingende Komponente des elektrischen Vektors ausgelöscht. Das reflektierte Licht ist also linear polarisiert — „in der Einfallsebene", wie man sagt. Als *Polarisationsebene* des linear polarisierten Lichts bezeichnet man nämlich traditionsgemäß die Einfallsebene des Spiegels, durch den die lineare Polarisation hergestellt werden kann. Nach dieser Definition ist also nicht der elektrische, sondern der magnetische Vektor für die „Polarisation" bestimmend; da aber, wie wir in § 8 sahen, der elektrische Vektor zweifellos der physikalisch wirksame, der „Lichtvektor" ist, so vermeidet man am besten den Begriff der Polarisationsrichtung und ersetzt ihn durch den der Schwingungsrichtung (des elektrischen Vektors).

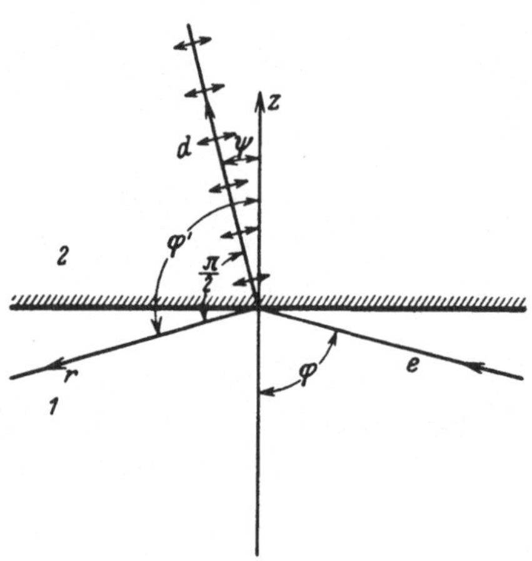

Fig. 9. Polarisationswinkel.

Diese heute nicht mehr zweifelhafte Wahl ist in der Geschichte der Optik lange Zeit Gegenstand von Meinungsverschiedenheiten gewesen. Zur Zeit der elastischen Lichttheorie war in der Tat die Frage nicht in dem Sinne entscheidbar wie heute, wo wir uns auf die bekannten Wirkungen des elektrischen und magnetischen Feldes berufen können. So kam FRESNEL zu dem Ergebnis, daß die elastischen Schwingungen des Äthers senkrecht zur Polarisationsebene erfolgen, während FRANZ NEUMANN sie als parallel zu ihr annahm. Sie machten nämlich verschiedene Hypothesen über den Mechanismus der Ätherbewegung; bei FRESNEL sollte die Dichte des Äthers in verschiedenen Medien verschieden, die Elastizität aber konstant sein, bei NEUMANN umgekehrt. In Wahrheit ist keine dieser Theorien zureichend, weil sie, wie in der Einleitung erläutert wurde, stets die von der Mechanik geforderten Randbedingungen verletzen, um das Auftreten longitudinaler Wellen bei der Brechung zu vermeiden.

Kehren wir nun zum BREWSTERschen Gesetz zurück, so können wir uns den inneren Grund für seine Gültigkeit anschaulich klarmachen, indem wir uns vorstellen, daß der elektrische Vektor der einfallenden Welle im zweiten Medium Schwingungen der Elektronen in den Atomen erregt, deren Richtung durch den elektrischen Vektor der gebrochenen Welle gegeben ist. Diese Elektronenschwingungen erregen in der Grenzfläche eine weitere Welle, die ins erste Medium zurückläuft: die reflektierte Welle. Nun strahlt ein linear schwingendes Elektron „transversal" (wie jede Antenne); insbesondere findet keine Energieabgabe in der Schwingungsrichtung des Elektrons statt. Sobald der reflektierte Strahl auf dem durchgehenden senkrecht steht, tritt gerade für die Schwingung parallel zur Einfallsebene dieser Fall ein und der reflektierte Strahl erhält keine Energie für die Schwingung in der Einfallsebene (s. Fig. 9).

Die Fig. 10 stellt für Glas den Verlauf der Intensität des reflektierten Lichts als Funktion des Einfallswinkels φ dar[1]. Dieser ist am unteren Rande der Figur in einer Gradskala aufgetragen; am oberen Rande stehen die entsprechenden Werte des Brechungswinkels. Die Kurve *I* stellt r_s, die Kurve *II* $\frac{1}{2}(r_s + r_p)$, die Kurve *III* r_p dar; man bemerkt die Stelle der Kurve *III*, die dem Polarisationswinkel $56° 40'$ entspricht, ein Winkel, dessen Tangens gerade $n = 1{,}52$ beträgt.

Die Kurve *II* zeigt die Intensität des reflektierten Lichts für den Fall, daß das einfallende Licht linear unter 45° gegen die p- oder s-Richtung polarisiert ist. Betrachten wir nämlich allgemein linear polarisiertes Licht von der Amplitude A, bei dem die Schwingungsrichtung von $\mathfrak{E}^a$ den Winkel α gegen die p-Richtung bildet, so ist

$$(10)\qquad A_p = A\cos\alpha\,, \qquad A_s = A\sin\alpha\,.$$

Ist A die Lichtstärke des einfallenden Bündels, so hat man

$$(11)\qquad \mathsf{A}_p = \mathsf{A}\cos^2\alpha\,, \quad \mathsf{A}_s = \mathsf{A}\sin^2\alpha\,.$$

Die gesamte reflektierte Intensität läßt sich also schreiben:

$$\mathsf{R}_\alpha = \mathsf{R}_p + \mathsf{R}_s = \left(\frac{\mathsf{R}_p}{\mathsf{A}_p}\cos^2\alpha + \frac{\mathsf{R}_s}{\mathsf{A}_s}\sin^2\alpha\right)\mathsf{A}\,,$$

und hieraus folgt

$$(12)\qquad r_\alpha = \frac{\mathsf{R}_\alpha}{\mathsf{A}} = r_p\cos^2\alpha + r_s\sin^2\alpha\,;$$

Entsprechendes gilt für das gebrochene Licht. Für $\alpha = \pi/4$ hat man wegen $\cos^2\frac{\pi}{4} = \sin^2\frac{\pi}{4} = \frac{1}{2}$ gerade die durch Kurve *II* dargestellte Funktion

$$(13)\qquad r_{\frac{\pi}{4}} = \tfrac{1}{2}(r_p + r_s)\,.$$

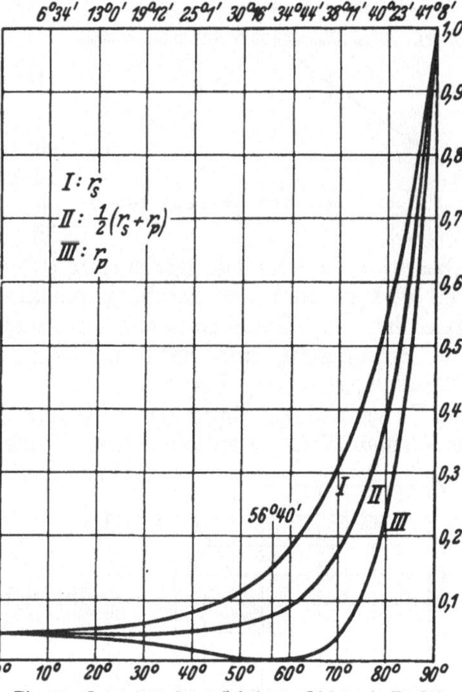

Fig. 10. Intensität des reflektierten Lichts als Funktion des Einfallswinkels. (Nach CHWOLSON: Lehrb. d. Physik, 2. Aufl. 1922.)

Dieselbe Kurve stellt auch das Verhalten von ***natürlichem Licht*** bei Reflexion dar. Man kann nämlich natürliches Licht auffassen als polarisiertes Licht mit unregelmäßig schwankendem Polarisationszustande. Man erhält also die Intensität durch Mittelung über den Winkel α. Da die Mittelwerte von $\cos^2\alpha$ und $\sin^2\alpha$ gleich $\frac{1}{2}$ sind, so wird für natürliches Licht

$$(14)\qquad \overline{\mathsf{A}}_p = \overline{\mathsf{A}}_s = \tfrac{1}{2}\mathsf{A}\,,$$

aber:

$$(15)\qquad \left\{\begin{aligned} \overline{\mathsf{R}}_p &= \frac{1}{2}\frac{\overline{\mathsf{R}}_p}{\overline{\mathsf{A}}_p}\mathsf{A} = \frac{1}{2}\,r_p\mathsf{A}\,,\\ \overline{\mathsf{R}}_s &= \frac{1}{2}\frac{\overline{\mathsf{R}}_s}{\overline{\mathsf{A}}_s}\mathsf{A} = \frac{1}{2}\,r_s\mathsf{A}\,. \end{aligned}\right.$$

---

[1] Aus O. D. CHWOLSON: Lehrbuch der Physik, 2. Aufl., Bd. II 2 S. 716. Braunschweig 1922.

Im reflektierten Licht sind also die beiden Komponenten nicht mehr gleich, man sagt dann, das reflektierte Licht sei *partiell* polarisiert, und nennt

$$\frac{\overline{R}_p - \overline{R}_s}{A} = \frac{1}{2}(r_p - r_s) \tag{16}$$

den *polarisierten Anteil*. Das Reflexionsvermögen des gesamten aus natürlichem durch Reflexion entstehenden Lichts ist gegeben durch

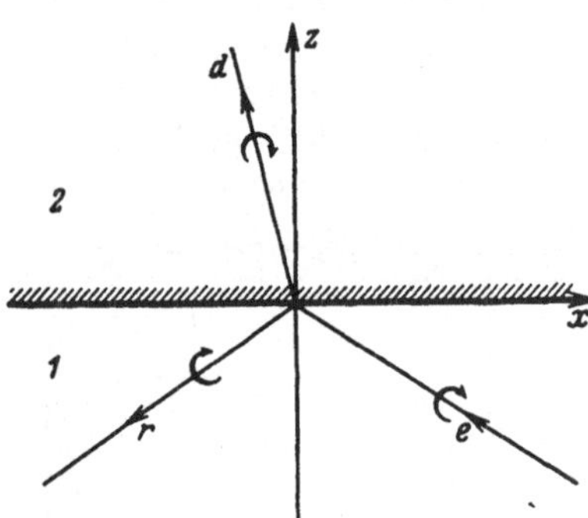

Fig. 11. Zur Vorzeichenbestimmung des Azimuts der Polarisation.

$$\bar{r} = \frac{\overline{R}}{A} = \frac{\overline{R}_p + \overline{R}_s}{A} = \frac{1}{2}(r_p + r_s), \tag{17}$$

also wieder durch die Kurve *II*.

Entsprechende Betrachtungen gelten für den gebrochenen Strahl. Insbesondere hat man bei natürlichem Licht

$$\bar{r} + \bar{d} = 1. \tag{18}$$

Wir kehren nun wieder zu linear polarisiertem Licht zurück. Ist das einfallende Licht linear polarisiert, so gilt dasselbe für das reflektierte und gebrochene, da die Phasen sich nur um 0 oder π ändern. Wohl aber wird die Schwingungsrichtung (oder die „Polarisationsebene“) im reflektierten und gebrochenen Strahl gegen die im einfallenden gedreht sein. Man bezeichnet den Winkel zwischen Schwingungs- und Einfallsebene als das *Azimut* der Schwingung und zählt dieses positiv bei Rechtsdrehung um die Fortpflanzungsrichtung (Fig. 11).

Es sei α das Azimut der einfallenden, ϱ das der reflektierten, δ das der gebrochenen Welle; man kann diese Winkel auf den Bereich $-\pi/2$ bis $\pi/2$ beschränken. Es ist

$$\operatorname{tg}\alpha = \frac{A_s}{A_p}, \quad \operatorname{tg}\varrho = \frac{R_s}{R_p}, \quad \operatorname{tg}\delta = \frac{D_s}{D_p}. \tag{19}$$

Aus den Fresnelschen Formeln § 10 (14), (15) ergibt sich:

$$\left\{\begin{aligned} \operatorname{tg}\varrho &= -\frac{\cos(\varphi-\psi)}{\cos(\varphi+\psi)}\cdot\operatorname{tg}\alpha, \\ \operatorname{tg}\delta &= \cos(\varphi-\psi)\cdot\operatorname{tg}\alpha. \end{aligned}\right. \tag{20}$$

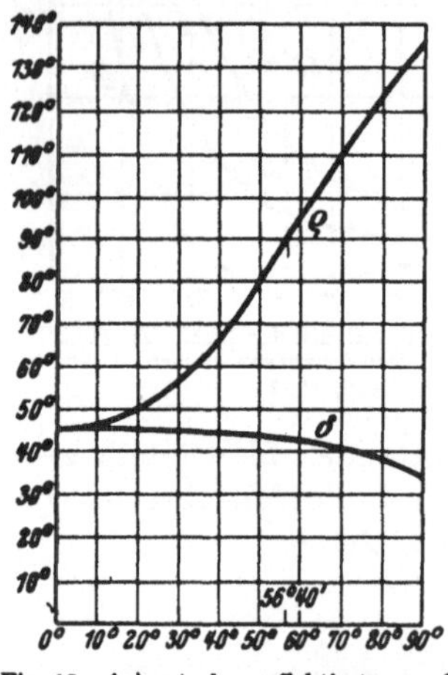

Fig. 12. Azimut der reflektierten und der gebrochenen Welle als Funktion des Einfallswinkels. (Nach Chwolson: Lehrb. d. Physik, 2. Aufl. 1922.)

Wegen $0 \leqq \varphi \leqq \pi/2$, $0 \leqq \psi \leqq \pi/2$ folgt

$$|\operatorname{tg}\varrho| \geqq |\operatorname{tg}\alpha|,$$
$$|\operatorname{tg}\delta| \leqq |\operatorname{tg}\alpha|,$$

wo das Gleichheitszeichen in der oberen Ungleichung nur für senkrechte und streifende Inzidenz ($\varphi = \psi = 0$ bzw. $\varphi = \pi/2$) gilt, in der unteren Ungleichung nur für senkrechte Inzidenz. Die Ebene der Lichtschwingung wird also durch Reflexion von der Einfallsebene weg, durch Brechung zu ihr hingedreht. Den Verlauf[1] von ϱ und δ zeigt die Fig. 12 für $n = 1{,}52$ und $\alpha = 45°$.

Man sieht, daß für den Polarisationswinkel $\varphi = 56°\,40'$ gerade $\varrho = 90°$ wird; in der Tat wird für $\varphi + \psi = \pi/2$ nach (20) $\operatorname{tg}\varrho = \infty$, also $\varrho = \pi/2$ unabhängig von α.

[1] Nach O. D. Chwolson: Lehrbuch der Physik, 2. Aufl., Bd. II 2 S. 716.

Die experimentelle Prüfung der hier abgeleiteten Gesetze über Intensitäts- und Polarisationsverhältnisse hat sie mit beträchtlicher Genauigkeit bestätigt. Man braucht dabei Apparate zur Herstellung von polarisiertem Licht; solche kann man auf Grund des Spiegelungsvorgangs selbst konstruieren. Bekannt ist der Apparat von NÖRRENBERG (1787—1862), der im wesentlichen aus zwei Glasplatten besteht, die von einem Lichtstrahl unter dem Polarisationswinkel getroffen werden (Fig. 13). Die erste Platte dient als „*Polarisator*", da der von ihr reflektierte Strahl linear polarisiert ist; die zweite Platte, die um die Richtung dieses Strahls drehbar ist, stellt dann den „*Analysator*" dar.

Fig. 13. NÖRRENBERGscher Polarisationsapparat. P polarisierende Glasplatte, A Analysator, S reflektierender Spiegel, s einfallendes unpolarisiertes Strahlenbündel, p polarisiertes Strahlenbündel, r von A reflektiertes Strahlenbündel.

Dieser Apparat hat den Nachteil, daß der Strahlengang relativ verwickelt ist. Man zieht Einrichtungen vor, die das Licht linear polarisieren, ohne die Strahlrichtung zu ändern. Der einfachste Apparat dieser Art ist ein *Glasplattensatz* oder *Lamellenpolarisator*. Er besteht aus einer Anzahl dünner, planparalleler Glasplatten, auf die der einfallende Strahl unter dem Polarisationswinkel trifft. Bei jeder Brechung tritt eine partielle Polarisation des durchgehenden Lichts ein, und wenn diese auch gering ist, so wird durch mehrfache Brechung doch ein beträchtlicher Polarisationsgrad erreicht. Für einfallendes natürliches Licht ist nach dem Durchgang durch die beiden Grenzflächen einer Platte das Intensitätsverhältnis der p- und s-Komponente [durch zweimalige Anwendung von (4)]:

$$\left(\frac{d_s}{d_p}\right)^2 = \cos^4(\varphi - \psi) < 1\,,$$

d. h. die p-Schwingung ist nach dem Austritt stärker als die s-Schwingung. Die Polarisation wird um so vollständiger, je größer φ ist. Ist φ gerade gleich dem Polarisationswinkel, $\varphi + \psi = \pi/2$, $\operatorname{tg}\varphi = n$, so wird

$$\left(\frac{d_s}{d_p}\right)^2 = \sin^4 2\varphi = \left(\frac{2n}{1+n^2}\right)^4.$$

Für $n = 1{,}5$ hat dies den Wert 0,725. Beim Durchgang durch fünf Platten kommt man auf $(0{,}725)^5 = 0{,}200$, ist also noch erheblich von vollständiger Polarisation entfernt[1]. Überdies hat der Apparat den Nachteil, daß das Licht durch die vielen Reflexionsverluste stark geschwächt wird; er wird deshalb kaum mehr verwandt.

Die gebräuchlichsten Polarisatoren beruhen auf der Doppelbrechung in Kristallen, so das NICOLsche Prisma; wir werden darauf in Kap. V, § 63 eingehen.

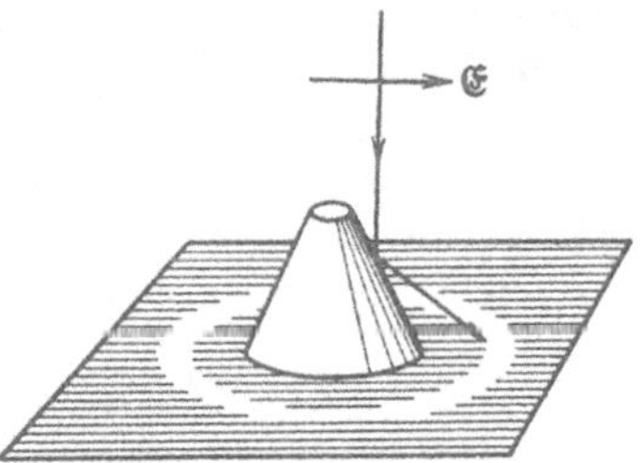

Fig. 14. MACHscher Kegelanalysator.

Zur Demonstration der Polarisation durch Spiegelung ist der MACH*sche Kegelanalysator* (Fig. 14) geeignet. Dieser besteht aus einem Glaskegel von solchem Öffnungswinkel, daß ein parallel zur Kegelachse auffallendes Strahlenbündel den Mantel unter dem Winkel der totalen Polarisation trifft. Das vom Kegel reflektierte Licht erzeugt auf einem dahinter angebrachten Schirm einen hellen Ring; ist das Licht

[1] Eine Tabelle der Intensitäten des reflektierten und durchgehenden Lichtes und des Polarisationsgrades bei verschiedener Plattenzahl findet sich bei R. W. WOOD, Physical Optics, 2. Aufl., S. 366. New York 1923.

linear polarisiert, so zeigt der Ring an zwei diametral gegenüberliegenden Stellen Dunkelheit; durch diese dunklen Stellen geht die Schwingungsebene des elektrischen Vektors.

§ 12. Einfluß von Übergangsschichten auf die Polarisation des reflektierten Lichts.*

Wenn auch die FRESNELschen Formeln im allgemeinen die Beobachtungen sehr gut wiedergeben, hat man doch kleine Abweichungen gefunden, die in der Nähe des Polarisationswinkels besonders deutlich werden; die Komponente des reflektierten Lichts in der Einfallsebene wird niemals völlig ausgelöscht. Die Theorie ist also nicht ganz zureichend; DRUDE[1] hat die Meinung vertreten, daß tatsächlich eine zu weitgehende Idealisierung vorliegt in der Annahme, daß der Übergang von dem einen Körper zum anderen sprunghaft sei. Eine Substanz wird von der anderen immer durch eine Übergangsschicht getrennt sein, in der die Dielektrizitätskonstante sich stetig vom Werte ε_1 zum Werte ε_2 ändert. Die *natürliche Übergangsschicht* wird überdies häufig noch durch ein Poliermittel zu einer künstlichen, dickeren *Oberflächenschicht*, in der ε auch Werte außerhalb des Intervalls ε_1, ε_2 annehmen kann. Wir wollen zeigen, in welcher Weise die Übergangsschicht von DRUDE in Rechnung gesetzt worden ist, und am Schluß eine kurze Kritik vom Standpunkt neuerer Erfahrungen aus anfügen.

Es wird genügen, die Dicke l der Schicht als kleine Größe erster Ordnung zu behandeln und Glieder mit höheren Potenzen von l zu vernachlässigen. Dann kann man die Übergangsschicht dadurch berücksichtigen, daß man an Stelle der in § 9 abgeleiteten idealen Grenzbedingungen andere aufstellt, in denen zu l proportionale Glieder auftreten.

Man gewinnt diese neuen Grenzbedingungen am einfachsten, indem man die zur Oberfläche parallelen x- und y-Komponenten der Feldgleichungen § 1 (1a, b) durch die Übergangsschicht hindurch integriert. Beachtet man, daß keine Feldkomponente von der zur Einfallsebene senkrechten y-Koordinate abhängt, so lauten diese Gleichungen (mit $\mu = 1$):

$$
(1)\quad \left\{\begin{aligned}
&-\frac{\partial \mathfrak{H}_y}{\partial z} - \frac{\varepsilon}{c}\frac{\partial \mathfrak{E}_x}{\partial t} = 0, \qquad -\frac{\partial \mathfrak{E}_y}{\partial z} + \frac{1}{c}\frac{\partial \mathfrak{H}_x}{\partial t} = 0,\\
&\frac{\partial \mathfrak{H}_x}{\partial z} - \frac{\partial \mathfrak{H}_z}{\partial x} - \frac{\varepsilon}{c}\frac{\partial \mathfrak{E}_y}{\partial t} = 0, \qquad \frac{\partial \mathfrak{E}_x}{\partial z} - \frac{\partial \mathfrak{E}_z}{\partial x} + \frac{1}{c}\frac{\partial \mathfrak{H}_y}{\partial t} = 0.
\end{aligned}\right.
$$

Integriert man nun nach z zwischen zwei Punkten, an denen ε bereits die konstanten Werte ε_1 und ε_2 angenommen hat, so erhält man:

$$
(2)\quad \left\{\begin{aligned}
(\mathfrak{H}_y)_1 - (\mathfrak{H}_y)_2 &= \frac{1}{c}\frac{\partial}{\partial t}\int_1^2 \varepsilon\,\mathfrak{E}_x\,dz,\\
(\mathfrak{H}_x)_1 - (\mathfrak{H}_x)_2 &= -\frac{1}{c}\frac{\partial}{\partial t}\int_1^2 \varepsilon\,\mathfrak{E}_y\,dz - \int_1^2 \frac{\partial \mathfrak{H}_z}{\partial x}\,dz,\\
(\mathfrak{E}_y)_1 - (\mathfrak{E}_y)_2 &= -\frac{1}{c}\frac{\partial}{\partial t}\int_1^2 \mathfrak{H}_x\,dz,\\
(\mathfrak{E}_x)_1 - (\mathfrak{E}_x)_2 &= \frac{1}{c}\frac{\partial}{\partial t}\int_1^2 \mathfrak{H}_y\,dz - \int_1^2 \frac{\partial \mathfrak{E}_z}{\partial x}\,dz.
\end{aligned}\right.
$$

[1] P. DRUDE: Wied. Ann. Bd. 36 (1889) S. 532, 865; Bd. 43 (1891) S. 126. S. auch: Lehrbuch der Optik. Kap. II S. 266, Leipzig 1900.

In den Integralen rechter Hand können wir für die Feldvektoren die idealen Grenzbedingungen des § 9 gelten lassen, wonach die Normalkomponenten von $\mathfrak{D} = \varepsilon\mathfrak{E}$ und $\mathfrak{B} = \mathfrak{H}$ sowie die Tangentialkomponenten von $\mathfrak{E}$ und $\mathfrak{H}$ stetig sind. Daher hat man

$$(3)\quad \begin{cases} \int_1^2 \varepsilon\mathfrak{E}_x\,dz = \overline{\mathfrak{E}}_x l\bar{\varepsilon}, & \int_1^2 \mathfrak{H}_x\,dz = \overline{\mathfrak{H}}_x l, \\ \int_1^2 \varepsilon\mathfrak{E}_y\,dz = \overline{\mathfrak{E}}_y l\bar{\varepsilon}, & \int_1^2 \mathfrak{H}_y\,dz = \overline{\mathfrak{H}}_y l, \\ \int_1^2 \frac{\partial\mathfrak{E}_z}{\partial x}\,dz = \overline{\frac{\partial\varepsilon\mathfrak{E}_z}{\partial x}}\,\frac{l}{\bar{\varepsilon}}, & \int_1^2 \frac{\partial\mathfrak{H}_z}{\partial x}\,dz = \overline{\frac{\partial\mathfrak{H}_z}{\partial x}}\,l, \end{cases}$$

wo die überstrichenen Vektorkomponenten rechter Hand Mittelwerte bedeuten, für die man in unserer Näherung nach Belieben die Grenzwerte im Medium 1 oder im Medium 2 setzen darf, und wo

$$(4)\quad \int_1^2 dz = l, \qquad \int_1^2 \varepsilon\,dz = l\bar{\varepsilon}, \qquad \int_1^2 \frac{dz}{\varepsilon} = \frac{l}{\bar{\bar{\varepsilon}}}$$

gesetzt ist. Wir können die neuen Grenzbedingungen nun so schreiben:

$$(5)\quad \begin{cases} (\mathfrak{E}_x)_1 = \left(\mathfrak{E}_x + \frac{l}{c}\frac{\partial\mathfrak{H}_y}{\partial t} - \frac{l\varepsilon}{\bar{\bar{\varepsilon}}}\frac{\partial\mathfrak{E}_z}{\partial x}\right)_2, \\ (\mathfrak{E}_y)_1 = \left(\mathfrak{E}_y - \frac{l}{c}\frac{\partial\mathfrak{H}_x}{\partial t}\right)_2, \end{cases}$$

$$(6)\quad \begin{cases} (\mathfrak{H}_x)_1 = \left(\mathfrak{H}_x - \frac{l}{c}\bar{\varepsilon}\frac{\partial\mathfrak{E}_y}{\partial t} - l\frac{\partial\mathfrak{H}_z}{\partial x}\right)_2, \\ (\mathfrak{H}_y)_1 = \left(\mathfrak{H}_y + \frac{l}{c}\bar{\varepsilon}\frac{\partial\mathfrak{E}_x}{\partial t}\right)_2. \end{cases}$$

Hierin gehen wir mit dem Ansatz § 10 (6), (7), (8) ein; dann erhalten wir

$$(7)\quad \begin{cases} (A_p - R_p)\cos\varphi = D_p\cos\psi\,(1 + C_1), \\ A_s + R_s = D_s(1 + C_2), \\ (A_s - R_s)\sqrt{\varepsilon_1}\cos\varphi = D_s\sqrt{\varepsilon_2}\cos\psi\,(1 + C_3), \\ (A_p + R_p)\sqrt{\varepsilon_1} = D_p\sqrt{\varepsilon_2}\,(1 + C_4), \end{cases}$$

wo

$$(8)\quad \begin{cases} C_1 = \frac{i\omega l}{c}\,\frac{1}{\cos\psi}\left(\sqrt{\varepsilon_2} - \sin^2\psi\,\frac{c}{c_2}\,\frac{\varepsilon_2}{\bar{\bar{\varepsilon}}}\right), \\ C_2 = \frac{i\omega l}{c}\cos\psi\sqrt{\varepsilon_2}, \\ C_3 = \frac{i\omega l}{c}\,\frac{1}{\sqrt{\varepsilon_2}\cos\psi}\left(\bar{\varepsilon} - \sqrt{\varepsilon_2}\sin^2\psi\,\frac{c}{c_2}\right), \\ C_4 = \frac{i\omega l}{c}\,\frac{1}{\sqrt{\varepsilon_2}}\,\bar{\varepsilon}\cos\psi \end{cases}$$

kleine Größen erster Ordnung sind; da sie ferner rein imaginär sind, so folgt, daß bei reellen A_p, A_s die R_p, R_s, D_p, D_s nicht mehr reell, sondern komplex werden, daß also bei der Reflexion und Brechung Phasensprünge auftreten.

Wir wollen uns im folgenden auf die Betrachtung der reflektierten Welle beschränken. Durch Elimination von D_p, D_s erhält man unter Benutzung des Brechungsgesetzes § 10 (11):

$$A_p\left[\frac{\sin\varphi}{\sin\psi}(1+C_4)-\frac{\cos\psi}{\cos\varphi}(1+C_1)\right]-R_p\left[\frac{\sin\varphi}{\sin\psi}(1+C_4)+\frac{\cos\psi}{\cos\varphi}(1+C_1)\right]=0,$$

$$A_s\left[(1+C_2)-\frac{\sin\varphi}{\sin\psi}\frac{\cos\psi}{\cos\varphi}(1+C_3)\right]-R_s\left[(1+C_2)+\frac{\sin\varphi}{\sin\psi}\frac{\cos\psi}{\cos\varphi}(1+C_3)\right]=0.$$

Hieraus erhält man unter Fortlassung aller Glieder, die in den C von höherer als erster Ordnung sind, und mit Benutzung der in § 11 (3) eingeführten Funktionen r_p, r_s des Einfallswinkels:

$$(9)\quad\begin{cases}\dfrac{R_p}{A_p}=\sqrt{r_p}\,(1+i\sigma_p),\\[2mm]\dfrac{R_s}{A_s}=\sqrt{r_s}\,(1+i\sigma_s),\end{cases}$$

wo folgende Abkürzungen gebraucht sind:

$$(10)\quad\begin{cases}\sigma_p=\dfrac{1}{2i}(C_4-C_1)\dfrac{\sin2\varphi\sin2\psi}{\sin^2\varphi\cos^2\varphi-\cos^2\psi\sin^2\psi},\\[2mm]\sigma_s=\dfrac{1}{2i}(C_3-C_2)\dfrac{\sin2\varphi\sin2\psi}{\sin^2\varphi\cos^2\psi-\sin^2\psi\cos^2\varphi}.\end{cases}$$

Auf Grund des Brechungsgesetzes

$$\frac{\sin\varphi}{\sin\psi}=\sqrt{\frac{\varepsilon_2}{\varepsilon_1}}$$

ist

$$\sin^2\varphi\cos^2\psi-\cos^2\varphi\sin^2\psi=\frac{\varepsilon_2-\varepsilon_1}{\varepsilon_1}\sin^2\psi,$$

$$\sin^2\varphi\cos^2\varphi-\sin^2\psi\cos^2\psi=\frac{\varepsilon_2-\varepsilon_1}{\varepsilon_1\varepsilon_2}\sin^2\psi(\varepsilon_2\cos^2\varphi-\varepsilon_1\sin^2\varphi).$$

Daher hat man mit Rücksicht auf (8) und § 4 (1):

$$(11)\quad\begin{cases}\sigma_p=\dfrac{4\pi l}{\lambda_0}\cdot\left(\dfrac{\bar\varepsilon}{\varepsilon_2}\cos^2\psi+\dfrac{\varepsilon_2}{\bar\varepsilon}\sin^2\psi-1\right)\dfrac{\sqrt{\varepsilon_1}\,\varepsilon_2^2}{\varepsilon_2-\varepsilon_1}\dfrac{\cos\varphi}{\varepsilon_2\cos^2\varphi-\varepsilon_1\sin^2\varphi},\\[2mm]\sigma_s=\dfrac{4\pi l}{\lambda_0}\cdot\left(\dfrac{\bar\varepsilon}{\varepsilon_2}-1\right)\dfrac{\sqrt{\varepsilon_1}\,\varepsilon_2}{\varepsilon_2-\varepsilon_1}\cos\varphi,\end{cases}$$

wo statt ω die reduzierte Wellenlänge $\lambda_0=2\pi c/\omega$ eingeführt ist.

Nehmen wir nun der Einfachheit halber an, daß das einfallende Licht linear polarisiert sei unter dem Azimut 45° gegen die p-Richtung, $A_p/A_s=1$, so wird das reflektierte Licht elliptisch polarisiert sein; seine Natur bestimmt sich aus dem Verhältnis

$$(12\text{a})\qquad\frac{R_p}{R_s}=\sqrt{\frac{r_p}{r_s}}\frac{1+i\sigma_p}{1+i\sigma_s}=\sqrt{\frac{r_p}{r_s}}(1+i\sigma),$$

wo Größen zweiter Ordnung in σ_p, σ_s weggelassen sind und

$$(13\text{a})\qquad\sigma=\sigma_p-\sigma_s$$

gesetzt ist. Schreibt man nun

$$(12\text{b})\qquad\frac{R_p}{R_s}=\varrho e^{i\delta},$$

so ist

$$(14)\quad\begin{cases}\varrho=\sqrt{\dfrac{r_p}{r_s}}\sqrt{1+\sigma^2}.\\[2mm]\operatorname{tg}\delta=\sigma.\end{cases}$$

Dabei ist nach (11):

$$\sigma = \sigma_p - \sigma_s = \frac{4\pi l}{\lambda_0} \frac{\sqrt{\varepsilon_1}\,\varepsilon_2 \eta}{\varepsilon_2 - \varepsilon_1} \frac{\cos\varphi \sin^2\varphi}{\varepsilon_2 \cos^2\varphi - \varepsilon_1 \sin^2\varphi}, \tag{13b}$$

wo

$$\eta = \bar{\varepsilon} + \frac{\varepsilon_1 \varepsilon_2}{\bar{\bar{\varepsilon}}} - \varepsilon_1 - \varepsilon_2 \tag{15}$$

gesetzt ist. Mit $n = \sqrt{\varepsilon_2/\varepsilon_1}$ kann man schreiben:

$$\sigma = \frac{4\pi l}{\lambda_0} \frac{\eta}{\sqrt{\varepsilon_1}} \cdot \frac{n^2}{n^2 - 1} \cdot \frac{\sin\varphi \operatorname{tg}\varphi}{n^2 - \operatorname{tg}^2\varphi}. \tag{16}$$

Diese Formel setzt in Evidenz, daß für den Polarisationswinkel, $\operatorname{tg}\varphi = n$, σ unendlich wird; dort wird also unser Näherungsverfahren, daß $\sigma_p \ll 1$, $\sigma_s \ll 1$ voraussetzt, ungültig. Wir können trotzdem mit der Formel (16) auch in der Nachbarschaft des Polarisationswinkels rechnen, weil es uns gar nicht auf σ (d. h. auf die Phase δ), sondern auf ϱ ankommt, und diese Größe bleibt auch für $\operatorname{tg}\varphi = n$ endlich. Das folgt daraus, daß das Produkt $\frac{r_p}{r_s}\sigma^2$ einen endlichen Grenzwert hat; denn es ist nach § 11 (3):

$$\frac{R_p}{R_s} = -\frac{\cos(\varphi + \psi)}{\cos(\varphi - \psi)} = -\frac{\operatorname{ctg}\psi - \operatorname{tg}\varphi}{\operatorname{ctg}\psi + \operatorname{tg}\varphi} = -\frac{\sqrt{\frac{n^2}{\operatorname{tg}^2\varphi} + n^2 - 1} - \operatorname{tg}\varphi}{\sqrt{\frac{n^2}{\operatorname{tg}^2\varphi} + n^2 - 1} + \operatorname{tg}\varphi}.$$

Durch Entwicklung nach Potenzen von $n - \operatorname{tg}\varphi$ erhält man

$$\sqrt{\frac{r_p}{r_s}} \frac{1}{n - \operatorname{tg}\varphi} = -\frac{1 + n^2}{2n^3} + \cdots,$$

wo die Punkte Glieder andeuten, die mit $n - \operatorname{tg}\varphi = 0$ verschwinden; mithin

$$\sqrt{\frac{r_p}{r_s}}\,\sigma = \frac{\pi l}{\lambda_0} \frac{\eta}{\sqrt{\varepsilon_1}} \frac{\sqrt{1 + n^2}}{1 - n^2} + \cdots$$

Daher hat man aus (14) für den Polarisationswinkel

$$\left\{ \begin{aligned} \bar{\varrho} &= \frac{\pi l}{\lambda_0} \frac{\eta}{\sqrt{\varepsilon_1}} \frac{\sqrt{1 + n^2}}{1 - n^2}, \\ \delta &= \frac{\pi}{2}. \end{aligned} \right. \tag{17}$$

Man nennt $\bar{\varrho}$ den *Elliptizitätskoeffizienten*; er stellt das Achsenverhältnis der Ellipse im reflektierten Licht dar, wenn das Azimut des einfallenden linear polarisierten Lichts 45° ($\operatorname{tg}\alpha = 1$) beträgt. Die Phasendifferenz $\pi/2$ besagt, daß die Hauptachsen der Ellipse parallel und senkrecht zur Einfallsebene liegen. Die Größe σ läßt sich mit Hilfe von $\bar{\varrho}$ so schreiben:

$$\sigma = 4\bar{\varrho} \frac{n^2}{\sqrt{1 + n^2}} \frac{\sin\varphi \operatorname{tg}\varphi}{\operatorname{tg}^2\varphi - n^2}. \tag{18}$$

Über das Vorzeichen von $\bar{\varrho}$ kann man eine Aussage machen, indem man in (15) die Integrale (4) einsetzt und schreibt:

$$\bar{\varrho} = \frac{\pi}{\lambda_0} \frac{\sqrt{\varepsilon_1 + \varepsilon_2}}{\varepsilon_1 - \varepsilon_2} \int_1^2 \frac{(\varepsilon - \varepsilon_1)(\varepsilon - \varepsilon_2)}{\varepsilon} dz. \tag{19}$$

Wenn in der ganzen Übergangsschicht ε zwischen ε_1 und ε_2 liegt, ist das Integral negativ, also das Vorzeichen von $\bar{\varrho}$ dasselbe wie das von $\varepsilon_2 - \varepsilon_1$. Wenn aber in einem beträchtlichen Teile der Übergangsschicht ε größer ist als ε_1 und ε_2, so kann es vorkommen, daß $\bar{\varrho}$ das umgekehrte Zeichen hat wie $\varepsilon_2 - \varepsilon_1$ (Einfluß der Politur). Die Bedeutung eines positiven $\bar{\varrho}$ sieht man so ein: Nach Fig. 8 liegen die positiven Richtungen von R_s, R_p, $\mathfrak{S}^r$ so, wie die Achsen x, y, z eines Rechtssystems; R_p/R_s entspricht also dem in § 8 diskutierten Verhältnis $\mathfrak{E}_y/\mathfrak{E}_x$. Nun haben wir wegen $\delta = \pi/2$

$$\frac{R_p}{R_s} = i\bar{\varrho},$$

und dies entspricht einer Rechtsdrehung des Lichtvektors (im Sinne des Uhrzeigers), wenn $\bar{\varrho} > 0$ ist.

Die quantitative Untersuchung hat die Aussagen der Theorie in gewissem Umfange bestätigt. Der Elliptizitätskoeffizient $\bar{\varrho}$ erweist sich um so kleiner, je reiner die Grenzfläche ist; so ist er z. B. sehr gering an frischen Spaltflächen von Kristallen und an Flüssigkeitsoberflächen, die durch Überfließen fortwährend erneuert werden.

Bei polierten Spiegeln ist $\bar{\varrho}$ beträchtlicher und ergibt sich im allgemeinen positiv, wie zu erwarten ist, wenn der Brechungsindex der Polierschicht nicht den des Spiegelmaterials übersteigt. Nur bei einigen verhältnismäßig schwach brechenden Körpern ($n < 1{,}46$) hat man negative elliptische Polarisation beobachtet. Der Vorzeichenwechsel bei Umkehr der Strahlrichtung (Vertauschung von ε_1 und ε_2) ist ebenfalls bestätigt worden.

Bei gut gereinigten, polierten Glasoberflächen gegen Luft liegt $\bar{\varrho}$ zwischen den Werten $\bar{\varrho} = 0{,}03$ (Flintglas, $n = 1{,}75$) und $\bar{\varrho} = 0{,}007$. Für Flüssigkeiten steigt $\bar{\varrho}$ nicht über 0,01. Wasser hat einen negativen Elliptizitätskoeffizienten, der bei guter Reinigung der Oberfläche bis auf 0,00035 herabgedrückt werden kann. Es gibt auch Flüssigkeiten, wie Glyzerin, bei denen keine merkliche Elliptizität vorhanden ist; hieraus braucht man nicht zu schließen, daß es überhaupt keine Übergangsschicht gibt, sondern man kann annehmen, daß die ε-Werte darin zum Teil so groß werden, daß das Integral (19) verschwindet.

Bei positivem $\bar{\varrho}$ kann man eine untere Grenze für die Dicke der Oberflächenschicht ableiten. Man erhält bei einem bestimmten positiven Werte von $\bar{\varrho}$ den kleinsten Wert, den die Dicke der Schicht mindestens besitzen muß, wenn man ihre Dielektrizitätskonstante als konstant annimmt, und zwar so, daß der in (19) auftretende Integrand

$$\frac{(\varepsilon - \varepsilon_1)(\varepsilon - \varepsilon_2)}{\varepsilon}$$

ein Maximum wird. Das tritt ein, wenn

$$\varepsilon = \sqrt{\varepsilon_1 \varepsilon_2}$$

wird. Dann bekommt man für die untere Grenze $\bar{l}$ der Dicke:

$$\frac{\bar{l}}{\lambda_0} = \frac{\bar{\varrho}}{\pi\sqrt{\varepsilon_1 + \varepsilon_2}} \frac{\sqrt{\varepsilon_2} + \sqrt{\varepsilon_1}}{\sqrt{\varepsilon_2} - \sqrt{\varepsilon_1}} = \frac{\bar{\varrho}}{\pi\sqrt{1 + n^2}} \frac{n+1}{n-1}. \tag{20}$$

Für Flintglas gegen Luft, $n = 1{,}75$, $\bar{\varrho} = 0{,}03$ (s. oben), erhält man so $\bar{l}/\lambda_0 = 0{,}0175$. Es genügt also die Annahme einer sehr geringen Dicke der Oberflächenschicht, um selbst eine starke Elliptizität des unter dem Polarisationswinkel reflektierten Lichts zu erklären.

Neuere Untersuchungen[1], besonders eine Arbeit von LUMMER und SORGE[2], haben aber starke Zweifel aufkommen lassen, ob die DRUDEsche Theorie den

[1] Lord RAYLEIGH: Philos. Mag. (5) Bd. 33 (1908) S. 444; (6) Bd. 16 (1892) S. 1; K. E. F. SCHMIDT: Ann. Physik Bd. 52 (1894) S. 75; M. VOLKE: Inaug.-Diss. Breslau 1909.

[2] O. LUMMER u. K. SORGE: Ann. Physik (4) Bd. 31 (1910) S. 325.

physikalischen Tatsachen entspricht. So gelang es, durch verschiedene Einflüsse die Größe der Elliptizität zu verändern, sogar ihr Vorzeichen umzukehren. Solange dabei die Oberflächenschicht direkt beeinflußt wird, könnte die DRUDEsche Theorie noch ausreichend sein; aber die zuletzt genannten Autoren zeigten, daß sich die Elliptizität *einer* Fläche eines Glasprismas ändern, sogar umkehren läßt, indem man eine *andere* Fläche des Prismas poliert. Sie vermuteten daraufhin, daß die Ursache der Elliptizität hauptsächlich in Spannungen zu suchen sei, die durch das Polieren entstehen; es gelang auch nachzuweisen, daß durch Druck auf die Basisflächen des Prismas die Elliptizität des an den nicht gedrückten Seitenflächen reflektierten Lichts geändert werden kann. WOOD[1] hat gezeigt, daß das Aufbringen dünner Schichten, deren Brechungsindex von dem der Glasunterlage sehr wenig abweicht, das Reflexionsvermögen stark verändert. All dies deutet darauf hin, daß die DRUDEsche Theorie den Tatsachen nicht vollkommen gerecht wird.

§ 13. Totalreflexion.

Wir hatten bisher den Fall ausgeschlossen, daß das Brechungsgesetz

$$\sin\psi = \frac{\sin\varphi}{n_{12}}$$

keinen reellen Winkel ψ liefert; das tritt beim Übergang des Lichts aus einem optisch dichteren in ein optisch dünneres Medium, also für

$$n_{12} = \sqrt{\frac{\varepsilon_2}{\varepsilon_1}} < 1\,, \tag{1}$$

immer dann ein, wenn φ größer ist als ein bestimmter *Grenzwinkel* φ_0, der der Gleichung

$$\sin\varphi_0 = n_{12} \tag{2}$$

genügt. Für $\varphi = \varphi_0$ wird $\sin\psi = 1$, $\psi = 90°$, das Licht tritt also „streifend" aus; für größere Einfallswinkel tritt überhaupt kein Licht mehr aus, vielmehr wird es ungeschwächt in das erste Medium zurückgeworfen: *Totalreflexion*.

Trotzdem verschwindet dann keineswegs das elektromagnetische Feld im zweiten Medium; nur strömt keine Energie in dieses über. Setzt man nämlich

$$\sin\psi = \frac{\sin\varphi}{n}\,, \qquad \cos\psi = \pm i\sqrt{\frac{\sin^2\varphi}{n^2} - 1}\,, \qquad (n = n_{12}) \tag{3}$$

in den Phasenfaktor

$$e^{i\tau d} = e^{i\omega\left(t - \frac{x\sin\psi + z\cos\psi}{c_2}\right)}$$

der gebrochenen Welle ein, so nimmt dieser die Form

$$e^{i\omega\left(t - \frac{x\sin\varphi}{n c_2}\right)}\, e^{\pm\frac{\omega}{c_2}\sqrt{\frac{\sin^2\varphi}{n^2} - 1}\cdot z}$$

an; er entspricht also einer Erregung, die parallel zur Einfallsebene (x-Richtung) längs der Grenzfläche fortschreitet, nach der Tiefe zu (in der z-Richtung) aber exponentiell an- oder abklingt. Natürlich kann es sich nur um *Abklingung* handeln [Minuszeichen vor der Quadratwurzel in (3)]; die Größenordnung des Eindringens wird durch $c_2/\omega = \lambda_2/2\pi$ gegeben, ist also sehr gering. Solche Wellen mit örtlich veränderlicher Amplitude nennt man „inhomogene Wellen"; sie sind nicht transversal, da, wie wir gleich sehen werden, die x-Komponente des elektrischen Vektors nicht verschwindet.

[1] R. W. WOOD: Physical Optics, 2. Aufl., New York, S. 371.

Verschiedene Anordnungen sind vorgeschlagen worden, um diese dünne Wellenschicht experimentell nachzuweisen. VOIGT[1] hat ein Prisma angegeben, bei dem die total reflektierende Fläche einen flachen Knick hatte; man sah diesen schwach leuchtend, und VOIGT glaubte, darin die gesuchte Erscheinung zu sehen. Doch hat KETTELER[2] mit Recht darauf hingewiesen, daß es unmöglich ist, das durch Beugung entstehende Leuchten der Kante zu vermeiden. WOOD[3] hat kleine Partikel (Flammenruß) auf die totalreflektierende Glasfläche gebracht und unter dem Mikroskop beobachtet, daß die Teilchen zerstreutes Licht nach allen Seiten aussenden.

Um die FRESNELschen Formeln § 10 (15) auf den Fall der Totalreflexion anzuwenden, schreiben wir sie

$$R_p = \frac{\sin\varphi\cos\varphi - \sin\psi\cos\psi}{\sin\varphi\cos\varphi + \sin\psi\cos\psi} A_p,$$

$$R_s = -\frac{\sin\varphi\cos\psi - \sin\psi\cos\varphi}{\sin\varphi\cos\psi + \sin\psi\cos\varphi} A_s$$

und setzen darin die Ausdrücke (3) ein, wobei die Quadratwurzel, wie wir sahen, mit negativem Vorzeichen zu nehmen ist. Dann erhalten wir:

$$(4)\quad \begin{cases} R_p = \dfrac{n^2\cos\varphi + i\sqrt{\sin^2\varphi - n^2}}{n^2\cos\varphi - i\sqrt{\sin^2\varphi - n^2}} A_p, \\[2ex] R_s = \dfrac{\cos\varphi + i\sqrt{\sin^2\varphi - n^2}}{\cos\varphi - i\sqrt{\sin^2\varphi - n^2}} A_s. \end{cases}$$

Hieraus liest man ab, daß

$$(5)\qquad |R_p| = |A_p|, \qquad |R_s| = |A_s|$$

ist: Für jede der beiden Komponenten ist die Intensität des total reflektierten Lichts gleich der des einfallenden.

Obwohl, wie wir sahen, im zweiten Medium ein Feld vorhanden ist, dringt keine Lichtenergie durch die Grenze. Man kann das leicht verifizieren, indem man zeigt, daß die Normalkomponente des POYNTINGschen Strahlvektors ein verschwindendes Zeitmittel hat, also nur ein Hin- und Herpendeln der Energie durch die Grenzfläche, kein dauerndes Durchströmen anzeigt.

Für die quadratischen Energiegrößen hat man die Feldkomponenten reell[4] zu schreiben; nach § 10 (7) und § 13 (3) ist für $z = 0$:

$$\mathfrak{E}_x^d = \tfrac{1}{2}\left(D_p\cos\psi e^{i\tau_d^0} + D_p^*\cos^*\psi\, e^{-i\tau_d^0}\right) = -\frac{i}{2}\sqrt{\frac{\sin^2\varphi}{n^2} - 1}\left(D_p e^{i\tau_d^0} - D_p^* e^{-i\tau_d^0}\right),$$

$$\mathfrak{E}_y^d = \tfrac{1}{2}\left(D_s e^{i\tau_d^0} + D_s^* e^{-i\tau_d^0}\right),$$

$$\begin{aligned}\mathfrak{H}_x^d &= -\tfrac{1}{2}\left(D_s\cos\psi\sqrt{\varepsilon_2}\, e^{i\tau_d^0} + D_s^*\cos^*\psi\sqrt{\varepsilon_2}\, e^{-i\tau_d^0}\right)\\ &= \frac{i}{2}\sqrt{\varepsilon_2}\sqrt{\frac{\sin^2\varphi}{n^2} - 1}\left(D_s e^{i\tau_d^0} - D_s^* e^{-i\tau_d^0}\right),\end{aligned}$$

$$\mathfrak{H}_y^d = \tfrac{1}{2}\sqrt{\varepsilon_2}\left(D_p e^{i\tau_d^0} + D_p^* e^{-i\tau_d^0}\right),$$

wo

$$\tau_d^0 = \omega\left(t - \frac{x\sin\varphi}{n c_2}\right)$$

---

[1] W. VOIGT: Wiedem. Ann. Bd. 67 (1899) S. 185.

[2] E. KETTELER: Wiedem. Ann. Bd. 67 (1899) S. 879.

[3] R. W. WOOD: Physical Optics, 2. Aufl., S. 374.

[4] Hier und im folgenden bezeichnen wir die zur komplexen Zahl z gehörige konjugiert komplexe Zahl mit z^*.

ist. Bildet man nun das Zeitmittel von

$$\mathfrak{S}_z^d = \frac{c}{4\pi}(\mathfrak{E}_x^d \mathfrak{H}_y^d - \mathfrak{E}_y^d \mathfrak{H}_x^d),$$

so verschwinden für $z = 0$ beide Glieder für sich, da das eine den Faktor

$$\lim_{T\to\infty} \frac{1}{T}\int_0^T \left(D_p^2 e^{2i\tau_d^0} - D_p^{*2} e^{-2i\tau_d^0}\right) dt = 0$$

und das andere einen entsprechenden Faktor (mit D_s) hat.

Berechnet man die beiden anderen Komponenten von $\mathfrak{S}$ bei $z = 0$, so findet man für das Zeitmittel von $\mathfrak{S}_x$ einen endlichen Wert, während das von $\mathfrak{S}_y$ natürlich verschwindet. Die Energie dringt also nicht ins zweite Medium ein, wohl aber strömt sie längs der Grenzfläche parallel zur Einfallsebene dahin.

Diese Betrachtungen gelten für den stationären Zustand; beim Einsetzen des Vorganges muß natürlich ein kleiner Energiebetrag ins zweite Medium übergehen, um das Feld dort herzustellen. Vorausgesetzt ist ferner, daß die Dicke des total reflektierenden Körpers wesentlich größer ist als die Wellenlänge des Lichts in ihm; denn wenn die eindringende Erregung bis zur gegenüberliegenden Oberfläche reicht, tritt nicht Totalreflexion ein. Man kann das mit Hilfe von Licht großer Wellenlänge (ultrarote Strahlen) experimentell demonstrieren.

Wir berechnen jetzt die Phasensprünge zwischen den entsprechenden Komponenten der reflektierten und der einfallenden Welle. Dazu setzen wir mit Rücksicht auf (5):

$$\frac{R_p}{A_p} = e^{i\delta_p}, \quad \frac{R_s}{A_s} = e^{i\delta_s}. \tag{6}$$

Wenn nun eine komplexe Zahl vom Betrage 1, wie es hier nach (4) der Fall ist, gleich dem Verhältnis einer komplexen Zahl $z = a e^{i\alpha}$ zu ihrer konjugierten ist, so hat man

$$e^{i\delta} = z \cdot z^{*-1} = e^{2i\alpha}, \quad \text{also} \quad \operatorname{tg}\frac{\delta}{2} = \operatorname{tg}\alpha.$$

Somit gilt:

$$\left\{\begin{aligned} \operatorname{tg}\frac{\delta_p}{2} &= \frac{\sqrt{\sin^2\varphi - n^2}}{n^2\cos\varphi}, \\ \operatorname{tg}\frac{\delta_s}{2} &= \frac{\sqrt{\sin^2\varphi - n^2}}{\cos\varphi}. \end{aligned}\right. \tag{7}$$

Die beiden Komponenten erfahren also verschiedene Phasensprünge. Daher wird linear polarisiertes Licht durch Totalreflexion in elliptisch polarisiertes verwandelt.

Für die relative Phasendifferenz nach der Reflexion $\delta = \delta_p - \delta_s$ erhält man

$$\operatorname{tg}\frac{\delta}{2} = \frac{\operatorname{tg}\frac{\delta_p}{2} - \operatorname{tg}\frac{\delta_s}{2}}{1 + \operatorname{tg}\frac{\delta_p}{2}\operatorname{tg}\frac{\delta_s}{2}} = \frac{\left(\frac{1}{n^2} - 1\right)\frac{\sqrt{\sin^2\varphi - n^2}}{\cos\varphi}}{1 + \frac{\sin^2\varphi - n^2}{n^2\cos^2\varphi}},$$

also:

$$\operatorname{tg}\frac{\delta}{2} = \frac{\cos\varphi\sqrt{\sin^2\varphi - n^2}}{\sin^2\varphi}. \tag{8}$$

Dieser Ausdruck verschwindet für streifenden Einfall ($\varphi = \pi/2$) und für den Grenzwinkel der totalen Reflexion φ_0 ($\sin\varphi_0 = n$). Zwischen diesen Werten liegt ein Maximum der relativen Phasendifferenz. Man findet mit Hilfe der Gleichung

$$\frac{\partial}{\partial\varphi}\left(\operatorname{tg}\frac{\delta}{2}\right) = \frac{2n^2 - \sin^2\varphi\,(1+n^2)}{\sin^3\varphi\,\sqrt{\sin^2\varphi - n^2}} = 0:$$

(9)
$$\sin^2\varphi = \frac{2n^2}{1+n^2}.$$

Der hierzu gehörige Maximalwert der Phasendifferenz ist nach (8) bestimmt durch

(10)
$$\operatorname{tg}\frac{\delta_m}{2} = \frac{1-n^2}{n^2}.$$

Es lassen sich also um so größere Phasendifferenzen erreichen, je kleiner n ist.

Bei gegebenem n gehören zu jedem δ nach (8) zwei Werte des Einfallswinkels φ.

Man kann, wie FRESNEL gezeigt hat, die bei der Totalreflexion auftretenden Phasendifferenzen benutzen, um linear polarisiertes Licht in zirkular polarisiertes zu verwandeln. Zunächst bekommt man Gleichheit der Amplituden, indem man das Azimut des einfallenden linear polarisierten Lichts gleich 45° macht; denn aus $|A_p| = |A_s|$ folgt nach (5):

$$|R_p| = |R_s|.$$

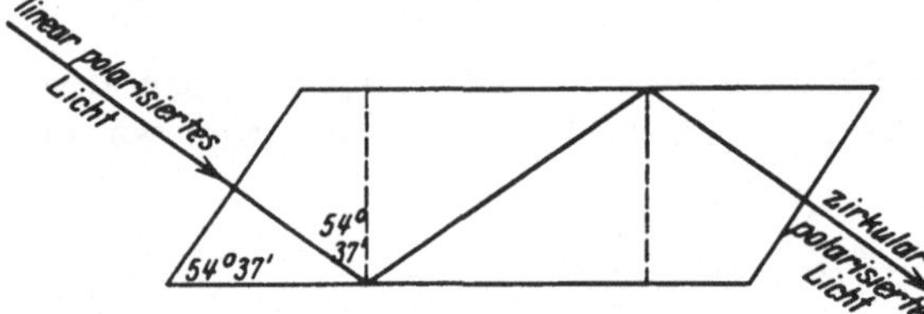

Fig. 15. Das FRESNELsche Parallelepiped.

Dann wählt man n und φ so, daß die Phasendifferenz δ gleich 90° wird. Um dies mit einer einzigen Reflexion zu erreichen, müßte nach (10)

$$\operatorname{tg}\frac{\pi}{4} = 1 < \frac{1-n^2}{2n},$$

also

$$n = n_{12} < \sqrt{2} - 1 = 0{,}414$$

sein; der gewöhnlich angegebene Brechungsindex des dichteren gegen das dünnere Medium n_{21} müßte also mindestens 2,41 betragen, ein Wert, der allein von Diamant erreicht wird.

Daher benutzte FRESNEL zwei Totalreflexionen an Glas; für $n_{21} = 1{,}51$ wird der Einfallswinkel der maximalen Phasendifferenz nach (9) $\varphi = 51°\,20'$, und diese selbst nach (10) $\delta_m = 45°\,56'$. Man kann also gerade noch $\delta_m = 45°$ erreichen, und zwar für die Winkel:

$$\varphi = 48°\,37' \quad \text{und} \quad \varphi = 54°\,37'.$$

Durch zweimalige Totalreflexion unter einem dieser Winkel erhält man eine Phasendifferenz von 90°. Hierzu dient das „FRESNELsche Parallelepiped", das durch Fig. 15 dargestellt ist.

Natürlich kann man mit Hilfe dieser Vorrichtung auch elliptisch polarisiertes Licht herstellen, indem man dem Azimut des einfallenden linear polarisierten Lichts andere Werte als 45° gibt. Ebenso läßt sich der Vorgang umkehren; man kann mit Hilfe des FRESNELschen Parallelepipeds elliptisch polarisiertes Licht in linear polarisiertes verwandeln und auf diese Weise analysieren. Der Apparat leistet also dieselben Dienste wie das Viertelwellenlängenplättchen und ähnliche Einrichtungen, die wir in der Kristalloptik (Kap. V, § 63) besprechen werden.

Die Messung des Grenzwinkels φ_0 der Totalreflexion liefert in bequemer und exakter Weise den Brechungsindex $n = \sin\varphi_0$. Apparate, die solche Messungen erlauben, heißen *Refraktometer*. Sie beruhen darauf, daß die Oberfläche der zu untersuchenden Substanz mit einem Medium von bekanntem, möglichst hohem Brechungsindex in Berührung gebracht wird; die Form dieses Hilfskörpers wird so gewählt, daß die Richtung des einfallenden Strahls bequem gemessen werden kann. Ältere Konstruktionen dieser Art stammen von WOLLASTON, KOHLRAUSCH und ABBE, das heute meist benutzte von PULFRICH. Einzelheiten der Apparate findet man in den Lehrbüchern der Experimentalphysik beschrieben.

Zweites Kapitel.

Geometrische Optik.

§ 14. Grenzübergang zu unendlich kleiner Wellenlänge.

Die Gesetze der Fortpflanzung ebener Wellen in homogenen durchsichtigen Körpern, die wir kennengelernt haben, genügen zur näherungsweisen Behandlung solcher Lichtvorgänge, bei denen die Wellenfronten nicht mehr streng, aber nahezu eben sind; „nahezu" bedeutet dabei, daß die Krümmung der Wellenfläche vernachlässigt werden kann in Bereichen, deren Lineardimensionen groß sind gegen die Wellenlänge.

Wegen der Kleinheit der Wellenlänge des sichtbaren Lichts (Größenordnung $5 \cdot 10^{-5}$ cm) sind diese Fälle von größter praktischer Wichtigkeit; ja es liegt sogar so, daß Erscheinungen, die Abweichungen von dieser Näherungstheorie bedeuten, besonders gesucht und durch geeignete Apparate sichtbar gemacht werden müssen (Beugungserscheinungen, s. Kap. IV).

Man bezeichnet den Teil der Optik, der durch Vernachlässigung der Endlichkeit der Wellenlänge, also durch den Grenzübergang $\lambda \to 0$ gekennzeichnet ist, als *geometrische Optik*. In diesem Grenzfall kann man nämlich von *Lichtstrahlen* sprechen, die als geometrische Kurven betrachtet werden. Einen solchen Lichtstrahl erzeugt man, indem man das von einer möglichst kleinen („punktförmigen") Lichtquelle kommende Licht durch die Öffnung einer Blende treten läßt und dann die Größe der Öffnung immer mehr verkleinert. Zunächst wird ein zylinderförmiger (genauer: schwach kegelförmiger) Raum hinter der Blende mit Licht erfüllt, dessen Rand, die Schattengrenze, bei grober Betrachtung scharf erscheint. Doch zeigt eine genauere Untersuchung, daß die Lichtstärke am Rande stetig von Dunkelheit im Schatten zur Helligkeit zunimmt, und nicht einmal monoton, sondern unter Schwankungen (Beugungsstreifen). Das Übergangsgebiet ist nur von der Größenordnung der Wellenlänge; solange man also diese gegen die Blendenöffnung vernachlässigt, kann man von einem scharf begrenzten „Strahl" sprechen, in dem die Lichterregung durch ebene Wellen (von endlichem Querschnitt) näherungsweise dargestellt wird. Bei Verkleinerung der Öffnung bis zur Größenordnung der Wellenlänge kommen Erscheinungen zustande, die besonders studiert werden müssen; rein gedanklich aber kann man den Grenzfall $\lambda = 0$ betrachten, wo der Kleinheit der Öffnung keine Schranke gesetzt ist. Man hat dann durch die sehr kleine Öffnung einen unendlich dünnen Lichtstrahl definiert, der als mathematische Kurve betrachtet werden kann. Ihre Richtung ist gegeben durch die Wellennormale der als eben betrachteten elektromagnetischen Welle; in einem homogenen Medium wird also der Strahl gerade sein und beim Übergang zu einem anderen Medium gespalten werden in einen reflektierten und einen durchgehenden Strahl, deren Richtungen durch das Spiegelungs- und Brechungsgesetz ebener Wellen bestimmt sind. Auch kann man die Aufteilung der Intensität auf diese beiden Strahlen aus den für ebene Wellen gültigen Ausdrücken des Reflexionsvermögens und der Durchlässigkeit berechnen. Endlich kann man dem Strahl rein beschreibend einen Polarisationszustand zuordnen und dessen Änderung bei Reflexion und Brechung aus den für ebene Wellen abgeleiteten Resultaten entnehmen.

Die gesamte Lichterregung bekommt man dann durch Verfolgen aller von der Lichtquelle ausgehenden Strahlen mit Hilfe einer rein geometrischen Betrachtung, verbunden mit nachträglicher Intensitätsberechnung (gegebenenfalls für jede der beiden Polarisationsrichtungen getrennt).

Wir wollen nun den hier angedeuteten Grenzübergang mathematisch etwas genauer formulieren. Unser Ausgangspunkt sind wieder die MAXWELLschen Gleichungen § 1 (1a, b), die wir hier für einen isotropen, nichtleitenden ($\sigma = 0$) unmagnetisierbaren ($\mu = 1$) Körper aufschreiben:

$$(1)\quad \begin{cases} \text{(a)} & \operatorname{rot}\mathfrak{H} - \frac{\varepsilon}{c}\dot{\mathfrak{E}} = 0, \\ \text{(b)} & \operatorname{rot}\mathfrak{E} + \frac{1}{c}\dot{\mathfrak{H}} = 0; \end{cases}$$

dazu treten noch die Bedingungen

$$(2)\qquad \operatorname{div}\mathfrak{E} = 0, \qquad \operatorname{div}\mathfrak{H} = 0.$$

Wir wollen nun $\mathfrak{H}$ eliminieren, um eine Gleichung für $\mathfrak{E}$ allein zu erhalten. Dazu differenzieren wir (1a) nach der Zeit und wenden die Operation rot auf (1b) an:

$$\operatorname{rot}\dot{\mathfrak{H}} - \frac{\varepsilon}{c}\ddot{\mathfrak{E}} = 0,$$

$$\operatorname{rot}\operatorname{rot}\mathfrak{E} + \frac{1}{c}\operatorname{rot}\dot{\mathfrak{H}} = 0.$$

Durch Elimination von $\operatorname{rot}\dot{\mathfrak{H}}$ folgt hieraus

$$\operatorname{rot}\operatorname{rot}\mathfrak{E} + \frac{\varepsilon}{c^2}\ddot{\mathfrak{E}} = 0.$$

Nun gilt allgemein die Vektoridentität

$$\operatorname{rot}\operatorname{rot}\mathfrak{E} = -\Delta\mathfrak{E} + \operatorname{grad}\operatorname{div}\mathfrak{E},$$

wo $\Delta = \partial^2/\partial x^2 + \partial^2/\partial y^2 + \partial^2/\partial z^2$ der LAPLACEsche Operator ist. Wegen (2) erhalten wir also:

$$(3)\qquad \Delta\mathfrak{E} - \frac{\varepsilon}{c^2}\ddot{\mathfrak{E}} = 0.$$

Das ist die bekannte *Wellengleichung*, die hier für jede Komponente von $\mathfrak{E}$ gilt; man zeigt leicht in analoger Weise, daß sie auch für jede Komponente von $\mathfrak{H}$ gilt.

Wir betrachten nun einfach harmonische Schwingungen, bei denen irgendeine der Komponenten von $\mathfrak{E}$ (oder $\mathfrak{H}$) die Form

$$f(x, y, z)\, e^{i\omega t}$$

hat; dann wird aus (3):

$$\Delta f + \frac{\varepsilon\omega^2}{c^2} f = 0.$$

Hier setzen wir nach § 5 (1) $n = \sqrt{\varepsilon}$ und ferner mit Rücksicht auf § 6 (6), (7):

$$(4)\qquad k = \frac{\omega}{c} = \frac{2\pi\nu}{c} = \frac{2\pi}{\lambda_0} = 2\pi\bar{\nu}.$$

k ist also das 2π-fache der Wellenzahl, in der Einheit cm^{-1} zu messen, und hat bei kurzen Wellen einen sehr großen Zahlenwert. Wir schreiben nunmehr die Wellengleichung

$$\Delta f + k^2 n^2 f = 0, \tag{5}$$

und es ist unsere Aufgabe, die Lösungen im Grenzfall großer k zu untersuchen.

Tatsächlich sind die verschiedenen Komponenten der Vektoren $\mathfrak{E}$, $\mathfrak{H}$ nicht ungekoppelt; die Grenzbedingungen (§ 9) nämlich beziehen sich auf lineare Verbindungen der rechtwinkligen Vektorkomponenten (Tangentialkomponenten). Doch nehmen wir hierauf keine Rücksicht und betrachten den Lichtvorgang als *skalares Wellenfeld*, bestimmt durch die Gleichung (5).

Ebenen Wellen entspricht die Lösung (s. I, § 6)

$$f = a e^{i\frac{2\pi}{\lambda}(\mathfrak{s}\mathfrak{r})} = a e^{i\frac{2\pi n}{\lambda_0}(\mathfrak{s}\mathfrak{r})} = a e^{ikL},$$

wo $L = n(\mathfrak{s}\mathfrak{r})$, der „optische Weg" oder „Lichtweg", eine lineare Funktion der Koordinaten ist.

Gemäß unseren Überlegungen werden wir nun allgemeinere Lösungen suchen, die nur wenig von der ebenen Welle abweichen. Wir werden daher den Ansatz machen[1]:

$$f = u(x, y, z)\, e^{ikL(x,y,z)}; \tag{6}$$

hier sei $u(x, y, z)$ eine langsam veränderliche Amplitude und $L(x, y, z)$ eine nur wenig von der Linearität abweichende Funktion der Koordinaten. Wir suchen die Wellengleichung für große k möglichst gut durch diesen Ansatz zu erfüllen. Man hat:

$$\frac{\partial f}{\partial x} = \left(\frac{\partial u}{\partial x} + iku\frac{\partial L}{\partial x}\right) e^{ikL},$$

$$\frac{\partial^2 f}{\partial x^2} = \left[\frac{\partial^2 u}{\partial x^2} + 2ik\frac{\partial u}{\partial x}\frac{\partial L}{\partial x} + iku\frac{\partial^2 L}{\partial x^2} - k^2 u\left(\frac{\partial L}{\partial x}\right)^2\right] e^{ikL};$$

also geht die Gleichung (5) über in:

$$k^2 u(n^2 - |\operatorname{grad} L|^2) + ik(u\Delta L + 2\operatorname{grad} u \cdot \operatorname{grad} L) + \Delta u = 0.$$

Nun ist k eine sehr große Zahl; solange also

$$u\Delta L + 2\operatorname{grad} u \cdot \operatorname{grad} L \quad \text{und} \quad \Delta u \tag{7}$$

nicht ausnahmsweise groß werden, können wir uns auf das höchste Glied beschränken und erhalten

$$|\operatorname{grad} L|^2 = n^2. \tag{8}$$

Genügt $L(x, y, z)$ dieser Gleichung, so ist der Ansatz (6) eine Näherungslösung der Wellengleichung (5) für große k (kleine λ). Aus der Differentialgleichung zweiter Ordnung ersten Grades (5) für f ist also eine Differentialgleichung erster Ordnung zweiten Grades für L geworden; denn (8) lautet, ausführlich geschrieben:

$$\left(\frac{\partial L}{\partial x}\right)^2 + \left(\frac{\partial L}{\partial y}\right)^2 + \left(\frac{\partial L}{\partial z}\right)^2 = n^2. \tag{9}$$

Ist $L(x, y, z)$ eine Lösung, so werden durch $L(x, y, z) = \text{konst.}$ die Flächen gleicher Phase, durch die Normalen der Flächen die Richtungen der Lichtstrahlen

[1] Siehe A. Sommerfeld u. J. Runge. Ann. Physik (4) Bd. 35 (1911) S. 277. Die in dieser Arbeit entwickelte Methode wird im folgenden mehrfach benutzt.

näherungsweise dargestellt[1]; der von einer festen Fläche dieser Schar längs der Normalen (Lichtstrahl) gemessene Wert von L ist der *optische Weg* oder *Lichtweg*.

Der Einheitsvektor $\mathfrak{s}$ in der Richtung der Normalen der Fläche $L =$ konst. ist proportional $\operatorname{grad} L$, und aus (8) folgt

$$n\mathfrak{s} = \operatorname{grad} L, \qquad |\mathfrak{s}| = 1. \tag{10}$$

Wir haben bei unserer Näherung nicht die Voraussetzung benutzt, daß n konstant ist; daher können wir n als Ortsfunktion ansehen, unsere Betrachtungen gelten also auch für inhomogene Medien. Der Lichtweg von P_0 nach P wird in jedem Falle durch das über einen Strahl erstreckte Linienintegral

$$\int_{P_0}^{P} n\,ds = L(P) - L(P_0) \tag{11}$$

dargestellt.

Die Grenzen der Gültigkeit der geometrischen Optik sind durch die Größe der Ausdrücke (7) gegeben. An der Schattengrenze liegt eine plötzliche Änderung der Amplitude u, also wird $\operatorname{grad} u$ groß; hier finden Abweichungen vom geometrischen Strahlengange statt, die sog. Beugungserscheinungen. An den Lichtquellen und Brennpunkten, wo die Strahlen divergieren oder konvergieren, wird $\operatorname{div} n\mathfrak{s} = \operatorname{div} \operatorname{grad} L = \Delta L$ groß; auch hier treten Erscheinungen auf, die durch die geometrische Optik nicht erfaßt werden. Von diesen Ausnahmefällen soll aber vorläufig abgesehen werden.

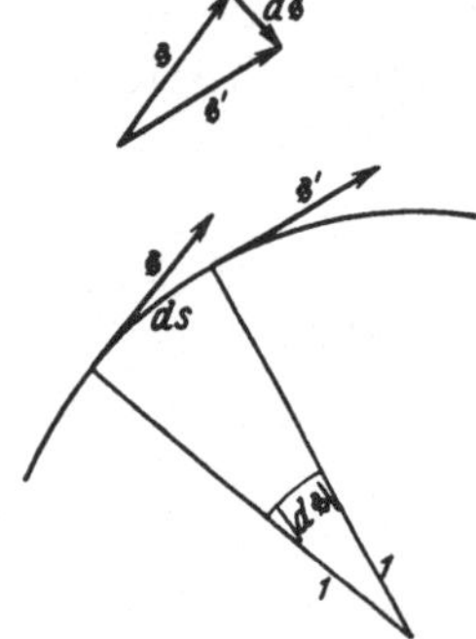
Fig. 16. Strahlkrümmung.

Der anschauliche Inhalt der Gleichung (10) und der aus ihr durch Quadrieren des Betrages folgenden Gleichungen (8) oder (9) ist der: Konstruiert man zwei unendlich benachbarte Flächen $L =$ konst. und $L + dL =$ konst. und bezeichnet mit ds ihren normalen Abstand an irgendeiner Stelle, so ist

$$\frac{dL}{ds} = n.$$

Hat man also zwei benachbarte L-Flächen mit dem festen Lichtwegunterschied dL, so besagt die Gleichung $n\,ds = dL$, daß sich die Abstände normal gegenüberliegender Punkte an verschiedenen Stellen umgekehrt verhalten wie die Brechungsindizes oder direkt wie die Lichtgeschwindigkeiten.

Insbesondere folgt daraus: In einem homogenen Medium ($n =$ konst.) haben aufeinanderfolgende Flächen $L =$ konst. gleichen Abstand voneinander. Daraus ergibt sich weiter, daß die orthogonalen Trajektorien der Flächenschar gerade Linien sind. Um dies zu beweisen, sehen wir die Lichtstrahlen als die Stromlinien des Vektorfeldes $\mathfrak{s}$ an. Es sei ds das Linienelement auf einer Strahlkurve. Beim Fortrücken um ds geht der tangentielle Einheitsvektor $\mathfrak{s}$ in einen Einheitsvektor $\mathfrak{s}'$ von anderer Richtung über (s. Fig. 16); $\mathfrak{s}$ und $\mathfrak{s}'$ bilden ein gleichschenkliges Dreieck mit der Basis $d\mathfrak{s}$, die als senkrecht auf $\mathfrak{s}$ betrachtet werden

[1] In der Sprache der Mathematik ist (9) die Gleichung der zur partiellen Differentialgleichung (5) gehörigen Charakteristiken und beschreibt exakt die Fortpflanzung von Unstetigkeiten der Lösungen von (9). Für die geometrische Optik kommt es aber nicht auf Unstetigkeiten an, sondern auf die Phasen periodischer Lösungen; diesen Zusammenhang zeigt unsere Ableitung, die allerdings nicht den Forderungen mathematischer Strenge (Fehlerabschätzung) genügt.

kann. Nur wenn $d\mathfrak{s}$ verschwindet, ist die Kurve an der betrachteten Stelle ungekrümmt[1]. Die Bedingung der Geradlinigkeit läßt sich also schreiben:

$$\frac{d\mathfrak{s}}{ds} = 0. \tag{12}$$

Nun ist

$$\frac{d\mathfrak{s}_x}{ds} = \frac{\partial \mathfrak{s}_x}{\partial x}\frac{dx}{ds} + \frac{\partial \mathfrak{s}_x}{\partial y}\frac{dy}{ds} + \frac{\partial \mathfrak{s}_x}{\partial z}\frac{dz}{ds} = \frac{\partial \mathfrak{s}_x}{\partial x}\mathfrak{s}_x + \frac{\partial \mathfrak{s}_x}{\partial y}\mathfrak{s}_y + \frac{\partial \mathfrak{s}_x}{\partial z}\mathfrak{s}_z.$$

Andererseits folgt aus $|\mathfrak{s}| = 1$:

$$0 = \frac{1}{2}\frac{\partial}{\partial x}|\mathfrak{s}|^2 = \mathfrak{s}_x\frac{\partial \mathfrak{s}_x}{\partial x} + \mathfrak{s}_y\frac{\partial \mathfrak{s}_y}{\partial x} + \mathfrak{s}_z\frac{\partial \mathfrak{s}_z}{\partial x}.$$

Durch Subtraktion ergibt sich

$$\frac{d\mathfrak{s}_x}{ds} = \mathfrak{s}_y\left(\frac{\partial \mathfrak{s}_x}{\partial y} - \frac{\partial \mathfrak{s}_y}{\partial x}\right) + \mathfrak{s}_z\left(\frac{\partial \mathfrak{s}_x}{\partial z} - \frac{\partial \mathfrak{s}_z}{\partial x}\right)$$

oder vektoriell geschrieben:

$$\frac{d\mathfrak{s}}{ds} = \operatorname{rot}\mathfrak{s} \times \mathfrak{s}. \tag{13}$$

Aus (10) folgt für $n = \text{konst.}$:

$$\operatorname{rot}\mathfrak{s} = \frac{1}{n}\operatorname{rot}\operatorname{grad} L = 0. \tag{14}$$

Nach (13) ist somit die Bedingung (12) der Geradlinigkeit erfüllt.

Das Verschwinden von $\operatorname{rot}\mathfrak{s}$ oder, in der Sprache der Strömungslehre, die „Wirbelfreiheit" des Strömungsfeldes, ist das Kennzeichen optischer Strahlen gegenüber allgemeineren, sog. KUMMERschen Strahlensystemen.

Man sagt auch, die Lichtstrahlen in einem homogenen Medium bilden ein „orthotomisches System", d. h. eine zweiparametrige Geradenschar, die sich von einer geeignet gewählten Flächenschar rechtwinklig schneiden läßt. Wir werden jetzt den wichtigen Zusammenhang dieser Eigenschaft mit dem Reflexions- und Brechungsgesetz kennenlernen.

§ 15. Der Satz von MALUS und das Prinzip von FERMAT.

MALUS hat den Satz bewiesen: *Ein orthotomisches Strahlensystem bleibt auch nach beliebig vielen Reflexionen und Brechungen orthotomisch.*

Wir übernehmen das Brechungs- und Spiegelungsgesetz aus der Wellentheorie (Kap. I, § 4)[2]. Man kann beide in die Aussage zusammenfassen, daß der Vektor

$$\mathfrak{N} = n_1\mathfrak{s}_1 - n_2\mathfrak{s}_2 \tag{1}$$

normal auf der Grenzfläche steht; dabei sind $\mathfrak{s}_1$, $\mathfrak{s}_2$ die Einheitsvektoren des Lichtstrahls vor und nach der Brechung (Spiegelung), n_1, n_2 die Brechungsindizes der beiden Medien (bei Spiegelung $n_1 = n_2$).

Denn wenn die Differenz der Vektoren $n_1\mathfrak{s}_1$ und $n_2\mathfrak{s}_2$ in die Normalenrichtung fällt, liegen beide in derselben, durch die Normale gehenden Ebene, der

[1] Die Krümmung der Kurve ist gegeben durch $|d\mathfrak{s}|/ds$ (s. Fig. 16).

[2] Statt dessen kann man dieses Gesetz auch durch Grenzübergang (von einer stetigen Verteilung n zu einem Sprung von n) aus § 14 (10) erhalten, muß dann aber die durchaus nicht selbstverständliche Annahme machen, daß $\operatorname{grad} L$ an der Grenze stetig bleibt.

Einfallsebene (s. Fig. 17); ferner verschwindet die Tangentialkomponente von $\mathfrak{N}$, und da die Tangentialkomponenten von $\mathfrak{s}_1$ und $\mathfrak{s}_2$ gleich $\sin\varphi_1$ und $\sin\varphi_2$ sind, wo φ_1, φ_2 Einfalls- und Brechungswinkel bedeuten, so hat man

$$n_1 \sin\varphi_1 - n_2 \sin\varphi_2 = 0.$$

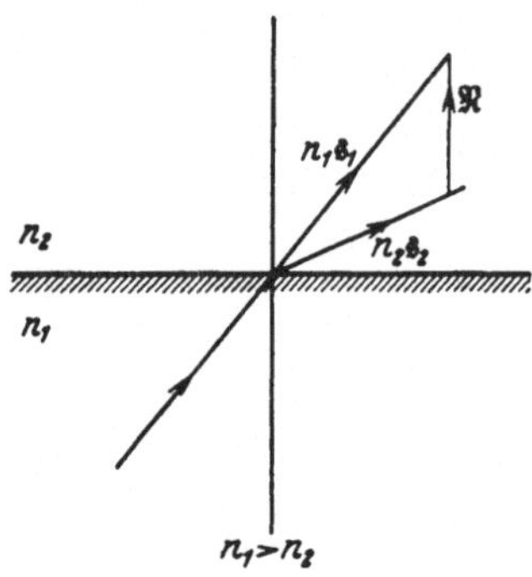

Fig. 17. Brechungsgesetz.

Bei Reflexion ist $n_1 = n_2 = n$ zu setzen und zu beachten, daß $\mathfrak{s}_1$ auf die Grenzfläche zu, $\mathfrak{s}_2$ von ihr fort gerichtet ist; dann folgt aus dem Normalstehen von $\mathfrak{N} = n(\mathfrak{s}_1 - \mathfrak{s}_2)$ ohne weiteres das Reflexionsgesetz.

Es genügt offenbar, den Satz von MALUS für *eine* Brechung (Reflexion) zu beweisen; dann gilt er auch für beliebig viele.

Aus § 14 (10) folgt (auch für ein inhomogenes Medium mit stetig veränderlichem n)

$$\text{(2)} \qquad \operatorname{rot} n\mathfrak{s} = \operatorname{rot} \operatorname{grad} L = 0;$$

nach dem STOKESschen Satze ist das über irgendeine geschlossene Kurve mit dem vektoriellen Linienelement $d\mathfrak{t}$ erstreckte Integral

$$\text{(3)} \qquad \oint n\mathfrak{s}\, d\mathfrak{t} = \int (\operatorname{rot} n\mathfrak{s})_\nu\, d\sigma,$$

wobei das Flächenintegral über irgendeine von der Kurve begrenzte Fläche mit dem Element $d\sigma$ zu erstrecken ist und die Normale ν dem Umlaufssinne in der üblichen Weise zugeordnet ist. Also folgt nach (2):

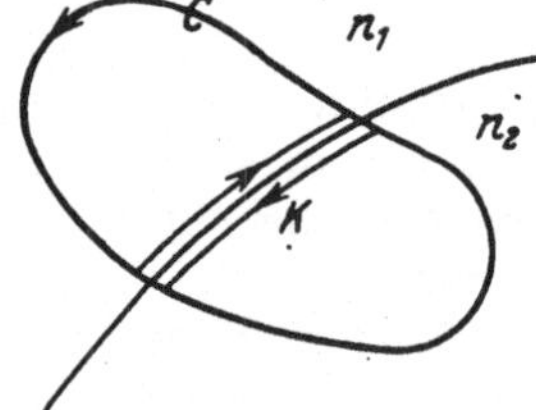

Fig. 18. Grenzbedingung für den Normalvektor $\mathfrak{s}$.

$$\text{(4)} \qquad \oint n\mathfrak{s}\, d\mathfrak{t} = 0.$$

Nunmehr schließen wir aus dem Brechungs- (Reflexions-) Gesetz, daß die Formel (4) auch noch gilt, wenn die geschlossene Kurve die Grenzfläche zwischen zwei Medien durchsetzt, an der n einen Sprung erfährt. Denn zerlegt man die Kurve C in zwei Schleifen durch Hinzufügung eines Verbindungsstücks K längs der Grenzfläche (s. Fig. 18) und wendet (4) auf beide Schleifen getrennt an, so erhält man durch Addition der entstehenden Gleichungen

$$\int_C n\mathfrak{s}\, d\mathfrak{t} + \int_K (n_1\mathfrak{s}_1 - n_2\mathfrak{s}_2)\, d\mathfrak{t} = 0.$$

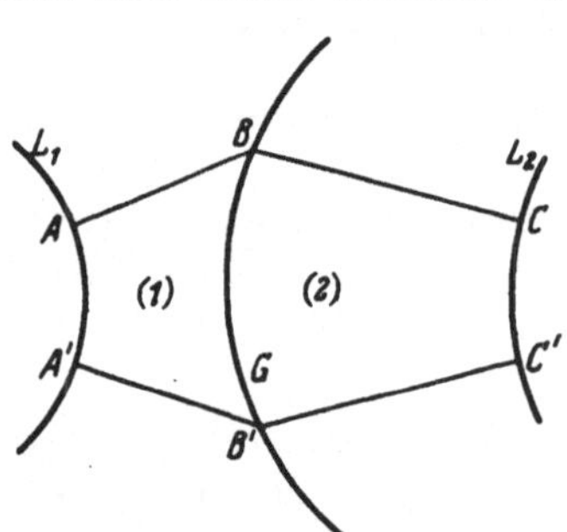

Fig. 19. Zum Beweis des MALUSschen Satzes.

Hier verschwindet aber das zweite Integral, weil der Vektor $\mathfrak{N} = n_1\mathfrak{s}_1 - n_2\mathfrak{s}_2$ auf der Grenzfläche, also auch auf allen Elementen $d\mathfrak{t}$ der Kurve K, senkrecht steht.

Das Resultat der Gültigkeit von (4) auch bei Brechung und Reflexion wenden wir nun auf folgenden Fall an: Zwei homogene Medien (n_1 = konst., n_2 = konst.) mögen in einer Fläche G aneinander grenzen (s. Fig. 19); im ersten Medium fassen wir eine Fläche $L(x, y, z) = L_1$ ins Auge und konstruieren den Strahl, der von einem Punkte A auf ihr normal ausgeht. Er treffe die Grenzfläche G in B und werde bis zu einem Punkt C im zweiten Medium verfolgt. Nun verschieben wir den Punkt A auf irgendeiner Kurve der Fläche L_1 nach A' und führen dabei den von A ausgehenden Strahl ABC

unter Erhaltung seiner optischen Länge mit. Die Endlage sei $A'B'C'$. Läßt man A' auf L_1 beliebig variieren, so bewegt sich C' auf einer Fläche $L(x, y, z) = L_2$. Zu zeigen ist, daß der Strahl $A'B'C'$ überall auf der Fläche L_2 senkrecht steht.

Dazu wenden wir die Formel (4) auf den geschlossenen Weg $ABCC'B'A'A$ an und erhalten:

$$\int\limits_{ABC} n\,ds + \int\limits_{CC'} n\mathfrak{s}\,d\mathfrak{t} + \int\limits_{C'B'A'} n\,ds + \int\limits_{A'A} n\mathfrak{s}\,d\mathfrak{t} = 0 .$$

Nun sind nach Voraussetzung die optischen Wege ABC und $A'B'C'$ gleich, also

$$\int\limits_{ABC} n\,ds + \int\limits_{C'B'A'} n\,ds = 0 ,$$

ferner ist $\mathfrak{s}$ überall auf L_1 normal, also

$$\int\limits_{A'A} n\mathfrak{s}\,d\mathfrak{t} = 0 .$$

Es folgt, daß

$$\int\limits_{CC'} n\mathfrak{s}\,d\mathfrak{t} = 0$$

ist, und zwar für jede Kurve auf der Fläche L_2. Mithin muß $\mathfrak{s}\,d\mathfrak{t} = 0$ sein für jedes Linienelement $d\mathfrak{t}$ auf L_2; der Strahl $\mathfrak{s}$ steht also überall auf L_2 senkrecht, wie der MALUS*sche Satz* behauptet.

Hiermit steht in enger Beziehung das in der Einleitung erwähnte FERMAT*sche Prinzip des kürzesten Lichtwegs*[1]. Es besagt, daß *das über einen Strahl erstreckte Integral*

$$\int\limits_{P_0}^{P} n\,ds$$

ein Minimum ist im Vergleich zu den Werten, die es auf beliebigen Nachbarkurven zwischen denselben Endpunkten P_0 und P annimmt. Vorausgesetzt muß dabei werden, daß sich eine Umgebung des Strahlstücks S von P_0 nach P von einem „Strahlenfeld" $\mathfrak{s}$ einfach und lückenlos überdecken läßt. Ein solches Feld wird z. B. von den Strahlen eines vom Punkte A ausgehenden Büschels gebildet, solange diese Strahlen nicht infolge Reflexion oder Brechung sich überschneiden (s. Fig. 20).

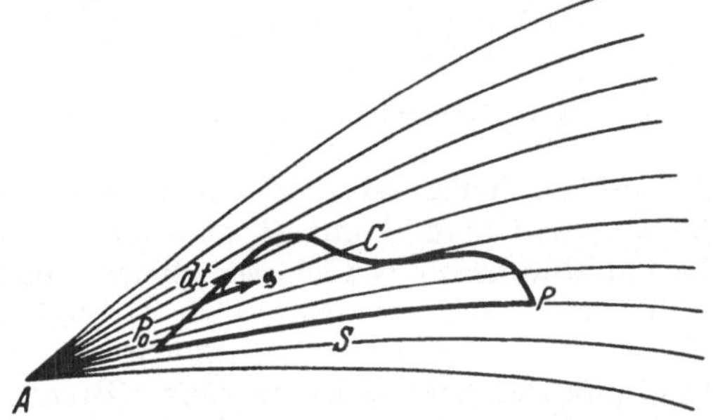

Fig. 20. Zum Beweis des FERMATschen Prinzips.

Liegt das Strahlstück S ganz in einem solchen Feld $\mathfrak{s}$ und beschränkt man die Vergleichskurven C zwischen P_0 und P ebenfalls auf das Feldgebiet, so kann man folgendermaßen schließen:

Nach (4) gilt

$$\int\limits_{C} n\mathfrak{s}\,d\mathfrak{t} + \int\limits_{S} n\,ds = 0 ,$$

[1] Ähnliche Minimalsätze hat man in vielen Gebieten der Physik zur knappsten Formulierung der Gesetze verwendet, z. B. in der Mechanik das Prinzip der kleinsten Wirkung in seinen mannigfachen Formen. Zur systematischen Behandlung solcher Minimalprobleme dienen die Methoden der Variationsrechnung. Die im folgenden vorkommenden Beweise lassen sich zum Teil auf viel allgemeinere Fälle übertragen.

wo $\mathfrak{d}t$ das vektorielle Linienelement von C und ds das skalare Linienelement von S ist. Da aber die Projektion eines Vektors niemals größer ist als der Vektor selbst, so ist

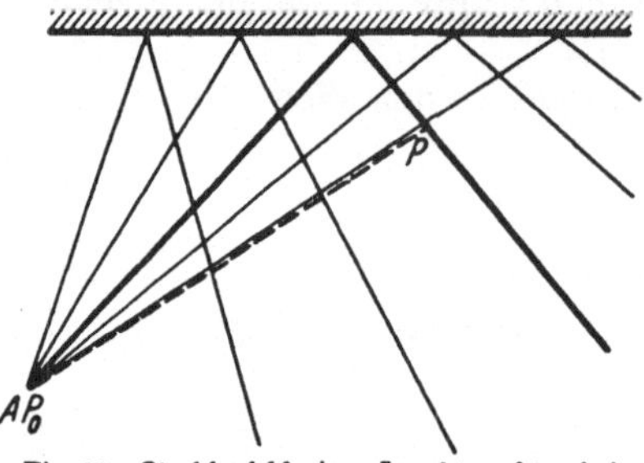

Fig. 21. Strahlenfeld eines Leuchtpunktes bei Spiegelung.

$$\left|\int_C n\mathfrak{s}\,\mathfrak{d}t\right| \leqq \int_C n\,dt,$$

wo dt das skalare Linienelement von C ist. Also folgt

$$\int_S n\,ds \leqq \int_C n\,dt,$$

womit das FERMATsche Prinzip bewiesen ist.

Die Voraussetzung über die Einbettbarkeit des Strahlstücks S in ein Strahlenfeld ist wirklich notwendig, wie die einfachsten Beispiele zeigen. So entsteht bereits in einem homogenen Medium bei der Spiegelung an einer Ebene (s. Fig. 21) eine doppelte Überdeckung des Raumes mit Strahlen; der direkte Strahl liefert dann das absolute Minimum des Lichtwegs, der reflektierte nur ein relatives Minimum gegenüber Nachbarkurven einer gewissen Umgebung. Die einfache Überdeckung des Raumes durch die vom Punkte A ausgehenden Strahlen hört ferner in inhomogenen Medien oder bei brechenden Flächen zwischen homogenen Medien dort auf, wo die Strahlen Enveloppenflächen bilden (s. Fig. 22); diese werden in der Optik „Brennflächen" oder „Kaustiken" genannt und sollen nachher (§ 17) besprochen werden.

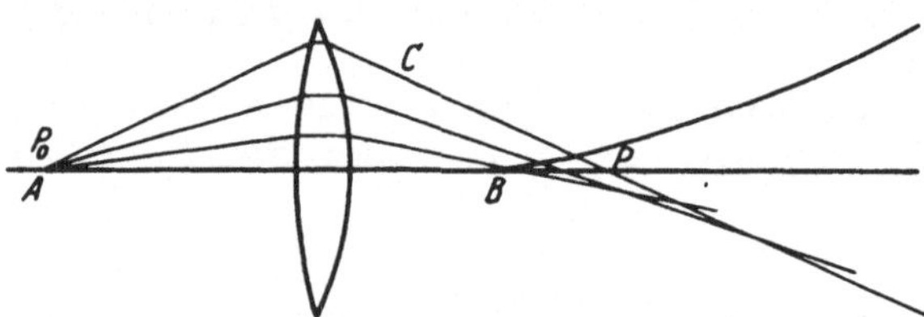

Fig. 22. Kaustik eines Achsenpunktes einer Linse.

Der Berührungspunkt B eines Strahls mit der Brennfläche heißt der zu A auf diesem Strahl „konjugierte" Punkt. Man kann dann, indem man A mit P_0 zusammenfallen läßt, den Teil eines Strahls P_0P, der ein Minimum des Lichtwegs liefert, auch so kennzeichnen: der Endpunkt P muß von P_0 aus vor dem zu P_0 konjugierten Punkte liegen. So ist z. B., wie Fig. 22 zeigt, bei einer (nichtkorrigierten) Linse für den Zentralstrahl nur ein Minimum des Lichtwegs bis zum „Brennpunkt", d. h. der auf der Achse gelegenen Spitze der Brennfläche, vorhanden; dagegen ist z. B. der geknickte Lichtweg P_0CP kürzer als der gerade ABP, wenn P auf der Achse hinter B liegt.

Man kann aus der Forderung, daß

$$\int n\,ds = \text{Minimum}$$

sein soll, durch Umkehrung unseres Gedankengangs nach den Regeln der Variationsrechnung die Gesetze des Strahlungsfeldes (z. B. das Brechungsgesetz) ableiten; doch gehen wir nicht darauf ein.

§ 16. Die Brennpunktseigenschaften eines infinitesimalen Strahlenbüschels.

Wir betrachten jetzt *infinitesimale Strahlenbüschel* oder *Elementarbüschel*, d. h. solche Büschel, deren Strahlen sich nur unendlich wenig voneinander unterscheiden. Im allgemeinen wird es keinen Punkt P geben, in dem sich alle Strahlen des infinitesimalen Büschels schneiden. Ist es aber der Fall, so sagen wir, das Büschel sei „*homozentrisch*"; nur bei einem solchen sind die Flächen $L =$ konst. Kugeln.

Wir wollen nun die Geometrie nichthomozentrischer infinitesimaler Strahlenbüschel näher studieren. In einem regulären Punkte P der Fläche $L =$ konst., die, wie gesagt, keine Kugel sein wird, errichten wir die Flächennormale und legen durch sie irgendeine Ebene; diese schneidet aus der Fläche eine ebene Kurve aus. Der Mittelpunkt des Krümmungskreises der Kurve für den Punkt P muß auf der Flächennormalen liegen.

Drehen wir nun die Ebene um diese Normale, so wird die Schnittkurve sich stetig ändern und damit auch der Krümmungsradius. Bei einer halben Umdrehung wird der Radius ein Maximum und ein Minimum passieren. In der Theorie der krummen Flächen[1] wird gezeigt, daß die beiden Ebenen, die zum maximalen und minimalen Krümmungsradius gehören, aufeinander senkrecht stehen. In diesen „Hauptebenen" liegen die Hauptkrümmungskreise. Zieht man die Kurven auf der Fläche, die in jedem Punkte die zugehörigen Hauptebenen tangieren, so erhält man die beiden orthogonalen Kurvenscharen der Krümmungslinien.

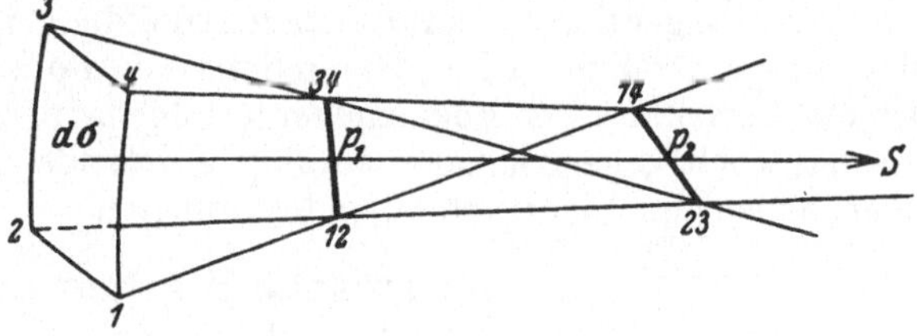

Fig. 23. Brennlinien der Normalen eines Flächenelementes.

Nun denken wir uns aus der Fläche $L =$ konst. ein Flächenelement $d\sigma$ ausgeschnitten, das von zwei Paaren von Krümmungslinien oder, was infinitesimal dasselbe ist, von zwei Paaren von Hauptkrümmungskreisen begrenzt wird. Die Eckpunkte des Elements $d\sigma$ seien 1, 2, 3, 4. Um die Vorstellung zu fixieren, wollen wir die Bögen 1—2 und 3—4 horizontal, die Bögen 2—3 und 1—4 vertikal annehmen (s. Fig. 23).

Die Flächennormalen auf dem Hauptkrümmungskreisbogen 1—2 schneiden sich im Punkte 12, die Normalen auf dem Bogen 3—4 im Punkte 34. Die Verbindungslinie dieser beiden Punkte wird *Brennlinie* p_1 genannt. Sie verläuft offenbar parallel den beiden anderen Seiten 2—3 und 1—4 des Elements $d\sigma$, also in unserer Sprechweise vertikal. Die Normalen auf irgendeiner horizontalen Krümmungslinie werden sich in einem Punkte der Linie p_1 schneiden.

Ganz ebenso konstruiert man eine horizontale Brennlinie p_2, indem man von den Hauptkrümmungskreisbögen 2—3 und 1—4 ausgeht.

Die im Mittelpunkt von $d\sigma$ errichtete Flächennormale nennt man den *Hauptstrahl* S des Strahlenbüschels.

Man sieht, daß die durch p_1 und S bestimmte Ebene senkrecht steht auf der durch p_2 und S bestimmten.

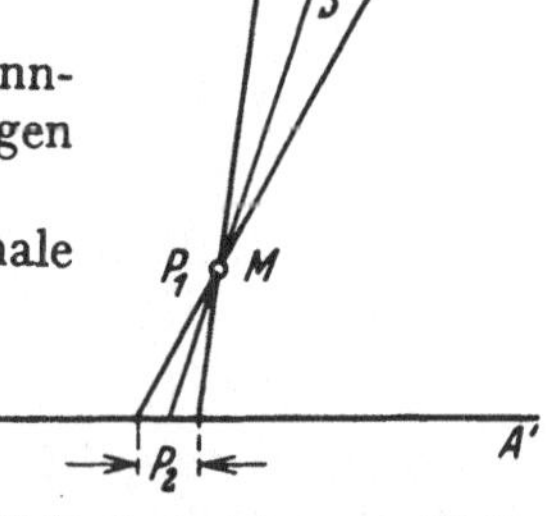

Fig. 24. Brennlinien einer rotationssymmetrischen Wellenfläche.

Dabei ist es nicht notwendig (was vielfach zu lesen ist), daß die Brennlinien beide auf dem Hauptstrahl senkrecht stehen. Das läßt sich am besten durch ein Beispiel zeigen (s. Fig. 24).

[1] Siehe etwa W. Blaschke: Vorlesungen über Differentialgeometrie Bd. 1, 3. Aufl., §§ 41—44. Berlin 1930.

Wir nehmen an, die Fläche $L =$ konst. sei rotationssymmetrisch um die Achse AA'; das Element $d\sigma$ enthalte keinen Achsenpunkt. Dann steht offenbar die eine Brennlinie p_1 senkrecht auf der Meridianebene im Krümmungsmittelpunkt M des Meridianschnitts von $d\sigma$; die andere Brennlinie p_2 ist das Stück der Achse, das von den äußersten Normalen des Meridianschnitts abgeteilt wird. Diese Brennlinie p_2 steht nicht auf S senkrecht.

Das von einem leuchtenden Punkt ausgehende Licht stellt man sich in der geometrischen Optik als homozentrisches Strahlenbüschel vor. Nach Spiegelung oder Brechung ist dieses Büschel im allgemeinen nicht mehr homozentrisch. Es wird also jeder Punkt P des Objektraums durch ein von ihm ausgehendes Elementarbüschel nicht wieder als Punkt, sondern in zwei Brennlinien „abgebildet", die in zwei zueinander senkrechten Ebenen, den *Fokalebenen* des Büschels, liegen; eine Abbildung, die natürlich unvollkommen ist, weil ja in jeder Brennlinie nur ein Teil der Strahlen zur Vereinigung kommt und auch dies nicht punktweise. Der Abstand der Brennlinien längs des Hauptstrahls wird die *astigmatische Differenz* des Elementarbüschels genannt. Das Problem der optischen Abbildung besteht darin, diese astigmatische Differenz zu vermeiden oder wenigstens zu verringern; denn man wünscht von möglichst vielen Punkten des Objektraums eine eigentliche, punktförmige Abbildung zu erreichen. Ehe wir aber auf diese Frage der künstlichen Herstellung von optischen Bildern eingehen, wollen wir die Verteilung der Fokalelemente allgemein untersuchen, um zu verstehen, wie natürlich gegebene oder zufällig entstandene brechende (oder spiegelnde) Oberflächen die Lichtverteilung beeinflussen.

§ 17. Kaustische Flächen und Kurven.

Wie wir sahen, liegen auf der Normalen eines Flächenelements die Mittelpunkte der Krümmungskreise aller Normalschnitte; sie bedecken eine Strecke, deren Endpunkte den beiden Hauptkrümmungen entsprechen. Macht man diese Konstruktion für jede Flächennormale, so erfüllen die beiden Endpunkte zwei Flächen; die eine ist gegeben durch die Gesamtheit der Mittelpunkte der kleinsten Krümmungskreise, die andere durch die der größten. Man nennt sie *Brennflächen* oder *kaustische Flächen (Kaustiken)*. Jede Normale der gegebenen Wellenfläche ist Tangente der beiden Brennflächen.

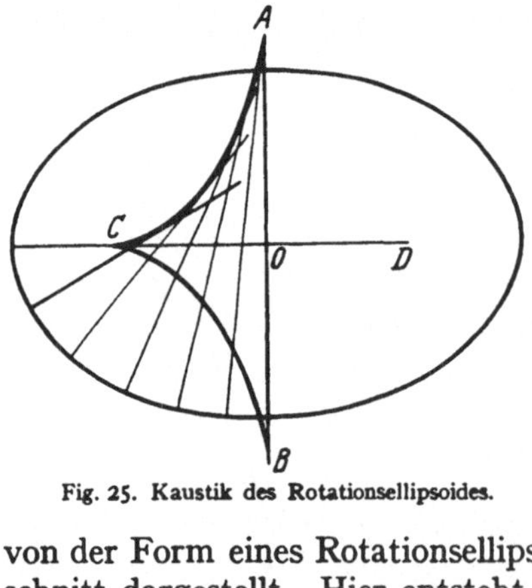

Ist die Wellenfläche speziell eine Rotationsfläche, so liegt der eine der beiden Hauptkrümmungskreise in der Meridianebene, der andere senkrecht dazu und sein Mittelpunkt auf der Rotationsachse. Die eine der beiden Kaustiken entartet also in diesem Falle zu einem Stück der Rotationsachse, die andere wird eine Rotationsfläche, deren Meridianschnitt die Evolute des Meridianschnitts der Wellenfläche ist.

A
C
O
D
B

Fig. 25. Kaustik des Rotationsellipsoides.

Als Beispiel wollen wir eine Wellenfläche von der Form eines Rotationsellipsoids betrachten. In Fig. 25 ist ein Meridianschnitt dargestellt. Hier entsteht die eine Kaustik durch Rotation der Evolute ACB der Meridianellipse, die andere entartet in das Stück COD der Achse.

Um die Evolute einer beliebigen Meridiankurve analytisch darzustellen, hat man einfach die Koordinaten des Krümmungsmittelpunkts ξ, η, der zum Kurvenpunkt x, y gehört, hinzuschreiben (s. Fig. 26):

$$\xi = x - \varrho \sin\alpha\,, \qquad \eta = y + \varrho \cos\alpha\,;$$

hier ist ϱ der Krümmungsradius und α der Winkel der Tangente mit der x-Richtung. Sind x, y als Funktionen eines Parameters φ gegeben und bezeichnet man das Differenzieren nach φ durch einen Strich, so gilt bekanntlich

$$\varrho = \frac{(x'^2 + y'^2)^{\frac{3}{2}}}{x'y'' - x''y'}$$

und

$$\cos\alpha = \frac{x'}{\sqrt{x'^2 + y'^2}}, \qquad \sin\alpha = \frac{y'}{\sqrt{x'^2 + y'^2}},$$

also

$$(1) \quad \begin{cases} \xi = x - y' \dfrac{x'^2 + y'^2}{x'y'' - x''y'}, \\[2ex] \eta = y + x' \dfrac{x'^2 + y'^2}{x'y'' - x''y'}. \end{cases}$$

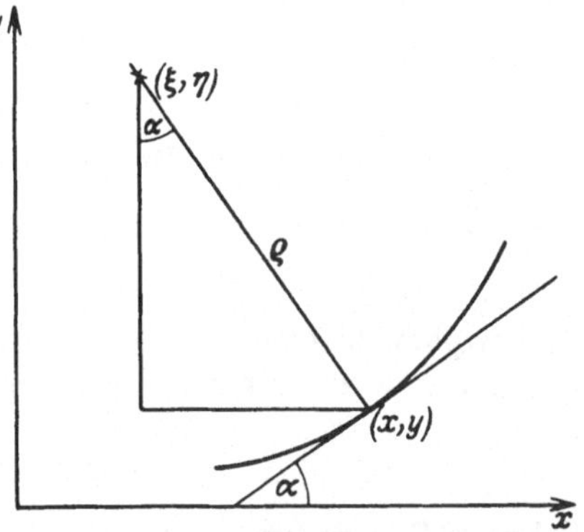

Fig. 26. Krümmungsradius und Krümmungsmittelpunkt.

Speziell für die Ellipse

$$x = a\cos\varphi, \qquad y = b\sin\varphi$$

hat man

$$\xi = a\cos\varphi - b\cos\varphi\,\frac{a^2\sin^2\varphi + b^2\cos^2\varphi}{ab},$$

$$\eta = b\sin\varphi - a\sin\varphi\,\frac{a^2\sin^2\varphi + b^2\cos^2\varphi}{ab}$$

oder

$$(2) \quad \begin{cases} \xi = \dfrac{a^2 - b^2}{a}\cos^3\varphi, \\[2ex] \eta = -\dfrac{a^2 - b^2}{b}\sin^3\varphi. \end{cases}$$

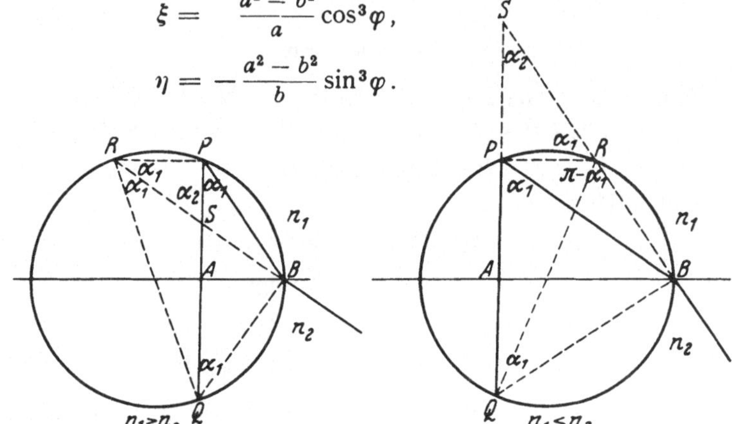

Fig. 27. Zur Diakaustik der Ebene.

Die hierdurch dargestellte Kurve wird *Asteroide* genannt. Wir werden später diese Rechnungen benutzen.

Jetzt kehren wir zur Optik zurück und betrachten die Brennflächen eines Strahlenbüschels, das durch Brechung an einer Ebene aus einem homozentrischen Büschel entsteht; man spricht hier von der *Diakaustik der Ebene* (bei Reflexion entsprechend von *Katakaustik*).

Der leuchtende Punkt P liege im Medium 1 mit dem Brechungsindex n_1; eine ebene Grenzfläche trenne diese Substanz vom Medium 2 mit dem Brechungsindex n_2. Da das von P auf die Grenzebene gefällte Lot offenbar Symmetrieachse des Vorgangs ist, genügt es, die Verhältnisse in einer durch dieses Lot gelegten Ebene zu betrachten; diese sei zur Zeichenebene der Fig. 27 gemacht. Die beiden Hälften der Figur entsprechen den Fällen $n_1 > n_2$ und $n_1 < n_2$.

Wir fällen von P das Lot PA auf die Grenzfläche und verlängern es um sich selbst bis Q. Ein von P ausgehender Strahl treffe die Grenzfläche in B. Nun konstruieren wir den durch P, B, Q gehenden Kreis. Der gebrochene Strahl, von B nach rückwärts verlängert, treffe den Kreis in R und das Lot PQ in S; im Falle $n_1 > n_2$ liegt S innerhalb PQ, im Falle $n_1 < n_2$ außerhalb.

$\alpha_1 = \sphericalangle BPQ$ ist der Einfallswinkel,

$\alpha_2 = \sphericalangle BSQ$ ist der Brechungswinkel.

Man hat offenbar

$$\sphericalangle BRQ = \sphericalangle BPQ = \alpha_1$$

als Peripheriewinkel über der Sehne BQ.

Da aus Symmetriegründen auch $\sphericalangle BQP = \alpha_1$ ist, so gilt ferner im Falle $n_1 > n_2$

$$\sphericalangle BRP = \sphericalangle BQP = \alpha_1$$

(Sehne BP) und im Falle $n_1 < n_2$

$$\sphericalangle BRP = \pi - \sphericalangle BQP = \pi - \alpha_1$$

(Sehne BP); also hat man in jedem Falle

$$\sphericalangle SRP = \alpha_1 .$$

Im Dreieck PRS gilt demnach

$$PS : PR = \sin\alpha_1 : \sin\alpha_2 = n_2 : n_1$$

oder

$$n_1 \cdot PS = n_2 \cdot PR . \tag{3}$$

Da nun im Falle $n_1 > n_2$ die Linie RS den Winkel bei R im Dreieck PRQ halbiert, im Falle $n_1 < n_2$ auf der Halbierungslinie senkrecht steht, so gilt

$$PS : QS = PR : QR .$$

Daher hat man auch

$$n_1 \cdot QS = n_2 \cdot QR . \tag{4}$$

Addiert bzw. subtrahiert man (3) und (4), so folgt

$$\text{für } n_1 > n_2: \quad n_1 \cdot PQ = n_2 (QR + PR) , \tag{5}$$

$$\text{für } n_1 < n_2: \quad n_1 \cdot PQ = n_2 (QR - PR) . \tag{6}$$

Das bedeutet aber, daß der Punkt R für verschiedene Einfallswinkel einen Kegelschnitt mit den Brennpunkten P, Q beschreibt, und zwar für $n_1 > n_2$ eine Ellipse, für $n_1 < n_2$ eine Hyperbel. Dieser Kegelschnitt ist der Meridianschnitt einer Wellenfläche, die aus ihm durch Rotation um die Normale PQ entsteht; denn da der gebrochene Strahl RB den Winkel PRQ bzw. seinen Außenwinkel halbiert, steht er auf dem Kegelschnitt senkrecht.

Natürlich gehört diese Wellenfläche nicht zu denen, die aus den Kugelwellen des ersten Mediums beim Eindringen ins zweite Medium wirklich entstehen; sondern sie liegt auf der Verlängerung der gebrochenen Strahlen nach rückwärts. Gleichwohl kennzeichnet sie das gebrochene Strahlenbüschel eindeutig und erlaubt insbesondere die Konstruktion der Brennflächen in einfachster Weise.

Wir wollen diese zunächst im Falle $n_1 > n_2$ betrachten, wo das gebrochene Strahlenbüschel auf einem Rotationsellipsoid normal ist. Die Brennfläche eines solchen haben wir oben konstruiert; sie besteht aus einem Stück der Achse und aus der Rotationsfläche, deren Meridianschnitt durch (2) dargestellt ist. Es bleibt nur übrig, die darin vorkommenden Halbachsen der Ellipse durch die gegebenen Brechungsindizes auszudrücken. Führt man den relativen Brechungsindex

$$n = n_{21} = \frac{n_1}{n_2} > 1 \tag{7}$$

ein und bezeichnet die Brennweite der Ellipse $AP = \frac{1}{2} PQ$ mit c, so liest man aus (5) ab:

$$a = nc\,, \qquad b = c\sqrt{n^2 - 1}\,. \tag{8}$$

Dann gehen die Formeln (2) über in

$$\left\{\begin{aligned} \xi &= \frac{c\cos^3\varphi}{n}\,, \\ \eta &= -\frac{c\sin^3\varphi}{\sqrt{n^2-1}}\,. \end{aligned}\right. \tag{9}$$

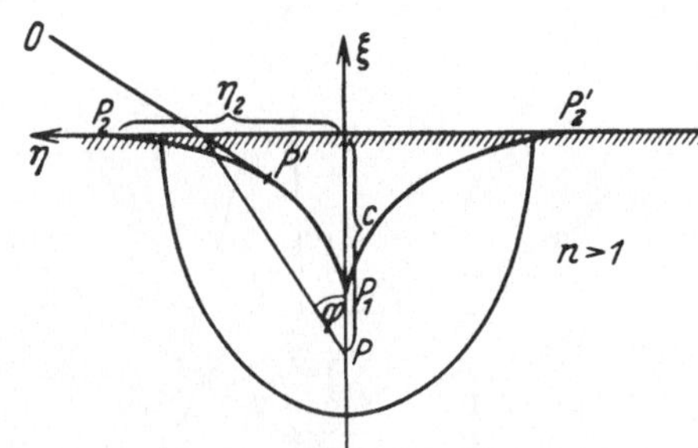

Fig. 28. Diakaustik an einer ebenen Grenzfläche für einen im optisch dichteren Medium liegenden Punkt.

Diese Asteroide hat Spitzen in den Punkten

$$P_1, P_1'\colon \quad \varphi = 0, \pi; \qquad \xi_1 = \pm\frac{c}{n}\,, \qquad \eta_1 = 0;$$

$$P_2, P_2'\colon \quad \varphi = \frac{\pi}{2}, \frac{3\pi}{2}; \quad \xi_2 = 0\,, \qquad \eta_2 = \mp\frac{c}{\sqrt{n^2-1}}\,.$$

Hier fällt die ξ-Achse in das vom leuchtenden Punkte P auf die Grenzebene gefällte Lot und ist Rotationsachse. Der Punkt P_1 entspricht dem senkrecht einfallenden Strahl; die Punkte P_2, P_2' entsprechen streifendem Eintritt ins zweite Medium (s. Fig. 28). Für den Grenzwinkel der Totalreflexion liest man aus der Figur ab

$$\operatorname{tg}\varphi = \frac{\eta_2}{c} = \frac{1}{\sqrt{n^2-1}}\,,$$

also

$$\sin\varphi = \frac{1}{n}\,, \tag{10}$$

wie es bei der hier gewählten Bezeichnung sein muß.

Einem Beobachter O wird der leuchtende Punkt P an der Stelle P' erscheinen, wo die Tangente von O an die Asteroide diese berührt. Wie man sieht, rückt der scheinbare Ort P' um so näher an die Grenzfläche, je flacher die Blickrichtung gegen die Grenzebene ist. Hierdurch sind die merkwürdigen Verzerrungen bedingt, die man an Körpern in durchsichtigen Flüssigkeiten wahrnimmt. So kommt es, daß ein gerader Stab beim Eintauchen in Wasser nicht nur an der Oberfläche geknickt, sondern im Innern auch ein wenig gebogen erscheint, wie Fig. 29 veranschaulicht. Für Wasser ist $n = \frac{4}{3}$, also

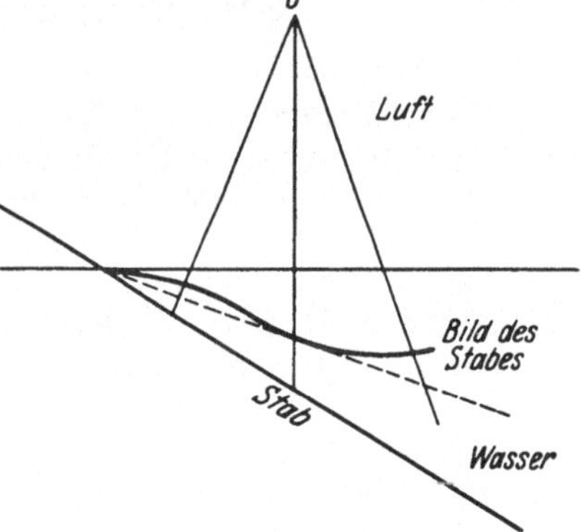

Fig. 29. Zur Konstruktion des Bildes eines in Wasser getauchten Stabes.

$$\xi_1 = \frac{3}{4}c\,, \qquad \eta_2 = \frac{3}{\sqrt{7}}c = 1{,}13\,c\,.$$

Ein Punkt im Wasser scheint also bei senkrechter Aufsicht um $\frac{1}{4}$ seines Abstandes der Oberfläche genähert.

Wir betrachten jetzt noch kurz den Fall $n_1 < n_2$, wo die Brennfläche aus der Evolute einer Hyperbel durch Rotation entsteht (s. Fig. 30). Setzt man hier

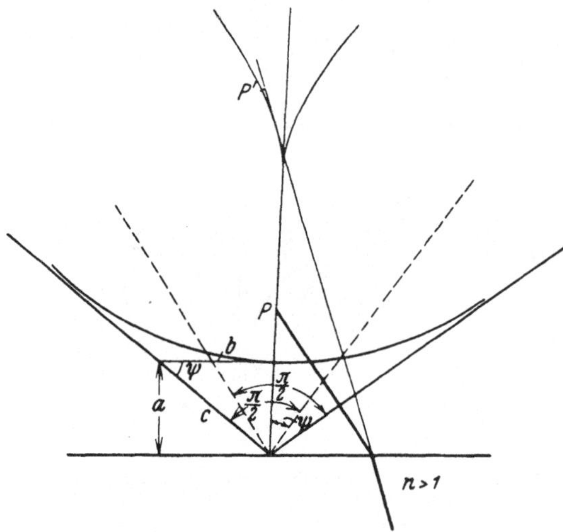

Fig. 30. Diakaustik an einer ebenen Grenzfläche für einen im optisch dünneren Medium liegenden Punkt.

(11) $$n = n_{12} = \frac{n_2}{n_1} > 1,$$

so werden die Hauptachsen der Hyperbel nach (6):

(12) $$a = \frac{c}{n}, \quad b = c\sqrt{1 - \frac{1}{n^2}}.$$

Die Tangenten der Evolute konvergieren im Unendlichen gegen zwei Richtungen, die auf den Asymptoten der Hyperbel senkrecht stehen; diese Richtungen entsprechen offenbar den gebrochenen Strahlen bei streifender Inzidenz, der Winkel ψ, den sie mit dem Einfallslot bilden, ist also der Grenzwinkel der totalen Reflexion. Aus Fig. 30 und Formel (12) liest man in der Tat ab, daß

(13) $$\sin\psi = \frac{a}{c} = \frac{1}{n}$$

ist, wie es sein muß.

In ähnlicher Weise, wie hier für eine brechende Ebene, kann man die Kaustiken für brechende oder spiegelnde Kugeln und andere Flächen konstruieren oder berechnen.

§ 18. Brechung an einer Kugelfläche.

Bei optischen Instrumenten benutzt man fast ausschließlich Kugeln als brechende Flächen. Wir wollen daher die Brechung an einer Kugelfläche näher studieren, aber nicht die Brennflächen für beliebige Strahlenbüschel konstruieren, sondern unser Augenmerk vor allem darauf richten, ob es eine Lage der Lichtquelle gibt, für die die gebrochenen Strahlen genau durch einen Punkt gehen.

In ein Medium mit dem Brechungsindex n sei eine Kugel mit dem Mittelpunkt O, dem Radius r und erfüllt von einem Medium des Brechungsindex n' eingebettet. Nach WEIERSTRASS[1] kann man den zum einfallenden Strahl AP gehörigen gebrochenen Strahl PB durch eine geometrische Konstruktion finden, die in Fig. 31 für die Fälle $n < n'$ und $n > n'$ gesondert dargestellt ist.

Man konstruiere um O zwei weitere Kugeln mit den Radien

$$r_1 = \frac{n'}{n} r, \qquad r_2 = \frac{n}{n'} r.$$

Die Kugel (r_1) werde von AP in Q getroffen; der Radius OQ treffe die Kugel (r_2) in R. Dann ist PR der gebrochene Strahl.

Nach der Konstruktion sind nämlich die Dreiecke OPR und OQP ähnlich; folglich ist $\sphericalangle OPR = \sphericalangle OQP$ gleich dem Brechungswinkel ψ, und da $\sphericalangle OPQ$ der Einfallswinkel φ ist, so hat man

$$\sin\varphi : \sin\psi = OQ : OP = n' : n.$$

Das Brechungsgesetz ist also erfüllt.

[1] K. WEIERSTRASS: Math. Werke. Bd. 3 S. 175.

Im Falle $n > n'$ versagt die Konstruktion, wenn die Verlängerung von AP die Kugel (r_1) nicht trifft; dann tritt Totalreflexion ein.

Wenn man auf die angegebene Weise das von einem Punkte A ausgehende Strahlenbüschel konstruiert, so findet man, daß dieses sich nicht in einem Punkte vereinigt; vielmehr gibt es eine Brennfläche, *Diakaustik*. Eine punktförmige Abbildung durch beliebig weit geöffnete Strahlenbüschel findet also nicht statt. Wohl aber gibt es ausgezeichnete Punktepaare von der Art, daß alle von dem einen Punkte ausgehenden Strahlen sich in dem anderen schneiden. In unseren Figuren sind das die Punktepaare Q, R; denn wenn man den einfallenden Strahl AQ um Q dreht, so dreht sich der gebrochene Strahl PRB um R. Dabei ist R reeller Schnittpunkt der gebrochenen Strahlen, Q aber nur virtueller Vereinigungspunkt der einfallenden. Einer der beiden Punkte läßt sich auf der betreffenden Kugel willkürlich wählen; dann ist der andere auf seiner Kugel bestimmt. Man nennt zwei solche, im Abstande $r_1 = \frac{n'}{n} r$ und $r_2 = \frac{n}{n'} r$ auf einem Radius liegende Punkte ein *aplanatisches Punktepaar* der brechenden Kugelfläche.

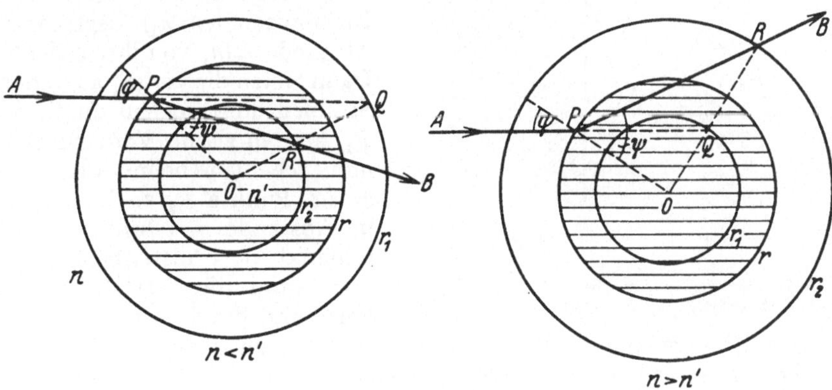

Fig. 31. Weierstrasssche Konstruktion des an einer Kugelfläche gebrochenen Lichtstrahls.

Es gibt also *punktförmige* oder *stigmatische Abbildung* durch weit geöffnete Büschel für zwei Flächen, nämlich die beiden *aplanatischen Kugelflächen* (r_1) und (r_2).

Eine der wichtigsten Aufgaben der praktischen Optik ist nun die stigmatische Abbildung einer Objektfläche auf eine Bildfläche (gewöhnlich Ebenen). Man wird zu überlegen haben, wie man unser Ergebnis über die aplanatischen Kugelflächen für diesen Zweck verwenden kann. Statt ganzer Kugeln aus Glas wird man Stücke nehmen, die von koaxialen Kugelflächen oder Ebenen begrenzt sind; so kommt man in natürlicher Weise auf die Konstruktion von *Linsen*.

Bei einer brechenden Kugelfläche hat man die Schwierigkeit, daß Objekt und Bild in verschiedenen Medien liegen und daß das Bild immer „virtuell" ist, d. h. die Strahlen selbst sich nicht schneiden, sondern ihre rückwärtigen Verlängerungen; man kann also höchstens erreichen, daß die Divergenz eines Büschels verringert wird.

Bei Mikroskopen liegt der Fall vor, daß man kleine Objekte leicht in eine Flüssigkeit einbetten kann, deren Brechungsindex gleich dem des Glases der ersten Objektivlinse ist; man hat dann ein sog. „Immersionsobjektiv". Wir werden später (Kap. IV, § 53, d) zeigen, daß hierdurch Vorteile hinsichtlich des „Auflösungsvermögens" (Verkleinerung der störenden Beugungserscheinungen) erzielt werden. Hier sehen wir, daß wir diese Anordnung zur Verringerung der Divergenz der von den Objektpunkten ausgehenden Strahlenbüschel verwenden können, indem wir der ersten Objektivlinse etwa die Gestalt einer Halbkugel geben, an deren Basisebene die Immersionsflüssigkeit angrenzt (s. Fig. 32). Ist n der Brechungsindex des Glases und der Flüssigkeit (gegen Luft), so muß der Objektpunkt P im Abstande r/n vor dem Mittelpunkt C der Kugelfläche liegen; dann entsteht ein (virtuelles) Bild P_1 im Abstande $n\,r$ von C. Wandert P auf der Kugel vom Radius r/n um C, so bewegt sich P_1 auf der Kugel vom Radius nr um C; bei hinreichend kleinen Objekten kann man die Kugelstückchen als eben ansehen und hat dann eine Abbildung von Flächenelementen durch endliche Büschel verwirklicht.

Man kann nun nach AMICI[1] die divergenzverkleinernde Wirkung verstärken, indem man eine zweite, von zwei Kugelflächen begrenzte Linse vorsetzt, und zwar so, daß die Vorderfläche ihr Krümmungszentrum in P_1 hat, die Hinterfläche aber so gekrümmt ist, daß P_1 im aplanatischen Punkte dieser Kugel (vom Radius r_1 und Brechungsindex n_1) liegt, also im Abstande r_1/n_1 von ihrem Zentrum. Dann treten die von P_1 ausgehenden Strahlen ungebrochen durch die zu P_1 konzentrische Vorderfläche ein und scheinen beim Austritt von einem Punkte P_2 zu kommen, der im Abstande $n_1 r_1$ hinter dem Mittelpunkt der Austrittsfläche liegt. Man kann dies Verfahren wiederholen und durch Vorsetzen weiterer Linsen den Divergenzpunkt der Strahlen immer weiter zurück verlegen. Aber dem stehen verschiedene Nachteile entgegen. Schon bei der ersten Vorsatzlinse liegt der (virtuelle) Ausgangspunkt P_1 der Strahlen nicht in einer Substanz vom gleichen Brechungsindex wie dem der Linse; die von seitlich benachbarten Punkten ausgehenden Strahlen treten also schon nicht mehr ungebrochen in die Vorsatzlinse ein, d. h. P_1 ist zwar aplanatisch, aber nicht ein ganzes P_1 umgebendes Flächenelement. (Verzichtet man auf die Abbildung von kleinen Flächen, so könnte man ja schon die erste Linse ohne Immersion benutzen und ihr statt einer ebenen Eintrittsfläche eine kugelförmige mit P als Zentrum geben). Ferner treten wegen der Abhängigkeit des Brechungsindex von der Farbe (Wellenlänge) sog. „chromatische Fehler" auf (s. § 26), die sich um so schwerer kompensieren lassen, je mehr Vorsatzlinsen man benutzt. Tatsächlich werden bei der Konstruktion von Mikroskopobjektiven höchstens die beiden ersten Linsen nach diesem Prinzip gewählt.

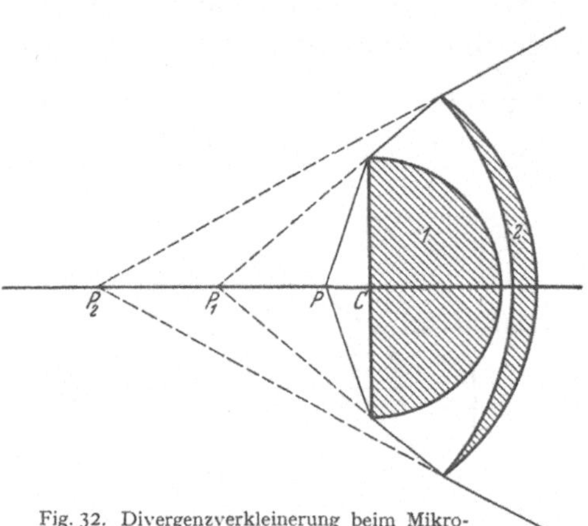

Fig. 32. Divergenzverkleinerung beim Mikroskop durch Immersion und Vorsatzlinse.

Handelt es sich um die Abbildung ausgedehnter Objekte in Luft, wie z. B. beim Fernrohr oder beim photographischen Objektiv, so ist dieses einfache Verfahren nicht brauchbar. Man verwendet aber fast immer Kombinationen von Linsen mit kugelförmigen oder nahezu kugelförmigen Grenzflächen, und zwar hauptsächlich wegen ihrer einfachen Herstellbarkeit. Die Frage ist, welches die beste überhaupt *erreichbare* Abbildung ist, verglichen mit der *denkbar* besten Abbildung. Letztere ist offenbar die stigmatische Abbildung eines endlichen Raumstücks auf ein anderes. Ehe wir an die Aufgabe der praktischen Verwirklichung der Abbildung gehen, wollen wir untersuchen, ob das genannte Ideal prinzipiell erreichbar ist.

[1] G. B. AMICI: Ann. de chim. et phys. (3) Bd. 12 (1844) S. 117.

§ 19. Absolute optische Instrumente*.

Als „*absolutes*" *optisches Instrument* bezeichnet man ein solches, das von einem Objektraum eine streng punktförmige Abbildung erzeugt. Wir werden zeigen, daß es im Grunde keine absoluten Instrumente gibt, insofern als jede optisch erzeugbare punktförmige Abbildung immer trivial ist, nämlich in Spiegelungen besteht.

Nimmt man an, daß Objektraum und Bildraum beide homogen und isotrop sind, so muß, wie ABBE bemerkt hat, eine stigmatische Abbildung notwendig eine Kollineation sein; denn die geradlinigen Lichtstrahlen gehen wieder in geradlinige Strahlen über.

Wir werden nun weiter zeigen, daß Objekt und Bild, im Lichtweg gemessen, gleich groß sein müssen, und daraus folgt dann ohne weiteres unsere Behauptung. Der erste, noch nicht strenge Beweis dieses Satzes wurde 1858 von MAXWELL[1] gegeben, von BRUNS, KLEIN und LIEBMANN vereinfacht und verbessert[2]. Wir folgen einem Beweise von CARATHÉODORY[3], der für den Fall gilt, daß der Brechungsindex eine beliebige Funktion des Ortes (und sogar der Richtung) ist, die Lichtstrahlen also gekrümmt sind.

Wir betrachten einen Lichtstrahl, von dem das Stück AB im Objektraum, A_1B_1 im Bildraum liegen möge (s. Fig. 33).

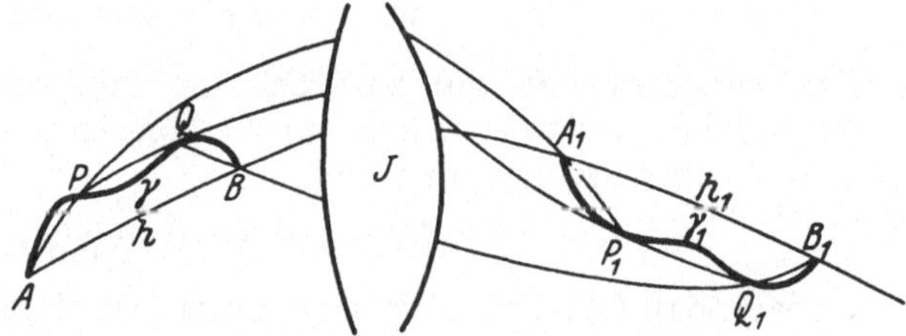

Fig. 33. Zur Frage der Existenz absoluter optischer Instrumente.

Wir sagen, ein Lichtstrahl liege im Felde des Instruments J, wenn er tatsächlich durch die Blenden (Pupillen) vom Objekt- in den Bildraum gelangt. Ist dies für den Strahl ABA_1B_1 der Fall, so auch für jeden anderen Strahl, der durch ein Linienelement bestimmt wird, das nach Lage und Richtung hinreichend wenig von einem Element von ABA_1B_1 abweicht.

Wir sagen, ein Kurvenstück γ (mit stetig variierender Tangente) liege *tangential im Felde* des Instruments, wenn durch alle Linienelemente von γ Lichtstrahlen hindurchgehen, die im Felde von J liegen. Schreibt man γ ein Strahlenpolygon mit hinreichend kleinen Seiten ein, so bestehen diese aus Lichtstrahlen, die im Felde von J liegen.

Wenn nun eine stigmatische Abbildung besteht, so ist die optische Länge aller Lichtstrahlen gleich, die von einem Punkte A des Objektraumes zu einem Bildpunkte A_1 führen; wir wollen sie mit $\varphi(A)$ bezeichnen. Der Beweis unseres Satzes läuft darauf hinaus, zu zeigen, daß der Wert dieser Funktion von der Wahl des Punktes A unabhängig ist.

Sei h die optische Entfernung zwischen A und B, und h_1 die zwischen den Bildpunkten A_1 und B_1, so haben wir nach Fig. 33:

$$h + \varphi(B) = h_1 + \varphi(A),$$

also

$$h_1 = h + \varphi(B) - \varphi(A). \tag{1}$$

[1] J. C. MAXWELL: Quart. J. pure & appl. Math. Bd. 2 (1858) S. 233; Sci. Pap. Bur. Stand. Bd. 1 S. 271.

[2] H. BRUNS: Das Eikonal. Abh. kgl. sächs. Ges. Wiss., math.-phys. Kl. Bd. 21 (1895) S. 370; F. KLEIN: Z. Math. u. Physik Bd. 46 (1901) S. 376; Ges. Abh. Bd. 2 S. 607; H. LIEBMANN: Sitzgsber. bayer. Akad. Wiss., Math.-naturw. Abt. 1916 S. 183. Eine zusammenfassende Darstellung bei H. BOEGEHOLD in dem Werke: S. CZAPSKI u. O. EPPENSTEIN: Grundzüge der optischen Instrumente nach Abbe, 3. Aufl. S. 213. Leipzig 1924.

[3] C. CARATHÉODORY: Sitzgsber. bayer. Akad. Wiss., Math.-naturw. Abt. 1926 S. 1.

Wir betrachten nun eine A und B verbindende Kurve γ, die tangential im Felde liegt, und bezeichnen ihr Bild mit γ_1.

Es sei $APQB$ ein beliebiges in γ eingeschriebenes Lichtpolygon und $A_1P_1Q_1B_1$ sein in γ_1 eingeschriebenes Bild; u, v, w seien die optischen Seitenlängen des ersten Polygons, u_1, v_1, w_1 die des zweiten.

Nun gibt es einen Lichtstrahl, der von A über P nach A_1 führt, und seine optische Länge ist dieselbe wie die des Strahls ABA_1, nämlich $\varphi(A)$; entsprechendes gilt für Q. Daher hat man durch sukzessive Anwendung der Formel (1) auf die Seiten der Polygone:

$$u_1 = u + \varphi(P) - \varphi(A),$$
$$v_1 = v + \varphi(Q) - \varphi(P),$$
$$w_1 = w + \varphi(B) - \varphi(Q)$$

und daraus durch Addition

$$u_1 + v_1 + w_1 = u + v + w + \varphi(B) - \varphi(A).$$

Das entsprechende gilt natürlich für Polygone mit beliebig vielen Eckpunkten und daher in der Grenze für die Kurven γ und γ_1. Sind L und L_1 deren optische Längen, so hat man also

$$L_1 = L + \varphi(B) - \varphi(A). \tag{2}$$

Unser Satz, daß Objekt und Bild im optischen Maße gleich groß sind, wird also bewiesen sein, wenn wir noch zeigen können, daß $\varphi(A) = \varphi(B)$ ist.

Nun sind die optischen Längen dargestellt durch

$$L = \int_\gamma n\, ds, \qquad L_1 = \int_{\gamma_1} n_1\, ds_1, \tag{3}$$

wo n und n_1 irgendwelche Funktionen des Ortes sein können. Da nun die Kurven γ und γ_1 sich punktförmig entsprechen, kann man die Bogenlänge s_1 auf γ_1 als Funktion der Bogenlänge s auf γ ansehen und hat

$$ds_1 = \sqrt{\left(\frac{dx_1}{ds}\right)^2 + \left(\frac{dy_1}{ds}\right)^2 + \left(\frac{dz_1}{ds}\right)^2}\, ds. \tag{4}$$

Man kann daher schreiben

$$L_1 = \int_{\gamma_1} F_1\left(x_1, y_1, z_1, \frac{dx_1}{ds}, \frac{dy_1}{ds}, \frac{dz_1}{ds}\right) ds, \tag{5}$$

wo F_1 eine homogene Funktion ersten Grades in den Ableitungen $dx_1/ds, \ldots$ ist; ferner bemerken wir, daß F_1 sich nicht ändert, wenn wir $dx_1/ds, \ldots$ durch $-dx_1/ds, \ldots$ ersetzen, wie aus (4) hervorgeht.

Wird nun die stigmatische Abbildung durch

$$x_1 = f_1(x, y, z), \qquad y_1 = f_2(x, y, z), \qquad z_1 = f_3(x, y, z) \tag{6}$$

gegeben, so hat man

$$\frac{dx_1}{ds} = \frac{\partial f_1}{\partial x}\frac{dx}{ds} + \frac{\partial f_1}{\partial y}\frac{dy}{ds} + \frac{\partial f_1}{\partial z}\frac{dz}{ds} \tag{7}$$

und ähnliche Gleichungen für dy_1/ds, dz_1/ds. Führt man die Ausdrücke (6) und (7) in F_1 ein, so wird

$$F_1\left(x_1, y_1, z_1, \frac{dx_1}{ds}, \frac{dy_1}{ds}, \frac{dz_1}{ds}\right) = \Phi\left(x, y, z, \frac{dx}{ds}, \frac{dy}{ds}, \frac{dz}{ds}\right), \tag{8}$$

wo Φ homogen ersten Grades in den $dx/ds, \ldots$ ist und ungeändert bleibt, wenn man diese durch $-dx/ds, \ldots$ ersetzt. Nun nimmt die Gleichung (2) die Gestalt an:

$$\int\limits_{\gamma} (n - \Phi)\, ds = \varphi(A) - \varphi(B)$$

und besagt, daß das Kurvenintegral über $n - \Phi$ nur von den Endpunkten A und B, aber nicht von der Wahl der Kurve γ abhängt. Daher muß eine Funktion $\psi(x, y, z)$ existieren, so daß

$$n - \Phi = \frac{\partial \psi}{\partial x}\frac{dx}{ds} + \frac{\partial \psi}{\partial y}\frac{dy}{ds} + \frac{\partial \psi}{\partial z}\frac{dz}{ds}.$$

Ersetzt man nun die Ableitungen $dx/ds, \ldots$ durch $-dx/ds, \ldots$, so kehrt sich das Vorzeichen der rechten Seite um; dagegen bleibt Φ dabei ungeändert. Folglich muß ψ konstant sein, also

$$n = \Phi. \tag{9}$$

Das bedeutet aber, daß nicht nur für die tangential im Felde liegende Kurve γ, sondern für jede Kurve C, die überhaupt ein optisches Bild besitzt, die optischen Längen gleich sind:

$$\int\limits_{C} n\, ds = \int\limits_{C_1} n_1\, ds_1. \tag{10}$$

Damit ist der MAXWELLsche Satz in der von CARATHÉODORY gegebenen Verallgemeinerung bewiesen.

Sind überdies n und n_1 konstant, also die Abbildung eine Kollineation, so muß das Bild immer kongruent (im Sinne des Lichtwegs) oder symmetrisch zum Objekt sein. Der ebene Spiegel ist das einzige bekannte Instrument, welches eine solche Abbildung erzeugt.

Ähnliche Ergebnisse erhält man für die stigmatische Abbildung von Flächen aufeinander. Doch gehen wir auf diese Fragen nicht näher ein.

Die physikalische Verwirklichung einer nicht trivialen Abbildung muß danach auf die strenge Erfüllung der stigmatischen Forderung verzichten. Man muß zulassen, daß die von einem Objektpunkt ausgehenden Strahlen sich nicht sauber in einem Punkte schneiden, sondern nur in der Nähe eines Punktes vorbeigehen. Sieht man aber von diesen „Abbildungsfehlern" ab, so wird man wieder eine kollineare Verwandtschaft vor sich haben. Die allgemeinen mathematischen Gesetze einer solchen werden sich also in jeder optischen Abbildung angenähert wiederfinden. Daher ist es nach ABBES Vorgang angebracht, die Eigenschaften kollinearer Abbildungen für sich zu studieren, bevor man ihre angenäherte Verwirklichung ins Auge faßt. Wir wollen dies hier tun, und zwar nur für den praktisch wichtigen Fall der Rotationssymmetrie des abbildenden Systems.

§ 20. Achsensymmetrische Kollineationen.

Eine ***kollineare Verwandtschaft*** ist gegeben durch eine gebrochen-lineare Transformation:

$$x' = \frac{F_1}{F_0}, \quad y' = \frac{F_2}{F_0}, \quad z' = \frac{F_3}{F_0}, \tag{1}$$

wo

$$F_i = a_i x + b_i y + c_i z + d_i, \qquad i = 0, 1, 2, 3. \tag{2}$$

Dabei sind x, y, z die Koordinaten eines Objektpunktes P, x', y', z' die seines Bildes P' im selben Koordinatensystem, und a_i, b_i, c_i, d_i Konstanten.

Oft ist es bequem, von *Objekt-* und *Bildraum* zu sprechen als den Mannigfaltigkeiten aller Objekt- und aller Bildpunkte.

Löst man die Gleichungen (1) nach x, y, z auf, so erhält man Ausdrücke derselben Form:

$$(3) \qquad x = \frac{F'_1}{F'_0}, \qquad y = \frac{F'_2}{F'_0}, \qquad z = \frac{F'_3}{F'_0},$$

$$(4) \qquad F'_i = a'_i x' + b'_i y' + c'_i z' + d'_i .$$

Da also die Beziehung von Objektpunkt und Bildpunkt umgekehrt werden kann, spricht man auch ohne Hervorhebung von *konjugierten Punktepaaren*.

Die Punkte der Ebene $F_0 = 0$ werden nach (1) in unendlich ferne Bildpunkte abgebildet; ebenso entsprechen die Bildpunkte, die in der Ebene $F'_0 = 0$ liegen, unendlich fernen Objektpunkten. Man bezeichnet die Ebenen $F_0 = 0$ und $F'_0 = 0$ als die *Brennebenen* des Objekt- bzw. des Bildraums. Parallele Strahlen im Objektraum schneiden sich in einem Punkte der Brennebene des Bildraumes und umgekehrt.

Diese beiden Ebenen können nun unter Umständen auch im Unendlichen liegen; dann spricht man von *affiner* oder *teleskopischer* Abbildung. Endlichen Werten von x, y, z entsprechen dann immer endliche Werte von x', y', z'; es muß also immer $F_0 \neq 0$, $F'_0 \neq 0$ sein. Das ist nur möglich, wenn F_0 und F'_0 konstant sind, mithin $a_0 = b_0 = c_0 = 0$ und $a_0 = b'_0 = c'_0 = 0$.

Bei optischen Systemen spielt der Fall eine besondere Rolle, wo die Abbildung rotationssymmetrisch ist; man spricht dann von *zentrierter Abbildung*.

Die Symmetrieachse machen wir zur x-Achse. Es genügt die Betrachtung einer Meridianebene, etwa der xy-Ebene. Die Abbildung wird dann vermittelt durch die Gleichungen

$$(5) \qquad \begin{cases} x' = \dfrac{a_1 x + b_1 y + d_1}{a_0 x + b_0 y + d_0}, \\[2ex] y' = \dfrac{a_2 x + b_2 y + d_2}{a_0 x + b_0 y + d_0}. \end{cases}$$

Der Rotationssymmetrie wegen läßt sich die Zahl der Koeffizienten noch weiter reduzieren. Einer Umklappung (Drehung durch 180°) um die x-Achse entspricht der Übergang $x, y \to x, -y$; dabei müssen die Bildkoordinaten dieselbe Transformation $x', y' \to x', -y'$ erleiden. Aus (5) folgt, daß das nur möglich ist, wenn

$$b_1 = b_0 = a_2 = d_2 = 0$$

ist. Also hat man

$$(6) \qquad x' = \frac{a_1 x + d_1}{a_0 x + d_0}, \qquad y' = \frac{b_2 y}{a_0 x + d_0}.$$

Da nur die Verhältnisse der fünf Konstanten in Betracht kommen, so sieht man, daß die zentrierte Abbildung von vier Parametern abhängt. Diese sollen nun durch anschauliche Größen ausgedrückt werden.

Zunächst ergibt sich aus (6) durch Auflösen nach x, y:

$$(7) \qquad x = \frac{-d_0 x' + d_1}{a_0 x' - a_1}, \qquad y = \frac{a_0 d_1 - a_1 d_0}{b_2} \cdot \frac{y'}{a_0 x' - a_1}.$$

Die Brennebenen sind daher gegeben durch

$$F_0 = a_0 x + d_0 = 0, \qquad F'_0 = a_0 x' - a_1 = 0;$$

sie stehen also senkrecht zur Achse in den Punkten

$$(8) \qquad x = -\frac{d_0}{a_0}, \qquad x' = \frac{a_1}{a_0},$$

die *Brennpunkte* F, F' der Abbildung heißen[1].

---

[1] Die Worte Brennpunkt, Brennfläche haben hier in der Geometrie der Abbildung also eine andere Bedeutung als früher bei der Betrachtung optischer Strahlenbüschel, wo sie sich auf den Schnitt benachbarter Strahlen bezogen (Kaustik).

Wir führen nun verschiedene Koordinatensysteme für die Objekt- und Bildpunkte ein, indem wir die x-Koordinaten von den betreffenden Brennpunkten aus zählen, setzen also

$$(9)\quad \begin{cases} a_0 x + d_0 = a_0 X\,, & y = Y\,, \\ a_0 x' - a_1 = a_0 X'\,, & y' = Y'\,. \end{cases}$$

Dann schreiben sich die Gleichungen (7) einfach:

$$X = \frac{a_0 d_1 - a_1 d_0}{a_0^2 X'}\,, \qquad Y = \frac{a_0 d_1 - a_1 d_0}{a_0 b_2 X'}\, Y'\,.$$

Nun setzen wir

$$(10)\qquad f = \frac{b_2}{a_0}\,, \qquad f' = \frac{a_0 d_1 - a_1 d_0}{a_0 b_2}\,.$$

Die Abbildungsgleichungen lassen sich somit in die einfache Gestalt bringen:

$$(11)\qquad \frac{Y'}{Y} = \frac{f}{X} = \frac{X'}{f'}\,.$$

Die Größen f, f' bezeichnet man als die *Brennweiten* des optischen Systems. Dieses hat also drei wesentliche Parameter, die Brennweiten f, f' und den Abstand d der beiden Brennebenen.

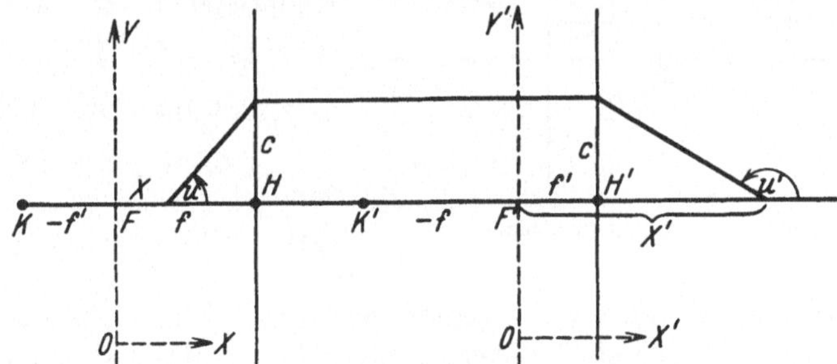

Fig. 34. Die Grundpunkte und Grundebenen eines optischen Systems.

Das Verhältnis $Y' : Y$ wird *Lateralvergrößerung* genannt; es wird gleich 1 für $X = f$ und $X' = f'$. Hierdurch sind zwei Punkte H und H' der Achse und zwei auf ihr senkrechte Ebenen konjugierter Punkte bestimmt, in den Abständen f bzw. f' von den Brennebenen, welche die ***Hauptpunkte*** bzw. ***Hauptebenen*** der Abbildung heißen. Punkte der Hauptebenen werden ohne Lateralvergrößerung aufeinander abgebildet (s. Fig. 34).

Im allgemeinen hängt die Lateralvergrößerung wohl von X (bzw. X'), aber nicht von Y (bzw. Y') ab; d. h. eine zur Achse des Systems senkrechte Figur wird ähnlich abgebildet. Ein vom Punkte X der Achse ausgehender Strahl treffe die eine Hauptebene im Abstande c von der Achse; dann trifft der konjugierte Strahl ebenfalls die Achse (bei X') und die andere Hauptebene im selben Abstande c von der Achse. Sind u, u' die Winkel dieser beiden Strahlen gegen die Achse, so gilt also (s. Fig. 34)

$$\operatorname{tg} u = \frac{c}{f - X}\,, \qquad \operatorname{tg} u' = \frac{c}{f' - X'}\,,$$

mithin unter Verwendung von (11):

$$(12)\qquad \frac{\operatorname{tg} u'}{\operatorname{tg} u} = \frac{f - X}{f' - X'} = -\frac{X}{f'} = -\frac{f}{X'}\,.$$

Man nennt diese Größe *Konvergenzverhältnis* oder *Angularvergrößerung*. Sie wird gleich 1 für $X = -f'$ und $X' = -f$; die beiden hierdurch bestimmten konjugierten Punkte K und K' heißen *Knotenpunkte* des Systems. Sie haben die Eigenschaft, daß zu einem durch K gehenden Strahl ein paralleler Strahl durch K' konjugiert ist. Die Entfernung der Knotenpunkte voneinander ist gleich der Entfernung der Hauptpunkte voneinander. Wenn $f = -f'$ ist, fallen die Knotenpunkte mit den Hauptpunkten zusammen.

Eine durch den Brennpunkt F gehende Gerade $Y = aX$ wird abgebildet in die Gerade

$$Y' = \frac{Yf}{X} = af,$$

die parallel zur Achse ist; das entsprechende gilt für den anderen Brennpunkt. Daraus folgt eine Konstruktion des Bildpunkts P' eines gegebenen, außerhalb der Achse gelegenen Punktes P (s. Fig. 35). Man ziehe durch P den Strahl durch den Brennpunkt F und einen achsenparallelen Strahl; ihre Schnittpunkte mit der Hauptebene H sind konjugiert mit kongruent gelegenen Punkten der Hauptebene H'. Diese bestimmen dann mit dem Brennpunkt F' den Bildpunkt P' (s. Fig. 35).

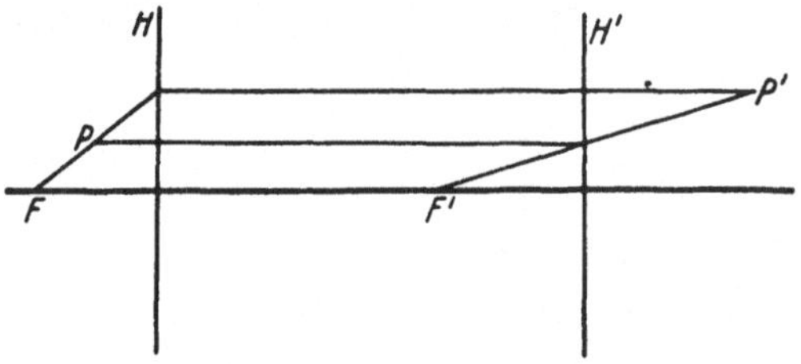

Fig. 35. Konstruktion des Strahlengangs.

Führt man an Stelle von X und X' die Abstände ξ und ξ' von den Hauptebenen ein durch

$$X = f + \xi, \qquad X' = f' + \xi', \tag{13}$$

so erhält man aus $XX' = ff'$:

$$f\xi' + f'\xi + \xi\xi' = 0$$

oder

$$\frac{f}{\xi} + \frac{f'}{\xi'} = -1. \tag{14}$$

Diese Formel wird darum viel verwandt, weil häufig die Hauptebenen nahezu zusammenfallen, also ξ und ξ' nahezu vom selben Nullpunkt zählen.

Man klassifiziert die verschiedenen Arten der zentrierten Abbildung als recht- und rückläufig nach dem Vorzeichen von ff'; die Abbildung heißt *rechtläufig* für $ff' < 0$, weil dann nach (11) wachsendem X auch wachsendes X' entspricht, Objekt und Bild also in derselben Richtung wandern.

Statt *rechtläufige* sagt man auch *dioptrische* Abbildung, weil dieser Fall durch Brechungen (verbunden mit einer geraden Zahl von Reflexionen) realisiert werden kann. Die *rückläufige* Abbildung $ff' > 0$ heißt *katoptrisch*, weil sie durch eine Spiegelung (allgemeiner durch eine ungerade Zahl von Spiegelungen verbunden mit Brechungen) realisiert werden kann.

Ferner unterscheidet man *kollektive* und *dispansive* Abbildungen; kollektiv sind solche, bei denen die rechte Hälfte des Objektraums ($X > 0$) aufrecht abgebildet wird ($Y' : Y > 0$), wo also $f > 0$ ist. Man hat daher folgende vier Fälle:

	kollektiv	dispansiv
rechtläufig	$f > 0,\ f' < 0$;	$f < 0,\ f' > 0$,
rückläufig	$f > 0,\ f' > 0$;	$f < 0,\ f' < 0$.

Bei *brennpunktloser* oder *teleskopischer Abbildung* verschwindet in den Gleichungen (6) der Koeffizient a_0; sie lauten also bei geeigneter Bezeichnung:

$$x' = ax + a_0, \qquad y' = by.$$

Der Nullpunkt des Objektraums ist natürlich beliebig auf der Symmetrieachse; wählt man den zu ihm konjugierten Punkt $x' = a_0$, $y' = 0$ zum Nullpunkt des Bildraums, so hat man einfach

(15) $$X' = \alpha X, \qquad Y' = \beta Y.$$

Die Lateralvergrößerung $Y' : Y = \beta$ ist konstant, ebenso die Angularvergrößerung; denn wählt man die Schnittpunkte zweier konjugierter Strahlen mit der Achse als Nullpunkte, so hat man

$$\operatorname{tg} u = \frac{Y}{X}, \qquad \operatorname{tg} u' = \frac{Y'}{X'},$$

also

(16) $$\frac{\operatorname{tg} u'}{\operatorname{tg} u} = \frac{\beta}{\alpha}.$$

Wir betrachten zum Schluß dieses geometrischen Abschnittes die Zusammensetzung zweier zentrierter kollinearer Abbildungen zu einer neuen.

Die einzelnen Abbildungen seien durch die Gleichungen

(17) $$\left\{\begin{aligned} \frac{Y_1'}{Y_1} &= \frac{f_1}{X_1} = \frac{X_1'}{f_1'}, \\ \frac{Y_2'}{Y_2} &= \frac{f_2}{X_2} = \frac{X_2'}{f_2'} \end{aligned}\right.$$

gegeben; ihre relative Lage sei durch die Angabe festgelegt, daß der Abstand der Brennebenen F_1' und F_2 gleich c sei.

Da nun der Bildraum der ersten Abbildung mit dem Objektraum der zweiten identisch ist, hat man

(18) $$X_2 = X_1' - c, \qquad Y_2 = Y_1'.$$

Wir haben jetzt diese Zwischenkoordinaten zu eliminieren; es ist

(19) $$\left\{\begin{aligned} X_2' &= \frac{f_2 f_2'}{X_2} = \frac{f_2 f_2'}{X_1' - c} = \frac{f_2 f_2'}{\frac{f_1 f_1'}{X_1} - c} = \frac{f_2 f_2' X_1}{f_1 f_1' - c X_1}, \\ Y_2' &= \frac{X_2' Y_2}{f_2'} = \frac{X_2' Y_1'}{f_2'} = \frac{X_2' f_1 Y_1}{f_2' X_1} = \frac{f_1 f_2 Y_1}{f_1 f_1' - c X_1}. \end{aligned}\right.$$

Nunmehr verschieben wir die Nullpunkte im Objektraum und im resultierenden Bildraum:

(20) $$\left\{\begin{aligned} X &= X_1 - \frac{f_1 f_1'}{c}, \qquad & Y &= Y_1, \\ X' &= X_2' + \frac{f_2 f_2'}{c}, \qquad & Y' &= Y_2'. \end{aligned}\right.$$

In diesen neuen Variablen lassen sich die resultierenden Abbildungsgleichungen schreiben:

(21) $$\frac{Y'}{Y} = \frac{f}{X} = \frac{X'}{f'},$$

wenn

(22) $$f = -\frac{f_1 f_2}{c}, \qquad f' = \frac{f_1' f_2'}{c}$$

gesetzt wird. Aus (20) lesen wir die Größe der Verschiebung der Nullpunkte, also die Abstände der resultierenden Brennpunkte von den Einzelbrennpunkten $\delta = F_1 F$ und $\delta' = F_2' F'$ ab:

(23) $$\delta = \frac{f_1 f_1'}{c}, \qquad \delta' = -\frac{f_2 f_2'}{c}.$$

Damit ist auch die Lage der resultierenden Hauptpunkte festgelegt.

Treten unter den Einzelabbildungen teleskopische auf, so ist das Verfahren ein wenig zu modifizieren. Ist $c = 0$, so ist nach (22) die resultierende Abbildung teleskopisch ($f = f' = \infty$). In diesem Falle wird statt (19)

$$X_2' = \frac{f_2 f_2'}{f_1 f_1'} X_1 ,$$

$$Y_2' = \frac{f_1 f_2}{f_1 f_1'} Y_1 .$$

Die Konstanten α, β (15) der resultierenden teleskopischen Abbildung sind also

(24) $$\alpha = \frac{f_2 f_2'}{f_1 f_1'}, \qquad \beta = \frac{f_1 f_2}{f_1 f_1'},$$

und die Angularvergrößerung beträgt

(25) $$\frac{\operatorname{tg} u'}{\operatorname{tg} u} = \frac{\beta}{\alpha} = \frac{f_1}{f_2'} .$$

§ 21. Charakteristische Funktion und Eikonal.

Wenn wir nun dazu übergehen, die Methoden zur näherungsweisen Herstellung einer kollinearen Abbildung durch optische Strahlenbüschel zu erörtern, so kann uns im Rahmen einer die ganze Optik umfassenden Darstellung nicht daran gelegen sein, das große Gebiet der Konstruktion optischer Instrumente in allen Einzelheiten zu übersehen. Hierüber gibt es zahlreiche ausführliche Werke[1]. Wir wollen vielmehr unser Augenmerk darauf richten, festzustellen, was sich prinzipiell erreichen läßt; es liegt uns daher an einem systematischen Näherungsverfahren, das in mathematisch durchsichtigen Schritten den Strahlengang in einem optischen System mit sukzessiv steigender Genauigkeit zu berechnen erlaubt und die Bedingungsgleichungen für die Konstanten des optischen Systems liefert, durch deren Erfüllung die Abbildung verbessert werden kann. Die elementaren Methoden, die sich in vielen Lehrbüchern finden, eignen sich für diesen Zweck wenig; man bekommt dort zwar eine Vorstellung vom Strahlengang und von den sog. optischen „Fehlern", aber keine Einsicht in den theoretischen Zusammenhang dieser Fehler und vor allem keine Überzeugung von der Vollständigkeit der Aufzählung aller Fehler einer bestimmten Größenordnung. Daran aber muß uns gerade vom Standpunkt der Theorie aus gelegen sein. Wir werden eine Methode benutzen, die auf den in der historischen Einleitung genannten HAMILTON zurückgeht, aber in Vergessenheit geriet und erst viel später von anderen wiedergefunden wurde; diese Methode HAMILTONS ist wegen ihres mathematischen Zusammenhanges mit anderen Gebieten der theoretischen Physik, besonders der Mechanik[2], an sich von Bedeutung.

HAMILTON[3] betrachtet die von einem Punkte $P_0(x_0, y_0, z_0)$ des Objektraums ausgehenden Lichtstrahlen und konstruiert zu ihnen die Fläche konstanten Lichtwegs

(1) $$H(x_0, y_0, z_0; x, y, z) = \text{konst.}$$

---

[1] Zum ausführlichen Studium sei verwiesen auf das Werk: S. CZAPSKI u. O. EPPENSTEIN: Grundzüge der Theorie der optischen Instrumente (nach ABBE). 3. Aufl. Leipzig 1924.

[2] Die Gedanken HAMILTONS sind für die neueste Entwicklung der Mechanik, die Quanten- und Wellenmechanik, geradezu ausschlaggebend geworden.

[3] W. R. HAMILTON: Trans. Irish Acad. Bd. 15 (1828) S. 69; Bd. 16 (1830) S. 3, 93; Bd. 17 (1837) S. 1.

Die linke Seite als Funktion von Anfangspunkt P_0 und Endpunkt $P_1(x_1, y_1, z_1)$ bezeichnet er als *charakteristische Funktion*. Als Funktion der Koordinaten des Endpunkts P_1 genügt sie der Gleichung § 14 (9). Man kann sie aber auch bei festem P_1 als Funktion von P_0 auffassen; dann gilt eine entsprechende Gleichung, in der nach x_0, y_0, z_0 differenziert wird und n durch n_0, $\mathfrak{s}$ durch $-\mathfrak{s}_0$ ersetzt ist; man hat nach § 14 (10):

$$-n_0\mathfrak{s}_0 = \operatorname{grad}_0 H, \qquad n_1\mathfrak{s}_1 = \operatorname{grad}_1 H. \tag{2}$$

Jede optische Abbildung ist also durch die Angabe der einen Funktion $H(x_0, y_0, z_0; x_1, y_1, z_1)$ gekennzeichnet; dadurch ist eine einheitliche und durchsichtige Behandlung aller Fälle ermöglicht. HAMILTON selbst hat auf diesem Wege zahlreiche wichtige Ergebnisse erhalten; doch haben sie nicht die Beachtung gefunden, die sie verdienten.

Später hat BRUNS[1] unabhängig einen ähnlichen Gedanken verfolgt. Man gewinnt nach KLEIN[2] den Ansatz von BRUNS aus dem von HAMILTON durch folgende Transformation.

Auf einem Strahl wählen wir zwei Punkte im Objektraum, $\mathfrak{a}_0(\xi_0, \eta_0, \zeta_0)$ und $\mathfrak{r}_0(x_0, y_0, z_0)$ im Abstand $\varrho_0 = |\mathfrak{r}_0 - \mathfrak{a}_0|$, und zwei Punkte im Bildraum, $\mathfrak{a}_1(\xi_1, \eta_1, \zeta_1)$ und $\mathfrak{r}_1(x_1, y_1, z_1)$ im Abstand $\varrho_1 = |\mathfrak{r}_1 - \mathfrak{a}_1|$; und zwar so, daß

$$\left\{\begin{aligned} \mathfrak{r}_0 &= \mathfrak{a}_0 + \varrho_0\mathfrak{s}_0, \\ \mathfrak{r}_1 &= \mathfrak{a}_1 + \varrho_1\mathfrak{s}_1. \end{aligned}\right. \tag{3}$$

Nun kann man die Gleichungen (2) in die Aussage

$$dH = -n_0\mathfrak{s}_0\,d\mathfrak{r}_0 + n_1\mathfrak{s}_1\,d\mathfrak{r}_1 \tag{4}$$

zusammenfassen. Setzt man hier die aus (3) folgenden Ausdrücke

$$d\mathfrak{r}_0 = d\mathfrak{a}_0 + \varrho_0\,d\mathfrak{s}_0 + \mathfrak{s}_0\,d\varrho_0,$$
$$d\mathfrak{r}_1 = d\mathfrak{a}_1 + \varrho_1\,d\mathfrak{s}_1 + \mathfrak{s}_1\,d\varrho_1$$

ein und beachtet, daß

$$\mathfrak{s}_0^2 = \mathfrak{s}_1^2 = 1, \qquad \mathfrak{s}_0\,d\mathfrak{s}_0 = \mathfrak{s}_1\,d\mathfrak{s}_1 = 0$$

ist, so erhält man

$$dH = -n_0(\mathfrak{s}_0\,d\mathfrak{a}_0 + d\varrho_0) + n_1(\mathfrak{s}_1\,d\mathfrak{a}_1 + d\varrho_1). \tag{5}$$

Man kann die Punkte $\mathfrak{a}_0$ und $\mathfrak{a}_1$ insbesondere auch so wählen, daß ihre x-Koordinaten $\xi_0 = 0$, $\xi_1 = 0$ sind; an Stelle von x_0, y_0, z_0 kann man $\eta_0, \zeta_0, \varrho_0$, an Stelle von x_1, y_1, z_1 kann man $\eta_1, \zeta_1, \varrho_1$ als Bestimmungsstücke des Strahls einführen. Bezeichnet man noch die Komponenten von $\mathfrak{s}_0$ mit m_0, p_0, q_0, die von $\mathfrak{s}_1$ mit m_1, p_1, q_1, so erhält man aus (5)

$$dH = dE - n_0\,d\varrho_0 + n_1\,d\varrho_1, \tag{6}$$

wo

$$dE = -n_0(p_0\,d\eta_0 + q_0\,d\zeta_0) + n_1(p_1\,d\eta_1 + q_1\,d\zeta_1) \tag{7}$$

---

[1] H. BRUNS: Das Eikonal. Leipziger Sitzgsber. Bd. 21 (1895) S. 321. Als Buch bei S. Hirzel, Leipzig 1895.

[2] F. KLEIN: Über das Brunssche Eikonal. Z. Math. u. Physik Bd. 46 (1901); Ges. Abh. Bd. 2 S. 603.

gesetzt ist. Faßt man also H als Funktion von $\varrho_0, \eta_0, \zeta_0; \varrho_1, \eta_1, \zeta_1$ auf, so gilt

$$(8)\quad \begin{cases} \text{(a)} & \dfrac{\partial H}{\partial \varrho_0} = -n_0, & \dfrac{\partial H}{\partial \varrho_1} = n_1, \\ \text{(b)} & \dfrac{\partial H}{\partial \eta_0} = \dfrac{\partial E}{\partial \eta_0} = -n_0 p_0, & \dfrac{\partial H}{\partial \eta_1} = \dfrac{\partial E}{\partial \eta_1} = n_1 p_1, \\ \text{(c)} & \dfrac{\partial H}{\partial \zeta_0} = \dfrac{\partial E}{\partial \zeta_0} = -n_0 q_0, & \dfrac{\partial H}{\partial \zeta_1} = \dfrac{\partial E}{\partial \zeta_1} = n_1 q_1, \end{cases}$$

wo E nach (7) als Funktion von $\eta_0, \zeta_0, \eta_1, \zeta_1$ allein angesehen werden kann. Diese Funktion $E(\eta_0, \zeta_0, \eta_1, \zeta_1)$ hat BRUNS *Eikonal* genannt. Sie ist an keine Differentialgleichung mehr gebunden; denn die Gleichung § 14 (9), angewandt auf Anfangs- und Endpunkt, ist gleichbedeutend mit

$$(9)\qquad \frac{\partial H}{\partial \varrho_0} = -n_0, \qquad \frac{\partial H}{\partial \varrho_1} = n_1,$$

was nach (8) keine Bedingung für E darstellt.

Sowohl die HAMILTONsche als auch die BRUNSsche Funktion haben den Nachteil, daß sie gerade in dem am meisten interessierenden Falle exakter Strahlenvereinigung ein singuläres Verhalten zeigen. Sollen alle vom Punkte $\mathfrak{a}_0(0, \eta_0, \zeta_0)$ ausgehenden Strahlen sich in $\mathfrak{a}_1(0, \eta_1, \zeta_1)$ schneiden, so müssen sich aus den Gleichungen (8b, c) η_1, ζ_1 als Funktionen von η_0, ζ_0 darstellen lassen. Das ist aber im allgemeinen nicht möglich. Um dies einzusehen, betrachten wir den Fall zentrierter Abbildung; hier wird E eine Funktion der Invarianten gegenüber Drehungen um die Achse (x-Achse) sein, also der Größen $\eta_0^2 + \zeta_0^2$, $\eta_1^2 + \zeta_1^2$, $\eta_1\eta_0 + \zeta_1\zeta_0$. Bei kleinen Abweichungen der abbildenden Strahlen von der Achsenrichtung wird man ferner näherungsweise einen Ausdruck der Form

$$(10)\qquad E = \frac{\alpha}{2}(\eta_0^2 + \zeta_0^2) + \frac{\beta}{2}(\eta_1^2 + \zeta_1^2) + \gamma(\eta_1\eta_0 + \zeta_1\zeta_0)$$

haben. Dann ergeben die Gleichungen (8b)

$$(11)\qquad \alpha\eta_0 + \gamma\eta_1 = -n_0 p_0, \qquad \gamma\eta_0 + \beta\eta_1 = n_1 p_1$$

und (8c) zwei Gleichungen mit denselben Koeffizienten für $\zeta_0, \zeta_1, q_0, q_1$.

Aus (11) folgt durch Auflösen nach η_1:

$$\eta_1 = -\frac{n_0}{\gamma} p_0 - \frac{\alpha}{\gamma}\eta_0 = \frac{n_1}{\beta} p_1 - \frac{\gamma}{\beta}\eta_0.$$

Für punktförmige Abbildung ist notwendig, daß η_1 eine Funktion von η_0 allein wird. Dann müssen aber alle Koeffizienten α, β, γ gleich ∞ sein, jedoch so, daß die Quotienten

$$\frac{\alpha}{\gamma} = \frac{\gamma}{\beta} = -A$$

endlich bleiben. Dann wird

$$\eta_1 = A\eta_0, \qquad \zeta_1 = A\zeta_0.$$

Dies bedeutet nach § 20 (15) teleskopische Abbildung. In der Tat erweist sich für diese das BRUNSsche Eikonal als geeignet; für den viel häufigeren Fall einer Abbildung mit Brennpunkten aber ist es vorteilhaft, eine andere Darstellung zu wählen, die von SCHWARZSCHILD[1] herrührt.

---

[1] K. SCHWARZSCHILD: Untersuchungen zur geometrischen Optik. Astron. Mitt. kgl. Sternwarte zu Göttingen, Teil I, II, III (1905). Weitergeführt von A. KOHLSCHÜTTER: Die Bildfehler 5. Ordnung optischer Systeme. Diss. Göttingen 1908.

§ 22. Das Winkeleikonal.

Wir wollen mit SCHWARZSCHILD an Stelle der Koordinaten zweier Punkte die Richtungskomponenten zweier Strahlen als unabhängige Variable einführen; das geschieht übersichtlich in der Weise, daß man auch statt H eine andere Funktion V einführt, und zwar mit Hilfe einer LEGENDREschen Transformation.

Es seien $\mathfrak{a}_0$ und $\mathfrak{a}_1$ zwei *beliebige* feste Punkte (der eine werde im Objektraum, der andere im Bildraum gedacht). Dann setzen wir

$$V = H + n_0(\mathfrak{r}_0 - \mathfrak{a}_0)\mathfrak{s}_0 - n_1(\mathfrak{r}_1 - \mathfrak{a}_1)\mathfrak{s}_1 \tag{1}$$

und zeigen, daß diese Größe als Funktion der Komponenten von $\mathfrak{s}_0$ und $\mathfrak{s}_1$ allein aufgefaßt werden kann. Man hat nämlich nach § 21 (4):

$$dH = -n_0\mathfrak{s}_0\,d\mathfrak{r}_0 + n_1\mathfrak{s}_1\,d\mathfrak{r}_1\,, \tag{2}$$

also

$$dV = n_0(\mathfrak{r}_0 - \mathfrak{a}_0)\,d\mathfrak{s}_0 - n_1(\mathfrak{r}_1 - \mathfrak{a}_1)\,d\mathfrak{s}_1\,, \tag{3}$$

worin die Behauptung enthalten ist.

V ist an keine Differentialgleichung mehr gebunden; denn die Gleichung § 14 (9), der H bezüglich Anfangs- und Endpunkt genügt, drückt nur aus, daß $\mathfrak{s}_0^2 = 1$, $\mathfrak{s}_1^2 = 1$ ist. Das sind jetzt aber Bedingungen für die unabhängigen Variablen.

Wir bezeichnen wieder die Komponenten von $\mathfrak{s}_0$ mit m_0, p_0, q_0, die von $\mathfrak{s}_1$ mit m_1, p_1, q_1 und eliminieren m_0 und m_1. Dann setzen wir

$$W(p_0, q_0; p_1, q_1) = V\left(\sqrt{1 - p_0^2 - q_0^2}, p_0, q_0; \sqrt{1 - p_1^2 - q_1^2}, p_1, q_1\right). \tag{4}$$

Diese Funktion ist das SCHWARZSCHILDsche *Winkeleikonal.*

V und damit auch W haben eine einfache geometrische Bedeutung. $(\mathfrak{r}_0 - \mathfrak{a}_0)\mathfrak{s}_0$ ist die Projektion des Vektors, der vom Punkte $\mathfrak{a}_0$ nach $\mathfrak{r}_0$ geht, auf die Strahlrichtung $\mathfrak{s}_0$; Entsprechendes gilt für $(\mathfrak{r}_1 - \mathfrak{a}_1)\mathfrak{s}_1$. Sind also N_0 und N_1 die Fußpunkte der Lote von $\mathfrak{a}_0$ und $\mathfrak{a}_1$ auf den Strahl, der in $\mathfrak{r}_0$ und $\mathfrak{r}_1$ die Richtungen $\mathfrak{s}_0$ bzw. $\mathfrak{s}_1$ hat, so ist V der Lichtweg von N_0 bis N_1 (s. Fig. 36).

Fig. 36. Zum Winkeleikonal.

Man kann also W definieren als optische Weglänge zwischen den Fußpunkten N_0 und N_1 der auf den Strahl von zwei Punkten $\mathfrak{a}_0$ und $\mathfrak{a}_1$ gefällten Normalen. In dieser Auffassung hat W eine ganz analoge Minimaleigenschaft wie H. H ist nämlich als Lichtweg zwischen zwei Punkten P_0 und P_1 ein Minimum für den wirklichen Strahl im Vergleich zu irgendwelchen Nachbarkurven durch diese Punkte[1]. Ebenso ist W ein Minimum für den wirklichen Strahl, verglichen mit allen anderen Wegen, die dieselbe Anfangs- und Endrichtung haben. Man sieht dies so ein:

Variiert man die Kurve, auf der H als Lichtweg zwischen P_0 und P_1 definiert ist, so ändert sich der Wert von H wegen der Minimaleigenschaft nur insofern, als P_0 und P_1 verschoben werden; die Gleichung (2) gilt also bei beliebigen (kleinen) Veränderungen des ganzen Weges. Dasselbe gilt nach (1) auch für (3);

---

[1] Vorausgesetzt ist dabei, daß der Strahl von P_0 nach P_1 in ein Strahlenfeld eingebettet werden kann (s. § 15 S. 51, 52).

aus (3) folgt aber $dV = 0$ für $d\mathfrak{s}_0 = 0$ und $d\mathfrak{s}_1 = 0$, d. h. V und ebenso W sind stationär für festgehaltene Anfangs- und Endrichtung. Da insbesondere bei Variationen, wo außerdem noch Anfangs- und Endpunkt festgehalten werden, die Änderung von V mit der von H übereinstimmt, muß es sich um ein Minimum handeln.

Für zentrierte Systeme werden wir die Punkte $\mathfrak{a}_0$ und $\mathfrak{a}_1$ auf die Rotationsachse (x-Achse) legen; a_0 und a_1 seien ihre x-Koordinaten. Aus $\mathfrak{s}_0^2 = m_0^2 + p_0^2 + q_0^2 = 1$ folgt

$$dm_0 = -\frac{p_0\,dp_0 + q_0\,dq_0}{m_0};$$

ein entsprechender Ausdruck gilt für dm_1. Setzen wir das in (3) ein, so erhalten wir:

$$(5)\quad \left\{\begin{aligned} dW &= n_0\left\{dp_0\left(y_0 - \frac{x_0 - a_0}{m_0}p_0\right) + dq_0\left(z_0 - \frac{x_0 - a_0}{m_0}q_0\right)\right\} \\ &\quad - n_1\left\{dp_1\left(y_1 - \frac{x_1 - a_1}{m_1}p_1\right) + dq_1\left(z_1 - \frac{x_1 - a_1}{m_1}q_1\right)\right\}. \end{aligned}\right.$$

Die Klammern haben eine einfache geometrische Bedeutung. Die Punkte des Strahles $\mathfrak{s}_0$ sind durch $\mathfrak{r} = \mathfrak{r}_0 + \lambda\mathfrak{s}_0$ dargestellt. Der Strahl schneide die zur Achse senkrechte Ebene $x = a_0$ im Punkte $Q_0(a_0, Y_0, Z_0)$; dann gilt

$$a_0 = x_0 + \lambda m_0, \qquad Y_0 = y_0 + \lambda p_0, \qquad Z_0 = z_0 + \lambda q_0,$$

also nach Elimination von λ:

$$(6)\qquad Y_0 = y_0 - \frac{x_0 - a_0}{m_0}p_0, \qquad Z_0 = z_0 - \frac{x_0 - a_0}{m_0}q_0.$$

Das sind die Faktoren von dp_0 und dq_0 in (5). Ebenso bestimmen die Größen

$$(7)\qquad Y_1 = y_1 - \frac{x_1 - a_1}{m_1}p_1, \qquad Z_1 = z_1 - \frac{x_1 - a_1}{m_1}q_1$$

den Schnittpunkt Q_1 des Strahles mit der Ebene $x = a_1$ (s. Fig. 37). Demnach hat man

$$(8)\qquad dW = n_0(Y_0\,dp_0 + Z_0\,dq_0) - n_1(Y_1\,dp_1 + Z_1\,dq_1)$$

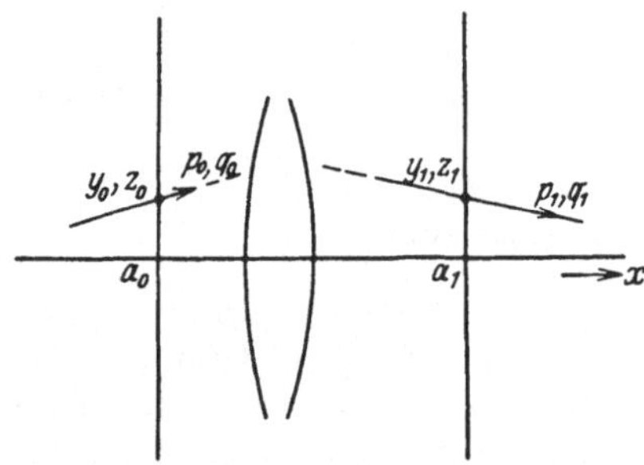

Fig. 37. Zum Winkeleikonal.

oder auch

$$(9)\quad \left\{\begin{aligned} \frac{\partial W}{\partial p_0} &= n_0 Y_0, & \frac{\partial W}{\partial p_1} &= -n_1 Y_1, \\ \frac{\partial W}{\partial q_0} &= n_0 Z_0, & \frac{\partial W}{\partial q_1} &= -n_1 Z_1. \end{aligned}\right.$$

Aus dem Winkeleikonal als Funktion der Richtungskosinus p_0, q_0, p_1, q_1 lassen sich also durch Differenzieren die Koordinaten der Schnittpunkte des Strahls mit zwei achsennormalen Ebenen ableiten, in ganz derselben Weise, wie aus der HAMILTONschen Funktion umgekehrt durch Differenzieren nach den Koordinaten eines Punktes die Richtungskosinus des Strahls gewonnen werden können.

Eine Singularität des Winkeleikonals, analog der oben für das BRUNSsche Eikonal besprochenen, tritt bei teleskopischer Abbildung auf; diese lassen wir daher beiseite. Dagegen ist die angenäherte Darstellung von Abbildungen mit Brennpunkten ohne weiteres möglich. Die Annäherung besteht dabei in der Beschränkung auf solche Strahlen, die nur kleine Winkel mit der Achse bilden;

p_0, q_0, p_1, q_1 werden also als klein gegen 1 angenommen, und es wird eine Potenzentwicklung nach ihnen angesetzt.

Die niedrigsten Glieder, die dabei in Betracht kommen, sind von zweiter Ordnung; sie entsprechen der klassischen Dioptrik von GAUSS, die wir nunmehr kurz von unserem Standpunkte aus darzustellen haben. In dieser gröbsten Näherung ist tatsächlich eine kollineare Abbildung verwirklicht. Nachher werden wir dann die höheren Näherungen ins Auge fassen, die die sog. „Abbildungsfehler" liefern.

Als ersten Schritt zur GAUSSschen Dioptrik berechnen wir den Strahlengang für die Brechung an einer einzelnen Rotationsfläche.

§ 23. Das Winkeleikonal für die Brechung an einer Rotationsfläche.

Eine Rotationsfläche entstehe durch Drehung der zur x-Achse symmetrischen Kurve

(1) $$x = c_1 y^2 + c_2 y^4 + \cdots$$

um diese Achse. In der ersten Annäherung, die wir zunächst betrachten wollen, kann man die Fläche durch die berührende Kugel ersetzen. Diese sei durch den Kreis

$$(x - r)^2 + y^2 = r^2$$

festgelegt; dabei geben wir r ein Vorzeichen, und zwar so, daß positives r einer gegen das von $-x$ her einfallende Licht konvexen Fläche entspricht (s. Fig. 38). Für die dem einfallenden Licht zugekehrte Kugelhälfte ist

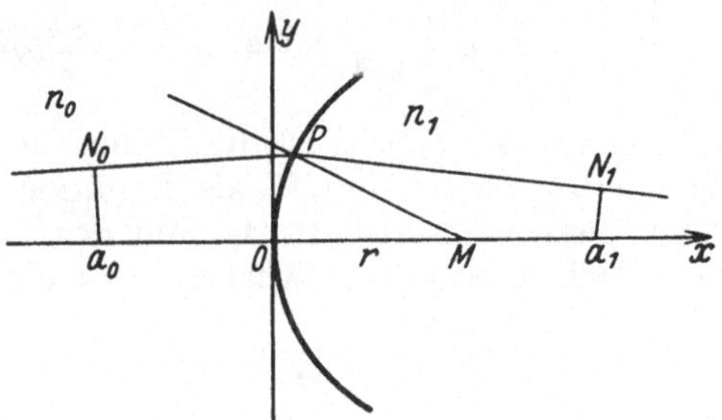

Fig. 38. Winkeleikonal der Kugelfläche.

(2) $$x = r - \sqrt{r^2 - y^2} = \frac{1}{2}\frac{y^2}{r} + \frac{1}{8}\frac{y^4}{r^3} + \cdots.$$

Soll die Kugel die Fläche (1) oskulieren, so hat man

(3) $$c_1 = \frac{1}{2r}.$$

Wir setzen ferner

(4) $$c_2 = \frac{1}{8r^3}(1 + b),$$

wo b als „Deformation" der Fläche bezeichnet werden kann. Die Flächengleichung wird jetzt

(5) $$x = \frac{y^2 + z^2}{2r} + \frac{(y^2 + z^2)^2}{8r^3}(1 + b) + \cdots$$

Wir berechnen nun das Winkeleikonal für den Fall, daß diese Fläche zwei homogene Medien von den Brechungsindizes n_0 und n_1 scheidet. Nach Definition ist

$$W = n_0 \cdot N_0P + n_1 \cdot PN_1 = n_0 \cdot N_0P - n_1 \cdot N_1P,$$

wo N_0, N_1 die Fußpunkte der Normalen von zwei Achsenpunkten a_0 und a_1 (vor und hinter der Fläche) auf den betrachteten Strahl sind und P der Schnittpunkt dieses Strahls mit der Fläche ist. Nun ist N_0P die Projektion der

Verbindungslinie von a_0 und P auf den Strahl $\mathfrak{s}_0(m_0, p_0, q_0)$. Ist $\mathfrak{r}$ der Vektor vom Nullpunkt nach P, so ist also

$$N_0P = (\mathfrak{r} - \mathfrak{a}_0)\,\mathfrak{s}_0 = (x - a_0)\,m_0 + y p_0 + z q_0\,;$$

ein analoger Ausdruck gilt für N_1P. Also ist

$$W = n_0\{(x - a_0)\,m_0 + y p_0 + z q_0\} - n_1\{(x - a_1)\,m_1 + y p_1 + z q_1\}. \tag{6}$$

Hier ersetzen wir m_0 und m_1 durch ihre Ausdrücke in p_0, q_0, p_1, q_1, und x durch die Funktion (5); entwickeln wir dann bis zu Gliedern vierter Ordnung, so wird

$$(7)\quad \left\{\begin{aligned} W = &- n_0 a_0 + n_1 a_1 \\ &+ n_0\left\{y p_0 + z q_0 + \frac{y^2 + z^2}{2r} + \frac{a_0}{2}(p_0^2 + q_0^2)\right\} \\ &- n_1\left\{y p_1 + z q_1 + \frac{y^2 + z^2}{2r} + \frac{a_1}{2}(p_1^2 + q_1^2)\right\} \\ &+ n_0\left\{\frac{1 + b}{8r^3}(y^2 + z^2)^2 - \frac{1}{4r}(y^2 + z^2)(p_0^2 + q_0^2) + \frac{a_0}{8}(p_0^2 + q_0^2)^2\right\} \\ &- n_1\left\{\frac{1 + b}{8r^3}(y^2 + z^2)^2 - \frac{1}{4r}(y^2 + z^2)(p_1^2 + q_1^2) + \frac{a_1}{8}(p_1^2 + q_1^2)^2\right\} + \cdots. \end{aligned}\right.$$

Der nächste Schritt ist die Elimination von y, z mit Hilfe des Snelliusschen Brechungsgesetzes, um W als Funktion von p_0, q_0, p_1, q_1 allein darzustellen. Nach diesem Gesetz [§ 15 (1)] fällt der Vektor $\mathfrak{N} = n_0\mathfrak{s}_0 - n_1\mathfrak{s}_1$ in die Richtung der Flächennormalen. Schreibt man die Flächengleichung (5) in der Form

$$F(x, y, z) = x - \frac{y^2 + z^2}{2r} - \cdots = 0\,,$$

so hat man

$$(8)\quad \left\{\begin{aligned} \lambda\frac{\partial F}{\partial x} &= \lambda &&= n_0 m_0 - n_1 m_1\,, \\ \lambda\frac{\partial F}{\partial y} &= -\lambda\frac{y}{r} + \cdots &&= n_0 p_0 - n_1 p_1\,, \\ \lambda\frac{\partial F}{\partial z} &= -\lambda\frac{z}{r} + \cdots &&= n_0 q_0 - n_1 q_1\,. \end{aligned}\right.$$

Dabei genügt es, wie sich sogleich zeigen wird, nur die Glieder erster Ordnung zu berücksichtigen, wenn man W bis auf Glieder vierter Ordnung einschließlich haben will. Wir schreiben nur die Glieder erster Ordnung hin, indem wir m_0 und m_1 durch 1 ersetzen, und deuten die höheren Glieder durch Δy und Δz an:

$$(9)\quad \left\{\begin{aligned} y &= -r\,\frac{n_0 p_0 - n_1 p_1}{n_0 - n_1} + \Delta y\,, \\ z &= -r\,\frac{n_0 q_0 - n_1 q_1}{n_0 - n_1} + \Delta z\,. \end{aligned}\right.$$

Δy und Δz sind offenbar von dritter Ordnung, könnten also Glieder in W von höchstens vierter Ordnung nur beim Einsetzen in die zweite und dritte Zeile des Ausdrucks (7) geben; dort hätten wir also Zusatzterme

$$\begin{aligned} &n_0\left\{p_0\Delta y + q_0\Delta z + \frac{1}{r}(y\Delta y + z\Delta z)\right\} - n_1\left\{p_1\Delta y + q_1\Delta z + \frac{1}{r}(y\Delta y + z\Delta z)\right\} \\ &= \Delta y\left\{n_0 p_0 - n_1 p_1 + \frac{y}{r}(n_0 - n_1)\right\} + \Delta z\left\{n_0 q_0 - n_1 q_1 + \frac{z}{r}(n_0 - n_1)\right\}, \end{aligned}$$

und das ist auf Grund von (9) gleich

$$\frac{n_0 - n_1}{r}\{(\Delta y)^2 + (\Delta z)^2\},$$

also von sechster Ordnung und kann vernachlässigt werden.

Wir erhalten somit aus (7) durch Einsetzen von (9) unter Weglassung der Zusatzglieder Δy und Δz:

$$W = W_0 + W_2 + W_4, \tag{10}$$

wo

$$W_0 = -n_0 a_0 + n_1 a_1, \tag{11}$$

$$\left\{\begin{aligned} W_2 = \frac{n_0}{2}\left(a_0 - r\frac{n_0}{n_0 - n_1}\right)(p_0^2 + q_0^2) - \frac{n_1}{2}\left(a_1 + r\frac{n_1}{n_0 - n_1}\right)(p_1^2 + q_1^2) \\ + \frac{n_0 n_1}{n_0 - n_1} r (p_0 p_1 + q_0 q_1); \end{aligned}\right. \tag{12}$$

die Glieder vierter Ordnung W_4 werden erst später diskutiert werden (§ 29 u. f.).

Die Funktion W_2 hat die Form:

$$W_2 = \frac{\alpha}{2}(p_0^2 + q_0^2) + \frac{\beta}{2}(p_1^2 + q_1^2) + \gamma(p_0 p_1 + q_0 q_1), \tag{13}$$

wobei

$$\left\{\begin{aligned} \alpha &= n_0\left(a_0 - r\frac{n_0}{n_0 - n_1}\right), \\ \beta &= -n_1\left(a_1 + r\frac{n_1}{n_0 - n_1}\right), \\ \gamma &= \frac{n_0 n_1}{n_0 - n_1} r. \end{aligned}\right. \tag{14}$$

Diese Formeln bilden die Grundlage der elementaren Theorie der Linsen und Linsenkombinationen, der sog. GAUSSschen Dioptrik[1], deren Grundzüge wir nun darstellen wollen.

§ 24. Die GAUSSsche Dioptrik.

Die Durchstoßungspunkte des durch p_0, q_0, p_1, q_1 bestimmten Strahls mit den Ebenen $x = a_0$ und $x = a_1$ sind nach § 22 (9) in erster Näherung [s. § 23 (10) bis (13)]:

$$\left\{\begin{aligned} n_0 Y_0 &= \frac{\partial W_2}{\partial p_0} = \alpha p_0 + \gamma p_1, \\ -n_1 Y_1 &= \frac{\partial W_2}{\partial p_1} = \gamma p_0 + \beta p_1; \end{aligned}\right. \tag{1}$$

die entsprechenden Gleichungen für Z_0, Z_1, q_0, q_1 hinzuschreiben, ist nicht nötig, da sie mit (1) übereinstimmen.

Soll nun der Punkt Y_1, Z_1 ein stigmatisches Bild des Punktes Y_0, Z_0 sein, so muß sich Y_1 als Funktion von Y_0 allein darstellen lassen; d. h. bei der Elimination von p_1 aus (1) muß zugleich auch p_0 herausfallen. Nun hat man durch Auflösen

$$p_1 = \frac{n_0}{\gamma} Y_0 - \frac{\alpha}{\gamma} p_0,$$

mithin

$$-n_1 Y_1 = \frac{\beta n_0}{\gamma} Y_0 + \left(\gamma - \frac{\alpha\beta}{\gamma}\right) p_0. \tag{2}$$

---

[1] C. F. GAUSS: Dioptrische Untersuchungen. Abh. kgl. Ges. Wiss. zu Göttingen Bd. 1 (1843); Werke Bd. 5 S. 245.

Die Bedingung der stigmatischen Abbildung ist also

$$\alpha\beta - \gamma^2 = 0\,. \tag{3}$$

Das ist aber nach § 23 (14) eine Beziehung zwischen den Abszissen a_0 und a_1, nämlich

$$-n_0 n_1\left(a_0 - r\frac{n_0}{n_0 - n_1}\right)\left(a_1 + r\frac{n_1}{n_0 - n_1}\right) = \left(\frac{n_0 n_1}{n_0 - n_1}\right)^2 r^2$$

oder

$$a_0 a_1 (n_0 - n_1) = r(n_0 a_1 - n_1 a_0)\,. \tag{4}$$

Hieraus folgt[1]

$$\left\{\begin{aligned} f_0 &= -\lim_{a_1\to\infty} a_0 = -r\frac{n_0}{n_0 - n_1}\,,\\ f_1 &= -\lim_{a_0\to\infty} a_1 = r\frac{n_1}{n_0 - n_1}\,. \end{aligned}\right. \tag{5}$$

Also wird (4):

$$-a_0 a_1 = a_1 f_0 + a_0 f_1\,, \tag{6}$$

und die Ausdrücke § 23 (14) lassen sich schreiben:

$$\left\{\begin{aligned} \alpha &= n_0(a_0 + f_0) = n_0 X_0\,,\\ \beta &= -n_1(a_1 + f_1) = -n_1 X_1\,,\\ \gamma &= n_0 f_1 = -n_1 f_0\,; \end{aligned}\right. \tag{7}$$

hier bedeuten X_0, X_1 die Abszissen der betrachteten konjugierten Punkte, gezählt von verschiedenen Nullpunkten im Objekt- und Bildraum, nämlich von den Punkten mit den Abszissen $x_0 = -f_0$ und $x_1 = -f_1$, wobei x_0 und x_1 auf den Scheitel der brechenden Fläche bezogen sind.

Aus (6) folgt nun

$$-(X_0 - f_0)(X_1 - f_1) = (X_1 - f_1)f_0 + (X_0 - f_0)f_1\,,$$

oder

$$X_0 X_1 = f_0 f_1\,, \tag{8}$$

und aus (2) mit Rücksicht auf (3) und (7)

$$\frac{Y_1}{Y_0} = \frac{f_0}{X_0} = \frac{X_1}{f_1}\,. \tag{9}$$

Nach § 20 (11) ist die Abbildung also in erster Näherung eine axialsymmetrische Kollineation; und zwar fallen die Hauptebenen zusammen in die Tangentialebene des Scheitels. Die Brennweiten sind durch (5) als Funktionen des Krümmungsradius r und der Brechungsindizes gegeben; sie haben immer entgegengesetztes Vorzeichen und verhalten sich dem Betrage nach wie die Brechungsindizes, jedenfalls solange es sich um wirkliche Brechung handelt (n_0, n_1 positiv). Hierdurch rechtfertigt sich die in § 20 eingeführte Ausdrucksweise „dioptrische" für rechtläufige Abbildungen ($f_0 f_1 < 0$). [Der Fall der Spiegelung ist formal in unseren Formeln mit enthalten, wenn man $n_1 = -n_0$ setzt; dann hat man rückläufige oder katoptrische Abbildung ($f_0 f_1 > 0$). Wir sprechen im

[1] Das negative Vorzeichen in den Beziehungen (5) hat folgenden Grund: die Grenzwerte von a_0, a_1 bedeuten die in der Richtung der Lichtfortpflanzung positiv gezählten Abstände der Brennpunkte vom Scheitel (Schnittpunkt der Achse mit der Kugel); in den die Hauptpunkte fallen; nach den früheren Definitionen (§ 20) aber sind umgekehrt die Brennweiten als die Abstände der Hauptpunkte von den Brennpunkten erklärt.

folgenden nur vom dioptrischen Falle]. Ist die Grenzfläche gegen das einfallende Licht konvex ($r > 0$), so liegt für $n_0 < n_1$ der Brennpunkt F_0 vor, F_1 hinter der brechenden Fläche ($f_0 > 0$, $f_1 < 0$); für $n_0 > n_1$ ist es umgekehrt (siehe Fig. 39).

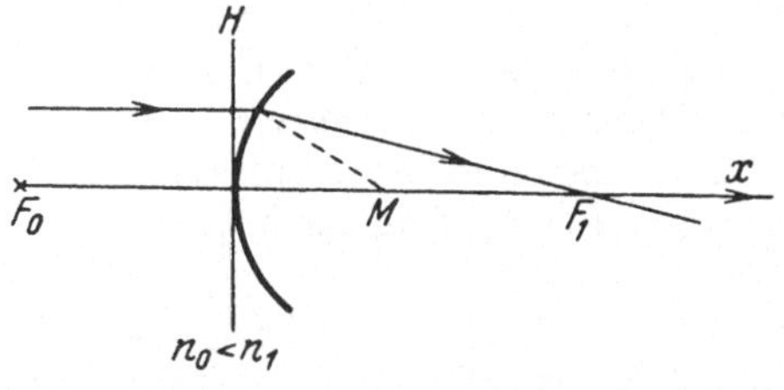

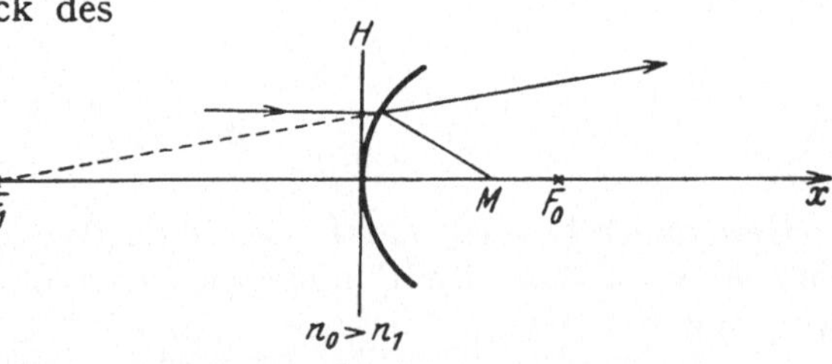

Fig. 39. Konvergenz und Divergenz bei Brechung an der Kugel.

Wir betrachten nun den Durchgang des Lichts durch eine *Linse*, begrenzt durch zwei brechende Rotationsflächen auf derselben Achse. Da wir uns nur für den Fall der Strahlenvereinigung interessieren, ist es nicht nötig, den allgemeinen Ausdruck des Winkeleikonals für diesen Fall zu bilden; vielmehr kann man die resultierende stigmatische Abbildung aus den beiden Einzelabbildungen zusammensetzen. Hierzu gebraucht man die in § 20 entwickelten Formeln für die Zusammensetzung zweier Kollineationen.

Die Brechungsindizes der drei Medien in der Reihenfolge, in der sie das Licht durchläuft, seien n_1, n_2, n_3; dann sind die Brennweiten der ersten Abbildung nach (5)

$$f_1 = -r_1 \frac{n_1}{n_1 - n_2}, \qquad f_1' = r_1 \frac{n_2}{n_1 - n_2} \tag{10}$$

und die der zweiten

$$f_2 = -r_2 \frac{n_2}{n_2 - n_3}, \qquad f_2' = r_2 \frac{n_3}{n_2 - n_3}. \tag{11}$$

Aus § 20 (22) folgt für die Brennweiten der resultierenden Abbildung

$$f = -\frac{f_1 f_2}{c}, \qquad f' = \frac{f_1' f_2'}{c}, \tag{12}$$

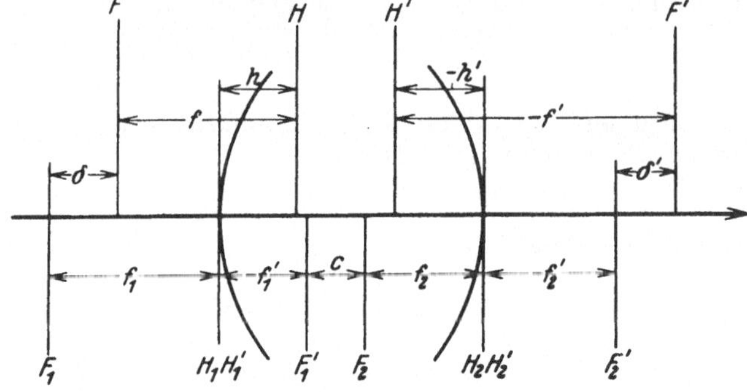

Fig. 40. Hauptpunkte eines zusammengesetzten Systems.

wo c der Abstand der Brennpunkte F_1' und F_2 ist. Die Dicke der Linse, d. h. der Scheitelabstand, sei d; dann gilt (s. Fig. 40)

$$c = d + f_1' - f_2,$$

also nach (10) und (11)

$$c = \frac{D}{(n_1 - n_2)(n_2 - n_3)}, \tag{13}$$

wo

$$D = d(n_1 - n_2)(n_2 - n_3) + n_2\{r_1(n_2 - n_3) + r_2(n_1 - n_2)\}. \tag{14}$$

Man erhält also aus (10), (11), (12) und (13):

$$f = -n_1 n_2 \frac{r_1 r_2}{D}, \qquad f' = n_2 n_3 \frac{r_1 r_2}{D}. \tag{15}$$

Demnach ist stets $ff' < 0$; *Linsen* liefern also gemäß der in § 20 eingeführten Einteilung stets *rechtläufige* (dioptrische) Abbildungen.

Die Abstände der resultierenden Brennpunkte F, F' von den Einzelbrennpunkten F_1, F_2' sind nach § 20 (23)

$$\delta = -n_1 n_2 \frac{n_2 - n_3}{n_1 - n_2} \cdot \frac{r_1^2}{D}, \qquad \delta' = n_2 n_3 \frac{n_1 - n_2}{n_2 - n_3} \cdot \frac{r_2^2}{D}. \tag{16}$$

Daraus ergeben sich für die Abstände der resultierenden Hauptebenen H, H' von den Scheiteln

$$h = f + \delta - f_1, \qquad h' = f' + \delta' - f_2'$$

die Ausdrücke

$$h = n_1 (n_2 - n_3) \frac{r_1 d}{D}, \qquad h' = -n_3 (n_1 - n_2) \frac{r_2 d}{D}. \tag{17}$$

Gewöhnlich benutzt man Linsen in der Weise, daß der Glaskörper beiderseits vom selben Medium (Luft) umgeben ist. Dann ist $n_1 = n_3$, und man hat mit $n_2/n_1 = n > 1$:

$$\left\{\begin{aligned} &f = -f' = -\frac{n r_1 r_2}{\Delta}, \\ &\delta = n \frac{r_1^2}{\Delta}, \qquad \delta' = -n \frac{r_2^2}{\Delta}, \\ &h = (n-1) \frac{r_1 d}{\Delta}, \qquad h' = (n-1) \frac{r_2 d}{\Delta}, \end{aligned}\right. \tag{18}$$

wo

$$\Delta = (n-1)\{n(r_1 - r_2) - d(n-1)\} \tag{19}$$

gesetzt ist.

In diesem Falle sind also die Brennweiten entgegengesetzt gleich; daher vereinfacht sich die Gleichung § 20 (14), welche die Abbildung durch die Abstände ξ, ξ' von den Hauptebenen darstellt, zu der bekannten Formel[1]

$$\frac{1}{\xi} - \frac{1}{\xi'} = -\frac{1}{f}. \tag{20}$$

Ferner sind die konjugierten Strahlen, die durch die Hauptpunkte gehen, einander parallel. Denn ist der Objektstrahl durch

$$Y = a\xi = a(X - f)$$

gegeben, so hat man wegen $f' = -f$:

$$Y' = -Y \frac{X'}{f} = -a(X - f) \frac{X'}{f} = a(X' - f) = a\xi'.$$

Die in § 20 eingeführte Unterscheidung kollektiver und dispansiver Abbildungen beruht auf dem Vorzeichen von f; kollektiv ist die Abbildung einer Linse, wenn

$$f = -\frac{n r_1 r_2}{\Delta} > 0 \tag{21}$$

ist. Diese Bedingung kann man nach (19) so schreiben:

$$\frac{1}{r_2} - \frac{1}{r_1} < \frac{n-1}{n} \frac{d}{r_1 r_2}. \tag{22}$$

[1] Gewöhnlich schreibt man darin alle Glieder mit dem Pluszeichen, indem man nur die Beträge ins Auge faßt.

Der Grenzfall zwischen kollektiver und dispansiver Abbildung $f = \infty$ entspricht teleskopischer Abbildung; er tritt ein für $\Delta = 0$, also

$$r_1 - r_2 = \frac{n-1}{n} d. \tag{23}$$

Als Beispiel eines Linsentyps, wo alle drei Fälle verwirklicht werden können, nennen wir die *Bikonvexlinsen* ($r_1 > 0$, $r_2 < 0$); sind etwa die Beträge der beiden Krümmungsradien gleich, $r_1 = -r_2 = r$, so haben wir nach (22) für

$$\left\{\begin{aligned} d &< \frac{2n}{n-1} r \quad \text{kollektive,} \\ d &= \frac{2n}{n-1} r \quad \text{teleskopische,} \\ d &> \frac{2n}{n-1} r \quad \text{dispansive} \end{aligned}\right. \tag{24}$$

Abbildung. Bei Glas vom Brechungsindex $n = \frac{3}{2}$ ist der entscheidende Zahlenfaktor $2n/(n-1) = 6$.

Ist $r_1 = \infty$, so ist die Abbildung nach (22) kollektiv für $r_2 < 0$; ist $r_2 = \infty$, so ist sie es für $r_1 > 0$. Dies entspricht beidemal einer Plankonvexlinse, die dem Lichte die ebene oder gekrümmte Fläche zukehrt. *Plankonvexlinsen sind also immer kollektiv.*

Bikonkavlinsen ($r_1 < 0$, $r_2 > 0$) *sind immer dispansiv*, da die Bedingung (22) nicht erfüllt ist.

Konvex-Konkavlinsen ($r_1 > 0$, $r_2 > 0$ oder $r_1 < 0$, $r_2 < 0$) sind kollektiv, wenn $r_1 < r_2$, die Linse sich also von der Mitte zum Rande verjüngt; im anderen Falle sind wieder alle drei Fälle möglich, der Grenzfall teleskopischer Abbildung ist durch (23) gegeben.

Besonders einfache Verhältnisse hat man bei sehr *dünnen Linsen*, wo mit hinreichender Annäherung $d = 0$ gesetzt werden kann. Dann rücken beide Hauptebenen in die (unendlich dünne) Linse; denn es wird nach (17) $h = 0$, $h' = 0$. Ferner folgt aus (17) und (18)

$$\frac{1}{n-1} \cdot \frac{1}{f} = \frac{1}{r_1} - \frac{1}{r_2}. \tag{25}$$

f wird also positiv, wenn die Krümmung der vorderen Fläche $1/r_1$ größer ist als die der hinteren $1/r_2$ (Krümmung mit Vorzeichen gerechnet und der Wert Null eingeschlossen). Das bedeutet aber: Dünne Linsen sind kollektiv, wenn sie von der Mitte nach dem Rande zu dünner werden; andernfalls sind sie dispansiv.

Da die Hauptpunkte im Linsenzentrum zusammenfallen, so geht jeder Strahl durch diesen Punkt ungebrochen hindurch. Die Abbildung durch eine dünne Linse ist also eine Zentralprojektion vom Linsenmittelpunkt.

Bezüglich der Methoden zur Messung von Brennweiten, zur Bestimmung der Lage von Haupt- und Knotenpunkten verweisen wir auf die Lehrbücher der Experimentalphysik[1].

In der Praxis werden alle optischen Systeme aus Linsen (und Spiegeln) zusammengesetzt. Nach den in § 20 gegebenen Regeln kann man die durch das Linsensystem erzeugte Abbildung aus den Eigenschaften der einzelnen Linsen berechnen; immer vorausgesetzt, daß man sich im Gültigkeitsbereich der GAUSSschen Dioptrik hält. Wir wollen nur die einfache Formel für die Brennweite eines aus zwei unendlich dünnen Linsen gebildeten Systems angeben. Ist c der

[1] Siehe etwa MÜLLER-POUILLETS Lehrbuch der Physik, 10. Aufl. Bd. 2: Die Lehre von der strahlenden Energie, von OTTO LUMMER, 3. Kap. Braunschweig 1907.

Abstand des hinteren Brennpunkts der ersten Linse vom vorderen der zweiten, so gilt $f = -f_1 f_2/c$; führt man statt c den Abstand l der beiden Linsen (ihrer je als zusammenfallend betrachteten Hauptebenen) ein, so ist (s. Fig. 41)

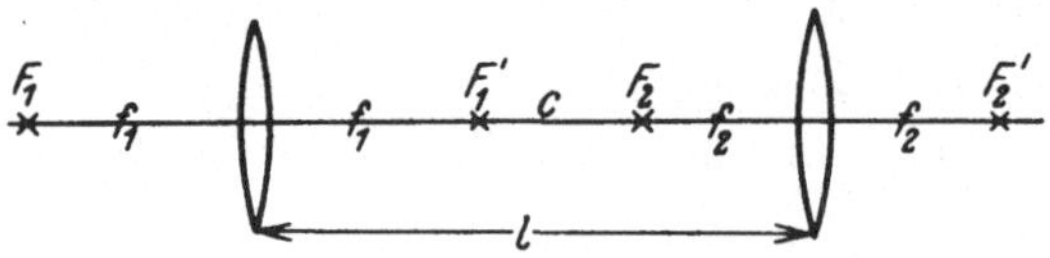

$$l = f_1 + c + f_2 .$$

Fig. 41. Zusammensetzung zweier Linsen.

Daraus folgt

$$(26)\qquad \frac{1}{f} = \frac{1}{f_1} + \frac{1}{f_2} - \frac{l}{f_1 f_2} .$$

Von dieser Formel werden wir nachher bei der Betrachtung der Farbenabweichungen Gebrauch machen.

Zum Schluß dieses Abschnitts über die elementaren Linsengesetze leiten wir eine Invariante ab, die für irgend zwei Paare konjugierter Punkte eines beliebigen zentrierten Systems gilt.

Für das eine Punktepaar (X_0, Y_0) und (X_1, Y_1) ist

$$\frac{Y_1}{Y_0} = \frac{f_0}{X_0} = \frac{X_1}{f_1} ;$$

für das andere $(X_0 + M_0, Y_0^*)$ und $(X_1 + M_1, Y_1^*)$

$$\frac{Y_1^*}{Y_0^*} = \frac{f_0}{X_0 + M_0} = \frac{X_1 + M_1}{f_1} .$$

Hieraus folgt

$$\frac{M_0}{f_0} = \frac{Y_0^*}{Y_1^*} - \frac{Y_0}{Y_1} = \frac{Y_0^* Y_1 - Y_0 Y_1^*}{Y_1^* Y_1} ,$$

$$\frac{M_1}{f_1} = \frac{Y_1^*}{Y_0^*} - \frac{Y_1}{Y_0} = \frac{Y_0 Y_1^* - Y_0^* Y_1}{Y_0^* Y_0} .$$

Durch Division erhalten wir

$$(27)\qquad \frac{f_0 Y_0 Y_0^*}{M_0} = -\frac{f_1 Y_1 Y_1^*}{M_1} .$$

Nun verhalten sich nach (15) die Brennweiten jeder Linse bis aufs Vorzeichen wie die Brechungsindizes der Medien vor und hinter der Linse; dasselbe gilt dann auch für jede Linsenkombination. Denn ist für die erste Linse

$$f_1 = -n_1 F_1 , \qquad f_1' = n_1' F_1 ,$$

für die zweite

$$f_2 = -n_2 F_2 , \qquad f_2' = n_2' F_2 ,$$

wobei $n_1' = n_2$ ist, so erhält man nach (12) für die Linsenkombination:

$$f = -\frac{n_1 n_2 F_1 F_2}{c} , \qquad f' = \frac{n_1' n_1' F_1 F_2}{c} ,$$

also

$$(28)\qquad \frac{f}{f'} = -\frac{n_1 n_2}{n_1' n_2'} = -\frac{n_1}{n_2'} .$$

Demnach kann man statt (27) schreiben:

$$(29)\qquad \frac{n_0 Y_0 Y_0^*}{M_0} = \frac{n_1 Y_1 Y_1^*}{M_1} .$$

Der Ausdruck nYY^*/M ist also eine Invariante für die Brechung durch ein beliebiges Linsensystem. Hiervon werden wir in der Theorie der geometrischen Bildfehler Gebrauch machen.

§ 25. Die Strahlenbegrenzung durch Blenden.

Die GAUSSsche Dioptrik gilt nur, wenn die Größen p_0, q_0, p_1, q_1, also die Neigungswinkel der Strahlen gegen die Achse, hinreichend klein sind; sie ist also auf einen „schlauchförmigen" Raum um die Achse beschränkt. Die Begrenzung der abbildenden Strahlenbüschel ist entweder durch die Größe der Linsen selbst gegeben oder wird durch besonders angebrachte *Blenden* erreicht. Die Blenden spielen also eine ganz wesentliche Rolle, einmal, weil von ihrer Wahl die Öffnung der Strahlenbüschel und damit die Güte der Abbildung abhängt, sodann weil durch sie die Lichtstärke des Apparats bestimmt wird. Da letztere offenbar mit wachsender Blendenöffnung zunimmt, so muß stets ein Kompromiß zwischen den Forderungen der Schärfe und der Helligkeit getroffen werden. Wir besprechen jetzt kurz die Wirkungsweise der Blenden (im Fall zentrierter Abbildung Kreisblenden) und die dabei gebräuchliche Terminologie[1].

Ganz allgemein sei vorausgeschickt, daß jede Blende ersetzt werden kann durch eine andere, die identisch ist mit dem Bild der Blende, das durch das optische System oder einen Teil davon entworfen wird. Wir gebrauchen das Wort Blende in gleicher Weise für die wirkliche Blende oder ihr Bild.

Sei P ein Objektpunkt auf der Achse des Systems. Unter den Blenden der Anordnung gibt es eine, die das von P ausgehende Büschel am meisten einschränkt. Man findet sie, indem man von jeder Blende B das optische Bild B_1 entworfen denkt durch den Teil S_1 des optischen Systems, der vor der Blende, d. h. zwischen ihr und dem Objektpunkt P liegt. Dasjenige von diesen Bildern B_1, das von P aus unter dem kleinsten Sehwinkel erscheint, heißt *Eintrittspupille* (s. Fig. 42).

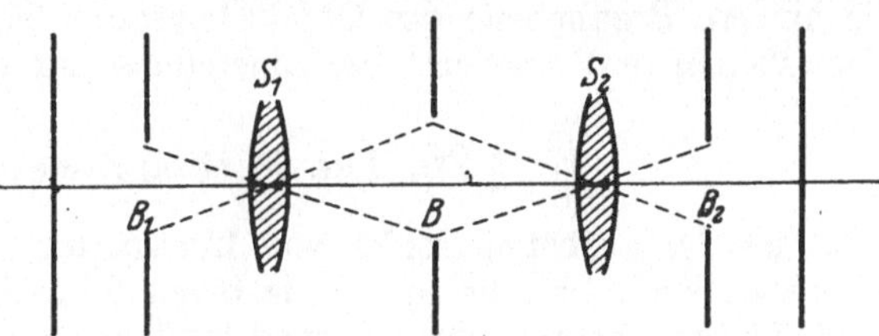

Fig. 42. Eintrittspupille, Austrittspupille, Aperturblende.

Die zugehörige Blende B ist die gesuchte und wird *Aperturblende, Öffnungsblende* oder *Iris* genannt. Liegt sie vor der ersten Linse des Systems, so ist sie mit der Eintrittspupille identisch. Der Winkel, unter dem der Durchmesser der Eintrittspupille von P aus erscheint, heißt der *Apertur-* oder *Öffnungswinkel* des Systems.

Das optische Bild B_2, welches das ganze System S von der Eintrittspupille oder, was dasselbe ist, der auf die Aperturblende folgende Teil S_2 des Systems von dieser Blende entwirft, wird *Austrittspupille* genannt. Diese begrenzt den im Bilde P' von P konvergierenden Strahlenkegel. Der Winkel, unter dem der Durchmesser der Austrittspupille von P' aus erscheint, heißt der *Projektionswinkel* des Systems.

Der Strahl, der von einem beliebigen (außerhalb der Achse gelegenen) Objektpunkt durch die Mitte der Eintrittspupille, also auch der Austrittspupille, geht, heißt *Hauptstrahl* des zugehörigen Büschels. Der Verlauf der Hauptstrahlen für geeignet gewählte Objektpunkte wird als *Strahlengang* des Instruments bezeichnet.

Man kann im besonderen die Aperturblende so legen, daß die Eintritts- oder die Austrittspupille (bei teleskopischer Abbildung sogar beide) im Unendlichen liegen. Die Aperturblende muß dann in der hinteren Brennebene des vorderen Systems S_1 bzw. in der vorderen Brennebene des hinteren Systems S_2 liegen.

[1] Die Lehre von der Strahlbegrenzung ist von E. ABBE geschaffen [Jena. Z. Naturwiss. Bd. 6 (1871) S. 263] und von M. v. ROHR vervollkommnet worden [Zentr.-Ztg. Opt. Mech. Bd. 41 (1920) S. 145, 159, 171].

Man spricht hier von *telezentrischem Strahlengang*, und zwar nennt man diesen im ersten Falle telezentrisch nach der Objektseite (alle Hauptstrahlen des Objektraums achsenparallel), im zweiten telezentrisch nach der Bildseite (Hauptstrahlen des Bildraums achsenparallel).

Diesen Strahlengang benutzt man vorteilhaft, wenn es sich darum handelt, Objekte mit Maßstäben zu vergleichen; macht man nämlich die Hauptstrahlen dort, wo der Maßstab angebracht ist, achsenparallel, so wird eine unscharfe Einstellung den Ort des Bildes nicht ändern. Demgemäß verwendet man bei Fernrohren den nach der Bildseite, bei Mikroskopen den nach der Objektseite telezentrischen Strahlengang.

Außer den bisher betrachteten Blenden, die die Öffnung der Strahlenbüschel bestimmen, hat man noch andere, die die Größe des Objekts begrenzen. Diese sog. *Gesichtsfeldblenden* findet man, indem man wiederum von sämtlichen Blenden ihre optischen Bilder durch den vorderen Teil S_1 des Instruments entwirft. Unter diesen Bildern ist eines G_1, das von der Mitte der Eintrittspupille unter dem kleinsten Winkel erscheint; dieser Winkel heißt *Gesichtsfeldwinkel*, er bestimmt die Größe des Gesichtsfeldes im Objektraum.

Das optische Bild G_2, das von G_1 durch das ganze Instrument entworfen wird, begrenzt das Gesichtsfeld im Bilde; der zugehörige Winkel heißt *Bildwinkel*. Man hat nur dann eine scharfe Begrenzung des Gesichtsfeldes, wenn G_1 in der Objektebene liegt. Bei Fernrohren wird man daher die Gesichtsfeldblende in die hintere Brennebene des Objektivsystems legen; dann liegt ihr Bild G_1 im Unendlichen und erscheint bei Einstellung auf unendlich ferne Objekte scharf.

§ 26. Die Farbenabweichungen.

Einer der gröbsten Fehler von Linsen, die nach den abgeleiteten Gesetzen berechnet sind, besteht in den farbigen Säumen, von denen die Umrisse der abgebildeten Gegenstände umgeben erscheinen. Die Erscheinung beruht auf der Dispersion der brechenden Substanzen; der Brechungsindex ist, wie wir schon in § 5 hervorhoben, keine Materialkonstante, sondern eine Funktion der Farbe, d. h. der Wellenlänge des Lichts. Daher sind die Brennweiten für verschiedene Farben verschieden, und die einfarbigen (monochromatischen) Bilder eines Objekts decken sich nicht. Das Problem der *Achromatisierung*, der Herstellung praktisch farbfehlerfreier Linsensysteme, ist so alt wie die Optik selbst. NEWTON wurde bei Untersuchungen dieser Art zur Entdeckung der Farbenzerstreuung geführt, indem er die geometrisch verwickelten Brechungsvorgänge in Linsen durch den einfacheren Strahlengang im Prisma ersetzte. Doch kam er auf Grund seiner Versuche zu einem Dispersionsgesetz, aus dem er auf die Unmöglichkeit der Herstellung achromatischer Objektive schloß. Aber schon 1729 gelang es dem Advokaten CHESTER MOOR HALL, ein solches Objektiv aus Kron- und Flintglas zu bauen; doch hat er nichts über seine Erfindung veröffentlicht.

Kronglas (von crown = Scheibe), ein Silikat von hohem Kaliumgehalt, wurde seit dem 14. Jahrhundert geschmolzen; Flintglas (von dem früher üblichen Zusatz pulverisierten Flintsteins), ein Kalium-Blei-Silikat-Gemisch, erst seit der Mitte des 17. Jahrhunderts; ein dem heutigen ähnliches erst seit 1730. Man erhielt jedoch nur selten optisch brauchbare Stücke.

J. DOLLOND gelang es, sich solche zu verschaffen und daraus von 1758 ab achromatische Objektive zu schleifen. Die Verbesserung dieser Instrumente ging stets Hand in Hand mit der Vervollkommnung der Glasschmelzkunst. Am Anfang des 19. Jahrhunderts war die von UTZSCHNEIDER in Benediktbeuren gegründete Glashütte berühmt, die erst von dem Uhrmacher P. L. GUINARD, dann von JOSEPH FRAUNHOFER (1787—1826) geleitet wurde. Dieser hat zuerst ein Spektrometer gebaut und durch Festlegung der nach ihm benannten Linien im Sonnenspektrum genaue Messungen von Brechungsindizes für die einzelnen Farben des Spektrums ausgeführt. Einen großen Aufschwung nahm die Herstellung optischen Glases durch die 1879 erfolgte Vereinigung des Gelehrten ERNST ABBE (1840—1905) mit dem Glastechniker OTTO SCHOTT (geb. 1851); die Jenaer Glashütte von SCHOTT und das von ABBE gegründete Zeiss-Werk sind noch immer führend, wenn auch an anderen Stätten und in anderen Ländern die optische Industrie ebenfalls zu hoher Blüte gelangt ist.

In der folgenden Tabelle sind die Brechungsindizes zweier Glassorten für drei Farben angegeben, die den wichtigsten FRAUNHOFERschen Linien entsprechen; die Wellenlänge λ ist in Ångström-Einheiten ($1\,\text{Å} = 10^{-8}$ cm) angegeben.

Tabelle 4.

FRAUNHOFERsche Linie . . Wellenlänge in Å	C 6563	D 5893	F 4861	$\Delta = \frac{n_F - n_C}{n_D - 1}$
Leichtes Kronglas	1,5127	1,5153	1,5214	0,0169
Schweres Flintglas	1,7434	1,7515	1,7723	0,0384

Die letzte Spalte enthält das sog. *Dispersionsvermögen* des Glases, definiert durch

$$\Delta = \frac{n_F - n_C}{n_D - 1}, \tag{1}$$

das ein rohes, aber für manche Zwecke ausreichendes Maß der Veränderlichkeit des Brechungsindex mit der Farbe darstellt. In erster Näherung bestimmt nämlich diese Größe Δ die Änderung der Brennweite einer Linse und damit des Bildorts mit der Farbe, wie wir sogleich sehen werden.

Durch Kombination mehrerer Linsen aus verschiedenen Glassorten kann man das System für zwei Farben, etwa für eine blaue und eine rote Linie des Spektrums, achromatisieren, wenigstens was die Lage der Haupt- und Brennebenen betrifft. Hierdurch ist aber noch keine strenge Achromatisierung für alle Farben erreicht. Die noch übrig bleibenden chromatischen Abweichungen nennt man das „sekundäre Spektrum". Achromatisiert man für drei Farben, so bilden die dann noch vorhandenen Abweichungen das „tertiäre Spektrum", usw. Für viele Zwecke ist bereits die Beseitigung des primären Spektrums ausreichend.

Die beiden Farben, für die man das System achromatisiert, wählt man je nach den Zwecken verschieden. Für photographische Objektive wird man den chemisch wirksamen Teil des Spektrums (violett, ultraviolett) in Betracht ziehen, während für visuelle Instrumente auch der rote Spektralbereich berücksichtigt werden muß.

Für eine dünne Linse ist nach § 24 (25) $f \cdot (n - 1)$ eine nur von den geometrischen Verhältnissen (Radien) abhängige Größe; daher folgt durch logarithmisches Differenzieren, daß mit einer kleinen Änderung des Brechungsindex dn eine Änderung der Brennweite df so zusammenhängt:

$$\frac{df}{f} + \frac{dn}{n-1} = 0.$$

Hier können wir näherungsweise $dn/(n - 1)$ durch die in (1) definierte Größe Δ ersetzen und schreiben:

$$d\left(\frac{1}{f}\right) = \frac{\Delta}{f}. \tag{2}$$

Für ein aus zwei dünnen Linsen zusammengesetztes System gilt die Formel § 24 (26). Denken wir uns nun zunächst die Linsen unmittelbar aufeinandergelegt, so daß näherungsweise $l = 0$ ist. Dann kann man die Hauptebenen des Systems mit seiner Mittelebene zusammenfallend denken; die Abbildung ist also in dieser Näherung eindeutig durch die Angabe der Brennweite gekennzeichnet, und eine Achromatisierung der Brennweite bedeutet nach § 24 (20) zugleich Achromatisierung des Bildes nach Lage und Größe. Man hat nach § 24 (26) für $l = 0$

$$\frac{1}{f} = \frac{1}{f_1} + \frac{1}{f_2} \tag{3}$$

und als Bedingung der Achromasie

$$d\left(\frac{1}{f}\right) = d\left(\frac{1}{f_1}\right) + d\left(\frac{1}{f_2}\right) = \frac{\Delta_1}{f_1} + \frac{\Delta_2}{f_2} = 0\,. \tag{4}$$

Aus (3) und (4) lassen sich bei vorgegebenen Glassorten (d. h. gegebenen Δ_1 und Δ_2) zwei Linsen berechnen, die aufeinandergelegt ein achromatisches System von gegebener Brennweite f liefern:

$$\frac{1}{f_1} = \frac{1}{f} \cdot \frac{\Delta_2}{\Delta_2 - \Delta_1}\,, \qquad \frac{1}{f_2} = -\frac{1}{f} \cdot \frac{\Delta_1}{\Delta_2 - \Delta_1}\,. \tag{5}$$

Ist f positiv gegeben, so muß also die Linse mit kleinerem Dispersionsvermögen eine positive Brennweite, die andere eine negative haben.

Wählt man für die einander zugekehrten Kugelflächen der beiden Linsen gleiche Radien, damit man die Linsen aufeinander kitten kann, so sind durch die Bedingungen (5) zwei Gleichungen zwischen den drei zur Verfügung stehenden Radien gegeben; man behält also einen Radius frei, den man verwenden kann, um geometrische Abbildungsfehler zu reduzieren.

Hinsichtlich der Achromatisierung der Brennweite kann man mehr erreichen, wenn man die Linsen nicht unmittelbar aufeinanderlegt, also den Abstand l endlich nimmt. Dann hat man nach § 24 (26)

$$\frac{1}{f} = \frac{1}{f_1} + \frac{1}{f_2} - \frac{l}{f_1 f_2}\,,$$

also

$$d\left(\frac{1}{f}\right) = d\left(\frac{1}{f_1}\right) + d\left(\frac{1}{f_2}\right) - l\left\{\frac{1}{f_1}\, d\left(\frac{1}{f_2}\right) + \frac{1}{f_2}\, d\left(\frac{1}{f_1}\right)\right\}.$$

Die Bedingung der Achromasie für die Brennweite lautet also

$$\frac{\Delta_1}{f_1} + \frac{\Delta_2}{f_2} - l \cdot \frac{\Delta_1 + \Delta_2}{f_1 f_2} = 0$$

oder

$$l = \frac{\Delta_1 f_2 + \Delta_2 f_1}{\Delta_1 + \Delta_2}\,. \tag{6}$$

Sind speziell beide Linsen aus demselben Material ($\Delta_1 = \Delta_2$), so wird für

$$l = \frac{f_1 + f_2}{2} \tag{7}$$

die Brennweite des Systems von der Farbe unabhängig.

Aber dies ist von geringem Nutzen, da ja die Brennweite allein nicht für Ort und Größe des Bildes bestimmend ist, sondern noch die Lage der Hauptebenen in Betracht kommt. Man kann nun leicht sehen, daß mit zwei einzeln nicht achromatischen dünnen Linsen das Bild nach Lage und Größe nicht achromatisiert werden kann. Bei einer dünnen Linse wird, wie wir in § 24 sahen, die Objektebene in Zentralprojektion von der Linsenmitte aus auf die Bildebene entworfen; man hat daher (s. Fig. 43) für die erste Linse

$$\frac{Y_1'}{Y_1} = -\frac{\xi_1'}{\xi_1},$$

wo ξ_1, ξ_1' die Abstände der beiden Ebenen vom Linsenzentrum sind, und ebenso für die zweite Linse

$$\frac{Y_2'}{Y_2} = -\frac{\xi_2'}{\xi_2}.$$

Dabei ist $Y_2 = Y_1'$ und $\xi_1' + \xi_2 = l$. Das Vergrößerungsverhältnis der resultierenden Abbildung ist

$$\frac{Y_2'}{Y_1} = \frac{\xi_1'\xi_2'}{\xi_1\xi_2}.$$

Variiert man nun die Brechungsindizes, so bleibt ξ_1 als Objektabstand konstant, ξ_2' wegen der Forderung der Achromatisierung der Bildebene. Die Achromati-

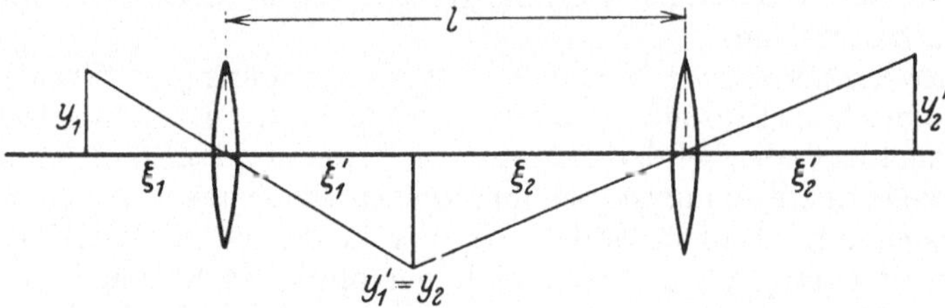

Fig. 43. Zur Konstruktion achromatischer Linsensysteme.

sierung der Bildgröße, d. h. des Vergrößerungsverhältnisses: $d(Y_2'/Y_1) = 0$, liefert also die Bedingung

$$d\left(\frac{\xi_1'}{\xi_2}\right) = \frac{1}{\xi_2^2}(\xi_2 d\xi_1' - \xi_1' d\xi_2) = 0;$$

da nun $d\xi_1' = -d\xi_2$ ist, so hat man $d\xi_2 = 0$ und damit auch $d\xi_1' = 0$. Das bedeutet aber, daß die beiden Einzellinsen schon für sich achromatisch sein müssen. Wir erhalten also das Resultat:

Ein optisches System, das aus mehreren getrennten Einzelsystemen besteht, ist nur dann vollständig achromatisiert, wenn es schon die Einzelsysteme für sich sind.

Die hier angegebenen Regeln beziehen sich nur auf die Farbenfehler der GAUSSschen Abbildung. Wenn man zu höheren Näherungen übergeht, so muß man berücksichtigen, daß auch diese chromatische Aberration zeigen. Wenn man also einen geometrischen Abbildungsfehler nach den Methoden, deren Grundlage wir im folgenden kennenlernen werden, beseitigen will, so genügt es im allgemeinen nicht, ihn für eine Farbe fortzuschaffen, sondern man muß auch hier wieder besondere Bedingungen für die Achromasie aufstellen. Doch werden wir auf diese feineren Einzelheiten nicht eingehen.

§ 27. Das SEIDELsche Eikonal.

Wir wollen jetzt zur Behandlung der *geometrischen Abbildungsfehler* übergehen, d. h. der Abweichungen von der GAUSSschen Dioptrik, die man durch Berücksichtigung der Glieder höherer Ordnung in der Entwicklung des Winkeleikonals erhält. Eine kurze historische Übersicht werde vorausgeschickt.

Der Anlaß zur Verbesserung der GAUSSschen Abbildungslehre wurde durch die Entdeckung der Photographie durch DAGUERRE (1789—1851) im Jahre 1839 gegeben. Der praktischen Optik, deren Hauptaufgabe bis dahin in der Konstruktion von Fernrohrobjektiven bestanden hatte, erwuchs eine neue Aufgabe darin, ein für das DAGUERREsche Verfahren verwendbares lichtstarkes Objektiv mit großem Gesichtsfeld zu schaffen. Der Wiener Mathematiker J. PETZVAL (1807—1891) griff mit gutem Erfolg die Aufgabe an, die GAUSSschen Formeln durch höhere Glieder der Entwicklung nach den Neigungswinkeln der Strahlen gegen die Achse zu ergänzen. Leider ist sein umfangreiches, ausführliches Manuskript durch Diebe vernichtet worden; wir kennen seine Ergebnisse nur aus einigen gemeinverständlichen Berichten. Den Beweis des praktischen Werts seiner Rechnungen erbrachte PETZVAL durch Konstruktion seines Porträtobjektivs (1841), das allen bis dahin benutzten weit überlegen war. Die erste vollständig veröffentlichte Fehlertheorie der optischen Instrumente stammt von L. SEIDEL (1856), der die Berechnung der Fehler dritter Ordnung durch Einführung geeigneter Variabler sehr durchsichtig ausführte. Seitdem sind diese Rechnungen von vielen Autoren verbessert und auf höhere Ordnungen ausgedehnt worden[1]. Wir schließen uns, wie schon oben (§ 21, 22) gesagt, der Methode des Winkeleikonals von SCHWARZSCHILD an.

Das SCHWARZSCHILDsche Verfahren zur Bestimmung des Strahlengangs ist der astronomischen Störungsrechnung nachgeahmt. Dort werden zunächst Variable eingeführt, die bei der ungestörten Bewegung konstant sind, die kanonischen Bahnelemente; dann werden ihre kleinen Änderungen aus einer Störungsfunktion abgeleitet. Analog werden wir hier in der Optik Variable einführen, die bei der Brechung des Strahls durch ein optisches System konstant sind, sofern man sich auf die GAUSSsche Dioptrik beschränkt; die Änderungen dieser Variablen bei Berücksichtigung höherer Eikonalglieder werden mit Hilfe einer Art Störungsfunktion berechnet. Wir nennen diese ausgezeichneten Bestimmungsstücke des Strahls SEIDEL*sche Variable*, weil sie mit den von SEIDEL benutzten nahe verwandt sind.

In der durch $X_0 = 0$ gekennzeichneten Objektebene führen wir eine neue Längeneinheit $|l_0|$, ebenso in der Bildebene $X_1 = 0$ eine neue Längeneinheit $|l_1|$ ein, und zwar so, daß [s. § 24 (9)]

$$\frac{l_1}{l_0} = \frac{f_0}{X_0} = \frac{X_1}{f_1} \tag{1}$$

das Vergrößerungsverhältnis ist. Wir verwenden also als Koordinaten in den beiden Ebenen

$$\left\{\begin{aligned} y_0 &= C\frac{Y_0}{l_0}, \quad & y_1 &= C\frac{Y_1}{l_1}, \\ z_0 &= C\frac{Z_0}{l_0}, \quad & z_1 &= C\frac{Z_1}{l_1}, \end{aligned}\right. \tag{2}$$

wo der Proportionalitätsfaktor nachher geeignet bestimmt werden soll. Für die GAUSSsche Abbildung sind diese Koordinaten „invariant", d. h. es gilt $y_0 = y_1$, $z_0 = z_1$.

Nun suchen wir nach einem entsprechenden Ersatz für die Winkelvariablen p_0, q_0, p_1, q_1.

Dazu führen wir in der Ebene der Eintrittspupille die Koordinaten Y_0^*, Z_0^*, in der Ebene der Austrittspupille Y^*, Z_1^* ein; sind dann M_0 und M_1 die Abstände dieser Ebenen von der Objekt- bzw. Bildebene, so gilt offenbar

$$\frac{Y_0^* - Y_0}{M_0} = \frac{p_0}{\sqrt{1 - p_0^2 - q_0^2}}, \ldots$$

[1] Weitere Literatur in der schon zitierten Abhandlung von A. KOHLSCHÜTTER: Die Bildfehler 5. Ordnung. usw. Diss. Göttingen 1908.

Im Rahmen der GAUSSschen Dioptrik kann man dabei die Quadratwurzel durch 1 ersetzen und hat dann den Vorteil, daß die durch

$$\frac{Y_0^* - Y_0}{M_0} = p_0, \qquad \frac{Y_1^* - Y_1}{M_1} = p_1,$$
$$\frac{Z_0^* - Z_0}{M_0} = q_0, \qquad \frac{Z_1^* - Z_1}{M_0} = q_1$$

definierten Größen linear mit den alten Variablen zusammenhängen, ohne ihre anschauliche Bedeutung in der angestrebten Näherung einzubüßen.

Auch in den konjugierten Pupillenebenen führen wir neue Längeneinheiten $|\lambda_0|$, $|\lambda_1|$ ein, deren Verhältnis die Vergrößerung bestimmt:

(3)
$$\frac{\lambda_1}{\lambda_0} = \frac{f_0}{X_0 + M_0} = \frac{X_1 + M_1}{f_1}.$$

Wir benutzen also schließlich an Stelle von p_0, q_0, p_1, q_1 die Koordinaten:

(4)
$$\left\{\begin{aligned} \eta_0 &= \frac{Y_0^*}{\lambda_0} = \frac{Y_0}{\lambda_0} + \frac{M_0 p_0}{\lambda_0}, \qquad \eta_1 = \frac{Y_1^*}{\lambda_1} = \frac{Y_1}{\lambda_1} + \frac{M_1 p_1}{\lambda_1}, \\ \zeta_0 &= \frac{Z_0^*}{\lambda_0} = \frac{Z_0}{\lambda_0} + \frac{M_0 q_0}{\lambda_0}, \qquad \zeta_1 = \frac{Z_1^*}{\lambda_1} = \frac{Z_1}{\lambda_1} + \frac{M_1 q_1}{\lambda_1}. \end{aligned}\right.$$

Für die GAUSSsche Dioptrik ist offenbar $\eta_0 = \eta_1$, $\zeta_0 = \zeta_1$.

Um die Auflösung der Gleichungen (4) nach den alten Koordinaten bequem schreiben zu können, muß man den in (2) eingeführten Faktor C geeignet wählen; dazu erinnern wir uns an die Formel § 24 (29), wonach für irgend zwei Objektebenen im Abstande M die Größe nYY^*/M invariant ist. Somit können wir

(5)
$$C = \frac{n_0 l_0 \lambda_0}{M_0} = \frac{n_1 l_1 \lambda_1}{M_1}$$

setzen. Die Lösung von (2) und (4) gibt dann:

(6)
$$\left\{\begin{aligned} Y_0 &= y_0 \frac{M_0}{n_0 \lambda_0}, \qquad Y_1 = y_1 \frac{M_1}{n_1 \lambda_1}, \\ Z_0 &= z_0 \frac{M_0}{n_0 \lambda_0}, \qquad Z_1 = z_1 \frac{M_1}{n_1 \lambda_1}; \end{aligned}\right.$$

(7)
$$\left\{\begin{aligned} p_0 &= \eta_0 \frac{\lambda_0}{M_0} - y_0 \frac{1}{n_0 \lambda_0}, \qquad p_1 = \eta_1 \frac{\lambda_1}{M_1} - y_1 \frac{1}{n_1 \lambda_1}, \\ q_0 &= \zeta_0 \frac{\lambda_0}{M_0} - z_0 \frac{1}{n_0 \lambda_0}, \qquad q_1 = \zeta_1 \frac{\lambda_1}{M_1} - z_1 \frac{1}{n_1 \lambda_1}. \end{aligned}\right.$$

Nun bilden wir das zugehörige Eikonal, das wir mit SCHWARZSCHILD SEIDEL*sches Eikonal* S nennen wollen. Für das Winkeleikonal galt nach § 22 (5), (7)

$$dW = n_0 (Y_0 dp_0 + Z_0 dq_0) - n_1 (Y_1 dp_1 + Z_1 dq_1).$$

Führt man hier die neuen Variablen nach (6) und (7) ein, so wird

(8)
$$\left\{\begin{aligned} dW &= y_0 \left(d\eta_0 - \frac{M_0}{n_0 \lambda_0^2} dy_0\right) + z_0 \left(d\zeta_0 - \frac{M_0}{n_0 \lambda_0^2} dz_0\right) \\ &\quad - y_1 \left(d\eta_1 - \frac{M_1}{n_1 \lambda_1^2} dy_1\right) - z_1 \left(d\zeta_1 - \frac{M_1}{n_1 \lambda_1^2} dz_1\right). \end{aligned}\right.$$

Die Terme rechts sind zum Teil vollständige Differentiale, wie

$$-\frac{M_0}{n_0 \lambda_0^2} (y_0 dy_0 + z_0 dz_0) = -\frac{M_0}{2 n_0 \lambda_0^2} d(y_0^2 + z_0^2).$$

Man wird dazu geführt, an Stelle von W die Funktion

$$(9)\qquad S = W + \frac{M_0}{2n_0\lambda_0^2}(y_0^2 + z_0^2) - \frac{M_1}{2n_1\lambda_1^2}(y_1^2 + z_1^2) + y_0(\eta_1 - \eta_0) + z_0(\zeta_1 - \zeta_0)$$

zu betrachten; dann folgt mit (8)

$$(10)\qquad dS = (\eta_1 - \eta_0)\,dy_0 + (\zeta_1 - \zeta_0)\,dz_0 + (y_0 - y_1)\,d\eta_1 + (z_0 - z_1)\,d\zeta_1$$

oder in anderer Form

$$(11)\qquad \left\{\begin{aligned} \eta_1 - \eta_0 &= \frac{\partial S}{\partial y_0}, & y_1 - y_0 &= -\frac{\partial S}{\partial \eta_1},\\ \zeta_1 - \zeta_0 &= \frac{\partial S}{\partial z_0}, & z_1 - z_0 &= -\frac{\partial S}{\partial \zeta_1}. \end{aligned}\right.$$

Wenn also die Funktion $S(y_0, z_0; \eta_1, \zeta_1)$ gegeben ist (d. h. der Lichtweg für einen durch Objektpunkt und Durchtrittspunkt durch die Austrittspupille gegebenen Strahl), so lassen sich aus ihr durch Differenzieren die Änderungen ableiten, die die Koordinaten der Schnittpunkte des Strahls mit der Bildebene und der Ebene der Eintrittspupille gegenüber ihren Werten nach der GAUSSschen Dioptrik ($y_1 = y_0$, $z_1 = z_0$, $\eta_1 = \eta_0$, $\zeta_1 = \zeta_0$) erfahren. Die Symmetrie der Formeln beruht gerade auf dieser eigenartigen Überkreuzung von Bild- und Objektebene einerseits und den Pupillenebenen andererseits.

§ 28. Die Sinusbedingung.

Aus den Gleichungen § 27 (11) lassen sich einige Reziprozitätssätze ableiten, die mit einer von ABBE auf anderem Wege gefundenen Bedingung für die stigmatische Abbildung durch Strahlenbüschel mit endlicher Öffnung äquivalent sind.

Wir bilden aus § 27 (11) die vier zweiten Ableitungen von S nach je einer Variablen der Paare y_0, z_0 und η_1, ζ_1; man erhält durch Differenzieren nach η_1 bzw. y_0:

$$\begin{aligned} 1 - \frac{\partial \eta_0}{\partial \eta_1} &= \frac{\partial^2 S}{\partial y_0 \partial \eta_1}, & \frac{\partial y_1}{\partial y_0} - 1 &= -\frac{\partial^2 S}{\partial \eta_1 \partial y_0},\\ -\frac{\partial \zeta_0}{\partial \eta_1} &= \frac{\partial^2 S}{\partial z_0 \partial \eta_1}, & \frac{\partial z_1}{\partial y_0} &= -\frac{\partial^2 S}{\partial \zeta_1 \partial y_0} \end{aligned}$$

und durch Differenzieren nach ζ_1 bzw. z_0:

$$\begin{aligned} -\frac{\partial \eta_0}{\partial \zeta_1} &= \frac{\partial^2 S}{\partial y_0 \partial \zeta_1}, & \frac{\partial y_1}{\partial z_0} &= -\frac{\partial^2 S}{\partial \eta_1 \partial z_0},\\ 1 - \frac{\partial \zeta_0}{\partial \zeta_1} &= \frac{\partial^2 S}{\partial z_0 \partial \zeta_1}, & \frac{\partial z_1}{\partial z_0} - 1 &= -\frac{\partial^2 S}{\partial \zeta_1 \partial z_0}. \end{aligned}$$

Daraus folgt:

$$(1)\qquad \left\{\begin{aligned} \frac{\partial y_1}{\partial y_0} &= \frac{\partial \eta_0}{\partial \eta_1}, & \frac{\partial y_1}{\partial z_0} &= \frac{\partial \zeta_0}{\partial \eta_1},\\ \frac{\partial z_1}{\partial y_0} &= \frac{\partial \eta_0}{\partial \zeta_1}, & \frac{\partial z_1}{\partial z_0} &= \frac{\partial \zeta_0}{\partial \zeta_1}. \end{aligned}\right.$$

Wir stellen nun die Bedingung auf, die das SEIDELsche Eikonal erfüllen muß, damit die Achsenpunkte der Objekt- und Bildebene ein stigmatisches Punktepaar bilden. Sie lautet: aus $y_0 = z_0 = 0$ muß immer $y_1 = z_1 = 0$ folgen, auf welchem Wege auch der Strahl von dem einen Punkt zum anderen gelangen möge, d. h. unabhängig von den Werten η_1 und ζ_1. Aus § 27 (11) folgt dann, daß

$$(2)\qquad \left(\frac{\partial S}{\partial \eta_1}\right)_{\substack{y_0 = 0\\ z_0 = 0}} = 0, \qquad \left(\frac{\partial S}{\partial \zeta_1}\right)_{\substack{y_0 = 0\\ z_0 = 0}} = 0$$

sein muß bei beliebigen Werten von η_1, ζ_1. Wir fordern nun weiter, daß nicht nur die Achsenpunkte der Objekt- und Bildebene selbst, sondern zwei Flächenelemente um sie herum stigmatisch abgebildet werden. Damit ist gemeint, daß die Beziehung der GAUSSschen Dioptrik $y_1 = y_0$, $z_1 = z_0$ nicht nur in den Achsenpunkten $y_0 = y_1 = 0$, $z_0 = z_1 = 0$, sondern auch für kleine Werte von y_0, z_0 bis auf Glieder höherer Ordnung erfüllt sein soll, oder schärfer, daß

$$\frac{\partial y_1}{\partial y_0} = \frac{\partial z_1}{\partial z_0} = 1\,, \quad \frac{\partial y_1}{\partial z_0} = \frac{\partial z_1}{\partial y_0} = 0$$

gelten soll für $y_0 = z_0 = 0$ und beliebige Werte von η_1 und ζ_1. Dann folgt aus den Reziprozitätssätzen (1):

$$\frac{\partial \eta_0}{\partial \eta_1} = \frac{\partial \zeta_0}{\partial \zeta_1} = 1\,, \quad \frac{\partial \eta_0}{\partial \zeta_1} = \frac{\partial \zeta_0}{\partial \eta_1} = 0\,,$$

wiederum für $y_0 = z_0 = 0$ und alle Werte von η_1 und ζ_1. Diese Gleichungen kann man integrieren; die Integrationskonstanten bestimmen sich daraus, daß der mit der Achse zusammenfallende Strahl ungebrochen hindurchgeht, also zu $\eta_0 = \zeta_0 = 0$ die Werte $\eta_1 = \zeta_1 = 0$ gehören. Also erhält man

$$\eta_0 = \eta_1\,, \quad \zeta_0 = \zeta_1\,. \tag{3}$$

Das bedeutet: Sollen zwei auf der Achse senkrechte Flächenelemente um die stigmatischen Punkte $y_0 = z_0 = 0$ und $y_1 = z_1 = 0$ scharf aufeinander abgebildet werden, so müssen die SEIDELschen Koordinaten η, ζ für jedes Paar konjugierter Strahlen durch die beiden stigmatischen Punkte gleich sein, d. h. diese Strahlen müssen die Eintritts- und Austrittspupille in gleichem „reduzierten" Abstande von der Achse treffen.

Wir rechnen nun auf gewöhnliche Koordinaten um. Aus § 27 (7) folgt, daß die für $y_0 = z_0 = 0$ und $y_1 = z_1 = 0$ geltenden Gleichungen (3) gleichbedeutend sind mit

$$\frac{M_0 p_0}{\lambda_0} = \frac{M_1 p_1}{\lambda_1}\,, \quad \frac{M_0 q_0}{\lambda_0} = \frac{M_1 q_1}{\lambda_1}$$

oder wegen § 27 (5) mit

$$n_0 l_0 p_0 = n_1 l_1 p_1\,, \quad n_0 l_0 q_0 = n_1 l_1 q_1\,. \tag{4}$$

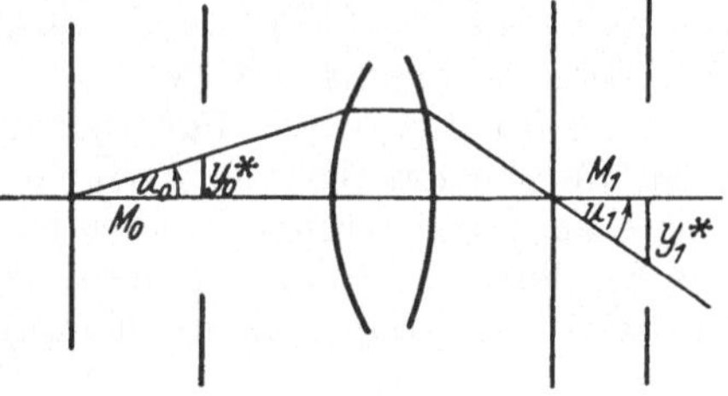

Fig. 44. Sinusbedingung.

Sind nun u_0 und u_1 die Winkel der konjugierten Strahlen gegen die Achse, so ist

$$\cos u_0 = m_0\,, \quad \sin u_0 = \sqrt{p_0^2 + q_0^2}\,,$$

$$\cos u_1 = m_1\,, \quad \sin u_1 = \sqrt{p_1^2 + q_1^2}\,.$$

Also kann man statt (4) schreiben:

$$n_0 l_0 \sin u_0 = n_1 l_1 \sin u_1\,. \tag{5}$$

Das ist die von ABBE aufgestellte *Sinusbedingung*. Sie läßt sich auf mannigfaltige Weise elementar ableiten; doch ist der von SCHWARZSCHILD angegebene Weg, den wir hier eingeschlagen haben, vorzuziehen, da er auf die einfache und anschauliche Formulierung (3) führt.

Wir wollen nun den Inhalt der Formel (5) erläutern. Zunächst ist klar, daß sie im Grenzfall der GAUSSschen Dioptrik nichts Neues aussagt. Denn man hat (Fig. 44)

$$\operatorname{tg} u_0 = \frac{Y_0^*}{M_0}\,, \quad \operatorname{tg} u_1 = \frac{Y_1^*}{M_1}\,,$$

und wenn u_0, u_1 klein sind, so kann man statt dessen schreiben

$$\sin u_0 = \frac{Y_0^*}{M_0}, \quad \sin u_1 = \frac{Y_1^*}{M_1}.$$

Dann geht aber (5) über in

$$\frac{n_0 l_0 Y_0^*}{M_0} = \frac{n_1 l_1 Y_1^*}{M_1},$$

was mit der Formel § 24 (29) übereinstimmt.

Die Sinusbedingung stellt also an die Konstruktion des optischen Systems erst dann eine Forderung, wenn man größere Öffnungswinkel der abbildenden Strahlen (eine größere Eintrittspupille) zuläßt.

Einen Fall, wo sie exakt erfüllt ist, haben wir bei der Brechung an einer Kugelfläche, die wir in § 18 behandelt haben, für die Paare aplanatischer Punkte. Nach Fig. 31 (S. 59) sind nämlich die Winkel $PQO = u_0$, $PRO = u_1$; andererseits haben wir in § 18 gezeigt, daß $\sphericalangle PQO$ gleich dem Brechungswinkel ψ, $\sphericalangle PRO$ gleich dem Einfallswinkel φ ist. Also folgt aus dem Brechungsgesetz

$$\frac{\sin u_0}{\sin u_1} = \frac{\sin\psi}{\sin\varphi} = \frac{n_0}{n_1},$$

wo n_0 dem Äußern, n_1 dem Innern der Kugel entspricht. Schließlich haben zwei auf der Achse ORQ senkrechte Flächenelemente in R und Q lineare Dimensionen, die sich verhalten wie die WEIERSTRASSschen Radien r_2 und r_1; man hat also

$$\frac{l_0}{l_1} = \frac{r_1}{r_2} = \frac{n_1^2}{n_0^2}.$$

Daraus folgt

$$\frac{n_0 l_0 \sin u_0}{n_1 l_1 \sin u_1} = 1$$

in Übereinstimmung mit (5).

Auch im allgemeinen Falle nennt man nach ABBE ein stigmatisches Punktepaar, für welches die Sinusbedingung erfüllt ist, ein *aplanatisches Punktepaar.* Die Aufsuchung solcher Punkte bzw. die Korrektion eines optischen Systems zur Erfüllung der Sinusbedingung in gegebenen konjugierten Punkten kann als Spezialfall der allgemeinen Fehlertheorie behandelt werden, die auf der Entwicklung des Eikonals nach den Dimensionen der Objekte und den Neigungswinkeln der Strahlen beruht. Wir kommen darauf sogleich kurz zurück.

Die Hauptbedeutung der Sinusbedingung aber beruht auf ihrem Nutzen für die praktische Durchrechnung von Systemen, die gewöhnlich nicht nach dem systematischen Entwicklungsverfahren geschieht. Man verfolgt rechnerisch eine hinreichende Anzahl von Strahlen auf ihrem Wege durch das Instrument und bildet sich dadurch ein Urteil über die Güte der entstehenden Abbildung. Die Sinusbedingung gestattet nun, aus dem Verhalten der leichter zu verfolgenden Strahlen, welche die Achse schneiden, einen Schluß auf die Abbildung von Strahlen zu ziehen, die in kleinem Abstande windschief zur Achse verlaufen.

Die Sinusbedingung hat aber noch in anderer Richtung eine anschauliche Bedeutung, nämlich für die Frage der Lichtstärke bei der Abbildung. Hierzu müssen wir mit einigen Worten auf die Grundbegriffe der Photometrie eingehen.

Wir haben die Lichtstärke in Kap. I § 3 mit Hilfe des POYNTINGschen Strahlvektors definiert. In der geometrischen Optik denkt man sich die Energie längs der Strahlen dahingleiten. Für eine punktförmige Lichtquelle kann man dann die *Lichtstärke* oder *Leuchtkraft* definieren durch

$$K = \frac{dL}{d\omega}, \tag{6}$$

wo $d\omega$ das Element des körperlichen Winkels und dL die sich darin ausbreitende Energie ist.

Fällt andererseits die Energie dL auf ein Flächenelement $d\sigma$, so heißt

(7) $$B = \frac{dL}{d\sigma}$$

die *Beleuchtungsstärke* dieses Flächenelements.

Wir berechnen die Beleuchtungsstärke eines Elements $d\sigma$ für eine punktförmige Lichtquelle der Lichtstärke K. Dazu konstruieren wir den Kegel von der punktförmigen Lichtquelle als Spitze nach dem Rande des Flächenelements $d\sigma$. Es sei r der Abstand des Flächenelements von der Lichtquelle, ϑ der Winkel der Flächennormalen mit der Kegelachse; dann ist (s. Fig. 45)

$$d\sigma\cos\vartheta = r^2 d\omega .$$

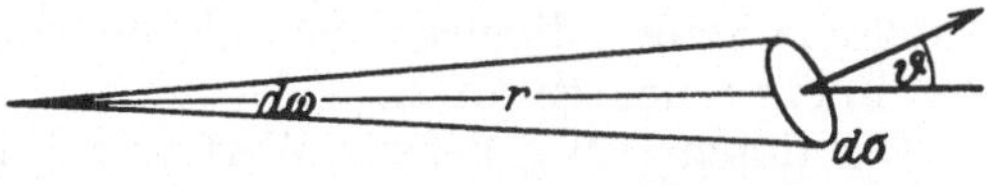

Also wird

(8) $$B = \frac{dL}{d\omega}\frac{d\omega}{d\sigma} = K\frac{\cos\vartheta}{r^2} .$$

Fig. 45. Zur Definition der Lichtstärke.

Die Beleuchtungsstärken gleich geneigter Flächenelemente in verschiedenem Abstande von der punktförmigen Lichtquelle verhalten sich also umgekehrt wie die Quadrate der Entfernungen. Auf diesem *photometrischen Grundgesetz* beruhen die meisten der praktisch gebrauchten Photometer; doch gehen wir darauf nicht ein.

Wir betrachten nun die Lichtquelle selbst als ausgedehnt, und zwar als ein Flächenelement $\delta\sigma$. Die Art der Emission wird natürlich durchaus von der physikalischen Natur der Oberfläche abhängen, vor allem davon, ob sie glatt oder rauh ist, ob sie selbst glüht oder fremdes Licht durchläßt oder reflektiert. Man spricht von *diffuser Lichtemission* (bzw. *-reflexion*), wenn das sog. LAMBERT*sche Cosinusgesetz* gilt: die vom Element $\delta\sigma$ in eine bestimmte Richtung ausgestrahlte Lichtstärke δK ist proportional dem Kosinus des Winkels ϑ zwischen Strahlrichtung und Flächennormale:

(9) $$\delta K = i\,\delta\sigma\cos\vartheta .$$

Der Faktor i heißt *spezifische Lichtintensität* oder *Leuchtkraft pro Flächeneinheit*.

Wendet man dieses Gesetz auf eine gleichmäßig leuchtende Kugel an, so folgt, daß diese gleichmäßig hell erscheint, weil die dem LAMBERTschen Gesetz entsprechende Abnahme der Helligkeit für die schiefen Randelemente gerade kompensiert wird durch die Zunahme der Größe der Flächenelemente für gleiche Elemente des vom Betrachter gesehenen körperlichen Winkels. Man hat damit ein Kriterium für die Gültigkeit des LAMBERTschen Gesetzes.

Die Lichtmenge δL, die ein Flächenelement $\delta\sigma$ in einen Kegel mit dem endlichen Öffnungswinkel u gegen die Flächennormale hineinsendet, ist nach (6) und (9)

$$\delta L = \int \delta K\, d\omega = 2\pi i\,\delta\sigma \int_0^u \cos\vartheta\sin\vartheta\, d\vartheta ,$$

also

(10) $$\delta L = \pi i\,\delta\sigma\sin^2 u .$$

Die Formel (10) wollen wir nun auf die optische Abbildung anwenden.

Wenn ein Flächenelement $d\sigma_0$ senkrecht zur Achse stigmatisch auf ein Element $d\sigma_1$ abgebildet wird, so muß, abgesehen von Reflexionsverlusten, die gesamte von $d\sigma_0$ ausgehende Energie $d\sigma_1$ passieren; der Maximalwert der erreichbaren Lichtstärke in der Bildebene ist nach (10) gegeben durch

$$\pi i_1\, d\sigma_1 \sin^2 u_1 = \pi i_0\, d\sigma_0 \sin^2 u_0 .$$

Sind nun l_0, l_1 konjugierte Längen in der Objekt- und Bildebene, so gilt

$$\frac{d\sigma_0}{d\sigma_1} = \frac{l_0^2}{l_1^2}.$$

Daher folgt

$$i_1 l_1^2 \sin^2 u_1 = i_0 l_0^2 \sin^2 u_0. \tag{11}$$

Vergleicht man das mit der Sinusbedingung (5), so sieht man, daß

$$\frac{i_1}{i_0} = \frac{n_1^2}{n_0^2} \tag{12}$$

sein muß.

Setzt man diese Gleichung, die für den Fall gleicher Brechungsindizes im Objekt- und Bildraum trivial ist, als gültig voraus, so sieht man, daß man die ABBEsche Sinusbedingung auch als Formulierung des Satzes von der Erhaltung der Energie deuten kann.

Der durch (12) gelieferte Wert von i_1 bei gegebenem i_0 ist ein Maximalwert in doppeltem Sinne; einmal sind die Reflexionsverluste vernachlässigt, sodann wird er nur bei exakter Erfüllung der Sinusbedingung erreicht. Im Falle $n_1 = n_0$ ist also die spezifische Intensität des optischen Bildes höchstens gleich der des Objekts; wenn man aber $n_1 > n_0$ macht, läßt sie sich darüber hinaus steigern. Hierauf beruht ein Vorteil der Ölimmersionen, die man beim Mikroskop verwendet.

Setzt man in der Größe $n \sin u$, die in die Sinusbedingung als Faktor der Objektgröße eingeht, für u den größten Wert, d. h. die Apertur U des Instruments, so nennt man

$$n \sin U$$

nach ABBE *numerische Apertur*. Nach (10) und (12) ist ihr Quadrat der gesamten Beleuchtungsstärke des Bildes proportional; denn setzt man nach (12) $i = n^2 J$, so hat man

$$\delta L = \pi J \, d\sigma \cdot n^2 \sin^2 U.$$

Wir werden später sehen, daß die numerische Apertur auch maßgebend ist für die Güte der Abbildung hinsichtlich der durch Beugung entstehenden Fehler.

§ 29. Die Fehler dritter Ordnung.*

Wir hatten in § 23 (10) das Winkeleikonal für eine brechende Fläche in eine Reihe

$$W = W_0 + W_2 + W_4 + \cdots$$

entwickelt; dabei war W_0 eine Konstante, W_2, W_4 ... waren Funktionen der drei drehungsinvarianten Größen

$$p_0^2 + q_0^2, \quad p_1^2 + q_1^2, \quad p_0 p_1 + q_0 q_1$$

von dem durch den Index angegebenen Grade in p_0, q_0, p_1, q_1. Entwicklungen derselben Form werden nun für eine Folge von brechenden Flächen gelten; bei Beschränkung auf W_2 haben wir den Fall stigmatischer Abbildung beliebiger Folgen schon in § 24 erledigt.

In ganz analoger Weise wird sich das SEIDELsche Eikonal in eine Potenzreihe nach den Größen

$$R = y_0^2 + z_0^2, \quad \varrho = \eta_1^2 + \zeta_1^2, \quad \varkappa = y_0 \eta_1 + z_0 \zeta_1 \tag{1}$$

entwickeln lassen. Aber diese Reihe hat den Vorzug, daß die Glieder zweiter Ordnung fehlen. Denn wir haben gesehen, daß der Fall der GAUSSschen Dioptrik, der durch die Glieder zweiter Ordnung dargestellt wird, durch die Gleichungen

$$\eta_1 = \eta_0, \quad y_1 = y_0,$$
$$\zeta_1 = \zeta_0, \quad z_1 = z_0$$

gekennzeichnet ist; also müssen nach § 27 (11) die Glieder zweiter Ordnung in S fehlen. Indem wir die belanglose additive Konstante weglassen, können wir also setzen:

$$S = S_4 + S_6 + \cdots \tag{2}$$

Da die Abweichungen der Koordinaten nach § 27 (11) aus S durch Differenzieren entstehen, so liefert die Berücksichtigung von S_4 allein die „Fehler dritter Ordnung“, die von S_6 die „Fehler fünfter Ordnung“ usw. Wir werden uns hier auf eine kurze Diskussion der Fehler dritter Ordnung beschränken. Man kann die geometrische Bedeutung dieser Fehler diskutieren, ohne das Eikonal wirklich als Funktion der Konstanten des optischen Systems auszurechnen.

Der allgemeine Ausdruck von S_4 muß die Form haben:

$$S_4 = -\frac{A}{4} R^2 - \frac{B}{4} \varrho^2 - C \varkappa^2 - \frac{D}{2} R \varrho + E R \varkappa + F \varrho \varkappa . \tag{3}$$

Die Ausrechnung der Koeffizienten soll später geschehen. Die Vorzeichen und Zahlenfaktoren sind mit Rücksicht auf die folgenden Überlegungen gewählt.

Wir legen die xy-Ebene durch den Objektpunkt, setzen also $z_0 = 0$. Dann ergibt die Ausführung der durch § 27 (11) vorgeschriebenen Differentiationen für die Abweichungen $\Delta y = y_1 - y_0$ und $\Delta z = z_1 - z_0 = z_1$ folgende Werte:

$$\left\{\begin{aligned} \Delta y &= -\frac{\partial S_4}{\partial \eta_1} = y_0\{2C y_0 \eta_1 - E y_0^2 - F(\eta_1^2 + \zeta_1^2)\} + \eta_1\{B(\eta_1^2 + \zeta_1^2) + D y_0^2 - 2F y_0 \eta_1\}, \\ \Delta z &= -\frac{\partial S_4}{\partial \zeta_1} = \zeta_1\{B(\eta_1^2 + \zeta_1^2) + D y_0^2 - 2F y_0 \eta_1\}. \end{aligned}\right. \tag{4}$$

Das Glied mit A ist weggefallen; es bleiben also *fünf Fehler dritter Ordnung* entsprechend den fünf Koeffizienten B, C, D, E, F. Wir isolieren die einzelnen Fehler, indem wir jeweils alle Koeffizienten bis auf einen gleich Null setzen.

Um die Diskussion anschaulich zu gestalten, fragen wir nach der sog. *Aberrationskurve*; das ist die Kurve der Bildebene, die man erhält, wenn man von einem Objektpunkt alle die Strahlen zieht, die einen Kreis in der Ebene der Austrittspupille mit dem Radius σ durchsetzen. Wählt man σ als Radius der Austrittspupille selbst, so wird das Innere der Aberrationskurve das verwaschene Bild des Objektpunkts.

Der Kreis in der Austrittspupille sei durch

$$\eta_1 = \sigma \cos\varphi , \qquad \zeta_1 = \sigma \sin\varphi \tag{5}$$

dargestellt. Dann kann man die Fehler ordnen nach ihrer Abhängigkeit vom Objektabstand y_0 von der Achse und dem Pupillenradius σ; man hat nach (4):

$$\left\{\begin{aligned} \Delta y &= B\sigma^3 \cos\varphi - F\sigma^2 y_0 (1 + 2\cos^2\varphi) + (2C + D)\sigma y_0^2 \cos\varphi - E y_0^3 , \\ \Delta z &= B\sigma^3 \sin\varphi - F\sigma^2 y_0 2 \sin\varphi \cos\varphi + D\sigma y_0^2 \sin\varphi . \end{aligned}\right. \tag{6}$$

Demnach ergeben sich die folgenden einzelnen Fehler:

I) $B \neq 0$. Man hat

$$\Delta y = B\sigma^3 \cos\varphi , \qquad \Delta z = B\sigma^3 \sin\varphi . \tag{7}$$

Die Aberrationskurven bilden konzentrische Kreise um den Gaussschen Bildpunkt, deren Radien mit der dritten Potenz der Öffnung des Instruments wachsen, aber von der Lage des Objekts, seiner Stelle im Gesichtsfeld, unabhängig sind. Man nennt diesen Fehler *sphärische Aberration*. Anschaulich kann man sich das Zustandekommen dieses Fehlers folgendermaßen klarmachen: Da die sphärische Aberration von der Lage des Objektpunkts unabhängig ist, muß sie auch für Achsenpunkte vorhanden sein können, und zwar dann, wenn die Öffnung (σ) groß ist. Man kann sich nun leicht vorstellen, daß der Schnittpunkt der Strahlen, die unter einem beträchtlichen Winkel von dem Achsenpunkt ausgehen, vor oder hinter dem Schnitt der nahezu achsenparallelen Strahlen liegen kann (s. Fig. 46).

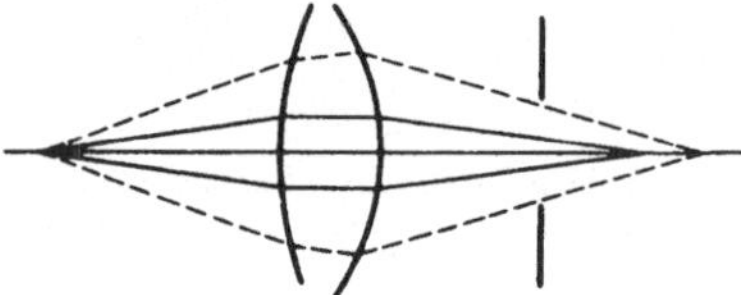

Fig. 46. Sphärische Aberration.

II) $F \neq 0$. Man hat

$$(8)\quad \begin{cases} \Delta y = -F\sigma^2 y_0(1 + 2\cos^2\varphi) = -F\sigma^2 y_0(2 + \cos 2\varphi)\,, \\ \Delta z = -F\sigma^2 y_0\, 2\sin\varphi\cos\varphi \;\; = -F\sigma^2 y_0 \sin 2\varphi\,. \end{cases}$$

Hält man den Objektpunkt y_0 fest, so ist die Aberrationskurve ein Kreis vom Radius $F\sigma^2 y_0$ um einen Mittelpunkt, der gegen den Gaussschen Bildpunkt um $-2F\sigma^2 y_0$ verschoben ist. Der Kreis berührt daher die Geraden, welche einen Winkel von 30° mit der Verbindungslinie des Gaussschen Bildpunkts und des Achsenpunkts der Bildebene bilden (s. Fig. 47). Läßt man σ von Null aus bis zur Öffnung der Austrittspupille wachsen, so wird der ganze Winkelraum zwischen diesen Geraden diffus mit Licht erfüllt. Dieser Fehler heißt wegen des unsymmetrischen, geschwänzten Aussehens, das er den Bildern gibt, die *Koma* (s. Fig. 47).

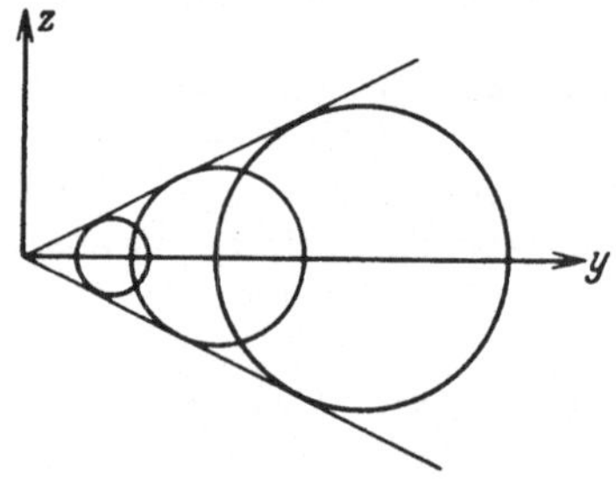

Fig. 47. Koma.

Um das Zustandekommen der Koma anschaulich zu verstehen, vergleiche man etwa (s. Fig. 48) die Abbildung zweier unendlich ferner Objektpunkte, von denen einer auf der Achse, der andere außerhalb liegt. Man betrachte also zwei Parallelbüschel, von denen eines achsenparallel ist, das zweite einen Winkel mit der Achse bildet. Dann sieht man, daß die Austrittspupille das erste Büschel symmetrisch abblendet; es entsteht also höchstens ein axialsymmetrischer Fehler, die unter I) betrachtete sphärische Aberration. Aus dem schiefen Büschel aber schneidet die Austrittspupille einen Teil aus, der das Linsensystem ganz unsymmetrisch durchsetzt; dadurch muß auch ein Fehler in der Strahlenvereinigung asymmetrisch sein, und das ist eben die Koma.

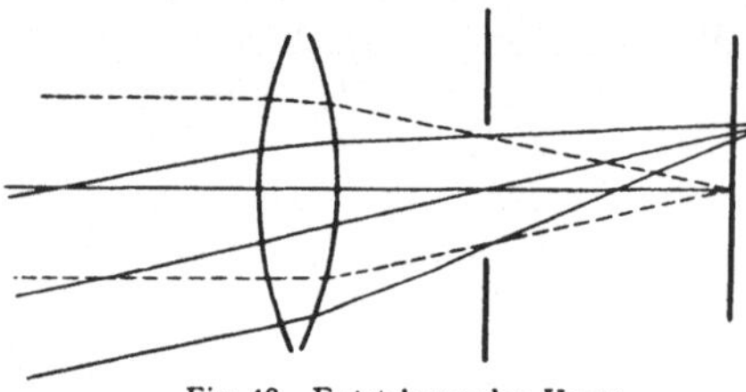

Fig. 48. Entstehung der Koma.

III) $C \neq 0$, $D \neq 0$. Die beiden Fehler C und D betrachtet man am besten gemeinsam. Man hat

$$(9)\quad \begin{cases} \Delta y = (2C + D)\,\sigma y_0^2 \cos\varphi\,, \\ \Delta z = D\sigma y_0^2 \sin\varphi\,. \end{cases}$$

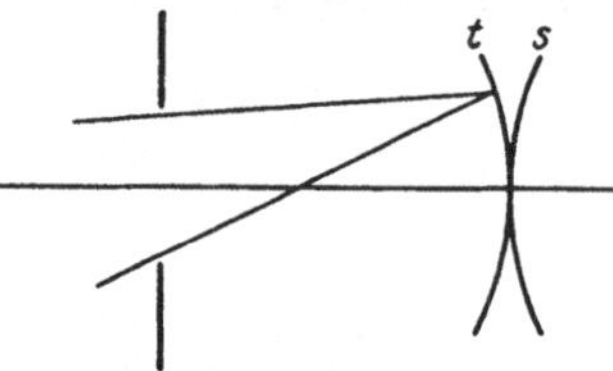

Fig. 49. Sagittale und tangentiale Bildfläche.

Diese Fehler sind auf *Astigmatismus* und *Bildwölbung* zurückzuführen. Das eintretende Strahlenbüschel, welches wir für den Augenblick als sehr dünn betrachten wollen, hat, wie wir in § 16 gezeigt haben, zwei Brennlinien, von denen die eine radial oder, wie man sagt, „sagittal“ zur Achse des Instruments gerichtet ist, während die andere tangential zu einem Kreise liegt, dessen Mittelpunkt in der optischen Achse, dessen Ebene senkrecht zu ihr steht. Die beiden Flächen, welche diese Brennlinien durchlaufen (s. Fig. 49), wenn man das Objekt in der Objektebene verschiebt, heißen *sagittale* und *tangentiale Bildfläche*. Man kann beide Flächen in erster Näherung ersetzen durch die in der Achse berührenden Krümmungskugeln, welche die Radien ϱ_s und ϱ_t haben mögen. Man zählt ϱ_s und ϱ_t positiv, wenn der Krümmungsmittelpunkt im Sinne der Lichtbewegung vor der Bildebene liegt.

Wir wollen nun die Bildverzerrung, die auf der Objektebene entsteht, direkt berechnen, indem wir gewöhnliche Koordinaten benutzen. Aus Fig. 50 liest man ab:

$$\frac{\Delta Y_1}{Y_1^*} = \frac{u}{M_1 - u},$$

wo u der kleine Abstand der sagittalen Brennlinie von der Bildebene ist; bedeutet v den Abstand derselben Brennlinie von der Achse, so ist

$$\varrho_t^2 = v^2 + (\varrho_t - u)^2,$$

also

$$v^2 = 2\varrho_t u - u^2.$$

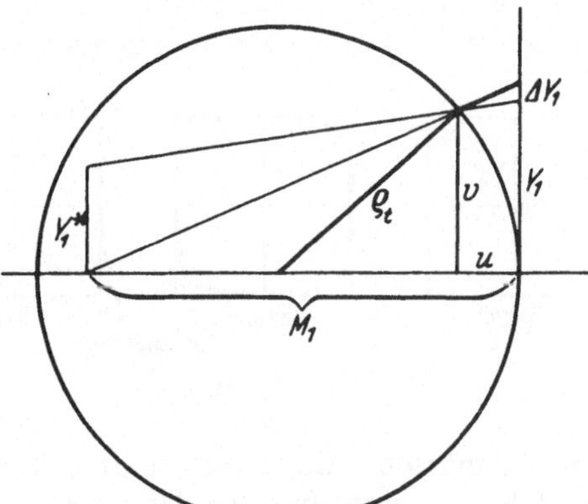

Fig. 50. Astigmatismus und Bildwölbung.

Behandelt man nun u als kleine Größe erster Ordnung, so kann man v mit Y_1 identifizieren und erhält

$$u = \frac{Y_1^2}{2\varrho_t},$$

also

$$\Delta Y_1 = \frac{Y_1^2}{2\varrho_t} \cdot \frac{Y_1^*}{M_1}.$$

Ganz analog wird

$$\Delta Z_1 = \frac{Z_1^2}{2\varrho_s} \cdot \frac{Z_1^*}{M_1}.$$

Führt man nun die SEIDELschen Variablen nach § 27 (6) und (4) ein, so findet man:

$$\Delta y_1 = \frac{n_1\lambda_1}{M_1}\Delta Y_1 = \frac{n_1\lambda_1}{M_1}\frac{1}{2\varrho_t M_1} Y_1^2 Y_1^* = \frac{n_1\lambda_1}{M_1^2 2\varrho_t} y_1^2 \frac{M_1^2}{n_1^2\lambda_1^2}\lambda_1\eta_1,$$

also

$$\Delta y_1 = \frac{y_1^2\eta_1}{2\varrho_t n_1}, \qquad \Delta z_1 = \frac{y_1^2\zeta_1}{2\varrho_s n_1}.$$

Hier kann man noch y_1 mit y_0 vertauschen und erhält durch Vergleich mit (9) wegen (5):

$$\frac{1}{\varrho_t} = 2n_1(2C + D), \qquad \frac{1}{\varrho_s} = 2n_1 D. \tag{10}$$

Man wird demnach passend $2C + D$ als *tangentiale*, D als *sagittale Bildwölbung* bezeichnen. Die halbe Differenz der beiden Krümmungen

$$\frac{1}{2}\left(\frac{1}{\varrho_t} - \frac{1}{\varrho_s}\right) = 2n_1 C \tag{11}$$

bezeichnet man als *Astigmatismus*; die halbe Summe

$$\frac{1}{\varrho} = \frac{1}{2}\left(\frac{1}{\varrho_t} + \frac{1}{\varrho_s}\right) = 2n_1(C + D) \tag{12}$$

wird schlechthin *Bildwölbung* genannt.

In der Tat wird bei Verschwinden aller übrigen Fehler eine Kugel vom Radius ϱ, welche die Bildebene in der Achse berührt, der Ort des scharfen Bildes der Objektebene sein.

Das Vorzeichen von $2C + D$ und D bestimmt die Lage der Bildkugeln gegen die Objektebene; ist eine der Größen positiv, so liegt das entsprechende scharfe Bild hinter der GAUSSschen Bildebene.

IV) $E \neq 0$. Man hat

$$\Delta y = -E y_0^3, \qquad \Delta z = 0.$$

Da hier σ und φ nicht vorkommen, ist bei isoliertem Vorhandensein dieses Fehlers die Abbildung punktförmig, unabhängig von der Blende. Nur sind die Achsenabstände der Bildpunkte denen der Objektpunkte nicht genau proportional, es findet *Verzeichnung* statt. Die geraden Linien, die durch die Achse gehen, werden wieder als gerade Linien abgebildet, alle anderen nicht. Bei positivem E hat man den Fall der *Tonnenverzeichnung* (s. Fig. 51), die achsenferneren Punkte des GAUSSschen Bildes sind nach innen gerückt. Ist E negativ, so hat man den Fall der *Kissenverzeichnung*, die achsenferneren Punkte des GAUSSschen Bildes liegen zu weit nach außen.

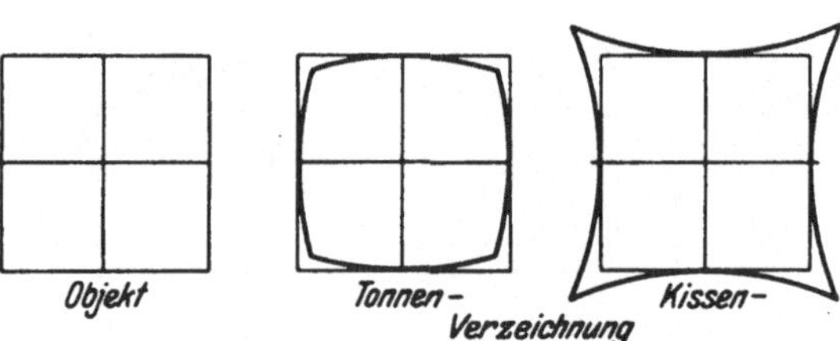

Fig. 51.

Nachdem wir so alle Fehler dritter Ordnung aufgezählt haben, wollen wir kurz die Gesichtspunkte erörtern, nach denen man die Frage beurteilt, welche der Fehler in einem gegebenen Falle besonders störend sind und beseitigt werden müssen. Ganz fortschaffen kann man nämlich alle Fehler niemals; es handelt sich stets um ein der praktischen Aufgabe angepaßtes Optimum.

Hat man zunächst kleine Objekte abzubilden, so kommt man auf den Fall, bei dem die ABBEsche Sinusbedingung [§ 28 (5)] die Schärfe der Abbildung sicherstellt. Man hat dann in (6) nur die Glieder nullter und erster Ordnung in y_0 durch Wahl der Linsen fortzuschaffen, da die übrigen schon an sich klein sind. Das sind aber die Glieder mit B und F; also bekommt man das Ergebnis:

Die ABBEsche Sinusbedingung ist hinsichtlich der Fehler dritter Ordnung erfüllt, wenn die sphärische Aberration und die Koma beseitigt sind ($B = F = 0$).

Durch Verkleinerung der Blende kann man umgekehrt die Erfüllung der Sinusbedingung trivial machen; dann bleiben vor allem die Verzeichnung, in nächster Linie Astigmatismus und Bildwölbung durch Wahl der Linsen zu korrigieren. Aber die Anwendung kleiner Blendenöffnungen geht immer auf Kosten der Lichtstärke; ferner entstehen dann Fehler anderer Art, die wir erst später betrachten werden, nämlich die auf der Wellennatur des Lichts beruhenden Beugungserscheinungen.

Die störendsten Fehler sind Koma und Aberration; sie müssen in den meisten Fällen nach Möglichkeit herabgedrückt werden. Die Verzeichnung ist störend bei photographischen Objektiven; dagegen kann sie bei astronomischen Fernrohren in Kauf genommen werden. Denn da sie die Schärfe des Bildes nicht schädigt, sondern nur eine Verzerrung des Bildes bewirkt, kann man sie durch Rechnung eliminieren.

Jeder der geometrischen Fehler hat wiederum eine Abhängigkeit von der Farbe; doch sind diese chromatischen Abweichungen der Fehler von höherer Ordnung klein und brauchen nicht berücksichtigt zu werden, solange man sich auf die Fehler dritter Ordnung beschränkt.

§ 30. Das SEIDELsche Eikonal eines zusammengesetzten optischen Systems.*

Nachdem wir einen Überblick über die Zahl und Art der möglichen Fehler gewonnen haben, bleibt uns nun die weit schwierigere Aufgabe, das SEIDELsche Eikonal für ein gegebenes optisches System wirklich auszurechnen. Wir haben bereits früher (§ 23) das Winkeleikonal einer brechenden Rotationsfläche bis auf Glieder vierter Ordnung entwickelt; daraus ist das entsprechende SEIDELsche Eikonal leicht abzuleiten. Sodann aber ist hieraus das SEIDELsche Eikonal für ein zentriertes System von beliebig vielen Flächen zu bilden.

Um die speziellen Rechnungen nicht zu unterbrechen, behandeln wir zunächst diese Zusammensetzung.

Das Winkeleikonal ist seiner Definition nach — als Lichtweg zwischen den Fußpunkten der Lote auf den Strahl von zwei Achsenpunkten a_0 und a_1 — additiv. Bildet man die Bildebene des ersten Systems $x = a_1$ durch ein zweites ab auf die Ebene $x = a_2$, so ist diese offenbar die Bildebene des ganzen Systems; man hat dann für die erste Teilabbildung

$$W^{(1)} = W^{(1)}(p_0, q_0; p_1, q_1),$$

für die zweite

$$W^{(2)} = W^{(2)}(p_1, q_1; p_2, q_2)$$

und für das ganze System

$$W = W^{(1)} + W^{(2)}, \tag{1}$$

wobei die Zwischenvariablen p_1, q_1 durch die Anfangs- und Endvariablen p_0, q_0, p_2, q_2 mit Hilfe der Formeln der Teilabbildungen auszudrücken sind. Diese Elimination in durchsichtiger Weise auszuführen, ist das eigentliche Problem. Wir wollen sie aber nicht an W, sondern gleich an S vornehmen, da sie für die niederen Ordnungen der Entwicklung von S viel leichter zu bewerkstelligen ist.

Man hat nach § 27 (9):

$$S^{(1)} = W^{(1)} + \frac{M_0}{2n_0\lambda_0^2}(y_0^2 + z_0^2) - \frac{M_1}{2n_1\lambda_1^2}(y_1^2 + z_1^2) + y_0(\eta_1 - \eta_0) + z_0(\zeta_1 - \zeta_0)$$

und

$$S^{(2)} = W^{(2)} + \frac{M_1}{2n_1\lambda_1^2}(y_1^2 + z_1^2) - \frac{M_2}{2n_2\lambda_2^2}(y_2^2 + z_2^2) + y_1(\eta_2 - \eta_1) + z_1(\zeta_2 - \zeta_1).$$

Ebenso gilt für das Gesamtsystem

$$S = W + \frac{M_0}{2n_0\lambda_0^2}(y_0^2 + z_0^2) - \frac{M_2}{2n_2\lambda_2^2}(y_2^2 + z_2^2) + y_0(\eta_2 - \eta_0) + z_0(\zeta_2 - \zeta_0).$$

Mithin gilt nach (1):

$$S = S^{(1)} + S^{(2)} + (y_0 - y_1)(\eta_2 - \eta_1) + (z_0 - z_1)(\zeta_2 - \zeta_1)$$

und nach § 27 (11):

$$S = S^{(1)} + S^{(2)} + \frac{\partial S^{(1)}}{\partial \eta_1}\cdot\frac{\partial S^{(2)}}{\partial y_1} + \frac{\partial S^{(1)}}{\partial \zeta_1}\cdot\frac{\partial S^{(2)}}{\partial z_1}.$$

Denkt man sich hier nun die Reihenentwicklungen von $S^{(1)}$ und $S^{(2)}$ eingesetzt, die nach § 29 (2) beide mit Gliedern vierter Ordnung anfangen, und begnügt man sich auch bei S damit, diese Glieder niederster Ordnung hinzuschreiben, so erhält man

$$S = S_4^{(1)} + S_4^{(2)} + \cdots = S_4 + \cdots; \tag{2}$$

die übrigen Terme sind offenbar von sechster oder höherer Ordnung. In den Gliedern vierter Ordnung darf man ohne weiteres für die Teilabbildungen die GAUSSsche Näherung gebrauchen. Daher läuft die Elimination der Zwischenvariablen für die Glieder vierter Ordnung auf folgende einfache Regel hinaus: Man ersetze in $S_4^{(1)}(y_0, z_0; \eta_1, \zeta_1)$ die Variablen η_1, ζ_1 durch η_2, ζ_2, in $S_4^{(2)}(y_1, z_1; \eta_2, \zeta_2)$ die Variablen y_1, z_1 durch y_0, z_0 und bilde die Summe (2); dann wird S_4 eine Funktion von $y_0, z_0; \eta_2, \zeta_2$, wie es sein soll.

Wir wollen nun diese Vorschrift tatsächlich ausführen, indem wir annehmen, daß $S_4^{(1)}$ und $S_4^{(2)}$ beide in der Gestalt § 29 (3) gegeben sind:

$$S_1^{(4)} = -\frac{A_1}{4} R_0^2 - \frac{B_1}{4} \varrho_1^2 - C_1 \varkappa_{01}^2 - \frac{D_1}{2} R_0 \varrho_1 + E_1 R_0 \varkappa_{01} + F_1 \varrho_1 \varkappa_{01},$$

$$R_0 = y_0^2 + z_0^2, \quad \varrho_1 = \eta_1^2 + \zeta_1^2, \quad \varkappa_{01} = y_0 \eta_1 + z_0 \zeta_1;$$

$$S_2^{(4)} = -\frac{A_2}{4} R_1^2 - \frac{B_2}{4} \varrho_2^2 - C_2 \varkappa_{12}^2 - \frac{D_2}{2} R_1 \varrho_2 + E_2 R_1 \varkappa_{12} + F_2 \varrho_2 \varkappa_{12},$$

$$R_1 = y_1^2 + z_1^2, \quad \varrho_2 = \eta_2^2 + \zeta_2^2, \quad \varkappa_{12} = y_1 \eta_2 + z_1 \zeta_2.$$

Ersetzt man nun η_1, ζ_1 durch η_2, ζ_2 und y_1, z_1 durch y_0, z_0, also ϱ_1 durch ϱ_2, R_1 durch R_0, $\varkappa_{01}$ und $\varkappa_{12}$ durch

$$\varkappa_{02} = y_0 \eta_2 + z_0 \zeta_2, \tag{3}$$

so erhält man:

$$\left. \begin{aligned} S_4 &= -\frac{A_1 + A_2}{4} R_0^2 - \frac{B_1 + B_2}{4} \varrho_2^2 - (C_1 + C_2) \varkappa_{02}^2 - \frac{D_1 + D_2}{2} R_0 \varrho_2 \\ &\quad + (E_1 + E_2) R_0 \varkappa_{02} + (F_1 + F_2) \varrho_2 \varkappa_{02}. \end{aligned} \right\} \tag{4}$$

Diese Gleichung besagt:

Die Fehler dritter Ordnung eines Gesamtsystems setzen sich aus den entsprechenden Fehlern der Einzelsysteme additiv zusammen.

Dieses einfache Resultat beruht durchaus auf der Benutzung der SEIDELschen Variablen und würde für irgendwelche anderen Variablen nicht zutreffen. Hier ist der Punkt, wo der Vorteil der SEIDELschen Variablen hauptsächlich zur Geltung kommt.

Auch bei den Fehlern höherer Ordnung bieten die SEIDELschen Variablen Vorteile, wenn die Verhältnisse auch nicht ganz so einfach liegen. Doch gehen wir darauf nicht ein.

§ 31. Die Fehler dritter Ordnung eines zentrierten Linsensystems.*

Wir können nun die Fehler eines Systems brechender Flächen auf die einer einzelnen Fläche zurückführen. Für diese haben wir bereits in § 23 die Entwicklung des Winkeleikonals bis auf Glieder vierter Ordnung durchgeführt; diese Glieder lauten nach § 23 (7):

$$\left. \begin{aligned} W_4 &= n_0 \left\{ \frac{1+b}{8r^3} (y^2 + z^2)^2 - \frac{1}{4r} (y^2 + z^2)(p_0^2 + q_0^2) + \frac{a_0}{8} (p_0^2 + q_0^2)^2 \right\} \\ &\quad - n_1 \left\{ \frac{1+b}{8r^3} (y^2 + z^2)^2 - \frac{1}{4r} (y^2 + z^2)(p_1^2 + q_1^2) + \frac{a_1}{8} (p_1^2 + q_1^2)^2 \right\}, \end{aligned} \right\} \tag{1}$$

und wir haben gezeigt, daß auch bei Elimination der Koordinaten y, z des Schnittpunkts des Strahls mit der brechenden Fläche keine Zusatzglieder vierter Ordnung hinzukommen.

Nun sind die Beziehungen zwischen den gewöhnlichen Koordinaten und Richtungsgrößen einerseits und den SEIDELschen Variablen andererseits sämtlich linear; daher ändern beim Übergang zu diesen Variablen die Terme der Entwicklung ihre Ordnung nicht. Da wir ferner wissen, daß die Entwicklung von S mit Gliedern vierter Ordnung beginnt, so muß der Ausdruck (1) mit S_4 identisch sein.

Wir nehmen mit (1) sogleich eine Umformung vor. Zunächst wollen wir die Bezeichnung etwas ändern. a_0 und a_1 waren die Abszissen der Objekt- und Bildebene in der GAUSSschen Dioptrik, vom Scheitel in der Richtung der Lichtbewegung gezählt. Wir werden nachher bei der Zusammensetzung eines optischen Systems aus mehreren brechenden Flächen die Indizes 1, 2, 3, ... zur Kennzeichnung dieser Flächen verwenden; daher ist es angebracht, Objekt und Bild für eine Fläche in anderer Weise zu unterscheiden. Es ist bequem,

$$a_0 = -s, \qquad a_1 = -s' \tag{2}$$

zu setzen; dann ist $s > 0$, wenn das Objekt vor der brechenden Fläche liegt. Die Abbildungsgleichung § 24 (4) lautet nun:

$$ss'(n_0 - n_1) = r(sn_1 - s'n_0)$$

oder in anderer Schreibweise:

$$n_0\left(\frac{1}{s} + \frac{1}{r}\right) = n_1\left(\frac{1}{s'} + \frac{1}{r}\right) = K. \tag{3}$$

Man nennt diesen Ausdruck K die ABBE*sche Invariante der Brechung an einer Fläche.*

Wir stellen daneben die Invariante für die Ein- und Austrittspupille. Ihre Abszissen sind

$$a_0 + M_0 = -t, \qquad a_1 + M_1 = -t'; \tag{4}$$

da sie ebenfalls konjugierten Punkten entsprechen, so hat man

$$n_0\left(\frac{1}{t} + \frac{1}{r}\right) = n_1\left(\frac{1}{t'} + \frac{1}{r}\right) = L. \tag{5}$$

Nun wenden wir uns wieder dem Ausdruck (1) von $W_4 = S_4$ zu und schreiben auf Grund von (3) das Glied

$$\frac{n_0 - n_1}{8r^3}(y^2 + z^2)^2 = \frac{(y^2 + z^2)^2}{8r^2}\left(\frac{n_1}{s'} - \frac{n_0}{s}\right).$$

Dann läßt sich S_4 in die Form bringen:

$$(6)\quad \left\{\begin{aligned} S_4 = {} & \frac{1}{8n_1 s'}\left[n_1\frac{y^2+z^2}{r} + n_1 s'(p_1^2 + q_1^2)\right]^2 - \frac{1}{8n_0 s}\left[n_0\frac{y^2+z^2}{r} + n_0 s(p_0^2 + q_0^2)\right]^2 \\ & + \frac{b(n_0 - n_1)}{8r^3}(y^2 + z^2)^2. \end{aligned}\right.$$

Hier darf man innerhalb der angestrebten Genauigkeit ohne weiteres für alle Größen die Werte aus der GAUSSschen Dioptrik einsetzen, insbesondere also die SEIDELschen Variabeln vor und nach der Brechung nach Belieben vertauschen. Um S_4 gleich als Funktion von y_0, z_0, η_1, ζ_1 zu erhalten, wird man demgemäß an Stelle der Gleichungen § 27 (7) die folgenden benutzen:

$$(7)\quad \left\{\begin{aligned} p_0 &= \eta_1\frac{\lambda_0}{M_0} - \frac{y_0}{n_0\lambda_0}, & p_1 &= \eta_1\frac{\lambda_1}{M_1} - \frac{y_0}{n_1\lambda_1}, \\ q_0 &= \zeta_1\frac{\lambda_0}{M_0} - \frac{z_0}{n_0\lambda_0}, & q_1 &= \zeta_1\frac{\lambda_1}{M_1} - \frac{z_0}{n_1\lambda_1}. \end{aligned}\right.$$

Es empfiehlt sich noch eine kleine Umformung. Die Abbildungsgleichungen § 27 (1) lauten mit Rücksicht auf § 24 (7) in der neuen Bezeichnungsweise

$$\frac{l_1}{l_0} = \frac{f_0}{f_0 - s} = \frac{f_1 - s'}{f_1}.$$

Daraus folgt

$$\frac{s}{f_0} = \frac{l_1 - l_0}{l_1}, \qquad \frac{s'}{f_1} = \frac{l_0 - l_1}{l_0},$$

also nach § 24 (5)

$$\frac{l_1}{l_0} = -\frac{s' f_0}{s f_1} = \frac{n_0 s'}{n_1 s},$$

und ebenso für die Pupillenebenen:

$$\frac{\lambda_1}{\lambda_0} = \frac{n_0 t'}{n_1 t}.$$

Wir setzen nun zur Abkürzung unter Benutzung von § 27 (5):

$$(8)\quad \begin{cases} H = \dfrac{t}{\lambda_0 n_0} = \dfrac{t'}{\lambda_1 n_1}, \\[2ex] h = \dfrac{\lambda_0 s}{M_0} = \dfrac{\lambda_1 s'}{M_1}. \end{cases}$$

Dann wird nach (7)

$$(9)\quad \begin{cases} p_0 = \dfrac{\eta_1 h}{s} - \dfrac{y_0 H}{t}, \qquad p_1 = \dfrac{\eta_1 h}{s'} - \dfrac{y_0 H}{t'}, \\[2ex] q_0 = \dfrac{\zeta_1 h}{s} - \dfrac{z_0 H}{t}, \qquad q_1 = \dfrac{\zeta_1 h}{s'} - \dfrac{z_0 H}{t'}. \end{cases}$$

Nun eliminieren wir zunächst die Schnittpunktskoordinaten y, z des Strahls mit der brechenden Fläche, indem wir (9) in § 23 (9) einsetzen; dann erhalten wir mit Rücksicht auf (3) und (5):

$$(10)\qquad y = h\eta_1 - H y_0, \qquad z = h\zeta_1 - H z_0.$$

Indem wir nun wieder die Drehinvarianten § 29 (1)

$$R = y_0^2 + z_0^2, \qquad \varrho = \eta_1^2 + \zeta_1^2, \qquad \varkappa = y_0\eta_1 + z_0\zeta_1$$

einführen, wird:

$$y^2 + z^2 = H^2 R - 2 H h \varkappa + h^2 \varrho$$

und mit Benutzung von (3) und (5):

$$n_0\left\{\frac{y^2+z^2}{r} + s(p_0^2 + q_0^2)\right\} = H^2 R\left[L - (K-L)\frac{s}{t}\right] + h^2 \varrho K - 2 H h \varkappa L,$$

$$n_1\left\{\frac{y^2+z^2}{r} + s'(p_1^2 + q_1^2)\right\} = H^2 R\left[L - (K-L)\frac{s'}{t'}\right] + h^2 \varrho K - 2 H h \varkappa L.$$

Setzt man das in (6) ein, so erhält man die gewünschte Darstellung von S_4:

$$(11)\quad \begin{cases} S_4 = \frac{1}{8} R^2 H^4 \left\{\frac{b}{r^3}(n_0 - n_1) + L^2\left(\frac{1}{n_1 s'} - \frac{1}{n_0 s}\right) - 2L(K-L)\left(\frac{1}{n_1 t'} - \frac{1}{n_0 t}\right) + (K-L)^2\left(\frac{s'}{n_1 t'^2} - \frac{s}{n_0 t^2}\right)\right\} \\[1ex] \quad + \frac{1}{8}\varrho^2 h^4 \left\{\frac{b}{r^3}(n_0 - n_1) + K^2\left(\frac{1}{n_1 s'} - \frac{1}{n_0 s}\right)\right\} + \frac{1}{2}\varkappa^2 H^2 h^2 \left\{\frac{b}{r^3}(n_0 - n_1) + L^2\left(\frac{1}{n_1 s'} - \frac{1}{n_0 s}\right)\right\} \\[1ex] \quad + \frac{1}{4} R \varrho H^2 h^2 \left\{\frac{b}{r^3}(n_0 - n_1) + KL\left(\frac{1}{n_1 s'} - \frac{1}{n_0 s}\right) - K(K-L)\left(\frac{1}{n_1 t'} - \frac{1}{n_0 t}\right)\right\} \\[1ex] \quad - \frac{1}{2} R \varkappa H^3 h \left\{\frac{b}{r^3}(n_0 - n_1) + L^2\left(\frac{1}{n_1 s'} - \frac{1}{n_0 s}\right) - L(K-L)\left(\frac{1}{n_1 t'} - \frac{1}{n_0 t}\right)\right\} \\[1ex] \quad - \frac{1}{2}\varrho \varkappa H h^3 \left\{\frac{b}{r^3}(n_0 - n_1) + KL\left(\frac{1}{n_1 s'} - \frac{1}{n_0 s}\right)\right\}. \end{cases}$$

Damit haben wir die Koeffizienten A, B, ..., F der Darstellung § 29 (3) des Eikonals vierter Ordnung für eine einzelne brechende Fläche gefunden. Nun können wir sofort die Fehler dritter Ordnung eines beliebigen Systems brechender Flächen hinschreiben. Wir bezeichnen alle zur $i$ten Fläche gehörigen Größen mit dem Index i, wo i von 1 an läuft. Der Wert des Brechungsindex im Objektraum sei n_0, der hinter der $i$ten Fläche n_i. Die Abstände der Scheitel seien $d_1, d_2, \ldots$, so daß d_i den Abstand des Scheitels der $(i+1)$ten von dem der $i$ten Fläche darstellt. Da das GAUSSsche Bild an der $i$ten Fläche das Objekt für die Brechung an der $(i+1)$ten Fläche ist, so gilt offenbar

$$d_i = s_{i+1} - s'_i = t_{i+1} - t'_i. \tag{12}$$

Bei gegebenen Abständen des Objekts und der Eintrittspupille vom ersten Scheitel s_1, t_1 kann man der Reihe nach alle s_i, t_i berechnen; man hat dazu offenbar den von der Mitte des Objekts und den von der Mitte der Eintrittspupille ausgehenden Strahl nach den Regeln der GAUSSschen Dioptrik durch das Instrument zu verfolgen. Außer den Gleichungen (12) sind noch die Relationen (3), (5)

$$\text{(13)}\quad \left\{\begin{aligned} n_{i-1}\left(\frac{1}{s_i} + \frac{1}{r_i}\right) &= n_i\left(\frac{1}{s'_i} + \frac{1}{r_i}\right) = K_i, \\ n_{i-1}\left(\frac{1}{t_i} + \frac{1}{r_i}\right) &= n_i\left(\frac{1}{t'_i} + \frac{1}{r_i}\right) = L_i \end{aligned}\right.$$

zu benutzen; sie liefern aus s_1, t_1 zunächst s'_1, t'_1, sodann bekommt man aus (12) s_2 und t_2 und kann dann so fortfahren. Zugleich gewinnt man in (13) die in den Fehlergleichungen auftretenden Invarianten K_i, L_i. Die Größen H_i, h_i sind dann aus (8) bestimmbar. Wir setzen die bisher willkürliche Länge der Eintrittspupillenebene $\lambda_0 = 1$; dann hat man nach (8) wegen $M_i = s'_i - t'_i = s_{i+1} - t_{i+1}$:

$$\text{(14)}\quad \left\{\begin{aligned} &H_1 = \frac{t_1}{n_0}, \qquad h_1 = \frac{s_1}{s_1 - t_1}, \\ &\frac{H_{i+1}}{H_i} = \frac{t_{i+1}}{t'_i}, \qquad \frac{h_{i+1}}{h_i} = \frac{s_{i+1}}{s'_i}, \\ &H_i h_i = \frac{s_i t_i}{n_{i+1}(s_i - t_i)}. \end{aligned}\right.$$

Nunmehr bekommen wir nach der im vorigen Paragraphen abgeleiteten Additivitätsregel aus (11):

$$\text{(15)}\quad \left\{\begin{aligned} B &= \frac{1}{2}\sum_i h_i^4\left\{\frac{b_i}{r_i^3}(n_i - n_{i-1}) + K_i^2\left(\frac{1}{n_{i-1}s_i} - \frac{1}{n_i s'_i}\right)\right\}, \\ C &= \frac{1}{2}\sum_i H_i^2 h_i^2\left\{\frac{b_i}{r_i^3}(n_i - n_{i-1}) + L_i^2\left(\frac{1}{n_{i-1}s_i} - \frac{1}{n_i s'_i}\right)\right\}, \\ D &= \frac{1}{2}\sum_i H_i^2 h_i^2\left\{\frac{b_i}{r_i^3}(n_i - n_{i-1}) + K_i L_i\left(\frac{1}{n_{i-1}s_i} - \frac{1}{n_i s'_i}\right) - K_i(K_i - L_i)\left(\frac{1}{n_{i-1}t_i} - \frac{1}{n_i t'_i}\right)\right\}, \\ E &= \frac{1}{2}\sum_i H_i^3 h_i\left\{\frac{b_i}{r_i^3}(n_i - n_{i-1}) + L_i^2\left(\frac{1}{n_{i-1}s_i} - \frac{1}{n_i s'_i}\right) - L_i(K_i - L_i)\left(\frac{1}{n_{i-1}t_i} - \frac{1}{n_i t'_i}\right)\right\}, \\ F &= \frac{1}{2}\sum_i H_i h_i^3\left\{\frac{b_i}{r_i^3}(n_i - n_{i-1}) + K_i L_i\left(\frac{1}{n_{i-1}s_i} - \frac{1}{n_i s'_i}\right)\right\}. \end{aligned}\right.$$

Das sind die SEIDEL*schen Formeln* für die Fehler dritter Ordnung eines beliebigen zentrierten Linsensystems[1].

---

[1] Der Einfluß der Deformationen b ist von SEIDEL nicht berücksichtigt, indessen von späteren Autoren hinzugefügt worden (vgl. v. ROHR: Die Bilderzeugung in optischen Instrumenten, S. 338. Berlin 1904).

Wir wollen aus ihnen eine bemerkenswerte Folgerung ziehen, das PETZVALsche Theorem, das sich auf Astigmatismus und Bildwölbung bezieht. Man erhält us (15):

$$C - D = \frac{1}{2}\sum_i H_i^2 h_i^2 (L_i - K_i)\left\{L_i\left(\frac{1}{n_{i-1}s_i} - \frac{1}{n_i s_i'}\right) - K_i\left(\frac{1}{n_{i-1}t_i} - \frac{1}{n_{i-1}t_i'}\right)\right\}.$$

Aus (13) folgt:

$$\frac{1}{n_{i-1}s_i} - \frac{1}{n_i s_i'} = K_i\left(\frac{1}{n_{i-1}^2} - \frac{1}{n_i^2}\right) - \frac{1}{r_i}\left(\frac{1}{n_{i-1}} - \frac{1}{n_i}\right),$$

$$\frac{1}{n_{i-1}t_i} - \frac{1}{n_i t_i'} = L_i\left(\frac{1}{n_{i-1}^2} - \frac{1}{n_i^2}\right) - \frac{1}{r_i}\left(\frac{1}{n_{i-1}} - \frac{1}{n_i}\right)$$

und damit

$$L_i\left(\frac{1}{n_{i-1}s_i} - \frac{1}{n_i s_i'}\right) - K_i\left(\frac{1}{n_{i-1}t_i} - \frac{1}{n_i t_i'}\right) = \frac{K_i - L_i}{r_i}\left(\frac{1}{n_{i-1}} - \frac{1}{n_i}\right).$$

Also wird

$$C - D = \frac{1}{2}\sum_i H_i^2 h_i^2 (L_i - K_i)^2\left(\frac{1}{n_i} - \frac{1}{n_{i-1}}\right)\frac{1}{r_i}.$$

Andererseits folgt aus (13) auch

$$K_i - L_i = n_{i-1}\frac{t_i - s_i}{t_i s_i},$$

mithin mit Rücksicht auf die letzte Gleichung (14):

$$(L_i - K_i) H_i h_i = 1. \tag{16}$$

Damit wird

$$C - D = \frac{1}{2}\sum_i \frac{1}{r_i}\left(\frac{1}{n_i} - \frac{1}{n_{i-1}}\right). \tag{17}$$

Erinnern wir uns nun daran, daß C und D die sagittale und tangentiale Bildwölbung bestimmen; nach § 29 (10) ist, wenn wir noch den Brechungsindex des letzten Mediums (n_1 in dieser Formel) gleich 1 setzen:

$$4C = \frac{1}{\varrho_t} - \frac{1}{\varrho_s}, \qquad 4D = \frac{2}{\varrho_s}.$$

Also folgt aus (16)

$$\frac{1}{\varrho_t} - \frac{3}{\varrho_s} = 2\sum_i \frac{1}{r_i}\left(\frac{1}{n_i} - \frac{1}{n_{i-1}}\right). \tag{18}$$

Man erhält also eine Beziehung zwischen den Krümmungsradien der beiden Bildflächen, welche nur von den Radien, nicht aber von den Abständen der brechenden Flächen abhängt. Ist das System frei von Aberration, Koma und Astigmatismus, so daß ein scharfes Bild auf einer Fläche vom Krümmungsradius $\varrho_s = \varrho_t = \varrho$ zustande kommt, so wird der Wert von ϱ direkt durch den Ausdruck

$$\frac{1}{\varrho} = -\sum_i \frac{1}{r_i}\left(\frac{1}{n_{i-1}} - \frac{1}{n_i}\right) \tag{19}$$

gegeben. Dieser Satz heißt nach seinem Entdecker das PETZVAL*sche Theorem.*

Unter *Petzvalbedingung* versteht man die Forderung

$$\sum_i \frac{1}{r_i}\left(\frac{1}{n_{i-1}} - \frac{1}{n_i}\right) = 0, \tag{20}$$

welche jedenfalls für ein von Fehlern dritter Ordnung überhaupt freies optisches System erfüllt sein muß.

Die Aufgabe, einzelne oder alle Fehler dritter Ordnung zum Verschwinden zu bringen oder wenigstens so klein wie möglich zu machen, läuft nach den Formeln (15) auf ein rein algebraisches Problem heraus. Wir wollen es an einem ganz einfachen Beispiel erläutern und dann über die auf diesem Wege gewonnenen Ergebnisse nur kurz berichten.

§ 32. Beispiel. Die dünne Einzellinse.*

Wir betrachten eine dünne Linse vom Brechungsindex n eingebettet in Luft (Vakuum); dann haben wir

(1) $$n_0 = n_2 = 1\,, \qquad n_1 = n\,.$$

Da die Dicke der Linse d vernachlässigt wird, so folgt aus § 31 (12):

(2) $$s_2 = s_1'\,, \qquad t_2 = t_1'\,;$$

ferner aus § 31 (13):

(3) $$\begin{cases} K_1 = \dfrac{1}{s_1} + \dfrac{1}{r_1} = n\left(\dfrac{1}{s_1'} + \dfrac{1}{r_1}\right), \\ K_2 = n\left(\dfrac{1}{s_2} + \dfrac{1}{r_2}\right) = \dfrac{1}{s_2'} + \dfrac{1}{r_2} \end{cases}$$

und

(4) $$\begin{cases} L_1 = \dfrac{1}{t_1} + \dfrac{1}{r_1} = n\left(\dfrac{1}{t_1'} + \dfrac{1}{r_1}\right), \\ L_2 = n\left(\dfrac{1}{t_2} + \dfrac{1}{r_2}\right) = \dfrac{1}{t_2'} + \dfrac{1}{r_2}\,; \end{cases}$$

sodann aus § 31 (14) mit Rücksicht auf (1) und (2)

(5) $$\begin{cases} h_1 = h_2 = \dfrac{s_1}{s_1 - t_1} = h\,, \\ H_1 = H_2 = t_1 = kh\,. \end{cases}$$

Wir führen nun die *reziproke Brennweite* [§ 24 (25)]

(6) $$\varphi = \frac{1}{f} = (n-1)\left(\frac{1}{r_1} - \frac{1}{r_2}\right)$$

und die *Durchbiegung der Linse*

(7) $$\sigma = (n-1)\left(\frac{1}{r_1} + \frac{1}{r_2}\right)$$

ein. Nun folgt aus (3)

$$\frac{1}{r_1}(1-n) = \frac{n}{s_1'} - \frac{1}{s_1}\,, \qquad \frac{1}{r_2}(1-n) = \frac{n}{s_2} - \frac{1}{s_2'}\,;$$

also wird wegen (2)

$$\frac{1}{s_1} - \frac{1}{s_2'} = \varphi\,,$$

was wir in der Form schreiben wollen:

(8) $$\frac{1}{s_1} - \frac{\varphi}{2} = \frac{1}{s_2'} + \frac{\varphi}{2} = R\,.$$

Diese Größe spielt für die ganze Linse dieselbe Rolle, wie K_1, K_2 für die einzelnen Flächen, und soll daher ABBE*sche Invariante der Linse* heißen.

Wie wir sogleich sehen werden, kommen die Deformationen b_1, b_2 nur in der Verbindung

$$\beta = (n-1)\left(\frac{b_1}{r_1^3} - \frac{b_2}{r_2^3}\right) \tag{9}$$

vor; diese Größe soll *Deformation der Linse* genannt werden.

Wir wollen φ, σ, β als Bestimmungsstücke der Linse auffassen und den Abstand der Objektebene durch Angabe von R festlegen. Indem man alles durch diese Größen auszudrücken sucht, erhält man zunächst aus (3)

$$K_1 = R + \frac{\sigma + n\varphi}{2(n-1)}, \qquad K_2 = R + \frac{\sigma - n\varphi}{2(n-1)}. \tag{10}$$

Nach § 31 (16) und § 32 (5) ist

$$L_1 = K_1 + \frac{1}{k h^2}, \qquad L_2 = K_2 + \frac{1}{k h^2}. \tag{11}$$

Endlich bilden wir die in den SEIDELschen Formeln auftretenden Kombinationen:

$$\left\{\begin{aligned} \frac{1}{s_1} - \frac{1}{n s_1'} &= R\frac{n^2-1}{n^2} + \frac{\sigma}{2n^2} + \frac{\varphi}{2}, \\ \frac{1}{n s_2} - \frac{1}{s_2'} &= -R\frac{n^2-1}{n^2} - \frac{\sigma}{2n^2} + \frac{\varphi}{2} \end{aligned}\right. \tag{12}$$

und

$$\left\{\begin{aligned} \frac{1}{t_1} - \frac{1}{n t_1'} &= \frac{1}{s_1} - \frac{1}{n s_1'} + \frac{1}{h^2 k}\left(1 - \frac{1}{n^2}\right) = \left(R + \frac{1}{h^2 k}\right)\frac{n^2-1}{n^2} + \frac{\sigma}{2n^2} + \frac{\varphi}{2}, \\ \frac{1}{n t_2} - \frac{1}{t_2'} &= \frac{1}{n s_2} - \frac{1}{s_2'} + \frac{1}{h^2 k}\left(\frac{1}{n^2} - 1\right) = -\left(R + \frac{1}{h^2 k}\right)\frac{n^2-1}{n^2} - \frac{\sigma^2}{2n^2} + \frac{\varphi}{2}. \end{aligned}\right. \tag{13}$$

Setzt man dies in die SEIDELschen Formeln § 31 (15) ein, so erhält man:

$$\left\{\begin{aligned} B &= h^4 P, \\ F &= h^4 k P + h^2 Q, \\ C &= h^4 k^2 P + 2h^2 k Q + \frac{\varphi}{2}, \\ D &= h^4 k^2 P + 2h^2 k Q + \frac{n+1}{n}\cdot\frac{\varphi}{2}, \\ E &= h^4 k^3 P + 3h^2 k^2 Q + k\,\frac{3n+1}{n}\cdot\frac{\varphi}{2}, \end{aligned}\right. \tag{14}$$

wobei

$$\left\{\begin{aligned} P &= \beta + \frac{n^2}{8(n-1)^2}\varphi^3 - \frac{n}{2(n+2)}R^2\varphi + \frac{\varphi}{2n(n+2)}\left[\frac{\sigma}{2}\cdot\frac{n+2}{n-1} + 2R(n+1)\right]^2. \\ Q &= \frac{\varphi}{2n}\left[\frac{\sigma}{2}\cdot\frac{n+1}{n-1} + R(2n+1)\right] \end{aligned}\right. \tag{15}$$

gesetzt ist.

Wir wollen diese Formeln nur für den Fall der *Linse ohne Blende* näher diskutieren; wir setzen also $t_1 = 0$ und damit nach (5)

$$h = 1, \quad k = 0.$$

Dann wird

$$\left\{\begin{aligned} B &= P, \\ F &= Q, \\ \frac{1}{2}(C + D) &= \frac{\varphi}{4}\cdot\frac{2n+1}{n}, \\ \frac{1}{2}(C - D) &= -\frac{\varphi}{4}\cdot\frac{1}{n}, \\ E &= 0. \end{aligned}\right. \tag{16}$$

Es bedeuten also die oben eingeführten Größen P und Q die sphärische Aberration und die Koma der Linse ohne Blende.

Wir sehen zunächst: Bei dünnen Linsen ohne Blende ist immer die Verzeichnung dritter Ordnung gleich Null. Dagegen kann man Astigmatismus und Bildwölbung (C und D) nicht zum Verschwinden bringen.

Wir fragen nun, wann es für eine dünne Linse ein aplanatisches Punktepaar gibt, definiert durch die Erfüllung der Sinusbedingung ($B = 0$, $F = 0$). Damit die Koma verschwindet, muß nach (16) $Q = 0$ sein, also nach (15)

$$\frac{\sigma}{2} \cdot \frac{n+1}{n-1} + R(2n+1) = 0; \tag{17}$$

daraus folgt für den Objektabstand s_1 nach (8)

$$\frac{1}{s_1} = \frac{\varphi}{2} + R = \frac{\varphi}{2} - \frac{\sigma}{2} \frac{n+1}{(n-1)(2n+1)}. \tag{18}$$

Die sphärische Aberration B oder P ist nach dieser Bestimmung von R völlig festgelegt; also gibt es für eine beliebige Linse kein aplanatisches Punktepaar. Doch kann man bei gegebenem φ und σ immer noch P zu Null machen durch Wahl der Deformation β.

Sind umgekehrt der Objektabstand s_1 und die Brennweite $1/\varphi$ vorgeschrieben, so kann man zunächst durch Wahl der Krümmungsradien r_1, r_2 die Koma zum Verschwinden bringen; denn aus (18) folgt mit Hilfe von (6):

$$\left\{\begin{aligned} \frac{1}{r_1} &= \varphi \cdot \frac{n^2}{n^2-1} - \frac{1}{s_1} \cdot \frac{2n+1}{n+1}, \\ \frac{1}{r_2} &= \varphi \cdot \frac{n^2-n-1}{n^2-1} - \frac{1}{s_1} \cdot \frac{2n+1}{n+1}. \end{aligned}\right. \tag{19}$$

Für $n = 1,5$ und unendlich fernes Objekt ($s_1 = \infty$) hat man z. B. mit $\varphi = 1/f$:

$$r_1 = \tfrac{5}{9} f, \qquad r_2 = -5f. \tag{20}$$

Die Form der für unendlich fernes Objekt komafreien dünnen Linse ist in Fig. 52 dargestellt.

Durch Wahl der Deformation β kann man dann wieder die sphärische Aberration B (oder P) zu Null machen. Das liefert z. B. für unendlich fernes Objekt, wo nach (8) $R = -\varphi/2$ und daher nach (17) $\sigma = \dfrac{(2n+1)(n-1)}{n+1} \cdot \varphi$ ist, nach (15):

$$\beta = -\varphi^3 \left\{ \frac{n^2}{8(n-1)^2} - \frac{n}{8(n+2)} + \frac{1}{2n(n+2)} \left[\frac{1}{2} \frac{(2n+1)(n+2)}{n+1} - (n+1) \right]^2 \right\},$$

$$\beta = -\varphi^3 \cdot \frac{4n^2+n-2}{8(n-1)^2(n+2)}, \tag{21}$$

also für $n = 1,5$:

$$\beta = -\frac{17}{14} \varphi^3, \tag{22}$$

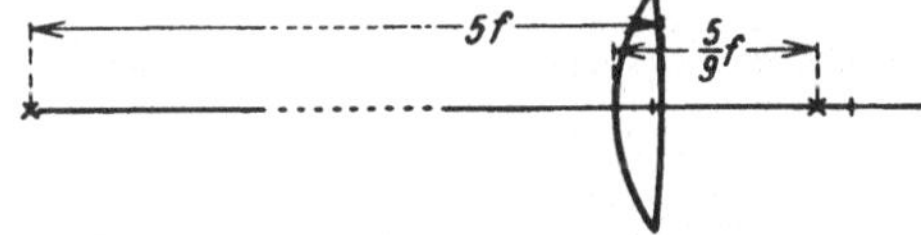

Fig. 52. Komafreie dünne Linse.

und daraus nach (9) und (20)

$$729 b_1 + b_2 = 304. \tag{23}$$

Das kann man etwa durch $b_1 = b_2 = 0,417$ erfüllen.

Statt zuerst die Koma zum Verschwinden zu bringen, kann man versuchen, wie weit sich die sphärische Aberration herabdrücken läßt. Es ergibt sich, daß sie bei positiver Brennweite f nur in einem beschränkten Intervall des Objektabstandes (für $n = 1,5$ zwischen $0,36f$ vor und $0,44f$ hinter der Linse) zu Null gemacht werden kann; bei jeder anderen Lage des Objekts bleibt ein Restbetrag bestehen.

Um die Bildwölbung zu beeinflussen, muß man eine geeignete Blende anbringen, deren günstigste Lage sich aus den allgemeinen Formeln (14) bestimmen läßt. Man findet, daß für eine Linse mit positiver Brennweite und dem Brechungsindex $n = 1,5$ die Bildwölbung nur aufgehoben werden kann, wenn das Objekt zwischen der ganzen Brennweite vor und der halben Brennweite hinter der Linse liegt; andernfalls bleibt ein Restbetrag.

Für *Systeme von Einzellinsen* werden die Rechnungen entsprechend verwickelter. Natürlich ist hier die Aufhebung der chromatischen Fehler das Wichtigste. Das aus zwei dünnen verkitteten Einzellinsen bestehende achromatische Fernrohrobjektiv läßt sich noch relativ leicht behandeln. Man findet, daß man bei diesem alle Fehler bis auf Bildwölbung und Astigmatismus beseitigen kann; daher läßt es sich nur für kleine Gesichtsfelder (bei einem Öffnungsverhältnis 1 : 10 bis höchstens 3°) gebrauchen. SCHWARZSCHILD hat ferner die Systeme untersucht, die aus zwei dünnen Teilsystemen, jedes aus zwei Linsen bestehend, zusammengesetzt sind, und gezeigt, daß man in der Hauptsache zu den Typen gelangt, die von der konstruierenden Optik gefunden sind und sich bewährt haben. Aus drei getrennten Einzellinsen kann man ebenfalls brauchbare Systeme für astrophotographische Zwecke aufbauen; hier hat SCHWARZSCHILD einen modifizierten Typus von höherer Leistung als die bekannten aus der Theorie entwickelt. Auch auf Spiegelsysteme hat er seine Methode erfolgreich angewandt.

Wir gehen aber auf diese Einzelheiten nicht ein; das durchgeführte einfache Beispiel mag zur Erläuterung des Verfahrens genügen.

Die weitere Entwicklung der Theorie hat verschiedene Wege eingeschlagen. Einmal handelt es sich um die Berechnung der Bildfehler höherer Ordnung für zentrierte Systeme; so sind die Fehler fünfter Ordnung nach der SCHWARZSCHILDschen Methode von KOHLSCHÜTTER[1] berechnet worden. Sodann hat man die Voraussetzung der Achsensymmetrie fallen lassen. In dieser Richtung gehen umfangreiche Untersuchungen des schwedischen Augenarztes und Mathematikers ALLVAR GULLSTRAND (1862—1930)[2], der erkannte, daß beim menschlichen Auge die Voraussetzung der Achsensymmetrie nicht immer erfüllt ist.

GULLSTRAND hat auf die Methode des Eikonals verzichtet und statt dessen den Weg der Strahlenbüschel direkt durch geometrische Betrachtungen verfolgt. Diese Rechnungen werden außerordentlich verwickelt und umfangreich, und es ist zu bewundern, daß GULLSTRAND so zu einfachen und wichtigen Ergebnissen gelangt ist. Es scheint, daß er die Variationstheorie (Eikonal) bewußt ablehnte, weil er sie nur bei zentrierten Systemen für brauchbar hielt. In neuester Zeit aber ist die Fruchtbarkeit der Variationsmethode wieder sehr zur Geltung gekommen, besonders durch die Arbeiten von M. HERZBERGER, die er in einem Lehrbuch zusammengefaßt hat[3].

Die Praxis der Konstruktion von optischen Instrumenten bedient sich der systematischen Fehlertheorie nur in beschränktem Umfange. Sie zieht meistens vor, durch Berechnung einer Anzahl von Strahlen ein Bild der Abweichungen zu gewinnen und diese dann durch kleine Variationen der brechenden Flächen zu verringern. Doch gehört eine Darstellung der hierbei angewandten Methoden nicht in dieses Buch, das die theoretischen Gedanken der Optik behandeln soll.

---

[1] A. KOHLSCHÜTTER: Inaug.-Diss. Göttingen 1908.

[2] Von den zahlreichen Abhandlungen A. GULLSTRANDS nennen wir nur zwei: 1. Optische Systemgesetze zweiter und dritter Ordnung (Kgl. Svenska Vetenskaps akad. Handl. Bd. 63 Nr 13, Stockholm 1924), und 2. eine gemeinverständliche Übersicht „Einiges über optische Bilder" [Naturwiss. 14. Jg. (1926) S. 653]. Ausführliche Literaturangaben findet man in dem zitierten Werk von CZAPSKI u. EPPENSTEIN.

[3] M. HERZBERGER: Strahlenoptik. Berlin 1931. In diesem Buch wird SCHWARZSCHILD nicht erwähnt, wohl weil er als Astronom nicht der optischen Zunft angehörte.

§ 33. Optische Abbildungsinstrumente.

Aus mehr oder weniger gut korrigierten Linsen und Linsensystemen werden optische Instrumente zu den verschiedensten Zwecken zusammengebaut[1]. Bevor wir eine kurze Übersicht über die wichtigsten Daten dieser Apparate geben, müssen wir das *Auge* selbst betrachten, das ebenfalls unter die optischen Abbildungsinstrumente (Camera obscura) zu zählen ist.

I. **Das Auge.** Der optische Apparat des Auges ist eine komplizierte Folge brechender Körper (Hornhaut, Linse, Glaskörper usw.) und Blenden (Pupille, Iris); die Abbildung entsteht auf der Netzhaut, die auf der Rückwand des Auges ausgebreitet ist und lichtempfindliche Nervenenden enthält. Auf die physiologischen Einzelheiten gehen wir nicht ein, sondern beschränken uns auf die rein geometrisch-optischen Verhältnisse[2]. Die Unterschiede der Brechungsindizes der verschiedenen Substanzen in dem Linsenapparat des Auges sind relativ gering. Eine große Differenz ist nur an der Oberfläche vorhanden zwischen Luft ($n = 1$) und Hornhaut ($n = 1{,}376$). Dies ist wichtig für den Lichtverlust, der hauptsächlich auf der Reflexion beim Eintritt des Lichts in die Hornhaut beruht. Aus der Formel § 11 (6) ergibt sich für den angegebenen Wert von n das Reflexionsvermögen

$$r = \left(\frac{n-1}{n+1}\right)^2 = 0{,}025\,.$$

Die Ausnutzung (Verlust 2,5%) ist besser als selbst die der einfachsten Landschaftslinsen, bei denen, wie wir nachher sehen werden, etwa 8% verlorengehen.

Zur Vereinfachung der Betrachtung hat man seit THOMAS YOUNG sog. „Übersichtsaugen" konstruiert, d. h. Modelle, die Dimensionen und Brechungseigenschaften vereinfacht und schematisch wiedergeben (besonders GULLSTRAND).

Das Auge hat die Fähigkeit, zu ***akkommodieren***, d. h. sich auf verschiedene Entfernungen des betrachteten Objekts einzustellen. Dies geschieht durch Deformation des Brechungssystems mit Hilfe von Muskeln. Die kleinste Entfernung, in der ein Gegenstand beim normalen Auge scharf abgebildet werden kann, die sog. *deutliche Sehweite*, beträgt etwa 25 cm. Die genaue optische Untersuchung des Strahlenganges (optische Fehler) ist von GULLSTRAND durchgeführt worden, der auch den Einfluß der Augenbewegung berücksichtigt hat.

Die *Tiefenwahrnehmung* beruht teils auf dem (unbewußten) Eindruck bei Augen- und Körperbewegungen, teils auf dem *zweiäugigen Sehen*; die Konvergenz der beiden Augen beim Fixieren eines Gegenstandes erzeugt ein Gefühl für dessen Entfernung. Mit Hilfe der (später zu beschreibenden) *Doppelfernrohre* kann der Augenabstand künstlich vergrößert und dadurch die Tiefenwahrnehmung gesteigert werden. Durch Anbringung von bezifferten Marken im Gesichtsfeld, die in verschiedenen Entfernungen gesehen werden, erhält man hieraus einen *Entfernungsmesser.*

Auf dem zweiäugigen Sehen beruht auch das *Stereoskop*. Bei diesem werden zwei photographische Aufnahmen desselben Gegenstandes von zwei getrennten Orten (etwa im Augenabstand) gemacht und die Bilder nachher mit Hilfe geeigneter Linsen zugleich betrachtet. Man hat dann den Eindruck des Körper-

[1] Siehe z. B. M. v. ROHR: Die Bilderzeugung in optischen Instrumenten. Berlin 1904; A. KÖNIG: Geometrische Optik, Leipzig 1929.

[2] Die moderne Theorie des Auges ist am meisten von dem eben genannten GULLSTRAND gefördert worden. Siehe etwa seine Darstellung in der 3. Auflage des Handbuchs der physiol. Optik von HELMHOLTZ.

lichen. Der *Stereokomparator* (von PULFRICH) ist ein mit beweglichen Marken ausgestattetes Stereoskop, mit dem sich die Tiefenentfernungen der Gegenstände ausmessen lassen.

Kurzsichtige und *weitsichtige Augen* sind solche, bei denen die Akkommodation nicht ausreicht, ein scharfes Bild auf der Netzhaut zu erzeugen. Zu ihrer Aufhebung dienen

II. **Brillen,** d. h. einfache Linsen, die sich in ihrer Wirkung mit der Augenlinse zu einem optischen System vereinigen. Zur Berechnung hat man die Formel § 24 (26)

$$\frac{1}{f} = \frac{1}{f_1} + \frac{1}{f_2} - \frac{l}{f_1 f_2}$$

für die Kombination zweier Linsen im Abstand l anzuwenden. Da sich in dieser Formel die reziproken Brennweiten addieren, gebraucht man in der Praxis statt der Brennweiten selbst die reziproken Werte und nimmt als Einheit der Linsenleistung die *Dioptrie*, entsprechend der Brennweite von 1 m (2 Dioptrien bedeuten z. B. $f = \frac{1}{2}$ m).

Es kommt vor, daß die Augenlinse nicht achsensymmetrisch ist. Dann ist das Auge *astigmatisch*. Zur Korrektur dienen Brillen mit Zylinderlinsen.

Auch beim normalen Auge ist bei der Betrachtung von Gegenständen weit außerhalb der Augenachse die Abbildung immer astigmatisch. Die hierdurch bei Augenbewegungen entstehenden Fehler lassen sich durch neue Brillenkonstruktionen (die auf GULLSTRANDschen Untersuchungen beruhen) aufheben.

Von den technischen Instrumenten ist dem Auge am ähnlichsten

III. **die Camera obscura,** heute hauptsächlich benutzt als *photographischer Apparat.*

Das photographische Objektiv ist ein Linsensystem, das zur Abbildung mehr oder weniger ausgedehnter Flächen dient und entsprechend korrigiert ist. Für Landschaftsaufnahmen genügt bei geringen Ansprüchen eine einfache Linse (wenn man sich nicht gar mit einer *Lochkamera* begnügt). Wir berechnen den Lichtverlust, den diese erzeugt. Das austretende Licht hat zweimal die Grenze Luft—Glas passiert, ist also nach § 11 (6) um den Faktor $(4n/(n+1)^2)^2$ geschwächt. Für $n = \frac{3}{2}$ (Glas) beträgt der Schwächungsfaktor 0,92; man hat also 8% Lichtverlust, wie schon oben erwähnt. Bei komplizierteren Systemen mit mehreren Linsen ist der Verlust entsprechend größer.

IV. **Scheinwerfer** werden gewöhnlich mit Hilfe parabolischer Hohlspiegel konstruiert. Man hat aber auch für Leuchttürme und Seezeichen Systeme von ringförmigen Linsen (FRESNEL 1820), durch welche die divergente Strahlung von großem Öffnungswinkel nahezu parallel gemacht wird.

V. **Projektionsapparate** und **Epidiaskope** seien nur der Vollständigkeit halber erwähnt.

VI. **Die einfache Lupe** dient zum Vergrößern des Sehwinkels bei direkter Betrachtung. Sie besteht aus einer einfachen Linse oder aus einer achromatischen Linsenkombination mit gleichzeitiger Korrektion der sphärischen Aberration. Die Lupe allein entwirft ein virtuelles Bild des Gegenstandes, der innerhalb der Brennweite angebracht ist. Wird das Auge dicht hinter die Lupe gebracht, dann entsteht ein reelles vergrößertes Bild auf der Netzhaut. Die Vergrößerung findet man durch folgende Betrachtung: Wie wir oben bemerkten, beträgt die deutliche Sehweite des Auges etwa 25 cm. Ist der Abstand ξ des Gegenstandes kleiner als dieser Betrag, so kann das Auge nicht mehr auf ihn akkommodieren. Wird nun die Lupe vorgesetzt, so wird die günstigste Vergrößerung entstehen, wenn der Gegenstand gerade im Abstand der deutlichen Sehweite $\xi' = 25$ cm erscheint. Einer Länge l des Gegenstandes entspricht die Länge L des Bildes. Dann gibt die Fig. 53

$$\frac{L}{l} = \frac{\xi'}{\xi}.$$

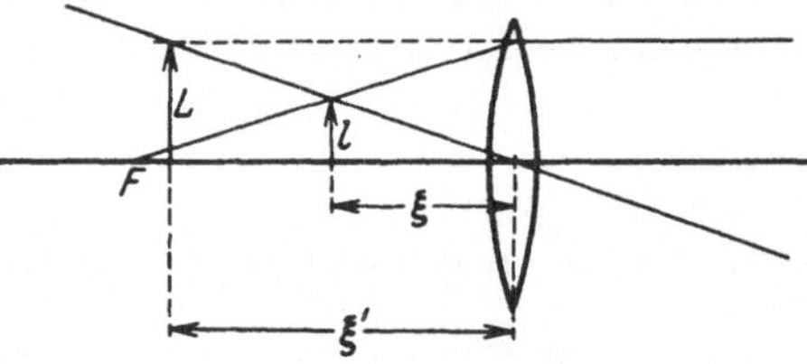

Fig. 53. Vergrößerung der Lupe.

Andererseits ist nach § 24 (20)

$$\frac{1}{\xi} - \frac{1}{\xi'} = \frac{1}{|f|},$$

mithin

$$\frac{L}{l} = 1 + \frac{\xi'}{|f|} = 1 + \frac{25}{|f|},$$

wobei die Brennweite f in cm zu rechnen ist.

VII. **Das zusammengesetzte Fernrohr** besteht aus zwei Linsen bzw. Linsensystemen, dem Objektiv und dem Okular. Das Objektiv entwirft von einem weit entfernten Objekt ein reelles Bild nahe einer Brennebene. Dieses Bild wird mit dem als Lupe wirkenden Okular betrachtet. Abgebildet werden relativ kleine Felder durch enge achsennahe Bündel. Als Eintrittspupille dient gewöhnlich die Fassung des Objektivs selbst, das zur Erzielung großer Lichtstärke möglichst groß gewählt wird (wodurch zugleich das Auflösungsvermögen, das wir später erklären werden, gesteigert wird). Die Austrittspupille ist durch die Augenpupille bestimmt. Das Objektiv wird achromatisch und sphärisch korrigiert. Statt der Linse wird beim astronomischen Fernrohr häufig auch ein Hohlspiegel verwendet, der zur Vermeidung sphärischer Aberration parabolisch geschliffen ist. Die wichtigsten Typen sind:

A. *Das astronomische* oder KEPLER*sche Fernrohr* wird gewöhnlich zur Beobachtung unendlich entfernter Objekte benutzt (s. Fig. 54). Objektiv und Okular sind Sammellinsen. Der hintere Brennpunkt des Objektivs und der vordere des Okulars fallen zusammen, und man hat den Fall teleskopischer Abbildung, s. § 20 (22) für $c = 0$. Nach der dort angegebenen Formel (25) ist die Angularvergrößerung

$$\frac{\operatorname{tg} u'}{\operatorname{tg} u} = \frac{f_1}{f_2'}.$$

Das astronomische Fernrohr liefert umgekehrte Bilder. Man kann sie durch Hinzufügung von Hilfslinsen aufrichten.

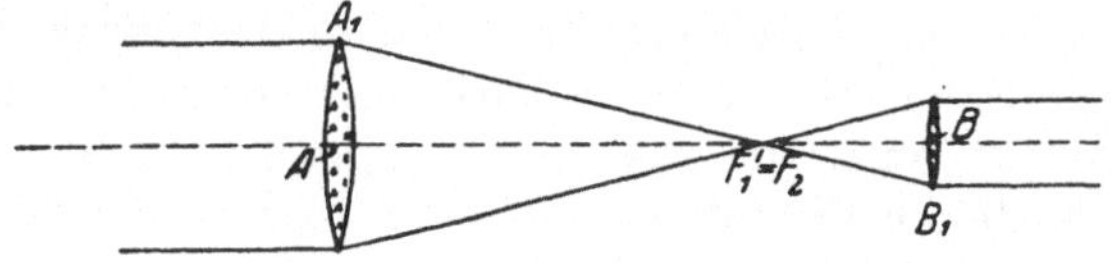

Fig. 54. Die teleskopische Folge aus zwei dünnen Sammellinsen.
$AF_1' = f_1'$, $BF_1' = f_2$.

B. *Das holländische* oder GALILEI*sche Fernrohr* hat als Objektiv ebenfalls eine Sammellinse, als Okular aber eine Zerstreuungslinse, welche innerhalb der Brennweite des Objektivs angebracht wird. Das durch das Okular blickende Auge sieht dann ein aufrechtes, vergrößertes Bild (s. Fig. 55). Es entsteht hierbei kein reelles Zwischenbild. Für den praktischen Gebrauch bei irdischer Beobachtung hat dieses Fernrohr den Nachteil großer Länge; diese wird vermieden durch

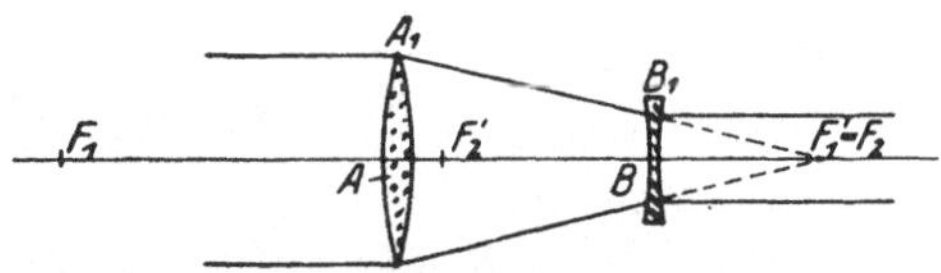

Fig. 55. Die teleskopische Folge aus einer dünnen Sammellinse A und einer dünnen Zerstreuungslinse B.
$AF_1' = f_1'$; $AF_1 = f$.
$BF_2 = f_2$; $BF_2' = f_2'$.

C. *das Prismenfernrohr*. Bei diesem geschieht die Bildaufrichtung durch spiegelnde Prismen.

Da Drehungen des Raumes um eine Achse analytisch durch orthogonale Transformation der rechtwinkligen Koordinaten mit der Determinante $+1$ dargestellt werden, Spiegelungen an einer Ebene aber durch ebensolche Transformationen mit der Determinante -1, so ist die Aufeinanderfolge zweier Spiegelungen mit einer Drehung äquivalent; und zwar bleibt bei dieser offenbar die Schnittgerade der beiden spiegelnden Ebenen invariant (Drehachse). Durch Betrachtung eines Punktes auf einer der spiegelnden Ebenen sieht man sofort, daß die resultierende Drehung den Winkel 2φ hat, wo φ der Winkel zwischen den Spiegelebenen ist. Wenn die Spiegelebenen senkrecht aufeinander stehen ($\varphi = \pi/2$), so ist also die resultierende Spiegelung eine Umklappung ($\varphi = \pi$). Als Spiegel dienen die versilberten Flächen von rechtwinkligen Glasprismen. Soll der Strahlengang „geradsichtig" sein, so braucht man mehr als zwei Prismen (s. Fig. 56). Die technische Ausführung hat mannigfache Formen für verschiedene Zwecke.

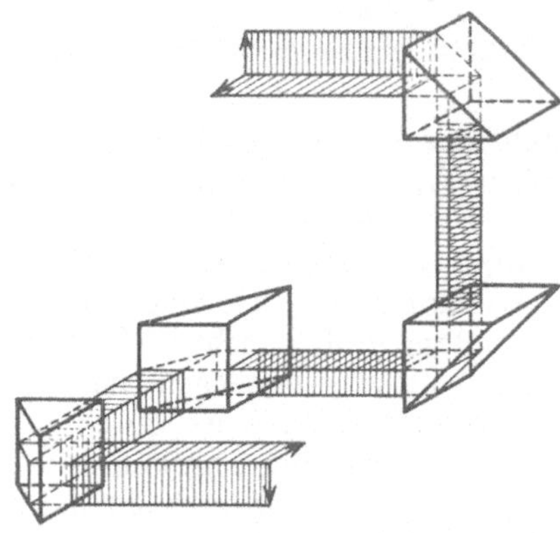

Fig. 56. PORROscher Umkehrprismensatz.

Doppelfernrohre dieser Konstruktion liefern eine bequeme Möglichkeit, die Objektive auseinanderzurücken und dadurch die schon oben erwähnte stereoskopische Tiefenwirkung zu erzielen. Beim *Scherenfernrohr* sind die beiden Teile gegeneinander drehbar angebracht. Auch die schon oben erwähnten *stereoskopischen Entfernungsmesser* benutzen gewöhnlich Prismenfernrohre.

VIII. Das **Mikroskop** besteht, wie das Fernrohr, aus einem Objektiv und einem Okular. Da es zur Betrachtung kleiner Objekte dient, ist das Objektiv gewöhnlich eine sehr kleine Linse mit kurzer Brennweite, die Büschel großer Öffnung einläßt. Das reelle vergrößerte Bild des Objektivs wird mit dem als Lupe dienenden Okular betrachtet. Das Objektiv wird vor allem auf sphärische Aberration korrigiert; ferner wird die Sinusbedingung möglichst erfüllt (Koma herabgedrückt), und die Farbfehler werden beseitigt. Der Apochromat von ABBE drückt sogar die sekundären Spektren unter das wahrnehmbare Maß herab, indem die Brennweite für drei Farben gleich gemacht wird. Aus all diesen Anforderungen geht hervor, daß die Objektive sehr komplizierte Linsensysteme sein müssen. Die Apertur (Öffnung des eintretenden Lichtbüschels) ist nicht nur maßgebend für die Helligkeit, sondern auch für das Auflösungsvermögen, von dem wir aber erst später (IV, § 53) handeln können.

Drittes Kapitel.

Interferenz.

§ 34. Interferenz zweier Strahlen.

Die geometrische Optik ist, wie wir sahen, nur eine grobe Annäherung an die strengen Gesetze der Lichtausbreitung, welche in Form von (elektromagnetischen) Wellen vor sich geht. Wir haben jetzt die Erscheinungen zu betrachten, bei denen Abweichungen von der geometrisch konstruierten Lichtverteilung beobachtet werden. Hierbei haben wir zwei Fälle zu unterscheiden.

1. Verfolgt man die Lichtausbreitung zunächst geometrisch, so kommt es häufig vor, daß sich zwei Strahlenbüschel endlicher Ausdehnung durchkreuzen;

man kann dies leicht durch Kombination von Spiegeln, Platten, Prismen usw. (Interferenzapparate) erreichen. In dem von den beiden Büscheln erfüllten Raumteil werden sich in Wirklichkeit zwei Wellenbewegungen überlagern, und man wird erwarten, daß bei hinreichend feiner Beobachtung Verstärkungen und Schwächungen der Lichtintensität, sog. *Interferenzen*, zustande kommen. Voraussetzung dafür ist, daß die Stellen solcher Maxima und Minima im Raume feststehen (oder jedenfalls nicht zu schnell wechseln, so daß das Auge ihnen folgen kann). Würde man nun zur Erzeugung der beiden sich kreuzenden Strahlenbüschel *verschiedene* Lichtquellen nehmen, so müßten zur Erfüllung dieser Bedingung die emittierenden Atome oder Moleküle in beiden dauernd exakt synchron schwingen. Das wird natürlich in Wahrheit nicht der Fall sein, es werden zufällige, mehr oder weniger plötzliche Änderungen der Amplitude und Phase jeder Elementarwelle eintreten, und zwar so schnell, daß das Auge sie nicht verfolgen kann. Man nennt zwei solche Lichtbüschel *inkohärent*. *Interferenzfähiges* oder *kohärentes Licht* kann also nur dadurch erzeugt werden, daß man *einen* gegebenen Strahl durch künstliche Hilfsmittel (Blenden, Spiegelungen, Brechungen) teilt und die beiden Teilstrahlen nachträglich überlagert, nachdem sie verschiedene Wege durchlaufen haben. Die Länge dieser Wege ist weiter noch so einzuschränken, daß ihre Differenz kleiner ist als die Länge des ungestörten, von einem Molekül emittierten Elementarwellenzuges, weil auch sonst offenbar die Bedingung verletzt ist, daß jede Elementarwelle nur „mit sich selbst" interferiert. Man nennt interferenzfähige Strahlen *kohärent* und hat in der Länge des Wegunterschiedes der gerade noch interferierenden Teilstrahlen ein Maß für die Kohärenz des ursprünglichen Lichts.

Interferenzapparate haben historisch zum Nachweis der Wellennatur des Lichts gedient und werden heute zur Messung von Wellenlängen, zur Spektroskopie u. a. benutzt. Wir werden die hier gebräuchlichen Methoden in den ersten Paragraphen dieses Kapitels darstellen.

2. Auch bei einem einzelnen ungespaltenen Strahl gelten, wie wir schon in II, § 14 sahen, die Gesetze der geometrischen Ausbreitung nicht exakt, sondern versagen in bestimmten Fällen, nämlich erstens an den Schattengrenzen der geometrischen Konstruktionen und zweitens in der Umgebung von Konvergenzpunkten (Brennpunkten u. dgl.). Man spricht in diesen Fällen von *Beugungserscheinungen*. Ihre praktische Bedeutung beruht darauf, daß sie eine absolute, von der Wellenlänge abhängige Grenze für die Anwendbarkeit geometrisch optischer Methoden liefern und daher das „Auflösungsvermögen" der optischen Instrumente (s. § 53) bestimmen. Mit diesen Fragen werden wir uns im nächsten Kapitel ausführlich beschäftigen.

Die *Intensität des Lichts* messen wir durch das Zeitmittel des Energiestroms senkrecht zur betrachteten Fläche, d. h. für eine ebene Welle nach I, § 3 (12), (13), (14):

$$J = \overline{|\mathfrak{S}|} = c_1 \overline{W} = \frac{c_1 \varepsilon}{4\pi} \overline{\mathfrak{E}^2}. \tag{1}$$

Gewöhnlich werden wir die Intensitäten nur im selben Medium vergleichen; dann genügt es, als Intensität die Größe $\overline{\mathfrak{E}^2}$ zu gebrauchen. $\mathfrak{E}$ ist hier natürlich als reelle Zahl zu nehmen, weil es sich um die Berechnung einer quadratischen Größe handelt. Will man gleichwohl mit der formal bequemen komplexen Schreibweise operieren, so muß man jedesmal vor der Multiplikation oder dem Quadrieren den reellen Teil abspalten. So wird nach I, § 7 (1) eine einfache harmonische Vektorwelle jetzt so darzustellen sein:

$$\mathfrak{E} = \Re(\mathfrak{A} e^{i\tau}) = \tfrac{1}{2}(\mathfrak{A} e^{i\tau} + \mathfrak{A}^* e^{-i\tau}), \tag{2}$$

wo $\mathfrak{A}^*$ den Vektor bedeutet, dessen Komponenten zu denen von $\mathfrak{A}$ konjugiert komplex sind, und wo

(3) $$\tau = 2\pi\nu t$$

gesetzt ist.

Für die Komponenten von $\mathfrak{A}$ schreiben wir

(4) $$\mathfrak{A}_x = a_1 e^{i\alpha_1}, \quad \mathfrak{A}_y = a_2 e^{i\alpha_2}, \quad \mathfrak{A}_z = a_3 e^{i\alpha_3};$$

dabei sind die Phasen durch

(5) $$\alpha_1 = -\frac{2\pi}{\lambda} r + \delta_1, \quad \alpha_2 = -\frac{2\pi}{\lambda} r + \delta_2, \quad \alpha_3 = -\frac{2\pi}{\lambda} r + \delta_3$$

gegeben, wo λ die Wellenlänge und r der von der Welle durchlaufene Weg ist. Wir haben also (anders als früher I, § 6 und § 7) von den Phasen einen für alle drei Komponenten gleichen, nur vom Wege r abhängigen Teil abgespalten, der Rest $\delta_1, \delta_2, \delta_3$ sind Phasenkonstanten, die den Polarisationszustand der Welle kennzeichnen. Wir wollen hier der Einfachheit halber voraussetzen, daß die Phasenkonstanten bei der Spaltung der Welle erhalten bleiben (oder sich höchstens um dieselbe Konstante ändern). Wir haben nun

$$\mathfrak{E}^2 = \tfrac{1}{4}(\mathfrak{A}^2 e^{2i\tau} + \mathfrak{A}^{*2} e^{-2i\tau} + 2\mathfrak{A}\mathfrak{A}^*),$$

und da bei der Mittelung über eine hinreichend lange Zeit die periodischen Funktionen verschwinden, so wird

(6) $$\overline{\mathfrak{E}^2} = \tfrac{1}{2}\mathfrak{A}\mathfrak{A}^* = \tfrac{1}{2}|\mathfrak{A}|^2 = \tfrac{1}{2}(|\mathfrak{A}_x|^2 + |\mathfrak{A}_y|^2 + |\mathfrak{A}_z|^2) = \tfrac{1}{2}(a_1^2 + a_2^2 + a_3^2).$$

Denken wir uns nun zwei Wellen $\mathfrak{E}_1$ und $\mathfrak{E}_2$ durch Spaltung aus einer Welle hergestellt und in einem Raumteil überlagert, so ist die gesamte elektrische Feldstärke

(7) $$\mathfrak{E} = \mathfrak{E}_1 + \mathfrak{E}_2$$

und

$$\mathfrak{E}^2 = \mathfrak{E}_1^2 + \mathfrak{E}_2^2 + 2\mathfrak{E}_1\mathfrak{E}_2.$$

Für die Intensität des Lichts erhalten wir also

(8) $$J = J_1 + J_2 + \mathfrak{J},$$

wo

(9) $$\mathfrak{J} = 2\overline{\mathfrak{E}_1\mathfrak{E}_2}$$

das sog. *Interferenzglied* ist. Bezeichnen wir die komplexe Amplitude der Welle $\mathfrak{E}_1$ mit $\mathfrak{A}$, die von $\mathfrak{E}_2$ mit $\mathfrak{B}$ und setzen wieder

(10) $$\begin{cases} \mathfrak{A}_x = a_1 e^{i\alpha_1} \ldots, \\ \mathfrak{B}_x = b_1 e^{i\beta_1} \ldots, \end{cases}$$

so hat man für die α die oben angegebene Formel (5), für β entsprechende Formeln mit denselben Werten von $\delta_1, \delta_2, \delta_3$, aber mit anderem r, wenn die beiden Teilstrahlen verschieden lange Wege durchlaufen. Es ist also

(11) $$\alpha_1 - \beta_1 = \alpha_2 - \beta_2 = \alpha_3 - \beta_3 = \frac{2\pi}{\lambda}(r_2 - r_1) = \delta,$$

da sich die $\delta_1, \delta_2, \delta_3$ herausheben. Man nennt $\Delta = r_2 - r_1$ den *Gangunterschied*, δ den *Phasenunterschied* der beiden Wellen. Wir haben nun

$$\mathfrak{E}_1\mathfrak{E}_2 = \tfrac{1}{4}(\mathfrak{A}e^{i\tau} + \mathfrak{A}^* e^{-i\tau})(\mathfrak{B}e^{i\tau} + \mathfrak{B}^* e^{-i\tau})$$
$$= \tfrac{1}{4}(\mathfrak{A}\mathfrak{B}e^{2i\tau} + \mathfrak{A}^*\mathfrak{B}^* e^{-2i\tau} + \mathfrak{A}\mathfrak{B}^* + \mathfrak{A}^*\mathfrak{B})$$

und daher

$$(12)\quad \begin{cases} \mathcal{J} = 2\overline{\mathfrak{E}_1\mathfrak{E}_2} = \frac{1}{2}(\mathfrak{A}\mathfrak{B}^* + \mathfrak{A}^*\mathfrak{B}) \\ \quad = a_1 b_1 \cos(\alpha_1 - \beta_1) + a_2 b_2 \cos(\alpha_2 - \beta_2) + a_3 b_3 \cos(\alpha_3 - \beta_3) \\ \quad = (a_1 b_1 + a_2 b_2 + a_3 b_3)\cos\delta\,. \end{cases}$$

Diese Formel gibt die Abhängigkeit des Interferenzgliedes vom Phasenunterschied und von den Amplituden der Komponenten der Einzelwellen. Dabei ist von der Tatsache, daß es sich um elektromagnetische Wellen handelt, noch gar kein Gebrauch gemacht, insbesondere auch nicht von dem Umstand, daß die Schwingungen *transversal* sind. Wir haben nun in der Einleitung erwähnt (S. 3), daß FRESNEL und ARAGO aus Beobachtungen über die Interferenzen zweier senkrecht zueinander polarisierter Lichtstrahlen geschlossen haben, daß die Lichtschwingungen transversal sein müssen. Wir können diesen Schluß jetzt hier vorführen. Dazu haben wir nur anzunehmen, daß sich die beiden Teilstrahlen in derselben Richtung, etwa in der z-Richtung, fortpflanzen, der erste aber in einer die x-Achse enthaltenden Ebene, der zweite in einer die y-Achse enthaltenden Ebene schwingt; d. h. es gilt

$$a_2 = 0, \qquad b_1 = 0.$$

Die Interferenzformel (12) gibt also

$$\mathcal{J} = a_3 b_3 \cos\delta\,.$$

Nun zeigten die Beobachtungen von FRESNEL und ARAGO, daß niemals Interferenzen an solchem Licht auftreten, und daraus folgt, daß $a_3 = b_3 = 0$ ist, d. h. die Transversalität der Lichtschwingungen. In unserer elektromagnetischen Theorie ist dies ja eine Folge der Grundgleichungen.

Wir betrachten nun zwei Teilstrahlen, die beide parallel der z-Richtung fortschreiten und parallel der x-Richtung schwingen, so daß nur a_1 und b_1 von Null verschieden sind. Wir haben dann

$$J_1 = \tfrac{1}{2}\cdot a_1^2, \qquad J_2 = \tfrac{1}{2}\cdot b_1^2$$

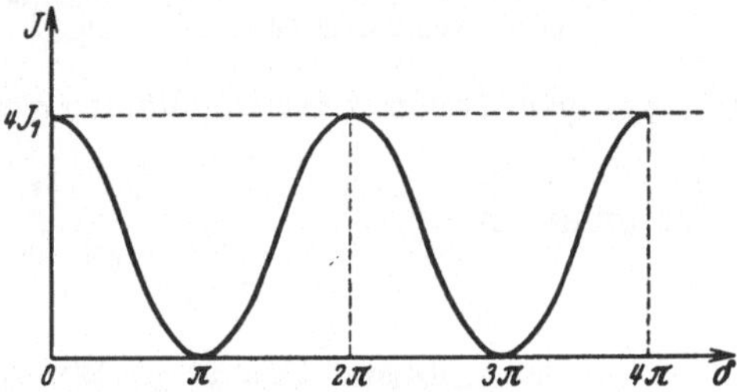

und

$$(13)\qquad \mathcal{J} = a_1 b_1 \cos\delta = 2\sqrt{J_1 J_2}\cos\delta\,.$$

Fig. 57. Interferenz zweier Strahlenbüschel.

Insbesondere wird für $J_1 = J_2$ die gesamte Lichtstärke

$$(14)\qquad J = 2J_1\cdot(1 + \cos\delta) = 4J_1\cdot\cos^2\frac{\delta}{2}\,.$$

Es erscheinen also Lichtminima $J = 0$ da, wo $\delta = \pm\pi, \pm 3\pi, \ldots \pm(2k+1)\pi, \ldots$ ist, und Maxima $J = 4J_1$ da, wo $\delta = 0, \pm 2\pi, \ldots \pm 2k\pi, \ldots$ ist. Die Lichtverteilung zeigt Fig. 57.

Genau dieselben Formeln, die hier für linear polarisiertes Licht abgeleitet sind, gelten auch für natürliches, unpolarisiertes Licht, denn da, wie gezeigt, die aufeinander senkrechten Komponenten gar nicht miteinander interferieren, so kann man die Interferenzen für die Komponenten in der x- und y-Richtung für sich berechnen und dann addieren, und da für beide δ denselben Wert hat, so erhält man wieder dasselbe Ergebnis.

§ 35. Der Interferenzversuch nach YOUNG.

Eine der einfachsten Versuchsanordnungen zur Erzielung von Interferenzen stammt von YOUNG; sie wird durch die Fig. 58 dargestellt. Ein paralleles Strahlenbüschel trifft auf einen Blendenschirm B, der senkrecht zur Fortpflanzungsrichtung steht. In diesem befinden sich zwei parallele schmale Spalte Q_1 und Q_2 im Abstande d. Dann werden Q_1 und Q_2 Ausgangspunkte für neue Wellenbewegungen. (Dies beruht auf Beugungserscheinungen, die erst im vierten Kapitel besprochen werden.) Man bezeichnet Q_1 und Q_2 als *virtuelle Lichtquellen*; das von ihnen ausgestrahlte Licht ist kohärent, interferenzfähig. Das Licht, das von Q_1 bzw. Q_2 ausgeht, wird durch einen Schirm S aufgefangen, der parallel zur Blende B ist und von dieser die Entfernung a hat. Die beiden Spalte Q_1 und Q_2 mögen nun symmetrisch zu der x-Achse liegen, welche senkrecht zu den Schirmen B und S verläuft. P_0 sei der Punkt, in dem die x-Achse den Schirm S trifft. Wir nehmen in S eine z-Achse senkrecht zu den beiden Spalten Q_1 und Q_2 an. Ist dann P ein Punkt auf S, der auf der z-Achse liegt und die Entfernung p von P_0 hat, so ist der Gangunterschied des Lichts, das von Q_1 bzw. Q_2 nach P gelangt, gleich $r_2 - r_1$, wenn r_1 und r_2 die Wege sind, die das Licht von Q_1 bzw. Q_2 nach P zurückzulegen hat:

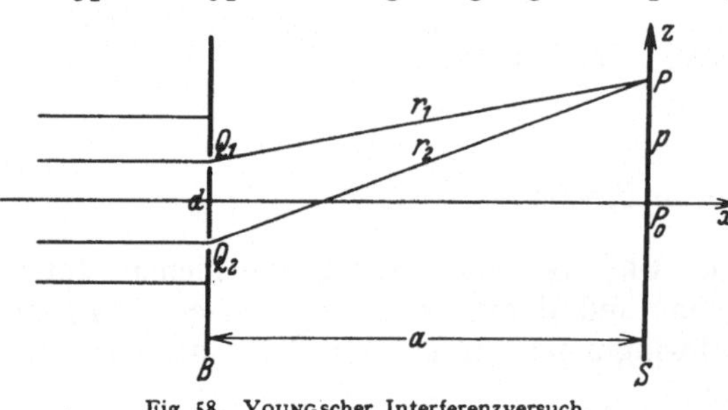

Fig. 58. YOUNGscher Interferenzversuch.

$$\Delta = r_2 - r_1 . \tag{1}$$

Nun ist:

$$r_1^2 = a^2 + \left(p - \frac{d}{2}\right)^2,$$

$$r_2^2 = a^2 + \left(p + \frac{d}{2}\right)^2,$$

$$r_2^2 - r_1^2 = 2pd = (r_2 - r_1)(r_2 + r_1) .$$

Es sei a groß gegen d und p; dann ist angenähert:

$$r_2 + r_1 = 2a ;$$

somit erhält man:

$$\Delta = r_2 - r_1 = \frac{pd}{a}, \quad \delta = \frac{2\pi}{\lambda}\Delta = \frac{2\pi p d}{\lambda a} \tag{2}$$

bis auf Größen höherer Ordnung. Wir haben nach § 34 (14) Intensitätsmaxima für die Werte:

$$\delta = 0, \quad \pm 2\pi, \quad \pm 4\pi \ldots,$$

$$p = 0, \quad \pm\frac{\lambda a}{d}, \quad \pm 2\frac{\lambda a}{d} \ldots$$

und Minima für:

$$\delta = \pm\pi, \qquad \pm 3\pi \ldots,$$

$$p = \pm\frac{1}{2}\frac{\lambda a}{d}, \quad \pm\frac{3}{2}\frac{\lambda a}{d} \ldots .$$

Es ergibt sich als Interferenzbild auf dem Schirm S eine Schar heller und dunkler Streifen in gleichem Abstand senkrecht zur z-Achse, also parallel zu den Spalten Q_1 und Q_2. Der Abstand benachbarter Streifen ist gleich $p_0 = \lambda a/d$. Der zentrale Teil ($p = 0$) der beobachteten Interferenzerscheinung entspricht hier einem Maximum der Lichtstärke. In allen ähnlichen Fällen spricht man von einer Erscheinung mit *heller* Mitte, das Gegenteil hierzu ist eine Erscheinung mit *dunkler* Mitte.

Mit Hilfe dieser Versuchsanordnung kann man die Wellenlänge des Lichts ermitteln, wenn die geometrischen Abmessungen der Anordnung bekannt sind, indem man den Streifenabstand p_0 beobachtet. Es sei z. B.:

$$a = 5 \text{ m} = 500 \text{ cm},$$

$$d = 1 \text{ cm},$$

$$p_0 = 0{,}025 \text{ cm}.$$

Dann ist:

$$\lambda = \frac{p_0 d}{a} = \frac{25 \cdot 10^{-3}}{5 \cdot 10^2} = 5 \cdot 10^{-5} \text{ cm};$$

das ist die Wellenlänge von grünem Licht.

Die Streifenbreite ist also eine Funktion der Wellenlänge. Benutzt man weißes Licht, so kommen die Interferenzbilder der verschiedenen Spektralfarben aufeinander zu liegen und ergeben farbige Streifen, die bereits nach wenigen Streifenbreiten verwaschen werden und allmählich in weiß übergehen. Wenn man eine größere Anzahl von Streifen beobachten will, hat man daher *homogenes* oder *monochromatisches Licht*, d. i. Licht, das nur eine Wellenlänge enthält, anzuwenden.

Der Vorteil dieser YOUNGschen Anordnung besteht darin, daß das Einstellen verhältnismäßig einfach ist; die beiden Schirme B und S brauchen nicht streng parallel zu sein, ebenso braucht B nicht streng senkrecht zu den einfallenden Strahlen zu stehen. Der Nachteil der Anordnung besteht in der großen Ausdehnung der Apparatur, ferner darin, daß die virtuellen Lichtquellen durch Beugungserscheinungen erzeugt werden, die selbst wieder verwickelte Interferenzerscheinungen sind und hier noch nicht erklärt werden können. Deshalb hat man Methoden ersonnen, um die virtuellen Lichtquellen auf andere Weise herzustellen. Auf einige dieser Methoden werden wir im folgenden eingehen.

§ 36. Der FRESNELsche Doppelspiegel, das FRESNELsche Biprisma, die Halblinsen von BILLET.

Bei dem *FRESNELschen Spiegelversuch* werden Strahlen miteinander zur Interferenz gebracht, welche von zwei Spiegeln reflektiert werden, die miteinander einen Winkel von nahezu 180° bilden (Fig. 59). Es seien AB und AC die beiden Spiegel; der kleine (spitze) Winkel, der von ihren Ebenen gebildet wird, sei α. Q sei die Lichtquelle, z. B. ein schmaler, grell beleuchteter Spalt parallel zur Schnittlinie der beiden Spiegelebenen (Punkt A der Figur). Man kann nun annehmen, die von den Spiegeln reflektierten Strahlen gingen aus von den virtuellen Lichtquellen Q_1 und Q_2, den Bildern der Lichtquelle Q. Wenn r der Abstand der Lichtquelle Q von der Schnittgeraden A ist, so ist offenbar $AQ_1 = AQ_2 = AQ = r$. Demnach muß die Gerade MP_0, die Mittelsenkrechte auf $Q_1Q_2 = d$, durch den Punkt A gehen.

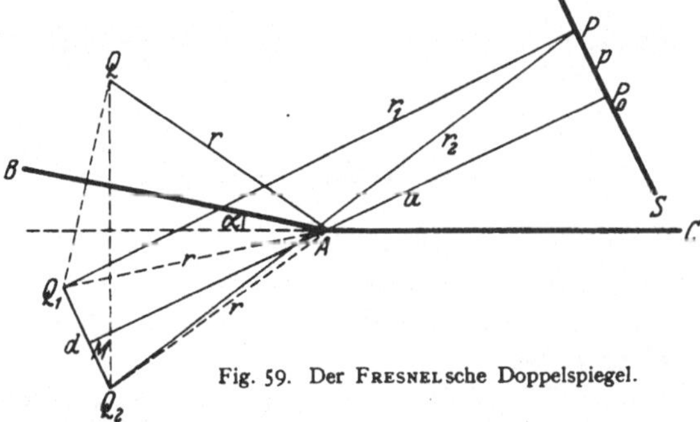

Fig. 59. Der FRESNELsche Doppelspiegel.

Die weiteren Betrachtungen sind analog denen des vorhergehenden Paragraphen. Die Bezeichnungen sind die gleichen: es ist $d = 2r \sin\alpha$ der Abstand der beiden virtuellen Lichtquellen Q_1, Q_2, a der Abstand des Schirmes S, auf dem wir die Interferenzen beobachten, vom Mittelpunkt M ihrer Verbindungslinie. P_0 ist der Punkt, in dem die Mittelsenkrechte auf Q_1Q_2 die Ebene S trifft, p der Abstand eines Punktes P von P_0. a sei auch in diesem Falle groß gegen d und p.

Dann haben wir Intensitätsmaxima für die Werte:

$$\delta = 0, \quad \pm 2\pi, \quad \pm 4\pi \ldots,$$

$$p = 0, \quad \pm \frac{\lambda a}{d} = \pm \frac{\lambda a}{2r \sin\alpha}, \quad \pm 2\frac{\lambda a}{d} \ldots,$$

und Minima für:

$$\delta = \pm \pi, \quad \pm 3\pi \ldots.$$

$$p = \pm \frac{1}{2}\frac{\lambda a}{d} = \pm \frac{1}{2}\frac{\lambda a}{2r \sin\alpha}, \quad \pm \frac{3}{2}\frac{\lambda a}{d} \ldots.$$

Wir erhalten als Interferenzbild helle und dunkle Streifen parallel zur Schnittgeraden der beiden Spiegel. Der Abstand zweier Streifen ist gleich:

$$p_0 = \frac{\lambda a}{d} = \frac{\lambda a}{2r \sin\alpha}.$$

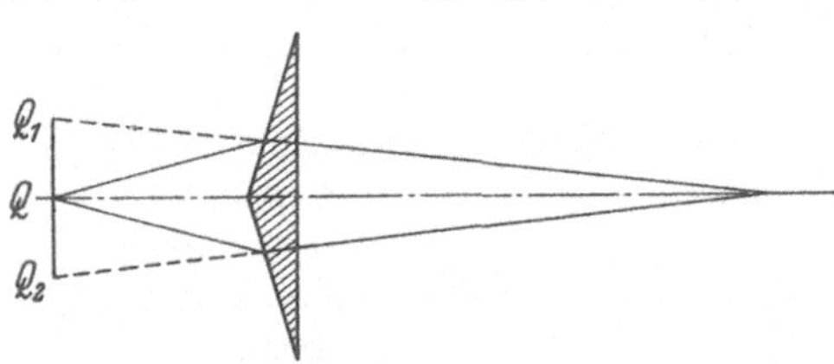

Fig. 60. Das FRESNELsche Biprisma.

Um möglichst große Abstände zu erzielen, muß man also bei gegebener Wellenlänge a möglichst groß, r und α möglichst klein wählen.

Beim FRESNELschen Spiegelversuch treten auch Beugungserscheinungen auf, die insbesondere durch die gemeinsame Spiegelkante hervorgerufen werden.

Es gibt verschiedene Modifikationen der FRESNELschen Anordnung, bei denen die Teilung des Strahls statt durch Spiegel auf andere Weise erreicht wird. Wir nennen zwei davon:

1. *Das* FRESNEL*sche Biprisma.* Dieses hat einen Querschnitt von der Form eines flachen, gleichschenkligen Dreiecks; der stumpfe Winkel wird der Lichtquelle Q zugekehrt, s. Fig. 60. Jede Prismenhälfte liefert ein virtuelles ein wenig abgelenktes Bild von Q. Innerhalb des Raumes, in dem sich die von den virtuellen Bildern Q_1, Q_2 ausgehenden Strahlen überlagern, treten Interferenzen auf.

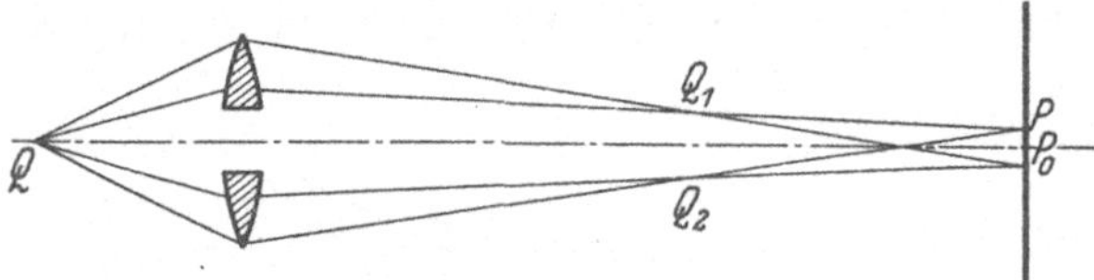

Fig. 61. Die Halblinsen von BILLET.

2. *Die Halblinsen von* BILLET. Eine Linse wird in zwei Hälften A und B zerschnitten (s. Fig. 61). Die Lichtquelle Q gibt zwei virtuelle Lichtquellen Q_1 und Q_2, von denen Strahlen ausgehen, welche auf einem Schirm zwischen den Punkten P und P_0 Interferenzstreifen geben.

§ 37. Stehende Wellen.

Im Jahre 1890 hat O. WIENER[1] die Existenz von sog. *stehenden Lichtwellen* nachgewiesen, die durch Reflexion von senkrecht auffallendem Licht an Metallspiegeln hergestellt wurden. Das Reflexionsvermögen von Metallspiegeln ist fast gleich 1 (bei Silberspiegeln 99%). Nehmen wir es gleich 1, so brauchen wir auf

[1] O. WIENER, Wiedem. Ann. Bd. 40 (1890) S. 203.

die Theorie der metallischen Reflexion, die erst im Kap. VI behandelt wird, gar nicht einzugehen; es genügt die einfache Überlegung, daß in diesem Falle Totalreflexion eintreten muß, also bei senkrechter Inzidenz an der Oberfläche die Phase der reflektierten Welle der der einfallenden genau entgegengesetzt gleich sein muß. [Man kann formal dasselbe auch aus den Formeln I, § 10 (17) erhalten, indem man $n = \infty$ setzt.]

Wir nehmen an, das Einfallslot falle mit der negativen z-Achse zusammen. Dann ist die x-Komponente der einfallenden Welle gegeben durch

$$\mathfrak{E}_x^{(a)} = A \cos\omega\left(t - \frac{z}{c_1}\right) \tag{1}$$

und die x-Komponente der reflektierten Welle durch

$$\mathfrak{E}_x^{(r)} = -A \cos\omega\left(t + \frac{z}{c_1}\right). \tag{2}$$

Der einfallende und der reflektierte Wellenzug durchsetzen sich, und die resultierende Erregung ist

$$\mathfrak{E}_x = \mathfrak{E}_x^{(a)} + \mathfrak{E}_x^{(r)} = 2A \sin\omega t \cdot \sin\frac{\omega z}{c_1}; \tag{3}$$

man sieht, daß $\mathfrak{E}_x$ dargestellt ist durch das Produkt zweier Sinusfunktionen, von denen die eine nur von der Zeit abhängt, die andere nur vom Ort. Die Amplitude der zeitlichen Schwingung $2A\sin\frac{\omega}{c_1}z = 2A\sin\frac{2\pi}{\lambda}z$ ist eine periodische Ortsfunktion. Sie verschwindet für

$$z = 0, \quad -\frac{\lambda}{2}, \quad -\lambda, \quad -\frac{3}{2}\lambda, \quad -2\lambda \ldots, \quad \text{(Wellenknoten)} \tag{4}$$

und hat ihre Extrema für

$$z = -\frac{\lambda}{4}, \quad -\frac{3\lambda}{4}, \quad -\frac{5\lambda}{4} \ldots, \quad \text{(Wellenbäuche)} \tag{5}$$

unabhängig von der Zeit stets an diesen selben Stellen.

Bei dieser Art von Interferenz spricht man von *stehenden Wellen.*

Ganz analog verläuft die Betrachtung für die magnetischen Vektoren. Die Bäuche der elektrischen stehenden Welle fallen mit den Knoten der magnetischen zusammen und umgekehrt; an der Spiegelfläche hat die elektrische Welle einen Knoten, die magnetische einen Bauch; denn die magnetischen Vektoren haben eine Phasenverschiebung von $\pi/2$ gegen die elektrischen.

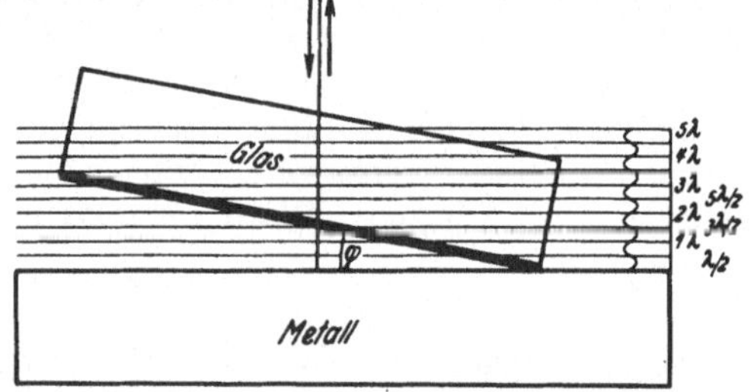

Fig. 62. Nachweis der stehenden Wellen nach WIENER.

O. WIENER brachte nun, um die Orte der Wellenknoten und Wellenbäuche in dem Raume vor dem Metallspiegel experimentell nachzuweisen, ein auf Glas aufliegendes, sehr dünnes Chlorsilberkollodiumhäutchen so vor die Spiegelfläche, daß es mit dieser einen kleinen Winkel φ bildete.

In der Fig. 62 ist die Lage der um $\lambda/2$ voneinander entfernten Maxima schematisch angedeutet, ebenso die Lage der Kollodiumschicht. Die lichtempfindliche Schicht durchschneidet die Ebenen der Wellenbäuche und Wellenknoten in einem System von Geraden, die alle gleichen Abstand voneinander haben; der Abstand ist um so größer, je kleiner der Winkel φ ist. Im photographischen Bilde zeigte sich in der Tat die zu erwartende Lage des Systems der Schnittgeraden. Am Spiegel selbst trat keine Schwärzung ein; dort hatte die stehende Welle einen Knoten. Die erste Schwärzung trat im Abstande $\lambda/4$ ein.

Aus diesem Befund ist ein wichtiger Schluß zu ziehen, nämlich der, daß tatsächlich *der elektrische Vektor hinsichtlich der photographischen Wirkung als Lichtvektor* zu gelten hat; denn nach (5) liegt gerade für diesen der erste Wellenbauch im Abstand $\lambda/4$ von der Platte (während er für den magnetischen Vektor im Abstand $\lambda/2$ liegt). Es ist das natürlich auch vom Standpunkt der Elektronentheorie zu erwarten. Denn die photographische Wirkung ist ein Ionisierungsprozeß (Herauslösung eines Elektrons aus dem Atomverband des Silbersalzes, das in der Schicht eingebettet ist); die an ruhenden Teilchen angreifende elektrische Kraft ist aber bekanntlich proportional dem elektrischen Vektor. Es gibt noch viele, rein optische Beweise dafür, daß der Lichtvektor mit dem elektrischen Vektor zu identifizieren ist. Wir werden einen solchen in der Kristalloptik kennenlernen (s. Kap. V, § 61) und weisen ferner auf die lichtelektrischen Erscheinungen hin, bei denen man direkt den Zusammenhang der Richtung des elektrischen Vektors mit der des herausgeschleuderten Elektrons feststellen kann.

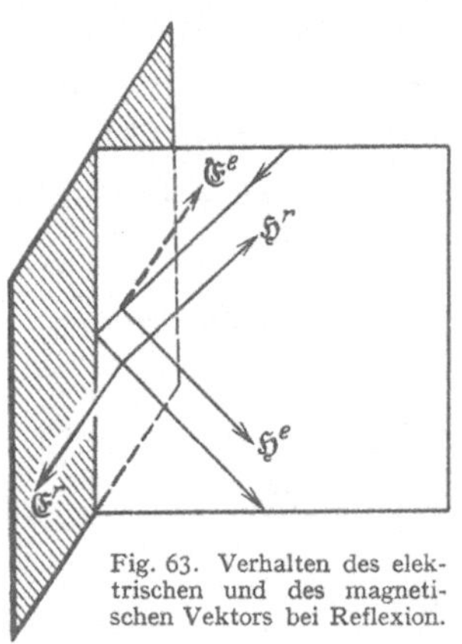

Fig. 63. Verhalten des elektrischen und des magnetischen Vektors bei Reflexion.

Auch an dieser Stelle können wir sogleich einen anderen experimentellen Beweis für die Identität des elektrischen Vektors mit dem Lichtvektor angeben. Läßt man linear polarisiertes Licht unter dem Einfallswinkel 45° auf einen Metallspiegel fallen, so kann man Interferenz zwischen einfallender und reflektierter Welle dadurch nachweisen, daß man auf die Oberfläche des Spiegels eine sehr dünne Chlorsilberschicht (Schichtdicke klein gegen Wellenlänge) bringt. Schwingt nun der elektrische Vektor $\mathfrak{E}$ des einfallenden Lichts senkrecht zur Einfallsebene, so bleibt die photographische Schicht ungeschwärzt; schwingt $\mathfrak{E}$ parallel zur Einfallsebene, so tritt Schwärzung ein. Dies ist sofort verständlich, wenn $\mathfrak{E}$ (und nicht $\mathfrak{H}$) die photographisch wirksame Feldstärke ist. Denn es interferieren ja nur solche Lichtfelder, deren Schwingungen parallel sind; dies ist für die einfallenden und reflektierten Wellen der Fall, wenn sie senkrecht zur Einfallsebene schwingen, und dann löschen sie sich in der Nähe der Oberfläche wegen der Grenzbedingung am vollkommenen Spiegel ($\mathfrak{E} = 0$) aus und lassen daher die Schicht ungeschwärzt. Die parallel zur Einfallsebene schwingenden Komponenten im einfallenden und reflektierten Strahl aber stehen zueinander senkrecht, interferieren also nicht (s. Fig. 63) und erzeugen daher eine Schwärzung. Wäre $\mathfrak{H}$ der wirksame Vektor, so wäre es gerade umgekehrt.

§ 38. Die Farben dünner Blättchen und die NEWTONschen Ringe.

Die lebhaften Farben, die hinreichend dünne Schichten durchsichtiger Körper (Seifenblasen, Ölhäute) sowohl im durchfallenden als auch im reflektierten Licht zeigen, lassen sich durch die Interferenz des Lichts verstehen, das an der Vorder- und Rückseite der Schicht reflektiert wird.

Wir leiten zunächst einen Ausdruck für den Gangunterschied der beiden ersten Strahlen ab, die bei der Reflexion an einer planparallelen Schicht entstehen. Fig. 64 zeigt die Platte von der Dicke h; sie werde auf beiden Seiten von demselben Medium begrenzt. λ sei die Wellenlänge im Außenmedium, die Platte habe den Brechungsindex n dagegen; dann ist die Wellenlänge in der Platte gegeben durch $\lambda' = \lambda/n$. Ein Bündel paralleler, kohärenter, homogener Strahlen falle unter dem Winkel φ ein, der Brechungswinkel sei ψ, wobei gilt:

$$\frac{\sin\varphi}{\sin\psi} = n = \frac{\lambda}{\lambda'}.$$

Ein von A kommender Strahl treffe die Oberfläche der Schicht in B, werde nach dem Punkte D der unteren Grenzfläche der Schicht gebrochen, von dort nach dem Punkte B' der oberen Grenzschicht reflektiert und dann in der Richtung nach dem Punkte C hin gebrochen. Durch den Punkt B' geht auch eine zweite Wellennormale $A'B'$ der einfallenden Welle, und diese wird durch Reflexion ebenfalls in die Richtung $B'C$ geworfen. Wir haben also in C zwei interferierende Wellen, deren Gangunterschied wir zu berechnen haben. Hierzu fällen wir von B auf $A'B'$ das Lot mit dem Fußpunkt E. Dann lehrt die Figur, daß die Phasendifferenz

$$\delta = 2\pi\left[\frac{DB' + DB}{\lambda'} - \frac{EB'}{\lambda}\right]$$

ist. Weiter gilt

$$BD = DB' = \frac{h}{\cos\psi},$$

$$EB' = BB' \cdot \sin\varphi = 2h \cdot \operatorname{tang}\psi \cdot \sin\varphi.$$

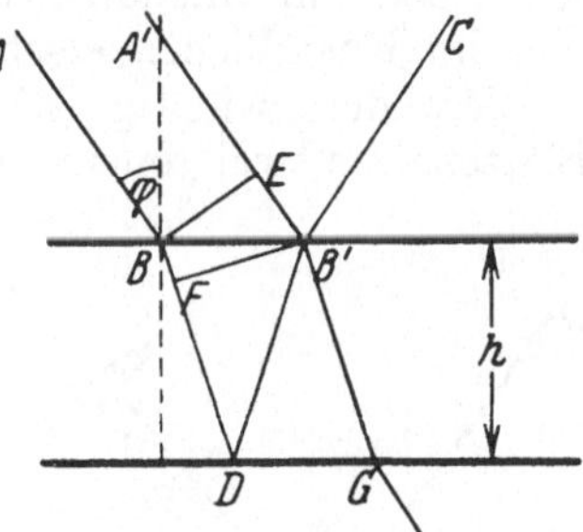

Fig. 64. Interferenz an einer planparallelen Platte.

Benutzt man ferner noch die Beziehung $n = \lambda/\lambda' = \sin\varphi/\sin\psi$, so erhält man hieraus:

$$\delta = 2h\frac{2\pi}{\lambda'}\left(\frac{1}{\cos\psi} - \frac{1}{\cos\psi}\cdot\sin^2\psi\right) = \frac{4h\pi\cos\psi}{\lambda'}.$$

Man kann diese Betrachtung auch durch eine etwas andere ersetzen (die in der Theorie der Interferenz von Röntgenstrahlen gebräuchlich ist). Hierzu fälle man von B' das Lot auf BD mit dem Fußpunkt F. Dann ist offenbar die Welle in den Punkten F und B' in gleicher Phase und man hat

$$\delta = 2\pi\frac{FD + B'D}{\lambda'} = 2\pi\frac{DB'}{\lambda'}(\cos 2\psi + 1) = \frac{4h\pi}{\lambda'}\cos\psi.$$

Nun muß man aber noch die Änderung der Phase durch Reflexion berücksichtigen. Die dabei auftretenden Änderungen sind ausführlich bei der Diskussion der FRESNELschen Formeln I, § 10, S. 30, dargestellt. Aus ihnen geht hervor, daß in unserem Falle die Phase entweder bei der Reflexion an der oberen oder an der unteren Fläche einen Sprung um π macht. Es ergibt sich also, wenn man dies berücksichtigt:

(1) $$\delta = \frac{4\pi h}{\lambda'}\cos\psi \pm \pi.$$

Will man die Abhängigkeit zwischen δ und φ haben, so erhält man

(2) $$\delta = \frac{4h\pi}{\lambda}\sqrt{n^2 - \sin^2\varphi} \pm \pi.$$

Wenn nur diese beiden Strahlen zur Interferenz gelangten, so wäre die Intensität ein Maximum, wenn δ ein Vielfaches von 2π ist, und ein Minimum, wenn δ ein ungerades Vielfaches von π ist. Völlige Auslöschung kann nicht erfolgen, da die Intensitäten des einmal reflektierten und des zweimal gebrochenen und einmal reflektierten Lichts nicht gleich sind.

Genau so verläuft die Betrachtung für die beiden durchgehenden Strahlen *ABDB'GH* und *A'B'GH*; die Phasendifferenz für sie ist gegeben durch

$$\delta' = \frac{4\pi h}{\lambda'}\cos\psi = \frac{4\pi h}{\lambda}\sqrt{n^2 - \sin^2\varphi}\,. \tag{3}$$

Da es sich hier um eine gerade Anzahl von Reflexionen handelt, entsteht kein Phasensprung.

Die Erscheinungen im reflektierten und im durchgehenden Licht sind, wie man hieraus sieht, einander komplementär. Denn es unterscheiden sich die Phasendifferenzen um π, also die Gangunterschiede um eine halbe Wellenlänge. Wird also Licht einer bestimmten Wellenlänge beim Durchgang verstärkt, so wird es bei Reflexion geschwächt und umgekehrt.

Die Interferenzerscheinungen, die man an dünnen Blättchen beobachtet, kann man in verschiedener Hinsicht unterscheiden. Zunächst einmal spielt eine Rolle, ob die Lichtquelle punktförmig oder ausgedehnt ist, ob sie sich im Endlichen oder im Unendlichen befindet, ferner ob die Interferenzen im Endlichen oder im Unendlichen erscheinen.

Besonders wichtig ist, daß man die Interferenzerscheinungen an dünnen Blättchen in zwei voneinander wesentlich verschiedenen Fällen beobachten kann; es sind das die folgenden:

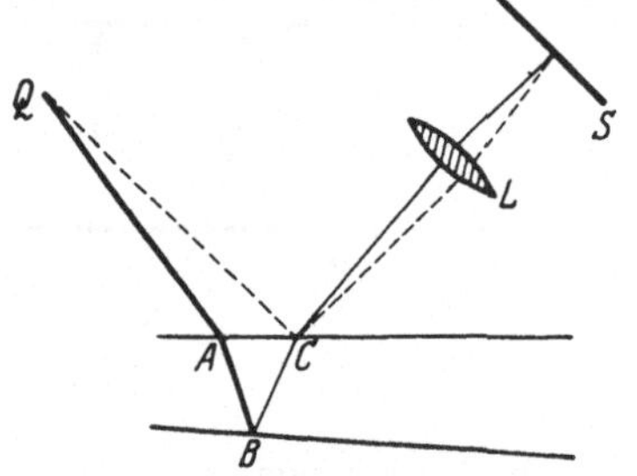

Fig. 65. Interferenz an nicht völlig planparalleler Platte.

1. Gleichförmige Färbung dünner, vollkommen planparalleler Blättchen und *Kurven gleicher Dicke* bei nicht völlig gleichbleibender Plattendicke h.

2. *Kurven gleicher Neigung* in vollkommen planparallelen Platten (HAIDINGER, MASCART, LUMMER).

Der erste Fall läßt sich mit den Formeln (1), (2) und (3) ohne weiteres behandeln. Ändert sich die Plattendicke h langsam von einem Punkt zum anderen, so wird sich auch die Phasendifferenz δ ändern. Man sieht, wenn man auf die Plattenoberfläche akkommodiert, in homogenem Licht helle und dunkle, im allgemeinen krumme Linien (im weißen Licht farbige Streifen). Hat die Platte speziell Keilform, so sind die Kurven gleicher Dicke gerade Linien, welche der Keilkante parallel sind (s. Fig. 65).

Die Kurven gleicher Dicke kann man nur an hinreichend dünnen Platten wahrnehmen. Dies erklärt sich folgendermaßen: Da die Pupille des Auges von endlicher Größe ist, vereinigen sich in C Strahlenpaare, die von verschiedenen Punkten A ausgehen. Die Gangunterschiede Δ dieser Paare unterscheiden sich voneinander nur wenig, falls die Platte dünn ist. Ist aber die Platte dick, so entstehen schon für eng benachbarte Emissionspunkte A beträchtliche Abweichungen der Gangunterschiede. Sobald diese Abweichungen für verschiedene Strahlenpaare eine halbe Wellenlänge betragen, liefern einige der Strahlenpaare in C ein Maximum, andere ein Minimum der Lichtstärke; man kann daher bei großer Plattendicke keinerlei Interferenzerscheinung wahrnehmen.

Ebenso erklärt es sich auch, daß bei sehr dünnem Keil und nahezu senkrechter Inzidenz die Interferenzstreifen gleicher Dicke ganz besonders scharf erscheinen. Denn unter diesen Bedingungen ist $\cos\psi$ nahezu gleich 1, die Phasendifferenz aller Strahlenpaare, die zur Interferenz gelangen, also gleich

$$\delta = \frac{4\pi h}{\lambda'} \pm \pi\,,$$

d. h. unabhängig vom Einfallswinkel. Die Interferenzen aller solcher Strahlenpaare werden also zusammenwirken.

Einen Spezialfall der Kurven gleicher Dicke stellen die NEWTON*schen Ringe* dar. Legt man eine schwach gekrümmte Plankonvexlinse mit der konvexen Fläche auf eine ebene Glasplatte (s. Fig. 66), so beobachtet man bei fast senkrecht einfallendem, homogenem Licht in Reflexion eine Reihe heller und dunkler konzentrischer Ringe mit dunkler Mitte, und im durchgehenden Licht ebensolche Ringe, jedoch mit heller Mitte. Bei Belichtung mit weißen Strahlen überlagern die verschiedenfarbigen Ringsysteme einander und man erhält eine geringe Anzahl von Ringen, deren Farben eine ganz bestimmte Reihenfolge haben. Man kann die NEWTONschen Ringe dazu benutzen, um aus dem bekannten Krümmungsradius der Linse die Wellenlänge des Lichts in einem Medium zwischen der Linse und der Glasplatte zu berechnen und umgekehrt aus der Wellenlänge den Krümmungsradius.

Es sei M der Mittelpunkt der kugelförmigen Grenzfläche der Linse, A der Berührungspunkt mit der Glasplatte, B ein beliebiger Punkt auf dieser. Die Senkrechte in B auf der Platte treffe die Kugel in C, und es sei $BC = h$, dann ist offenbar $2h$ der Gangunterschied für senkrecht einfallendes Licht. Andererseits hat man nach Fig. 66

$$h = R - \sqrt{R^2 - r^2},$$

oder angenähert

$$h = \frac{r^2}{2R}.$$

Die Phasendifferenz im reflektierten Licht ist also

$$\delta = \frac{2\pi r^2}{R\lambda} \pm \pi,$$

wo λ die Wellenlänge in Luft ist. Hieraus folgt für die Radien der hellen Interferenzringe

$$r = \sqrt{\frac{R\lambda}{2}(2k+1)}, \qquad k = 0, 1, 2, \ldots$$

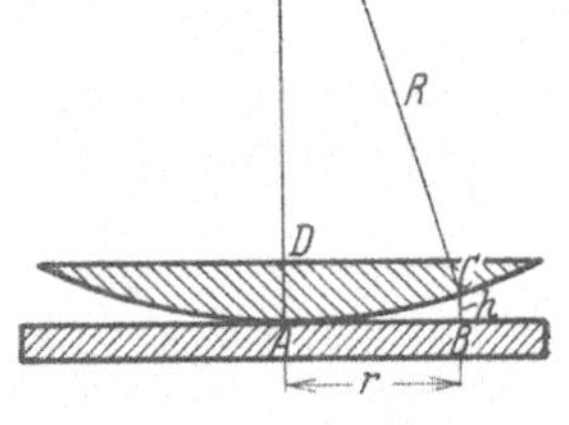

Fig. 66. NEWTONsche Ringe.

An sehr exakt planparallelen Platten kann man eine andere Interferenzerscheinung beobachten (entdeckt von HAIDINGER[1], ausgearbeitet von MASCART[2] und LUMMER[3]), die sog. *Interferenzkurven gleicher Neigung*. Sie erscheinen bei Akkommodation des Auges auf unendlich bzw. bei Abbildung durch eine Linse in die Brennebene und haben die Form von Kreisen oder Kegelschnitten, je nachdem die Linsenachse parallel oder schief zur Plattennormalen steht (s. Fig. 67). Zu ihrer Erzeugung kann man eine ausgedehnte Lichtquelle benutzen. Ein von einem bestimmten Punkt dieser Lichtquelle ausgehender Strahl spaltet sich in ein System paralleler Lichtbündel, die die Platte einmal, zweimal, ... durchsetzen (sowohl im reflektierten wie im durchgehenden Licht), und wenn man diese durch eine Linse in der Brennebene vereinigt, so interferieren sie im Bildpunkt. Von

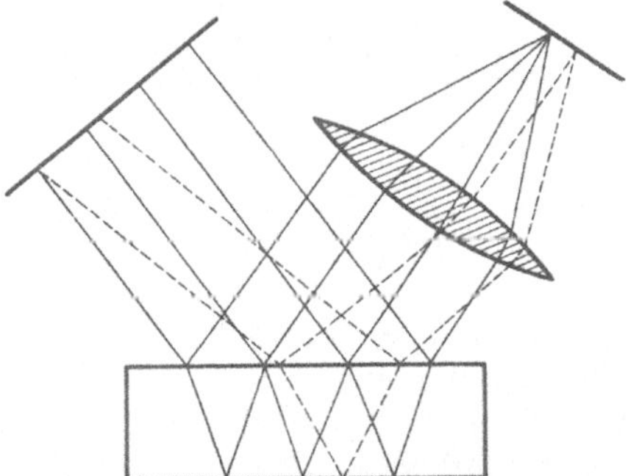
Fig. 67. Interferenzkurven gleicher Neigung.

[1] W. HAIDINGER, Pogg. Ann. Bd. 77 (1849) S. 219.
[2] M. E. MASCART, Ann. Chim. et Phys. Bd. 23 (1871) S. 116.
[3] O. LUMMER, Wiedem. Ann. Bd. 23 (1884) S. 49.

einem anderen Punkte der Lichtquelle wird aber ein zum ersten paralleler Strahl genau dieselbe Interferenz im selben Vereinigungspunkt erzeugen. Die Intensität in der Bildebene hängt nur von der *Neigung* der Strahlen gegen die Platte ab, woher der Name der Erscheinung genommen ist. Steht die Achse der abbildenden Linse parallel zur Plattennormalen, so sind die Kurven gleicher Helligkeit in der Bildebene offenbar Kreise um den Spurpunkt dieser Achse. Bei schiefer Stellung der Linse sind es Kegelschnitte. Die Interferenzen im reflektierten und durchgehenden Licht sind wieder einander komplementär. Die Kurven gleicher Neigung verschieben sich (in der Brennebene der Linse bzw. auf der Netzhaut) nicht, wenn die Platte parallel zu sich verschoben wird, und hierdurch ist es leicht möglich, sie von den Kurven gleicher Dicke zu unterscheiden, die offensichtlich an der Platte haften. Die Kurven gleicher Neigung verschwinden, wenn die Platte nicht gut geschliffen ist, und zwar genügt offenbar schon ein Fehler von der Größenordnung $\lambda'/4$, wo λ' die Wellenlänge innerhalb der Platte ist. Dies kann man zur Prüfung der Planparallelität von Platten benutzen.

Zur quantitativen Theorie dieser Interferenz genügen die bisher entwickelten Formeln nicht, weil bei der Ableitung nur zwei miteinander interferierende Strahlen berücksichtigt worden sind, während in Wirklichkeit sehr viele Strahlen in Betracht kommen. Wir wollen daher im folgenden Paragraphen die durch Überlagerung zahlreicher Strahlen entstehenden Interferenzen studieren.

§ 39. Die Schärfe der Interferenzstreifen.

Ein von der punktförmigen Lichtquelle Q ausgehender Strahl treffe die planparallele Platte in A und werde dort zum Teil nach L reflektiert, zum Teil in die Platte hineingebrochen, die er in dem Punkte B_1 der Rückfläche trifft. Dort tritt wieder eine Teilung ein. Der durchtretende Strahl wird nach L_1' gebrochen; der reflektierte Strahl trifft die Vorderfläche in A_1 und tritt von dort aus zum Teil hindurch nach L_1 und wird zum anderen Teil nach B_2 zurückreflektiert usw. Wir haben also ein System paralleler austretender Strahlen an der Vorderseite AL, A_1L_1, A_2L_2, ... und ebenso auf der Rückseite B_1L_1', B_2L_2', ... (s. Fig. 68). Bei jeder Reflexion tritt eine Schwächung der Amplituden ein, die wir in Übereinstimmung mit unserer früheren Bezeichnung [s. I, § 11 (3)] $\sqrt{r}$ nennen; ebenso haben wir eine Schwächung der Amplitude bei jedem Durchtritt um $\sqrt{d}$. Die Werte von r und d haben wir in I, § 11 (3) und (4) als Funktion des Einfallswinkels getrennt für die beiden Polarisationsrichtungen parallel und senkrecht zur Einfallsebene angegeben. Wir gebrauchen hier nur die allgemein gültige Relation I, § 11 (5)

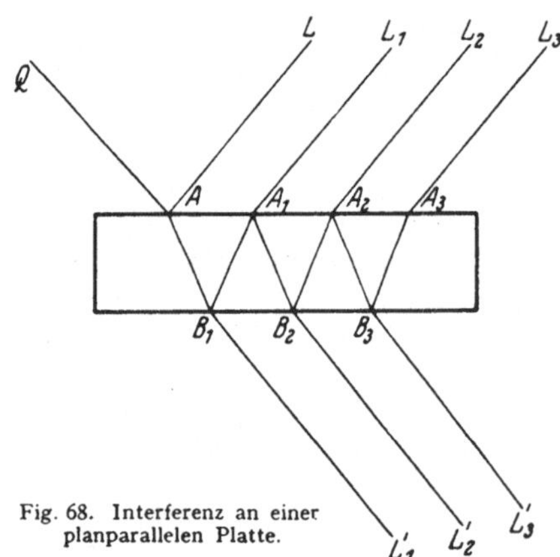

Fig. 68. Interferenz an einer planparallelen Platte.

$$r + d = 1. \tag{1}$$

Weiter ist dann noch zu beachten, daß die Größen r und d denselben Wert behalten, wenn man die beiden aneinander grenzenden Medien miteinander vertauscht (n durch $1/n$ ersetzt).

Bei jedem Durchgang des Strahls durch die Platte tritt eine Phasenänderung um

$$\delta = \frac{2\pi h}{\lambda'}\cos\psi$$

ein, wo h die Plattendicke, λ' die Wellenlänge und ψ den Winkel des Strahls in der Platte gegen die Normale bedeutet. Wir betrachten nun zunächst die reflektierten Strahlen AL, A_1L_1 usw. Setzen wir die einfallende Amplitude gleich 1, so ist die des Strahls AL gleich $\sqrt{r}$; die Summe der Amplituden der Strahlen A_1L_1, A_2L_2, ... A_pL_p beträgt

$$\sqrt{r}\cdot d\cdot e^{2i\delta}[1 + re^{2i\delta} + r^2e^{4i\delta} + \cdots + r^{p-1}e^{2(p-1)i\delta}] = \sqrt{r}\cdot d\cdot e^{2i\delta}\frac{1 - r^pe^{2pi\delta}}{1 - re^{2i\delta}}.$$

Nun hat man weiter zu berücksichtigen, daß entweder der Strahl AL oder die sämtlichen Strahlen A_1L_1, A_2L_2 usw. einen Phasensprung um π erfahren (je nachdem es sich um eine s- oder p-Schwingung handelt, s. I, § 10). Da $e^{i\pi} = -1$ ist, hat man also für die Amplitude der sämtlichen $p+1$ austretenden Strahlen

$$\mathfrak{E}^{(r)} = \sqrt{r}\left(1 - de^{2i\delta}\cdot\frac{1 - r^pe^{2pi\delta}}{1 - re^{2i\delta}}\right). \tag{2}$$

Ist die Zahl der zur Interferenz gelangenden Strahlen unendlich groß, d. h. die Platte hinreichend ausgedehnt, so geht dieser Ausdruck mit (1) über in

$$\mathfrak{E}^{(r)} = \sqrt{r}\left(1 - \frac{de^{2i\delta}}{1 - re^{2i\delta}}\right) = \sqrt{r}\cdot\frac{1 - e^{2i\delta}}{1 - re^{2i\delta}}. \tag{3}$$

Dem entspricht die Intensität (s. § 34, S. 112)

$$J_r = r\frac{2 - 2\cos 2\delta}{1 + r^2 - 2r\cos 2\delta} = \frac{4r\sin^2\delta}{d^2 + 4r\sin^2\delta}. \tag{4}$$

Ganz in derselben Weise berechnet man das hindurchtretende Licht, bestehend aus den Strahlen B_1L_1', ..., B_pL_p'. Die Amplitude beträgt

$$\mathfrak{E}^{(d)} = de^{i\delta}(1 + re^{2i\delta} + r^2e^{4i\delta} + \cdots + r^{p-1}e^{2(p-1)i\delta}) = de^{i\delta}\frac{1 - r^pe^{2pi\delta}}{1 - re^{2i\delta}}. \tag{5}$$

Für $p\to\infty$ hat man also

$$\mathfrak{E}^{(d)} = de^{i\delta}\cdot\frac{1}{1 - re^{2i\delta}}$$

und

$$J_d = \frac{d^2}{1 + r^2 - 2r\cos 2\delta} = \frac{d^2}{d^2 + 4r\sin^2\delta}. \tag{6}$$

Man sieht, daß das Interferenzbild im reflektierten Licht komplementär ist zu dem des durchgehenden:

$$J_d + J_r = 1. \tag{7}$$

Unterdrückt man aber im reflektierten Licht den ersten Strahl AL (was leicht durch eine Blende zu erreichen ist), so wird nach Formel (2) mit $p\to\infty$

$$\mathfrak{E}^{(r)} = -\sqrt{r}\cdot\frac{de^{2i\delta}}{1 - re^{2i\delta}}, \tag{8}$$

also

$$J_r' = r\cdot\frac{d^2}{d^2 + 4r\sin^2\delta} = rJ_d. \tag{9}$$

Dann sind also die Interferenzkurven auf beiden Seiten der Platte bis auf den Schwächungsfaktor r identisch. Diese Formeln sind zuerst von AIRY[1] abgeleitet worden.

[1] G. B. AIRY, Philos. Mag. (3) Bd. 2 (1833) S. 20; Pogg. Ann. Bd. 41 (1837) S. 512.

Wir führen zur Abkürzung die Größe

$$a^2 = \frac{4r}{d^2} = \frac{4r}{(1-r)^2} \tag{10}$$

ein. Im Spezialfall senkrechter Inzidenz kann man die in I, § 11 (6) angegebenen Werte für r und d benutzen und hat $a = \frac{1}{2}(n - 1/n)$; dies gilt auch angenähert für fast senkrechte Inzidenz und kann zur Abschätzung von a dienen. Nunmehr wird

$$J_d = \frac{1}{1 + a^2 \sin^2\delta}. \tag{11}$$

Fig. 69 zeigt den Verlauf dieser Funktion von δ für verschiedene Werte von r. Ist r sehr klein gegen 1 ($a \ll 1$), so kann man entwickeln und hat

$$J_d = 1 - a^2 \sin^2\delta + \ldots, \tag{12}$$

d. h. eine sinusförmige Intensitätsverteilung, wie sie etwa in Fig. 69 der Kurve für $r = 0{,}025$ entspricht. Ist dagegen r nahe an 1 (a sehr groß, in der Figur etwa entsprechend der Kurve für $r = 0{,}9$), so ist die Funktion J_d überall sehr klein außer in der unmittelbaren Nachbarschaft von $\delta = 0$; man hat also sehr scharfe, helle Interferenzringe auf einem nahezu dunklen Grunde. Diese Tatsache ermöglicht die Konstruktion von *Interferenzspektroskopen* mit Hilfe planparalleler Platten; einfallendes monochromatisches Licht erscheint als ein *System von feinen, scharfen Interferenzstreifen*, und Licht verschiedener Wellenlängen ergibt also Systeme von farbigen Streifen, die sich periodisch wiederholen. Wir kommen darauf nachher noch zurück. Bei der praktischen Ausführung wird es aber natürlich nicht möglich sein, wirklich unendlich viele interferierende Bündel zu benutzen, weil die Platten eine endliche Größe haben. Es ist daher wichtig, die Abhängigkeit der Interferenzerscheinung auch von der Anzahl p der Bündel zu untersuchen. Dazu gehen wir auf die Formel (5) für das Zusammenwirken der p durchgehenden Strahlen zurück und erhalten daraus die Intensität

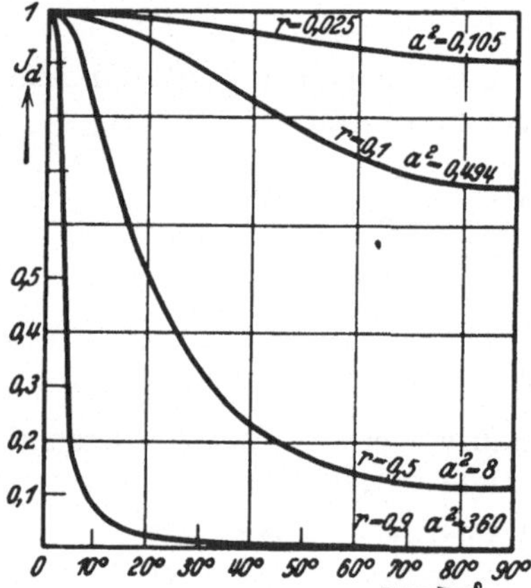

Fig. 69. Die Funktion $J_d = \frac{1}{1 + a^2 \sin^2\delta}$, $a^2 = \frac{4r}{(1-r)^2}$.

$$J_d(p) = d^2 \frac{1 + r^{2p} - 2r^p \cos 2p\delta}{1 + r^2 - 2r\cos 2\delta}, \tag{13}$$

wofür man auch schreiben kann

$$J_d(p) = d^2 \frac{(1 - r^p)^2 + 4r^p \sin^2 p\delta}{(1 - r)^2 + 4r \sin^2\delta}. \tag{14}$$

Wir betrachten nun den in der Praxis häufig vorkommenden Fall, wo r nahezu gleich 1 ist. Streichen wir dementsprechend die ersten Glieder in Zähler und Nenner, so erhalten wir näherungsweise

$$J_d(p) = d^2 r^{p-1} \frac{\sin^2 p\delta}{\sin^2\delta}. \tag{15}$$

Wir werden Funktionen dieser Art später bei den Beugungserscheinungen häufig begegnen. Für kleine Werte von δ, d. h. in der Nähe des scharfen Maximums, ist der Verlauf nahezu derselbe wie in der vorigen Figur (bei unendlich vielen Interferenzstrahlen). In weiterem Abstand aber treten jetzt Nebenmaxima (und Minima) auf, nämlich die Maxima bei $\delta = \frac{3}{2}\pi/p$, $\frac{5}{2}\pi/p, \ldots$ (s. hierzu Fig. 93b, S. 164). Diese können zu Täuschungen über die Existenz von schwachen Begleitern von Spektrallinien Veranlassung geben; man spricht dann von „Geistern".

Man sieht in der Formel (15), daß das erste Minimum $\delta = \pi/p$ um so näher an der Mitte $\delta = 0$ liegt, je größer die Anzahl p der zur Wirkung kommenden Strahlenbündel ist. Eine Vergrößerung dieser Anzahl ist also für die Schärfe der Spektrallinien günstig.

Wir wollen jetzt die Formeln für die Intensität des Lichts bei der Reflexion und beim Durchgang durch planparallele Platten noch auf einem anderen Wege ableiten, nämlich durch direkte Integration der MAXWELLschen Gleichungen, genau so wie wir in I, § 10 den Durchgang des Lichts durch eine einzige ebene Grenzfläche zweier Substanzen behandelt haben. Es handelt sich für uns dabei aber nur um die Erläuterung der Methode, und daher wollen wir nur den einfachen Fall besprechen, daß das Licht senkrecht auf die Platte fällt. Dann erübrigen sich alle Überlegungen über die verschiedenen Polarisationszustände in den interferierenden Strahlenbüscheln.

Die untere Grenzfläche der Platte (von der Dicke h) sei die xy-Ebene, innerhalb der Platte sei die Dielektrizitätskonstante ε, außen 1. Die einfallende Welle, deren elektrische Schwingungsebene parallel der yz-Ebene liegen möge, sei gegeben durch

$$(16)\qquad \mathfrak{E}_y^{(a)} = E e^{i\omega\left(t-\frac{z}{c}\right)}, \qquad \mathfrak{H}_x^{(a)} = -E e^{i\omega\left(t-\frac{z}{c}\right)};$$

ebenso lauten die Gleichungen für die reflektierte Welle:

$$(17)\qquad \mathfrak{E}_y^{(r)} = R e^{i\omega\left(t+\frac{z}{c}\right)}, \qquad \mathfrak{H}_x^{(r)} = R e^{i\omega\left(t+\frac{z}{c}\right)}$$

und für die aus der Platte austretende Welle:

$$(18)\qquad \mathfrak{E}_y^{(d)} = D e^{i\omega\left(t-\frac{z}{c}\right)}, \qquad \mathfrak{H}_x^{(d)} = -D e^{i\omega\left(t-\frac{z}{c}\right)}.$$

Im Innern der Platte wird eine elektrische Welle in Richtung der z-Achse verlaufen, eine andere ihr entgegengesetzt; diese beiden Wellen sind gegeben durch:

$$(19)\quad \begin{cases} \mathfrak{E}_y^{(i)} = \quad A e^{i\omega\left(t-\frac{z}{c_1}\right)} + B e^{i\omega\left(t+\frac{z}{c_1}\right)}, \\ \mathfrak{H}_x^{(i)} = -A\sqrt{\varepsilon}\, e^{i\omega\left(t-\frac{z}{c_1}\right)} + B\sqrt{\varepsilon}\, e^{i\omega\left(t+\frac{z}{c_1}\right)}. \end{cases}$$

Aus der Stetigkeit der Tangentialkomponenten von $\mathfrak{E}$ und $\mathfrak{H}$ an der Grenzfläche $z = 0$ folgt:

$$(20)\quad \begin{cases} \text{(a)} & E + R = A + B, \\ \text{(b)} & -E + R = n(B - A), \end{cases}$$

wobei wir nach I, § 5 (1) $n = \sqrt{\varepsilon}$ setzen. Ebenso folgt aus der Stetigkeit der Tangentialkomponenten an der Grenzfläche $z = h$:

$$(21)\quad \begin{cases} \text{(a)} & A e^{-i\omega\frac{h}{c_1}} + B e^{i\omega\frac{h}{c_1}} = D e^{-i\omega\frac{h}{c}}, \\ \text{(b)} & n\left(-A e^{-i\omega\frac{h}{c_1}} + B e^{i\omega\frac{h}{c_1}}\right) = -D e^{-i\omega\frac{h}{c}} \end{cases}$$

Diese vier Gleichungen (20) und (21) genügen zur Bestimmung der vier unbekannten Größen R, B, A, D. Von ihnen interessieren uns jedoch nur zwei, nämlich R und D. Deshalb eliminieren wir zunächst einmal A und B.

Wir multiplizieren (21 a) und (21 b) mit $e^{i\omega\frac{h}{c_1}}$ und erhalten

$$(22)\begin{cases}(a) & D' = A + qB,\\ (b) & \frac{1}{n} D' = A - qB,\end{cases}$$

wenn wir $D' = D e^{i\omega h\left(\frac{1}{c_1} - \frac{1}{c}\right)}$ und $q = e^{2i\omega\frac{h}{c_1}}$ setzen. Aus (22) und (20) erhalten wir

$$2A = E\left(1 + \frac{1}{n}\right) + R\left(1 - \frac{1}{n}\right) = D'\left(1 + \frac{1}{n}\right),$$

$$2B = E\left(1 - \frac{1}{n}\right) + R\left(1 + \frac{1}{n}\right) = \frac{1}{q} D'\left(1 - \frac{1}{n}\right),$$

und hieraus

$$(23)\begin{cases}(a) & D' = E + R\frac{n-1}{n+1},\\ (b) & \frac{1}{q} D' = E + R\frac{n+1}{n-1}.\end{cases}$$

Durch Elimination von R bzw. D' ergibt sich weiter

$$(24)\begin{cases}(a) & E\left(\frac{n+1}{n-1} - \frac{n-1}{n+1}\right) = D'\left(\frac{n+1}{n-1} - \frac{1}{q}\frac{n-1}{n+1}\right),\\ (b) & E\left(\frac{1}{q} - 1\right) + R\left(\frac{1}{q}\frac{n-1}{n+1} - \frac{n+1}{n-1}\right) = 0.\end{cases}$$

Nun ist nach I, § 11 (6) für senkrechte Inzidenz $r = (n-1)^2/(n+1)^2$; also wird

$$(25)\begin{cases}(a) & E(1-r) = D'\left(1 - \frac{r}{q}\right),\\ (b) & E\left(1 - \frac{1}{q}\right) = \frac{-1}{\sqrt{r}} R\left(1 - \frac{r}{q}\right).\end{cases}$$

Aus diesen Gleichungen lassen sich dann die Verhältnisse der Intensitäten finden:

$$J_r = \frac{R}{E}\cdot\frac{R^*}{E^*} = r\frac{\left(1 - \frac{1}{q}\right)\left(1 - \frac{1}{q^*}\right)}{\left(1 - \frac{r}{q}\right)\left(1 - \frac{r}{q^*}\right)} = r\frac{2\left[1 - \cos\left(\frac{2\omega}{c_1} h\right)\right]}{1 + r^2 - 2r\cos\left(\frac{2\omega}{c_1} h\right)}.$$

Also wird

$$(26)\begin{cases}(a) & J_r = r\frac{4\sin^2\left(\frac{\omega}{c_1} h\right)}{d^2 + 4r\sin^2\left(\frac{\omega}{c_1} h\right)},\\ (b) & J_d = \frac{(1-r)^2}{(1-r)^2 + 4r\sin^2\left(\frac{\omega}{c_1} h\right)} = \frac{1}{1 + \frac{4r}{d^2}\sin^2\left(\frac{\omega}{c_1} h\right)}.\end{cases}$$

Diese beiden Gleichungen sind mit den Gleichungen (4) und (11) identisch. Denn es ist (mit $\cos\psi = 1$)

$$\frac{\omega}{c_1} h = \frac{2\pi h}{\lambda'} = \delta.$$

Wie schon gesagt wurde, kann man diese Ableitung auch für den Fall schiefer Inzidenz durchführen, wobei dann die Phasendifferenz δ vom Einfallswinkel abhängig wird.

§ 40. Interferenzrefraktometer.

Von den mannigfaltigen Anwendungen der Interferenzen werden wir im folgenden drei verschiedene Arten behandeln, nämlich 1. Apparate, die dazu dienen, relative Änderungen der Lichtgeschwindigkeit festzustellen und auf diese Weise Brechungsexponenten zu bestimmen; 2. Interferenzmethoden zur Ausmessung von Maßstäben in Wellenlängen; 3. Anwendung von Interferenzapparaten in der Spektroskopie.

Dem ersten Zwecke dienen die *Interferenzrefraktometer*, von denen wir das von JAMIN[1] und das von MACH[2] konstruierte im folgenden kurz schildern wollen.

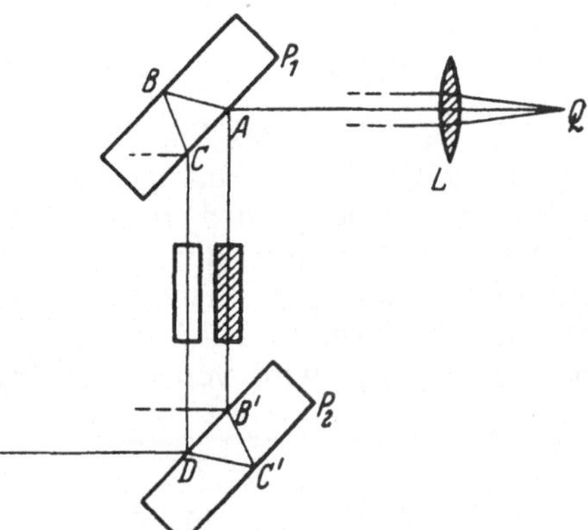

Fig. 70. Das JAMINsche Interferenzrefraktometer.

Das JAMINsche Interferenzrefraktometer ist durch Fig. 70 dargestellt.

Zwei *planparallele Glasplatten* P_1 und P_2 von gleicher Dicke werden in größerem Abstand parallel aufgestellt. Ein von Q kommendes paralleles Lichtbündel zerlegt sich in der aus der Figur ersichtlichen Weise durch Reflexion an der Vorderfläche und der versilberten Hinterfläche von P_1. Die beiden austretenden Strahlen AB' und CD sind parallel. Durch die zweite Platte P_2 werden diese beiden Bündel wieder vereinigt und damit zur Interferenz gebracht. Die Interferenzen werden mit dem auf Unendlich akkommodierten Auge oder mit einem ebenso eingestellten Fernrohr beobachtet.

Der Hauptvorzug dieses Apparates besteht darin, daß die schließlich interferierenden Strahlen auf den Teilwegen AB' und CD räumlich weit voneinander getrennt sind, wenn man genügend dicke Platten benutzt. Man hat dadurch, daß man z. B. den Strahl AB' durch ein anderes Medium laufen läßt, als den Strahl CD, ein gutes Mittel, durch Beobachtung der Verschiebung der Interferenzen selbst minimale Änderungen des Brechungsquotienten zu messen. Um die Symmetrie des Strahlengangs nicht zu stören, schaltet man in die Lichtwege AB' und CD zwei gleiche Röhren, die mit der zu untersuchenden Substanz (Gas) gefüllt werden, ein und beeinflußt den Brechungsindex in der einen Röhre (z. B. durch Druck).

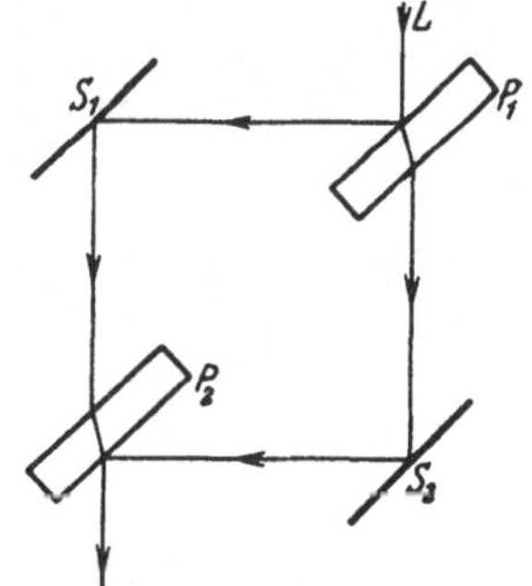

Fig. 71. Das MACHsche Interferenzrefraktometer.

Die Strahlen AB' und CD lassen sich bequem bis auf etwa 2 cm voneinander trennen. Eine viel größere Trennung erlaubt das *Interferenzrefraktometer von* MACH. Bei diesem Instrument wird außer von zwei planparallelen Platten P_1 und P_2 auch von zwei Metallspiegeln S_1 und S_2 Gebrauch gemacht, wie Fig. 71 zeigt, aus der der Strahlengang hervorgeht.

Bei diesen Interferenzrefraktometern wie auch bei dem Interferometer von MICHELSON (s. § 41) kann man sowohl die Kurven gleicher Dicke als auch die Kurven gleicher Neigung beobachten. Im allgemeinen wird man sich auf die Beobachtung der Kurven gleicher Dicke beschränken und auf völlige Parallelität der Plattenoberflächen verzichten.

[1] J. JAMIN: Pogg. Ann. Bd. 98 (1856) S. 345.
[2] E. MACH: Z. Instrumentenkde. Bd. 12 (1892) S. 89.

Mit den bisher beschriebenen Anordnungen planparalleler Glasplatten von JAMIN und MACH kann man Interferenzen beobachten, bei denen der Gangunterschied viele Tausende von Wellenlängen beträgt. Jedoch eignen sie sich nur zur Feststellung von *relativen* Gangunterschieden.

Zur Bestimmung der absoluten Größe von Gangunterschieden und zu ihrer stetigen Variation sind andere Anordnungen ersonnen worden, die wir jetzt besprechen.

§ 41. Interferometer.

Schematisch ist das *Interferometer von* MICHELSON[1] durch Fig. 72 dargestellt. P_1 und P_2 sind zwei planparallele Glasplatten, S_1 und S_2 zwei Spiegel. Das Licht der Quelle Q wird zum Teil von der vorn halbdurchlässig versilberten Platte P_1 reflektiert, durchsetzt dann die Platte P_2, wird von S_1 zurückgeworfen und gelangt, nachdem es die Platten P_2 und P_1 nochmals durchsetzt hat, in das Fernrohr F. Der andere Teil des von Q kommenden Strahls durchsetzt zuerst P_1, wird von S_2 reflektiert, hierauf von der Vorderfläche von P_1 reflektiert und gelangt dann ebenfalls in das Fernrohr F.

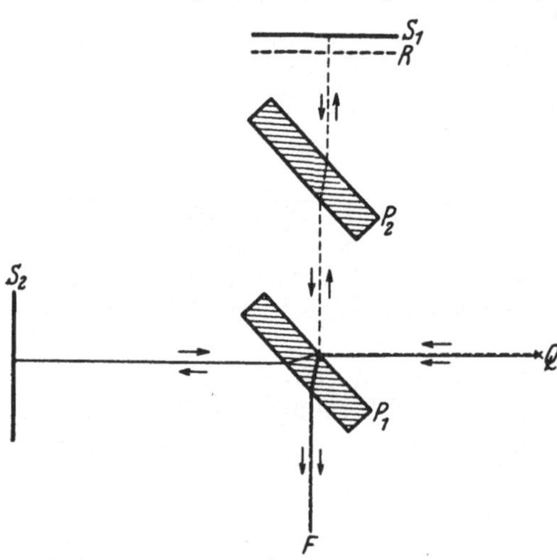

Fig. 72. Das MICHELSONsche Interferometer.

Man kann sich denken, der zweite Teil des Strahls sei nicht von S_2 reflektiert, sondern von einer Ebene R, die das Spiegelbild der Ebene S_2 an der spiegelnden Fläche von P_1 darstellt. Diese Ebene R bezeichnet MICHELSON als *Referenzebene*. Der Beobachter erblickt offenbar die Interferenzerscheinung, die von der durch die Ebenen R und S_1 begrenzten Luftschicht erzeugt wird. Durch Verschiebung des Spiegels S_1 bzw. S_2 kann man den Abstand zwischen S_1 und R stetig variieren und es unter anderem dahin bringen, daß sich die Ebenen R und S_1 schneiden. Sind R und S_1 einander vollkommen parallel, so sieht man in F die Interferenzringe gleicher Neigung. Sind jedoch R und S_1 nicht genau parallel, so beobachtet man geradlinige Interferenzstreifen gleicher Dicke. Schneiden sich die beiden Ebenen, so ist der mittlere Streifen schwarz bei einfallendem weißen Licht, da ein Strahl an P_1 äußere, der andere innere Reflexion erleidet, was einen Gangunterschied von $\lambda/2$ ergibt.

Die Platte P_2 ist um eine zur Ebene der Zeichnung senkrechte Achse drehbar und hat zweierlei Bedeutung. Erstens dient sie dazu, die beiden Lichtwege symmetrisch zu gestalten; jeder passiert dreimal die gleiche Glasschicht. Zweitens dient sie als „Kompensator"; man kann durch leichte Drehung von P_2 kleine Gangdifferenzen und damit Verschiebungen der Interferenzstreifen erzeugen und messen.

Die Hauptschwierigkeit bei der Herstellung eines Interferometers (nicht nur des MICHELSONschen) verursacht die Anfertigung von absolut planparallelen Platten. Die mittels komplizierter Schleifmethoden hergestellten Platten werden

[1] A. A. MICHELSON: Philos. Mag. (5) Bd. 13 (1882) S. 236; Bd. 31 (1891) S. 338; Bd. 34 (1892) S. 280.

mit Hilfe von Interferenzen (Kurven gleicher Neigung) auf ihre Planparallelität geprüft.

Auch bei dem MICHELSONschen Interferometer haben wir es, ebenso wie bei den Interferenzrefraktometern von JAMIN und MACH, mit der Interferenz nur *zweier* Strahlen zu tun. Wir erhalten daher sinusförmige Intensitätsverteilung, können also diese Apparate nicht, wie die später zu besprechenden, zur direkten Auflösung von Mehrfachlinien verwenden.

Eine der wichtigsten Anwendungen des Interferometers ist die *Ausmessung des Normalmeters in Wellenlängen von Spektrallinien*, die zuerst von MICHELSON[1] (zum Teil mit BENOÎT) unternommen wurde. MICHELSON operierte mit drei Cadmiumlinien, darunter eine rote, für deren Wellenlänge man mit den damals bekannten Hilfsmitteln folgenden Wert hatte:

$$\lambda = 6438{,}8 \text{ Å}.$$

Die Messung erfolgt in zwei wesentlich verschiedenen Schritten. Es ist zu leisten:

1. Die Ausmessung eines kleinen Normalmaßstabs durch direkte Auszählung der auf ihn fallenden Wellenlängen einer Spektrallinie.

2. Der Vergleich dieses Maßstabs mit einem ungefähr doppelt (oder mehrfach) so langen durch Verschiebung des kürzeren um seine Länge (bzw. ein Vielfaches) und Auszählung der Differenz gegen den anderen Maßstab in Wellenlängen.

Durch geeignete Wahl eines kleinen Maßstabs und wiederholte Anwendung der zweiten Operation läßt sich dann der Anschluß an das Normalmeter erreichen.

Für beide Prozesse ist es notwendig, ein Kriterium dafür zu haben, daß zwei nebeneinander stehende, gegeneinander bewegliche Spiegel, die man an die Stelle des einen Interferometerspiegels S_1 setzen kann, genau in einer Ebene liegen. Hierzu ist die Einrichtung getroffen, daß man nicht nur mit Cadmiumlicht, sondern auch mit weißem Licht beleuchten kann. Wie schon bemerkt, ist in weißem Licht die Interferenz des Gangunterschieds Null dadurch kenntlich, daß sie Dunkelheit im Gesichtsfeld ergibt, also bei nicht genau parallelen Spiegeln einen schwarzen Mittelstreifen liefert. Man hat daher einfach den Spiegel S_2 zu verschieben und zugleich die beiden Teilspiegel so lange gegeneinander auszugleichen, bis in den beiden Hälften des Gesichtsfelds eine schwarze Nullinie erscheint.

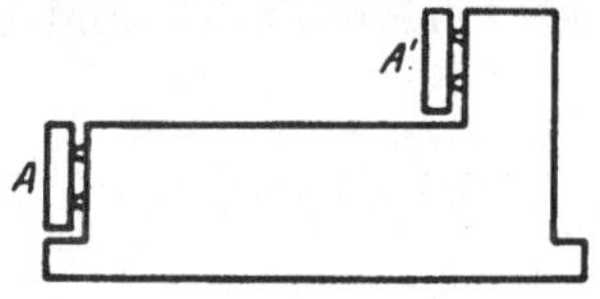

Fig. 73. Maßstab zum MICHELSONschen Interferometer.

Zur Ausführung des ersten Schritts der Messung wird der kleine Maßstab von einigen Millimetern Länge so realisiert, wie es Fig. 73 zeigt. Er ist definiert durch zwei spiegelnde Flächen A und A', die übereinander angebracht sind. Diese ersetzen zusammen die eine Hälfte des Spiegels S_1, dessen andere Hälfte irgendein zweiter gegen den Maßstab beweglicher Spiegel ist. Man stellt nun diesen beweglichen Spiegel mit Hilfe des oben angegebenen Kriteriums (in weißem Licht) in die Ebene von A, sodann nimmt man monochromatisches Licht (hier Licht einer Cadmiumlinie), führt den beweglichen Spiegel von der Deckung mit A bis zur Deckung mit A' und zählt dabei die Interferenzstreifen, die bei der Bewegung durch das Gesichtsfeld wandern. Bruchteile von Streifenbreiten können mit Hilfe der als Kompensator dienenden Platte P_2 sehr genau gemessen werden. Die richtige Einstellung der Spiegel kontrolliert man natürlich wieder in weißem Licht. Die ausgezählte Anzahl durchgewanderter Streifen ist gleich der Anzahl halber Wellenlängen, die auf dem Maßstab Platz haben (die Verschiebung der Referenzebene um $\lambda/2$ bedeutet wegen des Hin- und Hergangs des Lichts einen Gangunterschied λ).

[1] A. A. MICHELSON: Trav. Mém. Bur. intern. des Poids et Més. Bd. 11 (1895).

Der zweite Schritt der Messung geht in der Weise vor sich, daß man den in Wellenlängen ausgemessenen kleinen Maßstab mit einem ebenso gebauten von möglichst genau der doppelten (bzw. mehrfachen) Länge vergleicht. Durch die zweimal zwei Spiegel AA' und BB' der beiden Maßstäbe wird das Gesichtsfeld in vier Teile zerlegt (s. Fig. 74). Man bringt erst (mit weißem Licht) A und B in der Referenzebene zur Deckung. Dann verschiebt man die Referenzebene durch Bewegung des Spiegels S_2, bis sie mit A' übereinstimmt, und verrückt darauf den kleineren Maßstab, bis A in die Referenzebene, also in die erste Lage von A' fällt; dann muß bei doppelter Länge des zweiten Maßstabs die neue Lage von A' fast genau mit der von B' übereinstimmen. Ist dies nicht der Fall, was wieder durch Beobachten in weißem Licht feststellbar ist, so führt man eine Verschiebung in monochromatischem (Cadmium-)Licht aus und zählt die dabei vorbeiziehenden Streifen.

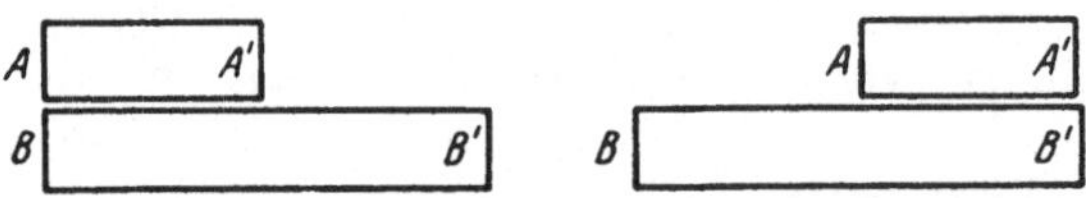

Fig. 74. Vergleichung der Maßstäbe bei der Ausmessung des Normalmeters in Wellenlängen.

Bei der wirklichen Ausführung der Messung nahm MICHELSON als kürzesten Maßstab einen von 0,39 mm Länge, was ungefähr $\frac{10}{2^8} = \frac{10}{256}$ cm entspricht. In dem er dann acht weitere Maßstäbe in der oben angegebenen Weise benutzte, von denen jeder doppelt so groß wie der vorhergehende war, kam er auf einen Maßstab von fast genau 10 cm Länge. Dieser wurde dann mit dem Normalmeter selbst verglichen, indem er durch die geschilderte zweite Operation neunmal um seine ganze Länge verschoben wurde. Die genaue Länge des ersten Maßstabs (ausgedrückt in den Wellenlängen der zur Messung verwendeten roten Cadmiumlinie) wurde gefunden zu $1212{,}35\ \frac{\lambda}{2}$, und für das Normalmeter ergab sich:

$$1\ \text{m} = 1553163{,}5\ \lambda \pm 0{,}1\ \lambda\,.$$

Aus diesem Resultat erhält man den verbesserten Wert für die Wellenlänge der zum Versuch verwendeten roten Cadmiumlinie, nämlich:

$$\lambda = 6438{,}4722 \pm 0{,}0001\ \text{Å}$$

bei 760 mm Druck und 15° C.

1907 haben BENOÎT, FABRY und PEROT den Vergleich der Meterlänge mit der roten Cadmiumlinie wiederholt. Sie fanden

$$1\ \text{m} = 1553164{,}13\ \lambda,$$
$$\lambda = 6438{,}4966\ \text{Å}\,.$$

(Demnach muß MICHELSON seine Meßgenauigkeit weitaus überschätzt haben.) Dieser Wert für λ wird jetzt als endgültig angenommen; man hat beschlossen, auf ihn alle anderen Wellenlängenmessungen zu beziehen und ihn nicht mehr zu ändern. Auf analoge Weise hat man dann einen Quarzwürfel ausgemessen, um auch ein Raummaß in Wellenlängen festzulegen.

Das Interferometer von MICHELSON hat vor dem von JAMIN und MACH konstruierten Apparat den Vorzug, daß es gestattet, den Gangunterschied stetig zu ändern. Aber ebenso wie in den anderen beiden Apparaten kommen auch hier nur zwei Strahlen zur Interferenz; nach den Ausführungen des § 34 ist also die Intensität sinusförmig verteilt.

FABRY und PEROT[1] haben ein Interferometer konstruiert, das scharfe schmale Streifen als Interferenzbild liefert. Dies erreichen sie durch Anordnung von

[1] A. PEROT u. CH. FABRY: Ann. Chim. et Phys. (7) Bd. 12 (1897) S. 459; Bd. 16 (1899) S. 115; Bd. 22 (1901) S. 564.

zwei planparallelen Glasplatten P_1 und P_2, die auf den einander zugekehrten Flächen mit dünnen, halbdurchlässigen Silberschichten bedeckt sind. Die eine der Platten ist fest angeordnet, die andere läßt sich verschieben, und zwar so, daß zwischen beiden Platten eine genau planparallele Luftschicht entsteht (s. Fig. 75). Da nun das Reflexionsvermögen der dünnen Silberschicht sehr hoch ist, treten scharfe schmale Interferenzkurven auf; dies ergibt sich aus den Betrachtungen des § 39.

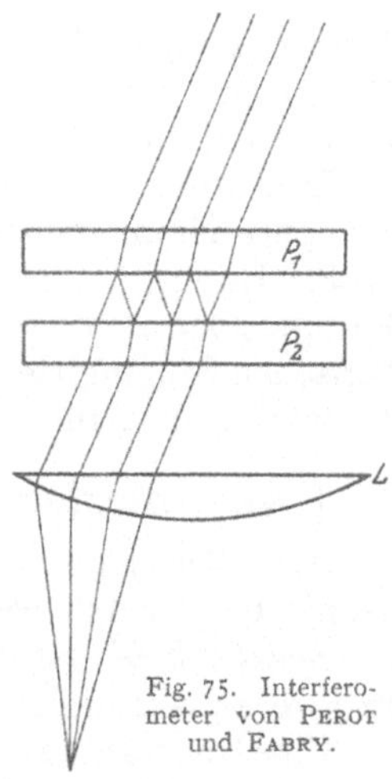

Fig. 75. Interferometer von PEROT und FABRY.

Ein Nachteil des PEROT-FABRY*schen Interferometers* gegenüber dem MICHELSONschen besteht darin, daß man den Gangunterschied Null nicht herstellen kann; denn dazu müßte man die Platten aufeinanderdrücken. Große Schwierigkeiten bereitet ebenso wie dort die Forderung, daß die bewegliche Platte genau parallel verschoben werden muß.

Das Interferometer von FABRY und PEROT kann ebenso wie das von MICHELSON zu Längenmessungen in Wellenlängen verwandt werden. Auf seine Anwendung zur spektroskopischen Auflösung werden wir in § 42 zurückkommen.

LUMMER und GEHRCKE[1] schlugen einen anderen Weg ein, um ein möglichst hohes Reflexionsvermögen zu erhalten. Sie verwandten die Tatsache, daß für einen Strahl, dessen Einfallswinkel nur wenig kleiner als der Winkel der Totalreflexion ist, das Reflexionsvermögen fast gleich 1 ist. Der Hauptbestandteil der Apparatur ist eine völlig planparallele Platte. Die einfache Konstruktion der LUMMER-GEHRCKE*schen Platte* ist aus Fig. 76 zu ersehen. Bei jeder Reflexion, die das bei C einfallende Licht im Innern der Platte erfährt, tritt ein Teil des Lichts in die Luft aus. Es bilden sich so zwei Bündel paralleler Strahlen a und b, deren jedes man in einem Punkte der Brennebene eines Fernrohrs F sammeln kann. Das Bild im reflektierten und im durchfallenden Licht ist das gleiche, wenn man den ersten reflektierten Strahl unterdrückt; dies wird durch ein kleines Prisma p erreicht, das am Anfang der Platte angebracht ist. Man erhält Interferenzstreifen gleicher Neigung, schmale helle Linien auf dunklem Grunde. Die Lummer-Gehrcke-Platte ist von großer Bedeutung für die Spektroskopie gewesen; wir werden im nächsten Paragraphen darauf noch zurückkommen.

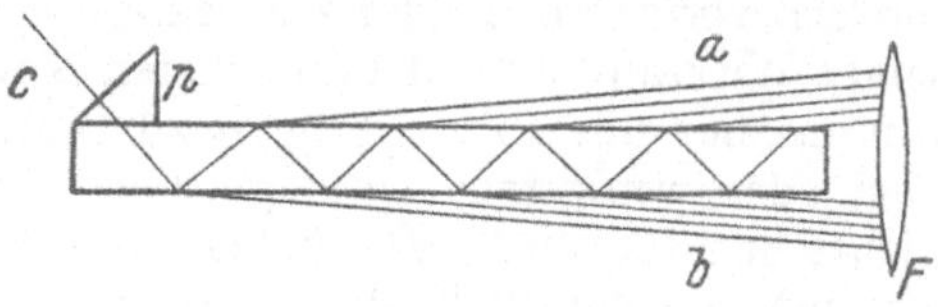

Fig. 76. Die LUMMER-GEHRCKEsche Platte.

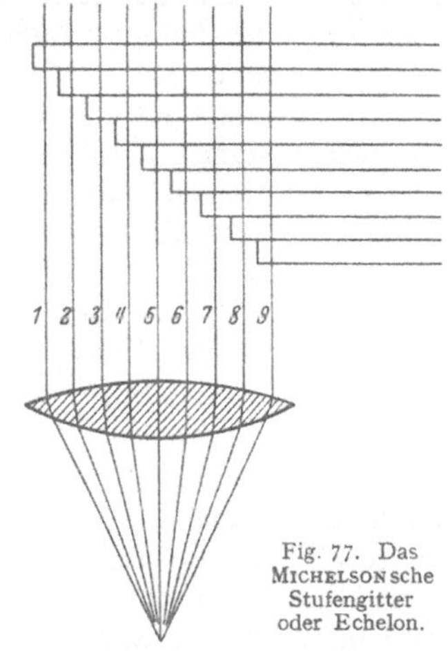

Fig. 77. Das MICHELSONsche Stufengitter oder Echelon.

Denselben Zwecken wie die Lummer-Gehrcke-Platte dient das von MICHELSON[2] konstruierte *Stufengitter* oder *Echelon*. Bei diesem gelangt eine Anzahl von Strahlen zur Interferenz, von denen jeder gegen den nächsten denselben hohen Gangunterschied (Größenordnung $10^4\,\lambda$) hat. Die Anordnung läßt sich aus Fig. 77 ersehen. Eine Reihe von planparallelen Glasplatten von gleicher Dicke werden

[1] O. LUMMER u. E. GEHRCKE: Berl. Ber. 1902 S. 11.

[2] A. A. MICHELSON: Astrophys. J. Bd. 8 (1898) S. 36; J. Physique Bd. 8 (1899) S. 305.

derartig übereinander gelegt, daß eine jede gegen die vorhergehende ein wenig verschoben ist.

Man beobachtet in einem auf Unendlich akkommodierten Fernrohr F die Kurven gleicher Neigung, und zwar erhält man für Licht verschiedener Wellenlängen verschiedene Kreissysteme. Wegen der großen Anzahl von Platten (bis zu 35) sind die hellen Linien nach den Betrachtungen des § 39 scharf und schmal.

Das Stufengitter hat vor der LUMMER-Platte den Vorzug, daß die einzelnen zur Interferenz gelangenden Strahlen von fast gleicher und verhältnismäßig großer Intensität sind. Auch ist das Auflösungsvermögen, auf das wir im nächsten Paragraphen zu sprechen kommen, noch größer. Das Arbeiten mit dem MICHELSONschen Stufengitter ist außerdem bequemer als das Arbeiten mit der LUMMER-Platte, da das Justieren einfacher ist.

§ 42. Interferenzspektroskope und ihr Auflösungsvermögen.

Es sollen jetzt die *Anwendungen der Interferenzapparate auf die Spektroskopie* besprochen werden.

Spektroskopie ist die Zerlegung der von einer Lichtquelle ausgehenden Wellen in ihre einfachen harmonischen Bestandteile.

Eines der gebräuchlichsten Hilfsmittel hierfür ist der *Prismenspektrograph*, der die verschiedene Brechbarkeit von Wellen verschiedener Frequenz (Vakuumwellenlänge) ausnützt. Ein anderer häufig wirkungsvollerer Apparat ist das *Strichgitter*; da bei diesem aber nicht nur einfache Interferenzerscheinungen, sondern vor allem Beugungsvorgänge wesentlich sind, werden wir die Prinzipien seiner Wirksamkeit erst im nächsten Kapitel besprechen. An dieser Stelle haben wir uns nur mit Einrichtungen zu beschäftigen, bei denen die Interferenz von zwei oder wenigstens einer geringen Anzahl von Strahlen zur Zerlegung des Lichts benutzt wird. Wir haben bereits gesehen, daß die Lage der Interferenzmaxima von der Wellenlänge abhängig ist; die Helligkeitsverteilung der Interferenzerscheinung liefert also ein mehr oder minder reines *Spektrum*. („Reinheit" bedeutet dabei eine räumlich saubere Trennung der Strahlen verschiedener Frequenz.) Da nun eine einzelne harmonische Schwingung nicht nur *ein* Interferenzmaximum, sondern ein ganzes System von Maxima erzeugt, so erhält man aus einfallendem Licht verschiedener Frequenz nicht nur ein Spektrum, sondern eine ganze Reihe, und diese werden sich im allgemeinen überlagern. Gerade bei den hier zu besprechenden Apparaten ist diese Überlagerung außerordentlich stark; d. h. bei einer relativ geringen Änderung der Frequenz verschiebt sich bereits ein bestimmtes Interferenzmaximum weit über die Lage des folgenden Maximums der ursprünglichen Frequenz. Daher ist es bei der Anwendung der hier behandelten Methoden notwendig, eine „Vorzerlegung" vorzunehmen; d. h. man läßt das zu zerlegende Licht zunächst durch einen Spektralapparat geringerer Leistung hindurchgehen (Prisma, Gitter), blendet einen relativ schmalen Teil des Spektrums (Umgebung einer einzelnen Spektrallinie) aus und untersucht diesen mit Interferenzapparaten höherer Zerlegungskraft.

Wir betrachten der Reihe nach die spektroskopische Verwendbarkeit der im vorigen Paragraphen beschriebenen Interferenzapparate. Diese zerfallen dabei in zwei Typen, je nachdem bei ihnen nur zwei oder mehrere Strahlenbündel zur Interferenz kommen. Zum ersten Typ gehört vor allem das MICHELSONsche Interferometer, zum zweiten das von PEROT-FABRY, die LUMMER-Platte und das Stufengitter.

Bei der ersten Klasse ist die Intensitätsverteilung einer Frequenz sinusförmig (§ 39); für monochromatisches Licht ist also das einzelne Interferenzmaximum nicht eine scharfe Linie, sondern ein breites verschwommenes Band.

Es scheint danach, als wenn diese Apparate zur Spektroskopie ganz unbrauchbar wären, und in der Tat werden sie heute nicht mehr angewandt. Aber in der historischen Entwicklung haben sie doch eine wesentliche Rolle gespielt, weil, wie schon FIZEAU erkannt und an einfachen Beispielen erprobt hat, man auf indirektem Wege aus der „Sichtbarkeit" der Interferenzen bei wachsendem Gangunterschied Schlüsse auf die Struktur des einfallenden Lichts ziehen kann.

Ist das einfallende Licht etwa aus zwei eng benachbarten Linien mit den Wellenlängen λ_1 und λ_2 zusammengesetzt, so wird man bei Veränderung des Gangunterschieds folgendes beobachten: Läßt man den Gangunterschied von Null aus stetig wachsen, so entstehen für λ_1 und λ_2 zwei Systeme von Interferenzstreifen, die allmählich auseinanderrücken, und man beobachtet nun, daß die Interferenzfigur periodisch scharf und verschwommen wird. Sie ist scharf (Maximum der Sichtbarkeit), wenn für beide Wellenlängen der Gangunterschied gleich einem ganzen Vielfachen der Wellenlänge ist; sie ist verschwommen (Minimum der Sichtbarkeit), wenn der Gangunterschied für die eine Welle ein gerades, für die andere ein ungerades Vielfaches der halben Wellenlänge ist; denn dann fallen die Maxima für die eine und die Minima für die andere Welle zusammen. Sind außerdem die Intensitäten beider Linien gleich, so ist im Minimum der Sichtbarkeit das Gesichtsfeld völlig gleichmäßig erhellt. Beobachtet man nun die Gangunterschiede, für die sich scharfe Bilder ergeben, so kann man aus ihnen die Differenz der Wellenlängen der beiden Linien berechnen, falls man die mittlere Wellenlänge kennt.

FIZEAU gelang es, mittels dieser Methode festzustellen, daß die gelbe D-Linie des Natriums aus zwei eng benachbarten Linien besteht. Er beobachtete im gelben Natriumlicht die Kurven gleicher Dicke (NEWTONsche Streifen) zwischen zwei planparallelen Platten, von denen die obere parallel verschoben werden konnte. Dabei wanderten die Interferenzstreifen. Mit Zunahme der Anzahl N der vorbeiziehenden Streifen werden diese immer undeutlicher. Bei $N = 490$ erreichte die Sichtbarkeit ihr Minimum, dann nahm sie wieder zu; bei $N = 980$ hatten die Streifen wieder ihre ursprüngliche Deutlichkeit. Das nächste Minimum ergab sich für 1470, das nächste Maximum für 1960. FIZEAU konnte 52 derartige Maxima der Sichtbarkeit beobachten. Das bedeutet folgendes: denkt man sich die beiden Wellenzüge λ_1 und λ_2 nebeneinander hingezeichnet, so überholt der eine den anderen genau um eine Wellenlänge nach 980 Wellen der längeren (981 der kürzeren) Welle. Daher ist

$$\frac{\lambda_1}{\lambda_2} = \frac{981}{980} \quad \text{oder} \quad \frac{d\lambda}{\lambda} = \frac{1}{980}.$$

Nun ist $\lambda = 5893$ Å, also $d\lambda = 6{,}02$ Å $= 6{,}02 \cdot 10^{-8}$ cm. Auf diese Weise ist die Natriumlinie indirekt als doppelt erkannt oder „aufgelöst".

MICHELSON hat diese Methode mit Hilfe seines vollkommeneren Instruments weiter ausgebaut und auf Mehrfachlinien angewandt. Es gelang ihm so, die Feinstruktur einer ganzen Anzahl von Linien zu ermitteln.

Mittels dieser Methoden kann man auch Aussagen über die *Intensitätsverteilung innerhalb einer einzelnen Spektrallinie* machen.

Wir müssen an dieser Stelle eine Bemerkung über Entstehung und Natur der *Linienspektra* einfügen, wenn wir auch später (Kap. VIII) ausführlich darauf zurückkommen. Linienspektra werden von leuchtenden Gasen emittiert, während glühende Festkörper kontinuierliche Spektren aussenden. Die einzelnen Linien sind oft außerordentlich schmal, und zwar erscheinen sie zunächst um so schmäler, je wirkungsvoller der benutzte Spektralapparat ist. Aber schließlich hat dies eine Grenze; selbst in der stärksten Apparatur bleibt eine endliche *Breite* der

Linie übrig. In Wirklichkeit ist also auch eine sog. Spektrallinie nicht monochromatisch, sondern nur ein auf einen äußerst engen Frequenzbereich zusammengedrängtes kontinuierliches Spektrum. Eine exakt monochromatische Schwingung wäre begrifflich eine solche, die durch einen nach beiden Seiten unendlich langen Wellenzug dargestellt wird; es ist ohne weiteres klar, daß es so etwas in der Natur nicht geben kann. Jeder Schwingungsvorgang muß einmal einsetzen und einmal aufhören.

Man kann also in einfacher Weise einen abreißenden Wellenzug an einer festen Raumstelle durch folgende Funktion beschreiben:

$$(1)\quad \begin{cases} f(t) = A \sin\omega t & \text{im Intervall } 0 \leqq t \leqq T, \\ f(t) = 0 & \text{außerhalb dieses Intervalls.} \end{cases}$$

Diese Funktion kann man in ein Fourierintegral entwickeln, also als Superposition streng monochromatischer Schwingungen auffassen und erhält dann eine bestimmte Intensitätsverteilung für diese derart, daß der überwiegende Anteil der Intensität auf einen um so engeren Frequenzbereich zusammengedrängt wird, je größer die Zeit T ist. Wir werden auf diese Zusammenhänge im Kap. VIII noch näher eingehen und hier nur vorläufig darauf hinweisen, daß zwischen Linienbreite $\Delta\omega = \gamma$ und Zeitdauer T der ungestörten Schwingung oder Länge L des Wellenzugs Reziprozität bestehen wird:

$$(2)\qquad T = \frac{L}{c} \propto \frac{1}{\gamma}.$$

Übrigens ist die angegebene Funktion (1) sicher nur eine grobe Beschreibung des wirklichen Vorgangs; denn denken wir uns das emittierende Atom in Schwingungen versetzt, so wird es durch die Aussendung des Lichts selbst einen Energieverlust erleiden; also wird die Amplitude dauernd abnehmen und jeder einzelne Elementarakt der Lichtemission muß schon einer gedämpften Schwingung entsprechen. Hierzu kommt, daß die emittierenden Atome nicht ruhen, sondern thermische Bewegungen ausführen, wodurch nach dem DOPPLERschen Prinzip eine Verwaschung der Frequenz des emittierten Lichts hervorgerufen wird. Endlich werden die Atome nicht unabhängig voneinander emittieren, sondern sich gegenseitig beeinflussen und stören, was wiederum die Monochromasie verschlechtert.

Alles dies werden wir systematisch später (Kap. VIII) untersuchen; nach dem Gesagten ist aber bereits klar, daß eine genaue Definition dessen, was man eigentlich unter ungestörter Schwingungsdauer T oder ungestörter Länge des Wellenzugs L zu verstehen hat, nicht leicht zu geben ist, und daß das Ziel, die Größenordnungsbeziehung (2) durch eine exakte Gleichung zu ersetzen, erst durch eine eingehende Theorie des Emissionsvorgangs geliefert werden kann.

Andererseits wird man aber den Wunsch haben, ein rein empirisches Maß für die Ungestörtheit eines Wellenzugs, gemessen als *Kohärenzzeit* oder *Kohärenzlänge* zu bestimmen, und dies ist nun in der Tat möglich mit Hilfe der Apparate, bei denen ein Lichtstrahl in zwei Bestandteile aufgespalten wird, die mit Gangunterschied zur Interferenz gebracht werden (wie beim MICHELSONschen Interferometer). Man nennt den größten Gangunterschied, für den noch Interferenzen gerade bemerkbar sind, *die Kohärenzlänge* L des ursprünglichen Lichts und $T = L/c$ *die Kohärenzzeit*. Theoretisch kann man diese Größen berechnen, wenn man eine Hypothese über die „Form" der Spektrallinien macht.

Es sei h die Dicke der Luftplatte, an der die Interferenz erzeugt wird, also $l = 2h$ der Gangunterschied. Dann ist die Intensitätsverteilung im Gesichtsfeld des Interferometers, die durch einfallendes Licht der Stärke J_0 erzeugt wird, nach § 34 (14) (Intensität des Teilstrahls $\frac{1}{2}J_0$):

(3) $$J_\lambda = J_0\left\{1 + \cos\left(2\pi \frac{l}{\lambda}\right)\right\}.$$

Führen wir statt der Wellenlänge die mit 2π multiplizierte Wellenzahl $k = 2\pi/\lambda$ ein, so wird aus (3):

(4) $$J_k = J_0\{1 + \cos(lk)\}.$$

Wir wollen nun annehmen, daß die Intensität des einfallenden Lichts über einen engen Bereich von Wellenzahlen einer Spektrallinie gemäß einer Funktion $\psi(k)$ (s. Fig. 78) verteilt ist, wobei die zu verschiedenen k gehörigen Strahlen inkohärent sein mögen. Dann wird die gesamte Intensität

(5) $$J = \int_{-\infty}^{+\infty} \psi(k)\{1 + \cos(lk)\}\,dk,$$

und hier kann man die Grenzen auch durch $k_0 - a$ und $k_0 + a$ ersetzen, wo k_0 der Ort des Maximums der Intensität (Mitte der Linie) und a so gewählt ist, daß außerhalb des Intervalls $(k_0 - a,\ k_0 + a)$ die Funktion $\psi(k)$ verschwindet. Führen wir statt k den Abstand von der Linienmitte

$$x = k - k_0$$

ein, so wird

(6) $$J = \int_{-a}^{+a} \varphi(x)\{1 + \cos[l(k_0 + x)]\}\,dx,$$

wobei

$$\varphi(x) = \psi(k_0 + x)$$

gesetzt ist. Wir benutzen nun die Abkürzungen

(7) $$P = \int_{-a}^{+a} \varphi(x)\,dx,$$

(8) $$C = \int_{-a}^{+a} \varphi(x)\cos(lx)\,dx,$$

(9) $$S = \int_{-a}^{+a} \varphi(x)\sin(lx)\,dx,$$

(10) $$\vartheta = lk_0.$$

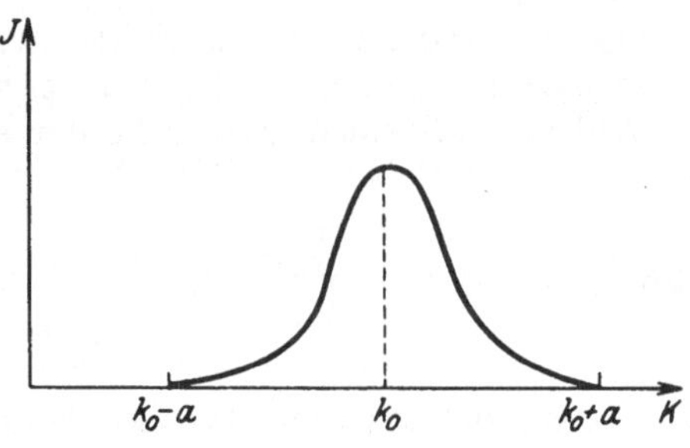

Fig. 78. Zur interferometrischen Bestimmung der Breite von Spektrallinien.

Dann wird

(11) $$J = P + C\cos\vartheta - S\sin\vartheta.$$

k_0 ist eine sehr große Zahl, also wird bei einer kleinen Änderung von l die Größe ϑ sich um viele Einheiten ändern. Dagegen ist x auf das kleine Intervall $(-a, +a)$ beschränkt, so daß auch lx bei einer kleinen Änderung von l nur wenig variiert. Daher hängen die Integrale C und S nur wenig von l ab.

Die einfachste Annahme über die Form der Spektrallinie ist, daß φ die Gestalt eines Rechtecks hat, d. h.

(12) $$\begin{cases} \varphi(x) = \text{konst.} = \varphi_0 & \text{für } |x| \leqq a, \\ \varphi(x) = \text{konst.} = 0 & \text{für } |x| > a; \end{cases}$$

dann wird

$$
(13)\quad \begin{cases} P = \varphi_0 \cdot 2a = 2a\varphi_0 , \\ C = \varphi_0 \int_{-a}^{+a} \cos(lx)\, dx = 2a\varphi_0 \frac{\sin(la)}{la} , \\ S = \varphi_0 \int_{-a}^{+a} \sin(lx)\, dx = 0 . \end{cases}
$$

Man sieht, daß C oszillierend von der langsam veränderlichen Größe la abhängt. Die Intensität J kann man daher auffassen als eine schnell oszillierende Funktion von l, deren Amplitude selbst wieder langsam oszilliert. Fig. 79 gibt den Verlauf des Ausdrucks (11) mit (13) wieder:

$$J = 2a\varphi_0 \left\{ 1 + \frac{\sin(la)}{la} \cos(lk_0) \right\} .$$

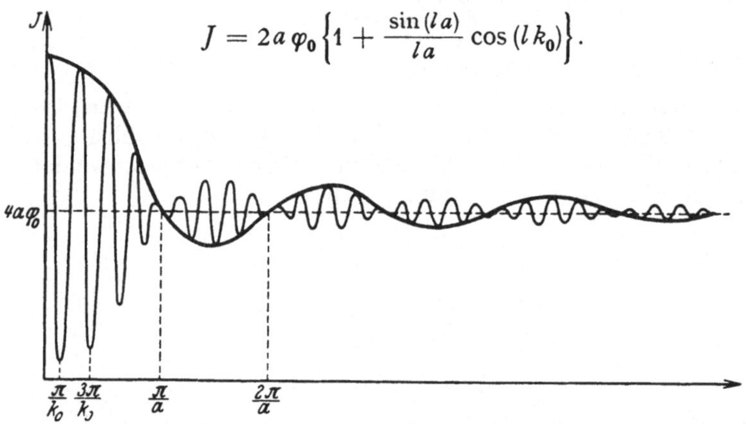

Fig. 79. Sichtbarkeitskurve für eine Spektrallinie mit „rechteckiger" Intensitätsverteilung.

Der Abstand zweier Knoten der schnellen Oszillation beträgt π/k_0, der Abstand zweier Knoten der Schwebung π/a ist also sehr groß dagegen.

Will man allgemein die Größe der einzelnen Maxima und Minima berechnen, so kann man dabei C und S als von l unabhängig betrachten, und man hat

$$\frac{dJ}{d\vartheta} = \frac{1}{k_0} \frac{dJ}{dl} = 0 = -C \sin\vartheta - S \cos\vartheta ,$$

also

$$(14)\quad \operatorname{tg}\vartheta = -\frac{S}{C} .$$

Die Größe der Extrema beträgt demnach:

$$(15)\quad J_{\text{extr.}} = P \pm \sqrt{C^2 + S^2} .$$

Als Maß der *Sichtbarkeit der Interferenz* nehmen wir (etwas abweichend von MICHELSON) das Quadrat des Verhältnisses der Differenz von Maximal- und Minimalwert zu ihrer Summe:

$$(16)\quad v = \left(\frac{J_{\max} - J_{\min}}{J_{\max} + J_{\min}} \right)^2 = \frac{C^2 + S^2}{P^2} .$$

Ist $\varphi(x)$ insbesondere eine gerade Funktion, d. h. ist die Intensität der Spektrallinie symmetrisch zu ihrer Mitte verteilt, dann wird gemäß der Definitionsformel (9) $S = 0$ (wie in unserem Beispiel), und man hat nach (16):

$$(17)\quad v = \frac{C^2}{P^2} .$$

In unserem Beispiel ist

$$v = \frac{\sin^2(l a)}{(l a)^2}.$$

Die Größe der Sichtbarkeitsmaxima nimmt sehr rasch ab; schon das erste Nebenmaximum bei $l = \frac{3}{2} \cdot \pi/a$ verhält sich zum Hauptmaximum bei $l = 0$ wie $(2/3\pi)^2 : 1 = 0{,}0449$; das zweite Nebenmaximum bei $l = \frac{5}{2} \cdot \pi/a$ verhält sich zum Hauptmaximum wie $(2/5\pi)^2 : 1 = 0{,}0163$; usw.

Aus der Beobachtung der Maxima und Minima der Sichtbarkeit läßt sich a ermitteln; z. B. ist für die erste Undeutlichkeitsstelle $l = \frac{3}{2} \cdot \pi/a$:

$$a = \Delta k = \frac{3}{2} \cdot \frac{\pi}{l};$$

a ist die halbe Breite der Spektrallinien in der k-Skala; also erhält man in Wellenlängen:

$$\Delta\lambda = \frac{\lambda^2 \Delta k}{2\pi} = \frac{3}{4} \cdot \frac{\lambda^2}{l}. \tag{18}$$

Da das erste Nebenmaximum schon so außerordentlich schwach ist (0,0449 des Hauptmaximums) und die folgenden noch viel schwächer sind, so kann man die Gegend des ersten Minimums der Sichtbarkeit ($l = \pi/a$) als praktische Grenze der Interferenzfähigkeit ansehen, d. h. für die rechteckig angenommene Form der Spektrallinie ist die Kohärenzlänge $L = \pi/a$. In der Skala

$$\omega = 2\pi\nu = \frac{2\pi c}{\lambda} = k c$$

beträgt die Linienbreite[1] nach (12)

$$2 a c = \gamma;$$

daher ist die Kohärenzzeit

$$T = \frac{L}{c} = \frac{2\pi}{\gamma}.$$

Diese exakte Gleichung tritt für unser Beispiel an Stelle der Proportion (2). Aber sie gilt keineswegs allgemein, sondern der Zahlenfaktor, der hier 2π ist, hängt durchaus von der angenommenen Linienform ab und von der Annahme, die man über den noch bemerkbaren Bruchteil der Maximalintensität macht.

Wir wollen noch zwei weitere Beispiele betrachten, nämlich solche Linienformen, wie sie auf Grund von gesicherten physikalischen Gesetzen aus der Theorie der Emissionsvorgänge abgeleitet werden. Bei höheren Temperaturen und nicht zu hohen Drucken (Näheres s. Kap. VIII, § 86) hat für die Linienform, die durch den Dopplereffekt bestimmt ist, die Intensitätsfunktion den Charakter einer GAUSSschen Fehlerkurve:

$$\varphi(x) = e^{-\left(\frac{\omega-\omega_0}{\delta/2}\right)^2} = e^{-\left(\frac{2c}{\delta}\right)^2 x^2}. \tag{19}$$

In dieser Gleichung ist δ ein Maß für die Linienbreite[2]; es ist nämlich $\omega - \omega_0 = c(k - k_0) = c x = \delta/2$ die Stelle, an der die Intensität auf den $e$ten Teil ab-

[1] Die Bezeichnung ist dieselbe, wie wir sie später im Kap. VIII durchweg gebrauchen werden.

[2] Das an dieser Stelle eingeführte δ ist natürlich nicht mit der „Phasendifferenz" δ zu verwechseln; die Bezeichnung ist wiederum in Übereinstimmung mit Kap. VIII gewählt.

gelungen ist. Setzt man a sinngemäß gleich unendlich, so erhält man[1] nach (7), (8), (9)

$$(20)\quad \left\{\begin{aligned} P &= \int_{-\infty}^{+\infty} e^{-\left(\frac{2c}{\delta}\right)^2 x^2}\, dx = \frac{\delta}{2c}\sqrt{\pi}\,, \\ C &= \int_{-\infty}^{+\infty} e^{-\left(\frac{2c}{\delta}\right)^2 x^2} \cos(lx)\, dx = \frac{\delta}{2c}\sqrt{\pi}\; e^{-\left(\frac{\delta l}{4c}\right)^2}, \\ S &= 0; \end{aligned}\right.$$

also

$$(21)\qquad v = \left(\frac{C}{P}\right)^2 = e^{-2\left(\frac{\delta l}{4c}\right)^2}.$$

Man hat hier eine allmählich abklingende Sichtbarkeitskurve ohne Schwankungen der Deutlichkeit. Für (21) kann man auch schreiben

$$l\delta = 4c\sqrt{-\tfrac{1}{2}\log v}\,.$$

Nehmen wir als Grenze der Sichtbarkeit dieselbe, die wir oben bei der rechteckigen Linienform gewählt haben, nämlich die relative Höhe des ersten Nebenmaximums, $v = 0{,}045$, so folgt für die Kohärenzzeit

$$(22)\qquad T = \frac{L}{c} = \frac{4}{\delta}\sqrt{-\frac{1}{2}\log v} = \frac{4}{\delta}\sqrt{-\frac{1}{2}\log 0{,}045} = \frac{4{,}98}{\delta}\,.$$

Es ergibt sich hier ein etwas anderer Zahlenfaktor[2] für die Proportion (2).

Als weiteres Beispiel nehmen wir die Linienform, die einem gedämpften Resonator als Emissionszentrum entspricht und die bei höheren Drucken und tieferen Temperaturen rein zum Vorschein kommt:

$$(23)\qquad \varphi(x) = \frac{1}{x^2 + \left(\frac{\gamma}{2c}\right)^2}\,;$$

hier spielt γ die Rolle der Linienbreite. Es ist nämlich $\omega - \omega_0 = cx = \gamma/2$ die Stelle, bei der die Intensität auf die Hälfte gesunken ist, γ die sog. Halbwertsbreite.

Da a hier wieder unendlich zu nehmen ist, erhält man in diesem Falle nach den Formeln (7), (8), (9) mit Hilfe der Substitution[3] $x = \frac{\gamma}{2}\,\mathrm{tg}\,\varphi$

$$(24)\quad \left\{\begin{aligned} &(\mathrm{a}) & P &= \int_{-\infty}^{+\infty} \frac{dx}{x^2 + \left(\frac{\gamma}{2c}\right)^2} = \frac{2c}{\gamma}\int_{-\frac{\pi}{2}}^{+\frac{\pi}{2}} d\varphi = \frac{2\pi c}{\gamma}\,, \\ &(\mathrm{b}) & C &= \int_{-\infty}^{+\infty} \frac{\cos(lx)\, dx}{x^2 + \left(\frac{\gamma}{2c}\right)^2} = \frac{2\pi c}{\gamma}\, e^{-\frac{l\gamma}{2c}}, \\ &(\mathrm{c}) & S &= 0; \end{aligned}\right.$$

[1] Die Integrale findet man z. B. bei R. COURANT u. D. HILBERT: Methoden der mathematischen Physik, 2. Aufl. S. 70. Berlin 1931.

[2] Will man statt δ die eigentliche Halbwertsbreite benutzen, so hat man δ durch $\delta\sqrt{\log 2}$ zu ersetzen. Der Zahlenfaktor in der Beziehung (22) ist dann 5,98.

[3] Siehe z. B. COURANT-HILBERT, 2. Aufl., S. 70, oder P. FRANK u. R. v. MISES: Die Differentialgleichungen und Integralgleichungen der Mechanik und Physik, 2. Aufl. (zugleich 8. Aufl. von RIEMANN-WEBERS Partiellen Differentialgleichungen der mathematischen Physik), Bd. I, Kap. IV, § 34, S. 209. Braunschweig 1930.

es ergibt sich also daraus

$$v = \left(\frac{C}{P}\right)^2 = e^{-\frac{l\gamma}{c}}, \tag{25}$$

und unter der Annahme, daß die Sichtbarkeitsgrenze bei $v = 0{,}045$ liegt, folgt

$$T = \frac{L}{c} = -\frac{1}{\gamma}\log v = \frac{3{,}00}{\gamma}. \tag{26}$$

Man erhält wieder einen etwas anderen Zahlenfaktor, der aber in allen betrachteten Beispielen immer ungefähr dieselbe Größenordnung hat.

Es gibt Bedingungen, unter denen weder das eine noch das andere der beiden angegebenen Gesetze (19) und (23) für die Form der Spektrallinien richtig ist, sondern eine Art Überlagerung von beiden (s. Kap. VIII, § 93), die man so schreiben kann:

$$\varphi(x) = \frac{1}{\sqrt{\pi}\cdot\eta}\int\limits_{\infty}^{\infty}\frac{e^{-\left(\frac{z-y}{\eta}\right)^2}}{1+y^2}\,dy. \tag{27}$$

Dabei ist

$$z = \frac{2c}{\gamma}x = \frac{2}{\gamma}(\omega-\omega_0), \qquad \eta = \frac{\delta}{\gamma}. \tag{28}$$

Auch hier lassen sich die Integrale P und C leicht ausrechnen (es wird wieder $S = 0$) und man erhält[1]

$$v = e^{-2\left(\frac{l\delta}{4c}\right)^2} e^{-\frac{l\gamma}{c}}; \tag{29}$$

die Sichtbarkeitsfunktion ist also das Produkt der entsprechenden Funktionen (21) und (25).

Die Kohärenzzeit wird (für $v = 0{,}045$)

$$T = \frac{L}{c} = \frac{4}{\delta\eta}\left(\sqrt{1-\frac{\eta^2}{2}\log v} - 1\right) = \frac{4}{\delta\eta}\left(\sqrt{1+1{,}60\cdot\eta^2} - 1\right); \tag{30}$$

dieser Ausdruck enthält natürlich (22) und (26) als die Grenzfälle $\eta = \infty$ und $\eta = 0$. Nehmen wir als Zwischenfall $\eta = 1$, d. h. $\delta = \gamma$, so ergibt sich

$$T = \frac{L}{c} = 2{,}45\cdot\frac{1}{\delta}. \tag{31}$$

Man könnte daran denken, durch Verfeinerung der Messung, indem man nicht nur auf die Grenze der Sichtbarkeit achtet, sondern den Verlauf der Sichtbarkeit als Funktion von l quantitativ verfolgt, die Form einer Spektrallinie rein empirisch genauer zu bestimmen, als es durch die eine Konstante „Linienbreite" möglich ist, z. B. auch die durch S gegebene Asymmetrie festzulegen. Doch haben sich solche Verfahren nicht als fruchtbar erwiesen.

Heute zieht man es vor, die Linienbreite durch direkt auflösende Spektralapparate zu bestimmen. Die so erhaltenen Werte stehen mit den durch Messung der Sichtbarkeit von Interferenzen gefundenen in gutem Einklang. Letztere sind besonders hartnäckig an der grünen Hg-Linie ausgeführt worden. Michelson kam bis zu 540000 Wellenlängen Gangunterschied; Perot und Fabry bis 790000; schließlich stellten Lummer und Gehrcke den Rekord von 2600000 λ auf. Da aber die meisten Linien Feinstrukturen und sogar sog. Hyperfeinstrukturen aufweisen, sind solche indirekte Bestimmungen der Linienbreite heute nicht mehr von großer Bedeutung.

[1] Dies Ergebnis ist von F. Reiche in seiner (nicht veröffentlichten) Breslauer Habilitationsschrift erhalten worden. Ein kurzer Auszug dieser Arbeit in den Verh. dtsch. physik. Ges. Bd. 15 (1913) S. 3.

Ehe wir uns zur viel wichtigeren direkten Interferenzspektroskopie wenden, sei noch bemerkt, daß man die Methode der Sichtbarkeit nicht nur zur Trennung von Strahlen verschiedener Frequenz, sondern auch zur Trennung von Strahlen verschiedener Richtung verwendet, besonders bei der Bestimmung des Winkelabstandes von Doppelsternen oder von Sterndurchmessern. Da aber hierbei auch Beugungserscheinungen eine wesentliche Rolle spielen, so behandeln wir diese Verfahren erst im nächsten Kapitel (VI, § 54).

Wir kommen nun zu den Apparaten der zweiten Klasse, die zu einer *direkten Interferenzspektroskopie* dienen. Sie beruhen darauf, daß man nicht nur zwei, sondern eine möglichst große Zahl von Strahlen zur Interferenz bringt und dadurch für jede Frequenz scharfe Maxima erzeugt. Wir haben bereits in § 39 eine Formel für die Intensitätsverteilung im Interferenzbild angegeben, wenn Strahlenbündel durch Hin- und Herreflexion an einer Glas- oder Luftplatte erzeugt werden. Für den Fall starker Reflexion ($r \approx 1$) gilt

$$J_d = d^2 r^{p-1} \frac{\sin^2 p\delta}{\sin^2\delta}, \tag{32}$$

wo

$$\delta = \frac{2\pi h}{\lambda} \cos\psi \tag{33}$$

die Phasendifferenz für den Durchtrittswinkel ψ ist.

Das Interferenzbild besteht aus einer Reihe von Hauptmaxima bei $\delta = 0, \pi, 2\pi$ usw. und dazwischen schwachen Nebenmaxima bei $\delta = \frac{3}{2} \cdot \pi/p, \frac{5}{2} \cdot \pi/p \ldots$.

Unter dem *Auflösungsvermögen* des Apparats versteht man den Bruch $\lambda/d\lambda$, wo $d\lambda$ den Abstand zwischen den Wellenlängen bedeutet, die man gerade noch getrennt wahrnimmt; wir werden auf diesen Begriff im nächsten Kapitel, IV § 53, ausführlich zurückkommen. Man hat sich darauf geeinigt, als die Grenze $d\lambda$ den Abstand des Hauptmaximums vom ersten Minimum ($\delta = \pi/p$) zu betrachten. Bei festem h und ψ entspricht einer Änderung der Wellenlänge um $d\lambda$ eine Phasenänderung $d\delta$, für die man aus Gleichung (33) durch logarithmisches Differenzieren (abgesehen vom Vorzeichen) findet:

$$\frac{d\delta}{\delta} = \frac{d\lambda}{\lambda}. \tag{34}$$

Hat man es nun mit dem $m$ten Hauptmaximum $\delta = m\pi$ zu tun, so erhält man durch Einsetzen dieses Wertes und der Entfernung $d\delta = \pi/p$ vom ersten Minimum

$$\frac{\lambda}{d\lambda} = mp. \tag{35}$$

Das Auflösungsvermögen ist also gleich einer ganzen Zahl, nämlich dem Produkt der Anzahl p interferierender Bündel mit der Nummer m des betrachteten Hauptmaximums, das als Bild einer monochromatischen Welle im Spektrum erscheint. Man nennt m auch die *Ordnung* des Spektrums (s. auch S. 177).

Will man also hohes Auflösungsvermögen erreichen, so kann man entweder p oder m vergrößern. Bei den hier betrachteten Interferenzapparaten ist aber die Größe von p beschränkt, nämlich bei der LUMMER-GEHRCKEschen Platte durch deren Ausdehnung, bei MICHELSONS Echelon durch die Anzahl der Stufen und beim PEROT-FABRY-Interferometer durch die Endlichkeit des Reflexionsvermögens [in Gleichung (32) wird der Faktor r^{p-1} für große p klein und die Interferenzen unvollkommen]. Man kommt heute mit den besten Interferenzapparaten bis höchstens $p = 45$. Will man also großes Auflösungsvermögen erhalten, muß man m vergrößern, d. h. mit größerem Plattenabstand arbeiten. Dies hat aber wieder den Nachteil, daß dann die Spektren benachbarter Ordnung immer näher aneinanderrücken; es fällt ja das $m$te Hauptmaximum der Wellenlänge λ_1 auf das $(m+1)$te der Wellenlänge λ_2, wenn

$$\frac{\lambda_1}{\lambda_2} = \frac{m+1}{m}; \qquad \frac{\lambda_1 - \lambda_2}{\lambda_2} = \frac{1}{m}.$$

Die Trennung der Spektren benachbarter Ordnung wird also mit wachsendem m rasch sehr klein [zur Trennung der beiden gelben D-Linien des Natriums, von denen wir oben gesprochen haben (s. S. 133), muß $m \geqq 980$ sein]. Auf diesen Umstand haben wir schon in der Einleitung dieses Paragraphen hingewiesen und betont, daß man daher bei den Interferenzspektralapparaten mit Vorzerlegung arbeiten muß. Das höchste erreichbare Auflösungsvermögen im sichtbaren Licht ist von der Größenordnung 1000000. Beim Strichgitter, für dessen Auflösungsvermögen dieselbe Formel gilt (s. Kap. IV, § 53), ist die Anzahl der interferierenden Bündel gleich der Anzahl der Gitterstriche und kann sehr groß (p bis 100000) gemacht werden; dafür arbeitet man ohne Vorzerlegung in kleinen Ordnungen (m ist hier 3 oder 4).

Viertes Kapitel.

Beugung.

§ 43. Wesen der Beugungserscheinungen. Kugelwellen.

Wir wollen uns jetzt mit denjenigen Lichterscheinungen beschäftigen, die sich nicht mehr mit Hilfe der Vorstellung erklären lassen, daß das Licht aus ebenen Wellen (bzw. zu diesen senkrechten Strahlen) besteht. In Wirklichkeit sind ja die Schattengrenzen nicht scharf, das Licht geht gewissermaßen „um die Ecke". Dieser Tatsache entspricht in unserer mathematischen Theorie der Umstand, daß die ebene Welle nur eine ganz spezielle (partikuläre) Lösung der MAXWELLschen Gleichungen I, § 1 (1) ist. In Wirklichkeit werden allgemeinere Lösungen eine Rolle spielen. Nur wegen der Kleinheit der Wellenlängen gegen die Lineardimensionen der Blenden kommt es zustande, daß der Eindruck der geradlinigen Lichtausbreitung entsteht und die *Beugungserscheinungen* nicht ohne weiteres ins Auge fallen.

Sie sind wohl zuerst von LEONARDO DA VINCI (1452—1519) erwähnt worden. Ihre erste genauere Beschreibung rührt von GRIMALDI her. Die damals geltende und auch noch bei NEWTON vorherrschende Emissionstheorie war nicht imstande, eine einfache Erklärung für die Beugungsvorgänge zu geben. HUYGENS, dem ersten Vertreter der Wellentheorie, scheint die Entdeckung GRIMALDIS unbekannt gewesen zu sein, sonst hätte er sie wohl zur Stützung seiner Gedanken herangezogen. In der Tat genügt, wie FRESNEL ein Jahrhundert später (1818) gezeigt hat, das von HUYGENS aufgestellte Prinzip, das wir im nächsten Paragraphen besprechen werden, vollständig zur Ableitung der Hauptzüge der Beugung.

Wir wollen uns nachher an den historischen Gang der Theorie nahe anschließen, dabei aber immer von der elektromagnetischen Lichttheorie ausgehen und uns überlegen, welchen Vereinfachungen der allgemeinen Gesetze die anschaulichen Betrachtungen entsprechen.

Wir haben schon in II, § 14 gezeigt, daß jede Komponente der elektromagnetischen Feldvektoren $\mathfrak{E}$ und $\mathfrak{H}$ einer Wellengleichung der Form

$$\Delta u - \frac{1}{c_1^2}\ddot{u} = 0 \tag{1}$$

genügt, wo $c_1 = c/\sqrt{\varepsilon}$ die Lichtgeschwindigkeit im Medium der Dielektrizitätskonstanten ε ist ($\mu = 1$). Man kann die Komponenten von $\mathfrak{E}$ als Lösungen der Gleichung (1) im wesentlichen beliebig wählen und dann die Komponenten von $\mathfrak{H}$ so hinzubestimmen, daß die MAXWELLschen Gleichungen erfüllt sind. Die Gleichung (1) ersetzt also praktisch das System der MAXWELLschen Gleichungen.

Achtet man nun des weiteren nicht auf die Polarisation und den Einfluß der Blenden (Grenzbedingungen an festen Körpern) auf sie, so genügt die Betrachtung einer einzigen Komponente von $\mathfrak{E}$, die wir eben in (1) mit u bezeichnet haben. Wir beschränken uns im folgenden auf rein periodische Vorgänge mit dem Zeitfaktor $e^{i\omega t}$ und setzen (etwas abweichend vom Gebrauch der Buchstaben in II, § 14)

$$k = \sqrt{\varepsilon}\,\frac{\omega}{c} = \frac{\omega}{c_1} = \frac{2\pi\nu}{c_1} = \frac{2\pi}{\lambda} = \frac{2\pi n}{\lambda_0}.$$

Dann lautet die *Wellengleichung*

$$\Delta u + k^2 u = 0. \tag{2}$$

Bisher haben wir immer *ebene Wellen*, d. h. Lösungen von der Form (s. II, § 14)

$$u = e^{ik(\mathfrak{r}\mathfrak{s})}, \qquad |\mathfrak{s}| = 1$$

betrachtet. Der nächsteinfache und -wichtige Typus ist der der *Kugelwellen*, d. h. solcher Lösungen, bei denen u nur von $r = \sqrt{x^2 + y^2 + z^2}$ abhängt. In diesem Falle wird mit $u' = du/dr$

$$\frac{\partial u}{\partial x} = u'\,\frac{x}{r}, \qquad \frac{\partial^2 u}{\partial x^2} = u''\,\frac{x^2}{r^2} + u'\left(\frac{1}{r} - \frac{x^2}{r^3}\right),$$

also

$$\Delta u = u'' + \frac{2}{r}\,u' = \frac{1}{r^2}\,\frac{d}{dr}\,(r^2 u') = \frac{1}{r}\,\frac{d^2}{dr^2}\,(r u). \tag{3}$$

Benutzen wir die letzte Schreibweise, so lautet die Wellengleichung

$$\frac{1}{r}\,\frac{d^2}{dr^2}(r u) + k^2 u = 0. \tag{4}$$

Durch die Substitution $v = r u$ geht (4) offenbar in die gewöhnliche eindimensionale Schwingungsgleichung

$$v'' + k^2 v = 0$$

über, mit der Lösung

$$v = e^{\pm i k r}.$$

Daher hat man als Lösung der Wellengleichung (4)

$$u = \frac{e^{\pm i k r}}{r}. \tag{5}$$

Fügt man hier wieder den Zeitfaktor $e^{i\omega t}$ hinzu, so sieht man, daß das Pluszeichen im Exponenten von (5) einer einfallenden Kugelwelle, das Minuszeichen einer auslaufenden entspricht; schreibt man den Zeitfaktor $e^{-i\omega t}$, so ist die Zuordnung umgekehrt. Solche Kugelwellen können nun dazu dienen, in einfacher Weise die HUYGENSschen Betrachtungen darzustellen.

§ 44. Das HUYGENSsche Prinzip.

Die große Schwierigkeit, die die Wellentheorie in der Geschichte der Optik zu überwinden hatte, war die Erklärung der scheinbar geradlinigen Ausbreitung des Lichts. NEWTON sah dieses Hindernis für so schwerwiegend an, daß er die

Wellentheorie ablehnte. HUYGENS aber gelang es, den Schlüssel für die Auflösung des Rätsels zu finden. Das HUYGENS*sche Prinzip*, das hierzu diente, besagt folgendes:

Jeder von einer Lichterregung getroffene Punkt kann als Quelle einer sekundären Kugelwelle angesehen werden. Dabei ist die einzelne sekundäre Welle äußerst schwach. Nur wo durch Überlagerung eine Verstärkung eintritt, ist eine beobachtbare Lichtstärke vorhanden. Den geometrischen Ort der durch Verstärkung entstehenden resultierenden Wellen konstruiert HUYGENS als Enveloppe der sekundären Kugelwellen.

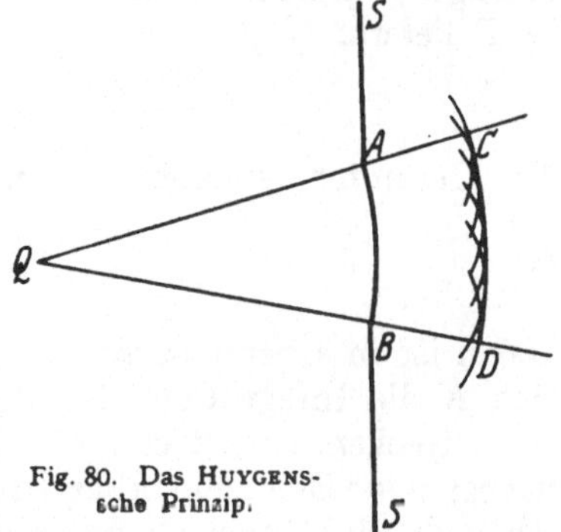

Fig. 80. Das HUYGENSsche Prinzip.

Hat man z. B. (s. Fig. 80) eine Lichtquelle Q, die von einem Schirm S mit einer Öffnung umgeben ist, so denke man sich die ursprüngliche Welle ungestört bis zur Öffnung AB ausgebreitet; sodann konstruiere man in jedem Punkte der die Öffnung ausfüllenden Kugelfläche sekundäre Kugeln, alle von gleichem Radius. Die Enveloppe dieser Sekundärwellen ist im Öffnungskegel wiederum das Stück CD einer Kugel mit Q als Zentrum. Dieses Kugelstück stellt also die Lichterregung in einem späteren Moment dar. Jenseits der Schattengrenzen QAC oder QBD ist keine solche Enveloppe vorhanden, so daß, wenn die einzelne Sekundärwelle als nicht beobachtbar gilt, dort völlige Dunkelheit herrschen muß. Auf diese Weise kommt die Erklärung der scharfen Schattengrenzen zustande. Zugleich sieht man, daß so auch ein schwaches „Herumbeugen" des Lichts verständlich wird. HUYGENS hat in Unkenntnis der GRIMALDIschen Beobachtung diesen Punkt nicht berücksichtigt. Wie man mit Hilfe dieses Prinzips die Gesetze der Reflexion und Brechung ableiten kann, haben wir schon in I, § 4 gezeigt.

Gegen das HUYGENSsche Prinzip kann man den Einwand erheben, daß die von der Kugelkappe AB ausgehenden Sekundärwellen nicht nur nach vorwärts, sondern auch nach hinten eine Enveloppe haben; man müßte also erwarten, daß das Licht sich von AB auch nach rückwärts ausbreitet. Das Prinzip hat also eine Lücke; an der Enveloppe tritt offenbar nicht immer Verstärkung, sondern manchmal auch Auslöschung der Sekundärwelle ein.

Diese Lücke wurde erst von FRESNEL ausgefüllt. Er vervollkommnete das HUYGENSsche Prinzip, indem er es mit dem Gedanken des *Superpositionsprinzips* verband, wie wir es in der Theorie der Interferenz bereits immerfort angewandt haben. Wir geben die Grundideen der FRESNELschen Überlegungen hier wieder.

Wir betrachten eine von Q ausgehende Lichtwelle und untersuchen die Stärke der Lichterregung in einem Punkte P (s. Fig. 81), einmal für ungestörte Ausbreitung, sodann für den Fall zwischengeschalteter Blenden. Genau wie bei HUYGENS denken wir uns das Licht bis zu der Kugelfläche AB vom Radius r_0 gelangt; von jedem Element $d\sigma$ dieser intermediären Wellenfläche soll eine sekundäre Kugelwelle ausgehen, deren Intensität wir mit FRESNEL als Funktion der Richtung der Wellennormalen ansehen; sie soll ein Maximum haben in der Richtung der Normalen von $d\sigma$ und seitlich rasch abnehmen.

Sei K eine solche Richtungsfunktion, also

$$\left.\begin{array}{ll} K = \text{Max.} & \text{normal} \\ K = 0 & \text{tangential} \end{array}\right\} \text{zum Element } d\sigma \text{ von } AB.$$

Die Amplitude der von $d\sigma$ ausgehenden Sekundärwelle stellen wir nunmehr durch

$$K\frac{e^{ikr}}{r}\,d\sigma$$

dar. Bedenken wir, daß die Amplitude der Primärerregung in $d\sigma$

$$\frac{e^{ikr_0}}{r_0}$$

beträgt, so ergibt sich als Beitrag, den ein Flächenelement $d\sigma$ zur Lichtamplitude in P liefert:

$$K\frac{e^{ikr_0}}{r_0}\cdot\frac{e^{ikr}}{r}\,d\sigma\,.$$

Die Gesamterregung in P beträgt hiernach

$$u_P = \frac{e^{ikr_0}}{r_0}\iint\frac{e^{ikr}}{r}K\,d\sigma\,. \tag{1}$$

Dabei ist in Übereinstimmung mit den Festsetzungen über die Richtungsfunktion K die Integration über den P zugewandten Teil der Kugeloberfläche AB zu erstrecken, soweit er nicht durch Blenden verdeckt ist. Wir denken uns zunächst keine Blenden vorhanden. Man zerlegt nun nach FRESNEL die Integrationsfläche durch Kugeln um den Aufpunkt P in *Zonen* $Z_1, Z_2, \ldots$. Diese Zonen konstruieren wir so: Sei b der Abstand des Aufpunkts P von der Kugel AB, so schlagen wir um P die Kugeln mit den Radien

$$b,\ b+\frac{\lambda}{2},\ b+\lambda,\ b+\frac{3\lambda}{2},\ \ldots,\ b+\frac{h\lambda}{2},\ \ldots.$$

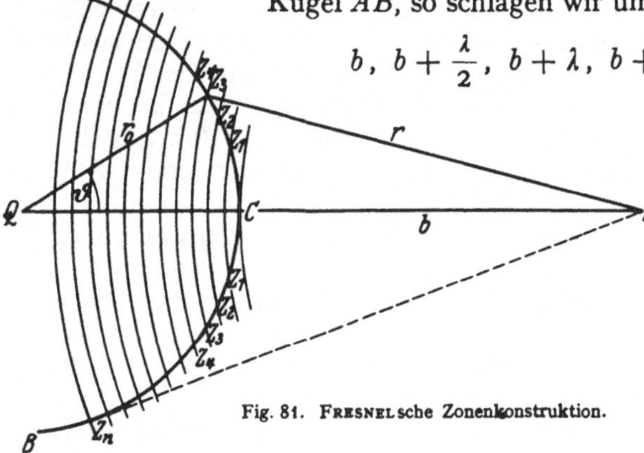

Fig. 81. FRESNELsche Zonenkonstruktion.

Je zwei benachbarte Kugeln schneiden aus der Kugel AB eine der Zonen aus (s. Fig. 81). Es werde angenommen, daß die Wellenlänge λ klein sowohl gegen r_0 als gegen r sei; dann kann man innerhalb jeder einzelnen Zone den Winkel zwischen dem von Q kommenden und dem nach P weitergehenden Strahl und somit die Funktion K als konstant $(= K_h)$ annehmen. Nun ist (s. Fig. 81)

$$r^2 = r_0^2 + (r_0+b)^2 - 2r_0(r_0+b)\cos\vartheta\,,$$

also

$$r\,dr = r_0(r_0+b)\sin\vartheta\,d\vartheta\,.$$

Für das Flächenelement auf AB erhält man daher

$$d\sigma = r_0^2\sin\vartheta\,d\vartheta\,d\varphi = \frac{r_0}{r_0+b}\,r\,dr\,d\varphi\,. \tag{2}$$

Der Beitrag der $h$ten Zone zur Gesamterregung ist demnach

$$u_h = 2\pi\frac{e^{ikr_0}}{r_0+b}K_h\int\limits_{b+\frac{h-1}{2}\lambda}^{b+\frac{h}{2}\lambda} e^{ikr}\,dr = -\frac{2\pi i}{k}K_h\frac{e^{ik(r_0+b)}}{r_0+b}\,e^{ik\frac{h}{2}\lambda}\left(1-e^{-ik\frac{\lambda}{2}}\right).$$

Da nun $k\lambda = 2\pi$ ist, so werden die letzten beiden Faktoren

$$e^{ik\frac{h}{2}\lambda}\left(1 - e^{-ik\frac{\lambda}{2}}\right) = e^{i\pi h}(1 - e^{-i\pi}) = (-1)^h \cdot 2,$$

und daher wird

$$u_h = -2i\lambda(-1)^h K_h \frac{e^{ik(r_0+b)}}{r_0+b}. \tag{3}$$

Die Zonen liefern also abwechselnd positive und negative Beiträge zur Amplitude. Die Gesamterregung in P ist gegeben durch

$$u_P = 2\lambda \frac{e^{ik(r_0+b)+\frac{i\pi}{2}}}{r_0+b} \sum_h (-1)^{h+1} K_h, \tag{4}$$

wobei i durch $e^{i\pi/2}$ ersetzt ist. Man erkennt an dieser Formel, daß die Richtungsabhängigkeit der Funktion K eine notwendige Annahme ist; denn wäre K von der Richtung unabhängig, so würde die Summe die Gestalt annehmen

$$K\sum_h (-1)^{h+1}$$

und je nach der Anzahl der Zonen zwischen den Werten K und 0 schwanken. Gemäß unseren Annahmen aber nimmt K_h mit wachsendem h beständig ab, weil für die höheren Zonen die Richtung von $d\sigma$ nach P immer mehr tangential zum Element $d\sigma$ verläuft.

Nunmehr läßt sich die Reihe

$$\sum = \sum_{h=1}^{n} (-1)^{h+1} K_h = K_1 - K_2 + K_3 - + \cdots + (-1)^{n+1} K_n \tag{5}$$

näherungsweise so summieren: Nehmen wir an, n sei ungerade, so kann man die Reihe in den folgenden zwei verschiedenen Formen schreiben:

$$\sum = \frac{K_1}{2} + \left(\frac{K_1}{2} - K_2 + \frac{K_3}{2}\right) + \cdots + \left(\frac{K_{n-2}}{2} - K_{n-1} + \frac{K_n}{2}\right) + \frac{K_n}{2} \tag{6}$$

oder auch:

$$\sum = \left(K_1 - \frac{K_2}{2}\right) - \left(\frac{K_2}{2} - K_3 + \frac{K_4}{2}\right) - \cdots - \left(\frac{K_{n-1}}{2} - K_n\right). \tag{7}$$

Wir nehmen nun zunächst einmal an, daß jedes K_h größer ist als das arithmetische Mittel aus den beiden benachbarten Werten K_{h-1} und K_{h+1}; dann sind die Ausdrücke in den Klammern der beiden Reihen negativ, so daß aus der ersten Gleichung folgt

$$\sum < \frac{K_1}{2} + \frac{K_n}{2},$$

und aus der zweiten

$$\sum > K_1 - \frac{K_2}{2} - \frac{K_{n-1}}{2} + K_n.$$

Man kann also fortlaufend schreiben

$$K_1 - \frac{K_2}{2} - \frac{K_{n-1}}{2} + K_n < \sum < \frac{K_1}{2} + \frac{K_n}{2}. \tag{8}$$

Nun unterscheidet sich jedes K_h nur sehr wenig von seinen beiden Nachbarwerten, so daß der Unterschied

$$\frac{K_1 - K_2}{2} - \frac{K_{n-1} - K_n}{2}$$

zwischen den beiden Schranken fast verschwindet. Es gilt daher angenähert

$$\sum = \frac{K_1}{2} + \frac{K_n}{2}. \tag{9}$$

Machen wir jetzt die umgekehrte Annahme, daß jedes Glied der Folge K_h kleiner ist als das arithmetische Mittel der beiden benachbarten, so erhalten wir die zu (8) entgegengesetzte Ungleichung, die sich in der Gestalt schreiben läßt:

$$\frac{K_1}{2} + \frac{K_n}{2} < \sum < \frac{K_1}{2} + \frac{K_1 - K_2}{2} - \frac{K_{n-1} - K_n}{2} + \frac{K_n}{2}.$$

Auch hieraus ziehen wir wieder den Schluß, daß näherungsweise (9) gilt.

Auch die Annahme n ungerade ist unwesentlich; man sieht leicht, daß die Näherungsgleichung (9) für gerade n richtig bleibt.

Verstehen wir nun unter n den Index der letzten zulässigen Zone, bei der die Verbindungslinie von $d\sigma$ mit P genau tangential zu $d\sigma$ liegt, so ist nach unseren Annahmen dort $K_n = 0$, und wir erhalten

$$\sum = \frac{K_1}{2}, \tag{10}$$

also nach (4)

$$u_P = \lambda K_1 \frac{e^{ik(r_0+b) + \frac{i\pi}{2}}}{r_0 + b}. \tag{11}$$

Man sieht, daß dieser Ausdruck mit der Darstellung einer Kugelwelle bei ungestörter Fortpflanzung bis zur Entfernung $r_0 + b$ übereinstimmt, wenn man

$$\lambda K_1 e^{\frac{i\pi}{2}} = 1; \quad K_1 = \frac{e^{-\frac{i\pi}{2}}}{\lambda} = \frac{1}{i\lambda} \tag{12}$$

setzt. Bei geeigneter Wahl der Stärke und Phase der von der Mittelzone ausgehenden Sekundärwelle *läßt sich also eine Kugelwelle als Interferenzerscheinung der Sekundärwellen auffassen.*

Zu neuen Aussagen aber gelangt man, indem man mit Fresnel überlegt, was bei Abblendung einzelner Zonen herauskommt. Solange die Blendenöffnung groß ist gegen die Zonengrößen (Wellenlänge), wird die Erregung in P nicht wesentlich beeinflußt. Dagegen treten starke Abweichungen der Lichtwirkung in P auf, wenn die Blendenöffnung von der Größenordnung einer oder weniger Zonen ist. Blendet man z. B. alle Zonen ab bis auf die halbe erste Zone, so erhält man die Erregung in P, indem man in (3) $h = 1$ setzt und mit $\frac{1}{2}$ multipliziert; unter Weglassung des Ausbreitungsfaktors $\frac{e^{ik(r_0+b)}}{r_0 + b}$ ergibt sich:

$$u_P = \lambda K_1 e^{\frac{i\pi}{2}} = 1,$$

die Erregung ist also ebenso groß wie bei ungestörter Ausbreitung. Läßt man gerade die ganze erste Zone offen, so wird

$$u_P = 2\lambda K_1 e^{\frac{i\pi}{2}} = 2,$$

also die durch $|u_P|^2$ gegebene Intensität gleich 4. Bei weiterer Vergrößerung der Blendenöffnung aber nimmt die Intensität wieder ab, weil dann die beiden ersten Glieder der Reihe, K_1 und K_2, mit entgegengesetztem Vorzeichen zusammenwirken; da K_2 fast gleich K_1 ist, wird in P völlige Dunkelheit herrschen, wenn die Öffnung der Blende ungefähr die beiden ersten Zonen umfaßt. Auf diese Weise entstehen beim allmählichen Öffnen der Blende in P periodische Schwankungen der Helligkeit, die nach und nach undeutlicher werden. Dasselbe tritt auch ein, wenn man mit dem Aufpunkte P bei fester Blendenöffnung sich der Lichtquelle nähert, weil dabei die Zonengröße abnimmt, also immer mehr Zonen in die Blende hineinkommen.

Alle diese Ergebnisse der FRESNELschen Überlegungen sind durch Beobachtungen bestätigt worden. Ganz besonderen Eindruck hat aber eine Folgerung gemacht (s. hierzu auch die historische Übersicht), ja durch sie wurde gewissermaßen der Streit zwischen Emissionstheorie und Undulationstheorie zugunsten der letzteren entschieden; sie betrifft die Erscheinung, die bei Abblendung allein der ersten Zone eintritt. Gemäß (5) wird dann die Amplitude der Erregung in P durch die Reihe

$$-K_2 + K_3 - K_4 + - \cdots$$

bestimmt, welche nach dem FRESNELschen Summationsverfahren näherungsweise den Wert $-K_2/2$ hat. Da aber K_2 von K_1 nur wenig verschieden ist, bedeutet dieses Ergebnis, daß bei völliger Abblendung gerade der ersten Zone doch Licht nach P gelangt, und zwar nahezu genau so viel, wie wenn gerade die erste Zone allein frei ist (nämlich $|u_P|^2 = 4$). Überhaupt sieht man, daß eine Blende mit Öffnung in guter Näherung genau dieselbe Lichterscheinung in P bedingt, wie ein Schirm von der Gestalt der Öffnung. Auch dieses von FRESNEL vorhergesagte Ergebnis, das wir später vom neueren Standpunkt der Theorie als BABINETsches Prinzip noch beleuchten werden, ist damals außerordentlich überraschend gewesen und als entscheidender Erfolg der Wellentheorie angesehen worden.

§ 45. KIRCHHOFFS Formulierung des HUYGENSschen Prinzips.

Der Grundgedanke der Überlegungen von HUYGENS und FRESNEL ist der, daß die Lichterregung in einem Punkte P auf sekundäre Lichtwellen zurückgeführt werden kann, die von einer zwischen P und der Lichtquelle gelegenen Fläche ausgehen.

KIRCHHOFF[1] hat sich darum bemüht, diesen Gedanken exakter zu formulieren und mit der Wellengleichung der Lichtausbreitung in Beziehung zu setzen. Ähnliche Fragen sind den Mathematikern aus der Potentialtheorie bekannt. Das NEWTONsche Potential u in einem Punkt läßt sich durch die Werte der Funktion und ihrer normalen Ableitung auf einer den Punkt umgebenden geschlossenen Fläche durch Summation (Integration) darstellen. KIRCHHOFF hat diesen Satz von der Potentialgleichung $\Delta u = 0$ auf die Wellengleichung $\Delta u + k^2 u = 0$ übertragen und Anwendungen auf die angenäherte Berechnung von Beugungserscheinungen gemacht.

Der Ausgangspunkt ist der bekannte GREEN*sche Satz*, den wir folgendermaßen formulieren:

Es seien $u(x, y, z)$ und $v(x, y, z)$ zwei Funktionen, die innerhalb eines räumlichen Gebiets G einschließlich des Randes mitsamt ihren ersten und zweiten Ableitungen eindeutig und stetig sind; dann gilt die Identität

$$\iiint (u\Delta v - v\Delta u)\, dS = \iint \left(u \frac{\partial v}{\partial \nu} - v \frac{\partial u}{\partial \nu}\right) d\sigma, \tag{1}$$

wobei das erste Integral über das Gebiet G, das zweite über seine Oberfläche zu erstrecken ist und ν die *äußere Normale* der Oberfläche bedeutet.

---

[1] G. KIRCHHOFF: Berl. Ber. 1882 S. 641; Ann. Physik u. Chem. (2) Bd. 18 (1883) S. 663; Ges. Abh. Nachtr. S. 22.

Zum Beweise gehen wir von dem bekannten GAUSSschen Integralsatz

$$\iiint \operatorname{div}\mathfrak{A}\, dS = \iint \mathfrak{A}_\nu\, d\sigma$$

aus. Setzen wir darin

$$\mathfrak{A} = u \operatorname{grad} v\,,$$

so wird

$$\operatorname{div}\mathfrak{A} = \operatorname{grad} u \cdot \operatorname{grad} v + u \Delta v\,.$$

Mithin erhalten wir

$$\iiint u \Delta v\, dS + \iiint \operatorname{grad} u \cdot \operatorname{grad} v\, dS = \iint u \frac{\partial v}{\partial \nu}\, d\sigma\,.$$

Vertauschen wir hier u und v und subtrahieren die dadurch entstehende Gleichung, so erhalten wir die GREENsche Formel (1).

Genügen insbesondere u und v der Potentialgleichung $\Delta f = 0$, so hat man

$$\iint \left(u \frac{\partial v}{\partial \nu} - v \frac{\partial u}{\partial \nu} \right) d\sigma = 0\,. \tag{2}$$

Die oben erwähnte Aufgabe der Potentialtheorie, den Wert von u in einem Punkte P des Innern von G durch die Randwerte von u und $\partial u / \partial \nu$ auszudrücken, löst man folgendermaßen: Man nimmt für v die Potentialfunktion $v = 1/r$, wo r den Abstand von P bedeutet; dann muß man aber wegen der Singularität dieser Funktion die Umgebung von P durch eine Kugelfläche vom Gebiete G abtrennen; den Radius dieser kleinen Kugel läßt man nachträglich gegen Null konvergieren. In dem übrigbleibenden Gebiete G' gilt nach (2) (s. Fig. 82)

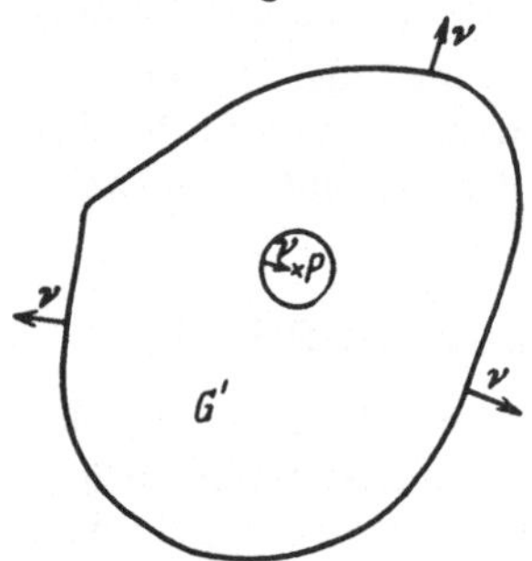

Fig. 82. Zum GREENschen Satz.

$$\iint \left\{ u \frac{\partial}{\partial \nu}\left(\frac{1}{r}\right) - \frac{1}{r} \frac{\partial u}{\partial \nu} \right\} d\sigma = 0\,, \tag{3}$$

und dieses Integral ist sowohl über die äußere Begrenzungsfläche von G' als auch über die kleine Kugel zu erstrecken.

Da ν die äußere Normale von G' ist, gilt an der Oberfläche der kleinen Kugel $\partial/\partial\nu = -\partial/\partial r$, also $\partial(1/r)/\partial\nu = 1/r^2$; ferner hat man $d\sigma = r^2\, d\Omega$, wobei $d\Omega$ das Element der Einheitskugel bedeutet. Wählt man die Kugel nun hinreichend klein, so sind u und $\partial u/\partial\nu = -\partial u/\partial r$ ebenso wie r selbst auf ihrer Oberfläche konstant, und man erhält für den Anteil des Kugelintegrals

$$\lim_{r \to 0} \left(u + r \frac{\partial u}{\partial r} \right) \int d\Omega = 4\pi u_P\,.$$

Daher folgt aus (3)

$$u_P = -\frac{1}{4\pi} \iint \left\{ u \frac{\partial}{\partial \nu}\left(\frac{1}{r}\right) - \frac{1}{r} \frac{\partial u}{\partial \nu} \right\} d\sigma\,, \tag{4}$$

wobei das Integral jetzt über die Oberfläche von G zu erstrecken ist. Man hat also den Wert von u im Punkte P durch die Werte von u und $\partial u/\partial\nu$ auf einer P umschließenden Fläche ausgedrückt. Die beiden Glieder von (4) haben die folgende Bedeutung: Das zweite ist offenbar das Potential einer einfachen Flächenbelegung der Oberflächendichte $\frac{1}{4\pi} \frac{\partial u}{\partial \nu}$; das erste aber ist das Potential einer Doppelbelegung des Moments $-u/4\pi$.

Ganz analog verläuft die Überlegung in unserem Falle der Wellengleichung $\Delta u + k^2 u = 0$. Sind u und v zwei Lösungen dieser Gleichung (mit demselben k), so heben sich in der Gleichung (1) die beiden Anteile des Raumintegrals fort, und man erhält wiederum die Gleichung (2). Als elementare Lösung mit Singularität hat man nun aber statt $v = 1/r$ die Kugelwellenfunktion

$$v = \frac{e^{ikr}}{r}$$

einzusetzen. Da

$$\frac{\partial}{\partial r}\left(\frac{e^{ikr}}{r}\right) = -\frac{e^{ikr}}{r^2} + ik\frac{e^{ikr}}{r}$$

ist, nähert sich für diese Funktion v bei kleinem r der Ausdruck $\partial(e^{ikr}/r)/\partial\nu$ auch dem Werte $1/r^2$. Daher bleiben alle Überlegungen ungeändert, und man erhält

$$u_P = -\frac{1}{4\pi}\iint\left\{u\frac{\partial}{\partial\nu}\left(\frac{e^{ikr}}{r}\right) - \frac{e^{ikr}}{r}\frac{\partial u}{\partial\nu}\right\}d\sigma. \tag{5}$$

Auch hier ist vorausgesetzt, daß u mitsamt der ersten und zweiten Ableitung innerhalb des von der Integrationsfläche umschlossenen Gebietes eindeutig und stetig ist.

Da nun Lichtquellen offenbar Singularitäten der Amplitudenfunktion bedeuten, so gilt die Formel (5) nur für solche Gebiete, in deren Innern keine Lichtquellen vorhanden sind. Die beiden Glieder der Integralformel kann man, ebenso wie in der Potentialtheorie, deuten als Beiträge von sekundären Lichtquellen auf der Integrationsfläche, und zwar das zweite als Wirkung einer einfachen Belegung von Lichtquellen, das erste als Wirkung einer Doppelbelegung. Doch hat diese Vorstellung keine tiefere physikalische Bedeutung.

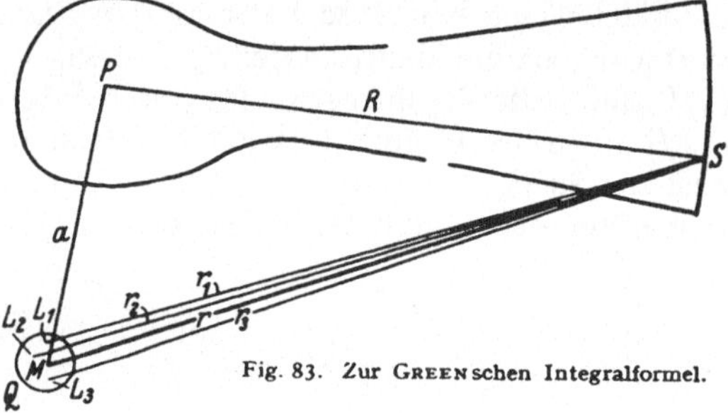

Fig. 83. Zur GREENschen Integralformel.

Bei der *Anwendung* dieser Formel *auf Beugungsprobleme* kommt der Fall vor, daß Teile der Integrationsfläche ins Unendliche rükken. Man kann leicht einsehen, daß, wenn alle reellen Lichtquellen im Endlichen (natürlich außerhalb der Integrationsfläche) liegen, der Beitrag der unendlich fernen Flächenteile verschwindend klein ist.

Um dies zu zeigen, denken wir uns die Lichtquelle Q aus einer endlichen Zahl von Elementarquellen zusammengesetzt, von deren jeder eine Kugelwelle der Form e^{ikr}/r ausgeht. Der Abstand des „Mittelpunktes" der Lichtquelle Q (d. h. einer alle Leuchtpunkte umgebenden Kugel) vom Aufpunkt P (s. Fig. 83) sei a. Die Abstände der einzelnen Leuchtpunkte L_1, L_2, ... innerhalb Q von einem Punkte S auf dem ins Unendliche rückenden Anteil der Integrationsfläche seien $r_1, r_2, \ldots$. Den Abstand PS bezeichnen wir mit R. Wenn nun R bei festem a gegen Unendlich wächst, so hat man offenbar eine Entwicklung der Form

$$u_n = \frac{e^{ikr_n}}{r_n} = \frac{e^{ikR}}{R}\left(A_n + \frac{B_n}{R} + \frac{C_n}{R^2} + \cdots\right), \tag{6}$$

wobei $A_n, B_n, C_n, \ldots$ nur noch Funktionen der Richtung der Verbindungslinie PS gegen L_nP sind. Summiert man über alle Leuchtpunkte, so erhält man für die Lichterregung in S

$$u_S = \sum_n u_n = \frac{e^{ikR}}{R}\left(A + \frac{B}{R} + \frac{C}{R^2} + \cdots\right). \tag{7}$$

Nunmehr können wir den Anteil bestimmen, den das Integral über eine unendlich ferne Fläche (die wir natürlich als Kugel um P denken können) zu dem Ausdruck (5) liefert. Wir haben also zu berechnen

$$\frac{1}{4\pi}\iint\left[u_S\frac{\partial}{\partial R}\left(\frac{e^{ikR}}{R}\right)-\frac{e^{ikR}}{R}\frac{\partial u_S}{\partial R}\right]R^2\,d\Omega$$

$$=\frac{1}{4\pi}\iint\left[\frac{e^{ikR}}{R}\left(A+\frac{B}{R}+\cdots\right)\left(-\frac{e^{ikR}}{R^2}+ik\frac{e^{ikR}}{R}\right)-\frac{e^{ikR}}{R}\left\{\left(-\frac{e^{ikR}}{R^2}+ik\frac{e^{ikR}}{R}\right)\left(A+\frac{B}{R}+\cdots\right)+\frac{e^{ikR}}{R}\left(-\frac{B}{R^2}-\cdots\right)\right\}\right]R^2\,d\Omega$$

Man sieht sofort, daß sich in der eckigen Klammer die Glieder mit R^{-2} und R^{-3} gerade aufheben; es bleiben also nur Glieder mit R^{-4}, R^{-5}, ... Daher verschwindet das Integral für $R\to\infty$. Damit haben wir gezeigt, daß die unendlich entfernten Anteile der Integrationsfläche nicht zur Erregung in P beitragen.

Die Verwendbarkeit der Gleichung (5) für die Beugungstheorie ist beschränkt, da die Randwerte von u und $\partial u/\partial\nu$ auf einer den Aufpunkt umgebenden Fläche im allgemeinen ebensowenig bekannt sind wie der Verlauf der Funktion u an irgendeiner anderen Stelle. Wir werden nachher sehen, wie sich KIRCHHOFF hier geholfen hat. Vorher aber wollen wir eine strenge Anwendung der Formel machen zur Verbesserung des FRESNELschen Prinzips bei der Ableitung der ungestörten Lichtausbreitung. Wir erinnern uns, daß die FRESNELsche Zonenkonstruktion hierbei auf das richtige Resultat führt, wenn man Amplitude und Phase der Sekundärwelle geeignet wählt. In diesem Falle kann man die KIRCHHOFFsche Formel ohne weiteres anwenden. Man nimmt als Integrationsfläche (abgesehen von einer unendlich fernen Kugel) eine beliebige, die Lichtquelle umgebende geschlossene Fläche und wählt den Aufpunkt P außerhalb dieser; ist die Fläche eine Kugel, so hat man den FRESNELschen Fall. Die KIRCHHOFFsche Formel liefert die identisch richtige Aussage, daß sich der Wert der Funktion e^{ikr}/r in P mit Hilfe des Integrals (5) durch ihren Wert auf der geschlossenen Fläche um Q ausdrücken läßt. Das Flächenelement $d\sigma$ hat dann den Abstand r_0 von Q, r ist der in (5) vorkommende Abstand des Flächenelements von P. Wir haben nun unter dem Integral die Randwerte

$$u=\frac{e^{ikr_0}}{r_0};\qquad \frac{\partial u}{\partial\nu}=\frac{e^{ikr_0}}{r_0}\left(ik-\frac{1}{r_0}\right)\cos(\nu,r_0)$$

einzusetzen. Schreiben wir überdies statt $\partial(e^{ikr}/r)/\partial\nu$

$$\frac{e^{ikr}}{r}\left(ik-\frac{1}{r}\right)\cos(\nu,r),$$

so erhalten wir

$$u_P=-\frac{1}{4\pi}\iint\frac{e^{ikr}}{r}\cdot\frac{e^{ikr_0}}{r_0}\left\{\left(ik-\frac{1}{r}\right)\cos(\nu,r)-\left(ik-\frac{1}{r_0}\right)\cos(\nu,r_0)\right\}d\sigma. \tag{8}$$

Nun können wir leicht auf den Fall der Kugel spezialisieren; bei dieser ist

$$\cos(\nu,r_0)=-1,$$

und nach der in § 44 (2) angegebenen Beziehung

$$d\sigma=\frac{r r_0}{b+r_0}\,dr\,d\varphi.$$

Vernachlässigt man endlich $1/r$ und $1/r_0$ gegen $k=2\pi/\lambda$, so gilt

$$u_P=-\frac{ik}{2}\frac{e^{ikr_0}}{r_0+b}\int e^{ikr}(\cos(\nu r)+1)\,dr. \tag{9}$$

Hierin wird (zum Unterschied gegen FRESNEL) die Integration über die ganze Kugel erstreckt, d. h. von $r=b$ bis $r=b+2r_0$. Wir zerlegen nun entsprechend dem FRESNELschen Verfahren das Integral in die Anteile der Zonen und erhalten für die $h$te Zone

$$u_h = -\frac{ik}{2}\frac{e^{ikr_0}}{r_0+b}\int\limits_{b+\frac{h-1}{2}\lambda}^{b+\frac{h}{2}\lambda} e^{ikr}[\cos(\nu, r) + 1]\,dr.$$

Betrachtet man hier $\cos(\nu, r)$ für eine Zone als konstant, so kann man das Integral ausführen und erhält

$$(11) \qquad u_h = -\frac{e^{ik(r_0+b)}}{r_0+b}(-1)^h(\cos(\nu, r)_h + 1).$$

Vergleichen wir dies mit der FRESNELschen Formel § 44 (3), so sehen wir, daß die richtungsabhängige Größe K_h sich hier eindeutig bestimmt, nämlich durch

$$(12) \qquad 2i\lambda K_h = \cos(\nu, r)_h + 1.$$

Für die erste Zone wird wegen $\cos(\nu, r)_1 = 1$:

$$2i\lambda K_1 = 2,$$

also in Übereinstimmung mit § 44 (12):

$$K_1 = \frac{1}{i\lambda} = \frac{e^{-i\frac{\pi}{2}}}{\lambda}.$$

Auf diese Weise versteht man, warum die FRESNELsche Zonenkonstruktion für den Fall der Abblendung der ersten Zone das richtige Resultat ergibt. Dagegen ist die FRESNELsche Erklärung des Zustandekommens der ungestörten Lichtausbreitung durch die Wirkung der Vorderfläche der Zonenkugel allein unrichtig. Für die letzte Zone ist nämlich $\cos(\nu, r)_n = 0$, also nicht, wie FRESNEL annimmt, $K_n = 0$, sondern nach (12) $K_n = 1/2i\lambda$. Beim Weitergehen auf die Rückseite der Kugel nehmen die K_h weiter ab und verschwinden erst an der dem Aufpunkt gegenüberliegenden Stelle. Nur wenn man diese Beiträge im Integral mitberücksichtigt, ergibt sich streng aus dem KIRCHHOFFschen Integral die Formel der ungestörten Lichtausbreitung. Daß FRESNEL doch das richtige Resultat aus einer unrichtigen Annahme gewonnen hat, beruht wohl auf der Ungenauigkeit seines Summationsverfahrens.

§ 46. Die KIRCHHOFFsche Beugungstheorie.

KIRCHHOFF hat in sinnreicher Weise seine Integraldarstellung der Lichterregung zur Ableitung von Formeln für die Beugungserscheinungen benutzt. Es handelt sich dabei um den ersten Schritt zu einem Näherungsverfahren, das allerdings niemals konsequent weitergeführt und auf seine Konvergenz hin untersucht worden ist. In Wirklichkeit liegt das Problem ja folgendermaßen:

Man will den Einfluß von Schirmen und Blenden auf die Lichtausbreitung studieren. Der ganze Raum außerhalb des Materials der Schirme ist von der Lichterregung u erfüllt zu denken, die der Wellengleichung genügt und in den Lichtquellen gewisse Singularitäten aufweist. Die Art dieser Singularitäten ist zunächst keineswegs genau bekannt, ebensowenig aber auch der exakte Einfluß der Schirme, d. h. die Grenzbedingungen, denen die Funktion u an der Oberfläche der Schirme zu genügen hat. Wäre beides bekannt, so hätte man ein strenges mathematisches Problem vor sich, nämlich ein Randwertproblem von partiellen Differentialgleichungen mit vorgegebenen Singularitäten. Wir werden später (§ 57) sehen, daß SOMMERFELD diese Auffassung an speziellen Fällen wirklich zur Geltung gebracht hat und dadurch zu Lösungen von Beugungsproblemen gekommen ist, die in gewissem Sinne als „streng" zu bezeichnen sind; da jedoch die idealisierenden Annahmen über die Oberfläche der Schirme und die an ihnen geltenden Grenzbedingungen in der Natur niemals genau erfüllt sind (Rauhigkeit der Oberfläche, atomistische Struktur des Schirmmaterials, Grenzschichten usw.), so darf man auch diese Lösungen nicht ohne physikalische Kritik verwenden. Es ist daher wohlberechtigt, zuerst die älteren, einfacheren Gedankengänge von KIRCHHOFF und seinen Nachfolgern zu behandeln.

KIRCHHOFF geht von der Tatsache aus, daß bei grober Beobachtung das Licht sich von den Quellen bis zu den Schirmen ungestört ausbreitet und erst *hinter* engen Blenden ein Einfluß der Schirmwände merkbar wird, indem die Lichterregung über die Schattengrenzen hinübergreift. Um nun die Lichtintensität in einem Punkte P zu berechnen, der durch den Schirm mit Öffnungen von der Lichtquelle abgetrennt ist, denkt sich KIRCHHOFF diesen Aufpunkt P von einer Fläche umgeben, die an der von der Lichtquelle abgewandten Seite der Schirmwände verläuft und die Blendenöffnungen glatt überbrückt. Es ist eine physikalisch vernünftige Aussage, daß in erster Näherung die Erregung an der Rückseite der Schirme dauernd Null ist:

(1) Auf der Schirmfläche: $$u = 0\,, \qquad \frac{\partial u}{\partial \nu} = 0\,.$$

Schon etwas kühner ist die Annahme, daß man bei der Berechnung der Erregung in P mit Hilfe der KIRCHHOFFschen Formel § 45 (5) für die Teile der Fläche, welche die Blendenöffnungen überspannen, als Randwerte von u und $\partial u/\partial \nu$ die der ungestörten Lichtausbreitung entsprechenden Werte nehmen darf; also für einen leuchtenden Punkt:

(2) An der Blendenöffnung: $$u = \frac{e^{ikr_0}}{r_0}\,, \qquad \frac{\partial u}{\partial \nu} = ik\frac{e^{ikr_0}}{r_0}\cos(\nu, r_0)$$

(wobei wieder $1/r_0$ neben k vernachlässigt ist).

Hat man mehrere Leuchtpunkte Q in der Lichtquelle zu berücksichtigen, so kommt es darauf an, ob diese als kohärent betrachtet werden oder nicht. Im ersteren Falle hat man die Amplituden, im letzteren die Quadrate derselben (Intensitäten) zu summieren.

Geht man mit diesem Ansatze in die KIRCHHOFFsche Formel § 45 (5) ein, so erhält man rein rechnerisch eine bestimmte Amplitude u_P im Aufpunkt. Aber es ist wohl selbstverständlich, daß dieses durch willkürlich gewählte Randwerte bestimmte Integral der Wellengleichung gar keine Lösung des Randwertproblems ist; denn würde man aus ihm rückwärts die Werte von u und $\partial u/\partial \nu$ auf der Integrationsfläche berechnen, so würde man von dem Ansatz (1) und (2) verschiedene Werte bekommen, z. B. gewiß nicht verschwindendes u an der Rückwand der Schirme. Man könnte nun die ganze Betrachtung in folgender Weise rechtfertigen: Man faßt die durch das beschriebene Verfahren errechnete Erregung u_P als erste Näherung auf, berechnet aus ihr die Randwerte u und $\partial u/\partial \nu$ und wiederholt dann das Verfahren beliebig oft. Es ist zu vermuten, daß diese Methode der sukzessiven Approximationen konvergiert, und es wäre zu zeigen, daß bereits der zweite Schritt einen verschwindend kleinen Effekt neben dem ersten gibt. Solche Untersuchungen sind aber niemals vollkommen durchgeführt worden. Man verläßt sich vielmehr auf die bekannte Tatsache, daß die Beugungserscheinungen relativ schwach sind, so daß z. B. die Beleuchtung der Schirmrückseite infolge des herumgebeugten Lichts (Rückeinsetzen der ersten Näherung) sehr gering ist. Sodann kann man sich auch darauf berufen, daß die auf ganz andere Weise gewonnenen SOMMERFELDschen Lösungen, die im mathematischen Sinne streng sind, mit den KIRCHHOFFschen in den verglichenen Fällen gut übereinstimmen. Endlich bestätigt auch die Erfahrung die Resultate der KIRCHHOFFschen Theorie.

Man erhält nach § 45 (8) für die Wirkung einer punktförmigen Lichtquelle

$$u_P = -\frac{ik}{4\pi}\iint \frac{e^{ik(r+r_0)}}{r r_0}(\cos(\nu, r) - \cos(\nu, r_0))\,d\sigma\,, \tag{3}$$

wo das Integral über eine durch die Blendenöffnung gelegte Fläche zu erstrecken ist. Diese Formel ist symmetrisch bei Vertauschung von r und r_0 und gleichzeitiger Umkehrung der Normalenrichtung ν. Das bedeutet: wenn man durch eine Lichtquelle Q in dem jenseits des Schirmes gelegenen Punkte P eine bestimmte Helligkeit erzeugt, so erzeugt dieselbe in P angebrachte Lichtquelle gerade die gleiche Helligkeit in Q. Das ist der allgemeine *Reziprozitätssatz der Beugungstheorie.*

Wir wollen nun zur Ermöglichung der rechnerischen Durchführung einige weitere Vereinfachungen vornehmen. Erstens nehmen wir an, daß die Blendenöffnung so beschaffen ist, daß man das Stück der Integrationsfläche, durch welches sie abgeschlossen wird, als *eben* annehmen kann. Zweitens berufen wir uns auf die Erfahrungstatsache, daß in geringem Abstande von der geometrischen Schattengrenze (nur wenige Wellenlängen) die Lichtverteilung bereits die der geometrischen Optik ist (ohne merkliche „Beugung"). Wir können uns daher auf solche Lagen des Punktes P beschränken, bei denen die Verbindungslinie PQ nahe an der Umrandung der ebenen Öffnungsfläche vorbeigeht. Nun ist der Faktor $e^{ik(r+r_0)}$ wegen der Größe von $k = 2\pi/\lambda$ eine sehr schnell oszillierende Funktion der Lage von P, der andere Faktor, $\cos(\nu, r) - \cos(\nu, r_0)$, aber verhältnismäßig langsam veränderlich. Wir können den letzteren daher als konstant ansehen und durch $2\cos\delta$ ersetzen, wo δ der Winkel zwischen der geraden Verbindung QP und der Normalen der Blendenöffnung ist. Ebenso können wir die Faktoren r und r_0 in dem betrachteten Variationsbereich von P als konstant ansehen und vor das Integral setzen. Wir erhalten daher schließlich

$$u_P = -\frac{ik}{2\pi}\frac{\cos\delta}{r r_0}\iint e^{ik(r+r_0)}\,d\sigma\,. \tag{4}$$

Jetzt machen wir die Ebene der Öffnung zur xy-Ebene eines Koordinatensystems, dessen z-Achse nach der von der Lichtquelle abgewandten Seite zeigt. Der Koordinatenanfangspunkt O liege in der Ebene der Öffnung in der Nähe des Randes. Die Integrationsvariabeln in dieser Ebene seien ξ, η, so daß $d\sigma = d\xi\,d\eta$ (s. Fig. 84) ist. Sind (x_0, y_0, z_0) die Koordinaten von Q, (x, y, z) die von P, so hat man

$$\left\{\begin{aligned} r_0^2 &= (x_0-\xi)^2 + (y_0-\eta)^2 + z_0^2,\\ r^2 &= (x-\xi)^2 + (y-\eta)^2 + z^2. \end{aligned}\right. \tag{5}$$

Wir führen nun die Abstände R und R_0 der Punkte P und Q vom Nullpunkt O ein. Für diese gilt

$$\left\{\begin{aligned} R_0^2 &= x_0^2 + y_0^2 + z_0^2,\\ R^2 &= x^2 + y^2 + z^2. \end{aligned}\right. \tag{6}$$

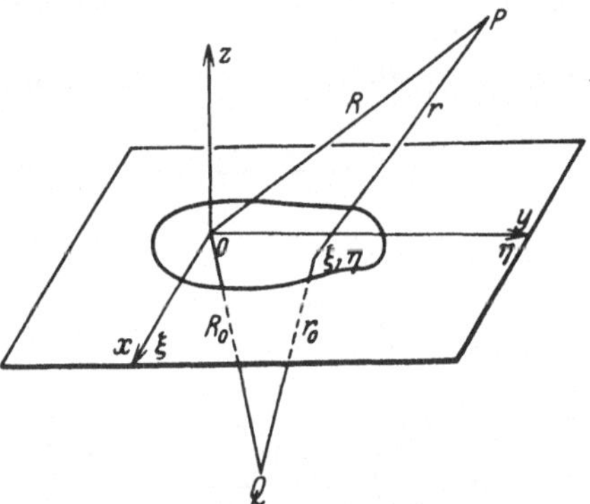

Fig. 84. Beugung an einer Öffnung.

Gemäß unseren Voraussetzungen sind die Verhältnisse ξ/R_0, η/R_0 und ξ/R, η/R kleine Zahlen. Daher können wir r und r_0 nach ihnen entwickeln und erhalten z. B.

$$r_0 = R_0 - \frac{x_0\xi + y_0\eta}{R_0} + \frac{\xi^2+\eta^2}{2R_0} - \frac{(x_0\xi + y_0\eta)^2}{2R_0^3} + \cdots \tag{7}$$

Setzen wir diese Werte in die Gleichung (4) ein, so erhalten wir

$$u_P = -\frac{ik}{2\pi}\cos\delta\,\frac{e^{ik(R+R_0)}}{RR_0}\iint e^{ik\Phi(\xi,\eta)}\,d\xi\,d\eta\,, \tag{8}$$

und hierin ist

$$\Phi(\xi,\eta) = -\frac{x_0\xi+y_0\eta}{R_0}+\frac{\xi^2+\eta^2}{2R_0}-\frac{(x_0\xi+y_0\eta)^2}{2R_0^3}+\cdots-\frac{x\xi+y\eta}{R}+\frac{\xi^2+\eta^2}{2R}-\frac{(x\xi+y\eta)^2}{2R^3}+\cdots \tag{9}$$

Führt man nun die Richtungskosinus von R_0 und R gegen die xy-Ebene ein, indem man

$$\left\{\begin{aligned} \alpha_0 &= -\frac{x_0}{R_0}, & \alpha &= \frac{x}{R}; \\ \beta_0 &= -\frac{y_0}{R_0}, & \beta &= \frac{y}{R} \end{aligned}\right. \tag{10}$$

setzt, so erhält man

$$\Phi = \xi(\alpha_0-\alpha)+\eta(\beta_0-\beta)+\frac{1}{2}\left\{\left(\frac{1}{R_0}+\frac{1}{R}\right)(\xi^2+\eta^2)-\frac{(\alpha_0\xi+\beta_0\eta)^2}{R_0}-\frac{(\alpha\xi+\beta\eta)^2}{R}\right\}+\cdots \tag{11}$$

§ 47. Klassifizierung der Beugungserscheinungen. Das Babinetsche Prinzip.

Nimmt man die Kirchhoffschen Formeln § 46 (8), (11) als gültig an, so ist die Aufgabe, die Lichtverteilung bei einer Beugungserscheinung zu bestimmen, eine einfache Rechenaufgabe. Man sieht sogleich, daß ihre Schwierigkeit um so größer wird, je mehr Glieder man in der Reihenentwicklung § 46 (11) für $\Phi(\xi,\eta)$ mitnimmt. Daher ist es angebracht, sich klarzumachen, was die einzelnen Glieder physikalisch besagen, und danach zu bestimmen, wie weit man in einem vorgegebenen Falle mit der Rechengenauigkeit zu gehen hat.

Berücksichtigt man in Φ nur die in ξ, η linearen Glieder, so stellt $e^{ik\Phi(\xi,\eta)} = e^{ik((\alpha_0-\alpha)\xi+(\beta_0-\beta)\eta)} = e^{ik(\alpha_0\xi+\beta_0\eta)}e^{-ik(\alpha\xi+\beta\eta)}$ offenbar eine ebene Welle dar, oder genauer, das Produkt zweier ebener Wellen, deren eine von der Richtung α_0, β_0 (Lichtquelle → Beugungsöffnung) abhängt, die andere von der Richtung α, β (Beugungsöffnung → Aufpunkt). Die Lichterregung erscheint als Superposition von ebenen Wellen. Dies bedeutet, daß sowohl die Lichtquelle als auch der Aufpunkt von der beugenden Öffnung unendlich weit entfernt sind [in § 46 (11) ist $R_0 \to \infty$, $R \to \infty$].

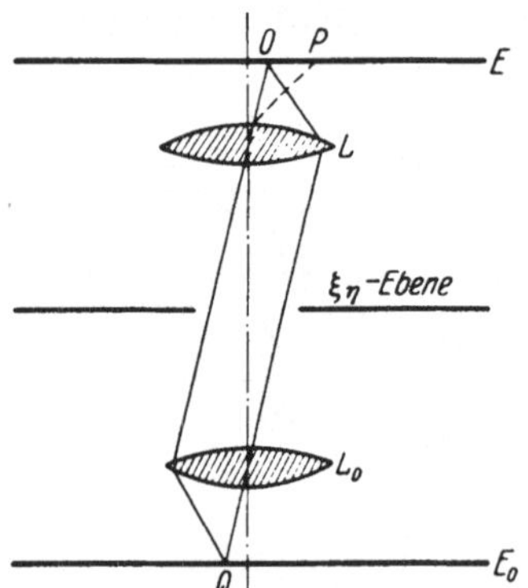

Fig. 85. Verwirklichung der Fraunhoferschen Beugungserscheinungen mit Hilfe von Linsen.

Man spricht in diesem Falle von Fraunhoferschen *Beugungserscheinungen*. Sie zeichnen sich durch besondere Einfachheit sowohl in der mathematischen Behandlung als auch in den Beugungsfiguren aus. Natürlich wird man der Lichtstärke wegen die Punkte P und Q nicht wirklich in sehr große Entfernung legen, sondern die Parallelität der die beugende Öffnung durchsetzenden Strahlen mit Hilfe von vorgeschalteten Linsen erreichen. Man kommt also zu der in Fig. 85 dargestellten Anordnung. Die Lichtquelle Q liegt in der Brennebene E_0 der Linse L_0, ebenso wird das gebeugte Licht durch eine Linse L in der Brennebene E aufgefangen (L und E können auch Linse und Netzhaut des Auges sein),

Mißt man die Längen in den Ebenen E und E_0 in Vielfachen der Brennweite der entsprechenden Linsen, so sind (GAUSSsche Abbildung vorausgesetzt) α_0, β_0 die Koordinaten von Q in E_0, α, β die Koordinaten von P in E. Man kann nun den geometrischen Bildpunkt O von Q in E konstruieren. Nimmt man ihn als Nullpunkt eines Koordinatensystems in E, so sind $a = \alpha - \alpha_0$, $b = \beta - \beta_0$ die Koordinaten von P in diesem System. Die Formel § 46 (11) zeigt, daß in unserer Näherung die Beugungserscheinung nur von diesen beiden Größen a, b abhängt, also relativ zum geometrischen Bildpunkt O von Q feststeht. Sie ist also auch unabhängig von Verschiebungen der Blendenöffnung in ihrer eigenen Ebene (natürlich nur in gewissen Grenzen, die von der benutzten Näherung abhängen). Wir werden in den folgenden Paragraphen die so entstehenden Beugungsfiguren für einfache Öffnungsformen ausrechnen und auf verschiedene physikalische Probleme anwenden.

Wenn man sich nicht mit dieser ersten Näherung in der Funktion Φ [§ 46 (11)] begnügt, sondern die Glieder nächster Näherung, die in ξ, η quadratisch sind, mitnimmt, so bedeutet das, daß man die Krümmung der Wellenflächen in der beugenden Öffnung für die ein- und auslaufenden Wellen in erster Näherung berücksichtigt. Dem entspricht physikalisch eine in endlicher (großer) Entfernung befindliche punktförmige Lichtquelle. Man spricht in diesem Falle von FRESNEL*schen Beugungserscheinungen*. Wir werden sie im Falle eines geradlinig begrenzten ebenen Schirmes nachher (§ 55) behandeln.

Wir wollen hier noch das schon einmal erwähnte BABINET*sche Prinzip* (s. § 44, S. 147) vom Standpunkt der KIRCHHOFFschen Theorie aus ableiten. Es bezieht sich auf den Fall, daß man den Strahlengang durch „komplementäre" Blenden unterbricht. *Komplementär* heißen dabei zwei Blenden, von denen die eine, B_1, gerade dort Öffnungen hat, wo die andere, B_2, verdeckt ist, und umgekehrt. Bei fehlenden Blenden und bei ideal vorausgesetzter Linsenabbildung ist die Lichterregung u in jedem Punkte P des Auffangeschirms, der vom geometrischen Bild O der Lichtquelle Q verschieden ist, gleich Null. Bei eingesetzter Blende B_1 sei u_1 die Erregung in P, bei der komplementären Blende sei sie u_2. Da u_1 und u_2 sich als Integrale über die Öffnungen darstellen und die Öffnungen von B_1 und B_2 sich genau zur vollen freien Ebene ergänzen, so muß $u_1 + u_2 = u$ sein. Mithin ist $u_1 + u_2 = 0$ in jedem von O verschiedenen Punkte P, also

$$|u_1|^2 = |u_2|^2.$$

Diese Formel enthält die Behauptung.

§ 48. FRAUNHOFERsche Beugungserscheinungen am Rechteck und am Spalt.

Die Faktoren der Formel § 46 (8), welche sich auf die Lage von Leuchtpunkt und Aufpunkt beziehen, verlieren bei der Vorschaltung von Linsen ihre ursprüngliche Bedeutung. Wir ersetzen sie daher zunächst durch einen Faktor C und schreiben die Amplitude bei der FRAUNHOFERschen Beugungserscheinung nach § 46 (11) folgendermaßen:

$$u_P = C \int\int e^{-ik(a\xi + b\eta)} d\xi\, d\eta\,. \tag{1}$$

Dabei sind a, b die Koordinaten eines beliebigen Punktes P relativ zum geometrischen Bildpunkt O der Lichtquelle Q in der Ebene des Auffangeschirmes; es sind dimensionslose Größen, die das Verhältnis der Entfernung PO zu der Strecke angeben, um die sich O verschiebt, wenn man die Lichtquelle Q um die

Längeneinheit verschiebt. ξ, η sind die Koordinaten eines Punktes in der Blendenöffnung.

Um die physikalische Bedeutung der Konstanten C festzulegen, berechnen wir die gesamte aus der Öffnung austretende Lichtmenge; diese ist selbstverständlich auch gleich der auf die Fläche der Blendenöffnung fallenden Lichtmenge. Setzen wir sie gleich der Flächengröße F, so bedeutet dies, daß wir die auf die Flächeneinheit der Blende fallende Lichtmenge auf 1 normieren. Wir haben also die Normierungsbedingung

$$\iint |u_P|^2 \, da \, db = F. \tag{2}$$

Um das Integral in (2) auszuwerten, bemerken wir, daß das Integral in (1) sich als Fourierentwicklung auffassen läßt. Es sei nämlich eine Funktion $f(\xi, \eta)$ definiert durch

$$f(\xi, \eta) = \begin{cases} 1 & \text{innerhalb der Blende,} \\ 0 & \text{außerhalb der Blende.} \end{cases} \tag{3}$$

Dann ist

$$u_P = C\varphi(a, b), \quad \text{wo} \quad \varphi(a, b) = \iint f(\xi, \eta)\, e^{-\frac{2\pi i}{\lambda}(a\xi + b\eta)} \, d\xi \, d\eta. \tag{4}$$

Dabei ist jetzt das Integral über die ganze $\xi\eta$-Ebene zu erstrecken.

Nach dem FOURIERschen Theorem ist nun

$$f(\xi, \eta) = \frac{1}{\lambda^2} \iint \varphi(a, b)\, e^{\frac{2\pi i}{\lambda}(a\xi + b\eta)} \, da \, db. \tag{5}$$

Multipliziert man diesen Ausdruck mit dem konjugiert komplexen $f^*(\xi, \eta)$ und integriert über ξ, η, so ergibt sich

$$\iint |f(\xi, \eta)|^2 \, d\xi \, d\eta = \frac{1}{\lambda^2} \iint f^*(\xi, \eta) \, d\xi \, d\eta \iint \varphi(a, b)\, e^{\frac{2\pi i}{\lambda}(a\xi + b\eta)} \, da \, db$$

$$= \frac{1}{\lambda^2} \iint \varphi(a, b) \, da \, db \iint f^*(\xi, \eta)\, e^{\frac{2\pi i}{\lambda}(a\xi + b\eta)} \, d\xi \, d\eta = \frac{1}{\lambda^2} \iint |\varphi(a, b)|^2 \, da \, db,$$

$$\iint |f(\xi, \eta)|^2 \, d\xi \, d\eta = \frac{1}{\lambda^2 C^2} \iint |u_P|^2 \, da \, db. \tag{6}$$

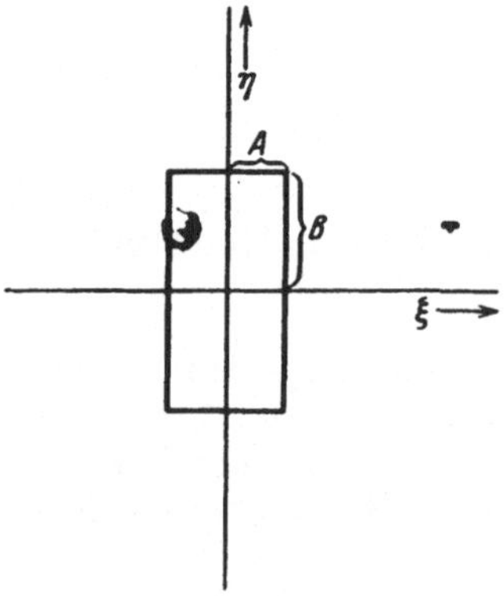

Fig. 86. Rechteckiger Spalt.

Nach (3) ist der Wert des Integrals linker Hand gleich F. Mithin liefert die Bedingung (2)

$$F = \frac{1}{\lambda^2 C^2} F;$$

also ist die Normierungsbedingung erfüllt für

$$C = \frac{1}{\lambda}. \tag{7}$$

Wir nehmen nun *als beugende Öffnung ein Rechteck* und legen den Nullpunkt des Koordinatensystems in seinen Mittelpunkt und die Koordinatenachsen parallel zu den Seiten. Die Seitenlängen seien $2A$ und $2B$ (s. Fig. 86), der Flächeninhalt also $F = 4AB$. In u_P tritt das Produkt zweier Integrale der Form

$$\int_{-A}^{A} e^{-ika\xi} \, d\xi = \frac{2\sin(kaA)}{ka}$$

auf. Wir erhalten also aus (1) mit (7)

$$J_P = |u_P|^2 = \left(\frac{4AB}{\lambda}\right)^2 \left(\frac{\sin(kaA)}{kaA}\right)^2 \left(\frac{\sin(kbB)}{kbB}\right)^2. \tag{8}$$

Die hier auftretende Funktion $(\sin x/x)^2$ hat den in Fig. 87 angegebenen Verlauf. Sie hat ein Hauptmaximum im Punkte $x = 0$ von der Höhe 1, sodann Minima, und zwar mit den Werten 0 bei $x = \pm\pi, \pm 2\pi, \pm 3\pi, \ldots, \pm m\pi, \ldots,$ und dazwischen Nebenmaxima an den Nullstellen der Funktion $\operatorname{tg} x - x$, also bei

$$x = 1{,}430\pi = 4{,}493; \quad 2{,}459\pi = 7{,}7253; \quad 3{,}470\pi = 10{,}90; \quad 4{,}479\pi = 14{,}07; \ldots$$

Sie nähern sich asymptotisch den ungeraden Vielfachen von $\pi/2$. Die Größen der Nebenmaxima betragen für

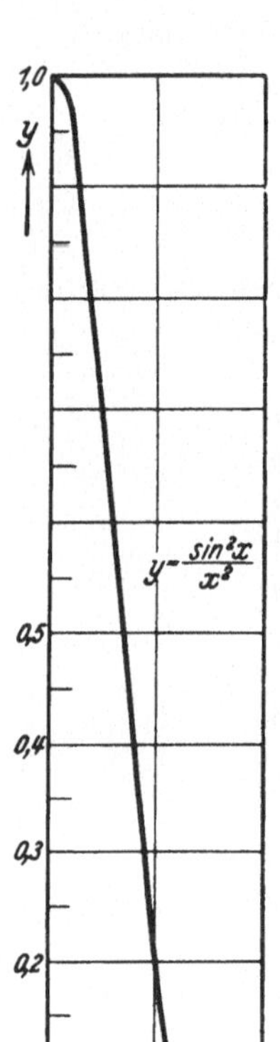

Fig. 87. Beugung am Spalt. Die Funktion $y = \frac{\sin^2 x}{x^2}$.

$$x = 4{,}493; \quad 7{,}7253; \quad 10{,}90; \quad 14{,}07; \quad \ldots$$

$$\left(\frac{\sin x}{x}\right)^2 = 0{,}04718; \quad 0{,}01694; \quad 0{,}00834; \quad 0{,}00503; \quad \ldots$$

Die Intensität J_P verschwindet also für ein System von geraden Linien, die sich rechtwinklig schneiden und die gegeben sind durch

$$\left\{\begin{aligned} kaA &= m\pi \\ kbB &= n\pi \end{aligned}\right\} \quad (m, n = 1, 2, 3, \ldots), \tag{9}$$

mithin

$$\left\{\begin{aligned} a &= \frac{m\pi}{kA} = \frac{\lambda m}{2A}, \\ b &= \frac{n\pi}{kB} = \frac{\lambda n}{2B}. \end{aligned}\right. \tag{10}$$

Der Abstand je zweier benachbarter Geraden ist

$$\bar{a} = \frac{\lambda}{2A}, \qquad \bar{b} = \frac{\lambda}{2B}. \tag{11}$$

Eine solche Beugungserscheinung ist in Fig. 88 wiedergegeben. Man spricht von einem *Lichtgebirge* mit einem zentralen Berg und niedrigeren Nebenbergen. Je größer die Öffnung ist, um so mehr zieht sich das Beugungsbild auf den geometrischen Bildpunkt zusammen. Dabei wächst die Höhe des mittleren Maximums proportional dem Quadrat der Fläche der beugenden Öffnung. Die gleichzeitige Verengung und Erhöhung des Lichtgebirges ist so beschaffen, daß das gesamte Volumen (die gesamte Lichtmenge) proportional der Blendenöffnung wächst [s. die Normierung (2)].

Aus dieser elementaren Beugungsfigur der punktförmigen Lichtquelle kann man durch Integration die Beugungserscheinungen beliebiger kohärenter oder inkohärenter Lichtquellen berechnen, wobei man im ersteren Falle die Amplituden zu addieren und dann zu quadrieren, im zweiten Falle erst die Amplituden zu quadrieren und dann zu addieren hat. Als besonders wichtigen Spezialfall wollen wir den betrachten, daß die *Lichtquelle ein leuchtender, gerader Draht* ist, von dessen einzelnen Punkten inkohärentes Licht ausgeht, und daß die *beugende Öffnung ein langer, schmaler Spalt* ist. Dabei wollen wir zur Vereinfachung der Rechnung sowohl den Draht als auch den Spalt als unendlich lang annehmen; ihre Längsrichtung sei die der y-Achse. Indem wir uns erinnern, daß $b = \beta - \beta_0$ ist, wo β_0 die Lage des leuchtenden Punktes bestimmt, sehen wir, daß die in (8) angegebene Funktion J_P nach b zu integrieren ist. Wir erhalten also

$$(12)\qquad J_S = \int_{-\infty}^{\infty} J_P\, db = \left(\frac{4AB}{\lambda}\right)^2 \left(\frac{\sin(kaA)}{kaA}\right)^2 \int_{-\infty}^{\infty} \left(\frac{\sin(kbB)}{kbB}\right)^2 db\,.$$

Nun ist bekanntlich[1]

$$(13)\qquad \int_{-\infty}^{\infty} \left(\frac{\sin x}{x}\right)^2 dx = \pi\,.$$

Daher wird aus (12) mit $k = 2\pi/\lambda$

$$(14)\qquad J_S = \frac{8A^2B}{\lambda} \left(\frac{\sin(kaA)}{kaA}\right)^2.$$

Wir erhalten also als Beugungsbild abwechselnd dunkle und helle Streifen parallel zur Lichtquelle und zum Spalt.

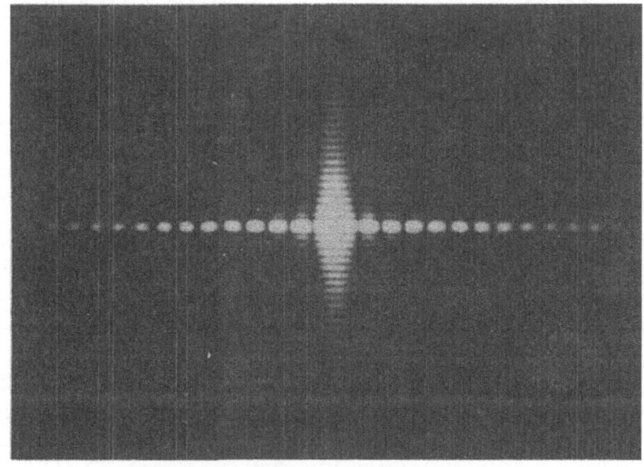

Fig. 88. Beugung an einem rechteckigen Spalt von 1/4 mm Breite. Lichtquelle: eine von hinten beleuchtete kreisförmige Blende. Abbildung der Lichtquelle durch Brillenglas von 1 dptr. Stärke in 2 m Entfernung auf gleiche Größe. Belichtungsdauer 131 Stunden. Um die schwache Nebenmaxima sichtbar zu machen, sind die stärkeren Maxima in der Mitte der Figur überbelichtet. Die theoretische Helligkeitsverteilung kommt in der Aufnahme nicht zum Ausdruck. Aufnahme von A. Köhler.

Es ist vielleicht nützlich, sich das Resultat auch mit Hilfe einer der Fresnelschen Zonenkonstruktion analogen Überlegung klarzumachen. Wir teilen den Querschnitt MN des Spaltes durch Teilpunkte M_1, M_2, ... so in Streifen, daß das abgebeugte Licht für benachbarte Teilpunkte den Gangunterschied $\lambda/2$ hat. Hierzu denken wir uns (s. Fig. 89) von N aus die Normale NK auf den einfallenden und von M aus die Normale ML auf den abgebeugten Strahl gefällt. Die Wirkung

[1] Siehe Courant-Hilbert: Methoden der mathematischen Physik, Kap. 2, § 5 S. 55.

je zweier benachbarter Zonen hebt sich gerade auf, wenn der Wegunterschied von dem durch einen Teilpunkt gehenden Strahl zu dem benachbarten (in der Fig. 89 sind die Strahlen einfach als geknickte Gerade gezeichnet) $\lambda/2$ beträgt. Es entsteht daher Dunkelheit, wenn MN in eine gerade Anzahl solcher Zonen geteilt werden kann. Das ist der Fall, wenn $MK - NL = m\lambda$ ist ($m = 0, \pm 1, \pm 2, \ldots$). Da nun α_0 und α die Cosinus der Richtungen von einfallendem und austretendem Strahl gegen die x-Achse, d. h. die Richtung MN, sind, so ist

$$MK = 2A\alpha_0,$$
$$LN = 2A\alpha.$$

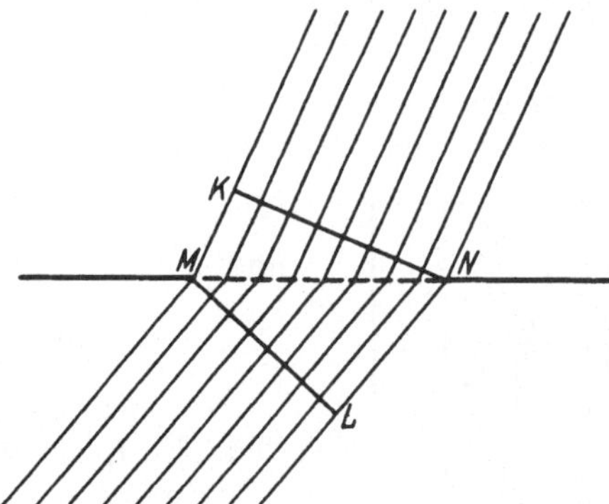

Fig. 89. Konstruktion der Beugung am Spalt nach dem HUYGENSschen Prinzip.

Also muß für Dunkelheit die Bedingung

$$LN - MK = 2A(\alpha - \alpha_0) = 2Aa = m\lambda \tag{15}$$

bestehen, und dies gibt die aus unserer allgemeinen Formel (8) folgende Lage der Minima richtig wieder.

§ 49. Die Beugungserscheinungen an einer kreisförmigen Öffnung.

Bei einer *kreisförmigen Öffnung* vom Radius A verlaufen die Betrachtungen ganz ebenso, nur daß man natürlich am besten Polarkoordinaten einführt. Die Koordinaten eines Punktes P der Beugungserscheinung, bezogen auf das geometrische Bild O der Lichtquelle Q, seien gegeben durch

$$\varrho\cos\vartheta = a, \qquad \varrho\sin\vartheta = b, \tag{1}$$

die Polarkoordinaten eines Punktes in der beugenden Öffnung durch

$$\mathrm{P}\cos\theta = \xi, \qquad \mathrm{P}\sin\theta = \eta. \tag{2}$$

Also wird die Lichterregung in P nach § 48 (1) unter Beachtung von § 48 (7)

$$u_P = \frac{1}{\lambda}\int_0^A\int_0^{2\pi} e^{-ik\varrho\mathrm{P}\cos(\theta-\vartheta)}\,\mathrm{P}\,d\mathrm{P}\,d\theta. \tag{3}$$

Hier treten die bekannten transzendenten BESSELschen Funktionen auf, deren $n$te so definiert ist[1]:

$$I_n(z) = \frac{i^{-n}}{2\pi}\int_0^{2\pi} e^{iz\cos\theta} e^{in\theta}\,d\theta. \tag{4}$$

Zwischen je zwei aufeinanderfolgenden dieser Funktionen und der Ableitung der einen gilt die Rekursionsformel[2]

$$z\frac{dI_n}{dz} + nI_n = zI_{n-1}. \tag{5}$$

Für $n = 1$ folgt hieraus insbesondere

$$z\frac{dI_1}{dz} + I_1 = \frac{d(zI_1)}{dz} = zI_0. \tag{6}$$

---

[1] Siehe E. JAHNKE und F. EMDE: Funktionentafeln, S. 169. Leipzig u. Berlin 1909.
[2] Siehe JAHNKE-EMDE: S. 165.

Diese Gleichung ergibt integriert

$$(7)\qquad \boldsymbol{I}_1(z) = \frac{1}{z}\int_0^z \boldsymbol{I}_0(\zeta)\,\zeta\,d\zeta\,.$$

Wir merken weiter die Werte der beiden für uns in Betracht kommenden Funktionen für den Nullpunkt an. Es ist

$$(8)\qquad \lim_{z\to 0} \boldsymbol{I}_0(z) = 1$$

und

$$(9)\qquad \lim_{z\to 0} \frac{2\boldsymbol{I}_1(z)}{z} = 1\,.$$

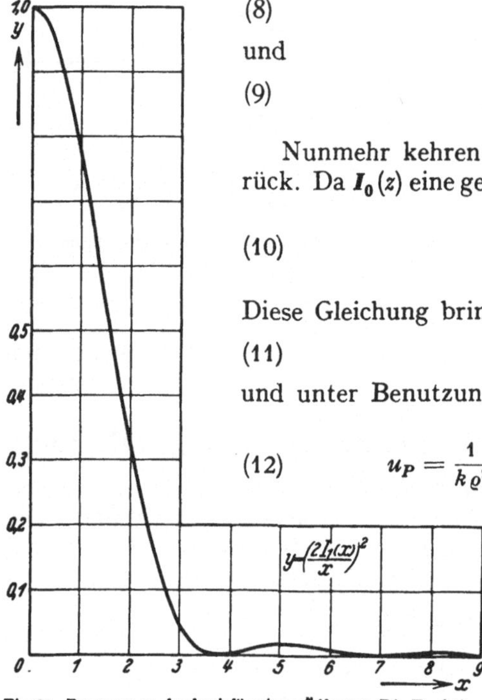

Fig. 90. Beugung an der kreisförmigen Öffnung. Die Funktion $2\left(\frac{I_1(x)}{x}\right)^2$.

Nunmehr kehren wir zu unserer Beugungsformel (3) zurück. Da $\boldsymbol{I}_0(z)$ eine gerade Funktion ist, können wir schreiben

$$(10)\qquad u_P = k\int_0^A \boldsymbol{I}_0(k\,\mathrm{P}\varrho)\,\mathrm{P}\,d\mathrm{P}\,.$$

Diese Gleichung bringen wir mit Hilfe der Substitution

$$(11)\qquad k\,\mathrm{P}\varrho = \zeta$$

und unter Benutzung der Hilfsformel (7) in die Gestalt

$$(12)\qquad u_P = \frac{1}{k\varrho^2}\int_0^{Ak\varrho} \boldsymbol{I}_0(\zeta)\,\zeta\,d\zeta = \frac{A}{\varrho}\,\boldsymbol{I}_1(Ak\varrho)\,.$$

Für die Intensität erhalten wir also

$$(13)\qquad J_P = \left(\frac{A^2\pi}{\lambda}\right)^2\left(\frac{2\boldsymbol{I}_1(A\,k\varrho)}{A\,k\varrho}\right)^2.$$

Die Intensitätsverteilung in der Umgebung des geometrischen Bildes wird also durch die Funktion $(2\boldsymbol{I}_1(x)/x)^2$ bestimmt, welche bei $x = 0$ den Wert 1 hat und dann in ähnlicher Weise oszillierend gegen Null geht wie die oben (§ 48, S. 157) behandelte Funktion $(\sin x/x)^2$, nur haben jetzt die Nullstellen nicht mehr gleiche Abstände, sondern liegen bei

$$x = 1{,}220\pi;\ 2{,}233\pi;\ 3{,}238\pi;\ 4{,}250\pi;\ \ldots.$$

Man sieht, daß ihr Abstand mit wachsender Gliednummer mehr und mehr sich dem Werte π nähert. Hieraus erhält man für die Radien der dunklen Interferenzringe

$$(14)\qquad \varrho = 0{,}610\frac{\lambda}{A};\ 1{,}116\frac{\lambda}{A};\ 1{,}619\frac{\lambda}{A};\ \ldots.$$

Der Abstand der einzelnen Ringe nähert sich also immer mehr dem Werte $\frac{1}{2}\lambda/A$. Die „Durchmesser" der Beugungserscheinung sind, analog zur Beugung an der rechteckigen Öffnung, dem Radius A der Kreisblende umgekehrt proportional. Die Lichtverteilung, das Lichtgebirge, besteht aus einer zentralen, kegelförmigen Erhebung, die von ringförmigen Kämmen umgeben ist, wie der Querschnitt in Fig. 90 zeigt.

Die Höhe der mittleren Erhebung ist wieder dem Quadrat der Fläche der Blendenöffnung $A^2\pi$ proportional. Vergrößert man die Fläche auf das Doppelte, so schrumpft die Fläche $\pi\varrho^2$ der Beugungserscheinung auf die Hälfte, die Lichtstärke aber wächst auf das Vierfache; so kommt es zustande, daß die Gesamtintensität ebenso wie die Blendenöffnung auf das Doppelte wächst.

§ 50. Beugende Öffnungen von anderen Formen.

Man kann zahlreiche andere Formen von beugenden Öffnungen in ähnlicher Weise behandeln, z. B. indem man krummlinige Koordinatensysteme benutzt, für welche die Kontur der Öffnung eine Koordinatenlinie ist. Wir wollen darauf aber nicht eingehen[1], sondern nur einen Punkt erwähnen, der sich ohne weitere Rechnung erledigen läßt, nämlich die *gleichmäßige Verzerrung einer Öffnung in einer Richtung*. Setzen wir in unserer Formel § 48 (1):

$$(1) \qquad u_P = \frac{1}{\lambda}\iint e^{-ik(\xi a + \eta b)}\,d\xi\,d\eta$$

etwa $\xi = \mu\xi'$, $\eta = \eta'$ und integrieren über denselben Bereich der $\xi'\eta'$-Ebene, wie vorher in der $\xi\eta$-Ebene, so stellt die entstehende Funktion $u(a, b)$ die Beugungsfigur der im Verhältnis μ deformierten Öffnung dar. Führt man nun statt a und b neue Variable $a' = \mu a$, $b' = b$ ein, so lautet das Integral (1) als Funktion von a', b':

$$(2) \qquad u_P = \frac{\mu}{\lambda}\iint e^{-ik(\xi' a' + \eta' b')}\,d\xi'\,d\eta' = \mu u(a', b') = \mu u(\mu a, b)\,.$$

Hieraus geht hervor, daß die Beugungsfigur sich ebenfalls linear deformiert, nur in genau umgekehrtem Sinne wie die Öffnung: *Wenn die beugende Öffnung in einer Richtung im Verhältnis μ ausgedehnt wird, so zieht sich das Lichtgebirge in dieser Richtung im selben Verhältnis zusammen.*

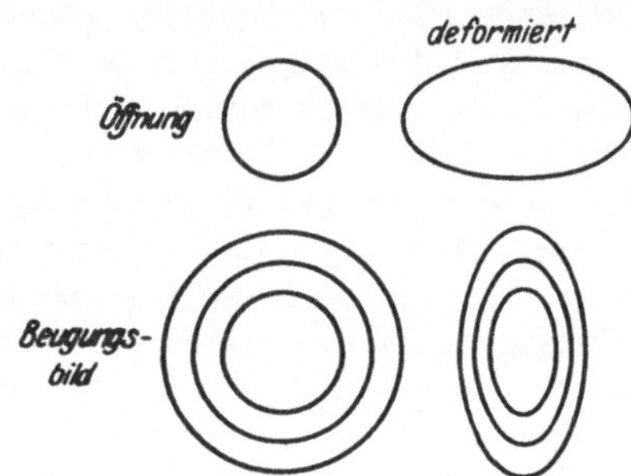

Fig. 91. Beugung an einer elliptischen Öffnung.

Auf diese Weise kann man die *Beugungsbilder von Parallelogramm und Ellipse* aus denen von Rechteck und Kreis ableiten. Als Beispiel deuten wir in Fig. 91 das Beugungsbild einer elliptischen Öffnung an.

Wir behandeln nun den wichtigen Fall, daß in dem Schirm eine *größere Anzahl gleicher und gleich orientierter Öffnungen* vorhanden ist. (Nach dem BABINETschen Prinzip könnten wir ebensogut ein den Löchern entsprechendes System von gleichen Schirmen ins Auge fassen.) Wir fixieren in jeder Öffnung einen relativ gleich gelegenen Nullpunkt, in der $p$ten Öffnung mit M_p bezeichnet. Die Koordinaten dieser Punkte M_1, M_2, ..., bezogen auf ein in der Blendenebene festes Bezugssystem, seien ξ_1, η_1; ξ_2, η_2; .... Die Gesamterregung in einem Punkte P ist dann nach (1) gegeben durch

$$u_P = \frac{1}{\lambda}\sum_p \iint e^{-ik((\xi_p + \xi)a + (\eta_p + \eta)b)}\,d\xi\,d\eta\,,$$

$$(3) \qquad u_P = \sum_p e^{-ik(\xi_p a + \eta_p b)} \cdot \frac{1}{\lambda}\iint e^{-ik(\xi a + \eta b)}\,d\xi\,d\eta\,.$$

---

[1] Photographische Aufnahmen von Beugungsfiguren an verschiedenen Öffnungen findet man bei J. SCHEINER u. S. HIRAYAMA, Abhandl. d. königl. Akad. d. Wissensch. Berlin, 1894, Anhang S. 1.

Das Integral in (3) drückt die beugende Wirkung einer einzigen Öffnung aus, die Summe berücksichtigt die Superposition der einzelnen kohärenten Beugungserscheinungen. Bezeichnen wir die Intensität der von einer Öffnung erzeugten Lichterregung mit J_0, so wird die Gesamtintensität

$$J = J_0 \Big|\sum_p e^{-ik(\xi_p a + \eta_p b)}\Big|^2 = J_0 \sum_p \sum_q e^{-ik((\xi_p - \xi_q)a + (\eta_p - \eta_q)b)}. \tag{4}$$

Der einfachste Fall ist der zweier Öffnungen, den wir früher (III, § 35) als YOUNG*schen Interferenzversuch* kennengelernt haben. Wir haben dort von dem ersten Faktor (der Beugung an der einzelnen Öffnung) abgesehen und nur den zweiten studiert. Man sieht leicht, daß unsere neue Formel (4) genau mit dem früheren Resultat [III, § 34 (14)] übereinstimmt; denn wenn p und q nur die Werte 1, 2 durchlaufen, so wird aus der Doppelsumme:

$$\left\{\begin{aligned} &2 + e^{ik((\xi_1 - \xi_2)a + (\eta_1 - \eta_2)b)} + e^{ik((\xi_2 - \xi_1)a + (\eta_2 - \eta_1)b)} \\ &= 2 + 2\cos\{k((\xi_1 - \xi_2)a + (\eta_1 - \eta_2)b)\} = 4\cos^2\left\{\frac{k}{2}((\xi_1 - \xi_2)a + (\eta_1 - \eta_2)b)\right\}. \end{aligned}\right. \tag{5}$$

Wir betrachten jetzt den Fall sehr *zahlreicher Öffnungen*. Diese verhalten sich ganz verschieden, je nachdem, ob sie *ungeordnet oder nach einem regelmäßigen Gesetz geordnet* liegen. Im ersteren Falle, dem der vollständigen Unordnung, werden die Glieder der Doppelsumme, für die $p \neq q$ ist, unregelmäßig zwischen $+1$ und -1 schwanken und sich im Mittel aufheben. Die übrigen Glieder ($p = q$) sind sämtlich 1. Bezeichnen wir mit m die Anzahl der Öffnungen, so wird also

$$J = J_0 m. \tag{6}$$

Die ungeordneten, einander gleichen Öffnungen erzeugen also alle zusammen genau dieselbe Beugungserscheinung wie eine von ihnen allein; nur ist die Intensität im ganzen soviel mal stärker, als die Anzahl der einzelnen Öffnungen beträgt. Diese Erscheinung, oder vielmehr die zu ihr nach dem BABINETschen Prinzip komplementäre, kann man leicht beobachten, wenn man eine mit Lykopodiumsamen oder mit anderen gleichförmigen Teilchen bedeckte Glasplatte gegen eine entfernte Lichtquelle hält. Auch sieht man diese Beugungsringe an beschlagenen Fensterscheiben, wobei nur zu beachten ist, daß die Hindernisse nicht gerade genau gleich sind. Weiter gehören hierher die sog. „Höfe" um Sonne und Mond bei Nebel oder dünnen Wolkenschichten.

Die Auslöschung der Glieder mit $p \neq q$ in der Doppelsumme (4) ist natürlich nicht vollkommen, und es werden infolgedessen Schwankungen des gleichmäßigen Hintergrundes auftreten. Andere Schwankungen treten ein, wenn die Öffnungen nicht gleiche Gestalt haben und diese nach irgendeinem strengen oder statistischen Gesetz verteilt ist. Die hierdurch bedingten (strahlenartigen) Lichterscheinungen lassen sich berechnen, doch wollen wir hierauf nicht eingehen[1].

Wesentlich werden die Glieder mit $p \neq q$, sobald die Anordnung der beugenden Öffnungen *regelmäßig* ist. Die hierauf beruhenden optischen Einrichtungen, die *Beugungsgitter*, sind so wichtig, daß wir sie in einem besonderen Paragraphen behandeln wollen.

§ 51. Beugungsgitter.

Das optische Gitter besteht aus einer Glas- oder Metallfläche, auf welcher durch eine Teilmaschine gerade Striche in gleichen Abständen eingeritzt sind.

---

[1] Vgl. M. v. LAUE: Berl. Ber. 1914 S. 1144. Ähnliche Erscheinungen treten auch bei der Beugung von Röntgenstrahlen an Flüssigkeiten auf; s. J. A. PRINS: Naturwiss. Bd. 19 (1931) S. 435.

Man kann bei Glasgittern sowohl im durchgehenden als auch im reflektierten Licht beobachten, bei Metallgittern natürlich nur im reflektierten. Wir idealisieren das Gitter in der Weise, daß wir es uns als eine Reihe von äquidistanten, kongruenten Spalten in einem undurchsichtigen Schirm denken. Die Breite des einzelnen Spaltes sei s, die Länge l, der Abstand zweier Spalte von Mitte zu Mitte, die *Gitterkonstante*, sei d, und die Anzahl der Spalte sei m (s. Fig. 92). Der Winkel des einfallenden Strahls gegen die Normale der Gitterebene sei ϑ_0, der des gebeugten ϑ; dann ist $\alpha_0 = \sin\vartheta_0$, $\alpha = \sin\vartheta$ und $a = \sin\vartheta - \sin\vartheta_0$. Wir können setzen

$$\xi_p = pd\,,\quad \eta_p = 0\,. \qquad (p = 0, 1, 2, \ldots, m-1).$$

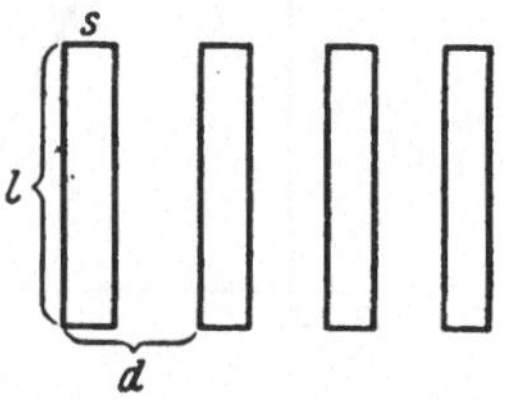

Fig. 92. Zur Beugung am Gitter.

Nach Gleichung § 50 (3) ist dann

$$(1)\qquad u_P = u_P^0 \sum_{p=0}^{m-1} e^{-ikpda} = u_P^0 \frac{1 - e^{-imkda}}{1 - e^{-ikda}}\,.$$

Hieraus folgt

$$J = |u_P|^2 = |u_P^0|^2 \frac{1 - e^{imkda}}{1 - e^{ikda}} \cdot \frac{1 - e^{-imkda}}{1 - e^{-ikda}} = J_0 \frac{1 - \cos(mkda)}{1 - \cos(kda)}\,.$$

Setzen wir nun den Ausdruck für die Intensität J_0 bei der Beugung einer linearen Lichtquelle am Spalt aus § 48 (14) ein, so ergibt sich (mit der neuen Bezeichnung $2A = s$, $2B = l$):

$$(2)\qquad J = \frac{s^2 l}{\lambda} \left(\frac{\sin\frac{kas}{2}}{\frac{kas}{2}} \right)^2 \left(\frac{\sin\frac{mdka}{2}}{\sin\frac{dka}{2}} \right)^2.$$

Wir erhalten also eine Überlagerung des Beugungsbildes vom einzelnen Spalt mit dem Interferenzbild der m Spalte. Die Beugungsfigur des Einzelspaltes, die wir früher diskutiert haben, hat ein Hauptmaximum, dessen halbe Breite durch

$$\frac{kas}{2} = \frac{\pi a s}{\lambda} = \pi$$

bestimmt ist, also den Betrag

$$(3)\qquad a = \frac{\lambda}{s}$$

hat. Die Funktion, welche die Interferenzfigur des Zusammenwirkens der Spalte darstellt, haben wir schon bei der Theorie der Interferenzspektroskope [III, § 39 (15)] kennengelernt; sie unterscheidet sich von der Funktion für den einzelnen Spalt dadurch, daß im Nenner ein Sinus steht. Daraus folgt, daß sie nicht nur ein mittleres Hauptmaximum bei $a = 0$ hat, sondern eine unendliche Folge von Hauptmaxima überall da, wo der Nenner verschwindet, d. h. bei

$$(4)\qquad a = \sin\vartheta - \sin\vartheta_0 = \frac{\lambda}{d} n. \qquad (n = 0, \pm 1, \pm 2, \ldots)$$

Dazwischen liegen schwache Nebenmaxima, die jeweils durch Nullstellen des Zählers voneinander getrennt sind. Diese Minima liegen bei

$$(5)\qquad a = \frac{\lambda}{d}\frac{n}{m}\,.$$

Der Verlauf der beiden einzelnen Faktoren in (2) wird in Fig. 93 wiedergegeben, das Zusammenwirken beider Faktoren in Fig. 94. Die Zahl n gibt für eine Richtung maximaler Intensität (Interferenzstreifen) den Gangunterschied in Einheiten der Wellenlänge zwischen zwei interferierenden Strahlen an, die durch benachbarte Spalte hindurchtreten. Man bezeichnet sie in Übereinstimmung mit unserer früheren, in III, § 42 gegebenen Definition als *Ordnung* der Interferenz.

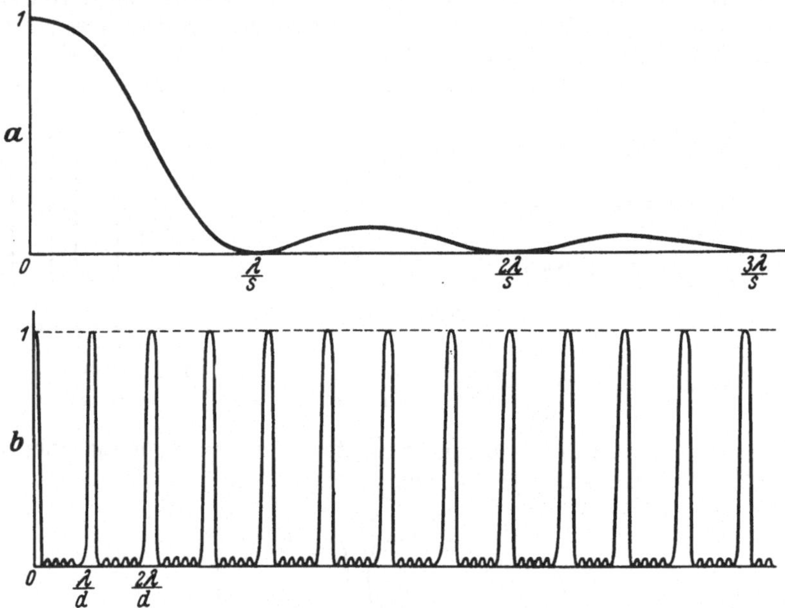

Fig. 93 a und b. Zur Theorie der Gitterbeugung.

Man kann die Lage der Interferenzmaxima auch in elementarer Weise nach dem HUYGENSschen Prinzip konstruieren (genau so, wie wir früher die YOUNGsche Anordnung behandelt haben), indem man sich von jeder einzelnen Öffnung eine

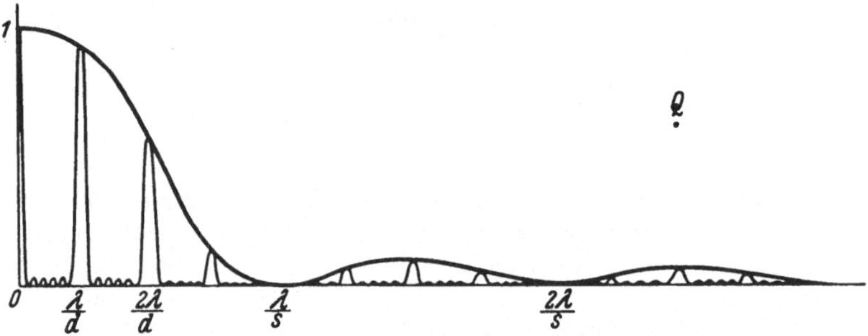

Fig. 94. Zur Theorie der Gitterbeugung. (Nebenmaxima überhöht.)

Sekundärwelle ausgehen denkt und ihre Phasendifferenz bestimmt (s. Fig. 95) (s. hierzu auch die entsprechende Konstruktion bei der Beugung am einzelnen Spalt § 48, Fig. 89, S. 159). Seien M, N zwei aufeinanderfolgende Spalte, so fällen wir von N aus das Lot NK auf den durch M hindurchgehenden einfallenden Strahl und von M aus das Lot ML auf den durch N hindurchgehenden gebeugten Strahl. Dann ist die Phasendifferenz der beiden austretenden Strahlen gegeben durch $LN - MK = d \cdot (\alpha - \alpha_0) = d \cdot a$, und Interferenzmaxima entstehen da, wo $d \cdot a = n\lambda$ wird; hieraus folgt wieder $a = \frac{\lambda}{d} n$ in Übereinstimmung mit (4).

Die wirkliche Intensitätsverteilung ist durch das Produkt der in den Figuren 93a und 93b dargestellten Funktionen gegeben. Indem man sie sich überlagert denkt (Fig. 94), sieht man, daß durch die Wirkung der Lichtverteilung vom einzelnen Spalt die Interferenz nullter Ordnung vor allen anderen ausgezeichnet wird. Wenn die Spaltbeugung noch an den Stellen stark ist, wo die Interferenzen erster, zweiter, ... Ordnung liegen, d. h. nach (3) und (4) wenn $\lambda/s \gg \lambda/d$ oder $s \ll d$ ist, so können auch die Beugungsbilder erster, zweiter, ... Ordnung hell erscheinen, im allgemeinen jedoch mit abnehmender Intensität.

Es kann aber vorkommen, daß eine Interferenz höherer Ordnung gerade in ein Nebenmaximum der Spaltbeugungsfigur fällt und daher wieder verstärkt erscheint (s. Fig. 94). Überhaupt ist die hier gegebene Theorie, bei der die Gitterfläche als abwechselnd völlig undurchsichtig und völlig durchlässig betrachtet wird, nur eine grobe Annäherung an die Wirklichkeit, besonders für Reflexionsgitter. Bei diesen wird durch das Einritzen der Gitterstriche die Beschaffenheit der Oberfläche und damit das Reflexionsvermögen irgendwie periodisch verändert, und man hätte also strenggenommen zu untersuchen, wie eine ebene Welle an einer Oberfläche von periodisch veränderlichem Reflexionsvermögen, auch unter Berücksichtigung der Furchenform, reflektiert wird. Solche Untersuchungen sind auch durchgeführt worden[1]. Im Prinzip beruhen die Betrachtungen darauf, daß man die Wirkung der beugenden Fläche nicht durch die in § 48 (3) eingeführte Funktion $f(\xi, \eta)$, die nur die Werte 0 und 1 annimmt, darstellt, sondern durch eine allgemeinere Funktion, die bei Gittern periodisch ist. In diesem Falle kann man sie in eine Fourierreihe mit dem Gitterabstand als Grundperiode entwickeln und dann das Beugungsintegral gliedweise ausführen. Die Stärke der Beugungsstreifen einer bestimmten Ordnung hängt dann in einfacher Weise mit der Größe der Fourierkoeffizienten in der Funktion f zusammen.

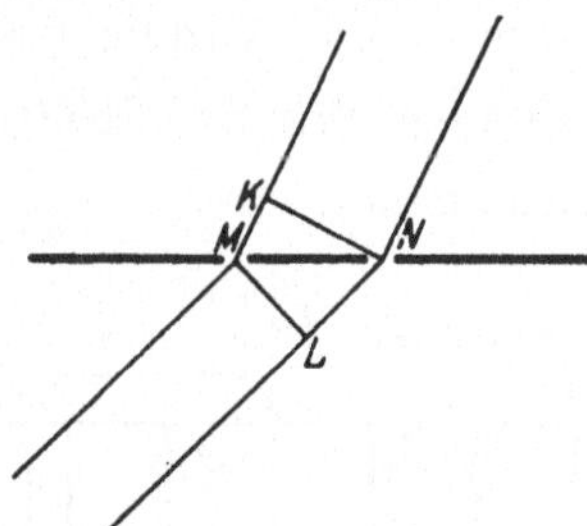

Fig. 95. Konstruktion der Phasendifferenz bei zwei Spalten nach dem HUYGENSschen Prinzip.

Auf Grund dieser Theorie kann man Gitter so ritzen, daß die Hauptintensität nicht in Beugungsbildern niederer Ordnung, sondern in irgendeinem Spektrum höherer Ordnung erscheint. Man erreicht dadurch den Vorteil eines größeren Auflösungsvermögens, wie wir später (§ 53) sehen werden. Hiervon wird in der Praxis oft Gebrauch gemacht.

Da die Lage der Maxima von der Wellenlänge abhängt, wird weißes einfallendes Licht durch das Gitter in allen Ordnungen außer der nullten spektral zerlegt. Hierauf beruht die *Anwendung des Gitters als Spektralapparat.*

Ein Gitterspektrograph enthält als Hauptteil außer einigen abbildenden Linsen und Hohlspiegeln (die Gitterfläche selbst kann als Hohlspiegel ausgebildet sein) einen feinen Spalt, dessen Bild vom Gitter in den verschiedenen Ordnungen entworfen wird. Das Spektrum besteht aus dem Nebeneinander der verschiedenfarbigen Spaltbilder. Einzelheiten werden wir unten besprechen.

Der violette Teil des Spektrums wird wenig, der rote stark abgelenkt, und die Ablenkung ist direkt proportional der Wellenlänge. Wegen dieser Eigenschaft nennt man das Gitterspektrum ein *normales Spektrum.* Grobe Wellenlängenmessungen kann man daher unmittelbar durch Messung der Ablenkung ausführen, wenn man entweder die Gitterkonstante oder die Wellenlänge einer Spektrallinie kennt, während man beim Prismenspektrographen die Dispersion durch das ganze Spektrum hindurch eichen muß.

[1] Siehe z. B. Lord RAYLEIGH: Wave theory of light. Enc. Brit. Bd. 24, s. insbes. § 15 1888); abgedruckt in Sci. Pap. Bd. 3 § 15 S. 117. Cambridge 1902.

Hinsichtlich der Lichtstärke ist der Gitterspektrograph dem Prismenspektrographen bei mäßiger Dispersion und Auflösung unterlegen, weil beim Prisma alles einfallende Licht in einem Spektrum zur Beobachtung gelangt, während beim Gitter nur das Spektrum einer Ordnung ausgenutzt wird, die anderen Ordnungen verlorengehen. Doch wird das Verhältnis für den Prismenspektrographen ungünstiger bei hoher Dispersion und Auflösung, weil man dann mehrere große Prismen braucht und Lichtverluste durch Absorption und mehrere Reflexionen in Kauf nehmen muß. Daher werden Gitterspektrographen vor allem bei Untersuchungen im Ultraroten und Ultravioletten gebraucht, wo die Hauptabsorptionsgebiete der meisten Substanzen liegen. Im äußersten Ultravioletten, dem Gebiete der sog. SCHUMANNstrahlen, benutzt man zur Vermeidung der Luftabsorption *Vakuumspektrographen* mit Gitteroptik.

Beschränkt man sich auf sichtbares Licht, das bekanntlich von $\lambda_1 = 0{,}4$ bis $\lambda_2 = 0{,}75\,\mu$ reicht, also nicht ganz eine „Oktave" umfaßt, so sieht man, daß das Spektrum erster Ordnung nicht ganz bis zum Spektrum zweiter Ordnung reicht (nämlich von $a = \frac{\lambda_1}{d}$ bis $a = \frac{\lambda_2}{d} = \frac{0{,}75}{0{,}4}\frac{\lambda_1}{d} = 1{,}8\frac{\lambda_1}{d}$, während das Spektrum zweiter Ordnung erst bei $2\frac{\lambda_1}{d}$ anfängt), dagegen das Spektrum zweiter Ordnung über das Spektrum dritter Ordnung bereits hinausreicht (es erstreckt sich nämlich von $a = 2\frac{\lambda_1}{d}$ bis $a = 2\frac{\lambda_2}{d} = 2\cdot 1{,}8\frac{\lambda_1}{d} = 3{,}6\frac{\lambda_1}{d}$, während das Spektrum dritter Ordnung schon bei $3{,}0\cdot\lambda_1/d$ anfängt). Und je höher die Ordnung des Spektrums ist, um so weiter greift es über die folgenden hinüber (siehe Fig. 96). Für visuelle Beobachtung, bei der der Farbenunterschied ins Auge fällt, bedeutet diese Tatsache keinen Nachteil, bei photographischer Beobachtung muß dagegen auf die Ordnung besonders geachtet werden.

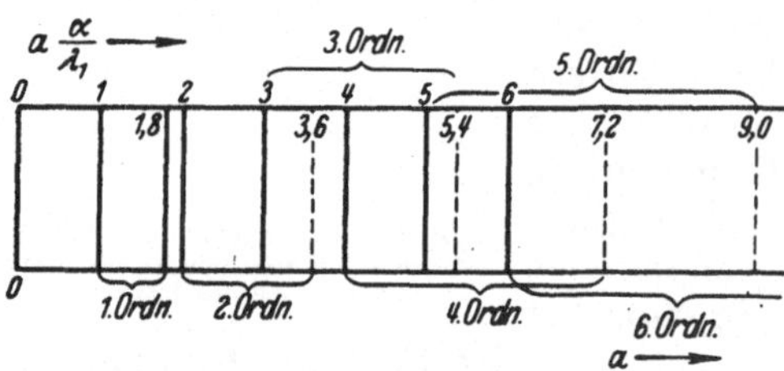

Fig. 96. Überlagerung der Gitterspektren verschiedener Ordnung.

Man kann aber auch aus der Überdeckung der Ordnungen Vorteil ziehen, nämlich sie zur Vergleichung von Wellenlängen benutzen. Hat man zwei verschiedene Wellenlängen λ_1 und λ_2, deren Bilder in zwei benachbarten Ordnungen aufeinanderfallen, so gilt

$$n\lambda_1 = (n+1)\lambda_2. \tag{5}$$

Man kann also λ_2 bestimmen, wenn λ_1 bekannt ist.

Die *Methoden der genauen Wellenlängenmessung* beruhen in groben Zügen auf folgendem:

Als *Normalen erster Ordnung* dienen solche Wellenlängen, die durch direkten interferometrischen Vergleich an das Normalmeter angeschlossen sind (s. hierzu III, § 41). Mit diesen werden scharfe Spektrallinien, die man einigermaßen gleichmäßig über das ganze Spektrum verteilt auswählt, als *sekundäre Normalen* geeicht. Hierzu benutzt man vor allem große Gitterspektrographen, zum Teil in Kombination mit Interferenzapparaten. So läßt sich das eben angegebene Verfahren der Koinzidenz verschiedener Ordnungen außerordentlich verschärfen, indem man ein Gitter mit einem PEROT-FABRY-Interferometer in folgender Weise vereinigt:

Man setzt die Platte des Interferometers so vor den Gitterspalt, daß eine feine Spektrallinie λ_1 von horizontalen Streifen, erzeugt durch das Interferometer, durchzogen erscheint. (Dazu ist übrigens notwendig, die optische Einrichtung so zu treffen, daß der Spalt „stigmatisch" abgebildet wird, d. h. daß jede Stelle des Spaltes, unabhängig von den übrigen, ein schmales Spektrum erzeugt.) Eine benachbarte Spektrallinie λ_2 wird dann ebenfalls von solchen Streifen durchsetzt erscheinen, doch sind diese gegen die Streifen von λ_1 verschoben (haben auch einen ein wenig anderen Abstand). Das kontinuierliche Spektrum erscheint demnach von schrägen (nahezu geraden) Interferenzstreifen durchzogen (s. Fig. 97). Geht man horizontal durch das Spektrum, so entspricht der Abstand zweier Interferenzstreifen einer Änderung der Wellenlänge um so viel, daß der Unterschied der auf die Platte des Interferometers fallenden Wellenzüge der beiden Linien λ_1 und λ_2 gerade eine Wellenlänge beträgt. Man hat also wieder die Relation

$$n\lambda_1 = (n + 1)\lambda_2,$$

wo aber jetzt n die ungeheuer große Ordnungszahl (Größenordnung 10^4) des Interferometerspektrums bedeutet. Es gilt also

$$\lambda_1 - \lambda_2 \doteq \frac{\lambda_2}{n}.$$

Fig. 97. Spektrum mit schrägen Interferenzstreifen.

Daher kann man den Wellenlängenunterschied außerordentlich genau bestimmen, selbst wenn die einzelne Wellenlänge (λ_2) nur roh bekannt ist, sofern man nur die Ordnungszahl n einigermaßen kennt. Dieses Verfahren eignet sich besonders zur relativen Ausmessung von Absorptionslinien, z. B. der FRAUNHOFERschen Linien im Sonnenspektrum.

Wir wollen kurz über *Geschichte und Methoden der Herstellung von Gittern* berichten. FRAUNHOFER war der erste, der Gitter mit Hilfe von parallelgespannten Drähten anfertigte. Solche Drahtgitter werden heute noch im langwelligen (ultraroten) Gebiet vorteilhaft verwandt (RUBENS). Später benutzte FRAUNHOFER Glasplatten, die er mit Ruß oder Silber überzog; in die Schicht ritzte er mit einer Teilmaschine durchsichtige Linien hinein.

Reflexionsgitter erhält man durch Einritzen von Furchen mit Hilfe eines Diamanten auf einer spiegelnden Metalloberfläche. Die Auffindung geeigneter Metalle und die Auswahl von brauchbaren Diamantsplittern ist eine besonders ausgebildete, nur an wenigen Orten ausgeübte Technik. Besonders berühmt sind die von ROWLAND hergestellten Gitter (meist Konkavgitter, s. unten). Vorzügliche ebene Gitter werden heute auf der Teilmaschine von MICHELSON angefertigt.

Die Güte eines Gitters ist wesentlich bedingt durch die Konstanz des Strichabstandes. Die Schraube, die den Diamanten führt, muß ihn bei einer Umdrehung stets um das gleiche Stück verschieben. Eine von ROWLAND gebaute Teilmaschine ritzt 1800 Teilstriche pro Millimeter. Die Herstellung großer Gitter von etwa 10 cm Länge, also von einigen hunderttausend Strichen, geschieht in Räumen von genau konstanter Temperatur durch automatische Maschinen und dauert mehrere Tage und Nächte. Die Abnutzung des Diamanten spielt dabei trotz seiner großen Härte eine wesentliche Rolle.

Ganz abgesehen von der Gefahr, daß die Spitze des Diamanten leicht brechen kann, hat man mit einer kontinuierlichen Abnutzung zu rechnen, deren Einfluß sich durch folgende Überlegung verdeutlichen läßt:

Bekanntlich kommen auf einen Millimeter einer festen Substanz wie Diamant etwa 10^7 Atome. Würde beim einzelnen Gitterstrich auch nur *eine* Atomschicht fortgerissen werden, so hätte man bei 10^5 Strichen eine Verschiebung oder Verzerrung der Diamantoberfläche von $\frac{1}{100}$ mm, während der Strichabstand 10 bis

20mal kleiner ist. MICHELSON pflegte zu sagen, daß die Aufgabe der Gitterherstellung gar kein Problem der Mechanikerwerkstatt, sondern ein solches des atomphysikalischen Laboratoriums sei. Ähnliche Schwierigkeiten hat man bei der Vermeidung von elastischen und thermischen Einflüssen auf die Apparaturen zu überwinden.

Jedes Gitter zeigt gewisse *Gitterfehler*, die darin bestehen, daß der Strichabstand nicht vollständig konstant ist. Ganz unregelmäßige Abweichungen geben nur eine Verschleierung des Hintergrundes. Dagegen sind alle *periodischen* Abstandsänderungen äußerst gefährlich; sie erzeugen sog. „Geister“, d. h. falsche Linien, die oft sehr schwer von den richtigen zu unterscheiden sind. Nehmen wir etwa an, daß die Strichabstände sich mit einer Periode ändern, die das $p$fache des Gitterabstandes beträgt, so heißt das, daß die Grundperiode der Gitterteilung in Wirklichkeit $p$mal so groß ist, wie bei der Rechnung mit dem Strichabstand angenommen wurde. Daher hat man außer dem durch die Strichperiode bedingten System von Ordnungen noch ein weiteres System verschiedener Ordnungen (welche strenggenommen allein diesen Namen verdienten) in einem $p$mal kleineren Abstande. Diese Nebenlinien werden allerdings gewöhnlich schwach sein, wenn die Fehlerperiode selbst nur schwach ausgebildet ist. Man sieht jede Spektrallinie begleitet von äquidistanten, schwachen Nebenlinien, eben den Geistern. Die periodischen Gitterfehler werden gewöhnlich durch Fehler in der Schraube der Teilmaschine verursacht und haben als Grundperiode die Ganghöhe der Schraube; daher muß die Schraube aufs peinlichste hergestellt und nachher mit Hilfe von Interferometern auf ihre Gleichförmigkeit hin untersucht werden. Die auf diese Weise gefundenen Fehler kann man dann noch durch mechanische Vorrichtungen zum Teil aufheben (indem man zwischen Schraube und Reißdiamant eine durch Schablonen geführte Hebelvorrichtung einschaltet oder dergleichen mehr).

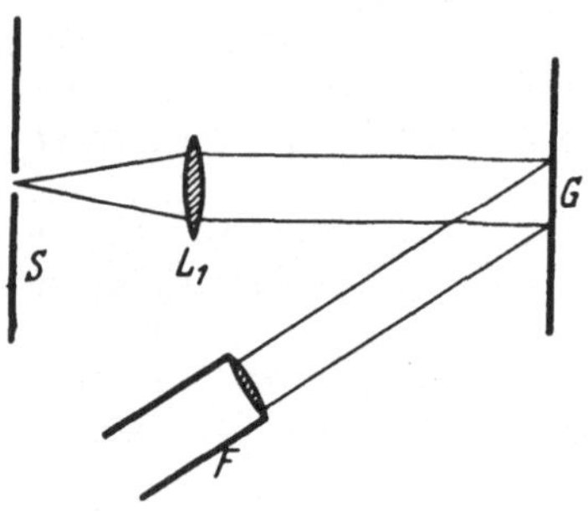

Fig. 98. Schema des Gitterspektrographen.

Wir betrachten jetzt die wichtigsten *Aufstellungsarten von Gittern*. Gewöhnliche Reflexionsgitter werden genau wie Prismen mit Hilfe von Kollimator- und Beobachtungsfernrohr so aufgestellt, wie Fig. 98 zeigt. Die Lichtquelle Q beleuchtet den Spalt S, der sich in der Brennebene der Kollimatorlinse L_1 befindet. Das Licht fällt von dieser parallel auf das Gitter G. Die reflektierten gebeugten Strahlen werden entweder im Fernrohr F oder mit einer photographischen Kamera aufgefangen.

Um Linsen und die durch sie erzeugten Lichtverluste zu vermeiden, hat ROWLAND, wie schon gesagt, *Konkavgitter* eingeführt. Bei diesen sind die Striche auf der konkaven Seite einer schwach zylindrischen, gut reflektierenden Metallfläche eingeritzt. Die Gitterfläche wirkt dann gleichzeitig als Hohlspiegel. Bei der Aufstellung nutzt man eine einfache geometrische Tatsache zum Fokussieren aus:

Es sei B der Mittelpunkt der Gitterfläche, C ihr Krümmungsmittelpunkt. Die Verbindungslinie BC halbieren wir durch den Punkt O und beschreiben um diesen den Kreis K durch B und C. Dann kann man zeigen, daß mit großer Annäherung folgendes gilt: Die von irgendeinem Punkte Q des Kreises K ausgehenden Strahlen werden sowohl bei regulärer (geometrischer) Reflexion als auch in allen Beugungsbildern in Punkten P, P', . . . des Kreises K vereinigt (s. Fig. 99).

Für den Strahl QB ist CB das Einfallslot. Bezeichnen wir die Winkel QBC bzw. CBP mit α bzw. β, so ist also $\alpha = \beta$ und $QC = CP$. Betrachten wir nun einen zweiten Strahl QB', so ist CB' das Einfallslot; B' liegt zwar nicht genau, aber bei geringer Krümmung der Spiegelfläche mit großer Annäherung auf dem Kreise K. Zeichnen wir nun den reflektierten Strahl mit dem Reflexionswinkel $\beta' = \alpha' = QB'C$, so muß dieser nach dem Peripheriewinkelsatz ebenfalls durch P gehen.

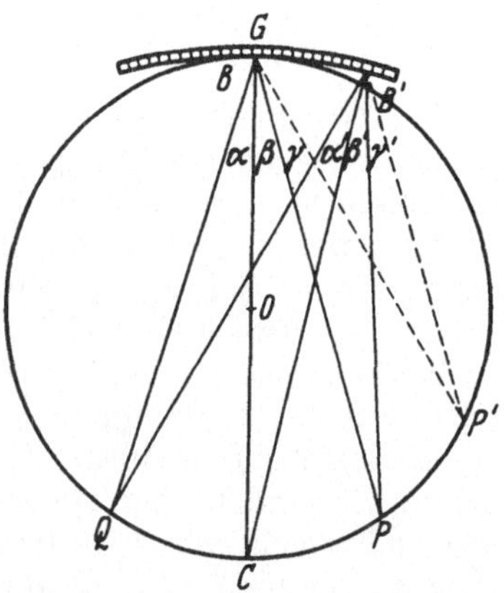

Fig. 99. Fokussierende Wirkung eines Konkavgitters.

Dieselbe Betrachtung gilt auch für die abgebeugten Strahlen; denn ein in B abgebeugter Strahl weicht von dem direkt reflektierten um einen Winkel γ ab, der gleich dem Winkel γ' ist, um den der in B' abgebeugte Strahl von dem dort direkt reflektierten abweicht. Man hat also wieder zwei von B und B' ausgehende Strahlen, die gegen die Verbindungslinien BC bzw. $B'C$ die gleichen Winkel $\beta + \gamma$ bzw. $\beta' + \gamma'$ einschließen. Daher müssen sie sich in demselben Punkt P' der Peripherie von K treffen.

Man hat also die Regel: *Um scharfe Linien zu erhalten, hat man Spalt, Gitter und Auffangeschirm* (photographische Platte) *auf demselben Kreise anzubringen, dessen Durchmesser gleich dem Krümmungsradius des Konkavgitters ist.*

Wir wollen zwei wichtige Aufstellungen von Konkavgittern beschreiben. Die eine, von ROWLAND herrührende, ist durch Fig. 100 dargestellt. Der Spalt steht auf zwei aufeinander senkrechten Stahlschienen, exakt im Scheitel S des rechten Winkels, so orientiert, daß das von ihm normal ausgehende Licht längs der einen Schiene in der Richtung SA verläuft. Eine weitere Schiene, die Brücke, ist so auf den beiden ersten beweglich angebracht, daß ihre Enden auf ihnen gleiten; das eine Ende der Brücke, das auf SA gleitet, trägt das Gitter G, dessen Normale mit der Brückenrichtung zusammenfällt. Das andere, auf SB gleitende Ende der Brücke trägt die Platte P, die senkrecht zur Brückenrichtung gestellt ist. Dann liegt der Punkt S offenbar immer auf dem Kreise über dem Durchmesser GP, der gleich dem Krümmungsradius des Konkavgitters gewählt wird. Durch Verschieben der Brücke kann man die Spektren aller Ordnungen auf die Platte P werfen.

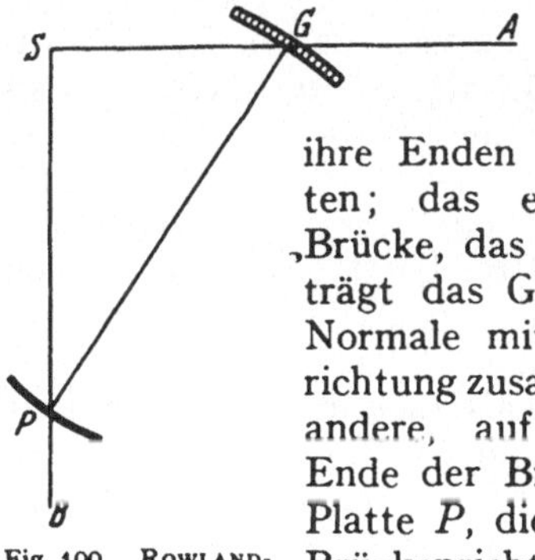

Fig. 100. ROWLANDsche Gitteraufstellung.

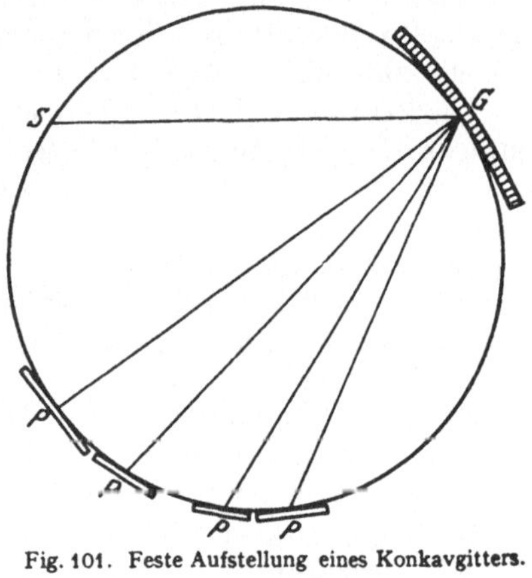

Fig. 101. Feste Aufstellung eines Konkavgitters.

Eine andere Aufstellung, die erlaubt, alle Spektren auf einmal zu photographieren, wird heute häufiger gebraucht. Sie zeichnet sich durch größere Stabilität vor der obigen aus. Hier wird der Kreis (s. Fig. 101) einfach durch eine festmontierte Stahlschiene dargestellt, auf der in fester Lage der Spalt S und das Gitter G angebracht sind. Die Schiene enthält überall Vorrichtungen zum Anbringen von photographischen Platten. Nachteile dieser Anordnung sind Raumbeanspruchung und Kostspieligkeit.

§ 52. Ebene Kreuzgitter und Raumgitter. Röntgenspektren.

Das Strichgitter wurde in § 51 als der Spezialfall eines Systems von zahlreichen beugenden Öffnungen behandelt, bei dem sich Spalte in einer Richtung periodisch wiederholen. Man kann nun natürlich auch doppelt periodische Anordnungen von Öffnungen treffen und spricht dann von *Kreuzgittern* bzw. *Kreuzgitterspektren*. Solche Gitter werden in optischen Apparaten kaum benutzt, doch gibt es mancherlei Gelegenheit, die davon herrührenden Beugungserscheinungen zu beobachten. Man sieht sie z. B., wenn man durch einen fein gewebten Stoff (Regenschirm, Vorhang) gegen eine entfernte, helle Lichtquelle blickt, oder auch bei Reflexion an Rastern, wie sie in der Drucktechnik bei Bildreproduktionen gebraucht werden. Die Theorie der Kreuzgitter ist äußerst einfach. Man hat nur in den Formeln von § 50 die zentralen Punkte der Öffnungen in einem ebenen Netz anzuordnen, das im allgemeinen schiefwinklig sein wird.

Wir wollen hier gleich den Fall von *Raumgittern* behandeln, weil diese in der Optik der Röntgenstrahlen eine entscheidende Rolle spielen. Vorerst müssen wir einige Worte über die Entwicklung der *Lehre von den Röntgenstrahlen* sagen. Bald nach ihrer Entdeckung (1896) hat man versucht, Beugungs- und Interferenzversuche mit ihnen anzustellen, jedoch ohne deutliches Ergebnis. Nur soviel ging aus den Beugungserscheinungen hervor, daß, wenn die Röntgenstrahlen überhaupt Wellennatur besitzen, ihre Wellenlänge ganz außerordentlich klein sein muß (Größenordnung einige Å). Interferenzerscheinungen mit Hilfe von Reflexionen an Oberflächen ließen sich damals nicht herstellen, weil die Röntgenstrahlen nicht regulär reflektiert wurden. (Mit den heutigen intensiven Strahlen ist es möglich, indem man streifende Inzidenz benutzt, reguläre Reflexion zu erhalten.) Technisch hergestellte Strichgitter versagten, weil der Strichabstand im Verhältnis zur Wellenlänge viel zu groß war.

Da kam M. v. LAUE (1912) auf den Gedanken, die natürlichen Gitteranordnungen der Atome in Kristallen als Beugungsgitter für Röntgenlicht zu verwenden. Das von ihm gemeinsam mit FRIEDRICH und KNIPPING ausgeführte Experiment hatte vollen Erfolg und war der Ausgangspunkt der Spektroskopie der Röntgenstrahlen, die dann hauptsächlich durch Untersuchungen von BRAGG Vater und Sohn (1912), DEBYE und SCHERRER (1916), HULL (1917), sowie von SIEGBAHN und seinen Schülern gefördert wurde. Wir können auf die Optik des kurzwelligen Gebiets hier nur ganz oberflächlich eingehen, weil sie eine Wissenschaft für sich geworden ist, die sowohl theoretisch als auch experimentell ganz andere Methoden erfordert als die Optik des gewöhnlichen Lichts[1]. Wir wollen nur angeben, wie sich die Beugungserscheinungen an Kristallgittern in die allgemeine Gittertheorie einordnen.

Wir betrachten einen beliebigen (im allgemeinsten Fall triklinen) Kristall. Er besteht aus der periodischen Wiederholung einer gewissen Gruppe von Atomen oder Molekülen im Raume.

Wir denken uns das ganze Gitter durch folgende Operation aus einer solchen Gruppe, der *Basis*, erzeugt:

Es seien $\mathfrak{a}_1$, $\mathfrak{a}_2$, $\mathfrak{a}_3$ drei beliebige von einem Basispunkt, dem Nullpunkt O ausgehende Raumvektoren, die ein Parallelepiped, die „Zelle“, aufspannen, und

[1] Für genaueres Studium verweisen wir auf P. P. EWALD: Kristalle und Röntgenstrahlen. Berlin: 1923.

l_1, l_2, l_3 drei ganze Zahlen (positiv, negativ, einschließlich Null). Durch den Vektor

$$\mathfrak{R}_l = l_1 \mathfrak{a}_1 + l_2 \mathfrak{a}_2 + l_3 \mathfrak{a}_3 \tag{1}$$

mit den Komponenten

$$\left\{\begin{aligned} X_l &= l_1 \mathfrak{a}_{1x} + l_2 \mathfrak{a}_{2x} + l_3 \mathfrak{a}_{3x}, \\ Y_l &= l_1 \mathfrak{a}_{1y} + l_2 \mathfrak{a}_{2y} + l_3 \mathfrak{a}_{3y}, \\ Z_l &= l_1 \mathfrak{a}_{1z} + l_2 \mathfrak{a}_{2z} + l_3 \mathfrak{a}_{3z} \end{aligned}\right. \tag{2}$$

wird dann eine Translation definiert; der Nullpunkt wird dabei in einen eindeutig bestimmten neuen Punkt $\mathfrak{R}_l$ übergeführt, der bezüglich des von $\mathfrak{a}_1, \mathfrak{a}_2, \mathfrak{a}_3$ aufgespannten schiefwinkligen Koordinatensystems ganzzahlige Koordinaten hat. Die Gesamtheit aller so aus dem Nullpunkt entstehenden Punkte bildet ein „einfaches" (im allgemeinen schiefwinkliges triklines) Gitter.

Das *vollständige Gitter* entsteht durch Anwendung aller Translationen auf die Atome der Basis in der Zelle; zu jedem Atom der Basis gehört ein dem Gitter $\mathfrak{R}_l$ kongruentes *einfaches Atomgitter*. Der Vorgang der Lichtstreuung im Kristall ist in geometrischer Hinsicht einer Beugungserscheinung ganz analog, in physikalischer Hinsicht aber eher als Dispersionserscheinung aufzufassen, wie wir sie im letzten Kapitel dieses Buches behandeln werden. Die Atomgruppen in den Zellen des Gitters sind, wenn sie von einer einfallenden Röntgenwelle getroffen werden, tatsächlich Zentren für sekundäre Wellen, und dies ist nicht nur eine mathematische Vorstellung, wie sie beim HUYGENSschen Prinzip benutzt wird, sondern ein wirklicher, physikalischer Vorgang. Die Zentren der Sekundärwellen sind ja nicht wie bei den eigentlichen Beugungserscheinungen Stellen im leeren Raume, sondern Stellen in Atomen, wo reale schwingungsfähige Gebilde (Elektronen) vorhanden sind. Diese werden von der einfallenden Welle in Schwingung versetzt und strahlen nun ihrerseits wirkliche Kugelwellen aus. Das Mitschwingen wird nicht genau in Phase mit der einfallenden Welle stattfinden, weil die Resonatoren eine gewisse Trägheit haben; jedoch ist die Phasenverschiebung außerordentlich geringfügig. Sie ist verantwortlich dafür, daß der Brechungsindex für Röntgenstrahlen ein ganz klein wenig von Eins abweicht; dies ist die eigentliche Dispersionswirkung. (Die ausführliche Theorie dieser Erscheinung stammt von EWALD; wir kommen auf ihre Grundzüge später zurück, VII, § 75.) Wir sehen hier davon ab und nehmen an, daß das Mitschwingen exakt im Rhythmus der einfallenden Erregung erfolgt. Dann hat man einfach folgende Überlegung:

Ein Punkt des Kristalls werde von dem Licht der im Abstande r_0 gelegenen punktförmigen Lichtquelle getroffen; die einfallende Amplitude ist also e^{ikr_0}/r_0, sie errege in dem betrachteten Punkte eine sekundäre Kugelwelle mit der Amplitude e^{ikr}/r. Die im Aufpunkt ankommende, von diesem Kristallpunkt gestreute Amplitude ist also das Produkt $e^{ik(r+r_0)}/r r_0$. Wir nehmen nun an, daß die Lineardimensionen des ganzen Kristalls klein sind gegen die Abstände R und R_0 seines „Mittelpunkts" von Aufpunkt P und Lichtquelle Q. Bezeichnen wir mit $\mathfrak{q}$ den vom Mittelpunkt O im Innern des Kristalls nach irgendeinem Gitterpunkt (Atom) gezogenen Vektor, so ist also die Länge von $\mathfrak{q}$ klein gegen R und R_0. Dann können wir für alle streuenden Zentren des Kristalls im Nenner der Amplitude r_0 und r durch R_0 und R ersetzen; ferner können wir im Exponenten näherungsweise schreiben

$$r_0 = R_0 + \mathfrak{s}_0 \mathfrak{q} \tag{3}$$

und

$$r = R - \mathfrak{s} \mathfrak{q}, \tag{4}$$

wo $\mathfrak{s}_0$ der Einheitsvektor der Richtung QO und $\mathfrak{s}$ der Einheitsvektor in Richtung OP ist. Somit wird die von dem Gitterpunkt gestreute Amplitude

$$u_P = C e^{ik\cdot(\mathfrak{s}_0-\mathfrak{s})\mathfrak{q}}, \tag{5}$$

wo der Faktor C alle makroskopischen Größen zusammenfaßt.

Ist nun $\mathfrak{q}^0$ mit den Komponenten ξ, η, ζ der Vektor, der den Nullpunkt mit dem zum betrachteten Gitterpunkt $\mathfrak{q}$ äquivalenten Basispunkt verbindet, so gilt nach (1)

$$\mathfrak{q} = \mathfrak{R}_l + \mathfrak{q}^0. \tag{6}$$

Die Gesamtstreuung des Kristalls läßt sich jetzt erhalten als eine mehrfache Summe, einmal erstreckt über alle Vektoren $\mathfrak{q}^0$ einer Kristallzelle und zweitens über alle Zellen l. Die erste Summe, die die Streuung der Einzelzelle darstellt, bezeichnen wir mit u_P^0 (sie entspricht in der FRAUNHOFERschen Beugungstheorie des optischen Gitters der vom Einzelspalt erzeugten Amplitude). Die gesamte Amplitude in P wird dann nach (5) und (6)

$$u_P = u_P^0 \sum_l e^{ik\cdot\mathfrak{R}_l(\mathfrak{s}_0-\mathfrak{s})}, \tag{7}$$

wo die Summe über alle Zellen, d. h. über alle (ganzzahligen) Werte l_1, l_2, l_3 zu erstrecken ist. Mit Hilfe der Formel (1) läßt sich das skalare Produkt im Exponenten so umschreiben

$$\mathfrak{R}_l(\mathfrak{s}_0-\mathfrak{s}) = l_1\cdot\mathfrak{a}_1(\mathfrak{s}_0-\mathfrak{s}) + l_2\cdot\mathfrak{a}_2(\mathfrak{s}_0-\mathfrak{s}) + l_3\cdot\mathfrak{a}_3(\mathfrak{s}_0-\mathfrak{s}). \tag{8}$$

Man sieht hieraus, daß unsere Formel eine direkte Verallgemeinerung der Grundformel § 48 (1) der FRAUNHOFERschen Beugungserscheinungen ist; sie geht in diese über, wenn man das Glied mit dem Index 3 wegläßt, $\mathfrak{a}_1$ und $\mathfrak{a}_2$ aufeinander senkrecht annimmt und die Komponenten von $\mathfrak{s}_0$ und $\mathfrak{s}$ in dem durch $\mathfrak{a}_1$ und $\mathfrak{a}_2$ bestimmten Koordinatensystem mit α_0, β_0 bzw. α, β bezeichnet.

Wir nehmen nun zur Vereinfachung der Rechnung an, daß der Kristall die Form eines Parallelepipeds habe, dessen Kanten den drei Vektoren $\mathfrak{a}_1$, $\mathfrak{a}_2$, $\mathfrak{a}_3$ parallel sind.

Setzt man den Ausdruck (8) in die Formel (7) ein, so zerfällt die Summe in drei geometrische Reihen, deren jede die Form

$$\sum_l e^{il\mathsf{A}} \tag{9}$$

hat, wobei $l\mathsf{A}$ einen der Ausdrücke $l_1\mathsf{A}_1$, $l_2\mathsf{A}_2$, $l_3\mathsf{A}_3$ vertritt, mit

$$\mathsf{A}_1 = k\cdot\mathfrak{a}_1(\mathfrak{s}_0-\mathfrak{s}), \quad \mathsf{A}_2 = k\cdot\mathfrak{a}_2(\mathfrak{s}_0-\mathfrak{s}), \quad \mathsf{A}_3 = k\cdot\mathfrak{a}_3(\mathfrak{s}_0-\mathfrak{s}). \tag{10}$$

Sind L_1, L_2, L_3 die Anzahlen der Gitterpunkte längs der drei Kanten des Kristalls, so gibt die Summierung der Reihe (9):

$$\sum_{l=0}^{L-1} e^{il\mathsf{A}} = \frac{1-e^{iL\mathsf{A}}}{1-e^{i\mathsf{A}}}.$$

Das Quadrat des Betrages der rechten Seite ist

$$\frac{1-\cos L\mathsf{A}}{1-\cos\mathsf{A}} = \frac{\sin^2\frac{L\mathsf{A}}{2}}{\sin^2\frac{\mathsf{A}}{2}}. \tag{11}$$

Demnach ist die *Intensität der Streuung* gegeben durch

$$J_P = J_P^0 \frac{\sin^2\frac{L_1\mathsf{A}_1}{2}\,\sin^2\frac{L_2\mathsf{A}_2}{2}\,\sin^2\frac{L_3\mathsf{A}_3}{2}}{\sin^2\frac{\mathsf{A}_1}{2}\,\sin^2\frac{\mathsf{A}_2}{2}\,\sin^2\frac{\mathsf{A}_3}{2}}. \tag{12}$$

J_P^0 stellt die Streuung der einzelnen Gitterzelle dar und wird in der Röntgenspektroskopie *Strukturfaktor* genannt. Denkt man sich die streuenden Teilchen in der Zelle als punktförmige Dipole, so läßt sich J_P^0 selbst wieder als Summe über diese darstellen. Neuerdings ist man aber auch dazu übergegangen, mit kontinuierlicher Dichteverteilung zu rechnen, wie sie aus der modernen Atomtheorie entnommen werden kann. Doch gehen wir auf diese Probleme hier nicht ein.

Wir diskutieren nun die *Lage der Interferenzmaxima*, welche durch das Verschwinden der drei Faktoren im Nenner von (12) gegeben sind. Die Bedingungen dafür lauten

$$\frac{\mathsf{A}_1}{2} = h_1\pi\,, \qquad \frac{\mathsf{A}_2}{2} = h_2\pi\,, \qquad \frac{\mathsf{A}_3}{2} = h_3\pi\,,$$

wo h_1, h_2, h_3 ganze Zahlen sind; oder unter Benutzung der Ausdrücke (10) und mit $k = 2\pi/\lambda$

$$\mathfrak{a}_1(\mathfrak{s}_0 - \mathfrak{s}) = h_1\lambda\,, \qquad \mathfrak{a}_2(\mathfrak{s}_0 - \mathfrak{s}) = h_2\lambda\,, \qquad \mathfrak{a}_3(\mathfrak{s}_0 - \mathfrak{s}) = h_3\lambda\,. \tag{13}$$

Dies sind die berühmten *Formeln von* LAUE für die Lage der Intensitätsmaxima der Röntgenstreuung in Kristallen.

Der charakteristische Unterschied gegen die Beugung am Strichgitter (oder auch am ebenen Kreuzgitter) ist folgender:

Während beim Strichgitter und Kreuzgitter für eine vorgegebene Wellenlänge und vorgegebene Einfallsrichtung $\mathfrak{s}_0$ immer eine Lösung $\mathfrak{s}$ vorhanden ist, ist das hier nicht der Fall; man hat bei gegebener Wellenlänge λ eine Gleichung mehr als Unbekannte, nämlich drei Gleichungen für die zwei unabhängigen Komponenten des Einheitsvektors $\mathfrak{s}$. Daher wird ein Kristall, der mit streng einfarbigem Röntgenlicht bestrahlt wird, im allgemeinen überhaupt keine merkbaren Interferenzen geben. Um solche zu erhalten, kann man zwei wesentlich verschiedene Wege einschlagen:

1. Das LAUE-Verfahren.

Beim LAUE-Verfahren wird „weißes" Röntgenlicht, d. h. ein kontinuierliches Spektrum eingestrahlt. Dann sucht das Gitter von selbst die geeigneten Wellenlängen aus, welche der LAUEschen Bedingung (13) genügen. Das Ergebnis auf der photographischen Platte ist ein System von Punkten regelmäßiger Anordnung, aber von ganz verschiedenen Intensitäten und verschiedener Bedeutung. Eine Gruppe von symmetrisch geordneten Punkten (entsprechend den Symmetrien des Kristalls) wird durch eine bestimmte, ausgesiebte Wellenlänge erzeugt. Die Entwirrung eines solchen LAUE-*Diagramms* ist recht verwickelt und erfordert die gleichzeitige Bestimmung der Ordnungszahlen h_1, h_2, h_3 und der Wellenlänge λ. Auf die hierbei angewandten Methoden können wir nicht eingehen.

2. Die Verfahren von BRAGG und DEBYE-SCHERRER-HULL.

Bei diesen Verfahren wird die Stellung des Kristalls im Raume variiert, und zwar bei BRAGG durch Drehen des Kristalls, bei DEBYE-SCHERRER und bei HULL durch Benutzung eines feinen Kristallpulvers, in dem so viele Einzelkristalle in verschiedenen Lagen vorhanden sind, daß man mit dem Vorkommen jeder Orientierung rechnen kann. Das erste Verfahren erfordert den Besitz von guten Kristallstücken. Dabei haben übrigens die BRAGGS statt der LAUEschen Formel eine andere, äquivalente, aber anschaulichere benutzt, die an die Theorie der Interferenz an planparallelen Platten anknüpft. Sie überlegten folgendes:

Es möge ein Röntgenstrahl die Oberfläche eines Kristalls treffen, welche als Netzebene des Gitters gedacht ist (s. Fig. 102). Die nächste, darunter liegende Netzebene bildet mit ihr zusammen eine planparallele Schicht. Die BRAGGS stellen sich vor, daß der Röntgenstrahl sowohl an der oberen als auch der unteren Grenze der Schicht reflektiert wird, aber nur dann in merklicher Stärke, wenn dabei die Interferenzbedingung an planparallelen Schichten (III, § 38, § 39) erfüllt ist, nämlich daß der Gangunterschied zweier benachbarter interferierender Strahlen ein ganzes Vielfaches der Wellenlänge beträgt. Bezeichnet man mit ϑ den *Glanzwinkel*, d. h. den Winkel zwischen Grenzebene und einfallendem Strahl (wohl zu unterscheiden von seinem Komplement, dem Einfallswinkel, der in der gewöhnlichen Optik benutzt wird), so gibt Fig. 102 die Bedingung der Verstärkung:

$$2d\sin\vartheta = n\lambda\,, \tag{14}$$

wo d der Abstand der beiden Netzebenen und n eine ganze Zahl ist. Ist diese Bedingung erfüllt, so werden auch sämtliche tieferliegenden Netzebenenpaare zur Verstärkung beitragen.

Man kann nun einsehen, daß diese BRAGG*sche Bedingung* (14) mit den LAUEschen Formeln (13) äquivalent ist, wenn man sie nicht nur auf die Oberfläche, sondern auf alle möglichen inneren Netzebenen anwendet. Hierzu dient folgende geometrische Überlegung:

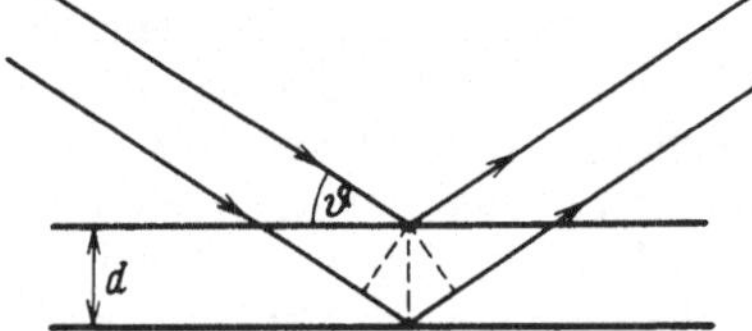

Fig. 102. Beugung von Röntgenstrahlen an Kristallgittern.

Es sei

$$V = \mathfrak{a}_1\cdot(\mathfrak{a}_2\times\mathfrak{a}_3) = \begin{vmatrix} \mathfrak{a}_{1x} & \mathfrak{a}_{1y} & \mathfrak{a}_{1z}\\ \mathfrak{a}_{2x} & \mathfrak{a}_{2y} & \mathfrak{a}_{2z}\\ \mathfrak{a}_{3x} & \mathfrak{a}_{3y} & \mathfrak{a}_{3z}\end{vmatrix} \tag{15}$$

das Volumen der Gitterzelle. Wir definieren nun drei Vektoren

$$\mathfrak{b}_1 = \frac{1}{V}(\mathfrak{a}_2\times\mathfrak{a}_3)\,,\qquad \mathfrak{b}_2 = \frac{1}{V}(\mathfrak{a}_3\times\mathfrak{a}_1)\,,\qquad \mathfrak{b}_3 = \frac{1}{V}(\mathfrak{a}_1\times\mathfrak{a}_2)\,, \tag{16}$$

die immer auf je zweien der Grundvektoren des Gitters senkrecht stehen. Das von den Vektoren $\mathfrak{b}$ aufgespannte Gitter nennt man das zum ursprünglichen *reziproke Gitter*. Offenbar gilt

$$\mathfrak{a}_i\mathfrak{b}_k = \delta_{ik} = \begin{cases} 1 \text{ wenn } i = k\,,\\ 0 \text{ wenn } i \neq k\end{cases} \qquad (i,\ k = 1,\ 2,\ 3)\,. \tag{17}$$

Jeder beliebige Vektor $\mathfrak{r}$ läßt sich sowohl durch die Vektoren $\mathfrak{a}$ als auch durch die $\mathfrak{b}$ linear darstellen, z. B.

$$\mathfrak{r} = c_1\mathfrak{b}_1 + c_2\mathfrak{b}_2 + c_3\mathfrak{b}_3\,. \tag{18}$$

Multipliziert man diese Gleichung (18) der Reihe nach skalar mit $\mathfrak{a}_1$, $\mathfrak{a}_2$, $\mathfrak{a}_3$, so erhält man wegen (17)

$$c_1 = \mathfrak{a}_1\mathfrak{r}\,,\qquad c_2 = \mathfrak{a}_2\mathfrak{r}\,,\qquad c_3 = \mathfrak{a}_3\mathfrak{r}\,. \tag{19}$$

Diese Formeln können uns dazu dienen, die LAUEschen Gleichungen (13) nach $\mathfrak{s}_0 - \mathfrak{s}$ aufzulösen. Man erhält

$$\mathfrak{s}_0 - \mathfrak{s} = \lambda(h_1\mathfrak{b}_1 + h_2\mathfrak{b}_2 + h_3\mathfrak{b}_3)\,. \tag{20}$$

Es sei nun n der größte gemeinsame Teiler von h_1, h_2, h_3, und

$$h_1 = n h_1'\,,\qquad h_2 = n h_2'\,,\qquad h_3 = n h_3'\,, \tag{21}$$

wo also h_1', h_2', h_3' relativ prim sind. Wir führen für den Betrag der Klammer in (20), welcher die Dimension einer reziproken Länge hat, ein besonderes Zeichen $n \cdot 1/d$ ein; dann wird

$$|h_1'\mathfrak{b}_1 + h_2'\mathfrak{b}_2 + h_3'\mathfrak{b}_3| = \frac{1}{d}\,. \tag{22}$$

Nunmehr schreibt sich unsere Formel (20)

$$|\mathfrak{s}_0 - \mathfrak{s}| = \frac{\lambda}{d}\,n\,.$$

Nennt man 2ϑ den Winkel zwischen $\mathfrak{s}_0$ und $\mathfrak{s}$, so ist $|\mathfrak{s}_0 - \mathfrak{s}| = 2\sin\vartheta$, also

$$2d\sin\vartheta = \lambda n\,. \tag{23}$$

Dies ist die BRAGG*sche Formel* (14), wenn wir noch zeigen können, daß d die Bedeutung des Abstandes zweier benachbarter Netzebenen hat.

Wir betrachten den Vektor

$$\mathfrak{h} = h_1\mathfrak{b}_1 + h_2\mathfrak{b}_2 + h_3\mathfrak{b}_3\,, \tag{24}$$

der irgendeinen Punkt des reziproken Gitters darstellt, und behaupten, daß dieser auf einer Netzebene des ursprünglichen Gitters senkrecht steht. Diese Netzebene $\mathfrak{N}$ konstruieren wir so:

Es sei h das kleinste gemeinschaftliche Vielfache der Zahlen h_1, h_2, h_3; dann ziehen wir drei den Achsen parallele Vektoren

$$\frac{h}{h_1}\mathfrak{a}_1\,,\quad \frac{h}{h_2}\mathfrak{a}_2\,,\quad \frac{h}{h_3}\mathfrak{a}_3$$

und legen durch diese die Ebene $\mathfrak{N}$.

Man sieht nun leicht, daß zwei in dieser Ebene gelegene gerade Linien, nämlich die Verbindungslinien je zweier der drei Vektoren, etwa

$$\frac{h}{h_1}\mathfrak{a}_1 - \frac{h}{h_2}\mathfrak{a}_2$$

und

$$\frac{h}{h_2}\mathfrak{a}_2 - \frac{h}{h_3}\mathfrak{a}_3\,,$$

auf dem Vektor $\mathfrak{h}$ senkrecht stehen; ihre skalaren Produkte mit $\mathfrak{h}$ sind nämlich Null, wie man sofort nachrechnet. Also steht auch die Netzebene $\mathfrak{N}$ auf $\mathfrak{h}$ senkrecht, wie behauptet.

Multiplizieren wir nun den Einheitsvektor in der Richtung von $\mathfrak{h}$, $\mathfrak{h}/|\mathfrak{h}|$, skalar mit dem Fahrstrahl nach dem Gitterpunkt $\mathfrak{R}_l$, so stellt $\frac{\mathfrak{h}}{|\mathfrak{h}|}\mathfrak{R}_l$ den Abstand des Gitterpunktes $\mathfrak{R}_l$ von der Netzebene $\mathfrak{N}$ dar. Wenn wir in dem Bruche $\mathfrak{h}/|\mathfrak{h}|$ gemeinsame Faktoren kürzen, so können wir diesen Abstand so schreiben:

$$\frac{(h_1'\mathfrak{b}_1 + h_2'\mathfrak{b}_2 + h_3'\mathfrak{b}_3)\cdot(l_1\mathfrak{a}_1 + l_2\mathfrak{a}_2 + l_3\mathfrak{a}_3)}{|h_1'\mathfrak{b}_1 + h_2'\mathfrak{b}_2 + h_3'\mathfrak{b}_3|} = \frac{l_1h_1' + l_2h_2' + l_3h_3'}{|h_1'\mathfrak{b}_1 + h_2'\mathfrak{b}_2 + h_3'\mathfrak{b}_3|}\,. \tag{25}$$

Da nun h_1', h_2', h_3' teilerfremd sind, nimmt der Ausdruck im Zähler von (26) jeden ganzzahligen Wert an. Der kleinste von Null verschiedene Wert des Zählers ist also 1, und der kleinste vorkommende Abstand des Gitterpunktes $\mathfrak{R}_l$ von der Netzebene $\mathfrak{N}$ wird durch

$$\frac{1}{|h_1'\mathfrak{b}_1 + h_2'\mathfrak{b}_2 + h_3'\mathfrak{b}_3|} \tag{26}$$

dargestellt. Die durch den Gitterpunkt $\mathfrak{R}_l$ gehende, zu $\mathfrak{N}$ parallele Netzebene ist somit die nächste an $\mathfrak{N}$ und hat den Abstand d, wie behauptet.

Die hier dargestellten Überlegungen wurden in zweierlei Richtungen angewandt:

Zunächst mußten mit ihrer Hilfe die Gitterstrukturen erforscht werden. Sodann konnte man mit bekannten Gittern die Röntgenspektren analysieren. Bei der Erforschung der Gitter konnte man sich kristallographischer Kenntnisse bedienen. Man ging von einfachen Ionengittern des kubischen Systems, wie Steinsalz, Sylvin usw., aus, deren Struktur bereits vermutungsweise bekannt war. Die Untersuchung der Röntgendiagramme liefert durch Ausmessung der Lage der Interferenzpunkte zunächst nur die Grundperiode der Bausteine des Gitters. Indem man einfache Annahmen über die Lage der Ionen innerhalb der Zelle machte und für diese den Strukturfaktor ausrechnete, konnte man entscheiden, welche dieser Annahmen richtig waren, und hatte damit die einfachsten regulären Gitterstrukturen gefunden. Diese dienten nun ihrerseits wieder als Spektrographengitter zur Untersuchung der Struktur der Röntgenstrahlen selbst, die von gegebenen Atomsorten (als Antikathode) ausgesandt wurden. Auf die Struktur der Röntgenspektren können wir hier ebensowenig eingehen wie auf die der optischen Spektren[1].

§ 53. Das Auflösungsvermögen optischer Instrumente.

Die wichtigste Anwendung der FRAUNHOFERschen Beugungsformel § 48 (1) ist die Berechnung des *Auflösungsvermögens optischer Instrumente.* Wir haben diesen Begriff bereits bei der Besprechung der Interferenzspektroskopie (III, § 42) kennengelernt. Wir wollen ihn aber hier noch einmal genau definieren.

Bei einem Spektralapparat (Gitter, Prisma usw.) ist das Auflösungsvermögen ein Maß für seine Fähigkeit, zwei im Spektrum *benachbarte Spektrallinien* mit den Wellenlängen λ und $\lambda + \delta\lambda$ voneinander zu trennen. Bei einem abbildenden Instrument (Fernrohr, Mikroskop usw.) ist das Auflösungsvermögen ein Maß für seine Fähigkeit, von zwei *benachbarten Objektpunkten* getrennte Bilder zu entwerfen.

Dabei setzt man voraus, daß der nach der geometrischen Optik berechnete Strahlengang ein ideal scharfes Bild (sei es einer Spektrallinie, sei es eines abgebildeten Leuchtpunktes) erzeugt, und sieht als Ursache der Unschärfe allein die Beugungserscheinungen an, die notwendig durch die Strahlenbegrenzungen (Blenden) hervorgerufen werden. Wir wissen ja, daß ein Lichtpunkt oder eine Lichtlinie infolge der Beugung an den Blenden, die das Licht zu passieren hat, niemals wieder als Punkt oder Linie, sondern als ein „Lichtgebirge" erscheinen wird, dessen Form wir für verschiedene Blenden in den vorangehenden Paragraphen bestimmt haben.

Überlagern sich zwei benachbarte Lichtgebirge im Gesichtsfeld, so sind sie um so schlechter voneinander zu trennen, je näher (bei vorgegebener Breite) ihre Mittelpunkte beieinander liegen. Wann die Trennung für das Auge möglich ist, ist bis zu einem gewissen Grade eine Frage der Praxis und der Übung; bei photographischen Platten kann man übrigens durch geeignete Entwicklungsverfahren die Kontraste verstärken und dadurch die Trennung erleichtern.

Um zu einem eindeutigen Maß zu kommen, hat man sich nach Lord RAYLEIGH darauf geeinigt, *zwei Lichtgebirge als getrennt anzusehen, wenn das Maximum des einen auf das erste Minimum des anderen fällt.* Wir nennen diese Lage zweier Lichtgebirge die *Grenzlage.* Bei Spektralapparaten entspricht der Grenzlage ein gewisser Wellenlängenunterschied $\delta\lambda$; ist λ die mittlere Wellen-

[1] Siehe hierzu M. SIEGBAHN: Spektroskopie der Röntgenstrahlen, 2. Aufl. Berlin 1931.

länge des betrachteten (sehr kleinen) Bereiches, so heißt $\lambda/\delta\lambda$ das *Auflösungsvermögen.* Bei abbildenden Instrumenten entspricht der Grenzlage eine bestimmte Längen- oder Winkeldifferenz der abgebildeten Objekte (Leuchtpunkte), die wir als *Auflösungsgrenze* bezeichnen; ihr reziproker Wert wird auch *Auflösungsvermögen* genannt.

a) Das Auflösungsvermögen des Gitters.

Nach § 51 (4) fallen die Hauptmaxima des Beugungsbildes, die für eine monochromatische Lichtlinie als Spektrallinien der verschiedenen Ordnungen angesprochen werden, auf die Stellen

$$a = \frac{\lambda}{d} n . \qquad (n = \pm 1, 2, 3, \ldots) \tag{1}$$

Die erste Nullstelle (Minimum) liegt im Abstande

$$\delta a = \frac{\lambda}{d \cdot m}, \tag{2}$$

wo m die Anzahl der Gitterstriche bedeutet. Ändert man andererseits die Wellenlänge, so verschiebt sich nach (1) die Mitte des Hauptmaximums um

$$\delta' a = \frac{\delta\lambda}{d} n . \tag{3}$$

Fällt das Maximum der veränderten Wellenlänge gerade in die Grenzlage bezüglich der ursprünglichen Wellenlänge, so haben wir

$$\delta' a = \delta a$$

zu setzen und erhalten

$$\frac{\lambda}{d\lambda} = n \cdot m . \tag{4}$$

Das Auflösungsvermögen des Gitters ist gleich dem Produkt von Ordnungszahl und Strichzahl.

Bedenken wir, daß die Strichzahl gleich der Anzahl der interferierenden Lichtbündel ist, so erkennen wir, daß die Formel (4) für Strichgitter genau mit der Formel III, § 42 (35) für Interferenzspektroskope übereinstimmt.

Um dieses Resultat zu erläutern, wollen wir fragen, wieviel Striche ein Gitter haben muß, um die beiden D-Linien des Natriums zu trennen. Für diese ist

$$\lambda = 5893\,\text{Å}, \qquad \delta\lambda = 6\,\text{Å}$$

(s. III, § 42, S. 133), also

$$\frac{\lambda}{\delta\lambda} \approx 1000 .$$

Beobachtet man im Spektrum zweiter Ordnung ($n = 2$), so muß also mindestens

$$m = \frac{1000}{2} = 500$$

sein. Ein Gitter von nur 500 Strichen würde zur Trennung der beiden D-Linien schon genügen.

Die größte gebräuchliche Strichzahl von Gittern liegt bei 200000. Bei Beobachtung in der dritten Ordnung, die häufig noch hinreichend stark ist, kommt man also zu einem Auflösungsvermögen von etwa 600000. Die reinen Interferenzinstrumente, wie LUMMERplatte und Stufengitter, erreichen ebenfalls diese Größenordnung der Auflösung und überschreiten sie sogar. Doch beruht dies bei ihnen darauf, daß die Ordnungszahl, in der man beobachtet, sehr groß ist, wie wir in III, § 42 gezeigt haben. Das Gitter hat vor den Interferenzinstrumenten den Vorzug, *große Teile des Spektrums auf einmal* zu liefern. Bei höchster Anforderung an das Auflösungsvermögen aber wird es doch von den genannten Instrumenten ein wenig übertroffen.

b) Das Auflösungsvermögen des Prismas.

Das Auflösungsvermögen des Prismas wollen wir hier zum Vergleich ebenfalls ableiten. Wir holen dabei zugleich die Besprechung der elementaren geometrischen Eigenschaften der Brechung im Prisma nach.

Für die Brechung ist nur der *Winkel* α *an der brechenden Kante* A (s. Fig. 103) maßgebend. Diese Kante steht senkrecht auf der Ebene, die den Strahl enthält (die zugleich Einfalls-, Durchtritts- und Austrittsebene ist). Die Basis des Prismas ist vorläufig ganz unwesentlich. Ein Strahl treffe das Prisma im Punkte B auf einer Prismenfläche unter dem Einfallswinkel φ und gehe unter dem Brechungswinkel ψ durch das Prisma hindurch; beim Austritt am Punkte C sei der innere Winkel ψ_1, der äußere φ_1. Man verlängere die Einfallslote in B und C bis zum Schnittpunkt D; der Schnittpunkt der Verlängerungen von Einfallsstrahl und Austrittsstrahl im Innern des Prismas sei E, der von ihnen eingeschlossene spitze Winkel ist der *Ablenkungswinkel* ε. Aus Fig. 103 liest man ab, daß

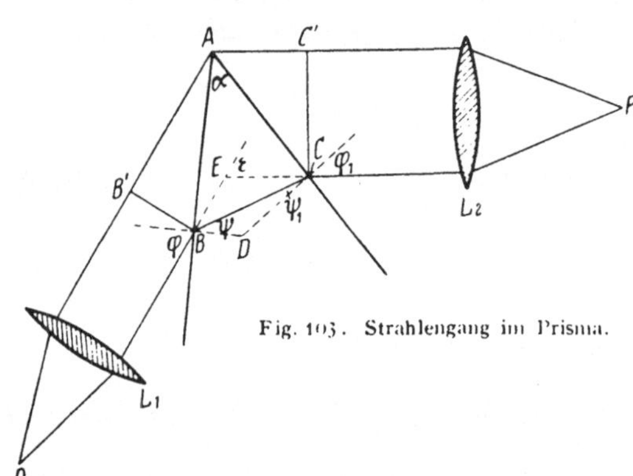

Fig. 103. Strahlengang im Prisma.

$$\varphi + \varphi_1 = \varepsilon + \alpha\,, \tag{5}$$

$$\psi + \psi_1 = \alpha \tag{6}$$

ist. Ferner gelten nach dem SNELLIUSschen Brechungsgesetz die Gleichungen

$$\left\{\begin{aligned} \sin\varphi &= n\sin\psi\,,\\ \sin\varphi_1 &= n\sin\psi_1\,, \end{aligned}\right. \tag{7}$$

wenn $n > 1$ der Brechungsindex des Glases gegen die umgebende Luft ist. Man hat ein Extremum der Ablenkung dort, wo

$$\frac{d\varepsilon}{d\varphi} = 0 \tag{8}$$

ist. Das liefert nach (5)

$$\frac{d\varphi_1}{d\varphi} = -1\,. \tag{9}$$

Andererseits folgt aus den Relationen (6) und (7)

$$\left\{\begin{aligned} \frac{d\psi}{d\varphi} &= -\frac{d\psi_1}{d\varphi}\,,\\ \cos\varphi &= n\cos\psi\,\frac{d\psi}{d\varphi}\,,\\ \cos\varphi_1\,\frac{d\varphi_1}{d\varphi} &= n\cos\psi_1\,\frac{d\psi_1}{d\varphi} \end{aligned}\right. \tag{10}$$

und hieraus durch Elimination

$$\frac{d\varphi_1}{d\varphi} = -\frac{\cos\varphi\cos\psi_1}{\cos\psi\cos\varphi_1} = -1\,. \tag{11}$$

Quadriert man dies und ersetzt alle Cosinus durch Sinus, so erhält man die Gleichung

$$\frac{1-\sin^2\varphi}{n^2-\sin^2\varphi} = \frac{1-\sin^2\varphi_1}{n^2-\sin^2\varphi_1}. \tag{12}$$

Sie hat die Lösung

$$\varphi = \varphi_1, \quad \text{also auch } \psi = \psi_1. \tag{13}$$

Ferner ist nach (11)

$$\frac{d^2\varepsilon}{d\varphi^2} = \frac{d^2\varphi_1}{d\varphi^2} = \frac{d\varphi_1}{d\varphi}\cdot\frac{d\log\left(-\frac{d\varphi_1}{d\varphi}\right)}{d\varphi} = \frac{d\varphi_1}{d\varphi}\left(-\operatorname{tg}\varphi - \operatorname{tg}\psi_1\frac{d\psi_1}{d\varphi} + \operatorname{tg}\psi\frac{d\psi}{d\varphi} + \operatorname{tg}\varphi_1\frac{d\varphi_1}{d\varphi}\right),$$

und für $\varphi = \varphi_1$, $\psi = \psi_1$ wird nach (10) und (11)

$$\frac{d^2\varepsilon}{d\varphi^2} = 2\operatorname{tg}\varphi - 2\operatorname{tg}\psi\cdot\frac{\cos\varphi}{n\cos\psi} = 2\operatorname{tg}\varphi\left(1-\frac{\operatorname{tg}^2\psi}{\operatorname{tg}^2\varphi}\right);$$

bei $n > 1$ ist $\varphi > \psi$ und $\operatorname{tg}\varphi > 0$ $(0 < \varphi < \pi/2)$, folglich $d^2\varepsilon/d\varphi^2 > 0$.

Das heißt, es handelt sich um *ein Minimum der Ablenkung*; es tritt nach (13) *bei symmetrischem Strahlengang* ein. Die Größe des Ablenkungswinkels beträgt dann

$$\varepsilon_{\min} = 2\psi - \alpha\,, \tag{14}$$

und es gilt für den Einfalls- und Austrittswinkel an der ersten Grenzfläche

$$\varphi = \frac{1}{2}(\varepsilon_{\min}+\alpha), \qquad \psi = \frac{\alpha}{2}. \tag{15}$$

Der Brechungsindex läßt sich also mit Hilfe der Formel

$$n = \frac{\sin\varphi}{\sin\psi} = \frac{\sin\frac{\varepsilon_{\min}+\alpha}{2}}{\sin\frac{\alpha}{2}} \tag{16}$$

durch Messung des Ablenkungswinkels $\varepsilon_{\min}$ bestimmen.

Wir betrachten nun ein *paralleles monochromatisches Bündel* der Wellenlänge λ_1 (etwa erzeugt durch eine Lichtquelle Q und eine Linse L_1 im Brennweitenabstand, s. Fig. 103). Wir zeichnen den in der Einfallsebene durch die Kante A gehenden Strahl des Bündels und fällen auf ihn von B das Lot BB' und von C das Lot CC'. Diese beiden Lote sind die Spuren zweier Ebenen gleicher Phase in der Einfallsebene. Die Breiten der Bündel bezeichnen wir mit

$$BB' = \sigma\,, \qquad CC' = \sigma'$$

und den Weg des Strahls im Prisma mit

$$BC = l\,.$$

Die Geraden BB' und CC' schneiden sich in einem Punkte F im Prisma unter dem Ablenkungswinkel ε.

Wir nehmen jetzt an, daß die Lichtquelle *mehrfarbiges Licht* ausstrahlt. Im allgemeinen ist der Brechungsindex n des Prismas eine Funktion der Wellenlänge (Näheres hierüber in VIII, Dispersionstheorie):

$$n = n(\lambda)\,.$$

Ist die abbildende Linse L_1 chromatisch korrigiert, so ist die durch BB' bestimmte Ebene eine Ebene gleicher Phase für alle Wellenlängen des einfallenden Strahls; dagegen wird die Gerade CC' in der Phasenebene des austretenden

Strahls von der Wellenlänge abhängen. Wir betrachten nun den Ablenkungswinkel als Funktion von λ:

$$\varepsilon = \varepsilon(\lambda).$$

ε hängt unmittelbar nur vom Brechungsindex $n(\lambda)$ ab. Man bezeichnet die bei konstantem Einfallswinkel φ gebildete Ableitung

$$\frac{d\varepsilon}{d\lambda} = \frac{d\varepsilon}{dn} \cdot \frac{dn}{d\lambda} \tag{17}$$

als das *Dispersionsvermögen des Prismas.* Dabei ist der erste Faktor eine wesentlich geometrische Eigenschaft des Prismas, der zweite eine Eigenschaft seiner Substanz, ein Maß ihrer „Dispersion". Man erhält aus (5) und (6) wegen $\varphi =$ konst.

$$\frac{d\varepsilon}{dn} = \frac{d\varphi_1}{dn}, \qquad \frac{d\psi}{dn} = -\frac{d\psi_1}{dn}, \tag{18}$$

sodann aus (7)

$$\left\{\begin{aligned} \sin\psi + n\cos\psi\frac{d\psi}{dn} &= 0, \\ \cos\varphi_1\frac{d\varphi_1}{dn} &= \sin\psi_1 + n\cos\psi_1\frac{d\psi_1}{dn}, \end{aligned}\right. \tag{19}$$

und hieraus durch Elimination

$$\frac{d\varepsilon}{dn} = \frac{\sin(\psi + \psi_1)}{\cos\varphi_1\cos\psi} = \frac{\sin\alpha}{\cos\varphi_1\cos\psi}. \tag{20}$$

Aus dem Dreieck ABC (s. Fig. 103) folgt nach dem Sinussatz

$$AC = \frac{l\cos\psi}{\sin\alpha}$$

und aus dem Dreieck ACC'

$$AC = \frac{\sigma'}{\cos\varphi_1}.$$

Danach und aus (20) erhält man

$$\frac{d\varepsilon}{d\lambda} = \frac{l}{\sigma'} \cdot \frac{dn}{d\lambda}. \tag{21}$$

Im Minimum der Ablenkung ist aus Symmetriegründen $\sigma = \sigma'$. Sind außerdem die Linsen so groß gewählt, daß das Strahlenbündel das Prisma ganz ausfüllt, so wird l gleich der Basis b des Prismas. Dann gibt die Formel (21) für den Winkel $\delta\varepsilon$, um den die Phasenebene bei Veränderung der Wellenlänge um $\delta\lambda$ verdreht wird,

$$\delta\varepsilon = \frac{b}{\sigma} \cdot \frac{dn}{d\lambda}\delta\lambda. \tag{22}$$

Wir können jetzt das Auflösungsvermögen des Prismas berechnen. Benutzt man eine lineare Lichtquelle Q parallel zur Prismenkante (Spektrometerspalt), so tritt durch das Prisma offenbar ein paralleles Lichtbündel, das an einem Rechteck der Breite σ Beugung erleidet. Nach § 48 (11) gilt für die Lage des ersten Minimums

$$a = \frac{\lambda}{\sigma}, \tag{23}$$

wo a den Abstand vom geometrischen Bilde im Winkelmaß (kleine Abweichungen vorausgesetzt) bedeutet; also ist a mit $\delta\varepsilon$ identisch, und wir haben nach (23)

$$\delta\varepsilon = \frac{\lambda}{\sigma} = \frac{dn}{d\lambda} \cdot \frac{b}{\sigma}\delta\lambda. \tag{24}$$

Daraus folgt

$$\frac{\lambda}{\delta\lambda} = \frac{dn}{d\lambda} \cdot b. \tag{25}$$

Das Auflösungsvermögen eines Prismas hängt also bei gegebener Dispersion nur von der Basisdicke b des Prismas ab und ist vor allem unabhängig vom Prismenwinkel.

Wir wollen abschätzen, wie groß die Basis eines Glasprismas aus schwerem Flint sein muß, damit die D-Linien des Natriumspektrums noch aufgelöst werden. In Tabelle 5 sind für drei Wellenlängen, nämlich die FRAUNHOFERschen Linien C, D und E (von denen die mittlere eben eine der beiden D-Linien des Natriums ist), die Wellenlängendifferenzen, die Brechungsindizes und deren Differenzen angeführt.

Tabelle 5.

Bezeichnung	λ	$d\lambda$	n	dn
C	$6{,}56 \cdot 10^{-5}$ cm		1,6297	
		$0{,}67 \cdot 10^{-5}$ cm		0,0053
D	$5{,}89 \cdot 10^{-5}$ „		1,6350	
		$0{,}62 \cdot 10^{-5}$ „		0,0070
E	$5{,}27 \cdot 10^{-5}$ „		1,6420	

Daraus ergibt sich als mittlerer Wert

$$\frac{dn}{d\lambda} = 956 .$$

Da der Abstand der beiden Linien 6 Å beträgt, so hat man

$$\frac{\lambda}{\delta\lambda} \approx 1000$$

und erhält aus (25)

$$b \approx 1 \text{ cm} .$$

Man kann also leicht mit Prismen von etwa 10 cm Basis den zehnten Teil des D-Linienabstandes auflösen. Für höhere Anforderungen aber braucht man kompliziertere Prismensätze.

c) Die Auflösungsgrenze des Fernrohrs.

Bei der Abbildung weit entfernter Punkte durch ein Fernrohr wirkt die Eintrittspupille, die mit der kreisförmigen Begrenzung des Objektivs zusammenfällt, als beugende Öffnung. Wir haben also den Fall einer kreisförmigen Blende, bei der das erste Minimum [s. § 49 (14)] im Abstande

$$\varrho = 0{,}61 \cdot \frac{\lambda}{A} \tag{26}$$

liegt, wobei A der Radius der Öffnung ist. ϱ ist dabei zu messen in der im Abstande 1 gedachten Auffangebene; bei kleinen Ablenkungen ist dieses ϱ der Winkelabstand zweier gerade noch trennbaren Objektpunkte: die *Auflösungsgrenze des Fernrohrs*. Zu ihrer Ausnutzung ist natürlich eine geeignete Lupenvergrößerung des Okulars zu verwenden.

Die Leistungsfähigkeit eines Fernrohrs ist hiernach durch den Objektivdurchmesser $2A$ begrenzt. Das leistungsfähigste Fernrohr, das es im Augenblick gibt, ist das große Spiegelteleskop der MOUNT WILSON-Sternwarte mit etwa 2 m Durchmesser. Seine theoretische Auflösungsgrenze beträgt für die Mitte des sichtbaren Spektrums, also für $\lambda = 5 \cdot 10^{-5}$ cm,

$$\varrho = 0{,}61 \frac{5 \cdot 10^{-5}}{100} = 3{,}05 \cdot 10^{-7} \text{ cm}$$

oder in Bogensekunden:

$$\varrho = 2{,}06 \cdot 10^{5} \cdot 3{,}05 \cdot 10^{-7} = 0'',0628 .$$

Wir bestimmen noch die Leistungsfähigkeit des *menschlichen Auges*. Setzt man den Pupillendurchmesser $2A = 4$ mm und nimmt wieder $\lambda = 5 \cdot 10^{-5}$ cm, so ergibt sich als Minimum des Sehwinkels, unter dem zwei Objektpunkte noch mit bloßem Auge unterschieden werden können:

$$\varrho = 0',52.$$

In Wirklichkeit ist die Auflösungsgrenze beim normalen Auge schlechter und liegt bei $\varrho = 1'$. Diese Abweichung vom theoretischen Wert ist wohl in der anatomischen Struktur der Netzhaut begründet.

d) Die Auflösungsgrenze des Mikroskops.

Beim Mikroskop sind die betrachteten Objekte Präparate von sehr kleiner Dicke, die gewöhnlich von unten beleuchtet werden. Ein Teil des vom Kondensor auf sie geworfenen Lichts wird dabei absorbiert und reemittiert, wobei die Phase zerstört wird. Ein anderer Teil wird durch die durchlässigen Bezirke des Objekts hindurchdringen und dabei eine Beugung wie an einer Blende erleiden. In Wirklichkeit werden wohl immer beide Fälle vereinigt sein. Wir wollen sie aber hier für die theoretische Betrachtung trennen und zunächst so tun, als wenn die vom Kondensor beleuchteten Partikel des Objekts unabhängig voneinander Licht emittierten. Nachher behandeln wir dann den entgegengesetzten Grenzfall.

α) Abbildung selbstleuchtender Objekte.

Beim Mikroskop liegt das Objekt in großer Nähe des Objektivs, so daß ein weit geöffnetes Strahlenbündel in das Objektiv hineintritt. Daher kann man die entstehende Beugungserscheinung nicht unmittelbar als Beugung eines parallelen Lichtbündels an der kreisförmigen Öffnung der Eintrittspupille betrachten, wie wir es beim Fernrohr tun durften. Doch läßt sich durch eine einfache Überlegung auch dieser Fall wieder auf die Formeln der FRAUNHOFERschen Theorie zurückführen.

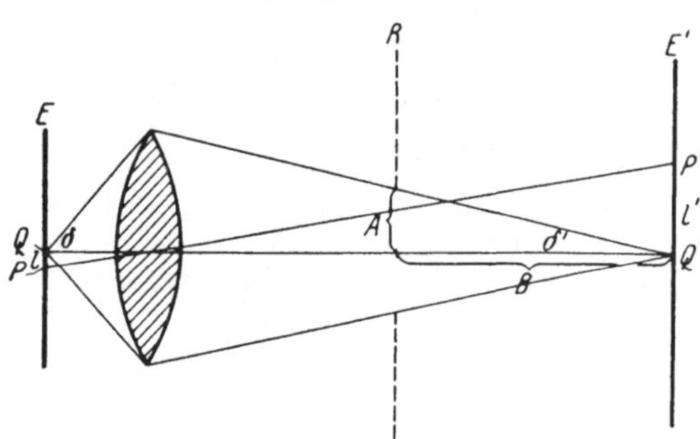

Fig. 104. Auflösungsvermögen des Mikroskops.

In der Objektebene E (siehe Fig. 104) sei Q ein leuchtender Achsenpunkt und P ein benachbarter Punkt. Die beiden Punkte mögen durch das optische System Σ in die beiden Punkte Q' und P' der zur Objektebene konjugierten Bildebene E' abgebildet werden. Die Austrittspupille, d. h. das durch Σ von der Eintrittspupille entworfene Bild, habe den Radius A und den Abstand B von der Bildebene. Da der Abstand der Bildebene E' vom Objektiv (meist 16 cm) im Verhältnis zu dessen Durchmesser im allgemeinen sehr groß ist, kann man die Strahlen im *Bildraum* angenähert als parallel ansehen und die auftretende Beugungserscheinung so behandeln, als ob sie durch Beugung eines parallelen Strahlenbündels an der Austrittspupille R entstehen würde. Mit δ und δ' bezeichnen wir die Winkel, welche die äußersten Strahlen des zu Q und Q' gehörenden Lichtbüschels im Objekt- bzw. Bildraum mit der Achse bilden. Da δ' klein ist, kann man setzen

$$\delta' = \frac{A}{B}. \tag{27}$$

Es seien ferner n und λ bzw. n' und λ' Brechungsindex und Wellenlänge im Objekt- bzw. Bildraum; die beiden Wertepaare brauchen ja bei Anwendung von Immersion (s. unten) nicht gleich zu sein. Ferner seien die Abstände $PQ = l$, $P'Q' = l'$. Ist nun wieder ϱ der Abstand eines Aufpunktes in der reduzierten Bildebene (die den Abstand 1 von der beugenden Öffnung, hier der Austrittspupille hat), so gilt wegen der Kleinheit von ϱ

$$l' = \varrho B. \tag{28}$$

Man hat daher für den Abstand des ersten Beugungsminimiums nach (26)

$$l' = \varrho B = 0{,}61 \frac{\lambda' B}{A} = 0{,}61 \frac{\lambda'}{\delta'} = 0{,}61 \frac{\lambda_0}{n'\delta'}, \tag{29}$$

wo λ_0 die Wellenlänge im Vakuum bedeutet.

Jedes Mikroskop muß nun die Forderung erfüllen, daß nicht nur Achsenpunkte, sondern auch die Punkte eines Flächenelements in der Nähe der Achse durch weit geöffnete Büschel abgebildet werden. Hierfür notwendig ist die Abbesche Sinusbedingung [s. II, § 28 (5)]:

$$l n \sin\delta = l' n' \sin\delta'. \tag{30}$$

Da δ' klein ist, können wir $\sin\delta'$ durch δ' ersetzen und erhalten in Verbindung mit (29)

$$l = \frac{n' l' \delta'}{n \sin\delta} = \frac{0{,}61\,\lambda_0}{n \sin\delta}. \tag{31}$$

Diese Formel gibt die *Auflösungsgrenze des Mikroskops*. Die im Nenner auftretende Größe $n \sin\delta$, von Abbe mit *numerischer Apertur* bezeichnet, haben wir bereits in II, § 28, S. 92 kennengelernt. Die Formel (31) zeigt, daß hauptsächlich diese Größe für die Leistungsfähigkeit des Mikroskops maßgebend ist. Je größer die numerische Apertur ist, um so feinere Unterschiede im Objekt sind noch wahrnehmbar. Man kann die Auflösung verbessern sowohl durch Vergrößerung des Öffnungswinkels δ als durch Wahl eines großen Brechungsindex n. Aus dem letzteren Grunde ist man von Trockensystemen zu *Immersionssystemen* übergegangen, bei denen zwischen Gegenstand und Objektiv eine Flüssigkeit von hohem Brechungsvermögen (Öltropfen) gebracht wird. Gebräuchliche Flüssigkeiten sind Zedernholzöl und Monobromnaphthalin (mit $n = 1{,}66$; viel höher kommt man nicht). Die einzige Möglichkeit, beim Mikroskop noch höheres Auflösungsvermögen zu erreichen, ist die Verwendung kürzerer Wellenlängen, also von ultraviolettem Licht. Dabei muß man dann Linsen aus geeigneten durchlässigen Kristallen wie Flußspat und statt des Auges die photographische Platte benutzen.

Verzichtet man auf die Ähnlichkeit des Bildes mit dem Gegenstand, begnügt man sich also mit dem bloßen *Nachweis* kleiner Objekte, so kann man noch kleinere Abstände trennen mit Hilfe des *Ultramikroskops* von Siedentopf und Zsigmondy[1]. Bei diesem wird der Gegenstand so von der Seite her beleuchtet, daß nur die von ihm seitlich abgebeugten Strahlen das Objektiv treffen; man sieht dann Lichtpunkte auf dunklem Grunde (Dunkelfeldbeleuchtung). Auf die verschiedenen Einrichtungen hierfür (z. B. den Cardeoidkondensor) wollen wir aber nicht eingehen. Die Grenze des Ultramikroskops liegt bei Bruchteilen der halben Wellenlänge.

[1] H. Siedentopf u. R. Zsigmondy: Ann. Physik (4) Bd. 10 S. 1 (1903).

β) Abbildung nicht selbstleuchtender Objekte[1].

Wir betrachten jetzt den Fall, daß das Objekt die Phase des auffallenden Lichts nicht stört, sondern selbst nur wie ein System von beugenden Öffnungen wirkt. Dann treten aus dem Objekt eine Anzahl abgebeugter, kohärenter Wellenzüge aus, und es ist nur dann eine wirklich ähnliche Abbildung durch das Instrument möglich, wenn das gesamte vom Objektiv abgebeugte Licht die Eintrittspupille erreicht. Die Durchlässigkeit des Objekts stellen wir, wie in § 48 erläutert wurde, durch eine Funktion $f(\xi, \eta)$ dar.

Wir denken uns das Objekt durch einen Kondensor beleuchtet, der von jedem Punkte der Lichtquelle ein paralleles Strahlenbündel erzeugt (s. Fig. 105). Dann haben wir genau den Fall der FRAUNHOFERschen Beugungserscheinung in der Objektebene E. Ein einfallendes Parallelbündel wird vom Objekt zerlegt in eine unendliche Anzahl von Parallelbündeln verschiedener Ordnungen; diese treffen auf das Objektiv und werden dort schwach konvergent gemacht. Sie würden bei Abwesenheit jeder Abblendung in der Bildebene E' das Beugungsbild des Objekts als Lichtverteilung wiedergeben. Nun befindet sich aber zwischen Objektiv und Bildebene E' die Austrittspupille R. Da die vom Objekt kommenden Bündel nur schwach konvergent sind, können wir sie in der Ebene R als parallel ansehen und haben nun eine zweite Beugungserscheinung an der Blendenöffnung, wobei die Amplitude des Einfallslichts durch die FRAUNHOFERsche Formel

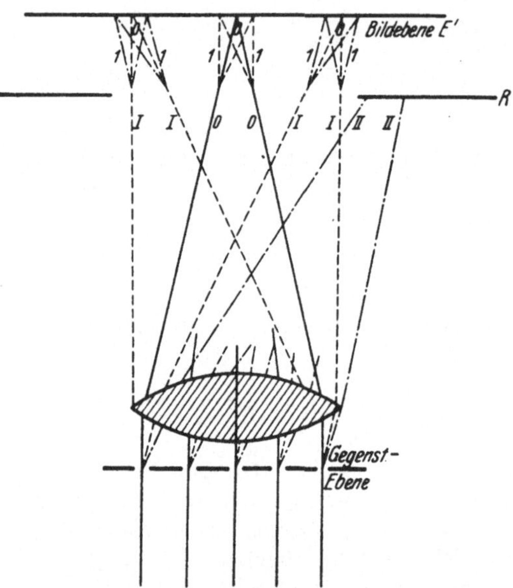

Fig. 105. Abbildung nicht selbstleuchtender Objekte beim Mikroskop. Römische Ziffern: Ordnung bei der Beugung an der Objektebene. Arabische Ziffern: Ordnung bei der Beugung an der Austrittspupille.

$$(32) \qquad \varphi(a, b) = \frac{1}{\lambda} \int\int f_1(\xi, \eta)\, e^{-ik(a\xi + b\eta)}\, d\xi\, d\eta$$

gegeben ist; dabei ist $f_1(\xi, \eta)$ das Bild der Durchlässigkeitsfunktion in der Bildebene E' bei idealer geometrischer Abbildung, also

$$f_1(\xi, \eta) = f\left(\frac{l'}{l}\xi, \frac{l'}{l}\eta\right),$$

wo $l' : l$ das Vergrößerungsverhältnis ist. Die Erregung φ erzeugt durch die Beugung an R in der Bildebene E' in derselben Weise die Lichtverteilung $|F(x, y)|^2$ mit

$$(33) \qquad F(x, y) = \frac{1}{\lambda} \iint\limits_{\Omega} \varphi(a, b)\, e^{-ik(ax + by)}\, da\, db,$$

wo das Integral über die Öffnung Ω der Austrittspupille zu erstrecken ist. Setzt man für φ seinen Ausdruck (32) in diese Formel ein, so erhält man die Lichtverteilung $|F(x, y)|^2$ direkt durch die Durchlässigkeitsfunktion $f_1(\xi, \eta)$ dar-

[1] Diese Theorie ist von ABBE entwickelt und durch schöne Experimente demonstriert worden. Siehe E. ABBE, Die Lehre von der Bildentstehung im Mikroskop. Bearbeitet von O. LUMMER u. F. REICHE. Braunschweig 1910.

gestellt. Man sieht, daß diese von der Größe und Form der Öffnung Ω in der Ebene R abhängt. Ist Ω praktisch unendlich, d. h. so groß, daß außerhalb von Ω die Amplitude φ des vom Objekt abgebeugten Lichts verschwindet, so geben die Formeln (32) und (33) nach dem FOURIERschen Lehrsatz sofort

$$F(x, y) = f_1(-x_1, -y) = f\left(-\frac{l'}{l}x, -\frac{l'}{l}y\right), \tag{34}$$

d. h. es entsteht ein (umgekehrtes) ähnliches Bild. Wenn man aber Ω verkleinert, so wird die Abbildung immer unähnlicher und verliert schließlich bei kleiner Öffnung jede Ähnlichkeit mit dem Objekt.

Wir wollen als *Beispiel* den Fall betrachten, daß das Objekt ein *durchscheinendes Strichgitter* von m Spalten der Breite s und mit der Periode d ist, und daß die Apertur künstlich durch eine rechteckige Blende bestimmt wird, deren eine Kante mit den Strichen parallel ist. Betrachten wir nur die Lichtverteilung senkrecht zu dieser Kante, so wird mit

$$s' = \frac{l'}{l}s, \quad d' = \frac{l'}{l}d$$

nach § 51 (1) (dort mit u_P bezeichnet):

$$\varphi(a) = \frac{1}{\lambda}\,\frac{2\sin\frac{k a s'}{2}}{\frac{k a s'}{2}}\,\frac{1 - e^{-i m k d' a}}{1 - e^{-i k d' a}}. \tag{35}$$

[Dabei ist die zur Formel § 48 (8) führende Rechnung für u_P^0 benutzt.] Die Größe Ω der rechteckigen Austrittspupille sei durch die Ungleichung

$$-\delta' < a < \delta'$$

bestimmt; dann hat δ' dieselbe Bedeutung wie in (27), als Öffnung des vom Objektiv ausgehenden schwach konvergenten Strahlenbündels. Nun ergibt sich aus (33) die Lichtverteilung der Bildebene:

$$F(x) = \frac{1}{\lambda^2}\int_{-\delta'}^{+\delta'} \frac{2\sin\frac{k a s'}{2}}{\frac{k a s'}{2}} \cdot \frac{1 - e^{-i m k d' a}}{1 - e^{-i k d' a}}\, e^{-i k x a}\, d a. \tag{36}$$

Die Hauptmaxima der Intensität liegen dort, wo der Faktor $1 - e^{-ikd'a}$ verschwindet, d. h. an den Stellen $a = \frac{\lambda}{d'}n$, wenn n die Ordnung der Gitterbeugung ist; dazwischen liegen kleine Nebenmaxima. Ist die Anzahl m der Gitterstriche groß, so sind die Hauptmaxima scharf und steil, die Nebenmaxima im Vergleich verschwindend. Wir können daher das Integral näherungsweise zerlegen in eine Summe von Integralen, deren jedes vom Mittelpunkte M_n des Intervalls zwischen zwei benachbarten Hauptmaxima bis zum nächsten solchen Mittelpunkt M_{n+1} geht. In einem solchen Teilintervall können wir dann weiter für die übrigen Faktoren das Argument a gleich seinem Wert im Hauptmaximum $\frac{\lambda}{d'}n = \frac{2\pi}{k d'}n$ wählen. So erhalten wir näherungsweise $\left(\text{wegen } \frac{s'}{d'} = \frac{s}{d}\right)$

$$F(x) = F_0 \sum_{-\frac{d'}{\lambda}\delta' < n < \frac{d'}{\lambda}\delta'} \frac{\sin\frac{\pi n s}{d}}{\frac{\pi n s}{d}}\, e^{-\frac{2 i \pi n x}{d'}}, \tag{37}$$

wo F_0 das Integral

$$(38)\qquad F_0 = \frac{2}{\lambda^2}\int\limits_{M_n}^{M_{n+1}} \frac{1-e^{-imkd'\alpha}}{1-e^{-ikd'\alpha}}\,d\alpha$$

bezeichnet, das bis auf kleine Abweichungen in den äußersten Ordnungen von n unabhängig ist. Man kann die Reihe (37) in reeller Form schreiben:

$$(39)\qquad \frac{F(x)}{F_0} = 1 + 2\sum_{0<n<\frac{d'}{\lambda}\delta'} \frac{\sin\frac{\pi n s}{d}}{\frac{\pi n s}{d}}\cos\frac{2\pi n x}{d'}.$$

Sei nun zunächst die Öffnung δ' der Blende sehr groß. Dann können wir die Reihe (39) von 0 bis ∞ erstrecken und erkennen sofort, daß sie ein ähnliches Abbild des als Objekt genommenen Spaltsystems liefert. Um das zu sehen, denken wir uns die Durchlässigkeitsfunktion des Objektgitters für $m=\infty$ (s. Fig. 106)

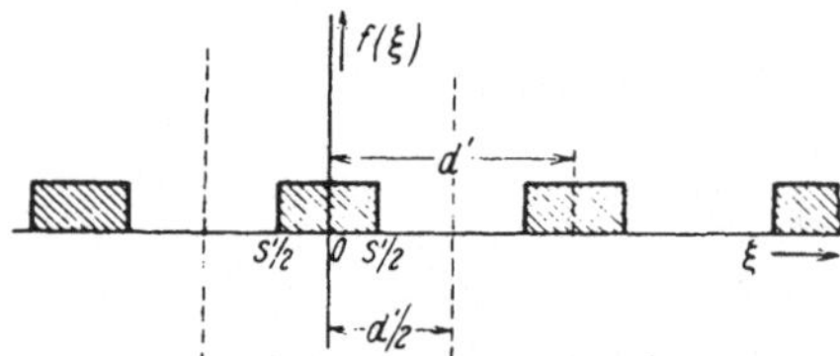

Fig. 106. Zur mikroskopischen Figur eines Gitters.

$$(40)\qquad f(\xi) = \begin{cases} f_0 \text{ für } 0<|\xi|<\frac{s'}{2}, \\ 0 \text{ für } \frac{s'}{2}<|\xi|<\frac{d'}{2} \end{cases}$$

in eine FOURIERreihe entwickelt:

$$(41)\qquad f(\xi) = c_0 + 2\sum_{n=0}^{\infty} c_n \cos\frac{2\pi n\xi}{d'}.$$

Dann ergibt sich sogleich (wegen $s'/d' = s/d$):

$$(42)\qquad c_0 = \frac{s f_0}{d},\quad c_n = f_0\frac{\sin\frac{\pi n s}{d}}{\pi n},\qquad (n = 1, 2, \ldots).$$

Diese Funktion stimmt mit der Reihe (39) bis auf einen Faktor überein.

Man kann nun untersuchen, wie sich das Bild verändert, wenn die Spaltbreite δ' verkleinert wird, oder wenn man gar durch künstlich eingeschobene Blenden willkürlich Teile des primären Beugungsbildes in der Blendenebene auslöscht. Macht man die Blende so klein, daß überhaupt nur die nullte Ordnung des primären Spektrums durchtritt, d. h. macht man $d'\delta'/\lambda$ ein wenig größer als 1, so wird nach unseren Formeln $F(x) =$ konst., d. h. das Gesichtsfeld gleichförmig erhellt. (Das ist natürlich nicht ganz streng, weil wir ja recht große Vernachlässigungen gemacht haben; in Wirklichkeit ergibt sich ein schwacher Intensitätsabfall nach den Rändern.)

Läßt man außer dem Spektrum nullter Ordnung auch die beiden Spektren erster Ordnung rechts und links hindurch, d. h. macht man $d'\delta'/\lambda$ etwas größer als 2, so erhält man

$$(43)\qquad \frac{F(x)}{F_0} = 1 + \frac{2\sin\frac{\pi s}{d}}{\frac{\pi s}{d}}\cos\frac{2\pi x}{d'}.$$

Das Bild hat also jetzt bereits die richtige Periode $x = d'$ des Objektgitters, aber eine ganz abgeflachte Intensitätsverteilung. Je mehr Spektren höherer Ordnung man hindurchläßt, um so ähnlicher wird das Bild dem Objekt.

Ganz falsche Bilder bekommt man aber, wenn man niedere Ordnungen abblendet und nur höhere hindurchläßt. Blendet man z. B. alle Ordnungen bis auf die zweite ab, so wird

$$\frac{F(x)}{F_0} = \frac{2\sin\frac{2\pi s}{d}}{\frac{2\pi s}{d}} \cos\frac{4\pi x}{d}. \tag{44}$$

Man sieht dann also eine Lichtverteilung mit der Periode $x = d'/2$, d. h. es entsteht die Täuschung, daß man doppelt so viel Gitterstriche sieht, als in Wirklichkeit vorhanden sind.

Alle diese Erscheinungen lassen sich dureh Versuche vollständig verifizieren.

Als Auflösungsgrenze bezeichnet man in diesem Falle den Gitterabstand d, der gerade noch im Bilde als Helligkeitsperiode sichtbar, also ungefähr durch

$$\frac{d'\delta'}{\lambda} = 2, \qquad d = \frac{l}{l'}\, d' = 2\frac{\lambda}{\delta'}\cdot\frac{l}{l'}$$

gegeben ist. Dies kann man wieder nach dem Sinussatz auf den Öffnungswinkel δ des ins Objektiv eintretenden Bündels umrechnen. Aus

$$l\, n \sin\delta = l'\, n' \sin\delta' = l'\, n'\, \delta'$$

und $\lambda = \lambda_0/n'$ ergibt sich für die *Auflösungsgrenze*

$$d = \frac{2\lambda_0}{n \sin\delta}, \tag{45}$$

also dieselbe Formel wie (31), nur mit einem anderen Zahlenfaktor (der natürlich überhaupt ziemlich willkürlich ist und je nach der Form des Objekts und der Blende verschieden ausfällt).

Man sieht, daß das Auflösungsvermögen des Mikroskops auch im Falle nicht selbstleuchtender Objekte durch die numerische Apertur gegeben ist.

§ 54. Messung kleiner Winkel.

Wie wir gesehen haben, hängt die Auflösungsgrenze des Fernrohrs nur von dem Durchmesser seines Objektivs ab. Mit diesem kann man aber aus technischen Gründen nicht beliebig weit in die Höhe gehen. Die MOUNT WILSON-Sternwarte plant jetzt den Bau eines Spiegels von 5 m Durchmesser (aus amorphem Quarz zur Vermeidung der Temperaturempfindlichkeit). Dies wird aber wohl auf lange Zeit eine Höchstleistung sein. Es wäre daher die Messung von Winkeln kleiner als einige hundertstel Bogensekunden unmöglich, wenn es nicht noch ein anderes Verfahren gäbe. Dieses stammt von FIZEAU, ist aber erst von MICHELSON im letzten Jahrzehnte zur praktischen Verwendung gebracht worden. Man verzichtet dabei auf die wirkliche Abbildung des Objekts und schließt aus einer Kombination von Interferenz- und Beugungserscheinungen indirekt auf seine Struktur. Der Sachverhalt läßt sich etwa so veranschaulichen:

Man denke sich ein ungeheuer großes Spiegelobjektiv (wie es praktisch nicht ausführbar ist) und aus diesem in beträchtlicher Entfernung zwei Stücke ausgeschnitten. Dann liefern diese beiden Stücke für sich natürlich kein ähnliches Bild, wohl aber eine charakteristische Lichterscheinung, aus der sich Schlüsse auf die Struktur der Lichtquelle ziehen lassen.

Die Ausführung des Instruments besteht darin, daß man zwei Spiegel S_1 und S_2 auf einem sehr festen Stativ in beträchtlicher Entfernung d voneinander unter ungefähr 45° gegen ihre Verbindungslinie montiert (s. Fig. 107). In der Mitte des Trägers befinden sich zwei weitere Spiegel S_3 (parallel zu S_1) und S_4 (parallel zu S_2), durch die das von den Sternen kommende Licht in das Objektiv eines Fernrohrs geworfen wird. Im Gesichtsfeld sieht man dann zwei Bilder des Objekts, jedes als Beugungsscheibchen mit Ringen (Lichtgebirge), und man kann durch Drehen der Spiegel erreichen, daß die beiden Lichtflecke sich überlagern.

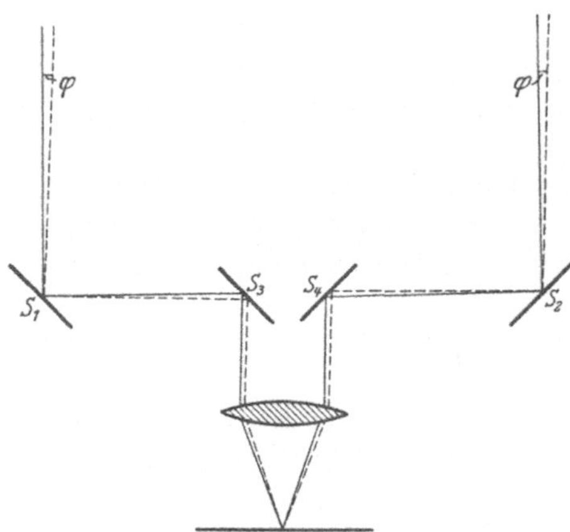

Fig. 107. Interferometrische Messung kleiner Winkel.

Wir nehmen nun zunächst an, daß das Objekt ein einfacher Stern in unendlich großer Entfernung sei. Dann entsteht durch die Überlagerung der beiden Beugungsbilder eine Interferenzerscheinung, nämlich ein Streifensystem, das die kreisförmige Beugungserscheinung durchzieht (s. Fig. 108). Wir können die Intensitätsverteilung am einfachsten berechnen, indem wir die beiden Spiegel S_1, S_2 zusammen als ein Gitter mit nur zwei (kreisförmigen) Öffnungen ($m = 2$) vom Radius A im Abstande d auffassen. Dann erhalten wir nach § 49 (13) und nach § 51 (1), (2)

$$(1) \qquad J_P = C\left(\frac{I_1(k\varrho A)}{k\varrho A}\right)^2 \left(\frac{\sin k d a}{\sin\frac{k d a}{2}}\right)^2 ,$$

wo $\varrho = \sqrt{a^2 + b^2}$ ist und a, b die Koordinaten im Gesichtsfelde sind. Die Interferenzstreifen sind natürlich nicht sehr scharf, da m nur den kleinen Wert 2 hat. Ihr Abstand wird gegeben durch die Nullstellen des zweiten Faktors in (1) und beträgt

Fig. 108. Interferenzbild eines einfachen Sternes.

$$(2) \qquad a = \frac{\lambda}{d} .$$

Da er klein ist, kann man a als Winkel der Strahlrichtung auffassen. Der absolute Gangunterschied der beiden interferierenden Strahlen ist natürlich rein zufällig und ziemlich groß, sagen wir $n$ter Ordnung. Die Lage irgendeines Streifens im Gesichtsfeld wird dann gegeben durch die Formel

$$(3) \qquad a_n = n\frac{\lambda}{d} .$$

Fällt nun das Licht von zwei eng benachbarten Sternen (teleskopisch nicht auflösbarer Doppelstern) ins Fernrohr, so erzeugt jeder von ihnen ein Streifensystem auf dem (gemeinsamen) Grunde der Beugungsringe, und zwar sind diese Streifen gegeneinander etwas verschoben, entsprechend der Verschiedenheit der Einfallswinkel. Es sei φ die Differenz der Einfallswinkel der von den beiden Sternen kommenden Strahlen. Dann ist das Streifensystem des einen Sternes gegen das des anderen in der ab-Ebene um φ in der Richtung der a-Achse verschoben. Der Streifen $n$ter Ordnung liegt für den zweiten Stern bei

$$(4) \qquad a'_n = \varphi + n\frac{\lambda}{d} .$$

Nun seien zunächst die beiden Spiegel S_1 und S_2 so nahe wie möglich gebracht. Dann wird der Strahlengang für die beiden nur wenig gegeneinander geneigten Strahlen, die von den Komponenten des Doppelsterns kommen, fast identisch sein, und es werden im Gesichtsfeld die Streifen gleicher Ordnung aufeinanderfallen; die beiden oben angegebenen Größen a_n und a'_n sind dann wegen der Kleinheit von φ nicht zu unterscheiden. Nun werden die beiden Spiegel S_1 und S_2 auseinander geschraubt. Damit wird der Strahlengang für die beiden Sternstrahlen allmählich immer verschiedener. Es entwickelt sich ein Gangunterschied, und sobald dieser den Betrag einer halben Wellenlänge erreicht hat, fallen die hellen Streifen des einen Sternes auf die dunklen des anderen. Man hat dann nach (3) und (4) $a_{n+\frac{1}{2}} = a'_n$, oder

(5) $$\left(n + \frac{1}{2}\right)\frac{\lambda}{d} = \varphi + n\frac{\lambda}{d}.$$

Daraus folgt

(6) $$\varphi = \frac{1}{2}\frac{\lambda}{d}.$$

Es tritt also in einem gewissen Abstande d eine maximale Undeutlichkeit der Interferenzfigur auf. Setzt man den gemessenen Wert von d in (6) ein, so hat man damit die Winkeldifferenz φ. Werden die Spiegel S_1 und S_2 immer weiter auseinander gezogen, so wird beim doppelten Abstand wieder volle Deutlichkeit eintreten und weiter abwechselnd Deutlichkeit und Undeutlichkeit[1]. Praktisch ist aber die Beobachtbarkeit des Sichtbarkeitswechsels dadurch beschränkt, daß das Sternlicht nicht einfarbig ist.

Begnügt man sich mit dem ersten Undeutlichwerden, so zeigt die Formel (6), daß das Auflösungsvermögen dieses Apparates ungefähr doppelt so groß ist wie das eines Fernrohrs, dessen Objektivdurchmesser gleich dem Spiegelabstand d ist. Man kann aber natürlich den Abstand der Spiegel viel weiter steigern als den Durchmesser eines Objektivs, wenn auch die technischen Schwierigkeiten hier ebenfalls groß sind. Denn die Anordnung verlangt eine ungeheuer stabile Aufstellung, derart, daß bei der Bewegung des Spiegels die Durchbiegung unter der Größenordnung einer Wellenlänge bleibt. Die ersten Versuche auf dem Mount Wilson wurden in der Weise angestellt, daß ein Querarm an dem großen in § 53 erwähnten Reflektor angebracht und mit dessen Optik beobachtet wurde. Jetzt sind auch besonders konstruierte Interferometer im Bau und teilweise schon erprobt. Die Schwierigkeit bei ihrer Konstruktion beruht auf der Notwendigkeit, das Instrument auf jeden Stern richten zu können.

Wir wollen die Auflösungsgrenze noch numerisch ausrechnen. In Bogensekunden wird

$$\varphi = \frac{\lambda}{d}\frac{1}{2}2{,}06 \cdot 10^5 = 103\,000\frac{\lambda}{d}.$$

Nimmt man $\lambda = 5 \cdot 10^{-5}$ cm, so erhält man

$$\varphi - \frac{5''}{d}.$$

Für $d = 10$ m ergibt sich damit

$$\varphi = 0'',005.$$

Man benutzt übrigens diese Methode der Winkelmessung auch dann, wenn man sich nur auf Trennung von Objekten beschränkt, die das Fernrohr noch auflöst, weil es oft bequemer ist, die Sichtbarkeit zu beobachten, als einen Winkel direkt zu messen. In diesem Falle blendet man die Objektivlinse bis auf zwei am Rande angebrachte Spalte ab.

---

[1] Die Methode ist nahe verwandt der zur „indirekten Spektroskopie" benutzten Methode der „Sichtbarkeit" von Interferenzen (III, § 42)

Berechnet man für einen Doppelstern den zeitlichen Verlauf von φ bei zwei zueinander senkrechten Stellungen der Einfallsebene, so läßt sich daraus die Projektion der Bahnkurve auf eine Ebene senkrecht zum Visionsradius ermitteln. Nun kennt man die Bahngeschwindigkeit im Visionsradius selbst aus dem Dopplereffekt der Spektrallinien (s. VIII, § 86, S. 431, Anm. 3). Durch Kombination beider Beobachtungen lassen sich dann sämtliche Elemente der Bahn des Doppelsterns mit Hilfe der Sätze der Mechanik ihrer absoluten Größe nach bestimmen. Da man damit wahre und scheinbare Größe der Bahn kennt, kann man auch die wahre Entfernung des Doppelsterns, die wahre Parallaxe, finden. Nach diesen Methoden hat man auf dem MOUNT WILSON-Observatorium die Bahn und die Parallaxen verschiedener Doppelsterne berechnet.

Die beschriebene Methode läßt sich sogar auf die *Messung des scheinbaren Durchmessers eines einzelnen Fixsterns* anwenden. Hierzu denke man sich die Scheibe des Sterns in schmale, auf der Interferometerachse senkrechte Streifen zerlegt. Jedem Streifen entspricht dann eine Interferenzfigur. Durch Integration läßt sich die Gesamtintensität leicht ermitteln. Auch hier tritt wieder bei langsamer Entfernung der Spiegel voneinander ein Undeutlichwerden der Interferenzstreifen ein. Die Rechnung, die der in III, § 42 für die Form einer Spektrallinie durchgeführten ganz analog ist, ergibt, daß das erste Undeutlichkeitsmaximum in einer Entfernung d liegt, die mit dem Winkeldurchmesser α der Sternscheibe durch die Relation

$$\alpha = 1{,}22\,\frac{\lambda}{d} \tag{7}$$

verbunden ist. Auf diese Weise hat man eine Reihe von scheinbaren Sterndurchmessern ermittelt. Wir stellen in folgender Tabelle einige Durchmesser zusammen für solche Sterne, bei denen auch die Parallaxe bekannt ist, so daß man ihre wahren Durchmesser D in km berechnen kann:

	α	D
Beteigeuze:	0″,047;	$3{,}87 \cdot 10^8$ km,
Arcturus:	0″,022;	$0{,}38 \cdot 10^8$ „ ,
Antares:	0″,040;	$7{,}20 \cdot 10^8$ „ .

Zum Vergleich sei erwähnt, daß der Sonnendurchmesser $1{,}4 \cdot 10^6$ km, der Durchmesser der Erdbahn $3 \cdot 10^8$ km beträgt. Die genannten Sterne sind also riesenhaft groß gegenüber der Sonne und vergleichbar mit einer Kugel, deren Radius gleich dem Erdbahnhalbmesser ist. Ihre mittlere Dichte ist entsprechend gering, etwa wie die Dichte der Restgase im Vakuum einer älteren Röntgenröhre.

Die vorstehenden Betrachtungen sollen zeigen, wie die Interferenz- und Beugungsoptik einer Nachbarwissenschaft dient. Man kann ähnliche Methoden auch zur Bestimmung der Entfernung kleiner Teilchen mit dem Mikroskop verwenden, was für die Kolloidchemie von größter Wichtigkeit ist. Doch wollen wir auf diese und andere Anwendungsgebiete nicht weiter eingehen.

§ 55. FRESNELsche Beugungserscheinungen.

Wir wollen jetzt die Beugungserscheinungen für den Fall berechnen, daß Lichtquelle Q und Aufpunkt P in *endlicher Entfernung* von der beugenden Öffnung liegen. Dann hat man zum mindesten die quadratischen Glieder in der in § 46 (11) eingeführten Funktion $\Phi(\xi, \eta)$ zu berücksichtigen.

Wir gehen aus von den Formeln § 46 (8) und (11) und setzen zur Abkürzung

$$A = -\frac{ik}{2\pi}\cos\delta\,\frac{e^{ik(R+R_0)}}{RR_0}, \tag{1}$$

$$C = \int\int \cos(k\cdot\Phi(\xi,\eta))\,d\xi\,d\eta, \tag{2}$$

$$S = \int\int \sin(k\cdot\Phi(\xi,\eta))\,d\xi\,d\eta. \tag{3}$$

Dann geht die Gleichung § 46 (8) über in

$$u_P = A\,(C + iS). \tag{4}$$

Demnach ist die Intensität im Aufpunkt gegeben durch

$$|u_P|^2 = |A|^2\,(C^2 + S^2). \tag{5}$$

Es handelt sich nun darum, die Integrale C und S auszuwerten. Wir legen den Anfangspunkt O des Koordinatensystems in den Schnittpunkt der Verbindungslinie QP mit der Ebene des Beugungsschirms. Diese Ebene nehmen wir als xy-Ebene und als x-Achse die Projektion der Geraden QP auf sie. Wir haben also bei festem Leuchtpunkt Q für jeden Aufpunkt P ein besonderes Koordinatensystem.

Durch diese Annahmen erreichen wir zunächst einmal, daß $\alpha = \alpha_0$ und $\beta = \beta_0$ wird (vgl. § 46); es fallen also in dem Ausdruck für $\Phi(\xi,\eta)$ die in ξ und η linearen Glieder fort. Der Winkel, den die Gerade QOP mit der z-Achse bildet (s. Fig. 109), sei wie früher mit δ bezeichnet. Dann erhalten wir für die Richtungskosinus der Strahlen QO und OP

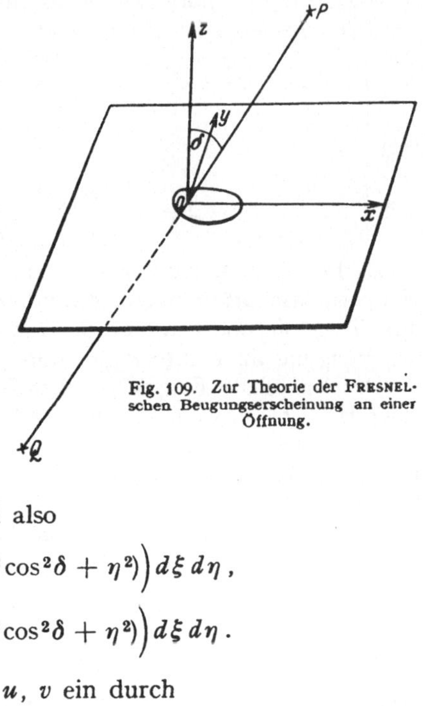

$$\left\{\begin{aligned} \alpha &= \alpha_0 = \sin\delta, \\ \beta &= \beta_0 = 0, \\ \gamma &= \gamma_0 = \cos\delta. \end{aligned}\right. \tag{6}$$

Fig. 109. Zur Theorie der FRESNELschen Beugungserscheinung an einer Öffnung.

Mithin wird

$$\Phi = \frac{1}{2}\left(\frac{1}{R_0} + \frac{1}{R}\right)(\xi^2\cos^2\delta + \eta^2). \tag{7}$$

Die beiden zu berechnenden Integrale sind also

$$\left\{\begin{aligned} C &= \iint \cos\left(\frac{\pi}{\lambda}\left(\frac{1}{R_0} + \frac{1}{R}\right)(\xi^2\cos^2\delta + \eta^2)\right)d\xi\,d\eta, \\ S &= \iint \sin\left(\frac{\pi}{\lambda}\left(\frac{1}{R_0} + \frac{1}{R}\right)(\xi^2\cos^2\delta + \eta^2)\right)d\xi\,d\eta. \end{aligned}\right. \tag{8}$$

Wir führen nun neue Integrationsvariable u, v ein durch

$$\left\{\begin{aligned} \frac{\pi}{\lambda}\left(\frac{1}{R_0} + \frac{1}{R}\right)\xi^2\cos^2\delta &= \frac{\pi}{2}u^2, \\ \frac{\pi}{\lambda}\left(\frac{1}{R_0} + \frac{1}{R}\right)\eta^2 &= \frac{\pi}{2}v^2. \end{aligned}\right. \tag{9}$$

Dann wird

$$d\xi\,d\eta = \frac{\lambda}{2}\,\frac{du\,dv}{\cos\delta\left(\frac{1}{R_0} + \frac{1}{R}\right)},$$

und unsere Integrale lauten

$$(10)\quad \begin{cases} C = a\iint \cos\left(\frac{\pi}{2}\,(u^2+v^2)\right) du\,dv\,, \\ S = a\iint \sin\left(\frac{\pi}{2}\,(u^2+v^2)\right) du\,dv\,, \end{cases}$$

wo

$$(11)\qquad a = \frac{\lambda}{2\left(\frac{1}{R_0}+\frac{1}{R}\right)\cos\delta}$$

gesetzt ist. Dabei ist die Integration über dasjenige Gebiet der uv-Ebene zu erstrecken, in das die Blendenöffnung durch die Abbildung (9) übergeht. Man kann in manchen Fällen die beiden Integrale (10) noch weiter vereinfachen, indem man

$$(12)\quad \begin{cases} \cos\left(\frac{\pi}{2}\,(u^2+v^2)\right) = \cos\frac{\pi}{2}\,u^2\cdot\cos\frac{\pi}{2}\,v^2 - \sin\frac{\pi}{2}\,u^2\cdot\sin\frac{\pi}{2}\,v^2\,, \\ \sin\left(\frac{\pi}{2}\,(u^2+v^2)\right) = \sin\frac{\pi}{2}\,u^2\cdot\cos\frac{\pi}{2}\,v^2 + \cos\frac{\pi}{2}\,u^2\cdot\sin\frac{\pi}{2}\,v^2 \end{cases}$$

einsetzt, nämlich *dann*, wenn das Integrationsgebiet in der uv-Ebene ein *achsenparalleles Rechteck* ist. Dann treten die sog. FRESNEL*schen Integrale* auf:

$$(13)\quad \begin{cases} U(w) = \int\limits_0^w \cos\left(\frac{\pi}{2}\,u^2\right) du\,, \\ V(w) = \int\limits_0^w \sin\left(\frac{\pi}{2}\,u^2\right) du\,. \end{cases}$$

Diese Funktionen sind sehr ausführlich untersucht worden; wir werden ihre Haupteigenschaften nachher studieren. FRESNEL und seine Nachfolger haben mit dieser Methode eine große Anzahl von Beugungsproblemen gelöst, z. B. die der Beugung an rechteckigen und kreisförmigen Öffnungen.

Der einfachste Fall ist der der *Beugung an einer scharfen, geradlinigen Kante* einer Halbebene, wenn die Verbindungslinie POQ, also auch ihre Projektion aut die Schirmebene (unsere x-Achse) auf der beugenden Kante senkrecht steht. Ist x der Abstand der Schirmkante vom Nullpunkt, so sind die Integrationsgrenzen

$$-\infty < \xi < x\,, \qquad -\infty < \eta < \infty\,,$$

d. h.

$$(14)\qquad -\infty < u < w\,, \qquad -\infty < v < \infty\,,$$

wobei

$$(15)\qquad w = x\cdot\cos\delta\sqrt{\frac{2}{\lambda}\left(\frac{1}{R_0}+\frac{1}{R}\right)}$$

gesetzt ist. Da x den Abstand der Schirmkante von dem auf der festen Verbindungslinie QP liegenden Nullpunkt O bedeutet, so liegt (s. Fig. 110)

$$(16)\quad \begin{cases} \text{für } x > 0\text{: } P \text{ auf der Lichtseite,} \\ \text{für } x < 0\text{: } P \text{ im geometrischen Schatten.} \end{cases}$$

Dieser Fall kann dazu dienen, das *Verhalten des Lichts an einer Schattengrenze* zu illustrieren; wir wollen ihn daher genauer diskutieren. Zunächst erörtern wir einige einfache Eigenschaften der Funktionen U und V. Man sieht unmittelbar, daß

(17) $$U(w) = -U(-w), \quad V(w) = -V(-w)$$

ist. Wir bestimmen sodann die Werte der Integrale:

(18) $$\begin{cases} U(\infty) = \int_0^\infty \cos\left(\frac{\pi}{2} u^2\right) du, \\ V(\infty) = \int_0^\infty \sin\left(\frac{\pi}{2} u^2\right) du. \end{cases}$$

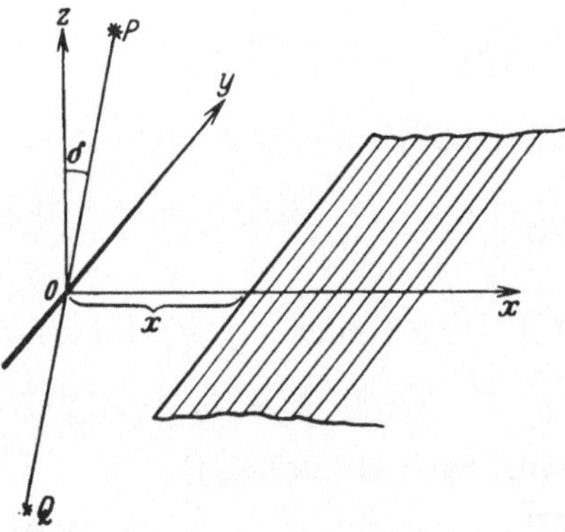

Fig. 110. FRESNELsche Beugung an einer Schirmkante.

Wir bilden

(19) $$U(\infty) + iV(\infty) = \int_0^\infty e^{i\frac{\pi}{2}u^2} du$$

und führen die neue Integrationsvariable ζ durch

$$\zeta = u\sqrt{-\frac{i\pi}{2}} = u\frac{i-1}{2}\sqrt{\pi}, \quad u = -\zeta\frac{i+1}{\sqrt{\pi}}$$

ein. Der reelle Integrationsweg der u-Ebene von Null bis Unendlich geht dabei über in eine vom Nullpunkt ausgehende schräge Gerade der komplexen ζ-Ebene. Nun ist aber leicht zu sehen, daß das Integral (19) auf jeder Parallelen zur imaginären Achse mit wachsendem Abstande dieser Geraden vom Nullpunkte gegen Null konvergiert. Somit folgt aus dem CAUCHYschen Satz, daß das Integral über die gesamte schräge Gerade identisch ist mit dem über die reelle Achse. Daher erhalten wir

(20) $$U(\infty) + iV(\infty) = \frac{i+1}{\sqrt{\pi}} \int_0^\infty e^{-\zeta^2} d\zeta = \frac{i+1}{2}.$$

Daraus folgt

(21) $$U(\infty) = \tfrac{1}{2}, \quad V(\infty) = \tfrac{1}{2}.$$

Wenn wir jetzt in C und S die oben angegebenen Grenzen (14) einsetzen und (12) benutzen, so erhalten wir

(22) $$\begin{cases} C = a\int_{-\infty}^{w} du \int_{-\infty}^{\infty} dv \left\{\cos\left(\frac{\pi}{2}u^2\right)\cos\left(\frac{\pi}{2}v^2\right) - \sin\left(\frac{\pi}{2}u^2\right)\sin\left(\frac{\pi}{2}v^2\right)\right\}, \\ S = a\int_{-\infty}^{w} du \int_{-\infty}^{\infty} dv \left\{\sin\left(\frac{\pi}{2}u^2\right)\cos\left(\frac{\pi}{2}v^2\right) + \cos\left(\frac{\pi}{2}u^2\right)\sin\left(\frac{\pi}{2}v^2\right)\right\}. \end{cases}$$

Nach den Definitionen (13) von U und V und den Formeln (21) und (17) wird

(23) $$\begin{cases} \int_{-\infty}^{w} \cos\left(\frac{\pi}{2}u^2\right) du = \int_{-\infty}^{0} + \int_0^w = U(\infty) + U(w) = \frac{1}{2} + U(w), \\ \int_{-\infty}^{\infty} \cos\left(\frac{\pi}{2}u^2\right) du = 1 \end{cases}$$

und entsprechend

$$(24)\quad \begin{cases} \int\limits_{-\infty}^{w} \sin\left(\frac{\pi}{2}u^2\right)du = V(\infty) + V(w) = \frac{1}{2} + V(w)\,, \\ \int\limits_{-\infty}^{\infty} \sin\left(\frac{\pi}{2}u^2\right)du = 1\,. \end{cases}$$

Wir erhalten also aus (22)

$$(25)\quad \begin{cases} C = a\big((U(w) + \tfrac{1}{2}) - (V(w) + \tfrac{1}{2})\big)\,, \\ S = a\big((U(w) + \tfrac{1}{2}) + (V(w) + \tfrac{1}{2})\big)\,. \end{cases}$$

Mithin wird nach (5) die Intensität

$$(26)\qquad J = |u_P|^2 = \frac{J_0}{2}\left(\left(U(w) + \frac{1}{2}\right)^2 + \left(V(w) + \frac{1}{2}\right)^2\right),$$

wobei nach (1) und (11)

$$(27)\qquad J_0 = 4|A|^2 a^2 = \frac{1}{(R_0 + R)^2}$$

ist.

Deutet man U und V als Koordinaten in einer U, V-Ebene, so ist $\sqrt{2\frac{J}{J_0}}$ der Abstand des Punktes (U, V) vom Punkte F_- $(U = -\frac{1}{2},\ V = -\frac{1}{2})$. Lassen wir w variieren, so beschreibt der Bildpunkt (U, V) eine Kurve, und man erhält einen völligen Überblick über die Beugungserscheinung, wenn man den Abstand eines beliebigen Punktes $U(w)$, $V(w)$ auf der Kurve von dem Punkte F_- beim Durchlaufen der Kurve verfolgt. Wir haben daher zunächst diese Kurve zu diskutieren. Aus den Gleichungen (17) sieht man, daß sie spiegelbildlich zum Nullpunkt liegt, durch den sie für den Parameterwert $w = 0$ hindurchgeht. Für $w = \infty$ läuft sie in den Punkt $F_+(U = \frac{1}{2},\ V = \frac{1}{2})$ und für $w = -\infty$ in den schon eingeführten Punkt F_- aus. F_+ und F_- sind also asymptotische Punkte. Endlich bestimmen wir die Bogenlänge:

$$ds^2 = dU^2 + dV^2 = \left(\left(\frac{dU}{dw}\right)^2 + \left(\frac{dV}{dw}\right)^2\right)dw^2 = \left(\cos^2\left(\frac{\pi}{2}w^2\right) + \sin^2\left(\frac{\pi}{2}w^2\right)\right)dw^2\,,$$

also

$$(28)\qquad ds^2 = dw^2\,.$$

Wenn man s in Richtung wachsender w zählt, ist also w mit der vom Nullpunkt gezählten Bogenlänge identisch. Nun bestimmen wir den Winkel τ, den die Tangente in einem beliebigen Punkte der Kurve mit der U-Achse einschließt. Man hat

$$\operatorname{tg}\tau = \frac{dV}{dU} = \frac{\frac{dV}{dw}}{\frac{dU}{dw}} = \frac{\sin\left(\frac{\pi}{2}w^2\right)}{\cos\left(\frac{\pi}{2}w^2\right)} = \operatorname{tg}\left(\frac{\pi}{2}w^2\right),$$

also

$$(29)\qquad \tau = \frac{\pi}{2}w^2\,.$$

Der Winkel τ nimmt mit wachsendem $|w|$ monoton zu, mithin dreht sich die Tangente für positive w stets im positiven Sinne und für negative wachsende w im negativen Sinne. Da überdies für $w = 0$ auch τ verschwindet, wird die Kurve im Nullpunkte von der U-Achse tangiert, und zwar ist nach vorstehender Überlegung die U-Achse Wendetangente. Für $w^2 = 1$ ist $\tau = \pi/2$, die Tangente also senkrecht zur U-Achse; für $w^2 = 2$ ist $\tau = \pi$, die Tangente also wieder parallel zur U-Achse und, wegen der monotonen Drehung, ihr entgegengesetzt gerichtet; usw. Die Kurve windet sich also unendlich oft um den Punkt F_+ spiralig in positivem, und um den Punkt F_- in negativem Sinne herum. Man nennt diese Kurve die CORNUsche *Spirale* (s. Fig. 111). Mit Hilfe dieser Kurve können wir nun die Intensitätsverteilung leicht verfolgen, wobei wir zu beachten haben, daß $w = 0$ oder $x = 0$ der Lage des Aufpunkts auf der Grenze des geometrischen Schattens entspricht, während nach (16) negative w oder x einer Lage im geometrischen Schatten, positive w oder x einer Lage im beleuchteten Raum entsprechen. Indem man sich $2\frac{J}{J_0}$ als Quadrat des Abstandes eines Punktes der CORNUschen Spirale vom Punkte F_- vorstellt (s. Fig. 112), sieht man, daß sich diese Größe auf der Schattenseite ganz anders verhält als auf der Lichtseite. Für positive w (Lichtseite) hat J/J_0 eine Aufeinanderfolge von Maxima, die mit wachsendem w immer schwächer werden, wobei sich die Intensitätskurve allmählich oszillierend dem Werte 1 nähert. Dies bedeutet wegen (27), daß in hinreichend großem Abstande von der beugenden Kante die Lichtintensität mit dem Quadrat der Entfernung abfällt. Die Maxima und Minima im beleuchteten Raume schwanken um den nach der geometrischen Optik zu erwartenden Wert. Das größte Maximum der Intensität liegt nicht genau an der Schattengrenze, sondern ein wenig in den hellen Raum verschoben. An der Schattengrenze selbst ($w = 0$) ist $J/J_0 = \frac{1}{4}$. Auf der negativen Seite (Schattenseite) fällt J/J_0 monoton zu Null ab.

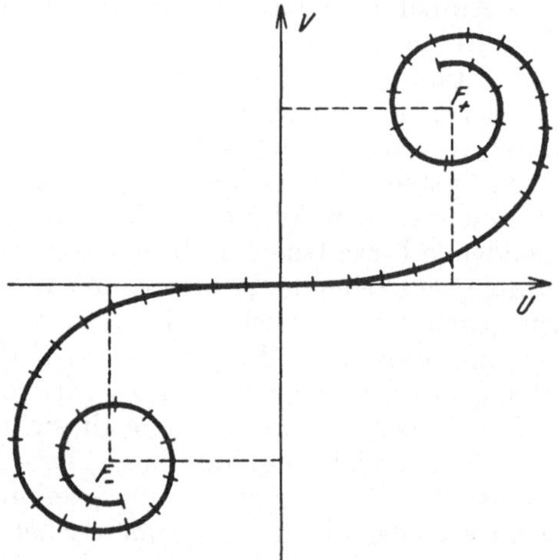

Fig. 111. CORNUsche Spirale.

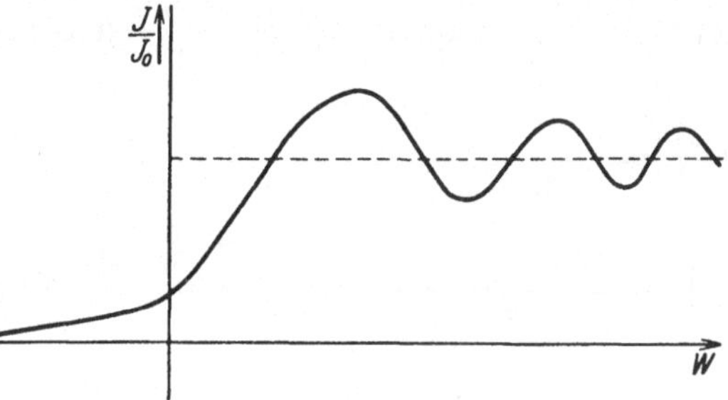

Fig. 112. Intensitätsverteilung bei der FRESNELschen Beugung an einer Kante.

Sowohl die qualitative Tatsache, daß die Beugungsfransen auf der Lichtseite der geometrischen Schattengrenze liegen, als auch der Verlauf dieser Schwankungen sind durch Experimente sehr gut bestätigt worden.

§ 56. Verhalten der Lichtwellen in der Umgebung von Punkten geometrischer Strahlenvereinigung; Beugungstheorie der Bildfehler. *

Wir haben in II, § 14 für die Gültigkeit der geometrischen Optik zwei verschiedene Bedingungen gefunden; sie gilt nur bei Ausschluß der Umgebung

1. der geometrischen Schattengrenzen,
2. der Punkte geometrischer Strahlenvereinigung („Brennpunkte" im weitesten Sinne).

In diesen Ausnahmeregionen sind durch die Wellennatur des Lichts erzeugte Abweichungen von der geometrisch bestimmten Helligkeitsverteilung, Beugungserscheinungen, zu erwarten. Die bisher behandelten Fälle bezogen sich auf die erste Ausnahmeregion, die Umgebung der Schattengrenze; es handelte sich um die Wirkung von Blenden auf die Lichtausbreitung. Allerdings haben wir dabei auch Strahlenvereinigung durch Linsen (insbesondere bei dem FRAUNHOFERschen Fall der Beugung) herangezogen; doch war dies nur ein bequemes Hilfsmittel, um statt von der Lichtverteilung in sehr entfernten Raumpunkten, dargestellt durch Systeme (nahezu) ebener Wellen, von der anschaulichen Lichtverteilung auf einem ebenen Auffangeschirm zu sprechen. Dabei wird so getan, als ob die abbildende Linse jede der ebenen Wellen, aus denen die durch Beugung an einer Öffnung entstehende Lichterregung in entfernten Raumpunkten besteht, nach den geometrisch-optischen Gesetzen für die entsprechenden Strahlen zur Vereinigung bringt. Die Frage, wie das Feld der Lichtwelle in der räumlichen Umgebung des Vereinigungspunktes wirklich beschaffen ist, bleibt unbeantwortet.

Es ist aber für eine genauere Einsicht in die Wirkungsweise optischer Instrumente von Bedeutung, auf diese Frage näher einzugehen; z. B. ist es wichtig, festzustellen, wie die Helligkeitsverteilung bei schlechter Fokussierung, d. h. auf einem vor oder hinter der geometrischen Bildebene angebrachten Schirm bei Berücksichtigung der Beugung aussieht. Allgemeiner noch ist das Problem, gleichzeitige Wirkung geometrisch-optischer „Fehler" (s. II, § 29) und der Beugung zu bestimmen.

Wir wollen die Grundzüge dieser Theorie nach DEBYE[1] hier kurz behandeln. Dabei knüpfen wir an die Formel § 46 (3) an, die die Lichterregung für eine punktförmige Lichtquelle Q im Aufpunkt P darstellt:

$$u_P = -\frac{ik}{4\pi}\iint \frac{e^{ik(r+r_0)}}{r r_0}\left(\cos(\nu, r) - \cos(\nu, r_0)\right) d\sigma. \tag{1}$$

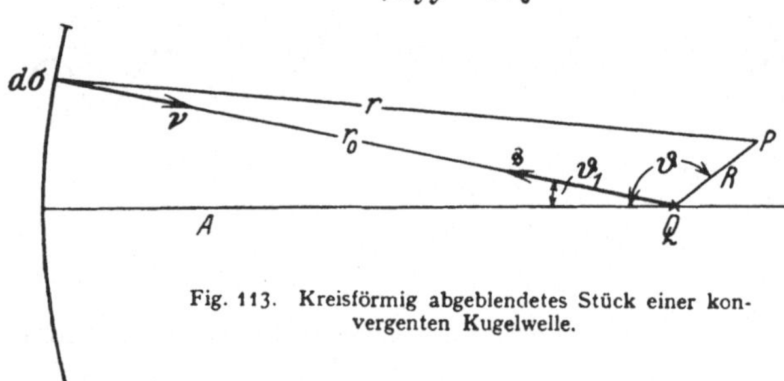

Fig. 113. Kreisförmig abgeblendetes Stück einer konvergenten Kugelwelle.

Hier bedeuten r_0 und r die Entfernungen der Punkte Q bzw. P vom Element $d\sigma$ einer die beugende Öffnung überspannenden Fläche, ν die Normale in $d\sigma$ auf dieser Fläche in der Richtung der Lichtfortpflanzung. Dabei war noch angenommen, daß Q und P auf verschiedenen Seiten der Blende liegen.

Jetzt betrachten wir ein konvergentes Strahlenbündel, das sich bei fehlender Blende im Punkte Q, kurz „Brennpunkt" genannt, vereinigen würde, und wollen die Helligkeit in einem zu Q benachbarten Punkte P bei Einschaltung der Blende untersuchen. Dann können wir wieder die Formel (1) benutzen, wenn wir nur im Exponenten $r + r_0$ durch $r - r_0$ ersetzen, weil die Lichtwege von Q zur Blende und von dieser nach P sich nicht mehr addieren, sondern subtrahieren. Ferner können wir im Nenner und in $\cos(\nu, r)$ r mit r_0 gleichsetzen. Die beugende Öffnung sei kreisförmig, und Q ein Punkt auf dem im Mittelpunkt der Blende errichteten Lot. Dann können wir als Integrationsfläche die durch den Blendenrand gehende Kugel um Q nehmen, so daß (s. Fig. 113)

$$-\cos(\nu, r) = \cos(\nu, r_0) = 1, \quad d\sigma = r_0^2 d\Omega$$

[1] P. DEBYE: Ann. Physik (4) Bd. 30 (1909) S. 755. Zusammenfassende Darstellung von J. PICHT: Optische Abbildung. Braunschweig 1931.

ist, wo $d\Omega$ das Element der Einheitskugel bedeutet. $\mathfrak{R}$ sei der Vektor von Q nach P und $\mathfrak{s}$ der Einheitsvektor von Q nach dem Element $d\sigma$ der Kugel; dann ist für $R = |\mathfrak{R}| \ll r_0$

$$r - r_0 = \mathfrak{R}\mathfrak{s} .$$

Setzt man das alles in (1) ein, so erhält man für die Lichterregung in der Nähe des Brennpunkts Q

$$u_P = \frac{k i}{2\pi} \iint e^{i k \mathfrak{R}\mathfrak{s}} \, d\Omega , \tag{2}$$

wobei das Integral über den Kegel K um die Achse A der beugenden Blende und mit dem halben Öffnungswinkel α zu erstrecken ist. Die Funktion (2) ist eine strenge Lösung der Wellengleichung; es fragt sich, welcher Grenzbedingung sie exakt genügt. Wir behaupten, daß sie auf der unendlich fernen Kugel ($R \to \infty$) überall Null ist außer in ihrem Durchschnitt mit dem Kegel K; die Lösung entspricht also einer in unendlich großer Entfernung befindlichen Kreisblende. Da aber die Bedingungen $R \ll r_0$ und $R \gg 1/k = \lambda/2\pi$ praktisch zugleich erfüllbar

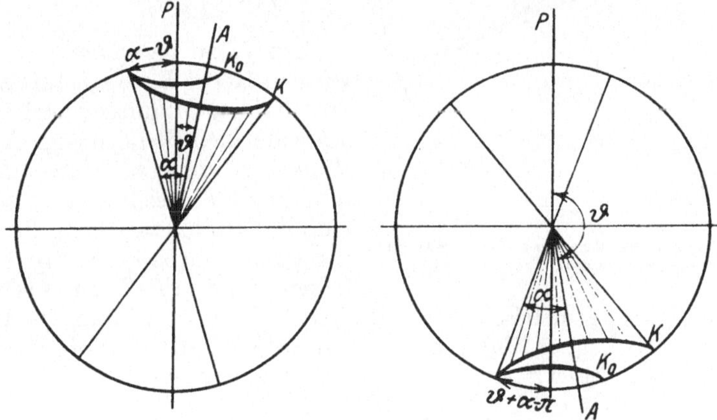

Fig. 114. Zur Theorie des Verhaltens einer Welle im Brennpunkt.

sind, läßt sich die Lösung auf den Fall einer im Endlichen liegenden Kreisblende anwenden, solange man von der unmittelbaren Umgebung der Blendenfläche absieht.

Um unsere Behauptung zu beweisen, führen wir als Integrationsvariable Polarkoordinaten ϑ_1, φ_1 um die Richtung von Q nach P ein, wobei φ_1 von der durch QP und die Blendenachse QA bestimmten Ebene gezählt werden soll; dann ist $d\Omega = \sin\vartheta_1 \, d\vartheta_1 \, d\varphi_1$. Wir zerlegen u_P in zwei Teile

$$u_P = \frac{k i}{2\pi} (J_1 + J_2) , \tag{3}$$

wobei das erste Integral J_1 nur dann von Null verschieden sein soll, wenn der Aufpunkt P innerhalb des geometrischen Strahlenkegels K vor oder hinter Q liegt, d. h. wenn für den kleinen Winkel ϑ zwischen QP und QA gilt: $0 < \vartheta < \alpha$ oder $\pi - \alpha < \vartheta < \pi$. In diesen Fällen soll

$$J_1 = \iint_{K_0} e^{i k R \cos\vartheta_1} \, d\Omega \tag{4}$$

sein, wo die Integration über den Richtungskegel K_0 mit der Achse QP zu erstrecken ist, der den Öffnungskegel K *von innen* berührt; K_0 hat also im Fall $0 < \vartheta < \alpha$ den Öffnungswinkel $\alpha - \vartheta$, im Fall $\pi - \alpha < \vartheta < \pi$ den Öffnungswinkel $\vartheta + \alpha = \pi$ (s. Fig. 114).

J_2 soll das Integral derselben Funktion sein, erstreckt über den Rest $K - K_0$. J_1 ist sofort ausgewertet; man hat allgemein

$$J_1 = 2\pi \int_{\Theta_1}^{\Theta_2} e^{ikR\cos\vartheta_1} \sin\vartheta_1 \, d\vartheta_1 = -2\pi \int_{\cos\Theta_1}^{\cos\Theta_2} e^{ikRx} \, dx = -\frac{2\pi}{ikR} \left(e^{ikR\cos\Theta_2} - e^{ikR\cos\Theta_1}\right)$$

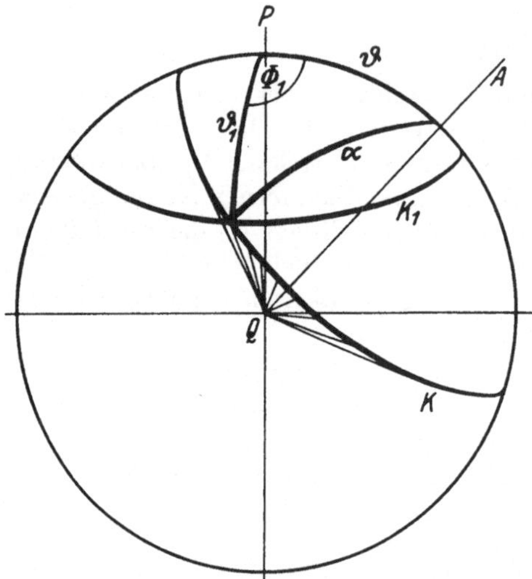

Fig. 115. Zur Theorie des Verhaltens einer Welle im Brennpunkt.

und daher

$$(5) \quad \begin{cases} 0 < \vartheta < \alpha: \\ J_1 = \frac{2\pi}{ikR}\left(e^{ikR} - e^{ikR\cos(\alpha - \vartheta)}\right), \\ \alpha < \vartheta < \pi - \alpha: \\ J_1 = 0, \\ \pi - \alpha < \vartheta < \pi: \\ J_1 = \frac{2\pi}{ikR}\left(-e^{-ikR} + e^{ikR\cos(\alpha+\vartheta)}\right). \end{cases}$$

Um J_2 zu berechnen, konstruieren wir den Kegel K_1 um QP als Achse mit dem halben Öffnungswinkel ϑ_1: dieser schneidet den Blendenkegel K (um QA, Winkel α) in zwei Punkten, deren Azimute um QP gleich $\pm\varphi_1$ sind, wo φ_1 eine Funktion von ϑ_1 ist; diese nennen wir $\varphi_1 = \Phi_1(\cos\vartheta_1)$ (s. Fig. 115). Wir haben nun drei Fälle zu unterscheiden, je nachdem P im geometrischen Strahlenkegel K vor oder hinter Q oder außerhalb dieses Kegels liegt (s. Fig. 116a, b, c); in jedem Falle sind die Integrationsgrenzen nach ϑ_1, die wir Θ_1, Θ_2 nennen, andere, nämlich:

$$(6) \quad \begin{cases} 0 < \vartheta < \alpha: & \Theta_1 = \alpha - \vartheta, \quad \Theta_2 = \alpha + \vartheta, \\ \alpha < \vartheta < \pi - \alpha: & \Theta_1 = \vartheta - \alpha, \quad \Theta_2 = \vartheta + \alpha, \\ \pi - \alpha < \vartheta < \pi: & \Theta_1 = \vartheta - \alpha, \quad \Theta_2 = 2\pi - (\vartheta + \alpha). \end{cases}$$

In jedem Falle gilt für $\varphi_1 = \Phi_1(\cos\vartheta_1)$ (s. Fig. 115):

$$\cos\alpha = \cos\vartheta\cos\vartheta_1 + \sin\vartheta\sin\vartheta_1\cos\Phi_1,$$

also

$$(7) \quad \cos\Phi_1 = \frac{\cos\alpha - \cos\vartheta\cos\vartheta_1}{\sin\vartheta\sin\vartheta_1}.$$

Unser Integral lautet nun:

$$J_2 = \int_{\Theta_1}^{\Theta_2} \sin\vartheta_1 \, d\vartheta_1 \, e^{ikR\cos\vartheta_1} \int_{-\Phi_1}^{\Phi_1} d\varphi_1 = -2 \int_{\cos\Theta_1}^{\cos\Theta_2} \Phi_1(x) \, e^{ikRx} \, dx,$$

wo Φ_1 durch (7) als Funktion von $x = \cos\vartheta_1$ definiert ist.

Durch partielle Integration erhält man nun eine Reihe, die nach Potenzen von $(kR)^{-1}$ fortschreitet und so beginnt:

$$(8) \quad J_2 = \frac{-2}{ikR}\left[\Phi_1(x) e^{ikRx}\right]_{\cos\Theta_1}^{\cos\Theta_2} - \frac{2}{k^2R^2}\left[\frac{d\Phi_1}{dx} e^{ikRx}\right]_{\cos\Theta_1}^{\cos\Theta_2} + \cdots.$$

Nun folgt für die drei Fälle (6) aus der Formel (7) oder aus Fig. 116:

$$(9)\quad \begin{cases} 0<\vartheta<\alpha: & \Phi_1(\cos\Theta_1)=\pi, \quad \Phi_1(\cos\Theta_2)=0, \\ \alpha<\vartheta<\pi-\alpha: & \Phi_1(\cos\Theta_1)=0, \quad \Phi_1(\cos\Theta_2)=0, \\ \pi-\alpha<\vartheta<\pi: & \Phi_1(\cos\Theta_1)=0, \quad \Phi_1(\cos\Theta_2)=\pi. \end{cases}$$

Somit erhalten wir als erste Näherung aus (8):

$$(10)\quad \begin{cases} 0<\vartheta<\alpha: & J_2=\dfrac{2\pi}{ikR}e^{ikR\cos(\alpha-\vartheta)}, \\ \alpha<\vartheta<\pi-\alpha: & J_2=0, \\ \pi-\alpha<\vartheta<\pi: & J_2=-\dfrac{2\pi}{ikR}e^{ikR\cos(\alpha+\vartheta)} \end{cases}$$

und hieraus durch Addition von (5)

$$(11)\quad \begin{cases} 0<\vartheta<\alpha: & u_P\to\dfrac{e^{ikR}}{R}, \\ \alpha<\vartheta<\pi-\alpha: & u_P\to 0, \\ \pi-\alpha<\vartheta<\pi: & u_P\to -\dfrac{e^{-ikR}}{R}. \end{cases}$$

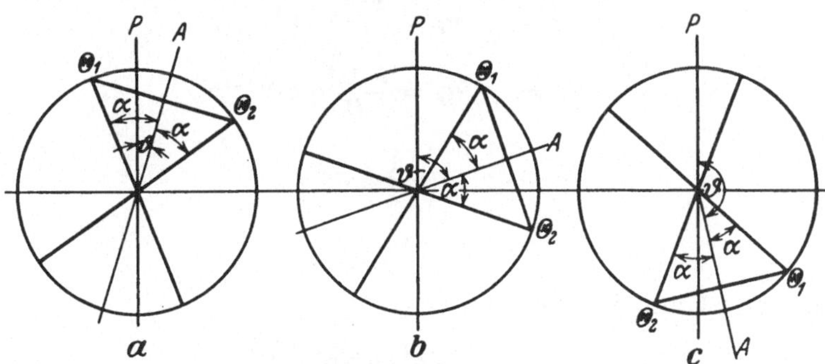

Fig. 116. Verhalten einer Lichtwelle im Brennpunkt.

Dies bedeutet, daß die Funktion u_P sich auf der unendlich fernen Kugel innerhalb der Blendenöffnung wie eine eintretende Kugelwelle, in dem der Öffnung gegenüberliegenden Segment wie eine auslaufende Kugelwelle verhält und dazwischen verschwindet. Die Formeln (11) enthalten aber darüber hinaus noch ein merkwürdiges Resultat, das auf dem Minuszeichen bei der auslaufenden Welle beruht; dieses bedeutet ja eine Phasenänderung um π. Beim Durchgang durch den Brennpunkt erfährt also die Kugelwelle eine Umkehrung der Phase. Natürlich erfolgt diese nicht plötzlich, sondern stetig, und es ist leicht, diesen Übergang wenigstens für die auf der Achse des Blendenkegels gelegenen Aufpunkte genau zu berechnen. Für diese gilt nämlich

$$\vartheta=0: \quad \Re\mathfrak{s}=R\cos\vartheta_1,$$

$$\vartheta=\pi: \quad \Re\mathfrak{s}=-R\cos\vartheta_1$$

und daher nach (2)

$$u_P=ki\int_0^{\alpha}e^{\pm ikR\cos\vartheta_1}\sin\vartheta_1\,d\vartheta_1=-ki\int_1^{\cos\alpha}e^{\pm ikRx}\,dx=\mp\frac{1}{R}\left(e^{\pm ikR\cos\alpha}-e^{\pm ikR}\right),$$

also

$$(12)\quad \begin{cases} \vartheta = 0: \; u_P = \dfrac{e^{ikR}}{R} - \dfrac{e^{ikR\cos\alpha}}{R}, \\[2ex] \vartheta = \pi: \; u_P = -\dfrac{e^{-ikR}}{R} + \dfrac{e^{-ikR\cos\alpha}}{R}. \end{cases}$$

Dieses Ergebnis scheint zunächst im Widerspruch zu den Grenzformeln (11) zu stehen, da die Ausdrücke (12) für $R \to \infty$ nicht in (11) übergehen; aber diese Schwierigkeit ist leicht zu beheben, wenn man sich die Ableitung von (11) vor Augen hält. Diese beruht darauf, daß in (8) bereits die Glieder zweiter Ordnung in $(kR)^{-1}$ fortgelassen wurden; nun enthalten diese aber den Faktor $d\Phi_1/dx = -d\Phi_1/d\vartheta_1 \cdot 1/\sin\vartheta_1$, und dieser wird für $\vartheta = 0$ und $\vartheta = \pi$ unendlich.

Folglich geben die Formeln (11) für einen endlichen Wert von R nur dann einen wirklichen Näherungswert von u_P, wenn man einen bestimmten Winkelraum um die Achse QA ausschließt.

Die Formeln (12) zeigen wieder eine Phasenänderung um π (Faktor -1) für zwei symmetrisch zu Q gelegene Achsenpunkte an; aber die Erregung auf der Achse hat für $R \to \infty$ nicht die Grenzwerte (11), die sich vor und hinter Q nur um die Phase π unterscheiden, sondern Amplitude und Phase schwanken dauernd. Denn man formt (12) leicht um in

$$(13)\quad \begin{cases} \vartheta = 0: \; u_P = \dfrac{e^{ikR}}{R} \cdot a e^{i\delta}, \\[2ex] \vartheta = \pi: \; u_P = \dfrac{e^{-ikR}}{R} \cdot a e^{i(\delta - \pi)} \end{cases}$$

mit

$$(14)\quad \begin{cases} a = 2\sin\left(kR\sin^2\dfrac{\alpha}{2}\right), \\[2ex] \delta = kR\sin^2\dfrac{\alpha}{2}. \end{cases}$$

Die Intensität ist also vor und hinter Q

$$(15)\quad J_P = 4\left(\frac{\sin\left(kR\sin^2\frac{\alpha}{2}\right)}{R}\right)^2$$

und verhält sich ähnlich wie das „Lichtgebirge", das durch Beugung an einem Spalt entsteht. Die Phase δ gegen die ideale Kugelwelle $R^{-1}e^{ikR}$ aber wächst dauernd mit R; ihr Sprung um π bei $R = 0$ bedeutet kontinuierlichen Durchgang der Erregung auf der Achse durch den Punkt Q, da ja R von Q aus nach beiden Seiten wächst.

Will man den durch (11) angezeigten Phasenwechsel für Geraden durch Q, die schief zur Achse liegen, verfolgen oder allgemeiner das Verhalten der Erregung in beliebigen Nachbarpunkten von Q studieren, so muß man an die allgemeine Formel (2) anknüpfen. Man kann diese auf ein Integral über eine Besselsche Funktion zurückführen. Dazu benutzen wir Polarkoordinaten mit der Achse QA, und zwar ϑ_0, φ_0 für $\mathfrak{s}$ und ϑ, 0 für $\mathfrak{R}$ ($\varphi = 0$ bedeutet offenbar keine Spezialisierung). Dann wird

$$\mathfrak{R}\mathfrak{s} = R(\cos\vartheta\cos\vartheta_0 + \sin\vartheta\sin\vartheta_0\cos\varphi_0), \qquad d\Omega = \sin\vartheta_0\, d\vartheta_0\, d\varphi_0,$$

und

$$(16)\quad u_P = \frac{ki}{2\pi}\int_0^{2\pi} d\varphi_0 \int_0^{\alpha} \sin\vartheta_0\, d\vartheta_0\, e^{ikR(\cos\vartheta\cos\vartheta_0 + \sin\vartheta\sin\vartheta_0\cos\varphi_0)}.$$

Hier läßt sich die Integration nach φ_0 ausführen mit Hilfe der in § 49 (4) definierten BESSELschen Funktion nullter Ordnung:

$$I_0(z) = \frac{1}{2\pi}\int_0^{2\pi} e^{iz\cos\varphi_0}\,d\varphi_0 = \frac{1}{\pi}\int_0^{\pi} e^{iz\cos\varphi_0}\,d\varphi_0. \tag{17}$$

Damit wird

$$u_P = ik\int_0^{\alpha} e^{ikR\cos\vartheta\cos\vartheta_0}\,I_0(kR\sin\vartheta\sin\vartheta_0)\,d\vartheta_0. \tag{18}$$

Für diesen Ausdruck kann man Näherungen dadurch gewinnen, daß man entweder die Exponentialfunktion oder die BESSELsche Funktion durch ihre Potenzreihe ersetzt. Ersteres wird zu einer brauchbaren Entwicklung führen, wenn $kR\cos\vartheta$ genügend klein ist (Umgebung der Brennebene $\vartheta = \pi$), letzteres, wenn $kR\sin\vartheta$ klein ist (Umgebung der Achse $\vartheta = 0$); beide Verfahren ergänzen also einander.

Man erhält (nach DEBYE)

(19) Umgebung der Brennebene ($kR\cos\vartheta$ klein):

$$u_P = ik\frac{e^{ikR\cos\vartheta}}{k^2R^2\sin^2\vartheta}\left(\Psi_1(\vartheta) - i\frac{kR\cos\vartheta}{2}\Psi_2(\vartheta) + \cdots\right)$$

mit $\Psi_1(\vartheta) = kR\alpha\sin\vartheta\cdot J_1(kR\alpha\sin\vartheta)$ ...

Dabei ist noch der Öffnungswinkel α als klein vorausgesetzt. Auch die anderen Koeffizienten Ψ_2, ... lassen sich durch BESSELsche Funktionen ausdrücken. Ferner

(20) Umgebung der Achse ($kR\sin\vartheta$ klein):

$$u_P = \frac{1}{R\cos\vartheta}\left(\Phi_1(\vartheta) - \frac{k^2R^2\sin^2\vartheta}{4}\Phi_2(\vartheta) + \cdots\right),$$

$$\Phi_1(\vartheta) = e^{ikR\cos\vartheta} - e^{ikR\cos\alpha\cos\vartheta} \quad \ldots$$

Mit Hilfe dieser Formeln läßt sich z. B. das Zustandekommen des „Phasensprungs" in (11) genauer verfolgen. Man setze $u_P = \frac{a}{R}e^{ikR+i\delta}$; dann sind a, δ bei festem ϑ Funktionen von R allein. $\delta(R)$ hat nach (11) in großer Entfernung vor und hinter dem Brennpunkt Q den Unterschied π; aber dazwischen erfolgt ein stetiger Übergang mit Schwankungen, die mit der Annäherung an Q wachsen; im Brennpunkt selbst ist $\delta(0) = \pi/2$. Dies wird nach REICHE[1] durch Fig. 117 veranschaulicht. In der Brennebene ergibt sich natürlich eine Intensitätsverteilung, die nur wenig von der durch die einfache FRESNELsche Theorie gegebenen (§ 49) abweicht.

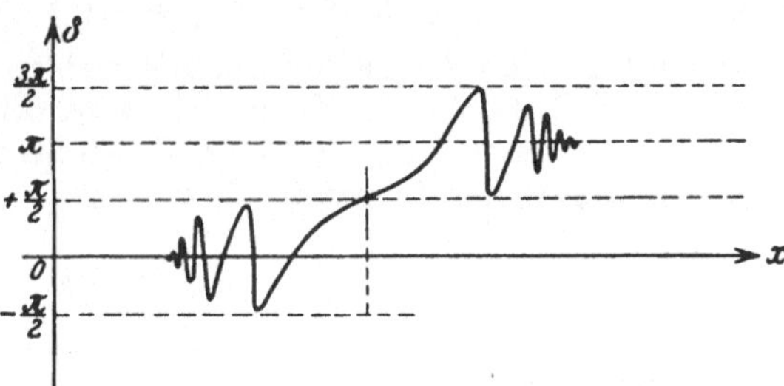

Fig. 117. Verhalten einer Lichtwelle im Brennpunkt.

Man kann diese Theorie leicht so ausgestalten, daß sie den vektoriellen Charakter der Lichtschwingungen zum Ausdruck bringt; man hat dann unter u eine Komponente des „HERTZschen Vektors" zu verstehen [s. VII, § 74 (2), (4)], aus dem sich die Feldstärken durch Integration gewinnen lassen.

[1] F. REICHE: Ann. Physik (4) Bd. 29 (1909) S. 65, 401.

Wichtiger ist eine andere Verallgemeinerung, deren Grundgedanke ebenfalls in der auf S. 196 zitierten Arbeit von DEBYE enthalten ist[1].

Man kann nämlich ganz analoge Überlegungen anstellen für den Fall eines allgemeinen konvergenten Strahlenbündels, das geometrisch gesprochen nicht einen scharfen Vereinigungspunkt hat, sondern mit den Abweichungen behaftet ist, die man als „geometrisch-optische Fehler" des abbildenden Systems bezeichnet. Man gelangt so zu einer *gleichzeitigen Behandlung von geometrischen und undulatorischen Abbildungsfehlern.* Wir wollen diese für zentrierte Systeme im Anschluß an die im Kap. II entwickelte Theorie der Fehler dritter Ordnung durchführen und werden zeigen, daß man die Lichtverteilung durch BESSELsche Funktionen bis zur zweiten Ordnung vollständig darstellen kann. Wir wissen aus der geometrischen Optik, daß bei einem zentrierten System von Linsen in unmittelbarer Nähe der Achse für schwach divergente Bündel punktförmige Strahlenvereinigung stattfindet, durch die eine GAUSSsche Abbildung definiert wird. Indem wir diese in den ganzen Bildraum fortsetzen, ordnen wir jedem Objektpunkt einen GAUSSschen Bildpunkt zu, den wir durch den Ortsvektor $\mathfrak{r}_0$ im Bildraum festlegen. Die GAUSSschen Lichtwege vom Objektpunkt zum GAUSSschen Bildpunkt sind auf allen Strahlen gleich; im Falle fehlerfreier Abbildung wären also die auf den GAUSSschen Strahlen $\mathfrak{s}_0$ und $\mathfrak{r}_0$ senkrechten Ebenen $(\mathfrak{r} - \mathfrak{r}_0)\mathfrak{s}_0 = 0$ Ebenen gleicher Phase. Legt man den Nullpunkt der Bildebene in den Achsenpunkt der durch $\mathfrak{r}_0$ gehenden, zur Achse senkrechten Ebene $(X_0 = 0)$, so wäre der Lichtweg für einen in dieser Ebene liegenden Aufpunkt $(X = 0)$ bei GAUSSscher Abbildung mit den Bezeichnungen von II, § 22:

$$L_0 = n_1(\mathfrak{r} - \mathfrak{r}_0)\mathfrak{s}_0 = n_1\{(Y - Y_0)p_0 + (Z - Z_0)q_0\}. \tag{21}$$

In Wirklichkeit ist der Strahlengang mit „Fehlern" behaftet; für dieselbe Norma ebene ist der Durchschnittspunkt und die Normalenrichtung verändert in

$$\left\{\begin{aligned} Y_1 &= Y_0 + \delta Y, \quad & Z_1 &= Z_0 + \delta Z, \\ p_1 &= p_0 + \delta p, \quad & q_1 &= q_0 + \delta q, \end{aligned}\right. \tag{22}$$

und der Lichtweg für denselben Aufpunkt geht über in

$$L_1 = n_1(\mathfrak{r} - \mathfrak{r}_1)\mathfrak{s}_1 = n_1\{(Y - Y_1)p_1 + (Z - Z_1)q_1\}. \tag{23}$$

Wir führen nun die SEIDELschen Variablen II, § 27 (6) ein. Dabei haben wir zu beachten, daß dort Y_0, Z_0 den Objektpunkt bedeuten, hier aber sein GAUSSsches Bild; wir müssen daher mit dem Vergrößerungsverhältnis l_1/l_0 multiplizieren und haben wegen der Identität II, § 27 (5)

$$Y_0 = \frac{l_1}{l_0}\frac{M_0}{n_0\lambda_0}y_0 = \frac{M_1}{n_1\lambda_1}y_0; \quad Z_0 = \frac{M_1}{n_1\lambda_1}z_0. \tag{24}$$

Hier bedeutet M_0 den Abstand Objektebene—Eintrittspupillenebene und M_1 den entsprechenden Abstand auf der Bildseite. λ_0 ist die (willkürliche) Längeneinheit in der Eintrittspupille, λ_1 ihr GAUSSsches Bild in der Austrittspupille. Wir wollen λ_1 gleich dem Radius b_1 der Austrittspupille wählen (eine Bezeichnungsänderung, die auch zur Vermeidung von Verwechslung mit den Wellenlängen erwünscht ist).

Die Aufpunktskoordinaten messen wir in derselben Einheit, $Y = \frac{M_1}{n_1 b_1}y$, $Z = \frac{M_1}{n_1 b_1}z$. Ferner ist nach II, § 27 (7)

$$p_1 = \frac{b_1}{M_1}\eta_1 - \frac{1}{n_1 b_1}y_1, \quad q_1 = \frac{b_1}{M_1}\zeta_1 - \frac{1}{n_1 b_1}z_1. \tag{25}$$

---

[1] Dieser Gedanke ist seitdem von verschiedenen Autoren weiterentwickelt worden. Eine Zusammenfassung gibt das auf S. 196 zitierte Buch von J. PICHT. Die im Text gegebene allgemeine Theorie zentrierter Systeme ist, wie es scheint, in der Literatur nicht zu finden.

Der GAUSSsche Strahl, der vom Mittelpunkt $y_1 = 0$, $z_1 = 0$ der Bildebene nach dem Rande der Austrittspupille geht, bilde mit der Achse den Winkel α_1; dann ist für diesen (s. Fig. 118)

$$\sqrt{p_1^2 + q_1^2} = \sin\alpha_1 = \frac{b_1}{M_1}\sqrt{\eta_1^2 + \zeta_1^2} = \operatorname{tg}\alpha_1 \sqrt{\eta_1^2 + \zeta_1^2}\,.$$

Der Radius des Kreises, innerhalb dessen η_1, ζ_1 variieren (oder auch η_0, ζ_0, da ja bei GAUSSscher Abbildung $\eta_0 = \eta_1$, $\zeta_0 = \zeta_1$ ist), ergibt sich also zu

(26) $$\sigma = \cos\alpha_1\,.$$

Wir führen weiter die Abkürzung

(27) $$g = \frac{M_1}{n_1 b_1^2} = \frac{1}{n_1 b_1 \operatorname{tg}\alpha_1}$$

ein.

Dann wird (23)

(28) $$\begin{cases} L_1 = (y - y_1)(\eta_1 - g y_1) \\ \quad + (z - z_1)(\zeta_1 - g z_1)\,. \end{cases}$$

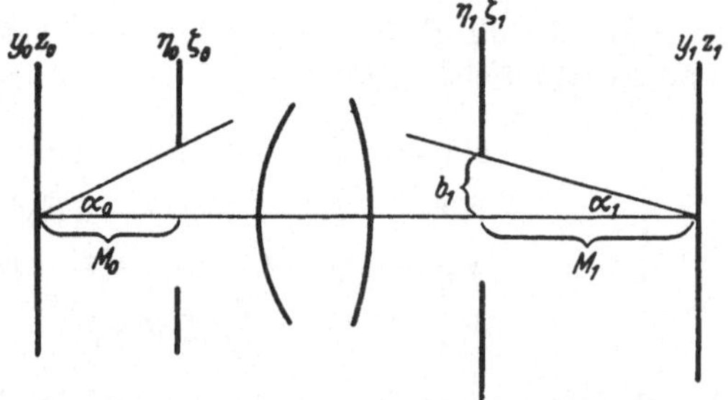

Fig. 118. Zur Beugungstheorie der optischen Fehler.

Entsprechend (22) setzen wir

(29) $$\begin{cases} y_1 = y_0 + \delta y\,, & z_1 = z_0 + \delta z\,, \\ \eta_1 = \eta_0 + \delta\eta\,, & \zeta_1 = \zeta_0 + \delta\zeta\,. \end{cases}$$

Somit wird (28)

(30) $$\begin{cases} L_1 = (y - y_0)\eta_0 + (z - z_0)\zeta_0 + \{g y_0 - \eta_0 - g(y - y_0)\}\,\delta y \\ \quad + \{g z_0 - \zeta_0 - g(z - z_0)\}\,\delta z + (y - y_0)\,\delta\eta + (z - z_0)\,\delta\zeta\,; \end{cases}$$

dabei haben wir das Glied $g y_0 (y - y_0) + g x_0 (z - z_0)$ weggelassen, weil es für alle Strahlen gleich (von η_0, ζ_0 unabhängig) ist.

Die Größen $\delta y, \ldots$ lassen sich nach II, § 27 (11) mit Hilfe des SEIDELschen Eikonals bestimmen. Das Eikonal 4. Ordnung ist in II, § 29 (1) und (3) als Funktion von y_0, z_0, η_1, ζ_1 gegeben. Daraus haben wir

$$\delta y = -\left(\frac{\partial S}{\partial \eta_1}\right)_{\eta_1 = \eta_0}, \ \ldots,\ \delta\eta = \left(\frac{\partial S}{\partial y_0}\right)_{\eta_1 = \eta_0}, \ \ldots$$

zu bilden. Wir schreiben nun immer η, ζ statt η_0, ζ_0 und setzen $z_0 = 0$, was keine Beschränkung der Allgemeinheit bedeutet. Dann erhalten wir:

(31) $$\begin{cases} \delta y = \quad B(\eta^3 + \eta\zeta^2) + 2C y_0^2 \eta + D y_0^2 \eta - E y_0^3 - F y_0 (3\eta^2 + \zeta^2)\,, \\ \delta z = \quad B(\eta^2\zeta + \zeta^3) \qquad\qquad + D y_0^2 \zeta \qquad\qquad - 2F y_0 \eta\zeta\,, \\ \delta\eta = -A y_0^3 - 2C y_0 \eta^2 - D y_0 (\eta^2 + \zeta^2) + 3E y_0^2 \eta + F(\eta^3 + \eta\zeta^3)\,, \\ \delta\zeta = \qquad - 2C y_0 \eta\zeta \qquad\qquad\qquad\qquad + F(\eta^2\zeta + \zeta^3)\,. \end{cases}$$

Dies ist in (30) einzusetzen. Wir zerlegen L_1 in zwei Anteile

(32) $$L_1 = L_0 + \delta L\,,$$

wo L_0 sämtliche in η, ζ (d. h. η_0, ζ_0) *linearen* Glieder enthält, δL alle übrigen. Es wird dann

(33) $$L_0 = \beta(y - y^0)\eta + \gamma z\zeta\,,$$

wo

$$(34)\quad \begin{cases} y^0 = y_0 - \{g(2C+D)+E\}y_0^3, \\ \beta = 1 - \{g(2C+D)+3E\}y_0^2, \\ \gamma = 1 - gDy_0^2 \end{cases}$$

und

$$(35)\quad \delta L = \{(gy^0-\eta) - g(y-y^0)\}\,\delta' y + \{-\zeta - gz\}\,\delta' z - (y-y^0)\,\delta'\eta + z\,\delta'\zeta\,;$$

dabei ist überall y^0 statt y_0 geschrieben, was bedeutet, daß Glieder zweiter Ordnung in den Fehlergrößen $B, C, \ldots$ vernachlässigt werden, und es ist[1]

$$(36)\quad \begin{cases} \delta' y = B(\eta^3+\eta\zeta^2) - Fy^0(3\eta^2+\zeta^2), \\ \delta' z = B(\eta^2\zeta+\zeta^3) - 2Fy^0\eta\zeta, \\ \delta'\eta = -Ay^{0\,3} - 2Cy^0\eta^2 - Dy^0(\eta^2+\zeta^2) + F(\eta^3+\eta\zeta^2), \\ \delta'\zeta = \phantom{-Ay^{0\,3}} - 2Cy^0\eta\zeta + F(\eta^2\zeta+\zeta^3). \end{cases}$$

Der Wellenvorgang im Bildraum wird im Sinne der DEBYEschen Theorie dargestellt durch

$$(37)\quad u = \frac{ik}{2\pi}\iint e^{ikL_1}\,d\Omega_0,$$

wo $d\Omega_0$ das Raumwinkelelement im Objektraum ist, in dem die Wellen Kugelform haben.

Nun ist nach II, § 27 (7) $p_0 = \eta_0\dfrac{b_0}{M_0} - y_0\dfrac{1}{n_0 b_0}$, $q_0 = \cdots$, also folgt[2] für festes y_0, z_0:

$$(38)\quad d\Omega_0 = \frac{dp_0\,dq_0}{\sqrt{1-p_0^2-q_0^2}} \approx \frac{b_0^2}{M_0^2}\,d\eta_0\,d\zeta_0 = \mathrm{tg}^2\alpha_0\,d\eta_0\,d\zeta_0\,;$$

dabei haben wir die Quadratwurzel im Nenner gleich 1 gesetzt. Dies bedeutet, daß wir die Beugungsfehler, die auch bei streng GAUSSscher Strahlenvereinigung wegen der endlichen Öffnung des Systems auftreten, mit der FRAUNHOFERschen (statt der genaueren FRESNELschen) Näherung berechnen.

Aus (32), (37) und (38) folgt

$$(39)\quad u = \frac{ik}{2\pi}\,\mathrm{tg}^2\alpha_0 \iint e^{ikL_0}(1+ik\,\delta L)\,d\eta\,d\zeta\,.$$

Setzt man hier für L_0 (33), für δL (35) mit (36) ein, so sieht man, daß das Integral (39) auf folgende einfache Integrale zurückgeführt ist:

$$(40)\quad U_{lm} = \iint \eta^l \zeta^m e^{ik\{\beta(y-y^0)\eta + \gamma z\zeta\}}\,d\eta\,d\zeta\,.$$

---

[1] Einige in η, ζ gerade Glieder sind fortgelassen; diese geben, wie wir sehen werden, keinen Beitrag zum Resultat.

[2] Setzt man $m = \cos\vartheta$, $p = \sin\vartheta\cos\varphi$, $q = \sin\vartheta\sin\varphi$, so ist

$$dp\,dq = \begin{vmatrix} \dfrac{\partial p}{\partial\vartheta} & \dfrac{\partial p}{\partial\varphi} \\ \dfrac{\partial q}{\partial\vartheta} & \dfrac{\partial q}{\partial\varphi} \end{vmatrix} d\vartheta\,d\varphi = \sin\vartheta\cos\vartheta\,d\vartheta\,d\varphi = m\sin\vartheta\,d\vartheta\,d\varphi\,,$$

also

$$d\Omega = \sin\vartheta\,d\vartheta\,d\varphi = \frac{dp\,dq}{m} = \frac{dp\,dq}{\sqrt{1-p^2-q^2}}\,.$$

Alle diese lassen sich wieder aus dem bekannten Beugungsintegral

(41) $$U = U_{00} = \iint e^{ik\{\beta(y-y^0)\eta+\gamma z\zeta\}}d\eta\, d\zeta$$

durch Differenzieren gewinnen:

(42) $$U_{lm} = \frac{1}{(ik\beta)^l(ik\gamma)^m}\frac{\partial^{l+m}U}{\partial y^l\partial x^m},$$

U wiederum läßt sich für eine kreisförmige Blende durch die Besselsche Funktion I_1 ausdrücken; setzt man, wie in § 49 (1) und (2)

(43) $$\left\{\begin{aligned} \beta(y-y^0) &= r\cos\vartheta; & \eta &= \mathrm{P}\cos\theta, \\ \gamma z &= r\sin\vartheta; & \zeta &= \mathrm{P}\sin\theta, \end{aligned}\right.$$

so wird

$$U = \int_0^\sigma\int_0^{2\pi} e^{ikr\mathrm{P}\cos(\vartheta-\theta)}\mathrm{P}\,d\mathrm{P}\,d\theta,$$

wo σ durch (26) gegeben ist, und das wird nach § 49 (3), (10), (12)

(44) $$U = \frac{2\pi\sigma}{kr}I_1(\sigma kr); \qquad r = \sqrt{\beta^2(y-y^0)^2+\gamma^2 z^2}.$$

Es gilt die Rekursionsformel

(45) $$\frac{d}{ds}\left(\frac{I_p(s)}{s^p}\right) = -\frac{I_{p+1}(s)}{s^p}.$$

Wir setzen nun

(46) $$\left\{\begin{aligned} s &= \sigma kr; & \bar y &= \sigma k\beta(y-y^0) = s\cos\vartheta, \\ &= \sqrt{\bar y^2+\bar z^2}; & \bar z &= \sigma k\gamma z = s\sin\vartheta, \\ U &= 2\pi\sigma^2\,\overline{U}; & \overline{U} &= \frac{I_1(s)}{s}, \end{aligned}\right.$$

dann wird nach (42)

(47) $$U_{lm} = 2\pi(-i)^{l+m}\sigma^{l+m+2}\,\overline{U}_{lm},$$

wo

(48) $$\overline{U}_{lm} = \frac{\partial^{(l+m)}\overline{U}}{\partial\bar y^l\partial\bar z^m}.$$

Nun ergibt die Ausrechnung mit wiederholter Anwendung von (45):

(49) $$\overline{U}_{10} = -\bar y\frac{I_2(s)}{s^2}; \qquad \overline{U}_{01} = -\bar z\frac{I_2(s)}{s^2};$$

(50) $$\left\{\begin{aligned} \overline{U}_{20} &= -\frac{I_2(s)}{s^2} + \bar y^2\frac{I_3(s)}{s^3}, \\ \overline{U}_{11} &= \bar y\bar z\frac{I_3(s)}{s^3}, \\ \overline{U}_{02} &= -\frac{I_2(s)}{s^2} + \bar z^2\frac{I_3(s)}{s^3}, \end{aligned}\right.$$

(51) $$\left\{\begin{aligned} \overline{U}_{30} &= 3\bar y\frac{I_3(s)}{s^3} - \bar y^3\frac{I_4(s)}{s^4}, \\ \overline{U}_{21} &= \bar z\frac{I_3(s)}{s^3} - \bar y^2\bar z\frac{I_4(s)}{s^4}, \\ \overline{U}_{12} &= \bar y\frac{I_3(s)}{s^3} - \bar y\bar z^2\frac{I_4(s)}{s^4}, \\ \overline{U}_{03} &= 3\bar z\frac{I_3(s)}{s^3} - \bar z^3\frac{I_4(s)}{s^4}. \end{aligned}\right.$$

(47) zeigt, daß U_{lm} reell ist für gerades $l+m$, rein imaginär für ungerades $l+m$.

Wir bilden nun aus (39) die Lichtintensität $J = |u|^2$. Dazu schreiben wir nach (39) und (41)

$$u = \frac{ik}{2\pi} \operatorname{tg}^2 \alpha_0 \{U + ik(\Phi + i\Psi)\} \tag{52}$$

und erhalten bei Vernachlässigung der Quadrate von Φ und Ψ

$$J = \left(\frac{k}{2\pi}\right)^2 \operatorname{tg}^4 \alpha_0 (U^2 - 2kU\Psi)\,. \tag{53}$$

Hier ist Ψ der imaginäre Teil des Zusatzintegrals

$$\Psi = \mathfrak{J} \iint e^{ikL_0}\, \delta L\, d\eta\, d\zeta\,. \tag{54}$$

Wir können daher in (35) alle Glieder streichen, die in η, ζ gerade sind. Dann erhält man aus (35) und (36) durch eine einfache Rechnung

$$\delta L = y^0(3F + gB)(\eta^3 + \eta\zeta^2) + (F - gB)\{(y - y^0)(\eta^3 + \eta\zeta^2) + z(\eta^2\zeta + \zeta^3)\}. \tag{55}$$

Mithin wird nach (54)

$$i\Psi = y^0(3F + gB)(U_{30} + U_{12}) + (F - gB)\{(y - y^0)(U_{30} - U_{12}) + z(U_{21} + U_{03})\}. \tag{56}$$

Nun ist nach (47) und (51)

$$\left\{\begin{aligned} U_{30} + U_{12} &= 2\pi i \sigma^5 \bar{y}\left(4\frac{I_3}{s^3} - \frac{I_4}{s^4}\right), \\ U_{21} + U_{03} &= 2\pi i \sigma^5 \bar{\;}\left(4\frac{I_3}{s^3} - \frac{I_4}{s^2}\right). \end{aligned}\right. \tag{57}$$

Es gilt die bekannte Rekursionsformel[1]

$$\frac{4I_3}{s} - I_4 = I_2\,. \tag{58}$$

Führen wir nach (46) den Winkel ϑ ein, so wird (57)

$$U_{30} + U_{12} = 2\pi i \sigma^5 \cos\vartheta \frac{I_2(s)}{s}\,,$$

$$U_{21} + U_{03} = 2\pi i \sigma^5 \sin\vartheta \frac{I_2(s)}{s}$$

und

$$(y - y^0)(U_{30} + U_{12}) + z(U_{21} + U_{03}) = 2\pi i \sigma^5 \frac{I_2(s)}{s} \cdot \frac{s}{k\sigma}\left(\frac{\cos^2\vartheta}{\beta} + \frac{\sin^2\vartheta}{\gamma}\right);$$

in der angestrebten Näherung kann man β und γ durch 1 ersetzen, so daß der letzte Ausdruck gleich

$$\frac{2\pi i \sigma^4}{k} I_2(s)$$

wird. Mithin erhalten wir aus (56)

$$\Psi = \frac{2\pi\sigma^2}{k} I_2(s)\left\{(F - gB) + \frac{\sigma k y^0}{s}(3F + gB)\cos\vartheta\right\}. \tag{59}$$

Wir definieren nun die drei Funktionen

$$K_0(s) = \left(\frac{I_1(s)}{s}\right)^2; \quad K_1(s) = 2\frac{I_1(s)}{s} I_2(s); \quad K_2(s) = \frac{2I_1(s)\, I_2(s)}{s^2}\,, \tag{60}$$

von denen die erste die gewöhnliche Beugungsfunktion der kreisförmigen Öffnung ist. Dann ist nach (53) und (59) die *Lichtverteilung in der Bildebene* gegeben durch

$$J = k^2(\sigma \operatorname{tg}\alpha_0)^4\{K_0(s) - (F - gB)K_1(s) - \sigma k y^0(3F + gB)K_2(s)\cos\vartheta\}. \tag{61}$$

[1] Siehe Jahnke-Emde, S. 165.

Die Bildfehler zerfallen hiernach in zwei Gruppen, C, D, E einerseits, B, F andererseits.

Betrachten wir zunächst den Fall $B = 0$, $F = 0$; dann ist die Lichtintensität durch die gewöhnliche Beugungsfunktion $K_0(s)$ gegeben, aber das Argument s ist konstant nicht auf Kreisen um den GAUSSschen Bildpunkt, sondern auf Ellipsen um einen verschobenen Mittelpunkt. Die Verschiebung des Mittelpunktes und die Achsen der Ellipse werden durch (34) gegeben, und zwar sieht man, daß die Verschiebung proportional y_0^3 ist, aber nicht nur durch die *Verzeichnung* E, sondern auch durch die *tangentiale Bildwölbung* $2C + D$ bestimmt ist. Bei starker Abblendung[1] ($b_1 \to 0$; $g \to \infty$) überwiegt der Einfluß der Bildwölbung, bei schwacher Abblendung der Einfluß der Verzeichnung. Die Ellipsen gleicher Helligkeit sind gegeben durch $s =$ konst., also nach (46) durch

$$\left(\frac{k\beta\sigma}{s}\right)^2 (y - y^0)^2 + \left(\frac{k\gamma\sigma}{s}\right)^2 z^2 = 1\,, \tag{62}$$

ihre Hauptachsen liegen „sagittal" und „tangential" (s. II, § 29) und die Längen der Halbachsen sind

$$\left\{\begin{aligned} a &= \frac{s}{k\beta\sigma} = \frac{s}{k\sigma}\cdot\frac{1}{1 - \{g(2C + D) + 3E\}y_0^2}\,,\\ b &= \frac{s}{k\gamma\sigma} = \frac{s}{k\sigma}\cdot\frac{1}{1 - gDy_0^2}\,. \end{aligned}\right. \tag{63}$$

Die Abweichung von der Kreisform nimmt also mit y_0^2 zu und hängt sowohl von den Konstanten C, D des *Astigmatismus* und der *Bildwölbung*, als auch von der

Tabelle 6. Die Funktionen K_0, K_1, K_2.

s	$K_0 = \left(\frac{I_1(s)}{s}\right)^2$	$K_1 = \frac{2I_1(s)I_2(s)}{s}$	$K_2 = \frac{2I_1(s)I_2(s)}{s^2}$	s	$K_0 = \left(\frac{I_1(s)}{s}\right)^2$	$K_1 = \frac{2I_1(s)I_2(s)}{s}$	$K_2 = \frac{2I_1(s)I_2(s)}{s^2}$
0,0	0,2500	0,0000	0,0000	5,2	0,043	0,0031	0,0006
0,2	0,2475	0,0049	0,0248	5,4	0,0040	0,0103	0,0019
0,4	0,2401	0,0193	0,0483	5,6	0,0035	0,0163	0,0029
0,6	0,2281	0,0439	0,0733	5,8	0,0028	0,0214	0,0037
0,8	0,2125	0,0700	0,0875	6,0	0,0021	0,0234	0,0039
1,0	0,1936	0,1011	0,1011	6,2	0,0014	0,0217	0,0035
1,2	0,1723	0,1323	0,1103	6,4	0,0008	0,0179	0,0028
1,4	0,1497	0,1597	0,1141	6,6	0,0003	0,0126	0,0019
1,6	0,1268	0,1876	0,1172	6,8	0,0001	0,0061	0,0009
1,8	0,1044	0,1983	0,1102	7,0	0,0000	0,0000	0,0000
2,0	0,0831	0,2034	0,1017	7,2	0,0001	−0,0043	−0,0006
2,2	0,0638	0,1980	0,0900	7,4	0,0002	−0,0081	−0,0011
2,4	0,0469	0,1870	0,0780	7,6	0,0004	−0,0091	−0,0012
2,6	0,0327	0,1639	0,0630	7,8	0,0006	−0,0078	−0,0010
2,8	0,0214	0,1380	0,0493	8,0	0,0008	−0,0064	−0,0008
3,0	0,0127	0,1098	0,0366	8,2	0,0009	−0,0033	−0,0004
3,2	0,0066	0,0730	0,0228	8,4	0,0010	0,0000	0,0000
3,4	0,0027	0,0466	0,0137	8,6	0,0010	0,0026	0,0003
3,6	0,0007	0,0219	0,0061	8,8	0,0009	0,0044	0,0005
3,8	0,0000	0,0023	0,0006	9,0	0,0008	0,0072	0,0008
4,0	0,0002	−0,0120	−0,0030	9,2	0,0005	0,0092	0,0010
4,2	0,0010	−0,0193	−0,0046	9,4	0,0003	0,0085	0,0009
4,4	0,0021	−0,0206	−0,0047	9,6	0,0002	0,0067	0,0007
4,6	0,0031	−0,0207	−0,0045	9,8	0,0001	0,0039	0,0004
4,8	0,0038	−0,0145	−0,0031	10,0	0,0000	0,0020	0,0002
5,0	0,0042	−0,0060	−0,0012				

[1] Daß mit verschwindender Blendenöffnung ($b \to 0$) g gegen ∞ geht, bedeutet kein Unendlichwerden der betreffenden Glieder, da diese stets eine Potenz von y_0 als Faktor haben; bei der Umrechnung von der SEIDELschen Koordinate y_0 auf die gewöhnliche Y_0 tritt ein der Blendenöffnung proportionaler Faktor auf.

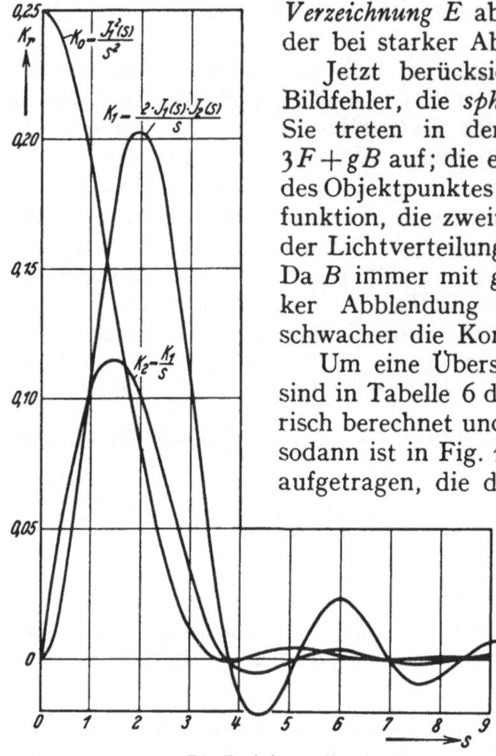

Fig. 119. Die Funktionen K_0, K_1, K_2.

Verzeichnung E ab. Der erstere Einfluß überwiegt wieder bei starker Abblendung, der letztere bei schwacher.

Jetzt berücksichtigen wir die andere Gruppe der Bildfehler, die *sphärische Aberration B* und die *Koma F*. Sie treten in den zwei Kombinationen $F-gB$ und $3F+gB$ auf; die erste bewirkt eine kleine, von der Lage des Objektpunktes unabhängige Änderung der Beugungsfunktion, die zweite eine mit y_0 wachsende Asymmetrie der Lichtverteilung in sagittaler Richtung (Faktor $\cos\vartheta$). Da B immer mit g multipliziert ist, überwiegt bei starker Abblendung die sphärische Aberration B, bei schwacher die Koma F.

Um eine Übersicht über die Erscheinung zu haben, sind in Tabelle 6 die drei Funktionen K_0, K_1, K_2 numerisch berechnet und in Fig. 119 als Kurven aufgetragen[1]; sodann ist in Fig. 120 die Linearkombination $K_0+\mu K_1$ aufgetragen, die die Lichtverteilung in Achsenpunkten $y^0=0$ darstellt. Das bemerkenswerte ist dabei, daß bei größeren Werten von μ die Mitte des Beugungsbildes nicht das Maximum der Helligkeit darstellt, sondern daß dort ein kleines relatives Minimum liegt; dieser Teil der Kurven ist in vergrößertem Maßstab besonders gezeichnet (Fig. 120a). Ferner ist die Aufteilung der Nebenmaxima in zwei zu beachten.

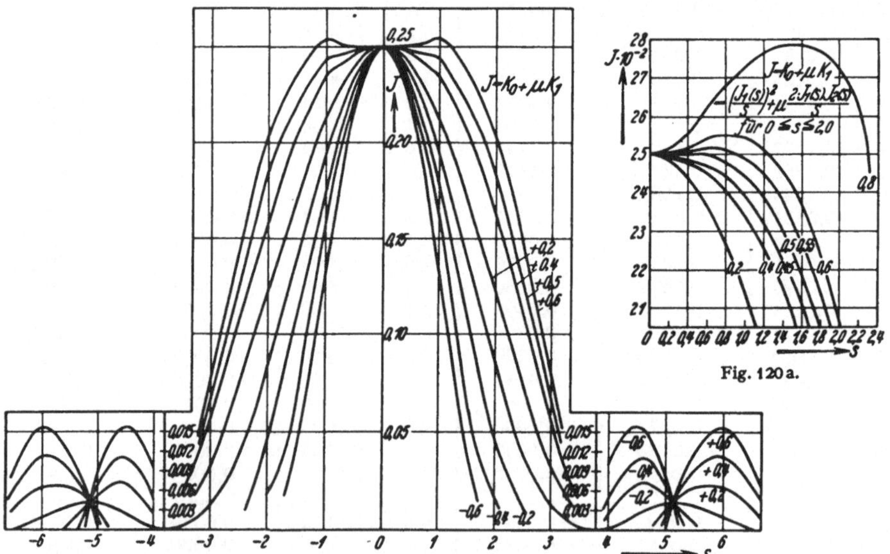

Fig. 120a.

Fig. 120. Intensitätsverteilung bei Berücksichtigung von sphärischer Aberration und Koma für Achsenpunkte. (Nebenmaxima überhöht.)

---

[1] Die Rechnungen sind in dankenswerter Weise von Herrn stud. A. WEYGANDT ausgeführt worden.

Sind B und F sehr klein, so auch $\mu = gB + F$ und damit der Einfluß des Gliedes K_1. Bei hinreichend großem y^0 kann dann doch der Einfluß des Gliedes mit K_2 merklich werden. Um die Abhängigkeit von ϑ zu übersehen, haben wir

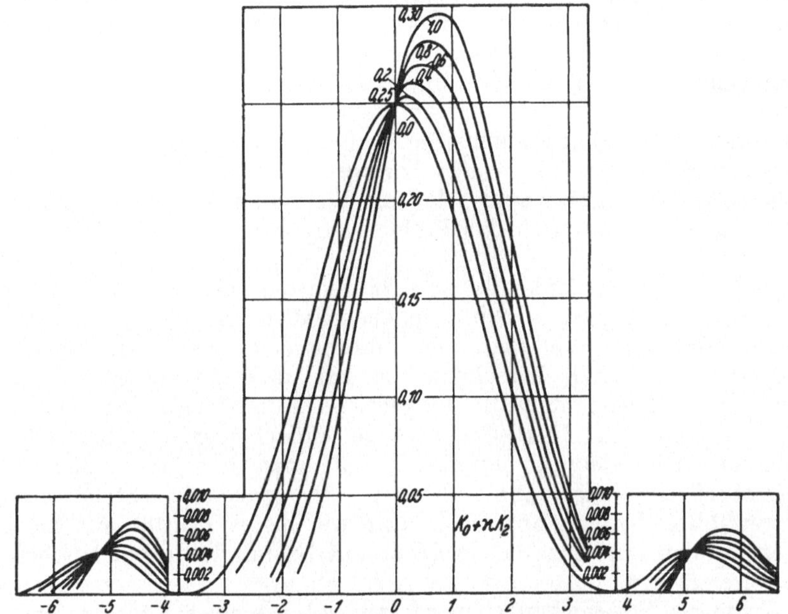

Fig. 121. Beugungsbild bei Berücksichtigung von sphärischer Aberration und Koma für Punkte außerhalb der Achse. Sagittaler Querschnitt. (Nebenmaxima überhöht.)

daher in Fig. 121 die Funktionen $K_0 + \varkappa K_2$ aufgetragen. Man denke nun $\varkappa = \varkappa_0 \cos\vartheta$ gesetzt und die zu jedem ϑ-Werte gehörige Funktion nach Fig. 121 in der zur Bildebene vertikalen Ebene mit dem Azimut ϑ (gegen die Sagittalrichtung) aufgetragen; so gewinnt man eine deutliche Vorstellung von der Gestalt des Lichtgebirges.

Wir haben schließlich in Fig. 122 die Kurve konstanter Intensität für zwei Werte von $\varkappa$ (0,6 und 1) konstruiert, an denen man erkennt, wie das Lichtgebirge von der Achse nach außen gedrückt wird. Bei unserer relativ groben Näherung sind die Kurven gleicher Helligkeit Ovale; bei Berücksichtigung höherer Ordnungen würden sie Ausbuchtungen aufweisen, im einfachsten Falle „Nierenform".

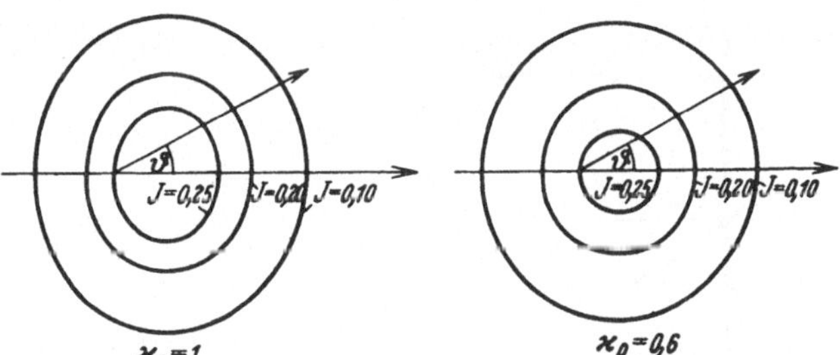

Fig. 122. Zur Beugungstheorie der optischen Fehler. Kurven gleicher Intensität.

§ 57. SOMMERFELDS strenge Behandlung der Beugungserscheinungen.*

Alle bisherigen Überlegungen über Beugungserscheinungen beruhten auf dem KIRCHHOFFschen Prinzip (§ 45). Wir haben bereits hervorgehoben, daß es strengeren physikalischen und mathematischen Forderungen nicht gerecht wird. Es gibt indessen vom Standpunkt der elektromagnetischen Lichttheorie strengere

Lösungen des Beugungsproblems; jedoch sind sie bisher auf eine kleine Zahl spezieller Fälle beschränkt.

Die beiden wichtigsten Methoden sind die der *mehrdeutigen Lösungen* (SOMMERFELD) und die der *Separation mit krummlinigen Koordinaten*. Die letztere Methode läßt sich auch dann anwenden, wenn es sich um leitfähige Substanzen (Metalle) handelt, und gibt dann eine Deutung der bei kolloidalen Lösungen auftretenden Farbenerscheinungen. Wir schieben ihre Behandlung daher in das Kap. VI über Metalloptik zurück.

Hier wollen wir die SOMMERFELDsche Methode[1] besprechen, und zwar für den Fall eines *ebenen, ideal reflektierenden Schirmes mit scharfer, geradliniger Kante*. Außerdem setzen wir noch voraus, daß die Lichtquelle linear und parallel der beugenden Kante ist, wodurch das Problem offenbar in ein ebenes verwandelt wird.

Der grundlegende Gedanke ist derselbe wie der, der in der Elektrostatik als THOMSON*sches Spiegelprinzip* in ähnlichen Fällen zur Lösung von Influenzfragen verwandt wird. Will man die Wirkung eines geladenen Punktes auf einen elektrischen Leiter berechnen, so hat man an diesem die Grenzbedingung zu erfüllen, daß die tangentielle Komponente der elektrischen Feldstärke verschwindet. Das kann man bei einfachen geometrischen Formen der Leiteroberfläche dadurch erreichen, daß man auf der anderen Seite der Leiteroberfläche einen „Spiegelpunkt" an geeigneter Stelle und mit passend gewählter Ladung annimmt. Ehe wir dieses Prinzip auf die Optik übertragen, wollen wir uns das Problem auf Grund der geometrischen Verhältnisse vereinfachen.

Die Kante des Schirmes machen wir zur z-Achse eines Koordinatensystems und legen die x-Achse in die Schirmebene, ihre positive Seite ins Schirmmaterial (s. Fig. 123). Dann liefert die Grenzbedingung des Verschwindens der Tangentialkomponente von $\mathfrak{E}$, daß $\mathfrak{E}_x = \mathfrak{E}_z = 0$ für $y = 0$, $x > 0$ ist.

Man kann nun offenbar den allgemeinsten Fall aus zwei speziellen zusammensetzen:

1. **π-Fall.** Der elektrische Vektor schwinge *parallel* zur z-Achse ($\mathfrak{E}_x = \mathfrak{E}_y = 0$); dann lassen sich die MAXWELLschen Gleichungen durch die Annahme erfüllen, daß der magnetische Vektor senkrecht zur z-Achse schwingt ($\mathfrak{H}_z = 0$). Betrachtet man einen von z unabhängigen Vorgang, so reduzieren sich die Gleichungen I, § 1 (1) für eine harmonische Welle der Frequenz ω auf

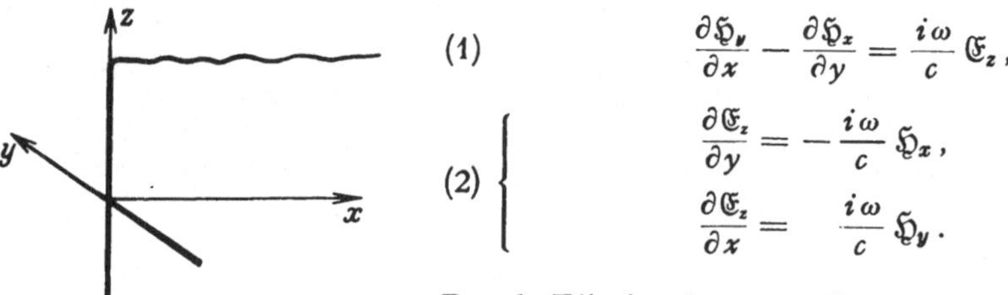

Fig. 123. Zur Theorie der Beugung an einer Kante.

$$\frac{\partial \mathfrak{H}_y}{\partial x} - \frac{\partial \mathfrak{H}_x}{\partial y} = \frac{i\omega}{c}\mathfrak{E}_z, \tag{1}$$

$$\left.\begin{aligned} \frac{\partial \mathfrak{E}_z}{\partial y} &= -\frac{i\omega}{c}\mathfrak{H}_x, \\ \frac{\partial \mathfrak{E}_z}{\partial x} &= \frac{i\omega}{c}\mathfrak{H}_y. \end{aligned}\right\} \tag{2}$$

Durch Elimination von $\mathfrak{H}_x$ und $\mathfrak{H}_y$ erhält man

$$\frac{\partial^2 \mathfrak{E}_z}{\partial x^2} + \frac{\partial^2 \mathfrak{E}_z}{\partial y^2} + k^2 \mathfrak{E}_z = 0, \qquad \left(k = \frac{\omega}{c}\right). \tag{3}$$

Hat man aus dieser Gleichung (3) zusammen mit der Randbedingung $\mathfrak{E}_z = 0$ an der Schirmoberfläche $\mathfrak{E}_z$ bestimmt, so kann man $\mathfrak{H}_x$ und $\mathfrak{H}_y$ aus den Gleichungen (2) nachträglich berechnen.

[1] A. SOMMERFELD: Math. Ann. Bd. 47 (1896) S. 317; Z. f. Math. u. Phys. Bd. 46 (1901) S. 11.

2. σ-**Fall.** Der elektrische Vektor schwinge *senkrecht* zur z-Achse, der magnetische parallel zu ihr ($\mathfrak{E}_z = \mathfrak{H}_x = \mathfrak{H}_y = 0$). Dann ergibt sich in derselben Weise wie im vorigen Fall für $\mathfrak{H}_z$

$$\frac{\partial \mathfrak{H}_z}{\partial x^2} + \frac{\partial^2 \mathfrak{H}_z}{\partial y^2} + k^2 \mathfrak{H}_z = 0, \tag{4}$$

$$\left\{\begin{aligned} \frac{\partial \mathfrak{H}_z}{\partial y} &= \frac{i\omega}{c}\mathfrak{E}_x, \\ \frac{\partial \mathfrak{H}_z}{\partial x} &= -\frac{i\omega}{c}\mathfrak{E}_y. \end{aligned}\right. \tag{5}$$

Die Grenzbedingung $\mathfrak{E}_x = 0$ liefert für $\mathfrak{H}$

$$\frac{\partial \mathfrak{H}_z}{\partial y} = 0 \quad \text{für} \quad y = 0, \ x > 0. \tag{6}$$

Hat man die Gleichung (4) mit dieser Grenzbedingung integriert, so kann man nachträglich $\mathfrak{E}_x$ und $\mathfrak{E}_y$ aus den beiden Gleichungen (5) berechnen.

Wir führen in der xy-Ebene Polarkoordinaten ein durch

$$x = r\cos\varphi, \qquad y = r\sin\varphi. \tag{7}$$

Dann haben wir in jedem der beiden Fälle die Differentialgleichung

$$\frac{\partial^2 u}{\partial r^2} + \frac{1}{r}\frac{\partial u}{\partial r} + \frac{1}{r^2}\frac{\partial^2 u}{\partial \varphi^2} + k^2 u = 0 \tag{8}$$

zu lösen, und zwar mit den Grenzbedingungen

$$\left\{\left.\begin{aligned} &\pi\text{-Fall:} \quad u = 0 \\ &\sigma\text{-Fall:} \quad \frac{\partial u}{\partial \varphi} = 0 \end{aligned}\right\} \quad \text{für} \quad \varphi = 0 \text{ und } \varphi = 2\pi.\right. \tag{9}$$

Wir denken uns zunächst die Lichtlinie im Endlichen; ihre Spur in der xy-Ebene sei der Punkt Q und die zugehörige Erregungsfunktion im Aufpunkt P sei $u(Q, P)$. Würden wir eine zweite, zur ersten parallele Lichtlinie mit dem zur x-Achse symmetrischen Spurpunkt Q' annehmen, die mit der ersten in genau entgegengesetzter Phase schwingt, d. h. deren Erregung durch $-u(Q', P)$ gegeben ist, so stellt ihre Superposition $u(Q, P) - u(Q', P)$ offenbar eine Lösung der Differentialgleichung (8) dar, welche überall längs der Schirmebene verschwindet, auch im offenen Gebiete. Das einfache Spiegelungsverfahren liefert also keine Lösung unseres ersten Randwertproblems $(9, \pi)$; wohl aber kann man diese gewinnen, indem man den SOMMERFELDschen Kunstgriff benutzt, den physikalischen Raum durch einen mathematischen zu ergänzen und beide zu einem „zweiblättrigen RIEMANNschen Raum" mit der beugenden Kante als „Verzweigungslinie" zusammenzufassen.

Die wirkliche Lichtquelle Q geht bei der Spiegelung in eine virtuelle Q' des „mathematischen" Raumes über. Der ganze Funktionszweig im mathematischen Raum einschließlich der virtuellen Lichtquelle Q' hat keinerlei physikalische Bedeutung und dient nur dazu, in bequemer Weise das Nullwerden der Funktion u (bzw. ihrer Ableitung $\partial u/\partial \varphi$) an der Schirmfläche zu erzielen. Wir können uns von jetzt an übrigens auf die xy-Ebene beschränken und haben dann über dieser eine gewöhnliche zweiblättrige RIEMANNsche Fläche ausgebreitet mit dem Nullpunkt und dem Punkt ∞ als Verzweigungspunkten und der positiven x-Achse als Verzweigungsschnitt.

Wir wollen uns auf den Fall beschränken, daß die *Lichtquelle im Unendlichen* liegt. Dann ist die einfallende Lichtwelle eben und wird durch die Lösung der Gleichung (8):

$$u_1(r, \varphi, \varphi_0) = e^{ikr\cos(\varphi - \varphi_0)} \tag{10}$$

dargestellt, in der r und φ die Polarkoordinaten des Aufpunktes bedeuten und φ_0 den Polarwinkel der Wellennormalen, der im Intervall $0 < \varphi_0 < \pi$ liegt, wenn die einfallende Welle von der oberen Halbebene herkommt (Fig. 124). Unsere Aufgabe ist es, eine allgemeinere Lösung zu konstruieren, die in der zweiblättrigen Fläche eindeutig ist und im Unendlichen des einen (physikalischen) Blattes in die Funktion u_1 übergeht.

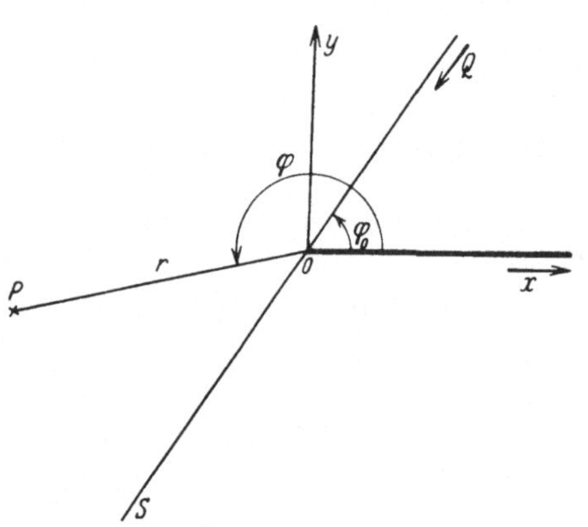

Fig. 124. Zur Theorie der Beugung an einer Kante.

Der von SOMMERFELD eingeschlagene systematische Weg würde uns hier zu weit führen. Wir begnügen uns daher damit, das Resultat anzugeben und zu verifizieren.

Wir behaupten, daß die Funktion

$$u_2 = u_1 v = e^{ikr\cos(\varphi - \varphi_0)} \frac{e^{\frac{i\pi}{4}}}{\sqrt{\pi}} \int_{-\infty}^{s_1} e^{-i\tau^2} d\tau \tag{11}$$

mit

$$s_1 = \sqrt{2kr}\cos\frac{\varphi - \varphi_0}{2} \tag{12}$$

eine Lösung der Differentialgleichung (8) ist. Dabei läßt sich der Ausdruck

$$v = \frac{e^{\frac{i\pi}{4}}}{\sqrt{\pi}} \int_{-\infty}^{s_1} e^{-i\tau^2} d\tau = \frac{e^{\frac{i\pi}{4}}}{\sqrt{2}} \left\{\frac{1}{2} + U\left(\sqrt{\frac{2}{\pi}}\, s_1\right) - i\left(\frac{1}{2} + V\left(\sqrt{\frac{2}{\pi}}\, s_1\right)\right)\right\} \tag{13}$$

offenbar in der komplexen UV-Ebene deuten als der Vektor, der vom Punkte F_- (mit den Koordinaten $-\frac{1}{2}$, $-\frac{1}{2}$) zu einem Punkte der CORNUschen Spirale (§ 55) mit dem Parameterwert $\sqrt{2/\pi}\, s_1$ gezogen ist.

Die Zweiwertigkeit von u_2 leuchtet daraus ein, daß s_1 in φ die Periode 4π hat. Zum Nachweis der Behauptung, daß u_2 eine Lösung der Gleichung (8) ist, setzen wir $u_2 = u_1 v$ in die Differentialgleichung (8) ein und erhalten, weil u_1 dieser Gleichung schon genügt,

$$u_1\left(\frac{\partial^2 v}{\partial r^2} + \frac{1}{r}\frac{\partial v}{\partial r} + \frac{1}{r^2}\frac{\partial^2 v}{\partial \varphi^2}\right) + 2\frac{\partial u_1}{\partial r}\frac{\partial v}{\partial r} + \frac{2}{r^2}\frac{\partial u_1}{\partial \varphi}\frac{\partial v}{\partial \varphi} = 0\,. \tag{14}$$

Man rechnet leicht nach, daß diese Gleichung (14) wirklich erfüllt ist.

Wir betrachten nun das Verhalten unserer Lösung im Unendlichen. Wenn $|\varphi - \varphi_0| < \pi$ ist, so wird für $r \to \infty$ auch $s_1 \to \infty$ und daher

$$v \to \frac{e^{\frac{i\pi}{4}}}{\sqrt{2}}(1 - i) = 1\,. \tag{15}$$

Dagegen wird für $|\varphi - \varphi_0| > \pi$ $s_1 \to -\infty$ gehen, d. h. es wird für diesen Fall

$$v \to 0\,. \tag{16}$$

Also wird im Unendlichen eines Blattes der RIEMANNschen Fläche $u_2 \to u_1$ gehen, während im anderen Blatte $u_2 \to 0$ gilt, und zwar ist als Trennungslinie die Gerade durch den Nullpunkt in der Richtung $\varphi = \varphi_0 \pm \pi$ zu nehmen.

Für das Verhalten von u_2 im Endlichen ist hauptsächlich das Vorzeichen von s_1 maßgebend; man hat einfach einen Blick auf die CORNUsche Spirale zu werfen, aus der das Verhalten des Faktors v (Vektor vom Punkte F_-) sofort hervorgeht: Monotoner Anstieg von $|v|$ für negatives s_1 und Oszillieren dieser Größe für positives s_1. Auf der RIEMANNschen Fläche führt diese Einteilung auf

$$(17) \quad \begin{cases} s_1 > 0 \text{ für } |\varphi - \varphi_0| < \pi, \\ s_1 < 0 \text{ für } |\varphi - \varphi_0| > \pi. \end{cases}$$

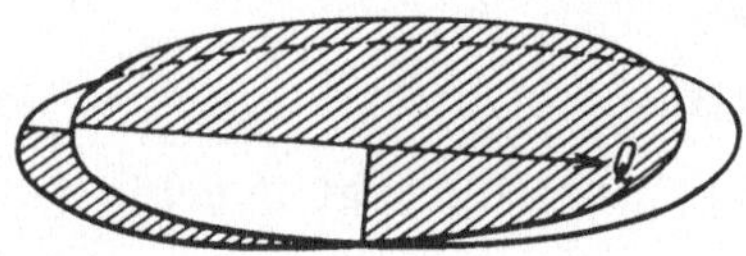

Fig. 125. Zur SOMMERFELDschen Beugungstheorie.

Wir erhalten also hier eine Unterscheidung, die mit der durch das Verhalten im Unendlichen gegebenen übereinstimmt. Die Trennungslinie ist wieder die Linie $\varphi = \varphi_0 \pm \pi$.

Wir beschränken nun unser Augenmerk auf das *physikalische Blatt* und schraffieren in Fig. 125 die Teile, in denen s_1 positiv ist, während wir die Teile mit $s_1 < 0$ weiß lassen. In Formeln hat man für das physikalische Blatt

$$(18) \quad \begin{cases} s_1 > 0 \text{ für } \quad 0 < \varphi < \varphi_0 + \pi, \\ s_1 < 0 \text{ für } \varphi_0 + \pi < \varphi < 2\pi. \end{cases}$$

Der Wert des Integrals v hängt von s_1 allein ab, ist also auf den Kurven mit konstantem s_1 konstant. Diese Kurven sind Parabeln[1] mit dem Nullpunkt als Brennpunkt, der Verlängerung OS der Einfallsrichtung als Achse und dem Parameter s_1^2/k.

Wir wollen sehen, welche Größenordnung das Integral v auf einer vorgegebenen Parabel s_1 hat. Hierzu schätzen wir das in den Lösungen (11) bzw. (13) vorkommende Integral für große Werte von s_1 ab. Es ergibt sich durch partielle Integration

$$(19) \qquad \int_{-\infty}^{s} e^{-i\tau^2} d\tau = -\frac{e^{-is^2}}{2is} + R_1,$$

wo

$$(20) \qquad R_1 = -\int_{-\infty}^{s} \frac{e^{-i\tau^2}}{2i\tau^2} d\tau = \frac{1}{4}\frac{e^{-is^2}}{s^3} - \frac{3}{4}\int_{-\infty}^{s} \frac{e^{-i\tau^2}}{\tau^4} d\tau.$$

---

[1] Wir schreiben nach (12)

$$s_1^2 = 2kr\,\tfrac{1}{2}(\cos(\varphi - \varphi_0) + 1) = kr(1 - \cos(\varphi - \varphi_0 - \pi))$$

oder

$$r^2 = \left(\frac{s_1^2}{k} + r\cos(\varphi - \varphi_0 - \pi)\right)^2.$$

Führen wir nun rechtwinklige Koordinaten mit der Richtung OS als x-Achse ein, setzen also

$$x = r\cos(\varphi - \varphi_0 - \pi), \quad y = r\sin(\varphi - \varphi_0 - \pi),$$

so gibt unsere Gleichung

$$x^2 + y^2 = \left(\frac{s_1^2}{k} + x\right)^2 = \frac{s_1^4}{k^2} + \frac{2s_1^2 x}{k} + x^2$$

oder

$$y^2 = \frac{2s_1^2}{k}\left(\frac{s_1^2}{2k} + x\right) = 2p(x - x_0), \quad \text{wo} \quad p = \frac{s_1^2}{k}, \; x_0 = -\frac{s_1^2}{2k},$$

womit der Beweis geliefert ist.

Für $s < 0$ gilt also

(21) $$|R_1| \leqq \frac{1}{4|s|^3} + \frac{1}{4|s|^3} = \frac{1}{2|s|^3}.$$

Für $s > 0$ schreiben wir

(22) $$\int_{-\infty}^{s} e^{-i\tau^2} d\tau = \int_{-\infty}^{\infty} - \int_{s}^{\infty} = e^{-\frac{i\pi}{4}} \sqrt{\pi} - \frac{e^{-is^2}}{2is} + R_2,$$

wo

(23) $$|R_2| \leqq \frac{1}{2s^3} = \frac{1}{2|s|^3}$$

ist. Aus (12) folgt nun für $s < 0$:

(24) $$|u_2| = |v| \leqq \frac{1}{2|s_1|\sqrt{\pi}} + \frac{1}{2|s_1|^3\sqrt{\pi}},$$

und wenn wir $|s_1| > 1$ annehmen:

(25) $$|u_2| < \frac{1}{|s_1|\sqrt{\pi}}.$$

Nun ist eine optische Intensitätsmessung nur mit beschränkter Genauigkeit ausführbar. Sei diese durch

$$|u_2| < \varepsilon$$

gegeben. Machen wir

$$|s_1| > \frac{1}{\varepsilon\sqrt{\pi}},$$

so bleibt nach (25) $|u_2| < \varepsilon$. Wir können uns eine Parabel P mit dem Parameter $1/k\varepsilon^2\pi$ konstruieren und wissen dann, daß außerhalb dieser Parabel auf der Seite $s_1 < 0$ die Funktion u_2 dem Betrage nach kleiner als ε ist. Ganz entsprechend überlegt man, daß auf der anderen Seite der Parabel, im Gebiete $s_1 > 0$, die Funktion u_2 sich um weniger als ε von ihrem konstanten Grenzwert 1 unterscheidet.

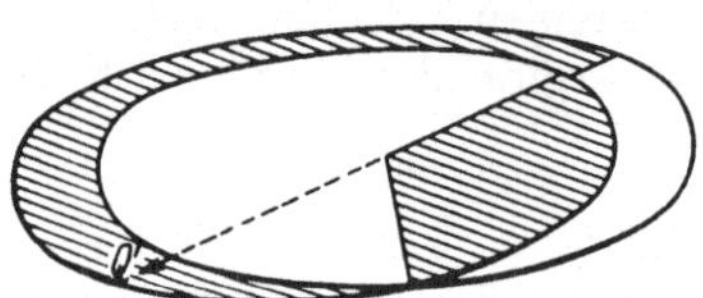

Fig. 126. Zur SOMMERFELDschen Beugungstheorie.

Nach diesen Vorbereitungen wenden wir das Spiegelungsprinzip an. Wir denken uns also eine zweite Welle einfallen, deren Quelle Q' im *mathematischen Blatt* spiegelbildlich zu Q im Unendlichen liegt. Die ihr entsprechende Lösung von (8) wird dargestellt durch die Funktion $u_2(r, \varphi, -\varphi_0)$. Diese läßt sich in der Gestalt

(26) $$u_2(r, \varphi, -\varphi_0) = e^{ikr\cos(\varphi+\varphi_0)} \frac{e^{\frac{i\pi}{4}}}{\sqrt{\pi}} \int_{-\infty}^{s_2} e^{-i\tau^2} d\tau$$

schreiben, wo

(27) $$s_2 = \sqrt{2kr}\cos\frac{\varphi+\varphi_0}{2}$$

ist. Analog wie oben stellen wir in Fig. 126 die Einteilung des *physikalischen Blattes* nach dem Vorzeichen von s_2 dar; sie ist gegeben durch die Ungleichungen

(28) $$\begin{cases} s_2 > 0 \text{ für } 0 < \varphi < \pi - \varphi_0, \\ s_2 < 0 \text{ für } \pi - \varphi_0 < \varphi < 2\pi. \end{cases}$$

Die Kurven $s_2 =$ konst. sind offenbar Parabeln um die Richtung OS' mit dem Nullpunkt als Brennpunkt und dem Parameter s_2^2/k.

Beschränken wir auch hier die Genauigkeit auf ε, so folgt wie oben, daß eine bestimmte Parabel P' mit der Achse OS' und dem Parameter $1/k\varepsilon^2\pi$ existiert, außerhalb derer die Funktion $u_2(r, \varphi, -\varphi_0)$ sich auf der einen Seite ($s_2 < 0$) unmeßbar wenig von Null, auf der anderen Seite ($s_2 > 0$) unmeßbar wenig von 1 unterscheidet.

Jetzt konstruieren wir nach dem Spiegelungsprinzip die Lösung der Differentialgleichung (8):

$$(29)\quad \left\{\begin{aligned} u(r, \varphi, \varphi_0) &= u_2(r, \varphi, \varphi_0) \mp u_2(r, \varphi, -\varphi_0) \\ &= e^{ikr\cos(\varphi-\varphi_0)} \frac{e^{\frac{i\pi}{4}}}{\sqrt{\pi}} \int\limits_{-\infty}^{s_1} e^{-i\tau^2} d\tau \mp e^{ikr\cos(\varphi+\varphi_0)} \frac{e^{\frac{i\pi}{4}}}{\sqrt{\pi}} \int\limits_{-\infty}^{s_2} e^{-i\tau^2} d\tau . \end{aligned}\right.$$

Die Grenzbedingungen (9) am Schirm sind erfüllt, und zwar entspricht das obere Vorzeichen dem π-Fall, das untere dem σ-Fall. Man erkennt das daraus, daß die Funktion $u_2(r, 0, \varphi_0)$ gerade in φ_0, die Funktion $(\partial u_2/\partial \varphi)_{r,0,\varphi_0}$ aber ungerade in φ_0 ist.

Die beiden Teile der Lösung entsprechen offenbar der Superposition der einfallenden mit der am Schirm gespiegelten Welle.

Wenn s_1 absolut große negative Werte annimmt, wird $u_2(r, \varphi, \varphi_0)$ sehr klein; ebenso wird $u_2(r, \varphi, -\varphi_0)$ sehr klein, wenn s_2 absolut große negative Werte annimmt.

Wir betrachten zunächst die Beugungserscheinung, die von der einfallenden Welle hinter dem Schirm (d. h. in der unteren Hälfte unserer Fig. 124) hervorgerufen wird. Schreiben wir wieder eine bestimmte Meßgenauigkeit ε vor, so wird nach obigen Resultaten außerhalb der Parabel P' der zweite Anteil der Lösung, der der gespiegelten Welle entspricht, unmerklich wenig von dem Werte Null bzw. 1 abweichen, also in der betrachteten unteren Hälfte der Figur unmerklich klein sein. Hier wird also die Lösung einfach durch den ersten Teil $u = u_2(r, \varphi, \varphi_0)$ dargestellt.

Die Lichtintensität wird daher sowohl im π-Fall als auch im σ-Fall (also keine Polarisation) nach (29) wegen (12) gegeben durch

$$(30)\qquad |u_2|^2 = \frac{1}{2}\left\{\left(\frac{1}{2} + U\left(\sqrt{\frac{2}{\pi}}\, s_1\right)\right)^2 + \left(\frac{1}{2} + V\left(\sqrt{\frac{2}{\pi}}\, s_1\right)\right)^2\right\}.$$

Das ist aber genau die in § 55 (26) entwickelte Lösung nach der KIRCHHOFF-FRESNELschen Methode mit dem einzigen Unterschiede, daß das Argument der Funktionen U und V in beiden Fällen verschieden ist. Hier ist es die Größe

$$(31)\qquad \sqrt{\frac{2}{\pi}}\, s_1 = 2\sqrt{\frac{kr}{\pi}} \cos\frac{\varphi-\varphi_0}{2} = 2\sqrt{\frac{2r}{\lambda}} \cos\frac{\varphi-\varphi_0}{2},$$

dort war es nach § 55 (15) (für $R_0 \to \infty$)

$$(32)\qquad w = x \cos\delta \sqrt{\frac{2}{\lambda R}},$$

wo δ dasselbe bedeutet wie hier $\varphi_0 - \pi/2$ und x den Abstand der beugende Kante vom Nullpunkt, der als Schnittpunkt der Schirmebene mit der durch den Aufpunkt gehenden Normalen definiert war.

Um die beiden Ausdrücke (31) und (32) zu vergleichen, benutzen wir Fig. 127, in der die betreffenden Größen der FRESNELschen und der SOMMERFELDschen Theorie eingetragen sind. Man hat offenbar

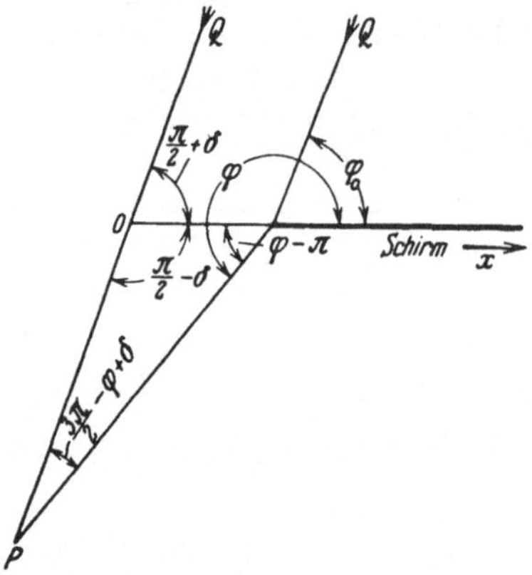

$$x = r\frac{\sin(\varphi - \varphi_0)}{\sin\varphi_0}$$

und

$$\frac{1}{R} = \frac{\sin\varphi_0}{r\sin(\varphi - \pi)},$$

also

$$w = \sin(\varphi - \varphi_0)\sqrt{\frac{2r\sin\varphi_0}{\lambda\sin(\varphi - \pi)}}$$

oder

$$w = 2\sqrt{\frac{2r}{\lambda}}\cos\frac{\varphi - \varphi_0}{2}\cdot F,$$

wo

$$F = \sin\frac{\varphi - \varphi_0}{2}\sqrt{\frac{\sin\varphi_0}{\sin(\varphi - \pi)}},$$

Fig. 127. Zur SOMMERFELDschen Beugungstheorie.

also den Faktor angibt, um den sich die beiden Ausdrücke (31) und (32) unterscheiden. Um zu sehen, wie sich der Faktor F als Funktion der Winkel φ_0 und φ verhält, tragen wir ihn für die drei Winkel $\varphi_0 = 90°$, $\varphi_0 = 60°$, $\varphi_0 = 30°$ auf (s. Fig. 128).

Wir erkennen, daß für $\varphi_0 = 90°$ die Abweichungen der FRESNELschen von der SOMMERFELDschen Theorie außerordentlich klein sind, wenn man innerhalb einer genügend kleinen Umgebung (zwischen 80° und 90°) der geometrischen Schattengrenze beobachtet, und daß bei schiefer Inzidenz diese Abweichungen, wenn man in demselben Abstand von der geometrischen Schattengrenze bleibt, größer werden (sie betragen selbst bei $\varphi_0 = 30°$ und $\varphi - \varphi_0 - \pi = 10°$ nicht mehr als 1,2).

Die Gültigkeitsgrenzen der Lösung (30) reichen nun aber natürlich über den hinteren Halbraum hinaus, auch in den vorderen hinein und sind gegeben durch die Genauigkeitsparabel P', welche die Richtung der gespiegelten Schattengrenze umgibt.

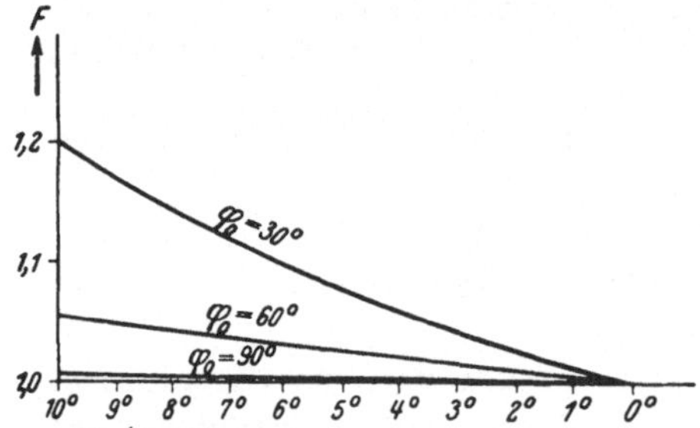

Fig. 128. Abweichungen der Beugungstheorien von FRESNEL und von SOMMERFELD.

Man hat also in den angedeuteten Raumteilen eine Lichtverteilung, wie wir sie an der CORNUschen Spirale bereits erläutert haben. Auf der vorderen Seite des Schirmes dagegen geschieht etwas, was selbstverständlich die ältere Theorie nicht berücksichtigt hat (weil sie nicht mit spiegelnden Schirmen operiert), nämlich die Interferenz der einfallenden mit der am Schirm gespiegelten Welle, ein Phänomen, das für die Beugungstheorie ja nicht wesentlich ist. Man hat nämlich dort außerhalb der Parabel P' im Gebiete $s_2 > 0$:

$$u = e^{ikr\cos(\varphi - \varphi_0)} \mp e^{ikr\cos(\varphi + \varphi_0)}. \tag{33}$$

In dem parabelförmigen Gebiete in der Umgebung der Schattengrenze der reflektierten Welle OS' dagegen müssen wir mit der exakten Formel (29) rechnen.

Man kann nun aber ein ausgedehnteres Gebiet angeben, in welchem sich die Lösung durch einfachere als die strengen Formeln (29) sehr gut darstellen läßt, wobei zugleich eine neue physikalische Auffassung des Sachverhalts zutage tritt.

Mit Hilfe der oben angegebenen Abschätzungen können wir zwei neue Parabeln p, p' mit den Linien OS bzw. OS' als Achsen konstruieren (s. Fig. 129), welche diese Achsen viel enger umschließen als P, P' und die die Eigenschaft haben, daß sich außerhalb des von ihnen bestimmten Gebietes das Integral v durch das erste Glied der Reihenentwicklung nach s^{-1} approximieren läßt:

$$(34)\qquad \int_{-\infty}^{s} e^{-i\tau^2}d\tau = \begin{cases} -\dfrac{e^{-is^2}}{2is} & \text{für } s < 0, \\ -\dfrac{e^{-is^2}}{2is} + e^{-\frac{i\pi}{4}}\sqrt{\pi} & \text{für } s > 0, \end{cases}$$

wo der Fehler durch die Formeln (21), (23)

$$(35)\qquad |R| \leqq \frac{1}{2|s|^3}$$

abgeschätzt wird. Soll also der Fehler der angenäherten Darstellung von v, der nach (19) gleich $\frac{1}{\sqrt{\pi}}R$ ist, kleiner als ε sein, so muß $|R| < \varepsilon\sqrt{\pi}$, mithin

$$(36)\qquad |s| \leqq \frac{1}{\sqrt[3]{2\varepsilon\sqrt{\pi}}}$$

sein. Die Grenzparabeln p, p' der Näherung (34) können also so gewählt werden, daß ihre Parameter den Wert $1/k(2\varepsilon)^{\frac{2}{3}}\pi^{\frac{1}{3}}$ haben, der bei kleinem ε viel kleiner ist als der auf Seite 214 angegebene Wert des Parameters von P, P'.

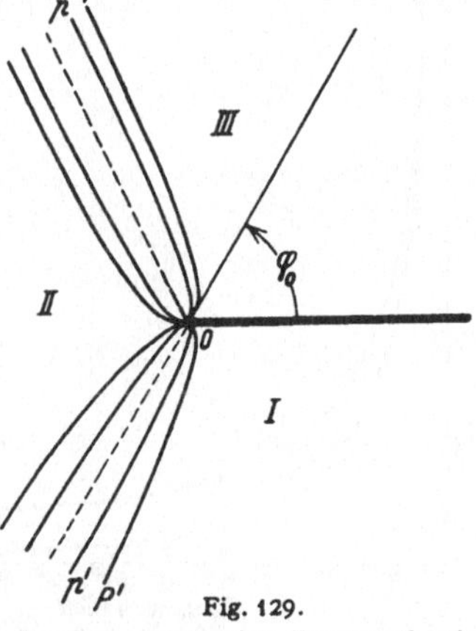

Fig. 129. Zur SOMMERFELDschen Beugungstheorie.

Außerhalb dieses engen Gebietes können wir dann die Formeln (34) benutzen. Setzen wir sie in die allgemeinen Formeln (11) ein, so erhalten wir für $s_{1,2} < 0$:

$$(37)\qquad u_2(r, \varphi, \pm\varphi_0) = -\frac{1}{4\pi}\sqrt{\frac{\lambda}{r}}\cos\left(kr + \frac{\pi}{4}\right)\frac{1}{\cos\frac{\varphi \mp \varphi_0}{2}},$$

für $s_{1,2} > 0$:

$$(38)\qquad u_2(r, \varphi, \pm\varphi_0) = \cos\{kr\cos(\varphi \mp \varphi_0)\} - \frac{1}{4\pi}\sqrt{\frac{\lambda}{r}}\cos\left(kr + \frac{\pi}{4}\right)\frac{1}{\cos\frac{\varphi \mp \varphi_0}{2}}.$$

Wir definieren noch die Funktion

$$(39)\qquad Z = \frac{1}{4\pi}\sqrt{\frac{\lambda}{r}}\cos\left(kr + \frac{\pi}{4}\right)\left\{\pm\frac{1}{\cos\frac{\varphi+\varphi_0}{2}} - \frac{1}{\cos\frac{\varphi-\varphi_0}{2}}\right\}.$$

Nun teilt sich die Ebene nach dem Vorzeichen von s_1 und s_2 in die Teile (siehe Fig. 129):

I. $s_1 < 0$, $s_2 < 0$, *Gebiet des geometrischen Schattens.* Hier gilt

$$(40)\qquad u_{\pi,\sigma} = Z.$$

II. $s_1 > 0$, $s_2 < 0$, *unbeschattetes Gebiet*:

$$(41)\qquad u_{\pi,\sigma} = \cos\{kr\cos(\varphi - \varphi_0)\} + Z.$$

III. $s_1 > 0$, $s_2 > 0$, *Reflexionsgebiet*:

$$(42)\qquad u_{\pi,\sigma} = \cos\{kr\cos(\varphi - \varphi_0)\} \mp \cos\{kr\cos(\varphi + \varphi_0)\} + Z.$$

Diese Darstellung kann man so deuten: Die Lichtbewegung besteht aus der einfallenden Welle, einer reflektierten und einer Beugungswelle Z, deren Amplitude proportional $r^{-\frac{1}{2}}$, deren Intensität also proportional r^{-1} ist, die somit eine typische *Zylinderwelle* ist. Obwohl der Schirmrand keine wahre Lichtquelle ist, muß doch das Auge, das auf ihn akkommodiert, den Eindruck haben, daß die Kante leuchte. Schon YOUNG hat die Auffassung vertreten, daß sich die Beugungserscheinungen an einer Kante durch Überlagerung der einfallenden und der reflektierten mit einer zylindrischen Beugungswelle darstellen lassen. Man kann auch der KIRCHHOFF-FRESNELschen Theorie eine solche Form geben, daß diese Auffassung zum Ausdruck kommt. Die Beobachtung ist ebenfalls damit im Einklang, und zwar ist die Erscheinung im geometrischen Schattengebiet, wo sie nicht durch die einfallende Lichtwelle überstrahlt wird, zuerst von GOUY[1] und WIEN[2] beobachtet und eingehend studiert worden.

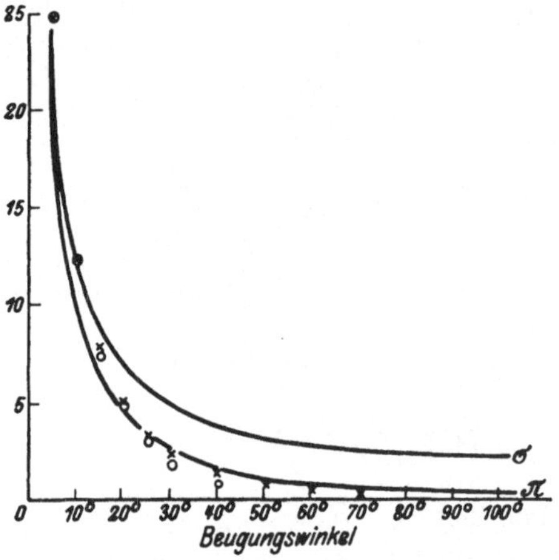

Fig. 130. Intensitätsabfall des abgebeugten Lichts im geometrischen Schatten der Halbebene.
—— berechnet, o beobachtet π-Komponente
× beobachtet σ-Komponente.
(Nach G. WOLFSOHN im Handb. d. Physik Bd. 20.)

Das in den Schattenbereich eindringende Licht ist polarisiert, da die π- und σ-Komponenten sich nach (39) verschieden verhalten. Man erhält für das Amplitudenverhältnis

$$\frac{Z_\pi}{Z_\sigma} = -\operatorname{tg}\frac{\varphi}{2}\cdot\operatorname{tg}\frac{\varphi_0}{2}. \tag{43}$$

Der Vergleich dieser Formeln mit der Beobachtung (ausgeführt für senkrechte Inzidenz, $\operatorname{tg}\varphi_0/2 = 1$) hat im großen und ganzen Übereinstimmung ergeben, wenn auch die beobachteten Werte mit wachsendem Beugungswinkel etwas schneller abfallen als die berechneten (s. Fig. 130). Diese Tatsache beruht zweifellos auf den zu starken Idealisierungen. Die wirklichen Schirme haben z. B. endliche Dicke und endliche Leitfähigkeit.

Fünftes Kapitel.

Kristalloptik.

§ 58. Elektromagnetische Lichttheorie für anisotrope Körper.

Wir erinnern uns an die Grundlagen unserer optischen Theorie, die aus zwei ganz verschiedenen Ansätzen bestanden, einmal aus den MAXWELLschen Gleichungen I, § 1 (1a, b), sodann aus den Materialgleichungen, die bei isotropen Körpern durch die Formeln I, § 1 (7a, b, c) gegeben waren. Wir haben bereits dort betont, daß bei nicht-isotropen Körpern (Kristallen) diese Materialgleichungen durch allgemeinere zu ersetzen sind. Wir behalten in diesem Kapitel die Voraussetzung bei, daß die Substanzen nicht leitend ($\sigma = 0$) und unmagnetisch ($\mu = 1$) sind. Dagegen wollen wir annehmen, daß die betrachteten Körper

[1] A. GOUY: C. R. Acad. Sci., Paris Bd. 96 (1883) S. 697, Bd. 98 (1884) S. 1573, Bd. 100 (1885) S. 977; Ann. Chim. Physique Bd. 8 (1886) S. 145.

[2] W. WIEN: Berl. Ber. 1885 S. 817; Wied. Ann. Bd. 28 (1886) S. 117.

dielektrisch anisotrop sind, d. h. daß sie sich hinsichtlich ihrer dielektrischen Erregbarkeit für verschiedene Richtungen der elektrischen Feldstärke verschieden verhalten. Daher wird im allgemeinen der Vektor $\mathfrak{D}$ mit dem Vektor $\mathfrak{E}$ einen von Null verschiedenen Winkel bilden. Mathematisch verallgemeinern wir die Gleichung I, § 1 (7b) durch den Ansatz

$$(1)\quad \begin{cases} \mathfrak{D}_x = \varepsilon_{xx}\mathfrak{E}_x + \varepsilon_{xy}\mathfrak{E}_y + \varepsilon_{xz}\mathfrak{E}_z\,, \\ \mathfrak{D}_y = \varepsilon_{yx}\mathfrak{E}_x + \varepsilon_{yy}\mathfrak{E}_y + \varepsilon_{yz}\mathfrak{E}_z\,, \\ \mathfrak{D}_z = \varepsilon_{zx}\mathfrak{E}_x + \varepsilon_{zy}\mathfrak{E}_y + \varepsilon_{zz}\mathfrak{E}_z\,, \end{cases}$$

das heißt, wir betrachten $\mathfrak{D}$ als das „Produkt" eines Tensors ε zweiter Stufe mit dem Vektor $\mathfrak{E}$, wobei die Komponenten von ε Materialkonstanten sind. Das ist offenbar die einfachste und der Anisotropie angemessenste Verallgemeinerung. Man nennt ε den *Tensor der optischen Dielektrizitätskonstanten* oder kurz den *dielektrischen Tensor*.

An Stelle der Gleichungen (1) wollen wir auch (unter Vermeidung eines speziellen symbolischen Tensorkalküls) die Schreibweise

$$(2)\quad \mathfrak{D}_x = \sum_y \varepsilon_{xy}\mathfrak{E}_y$$

anwenden; hier benutzen wir also die Koordinatenzeichen x, y, z nicht nur zur Bezeichnung *bestimmter* Achsenrichtungen, sondern lassen sie die drei Achsenrichtungen *durchlaufen*. Den Gebrauch dieses Kalküls, der dem in der Relativitätstheorie üblichen sehr ähnlich ist, werden wir im Fortschreiten unserer Betrachtungen von selbst kennenlernen.

Wir setzen weiter voraus, daß die früher angegebenen Ausdrücke für die elektrische und magnetische Energiedichte [I, § 2 (2) und (3)] auch hier noch gültig bleiben. Wir haben also

$$(3)\quad \begin{cases} T = \dfrac{1}{8\pi}\mathfrak{H}^2\,, \\ U = \dfrac{1}{8\pi}\mathfrak{E}\mathfrak{D} = \dfrac{1}{8\pi}\sum\limits_{x,y}\mathfrak{E}_x\varepsilon_{xy}\mathfrak{E}_y\,. \end{cases}$$

Wir behalten ferner die Definition I, § 2 (7) des Strahlvektors

$$(4)\quad \mathfrak{S} = \frac{c}{4\pi}\mathfrak{E}\times\mathfrak{H}$$

bei und untersuchen, ob sich der Energiesatz in derselben Weise wie früher ableiten läßt. Aus den MAXWELLschen Gleichungen folgt durch skalare Multiplikation der ersten mit $\mathfrak{E}$, der zweiten mit $\mathfrak{H}$ wie in I, § 2 (8) unter Verwendung der Formel I, § 2 (9)

$$(5)\quad -c\,\mathrm{div}(\mathfrak{E}\times\mathfrak{H}) = \mathfrak{E}\dot{\mathfrak{D}} + \mathfrak{H}\dot{\mathfrak{H}} = \frac{1}{2}\frac{d}{dt}\mathfrak{H}^2 + \sum_{x,y}\mathfrak{E}_x\varepsilon_{xy}\dot{\mathfrak{E}}_y\,.$$

Hier ist das erste Glied der rechten Seite die zeitliche Änderung von $4\pi T$, das zweite dagegen nicht ohne weiteres die Ableitung von $4\pi U$. Wir können nun leicht die hinreichende und notwendige Bedingung dafür aufstellen, daß der Energiesatz in der alten Form gültig bleibt. Dann muß eben gelten

$$(6)\quad \sum_{x,y}\mathfrak{E}_x\varepsilon_{xy}\dot{\mathfrak{E}}_y = 4\pi\frac{dU}{dt} = \frac{1}{2}\sum_{x,y}(\dot{\mathfrak{E}}_x\mathfrak{E}_y + \mathfrak{E}_x\dot{\mathfrak{E}}_y)\,\varepsilon_{xy}\,.$$

Daraus folgt

$$\sum_{x,y} \varepsilon_{xy}(\mathfrak{E}_x \dot{\mathfrak{E}}_y - \dot{\mathfrak{E}}_x \mathfrak{E}_y) = 0 .$$

Vertauscht man hierin im zweiten Gliede die Summationsindizes x und y, so sieht man, daß unsere Gleichung (6) äquivalent ist mit

$$\sum_{x,y} (\varepsilon_{xy} - \varepsilon_{yx}) \mathfrak{E}_x \dot{\mathfrak{E}}_y = 0 ,$$

und wenn dies für beliebige Feldstärken gelten soll, so muß sein

$$\varepsilon_{xy} = \varepsilon_{yx} . \tag{7}$$

Der dielektrische Tensor ist also symmetrisch und die neun Tensorkomponenten reduzieren sich auf *sechs*. Umgekehrt ist diese Gleichung (7) offenbar auch hinreichend für die Gültigkeit der Gleichung (6), und man hat den Energiesatz in der differentiellen Form

$$-\operatorname{div} \mathfrak{S} = \frac{dW}{dt}, \qquad W = T + U . \tag{8}$$

Wegen der Symmetrie des Tensors ε kann man die elektrostatische Energie U auf eine Normalform bringen, in der nur die Quadrate, nicht die Produkte der Feldstärken vorkommen. Hierzu betrachten wir in einem xyz-Raum die Fläche zweiter Ordnung

$$\sum_{x,y} \varepsilon_{xy} x y = \text{konst.} \tag{9}$$

Diese muß ein Ellipsoid sein; denn wenn man statt x, y, z die Komponenten der Feldstärke $\mathfrak{E}_x$, $\mathfrak{E}_y$, $\mathfrak{E}_z$ einsetzt, so nimmt die linke Seite den Wert $\mathfrak{E}\mathfrak{D} = 8\pi U$ an, und da die Energie ihrem Sinne nach für jedes System der Feldstärken positiv ist, so handelt es sich in (9) um eine positiv definite Form. Das Ellipsoid (9) läßt sich stets auf Hauptachsen transformieren; es gibt also immer ein spezielles Koordinatensystem mit einer gegen die Substanz des Kristalls festen Lage, in dem die Gleichung des Ellipsoids lautet

$$\sum_x \varepsilon_x x^2 = \varepsilon_x x^2 + \varepsilon_y y^2 + \varepsilon_z z^2 = \text{konst.} \tag{10}$$

In diesem *dielektrischen Hauptachsensystem* hat man also für die Energie und die Materialgleichungen die Formeln

$$\left\{ \begin{aligned} & U = \frac{1}{8\pi} \sum_x \varepsilon_x \mathfrak{E}_x^2 = \frac{1}{8\pi}(\varepsilon_x \mathfrak{E}_x^2 + \varepsilon_y \mathfrak{E}_y^2 + \varepsilon_z \mathfrak{E}_z^2) = \frac{1}{8\pi}\left(\frac{\mathfrak{D}_x^2}{\varepsilon_x} + \frac{\mathfrak{D}_y^2}{\varepsilon_y} + \frac{\mathfrak{D}_z^2}{\varepsilon_z}\right), \\ & \mathfrak{D}_x = \varepsilon_x \mathfrak{E}_x , \qquad \mathfrak{D}_y = \varepsilon_y \mathfrak{E}_y , \qquad \mathfrak{D}_z = \varepsilon_z \mathfrak{E}_z . \end{aligned} \right. \tag{11}$$

Die Größen ε_x, ε_y, ε_z heißen die *Hauptdielektrizitätskonstanten*.

Aus diesen Formeln (11) sieht man unmittelbar, daß die Vektoren $\mathfrak{D}$ und $\mathfrak{E}$ verschiedene Richtungen haben, außer wenn das Ellipsoid in eine Kugel ausartet ($\varepsilon_x = \varepsilon_y = \varepsilon_z = \varepsilon$).

Wir wollen hier sogleich eine Bemerkung über die Gültigkeitsgrenzen der gemachten Annahmen einfügen. Schon bei isotropen Körpern haben wir bemerkt (s. I, § 5), daß die Dielektrizitätskonstante ε in Wirklichkeit keine Materialkonstante ist, sondern von der Frequenz abhängt (Dispersion). Ganz genau so werden bei anisotropen Körpern die sechs Größen ε_{xy}, Funktionen der Frequenz des Lichts sein; das hat zur Folge, daß nicht nur die Hauptdielektrizitätskonstanten ε_x, ε_y, ε_z sich mit der Frequenz ändern, sondern auch die Richtungen der dielektrischen Hauptachsen. Man spricht in diesem Falle von einer *Dis-*

persion der Achsen. Diese ist allerdings auf solche Kristallsysteme beschränkt, bei denen nicht durch die Symmetrie des Kristalls von vornherein ein orthogonales Achsenkreuz ausgezeichnet ist, d. h. auf das monokline und trikline System. Die Erscheinung der Achsendispersion ist besonders auffällig im Ultraroten[1].

Wir können hier aber zunächst von den Dispersionserscheinungen absehen, indem wir monochromatische Wellen betrachten. Für eine feste Frequenz sind die dielektrischen Konstanten nur noch vom Material abhängig.

Wir haben daher zunächst zu untersuchen, wie sich eine ebene Welle auf Grund der MAXWELLschen Gleichungen mit den veränderten Materialgleichungen in einem anisotropen Körper fortpflanzt (analog wie wir es für isotrope Körper in I, § 3 gemacht haben). Bei einer monochromatischen ebenen Welle sind die drei Vektoren $\mathfrak{E}$, $\mathfrak{D}$, $\mathfrak{H}$ proportional mit $e^{i\omega\left(t-\frac{n}{c}\mathfrak{r}\mathfrak{s}\right)}$, wo $\omega = 2\pi\nu$ die Kreisfrequenz, $\mathfrak{s}$ den Einheitsvektor in Richtung der Wellennormalen und n den Brechungsindex bedeuten; dabei wollen wir gleich bemerken, daß neben der *Phasen- oder Normalengeschwindigkeit* c/n der Welle später eine andere Geschwindigkeitsgröße, die *Strahl-* oder *Energiegeschwindigkeit*, auftreten wird, weil in einem anisotropen Körper die Richtung der Energiefortpflanzung nicht mehr mit der Wellennormalen $\mathfrak{s}$ parallel ist.

Der Operator d/dt entspricht nun der Multiplikation mit $i\omega$, der Operator $\partial/\partial x$ der Multiplikation mit $-i\omega\frac{n}{c}\mathfrak{s}_x$. Daher wird z. B.

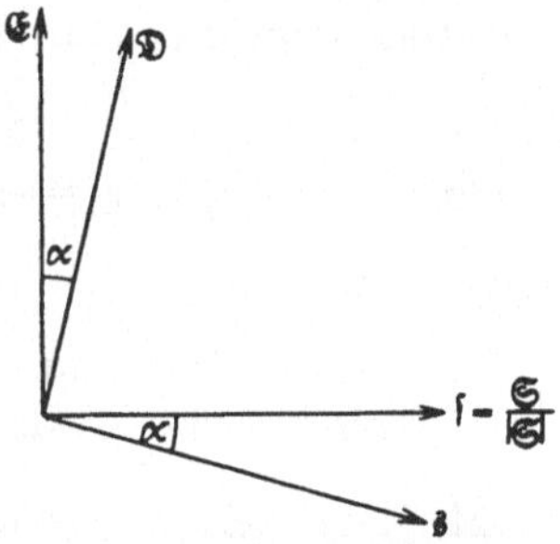

$$\left\{\begin{aligned} \dot{\mathfrak{D}} &= i\omega\mathfrak{D}, \\ \operatorname{rot}\mathfrak{E} &= i\omega\frac{n}{c}\,\mathfrak{E}\times\mathfrak{s}. \end{aligned}\right. \tag{12}$$

Aus den MAXWELLschen Gleichungen wird daher

$$\left\{\begin{aligned} n\cdot\mathfrak{H}\times\mathfrak{s} &= \mathfrak{D}, \\ n\cdot\mathfrak{E}\times\mathfrak{s} &= -\mathfrak{H}. \end{aligned}\right. \tag{13}$$

Durch Elimination von $\mathfrak{H}$ ergibt sich hieraus

$$\mathfrak{D} = -n^2(\mathfrak{E}\times\mathfrak{s})\times\mathfrak{s} = n^2(\mathfrak{E}-\mathfrak{s}(\mathfrak{E}\mathfrak{s}))\,. \tag{14}$$

Fig. 131. Lage von Wellennormale und Strahl, elektrischer Verschiebung und Feldstärke.

Aus den Formeln (13) und (14) liest man ab:

$\mathfrak{H}$ steht senkrecht auf den Vektoren $\mathfrak{D}$, $\mathfrak{E}$, $\mathfrak{s}$, die also komplanar sind. Außerdem steht noch $\mathfrak{D}$ auf $\mathfrak{s}$ senkrecht; von den beiden elektrischen Vektoren ist also jetzt $\mathfrak{D}$ der „transversale" und nicht $\mathfrak{E}$, wie früher. Fig. 131 zeigt die Lage der sämtlichen Vektoren. Außerdem ist noch der Strahlvektor $\mathfrak{S}$ eingetragen, der auf $\mathfrak{E}$ senkrecht steht. Der Winkel zwischen $\mathfrak{E}$ und $\mathfrak{D}$ oder zwischen $\mathfrak{S}$ und $\mathfrak{s}$ ist mit α bezeichnet. Man kann auch sagen: *Die Vektorentripel $\mathfrak{D}$, $\mathfrak{H}$, $\mathfrak{s}$ und $\mathfrak{E}$, $\mathfrak{H}$, $\mathfrak{S}$ bilden zwei Rechtssysteme mit dem gemeinsamen Vektor $\mathfrak{H}$*, und zwar sind sie um diesen gegeneinander durch den Winkel α verdreht. Die Gleichung (14) ist die Verallgemeinerung der früher bei isotropen Körpern gültigen Gleichung $\mathfrak{D} = n^2\mathfrak{E}$, in die sie für $\mathfrak{E}\mathfrak{s} = 0$ übergeht.

Die wichtigsten Züge, welche die Figur veranschaulicht, sind also: $\mathfrak{E}$ und $\mathfrak{D}$ bilden einen Winkel α, wobei $\mathfrak{D}$ transversal ist; die Richtung des Energietransportes $\mathfrak{S}$ ist von der der Wellennormalen $\mathfrak{s}$ verschieden, und zwar um denselben Winkel α.

[1] Siehe hierzu TH. LIEBISCH u. H. RUBENS: Sitzgsber. preuß. Akad. Wiss., Physik.-math. Kl. 1919 S. 198, 876; H. RUBENS: Ebenda S. 976ff.

Doch bleibt auch im Kristall der Satz bestehen, daß die elektrische und die magnetische Schwingung gleich viel Energie mit sich führen. Man hat nämlich nach (3) und (14) bzw. (13)

$$U = \frac{1}{8\pi}\mathfrak{E}\mathfrak{D} = \frac{n^2}{8\pi}(\mathfrak{E}^2 - (\mathfrak{E}\mathfrak{s})^2) \tag{15}$$

und

$$T = \frac{1}{8\pi}\mathfrak{H}^2 = \frac{n^2}{8\pi}(\mathfrak{E}\times\mathfrak{s})^2 = \frac{n^2}{8\pi}(\mathfrak{E}^2 - (\mathfrak{E}\mathfrak{s})^2)\,. \tag{16}$$

Die gesamte Energiedichte ist also

$$W = U + T = 2U = 2T = \frac{n^2}{4\pi}\{\mathfrak{E}^2 - (\mathfrak{E}\mathfrak{s})^2\}\,. \tag{17}$$

Wir zeigen jetzt, daß durch Angabe der Vektoren $\mathfrak{D}$ und $\mathfrak{E}$ (also bei Benutzung der Materialgleichung (1) eines von ihnen) sowohl der Brechungsindex n als auch die Normalenrichtung $\mathfrak{s}$ bestimmt sind. Aus (14) folgt nämlich die Relation

$$\mathfrak{D}^2 = n^4(\mathfrak{E}^2 - (\mathfrak{E}\mathfrak{s})^2) = 4\pi n^2 W \tag{18}$$

also

$$n^2 = \frac{\mathfrak{D}^2}{4\pi W} = \frac{\mathfrak{D}^2}{\mathfrak{E}\mathfrak{D}}\,. \tag{19}$$

Ferner folgt aus (14), (18) und (19)

$$\mathfrak{s} = \frac{\mathfrak{E} - \frac{\mathfrak{D}}{n^2}}{\mathfrak{E}\mathfrak{s}} = \frac{\mathfrak{E} - \frac{\mathfrak{D}}{n^2}}{\sqrt{\mathfrak{E}^2 - \frac{\mathfrak{D}^2}{n^4}}} = \frac{\mathfrak{E}\mathfrak{D}^2 - \mathfrak{D}(\mathfrak{E}\mathfrak{D})}{\sqrt{\mathfrak{D}^2(\mathfrak{E}^2\mathfrak{D}^2 - (\mathfrak{E}\mathfrak{D})^2)}}\,; \tag{20}$$

die Formeln (19) und (20) beweisen die Behauptung.

Jetzt berechnen wir den Strahlvektor als Funktion von $\mathfrak{E}$ und $\mathfrak{s}$ und haben

$$\mathfrak{S} = \frac{c}{4\pi}\mathfrak{E}\times\mathfrak{H} = -\frac{cn}{4\pi}\mathfrak{E}\times(\mathfrak{E}\times\mathfrak{s}) = \frac{cn}{4\pi}(\mathfrak{s}\mathfrak{E}^2 - \mathfrak{E}(\mathfrak{E}\mathfrak{s}))\,. \tag{21}$$

Daraus folgt

$$\mathfrak{S}^2 = \frac{c^2 n^2}{(4\pi)^2}\mathfrak{E}^2(\mathfrak{E}^2 - (\mathfrak{E}\mathfrak{s})^2) = \frac{c^2}{4\pi}\mathfrak{E}^2 W \tag{22}$$

und

$$\mathfrak{S}\mathfrak{s} = |\mathfrak{S}|\cos\alpha = \frac{cn}{4\pi}(\mathfrak{E}^2 - (\mathfrak{E}\mathfrak{s})^2) = \frac{c}{n}W\,, \tag{23}$$

endlich

$$\mathfrak{S}\mathfrak{D} = -nc\,\mathfrak{E}\mathfrak{s}\,W\,. \tag{24}$$

Wir haben schon erwähnt, daß im Kristall scharf zwischen der Geschwindigkeit der Wellenfront und der Geschwindigkeit des Energietransports zu unterscheiden ist. Erstere, die *Normalengeschwindigkeit*, ist gegeben durch

$$c_n = \frac{c}{n}\,; \tag{25}$$

letztere, die wir *Strahlengeschwindigkeit* c_s nennen, weil sie die Richtung von $\mathfrak{S}$ hat, definieren wir folgendermaßen: Auf Grund des Energiesatzes (8) bedeutet $|\mathfrak{S}|$ die Energiemenge, die pro Zeiteinheit durch ein zu $\mathfrak{S}$ senkrechtes Flächenstück der Größe 1 hindurchtritt. Denkt man sich auf diesem Flächenstück einen Zylinder von der Höhe c_s errichtet und mit der Energie der Dichte W erfüllt, so wird gerade die gesamte im Zylinder befindliche Energiemenge $c_s W$ in der Zeiteinheit die Grundfläche passieren. Daher hat man

$$|\mathfrak{S}| = c_s W.$$

Unsere Formeln (23) und (25) liefern dann

$$c_s = \frac{|\mathfrak{S}|}{W} = \frac{c}{n \cos\alpha} = \frac{c_n}{\cos\alpha}. \tag{26}$$

Die Normalengeschwindigkeit ist die Projektion der Strahlengeschwindigkeit auf die Wellennormale:

$$c_n = c_s \cos\alpha. \tag{27}$$

Schließlich merken wir noch die aus (22) und (26) folgende Gleichung an:

$$c_s^2 = \frac{\mathfrak{S}^2}{W^2} = \frac{c^2}{4\pi} \frac{\mathfrak{E}^2}{W}. \tag{28}$$

Definieren wir nun analog zum Brechungsindex n den *Strahlenindex* s durch

$$c_s = \frac{c}{s}, \tag{29}$$

so gilt

$$s = n \cos\alpha, \tag{30}$$

und wir erhalten überdies

$$s^2 = \left(\frac{c}{c_s}\right)^2 = \frac{4\pi W}{\mathfrak{E}^2} = \frac{\mathfrak{E}\mathfrak{D}}{\mathfrak{E}^2}. \tag{31}$$

Diese Formel (31) ist analog zu (19) und zeigt, daß man auch den Strahlenindex kennt, sobald $\mathfrak{D}$ (oder $\mathfrak{E}$) gegeben ist. Dasselbe gilt von dem Strahlvektor $\mathfrak{S}$. Man erhält durch Einsetzen der Ausdrücke $\mathfrak{s}$ und n aus (20) und (19) in (21)

$$\mathfrak{S} = \frac{c}{4\pi} \sqrt{\mathfrak{E}\mathfrak{D}} \frac{\mathfrak{E}(\mathfrak{E}\mathfrak{D}) - \mathfrak{D}\mathfrak{E}^2}{\sqrt{\mathfrak{E}^2\mathfrak{D}^2 - (\mathfrak{E}\mathfrak{D})^2}}. \tag{32}$$

Die Symmetrie der Formeln für die Normalen- und Strahlenrichtung erkennt man besser, wenn man den Einheitsvektor in der Strahlenrichtung

$$\mathfrak{f} = \frac{\mathfrak{S}}{|\mathfrak{S}|} \tag{33}$$

einführt. Es ist nach (22)

$$|\mathfrak{S}| = \frac{c}{4\pi} \sqrt{(\mathfrak{E}\mathfrak{D})\,\mathfrak{E}^2} \tag{34}$$

und daher nach (32)

$$-\mathfrak{f} = \frac{\mathfrak{D}\mathfrak{E}^2 - \mathfrak{E}(\mathfrak{E}\mathfrak{D})}{\sqrt{\mathfrak{E}^2(\mathfrak{E}^2\mathfrak{D}^2 - (\mathfrak{E}\mathfrak{D})^2)}}. \tag{35}$$

Diese Formel (35) geht aus der Formel (20) für $\mathfrak{s}$ bis auf das Vorzeichen durch Vertauschung von $\mathfrak{E}$ und $\mathfrak{D}$ hervor. Aus (32) und (23) folgt noch, wie auch Fig. 131 zeigt, die Formel

$$\mathfrak{f}\mathfrak{s} = \cos\alpha = \frac{c_n}{c_s}. \tag{36}$$

§ 59. Die FRESNELschen Formeln für die Lichtausbreitung in Kristallen.

Die im vorigen Paragraphen abgeleiteten Beziehungen von (14) an folgen allein aus den MAXWELLschen Gleichungen ohne Benutzung der Materialgleichungen. Unser nächster Schritt besteht nun darin, diese, d. h. die Formeln (1) bzw. (11) des § 58, mit der Formel (14) zu kombinieren. Setzen wir die beiden Werte von $\mathfrak{D}$ einander gleich, so entstehen drei lineare homogene Gleichungen für die drei Komponenten von $\mathfrak{E}$ (oder von $\mathfrak{D}$); sie sind im allgemeinen nicht lösbar, vielmehr nur dann, wenn die Determinante verschwindet. Diese Bedingung liefert eine algebraische Gleichung für das Quadrat des Brechungsindex, und zwar nicht vom dritten, sondern vom zweiten Grade, weil ihr konstantes Glied verschwindet. (Das beruht darauf, daß der Vektor $\mathfrak{D}$ transversal, also $\mathfrak{z}\mathfrak{D} = 0$ ist.) Man kann nun diese quadratische Gleichung auf folgende Weise direkt ableiten:

Wir benutzen das Hauptachsensystem und setzen $\mathfrak{E}_x = \mathfrak{D}_x/\varepsilon_x$, $\mathfrak{E}_y = \mathfrak{D}_y/\varepsilon_y$, $\mathfrak{E}_z = \mathfrak{D}_z/\varepsilon_z$ in § 58 (14) ein. Dann wird

$$\mathfrak{D}_x = n^2\left\{\frac{\mathfrak{D}_x}{\varepsilon_x} - \mathfrak{z}_x(\mathfrak{E}\mathfrak{z})\right\} \tag{1}$$

oder

$$\mathfrak{D}_x\left(\frac{1}{n^2} - \frac{1}{\varepsilon_x}\right) = -\mathfrak{z}_x(\mathfrak{E}\mathfrak{z})\,. \tag{2}$$

Wir dividieren diese Gleichung durch $1/n^2 - 1/\varepsilon_x$ und multiplizieren dann mit $\mathfrak{z}_x$; addieren wir zu dem Resultat die entsprechenden Relationen für die anderen Koordinatenrichtungen, so entsteht linker Hand $\mathfrak{D}\mathfrak{z} = 0$; also erhalten wir

$$\frac{\mathfrak{z}_x^2}{\frac{1}{n^2} - \frac{1}{\varepsilon_x}} + \frac{\mathfrak{z}_y^2}{\frac{1}{n^2} - \frac{1}{\varepsilon_y}} + \frac{\mathfrak{z}_z^2}{\frac{1}{n^2} - \frac{1}{\varepsilon_z}} = 0\,. \tag{3}$$

Man pflegt die sog. *Hauptlichtgeschwindigkeiten*[1] zu definieren durch

$$c_x = \frac{c}{\sqrt{\varepsilon_x}}, \qquad c_y = \frac{c}{\sqrt{\varepsilon_y}}, \qquad c_z = \frac{c}{\sqrt{\varepsilon_z}}\,. \tag{4}$$

Dann können wir unter Benutzung der Definition § 58 (25) der Normalengeschwindigkeit unsere Gleichung (3) so schreiben:

$$\frac{\mathfrak{z}_x^2}{c_n^2 - c_x^2} + \frac{\mathfrak{z}_y^2}{c_n^2 - c_y^2} + \frac{\mathfrak{z}_z^2}{c_n^2 - c_z^2} = 0\,. \tag{5}$$

(3) oder (5) sind gleichwertige Formen der sog. FRESNEL*schen Normalengleichung*. Sie ist eine in c_n^2 quadratische Gleichung; das bedeutet: Zu jeder vorgegebenen Richtung $\mathfrak{z}(\mathfrak{z}_x, \mathfrak{z}_y, \mathfrak{z}_z)$ gibt es zwei Normalengeschwindigkeiten c_n (die negativen Lösungen haben natürlich keinen physikalischen Sinn). Die in dieser Formel enthaltenen geometrischen Aussagen werden wir nachher (§ 60) ausführlich untersuchen. Zuvor jedoch zeigen wir, daß sich eine vollständig analoge Formel auch für die Strahlengeschwindigkeit ableiten läßt.

Aus § 58 (14) folgt durch skalare Multiplikation mit $\mathfrak{f}$ wegen $\mathfrak{E}\mathfrak{f} = 0$ und $\mathfrak{f}\mathfrak{z} = \cos\alpha$

$$\mathfrak{D}\mathfrak{f} = -n^2(\mathfrak{E}\mathfrak{z})\cos\alpha\,. \tag{6}$$

Zwischen den komplanaren Vektoren $\mathfrak{E}$, $\mathfrak{D}$ und $\mathfrak{f}$ muß eine lineare Relation bestehen. Wir setzen dementsprechend

$$\mathfrak{f} = a\mathfrak{D} + b\mathfrak{E} \tag{7}$$

und erhalten daraus durch skalare Multiplikation mit $\mathfrak{f}$ und $\mathfrak{z}$

$$a\mathfrak{D}\mathfrak{f} = 1\,, \qquad b\mathfrak{E}\mathfrak{z} = \mathfrak{f}\mathfrak{z} = \cos\alpha\,. \tag{8}$$

---

[1] Es ist sehr zu beachten, daß diese Hauptlichtgeschwindigkeiten c_x, c_y, c_z *nicht* die Komponenten eines Vektors darstellen.

Lösen wir (7) nach $\mathfrak{E}$ auf, so wird unter Benutzung von (8)

$$(9) \qquad \mathfrak{E} = \frac{1}{b}(\mathfrak{f} - a\,\mathfrak{D}) = \frac{\mathfrak{E}\mathfrak{s}}{\cos\alpha}\left(\mathfrak{f} - \frac{\mathfrak{D}}{\mathfrak{D}\mathfrak{f}}\right).$$

Eliminiert man $\mathfrak{E}\mathfrak{s}$ mit Hilfe von (6) und führt den Strahlenindex $s = n\cos\alpha$ [s. § 58 (30)] ein, so erhält man

$$(10) \qquad \mathfrak{E} = \frac{1}{s^2}(\mathfrak{D} - \mathfrak{f}(\mathfrak{D}\mathfrak{f})).$$

Diese Gleichung (10) ist ein volles Analogon zur Gleichung § 58 (14) und entsteht aus ihr durch Vertauschung von $\mathfrak{E}$ mit $\mathfrak{D}$, n mit $1/s$, $\mathfrak{s}$ mit $-\mathfrak{f}$ (natürlich auch $-\mathfrak{s}$ mit $\mathfrak{f}$). Allgemein gilt folgende *Regel*:

Schreibt man untereinander die beiden Größenreihen

$$(11) \qquad \left\{\begin{array}{l} \mathfrak{E},\ \mathfrak{D},\ \ \mathfrak{s},\ \ \mathfrak{f},\ c_n,\ n,\ \varepsilon_x,\ \varepsilon_y,\ \varepsilon_z,\ c_x,\ c_y,\ c_z,\ c\,; \\[1ex] \mathfrak{D},\ \mathfrak{E},\ -\mathfrak{f},\ -\mathfrak{s},\ \frac{1}{c_s},\ \frac{1}{s},\ \frac{1}{\varepsilon_x},\ \frac{1}{\varepsilon_y},\ \frac{1}{\varepsilon_z},\ \frac{1}{c_x},\ \frac{1}{c_y},\ \frac{1}{c_z},\ \frac{1}{c}, \end{array}\right.$$

so entsteht aus jeder richtigen Gleichung zwischen den Größen der einen Reihe wieder eine richtige Gleichung, wenn man jede Größe mit der entsprechenden der anderen Reihe vertauscht.

Diese Regel wenden wir an, um zur FRESNELschen Normalengleichung eine analoge Strahlengleichung zu bekommen. Wir wollen überall mit den Geschwindigkeiten rechnen und schreiben daher (2) in der Form

$$(12) \qquad \mathfrak{D}_x = -\frac{c^2\mathfrak{s}_x(\mathfrak{E}\mathfrak{s})}{c_n^2 - c_x^2}.$$

Diese Gleichungen gehen durch die Vertauschungen (11) über in

$$(13) \qquad \mathfrak{E}_x = -\frac{1}{c^2}\,\frac{\mathfrak{f}_x(\mathfrak{D}\mathfrak{f})}{\frac{1}{c_s^2} - \frac{1}{c_x^2}}.$$

Hieraus folgt genau wie oben wegen $\mathfrak{E}\mathfrak{f} = 0$ die *Strahlengleichung*

$$(14) \qquad \frac{\mathfrak{f}_x^2}{\frac{1}{c_s^2} - \frac{1}{c_x^2}} + \frac{\mathfrak{f}_y^2}{\frac{1}{c_s^2} - \frac{1}{c_y^2}} + \frac{\mathfrak{f}_z^2}{\frac{1}{c_s^2} - \frac{1}{c_z^2}} = 0,$$

oder auch

$$(15) \qquad \frac{\mathfrak{f}_x^2}{s^2 - \varepsilon_x} + \frac{\mathfrak{f}_y^2}{s^2 - \varepsilon_y} + \frac{\mathfrak{f}_z^2}{s^2 - \varepsilon_z} = 0.$$

Sie ist ebenso wie die Normalengleichungen (3) oder (5) eine quadratische Gleichung für c_s^2 (oder s^2). Hat man für eine Strahlenrichtung $\mathfrak{f}$ eine ihrer Wurzeln gefunden, so ergibt sich der Schwingungsvektor $\mathfrak{E}$ aus (13).

Tatsächlich wird bei einem vorgegebenen Experiment immer nur einer der beiden Vektoren $\mathfrak{s}$ oder $\mathfrak{f}$ gegeben sein. Es ist daher nötig, daß man einen aus dem anderen berechnen kann; danach findet man $\mathfrak{D}$ und $\mathfrak{E}$ aus (12) und (13).

Um die Beziehung zwischen $\mathfrak{f}$ und $\mathfrak{s}$ zu erhalten, multiplizieren wir (13) mit $\varepsilon_x = c^2/c_x^2$ und bekommen

$$(16) \qquad \mathfrak{D}_x = -\frac{\mathfrak{f}_x(\mathfrak{D}\mathfrak{f})c_s^2}{c_x^2 - c_s^2}.$$

Setzen wir diesen Ausdruck für $\mathfrak{D}$ mit dem durch (12) gegebenen gleich und beachten die Formeln § 59 (6) und § 58 (27), nach denen wir

$$(17) \qquad \mathfrak{D}\mathfrak{f} = -\frac{c^2}{c_n^2}(\mathfrak{E}\mathfrak{s})\cos\alpha = -\frac{c^2}{c_n c_s}\mathfrak{E}\mathfrak{s}$$

setzen können, so wird

$$(18) \qquad \frac{\mathfrak{s}_x c_n}{c_n^2 - c_x^2} = \frac{\mathfrak{f}_x c_s}{c_s^2 - c_x^2}.$$

Hieraus schließen wir zunächst auf die später zu benutzende Formel [skalare Multiplikation mit $\mathfrak{s}$ und Berücksichtigung von (5)]:

$$\frac{\mathfrak{f}_x\mathfrak{s}_x}{c_s^2 - c_x^2} + \frac{\mathfrak{f}_y\mathfrak{s}_y}{c_s^2 - c_y^2} + \frac{\mathfrak{f}_z\mathfrak{s}_z}{c_s^2 - c_z^2} = 0\,. \tag{19}$$

Die Gleichung (18) lösen wir nach $\mathfrak{f}$ auf und schreiben

$$\mathfrak{f}_x = \frac{c_n}{c_s}\mathfrak{s}_x\frac{c_s^2 - c_x^2}{c_n^2 - c_x^2} = \frac{c_n}{c_s}\mathfrak{s}_x\left\{1 + \frac{c_s^2 - c_n^2}{c_n^2 - c_x^2}\right\} \tag{20}$$

oder

$$c_s\mathfrak{f}_x - c_n\mathfrak{s}_x = c_n\mathfrak{s}_x\frac{c_s^2 - c_n^2}{c_n^2 - c_x^2}\,. \tag{21}$$

Die drei Gleichungen (21) quadrieren und addieren wir und beachten § 58 (36); dann wird

$$c_s^2 - c_n^2 = c_n^2(c_s^2 - c_n^2)^2\left\{\left(\frac{\mathfrak{s}_x}{c_n^2 - c_x^2}\right)^2 + \left(\frac{\mathfrak{s}_y}{c_n^2 - c_y^2}\right)^2 + \left(\frac{\mathfrak{s}_z}{c_n^2 - c_z^2}\right)^2\right\}.$$

Somit erhalten wir

$$g^2 = c_n^2(c_s^2 - c_n^2) = \frac{1}{\left(\frac{\mathfrak{s}_x}{c_n^2 - c_x^2}\right)^2 + \left(\frac{\mathfrak{s}_y}{c_n^2 - c_y^2}\right)^2 + \left(\frac{\mathfrak{s}_z}{c_n^2 - c_z^2}\right)^2}\,. \tag{22}$$

Hieraus läßt sich g (oder auch c_s) durch $\mathfrak{s}$ ausdrücken, da ja c_n durch die Normalengleichung (5) bereits als Funktion von $\mathfrak{s}$ bekannt ist. Damit hat man auch $\mathfrak{f}$ als Funktion von $\mathfrak{s}$, und zwar wollen wir den Ausdruck (20) unter Benutzung des Zeichens g noch so schreiben:

$$\mathfrak{f}_x = \frac{\mathfrak{s}_x}{c_n c_s}\left(c_n^2 + \frac{g^2}{c_n^2 - c_x^2}\right). \tag{23}$$

Da zu jedem $\mathfrak{s}$ im allgemeinen zwei Werte von c_n gehören, erhält man für jede Normalenrichtung $\mathfrak{s}$ zwei Strahlen $\mathfrak{f}$, außer in besonderen Fällen, auf die wir später (s. § 62) eingehen werden.

§ 60. Geometrische Konstruktionen zur Bestimmung von Fortpflanzungsgeschwindigkeiten und Schwingungsrichtungen der Wellen.

Wir denken uns von einem festen Punkte im Kristallinnern auf jeder Normalenrichtung $\mathfrak{s}$ die beiden Werte der Normalengeschwindigkeit c_n, die der Normalengleichung § 59 (5) genügen, aufgetragen. Dann erhalten wir eine zweischalige Fläche, die sog. *Normalenfläche.* (Die entsprechende Konstruktion für Strahlenrichtung $\mathfrak{f}$ und Strahlengeschwindigkeit c_s liefert die *Strahlenfläche.*) Es ist eine komplizierte Fläche; die Umrechnung von den hier gewählten Polarkoordinaten (c_n, $\mathfrak{s}$) auf rechtwinklige Koordinaten zeigt, daß es sich um eine Fläche vierter Ordnung handelt. Daher ist es von Vorteil, daß man sie für die Anschauung durch eine einfachere Fläche, nämlich ein Ellipsoid, ersetzen kann.

Nach § 58 (11) genügen die Komponenten des Vektors $\mathfrak{D}$ bei vorgegebener Energiedichte W der Gleichung

$$\frac{\mathfrak{D}_x^2}{\varepsilon_x} + \frac{\mathfrak{D}_y^2}{\varepsilon_y} + \frac{\mathfrak{D}_z^2}{\varepsilon_z} = \text{konst.} \tag{1}$$

Schreiben wir nun statt $\mathfrak{D}_x$, $\mathfrak{D}_y$, $\mathfrak{D}_z$ einfach x, y, z und fassen diese als kartesische Koordinaten im Raum auf, so haben wir bei geeigneter Normierung der Konstanten statt (1)

$$\frac{x^2}{\varepsilon_x} + \frac{y^2}{\varepsilon_y} + \frac{z^2}{\varepsilon_z} = 1\,. \tag{2}$$

Das ist ein Ellipsoid, dessen Hauptachsen mit den dielektrischen Achsen des Kristalls zusammenfallen und gleich den Wurzeln der Hauptdielektrizitätskonstanten sind. Wir nennen dieses Ellipsoid das *Normalenellipsoid*[1].

Mit Hilfe dieses Normalenellipsoids kann man in folgender Weise zugleich die zu jeder Normalenrichtung $\mathfrak{s}$ gehörigen beiden Normalengeschwindigkeiten und Schwingungsrichtungen finden: Man schneidet das Ellipsoid mit einer zu $\mathfrak{s}$ senkrechten Ebene durch den Mittelpunkt (s. Fig. 132). Die Schnittfigur ist eine Ellipse; ihre Hauptachsen bestimmen durch ihre Längen die beiden Normalengeschwindigkeiten und durch ihre Richtungen die zugehörigen Schwingungsrichtungen (des Vektors $\mathfrak{D}$). Dies sieht man so:

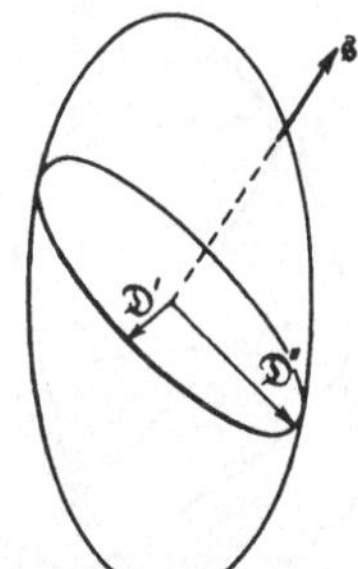

Fig. 132. Normalenellipsoid. Konstruktion der Schwingungsrichtungen.

Jeder Punkt der Schnittfigur genügt den beiden Gleichungen

$$x\mathfrak{s}_x + y\mathfrak{s}_y + z\mathfrak{s}_z = 0\,, \tag{3}$$

$$\frac{x^2}{\varepsilon_x} + \frac{y^2}{\varepsilon_y} + \frac{z^2}{\varepsilon_z} = 1\,. \tag{4}$$

Die Hauptachsen sind definiert als maximaler und minimaler Durchmesser der Schnittellipse. Um sie zu finden, haben wir also die Größe

$$r^2 = x^2 + y^2 + z^2 \tag{5}$$

zum Extremum zu machen unter den beiden Nebenbedingungen (3) und (4). Hierzu multiplizieren wir diese in bekannter Weise mit zwei LAGRANGEschen Multiplikatoren, die wir 2μ und λ nennen. Dann ist unsere Extremalaufgabe mit Nebenbedingungen äquivalent mit der, ohne Nebenbedingungen den Ausdruck

$$x^2 + y^2 + z^2 + 2\mu(x\mathfrak{s}_x + y\mathfrak{s}_y + z\mathfrak{s}_z) + \lambda\left(\frac{x^2}{\varepsilon_x} + \frac{y^2}{\varepsilon_y} + \frac{z^2}{\varepsilon_z}\right) \tag{6}$$

zum Extremum zu machen. Die notwendigen Bedingungen dafür erhält man durch Nullsetzen der Ableitungen nach x, y, z:

$$x + \mu\mathfrak{s}_x + \frac{\lambda x}{\varepsilon_x} = 0\,, \quad y + \mu\mathfrak{s}_y + \frac{\lambda y}{\varepsilon_y} = 0\,, \quad z + \mu\mathfrak{s}_z + \frac{\lambda z}{\varepsilon_z} = 0\,. \tag{7}$$

Multiplizieren wir diese Gleichungen einmal mit x, y, z, sodann mit $\mathfrak{s}_x$, $\mathfrak{s}_y$, $\mathfrak{s}_z$ und addieren, so finden wir unter Berücksichtigung der Nebenbedingungen (3) und (4)

$$\left\{\begin{aligned} r^2 + \lambda &= 0\,, \\ \mu + \lambda\left(\frac{x\mathfrak{s}_x}{\varepsilon_x} + \frac{y\mathfrak{s}_y}{\varepsilon_y} + \frac{z\mathfrak{s}_z}{\varepsilon_z}\right) &= 0\,. \end{aligned}\right. \tag{8}$$

Setzen wir die hieraus für λ und μ folgenden Werte in (7) ein, so erhalten wir

$$x\left(1 - \frac{r^2}{\varepsilon_x}\right) + \mathfrak{s}_x r^2\left(\frac{x\mathfrak{s}_x}{\varepsilon_x} + \frac{y\mathfrak{s}_y}{\varepsilon_y} + \frac{z\mathfrak{s}_z}{\varepsilon_z}\right) = 0\,. \tag{9}$$

Dies sind bei gegebenem $\mathfrak{s}$ drei lineare homogene Gleichungen für x, y, z, die nur dann lösbar sind, wenn ihre Determinante verschwindet. Das liefert eine algebraische Gleichung für r^2. Nun sieht man aber sofort, daß die Gleichungen (9) sich nur durch die Bezeichnungen von unseren früheren Grundgleichungen § 59 (1) unterscheiden.

[1] Häufig wird hierfür der unklare Ausdruck „Indexellipsoid" gebraucht.

Denn ersetzen wir wieder x, y, z durch die Komponenten von $\mathfrak{D}$ und x/ε_x, y/ε_y, z/ε_z durch die Komponenten von $\mathfrak{E}$ und schreiben außerdem n statt r, dann erhalten wir aus (9)

$$\mathfrak{D}_x = n^2\left\{\frac{\mathfrak{D}_x}{\varepsilon_x} - \mathfrak{s}_x(\mathfrak{E}\mathfrak{s})\right\}. \tag{10}$$

Die geometrische Überlegung zeigt, daß die beiden Wurzeln der Determinantengleichung für n (die nach § 59 ja zweiten Grades ist) gleich dem Werte von r für die extremen Halbmesser der Schnittellipse sind, und daß ferner die Komponenten von $\mathfrak{D}$ mit den Vektoren in Richtung der Hauptachsen zusammenfallen. Ohne Rechnung schließen wir aus der bekannten Eigenschaft der Hauptachsen, aufeinander senkrecht zu stehen, den wichtigen Satz:

Die Schwingungsrichtungen $\mathfrak{D}'$ und $\mathfrak{D}''$ der beiden zu einer Normalen gehörigen Wellen stehen aufeinander senkrecht.

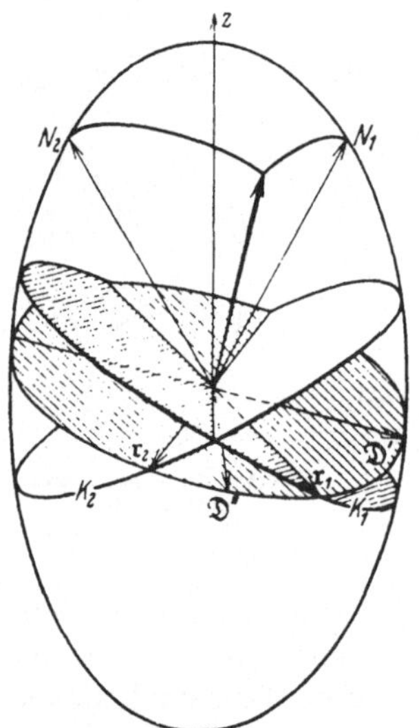

Fig. 133. Zum Beweise des Satzes, daß die Ebenen der Schwingungsrichtungen die Winkel zwischen den Ebenen $N_1\mathfrak{s}$ und $N_2\mathfrak{s}$ halbieren.

Diesen Satz hätten wir natürlich auch durch einfache Rechnung aus (10) folgern können[1].

Man kann aber darüber hinaus die Lage der Schwingungsebene durch eine einfache Konstruktion vollständig bestimmen. Bekanntlich hat ein allgemeines dreiachsiges Ellipsoid zwei ebene, den Mittelpunkt enthaltende Kreisschnitte K_1, K_2, deren Normalen N_1, N_2 in derjenigen Symmetriebene des Ellipsoids liegen, die die größte und kleinste Hauptachse (die x- und die z-Achse) enthält; wir werden von diesen Richtungen N_1, N_2, die *optische Normalenachsen* heißen, im folgenden noch ausführlich zu sprechen haben.

Es sei nun eine beliebige Normale $\mathfrak{s}$ gegeben, zu der der elliptische Schnitt E gehöre. Die Ebene dieses Schnittes schneidet die beiden Kreise K_1 und K_2 längs zweier Vektoren $\mathfrak{r}_1$, $\mathfrak{r}_2$, deren Längen gleich sind, die also symmetrisch zu den beiden Hauptachsen der Ellipse E liegen (s. Fig. 133). Nun steht $\mathfrak{r}_1$ senkrecht auf N_1 und $\mathfrak{s}$, also auf der durch sie gehenden Ebene; ebenso steht $\mathfrak{r}_2$ senkrecht auf der Ebene N_2, $\mathfrak{s}$. Sind $\mathfrak{r}_1'$, $\mathfrak{r}_2'$ die Spuren dieser Ebenen in der Ellipsenebene E, also $\mathfrak{r}_1' \perp \mathfrak{r}_1$, $\mathfrak{r}_2' \perp \mathfrak{r}_2$, so liegen auch $\mathfrak{r}_1'$ und $\mathfrak{r}_2'$ symmetrisch zu den Ellipsenachsen (s. Fig. 134). Gehen wir zu den durch die Normale $\mathfrak{s}$ und die Vektoren in der Ellipsenebene bestimmten Ebenen über, so folgt: *Die Ebenen der Schwingungsrichtungen* (d. h. die Ebenen durch $\mathfrak{s}$ und die Hauptachsen der Ellipse E) *halbieren die Winkel zwischen den Ebenen N_1, $\mathfrak{s}$ und N_2, $\mathfrak{s}$.*

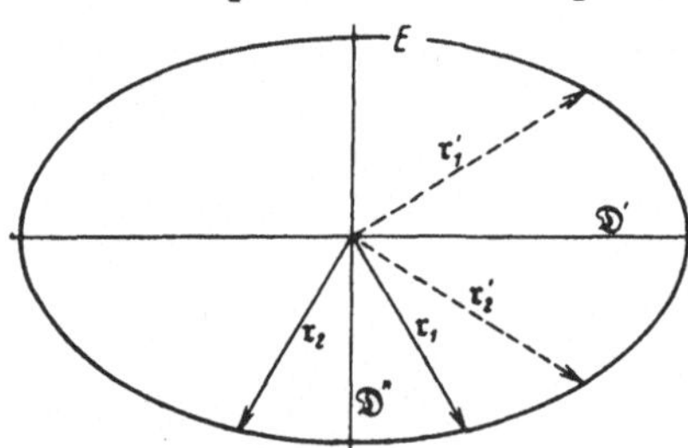

Fig. 134. Die Ebene E der Fig. 133.

Die Fig. 135b stellt diese Verhältnisse im Polardiagramm dar.

Wenn speziell das Normalenellipsoid Rotationssymmetrie (um die z-Achse) hat, so fallen die Kreisschnitte zusammen in die Äquatorebene; die eine Schwin-

[1] Diese Rechnung wird in der Theorie absorbierender Kristalle (VI, § 69, S. 269) ausgeführt.

gungsrichtung geht durch die z-Achse, die „optische Achse", die andere steht auf ihr senkrecht (s. hierzu Fig. 135a und die Ausführungen in § 61).

Die ganz analoge Betrachtung für die Strahlen hat von dem *Strahlenellipsoid*

$$\varepsilon_x x^2 + \varepsilon_y y^2 + \varepsilon_z z^2 = 1 \tag{11}$$

auszugehen. Alle Schlüsse sind dieselben und führen dazu, daß ebenso wie $\mathfrak{S}$, $\mathfrak{D}'$, $\mathfrak{D}''$, auch $\mathfrak{s}$, $\mathfrak{E}'$, $\mathfrak{E}''$ ein Orthogonalsystem bilden.

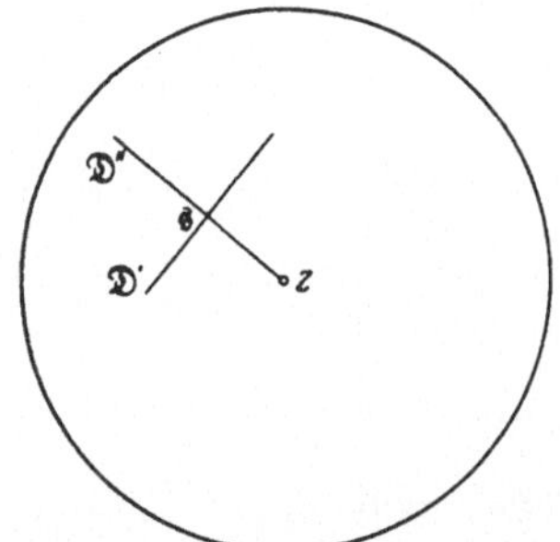

Fig. 135a. Lage der Schwingungsrichtungen bei einachsigen Kristallen.

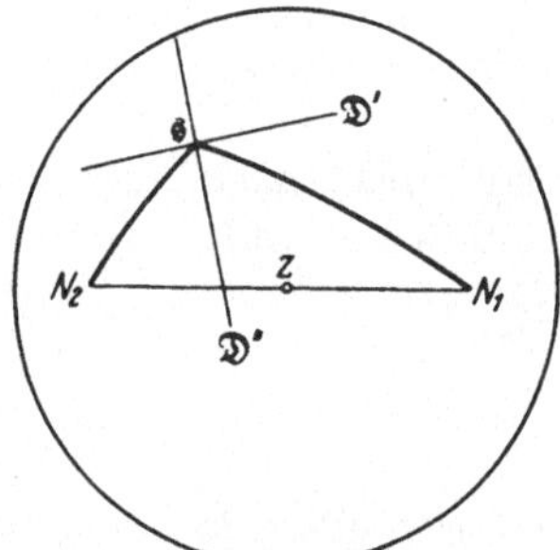

Fig. 135b. Lage der Schwingungsrichtungen bei zweiachsigen Kristallen.

Man kann noch mannigfache andere Hilfsflächen zur Veranschaulichung der Verhältnisse konstruieren. Wir wollen eine solche Betrachtung als Beispiel ausführen.

Denken wir uns in einem Punkte (x, y, z) des Strahlenellipsoids (11) die Tangentialebene konstruiert, deren Gleichung

$$\varepsilon_x x\xi + \varepsilon_y y\eta + \varepsilon_z z\zeta = 1 \tag{12}$$

ist, wobei ξ, η, ζ die laufenden Koordinaten in der Tangentialebene sind. Dann fällen wir vom Nullpunkt aus das Lot auf diese und bestimmen die Lage des Fußpunktes, am einfachsten, indem wir das Minimum des Abstandes

$$\xi^2 + \eta^2 + \zeta^2 = \text{Min.} \tag{13}$$

aufsuchen. Nennen wir den LAGRANGEschen Multiplikator -2λ, so erhalten wir durch Differenzieren von

$$\xi^2 + \eta^2 + \zeta^2 - 2\lambda(\varepsilon_x x\xi + \varepsilon_y y\eta + \varepsilon_z z\zeta)$$

die Bestimmungsgleichungen

$$\xi = \lambda\varepsilon_x x, \qquad \eta = \lambda\varepsilon_y y, \qquad \zeta = \lambda\varepsilon_z z. \tag{14}$$

Multiplikation mit ξ, η, ζ und Addition liefert unter Berücksichtigung von 12)

$$\lambda = \xi^2 + \eta^2 + \zeta^2. \tag{15}$$

Somit erhält man

$$\frac{\xi^2}{\varepsilon_x} + \frac{\eta^2}{\varepsilon_y} + \frac{\zeta^2}{\varepsilon_z} = \lambda^2(\varepsilon_x x^2 + \varepsilon_y y^2 + \varepsilon_z z^2) = \lambda^2,$$

also

$$\frac{\xi^2}{\varepsilon_x} + \frac{\eta^2}{\varepsilon_y} + \frac{\zeta^2}{\varepsilon_z} = (\xi^2 + \eta^2 + \zeta^2)^2. \tag{16}$$

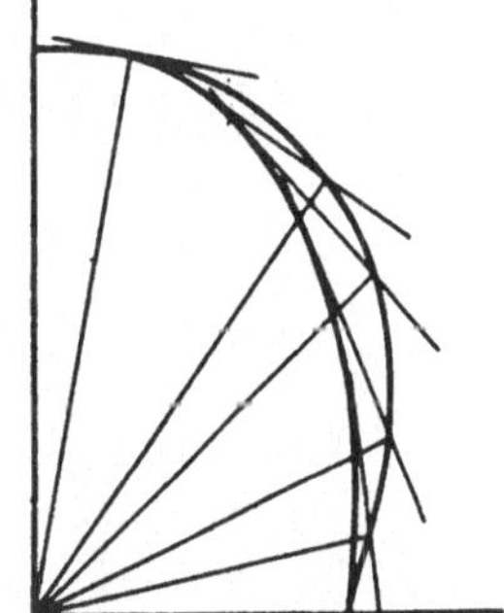

Fig. 136. Das Ovaloid als Fußpunktsfläche des Strahlenellipsoids.

Dies ist die Gleichung der *Fußpunktsfläche des Strahlenellipsoids;* es ist eine Fläche vierten Grades, die man *Ovaloid* nennt und die wie ein etwas verdrücktes Normalenellipsoid aussieht. Man kann umgekehrt das Strahlenellipsoid auffassen als die *Hüllfläche* der Tangentialebenen des Ovaloids (Fig. 136 veranschaulicht dies für einen ebenen Achsenschnitt).

In analoger Weise kann man Ovaloide höherer Ordnung konstruieren, bei denen an Stelle der zweiten eine höhere Potenz auf der rechten Seite auftritt.

Wichtiger als diese Betrachtungen ist ein Zusammenhang zwischen Normalen- und Strahlenfläche, den wir jetzt ableiten wollen.

Wir haben gesehen, daß durch die Angabe von $\mathfrak{E}$ oder $\mathfrak{D}$ die Richtungen von $\mathfrak{s}$ und $\mathfrak{f}$ sowie die zugehörigen Werte von c_n und c_s bestimmt sind. Wenn man daher eine Variation von $\mathfrak{E}$ oder von $\mathfrak{D}$ vornimmt, so ist dadurch auch festgelegt, wie sich z. B. $\mathfrak{f}$ und c_s ändern. Wir bilden den Vektor

$$\mathfrak{r} = c_s \mathfrak{f}, \tag{17}$$

der vom Nullpunkt nach irgendeinem Punkt der Strahlenfläche geht, und behaupten, daß seine Änderung auf dem Vektor $\mathfrak{s}$ senkrecht steht.

Zum Beweise gehen wir aus von der Gleichung § 59 (10) und setzen dort nach § 58 (29) $s = c/c_s$ und $\mathfrak{f}/s = \mathfrak{r}/c$ ein. Dann lautet sie

$$c^2\mathfrak{E} = \mathfrak{r}^2\mathfrak{D} - \mathfrak{r}(\mathfrak{r}\mathfrak{D}). \tag{18}$$

Nun denken wir uns alle vorkommenden Größen von einem Parameter τ abhängig und bezeichnen die Ableitung nach τ durch einen übergesetzten Punkt. Dann erhalten wir durch Differenzieren der Gleichung (18) nach τ:

$$c^2\dot{\mathfrak{E}} = 2(\mathfrak{r}\dot{\mathfrak{r}})\mathfrak{D} + \mathfrak{r}^2\dot{\mathfrak{D}} - \dot{\mathfrak{r}}(\mathfrak{r}\mathfrak{D}) - \mathfrak{r}(\dot{\mathfrak{r}}\mathfrak{D}) - \mathfrak{r}(\mathfrak{r}\dot{\mathfrak{D}}). \tag{19}$$

Diese Gleichung multiplizieren wir mit $\mathfrak{D}$ und beachten, daß wegen $\mathfrak{D}_x = \varepsilon_x \mathfrak{E}_x$

$$\mathfrak{D}_x\dot{\mathfrak{E}}_x = \mathfrak{E}_x\dot{\mathfrak{D}}_x \quad \text{also auch} \quad \mathfrak{D}\dot{\mathfrak{E}} = \mathfrak{E}\dot{\mathfrak{D}} \tag{20}$$

ist. Somit erhalten wir

$$c^2\mathfrak{E}\dot{\mathfrak{D}} = \dot{\mathfrak{D}}\{\mathfrak{r}^2\mathfrak{D} - \mathfrak{r}(\mathfrak{D}\mathfrak{r})\} + 2\dot{\mathfrak{r}}\{\mathfrak{r}\mathfrak{D}^2 - \mathfrak{D}(\mathfrak{r}\mathfrak{D})\}. \tag{21}$$

Hier verschwinden die Glieder mit $\dot{\mathfrak{D}}$ nach (18); der Faktor von $\dot{\mathfrak{r}}$ läßt sich in der Gestalt $(\mathfrak{D}\times\mathfrak{r})\times\mathfrak{D}$ schreiben; er ist also proportional zu $(\mathfrak{D}\times\mathfrak{f})\times\mathfrak{D}$. Dieser Vektor steht senkrecht auf der Normalen der Ebene $\mathfrak{D}, \mathfrak{f}$, liegt also in ihr und steht *außerdem* auf $\mathfrak{D}$ senkrecht. Daher muß er nach Fig. 131 parallel zu $\mathfrak{s}$ sein. Mithin erhalten wir für die Verrückung von $\mathfrak{r}$, $\dot{\mathfrak{r}}\delta\tau = \delta\mathfrak{r}$,

$$\mathfrak{s}\,\delta\mathfrak{r} = 0, \tag{22}$$

womit unsere Behauptung bewiesen ist. Man kann dies Ergebnis auch so aussprechen:

Die Tangentialebene der Strahlenfläche steht immer senkrecht auf der Wellennormalen (s. die Fig. 137, die schematisch die Konstruktion für die Ebene darstellt).

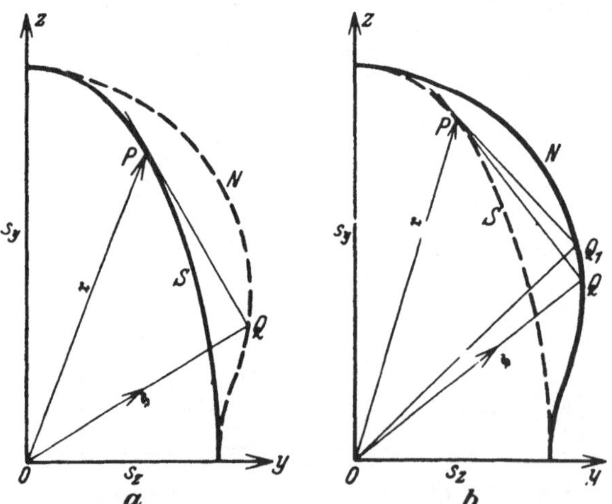

Fig. 137. a Normalenfläche als Fußpunktsfläche der Strahlenfläche. b Strahlenfläche als Hüllfläche der Normalenfläche.

Nun fallen aber in den Achsenrichtungen entsprechende Punkte von Wellen- und Strahlenfläche zusammen, wie man aus den Gleichungen § 58 (14) und § 59 (10) unmittelbar erkennt (wir kommen darauf auch bald zurück). *Mithin ist die*

Normalenfläche die Fußpunktsfläche der Strahlenfläche und *umgekehrt die Strahlenfläche die Hüllfläche der Normalenfläche.*

Man hat daher folgende *Konstruktionen*:

Ist die Strahlenfläche gegeben, so findet man zu einem ihrer Punkte P die Richtung der Wellennormalen (s. Fig. 137a), indem man in P die Tangentialebene konstruiert und vom Nullpunkte O das Lot OQ auf diese fällt. OQ ist dann die Wellennormale und Q ein Punkt der Normalenfläche.

Ist umgekehrt die Normalenfläche gegeben, und will man zu einem ihrer Punkte Q den Strahl konstruieren (s. Fig. 137b), so hat man in Q und zwei unendlich benachbarten Punkten Q_1, Q_2 die Normalenebenen auf OQ bzw. OQ_1 bzw. OQ_2 zu konstruieren. Sie schneiden sich in einem Punkte P der Strahlenfläche, und OP ist der Strahl $\mathfrak{r}$.

§ 61. Optische Kristallklassen. Optisch-isotrope und einachsige Kristalle.

Die durchsichtigen Kristalle zerfallen hinsichtlich ihres optischen Verhaltens in nur drei Klassen:

1. *Kristalle mit drei gleichwertigen, aufeinander senkrechten Symmetrieachsen.* Hierzu gehören die Kristalle des regulären (oder kubischen) Systems. Es ist klar, daß beim Vorhandensein von drei in der Substanz festen, physikalisch miteinander vertauschbaren orthogonalen Achsen das System der dielektrischen Hauptachsen mit diesen zusammenfällt. Dann ist aber $\varepsilon_x = \varepsilon_y = \varepsilon_z = \varepsilon$, d. h. es gilt wieder $\mathfrak{D} = \varepsilon\,\mathfrak{E}$, und der Kristall ist *optisch isotrop*, genau wie ein amorpher Körper.

2. *Kristalle mit einer ausgezeichneten kristallographischen Richtung.* Hierzu gehören die Kristalle des trigonalen, tetragonalen und hexagonalen Systems, bei denen die ausgezeichnete Richtung bzw. drei-, vier-, sechszählig ist. Hier muß *eine* dielektrische Hauptachse mit der kristallographisch ausgezeichneten Achse zusammenfallen, von den beiden anderen kann die eine in der Normalebene beliebig gewählt werden („frei drehbare Achsen"). Legen wir die z-Richtung in die ausgezeichnete Achse, so gilt $\varepsilon_x = \varepsilon_y \neq \varepsilon_z$. Man nennt solche Kristalle *optisch einachsig.*

3. *Kristalle ohne ausgezeichnete kristallographische Richtung.* Hierzu gehören die Kristalle des rhombischen, monoklinen und triklinen Systems. Bei diesen ist die Lage des dielektrischen Achsensystems durch Symmetrie nicht vollständig bestimmt, wechselt daher auch mit der Frequenz des Lichts; und man hat den allgemeinen Fall, wo $\varepsilon_x \neq \varepsilon_y \neq \varepsilon_z$ ist.

Daß es nur *drei* optisch verschiedene Kristallarten gibt, erkennt man besonders deutlich durch Betrachtung der FRESNELschen Ellipsoide, z. B. des Normalenellipsoids. Es gibt ja nur *zwei Stufen der Entartung* eines Ellipsoids: Entweder ist es allgemein dreiachsig oder ein Rotationsellipsoid mit einer ausgezeichneten Richtung oder eine Kugel, bei der alle Richtungen gleichwertig sind (Isotropie). Die Benennung *optisch ein-* bzw. *zweiachsig* hängt mit der *Zahl der Kreisschnitte* durch den Mittelpunkt zusammen, die wir bereits im vorigen Paragraphen kurz betrachtet haben.

Ist nämlich der zu einer Normalenrichtung $\mathfrak{s}$ senkrechte Schnitt durch den Mittelpunkt eines Normalenellipsoids ein Kreis, so sind die beiden Normalengeschwindigkeiten, die zu dieser Normalenrichtung gehören, einander gleich. Eine solche Richtung gleicher Normalengeschwindigkeiten heißt *optische Achse* (oder genau *optische Normalenachse*). Die entsprechende Konstruktion am Strahlenellipsoid führt auf die *Strahlenachse.*

Nun hat ein allgemeines dreiachsiges Ellipsoid bekanntlich zwei Kreisschnitte durch den Mittelpunkt; es gibt also in diesem Falle zwei optische Achsen. Beim Rotationsellipsoid gibt es einen auf der Symmetrieachse senkrechten Kreisschnitt; die Symmetrieachse ist also die eine optische Achse. Endlich, bei der Kugel, ist jeder Schnitt Kreisschnitt, jede Richtung gewissermaßen optische Achse (Isotropie).

Folgende Tabelle 7 gibt eine Übersicht über alle vorkommenden Fälle. Dabei sind mit der Farbe veränderliche Achsen als dünne Pfeile gezeichnet, während solche, die in der Kristallsubstanz fest stehen (ausgezeichnete Achsen), dick gezeichnet sind; frei drehbare Achsen sind durch einen Kreis bzw. eine Kugel gekennzeichnet.

Tabelle 7.

Kristallographische Symmetrie	Triklin	Monoklin	Rhombisch	Tri-, Tetra-, Hexa- gonal	Kubisch
dielektrische Achsen	drei mit der Farbe veränderliche Achsen	eine feste, zwei mit der Farbe veränderliche Achsen	drei feste Achsen	eine feste, zwei frei drehbare Achsen	drei frei drehbare Achsen
Normalenellipsoid	dreiachsiges Ellipsoid			Rotationsellipsoid	Kugel
Optische Achsen	zweiachsig			einachsig	isotrop

Analytisch knüpfen wir die Diskussion an die Normalengleichung § 59 (5), die wir zur Vermeidung von Nennern, die Null werden könnten, in die ganz rationale Form bringen

$$(1)\qquad \mathfrak{s}_x^2(c_n^2 - c_y^2)(c_n^2 - c_z^2) + \mathfrak{s}_y^2(c_n^2 - c_z^2)(c_n^2 - c_x^2) + \mathfrak{s}_z^2(c_n^2 - c_x^2)(c_n^2 - c_y^2) = 0 .$$

Wir behandeln in diesem Paragraphen die

Optisch einachsigen Kristalle.

Bei diesen[1] ist $c_x = c_y = c_o$, $c_z = c_e$. Bezeichnen wir den Winkel zwischen $\mathfrak{s}$ und der z-Achse mit ϑ, setzen also

$$(2)\qquad \sqrt{\mathfrak{s}_x^2 + \mathfrak{s}_y^2} = \sin\vartheta , \qquad \mathfrak{s}_z = \cos\vartheta ,$$

so lautet die Normalengleichung (1)

$$(3)\qquad (c_n^2 - c_o^2)\{(c_n^2 - c_e^2)\sin^2\vartheta + (c_n^2 - c_o^2)\cos^2\vartheta\} = 0 .$$

Sie zerfällt also in *zwei Gleichungen*, deren Wurzeln man sofort hinschreiben kann:

$$(4)\qquad \begin{cases} c_n'^2 = c_o^2 , \\ c_n''^2 = c_o^2\cos^2\vartheta + c_e^2\sin\vartheta . \end{cases}$$

Die beiden Mäntel der Normalenfläche sind also eine Kugel vom Radius $c_n' = c_o$ und eine Rotationsfläche, ein Ovaloid (Fläche vierter Ordnung). Zu jeder Normalenrichtung gehören daher zwei Wellen, eine *ordentliche* mit richtungsunabhängiger

[1] o und e heißt ordinär und extraordinär, eine Bezeichnung, die durch das folgende verständlich wird.

Geschwindigkeit und eine *außerordentliche*, deren Geschwindigkeit von der Neigung gegen die optische Achse, die z-Achse, abhängt. Nur für die Richtung $\vartheta = 0$ sind die Fortpflanzungsgeschwindigkeiten einander gleich:

$$c'_n = c''_n = c_0 . \qquad (\vartheta = 0) \tag{5}$$

Für $\vartheta = \pi/2$ wird die Geschwindigkeit der außerordentlichen Welle $c''_n = c_e$; daher kann man alle optisch einachsigen Kristalle klassifizieren nach dem *Vorzeichen der Geschwindigkeitsdifferenz* $c_e - c_0$ senkrecht zur Achse:

a) *Der ordentliche Strahl läuft schneller als der außerordentliche*, $c_0 > c_e$, *positiv einachsige Kristalle* (Beispiel: *Quarz*) (s. Fig. 138a).

b) *Der ordentliche Strahl läuft langsamer als der außerordentliche*, $c_0 < c_e$, *negativ einachsige Kristalle* (Beispiel: *Kalkspat*) (s. Fig. 138b).

Die Polarisationsrichtungen übersieht man am bequemsten am Normalenellipsoid. Wir bezeichnen die durch $\mathfrak{s}$ und die z-Achse gelegte Ebene als den *Hauptschnitt*. Dann liegt von den beiden Hauptachsen der zu $\mathfrak{s}$ gehörenden Schnittellipse immer eine im Hauptschnitt, eine steht senkrecht auf ihm. Die

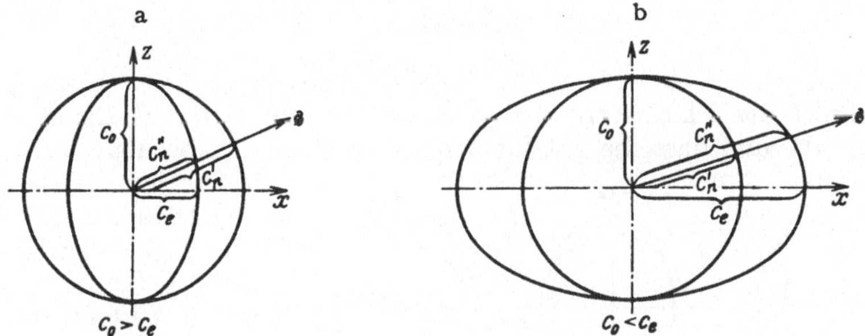

Fig. 138a und b. Die Normalenfläche beim einachsigen Kristall.

Länge der letzteren ist gleich dem Radius des Äquatorkreises des Rotationsellipsoids, also gleich dem Radius c_0 der Kugel, die zum ordentlichen Strahl gehört, unabhängig von der Richtung von $\mathfrak{s}$. *Mithin schwingt der Vektor $\mathfrak{D}$ in der ordentlichen Welle senkrecht zum Hauptschnitt, in der außerordentlichen Welle parallel zum Hauptschnitt.* Da in der älteren optischen Literatur als *Polarisationsrichtung* die Richtung des Vektors $\mathfrak{H}$ bezeichnet wird, der auf $\mathfrak{D}$ senkrecht steht, so pflegt man zu sagen: *Der ordentliche Strahl ist im Hauptschnitt polarisiert, der außerordentliche senkrecht zum Hauptschnitt.*

In der geschichtlichen Entwicklung der Optik haben diese Verhältnisse eine Rolle gespielt bei der *Entscheidung der Frage, ob der Lichtvektor parallel oder senkrecht zur Polarisationsrichtung* (definiert durch die Auslöschungsrichtung bei der Spiegelung unter dem Brewsterschen Winkel) *anzunehmen ist*, d. h. in der Sprache der elektromagnetischen Theorie: ob er der Vektor $\mathfrak{D}$ oder $\mathfrak{H}$ ist. Fresnel, der die Meinung vertrat, daß die Lichtschwingung senkrecht zur Polarisationsrichtung erfolgt, rechtfertigte diese Ansicht durch folgende Überlegung: Er nimmt als selbstverständliche Voraussetzung an, daß die Lichtgeschwindigkeit nur von der Richtung der Schwingung des „Lichtvektors" abhängt. Dann betrachtet er den Durchgang verschiedener Wellen durch einen einachsigen Kristall, wobei die Wellennormale $\mathfrak{s}$ immer im selben Hauptschnitt liegen soll. Der ordentliche Strahl jeder dieser Wellen hat stets dieselbe Geschwindigkeit; folglich muß der „Lichtvektor" für alle diese Wellen gleich und gleichgerichtet sein. Daraus folgt, daß er senkrecht auf dem Hauptschnitt stehen muß; läge er im Hauptschnitt, so würde er, da er auf $\mathfrak{s}$ senkrecht bleibt, bei einer Drehung von $\mathfrak{s}$ ebenfalls seine Richtung ändern. In der elektromagnetischen Theorie ist aber $\mathfrak{D}$ der auf dem Hauptschnitt senkrechte Schwingungsvektor (nicht $\mathfrak{H}$). In der Tat haben wir gesehen [§ 58 (19)], daß die Lichtgeschwindigkeit (Brechungsindex n) durch $\mathfrak{D}$ bestimmt ist.

Genau dieselben Betrachtungen hätten wir an die Strahlenfläche anknüpfen können.

§ 62. Optisch zweiachsige Kristalle.

Wir betrachten jetzt den allgemeinen Fall der Gleichung § 61 (1). Um von der durch sie dargestellten Fläche eine anschauliche Vorstellung zu erhalten, untersuchen wir die Schnittfiguren in den Koordinatenebenen des dielektrischen Hauptachsensystems. Damit die Form dieser Schnittkurven bestimmt ist, müssen wir die relativen Größen der charakteristischen Konstanten festlegen; wir bestimmen

$$\varepsilon_x < \varepsilon_y < \varepsilon_z\,; \qquad c_x > c_y > c_z\,. \tag{1}$$

Setzen wir nun in § 61 (1) etwa $\mathfrak{s}_x = 0$, so zerfällt die Gleichung in zwei, nämlich in

$$\left\{\begin{aligned} c_n'^2 &= c_x^2\,,\\ c_n''^2 &= c_z^2\mathfrak{s}_y^2 + c_y^2\mathfrak{s}_z^2\,. \end{aligned}\right. \tag{2}$$

Der Schnitt der Fläche mit der yz-Ebene besteht also aus einem Kreis und einem Oval[1], und dasselbe gilt für die beiden anderen Koordinatenebenen. Der Unterschied der drei Ebenen besteht nur in der Lage des Ovals gegen den Kreis (siehe Fig. 139). Bei der von uns gewählten Festsetzung wird in der yz-Ebene der Kreis das Oval ganz umschließen, in der xy-Ebene das Oval den Kreis und in der xz-Ebene werden sich beide in zwei Punktepaaren durchdringen. Die Verbindungslinien des Nullpunkts mit diesen Punkten sind die optischen Normalenachsen N_1, N_2. Daß es außer diesen keine weiteren optischen Achsen gibt, folgt unmittelbar aus dem geometrischen Satz über die Kreisschnitte des Ellipsoids. Wir wollen es hier aber auch noch durch eine kleine Rechnung (die mit dem Beweis jenes Satzes identisch ist) bestätigen. Die Gleichung § 61 (1) lautet, nach Potenzen von c_n^2 geordnet,

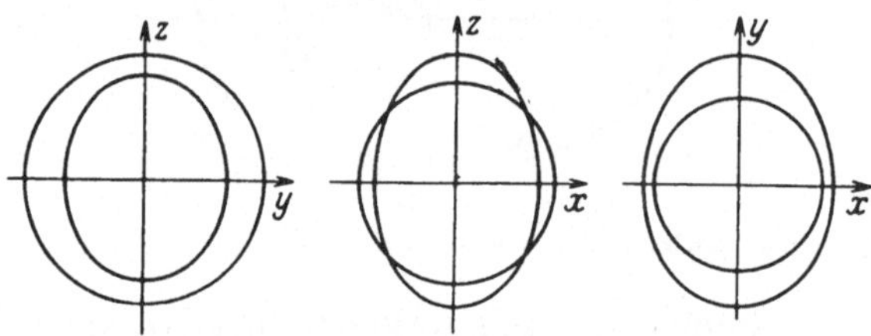

Fig. 139. Die Normalenfläche beim zweiachsigen Kristall.

$$c_n^4 - c_n^2\{\mathfrak{s}_x^2(c_y^2+c_z^2) + \mathfrak{s}_y^2(c_z^2+c_x^2) + \mathfrak{s}_z^2(c_x^2+c_y^2)\} + (\mathfrak{s}_x^2 c_y^2 c_z^2 + \mathfrak{s}_y^2 c_z^2 c_x^2 + \mathfrak{s}_z^2 c_x^2 c_y^2) = 0 \tag{3}$$

und hat die Lösungen

$$c_n^2 = \tfrac{1}{2}\{\mathfrak{s}_x^2(c_y^2+c_z^2) + \mathfrak{s}_y^2(c_z^2+c_x^2) + \mathfrak{s}_z^2(c_x^2+c_y^2)\} \pm \tfrac{1}{2}\sqrt{D}\,, \tag{4}$$

wo die Diskriminante

$$D = \{\mathfrak{s}_x^2(c_y^2+c_z^2) + \mathfrak{s}_y^2(c_z^2+c_x^2) + \mathfrak{s}_z^2(c_x^2+c_y^2)\}^2 - 4(\mathfrak{s}_x^2 c_y^2 c_z^2 + \mathfrak{s}_y^2 c_z^2 c_x^2 + \mathfrak{s}_z^2 c_x^2 c_y^2) \tag{5}$$

ist. Wir fügen im letzten Glied den Faktor $1 = \mathfrak{s}_x^2 + \mathfrak{s}_y^2 + \mathfrak{s}_z^2$ hinzu und führen die Abkürzungen

$$\left\{\begin{aligned} \xi &= \mathfrak{s}_x^2(c_y^2 - c_z^2) \geqq 0\,,\\ \eta &= \mathfrak{s}_y^2(c_z^2 - c_x^2) \leqq 0\,,\\ \zeta &= \mathfrak{s}_z^2(c_x^2 - c_y^2) \geqq 0 \end{aligned}\right. \tag{6}$$

[1] Führt man rechtwinklige Koordinaten ein durch $c_n\mathfrak{s}_y = y$, $c_n\mathfrak{s}_z = z$, also $c_n^2 = y^2 + z^2$, so lautet die Gleichung des Ovals $(y^2+z^2)^2 = c_z^2 y^2 + c_y^2 z^2$.

ein. Dann liefert eine leichte Rechnung

(7) $$D = \xi^2 + \eta^2 + \zeta^2 - 2\eta\zeta - 2\zeta\xi - 2\xi\eta = (\xi + \eta - \zeta)^2 - 4\xi\eta .$$

Die Bedingung für eine optische Achse, d. h. für eine Doppelwurzel der quadratischen Gleichung (3), lautet $D = 0$. Nun ist aber

(8) $$(\xi + \eta - \zeta)^2 \geqq 0, \qquad -4\xi\eta \geqq 0;$$

also folgt aus $D = 0$, daß jeder Summand in (7) verschwindet:

(9) $$\xi + \eta - \zeta = 0, \qquad \xi\eta = 0 .$$

Die zweite dieser Gleichungen zeigt, daß entweder ξ oder η verschwinden muß; $\xi = 0$ ist aber unmöglich, denn dann würde aus der ersten der Gleichungen (9) $\eta = \zeta$ folgen, und das ist nach (6) nur möglich, wenn η und ζ verschwinden; es können aber nicht alle drei Komponenten des Einheitsvektors $\mathfrak{s}$ gleichzeitig verschwinden. Somit bleibt nur die Möglichkeit

(10) $$\eta = 0, \qquad \xi = \zeta .$$

Diese Gleichung bedeutet

(11) $$\mathfrak{s}_y = 0, \qquad \mathfrak{s}_x^2 (c_y^2 - c_z^2) = \mathfrak{s}_z^2 (c_x^2 - c_y^2) .$$

Die optischen Achsen liegen also, wie behauptet, in der xz-Ebene. Bezeichnen wir mit β den Winkel einer der optischen Achsen gegen die z-Achse, setzen also $\mathfrak{s}_x = \sin\beta$, $\mathfrak{s}_z = \cos\beta$, so folgt aus der zweiten Gleichung (11)

(12) $$\operatorname{tg}\beta = \frac{\mathfrak{s}_x}{\mathfrak{s}_z} = \pm\sqrt{\frac{c_x^2 - c_y^2}{c_y^2 - c_z^2}} ,$$

d. h. die optischen Achsen liegen symmetrisch zur z-Achse.

In derselben Weise läßt sich die Strahlenfläche behandeln. Die Schnittfigur mit der Koordinatenebene $\mathfrak{f}_x = 0$ besteht nach dem Übertragungsprinzip § 59 (11) und nach (2) aus den Kurven

(13) $$c_s'^2 = c_x^2, \qquad \frac{1}{c_s''^2} = \frac{\mathfrak{f}_y^2}{c_z^2} + \frac{\mathfrak{f}_z^2}{c_y^2} ,$$

also aus dem Kreis, der auch bei der Normalenfläche auftritt, und einer Ellipse[1] mit den Halbachsen c_z und c_y. Genau dasselbe gilt für die beiden anderen Koordinatenebenen. Wegen der Ungleichungen (1) umschließt auch hier in der yz-Ebene der Kreis die Ellipse, in der xy-Ebene die Ellipse den Kreis, während in der xz-Ebene sich beide durchdringen. Die Richtungen nach diesen Doppelpunkten bestimmen die Strahlenachsen S_1, S_2. Für den Winkel γ, den eine solche mit der z-Achse bildet, erhält man

(14) $$\operatorname{tg}\gamma = \pm\sqrt{\frac{\varepsilon_y - \varepsilon_x}{\varepsilon_z - \varepsilon_y}} = \pm\frac{c_z}{c_x}\sqrt{\frac{c_x^2 - c_y^2}{c_y^2 - c_z^2}} = \frac{c_z}{c_x}\operatorname{tg}\beta .$$

Wegen $c_z < c_x$ schließt also die Strahlenachse gegen die z-Achse einen kleineren Winkel ein als die Normalenachse.

Wir wollen nun untersuchen, wie die zu einer Wellennormalen $\mathfrak{s}$ gehörenden Strahlrichtungen $\mathfrak{f}$ bei zweiachsigen Kristallen gelegen sind, und benutzen hierzu die Formeln § 59 (23) und (22), die wir noch einmal hinschreiben:

(15) $$\mathfrak{f}_x = \frac{\mathfrak{s}_x}{c_n c_s}\left\{c_n^2 + \frac{g^2}{c_n^2 - c_x^2}\right\} .$$

(16) $$g^2 = c_n^2 (c_s^2 - c_n^2) = \frac{1}{\left(\frac{\mathfrak{s}_x}{c_n^2 - c_x^2}\right)^2 + \left(\frac{\mathfrak{s}_y}{c_n^2 - c_y^2}\right)^2 + \left(\frac{\mathfrak{s}_z}{c_n^2 - c_z^2}\right)^2} .$$

[1] In rechtwinkligen Koordinaten lautet die Gleichung dieser Ellipse $y^2/c_z^2 + z^2/c_y^2 = 1$.

Man sieht, daß im allgemeinen zu jedem $\mathfrak{s}$ genau zwei $\mathfrak{f}$ gehören, entsprechend den beiden Werten von c_n; Ausnahmen können nur eintreten, wenn einer der Nenner wie $c_n^2 - c_x^2$ verschwindet. Das ist aber gemäß der Normalengleichung § 59 (5) nur dann der Fall, wenn $\mathfrak{s}$ in einer Koordinatenebene (z. B. der yz-Ebene) des Hauptachsensystems liegt.

Wir zeigen nun, daß auch in diesem Falle keine Singularität eintritt, wenn es sich um diejenigen Koordinatenebenen handelt, die die optische Achse *nicht* enthalten (xy- und yz-Ebene); ein singuläres Verhalten tritt nur für die Ebene der optischen Achsen (xz-Ebene) ein.

Betrachten wir z. B. die yz-Ebene, für die $\mathfrak{s}_x = 0$ ist; für die eine der beiden Wellen ist außerdem nach (2) $c_n^2 = c_n'^2 = c_x^2$. Aber der Quotient

$$\frac{\mathfrak{s}_x^2}{c_n^2 - c_x^2} = \frac{\mathfrak{s}_y^2}{c_y^2 - c_n} + \frac{\mathfrak{s}_z^2}{c_z^2 - c_n^2} \tag{17}$$

[s. § 59 (5)] bleibt für $c_n \to c_x$ endlich, da $c_x > c_y > c_z$ angenommen war. Nun zeigt die Gleichung (16), daß

$$\frac{g^2}{\mathfrak{s}_x^2} = \frac{1}{\left\{\left(\frac{\mathfrak{s}_x^2}{c_n^2 - c_x^2}\right)^2 + \mathfrak{s}_x^2\left[\left(\frac{\mathfrak{s}_y}{c_n^2 - c_y^2}\right)^2 + \left(\frac{\mathfrak{s}_z}{c_n^2 - c_z^2}\right)^2\right]\right\}} \tag{18}$$

im Limes $\mathfrak{s}_x \to 0$ (und damit $c_n \to c_x$) gegen den Grenzwert

$$\left(\frac{c_n^2 - c_x^2}{\mathfrak{s}_x^2}\right)^2$$

konvergiert; also wird nach (15)

$$\mathfrak{f}_x \to \frac{1}{c_n c_s} \mathfrak{s}_x \frac{c_n^2 - c_x^2}{\mathfrak{s}_x^2} \to 0\,. \tag{19}$$

Genau dasselbe gilt für die xy-Ebene: *Liegt $\mathfrak{s}$ in einer der beiden Ebenen xy oder yz, so liegen auch die zugehörigen Strahlen $\mathfrak{f}$ in diesen Ebenen, und es tritt keine Singularität ein.*

Anders in der xz-Ebene. Hier hat man

$$\frac{\mathfrak{s}_y^2}{c_n^2 - c_y^2} = \frac{\mathfrak{s}_x^2}{c_x^2 - c_n^2} + \frac{\mathfrak{s}_z^2}{c_z^2 - c_n^2}\,; \tag{20}$$

die rechte Seite bleibt im allgemeinen für $\mathfrak{s}_y \to 0$, $c_n \to c_y$ endlich; es gibt aber einen ***Ausnahmefall, nämlich wenn $\mathfrak{s}$ der Bedingung***

$$\mathfrak{s}_x^2(c_z^2 - c_y^2) - \mathfrak{s}_z^2(c_x^2 - c_y^2) = 0 \tag{21}$$

genügt, d. h. mit einer der optischen Normalenachsen zusammenfällt [s. (11)]. Dann konvergiert nämlich der Quotient (20) gegen Null. Andrerseits hat man wieder

$$g \to \mathfrak{s}_y \frac{c_n^2 - c_y^2}{\mathfrak{s}_y^2} \tag{22}$$

und

$$\mathfrak{f}_y \to \frac{\mathfrak{s}_y}{c_n c_s} \cdot \frac{g^2}{c_n^2 - c_y^2}\,, \tag{23}$$

also

$$\mathfrak{f}_y \to \frac{1}{c_n c_s} \cdot \frac{\mathfrak{s}_y}{\frac{\mathfrak{s}_y^2}{c_n^2 - c_y^2}}\,; \tag{24}$$

dieser Bruch ist unbestimmt, da Zähler und Nenner gegen Null gehen.

Tatsächlich ergibt sich nun, daß *zur Normalenachse unendlich viele Strahlen gehören, die einen Kreiskegel erfüllen.*

Um diese Behauptung zu beweisen, gehen wir aus von der Gleichung § 59 (19) und setzen in ihr $\mathfrak{z}_y = 0$:

$$(25) \qquad \frac{\mathfrak{s}_x \mathfrak{z}_x}{c_s^2 - c_x^2} + \frac{\mathfrak{s}_z \mathfrak{z}_z}{c_s^2 - c_z^2} = 0 .$$

Diese Gleichung kombinieren wir mit der Aussage § 58 (36), die für die Normalenachse ($\mathfrak{z}_y = 0$, $c_n = c_y$) lautet:

$$(26) \qquad c_s(\mathfrak{z}_x \mathfrak{s}_x + \mathfrak{z}_z \mathfrak{s}_z) = c_y .$$

Aus (25) und (26) eliminieren wir c_s:

$$(27) \qquad (\mathfrak{s}_x \mathfrak{z}_x c_z^2 + \mathfrak{s}_z \mathfrak{z}_z c_x^2)(\mathfrak{s}_x \mathfrak{z}_x + \mathfrak{s}_z \mathfrak{z}_z) = c_y^2 .$$

Betrachten wir nun irgendeinen Punkt auf dem Strahl $\mathfrak{s}$ im Abstande r, der die Koordinaten $x = r\mathfrak{s}_x$, $y = r\mathfrak{s}_y$, $z = r\mathfrak{s}_z$ hat, so genügt er der Gleichung

$$(28) \qquad (x \mathfrak{z}_x c_z^2 + z \mathfrak{z}_z c_x^2)(x \mathfrak{z}_x + z \mathfrak{z}_z) = c_y^2 (x^2 + y^2 + z^2) .$$

Diese stellt einen Kegel zweiten Grades mit dem Nullpunkt als Spitze dar (da ja Multiplikation aller Koordinaten mit demselben Faktor die Gleichung nicht ändert). Die Richtung $\mathfrak{z}$ liegt auf seinem Mantel; denn setzt man $x = \mu \mathfrak{z}_x$, $y = \mu \mathfrak{z}_y$, $z = \mu \mathfrak{z}_z$, so wird die linke Seite von (28) nach (21) gleich $\mu^2 c_y^2$, also gleich der rechten Seite.

Wir schneiden nun den Kegel mit der Wellenebene, die zur Normalenachse gehört. Ihre Gleichung lautet:

$$(29) \qquad x \mathfrak{z}_x + z \mathfrak{z}_z = c_y .$$

Dann erhält man zunächst durch Einsetzen in (28)

$$(30) \qquad x \mathfrak{z}_x c_z^2 + z \mathfrak{z}_z c_x^2 = c_y (x^2 + y^2 + z^2) .$$

Das ist die Gleichung einer Kugel; die zur Normalenachse gehörende Wellenebene schneidet also unseren Kegel in einem Kreis.

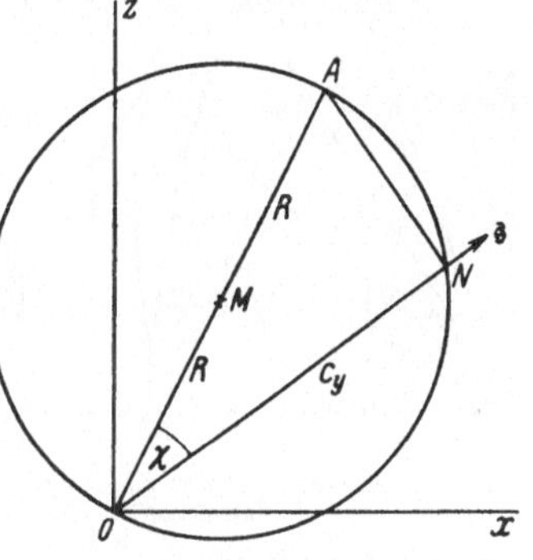

Fig. 140. Der Strahlenkegel beim Zusammenfallen der Wellennormalen mit einer optischen Achse.

Um uns die Lage der Normalenachse, der Strahlenachse und des Kegels zu veranschaulichen, genügt es, eine Figur in der xz-Ebene zu entwerfen; wir setzen also $y = 0$. Dann entspricht der Kugel (30) ein Kreis

$$(31) \qquad (x - a)^2 + (z - b)^2 = R^2$$

mit

$$(32) \qquad a = \frac{1}{2} \frac{c_z^2}{c_y} \mathfrak{z}_x = \frac{1}{2} \frac{c_z^2}{c_y} \sqrt{\frac{c_x^2 - c_y^2}{c_x^2 - c_z^2}}, \qquad b = \frac{1}{2} \frac{c_x^2}{c_y} \mathfrak{z}_z = \frac{1}{2} \frac{c_x^2}{c_y} \sqrt{\frac{c_y^2 - c_z^2}{c_x^2 - c_z^2}}$$

und

$$(33) \qquad R^2 = a^2 + b^2 = \frac{c_y^2 c_z^2 - c_z^2 c_x^2 + c_x^2 c_y^2}{4 c_y^2} .$$

Der Kreis geht also durch den Nullpunkt (s. Fig. 140). Zieht man von diesem aus die Normalenachse, die den Kreis in N schneidet, und errichtet auf ihr in N das Lot (entsprechend der Wellenebene), so trifft dieses den Kreis im Punkte A, der mit dem Nullpunkt O auf demselben Durchmesser liegt. Es ist dann $ON = c_y$, $OA = 2R$. Das Dreieck OAN ist der Durchschnitt unseres Kegels mit der xz-Ebene, und AN ist die Spur des Schnittkreises der Wellenebene. Für den Öffnungswinkel des Kegels erhält man aus Fig. 140

$$(34) \qquad \operatorname{tg} \chi = \frac{1}{c_y} \sqrt{(2R)^2 - c_y^2} .$$

Setzt man nun den Wert von R aus (33) ein, so findet man

$$\operatorname{tg}\chi = \frac{1}{c_y^2}\sqrt{(c_x^2 - c_y^2)(c_y^2 - c_z^2)}\,. \tag{35}$$

Genau dieselben Überlegungen lassen sich auf den Fall übertragen, daß die Richtung des Strahls gegeben ist, und daß man nach der Richtung der zugehörigen Wellennormalen fragt. Im allgemeinen gehören zu jedem $\mathfrak{f}$ zwei Richtungen $\mathfrak{s}$, auch in den Koordinatenebenen, außer in der xz-Ebene, wenn $\mathfrak{f}$ in die Richtung einer Strahlenachse fällt. *Zur Strahlenachse gehört ein ganzer Kegel von Normalen*, auf dem die Strahlrichtung OS liegt (s. Fig. 141). Der Kegel schneidet die xz-Ebene außer in dem Strahl OS noch in einer zweiten Geraden OB, wobei B auf der Normalenfläche liegen möge. Dann ist BS die Spur eines Kreisschnittes des Kegels, dessen sämtliche Seitenlinien Wellennormalen zum Strahl $\mathfrak{f} = OS$ sind. Der Öffnungswinkel ψ des Kegels ist gegeben durch

$$\operatorname{tg}\psi = \frac{1}{c_x c_z}\sqrt{(c_x^2 - c_y^2)(c_y^2 - c_z^2)} = \frac{c_y^2}{c_x c_z}\operatorname{tg}\chi\,.$$

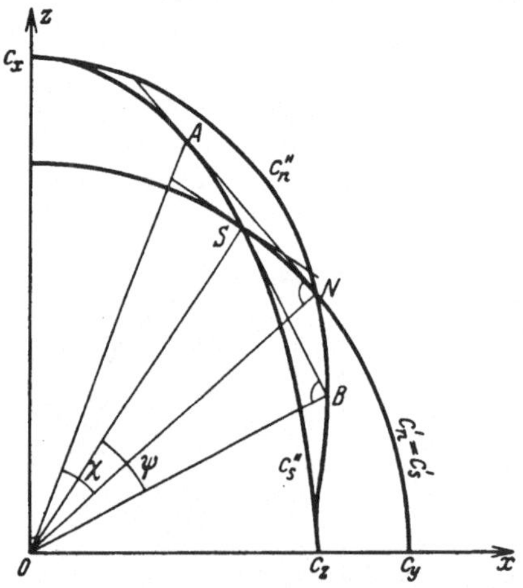

Fig. 141. Konstruktion der Kegel der konischen Refraktion.

Erinnern wir uns nun, daß die Strahlenfläche die Hüllfläche der Normalenfläche und umgekehrt die Normalenfläche die Fußpunktsfläche der Strahlenfläche ist, so kommen wir zu der in Fig. 141 dargestellten Konfiguration, die wir noch einmal kurz beschreiben wollen.

Die Normalenfläche schneidet die Zeichenebene (xz-Ebene) im Kreise mit dem Radius $c_n' = c_y$ und im Oval mit dem Radiusvektor c_n''. Die Strahlenfläche hat als Spur in der xz-Ebene denselben Kreis $c_s' = c_y$ und die Ellipse c_s''. Der gemeinsame Kreis schneidet das Oval im Punkte N (Doppelpunkt der Wellenfläche), der auf der Normalenachse ON liegt, und die Ellipse im Doppelpunkt S, der auf der Strahlenachse OS liegt. Im Punkte N hat die Normalenachse eine Normalenebene, die den Mantel c_s'' der Strahlenfläche (Ellipse) in A und in dem ganzen Kreise mit dem Durchmesser NA berührt; die Seitenlinien des zugehörigen Kegels sind die zur Normalenachse gehörenden Strahlen.

Im Punkte S existiert ein Kegel von Tangentialebenen an die Strahlenfläche, wobei in unserer Schnittfigur nur zwei zur Anschauung kommen, nämlich durch die den Kreis c_s' und die Ellipse in S berührenden Geraden. Letztere trifft das Oval in B, und es ist $OB \perp BS$; OS und OB sind daher zwei zur Strahlrichtung OS gehörende Wellennormalen. Außerdem gehören aber zu $\mathfrak{f}$ als Wellennormalen alle Seitenlinien des Kegels, der durch die Punkte des Kreises mit dem Durchmesser BS geht. Die Öffnungswinkel χ und ψ der beiden Kegel sind in der Figur eingetragen.

Man hat für diese beiden Kegel besondere Namen. Den zu N gehörigen nennt man den *Kegel der inneren konischen Refraktion*, den zu S gehörigen den *Kegel der äußeren konischen Refraktion*. Es gibt nämlich eine Erscheinung, welche die merkwürdigen Fortpflanzungsgesetze in der Umgebung der optischen Achsen unmittelbar zur Anschauung bringt. Sie wurde von HAMILTON 1832 aus der Theorie vorhergesagt und von LLOYD auf HAMILTONS Veranlassung hin gesucht und beim Kristall Aragonit 1833 auch wirklich gefunden[1]. Diese Ent-

[1] Siehe Einleitung S. 4, Anm. 1, 2.

deckung ist ein Prunkstück der älteren theoretischen Physik, und obwohl sie keinen tieferen Aufschluß über neue Gesetzmäßigkeiten gibt, wollen wir sie doch hier wegen ihrer historischen Bedeutung als Bestätigung der FRESNELschen Wellentheorie besprechen.

Wir haben zunächst zu überlegen, wie das *Brechungsgesetz an Kristallen* lautet. Dabei verzichten wir allerdings auf eine Ableitung der Intensitätsformeln, die den FRESNELschen Formeln bei isotropen Körpern entsprechen, und begnügen uns mit der Bestimmung der Wellenrichtungen. Die Überlegungen sind genau dieselben wie in Kap. I, § 4. Die Komponenten der einfallenden Welle in Luft sind Funktionen des Arguments $t - \mathfrak{r}\mathfrak{s}/c$. Im Innern des Kristalls pflanzen sich zwei Wellen fort, deren Komponenten nur von der Verbindung $t - \mathfrak{r}\mathfrak{s}/c'_n$ bzw. $t - \mathfrak{r}\mathfrak{s}/c''$ abhängen. Legen wir nun die xy-Ebene in die Grenzfläche, so müssen diese Ausdrücke innen und außen für $z = 0$ übereinstimmen. So erhalten wir zwei Bedingungsgleichungen

$$(36)\quad \begin{cases} x\mathfrak{s}_x + y\mathfrak{s}_y = n'(\mathfrak{s}'_x x + \mathfrak{s}'_y y) \\ \qquad\qquad\quad = n''(\mathfrak{s}''_x x + \mathfrak{s}''_y y), \end{cases}$$

die identisch in x und y gelten müssen. Also folgt

$$(37)\quad \begin{cases} \mathfrak{s}_x = n'\mathfrak{s}'_x = n''\mathfrak{s}''_x, \\ \mathfrak{s}_y = n'\mathfrak{s}'_y = n''\mathfrak{s}''_y \end{cases}$$

oder, wenn wir den Einfallswinkel φ und die beiden Brechungswinkel ψ' und ψ'' einführen,

$$(38)\quad \frac{\sin\varphi}{\sin\psi'} = n', \qquad \frac{\sin\varphi}{\sin\psi''} = n''.$$

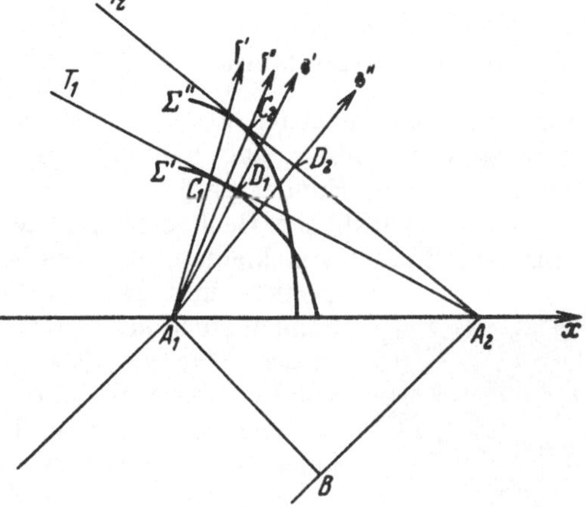

Fig. 142. Das Brechungsgesetz für Kristalle. HUYGENSsche Konstruktion.

Aus einer einfallenden Welle entstehen zwei eindringende; man hat also *Doppelbrechung*.

Aber die Energie pflanzt sich ja nicht in Richtung der Normalen, sondern in Richtung des Strahles fort. Wenn man also ein enges Parallelbündel einfallen läßt, so spaltet es sich in zwei eindringende Bündel, deren Richtungen nicht durch die Winkel ψ' und ψ'', sondern durch die zugehörigen Strahlenrichtungen bestimmt sind. Man kann diese leicht nach dem HUYGENSschen Prinzip konstruieren. Die Zeichenebene sei die Einfallsebene, $z = 0$ die Grenzfläche, A_1B die Spur des Querschnitts der einfallenden Welle, A_1A_2 die Spur des beleuchteten Teiles der Grenze (s. Fig. 142). Man konstruiert nun um A_1 als Mittelpunkt die Strahlenfläche mit ihren beiden Mänteln Σ', Σ'', und zwar derart, daß die Laufzeit entsprechender Strahlen von A_1 nach der Fläche mit der Laufzeit von B nach A_2 identisch ist. Sodann konstruiert man in A_2 die zur x-Achse senkrechte Gerade der Grenzfläche und legt durch sie die Tangentialebenen an Σ' und Σ''. Das sind nach dem HUYGENSschen Prinzip die Phasenebenen der gebrochenen Welle. Die Berührungspunkte C_1, C_2 liegen im allgemeinen *nicht* in der Zeichenebene (doch haben wir sie zur Vereinfachung der Figur so gezeichnet); A_1C_1 und A_1C_2 sind die Strahlen $\mathfrak{f}'$, $\mathfrak{f}''$. Die Normalen $\mathfrak{s}'$, $\mathfrak{s}''$ erhält man, indem man von A_1 die Lote A_1D_1 und A_1D_2 auf die Tangentialebenen fällt. Bei einachsigen Kristallen, wo der eine Mantel der Strahlenfläche eine Kugel ist, liegt der entsprechende ordentliche Strahl immer in der Einfallsebene.

Wir kommen nun zu der Besprechung der oben erwähnten Erscheinung der *konischen Refraktion*.

Eine Kristallplatte (etwa Aragonit) sei so geschnitten, daß eine Normalenachse senkrecht zur Grenzebene liegt. Auf der Oberfläche sei ein Diaphragma mit enger Öffnung angebracht, auf das ein Bündel parallelen Lichts senkrecht zur Platte auffallen möge. Nehmen wir zuerst an (was physikalisch nicht realisierbar ist), daß das Bündel aus einem einzigen *ebenen Wellenzuge* besteht, dessen Normale also beim Eintritt in den Kristall exakt mit der Normalenachse zusammenfällt. Dann breitet sich die Energie des einfallenden Lichts im Kristall auf *einem Hohlkegel* aus, der durch den oben konstruierten Kegel der inneren konischen Refraktion gegeben ist (s. Fig. 143). Das an der anderen Grenzfläche austretende Licht erfüllt dann einen *Hohlzylinder* von kreisförmigem Querschnitt. Wenn man einen zur Platte parallelen Schirm anbringt, sollte man also eine *ringförmige Kreislinie* beobachten. Tatsächlich aber würde die Intensität dieser Linie um so schwächer werden, je genauer die Bedingung erfüllt ist, die wir vorausgesetzt haben, daß nämlich das einfallende Licht aus einem streng unendlich dünnen Bündel besteht.

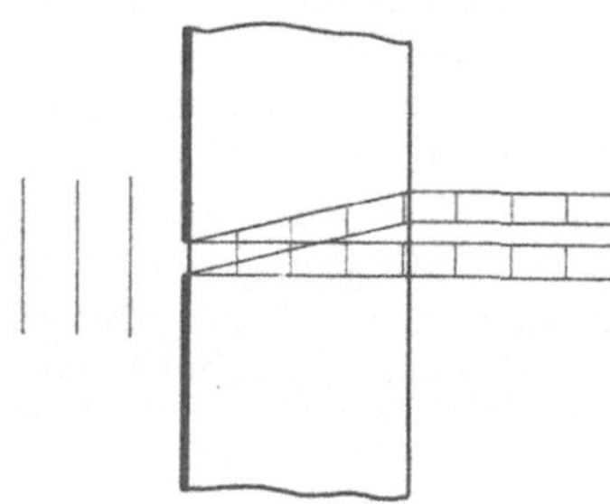

Fig. 143. Innere konische Refraktion.

Bei den wirklichen Beobachtungen benutzt man, um endliche Intensität zu erhalten, Bündel von kleinem aber endlichem Öffnungswinkel. Nach POGGENDORFF[1] und HAIDINGER[2] beobachtet man dann auf einem Schirm einen *hellen Kreisring*, der durch eine *feine dunkle Linie in zwei Ringe* geteilt wird (s. Fig. 144). Bei den ersten Versuchen von LLOYD war dieser dunkle Ring wegen zu grober Blende nicht beobachtet worden, und er blieb auch nach seiner Entdeckung zunächst ungeklärt, bis VOIGT[3] ihn auf folgende Weise deutete.

Fig. 144. Lichterscheinung bei der konischen Refraktion.

Es handelt sich um das Verhalten der Strahlen für Normalen in der *Umgebung der Normalenachse*. Zur Veranschaulichung nehmen wir als Zeichenebene die Ebene des Berührungskreises K der zur Normalenachse gehörenden Tangentialebene an die Strahlenfläche (s. Fig. 141) und markieren in dieser die Durchstoßungspunkte aller Normalen und Strahlen. Wir bezeichnen den Radius des Berührungskreises mit R_0 und führen in seiner Ebene Polarkoordinaten R, Φ vom Kreismittelpunkt M aus ein (s. Fig. 145); außerdem führen wir ein zweites System r, φ von Polarkoordinaten um den Spurpunkt N der Normalenachse ein. Als Nullinie für Φ und φ nehmen wir die Verbindungslinie MN. Dann handelt es sich darum, die Umgebung des *Kreises* K abzubilden auf die Umgebung des *Punktes* N, und zwar offenbar gemäß der GAUSSschen Abbildung durch parallele Normalen (s. Fig. 145). Errichten wir in N das Lot auf die Zeichenebene, so schneidet eine unter dem Polarwinkel Φ durch das Lot gehende Halbebene die Strahlenfläche in einer Kurve, die (vgl. Fig. 140) in der Nähe des Schnittpunktes A mit K offenbar mit einer Hauptkrümmungslinie der

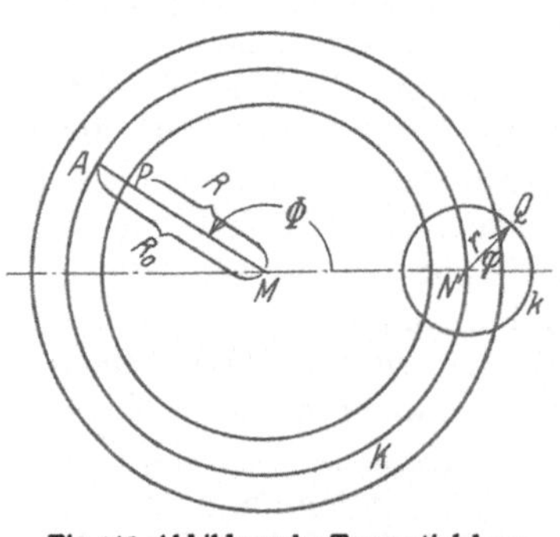

Fig. 145. Abbildung der Tangentialebene der Strahlenfläche auf die Umgebung der Normalenachse.

[1] J. C. POGGENDORFF: Pogg. Ann., Bd. 48 (1839) S. 461.
[2] W. v. HAIDINGER: Pogg. Ann. Bd. 86 (1853) S. 486.
[3] W. VOIGT: Physik. Z. Bd. 6 (1905) S. 673 u. 818.

Fläche zusammenfällt. Die in ihr gelegenen Normalen dieser Fläche sind also in der Nähe von K zu den Wellennormalen parallel. Ist nun P ein Punkt der Spur NA dieser Ebene, so entspricht die Strecke AP einer parallelen Strecke NQ in der Abbildung. Die entstehende Abbildung ist zweideutig; denn liegt P außerhalb des Kreises K und läuft einmal um diesen herum, so durchläuft der Bildpunkt Q ebenfalls einen kleinen Kreis um N; liegt aber P innerhalb des Kreises K, so liegt der Bildpunkt symmetrisch in bezug auf N und läuft ebenfalls zugleich mit P einmal um N herum. In Formeln drückt sich diese Abbildung so aus:

$$(39)\quad \begin{cases} \text{Für } R > R_0: & r = c(R - R_0), \\ & \varphi = \Phi; \\ \text{für } R < R_0: & r = c(R_0 - R), \\ & \varphi = \Phi + \pi \end{cases}$$

(wo übrigens c noch von Φ abhängen wird).

Es sei nun $u(r)$ die Dichteverteilung der einfallenden Energie, die außerhalb eines Kreises k um N verschwinden möge, und $U(R, \Phi)$ die entsprechende Dichteverteilung in der Umgebung des Kreises K. Dann gilt offenbar

$$(40)\quad u(r)\,r\,dr\,d\varphi = \tfrac{1}{2}U(R, \Phi)\,R\,dR\,d\Phi,$$

wobei der Faktor $\frac{1}{2}$ von der doppelten Überdeckung herrührt. Hieraus erhält man mit (39)

$$(41)\quad U = 2uc^2\frac{|R - R_0|}{R}.$$

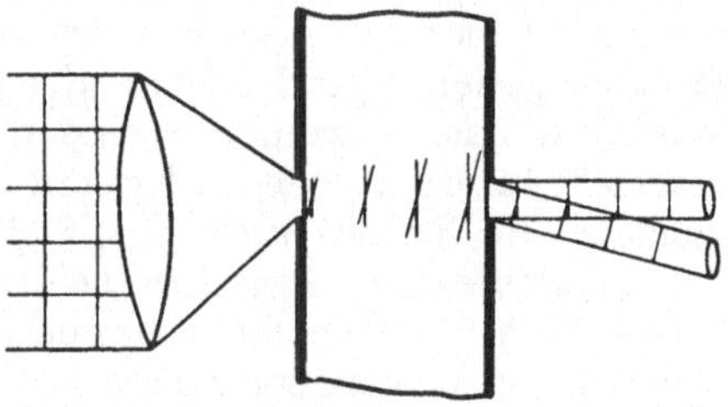

Fig. 146. Äußere konische Refraktion.

Aus dieser Formel erkennt man, daß U für $R = R_0$ verschwindet, und damit ist das Auftreten der dunklen Trennungslinie verständlich gemacht. Der Sachverhalt ist also folgender:

Die exakt in der Richtung der Normalenachse laufende Welle gibt eine unendlich schwache Erhellung auf dem Kreise K, die ein wenig von der Achsenrichtung abweichenden Wellen zwei merklich erhellte Kreisringe auf beiden Seiten des Kreises K.

In ganz analoger Weise kann man auch die *äußere konische Refraktion* experimentell nachweisen. Zu dem Zwecke muß man eine Kristallplatte senkrecht zu einer Strahlenachse schleifen und zur Ausblendung eines einzelnen Strahles auf beiden Seiten des Kristalls Blenden mit genau gegenüberliegenden feinen Öffnungen anbringen (Fig. 146). Läßt man nun vermittels einer Linse konvergentes Licht auf die eine Blendenöffnung von außen auffallen, so können nur solche Wellen durch die zweite Öffnung heraustreten, deren Normalenrichtung in unmittelbarer Nachbarschaft der zur Strahlenachse gehörenden Normalenachsen liegen, die also den Kegel der äußeren konischen Refraktion eng umgeben. Man beobachtet dann einen aus der zweiten Öffnung heraustretenden Lichtkegel (der wegen der Brechung beim Austritt nicht genau mit dem Kegel der äußeren konischen Refraktion übereinstimmt). Auf einem Auffangeschirm sieht man wieder eine kreisringförmige Erhellung mit dunkler Trennungslinie. Die Größe des beleuchteten Ringes wächst mit zunehmendem Abstande des Schirmes von der Blende, während sie bei der inneren konischen Refraktion konstant bleibt.

§ 63. Messung der optischen Kristalleigenschaften. Polarisator und Kompensator.

Wir haben jetzt einige Bemerkungen zu machen über die *Feststellung der optischen Achsen* und die *Messung der Hauptbrechungsindizes* von Kristallen. Das erstere geschieht am bequemsten mit Hilfe von *Interferenzfiguren an Kristallplatten*, bei denen sich die Durchstoßpunkte der Achsen mit den Oberflächen deutlich markieren. Die Theorie dieser Erscheinung werden wir in den folgenden Paragraphen besprechen.

Die Größe der Hauptbrechungsindizes läßt sich auf verschiedene Weise messen, z. B. am einfachsten mit Hilfe von *Kristallprismen*, deren brechende Kante *parallel einer optischen Normalenachse* liegt. Bei *einachsigen Kristallen* genügt dazu *ein* Prisma; läßt man ein Strahlenbündel durch einen feinen Spalt auf dieses Prisma fallen, so spaltet es sich beim Durchgang in zwei, deren Brechungsindizes man nach dem gewöhnlichen Verfahren des Minimums der Ablenkung bestimmen kann. Welches der ordentliche bzw. der außerordentliche Strahl ist, erkennt man an der Polarisation (der erste ist im Hauptschnitt, der letztere senkrecht dazu polarisiert, s. § 61). Bei *zweiachsigen* Kristallen braucht man *mehrere* Prismen, wodurch diese Methode weniger zweckmäßig ist. Bequemer ist hier das *Verfahren der totalen Reflexion*. Man läßt einen Lichtstrahl in einen geeignet geschliffenen Kristall eintreten und beobachtet, bei welchem Winkel an einer gegenüberliegenden Grenzfläche totale Reflexion eintritt. Dies geschieht für die beiden im Kristall laufenden Strahlen bei verschiedenen Grenzwinkeln. Im *Refraktometer* (s. I, § 13) sieht man im diffusen Licht zwei Grenzen der Totalreflexion. Zwischen beiden ist das Gesichtsfeld nur durch eine der beiden Wellen beleuchtet, während es auf der einen Seite ganz dunkel, auf der anderen von beiden beleuchtet ist. Aus den gemessenen Grenzwinkeln lassen sich die beiden Brechungsindizes für die betreffende Strahlrichtung nach den bekannten Formeln (I, § 13) ableiten.

Kristallplatten und Prismen werden in verschiedensten Zusammenstellungen als Hilfsmittel bei optischen Untersuchungen benutzt, vor allem zur *Herstellung und Analyse von polarisiertem Licht*. Von der ungeheuren Mannigfaltigkeit der hierfür konstruierten Apparate wollen wir die allerwichtigsten kurz besprechen.

1. Das Nicolsche Prisma.

Das von William Nicol[1] (1768—1851) im Jahre 1828 konstruierte Prisma dient zur Erzeugung von linear polarisiertem Licht. Ein *Kalkspatrhomboeder* bildet das Material (s. Fig. 147). *ABCD* stelle seinen Hauptschnitt dar, dessen natürliche Winkel von 72° bei *B* bzw. *D* durch Abschleifen der Endflächen auf 68° verkleinert werden. Das Rhomboeder wird längs der durch *AC* gehenden Diagonalebene zerschnitten. Die beiden entstehenden Kalkspatstücke werden längs der Schnittfläche in der alten Lage mit *Kanadabalsam* wieder aneinander gekittet. Ein in der Längsrichtung *L* einfallendes paralleles Lichtbündel spaltet sich in den ordentlichen und in den außerordentlichen Strahl. Die Schicht Kanadabalsam ist für den ersteren ein optisch dünneres, für den letzteren ein optisch dichteres Medium (Kristall: $n_o = 1{,}66$, $n_e = 1{,}49$; Kanada-

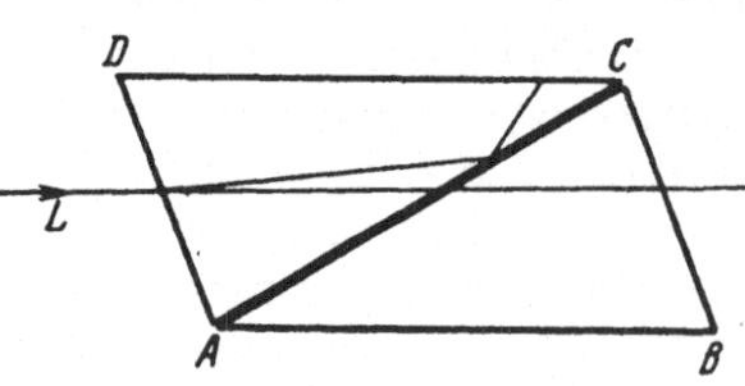

Fig. 147. Nicolsches Prisma.

[1] W. Nicol: Edinburgh New physic. J. Bd. 11 (1828) S. 83.

balsam: $n = 1{,}54$). Für den ordentlichen Strahl ist durch die Abmessungen des Prismas die Bedingung der Totalreflexion erfüllt; er wird gegen eine geschwärzte Seitenfläche reflektiert und dort absorbiert. Der außerordentliche Strahl tritt fast unabgelenkt aus dem Kristall wieder aus. Er ist linear polarisiert und *schwingt im Hauptschnitt* (s. § 61). In der älteren Ausdrucksweise hat man also zu sagen: das Licht ist *senkrecht zum Hauptschnitt polarisiert.* Man kann beim NICOLschen Prisma nicht einfallendes Licht beliebiger Öffnung verwenden, sondern nur solches, das innerhalb eines Kegels vom Öffnungswinkel 29° eintritt.

2. Kompensatoren.

Zur Untersuchung von elliptisch polarisiertem Licht (Bestimmung von Lage und Gestalt der Schwingungsellipse) bedient man sich geeigneter Anordnungen von Kristallplatten. Man erzeugt durch sie eine solche Phasendifferenz der beiden aufeinander senkrechten Schwingungskomponenten, daß das elliptische Licht in linear polarisiertes übergeführt wird, und analysiert dieses dann durch einen Nicol. Wegen der hierbei auftretenden „Kompensation der Phase" nennt man solche Vorrichtungen *Kompensatoren.*

Es sei die z-Achse normal zur Platte gewählt. Die x- und y-Achse legen wir in die zu dieser Normalenrichtung gehörigen Schwingungsrichtungen (des Vektors $\mathfrak{D}$). Sodann denken wir die Platte so um ihre Normale gedreht, daß die x- und die y-Achse parallel den Hauptachsen der einfallenden Schwingungsellipse sind, so daß diese durch die Gleichungen

$$\text{(1)}\quad \left\{\begin{aligned} \mathfrak{D}_x^{(a)} &= a\cos\omega t\,, \\ \mathfrak{D}_y^{(a)} &= b\sin\omega t \end{aligned}\right.$$

dargestellt wird. Nach dem Durchgang durch die Platte wird infolge der verschiedenen Geschwindigkeiten der beiden Strahlen eine Phasenverschiebung eingetreten sein; man hat allgemein die Schwingungsellipse

$$\text{(2)}\quad \left\{\begin{aligned} \mathfrak{D}_x^{(d)} &= a\cos(\omega t + \delta')\,, \\ \mathfrak{D}_y^{(d)} &= b\sin(\omega t + \delta'')\,, \end{aligned}\right.$$

(wobei Reflexionsverluste vernachlässigt sind). Soll das austretende Licht linear polarisiert sein, so muß

$$\text{(3)}\qquad \delta = \delta'' - \delta' = \pm\frac{\pi}{2}$$

sein; dann gilt

$$\text{(4)}\qquad \frac{\mathfrak{D}_y^{(a)}}{\mathfrak{D}_x^{(a)}} = \mp\frac{b}{a}\,.$$

Aus (3) bestimmt sich die Dicke der kompensierenden Kristallplatte; denn man hat nach Kap. I, § 6 (9)

$$\text{(5)}\qquad \delta' = \frac{2\pi}{\lambda}n'd\,,\qquad \delta'' = \frac{2\pi}{\lambda}n''d\,,$$

wo λ die Wellenlänge im Vakuum ist, also

$$\text{(6)}\qquad \delta = \delta'' - \delta' = \frac{2\pi d}{\lambda}(n'' - n')\,.$$

Die Bedingung der Linearpolarisation, $\delta = \pm\pi/2$, liefert also

$$\text{(7)}\qquad d = \frac{\lambda}{4}\,\frac{1}{|n'' - n'|}\,.$$

16*

a) Viertelwellenlängenplättchen.

Der einfachste Kompensator ist ein Glimmerplättchen von der durch (7) angegebenen Dicke. Da Glimmer einachsig ist, bedeuten hier n' und n'' die Brechungsindizes des ordentlichen und außerordentlichen Strahles. Man nennt die Vorrichtung ein *Viertelwellenlängenplättchen*[1]. Seine Handhabung geschieht in folgender Weise: Das einfallende elliptisch polarisierte Licht tritt erst durch das Plättchen, dann durch einen Nicol. Man dreht beide um die Strahlrichtung so lange, bis im Gesichtsfeld Dunkelheit eintritt. Das ist dann der Fall, wenn die beiden Bedingungen erfüllt sind: 1. die Schwingungsrichtungen im Plättchen sind parallel den Hauptachsen der eingestrahlten Ellipse; 2. die Schwingungsrichtung des Nicols ist senkrecht zu der des linear polarisiert austretenden Strahles. Die zweite Angabe liefert das Achsenverhältnis der Ellipse nach (4).

Bei dieser Apparatur erfolgt die Kompensation streng nur für eine Farbe. Um sie für beliebige Wellenlängen zu erreichen, muß man einen Apparat konstruieren, der es erlaubt, die Dicke der Kristallplatte stetig zu variieren.

b) BABINETscher Kompensator.

Ein Apparat, der in parallelem Licht zu gleicher Zeit alle möglichen Phasendifferenzen einschließlich der Phasendifferenz Null erzeugt, ist der BABINET*sche Kompensator*[2]. Er besteht aus zwei Keilen aus (einachsigem) Quarz von gleichem spitzen Winkel, die längs der Hypotenusenflächen gegeneinander verschiebbar angeordnet sind und so eine planparallele Platte veränderlicher Dicke bilden (s. Fig. 148). Dabei ist die Kante des einen Teiles parallel, die des anderen senkrecht zur optischen Achse. Der Gangunterschied der die beiden Platten durchsetzenden Strahlen ist

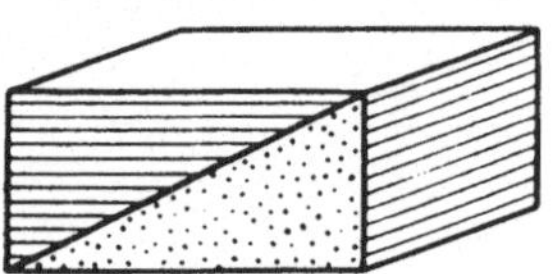

Fig. 148. BABINETscher Kompensator.

$$\delta = \frac{2\pi}{\lambda}(d_1 - d_2)(n_e - n_o); \tag{8}$$

denn da der senkrecht zur Hauptachse schwingende Strahl der schnellere ist, eilt die parallel zur Keilkante schwingende Komponente des Lichts in dem einen Keil der anderen Komponente voraus und wird im anderen Keil gegen sie verzögert. Für ein paralleles Lichtbündel variiert die Dickendifferenz $d_1 - d_2$ stetig und nimmt in der Mitte der Platte den Wert Null an. Setzt man hinter den Kompensator einen Nicol, den Analysator, so wird das Gesichtsfeld von dunklen Streifen durchzogen, die parallel zu den Keilkanten verlaufen.

Ist die einfallende elliptische Schwingung, bezogen auf die Keilkante als x-Achse, gegeben durch

$$\left\{\begin{aligned} \mathfrak{D}_x^{(a)} &= a_1 \cos(\omega t + \delta_0'), \\ \mathfrak{D}_y^{(a)} &= a_2 \cos(\omega t + \delta_0'') \end{aligned}\right. \tag{9}$$

[s. hierzu I, § 7 (3); wir rechnen hier naturgemäß mit dem Vektor $\mathfrak{D}$ statt $\mathfrak{E}$], so ist die austretende Schwingung gegeben durch

$$\left\{\begin{aligned} \mathfrak{D}_x^{(d)} &= a_1 \cos(\omega t + \delta'), \\ \mathfrak{D}_y^{(d)} &= a_2 \cos(\omega t + \delta''), \end{aligned}\right. \tag{10}$$

wo

$$\delta' = \delta_0' + n_o \frac{2\pi}{\lambda}(d_1 - d_2),$$

$$\delta'' = \delta_0'' + n_e \frac{2\pi}{\lambda}(d_1 - d_2).$$

---

[1] G. B. AIRY: Trans. Cambr. Phil. Soc. Bd. 4 (1838), S. 313.

[2] J. BABINET: C. R. Bd. 29 (1849) S. 514; s. a. J. JAMIN: Ann. d. phys. et chim. (3) Bd. 29 (1850) S. 274; A. BRAVAIS: Ann. chim. phys. (3) Bd. 43 (1855) S. 142.

Die Bedingung, daß das austretende Licht linear polarisiert ist, $\delta'' = \delta' + \pi k$ ($k = 0, \pm 1, \pm 2, \ldots$), liefert also für das eintretende Licht

$$\delta_0 = \delta_0'' - \delta_0' = \frac{2\pi}{\lambda}(n_e - n_o)(d_2 - d_1) + \pi k, \tag{11}$$

und die Richtung der austretenden linearen Schwingung ist gegeben durch

$$\frac{\mathfrak{D}_y^{(d)}}{\mathfrak{D}_x^{(d)}} = \pm \frac{a_2}{a_1}. \tag{12}$$

Man denke sich nun zunächst einen polarisierenden Nicol (Polarisator) vor die Platte gesetzt, so daß diese von linear polarisiertem Licht durchstrahlt wird. Dann ist $\delta_0' = \delta_0''$, und die durch den Analysator (der gegen den Polarisator gekreuzt ist) erzeugten Streifen liegen dort, wo die rechte Seite von (11) verschwindet. Diese Lage der Streifen bezeichnet man als die *Nullage*. Wenn man nun elliptisches Licht untersucht, so liefert die Verschiebung der Streifen gegen die Nullage sofort die Phasendifferenz $\delta_0'' - \delta_0'$ des eingestrahlten Lichts und die Stellung des Analysators das Amplitudenverhältnis der zur Keilkante parallelen und senkrechten Komponenten nach (12).

Der Apparat erlaubt daher, Phasendifferenz und Amplitudenverhältnis des einfallenden elliptischen Lichts zu bestimmen. Daraus kann man nach den in I, § 7 angegebenen Formeln die Lage der Achsen der einfallenden Ellipse gegen die Keilkante und das Verhältnis b/a ihrer Hauptachsen berechnen.

c) Der Kompensator von Soleil.

Für manche Zwecke ist es nötig, über das ganze Gesichtsfeld hinweg eine vorgegebene Phasendifferenz (z. B. die Phasendifferenz Null) zu erzeugen. Das hat Soleil[1] durch die Konstruktion des folgenden Kompensators erreicht. Zwei Quarzkeile A, A' (s. Fig. 149) liegen wie beim Babinetschen Kompensator so übereinander, daß sie eine planparallele Platte bilden, jedoch mit dem Unterschied, daß jetzt die optischen Achsen *beider* Keile zu den Keilkanten parallel sind. Der untere Keil ist auf eine planparallele Quarzplatte B aufgekittet, so daß die Achse des Quarzes in B senkrecht zur Keilkante steht. Dann ist die wirksame Weglänge offenbar $d_B - (d_A + d_{A'})$. In der Nullage, bei der diese Wegdifferenz verschwindet, ist dann bei geeigneter Stellung des Analysators das Gesichtsfeld vollständig dunkel. Durch Verschiebung des oberen Keiles läßt sich die wirksame Wegdifferenz variieren, so daß immer über das ganze Gesichtsfeld hinweg derselbe Gangunterschied erreicht wird.

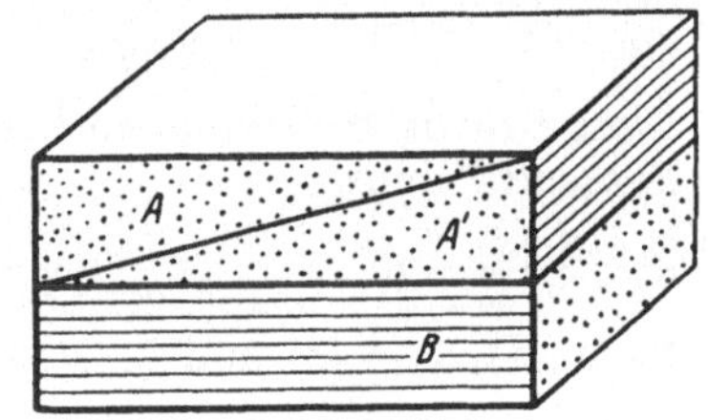

Fig. 149. Der Kompensator von Soleil.

§ 64. Interferenz an Kristallplatten.

Wie wir schon oben sagten, läßt sich die Lage der optischen Achsen mit Hilfe von Interferenzen an planparallelen Kristallplatten bestimmen. Die dabei auftretenden schönen Interferenzerscheinungen verdienen auch an sich ein genaueres Studium, geben sie doch die vollständige Bestätigung der Fresnelschen Kristalloptik.

[1] N. Soleil: C. R. Bd. 24 (1846) S. 973; ebd. Bd. 26 (1847) S. 163; ebd. Bd. 31 (1850) S. 248; s. a. A. Bravais: C. R. Bd. 32 (1851) S. 112; Ann. chim. phys. (3) Bd. 43 (1855) S. 141.

Wir betrachten zunächst den senkrechten Durchgang von parallelem, linear polarisiertem Licht durch eine Platte. Das von einer punktförmigen Lichtquelle Q ausgehende Licht werde durch die Linse L_1 parallel gemacht, trete dann durch den Polarisator P, die Kristallplatte K und den Analysator A und werde durch die Linse L_2 in den Bildpunkt B der Brennebene vereinigt. Beim Eintritt in die Kristallplatte wird das Licht in zwei verschieden schnelle Komponenten parallel zu den Schwingungsrichtungen, die zur Plattennormalen gehören, zerlegt; diese verlassen die Platte mit einer Phasendifferenz. Der Analysator bringt die beiden kohärenten Wellen mit Phasendifferenz auf dieselbe Schwingungsrichtung, und man beobachtet dann in B eine von der Phasendifferenz abhängige Lichtintensität.

Um die Verhältnisse zu übersehen, benutzen wir eine zur Platte parallele Zeichenebene. $\mathfrak{D}'$, $\mathfrak{D}''$ sind die aufeinander senkrechten Schwingungsrichtungen im Kristall (s. Fig. 150). Die Spur der vom Polarisator und Analysator durchgelassenen Schwingungen sei durch die Pfeile OP und OA angedeutet. Der Winkel zwischen PO und $\mathfrak{D}'$ heiße φ, der Winkel POA heiße χ.

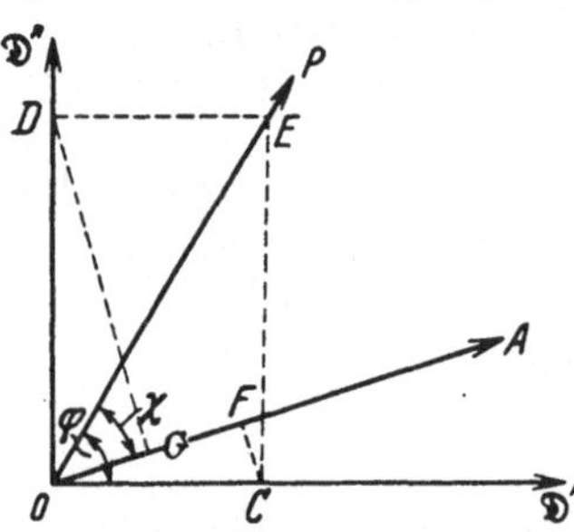

Fig. 150. Konstruktion der von Polarisator und Analysator durchgelassenen Schwingungskomponente.

Die Amplitude des die Kristallplatte treffenden Lichts wird durch den Vektor OE von der Länge E (parallel zu OP) dargestellt. Seine Komponenten nach den Achsen $\mathfrak{D}'$, $\mathfrak{D}''$ sind

$$(1)\qquad OC = E\cos\varphi\,,\qquad OD = E\sin\varphi\,.$$

Der Analysator läßt von jeder dieser Schwingungen nur die Komponente in seiner Richtung durch, also von OC die Projektion OF, von OD die Projektion OG. Aus der Figur liest man ab

$$(2)\qquad OF = E\cos\varphi\cos(\varphi-\chi)\,,\qquad OG = E\sin\varphi\sin(\varphi-\chi)\,.$$

Diese beiden Wellen haben beim Austritt aus der Kristallplatte der Dicke d die Phasendifferenz

$$(3)\qquad \delta = \frac{2\pi d}{\lambda}(n''-n')\,.$$

Nach III, § 34 (8) und (13) ist allgemein die Intensität zweier interferierenden Wellen

$$(4)\qquad J = J_1 + J_2 + 2\sqrt{J_1 J_2}\cos\delta\,,$$

wo J_1, J_2 die Intensitäten (Amplitudenquadrate) der einzelnen Wellen sind. Für diese haben wir hier die Quadrate der Ausdrücke (2) zu nehmen und erhalten

$$(5)\qquad J = E^2\{\cos^2\varphi\cos^2(\varphi-\chi) + \sin^2\varphi\sin^2(\varphi-\chi) + 2\sin\varphi\cos\varphi\cos(\varphi-\chi)\sin(\varphi-\chi)\cos\delta\}.$$

Mit Hilfe der Formel $\cos\delta = 1 - 2\sin^2\frac{\delta}{2}$ läßt sich dieser Ausdruck umformen in

$$(6)\qquad J = E^2\left(\cos^2\chi - \sin 2\varphi\sin 2(\varphi-\chi)\sin^2\frac{\delta}{2}\right).$$

Wäre die Kristallplatte nicht vorhanden ($\delta = 0$), so würde die Intensität $J = E^2\cos^2\chi$ aus dem Analysator austreten; das zweite Glied gibt die Wirkung der Platte an.

Wir betrachten nun zwei wichtige Spezialfälle:

1. $A \parallel P$, *Analysator und Polarisator sind parallel*, $\chi = 0$. Dann wird aus (6)

$$(7)\qquad J_{\parallel} = E^2\left(1 - \sin^2 2\varphi\sin^2\frac{\delta}{2}\right).$$

Maximale Intensität tritt also ein für

(8) $$\varphi = 0, \frac{\pi}{2}, \pi, \ldots,$$

d. h. wenn die *Schwingungsrichtung der Nicols mit einer Schwingungsrichtung der Platte zusammenfällt.* Dazwischen liegen Stellen *relativer Dunkelheit,* dort wo $\sin 2\varphi = \pm 1$ ist, also bei

(9) $$\varphi = \frac{\pi}{4}, \frac{3\pi}{4}, \frac{5\pi}{4}, \ldots,$$

Die Intensität im Minimum beträgt

(10) $$J_{\parallel \min} = E^2\left(1 - \sin^2\frac{\delta}{2}\right) = E^2 \cos^2\frac{\delta}{2}.$$

Die Minima sind also vollständig dunkel für

(11) $$\delta = \pi, 3\pi, 5\pi, \ldots$$

d. h. bei vorgegebenem einfarbigen Licht für bestimmte Plattendicke.

2. $A \perp P$, *Analysator und Polarisator sind gekreuzt,* $\chi = \pi/2$. Dann ist nach (6)

(12) $$J_{\perp} = E^2 \sin^2 2\varphi \sin^2\frac{\delta}{2}.$$

Der Vergleich mit (7) zeigt, daß die Erscheinung im Falle $A \perp P$ genau komplementär ist zum Falle $A \parallel P$: Hier hat man Richtungen völliger Dunkelheit parallel zu den Kristallschwingungsrichtungen, also bei

(13) $$\varphi = 0, \frac{\pi}{2}, \pi, \ldots$$

und dazwischen relative Maxima bei

(14) $$\varphi = \frac{\pi}{4}, \frac{3\pi}{4}, \frac{5\pi}{4}, \ldots$$

von der Stärke

(15) $$J_{\perp \max} = E^2 \sin^2\frac{\delta}{2};$$

volle Intensität hat man für

(16) $$\delta = \pi, 3\pi, 5\pi, \ldots$$

In der Praxis benutzt man diese Erscheinung zur *Herstellung von genau komplementären Farben.* Soll dabei das Gesichtsfeld gleichmäßig in einer Farbe erhellt sein, so muß das Lichtbündel gut parallel sein, weil sonst Wegunterschiede infolge der Neigung auftreten.

Ist diese Bedingung nicht erfüllt, so werden die Erscheinungen komplizierter. Benutzt man z. B. als Lichtquelle eine beleuchtete Mattscheibe, so erzeugt jeder Punkt von ihr im korrespondierenden Punkte der Bildebene unabhängig eine Intensität. Man sieht daher im Gesichtsfelde eine Intensitätsverteilung, die sich durch Kurven gleicher Helligkeit beschreiben läßt; und zwar zerfallen diese Kurven offenbar in zwei Typen: solche, die durch die *Lage der Hauptschwingungen des Kristalls,* unabhängig von der Dicke der Platte, bedingt sind, *Isogyren* genannt, und solche, die durch die *Neigung der Strahlen* entstehen und von der *Plattendicke* abhängen, *Isochromaten* genannt. Der Name kommt daher, daß die Phase δ ja nach (3) von der Wellenlänge abhängig ist; in weißem Licht werden also alle Strahlen des Gesichtsfeldes, für die $\delta =$ konst. ist, dieselbe Interferenzfarbe zeigen.

Es genügt, die Fälle zu betrachten, wo Analysator und Polarisator entweder parallel oder gekreuzt sind (die übrigen Fälle geben weniger ausgeprägte Interferenzfiguren, die sich ebenso leicht ableiten lassen). Beschränken wir uns auf den Fall $A \perp P$ (was genügt, da $A \parallel P$ komplementäre Erscheinungen liefert), so sind bei ausgedehnter Lichtquelle in (12) sowohl φ als auch δ Funktionen des Orts im Gesichtsfeld.

Völlige Dunkelheit hat man längs zweier Kurvensysteme:

1. *Hauptisogyren*, $\sin 2\varphi = 0$, d. h. $\varphi = 0,\ \pi/2,\ \pi,\ 3\pi/2$. Sie teilen das Gesichtsfeld in eine Anzahl Felder ein, derart, daß in der Mitte der Felder Helligkeit, auf ihren Rändern völlige Dunkelheit herrscht.

2. *Hauptisochromaten*, $\sin\delta/2 = 0$, $\delta = 2\pi n$ $(n = 0, 1, \ldots)$. Sie bilden ein komplizierteres Kurvensystem.

Beide Kurvensysteme überlagern sich; aber es ist klar, daß man sie unabhängig voneinander behandeln kann.

Zur Vorbereitung betrachten wir den Fall, daß paralleles Licht schief auf die Kristallplatte fällt, und berechnen die Phasendifferenz δ als Funktion des Einfallswinkels φ. Der einfallende Strahl QA (s. Fig. 151) wird durch Doppelbrechung in die beiden Strahlen AB und AC mit den Brechungswinkeln ψ', ψ'' und den Wellenlängen λ', λ'' zerlegt. Beim Austritt werden beide wieder parallel zueinander und zum einfallenden Strahl und kommen bei Abbildung mit einer Linse in demselben Punkte zur Interferenz. Fig. 151 zeigt, daß die Phasendifferenz

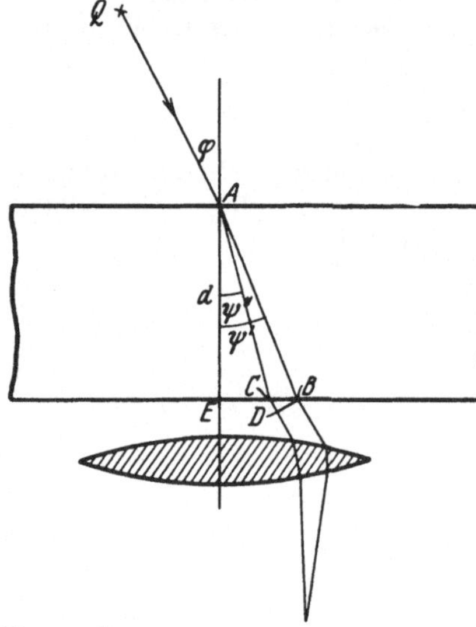

Fig. 151. Konstruktion der Phasendifferenz zwischen den beiden Schwingungen in einer Kristallplatte.

$$\delta = 2\pi\left\{\frac{AC}{\lambda''} + \frac{CD}{\lambda} - \frac{AB}{\lambda'}\right\} \tag{17}$$

beträgt. Ferner folgt sofort aus der Figur

$$AB = \frac{d}{\cos\psi'}, \qquad AC = \frac{d}{\cos\psi''}. \tag{18}$$

Ist E der Austrittspunkt der durch A gehenden Plattennormalen, so ist

$$CD = BC\sin\varphi = (EB - EC)\sin\varphi = d\sin\varphi(\operatorname{tg}\psi' - \operatorname{tg}\psi''). \tag{19}$$

Setzt man (18) und (19) in (17) ein, so folgt

$$\delta = 2\pi d\left\{\frac{1}{\cos\psi''}\left(\frac{1}{\lambda''} - \frac{\sin\varphi\sin\psi''}{\lambda}\right) - \frac{1}{\cos\psi'}\left(\frac{1}{\lambda'} - \frac{\sin\varphi\sin\psi'}{\lambda}\right)\right\}. \tag{20}$$

Ersetzt man nun nach dem Brechungsgesetz $\frac{\sin\varphi}{\lambda}$ in der ersten Klammer durch $\frac{\sin\psi''}{\lambda''}$, in der zweiten durch $\frac{\sin\psi'}{\lambda'}$, so erhält man

$$\delta = 2\pi d\left(\frac{\cos\psi''}{\lambda''} - \frac{\cos\psi'}{\lambda'}\right) = \frac{2\pi d}{\lambda}(n''\cos\psi'' - n'\cos\psi'). \tag{21}$$

Es ist im folgenden nicht notwendig, mit diesem strengen Ausdruck für die Phasendifferenz zu rechnen, da die Doppelbrechung $n'' - n'$ und damit auch die Winkelabweichung $\psi'' - \psi'$ äußerst klein ist. Bezeichnen wir mit n, ψ Mittelwerte von n', n'' bzw. ψ', ψ'', so können wir näherungsweise

$$(22)\qquad n''\cos\psi'' - n'\cos\psi' = \frac{d\,(n\cos\psi)}{d\,n}(n'' - n') = \left(\cos\psi - n\sin\psi\frac{d\psi}{dn}\right)(n'' - n')$$

setzen. Wir differenzieren das Brechungsgesetz $\sin\varphi = n\sin\psi$ nach n bei festem φ und erhalten

$$0 = \sin\psi + n\cos\psi\frac{d\psi}{dn},$$

also

$$\frac{d\psi}{dn} = -\frac{1}{n}\operatorname{tg}\psi,$$

und damit näherungsweise aus (22)

$$(23)\qquad n''\cos\psi'' - n'\cos\psi' = \frac{1}{\cos\psi}(n'' - n').$$

Daher wird schließlich unsere Phasendifferenz mit hinreichender Annäherung

$$(24)\qquad \delta = \frac{2\pi d}{\lambda\cos\psi}(n'' - n').$$

§ 65. Interferenzfiguren an Platten einachsiger Kristalle in konvergentem Licht.

Will man bei der Anordnung von Fig. 151 die durch eine ausgedehnte Lichtquelle erzeugte Interferenz untersuchen, so hat man im Kristall ebene Lichtwellen aller möglichen gegen die Plattennormale ein wenig geneigten Richtungen zu betrachten. Wir tragen vom Punkt A der Eintrittsebene die zum einfallenden Bündel gehörenden Strahlen ab und markieren ihre Durchtrittspunkte B, B', ... auf der Austrittsebene. Dann ist durch die Strecken AB, AB', ... die Phasendifferenz der austretenden parallelen Bündel völlig bestimmt und damit auch die Interferenzfigur in der Bildebene der Betrachtungslinse. Man kann gewissermaßen die Interferenzfigur auf die Austrittsebene „projiziert" denken. Will man nun übersehen, was sich bei verschiedenen Plattendicken ergibt, so muß man die Austrittsebene parallel verschieben. Dann ist der Spurpunkt P eines austretenden Strahls durch die Koordinaten d, ψ gegeben, und die Phasendifferenz δ wird durch die Formel § 64 (24) als Funktion von d und ψ dargestellt. Dabei ist zu beachten, daß bei beliebiger Lage der optischen Achse gegen die Kristallplatte auch $n'' - n'$ noch von ψ abhängt.

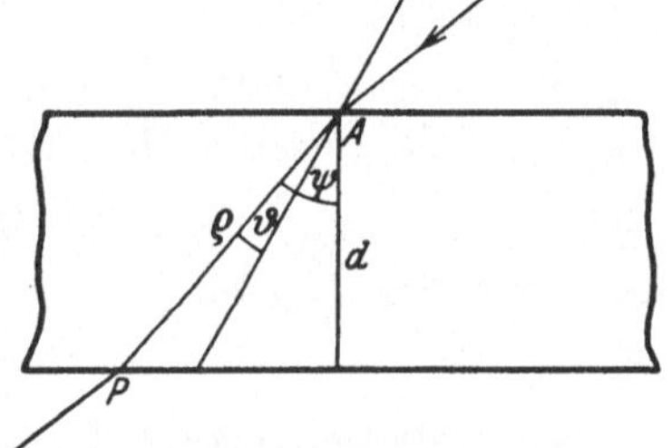

Fig. 152. Zur Theorie der Interferenzfiguren an Kristallplatten.

Man erhält also eine Übersicht über alle überhaupt möglichen Kurven gleichen Gangunterschiedes, indem man sich um den Punkt A herum die Flächen $\delta(d, \psi) =$ konst. konstruiert und sie durch irgendwelche Ebenen $d =$ konst. schneidet.

Es ist nun vorteilhaft, statt d und ψ als Koordinaten den Abstand $\varrho = d/\cos\psi$ von A und den Neigungswinkel ϑ gegen die (durch A gelegte) optische Achse einzuführen; ϱ und ϑ sind also gewöhnliche Polarkoordinaten um die optische Achse (s. Fig. 152). Die Umrechnung geschieht so: Für einachsige Kristalle sind die beiden Lichtgeschwindigkeiten für die Richtung ϑ gegen die optische Achse nach § 61 (4) gegeben durch

(1) $$c_n'^2 = c_o^2, \qquad c_n''^2 = c_o^2 \cos^2\vartheta + c_e^2 \sin^2\vartheta .$$

Wir setzen näherungsweise

(2) $$c_n'^2 - c_n''^2 = \frac{d(c_n^2)}{dn}(n' - n'') .$$

Nun ist aber nach Definition § 58 (25) $c_n = c/n$, also

$$\frac{(d c_n^2)}{dn} = -\frac{2c^2}{n^3},$$

d. h.

(3) $$c_n'^2 - c_n''^2 = -\frac{2c^2(n' - n'')}{n^3} .$$

Setzen wir in (3) die Werte aus (1) ein, so erhalten wir

(4) $$n' - n'' = \frac{n^3}{2c^2}(c_n''^2 - c_n'^2) = \frac{n^3}{2c^2}(c_e^2 - c_o^2)\sin^2\vartheta .$$

Führen wir statt c_o und c_e die Hauptbrechungsindizes $n_o = c/c_o$, $n_e = c/c_e$ ein und ersetzen näherungsweise $n_o^2 n_e^2$ durch n^4, $n_o + n_e$ durch $2n$, so wird

(5) $$c_e^2 - c_o^2 = c^2\left(\frac{1}{n_e^2} - \frac{1}{n_o^2}\right) = c^2\frac{n_o^2 - n_e^2}{n_o^2 n_e^2} = \frac{2c^2}{n^3}(n_o - n_e) .$$

Für die Phasendifferenz erhalten wir also schließlich aus § 64 (24) und § 65 (4), (5)

(6) $$\delta = \frac{2\pi}{\lambda}(n_e - n_o) \cdot \varrho \sin^2\vartheta .$$

Die Flächen gleichen Gangunterschiedes, die durch

(7) $$\varrho \sin^2\vartheta = C$$

gegeben sind, sind Rotationsflächen um die optische Achse des Kristalls. Ihre durch (7) dargestellte Meridiankurve ist vom vierten Grade; denn setzt man

$$x = \varrho \sin\vartheta, \qquad z = \varrho \cos\vartheta,$$

so lautet ihre Gleichung

(8) $$x^4 = C^2(x^2 + z^2) .$$

Wir diskutieren kurz die Form der Meridiankurven. Die Konstante C bedeutet den Wert von ϱ für $\vartheta = \pi/2$, also in der Richtung der x-Achse; es ist C offenbar der kleinste Wert, den ϱ annehmen kann. Für $\vartheta \to 0$ wird $\varrho \to \infty$. Für sehr große Werte von z ($x^2 \ll z^2$) verhält sich die Meridiankurve nahezu wie die Parabel mit der Gleichung $z = x^2/C$; in der Nähe der x-Achse kann man schreiben

(9) $$\frac{x^4}{x^2 + z^2} = \frac{x^2}{1 + \frac{z^2}{x^2}} = x^2\left(1 - \frac{z^2}{x^2} + - \cdots\right) = C^2 .$$

Die Fläche verhält sich dort also wie die Hyperbel $x^2 - z^2 = C^2$. In Fig. 153 ist eine Meridiankurve mit der zugehörigen Parabel und Hyperbel dargestellt.

Man erhält nun alle möglichen durch die verschiedene Neigung der einfallenden Strahlen erzeugten Interferenzfiguren, die *Isochromaten*, indem man die eben beschriebene Flächenschar mit irgendeiner Ebene im Abstand d vom Nullpunkt (der Austrittsebene der Kristallplatte) schneidet. Fig. 153 zeigt unmittelbar, daß je nach der Neigung diese Ebene gegen die Normalebene der optischen Achse verschiedene Schnittfiguren entstehen:

Ist die Plattennormale nur wenig gegen die optische Achse geneigt, so sind es geschlossene, ellipsenähnliche Kurven; ist die Neigung sehr groß, so sind es offene, hyperbelartige Kurven. Dazwischen gibt es einen parabelartigen Grenzfall.

Wir wollen dieses Verhalten auch näherungsweise durch Formeln zum Ausdruck bringen. Zu dem Zwecke führen wir neben dem auf die optische Achse bezogenen Koordinatensystem x, y, z ein mit der Kristallplatte fest verbundenes System X, Y, Z ein, und zwar falle die Z-Achse mit der Plattennormalen durch den Punkt A zusammen, und die XZ-Ebene enthalte Plattennormale und optische Achse; wir nennen diese Ebene kurz „Hauptschnitt" (nämlich des normal zur Platte durchgehenden Strahls, s. § 61). Der Winkel zwischen optischer Achse und Z-Achse sei α. Die Polarkoordinaten eines beliebigen Punktes Q auf der Einheitskugel um A, bezogen auf Z-Achse und Hauptschnitt (XZ-Ebene) sind ψ und γ, wo ψ der bereits eingeführte „Brechungswinkel" und γ das zugehörige Azimut ist.

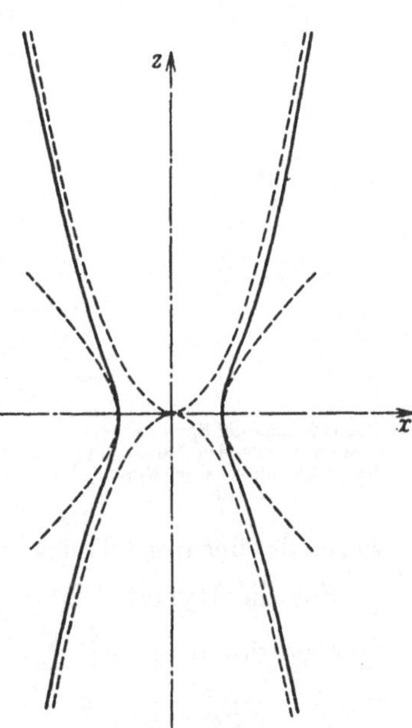

Fig. 153. Die Meridiankurve der Flächen gleichen Gangunterschiedes.

In Fig. 154 ist die Projektion der Einheitskugel mit den drei Durchstoßpunkten Z, N, Q dargestellt, und in dem sphärischen Dreieck ZNQ sind die Winkel eingetragen. Man sieht, daß

$$\cos\vartheta = \cos\alpha \cdot \cos\psi + \sin\alpha \cdot \sin\psi \cdot \cos\gamma$$

ist, und hieraus folgt

$$(10)\quad \begin{cases} \sin^2\vartheta = 1 - \cos^2\alpha\cos^2\psi - \sin^2\alpha\sin^2\psi\cos^2\gamma - \sin 2\alpha\sin\psi\cos\psi\cos\gamma \\ \qquad = \sin^2\alpha + \sin^2\psi(\cos^2\alpha - \sin^2\alpha\cos^2\gamma) - \sin 2\alpha\sin\psi\cos\psi\cos\gamma\,. \end{cases}$$

Damit wird aus (6)

$$(11)\quad \delta = \frac{2\pi}{\lambda}(n_e - n_o)\{\varrho\sin^2\alpha + \varrho\sin^2\psi(\cos^2\alpha - \sin^2\alpha\cos^2\gamma) - \varrho\sin 2\alpha\sin\psi\cos\psi\cos\gamma\}.$$

Wir führen nun die rechtwinkligen Koordinaten

$$(12)\quad \begin{cases} X = \varrho\sin\psi\cos\gamma\,, \\ Y = \varrho\sin\psi\sin\gamma\,, \\ Z = \varrho\cos\psi = d \end{cases}$$

ein und beschränken unsere Betrachtungen auf ein kleines Gesichtsfeld, d. h. auf kleine Werte von ψ. Dann können wir im zweiten Gliede der Formel (11), das wegen des Faktors $\sin^2\psi$ an sich klein ist, ϱ durch d ersetzen. Im ersten Gliede aber müssen wir

$$(13)\quad \varrho = \sqrt{X^2 + Y^2 + d^2} = d\left(1 + \frac{X^2 + Y^2}{2d^2} + \cdots\right)$$

einsetzen. Dann erhalten wir

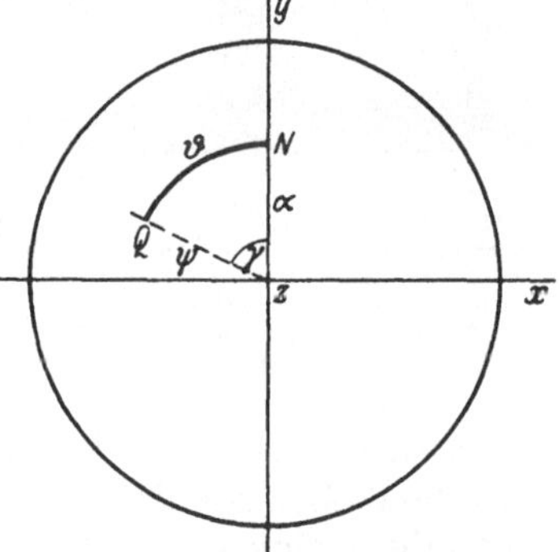

Fig. 154. Zur Theorie der Interferenzfiguren an Kristallplatten.

$$14)\quad \begin{cases} \delta = \frac{2\pi}{d\cdot\lambda}(n_e - n_o)\left\{\left(d^2 + \frac{1}{2}X^2 + \frac{1}{2}Y^2\right)\sin^2\alpha + (X^2 + Y^2)\cos^2\alpha - X^2\sin^2\alpha - X d\sin 2\alpha\right\} \\ \quad = \frac{2\pi}{d\cdot\lambda}(n_e - n_o)\left\{X^2\left(\cos^2\alpha - \frac{1}{2}\sin^2\alpha\right) + Y^2\left(\cos^2\alpha + \frac{1}{2}\sin^2\alpha\right) - X d\sin 2\alpha + d^2\sin^2\alpha\right\}. \end{cases}$$

Die Kurven konstanter Phasendifferenz, die *Isochromaten*, sind also gegeben durch

$$(15)\qquad X^2(\cos^2\alpha - \tfrac{1}{2}\sin^2\alpha) + Y^2(\cos^2\alpha + \tfrac{1}{2}\sin^2\alpha) - X d \sin 2\alpha = \text{konst.}$$

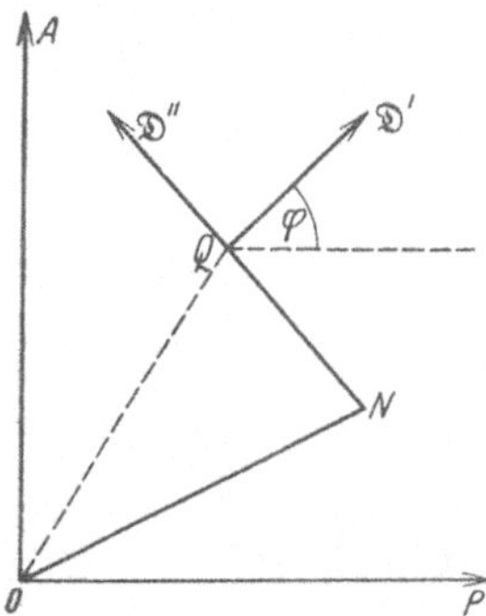

Fig. 155. Lage der Schwingungsrichtungen nach dem Durchgang des Lichts durch eine Kristallplatte.

Das ist die Gleichung eines Kegelschnitts. Da der Koeffizient von Y^2 immer positiv ist, der von X^2 aber verschiedenes Vorzeichen haben kann, erhält man die drei Fälle

$$\begin{aligned} &\text{Ellipse:} && \operatorname{tg}\alpha < \\ &\text{Parabel:} && \operatorname{tg}\alpha = \\ &\text{Hyperbel:} && \operatorname{tg}\alpha > \end{aligned}\Bigg\}\sqrt{2},\qquad \begin{aligned}\alpha &< \\ \alpha &= \\ \alpha &> \end{aligned}\Bigg\}\, 54^\circ\, 44'.$$

Ist insbesondere $\alpha = 0$ (optische Achse senkrecht zur Platte), so sind natürlich die Isochromaten Kreise um die Achse.

Im Falle der Ellipse liegt die große Achse immer parallel zum Hauptschnitt, und das Achsenverhältnis ist gegeben durch $\sqrt{\frac{2-\operatorname{tg}^2\alpha}{2+\operatorname{tg}^2\alpha}}$. Der Mittelpunkt ist wegen des linearen Gliedes um $d\,\frac{\operatorname{tg}\alpha}{2-\operatorname{tg}^2\alpha}$ in der positiven X-Richtung verschoben.

Für die Hyperbel ist der Winkel der Asymptoten gegen den Hauptschnitt gegeben durch $\operatorname{arc\,tg}\sqrt{\frac{\operatorname{tg}^2\alpha-2}{\operatorname{tg}^2\alpha+2}}$. Ihr Mittelpunkt liegt auf der X-Achse im Abstande $d\frac{\operatorname{tg}\alpha}{\operatorname{tg}^2\alpha-2}$ vom Zentrum des Gesichtsfeldes.

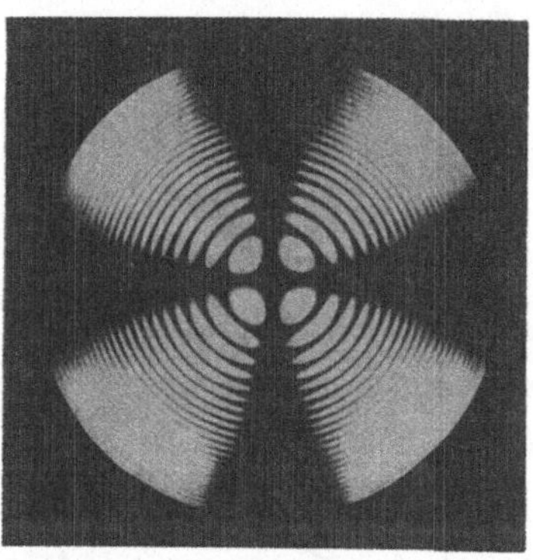

Fig. 156. Kalkspatplatte senkrecht zur optischen Achse im Na-Lichte zwischen gekreuzten Nicols. (Nach H. Hauswaldt: Interferenzerscheinungen an doppelbrechenden Kristallplatten im konvergenten polarisierten Licht, Magdeburg 1902.)

Im Falle der Betrachtung der Kristallplatte durch gekreuzte Nicols hat man für die Intensität nach § 64 (12)

$$(16)\qquad J = E^2 \sin^2 2\varphi \cdot \sin^2\frac{\delta}{2}.$$

Die *Hauptisochromaten* erhält man nach (16), indem man in (14) $\delta = 2\pi k$ ($k = 0, \pm 1, \ldots$) setzt, d. h. nach (6) und (7)

$$(17)\qquad C = \frac{k\lambda}{n_e - n_o}.$$

Die *Hauptisogyren*, $\sin 2\varphi = 0$, haben beim einachsigen Kristall die Form eines dunklen, verwaschenen Kreuzes, dessen Arme zu den Richtungen von Polarisator und Analysator parallel sind, und dessen Mittelpunkt der Spurpunkt N der optischen Achse ist; denn betrachten wir irgendeinen Punkt Q des Gesichtsfeldes, so liegt die Spur des Hauptschnittes in der Verbindungslinie QN. In diese fällt eine der beiden zu Q gehörigen Schwingungsrichtungen des Lichts, und die andere steht senkrecht darauf. Der Winkel φ zwischen der einen Schwingungsrichtung und dem Polarisator ist also immer von 0, $\pi/2$, π, $3\pi/2$ verschieden, außer wenn die Verbindungslinie NQ mit OA oder OP parallel ist (s. Fig. 155). Dieses sind also die Auslöschrichtungen und zwischen ihnen liegen die Maxima des Faktors $\sin^2 2\varphi$.

Die hier theoretisch abgeleitete Erscheinung wird durch das Experiment vollständig bestätigt (s. Fig. 156).

Eine wichtige praktische Anwendung haben die Interferenzfiguren an planparallelen Platten bei der Konstruktion von sog. *Polariskopen*, d.h. Instrumenten, welche das Vorhandensein von polarisiertem Licht mit großer Empfindlichkeit nachzuweisen gestatten. Als Beispiel betrachten wir die sog. SAVART*sche Platte*[1]:

Zwei gleichdicke Platten des gleichen Kristalls werden so geschnitten, daß die optischen Achsen bei beiden denselben Winkel α gegen die Plattennormale bilden, und dann so aufeinander gelegt, daß die Hauptschnitte (Ebenen durch Normalen und Achsen) senkrecht aufeinander stehen. Dann fallen die Schwingungsrichtungen in beiden Platten „kreuzweise" zusammen, d.h. die Schwingungsrichtung der ordentlichen Welle in der einen Platte stimmt mit der der außerordentlichen Welle in der anderen Platte überein. Die Gangunterschiede subtrahieren sich daher. Den resultierenden Gangunterschied erhalten wir, indem wir in der Formel (14) X mit $-Y$ vertauschen und den dadurch erhaltenen Ausdruck von dem ursprünglichen abziehen. Dann bekommen wir

$$\Delta = \frac{2\pi}{d\cdot\lambda}(n_e - n_0)\{(Y^2 - X^2)\sin^2\alpha + (Y - X)\,d\sin 2\alpha\}. \tag{18}$$

Die Kurven $\Delta =$ konst. sind eine Schar gleichseitiger Hyperbeln, deren Asymptoten parallel zu den Halbierungslinien der beiden Hauptschnitte sind. Der Spurpunkt O der Plattennormalen liegt auf der einen Asymptoten im Abstande $-d\cot\alpha$ vom Mittelpunkt M der Hyperbel. Wenn man α hinreichend weit von $90°$ verschieden macht, wird die Exzentrizität des Mittelpunktes M so groß, daß die Kurven konstanter Phasendifferenz im Gesichtsfeld (der Umgebung von O) als äquidistante Gerade erscheinen, die parallel zur Winkelhalbierenden der beiden Hauptschnitte verlaufen. Sie liegen um so dichter, je näher α bei $\pi/4$ liegt.

Diese Anordnung verwendet man zur Bestimmung des polarisierten Anteils in einem Lichtstrahl. Man stellt den Analysator fest unter $45°$ gegen die Hauptschnitte (optische Achse—Plattennormale), welche jetzt praktisch mit den Schwingungsrichtungen im Kristall zusammenfallen; man setzt also in Formel § 64 (6) $\varphi - \chi = \pi/4$. Dann wird

$$J = E^2\left(\cos^2\chi - \cos 2\chi \sin^2\frac{\delta}{2}\right), \tag{19}$$

und hier bedeutet χ die Schwingungsrichtung des linear polarisierten Anteils im einfallenden Lichtbündel (s. Fig. 150, S. 246). Das Minimum von J bei variablen δ hat den Wert $E^2(\cos^2\chi - \cos 2\chi) = E^2\sin^2\chi$; man sieht also verwaschene Interferenzstreifen. Erst wenn man die Kristallplatte und den fest mit ihr verbundenen Analysator um die Plattennormale dreht, so findet man eine Stellung, für die $\sin\chi = 0$ ist, d.h. $J = E^2\cos^2\delta/2$. Dies ist offenbar die Stellung schärfster Interferenzkurven.

Ist dem polarisierten Licht unpolarisiertes beigemengt, so ergibt sich ein kontinuierlicher Untergrund; doch kann man die Interferenzstreifen selbst bei sehr schwachem Polarisationsgrade noch erkennen. Die SAVARTsche Platte gilt als eines der empfindlichsten Reagenzien auf vorhandene Polarisation.

§ 66. Interferenzfiguren an Platten aus optisch zweiachsigen Kristallen.

Wir haben auch hier wiederum an die Formel § 64 (24)

$$\delta = \frac{2\pi\varrho}{\lambda}(n'' - n') \tag{1}$$

anzuknüpfen und müssen die Doppelbrechung $n'' - n'$ mit den Koordinaten des Spurpunktes des Strahls in der Austrittsebene in Beziehung setzen. Man hat nach § 62 (4)

$$c_n'^2 - c_n''^2 = \sqrt{D}, \tag{2}$$

[1] F. SAVART: Pogg. Ann. Bd. 49 (1840) S. 292.

wo D, die Diskriminante der FRESNELschen Gleichung, durch § 62 (5) oder (7) gegeben ist. Diesen Ausdruck (2) kann man durch geometrisch anschauliche Bestimmungsstücke ausdrücken, nämlich durch die Winkel ϑ_1, ϑ_2, welche die Wellennormale $\mathfrak{s}$ im Kristall mit den beiden Normalenachsen N_1, N_2 bildet. Wir konstruieren auf der Einheitskugel um den Eintrittspunkt das sphärische Dreieck N_1N_2Q (s. Fig. 157), wo Q der Durchstoßungspunkt der Wellennormalen $\mathfrak{s}$ ist, und führen das rechtwinklige Koordinatensystem wie in § 62 ein. Bei diesem lag die z-Achse in der Ebene der optischen Achsen und war ihre Winkelhalbierende. Man nennt sie auch *erste optische Mittellinie* und entsprechend die x-Achse die *zweite optische Mittellinie*. Dann halbiert der Spurpunkt Z der z-Achse den Bogen N_1N_2, und es ist der Winkel N_1Z oder N_2Z wie früher in § 62 mit β bezeichnet. Nach § 62 (12) ist

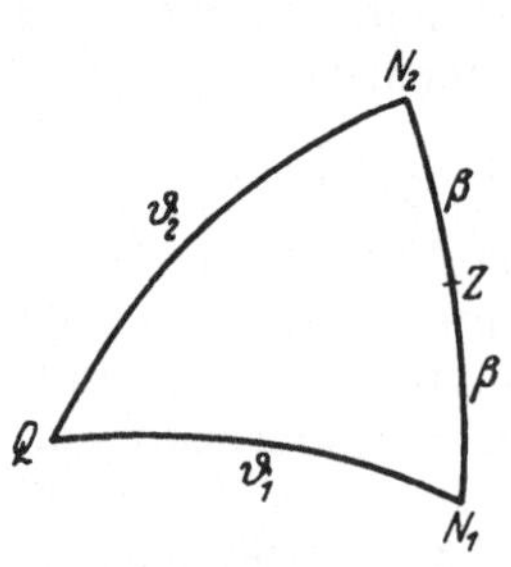

Fig. 157. Zur geometrischen Deutung der Diskriminante der FRESNELschen Gleichung.

$$(3)\qquad \operatorname{tg}\beta = \sqrt{\frac{c_x^2 - c_y^2}{c_y^2 - c_z^2}}\,, \qquad (c_x > c_y > c_z)\,.$$

Ferner hat man

$$(4)\qquad \begin{cases} \cos\vartheta_1 = \mathfrak{s}_x \sin\beta + \mathfrak{s}_z \cos\beta\,, \\ \cos\vartheta_2 = -\mathfrak{s}_x \sin\beta + \mathfrak{s}_z \cos\beta\,. \end{cases}$$

Nun ist aber

$$(5)\qquad \begin{cases} \sin\beta = \dfrac{\operatorname{tg}\beta}{\sqrt{1+\operatorname{tg}^2\beta}} = \sqrt{\dfrac{c_x^2 - c_y^2}{c_x^2 - c_z^2}}\,, \\ \cos\beta = \dfrac{1}{\sqrt{1+\operatorname{tg}^2\beta}} = \sqrt{\dfrac{c_y^2 - c_z^2}{c_x^2 - c_z^2}}\,. \end{cases}$$

Daraus folgt

$$(6)\qquad \begin{cases} \sin^2\vartheta_{1,2} = 1 - \cos^2\vartheta_{1,2} \\ = \dfrac{1}{c_x^2 - c_z^2}\Big\{(c_x^2 - c_z^2)(\mathfrak{s}_x^2 + \mathfrak{s}_y^2 + \mathfrak{s}_z^2) - \mathfrak{s}_x^2(c_x^2 - c_y^2) - \mathfrak{s}_z^2(c_y^2 - c_z^2) \pm \mathfrak{s}_x\mathfrak{s}_z\sqrt{(c_x^2 - c_y^2)(c_y^2 - c_z^2)}\Big\}. \end{cases}$$

Hier kann man die in § 62 (6) definierten Größen ξ, η, ζ einführen und erhält

$$(7)\qquad \sin^2\vartheta_{1,2} = \frac{1}{c_x^2 - c_z^2}\left(\xi - \eta + \zeta \pm 2\sqrt{\xi\zeta}\right).$$

Durch Multiplikation der beiden in (7) enthaltenen Gleichungen folgt

$$(8)\qquad \sin^2\vartheta_1 \sin^2\vartheta_2 = \frac{1}{(c_x^2 - c_z^2)^2}\left(\xi^2 + \eta^2 + \zeta^2 - 2\eta\zeta - 2\zeta\xi - 2\xi\eta\right) = \frac{D}{(c_x^2 - c_z^2)^2}.$$

Durch Vergleich dieser Gleichung mit (2) erhält man

$$(9)\qquad c_n'^2 - c_n''^2 = \sin\vartheta_1 \sin\vartheta_2\,(c_x^2 - c_z^2)\,.$$

Nun ist aber wie früher [§ 65 (3)]

$$(10)\qquad c_n'^2 - c_n''^2 = \frac{2c^2}{n^3}(n'' - n')$$

und ebenso mit $n_x = c/c_x, \ldots$

$$(11)\qquad c_x^2 - c_z^2 = \frac{2c^2}{n^3}(n_z - n_x)\,.$$

Also folgt

$$(12)\qquad n'' - n' = \sin\vartheta_1 \sin\vartheta_2 (n_z - n_x)\,,$$

und die Phasendifferenz wird nach (1)

$$(13)\qquad \delta = \frac{2\pi}{\lambda}(n_z - n_x)\,\varrho\,\sin\vartheta_1 \sin\vartheta_2\,,$$

eine Formel, die mit § 65 (6) völlig analog ist und in sie übergeht, wenn die Achsen zusammenfallen.

Die Flächen gleichen Gangunterschiedes sind nunmehr leicht anschaulich zu erfassen.

Um sie zu diskutieren, schreiben wir für konstantes δ die Gleichung (13) in der Gestalt

$$\varrho \sin\vartheta_1 \sin\vartheta_2 = \text{konst.} = \varrho_0 . \tag{14}$$

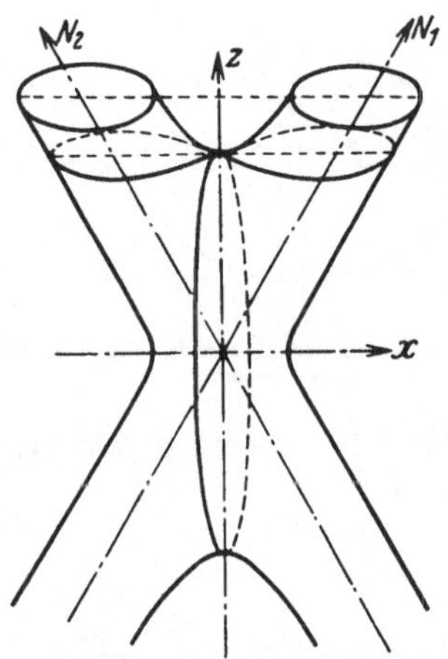

Fig. 158. Fläche konstanter Phasendifferenz eines optisch zweiachsigen Kristalles.

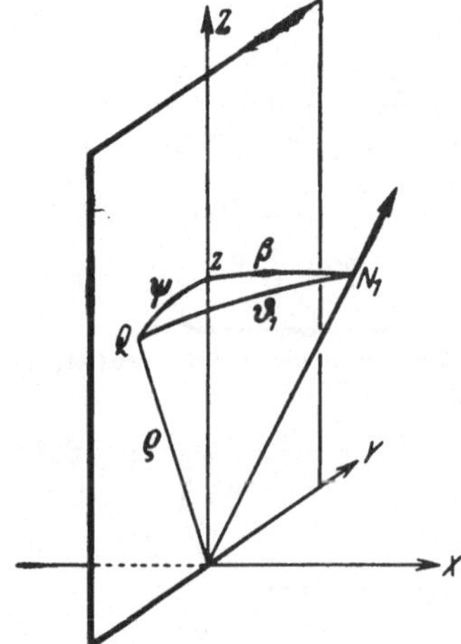

Fig. 159. Zur Theorie der optisch zweiachsigen Kristalle.

In Richtung der optischen Achsen ($\vartheta_1 = 0$ **oder** $\vartheta_2 = 0$) wird $\varrho \to \infty$, d. h. die Flächen umhüllen die Achsen asymptotisch (s. Fig. 158). Für $\vartheta_1 \to 0$ können wir ϑ_2 durch 2β, d. h. durch den Winkel zwischen den Normalenachsen ersetzen und erhalten

$$\varrho \sin\vartheta_1 \to \frac{\varrho_0}{\sin 2\beta} . \tag{15}$$

Nun ist aber $\varrho \sin\vartheta_1$ der Abstand eines Flächenpunktes von der optischen Achse N_1; die Gleichung (15) stellt also einen Kreiszylinder dar. In großer Entfernung verhält sich also die Fläche in der Umgebung einer optischen Achse wie ein Kreiszylinder um sie.

Die Koordinatenebenen sind offenbar Symmetrieebenen der Flächen. Wir bestimmen die Schnittfiguren der Flächen mit diesen Symmetrieebenen:

1. $x = 0$. Für einen Punkt der Fläche in der yz-Ebene wird $\vartheta_1 = \vartheta_2$. Aus dem sphärischen Dreieck QN_1Z (siehe Fig. 159), das bei Z rechtwinklig ist, folgt

$$\cos\vartheta_1 = \cos\vartheta_2 = \cos\psi \cos\beta ,$$

so daß nach (14) die Gleichung der Schnittkurve lautet

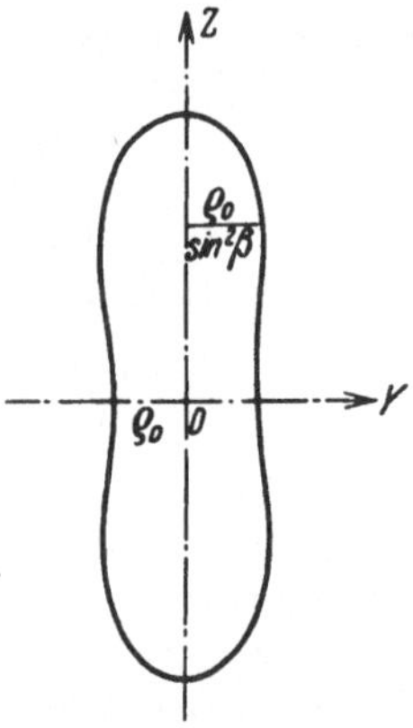

$$\varrho = \frac{\varrho_0}{1 - \cos^2\beta \cos^2\psi} . \tag{16}$$

Fig. 160. Schnittkurve der Fläche der Fig. 158 mit der yz-Ebene.

Das Minimum bzw. Maximum von ϱ wird erreicht bei $\cos\psi = 0$ bzw. $\cos\psi = 1$. Die Kurve ist also eine geschlossene, ovalartige Kurve mit den Halbachsen ϱ_0 und $\varrho_0/\sin^2\beta$ (s. Fig. 160).

2. $z = 0$. In diesem Falle ist $\vartheta_2 = \pi - \vartheta_1$. Aus dem sphärischen Dreieck $N_1 Q X$ (s. Fig. 161) folgt

$$\cos^2\vartheta_1 = \cos^2\alpha \sin^2\beta,$$

wobei α der Winkel zwischen ϱ und X ist. Wir erhalten also aus (14)

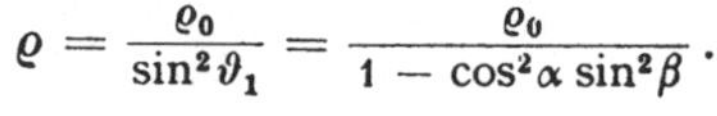

$$\varrho = \frac{\varrho_0}{\sin^2\vartheta_1} = \frac{\varrho_0}{1 - \cos^2\alpha \sin^2\beta}. \tag{17}$$

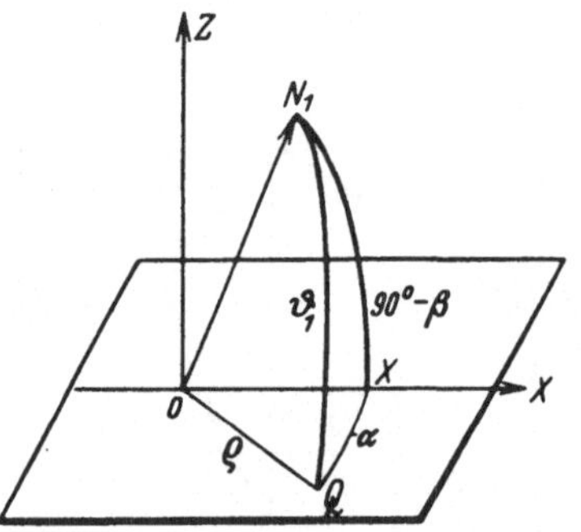

Fig. 161. Zur Theorie der optisch zweiachsigen Kristalle.

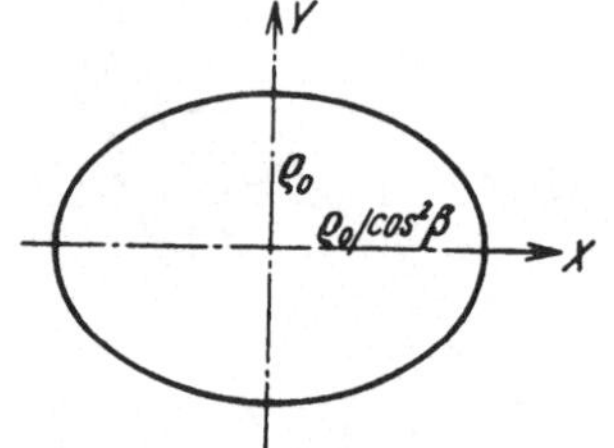

Fig. 162. Schnittkurve der Fläche der Fig. 158 mit der xy-Ebene.

Die Schnittkurve ist wieder oval (s. Fig. 162). Die Achsen sind ϱ_0 und $\varrho_0/\cos^2\beta$.

3. $y = 0$. Hier ist (s. Fig. 163)

$$\vartheta_1 = \psi - \beta, \qquad \vartheta_2 = \psi + \beta;$$

also wird aus (14)

$$\varrho = \frac{\varrho_0}{\sin(\psi + \beta)\sin(\psi - \beta)} = \frac{\varrho_0}{\sin^2\psi\cos^2\beta - \cos^2\psi\sin^2\beta} = \frac{\varrho_0}{\sin^2\psi - \sin^2\beta}. \tag{18}$$

Die Schnittkurve besteht aus vier hyperbelähnlichen Ästen, deren Asymptoten die Geraden $\psi = \beta$, $\psi = \pi - \beta$ sind (s. Fig. 164).

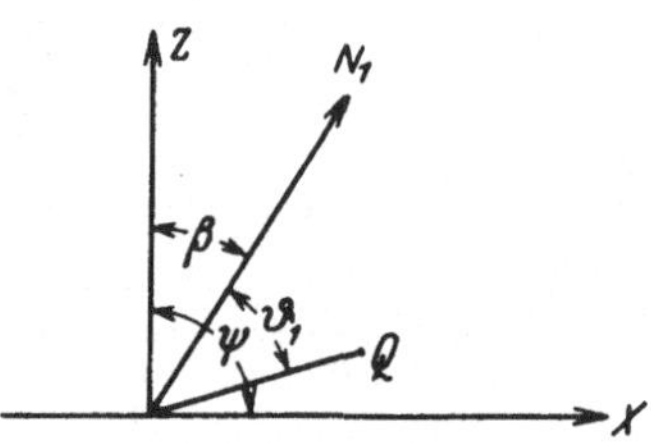

Fig. 163. Zur Theorie der optisch zweiachsigen Kristalle.

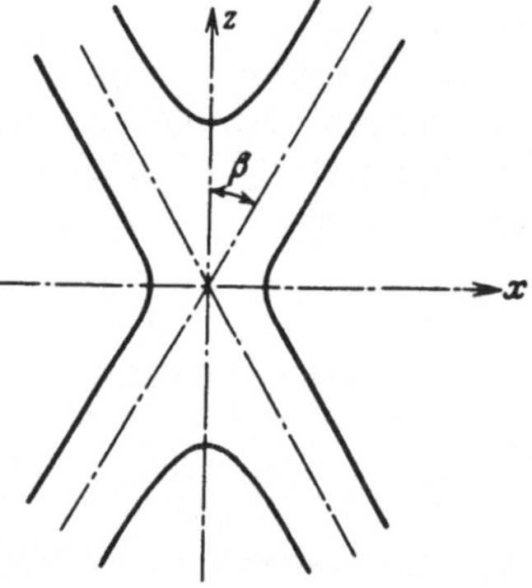

Fig. 164. Schnittkurve der Fläche der Fig. 158 mit der xz-Ebene.

4. Wir diskutieren noch die Schnittfiguren mit *Ebenen senkrecht zur z-Achse.* Je nach dem Abstand a der Ebene vom Nullpunkt haben wir drei Fälle zu unterscheiden (s. Fig. 158):

a) $a < \varrho_0/\sin^2\beta$. Dieser Fall ist äquivalent mit dem Fall 2; die Schnittfigur ist geschlossen und ovalähnlich.

b) $a = \varrho_0/\sin^2\beta$. Die Schnittfigur ist eine lemniskatenartige Kurve.

c) $a > \varrho_0/\sin^2\beta$. Die Schnittkurve besteht aus zwei symmetrisch zur z-Achse liegenden Ovalen, die mit wachsendem a in Ellipsen übergehen.

Gerade die zuletzt diskutierten Schnittfiguren erhält man offenbar als *Isochromaten,* wenn man eine Kristallplatte senkrecht zur ersten Mittellinie (z-Achse) schneidet und zwischen gekreuzten Nicols betrachtet. Die Beobachtung bestätigt die Aussagen der Theorie vollständig (s. Fig. 165). In der von HAUSWALDT stammenden Photographie sieht man außer den Isochromaten auch die *Isogyren*, deren Lage wir jetzt noch theoretisch zu untersuchen haben. Wir wollen auch hier nur zwei wichtige Spezialfälle ins Auge fassen, nämlich:

Erste Hauptlage: die Ebene der optischen Achsen fällt mit der Ebene der vom Polarisator durchgelassenen Schwingung zusammen (s. Fig. 166). Hier haben die Isogyren die Gestalt eines dunklen Kreuzes, dessen Arme zu den Richtungen des Polarisators und Analysators parallel gehen. Um dies zu zeigen, erinnern wir uns an den in § 60 bewiesenen Satz, daß die Hauptschwingungsrichtungen in einem Punkte Q in den Ebenen liegen, die die Winkel zwischen den Ebenen QN_1, QN_2 halbieren. In Fig. 166 sieht man ohne weiteres, daß die Schwingungsrichtungen nur dann mit den Richtungen der Polarisator- und Analysatorstellung zusammenfallen, wenn der Punkt Q in der Verbindungslinie der Punkte N_1, N_2 oder in der durch den Mittelpunkt Z gehenden Senkrechten liegt.

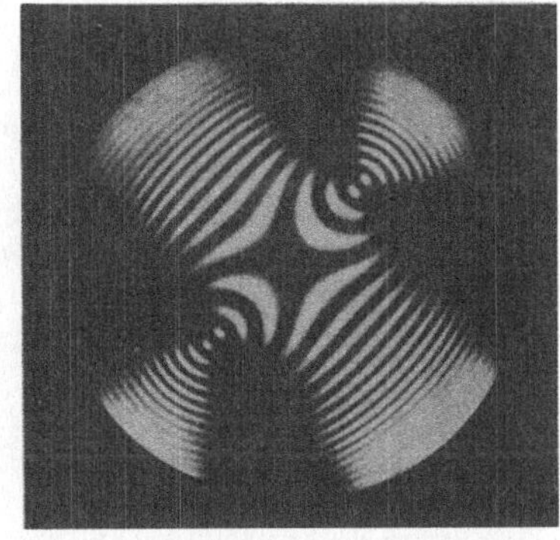

Fig. 165. Aragonitplatte senkrecht zur ersten Mittellinie im Na-Lichte zwischen gekreuzten Nicols. (Nach H. HAUSWALDT: Interferenzerscheinungen an doppelbrechenden Kristallplatten im konvergenten polarisierten Licht. Magdeburg 1902.)

Dreht man bei festen Nicols die Kristallplatte in ihrer Ebene, so drehen sich die Spuren der Achsen und das sie umschlingende System der Isochromaten mit, während die Lage der Isogyren von der Stellung der Platte gegen die Nicols abhängt.

Zweite Hauptlage (Diagonalstellung): Die Achsenebene ist um 45° gegen die Richtung des Polarisators gedreht. Die Schwingungsrichtungen in einem Punkte Q sind bei hinreichend kleinem Gesichtsfeld (wo die Kreisbogenfigur 157

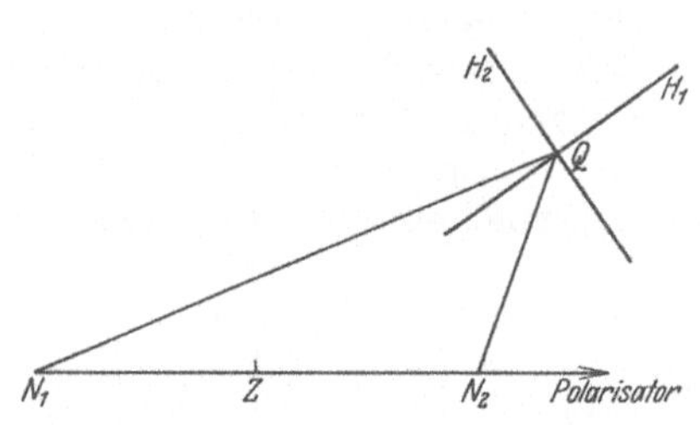

Fig. 166. Konstruktion der Isogyren in der ersten Hauptlage.

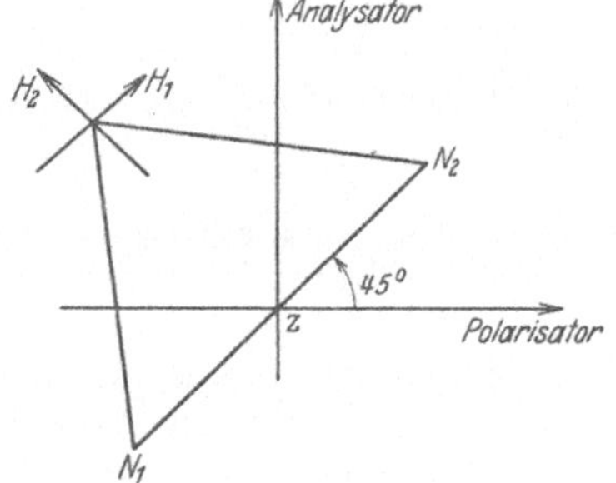

Fig. 167. Konstruktion der Isogyren in der zweiten Hauptlage.

mit unserer ebenen Fig. 167 zusammenfällt) wieder die Winkelhalbierenden des Winkels N_1QN_2 (s. Fig. 167). Die Isogyren sind der geometrische Ort derjenigen Punkte Q, für die die Hauptschwingungen parallel dem „P-A-Kreuz" sind. Wir behaupten, daß dies gleichseitige Hyperbeln sind, deren Scheitel in die Punkte N_1, N_2 fallen und deren Asymptoten die Richtungen A und P sind.

Hierzu haben wir zu beweisen, daß für irgendeine gleichseitige Hyperbel die Parallele durch einen Kurvenpunkt Q zu einer Asymptote den Winkel N_1PN_2 halbiert, wenn N_1, N_2 die Scheitel sind (s. Fig. 168). Wir wählen die Asymptoten als Koordinatenachsen x, y und ziehen durch Q die Parallele QR zur y-Achse. Wir bezeichnen ferner den Winkel N_1QR mit α_1, den Winkel N_2QR mit α_2;

unsere Behauptung lautet $\alpha_1 = \alpha_2$. Die Koordinaten der Scheitelpunkte seien für N_1: $x = y = p$, für N_2: $x = y = -p$. Dann ist die Gleichung der Hyperbel $xy = p^2$. Aus der Figur folgt

$$\cos\alpha_1 = \frac{y-p}{\sqrt{(x-p)^2+(y-p)^2}},$$

$$\cos\alpha_2 = \frac{y+p}{\sqrt{(x+p)^2+(y+p)^2}}.$$

Wir bilden

$$\frac{1}{\cos^2\alpha_1} - \frac{1}{\cos^2\alpha_2} = \frac{(x-p)^2(y+p)^2-(x+p)^2(y-p)^2}{(y-p)^2(y+p)^2},$$

und hier verschwindet der Zähler auf Grund der Hyperbelgleichung. Folglich ist $\cos\alpha_1 = \cos\alpha_2$, woraus die Behauptung folgt. Die in Fig. 165 wiedergegebene Photographie der Erscheinung bestätigt diese Aussage über die Isogyren, die dabei als sich verbreiternde dunkle Streifen mit hyperbelförmiger Mittellinie erscheinen.

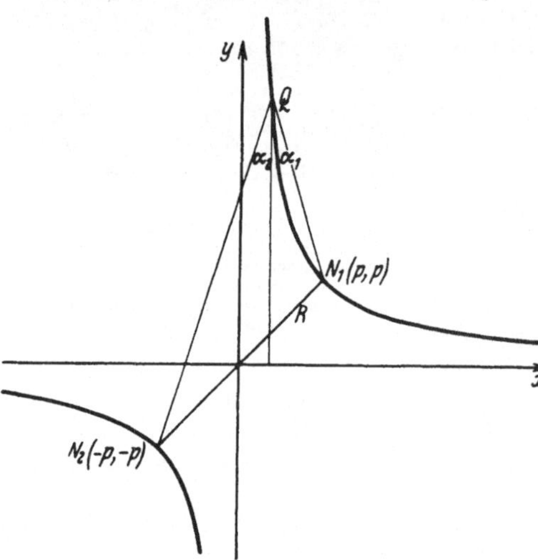

Fig. 168. Zum Beweis des Satzes, daß die Isogyren Hyperbeln sind.

Auf allgemeinere Lagen des Kristalls wollen wir hier nicht eingehen. Es handelt sich dabei um ein rein geometrisches Problem. Schiefe Lage der Mittellinie gegen die Plattennormale bewirkt, daß die Achsenpunkte N_1, N_2 exzentrisch liegen und die sie umgebende Isochromatenfigur entsprechend verzerrt ist. Verstellung der beiden gekreuzten Nicols in andere Richtungen gegen die Achsenverbindung $N_1 N_2$ bewirkt einen allmählichen Übergang der Isogyren aus der Kreuzform in die Hyperbelform. Verstellt man schließlich noch die Nicols gegeneinander, so ergeben sich noch weitere Komplikationen, die jedoch ohne prinzipielles Interesse sind.

Die hier abgeleiteten und beschriebenen schönen Interferenzfiguren werden in der Mineralogie häufig zur Bestimmung der Lage der optischen Achsen und des von ihnen gebildeten Winkels benutzt. Hierzu genügen selbst sehr winzige Kristallsplitterchen, wie sie in einem dünnen Mineralschliff vorhanden sind, wenn man diesen in einem mit zwei Nicols versehenen Mikroskop, dem *Polarisationsmikroskop*, betrachtet.

Sechstes Kapitel.

Metalloptik.

§ 67. Fortpflanzung ebener Wellen in leitenden Substanzen.

Wir lassen jetzt die Voraussetzung fallen, daß die Leitfähigkeit σ der betrachteten Körper verschwindend gering ist. Da mit dem Vorhandensein von *Leitfähigkeit* das Auftreten von JOULE*scher Wärme* verknüpft ist, so muß ein elektromagnetisches Wechselfeld in leitfähigen Körpern vernichtet und seine Energie in Wärme verwandelt werden. Dies ist der Grund dafür, daß die *Metalle* (die durch beträchtliche elektrische Leitfähigkeit gekennzeichnet sind) in einigermaßen merklichen Schichten für Lichtwellen undurchlässig, *undurchsichtig* sind.

Trotzdem spielen die Metalle in der Optik eine große Rolle, und zwar wegen ihrer Fähigkeit, das Licht intensiv zu spiegeln, eine Eigenschaft, die mit dem hohen Absorptionsvermögen der Metalle natürlich eng verknüpft ist. Wenn man also auch nicht durch die Metalle hindurchschauen kann, so kann man trotzdem durch Beobachtung des an ihnen reflektierten Lichts in sie bis zu gewissem Grade hineinschauen und dadurch Aufschluß über den Mechanismus der Lichtabsorption in ihnen erhalten.

Wir gehen aus von den MAXWELLschen Gleichungen mit Stromglied. Setzen wir in ihnen nach I, § 1 (7) $i = \sigma\mathfrak{E}$, $\mathfrak{D} = \varepsilon\mathfrak{E}$, $\mathfrak{B} = \mathfrak{H}$ (unmagnetische Substanz), mit konstantem ε und σ, so lauten sie

$$(1)\quad \begin{cases} \text{(a)} & \operatorname{rot}\mathfrak{H} - \frac{\varepsilon}{c}\dot{\mathfrak{E}} = \frac{4\pi\sigma}{c}\mathfrak{E}, \qquad \text{(c)} \quad \operatorname{div}\mathfrak{E} = \frac{4\pi}{\varepsilon}\varrho, \\ \text{(b)} & \operatorname{rot}\mathfrak{E} + \frac{1}{c}\dot{\mathfrak{H}} = 0, \qquad \text{(d)} \quad \operatorname{div}\mathfrak{H} = 0. \end{cases}$$

Man kann nun leicht einsehen, daß für solche elektromagnetischen Störungen, die von außen auf einen Leiter auffallen, $\operatorname{div}\mathfrak{E} = 0$ gesetzt werden kann. Aus der Gleichung (1a) folgt nämlich durch Divergenzbildung

$$(2)\qquad \frac{\varepsilon}{c}\frac{d}{dt}\operatorname{div}\mathfrak{E} + \frac{4\pi\sigma}{c}\operatorname{div}\mathfrak{E} = 0,$$

oder nach (1c)

$$(3)\qquad \dot{\varrho} + \frac{4\pi\sigma}{\varepsilon}\varrho = 0.$$

Hieraus folgt durch Integration nach der Zeit

$$(4)\qquad \varrho = \varrho_0 e^{-\frac{t}{\vartheta}}, \qquad \vartheta = \frac{\varepsilon}{4\pi\sigma}.$$

Die Ladungsdichte fällt also nach einem Exponentialgesetz mit der „Relaxationszeit" ϑ ab. Ist zu irgendeiner Zeit das Feld im Innern des Leiters gleich Null, also auch die Ladungsdichte, so bleibt diese dauernd gleich Null. Mithin können wir nach (1c) annehmen, daß

$$(1\text{f})\qquad \operatorname{div}\mathfrak{E} = 0$$

gilt. Aus (1a, b) folgt durch Elimination von $\mathfrak{H}$ mit Hilfe von (1f) die Gleichung

$$(5)\qquad \Delta\mathfrak{E} = \frac{\varepsilon}{c^2}\ddot{\mathfrak{E}} + \frac{4\pi\sigma}{c^2}\dot{\mathfrak{E}}.$$

Das Auftreten des Gliedes mit $\dot{\mathfrak{E}}$ bedeutet das Vorhandensein einer Dämpfung.

Nunmehr schreiben sich die Gleichungen (1) und (5) für eine Welle der Kreisfrequenz ω

$$(6)\quad \begin{cases} \text{(a)} & \operatorname{rot}\mathfrak{H} - \left(\frac{\varepsilon\omega i}{c} + \frac{4\pi\sigma}{c}\right)\mathfrak{E} = 0, \\ \text{(b)} & \operatorname{rot}\mathfrak{E} + \frac{i\omega}{c}\mathfrak{H} = 0, \end{cases} \qquad \text{(c)}\quad \Delta\mathfrak{E} + \boldsymbol{k}^2\mathfrak{E} = 0.$$

Diese Gleichungen unterscheiden sich von den entsprechenden für Nichtleiter nur dadurch, daß ε ersetzt ist durch

$$(7)\qquad \boldsymbol{\varepsilon} = \varepsilon - \frac{4\pi\sigma}{\omega}i,$$

und die früher in Kap. IV, § 43 eingeführte Größe $k^2 = \frac{\varepsilon\omega^2}{c^2}$ durch

$$\boldsymbol{k}^2 = \frac{\varepsilon\omega^2}{c^2} - \frac{4\pi\sigma\omega}{c^2}\,i. \tag{8}$$

Es sind also jetzt $\boldsymbol{\varepsilon}$ und $\boldsymbol{k}$ komplexe Zahlen[1].

Um die Analogie zu den früheren Gleichungen auch im folgenden möglichst zu erhalten, führen wir einen *komplexen Brechungsindex* $\boldsymbol{n}$ ein, dessen Realteil mit dem gewöhnlichen Brechungsindex n übereinstimmen soll, indem wir setzen

$$\boldsymbol{n} = n(1 - i\varkappa) = \frac{\boldsymbol{k}c}{\omega}. \tag{9}$$

Man nennt $\varkappa$ den *Absorptionsindex.*

Indem wir in (9) für $\boldsymbol{k}$ den in (8) ermittelten Wert einsetzen, können wir n und $\varkappa$ durch die Materialkonstanten ε und σ ausdrücken. Wir erhalten

$$\boldsymbol{n}^2 = n^2(1 - 2i\varkappa - \varkappa^2) = \varepsilon - \frac{4\pi\sigma}{\omega}\,i, \tag{10}$$

also

$$(11)\quad \begin{cases} \text{(a)} & n^2(1 - \varkappa^2) = \varepsilon, \\ \text{(b)} & n^2\varkappa = \dfrac{2\pi\sigma}{\omega} = \dfrac{\sigma}{\nu}. \end{cases}$$

Für $\sigma = 0$ folgt $\varkappa = 0$ und $n^2 = \varepsilon$, also die bekannte MAXWELLsche Relation I, § 5 (1).

Bei Metallen ist $\sigma \neq 0$, und zwar so groß, daß sogar $n^2\varkappa \gg \varepsilon$ ist. Man hat nämlich z. B. für Kupfer $\sigma = 5{,}14 \cdot 10^{17}$ c.g.s. und daher für kurzwelliges Ultrarot der Wellenlänge 3μ, d. h. mit $\nu = \frac{c}{\lambda} = \frac{3\cdot 10^{10}}{3\cdot 10^{-4}} = 10^{14}$,

$$n^2\varkappa = \frac{\sigma}{\nu} = \frac{5{,}14 \cdot 10^{17}}{10^{14}} = 5{,}14 \cdot 10^3 \text{ c.g.s.}$$

Nun kann man allerdings bei Metallen ε nicht direkt bestimmen, sondern wird umgekehrt, wie wir sehen werden, ε mit Hilfe optischer Methoden messen. Da aber der Mechanismus der dielektrischen Verschiebung bei Metallen nicht wesensverschieden sein kann von dem in Nichtleitern, so wird man nicht annehmen dürfen, daß ε sich um Größenordnungen anders verhält. Daher wird in der Tat

$$\frac{\sigma}{\nu} \gg \varepsilon. \tag{12}$$

Dadurch werden die folgenden Rechnungen wesentlich vereinfacht. Die Auflösung der Gleichungen (11) nach n und $\varkappa$ lautet

$$(13)\quad \begin{cases} n^2 = \dfrac{1}{2}\left\{\sqrt{\varepsilon^2 + 4\dfrac{\sigma^2}{\nu^2}} + \varepsilon\right\}, \\ n^2\varkappa^2 = \dfrac{1}{2}\left\{\sqrt{\varepsilon^2 + 4\dfrac{\sigma^2}{\nu^2}} - \varepsilon\right\}, \end{cases}$$

wo bei der Wahl der Vorzeichen der Wurzeln die Realitätsverhältnisse berücksichtigt sind. Wegen der Voraussetzung (12) erhält man näherungsweise

$$n = n\varkappa = \sqrt{\frac{\sigma}{\nu}}. \tag{14}$$

---

[1] Wir bezeichnen im folgenden die komplexen Materialkonstanten (die noch von der Frequenz abhängen) mit fetten Buchstaben; die komplexen Feldkomponenten und geometrische Größen (komplexe Winkel) aber sollen wie zuvor bezeichnet werden.

Die Wellengleichung (6c) ist formal identisch mit der früher behandelten (II, § 14; IV, § 43) und läßt sich durch den Ansatz einer ebenen Welle integrieren, die sich unter Hinzufügung eines Zeitfaktors in der Gestalt schreibt:

$$\mathfrak{E} = \mathfrak{E}^0 e^{i\omega t} e^{-i\boldsymbol{k}\mathfrak{r}\mathfrak{s}}. \tag{15}$$

Setzen wir in dieser Gleichung für $\boldsymbol{k}$ seinen Wert aus (9) ein, so wird

$$\mathfrak{E} = \mathfrak{E}^0 e^{-\frac{\omega}{c} n\varkappa(\mathfrak{r}\mathfrak{s})} e^{i\omega\left(t - \frac{n}{c}\mathfrak{r}\mathfrak{s}\right)}. \tag{16}$$

Der Realteil hiervon,

$$\mathfrak{E} = \mathfrak{E}^0 e^{-\frac{\omega}{c} n\varkappa(\mathfrak{r}\mathfrak{s})} \cos\omega\left(t - \frac{n}{c}\mathfrak{r}\mathfrak{s}\right), \tag{17}$$

stellt eine räumlich gedämpfte ebene Welle der Länge $\lambda = 2\pi c/\omega n$ und einer mit $\varkappa$ proportionalen Dämpfungskonstanten dar. Da die Energie proportional dem Zeitmittel $\overline{\mathfrak{E}^2}$ ist, so erfolgt ihr Abklingen nach dem Gesetz

$$W = W_0 e^{-\chi\mathfrak{r}\mathfrak{s}}, \tag{18}$$

wo

$$\chi = 2\frac{\omega}{c} n\varkappa = \frac{4\pi\nu}{c} n\varkappa = \frac{4\pi}{\lambda_0} n\varkappa = \frac{4\pi}{\lambda}\varkappa \tag{19}$$

gesetzt ist. Hierin bedeutet λ_0 die Wellenlänge im Vakuum, λ die im Körper selbst.

Man kann die Größe

$$d = \frac{1}{\chi} = \frac{\lambda}{4\pi\varkappa} = \frac{\lambda_0}{4\pi n\varkappa} = \frac{\lambda_0}{4\pi\sqrt{\frac{\sigma}{\nu}}} = \frac{1}{4\pi}\sqrt{\frac{\lambda_0 c}{\sigma}} \tag{20}$$

als *Eindringungstiefe der Welle* bezeichnen, nämlich als die Tiefe, in der bei senkrechtem Einfall die Energie auf den $e$ten Teil abgesunken ist. Mit dem oben angegebenen Wert der Leitfähigkeit für Kupfer erhält man folgende Tab. 8, die die Eindringungstiefe als Funktion der Wellenlänge im Vakuum λ_0 darstellt:

Tabelle 8.

λ_0	$1\,\text{Å} = 10^{-8}$ cm	$1\,\mu = 10^{-4}$ cm	1 cm	$100\,\text{m} = 10^4$ cm
d	$0{,}1795 \cdot 10^{-4}$ cm	$0{,}1795 \cdot 10^{-2}$ cm	0,1795 cm	17,95 cm

Während es bei durchsichtigen Substanzen leicht ist, den Brechungsindex (etwa aus der prismatischen Ablenkung) zu bestimmen, sind analoge Methoden zur Bestimmung von n und $\varkappa$ bei Metallen wegen ihrer großen Undurchlässigkeit äußerst schwierig. Gleichwohl ist es KUNDT[1] gelungen, Metallprismen von so kleinem Prismenwinkel herzustellen, daß aus der Ablenkung und der Schwächung des hindurchtretenden Lichts n und $\varkappa$ direkt gemessen werden konnten.

Es gibt aber ein anderes Verfahren, in dem sich die optischen Eigenschaften eines Metalls in viel einfacherer und deutlicherer Weise kundgeben, nämlich die Beobachtung der Eigenschaften des an einem Metallspiegel reflektierten Lichts.

§ 68. Die Reflexion des Lichtes an Metalloberflächen.

Da sich die Grundgleichungen für periodische Vorgänge in Leitern nur dadurch von denen für Nichtleiter unterscheiden, daß an die Stelle der reellen Größen ε und k jetzt die komplexen $\boldsymbol{\varepsilon}$ und $\boldsymbol{k}$ treten, so bleiben alle früher gezogenen Schlüsse bestehen, soweit es sich um lineare Relationen zwischen den

[1] A. KUNDT: Wiedem. Ann. Bd. 34 (1888) S. 469.

Komponenten der Feldstärken handelt. Insbesondere gelten auch dieselben Grenzbedingungen beim Übergang von einem Medium zum anderen und daher die sämtlichen in I, § 9, 10 abgeleiteten Formeln für die Reflexion und Brechung des Lichts. Nur wird der eigentliche Inhalt dieser Formeln jetzt anders.

Zunächst lautet das Brechungsgesetz wie früher

$$\sin\psi = \frac{\sin\varphi}{n}. \tag{1}$$

Der Brechungswinkel ψ ist also jetzt wie n komplex. Das bedeutet offenbar folgendes:

Ist die Normale auf der Grenzfläche parallel zur z-Achse und enthält die Einfallsebene außer dieser die x-Achse, so ist die Phase der gebrochenen Welle gleich $\mathfrak{s}^d\mathfrak{r}$, wo $\mathfrak{s}_x^d = \sin\psi$, $\mathfrak{s}_y^d = 0$, $\mathfrak{s}_z^d = \cos\psi$ ist [s. I, § 10 (3)]. Da ψ komplex ist, so sind es auch die Komponenten von $\mathfrak{s}^d$; schreiben wir etwa

$$\mathfrak{s}^d = \mathfrak{s}_1^d + i\mathfrak{s}_2^d, \tag{2}$$

so wird also die „komplexe" Phase

$$\mathfrak{s}^d\mathfrak{r} = \mathfrak{s}_1^d\mathfrak{r} + i\mathfrak{s}_2^d\mathfrak{r}. \tag{3}$$

Diese Gleichung bedeutet aber, daß die Ebenen konstanter reeller Phase, $\mathfrak{s}_1^d\mathfrak{r} =$ konst., und die Ebenen konstanter Amplitude, $\mathfrak{s}_2^d\mathfrak{r} =$ konst., nicht zusammenfallen. Da wir uns jedoch mit der eindringenden Welle nicht beschäftigen, so wollen wir die Diskussion dieser „inhomogenen Welle" unterlassen; es genügt uns, das Verhalten der reflektierten Welle zu untersuchen, und wenn wir annehmen, daß das Metall an eine durchsichtige Substanz angrenzt, so haben wir in dieser die gewöhnlichen, früher untersuchten Fortpflanzungsgesetze mit reeller Phase.

An der reflektierten Welle kann man die Intensitäten der Schwingungskomponenten parallel und senkrecht zur Einfallsebene beobachten. Auch hier müssen, da es sich um lineare Relationen handelt, die in I, § 10 abgeleiteten Formeln, und zwar die Gleichungen (15), gelten:

$$\left\{\begin{aligned} R_p &= \frac{\operatorname{tg}(\varphi-\psi)}{\operatorname{tg}(\varphi+\psi)} A_p, \\ R_s &= -\frac{\sin(\varphi-\psi)}{\sin(\varphi+\psi)} A_s. \end{aligned}\right. \tag{4}$$

Da in den Winkelfunktionen die komplexe Größe ψ auftritt, so sind bei reellen Einfallsamplituden A_p, A_s die Reflexionsamplituden R_p, R_s komplex, d. h. es treten charakteristische Phasenänderungen auf. Wir wollen sie nun aber nicht für den allgemeinsten Fall untersuchen, sondern uns auf den praktisch wichtigen Fall beschränken, daß linear polarisiertes Licht einfällt, dessen Polarisationsebene um 45° gegen die Einfallsebene geneigt ist. Dann ist $A_p = A_s$. Für das Verhalten des reflektierten Lichts ist maßgebend der Quotient

$$\frac{R_p}{R_s} = -\frac{\cos(\varphi+\psi)}{\cos(\varphi-\psi)} = \mathsf{P}e^{i\Delta}. \tag{5}$$

Dabei ist P das Verhältnis der reellen Amplituden und Δ die relative Phasendifferenz der Komponenten.

Wir untersuchen zunächst, wann der Ausdruck (5) reell, d. h. $\Delta = 0$ wird. Dieser Fall tritt offenbar nur dann ein, wenn φ gleich 0 oder $\pi/2$ ist:

Für $\varphi = 0$, d. h. senkrechte Inzidenz, wird $\mathsf{P} = -1$;

für $\varphi = \pi/2$, d. h. streifende Inzidenz, wird $\mathsf{P} = +1$.

Zwischen diesen beiden extremen Winkeln gibt es eine Richtung φ, für die die Phasendifferenz $\Delta = \pi/2$ wird. Wäre $\mathsf{P} = +1$, so hätte man in diesem Falle zirkulare Polarisation; da jedoch $\mathsf{P} \neq 1$ ist, so hat man tatsächlich elliptisches Licht, aber solches, das der zirkularen Polarisation am nächsten kommt; d. h. das der Schwingungsellipse umschriebene Rechteck ist quadratähnlicher als für jede andere Einfallsrichtung. Man nennt die entsprechende Einfallsrichtung den *Haupteinfallswinkel*. Wir bezeichnen ihn mit φ_0 und das zugehörige Amplitudenverhältnis mit P_0.

Die Diagonale des der Schwingungsellipse umschriebenen Rechtecks bildet mit der Einfallsebene einen Winkel ϱ_0, den man als *Hauptazimut* bezeichnet. Man erhält diesen Winkel, wie wir noch ausführen werden, durch Kompensation der Phasendifferenz mit Hilfe eines Kompensators (als die zur Dunkelstellung des Analysators senkrechte Richtung).

Wir wollen zunächst φ_0 als Funktion von n und $\varkappa$ berechnen. Aus der Gleichung (5) folgt unter Berücksichtigung des Brechungsgesetzes

$$\text{(6)} \qquad \frac{1 + \mathsf{P} e^{i\Delta}}{1 - \mathsf{P} e^{i\Delta}} = \frac{\sin\varphi \sin\psi}{\cos\varphi \cos\psi} = \frac{\sin^2\varphi}{n \cos\varphi \sqrt{1 - \frac{\sin^2\varphi}{n^2}}},$$

also

$$\text{(7)} \qquad \frac{1 + \mathsf{P} e^{i\Delta}}{1 - \mathsf{P} e^{i\Delta}} = \frac{\sin\varphi \operatorname{tg}\varphi}{\sqrt{n^2 - \sin^2\varphi}}.$$

Setzen wir nun $\Delta = \pi/2$ ein und ersetzen dementsprechend P und φ durch P_0 und φ_0, so erhalten wir

$$\text{(8)} \qquad \frac{1 + i\mathsf{P}_0}{1 - i\mathsf{P}_0} = \frac{\sin\varphi_0 \operatorname{tg}\varphi_0}{\sqrt{n^2 - \sin^2\varphi_0}}.$$

Diesen Ausdruck multiplizieren wir mit seinem konjugiert komplexen Wert:

$$\text{(9)} \qquad 1 = \frac{\sin^2\varphi_0 \operatorname{tg}^2\varphi_0}{\sqrt{(n^2 - \sin^2\varphi_0)(n^{*2} - \sin^2\varphi_0)}}.$$

Aus (9) folgt durch Quadrieren mit § 67 (9)

$$\text{(10)} \qquad \begin{aligned} \sin^4\varphi_0 \operatorname{tg}^4\varphi_0 &= n^2 n^{*2} - (n^2 + n^{*2}) \sin^2\varphi_0 + \sin^4\varphi_0 \\ &= n^4(1 + \varkappa^2)^2 + 2n^2(1 - \varkappa^2)\sin^2\varphi_0 + \sin^4\varphi_0. \end{aligned}$$

Da bei allen Metallen $n^2(1 + \varkappa^2)$ erheblich größer ist als 1 (s. Tab. 9), kann man in (10) auf der rechten Seite die beiden letzten Glieder gegen das erste mit guter Annäherung vernachlässigen und erhält

$$\text{(11)} \qquad \sin\varphi_0 \operatorname{tg}\varphi_0 = n\sqrt{1 + \varkappa^2}.$$

Ebenso kann man leicht die zugehörigen Werte von P_0 und ϱ_0 durch n und $\varkappa$ ausdrücken, doch wollen wir uns hier gleich zu dem allgemeinen Falle eines beliebigen Einfallswinkels wenden.

Für jeden von φ_0 abweichenden Einfallswinkel hat man elliptisches Licht mit einem umschriebenen Rechteck, das flacher ist als das zu φ_0 gehörige. Die Beobachtung des reflektierten Lichts geschieht mit Hilfe von Nicols und Kompensatoren. Der Polarisator wird unserer Voraussetzung gemäß so gestellt, daß das einfallende Licht unter einem Winkel von 45° gegen die Einfallsebene schwingt. Man sucht dann durch gleichzeitiges Verstellen des Kompensators und Drehen des Analysators die Helligkeit des reflektierten Lichts zum Verschwinden zu bringen. Die zu den Dunkelstellungen senkrechten Richtungen des Analysators entsprechen den Richtungen der Diagonalen des der Schwingungsellipse umschriebenen Rechtecks und heißen die *Richtungen der wiederhergestellten linearen Polarisation.* Für sie gilt (s. Fig. 169)

$$\operatorname{tg}\varrho = \mathsf{P} = \frac{|R_p|}{|R_s|}. \tag{12}$$

Um aus den gemessenen Werten ϱ und Δ die Größen n und $\varkappa$ zu berechnen, erweitern wir die reziproke linke Seite von (7) mit $1 + \mathsf{P}e^{-i\Delta}$ und erhalten

$$\frac{1 - \mathsf{P}e^{i\Delta}}{1 + \mathsf{P}e^{i\Delta}}\,\frac{1 + \mathsf{P}e^{-i\Delta}}{1 + \mathsf{P}e^{-i\Delta}} = \frac{1 - 2i\mathsf{P}\sin\Delta - \mathsf{P}^2}{1 + 2\mathsf{P}\cos\Delta + \mathsf{P}^2} = \frac{\cos 2\varrho - i\sin 2\varrho\sin\Delta}{1 + \sin 2\varrho\cos\Delta}. \tag{13}$$

Auf der rechten Seite von (7) können wir $\sin^2\varphi$ gegen n^2 vernachlässigen (vgl. zur Rechtfertigung Tab. 9). Somit ergibt sich aus (7)

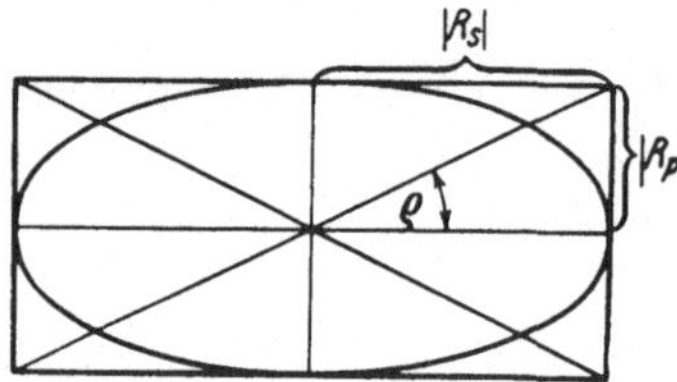

Fig. 169. Schwingungsellipse bei metallischer Reflexion.

$$\frac{\cos 2\varrho - i\sin 2\varrho\sin\Delta}{1 + \sin 2\varrho\cos\Delta} = \frac{n(1 - i\varkappa)}{\sin\varphi\operatorname{tg}\varphi}. \tag{14}$$

Durch Gleichsetzen von Realteil und Imaginärteil auf beiden Seiten erhalten wir

$$\left\{\begin{aligned} \frac{\cos 2\varrho}{1 + \sin 2\varrho\cos\Delta} &= \frac{n}{\sin\varphi\operatorname{tg}\varphi}, \\ \frac{\sin 2\varrho\sin\Delta}{1 + \sin 2\varrho\cos\Delta} &= \frac{n\varkappa}{\sin\varphi\operatorname{tg}\varphi}. \end{aligned}\right. \tag{15}$$

Bei konstantem n und $\varkappa$ kann man hieraus für jeden Einfallswinkel φ die Parameter der Polarisation, ϱ und Δ, bestimmen. Umgekehrt erhält man durch Messung dieser Parameter die optischen Konstanten n und $\varkappa$ zu

$$\left\{\begin{aligned} n &= \frac{\sin\varphi\operatorname{tg}\varphi\cos 2\varrho}{1 + \sin 2\varrho\cos\Delta}, \\ \varkappa &= \sin\Delta\operatorname{tg} 2\varrho. \end{aligned}\right. \tag{16}$$

Für den Haupteinfallswinkel φ_0, für den $\Delta = \pi/2$ ist, ergibt sich das Hauptazimut aus der Gleichung

$$\operatorname{tg} 2\varrho_0 = \varkappa. \tag{17}$$

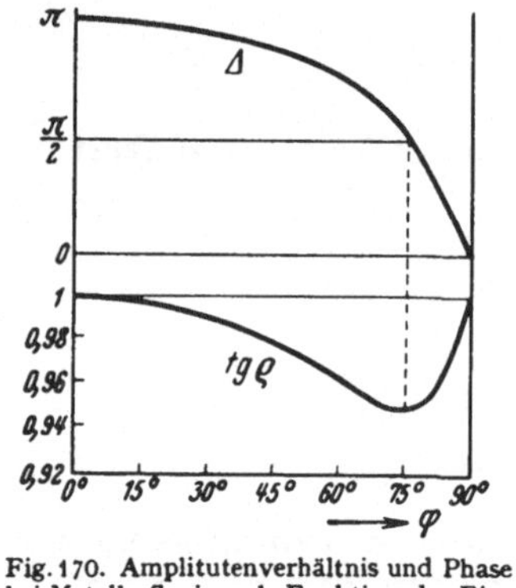

Fig. 170. Amplitutenverhältnis und Phase bei Metallreflexion als Funktion des Einfallswinkels. Das einfallende Licht schwingt unter dem Azimut 45°; das reflektierte Licht ist elliptisch mit dem Amplitudenverhältnis $\operatorname{tg}\varrho$ und der relativen Phase Δ polarisiert.

In Fig. 170 ist für Silber der Verlauf von Azimut ϱ und Phasendifferenz Δ als Funktion des Einfallswinkels nach den Formeln (15) dargestellt. Wir wollen diese Kurven vergleichen mit den entsprechenden für durchsichtige Körper (s. Fig. 171). In I, § 10 haben wir gesehen, daß die Phasendifferenz vom Einfallswinkel Null bis zum Polarisationswinkel konstant gleich π ist und am Polarisationswinkel selbst um π auf Null springt. Da die Größe P den absoluten Betrag des Amplitudenverhältnisses darstellt, so müssen wir hier $\operatorname{tg}\varrho = \mathsf{P}$ immer positiv auftragen. Die Kurve $\operatorname{tg}\varrho$ bekommt daher am Polarisationswinkel einen Knick. Vergleicht man die beiden Figuren 170 und 171, so sieht man, daß der Einfluß der Leitfähigkeit folgender ist: Die unstetige Kurve der Phasendifferenz wird stetig und glatt, die geknickte Kurve des Azimuts wird abgerundet, und sie steigt von Null zu einem positiven Wert.

Man erkennt also, daß man die optischen Konstanten der Metalle durch Aufsuchung von Nullstellungen (Dunkelstellungen) allein ohne Intensitätsmessungen bestimmen kann. Man kann aber natürlich auch die Messung des Verhältnisses der Intensität von reflektiertem und einfallendem Licht benutzen. Wir wollen diese Betrachtung nicht für einen beliebigen Einfallswinkel durchführen, sondern nur für senkrechte Inzidenz, $\varphi = 0$. Für diese unterscheiden sich die s- und die p-Komponente nicht, und man definiert kurz als *Reflexionsvermögen eines Metalles*

$$(18) \qquad r = \left(\frac{|R_p|}{A_p}\right)^2 = \left(\frac{|R_s|}{A_s}\right)^2.$$

Auch hier müssen die in Kap. I, § 10 (17) abgeleiteten Formeln gelten, wenn man n durch $\mathfrak{n}$ ersetzt. Wir erhalten

$$(19) \qquad r = \left|\frac{\mathfrak{n}-1}{\mathfrak{n}+1}\right|^2 = \frac{n^2(1+\varkappa^2)+1-2n}{n^2(1+\varkappa^2)+1+2n}.$$

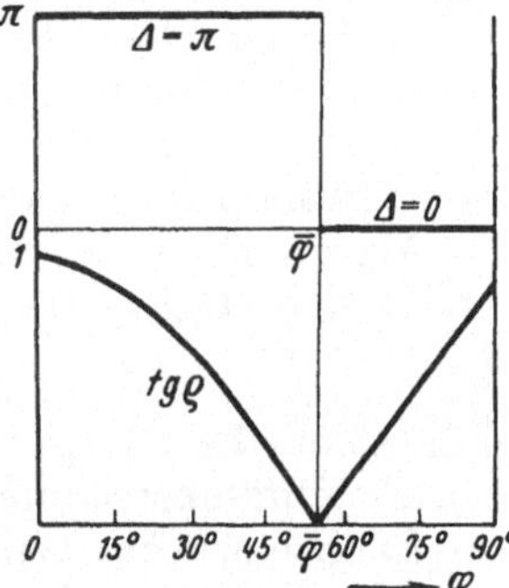

Fig. 171. Reflexion an einem durchsichtigen Medium zum Vergleich mit den entsprechenden Verhältnissen bei Metallreflexion (s. Fig. 170).

Nach den hier angegebenen Methoden sind die optischen Konstanten vieler Metalle untersucht worden. In Tab. 9 geben wir einige der Resultate wieder, geordnet nach abnehmendem Reflexionsvermögen:

Tabelle 9. Optische Konstanten einiger Metalle für die gelbe Na-D-Linie (nach LANDOLT-BÖRNSTEIN: Phys.-Chem. Tabellen, 5. Aufl., Berlin 1923).

Substanz	$n\varkappa$	n	r in %	Beobachter
Natrium, geschmolzen	2,61	0,004	99,8	DRUDE 1898
Silber massiv	3,64	0,18	95,0	MINOR 1903
Magnesium, massiv	4,42	0,37	92,9	DRUDE 1890
Gold, massiv	2,82	0,37	85,1	DRUDE 1890
Aluminium, massiv	5,23	1,44	82,7	DRUDE 1890
Zinn, massiv	5,25	1,48	82,5	DRUDE 1890
Cadmium, massiv	5,01	1,13	84,7	DRUDE 1890
Gold, elektrolytisch	2,83	0,47	81,5	MEYER 1910
Quecksilber	4,41	1,62	75,3	MEYER 1910
Zink, massiv	4,66	1,93	74,5	MEYER 1910
Kupfer, massiv	2,63	0,62	74,1	MINOR 1903
Zinn, geschmolzen	4,50	2,10	71,9	DRUDE 1890
Platin, massiv	4,26	2,06	70,1	DRUDE 1890
Antimon, massiv	4,94	3,04	70,1	DRUDE 1890
Nickel, elektrolytisch	3,42	1,58	65,5	MEYER 1910
Blei, massiv	3,48	2,01	62,1	DRUDE 1890
Nickel, massiv	3,32	1,79	62,0	DRUDE 1890
Cobalt, massiv	3,37	1,95	61,2	QUINCKE 1874
Platin, elektrolytisch	3,54	2,63	59,0	MEYER 1910
Stahl, massiv	3,37	2,27	58,9	JAMIN 1874
Wismut, massiv	2,80	1,78	54,3	MEYER 1910
Nickel, galvanisch zerstäubt	1,97	1,30	43,3	MEYER 1910
Eisen, galvanisch zerstäubt	1,63	1,51	32,6	MEYER 1910

An dieser Tabelle ist das Auffälligste, daß die Brechungsindizes einer großen Reihe von Metallen, z. B. Natrium, Silber, Gold, Kupfer, sehr weit unter 1 liegen. Diese Tatsache bedeutet nach der Gleichung $c_n = c/n$, daß die Phasengeschwindigkeit im Metall größer ist als im Vakuum. Das scheint zunächst ein grober Widerspruch gegen die Relativitätstheorie zu sein, nach der ja c der Grenzwert jeder Geschwindigkeit überhaupt sein soll. Die Lösung dieser Schwierigkeit besteht in der Überlegung, daß die Relativitätstheorie nur für solche Geschwindigkeiten, mit denen man Signale geben kann, c als obere Schranke postuliert. Die Phasengeschwindigkeit ist aber nur definiert für einen Wellenzug von unendlicher Länge, in dem die Energie gleichmäßig und ohne Unterbrechung dahinströmt. Zum Signalisieren ist ein solcher unbrauchbar.

Die Übertragung eines Signals ist nur möglich durch eine Wellengruppe, die eine bestimmte Energiemenge innerhalb eines endlichen Volumens transportiert. Man kann nun aber zeigen, daß die Fortpflanzung der Wellengruppe auch dann, wenn die einzelnen Phasen Überlichtgeschwindigkeit besitzen, stets mit einer Geschwindigkeit erfolgt, die kleiner als c ist. Dieser Sachverhalt ist von Lord RAYLEIGH[1] aufgeklärt und im Hinblick auf die Relativitätstheorie neuerdings von SOMMERFELD[2] und BRILLOUIN[3] untersucht worden.

Aber auch wenn man von dieser Schwierigkeit allgemeiner Natur absieht, ergibt sich eine weitere aus der Beziehung § 67 (11a)

$$\varepsilon = n^2 - n^2 \varkappa^2 . \tag{20}$$

Für sämtliche Metalle der Tab. 9 ist $n\varkappa > n$, also $\varepsilon < 0$. Eine negative Dielektrizitätskonstante ist aber ein sinnloser Begriff.

Endlich erkennt man einen Widerspruch zwischen den Zahlen unserer Tabelle und der Formel § 67 (11b). So ist z. B. für Kupfer $\sigma = 5{,}14 \cdot 10^{17}\,\text{sec}^{-1}$. Für Natriumlicht, $\lambda = 589\,\text{m}\mu$, d. h. $\nu = 5{,}09 \cdot 10^{14}\,\text{sec}^{-1}$ ergibt sich $\sigma/\nu = 1{,}01 \cdot 10^3$, während nach unserer Tabelle $n^2\varkappa = 2{,}66$ ist.

Diese numerischen Angaben zeigen, daß für sichtbares Licht die hier entwickelte Theorie versagt. Wenn wir uns aber daran erinnern (s. I, § 5), daß auch bei durchsichtigen Körpern die MAXWELLsche Relation $\varepsilon = n^2$ ihrem eigentlichen Sinne nach im optischen Gebiete der Erfahrung widerspricht, so werden wir uns über diese Unstimmigkeit bei den Metallen nicht wundern und ihre Ursache in derselben Richtung suchen wie dort. Genau so wie bei durchsichtigen Körpern der Brechungsindex keine eigentliche Materialkonstante ist, sondern noch von der Frequenz des Lichts abhängt, werden bei den absorbierenden Körpern Brechungs- und Absorptionsindex von der Frequenz abhängen: Es tritt Dispersion der Brechung wie der Absorption ein. Der Unterschied gegen früher ist nur der, daß es sich bei durchsichtigen Körpern um das Mitschwingen gebundener Elektronen, bei Metallen dagegen um das Mitschwingen freier Elektronen handelt. Übereinstimmung mit unserer Theorie, die mit dem statischen Brechungsindex und der statischen Leitfähigkeit operiert, wird man nur für langsame Schwingungen erwarten können, und von diesem Gesichtspunkt aus ist die Theorie von RUBENS und HAGEN[4] 1903 geprüft worden. Sie haben gezeigt, daß für ultrarote Wellen mit $\lambda > 12\,\mu$ das Reflexionsvermögen aus der stationären Leitfähigkeit in guter Übereinstimmung mit der Erfahrung berechnet werden kann.

Wenn man die Näherung § 67 (14) benutzt, so wird der Ausdruck (19) für das Reflexionsvermögen

$$r = \frac{2\frac{\sigma}{\nu} - 2\sqrt{\frac{\sigma}{\nu}} + 1}{2\frac{\sigma}{\nu} + 2\sqrt{\frac{\sigma}{\nu}} + 1} . \tag{21}$$

Hierbei kann man noch 1 gegen die anderen Glieder streichen und nach Potenzen der kleinen Zahl $\sqrt{\nu/\sigma}$ entwickeln. Dann erhält man

$$r = 1 - 2\sqrt{\frac{\nu}{\sigma}} + \cdots . \tag{22}$$

RUBENS und HAGEN fanden für Kupfer bei ultrarotem Licht von $\lambda = 12\,\mu$ an den Wert $1 - r = 1{,}6 \cdot 10^{-2}$, während sich aus der Leitfähigkeit $1 - r = 1{,}4 \cdot 10^{-2}$ ergibt.

---

[1] Lord RAYLEIGH: Nature, Lond. Bd. 25 (1881) S. 52.

[2] A. SOMMERFELD: Physik. Z. Bd. 8 (1907) S. 841; Ann. Physik Bd. 44 (1914) S. 177.

[3] L. BRILLOUIN: Ann. Physik Bd. 44 (1914) S. 203.

[4] E. HAGEN u. H. RUBENS: Ann. Physik (4) Bd. 11 (1903) S. 873.

Bei längeren Wellen rückt r immer mehr an den Wert 1 heran; die Bestimmung von $1 - r$ wird daher sehr ungenau. In diesem Falle griffen RUBENS und HAGEN zu einem indirekten Verfahren:

Nach dem bekannten KIRCHHOFFschen Satze aus der Theorie der Wärmestrahlung ist das Verhältnis von Emissionsvermögen E und Absorptionsvermögen A eines Körpers von der Natur der Substanz unabhängig und eine Funktion von Temperatur T und Frequenz ν allein. Diese universelle Funktion $F(\nu, T)$ gibt offenbar zugleich die Emission des Körpers mit dem Absorptionsvermögen 1, den man als den *schwarzen Körper* bezeichnet. Man hat also

$$E = A \cdot F(\nu, T). \tag{23}$$

Nimmt man nun eine Metallschicht von solcher Dicke, daß alle auffallende Energie, die nicht reflektiert wird, im Innern absorbiert wird, so muß für das Absorptionsvermögen gelten

$$A = 1 - r. \tag{24}$$

Nach (22) erhält man also direkt für das Absorptionsvermögen

$$A = 2\sqrt{\frac{\nu}{\sigma}} = \frac{E}{F(\nu, T)} \tag{25}$$

oder

$$2\sqrt{\nu}F(\nu, T) = E\sqrt{\sigma}. \tag{26}$$

Die linke Seite ist von der Natur des Metalls völlig unabhängig, eine bekannte Funktion von ν und T; denn die Strahlung des schwarzen Körpers ist experimentell und theoretisch genau bekannt und wird durch die berühmte PLANCKsche Formel dargestellt (s. VIII, § 90).

Um die Gültigkeit der MAXWELLschen Gleichungen zu prüfen, hat man also nur die Leitfähigkeit σ eines Metalls und sein Emissionsvermögen E als Funktion von Frequenz und Temperatur zu messen und festzustellen, ob für das Produkt $E\sqrt{\sigma}$ die Gleichung (26) erfüllt ist. HAGEN und RUBENS haben diese Betrachtung durchgeführt und gefunden, daß im Bereich von $12\,\mu$ aufwärts die mit Hilfe stationärer Ströme gemessene Leitfähigkeit auch für das optische Verhalten maßgebend ist.

Für kürzere Wellen hört die Gültigkeit der einfachen Theorie auf. Dann hat man die Trägheit und die Verteilungsdichte der im Metall vorhandenen freien bzw. nahezu freien Elektronen zu berücksichtigen und erhält Dispersionsformeln, wie wir sie in Kap. VIII ableiten werden; doch zeigt es sich, daß die Beobachtungen an Metallen sich auf diese Weise nicht zwanglos darstellen lassen. Das liegt daran, daß die Elektronentheorie der Metalle ein Eingehen auf die Quantentheorie erfordert. Der wesentliche Punkt dabei ist, daß die freien Elektronen im Metall sich gar nicht wie Individuen verhalten; man hat es nicht mit Bewegung von Korpuskeln, sondern mit Fortpflanzung von Wellen zu tun (Wellenmechanik, Kap. VIII, § 90). Die hierdurch bestimmte Statistik äußert sich natürlich auch im optischen Verhalten. Die Behandlung dieser Dinge fällt aus dem Rahmen dieses Buches heraus.

§ 69. Absorbierende Kristalle.

Die Behandlung von absorbierenden Kristallen ist bei Berücksichtigung aller Möglichkeiten außerordentlich verwickelt. Man hat so vorzugehen, daß man neben dem Dielektrizitätstensor ε_{xy} einen *Tensor der elektrischen Leitfähigkeit* σ_{xy} einführt. Im allgemeinen Falle werden die Hauptachsen dieser beiden Tensoren nicht übereinstimmen; dann werden die Verhältnisse sehr unübersichtlich. Erst für Kristalle hoher Symmetrie (mindestens der des rhombischen Systems) fallen die beiden Hauptachsensysteme zusammen. Da aber hierbei die wesentlichsten Züge der Theorie schon in Erscheinung treten, wollen wir uns auf diesen Fall beschränken. Wir haben einfach die Hauptdielektrizitätskonstanten ε_x, ε_y, ε_z durch komplexe Zahlen $\boldsymbol{\varepsilon}_x$, $\boldsymbol{\varepsilon}_y$, $\boldsymbol{\varepsilon}_z$ zu ersetzen. Sämtliche Formeln der Kristalloptik bleiben dann formal erhalten bis auf den Punkt, daß alle Größen, die von den $\boldsymbol{\varepsilon}_x$, $\boldsymbol{\varepsilon}_y$, $\boldsymbol{\varepsilon}_z$ abhängen, komplexe Zahlen werden.

Die Hauptachsen der Tensoren $\varepsilon(\varepsilon_x, \varepsilon_y, \varepsilon_z)$ und $\sigma(\sigma_x, \sigma_y, \sigma_z)$ mögen also zusammenfallen. Demnach ist

$$(1)\quad \left\{\begin{aligned} \mathfrak{D}_x &= \varepsilon_x \mathfrak{E}_x, \ldots \\ \mathfrak{i}_x &= \sigma_x \mathfrak{E}_x, \ldots \end{aligned}\right.$$

Die MAXWELLschen Gleichungen für Leiter lauten:

$$\operatorname{rot}\mathfrak{H} = \frac{1}{c}\dot{\mathfrak{D}} + \frac{4\pi\mathfrak{i}}{c}, \qquad \operatorname{rot}\mathfrak{E} = -\frac{1}{c}\dot{\mathfrak{H}}.$$

Wir gehen in sie mit dem Ansatz einer ebenen gedämpften Welle ein, der nach § 67 lautet

$$\mathfrak{E}, \mathfrak{D}, \mathfrak{H}, \mathfrak{i} \sim e^{i\omega\left(t - \frac{\boldsymbol{n}}{c}\mathfrak{r}\mathfrak{s}\right)}.$$

Dann erhält man wie in § 58 (13)

$$\begin{aligned} \boldsymbol{n}\cdot\mathfrak{H}\times\mathfrak{s} &= \mathfrak{D} + \frac{4\pi}{i\omega}\mathfrak{i} = \mathfrak{D}^\sigma, \\ \boldsymbol{n}\cdot\mathfrak{E}\times\mathfrak{s} &= -\mathfrak{H}. \end{aligned}$$

Durch die Einführung der Abkürzung $\mathfrak{D}^\sigma$ sind sie formal mit V, § 58 (13) gleichlautend, und man schließt wie dort durch Elimination von $\mathfrak{H}$

$$(2)\qquad \mathfrak{D}^\sigma = \mathfrak{D} - \frac{4\pi i}{\omega}\mathfrak{i} = -\boldsymbol{n}^2\cdot((\mathfrak{E}\times\mathfrak{s})\times\mathfrak{s} = \boldsymbol{n}^2(\mathfrak{E} - \mathfrak{s}(\mathfrak{E}\mathfrak{s}))\,.$$

Im folgenden soll der Index σ an $\mathfrak{D}$ wieder weggelassen werden. Dann hat man nach (1)

$$\mathfrak{D}_x = \boldsymbol{\varepsilon}_x\mathfrak{E}_x$$

mit

$$(3)\qquad \boldsymbol{\varepsilon}_x = \varepsilon_x - \frac{4\pi i}{\omega}\sigma_x\,.$$

Damit ist das Problem algebraisch formal auf die in Kap. V behandelte Optik durchsichtiger Kristalle zurückgeführt, mit dem einzigen Unterschied, daß die drei Hauptdielektrizitätskonstanten (3) komplex sind. Durch Kombination der Gleichungen (2) und (3) ergibt sich wie in V, § 59 (2)

$$(4)\qquad \mathfrak{D}_x = -\frac{\mathfrak{s}_x(\mathfrak{E}\mathfrak{s})}{\frac{1}{\boldsymbol{n}^2} - \frac{1}{\boldsymbol{\varepsilon}_x}},$$

und die FRESNELsche Normalengleichung

$$(5)\qquad \frac{\mathfrak{s}_x^2}{\frac{1}{\boldsymbol{n}^2} - \frac{1}{\boldsymbol{\varepsilon}_x}} + \frac{\mathfrak{s}_y^2}{\frac{1}{\boldsymbol{n}^2} - \frac{1}{\boldsymbol{\varepsilon}_y}} + \frac{\mathfrak{s}_z^2}{\frac{1}{\boldsymbol{n}^2} - \frac{1}{\boldsymbol{\varepsilon}_z}} = 0,$$

die sich nach Einführung der jetzt komplexen Geschwindigkeiten

$$(6)\qquad \boldsymbol{c}_n = \frac{c}{\sqrt{\boldsymbol{\varepsilon}}} = \frac{c}{\boldsymbol{n}}, \quad \boldsymbol{c}_x = \frac{c}{\sqrt{\boldsymbol{\varepsilon}_x}} = \frac{c}{\boldsymbol{n}_x}, \ldots$$

in der alten Form § 59 (5)

$$(7)\qquad \frac{\mathfrak{s}_x^2}{\boldsymbol{c}_n^2 - \boldsymbol{c}_x^2} + \frac{\mathfrak{s}_y^2}{\boldsymbol{c}_n^2 - \boldsymbol{c}_y^2} + \frac{\mathfrak{s}_z^2}{\boldsymbol{c}_n^2 - \boldsymbol{c}_z^2} = 0$$

schreiben läßt.

Alle diese Beziehungen sind formal identisch mit den früheren, ihre physikalische Bedeutung ist aber etwas verschieden. Aus (5) [bzw. (7)] folgt noch immer eine quadratische Gleichung für $\mathfrak{n}^2(\mathfrak{s})$, d. h. zwei verschiedene Brechungsindizes für dieselbe Fortpflanzungsrichtung $\mathfrak{s}$; es gibt also auch hier zwei *Hauptschwingungen* $\mathfrak{T}'$, $\mathfrak{T}''$. Nach (4) werden aber die Verhältnisse

$$\mathfrak{T}_x : \mathfrak{T}_y : \mathfrak{T}_z$$

ebenfalls komplex, d. h. die Hauptschwingungen sind nicht linear, sondern im allgemeinen elliptisch polarisiert.

Man kann aber trotzdem eine einfache Aussage über die Gestalt von $\mathfrak{T}'$, $\mathfrak{T}''$ machen. Es bleibt nämlich die Beziehung

$$\mathfrak{T}'\mathfrak{T}'' = 0 \tag{8}$$

erhalten. Man beweist sie wie folgt. Nach (4) wird

$$\begin{aligned}\mathfrak{T}'\mathfrak{T}'' \sim {} & \frac{\mathfrak{s}_x^2}{(\mathfrak{c}_n'^2 - \mathfrak{c}_x^2)(\mathfrak{c}_n''^2 - \mathfrak{c}_x^2)} + \frac{\mathfrak{s}_y^2}{(\mathfrak{c}_n'^2 - \mathfrak{c}_y^2)(\mathfrak{c}_n''^2 - \mathfrak{c}_y^2)} + \frac{\mathfrak{s}_z^2}{(\mathfrak{c}_n'^2 - \mathfrak{c}_z^2)(\mathfrak{c}_n''^2 - \mathfrak{c}_z^2)} \\ = {} & \frac{1}{\mathfrak{c}_n''^2 - \mathfrak{c}_n'^2}\left\{\frac{\mathfrak{s}_x^2}{\mathfrak{c}_n'^2 - \mathfrak{c}_x^2} + \frac{\mathfrak{s}_y^2}{\mathfrak{c}_n'^2 - \mathfrak{c}_y^2} + \frac{\mathfrak{s}_z^2}{\mathfrak{c}_n'^2 - \mathfrak{c}_z^2} - \frac{\mathfrak{s}_x^2}{\mathfrak{c}_n''^2 - \mathfrak{c}_x^2} - \frac{\mathfrak{s}_y^2}{\mathfrak{c}_n''^2 - \mathfrak{c}_y^2} - \frac{\mathfrak{s}_z^2}{\mathfrak{c}_n''^2 - \mathfrak{c}_z^2}\right\},\end{aligned}$$

und dies verschwindet nach (7). Während aber früher (8) bedeutete, daß die Hauptschwingungen senkrecht zueinander liegen, besagt diese Beziehung jetzt, wie sich leicht einsehen läßt, daß die Schwingungsellipsen ähnlich sind und entsprechende Achsen senkrecht zueinander stehen.

Die weitere Diskussion vereinfacht sich wesentlich, wenn die *Absorption schwach* ist, also nicht bei Metallen, sondern bei einigermaßen durchsichtigen Körpern. Wir beschränken uns auf diesen Fall, zumal nur bei solchen Substanzen das durchgehende Licht überhaupt beobachtet werden kann.

Formal bedeutet schwache Absorption, daß quadratische Größen im Absorptionskoeffizienten $\varkappa$ vernachlässigt werden können. Wir dürfen dann also nach (6) schreiben

$$\left\{\begin{aligned} \mathfrak{n} &= n(1 - i\varkappa), & \mathfrak{n}^2 &= n^2(1 - 2i\varkappa), \\ \mathfrak{c}_n &= \frac{c}{n(1 - i\varkappa)} = c_n(1 + i\varkappa), & \mathfrak{c}_n^2 &= c_n^2(1 + 2i\varkappa). \end{aligned}\right. \tag{9}$$

Analoge Gleichungen gelten für $\mathfrak{n}_x = n_x(1 - i\varkappa_x), \ldots$, $\mathfrak{c}_x = \frac{c}{\mathfrak{n}_x} = c_x(1 + i\varkappa_x), \ldots$

Die FRESNELsche Gleichung (7) läßt sich damit in ihren Real- und Imaginärteil spalten

$$\left\{\begin{aligned} & \frac{\mathfrak{s}_x^2}{c_n^2 - c_x^2 + 2i(\varkappa c_n^2 - \varkappa_x c_x^2)} + \frac{\mathfrak{s}_y^2}{c_n^2 - c_y^2 + 2i(\varkappa c_n^2 - \varkappa_y c_y^2)} + \frac{\mathfrak{s}_z^2}{c_n^2 - c_z^2 + 2i(\varkappa c_n^2 - \varkappa_z c_z^2)} \\ & = \frac{\mathfrak{s}_x^2}{c_n^2 - c_x^2}\left(1 - 2i\frac{\varkappa c_n - \varkappa_x c_x^2}{c_n^2 - c_x^2}\right) + \frac{\mathfrak{s}_y^2}{c_n^2 - c_y^2}\left(1 - 2i\frac{\varkappa c_n^2 - \varkappa_y c_y^2}{c_n^2 - c_y^2}\right) - \frac{\mathfrak{s}_z^2}{c_n^2 - c_z^2}\left(1 - 2i\frac{\varkappa c_n^2 - \varkappa_z c_z^2}{c_n^2 - c_z^2}\right) = 0. \end{aligned}\right. \tag{10}$$

Die zweite Zeile entsteht aus der ersten durch Entwicklung der Nenner.

Der Realteil von (10) liefert nun zunächst nichts anderes als die alte FRESNELsche Gleichung. Die aus ihr gezogenen Folgerungen bleiben also in dieser Näherung voll bestehen. Der einzige Unterschied gegen früher besteht darin, daß die Lichtstrahlen beim Durchgang durch den Kristall geschwächt werden. Das Schwächungsgesetz wird dabei durch den Imaginärteil von (10) geliefert. Es lautet

$$\varkappa c_n^2\left\{\frac{\mathfrak{s}_x^2}{(c_n^2 - c_x^2)^2} + \frac{\mathfrak{s}_y^2}{(c_n^2 - c_y^2)^2} + \frac{\mathfrak{s}_z^2}{(c_n^2 - c_z^2)^2}\right\} = \frac{\varkappa_x c_x^2 \mathfrak{s}_x^2}{(c_n^2 - c_x^2)^2} + \frac{\varkappa_y c_y^2 \mathfrak{s}_y^2}{(c_n^2 - c_y^2)^2} + \frac{\varkappa_z c_z^2 \mathfrak{s}_z^2}{(c_n^2 - c_z^2)^2}.$$

Nun ist nach (4), (6) und (9)

$$\mathfrak{D}_x = -c^2(\mathfrak{E}\mathfrak{s}) \cdot \frac{\mathfrak{s}_x}{c_n^2 - c_x^2}\left(1 - 2i\,\frac{\varkappa c_n^2 - \varkappa_x c_x^2}{c_n^2 - c_x^2}\right).$$

In der gewünschten Näherung (Vernachlässigung von $\varkappa^2$ gegen $\varkappa$) können wir hier den Imaginärteil fortlassen, wenn wir diese Beziehung zur Vereinfachung des Schwächungsgesetzes heranziehen. Dies bedeutet offensichtlich eine *Vernachlässigung der elliptischen Polarisation.* Damit bekommen wir

$$(11) \qquad \varkappa c_n^2 = \frac{\varkappa_x c_x^2 \mathfrak{D}_x^2 + \varkappa_y c_y^2 \mathfrak{D}_y^2 + \varkappa_z c_z^2 \mathfrak{D}_z^2}{\mathfrak{D}^2}.$$

Zu einer gegebenen Schwingungsrichtung (Lage des Vektors $\mathfrak{D}$) war die Fortpflanzungsgeschwindigkeit eindeutig gegeben. Dasselbe gilt nach (11) also auch für den Absorptionsindex $\varkappa$.

Die beiden zu einer Fortpflanzungsrichtung gehörigen Hauptschwingungen werden aber im allgemeinen in verschiedener Weise absorbiert. Besitzen die entsprechenden Koeffizienten $\varkappa'$, $\varkappa''$ noch eine Dispersion (d. h. variieren sie mit der Frequenz des auffallenden Lichts), so erscheinen die Kristalle in weißem Licht gefärbt, und die Farbe hängt auch von der Polarisationsrichtung des auffallenden Lichts ab; man nennt diese Erscheinung *Pleochroismus.*

Für einachsige Kristalle (d. h. $\varepsilon_x = \varepsilon_y = \varepsilon_o$, $\varepsilon_z = \varepsilon_e$, also auch $\varkappa_x = \varkappa_y = \varkappa_o$ $\varkappa_z = \varkappa_e$) lassen sich alle Verhältnisse sehr einfach übersehen. Für den ordentlichen Strahl liegt der Lichtvektor $\mathfrak{D}$ stets in der xy-Ebene, daher wird nach (11)

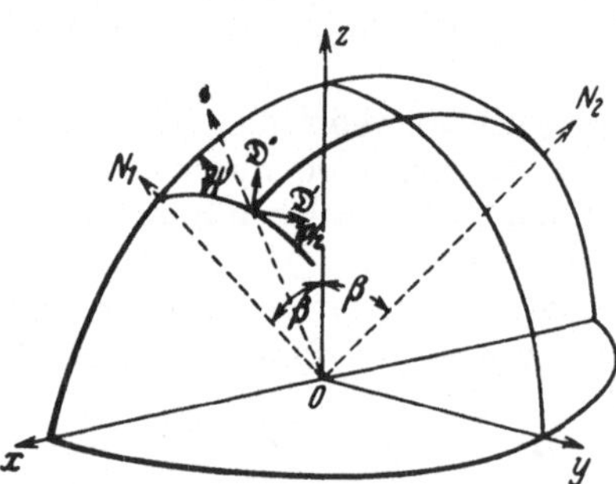

Fig. 172. Zur Theorie der absorbierenden Kristalle.

$$(12a) \qquad \varkappa' c_n^2 = \varkappa_o c_o^2 \frac{\mathfrak{D}_x^2 + \mathfrak{D}_y^2}{\mathfrak{D}^2} = \varkappa_o c_o^2,$$

d. h. der ordentliche Strahl wird in allen Richtungen in gleicher Weise absorbiert. Bezeichnen wir ferner wieder den Winkel zwischen $\mathfrak{s}$ und der optischen Achse mit ϑ, so wird für den außerordentlichen Strahl nach (7)

$$(12b) \qquad \varkappa'' c_n''^2 = \varkappa_o c_o^2 \cos^2\vartheta + \varkappa_e c_e^2 \sin^2\vartheta,$$

wobei c_n'' durch § 61 (4) gegeben ist.

Für zweiachsige Kristalle sind die Verhältnisse komplizierter. Wir wollen sie nur für Strahlen, die den optischen Achsen nahezu parallel sind, diskutieren. Für sie können die beiden Normalengeschwindigkeiten als gleich betrachtet werden; also gilt

$$c_n' = c_n'' = c_y \,. \qquad (c_x > c_y > c_z)\,.$$

Nach (11) brauchen wir zur Bestimmung von $\varkappa$ dann nur noch die Lage der Schwingungsrichtungen zu kennen. Diese sind nach § 60 dadurch bestimmt, daß sie die Winkel der Ebenen durch $\mathfrak{s}$ und die beiden Hauptachsen N_1 und N_2 halbieren.

Wir befinden uns in der Nähe von N_1. Der Winkel zwischen den Ebenen $\mathfrak{s}N_1$ und N_1N_2 heiße ψ. Da die Ebenen N_1N_2 (xz-Ebene) und $\mathfrak{s}N_2$ in unserer Näherung als parallel angesehen werden können, schließt die Ebene durch $\mathfrak{D}'$ und $\mathfrak{s}$ nach obigem Satz mit der xz-Ebene den Winkel $\psi/2$ ein (s. Fig. 172). Die Komponente von $\mathfrak{D}'$ in der xz-Ebene ist demnach $D'\cos\psi/2$, wobei $D' = |\mathfrak{D}'|$. Um die x-Komponente zu bekommen, haben wir diesen Vektor noch auf die x-Achse zu projizieren. Da $\mathfrak{s}$ näherungsweise mit N_1 zusammenfällt, ist der Projektionswinkel gleich β, dem Winkel zwischen der z-Achse und N_1. Es ist also (s. Fig. 173)

$$\mathfrak{D}_x' = D'\cos\frac{\psi}{2}\cos\beta\,.$$

Auf analoge Weise findet man die übrigen Komponenten

(13a) $\mathfrak{T}'_x = D'\cos\frac{\psi}{2}\cos\beta, \qquad \mathfrak{T}'_y = D'\sin\frac{\psi}{2}, \qquad \mathfrak{T}'_z = -D'\cos\frac{\psi}{2}\sin\beta.$

$\mathfrak{T}''$ steht senkrecht zu $\mathfrak{s}$ und zu $\mathfrak{T}'$, womit man hat

(13b) $\mathfrak{T}''_x = -D''\sin\frac{\psi}{2}\cos\beta, \qquad \mathfrak{T}''_y = D''\cos\frac{\psi}{2}, \qquad \mathfrak{T}''_z = D''\sin\frac{\psi}{2}\sin\beta.$

Setzt man diese Werte (13a), (13b) in (11) ein, so findet man für die Werte der beiden zu $\mathfrak{T}'$, $\mathfrak{T}''$ gehörigen Absorptionskoeffizienten $\varkappa'$, $\varkappa''$:

$$(14)\quad \begin{cases} \varkappa' c_{\prime\prime}^2 = (\varkappa_x c_x^2\cos^2\beta + \varkappa_z c_z^2\sin^2\beta)\cos^2\frac{\psi}{2} + \varkappa_y c_{\prime\prime}^2\sin^2\frac{\psi}{2}, \\ \varkappa'' c_{\prime\prime}^2 = (\varkappa_x c_x^2\cos^2\beta + \varkappa_z c_z^2\sin^2\beta)\sin^2\frac{\psi}{2} + \varkappa_y c_y^2\cos^2\frac{\psi}{2}. \end{cases}$$

Diese Formeln sind nur außerhalb der optischen Achse selbst brauchbar, da in ihr die Richtungen $\mathfrak{T}'$, $\mathfrak{T}''$ (d. h. der Winkel ψ) unbestimmt werden. Man zerlegt dort die Gesamtwelle in eine senkrecht zur Ebene der optischen Achsen polarisierte Komponente und in eine parallele. Für erstere ist $\mathfrak{T}_x = \mathfrak{T}_z = 0$, $\mathfrak{T}_y = D$, also nach (11)

(15a) $\varkappa_s c_{\prime\prime}^2 = \varkappa_y c_{\prime\prime}^2$, d. h. $\varkappa_s = \varkappa_y$;

für letztere dagegen $\mathfrak{T}_x = D\cos\beta$, $\mathfrak{T}_y = 0$, $\mathfrak{T}_z = D\sin\beta$ (s. Fig. 172). Also

(15b) $\varkappa_p c_{\prime\prime}^2 = \varkappa_x c_x^2\cos^2\beta + \varkappa_z c_z^2\sin^2\beta.$

Die Absorption einer in Richtung einer optischen Achse fortschreitenden Welle hängt also von der Polarisationsrichtung ab.

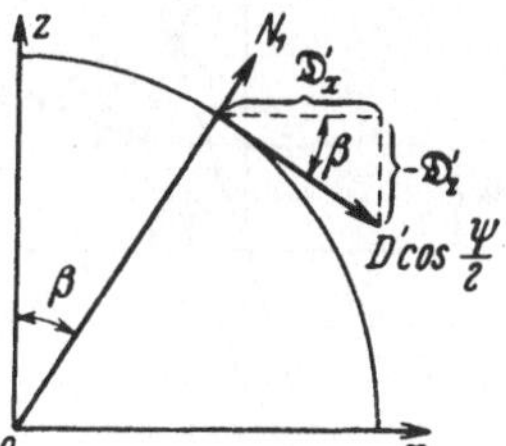

Fig. 173. Zur Theorie der absorbierenden Kristalle.

Vermittels (15) können wir auch noch die Ausdrücke (14) für $\varkappa'$ und $\varkappa''$ auf eine einfachere Form bringen:

$$(16)\quad \begin{cases} \varkappa' = \varkappa_p\cos^2\frac{\psi}{2} + \varkappa_s\sin^2\frac{\psi}{2}, \\ \varkappa'' = \varkappa_p\sin^2\frac{\psi}{2} + \varkappa_s\cos^2\frac{\psi}{2}. \end{cases}$$

Diese Größen stellen die Hauptabsorptionsindizes in der Umgebung der Achse als Funktion des Polarwinkels dar.

Als wichtigste Anwendung sei die *Theorie der Interferenzerscheinungen für Kristallplatten*, die senkrecht zu einer optischen Achse geschnitten sind, näher ausgeführt. Der einzige Unterschied gegen die Ausführungen von V, § 64—66 liegt darin, daß die beiden zur Interferenz kommenden Lichtstrahlen in verschiedener Weise geschwächt werden. Alles übrige, also auch die Berechnung des Gangunterschiedes, bleibt in unserer Näherung erhalten, da in ihr die geometrischen Ausbreitungsgesetze dieselben sind wie für nicht absorbierende Kristalle.

Mit denselben Bezeichnungen wie in § 64 haben wir also statt § 64 (1) nach § 67 (16) für die Amplituden der Hauptschwingungen beim Austritt

(17) $OC = E\cos\varphi\, e^{-\frac{2\pi\nu\varkappa'}{c'}l}, \qquad OD = E\sin\varphi\, e^{-\frac{2\pi\nu\varkappa''}{c''}l},$

wo l den in der Kristallplatte zurückgelegten Weg bedeutet, also $l = d/\cos\gamma$, wenn d die Dicke der Platte und γ der Winkel des Strahles gegen die Plattennormale ist. Dabei ist der Weg in der Kristallplatte für beide Strahlen als gleich angenommen, was näherungsweise erfüllt ist, wenn es sich um kleine Winkel in der Nähe der optischen Achsen handelt. Mit derselben Näherung kann man in den Exponenten (17) $c' = c''$ setzen und die Abkürzung $s = 2\pi\nu l/c' = 2\pi\nu l/c''$ einführen, also

$$OC = E\cos\varphi\, e^{-\varkappa' s}, \qquad OD = E\sin\varphi\, e^{-\varkappa'' s}. \tag{17a}$$

Daraus ergibt sich analog zu § 64 (2) für die Amplituden der nach Durchtritt durch Polarisator und Analysator zur Interferenz kommenden Strahlen

$$OF = E\cos\varphi\cos(\varphi-\chi)\, e^{-\varkappa' s}, \qquad OG = E\sin\varphi\sin(\varphi-\chi)\, e^{-\varkappa'' s}. \tag{18}$$

Es bleibt natürlich bestehen der Ausdruck für die Gesamtintensität des Lichts nach der Interferenz

$$J = J_1 + J_2 + 2\sqrt{J_1 J_2}\cos\delta, \tag{19}$$

wobei δ wie früher berechnet wird.

Wir untersuchen nun die Erscheinungen, die an einer senkrecht zu einer optischen Achse geschnittenen Platte bei der in den §§ 64 und 65 geschilderten Anordnung auftreten. In der Austrittsebene ist also der Mittelpunkt der Spurpunkt der optischen Achse, und die verschiedenen Punkte der Ebene entsprechen den unter verschiedenem Einfallswinkel einfallenden Strahlen. In dieser Spurebene wechselt die Lage der Hauptschwingungen von Punkt zu Punkt. Wir untersuchen folgende Spezialfälle:

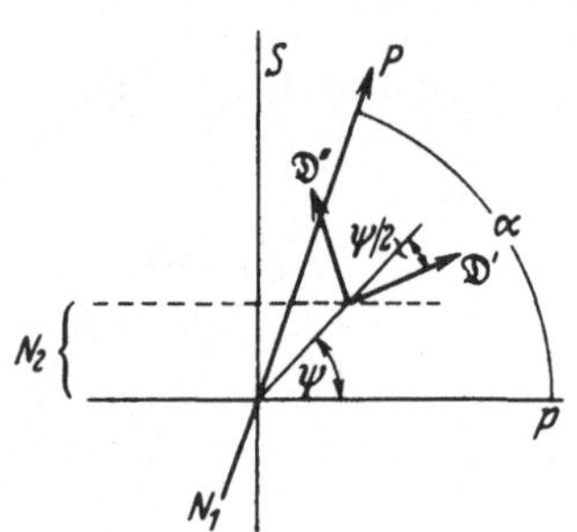

Fig. 174. Zur Theorie der absorbierenden Kristalle.

I. Einachsige Kristalle.

Bei diesen ist entsprechend der Bezeichnung $c_x = c_y = c_o$, $c_z = c_e$ zu setzen:

$$\varkappa_x = \varkappa_y = \varkappa_o, \qquad \varkappa_z = \varkappa_e. \tag{20}$$

Die Schwingungsrichtung des außerordentlichen Strahls liegt hier immer in der Ebene $\mathfrak{s}N$, d. h. der Lichtvektor liegt in der Projektionsebene immer in radialer Richtung (s. Fig. 174).

Wir können daher den Winkel zwischen dem Schwingungsvektor des außerordentlichen Strahls und dem Polarisator mit dem Winkel φ in (17) identifizieren, wobei wir, um im Einklang mit (12a) und (12b) zu bleiben, in (18) $\varkappa'$ und $\varkappa''$ vertauschen müssen. Wir erhalten dann nach (18) für *gekreuzte Nicols*, d. h. $\chi = \pi/2$,

$$OF = E\cos\varphi\sin\varphi\, e^{-\varkappa'' s}, \qquad OG = -E\sin\varphi\cos\varphi\, e^{-\varkappa' s}.$$

Damit wird die Intensität nach (19)

$$J = \frac{E^2}{4}\sin^2 2\varphi\{e^{-2\varkappa' s} + e^{-2\varkappa'' s} - 2\cos\delta\, e^{-(\varkappa'+\varkappa'')s}\}. \tag{21a}$$

Für die optische Achse selbst wird $\varkappa' = \varkappa''$ und $\delta = 0$, d. h.

$$J_0 = 0. \tag{21b}$$

Es ergeben sich also Interferenzringe infolge der Variation von δ im Gesichtsfeld, die aber undeutlich werden, wenn die Absorption groß wird. Das Gesichtsfeld ist von dem dunkeln Isogyrenkreuz $\varphi = 0$, $\pi/2$ durchzogen, das also parallel zu den Achsen von Polarisator und Analysator liegt (vgl. § 65). Die Kristalle verhalten sich verschieden, je nachdem $\varkappa_o$ kleiner oder größer als $\varkappa_e$ ist. Ist $\varkappa_o \ll \varkappa_e$, so werden die achsennahen Strahlen relativ wenig geschwächt, außerhalb des dunkeln Kreuzes ist also das Gesichtsfeld hell (I. Typus: Magnesiumplatinzyanür). Ist jedoch $\varkappa_o \gg \varkappa_e$ (II. Typus: Turmalin), d. h. ist die Absorption in der Achse am größten, so ist das ganze Gesichtsfeld dunkel und hellt sich erst nach außen zu allmählich auf.

II. Zweiachsige Kristalle.

Wir beschränken uns auf den Fall gekreuzter Nicols, d. h. $\chi = \pi/2$ und nehmen ferner an, daß die Plattenebene senkrecht zur optischen Achse N_1 liegt.

Seien N_1, N_2 die Durchstoßpunkte der optischen Achsen in der Spurebene, ψ der Winkel der Verbindungslinie N_1Q eines nahe der optischen Achse N_1 liegenden Punktes Q des Gesichtsfeldes gegen die Ebene der optischen Achsen und α der Winkel zwischen der Ebene der optischen Achsen und der Schwingungsebene des Polarisators P.

Ist $N_1Q \ll N_1N_2$, so bildet die Schwingungsrichtung mit N_1N_2 nahezu den Winkel $\psi/2$ (vgl. § 66, S. 257). Der Winkel φ zwischen $\mathfrak{D}'$ und der Schwingungsrichtung des Polarisators wird also: $\varphi = \alpha - \psi/2$ (s. Fig. 175).

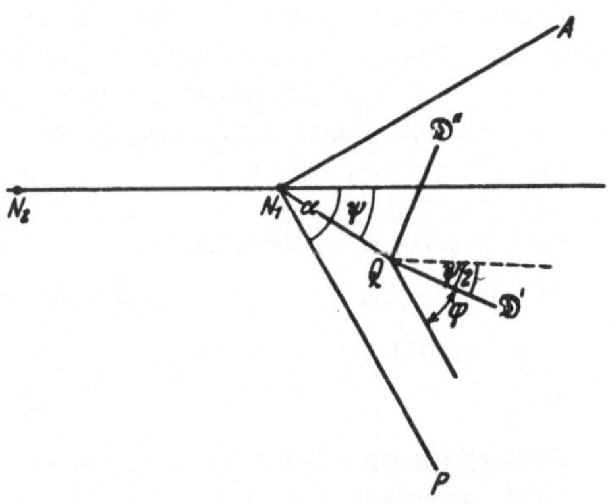

Fig. 175. Zur Theorie der absorbierenden Kristalle.

Damit erhalten die beiden zur Interferenz kommenden Strahlen nach (18) die Amplitude

$$OF = E\cos\left(\alpha - \frac{\psi}{2}\right)\sin\left(\alpha - \frac{\psi}{2}\right)e^{-\varkappa' s},$$

$$OG = -E\sin\left(\alpha - \frac{\psi}{2}\right)\cos\left(\alpha - \frac{\psi}{2}\right)e^{-\varkappa'' s}.$$

Also wird die Lichtintensität

$$J = \frac{E^2}{4}\sin^2(2\alpha - \psi)\left\{e^{-2\varkappa' s} + e^{-2\varkappa'' s} - 2e^{-(\varkappa' + \varkappa'')s}\cdot\cos\delta\right\}. \tag{22a}$$

In der optischen Achse selbst, in der ψ unbestimmt wird, zerlegt man das Licht in die Komponenten parallel und senkrecht zur Ebene durch die Achsen N_1, N_2; d. h. man setzt in (22a) $\psi = 0$ und statt $\varkappa'$, $\varkappa''$: $\varkappa_p$, $\varkappa_s$. Ferner verschwindet hier die Phasendifferenz δ. Damit wird aus (22a)

$$J_0 = \frac{E^2}{4}\sin^2 2\alpha\left\{e^{-\varkappa_p s} - e^{-\varkappa_s s}\right\}^2. \tag{22b}$$

In (22a) gibt der erste Faktor zunächst die dunkle Hauptisogyre $\sin(2\alpha - \psi) = 0$. Während diese aber bei nicht absorbierenden Kristallen durch den Mittelpunkt (Spurpunkt der optischen Achse) geht, ist sie jetzt in der Umgebung der Achse durch einen hellen Punkt unterbrochen, da nach (22b) J_0 im allgemeinen nicht verschwindet. Dies wäre nur der Fall für den speziellen Wert $\alpha = 0$ oder $\alpha = \pi/2$, d. h. wenn die Schwingungsebene des Polarisators entweder in der Ebene der optischen Achsen oder senkrecht zu ihr liegt.

Der zweite Faktor von (22a) liefert infolge der Variation von δ dunkle Ringe um die optische Achse, sie werden bei größerer Absorption bzw. dickeren Platten immer undeutlicher. Der zweite Faktor zeigt außerdem noch eine Winkelabhängigkeit (von ψ), die auch dann merklich sein kann, wenn das Interferenzbild schon abgeklungen ist. Sie steckt allerdings nur in dem Glied

$$F = e^{-2\varkappa' s} + e^{-2\varkappa'' s}, \tag{23}$$

da nach (16) $\quad \varkappa' + \varkappa'' = \varkappa_s + \varkappa_p = \text{konst.}$

ist. Es zeigt sich nun, daß F Maxima hat für $\psi = 0, \pi$ und Minima für $\psi = \pm\pi/2$. Nach (16) wird nämlich:

$$\frac{\partial F}{\partial \psi} = s(\varkappa_p - \varkappa_s)\sin\psi\,(e^{-2\varkappa' s} - e^{-2\varkappa'' s}),$$

und dies verschwindet für $\psi = 0, \pi$ und für $\varkappa' = \varkappa''$, d. h. nach (16) für $\psi = \pm\pi/2$. Die ersteren Nullstellen liefern Maxima, die zweiten Minima, denn es ist

$$F(0,\pi) = e^{-2\varkappa_p s} + e^{-\varkappa_s s} > F\left(\pm\frac{\pi}{2}\right) = 2e^{-(\varkappa_p + \varkappa_s)s}. \tag{24}$$

Das Gesichtsfeld wird also außer von der Hauptisogyre $\psi = 2\alpha$ noch von einem dunkeln Büschel für $\psi = \pm\pi/2$ senkrecht zur Ebene der optischen Achsen durchzogen.

Dieses dunkle Büschel bleibt auch noch sichtbar, wenn Polarisator und Analysator fortgelassen werden, also einfach mit natürlichem Licht beobachtet. wird. Dieses kann aufgefaßt werden als zusammengesetzt aus zwei Komponenten gleicher Amplitude, die in irgendwelchen, zueinander senkrechten Richtungen polarisiert sind, also nicht miteinander interferieren. Ihre Amplituden kann man schreiben

$$E e^{-\varkappa' s}, \quad E e^{-\varkappa'' s},$$

und die totale Intensität wird

$$J = E^2(e^{-2\varkappa' s} + e^{-2\varkappa'' s}) \tag{25a}$$

bzw. in der Achse selbst

$$J_0 = E^2(e^{-2\varkappa_p s} + e^{-2\varkappa_s s}). \tag{25b}$$

Außerhalb der Achse wird also die Intensitätsverteilung durch den Faktor (23) wiedergegeben, und man sieht demnach auch in natürlichem Licht das dunkle Büschel für $\psi = \pm\pi/2$. In der Achse selbst aber ist die Absorption nach (24) am kleinsten, d. h. die Achse erscheint aufgehellt. Dies ist schon 1819 von BREWSTER beobachtet worden.

Zum Schluß sei noch einmal darauf hingewiesen, daß unseren ganzen Rechnungen die Annahme zugrunde lag, daß die Elliptizität der Hauptschwingungen vernachlässigt werden darf. Dies ist keineswegs immer gewährleistet, da es, wie sich zeigen läßt, in jedem absorbierenden Kristall vier Richtungen gibt, in denen die Polarisation sogar zirkulär wird (Windungsachsen), von denen zwei in der Nähe der optischen Achsen liegen. Jedoch ziehen sich die Gebiete mit merklicher Elliptizität bei schwächer werdender Absorption immer mehr auf die Windungsachsen zusammen, die selbst dann gegen die optischen Achsen rücken. Bei Berücksichtigung dieses Umstandes bleibt jedoch der allgemeine Charakter der besprochenen Erscheinungen bestehen, weshalb von einer genaueren Besprechung abgesehen sei. Einige Feinheiten sind aber in unserer Diskussion nicht enthalten (idiophome Ringe, Sichtbarmachung der Windungsachsen in zirkular polarisiertem Licht). Für sie sei auf die Originalarbeiten[1] verwiesen.

§ 70. Beugung an leitenden Kugeln.*

Metallische Substanzen geben nicht nur in massivem Zustand zu eigenartigen optischen Erscheinungen Anlaß, sondern auch in jenem Zustande feiner Verteilung, den man als kolloidal bezeichnet. Bekannt ist z. B. die schöne rubinrote Farbe, die kolloidal (in Flüssigkeiten oder Gläsern) gelöstes Gold zeigt. Die

[1] W. VOIGT: Nachr. Ges. Wiss. Göttingen Bd. 48 (1902); Ann. Physik (4) Bd. 9 (1902) S. 367; Bd. 27 (1908) S. 1005.

Behandlung dieser Erscheinungen ist darum von großem Interesse, weil sich dabei Vorgänge der Brechung, Absorption und Beugung in eigenartiger Weise kombinieren. Sieht man die Metallteilchen als unendlich gute Leiter in einer völlig durchsichtigen Umgebung an, so kommt man zu einem reinen Beugungsphänomen; wir haben es aber nicht unter diesem Gesichtspunkt in Kap. IV behandelt, weil gerade die Erscheinungen, die durch das Eindringen des Lichts in die Teilchen bewirkt werden, von physikalischem Interesse sind. Für dieses Eindringen aber spielt bei metallischen Partikeln auch in hohem Grade die Absorption eine Rolle. Aus diesem Grunde ist hier der Platz, darüber zu sprechen.

Andererseits muß hervorgehoben werden, daß es sich methodisch um eine strenge Lösung des Beugungsproblems in seinem allgemeinsten Sinne handelt, nämlich um eine Integration der MAXWELLschen Gleichung für eine aus dem Unendlichen kommende ebene Welle, die auf beliebige Unstetigkeitsflächen der optischen Parameter trifft. Ein strenges Verfahren zur Lösung gibt es nur dann, wenn diese Grenzflächen hinreichend einfache geometrische Formen haben. Es besteht darin, daß man solche krummlinige Koordinaten einführt, bei denen die Unstetigkeitsfläche eine Koordinatenfläche ist und die MAXWELLschen Gleichungen nebst Randbedingungen sich in gewöhnliche Differentialgleichungen separieren lassen. Man kann dann das ganze Problem auf einige einfache Randwertaufgaben für gewöhnliche Differentialgleichungen zurückführen.

Wir beschränken uns im folgenden auf den Sonderfall, daß der *beugende Körper eine Kugel ist und die einfallende Welle als eben und linear polarisiert* betrachtet wird[1]. Der Radius der Kugel sei R, ihr Mittelpunkt werde zum Koordinatenursprung eines rechtwinkligen xyz-Systems gemacht, dessen z-Achse der Fortschreitungsrichtung der einfallenden Welle entgegengesetzt ist, dessen x-Achse mit der Schwingungsrichtung des elektrischen Vektors dieser Welle zusammenfällt. Weiter setzen wir voraus, daß das die Kugel umgebende Medium durchsichtig, homogen und isotrop ist. Wir gehen aus von den MAXWELLschen Feldgleichungen für unmagnetische Körper

$$(1)\begin{cases} \text{(a)} & \operatorname{rot}\mathfrak{H} = \frac{\varepsilon}{c}\dot{\mathfrak{E}} + \frac{4\pi\sigma}{c}\mathfrak{E}, \\ \text{(b)} & \operatorname{rot}\mathfrak{E} = -\frac{1}{c}\dot{\mathfrak{H}}. \end{cases}$$

Die skalaren Gleichungen können wir schreiben [vgl. die Begründung § 67 (1f)]:

$$(2)\begin{cases} \text{(a)} & \operatorname{div}\mathfrak{E} = 0, \\ \text{(b)} & \operatorname{div}\mathfrak{H} = 0. \end{cases}$$

Wir betrachten nun einen zeitlich periodischen Vorgang mit der Kreisfrequenz ω, für den sich die Gleichungen (1) in der Form

$$(3)\begin{cases} \text{(a)} & \operatorname{rot}\mathfrak{H} = \frac{i\omega\varepsilon + 4\pi\sigma}{c}\mathfrak{E} = k_1\mathfrak{E}, \\ \text{(b)} & \operatorname{rot}\mathfrak{E} = -\frac{i\omega}{c}\mathfrak{H} = -k_2\mathfrak{H} \end{cases}$$

schreiben. Dabei sind die Abkürzungen

$$(4)\begin{cases} k_1 = \frac{i\varepsilon\omega + 4\pi\sigma}{c}, \\ k_2 = \frac{i\omega}{c} \end{cases}$$

[1] G. MIE: Ann. Physik (4) Bd. 25 (1908) S. 377; P. DEBYE: Ann. Physik (4) Bd. 30 (1909) S. 57.

eingeführt. Die in § 67 (8) definierte komplexe Wellenzahl ist dann[1]

$$k = \sqrt{-k_1 k_2}. \tag{5}$$

Wir wollen im folgenden durch die Indizes (a) bzw. (i) andeuten, ob sich die betreffenden Größen auf das die Kugel umgebende äußere Medium oder auf das Innere der Kugel beziehen sollen. Im Außenraum ist $\sigma = 0$, also sind $k_1^{(a)}$, $k_2^{(a)}$ rein imaginär.

Nunmehr schreibt sich die *einfallende Welle* in der Gestalt

$$\left\{\begin{aligned} \mathfrak{E}_x^{(e)} &= E^{(e)} e^{i\omega t} = e^{i k^{(a)} z} e^{i\omega t}, \\ \mathfrak{H}_y^{(e)} &= H^{(e)} e^{i\omega t} = -\frac{i k^{(a)}}{k_2^{(a)}} e^{i k^{(a)} z} e^{i\omega t}, \\ \mathfrak{E}_y^{(e)} &= \mathfrak{E}_z^{(e)} = \mathfrak{H}_x^{(e)} = \mathfrak{H}_z^{(e)} = 0. \end{aligned}\right. \tag{6}$$

Die Normierung der Amplituden ist also so getroffen, daß die Amplitude des elektrischen Vektors den Absolutwert

$$|E^{(e)}| = |e^{i k^{(a)} z}| = 1$$

besitzt.

Als *Grenzbedingungen* brauchen wir nur die Stetigkeit der tangentiellen Komponenten von $\mathfrak{E}$ und $\mathfrak{H}$ zu verlangen, da aus ihr und den MAXWELLschen Gleichungen die Stetigkeit der Radialkomponenten von $\varepsilon\mathfrak{E}$ und $\mathfrak{H}$ folgt. Wir fordern also

$$\left.\begin{aligned} \mathfrak{E}_{\text{tang}}^{(a)} &= \mathfrak{E}_{\text{tang}}^{(i)} \\ \mathfrak{H}_{\text{tang}}^{(a)} &= \mathfrak{H}_{\text{tang}}^{(i)} \end{aligned}\right\} \text{ für } r = R. \tag{7}$$

Um diese Grenzbedingungen zu erfüllen, haben wir neben dem Felde $\mathfrak{E}^{(e)}$, $\mathfrak{H}^{(e)}$ der einfallenden Welle und dem durch sie erzeugten Felde $\mathfrak{E}^{(i)}$, $\mathfrak{H}^{(i)}$ im Kugelinnern noch ein Zusatzfeld $\mathfrak{E}^{(b)}$, $\mathfrak{H}^{(b)}$ (Beugungswelle b) im Außenraume anzunehmen. Sollen ferner die Grenzbedingungen zu allen Zeiten gelten, so muß in allen diesen sechs Vektoren die Zeitfunktion dieselbe sein. Wir haben es also mit *drei* Wellen zu tun, die sämtlich gleiche Zeitabhängigkeit besitzen: 1. der einfallenden *Primärwelle*, 2. einer *Welle im Innern* der Kugel, 3. einer Zusatzwelle im Außenraum, der *Sekundär-* oder *Beugungswelle*.

Die der Kugeloberfläche angepaßten krummlinigen Koordinaten sind die sphärischen Polarkoordinaten r, ϑ, φ, definiert durch

$$\left\{\begin{aligned} x &= r\sin\vartheta\cos\varphi, \\ y &= r\sin\vartheta\sin\varphi, \\ z &= r\cos\vartheta. \end{aligned}\right. \tag{8}$$

Ist $\mathfrak{A}$ ein Vektor mit den Komponenten $\mathfrak{A}_x$, $\mathfrak{A}_y$, $\mathfrak{A}_z$ in kartesischen Koordinaten, so sind seine Komponenten $\mathfrak{A}_r$, $\mathfrak{A}_\vartheta$, $\mathfrak{A}_\varphi$ in diesen Polarkoordinaten definiert durch

$$\mathfrak{A}_r = \sum_x \frac{\partial r}{\partial x}\mathfrak{A}_x, \qquad \mathfrak{A}_\vartheta = \sum_x \frac{\partial \vartheta}{\partial x}\mathfrak{A}_x, \qquad \mathfrak{A}_\varphi = \sum_x \frac{\partial \varphi}{\partial x}\mathfrak{A}_x. \tag{9}$$

Die Umrechnung des Vektors $\operatorname{rot}\mathfrak{A}$ nach diesen Formeln liefert

$$\left\{\begin{aligned} \operatorname{rot}_r \mathfrak{A} &= \frac{1}{r^2\sin\vartheta}\left\{\frac{\partial(r\sin\vartheta\,\mathfrak{A}_\varphi)}{\partial\vartheta} - \frac{\partial(r\mathfrak{A}_\vartheta)}{\partial\varphi}\right\}, \\ \operatorname{rot}_\vartheta \mathfrak{A} &= \frac{1}{r\sin\vartheta}\left\{\frac{\partial\mathfrak{A}_r}{\partial\varphi} - \frac{\partial(r\sin\vartheta\,\mathfrak{A}_\varphi)}{\partial r}\right\}, \\ \operatorname{rot}_\varphi \mathfrak{A} &= \frac{1}{r}\left\{\frac{\partial(r\mathfrak{A}_\vartheta)}{\partial r} - \frac{\partial\mathfrak{A}_r}{\partial\vartheta}\right\}. \end{aligned}\right. \tag{10}$$

[1] Wir verzichten hier auf den Fettdruck, da von der reellen Wellenzahl kein Gebrauch gemacht wird.

Die Feldgleichungen (3) lauten also in Polarkoordinaten

$$(11)\quad \begin{cases} \text{(a)} \begin{cases} (\alpha) & k_1 \mathfrak{E}_r = \dfrac{1}{r^2 \sin\vartheta}\left\{\dfrac{\partial(r\sin\vartheta\,\mathfrak{H}_\varphi)}{\partial\vartheta} - \dfrac{\partial(r\,\mathfrak{H}_\vartheta)}{\partial\varphi}\right\}, \\ (\beta) & k_1 \mathfrak{E}_\vartheta = \dfrac{1}{r\sin\vartheta}\left\{\dfrac{\partial\mathfrak{H}_r}{\partial\varphi} - \dfrac{\partial(r\sin\vartheta\,\mathfrak{H}_\varphi)}{\partial r}\right\}, \\ (\gamma) & k_1 \mathfrak{E}_\varphi = \dfrac{1}{r}\left\{\dfrac{\partial(r\,\mathfrak{H}_\vartheta)}{\partial r} - \dfrac{\partial\mathfrak{H}_r}{\partial\vartheta}\right\}, \end{cases} \\ \text{(b)} \begin{cases} (\alpha) & -k_2 \mathfrak{H}_r = \dfrac{1}{r^2 \sin\vartheta}\left\{\dfrac{\partial(r\sin\vartheta\,\mathfrak{E}_\varphi)}{\partial\vartheta} - \dfrac{\partial(r\,\mathfrak{E}_\vartheta)}{\partial\varphi}\right\}, \\ (\beta) & -k_2 \mathfrak{H}_\vartheta = \dfrac{1}{r\sin\vartheta}\left\{\dfrac{\partial\mathfrak{E}_r}{\partial\varphi} - \dfrac{\partial(r\sin\vartheta\,\mathfrak{E}_\varphi)}{\partial r}\right\}, \\ (\gamma) & -k_2 \mathfrak{H}_\varphi = \dfrac{1}{r}\left\{\dfrac{\partial(r\,\mathfrak{E}_\vartheta)}{\partial r} - \dfrac{\partial\mathfrak{E}_r}{\partial\vartheta}\right\}. \end{cases} \end{cases}$$

Die Grenzbedingungen (7) schreiben sich jetzt

$$(12)\quad \left\{ \begin{matrix} \mathfrak{E}_\vartheta^{(i)} = \mathfrak{E}_\vartheta^{(a)}; & \mathfrak{E}_\varphi^{(i)} = \mathfrak{E}_\varphi^{(a)} \\ \mathfrak{H}_\vartheta^{(i)} = \mathfrak{H}_\vartheta^{(a)}; & \mathfrak{H}_\varphi^{(i)} = \mathfrak{H}_\varphi^{(a)} \end{matrix} \right\} \quad \text{für } r = R.$$

Die Gleichungen (11) mit den Grenzbedingungen (12) sind die Grundgleichungen, die wir zu integrieren haben.

Man kann nun ein beliebiges Lösungssystem $\mathfrak{E}$, $\mathfrak{H}$ mit den Komponenten

$$\mathfrak{E}_r,\ \mathfrak{E}_\vartheta,\ \mathfrak{E}_\varphi,\ \mathfrak{H}_r,\ \mathfrak{H}_\vartheta,\ \mathfrak{H}_\varphi$$

zerspalten in zwei voneinander linear unabhängige Systeme $\mathfrak{E}'$, $\mathfrak{H}'$ und $\mathfrak{E}''$, $\mathfrak{H}''$ derart, daß für das eine

$$(13)\qquad \mathfrak{E}_r' = \mathfrak{E}_r, \qquad \mathfrak{H}_r' = 0$$

und für das andere

$$(14)\qquad \mathfrak{E}_r'' = 0, \qquad \mathfrak{H}_r'' = \mathfrak{H}_r$$

ist. Setzt man nämlich z. B. $\mathfrak{H}_r = \mathfrak{H}_r' = 0$, so geben die beiden Gleichungen (11a, β; a, γ)

$$(15)\quad \begin{cases} k_1 \mathfrak{E}_\vartheta' = -\dfrac{1}{r\sin\vartheta}\,\dfrac{\partial(r\sin\vartheta\,\mathfrak{H}_\varphi')}{\partial r}, \\ k_1 \mathfrak{E}_\varphi' = \dfrac{1}{r}\,\dfrac{\partial(r\,\mathfrak{H}_\vartheta')}{\partial r}. \end{cases}$$

Setzt man diese Ausdrücke in (b, β), (b, γ) ein, so bilden (a, α), (b, β), (b, γ) ein Differentialgleichungssystem zur Bestimmung der drei Funktionen $\mathfrak{E}_r'$, $\mathfrak{H}_\vartheta'$, $\mathfrak{H}_\varphi'$ und (b, α) ist identisch erfüllt. Löst man dieses Gleichungssystem nach (12) unter den Randbedingungen, daß $\mathfrak{H}_\vartheta'$ und $\mathfrak{H}_\varphi'$ an der Oberfläche stetig sind, so sind nach (15) auch $\mathfrak{E}_\vartheta'$ und $\mathfrak{E}_\varphi'$ von selbst an der Oberfläche stetig und daher alle Randbedingungen (12) erfüllt.

Ganz entsprechendes gilt, wenn man $\mathfrak{E}_r'' = 0$ setzt.

Wir wollen die Welle mit verschwindendem radialen magnetischen Anteil kurz die *elektrische Welle* und die mit verschwindendem radialen elektrischen Anteil die *magnetische Welle* nennen. Nunmehr zeigen wir, daß sich sowohl die elektrische als auch die magnetische Welle aus je einem skalaren Potential Π' bzw. Π'' ableiten, die beide ein und derselben Wellengleichung genügen.

Zunächst folgt für die elektrische Welle wegen $\mathfrak{H}_r' = 0$ aus (b, α), daß $\mathfrak{E}_\varphi'$ und $\mathfrak{E}_\vartheta'$ durch Gradientbildung aus einem Skalar U entstehen:

$$(16)\qquad \mathfrak{E}_\varphi' = \frac{1}{r\sin\vartheta}\,\frac{\partial U}{\partial\varphi}, \qquad \mathfrak{E}_\vartheta' = \frac{1}{r}\,\frac{\partial U}{\partial\vartheta}.$$

Setzt man

$$(17)\qquad U = \frac{\partial (r\Pi')}{\partial r},$$

so wird aus (16)

$$(18)\qquad \mathfrak{E}'_\varphi = \frac{1}{r\sin\vartheta}\,\frac{\partial^2 (r\Pi')}{\partial r\,\partial\varphi}, \qquad \mathfrak{E}'_\vartheta = \frac{1}{r}\,\frac{\partial^2 (r\Pi')}{\partial r\partial\vartheta}.$$

Man sieht nun, daß man (15) genügen kann durch

$$(19)\qquad \begin{cases} \mathfrak{H}'_\varphi = -k_1\dfrac{\partial \Pi'}{\partial\vartheta} = -\dfrac{k_1}{r}\,\dfrac{\partial (r\Pi')}{\partial\vartheta}, \\[2ex] \mathfrak{H}'_\vartheta = k_1\dfrac{1}{\sin\vartheta}\,\dfrac{\partial\Pi'}{\partial\varphi} = \dfrac{k_1}{r\sin\vartheta}\,\dfrac{\partial (r\Pi')}{\partial\varphi}. \end{cases}$$

Diese Gleichungen (19) in (11, a, α) eingesetzt, liefern

$$(20)\qquad \mathfrak{E}'_r = -\frac{1}{r\sin\vartheta}\left\{\frac{\partial}{\partial\vartheta}\left(\sin\vartheta\,\frac{\partial\Pi'}{\partial\vartheta}\right) + \frac{1}{\sin\vartheta}\,\frac{\partial^2\Pi'}{\partial\varphi^2}\right\}.$$

Setzt man (18), (19) und (20) in (11b, β, γ) ein, so erhält man zwei Gleichungen, deren linke Seiten Ableitungen ein und desselben Ausdrucks nach φ bzw. ϑ sind. Man kann sie also erfüllen, indem man diesen gleich Null setzt und erhält so

$$(21)\qquad \frac{1}{r}\,\frac{\partial^2 (r\Pi')}{\partial r^2} + \frac{1}{r^2\sin\vartheta}\,\frac{\partial}{\partial\vartheta}\left(\sin\vartheta\,\frac{\partial\Pi'}{\partial\vartheta}\right) + \frac{1}{r^2\sin^2\vartheta}\,\frac{\partial^2\Pi'}{\partial\varphi^2} + k^2\Pi' = 0.$$

Mittels dieser Gleichung formt sich der Ausdruck (20) um in

$$(22)\qquad \mathfrak{E}'_r = \frac{\partial^2 (r\Pi')}{\partial r^2} + k^2 r\Pi'.$$

Man überzeugt sich durch Einsetzen von (18), (19), (20), (21), (22) in die Gleichungen (11), daß man wirklich ein Lösungssystem dieser Gleichungen hat.

In genau derselben Weise behandelt man die magnetische Welle und erkennt, daß sie sich aus einem Potential Π'' ableitet, das derselben Differentialgleichung (21) genügt wie Π'. Als Lösung der Grundgleichungen (11) erhält man also insgesamt

$$(23)\qquad \begin{cases} (\mathrm{a}) \begin{cases} (\alpha)\ \ \mathfrak{E}_r = \mathfrak{E}'_r + \mathfrak{E}''_r = \dfrac{\partial^2 (r\Pi')}{\partial r^2} + k^2 r\Pi', \\[2ex] (\beta)\ \ \mathfrak{E}_\vartheta = \mathfrak{E}'_\vartheta + \mathfrak{E}''_\vartheta = \dfrac{1}{r}\,\dfrac{\partial^2 (r\Pi')}{\partial r\,\partial\vartheta} - k_2\dfrac{1}{r\sin\vartheta}\,\dfrac{\partial (r\Pi'')}{\partial\varphi}, \\[2ex] (\gamma)\ \ \mathfrak{E}_\varphi = \mathfrak{E}'_\varphi + \mathfrak{E}''_\varphi = \dfrac{1}{r\sin\vartheta}\,\dfrac{\partial^2 (r\Pi')}{\partial r\,\partial\varphi} + k_2\dfrac{1}{r}\,\dfrac{\partial (r\Pi'')}{\partial\vartheta}, \end{cases} \\[8ex] (\mathrm{b}) \begin{cases} (\alpha)\ \ \mathfrak{H}_r = \mathfrak{H}''_r + \mathfrak{H}'_r = k^2 r\Pi'' + \dfrac{\partial^2 (r\Pi'')}{\partial r^2}, \\[2ex] (\beta)\ \ \mathfrak{H}_\vartheta = \mathfrak{H}''_\vartheta + \mathfrak{H}'_\vartheta = k_1\dfrac{1}{r\sin\vartheta}\,\dfrac{\partial (r\Pi')}{\partial\varphi} + \dfrac{1}{r}\,\dfrac{\partial^2 (r\Pi'')}{\partial r\,\partial\vartheta}, \\[2ex] (\gamma)\ \ \mathfrak{H}_\varphi = \mathfrak{H}''_\varphi + \mathfrak{H}'_\varphi = -k_1\dfrac{1}{r}\,\dfrac{\partial (r\Pi')}{\partial\vartheta} + \dfrac{1}{r\sin\vartheta}\,\dfrac{\partial^2 (r\Pi'')}{\partial r\,\partial\varphi}. \end{cases} \end{cases}$$

Die beiden Potentiale Π' und Π'' sind dabei Lösungen der Differentialgleichung (21). Diese ist aber genau die Wellengleichung

$$\Delta\Pi + k^2\Pi = 0$$

in Polarkoordinaten. Damit die Komponenten $\mathfrak{E}_\vartheta$, $\mathfrak{E}_\varphi$, $\mathfrak{H}_\vartheta$, $\mathfrak{H}_\varphi$ stetig sind, ist offenbar hinreichend die Stetigkeit der vier Größen

$$(24)\qquad k_1 r\Pi',\quad k_2 r\Pi'',\quad \frac{\partial}{\partial r}(r\Pi'),\quad \frac{\partial}{\partial r}(r\Pi'')$$

an der Kugelfläche $r = R$. Die Randbedingungen zerfallen also ebenfalls in unabhängige Bedingungen für Π' und Π''. Unser Beugungsproblem ist damit in der Tat auf die Lösung von zwei voneinander unabhängigen Randwertproblemen der Wellengleichung zurückgeführt.

Wir lösen diese Gleichung durch einen Reihenansatz mit unbestimmten Koeffizienten, dessen einzelne Glieder partikuläre Integrale sind. Die Koeffizienten bestimmen wir dann aus den Grenzbedingungen. Wir haben also eine unendliche Folge von partikulären Integralen anzugeben. Zunächst suchen wir alle partikulären Integrale der Gestalt

$$\Pi = R(r)\,\Theta(\vartheta)\,\Phi(\varphi)\,. \tag{25}$$

R, Θ, Φ genügen, wie man sich leicht überzeugt, den gewöhnlichen Differentialgleichungen

$$(26)\begin{cases} \text{(a)} & \dfrac{d^2(rR)}{dr^2} + \left(k^2 - \dfrac{\alpha}{r^2}\right) r R = 0\,, \\ \text{(b)} & \dfrac{1}{\sin\vartheta}\,\dfrac{d}{d\vartheta}\left(\sin\vartheta\,\dfrac{d\Theta}{d\vartheta}\right) + \left(\alpha - \dfrac{\beta}{\sin^2\vartheta}\right)\Theta = 0\,, \\ \text{(c)} & \dfrac{d^2\Phi}{d\varphi^2} + \beta\Phi = 0\,. \end{cases}$$

Dabei sind α und β Integrationskonstanten.

Da das Feld $\mathfrak{E}$, $\mathfrak{H}$ eine eindeutige Funktion des Ortes ist, muß auch Π eine eindeutige Ortsfunktion sein, und daraus folgen gewisse Grenzbedingungen für Θ und Φ.

Für jede der drei Gleichungen (26) kann man nun das allgemeine Integral angeben. Für (c) ist es

$$a\cos\left(\sqrt{\beta}\,\varphi\right) + b\sin\left(\sqrt{\beta}\,\varphi\right).$$

Aus der Forderung der Eindeutigkeit ergibt sich

$$\beta = m^2 \quad (m \text{ ganz}). \tag{27}$$

Also lautet die eindeutige Lösung von (26c)

$$\Phi = a_m\cos(m\varphi) + b_m\sin(m\varphi). \tag{28}$$

Die Gleichung (26b) ist die bekannte Gleichung der Kugelfunktionen. Damit sie eine eindeutige Lösung hat, ist notwendig und hinreichend, daß

$$\alpha = l(l+1)\,, \qquad (l > |m|,\ \text{ganz}). \tag{29}$$

Wir führen in die Gleichung den Wert (27) für β und die neue Variable

$$\xi = \cos\vartheta \tag{30}$$

ein. Dann geht sie über in die Gleichung[1]

$$\frac{d}{d\xi}\left\{(1-\xi^2)\,\frac{d\Theta}{d\xi}\right\} + \left\{l(l+1) - \frac{m^2}{1-\xi^2}\right\}\Theta = 0, \tag{31}$$

deren Lösung die sog. „zugeordneten" LEGENDREschen Polynome sind:

$$\Theta = \boldsymbol{P}_l^{(m)}(\xi) = \boldsymbol{P}_l^{(m)}(\cos\vartheta)\,. \tag{32}$$

Diese verschwinden identisch, wenn $|m| > l$ ist; es gibt ihrer also $2l+1$, nämlich für

$$m = -l, \quad -l+1, \quad \ldots, \quad l-1, \quad l.$$

[1] COURANT-HILBERT: Meth. d. math. Phys., S. 282.

Zur Integration der Gleichung (26a) substituieren wir

$$kr = \varrho, \qquad R(r) = \frac{1}{\sqrt{\varrho}} \mathsf{P}(\varrho) \tag{33}$$

und erhalten für P die BESSELsche Differentialgleichung[1]

$$\frac{d^2\mathsf{P}}{d\varrho^2} + \frac{1}{\varrho}\frac{d\mathsf{P}}{d\varrho} + \left\{1 - \frac{(l+\frac{1}{2})^2}{\varrho^2}\right\}\mathsf{P} = 0. \tag{34}$$

Die Lösung dieser Gleichung ist die $(l + \frac{1}{2})$te allgemeine Zylinderfunktion:

$$\mathsf{P}(\varrho) = \boldsymbol{Z}_{l+\frac{1}{2}}(\varrho).$$

Also wird die Lösung von (26a):

$$R = \frac{1}{\sqrt{kr}} \boldsymbol{Z}_{l+\frac{1}{2}}(kr). \tag{35}$$

Jede Zylinderfunktion $\boldsymbol{Z}_{l+\frac{1}{2}}$ läßt sich aus zwei Normalfunktionen mit konstanten Koeffizienten linear zusammensetzen. Als solche Normalfunktionen kann man die sog. BESSELschen $\boldsymbol{I}_{l+\frac{1}{2}}$ und NEUMANNschen $\boldsymbol{N}_{l+\frac{1}{2}}$ wählen; statt dessen ist es für unsere Zwecke bequemer, die Funktionen

$$\left\{\begin{aligned} &\text{(a)} \qquad \psi_l(\varrho) = \sqrt{\frac{\pi\varrho}{2}}\, \boldsymbol{I}_{l+\frac{1}{2}}(\varrho), \\ &\text{(b)} \qquad \chi_l(\varrho) = -\sqrt{\frac{\pi\varrho}{2}}\, \boldsymbol{N}_{l+\frac{1}{2}}(\varrho) \end{aligned}\right. \tag{36}$$

einzuführen.

Die Funktionen $\psi_l(\varrho)$ sind in jedem endlichen Gebiete der ϱ-Ebene einschließlich des Nullpunktes regulär, die Funktionen $\chi_l(\varrho)$ dagegen haben im Punkte $\varrho = 0$ eine Singularität (Unendlichkeitsstelle). Zur Darstellung der Welle im Innern der Kugel sind daher die ψ_l, aber nicht die χ_l brauchbar.

Das allgemeine Integral der Gleichung (26a) ist

$$rR = c_l\psi_l(kr) + d_l\chi_l(kr). \tag{37}$$

Setzt man hier insbesondere $c_l = 1$, $d_l = i$, so erhält man die Funktionen

$$rR = \zeta_l(kr), \tag{38}$$

wo

$$\zeta_l(\varrho) = \psi_l(\varrho) + i\chi_l(\varrho) = \sqrt{\frac{\pi\varrho}{2}}\, \boldsymbol{H}^{(2)}_{l+\frac{1}{2}}(\varrho) \tag{39}$$

gesetzt ist.

Die hier auftretende Funktion $\boldsymbol{H}^{(2)}$ ist eine der beiden sog. HANKELschen Funktionen. Sie zeichnen sich unter allen Zylinderfunktionen dadurch aus, daß sie im Unendlichen der komplexen ϱ-Ebene verschwinden, und zwar die hier benutzte, mit dem Index (2) versehene Funktion in der negativen Halbebene des Imaginärteils von ϱ. Diese Funktion wird daher geeignet sein, die Beugungswelle darzustellen.

Durch Multiplikation der Funktionen (28), (32), (37) erhält man nach (26) ein partikuläres Integral $\Pi_l^{(m)}$. Mithin hat man für die Lösung der Schwingungsgleichung den Ansatz

$$\left\{\begin{aligned} r\Pi &= r\sum_{l=0}^{\infty}\sum_{m=-l}^{l}\Pi_l^{(m)} \\ &= \sum_{l=0}^{\infty}\sum_{m=-l}^{l}\{c_l\psi_l(kr) + d_l\chi_l(kr)\}\{\boldsymbol{P}_l^{(m)}(\cos\vartheta)\}\{a_m\cos(m\varphi) + b_m\sin(m\varphi)\}. \end{aligned}\right. \tag{40}$$

Die a_m, b_m, c_l, d_l sind dabei willkürliche Konstanten.

[1] COURANT-HILBERT: S. 260 und Kap. VII, S. 405.

Wir haben nunmehr die Aufgabe, die unbestimmten Koeffizienten aus den Grenzbedingungen zu ermitteln. Damit unser Verfahren überhaupt brauchbar ist, müssen die beiden Potentiale Π', Π'' der einfallenden Welle ebenfalls in eine Reihe der Gestalt (40) entwickelbar sein. Um das zu zeigen, transformieren wir die einfallende Welle (6) durch die Transformationsformeln (9) auf Polarkoordinaten und erhalten

$$(41)\quad \left\{\begin{aligned} \mathfrak{E}_r^{(e)} &= e^{i k^{(a)} r \cos\vartheta} \sin\vartheta \cos\varphi\,, & \mathfrak{H}_r^{(e)} &= -\frac{i k^{(a)}}{k_2^{(a)}} e^{i k^{(a)} r \cos\vartheta} \sin\vartheta \sin\varphi\,,\\ \mathfrak{E}_\vartheta^{(e)} &= e^{i k^{(a)} r \cos\vartheta} \cos\vartheta \cos\varphi\,, & \mathfrak{H}_\vartheta^{(e)} &= -\frac{i k^{(a)}}{k_2^{(a)}} e^{i k^{(a)} r \cos\vartheta} \cos\vartheta \sin\varphi\,,\\ \mathfrak{E}_\varphi^{(e)} &= -e^{i k^{(a)} r \cos\vartheta} \frac{\sin\varphi}{\sin\vartheta}\,, & \mathfrak{H}_\varphi^{(e)} &= -\frac{i k^{(a)}}{k_2^{(a)}} e^{i k^{(a)} r \cos\vartheta} \frac{\cos\varphi}{\sin\vartheta}\,. \end{aligned}\right.$$

Zur Bestimmung des zugehörigen Potentials $\Pi'^{(e)}$ genügt es, eine der Gleichungen (23) heranzuziehen, etwa die erste; aus (23a, α) ergibt sich also für $\Pi'^{(e)}$ die Differentialgleichung

$$(42)\qquad e^{i k^{(a)} r \cos\vartheta} \sin\vartheta \cos\varphi = \frac{\partial^2 r \Pi'^{(e)}}{\partial r^2} + k^{(a)2} r \Pi'^{(e)}\,.$$

Für den ersten Faktor der linken Seite existiert nun folgende differenzierbare Entwicklung nach LEGENDREschen Polynomen[1]:

$$(43)\qquad e^{i k^{(a)} r \cos\vartheta} = \sum_{l=0}^{\infty} i^l (2l+1) \cdot \frac{\psi_l(k^{(a)} r)}{k^{(a)} r} \boldsymbol{P}_l(\cos\vartheta)\,.$$

Wegen

$$e^{i k^{(a)} r \cos\vartheta} \sin\vartheta = -\frac{1}{i k^{(a)} r} \frac{\partial}{\partial\vartheta} \left(e^{i k^{(a)} r \cos\vartheta}\right),$$

$$\frac{\partial}{\partial\vartheta} \boldsymbol{P}_l(\cos\vartheta) = -\boldsymbol{P}_l^{(1)}(\cos\vartheta)\,, \qquad \boldsymbol{P}_l^{(1)}(\cos\vartheta) = 0$$

folgt hieraus für die linke Seite von (42) die folgende Entwicklung nach zugeordneten LEGENDREschen Polynomen der Ordnung 1:

$$(44)\qquad e^{i k^{(a)} r \cos\vartheta} \sin\vartheta \cos\varphi = \frac{1}{(k^{(a)} r)^2} \sum_{l=1}^{\infty} i^{l-1} (2l+1) \psi_l(k^{(a)} r) \boldsymbol{P}_l^{(1)}(\cos\vartheta) \cos\varphi\,.$$

Hiernach wird man zur Lösung von (42) den Ansatz machen:

$$(45)\qquad r\Pi'^{(e)} = \frac{1}{k^{(a)2}} \sum_{l=1}^{\infty} \alpha_l \psi_l(k^{(a)} r) \boldsymbol{P}_l^{(1)}(\cos\vartheta) \cos\varphi\,.$$

(44) und (45) liefern, in (42) eingesetzt, durch Koeffizientenvergleichung die Relation:

$$(46)\qquad \alpha_l \left\{k^{(a)2} \psi_l(k^{(a)} r) + \frac{\partial^2 \psi_l(k^{(a)} r)}{\partial r^2}\right\} = i^{l-1} (2l+1) \frac{\psi_l(k^{(a)} r)}{r^2}\,.$$

Nun ist nach (37) (für $c_l = 1$, $d_l = 0$) $\psi_l(k^{(a)} r) = rR$ eine Lösung der Gleichung (26a):

$$(47)\qquad \frac{d^2 \psi_l}{dr^2} + \left(k^{(a)2} - \frac{\alpha}{r^2}\right) \psi_l = 0\,,$$

falls [siehe (29)] $\alpha = l(l+1)$ ist. Vergleicht man das mit (46), so erkennt man, daß

$$(48)\qquad \alpha_l = i^{l-1} \frac{2l+1}{l(l+1)}$$

wird.

[1] HEINE: Handb. d. Kugelfunktionen Bd. I S. 82, Formeln (14), (14a).

Eine ähnliche Rechnung gilt für das magnetische Potential $\Pi''^{(e)}$, so daß die beiden Potentiale der einfallenden Welle sich in der Gestalt darstellen lassen:

$$(49)\quad \begin{cases} \text{(a)} \quad r\Pi'^{(e)} = \frac{1}{k^{(a)2}} \sum_{l=1}^{\infty} i^{l-1} \frac{2l+1}{l(l+1)} \psi_l(k^{(a)}r) \boldsymbol{P}_l^{(1)}(\cos\vartheta)\cos\varphi, \\ \text{(b)} \quad r\Pi''^{(e)} = -\frac{1}{k^{(a)2}} \sum_{l=1}^{\infty} i^l \frac{k^{(a)}}{k_2^{(a)}} \frac{2l+1}{l(l+1)} \psi_l(k^{(a)}r) \boldsymbol{P}_l^{(1)}(\cos\vartheta)\sin\varphi. \end{cases}$$

Damit haben wir die beiden gegebenen Potentiale ebenfalls als Reihen der Gestalt (40) dargestellt. Nun können wir die in (40) auftretenden Konstanten leicht bestimmen.

Die Grenzbedingungen (25) lauten nun ausführlich

$$(50)\quad \begin{cases} \text{(a)} \quad \frac{\partial}{\partial r}\{r(\Pi'^{(e)} + \Pi'^{(b)})\}_{r=R} = \frac{\partial}{\partial r}\{r\Pi'^{(i)}\}_{r=R}, \\ \text{(b)} \quad \frac{\partial}{\partial r}\{r(\Pi''^{(e)} + \Pi''^{(b)})\}_{r=R} = \frac{\partial}{\partial r}\{r\Pi''^{(i)}\}_{r=R}, \\ \text{(c)} \quad k_1^{(a)}\{r(\Pi'^{(e)} + \Pi'^{(b)})\}_{r=R} = k_1^{(i)}\{r\Pi'^{(i)}\}_{r=R}, \\ \text{(d)} \quad k_2^{(a)}\{r(\Pi''^{(e)} + \Pi''^{(b)})\}_{r=R} = k_2^{(i)}\{r\Pi''^{(i)}\}_{r=R}. \end{cases}$$

Sie können nach (49) nur dann erfüllt werden, wenn für die unbekannten Potentiale $\Pi^{(i)}$ und $\Pi^{(b)}$ in der Summe (40) ebenfalls nur die Glieder mit $m = 1$ auftreten und außerdem für das magnetische Potential

$$a_1 = 0,$$

für das elektrische

$$b_1 = 0$$

gilt.

Wir haben nun bereits oben bemerkt, daß zur Darstellung von $\Pi^{(i)}$ nur die ψ_l brauchbar sind, die im Nullpunkt regulär sind (während die χ_l dort unendlich werden). Daher machen wir für $\Pi^{(i)}$ den Ansatz

$$(51)\quad \begin{cases} \text{(a)} \quad r\Pi'^{(i)} = \frac{1}{k^{(i)2}} \sum_{l=1}^{\infty} A_l' \psi_l(k^{(i)}r) \boldsymbol{P}_l^{(1)}(\cos\vartheta)\cos\varphi, \\ \text{(b)} \quad r\Pi''^{(i)} = -\frac{i}{k^{(i)}k_2^{(i)}} \sum_{l=1}^{\infty} A_l'' \psi_l(k^{(i)}r) \boldsymbol{P}_l^{(1)}(\cos\vartheta)\sin\varphi. \end{cases}$$

Wir haben auch bereits erkannt, daß für die Beugungswelle $\Pi^{(b)}$ die aus der HANKELschen Funktion $\boldsymbol{H}^{(2)}$ durch Multiplikation mit $\sqrt{\varrho\pi/2}$ gebildete Funktion $\zeta_l = \psi_l + i\chi_l$ genommen werden muß, und zwar verhält sich $\boldsymbol{H}^{(2)}(\varrho)$ für große ϱ wie $\frac{1}{\sqrt{\varrho}} e^{-i\varrho}$, also $\zeta_l(\varrho)$ wie $e^{-i\varrho}$ und $R = \frac{1}{r}\zeta$ wie $\frac{1}{r} e^{-ik^{(a)}r}$. Dies entspricht in der Tat einer Kugelwelle. Wir haben daher anzusetzen

$$(51)\quad \begin{cases} \text{(c)} \quad r\Pi'^{(b)} = \frac{1}{k^{(a)2}} \sum_{l=1}^{\infty} B_l' \zeta_l(k^{(a)}r) \boldsymbol{P}_l^{(1)}(\cos\vartheta)\cos\varphi, \\ \text{(d)} \quad r\Pi''^{(b)} = -\frac{i}{k^{(a)}k_2^{(a)}} \sum_{l=1}^{\infty} B_l'' \zeta_l(k^{(a)}r) \boldsymbol{P}_l^{(1)}(\cos\vartheta)\sin\varphi. \end{cases}$$

Geht man mit diesen Ansätzen (49) und (51) in die Grenzbedingungen (50) ein, so erhält man folgende linearen Gleichungen zwischen den Koeffizienten A_l', A_l'', B_l', B_l'':

$$(52)\quad \begin{cases} B_l' \dfrac{1}{k^{(a)}} \zeta_l'(k^{(a)}R) + \dfrac{1}{k^{(a)}} i^{l-1} \dfrac{2l+1}{l(l+1)} \psi_l'(k^{(a)}R) = \dfrac{1}{k^{(i)}} A_l' \psi_l'(k^{(i)}R), \\ B_l'' \dfrac{1}{k_2^{(a)}} \zeta_l'(k^{(a)}R) + \dfrac{1}{k_2^{(a)}} i^{l-1} \dfrac{2l+1}{l(l+1)} \psi_l'(k^{(a)}R) = \dfrac{1}{k_2^{(i)}} A_l'' \psi_l'(k^{(i)}R), \\ B_l' \dfrac{1}{k_2^{(a)}} \zeta_l(k^{(a)}R) + \dfrac{1}{k_2^{(a)}} i^{l-1} \dfrac{2l+1}{l(l+1)} \psi_l(k^{(a)}R) = \dfrac{1}{k_2^{(i)}} A_l' \psi_l(k^{(i)}R), \\ B_l'' \dfrac{1}{k^{(a)}} \zeta_l(k^{(a)}R) + \dfrac{1}{k^{(a)}} i^{l-1} \dfrac{2l+1}{l(l+1)} \psi_l(k^{(a)}R) = \dfrac{1}{k^{(i)}} A_l'' \psi_l(k^{(i)}R). \end{cases}$$

Uns interessieren nur die Koeffizienten B_l', B_l'' der Beugungswelle, die sich nach Elimination von A_l', A_l'' ergeben zu

$$(53)\quad \begin{cases} \text{(a)}\quad B_l' = i^{l+1} \dfrac{2l+1}{l(l+1)} \dfrac{k_2^{(a)} k^{(i)} \psi_l'(k^{(a)}R)\, \psi_l(k^{(i)}R) - k_2^{(i)} k^{(a)} \psi_l'(k^{(i)}R)\, \psi_l(k^{(a)}R)}{k_2^{(a)} k^{(i)} \zeta_l'(k^{(a)}R)\, \psi_l(k^{(i)}R) - k_2^{(i)} k^{(a)} \psi_l'(k^{(i)}R)\, \zeta_l(k^{(a)}R)}, \\ \text{(b)}\quad B_l'' = -i^{l+1} \dfrac{2l+1}{l(l+1)} \dfrac{k_2^{(a)} k^{(i)} \psi_l(k^{(a)}R)\, \psi_l'(k^{(i)}R) - k_2^{(i)} k^{(a)} \psi_l'(k^{(a)}R)\, \psi_l(k^{(i)}R)}{k_2^{(a)} k^{(i)} \zeta_l(k^{(a)}R)\, \psi_l'(k^{(i)}R) - k_2^{(i)} k^{(a)} \zeta_l'(k^{(a)}R)\, \psi_l(k^{(i)}R)}. \end{cases}$$

Damit ist die Randwertaufgabe der Gleichung (24) formal gelöst. Auf Existenz- und Konvergenzbeweise wollen wir uns nicht einlassen.

Die Feldstärken der Beugungswelle erhält man, wenn man (51c, d) in (23) einsetzt:

$$(54)\quad \begin{cases} \mathfrak{E}_r^{(b)} = \dfrac{1}{k^{(a)2}} \dfrac{\cos\varphi}{r^2} \sum\limits_{l=1}^{\infty} l(l+1)\, B_l' \zeta_l(k^{(a)}r)\, \boldsymbol{P}_l^{(1)}(\cos\vartheta), \\ \mathfrak{E}_\vartheta^{(b)} = -\dfrac{1}{k^{(a)}} \dfrac{\cos\varphi}{r} \sum\limits_{l=1}^{\infty} \left\{ B_l' \zeta_l'(k^{(a)}r)\, \boldsymbol{P}_l^{(1)\prime}(\cos\vartheta) \sin\vartheta + i B_l'' \zeta_l(k^{(a)}r)\, \boldsymbol{P}_l^{(1)}(\cos\vartheta) \dfrac{1}{\sin\vartheta} \right\}, \\ \mathfrak{E}_\varphi^{(b)} = -\dfrac{1}{k^{(a)}} \dfrac{\sin\varphi}{r\sin\vartheta} \sum\limits_{l=1}^{\infty} \left\{ B_l' \zeta_l'(k^{(a)}r)\, \boldsymbol{P}_l^{(1)}(\cos\vartheta) \dfrac{1}{\sin\vartheta} + i B_l'' \zeta_l(k^{(a)}r)\, \boldsymbol{P}_l^{(1)\prime}(\cos\vartheta) \sin\vartheta \right\}, \\ \mathfrak{H}_r^{(b)} = \dfrac{i}{(k^{(a)} k_2^{(a)})^2} \dfrac{\sin\varphi}{r^2} \sum\limits_{l=1}^{\infty} l(l+1)\, B_l'' \zeta_l(k^{(a)}r)\, \boldsymbol{P}_l^{(1)}(\cos\vartheta), \\ \mathfrak{H}_\vartheta^{(b)} = \dfrac{1}{k_2^{(a)}} \dfrac{\sin\varphi}{r} \sum\limits_{l=1}^{\infty} \left\{ B_l' \zeta_l(k^{(a)}r)\, \boldsymbol{P}_l^{(1)}(\cos\vartheta) \dfrac{1}{\sin\vartheta} - i B_l'' \zeta_l'(k^{(a)}r)\, \boldsymbol{P}_l^{(1)\prime}(\cos\vartheta) \sin\vartheta \right\}, \\ \mathfrak{H}_\varphi^{(b)} = \dfrac{1}{k_2^{(a)}} \dfrac{\cos\varphi}{r\sin\vartheta} \sum\limits_{l=1}^{\infty} \left\{ B_l' \zeta_l(k^{(a)}r)\, \boldsymbol{P}_l^{(1)\prime}(\cos\vartheta) \sin\vartheta - i B_l'' \zeta_l'(k^{(a)}r)\, \boldsymbol{P}_l^{(1)}(\cos\vartheta) \dfrac{1}{\sin\vartheta} \right\}. \end{cases}$$

Zum Schlusse stellen wir noch einmal die Bedeutung der vorkommenden Größen zusammen. Wegen unserer Annahmen $\sigma^{(a)} = 0$, $\sigma^{(i)} = \sigma$, $\mu^{(a)} = \mu^{(i)} = 1$ haben wir nach (4)

$$(55)\quad \begin{cases} \text{(a)}\quad k_1^{(i)} = \dfrac{i\varepsilon^{(i)}\omega + 4\pi\sigma}{c}, \quad k_2^{(i)} = \dfrac{i\omega}{c} = \dfrac{2\pi}{\lambda_0} i, \\ \text{(b)}\quad k^{(i)} = \sqrt{-k_1^{(i)} k_2^{(i)}}, \\ \text{(c)}\quad k_1^{(a)} = \dfrac{i\varepsilon^{(a)}\omega}{c}, \quad k_2^{(a)} = \dfrac{i\omega}{c} = \dfrac{2\pi}{\lambda_0} i, \\ \text{(d)}\quad k^{(a)} = \sqrt{-k_1^{(a)} k_2^{(a)}} = \sqrt{\varepsilon^{(a)}}\dfrac{2\pi}{\lambda_0}, \\ \text{(e)}\quad n = \dfrac{k_1^{(i)}}{k_1^{(a)}} = \dfrac{\varepsilon^{(i)}}{\varepsilon^{(a)}} - \dfrac{4\pi i\sigma}{\varepsilon^{(a)}\omega}. \end{cases}$$

Dabei haben wir in der letzten Zeile den komplexen Brechungsindex angeschrieben, der im folgenden benutzt wird.

Besonders einfache Verhältnisse erhält man, wenn die *Leitfähigkeit der betrachteten Kugel oder ihre Dielektrizitätskonstante sehr groß* ist. In diesem Falle sind nach (55) $|k_1^{(i)}|$ und $k^{(i)}$ sehr groß gegen $|k_2^{(i)}|$, $|k_1^{(a)}|$ und $k^{(a)}$, und die Amplitudenformeln (53) vereinfachen sich zu

$$(56)\quad \begin{cases} \text{(a)} & B'_l = i^{l+1}\dfrac{2l+1}{l(l+1)}\dfrac{\psi'_l(k^{(a)}R)}{\zeta'_l(k^{(a)}R)}, \\ \text{(b)} & B''_l = -i^{l+1}\dfrac{2l+1}{l(l+1)}\dfrac{\psi_l(k^{(a)}R)}{\zeta_l(k^{(a)}R)}. \end{cases}$$

Bei optischen Wellen wird dieser Fall allerdings meist nicht verwirklicht sein; daher hat dieser Grenzfall mehr ein historisches Interesse, da sich die ersten Theorien auf ihn bezogen[1].

Ferner geben wir Reihenentwicklungen für die auftretenden Kugel- und Zylinderfunktionen:

A. Kugelfunktionen.

Die LEGENDREsche Kugelfunktion

$$(57)\qquad \boldsymbol{P}_l(\cos\vartheta) = \sum_{m=0}^{[l/2]}(-1)^m\frac{(2l-2m)!}{2^l m!(l-m)!(l-2m)!}(\cos\vartheta)^{l-2m},$$

und die zugeordnete Kugelfunktion

$$(58)\qquad \boldsymbol{P}_l^{(m)}(\cos\vartheta) = (\sin\vartheta)^m\frac{d^m\boldsymbol{P}_l(\cos\vartheta)}{d\cos\vartheta^m};$$

insbesondere brauchen wir

$$(59)\quad \begin{cases} \boldsymbol{P}_l^{(1)}(\cos\vartheta) = \dfrac{l}{\sin\vartheta}\{\boldsymbol{P}_{l-1}(\cos\vartheta) - \cos\vartheta\,\boldsymbol{P}_l(\cos\vartheta)\}, \\ \boldsymbol{P}_l^{(1)\prime}(\cos\vartheta) = \dfrac{\cos\vartheta}{\sin^2\vartheta}\boldsymbol{P}_l^{(1)}(\cos\vartheta) - l(l+1)\dfrac{\boldsymbol{P}_l(\cos\vartheta)}{\sin\vartheta}. \end{cases}$$

Für große Ordnungen l gilt asymptotisch

$$(60)\qquad \boldsymbol{P}_l(\cos\vartheta) \to \sqrt{\frac{2}{l\pi\sin\vartheta}}\sin\left(\left(l+\frac{1}{2}\right)\vartheta + \frac{\pi}{2}\right).$$

B. Zylinderfunktionen.

I. Potenzreihen für kleines Argument x:

$$(61)\qquad \psi_l(x) = \frac{x^{l+1}}{1\cdot 3\ldots(2l+1)}f_l(x)$$

mit

$$(62)\qquad f_l(x) = 1 - \frac{3}{2l+3}\frac{x^2}{3} + - \cdots,$$

ferner

$$(63)\qquad \zeta_l(x) = i\,\frac{1\cdot 3\ldots(2l-1)}{x^l}e^{-ix}\{h_l(x) + ixg_l(x)\},$$

wo $h_l(x)$ und $g_l(x)$ Potenzreihen sind, die mit 1 beginnen und deren zweites Glied quadratisch in x ist.

---

[1] Siehe z. B. K. SCHWARZSCHILD: Münch. Akad., Math.-phys. Kl. Bd. 31 (1901) S. 293.

Auch $\psi_l'(x)$ und $\zeta_l'(x)$ bringen wir auf die analoge Form:

(64) $$\psi_l'(x) = \frac{(l+1)x^l}{1\cdot 3\ldots(2l+1)} f_l^\dagger(x),$$

und

(65) $$\zeta_l'(x) = il\frac{1\cdot 3\ldots(2l-1)}{x^{l+1}} e^{-ix}\{h_l^\dagger(x) + ixg_l^\dagger(x)\},$$

wo auch $f_l^\dagger(x)$, $h_l^\dagger(x)$ und $g_l^\dagger(x)$ Potenzreihen der angegebenen Art sind.

II. Asymptotische Werte für großes Argument x, falls die Ordnung l klein gegen $|x|$ ist:

(66) $$\psi_l(x) \to \tfrac{1}{2}\{i^{l+1}e^{-ix} + (-i)^{l+1}e^{ix}\},$$

(67) $$\zeta_l(x) \to i^{l+1}e^{-ix}$$

und

(68) $$\psi_l'(x) \to \tfrac{1}{2}\{i^l e^{-ix} + (-i)^l e^{ix}\},$$

(69) $$\zeta_l'(x) \to i^l e^{-ix}.$$

Für reelles Argument x werden die Funktionen $\psi_l(x)$ und $\psi_l'(x)$ selbst reell, nämlich

(70) $$\psi_l(x) \to \sin\left(x - \frac{l\pi}{2}\right),$$

(71) $$\psi_l'(x) \to \cos\left(x - \frac{l\pi}{2}\right).$$

§ 71. Physikalische Diskussion des Streulichtes.*

Die Beobachtung der durch § 70 (54) dargestellten Beugungswelle geschieht gewöhnlich nicht an einem einzelnen Teilchen, sondern an einer Lösung, in der sehr viele Teilchen sich im Gesichtsfelde befinden. Die Anwendung der Formeln setzt daher voraus, daß die Teilchen so weit voneinander entfernt, d. h. die benutzten Konzentrationen so gering sind, daß wechselseitige Beeinflussung nicht berücksichtigt zu werden braucht. Wir ersehen nun aus den Formeln (54), daß die Radialkomponenten $\mathfrak{E}_r^{(b)}$ und $\mathfrak{H}_r^{(b)}$ der Beugungswelle bei wachsendem r stärker verschwinden (nämlich wir r^{-2}) als die auf dem Radiusvektor senkrecht stehenden Komponenten (die wie r^{-1} gehen). In hinreichendem Abstande vom beugenden Teilchen ist daher die Welle transversal. Man nennt diesen Bereich die *Wellenzone.*

Ferner folgt aus den Formeln § 70 (54) unter Benutzung der Eigenschaften der Kugelfunktionen, daß

(1) $$\mathfrak{E}_\varphi \mathfrak{H}_\varphi + \mathfrak{E}_\vartheta \mathfrak{H}_\vartheta = 0$$

ist; d. h. *der elektrische und der magnetische Vektor der Beugungswelle stehen senkrecht aufeinander.*

Weiter erkennt man aus den Formeln, daß sich die gesamte Beugungswelle aus Anteilen zusammensetzt, die den Kugelfunktionen verschiedener Ordnung entsprechen, und die man *Partialwellen* nennen kann, wobei die Stärke dieser Anteile durch die Werte der Koeffizienten B_l', B_l'' bestimmt ist. Diese Koeffizienten hängen außer von den Materialeigenschaften vom Verhältnis des Kugelradius zur einfallenden Wellenlänge λ_0 ab.

Jede Partialwelle besteht wieder aus einem elektrischen Anteil mit den Amplituden B_l' und einem magnetischen Anteil mit den Amplituden B_l''. Bei den ersteren liegen die magnetischen Kraftlinien auf Kugeln ($\mathfrak{H}_r = 0$), bei den letzteren die elektrischen ($\mathfrak{E}_r = 0$).

Betrachten wir nun eine solche Partialwelle, etwa die $l$te elektrische, so erkennen wir, daß die Komponenten $\mathfrak{E}_\vartheta$ und $\mathfrak{H}_\varphi$ an den Stellen verschwinden, wo entweder $\cos\varphi$ oder $\boldsymbol{P}_l^{(1)\prime}(\cos\vartheta)\sin\vartheta$ eine Nullstelle hat, und die Komponenten $\mathfrak{E}_\varphi$ und $\mathfrak{H}_\vartheta$ dort, wo entweder $\sin\varphi$ oder $\boldsymbol{P}_l^{(1)}(\cos\vartheta)/\sin\vartheta$ verschwindet. Nun folgt aus den Eigenschaften der Kugelfunktionen, daß im Intervall $0 \leqq \vartheta \leqq \pi$ die Funktion $\boldsymbol{P}_l^{(1)\prime}(\cos\vartheta)$ genau l mal und $\boldsymbol{P}_l^{(1)}(\cos\vartheta)/\sin\vartheta$ genau $(l-1)$ mal verschwindet (wobei aber 0 und π unter den Nullstellen nicht auftreten). So werden für $\varphi = \pm\pi/2$ alle Komponenten der Feldstärken an $2(l-1)$ Stellen Null, während sie für 0 oder π an $2l$ Stellen verschwinden, insgesamt also an $4l-2$ Stellen. Da die magnetischen Kraftlinien geschlossene Kurven der Kugeloberfläche sind, so schlingt sich um jede der $2l$ Nullstellen auf den Kreisen $\varphi = 0$ oder π je eine Gruppe von Kraftlinien herum, während an den $2l-1$ Nullstellen auf $\varphi = \pm\pi/2$ je vier solcher Gruppen nach Art der vier Zweige gleichseitiger Hyperbeln mit denselben Asymptoten zusammenstoßen (s. Fig. 176).

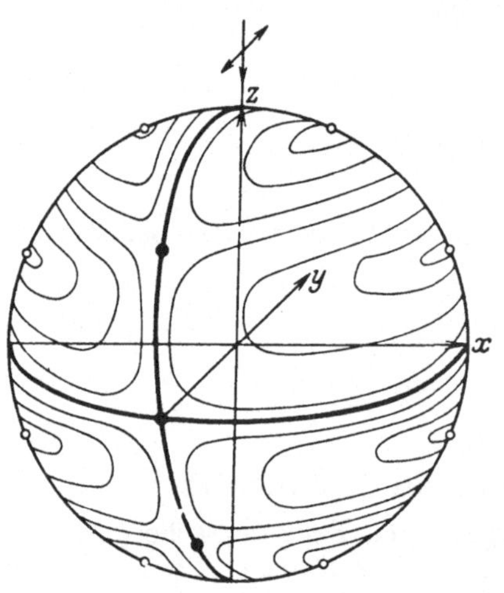

Fig. 176. Vierte elektrische Partialwelle, magnetische Kraftlinien.

Projiziert man die magnetischen Kraftlinien der elektrischen Partialschwingungen, die auf der vorderen (oder auch hinteren) Halbkugel bezüglich der yz-Ebene verlaufen, auf diese Ebene, so erhält man nach MIE[1] die in Fig. 177 wiedergegebenen Darstellungen.

Die elektrischen Kraftlinien dieser elektrischen Schwingung sind dann (in der Wellenzone) die orthogonalen Trajektorien (s. Fig. 178).

Für die magnetischen Partialschwingungen gilt das Analoge, nur sind hier $\cos\varphi$ und $\sin\varphi$ vertauscht; man erhält die elektrischen Kraftlinien der magnetischen Partialschwingungen, die auf einer Kugel liegen, in der entsprechenden Projektion, indem man alle Figuren um die z-Achse durch den Winkel $\pi/2$ dreht.

Wir untersuchen jetzt, in welchem Mischungsverhältnis die verschiedenen Partialschwingungen auftreten, d. h. die Größenverhältnisse der Koeffizienten B_l' und B_l'', die von dem Verhältnis des Kugelradius zur Vakuumwellenlänge λ_0 und von den Materialkonstanten abhängen [s. § 70 (53), (56)]. Wir haben dabei zwei relativ *einfache Grenzfälle* zu unterscheiden, je nachdem die Größe

$$\alpha = k^{(a)} R = \frac{2\pi R}{\lambda^{(a)}} \tag{2}$$

sehr groß oder sehr klein gegen 1 ist.

I. $\alpha \gg 1$.

Hier handelt es sich um den Grenzfall der KIRCHHOFF*schen Beugungstheorie* bzw. sogar um den Gültigkeitsbereich der *geometrischen Optik.*

Beschränkt man sich zunächst auf Ordnungen $l \ll \alpha$, so kann man die asymptotischen Ausdrücke § 70 (66) bis (69) in (56) einsetzen und erhält

$$(3)\left\{\begin{array}{ll} \text{(a)} & B_l' = \dfrac{2l+1}{l(l+1)}\, e^{i\alpha}\, \dfrac{\sin\left(\alpha - \frac{l\pi}{2}\right) + i\boldsymbol{n}\cos\left(\alpha - \frac{l\pi}{2}\right)}{1+\boldsymbol{n}}, \\[2ex] \text{(b)} & B_l'' = i\,\dfrac{2l+1}{l(l+1)}\, e^{i\alpha}\, \dfrac{i\boldsymbol{n}\sin\left(\alpha - \frac{l\pi}{2}\right) - \cos\left(\alpha - \frac{l\pi}{2}\right)}{1+\boldsymbol{n}}, \end{array}\right.$$

[1] G. MIE: Ann. Physik (4) Bd. 25 (1908) S. 377.

und im Grenzfalle $\varepsilon^{(i)} = \infty$ oder $\sigma = \infty$:

$$(4)\quad \begin{cases} \text{(a)} & B'_l = i\,\dfrac{2l+1}{l(l+1)}\,e^{i\alpha}\cos\left(\alpha - \dfrac{l\pi}{2}\right), \\ \text{(b)} & B''_l = -\dfrac{2l+1}{l(l+1)}\,e^{i\alpha}\sin\left(\alpha - \dfrac{l\pi}{2}\right). \end{cases}$$

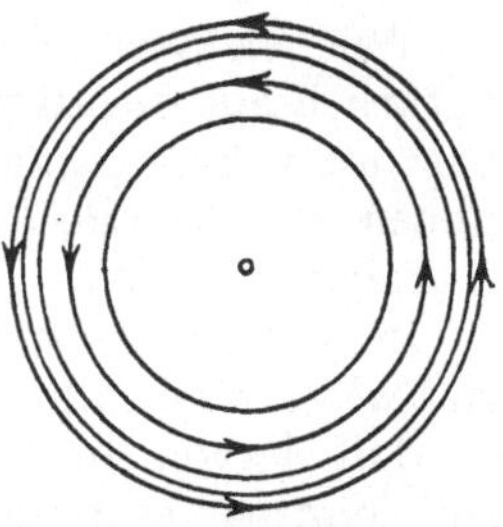

Erste elektrische Partialwelle.

Sowohl im allgemeinen wie auch im Grenzfalle zeigen die Koeffizienten gleiches Verhalten: Sie oszillieren nämlich bei relativ kleinen Änderungen von α und

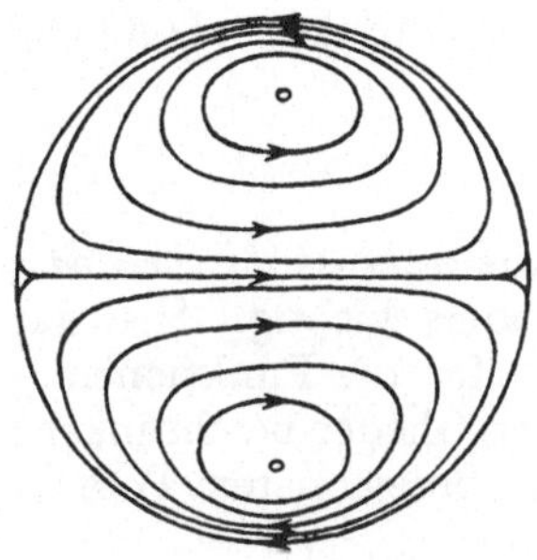

Zweite elektrische Partialwelle.

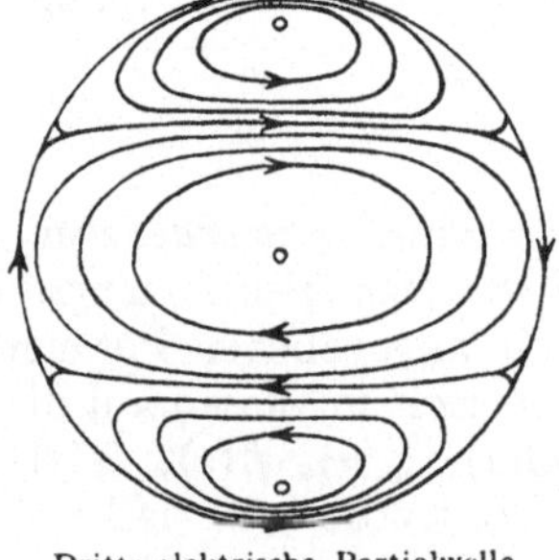

Dritte elektrische Partialwelle.

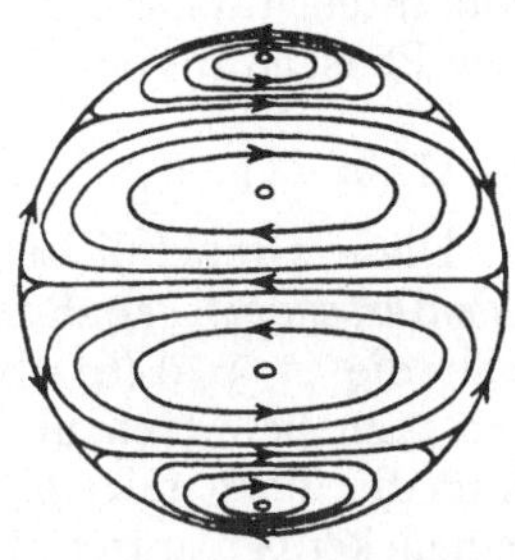

Vierte elektrische Partialwelle.

Fig. 177. Magnetische Kraftlinien der vier ersten elektrischen Partialwellen. (Nach G. MIE in Ann. Physik Bd. 25 (1908.)

ebenso von einem l-Wert zum benachbarten in höchst unübersichtlicher Weise, und zwar sind ihre absoluten Beträge im allgemeinen Falle zwischen

$$\frac{2l+1}{l(l+1)}\left|\frac{n}{n+1}\right| \quad \text{und} \quad \frac{2l+1}{l(l+1)}\left|\frac{1}{n+1}\right|,$$

wobei die vom Material abhängigen Faktoren $\left|\frac{n}{n+1}\right|$ und $\left|\frac{1}{n+1}\right|$ immer zwischen Null und 1 liegen; und im Grenzfall $\sigma = \infty$ zwischen

$$\frac{2l+1}{l(l+1)} \quad \text{und} \quad 0.$$

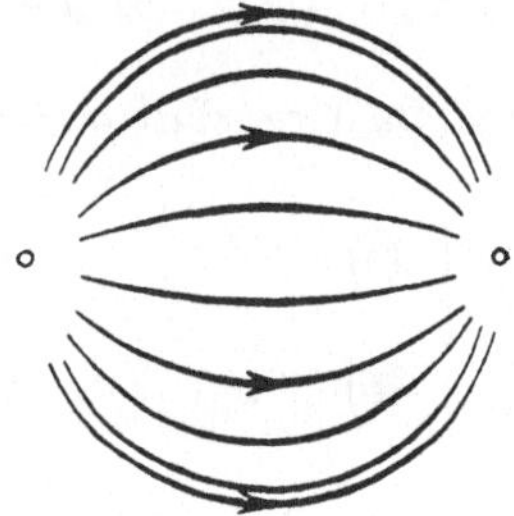

Erste elektrische Partialschwingung.

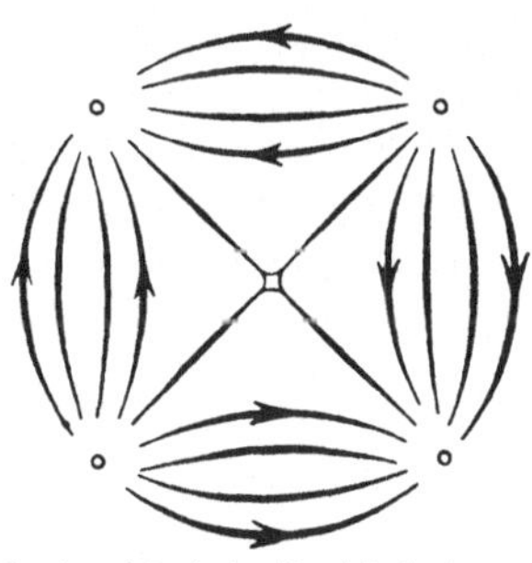

Zweite elektrische Partialschwingung.

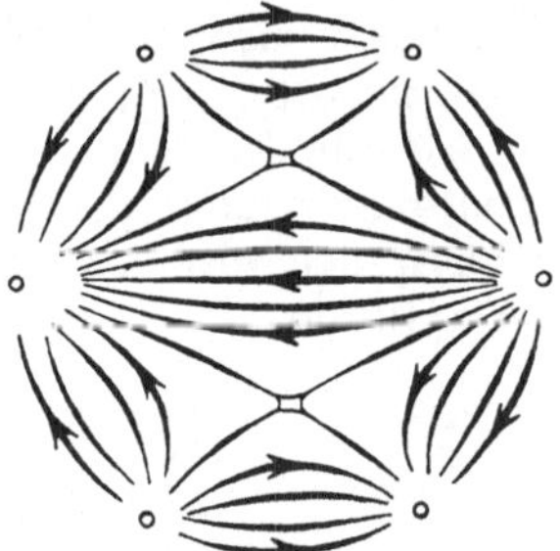

Dritte elektrische Partialschwingung.

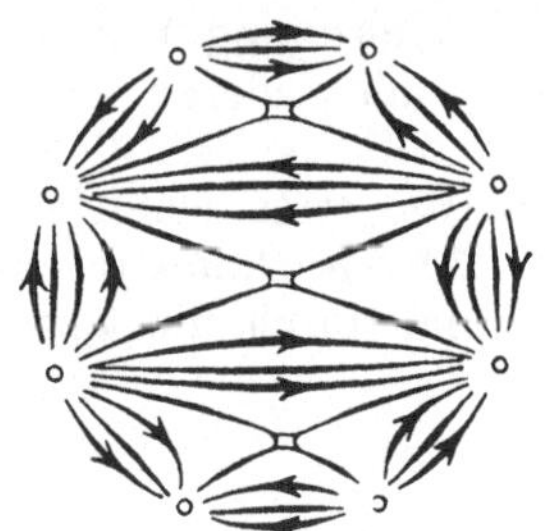

Vierte elektrische Partialschwingung.

Fig. 178. Elektrische Kraftlinien der ersten vier elektrischen Partialschwingungen. [Nach G. MIE, Ann. Physik (4) Bd. 25 (1908)].

Ersetzt man in B''_l die Größe l durch $l + 1$, so geht der trigonometrische Faktor in den von B'_l über, d. h. die $l$te elektrische Schwingung ist von derselben Größenordnung wie die $(l + 1)$te magnetische.

Wieviele von den Partialschwingungen zu berücksichtigen sind, kann man natürlich aus diesen nur für $l \ll \alpha$ geltenden Formeln nicht entnehmen. DEBYE hat unter Benutzung von semi-konvergenten Darstellungen der Zylinderfunktionen, die für alle l gelten, gezeigt[1], daß gerade so viele Glieder der Reihe in Betracht kommen, wie die Zahl α beträgt.

Im Grunde müßte in diesem Grenzfall $\alpha \gg 1$ die vollständige *Theorie des Regenbogens* mit allen Feinheiten (Nebenregenbogen) enthalten sein; doch scheint es, daß sie von diesem allgemeinen Standpunkte noch nicht ausgeführt worden ist. Man hat statt dessen Methoden verwandt, die denen der KIRCHHOFFschen Beugungstheorie ähnlich sind (Konstruktion des geometrischen Strahlenganges und Intensitätsberechnung unter Berücksichtigung der den Strahlen zukommenden Phasendifferenz)[2].

II. $\alpha \ll 1$.

Dieser Grenzfall ist wegen seiner *Anwendbarkeit auf die mikroskopischen oder submikroskopischen Partikel in kolloidalen Lösungen* besonders wichtig. Hier hat man die in § 70 (61) bis (65) angegebenen Potenzreihen für die Funktionen ψ und ζ zu benutzen und kann sich in diesen auf die ersten Glieder beschränken; d. h. die dort mit $f_l(x)$, $h_l(x)$, $g_l(x)$, $f_l^\dagger(x)$, $h_l^\dagger(x)$, $g_l^\dagger(x)$ bezeichneten Potenzreihen können durch 1 ersetzt werden, so daß sich ergibt

$$(5)\quad \begin{cases} \text{(a)} & B_l' = i^{l+2}\dfrac{\alpha^{2l+1}}{l^2[1\cdot 3\ldots(2l-1)]^2}\,\dfrac{n^2-1}{n^2+\dfrac{l+1}{l}}, \\ \text{(b)} & B_l'' = i^{l}\dfrac{\alpha^{2l+3}}{(l+1)(2l+1)(2l+3)l[1\cdot 3\ldots(2l-1)]^2}(n^2-1) \end{cases}$$

und im Grenzfall $\sigma = \infty$ aus den Formeln[3] § 70 (57)

$$(6)\quad \begin{cases} \text{(a)} & B_l' = i^{l+2}\dfrac{\alpha^{2l+1}}{l^2[1\cdot 3\ldots(2l-1)]^2}, \\ \text{(b)} & B_l'' = i^{l+2}\dfrac{\alpha^{2l+1}}{l(l+1)[1\cdot 3\ldots(2l-1)]^2}. \end{cases}$$

Betrachten wir zunächst den Fall von endlichem σ und $\varepsilon^{(i)}$, so sehen wir [Formel (5)], daß B_{l+1}' und B_l'' derselben Potenz von α proportional („von gleicher Größenordnung") sind. Es überwiegt also die erste elektrische Partialschwingung alle anderen, und allgemein ist die $(l+1)$te elektrische Partialschwingung von derselben Größenordnung wie die $l$te magnetische. Beschränkt man sich auf die erste elektrische Partialschwingung, die sich später (Kap. VII, § 81, S. 372) als Dipolstrahlung herausstellen wird, so ist ihre Stärke (mit Phase) bestimmt durch die komplexe Amplitude

$$(7)\qquad B_1' = -i\alpha^3\frac{n^2-1}{n^2+2} = -i\left(\frac{2\pi R}{\lambda^{(a)}}\right)^3\frac{n^2-1}{n^2+2}.$$

---

[1] P. DEBYE: Ann. Physik (4) Bd. 30 (1909) S. 57.

[2] E. MASCART: Traité d'Optique Bd. 1 (1889) S. 398, Bd. 3 (1893) S. 434; W. MÖBIUS: Ann. Physik (4) Bd. 33 (1909) S. 79; J. ROSENBERG: Ann. Physik (4) Bd. 68 (1922) S. 414; G. B. AIRY: Trans. Chambr. Phil. Soc. Bd. 6 (1838) S. 379; Pogg. Ann. Erg.-Bd. (1842) S. 232.

[3] Der direkte Grenzübergang von den Formeln (5) zu (6) ist nicht einfach; man hat dann zu berücksichtigen, daß in diesem Falle $n \to \infty$, $\alpha \to 0$ geht, und zwar derart, daß das Produkt $\alpha^2 n^2$ einem endlichen Grenzwert zustrebt.

Dagegen sind im Grenzfall $\sigma = \infty$ oder $\varepsilon^{(i)} = \infty$ die $l$te elektrische und die $l$te magnetische Partialschwingung von gleicher Größenordnung, und man hat für $l = 1$:

$$(8)\quad \begin{cases} \text{(a)} & B_1' = -i\alpha^3 = -i\left(\frac{2\pi R}{\lambda^{(a)}}\right)^3, \\ \text{(b)} & B_1'' = -\frac{i}{2}\alpha^3 = -\frac{i}{2}\left(\frac{2\pi R}{\lambda^{(a)}}\right). \end{cases}$$

In beiden Fällen aber besteht das Gemeinsame, daß die Amplituden umgekehrt proportional mit dem Kubus der Wellenlänge im Außenraume sind.

Aus den allgemeinen Formeln § 70 (54) erhalten wir die erste elektrische Partialschwingung unter Benutzung der Formeln

$$(9)\quad P_1(\cos\vartheta) = \cos\vartheta, \quad \frac{P_1^{(1)}(\cos\vartheta)}{\sin\vartheta} = 1, \quad P_1^{(1)\prime}(\cos\vartheta)\sin\vartheta = -\cos\vartheta$$

und der asymptotischen Darstellungen

$$(10)\quad \zeta_1(x) = -e^{-ix}, \quad \zeta_1'(x) = ie^{-ix}.$$

zu

$$(11)\quad \begin{cases} \mathfrak{E}_\vartheta^{(b)} = \frac{i}{k^{(a)}}\cos\varphi\cos\vartheta\, B_1'\frac{e^{-ik^{(a)}r}}{r} = \frac{4\pi^2}{\lambda^{(a)2}}R^3\cos\varphi\cos\vartheta\,\frac{e^{-ik^{(a)}r}}{r}, \\ \mathfrak{E}_\varphi^{(b)} = -\frac{i}{k^{(a)}}\frac{\sin\varphi}{\sin\vartheta}B_1'\frac{e^{-ik^{(a)}r}}{r} = -\frac{4\pi^2}{\lambda^{(a)2}}R^3\frac{\sin\varphi}{\sin\vartheta}\frac{e^{-ik^{(a)}r}}{r}, \\ \mathfrak{H}_\vartheta^{(b)} = -\frac{1}{k_2^{(a)}}\sin\varphi\, B_1'\frac{e^{-ik^{(a)}r}}{r} = \frac{4\pi^2}{\lambda^{(a)2}}R^3\sqrt{\varepsilon^{(a)}}\sin\varphi\frac{e^{-ik^{(a)}r}}{r}, \\ \mathfrak{H}_\varphi^{(b)} = -\frac{1}{k_2^{(a)}}\frac{\cos\varphi\cos\vartheta}{\sin\vartheta}B_1'\frac{e^{-ik^{(a)}r}}{r} = \frac{4\pi^2}{\lambda^{(a)2}}R^3\sqrt{\varepsilon^{(a)}}\frac{\cos\varphi\cos\vartheta}{\sin\vartheta}\frac{e^{-ik^{(a)}r}}{r}. \end{cases}$$

Diese Formeln sind identisch mit denen für die Strahlung eines parallel der x-Achse schwingenden elektrischen Dipols[1], den wir in Kap. VII noch näher untersuchen werden. Dort werden wir zeigen, daß sich für das Moment eines Dipols, der die Streuung (11) erzeugt, der Wert

$$(12)\quad p_0 = R^3\varepsilon^{(a)}\left|\frac{n^2-1}{n^2+2}\right|$$

ergeben würde. Charakteristisch für diese Strahlung, die man gewöhnlich die RAYLEIGH*sche Strahlung* nennt (s. Kap. VII, § 81), ist die Proportionalität der Amplitude mit $1/\lambda^2$, also der Intensität mit $1/\lambda^4$.

Die erste magnetische Partialschwingung kann man in derselben Weise als von einem magnetischen Dipol ausgehend auffassen.

Die höheren Partialschwingungen lassen sich als Felder von schwingenden Quadrupolen usw., allgemein Multipolen deuten, doch wollen wir nicht darauf eingehen.

Wir kehren nun zum allgemeinen Fall zurück und wollen die *Intensitäts- und Polarisationsverhältnisse der Streustrahlung* näher betrachten. Als Maß der Intensität nehmen wir hier, wo es sich nur um Verhältnisse von Intensitäten handelt, das Quadrat der reellen Amplitude des elektrischen Vektors, auf den

[1] R. GANS u. H. HAPPEL: Ann. Physik Bd. 29 (1909) S. 277.

wir auch die Angaben über den Polarisationszustand beziehen. Wir bilden also $|\mathfrak{E}_\vartheta|^2$ und $|\mathfrak{E}_\varphi|^2$; indem wir die Abkürzungen

$$(13)\quad \begin{cases} J_\perp = \dfrac{\lambda^{(a)2}}{4\pi^2 r^2}\left|\displaystyle\sum_{l=1}^{\infty} i^l\left(B_l' \frac{\boldsymbol{P}_l^{(1)}(\cos\vartheta)}{\sin\vartheta} - B_l''\boldsymbol{P}_l^{(1)\prime}(\cos\vartheta)\sin\vartheta\right)\right|^2, \\ J_\parallel = \dfrac{\lambda^{(a)2}}{4\pi^2 r^2}\left|\displaystyle\sum_{l=1}^{\infty} i^l\left(B_l'\boldsymbol{P}_l^{(1)\prime}(\cos\vartheta)\sin\vartheta - B_l''\frac{\boldsymbol{P}_l^{(1)}(\cos\vartheta)}{\sin\vartheta}\right)\right|^2 \end{cases}$$

einführen, können wir schreiben

$$(14)\qquad |\mathfrak{E}_\vartheta|^2 = \cos^2\varphi\, J_\parallel, \qquad |\mathfrak{E}_\varphi|^2 = \sin^2\varphi\, J_\perp .$$

Man erkennt, daß für $\varphi = 0$ bzw. $\varphi = \pi/2$ jeweils eine der beiden Komponenten verschwindet.

Nach § 70 (6), (8) bedeutet φ den Winkel zwischen der Schwingungsebene des einfallenden Lichts und der *Visionsebene*, d. h. der Ebene durch Fortpflanzungsrichtung und Beobachtungsrichtung. Es ist also das Streulicht linear polarisiert, wenn die Visionsebene parallel oder senkrecht zur primären Schwingungsebene steht. In jeder anderen Richtung ϑ, φ ist das Streulicht elliptisch polarisiert, da im allgemeinen eine Phasendifferenz zwischen $\mathfrak{E}_\vartheta$ und $\mathfrak{E}_\varphi$ besteht (d. h. das Verhältnis $\mathfrak{E}_\vartheta/\mathfrak{E}_\varphi$ ist komplex). Beschränkt man sich aber auf die RAYLEIGHsche Streuung, d. h. die durch (11) dargestellten niedrigsten Glieder, so geben diese ein reelles Verhältnis $\mathfrak{E}_\vartheta/\mathfrak{E}_\varphi$, d. h. in diesem Falle hat man in jeder Blickrichtung linear polarisiertes Licht.

Nun handelt es sich aber bei den Anwendungen gewöhnlich um die Streuung von *natürlichem Licht*. Die in diesem allgemeineren Falle geltenden Formeln kann man aus den vorstehenden bekommen, indem man annimmt, daß zwei aufeinander senkrecht stehende, inkohärente lineare Wellen einfallen; man hat dann also nur die Streuung für jede dieser Wellen getrennt zu berechnen und die Intensitäten (nicht die Amplituden) zu addieren.

Nun geht die zweite Welle aus der ersten hervor, indem man in (14) $\cos\varphi$ und $\sin\varphi$ vertauscht. Bei der Addition fällt daher, wie zu erwarten ist, der Winkel φ ganz heraus, und man erkennt, daß $J_\parallel$ und $J_\perp$ selbst die Intensitäten des bei natürlichem einfallenden Lichte gestreuten Lichts parallel und senkrecht zur Visionsebene bedeuten. Da im allgemeinen beide von Null verschieden sind, so hat man *partiell polarisiertes Licht*. Unter dem *Polarisationsgrad* versteht man die Größe

$$(15)\qquad P = \left|\frac{J_\perp - J_\parallel}{J_\perp + J_\parallel}\right| .$$

Der unpolarisierte Anteil läßt sich schreiben:

$$(16)\qquad (J_\perp + J_\parallel)(1 - P) = \begin{cases} 2J_\parallel & \text{für } J_\parallel < J_\perp, \\ 2J_\perp & \text{für } J_\parallel > J_\perp . \end{cases}$$

Durch numerische Rechnung kann man sich einen Überblick über den Verlauf dieser Funktion von ϑ für verschiedene Kugelradien und Substanzen verschaffen[1].

In den folgenden Figuren 179 sind die Gesamtintensität $J_\perp + J_\parallel$ und die des unpolarisierten Anteils ($2J_\perp$ bzw. $2J_\parallel$) als Funktionen des Beobachtungswinkels ϑ bei verschiedenen Substanzen und Radien für monochromatisches Licht auf-

[1] G. MIE: Ann. Physik Bd. 25 (1908) S. 377; R. GANS: Ann. Physik Bd. 76 (1925) S. 29; H. SENFTLEBEN u. E. BENEDICT: Ann. Physik (4) Bd. 60 (1919) S. 297; H. BLUMER: Z. Physik Bd. 32 (1925) S. 119, Bd. 38 (1926) S. 304.

getragen. Die Länge der Radienvektoren der äußeren Kurve geben die Gesamtintensität, die der inneren Kurve die des unpolarisierten Bestandteils, wobei, sofern nichts anderes gesagt ist, $J_\perp$ im Überschuß vorhanden ist. Die Einheiten sind in jeder Figur willkürlich anders angenommen worden.

Aus diesen Diagrammen, wie auch den sonstigen Berechnungen in der Literatur, können allgemein folgende Resultate entnommen werden:

Bei unendlich kleinen Kugeln ist außer im Falle unendlich großer Leitfähigkeit oder Dielektrizitätskonstanten, wo die Gesamtintensität zum größten Teil

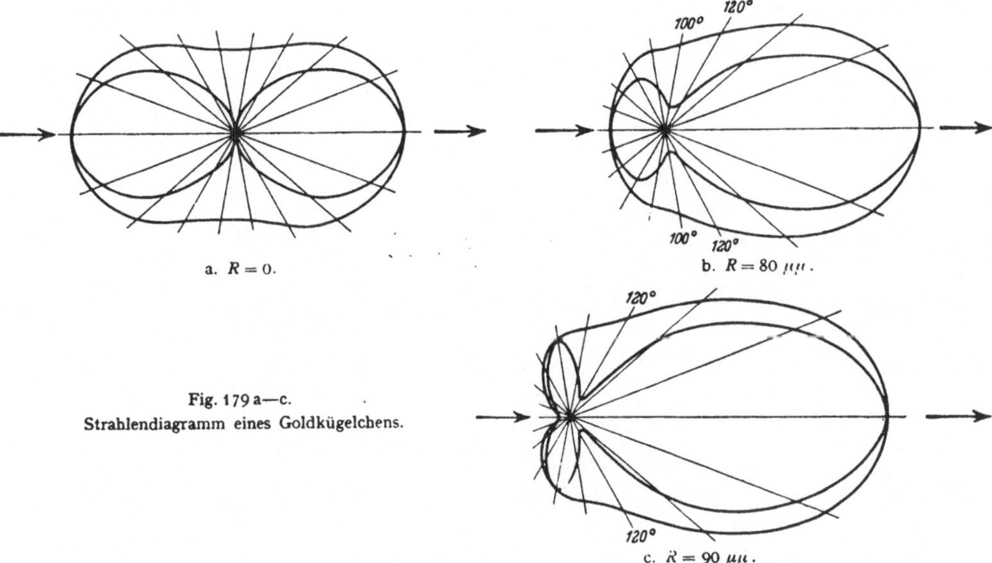

a. $R = 0$. b. $R = 80\ \mu\mu$. c. $R = 90\ \mu\mu$.

Fig. 179a—c. Strahlendiagramm eines Goldkügelchens.

der einfallenden Welle entgegen ausgestrahlt, d. h. „reflektiert" wird, die Beugungsstrahlung ganz symmetrisch zu der Ebene durch den Kugelmittelpunkt und senkrecht zur Fortpflanzungsrichtung der einfallenden Welle. Entgegen und in der Richtung des Primärstrahls hat die Intensität ein Maximum, während sie senkrecht dazu ein Minimum aufweist. Mit wachsendem Kugelradius wird diese Symmetrie gestört, indem nach vorn ($\vartheta = 180°$) immer mehr Licht ausgestrahlt wird als entgegen der einfallenden Welle ($\vartheta = 0°$). Man nennt diese Erscheinung den MIE*effekt*. Schließlich wird das gestreute Licht fast ganz unter $\vartheta = 180°$ und den benachbarten Winkeln ausgestrahlt. Auch für vollkommen leitende Kugeln tritt mit wachsendem Kugelradius eine Verlagerung der Ausstrahlung zugunsten der Richtung der Primärwelle auf. Für gegen λ große Kugelradien muß jedoch die Primärwelle wieder vollkommen reflektiert werden, wie es aus den für diesen Fall gültigen Gesetzen der geometrischen Optik folgt.

Um noch kurz eine Übersicht über die Größenverhältnisse der Totalintensität mit wachsender Teilchengröße zu gewinnen, möge eine Tabelle (Tab. 10) folgen, die nach den Berechnungen von BLUMER zusammengestellt ist. Es sind darin für $n = 1{,}25$ bei verschiedenem $\alpha = 2\pi R/\lambda^{(a)}$ und ϑ die Größen $(J_\perp + J_{||})\frac{4\pi^2 r^2}{\lambda^{(a)2}}$ angegeben:

Tabelle 10.

ϑ	$\alpha=0{,}01$	$\alpha=0{,}1$	$\alpha=0{,}5$	$\alpha=1$	$\alpha=2$	$\alpha=5$	$\alpha=8$
0°	$5{,}0\cdot10^{-14}$	$4{,}9\cdot10^{-8}$	$7{,}8\cdot10^{-4}$	$1{,}9\cdot10^{-3}$	$2{,}0\cdot10^{-2}$	1,3	0,9
90°	$2{,}5\cdot10^{-14}$	$2{,}5\cdot10^{-8}$	$5{,}0\cdot10^{-4}$	$3{,}6\cdot10^{-2}$	$2{,}5\cdot10^{-1}$	2,7	7,1
180°	$5{,}0\cdot10^{-14}$	$5{,}0\cdot10^{-8}$	$1{,}2\cdot10^{-3}$	$2{,}3\cdot10^{-1}$	4,3	$9{,}8\cdot10^{2}$	$7{,}5\cdot10^{3}$

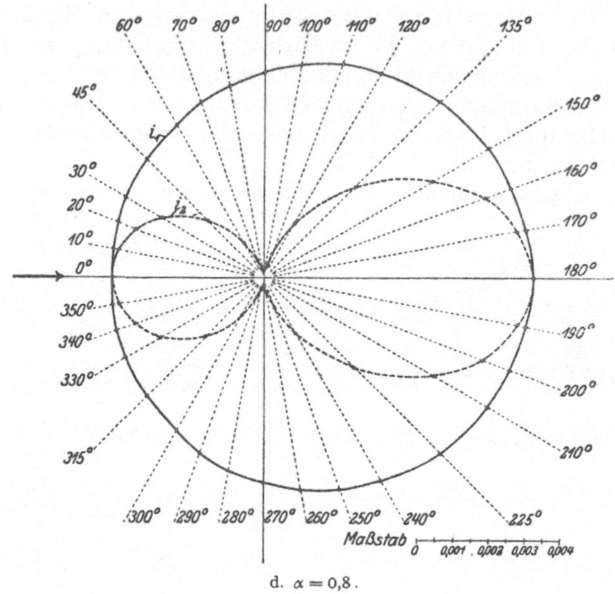

d. $\alpha = 0{,}8$.

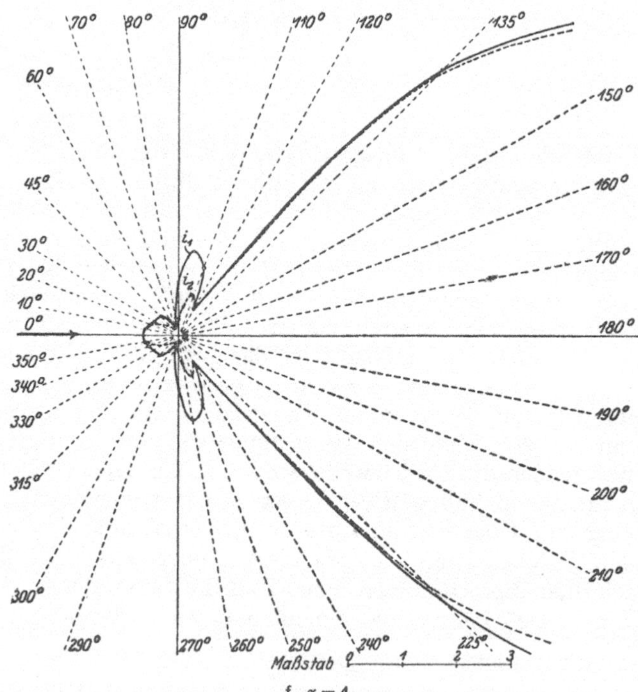

f. $\alpha = 4$.

Fig. 179d—g. Strahlungsdiagramm eines dielektrischen Kügelchens vom Brechungs-

Der Mieeffekt ist bei einem Vergleich jeweils der ersten und dritten Zahl in einer Spalte deutlich zu erkennen. Die Zeilen zeigen ein außerordentlich starkes

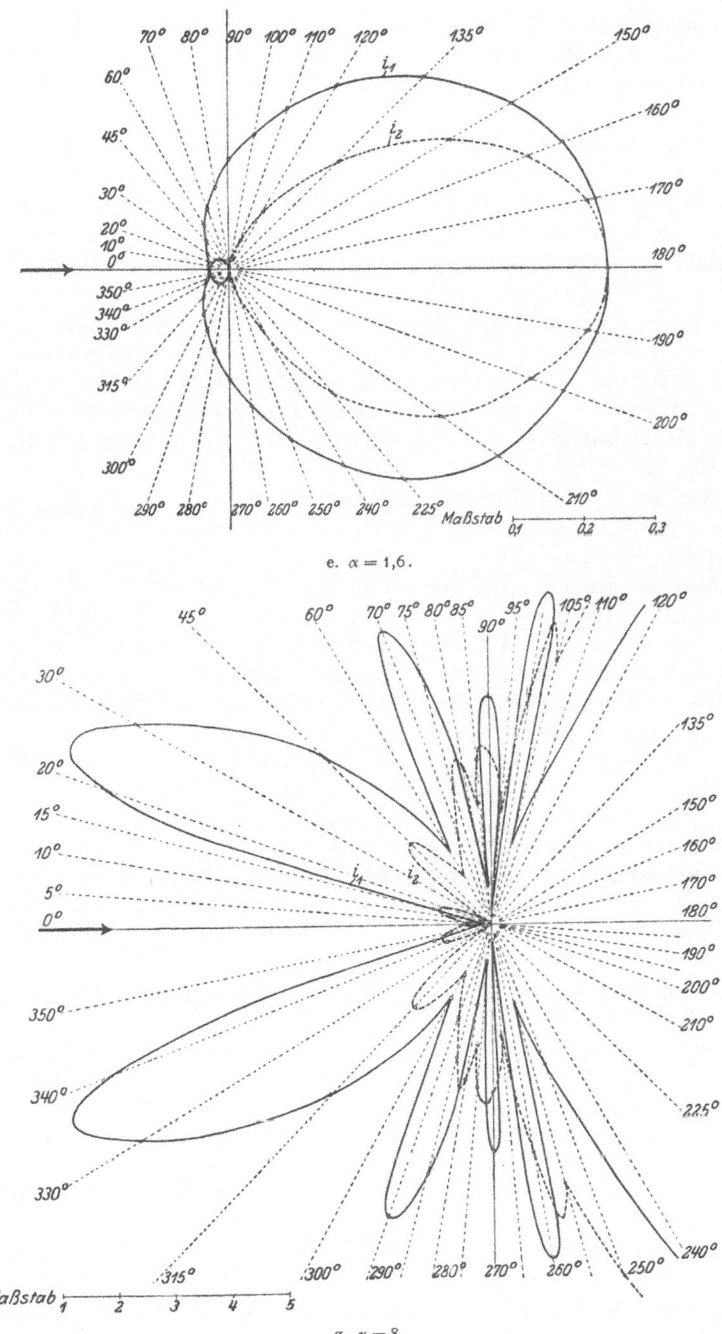

e. $\alpha = 1{,}6$.

g. $\alpha = 8$.

index 1,25. (Nach H. Blumer in Z. Physik 1932.) $i_1 = \alpha^2 J_\perp$, $i_2 = \alpha^2 J_\parallel$.

Ansteigen der Intensität mit wachsender Teilchengröße. Man muß jedoch bedenken, daß die Größen der Tabelle mit dem Faktor $\lambda^{(a)2}/4\pi^2 r^2$ zu multiplizieren sind, dieser aber gegen 1 sehr klein sein muß, wenn die Formel (13) Gültigkeit haben sollen.

Wird α größer als 1, $2R$ also größer als $\lambda^{(a)}/\pi$, so treten (Fig. 180) allmählich eine Reihe von Maxima und Minima der Intensität auf, die erst in regelloser Aufeinanderfolge erscheinen, jedoch für immer größer werdendes α ($\alpha \gg 1$) solche Beugungsbilder ergeben müssen, wie man sie an kreisförmigen Schirmen nach der KIRCHHOFFschen Theorie erhält (s. IV. § 49). Indessen ist die hier entwickelte Theorie in diesem Sinne kaum zu gebrauchen, da die ohnehin schon auf kleine α ($\alpha \ll 15$) beschränkte Theorie es darüber hinaus nicht gestattet, die Maxima und Minima analytisch zu ermitteln. Für kleines α, wo die Anzahl der Extremwerte noch gering ist und diese weit auseinander liegen, können sie numerisch-graphisch gefunden werden.

Bezüglich der Polarisationsverhältnisse ergibt sich wieder ein verschiedenes Verhalten bei vollkommen reflektierenden oder isolierenden Kugeln einerseits und bei dielektrischen oder absorbierenden Kugeln andererseits. Man kann darüber direkt aus den Strahlungsdiagrammen Klarheit gewinnen oder auch aus besonderen Darstellungen der Polarisation (Fig. 180), definiert durch (15)[1].

Bei vollkommen leitenden oder isolierenden Kugeln befindet sich für sehr kleine Kugeln bei $\vartheta = 120°$ (THOMSONscher Winkel) ein Polarisationsmaximum, das sich mit größer werdendem Kugelradius in Richtung abnehmender Beobachtungswinkel ϑ verschiebt.

Bei dielektrischen und absorbierenden Kugeln verhält sich für kleine α die Polarisation ganz symmetrisch zur xy-Ebene und hat bei $\vartheta = 90°$, wo sie vollständig ist, ein Maximum. Es läßt sich hier leicht die Polarisation durch einen analytischen Ausdruck darstellen. Berücksichtigt man nämlich in (13) nur die erste elektrische Schwingung und setzt dann (13) und (9) in die Definitionsgleichung (15) für P ein, so erhält man

$$(17)\qquad P(\vartheta) = \frac{\sin^2\vartheta}{1+\cos^2\vartheta},$$

eine Formel, die bereits RAYLEIGH auf anderem Wege abgeleitet hatte.

Mit größer werdender Teilchengröße (etwa bis $R = \lambda^{(a)}/\pi$) verschiebt sich das Maximum, und zwar bei dielektrischen Kugeln nach der Seite kleinerer und bei absorbierenden nach der Seite größerer Winkel, jedoch gilt dies nicht allgemein, sondern nur für die Mehrzahl der untersuchten Fälle.

Für noch größer werdende Kugelradien R treten ganz unregelmäßig neue Maxima und Minima der Polarisation auf.

Betrachtet man insbesondere die Polarisation bei $\vartheta = 90°$, so findet man, daß bis $\alpha = 1$ fast nur polarisiertes Licht vorhanden ist, das senkrecht zur Visionsebene schwingt; für größere α verschwindet das Übergewicht mehr und mehr, bis schließlich ganz unregelmäßiges Verhalten eintritt.

Während bis jetzt die Wellenlänge konstant angenommen, also monochromatisches Licht vorausgesetzt wurde, wird es, falls die einfallende Welle aus Wellen mehrerer Frequenzen zusammengesetzt ist, zur Beschreibung der Beugungserscheinungen notwendig, die die Farbenerscheinungen bedingende Abhängigkeit von der Wellenlänge zu untersuchen. Nun kommt aber die Wellenlänge in den Koeffizienten B_l', B_l'' nur in der Verbindung α und im komplexen Brechungs-

---

[1] Statt der Polarisation wird oft zur Beschreibung der Natur des zerstreuten Lichts die sog. Depolarisation (Depolarisationsgrad) benutzt, definiert durch (s. VII, § 81).

$$\Theta = \frac{\tfrac{1}{2}\,\text{nat. Licht}}{\text{lin. pol. Licht}} = \frac{J_{\parallel}}{J_{\perp} - J_{\parallel}}.$$

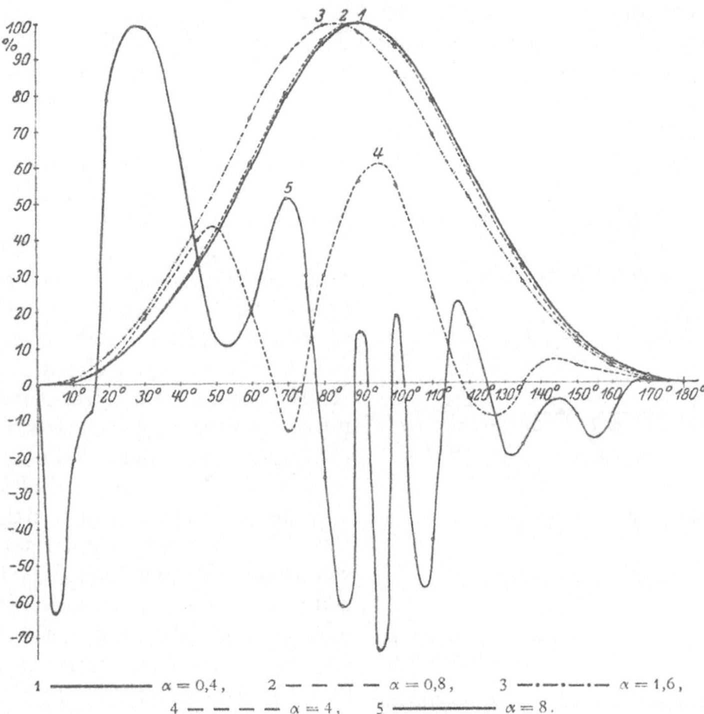

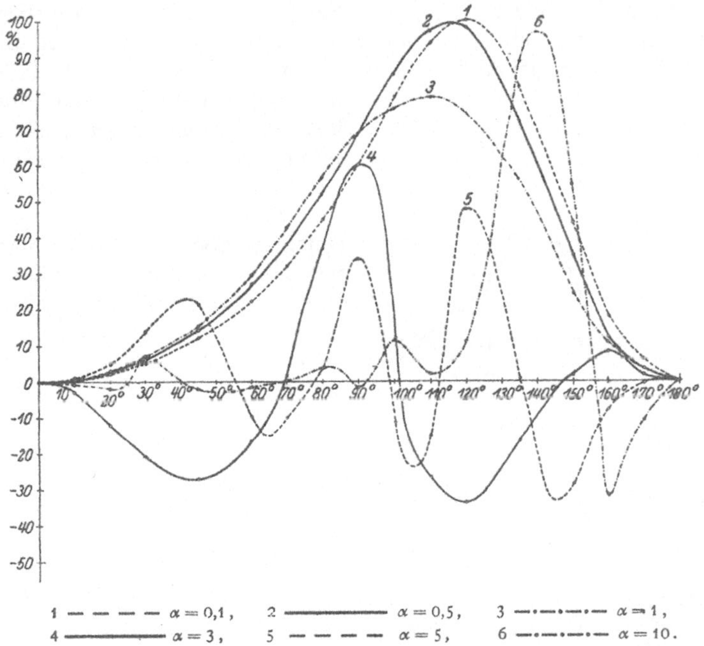

Fig. 180. Prozentuale Polarisation für verschiedene α, Teilchen aus Eis bei tiefer Temperatur. (Nach H. Blumer, Z. Physik 1932.)

index n vor. n ist aber in beschränkten Frequenzbereichen von ω nahezu unabhängig, wenn das zweite Glied in § 70 (55e) mit σ gegen das erste vernachlässigt werden kann, d. h. bei schlecht leitenden Kugeln; im Grenzfall unendlich großer Leitfähigkeit andererseits kommt n gar nicht vor. In diesen Fällen also hängen die Intensitäten — abgesehen von dem gemeinsamen Faktor $\lambda^{(a)2}/4\pi^2 r^2$ — nur von dem Verhältnis $r/\lambda^{(a)}$ ab. Man kann die Überlegungen also auch für verschiedene Frequenzen bei festgehaltenem Radius anwenden, insbesondere die Fig. 180 in diesem Sinne deuten.

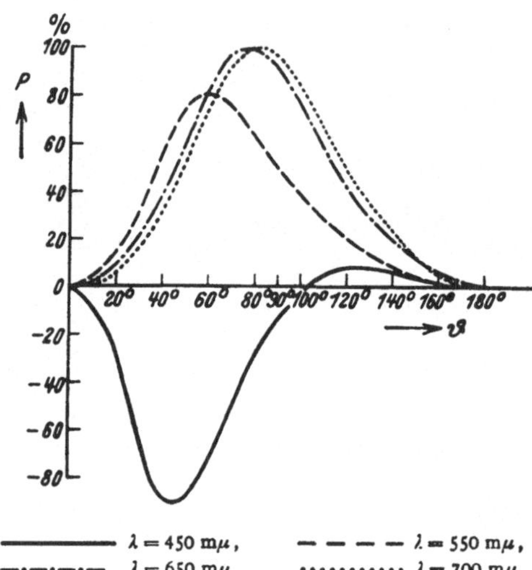

Fig. 181. Dispersion der Polarisation. Stark dielektrische Teilchen.

Die Abhängigkeit der Polarisation von der Wellenlänge ist besonders von SCHIRMANN[1] untersucht worden. Für unendlich kleine Teilchen ergibt sich sowohl für dielektrische als absorbierende Kugeln ein Polarisationsmaximum (vollständige Polarisation) unabhängig von der Wellenlänge bei $\vartheta = 90°$. Bei größeren dielektrischen Teilchen, bis etwa $\alpha = 1$, nehmen die Winkel maximaler Polarisation mit wachsender Wellenlänge zu (s. Fig. 181), während sie für absorbierende abnehmen (s. Fig. 182). Man nennt diese Abhängigkeit die *Dispersion der Polarisation.* Wird α merklich größer als 1, so werden die Verhältnisse wieder unübersichtlich und regellos.

Die Dispersion der Polarisation kann die Ursache für zwei interessante Erscheinungen sein. Zunächst einmal kann es bei einfallendem weißen Licht vorkommen, daß das Polarisationsmaximum der am stärksten ausgestrahlten Farbe mit wachsendem Teilchenradius sich in der entgegengesetzten Richtung verschiebt, wie es für monochromatisches Licht zutreffen würde. Es überlagern sich nämlich dabei mit wachsender Teilchengröße zwei jenes Polarisationsmaximum bedingende, aber in entgegengesetzter Richtung wirkende Faktoren: einmal die wachsende Teilchengröße selbst, dann aber auch die Änderung der vorherrschenden Wellenlänge, die ihrerseits mit wachsender Teilchengröße in Richtung größerer Wellenlängen zunehmen kann. Überwiegt der letzte Faktor, so resultiert der obengenannte Effekt.

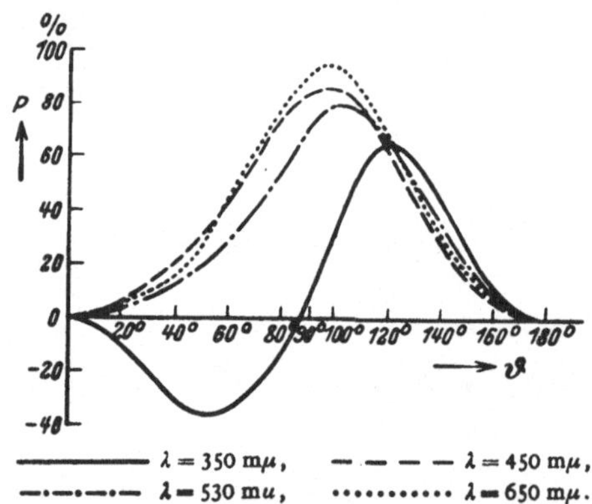

Fig. 182. Dispersion der Polarisation. Stark absorbierende Teilchen.

Als zweites kann die Dispersion der Polarisation einen *Polychroismus* zur Folge haben, d. h. bei fester Visionsrichtung erscheinen in einem Analysator, durch den man das Teilchen beobachtet, verschiedene Farben, wenn der Analysator um den Visionsradius gedreht wird. „Die Polarisation ist von der Wellen-

[1] M. A. SCHIRMANN: Ann. Physik Bd. 59 (1919) S. 493.

länge abhängig" heißt ja nichts anderes, als daß bei weißem Primärlicht in irgendeiner vorgegebenen Richtung die Farbe des am stärksten ausgestrahlten Lichts für $J_\perp$ und $J_\parallel$ im allgemeinen verschieden ist. In den Zwischenstellungen des Analysators werden dann alle Farbenübergänge zwischen jenen beiden Farben auftreten.

Natürlich ist auch ein Polychroismus zu erwarten, wenn man den Analysator, ohne ihn zu drehen, in verschiedene Visionsrichtungen bringt.

Daß diese Effekte, deren Existenz hiermit als möglich erkannt ist, auch wirklich meßbare Dimensionen annehmen können, kann man auf Grund spezieller Berechnungen erkennen, wie sie von SCHIRMANN durchgeführt worden sind. Die Kenntnis dieser Polarisationsverhältnisse ist deshalb wichtig, weil gerade sie am exaktesten messend verfolgt werden können.

Wenn man die *Gesamtstrahlung* berechnen will, so muß man den POYNTINGschen Vektor bestimmen und über alle Richtungen integrieren. Dieses Integral läßt sich dann durch die Koeffiziennte B_i', B_i'' allein ausdrücken, doch wollen wir die komplizierten Berechnungen nicht durchführen. Für den Grenzfall der RAYLEIGH*schen Streuung* ergibt sich daraus, daß die Amplituden proportional $1/\lambda^{(a)2}$ sind, ohne weiteres eine Proportionalität der Gesamtstreuung mit $1/\lambda^{(a)4}$. Bei Berücksichtigung der höheren, vom Kugelradius und den Materialkonstanten abhängigen Glieder aber ist der Verlauf der Gesamtstreuung als Funktion der Wellenlänge komplizierter und zeigt selektive Erscheinungen. So sieht man in Fig. 183 bei Gold ein Maximum[1].

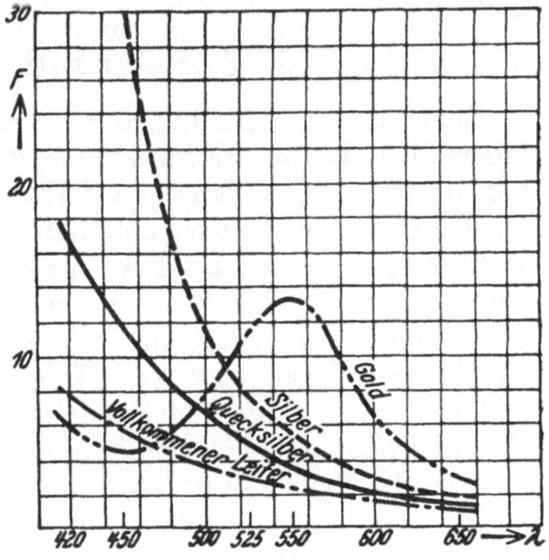

Fig. 183. Gesamtstrahlung unendlich kleiner Teilchen.

Solche Maxima kann man als eine Art *Resonanzerscheinungen* deuten. Denkt man sich nämlich die Kugel ohne dauernde Einwirkung des äußeren Lichtfeldes zu einer elektrischen Eigenschwingung angeregt, so bekommt man für diese ganz bestimmte Frequenzen und Dämpfungen. Man hat dazu nur in den Gleichungen § 70 (52) die von den Koeffizienten B_i', B_i'' freien Glieder zu streichen und Lösbarkeitsbedingungen für die entstehenden homogenen Gleichungen aufzustellen. Dann ergeben sich gedämpfte Eigenschwingungen, deren Frequenzen ungefähr dort liegen, wo in der Streustrahlung gewisse Partialwellen besonders intensiv werden.

Die *Prüfung der Theorie* an Beobachtungen kann in zweierlei Weise erfolgen: Entweder beobachtet man das gesamte Licht, das von einer Menge von Teilchen (in trüben Medien, kolloidalen Lösungen) gestreut wird, oder man beobachtet das Streulicht des einzelnen Teilchens im Ultramikroskop (s. IV § 53). Im allgemeinen ist Übereinstimmung zwischen Rechnung und Beobachtung gefunden worden. Da man aber bei kleinsten Teilchen keine unabhängigen Methoden zur Größenbestimmung hat, so ist die Möglichkeit einer genauen Prüfung sehr eingeschränkt. Man überträgt vielmehr die an größeren Teilchen erwiesene Gültigkeit auch auf die kleinsten und benutzt die Beobachtung des Streulichts zur Größenbestimmung.

[1] Nach R. FEICK: Ann. Physik (4) Bd. 77 (1925) S. 582.

Bei den Beobachtungen zeigte sich übrigens, daß die von uns gemachte Voraussetzung der Kugelgestalt der Teilchen in vielen Fällen nicht zutreffen kann. Die Theorie ist daher von mehreren Forschern[1] auf andere Teilchenformen, insbesondere Ellipsoide, ausgedehnt worden.

Schließlich hat noch DEBYE in der schon erwähnten Arbeit den *Lichtdruck*, d. h. die vom Licht auf die Teilchen ausgeübte mechanische Kraft, bestimmt. Die saubere Beobachtung dieses Effektes ist aber nicht möglich, da die Teilchen ja immer in einem Medium, etwa einem Gase, schweben, das direkte thermische, gaskinetische Wirkungen auf das Teilchen ausübt. EHRENHAFT[2] hat beobachtet, daß die Wanderung der Teilchen in einem intensiven Lichtkegel, die sog. *Photophorese*, keineswegs immer in der Richtung der Fortpflanzung des primären Lichts erfolgt, sondern bei gewissem Material ihr entgegen. Diese Erscheinung läßt sich natürlich nicht auf den Lichtdruck zurückführen, sondern ist ein kompliziertes gaskinetisches Phänomen.

Siebentes Kapitel.

Molekulare Optik.

§ 72. Polarisation und Magnetisierung.

Bis zu dieser Stelle haben wir als physikalische Grundlagen der Optik nichts anderes benutzt als die MAXWELLschen Gleichungen (unter Berücksichtigung der Anisotropie des dielektrischen Verhaltens); man hat sie als Resultate der Kenntnis der Gesetze des makroskopischen elektromagnetischen Feldes in Leitern und Nichtleitern anzusehen. Doch genügen diese Grundlagen keineswegs zur Darstellung aller optischen Erscheinungen, sondern müssen durch Einführung der Grundbegriffe der *Atomistik* verfeinert werden. Es handelt sich dabei um zwei verschiedene Gesichtspunkte. Der erste ist folgender:

Das Licht ist eine so feine Sonde zur Erforschung der Substanzen, daß dabei die nicht homogene Struktur, die „molekulare Körnigkeit" der Materie, bereits merklich in Erscheinung tritt. Das zeigt sich vor allem darin, daß eine ebene Welle, die aus dem Vakuum in einen durchsichtigen Körper tritt, in diesem nicht ohne Verlust fortgepflanzt wird, sondern eine *Streuung* erfährt. Ferner werden isotrope Substanzen optisch doppelbrechend, wenn man sie in elektrische oder magnetische Felder bringt, ein Vorgang, der offenbar mit der Ausrichtung der Moleküle in den Feldern zusammenhängt.

Der zweite Gesichtspunkt betrifft die Abhängigkeit der optischen Vorgänge von Wellenlänge und Schwingungszahl. Ein genaueres Studium zeigt nämlich, daß die MAXWELLschen Ansätze für die Materialeigenschaften, die wir bisher zugrunde gelegt haben, nur dann richtig sind, wenn die Wellenlänge des Lichts groß ist gegen die molekularen Durchmesser und die Frequenz des Lichts klein gegen die molekularen Eigenfrequenzen. Die Endlichkeit des Verhältnisses Wellenlänge zu Molekulardurchmesser erzeugt bei gewöhnlichem Licht die Erscheinung der *optischen Aktivität* und bei Röntgenstrahlen die sog. *Interferenzstreuung*. Die Endlichkeit des Verhältnisses der Frequenz des Lichts zur Eigenfrequenz erzeugt die *Dispersionserscheinungen*. Diese sind eng verknüpft mit den Prozessen der Emission und Absorption des Lichts und erfordern zu ihrer Deu-

[1] Z. B.: R. GANS: Ann. Physik (4) Bd. 62 (1920) S. 351.
[2] F. EHRENHAFT: Ann. Physik (4) Bd. 56 (1918) S. 81.

tung eingehende Kenntnis der Mechanik der inneratomaren Vorgänge und ihrer Wechselwirkung mit dem Lichtfeld. Nun ist bekannt, daß im Bereich der Atome die Gesetze der klassischen Mechanik versagen und durch die der neuen Quantenmechanik ersetzt werden müssen. Wir werden also an dieser Stelle an die Grenze unseres Betrachtungsbereichs geführt, da wir die Quantenprozesse aus dem Rahmen dieses Buches ausschließen wollen. Im folgenden werden wir von diesen Erscheinungen nur eine grobe Skizze geben können (Kap. VIII), die sich auf solche Züge beschränkt, von denen keine Änderungen durch die feineren Betrachtungen der Quantenmechanik zu erwarten sind. Im vorliegenden Kapitel haben wir zunächst die *Auflösung der* MAXWELL*schen Gleichungen in Aussagen atomarer Art* durchzuführen.

Der erste Schritt besteht darin, in den MAXWELLschen Feldgleichungen I, § 1 (1a, b), (2a, b) diejenigen Glieder abzutrennen, die den Einfluß der Materie ausdrücken. Im Vakuum ist unter allen Umständen

$$\mathfrak{D} = \mathfrak{E}, \quad \mathfrak{B} = \mathfrak{H} \tag{1}$$

zu setzen. Auch ist dort der Leitungsstrom $\mathfrak{i} = 0$; man wird aber keineswegs den Strom überhaupt Null setzen dürfen, da es einen Konvektionsstrom gibt. Bekanntlich ist durch direkte Versuche von ROWLAND[1] nachgewiesen worden, daß bewegte, mit der elektrischen Raumdichte ϱ geladene Leiter von der Geschwindigkeit $\mathfrak{v}$ ein Magnetfeld erzeugen, und zwar von einer Stärke, die der Stromdichte $\varrho\mathfrak{v}$ entspricht. Ebenso sind bewegte Elektronen im Kathoden- oder β-Strahl Quellen eines Magnetfeldes entsprechend der erzeugenden Stromdichte $\varrho\mathfrak{v}$. Wir schreiben nun die MAXWELL*schen Gleichungen für das Vakuum* auf, wobei wir den elektromagnetischen Zustand des Vakuums durch die Vektoren $\mathfrak{E}$ und $\mathfrak{B}$ (statt $\mathfrak{H}$) kennzeichnen:

$$(2)\begin{cases} \text{(a)} & \operatorname{rot}\mathfrak{B} - \frac{1}{c}\dot{\mathfrak{E}} = \frac{4\pi}{c}\varrho\mathfrak{v} = \frac{4\pi}{c}\mathfrak{i}, \\ \text{(b)} & \operatorname{rot}\mathfrak{E} + \frac{1}{c}\dot{\mathfrak{B}} = 0, \end{cases}$$

$$(3)\begin{cases} \text{(a)} & \operatorname{div}\mathfrak{E} = 4\pi\varrho, \\ \text{(b)} & \operatorname{div}\mathfrak{B} = 0. \end{cases}$$

Die Abweichungen, die durch die Materie erzeugt werden, sollen auf gewisse Ladungs- und Stromverteilungen innerhalb der kleinsten Materialpartikel, der Atome und Moleküle, zurückgeführt werden.

Was zunächst den Leitungsstrom betrifft, so rührt dieser von den frei in den Leitern (Metallen) beweglichen Elektronen her und stellt einfach den Mittelwert ihres Konvektionsstromes dar. In der Optik spielt er weiter keine Rolle und soll daher hier außer Betracht bleiben; es sei jedoch erwähnt, daß eine ausführliche Elektronentheorie der Metalle existiert, die heute auf Grund der Quantenmechanik eine vollständige Übersicht über die mit der Leitfähigkeit zusammenhängenden Erscheinungen zu geben imstande ist[2].

Wir schreiben nun die MAXWELL*schen Gleichungen für Nichtleiter* I, § 1 (1) und (2) mit $\varrho = 0$, $\mathfrak{i} = 0$ hin und formen sie dabei in der Weise um, daß wir die

---

[1] H. A. ROWLAND: Monatsber. d. Akad. Berlin (1876) S. 211; Ann. Physik Bd. 158 (1876) S. 487; Ann. Phys. et Chim. Bd. 12 (1877) S. 119.

[2] Zusammenfassende Darstellungen: L. BRILLOUIN: Die Quantenstatistik und ihre Anwendung auf die Elektronentheorie der Metalle. Berlin 1931. L. NORDHEIM: Theorie des metallischen Zustands, MÜLLER-POUILLET Bd. IV, 4.

in den Gleichungen (2) und (3) erscheinenden Anteile für das Vakuum auf der linken Seite beibehalten und das übrige nach rechts werfen:

$$(4)\quad \begin{cases} \text{(a)} & \operatorname{rot}\mathfrak{B} - \frac{1}{c}\dot{\mathfrak{E}} = \frac{4\pi}{c}(\dot{\mathfrak{P}} + c\operatorname{rot}\mathfrak{M}), \\ \text{(b)} & \operatorname{rot}\mathfrak{E} + \frac{1}{c}\dot{\mathfrak{B}} = 0, \end{cases}$$

$$(5)\quad \begin{cases} \text{(a)} & \operatorname{div}\mathfrak{E} = -4\pi\operatorname{div}\mathfrak{P}, \\ \text{(b)} & \operatorname{div}\mathfrak{B} = 0. \end{cases}$$

Dabei sind zur Abkürzung die beiden Vektoren

$$(6)\quad \begin{cases} \text{(a)} & 4\pi\mathfrak{P} = \mathfrak{D} - \mathfrak{E}, \\ \text{(b)} & 4\pi\mathfrak{M} = \mathfrak{B} - \mathfrak{H} \end{cases}$$

eingeführt. Die Gleichungen (4) und (5) stimmen mit den Vakuumgleichungen (2) und (3) überein, wenn man die rechten Seiten als Strom und Dichte deutet; da wir makroskopischen Strom und makroskopische Dichte ausgeschlossen haben, wird es sich um Anhäufungen und Bewegungen der Elektrizität innerhalb der Atome oder Moleküle handeln.

Wir haben also zu zeigen, daß die Ausdrücke

$$(7)\quad \begin{cases} \text{(a)} & \varrho = -\operatorname{div}\mathfrak{P}, \\ \text{(b)} & \mathfrak{i} = c\operatorname{rot}\mathfrak{M} + \dot{\mathfrak{P}} \end{cases}$$

diese Auffassung erlauben. Hierzu werden wir die Lösungen der Gleichungen (2) und (3) ableiten und darin für ϱ und $\mathfrak{i}$ die Ausdrücke (7) einsetzen; durch eine Umformung des Resultates wird sich dann die vermutete Deutung ergeben.

Der Gleichung (3b) kann man genügen, indem man

$$(8)\quad \mathfrak{B} = \operatorname{rot}\mathfrak{A}$$

setzt. Man nennt $\mathfrak{A}$ das *Vektorpotential.* Führt man (8) in (4b) ein, so wird

$$(9)\quad \operatorname{rot}\left(\mathfrak{E} + \frac{1}{c}\dot{\mathfrak{A}}\right) = 0.$$

Daraus folgt, daß es ein *skalares Potential* Φ gibt derart, daß

$$(10)\quad \mathfrak{E} + \frac{1}{c}\dot{\mathfrak{A}} = -\operatorname{grad}\Phi$$

ist. Nun sind $\mathfrak{A}$ und Φ so zu bestimmen, daß sie dem ersten Satz der MAXWELLschen Gleichungen, nämlich (2a) und (3a) genügen. Einsetzen in diese Gleichungen liefert

$$(11)\quad \begin{cases} \text{(a)} & \operatorname{rot}\operatorname{rot}\mathfrak{A} + \frac{1}{c^2}\ddot{\mathfrak{A}} + \frac{1}{c}\operatorname{grad}\dot{\Phi} = \frac{4\pi}{c}\mathfrak{i}, \\ \text{(b)} & -\operatorname{div}\operatorname{grad}\Phi - \frac{1}{c}\operatorname{div}\dot{\mathfrak{A}} = 4\pi\varrho. \end{cases}$$

Nach bekannten Vektorformeln lassen sich diese Gleichungen umschreiben in

$$(12)\quad \begin{cases} \text{(a)} & \Delta\mathfrak{A} - \frac{1}{c^2}\ddot{\mathfrak{A}} - \operatorname{grad}\left(\frac{1}{c}\dot{\Phi} + \operatorname{div}\mathfrak{A}\right) = -\frac{4\pi}{c}\mathfrak{i}, \\ \text{(b)} & \Delta\Phi - \frac{1}{c^2}\ddot{\Phi} + \frac{1}{c}\frac{\partial}{\partial t}\left(\frac{1}{c}\dot{\Phi} + \operatorname{div}\mathfrak{A}\right) = -4\pi\varrho \end{cases}$$

Wenn man nun noch zwischen dem skalaren und dem Vektorpotential die Relation

$$\operatorname{div}\mathfrak{A} + \frac{1}{c}\dot{\Phi} = 0 \tag{13}$$

verlangt, so erhält man für $\mathfrak{A}$ und Φ die Wellengleichungen

$$(14)\quad \begin{cases} \text{(a)} & \Delta\mathfrak{A} - \dfrac{1}{c^2}\ddot{\mathfrak{A}} = -\dfrac{4\pi}{c}\mathfrak{i}\,, \\ \text{(b)} & \Delta\Phi - \dfrac{1}{c^2}\ddot{\Phi} = -4\pi\varrho\,. \end{cases}$$

Man sieht sogleich, daß die Zusatzbedingung (13) mit diesen Gleichungen verträglich ist, wenn Strom und Dichte der Kontinuitätsgleichung [s. I, § 1 (3)]

$$\operatorname{div}\mathfrak{i} + \dot{\varrho} = 0 \tag{15}$$

genügen. Setzt man hierin die Ausdrücke von $\mathfrak{i}$ und ϱ durch die Vektoren $\mathfrak{M}$ und $\mathfrak{P}$ aus (7) ein, so sieht man, daß die Gleichung (15) identisch erfüllt ist.

Um die Gleichung (14) zu integrieren, betrachten wir zunächst die homogenen Wellengleichungen, von denen wir nur die eine,

$$\Delta\Phi - \frac{1}{c^2}\ddot{\Phi} = 0\,, \tag{16}$$

hinschreiben. Wir wollen die kugelsymmetrischen Lösungen suchen, d. h. annehmen, daß Φ nur vom Abstande $r = \sqrt{x^2 + y^2 + z^2}$ abhängt. Nun ist bekanntlich

$$\Delta\Phi(r) = \frac{1}{r}\frac{d^2}{dr^2}(r\Phi)\,, \tag{17}$$

so daß unsere Gleichung (16) geschrieben werden kann

$$\frac{\partial^2}{\partial r^2}(\Phi r) - \frac{1}{c^2}\frac{\partial^2}{\partial t^2}(\Phi r) = 0\,. \tag{18}$$

Das ist die Gleichung der „schwingenden Saite“ für Φr; sie hat die allgemeinste Lösung

$$\Phi r = e\left(t \pm \frac{r}{c}\right), \tag{19}$$

wo $e(t)$ eine beliebige Funktion ist. Wir erhalten daher zwei Lösungstypen, je nachdem ob wir das Plus- oder Minuszeichen wählen. Nur das Minuszeichen entspricht einem physikalisch sinnvollen Vorgang; es stellt nämlich

$$\Phi = \frac{e\left(t - \frac{r}{c}\right)}{r} \tag{20}$$

ein *retardiertes Potential* dar, d. h. das elektrostatische Potential einer zeitlich veränderlichen punktförmigen Ladung $e(t)$ unter Berücksichtigung der Ausbreitung mit Lichtgeschwindigkeit. Dagegen würden die Lösungen mit dem Pluszeichen avancierten Potentialen entsprechen, bei denen die Wirkung in einem Aufpunkte von der Ladungsverteilung zu einem um die Laufzeit späteren Augenblick bestimmt ist.

Aus den retardierten Punktpotentialen kann man nun allgemeinere Lösungen der inhomogenen Gleichungen (14), *retardierte Potentiale von Raumdichten*, aufbauen. Bezeichnen wir mit x', y', z' einen Parameterpunkt, sei $dS' = dx'dy'dz'$ das zugehörige Raumelement und $r = \sqrt{(x'-x)^2 + (y'-y)^2 + (z'-z)^2}$ die Entfernung zwischen diesem Punkte und dem Aufpunkt x, y, z, so liegt es nahe, zu vermuten, daß die in Raum und Zeit veränderliche Dichte $\varrho(x, y, z;\ t)$ ein Potential

(21)
$$\Phi = \int \frac{\varrho\left(x', y', z';\ t - \frac{r}{c}\right)}{r}\, dS'$$

erzeugt. In der Tat ist dies eine Lösung der inhomogenen Wellengleichung (12). Um das zu zeigen, denken wir uns um den Aufpunkt eine Kugel K vom Radius a beschrieben und zerlegen entsprechend das Integral Φ in zwei Anteile:

(22)
$$\Phi = \Phi_J + \Phi_A\,,$$

wobei das erste Integral auf der rechten Seite über das Innere der Kugel K, das zweite über ihr Äußeres zu erstrecken ist. Da in Φ_A der Nenner r immer von Null verschieden bleibt, kann man hier die Differentiation unter dem Integralzeichen vornehmen und findet, daß Φ_A der homogenen Wellengleichung (14) genügt. Dagegen darf man in Φ_J wegen der Singularität von r nicht ohne weiteres die Differentiation nach den Parametern x, y, z, t unter dem Integral vornehmen. Man kann nun aber den Radius der Kugel hinreichend klein machen, so daß für alle Punkte im Innern von K $\varrho(x', y', z';\ t - r/c)$ beliebig wenig von $\varrho(x, y, z;\ t)$ verschieden ist; der Ausdruck $\Delta\Phi_J$ muß daher denselben Wert haben wie für das elektrostatische Potential einer homogen geladenen Kugel, d. h. den Wert

(23)
$$\Delta\Phi_J = -4\pi\varrho(x, y, z;\ t)\,.$$

Endlich sieht man leicht, daß $\partial^2\Phi_J/\partial t^2$ im Limes verschwindet; denn es nähert sich beliebig dem Ausdruck

(24)
$$\ddot{\varrho}(x, y, z;\ t)\cdot\int\limits_K \frac{dS'}{r} = \ddot{\varrho}\cdot 4\pi\int\limits_0^a r\,dr = 2\pi a^2\ddot{\varrho}\,,$$

und dies verschwindet für $a = 0$.

Für jede Komponente des Vektorpotentials $\mathfrak{A}$ findet man einen ganz analogen Ausdruck wie in (21) für das skalare Potential. Dabei ist die Raumdichte ϱ durch die entsprechende Komponente der Stromdichte $\mathfrak{i}/c$ zu ersetzen. Indem man für Raum- und Stromdichte die Ausdrücke (7) einführt, erhält man

(25)
$$\text{(a)}\quad \Phi = -\int \frac{1}{r}\,[\operatorname{div}'\mathfrak{P}]\,dS',$$
$$\text{(b)}\quad \mathfrak{A} = \int \frac{1}{r}\left[\operatorname{rot}'\mathfrak{M} + \frac{1}{c}\,\dot{\mathfrak{P}}\right] dS'.$$

Dabei soll die eckige Klammer andeuten, daß in den Argumenten der eingeklammerten Funktionen t durch $t - r/c$ zu ersetzen ist; die Differentiationen div′ und rot′ sind nach den Koordinaten des Integrationspunktes mit dem Element dS' auszuführen, während die Koordinaten des Aufpunktes feste Parameter sind.

Man erkennt die Richtigkeit folgender für einen beliebigen Vektor $\mathfrak{Q}$ geltenden Relationen:

(26)
$$\text{(a)}\quad \operatorname{div}'[\mathfrak{Q}] = [\operatorname{div}'\mathfrak{Q}] - \frac{1}{rc}\,\mathfrak{r}[\dot{\mathfrak{Q}}]\,,$$
$$\text{(b)}\quad \operatorname{rot}'[\mathfrak{Q}] = [\operatorname{rot}'\mathfrak{Q}] + \frac{1}{rc}\,\mathfrak{r}\times[\dot{\mathfrak{Q}}]\,.$$

Damit werden unsere Ausdrücke (25)

$$(27)\quad \begin{cases} \text{(a)} & \Phi = -\int\left\{\frac{1}{r}\,\mathrm{div}'[\mathfrak{P}] - \frac{1}{r^2 c}\,\mathfrak{r}\,[\dot{\mathfrak{P}}]\right\} dS', \\ \text{(b)} & \mathfrak{A} = \int\left\{\frac{1}{r}\,\mathrm{rot}'[\mathfrak{M}] - \frac{1}{r^2 c}\,\mathfrak{r}\times[\dot{\mathfrak{M}}] + \frac{1}{rc}\,[\dot{\mathfrak{P}}]\right\} dS'. \end{cases}$$

Von den ersten Gliedern beider Formeln kann man Oberflächenintegrale abtrennen. Es gelten nämlich für jeden Skalar φ und jeden Vektor $\mathfrak{Q}$ die beiden Formeln

$$(28)\quad \begin{cases} \mathrm{div}(\varphi\mathfrak{Q}) = \varphi\,\mathrm{div}\,\mathfrak{Q} + \mathrm{grad}\,\varphi\cdot\mathfrak{Q}, \\ \mathrm{rot}\,(\varphi\mathfrak{Q}) = \varphi\,\mathrm{rot}\,\mathfrak{Q} + \mathrm{grad}\,\varphi\times\mathfrak{Q}. \end{cases}$$

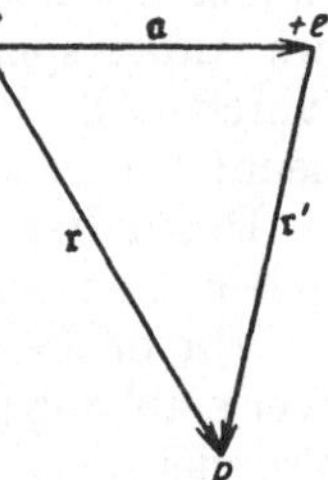

Fig. 184. Zur Definition des Dipols.

Wir integrieren diese Gleichungen über ein Raumgebiet und erhalten aus der ersten durch Anwendung des Gaussschen Satzes und aus der zweiten in analoger Weise die beiden Gleichungen

$$(29)\quad \begin{cases} \int\varphi(\mathfrak{n}\cdot\mathfrak{Q})\,d\sigma = \int\{\varphi\,\mathrm{div}\,\mathfrak{Q} + \mathrm{grad}\,\varphi\cdot\mathfrak{Q}\}\,dS, \\ \int\varphi(\mathfrak{n}\times\mathfrak{Q})\,d\sigma = \int\{\varphi\,\mathrm{rot}\,\mathfrak{Q} + \mathrm{grad}\,\varphi\times\mathfrak{Q}\}\,dS. \end{cases}$$

Hierbei bedeutet $\mathfrak{n}$ den Einheitsvektor in der Richtung der äußeren Normalen im Oberflächenelement $d\sigma$.

Wir machen nun die Annahme, daß für alle in Betracht kommenden Zeiten die Materie (d. h. die Raumstellen mit nicht verschwindenden $\mathfrak{P}$ und $\mathfrak{M}$) innerhalb einer im Endlichen gelegenen Fläche bleibt. Erstrecken wir unser Integral in (27) über das Innere dieser Fläche, so fallen also alle Oberflächenintegrale fort, und wir erhalten

$$(30)\quad \begin{cases} \text{(a)} & \Phi = \int\left\{\mathrm{grad}'\frac{1}{r}\cdot[\mathfrak{P}] + \frac{1}{r^2 c}\,\mathfrak{r}\,[\dot{\mathfrak{P}}]\right\} dS', \\ \text{(b)} & \mathfrak{A} = \int\left\{-\,\mathrm{grad}'\frac{1}{r}\times[\mathfrak{M}] - \frac{1}{r^2 c}\,\mathfrak{r}\times[\dot{\mathfrak{M}}] + \frac{1}{rc}[\dot{\mathfrak{P}}]\right\} dS'. \end{cases}$$

An diese Formeln können wir nun die anschauliche Deutung von $\mathfrak{P}$ und $\mathfrak{M}$ anknüpfen.

Wir betrachten zuerst den einfachen Fall, daß es sich um rein elektrostatische Felder handelt, also alles von der Zeit unabhängig ist. Da dann auch Dichte und Strom von t nicht abhängen, fällt das Retardierungszeichen [ ] weg, und die Formel (30a) muß das elektrostatische Potential angeben. Es erscheint hier aber in der Form

$$(31)\quad \Phi = \int \mathrm{grad}'\frac{1}{r}\cdot\mathfrak{P}\,dS'.$$

Um diese zu verstehen, betrachten wir zwei Quellpunkte mit den Ladungen $+e$ und $-e$ im vektoriellen Abstande $\mathfrak{a}$ (von $-e$ nach $+e$); ihr Coulombsches Potential ist

$$(32)\quad \varphi = \frac{e}{r'} - \frac{e}{r},$$

wo $\mathfrak{r}$ der Vektor vom Punkte $-e$ und $\mathfrak{r}' = \mathfrak{r} - \mathfrak{a}$ der vom Punkte $+e$ zum Aufpunkte ist (s. Fig. 184).

Ist nun $|\mathfrak{a}|$ sehr klein, so kann man $1/r'$ nach Potenzen der Komponenten von $\mathfrak{a}$ entwickeln und erhält

$$(33)\quad \frac{1}{r'} = \frac{1}{r} + \frac{\mathfrak{a}\mathfrak{r}}{r^3} + \cdots.$$

Also wird in erster Näherung

$$\varphi = e\frac{\mathfrak{a}\mathfrak{r}}{r^3} + \cdots.$$

Denkt man sich nun den Abstand $\mathfrak{a}$ gegen Null und die Ladung e so gegen Unendlich konvergieren, daß ihr Produkt $e\mathfrak{a}$ gegen einen endlichen Vektor $\mathfrak{p}$ konvergiert, so wird

$$\varphi = \frac{\mathfrak{p}\mathfrak{r}}{r^3} = \mathfrak{p}\,\mathrm{grad}'\frac{1}{r} \tag{34}$$

[wobei wir nochmals bemerken, daß die Operation grad' an den Koordinaten des Anfangspunktes von $\mathfrak{r}$, *nicht* an denen des Endpunktes (Aufpunkt) auszuführen ist]. Man spricht in diesem Falle von einem *elektrostatischen Dipol* und nennt $\mathfrak{p}$ sein *elektrisches Moment.*

Dieser Begriff läßt sich auch auf zeitlich veränderliche Ladungen übertragen, indem man die Retardierung berücksichtigt.

Wir denken uns die beiden benachbarten Ladungen von der Zeit in gleicher Weise abhängig und in jedem Augenblick entgegengesetzt gleich groß, setzen sie also gleich $e(t)$ und $-e(t)$. Nach (20) wird dann das retardierte Potential dieser beiden Ladungen

$$\Phi = \frac{e\left(t - \frac{r'}{c}\right)}{r'} - \frac{e\left(t - \frac{r}{c}\right)}{r}. \tag{35}$$

Dann liefert derselbe Grenzübergang offenbar

$$\Phi = \frac{1}{r^3}\mathfrak{r}[\mathfrak{p}] + \frac{\mathfrak{r}[\dot{\mathfrak{p}}]}{r^2 c} = [\mathfrak{p}]\,\mathrm{grad}'\frac{1}{r} + \frac{1}{r^2 c}\mathfrak{r}[\dot{\mathfrak{p}}]. \tag{36}$$

Vergleicht man diese Formel mit dem Ausdruck (30a), so erkennt man, daß er das Potential einer *räumlichen Dipoldichte oder Polarisation vom elektrischen Moment* $\mathfrak{P}$ *pro Volumeneinheit* darstellt.

Es liegt nun nahe, anzunehmen, daß diese zunächst formale Deutung dem wirklichen atomistischen Sachverhalt entspricht: Jedes Atom oder Molekül der Substanz ist als elektrischer Dipol vom Moment $\mathfrak{p}$ aufzufassen; und alle diese Dipole zusammen erzeugen in der Volumeneinheit *im Mittel* ein bestimmtes makroskopisches Moment $\mathfrak{P}$. Die atomaren oder molekularen Momente $\mathfrak{p}$ können entweder dem Atom oder Molekül vermöge seiner asymmetrischen Struktur eigentümlich sein oder erst durch das elektrische Feld erzeugt werden.

Durch diese Auffassung ist die dielektrische Verschiebung

$$\mathfrak{D} = \mathfrak{E} + 4\pi\mathfrak{P}$$

in zwei Bestandteile zerlegt derart, daß der zweite das Verhalten der Materie im elektrischen Felde summarisch darstellt. Man hat durch diese Abtrennung das Mittel, die Wechselwirkung zwischen Feld und Materie viel genauer und eingehender zu beschreiben, als es durch die Begriffe der ursprünglichen MAXWELLschen Theorie möglich ist. Die Mechanik der Atome liefert zuerst die Momente $\mathfrak{p}$ der einzelnen Atome (oder Moleküle). Der Mittelwert $\mathfrak{P}$ pro Volumeneinheit hängt dann nur noch von der *Wechselwirkung der Moleküle und der Temperatur* ab. Außerdem erfährt bekanntlich jede statistische Größe Schwankungen um ihren Mittelwert; wir haben also auch mit Schwankungen des Momentes $\mathfrak{P}$ pro Volumeneinheit zu rechnen, aus denen sich Unregelmäßigkeiten der Lichtfortpflanzung, nämlich *Streuungserscheinungen* ergeben werden. Alles das wird uns in den nächsten Paragraphen beschäftigen. Ehe wir jedoch darauf eingehen, haben wir aber noch die Formel (30b) für das Vektorpotential und die Größe $\mathfrak{M}$ in analoger Weise zu deuten.

Hierzu erinnern wir an die Tatsache, daß in der MAXWELLschen Theorie kein wahrer Magnetismus angenommen wird, sondern alle magnetischen Felder auf die Wirkung bewegter Ladungen zurückgeführt werden. Hat man einen zeitlich veränderlichen elektrischen Dipol, so kann man ihn als molekularen Wechselstrom von der Stromstärke $\dot{\mathfrak{p}}$ auffassen. Er erzeugt daher nach (14a) ein Magnetfeld gemäß dem Vektorpotential [s. die entsprechende Formel (20) für Φ]

$$\mathfrak{A} = \frac{1}{c} \frac{[\dot{\mathfrak{p}}]}{r}. \tag{37}$$

Das letzte Glied der Formel (30b) ist also zu deuten als der Anteil des Magnetfeldes, das durch die zeitliche Veränderlichkeit des elektrischen Momentes pro Volumeneinheit erzeugt wird.

Die beiden ersten Glieder von (30b) entsprechen der Tatsache, daß Magnetfelder auch dann entstehen, wenn elektrische Ströme stationär in geschlossenen Bahnen fließen, wobei also keine Schwankung des elektrischen Momentes vorhanden ist. Bekanntlich ist ja ein geschlossener Kreisstrom hinsichtlich seiner magnetischen Wirkung äquivalent mit einer magnetischen Doppelbelegung auf irgendeiner vom Kreisstrom umrandeten Fläche. Wir wollen das Feld eines solchen Kreisstromes durch das Vektorpotential $\mathfrak{A}$ darstellen. Wir denken uns einen dünnen geschlossenen Stromfaden vom Strom der Dichte $\mathfrak{i}$ durchflossen; der Gesamtstrom hat den Betrag

$$J = |\mathfrak{i}|\,dq,$$

wo dq den (unendlich kleinen) Querschnitt bedeutet, und seine Richtung ist die der Tangente des Stromfadens. Es sei dieser dadurch bestimmt, daß der Vektor $\mathfrak{a}$ vom Nullpunkt nach einem Punkt des Fadens als periodische Funktion eines Parameters, etwa der Bogenlänge, gegeben wird. Dann ist der Tangentenvektor an den Stromfaden proportional dem Vektor $d\mathfrak{a}$. Nunmehr hat man

$$\mathfrak{i}\,dS = J\,d\mathfrak{a},$$

und das Vektorpotential für den stationären Strom wird

$$\mathfrak{A} = \frac{J}{c}\int \frac{d\mathfrak{a}}{r'}, \tag{38}$$

wo $\mathfrak{r}'$ der Vektor von einem Punkt des Stromfadens nach dem Aufpunkt und r' sein Betrag ist. Hieraus folgt in der Tat das BIOT-SAVARTsche Gesetz; denn man hat

$$\mathfrak{H} = \mathfrak{B} = \operatorname{rot}\mathfrak{A} = \frac{J}{c}\int \frac{\mathfrak{r}' \times d\mathfrak{a}}{r'^3}, \tag{39}$$

d. h. jedes Stromelement liefert den Beitrag $J/cr'^2 \cdot \mathfrak{r}'/r' \times d\mathfrak{a}$.

Wir wollen nun eine *unendlich kleine Stromschleife* ins Auge fassen, einen *AMPÈREschen Molekularstrom.* Es sei $\mathfrak{r}$ der Vektor von irgendeinem im Innern der Schleife gelegenen Punkte, dem Mittelpunkte, nach dem Aufpunkt. Da nun $|\mathfrak{a}|$ klein ist, kann man die Formel (33) anwenden und erhält nach (38)

$$\mathfrak{A} = \frac{J}{c}\int \frac{\mathfrak{a}\mathfrak{r}}{r^3}\,d\mathfrak{a}, \tag{40}$$

weil $\int d\mathfrak{a}$ über einen geschlossenen Weg verschwindet. Nunmehr kann man folgende Umformung vornehmen: Es gelten die beiden Identitäten

$$\mathfrak{r} \times (\mathfrak{a} \times d\mathfrak{a}) = \mathfrak{a}(\mathfrak{r}\,d\mathfrak{a}) - d\mathfrak{a}(\mathfrak{r}\mathfrak{a}), \tag{41}$$

$$d\{\mathfrak{a}(\mathfrak{r}\mathfrak{a})\} = \mathfrak{a}(\mathfrak{r}\,d\mathfrak{a}) + d\mathfrak{a}(\mathfrak{r}\mathfrak{a}). \tag{42}$$

Durch Subtraktion der ersten von der zweiten folgt

$$2\,d\mathfrak{a}(\mathfrak{r}\mathfrak{a}) = d\{\mathfrak{a}(\mathfrak{r}\mathfrak{a})\} - \mathfrak{r} \times (\mathfrak{a} \times d\mathfrak{a})\,. \tag{43}$$

Da nun das Integral eines jeden totalen Differentials über eine geschlossene Kurve verschwindet, so erhält man

$$\mathfrak{A} = -\frac{J}{2c}\frac{\mathfrak{r}}{r^3} \times \int \mathfrak{a} \times d\mathfrak{a}\,. \tag{44}$$

Nun ist offenbar im Falle einer ebenen Stromschlinge

$$\tfrac{1}{2}\int \mathfrak{a} \times d\mathfrak{a} = \mathfrak{f} \tag{45}$$

ein Vektor senkrecht zu ihrer Ebene, dessen Länge gleich dem Flächeninhalt f der von der Schlinge umflossenen Fläche ist. Man bezeichnet die Größe[1]

$$\overline{\mathfrak{m}} = \frac{1}{c} J \cdot \mathfrak{f} = \frac{J}{2c}\int \mathfrak{a} \times d\mathfrak{a} \tag{46}$$

als das *magnetische Moment der Stromschlinge* und hat dann für das Vektorpotential

$$\mathfrak{A} = -\operatorname{grad}'\frac{1}{r} \times \overline{\mathfrak{m}}\,. \tag{47}$$

Dabei ist wieder die Operation grad′ im Zentrum der Stromschlinge auszuführen ($\operatorname{grad}' 1/r = \mathfrak{r}/r^3$). Vergleicht man (47) mit (30b), so sieht man, daß für den stationären Fall ($\dot{\mathfrak{P}} = \dot{\mathfrak{M}} = 0$) das Vektorpotential aufgefaßt werden kann als durch eine kontinuierliche Raumverteilung von infinitesimalen AMPÈREschen Molekularströmen erzeugt.

Auch hier können wir nun zur atomistischen Auffassung übergehen, indem wir uns das *magnetische Moment* $\mathfrak{M}$ oder die *Magnetisierung* pro Volumeneinheit erzeugt denken durch eine Mittelbildung über die magnetischen Momente $\overline{\mathfrak{m}}$ der einzelnen Atome oder Moleküle.

Das im nichtstationären Fall auftretende Zusatzglied mit $\dot{\mathfrak{M}}$ ist ohne weiteres auf Grund der Retardierung zu verstehen.

Nach der Elektronentheorie sind die molekularen Ströme nicht kontinuierlich, sondern werden aus kreisenden Elektronen gebildet. Allerdings ist diese diskontinuierliche Auffassung in der neuen Quantenmechanik wieder mehr oder weniger in eine Kontinuumsauffassung verwandelt worden; das einzelne Elektron im Atom ist nicht ohne weiteres auf seiner Bahn lokalisierbar, und für die Ausstrahlung ist eine kontinuierliche Ladungs- und Stromverteilung maßgebend, die sich aus den wellenmechanischen Gesetzen berechnen läßt. Aber auch hierbei ist es notwendig, zunächst einmal die atomistische Formel für das magnetische Moment zu haben, die wir jetzt angeben wollen.

Wir denken uns die Stromschlinge von einem einzelnen Elektron durchlaufen. Seine Bewegung wird dadurch beschrieben, daß der Vektor $\mathfrak{a}$ als periodische Funktion der Zeit $\mathfrak{a}(t)$ bestimmt wird. Die Stromstärke J ist gleich dem Produkt der Ladung e und der Anzahl der pro Zeiteinheit durch den Querschnitt tretenden Elektronen, d. h. bei einem umlaufenden Elektron der Anzahl n der Umläufe pro Zeiteinheit.

---

[1] Der Strich über dem Buchstaben $\mathfrak{m}$ soll hier ausdrücken, daß es sich elektronentheoretisch um einen Zeitmittelwert handelt; denn die AMPÈREschen Molekularströme bestehen, wie wir sogleich näher ausführen werden, aus umlaufenden Elektronen; wir reservieren das Zeichen $\mathfrak{m}$ für das magnetische Moment der Elektronenbewegung in einem Zeitelement dt.

Ist nun T die Umlaufszeit des Elektrons, so hat man $n = 1/T$, also $J = ne = e/T$. Daher wird

$$\overline{\mathfrak{m}} = \frac{1}{T}\int_0^T \mathfrak{m}\, dt, \tag{48}$$

wo $\mathfrak{m}$ das instantane Moment bedeutet:

$$\mathfrak{m} = \frac{1}{2c} e(\mathfrak{a} \times \dot{\mathfrak{a}}). \tag{49}$$

Sind im Molekül mehrere umlaufende Elektronen, so hat man das *gesamte magnetische Moment*

$$\mathfrak{m} = \frac{1}{2c}\sum e(\mathfrak{a} \times \dot{\mathfrak{a}}) \tag{50}$$

zu bilden, muß dann aber das Zeitmittel in der Formel (48) über eine Zeit T erstrecken, die gegen sämtliche vorhandenen Umlaufszeiten groß ist. In der neuen Quantenmechanik wird die Zeitmittelung ersetzt durch einen anderen Prozeß (Bildung der Diagonalglieder der zugehörigen Matrix); wir brauchen aber auf die genauere Methode der Mittelbildung nicht einzugehen, sondern werden mit einigen allgemeinen Annahmen über die Abhängigkeit des elektrischen und magnetischen Momentes von den Eigenschaften des Moleküls und von der Einwirkung äußerer Felder auskommen. Übrigens spielt in der Optik das magnetische Moment überhaupt nur eine geringe Rolle, weil die durchsichtigen Körper praktisch unmagnetisch sind; doch werden wir die Schwankungen des magnetischen Momentes bei der optischen Aktivität zu berücksichtigen haben.

§ 73. Der Tensor der Polarisierbarkeit und die wirkende Feldstärke.

Aus den Betrachtungen des vorigen Paragraphen ergibt sich folgende Behandlungsweise der feineren optischen Phänomene: Für die Fortpflanzung des Lichts werden die unveränderten MAXWELLschen Gleichungen I, § 1 (1a, b) oder auch § 72 (2a, b) angenommen. In diesen werden die Vektoren $\mathfrak{D}$ und $\mathfrak{B}$ gemäß § 72 (6) in

$$\mathfrak{D} = \mathfrak{E} + 4\pi\mathfrak{P}, \qquad \mathfrak{B} = \mathfrak{H} + 4\pi\mathfrak{M} \tag{1}$$

aufgespalten. Die Vektoren $\mathfrak{P}$ und $\mathfrak{M}$ des elektrischen und magnetischen Momentes werden ihrerseits durch Summation und Mittelung über die Momente der einzelnen Moleküle in der Volumeneinheit gebildet:

$$\mathfrak{P} = \overline{\Sigma\mathfrak{p}}, \qquad \mathfrak{M} = \overline{\Sigma\mathfrak{m}}. \tag{2}$$

Die Momente $\mathfrak{p}$, $\mathfrak{m}$ des einzelnen Moleküls müssen strenggenommen auf Grund der Atommechanik berechnet werden. Für die Optik interessieren aber gar nicht ihre absoluten Werte, sondern nur ihre Abhängigkeit von dem periodisch schwankenden Lichtfelde $\mathfrak{E}$, $\mathfrak{H}$. Da nun dieses im Verhältnis zu den Feldern, die im Molekül herrschen, äußerst schwach ist, so ist für viele Überlegungen ein genaues Eingehen auf den Atommechanismus gar nicht nötig; man kann vielmehr summarisch das Verhalten des Moleküls beschreiben, indem man die Komponenten von $\mathfrak{p}$ und $\mathfrak{m}$ als lineare Funktionen der Komponenten der wirkenden Feldstärken ansieht. Wir wollen vorläufig die magnetischen Wirkungen bei Seite lassen und für die elektrischen die Annahme machen, daß die Wellenlänge des Lichts gegen die Durchmesser der einzelnen Moleküle groß ist. Dann kann man das elektrische Feld innerhalb eines Moleküls als homogen ansehen. Allerdings wird dieses Feld nicht mit dem „Feld $\mathfrak{E}$ der Lichtwelle" identisch sein; wir wollen es *wirkendes Feld* nennen, und bezeichnen es mit $\mathfrak{E}'$. Diesen Unterschied werden wir nachher betrachten.

Für das durch das wirkende Feld $\mathfrak{E}'$ erzeugte elektrische Moment des Moleküls machen wir also den Ansatz

$$\mathfrak{p}_x = \sum_y \alpha_{xy} \mathfrak{E}'_y. \tag{3}$$

Dabei sind die Größen α_{xy} die Komponenten eines Tensors zweiter Stufe, den man den *Polarisierbarkeits-* oder auch *Deformierbarkeitstensor* nennt. Da $\mathfrak{p}$ von der Dimension $l \cdot e$ und $\mathfrak{E}$ von der Dimension e/l^2 ist, haben die Größen α_{xy} die Dimension l^3, sind also von der Art eines Volumens.

Die α_{xy} sind abhängig von der Konstitution des Moleküls; außerdem werden sie aber auch Funktionen der Frequenz des Lichts sein. Die folgenden Betrachtungen gelten daher immer nur für jeweils eine monochromatische Lichtwelle, und die Zusammensetzung für vielfarbiges Licht muß am Schluß vorgenommen werden.

Da man zur Berücksichtigung der Phasen die Komponenten des elektrischen Vektors als komplexe Größen ansetzen muß, hat man demgemäß auch die α_{xy} nicht als reelle, sondern als komplexe, von der Frequenz abhängige Zahlen anzunehmen. Dies bedeutet physikalisch, daß die Phase des Momentes $\mathfrak{p}$ nicht mit der Phase der erregenden Feldstärke übereinzustimmen braucht. Wir werden hierauf später in der Dispersionstheorie (Kap. VIII) zurückkommen, indem wir die Beziehung zwischen Moment und Feldstärke aus einem Molekülmodell wirklich berechnen, das nach den Vorstellungen der klassischen Physik konstruiert ist. In Wahrheit sind aber die Moleküle quantenmechanische Systeme, und man muß daher darauf gefaßt sein, daß sie sich etwas anders verhalten als die klassisch beschriebenen.

Wir werden daher am sichersten gehen, wenn wir über die α_{xy} keine weiteren Voraussetzungen machen, als daß sie bei gegebener Lichtfrequenz irgendwelche komplexe Zahlen sind. Das entspricht, wie wir sehen werden, dem allgemeinsten physikalischen Molekülmodell, bei dem nicht nur *konservative Kräfte*, sondern auch reibungsartige *Dämpfungskräfte* für die Elektronenschwingungen vorhanden sind. Solche Dämpfungskräfte sind im Prinzip unvermeidbar, weil die eigene Ausstrahlung des Moleküls ihm natürlich Energie entzieht. Es kommen aber, wie wir später (Kap. VIII) noch näher diskutieren werden, auch andere Dämpfungsursachen (z. B. Zusammenstöße der Moleküle) vor. Aber alle diese Dämpfungen haben bei den meisten Körpern, vor allem bei den Gasen, das gemeinsam, daß sie nur in gewissen Spektralbereichen merklich werden, nämlich in der unmittelbaren Umgebung von Eigenschwingungen des Moleküls (Emissions- und Absorptionslinien). Da in diesen Bereichen die Absorption groß ist, die Körper also undurchsichtig sind, kommen sie für viele optische Untersuchungen gar nicht in Betracht. In den Bereichen der Durchsichtigkeit kann man daher mit großer Annäherung von Dämpfungskräften absehen, und in diesem Falle ist es möglich, durch rein energetische Betrachtungen eine einschränkende Aussage über die α_{xy} zu machen: der Tensor α ist *hermitisch*, d. h. die zu den α_{xy} konjugiert komplexen Zahlen α^*_{xy} genügen den Relationen

$$\alpha^*_{xy} = \alpha_{yx}. \tag{4}$$

Dies folgt daraus, daß in einem konservativen System die Deformationsarbeit pro Zeiteinheit gleich der Ableitung einer Energiefunktion sein muß.

Wir behaupten, daß diese Energiefunktion durch die hermitische Form

$$u = \tfrac{1}{2}\mathfrak{p}\mathfrak{E}'^* = \tfrac{1}{2}\sum_x \mathfrak{p}_x \mathfrak{E}'^*_x = \tfrac{1}{2}\sum_{xy} \alpha_{xy} \mathfrak{E}'^*_x \mathfrak{E}'_y \tag{5}$$

gegeben ist; in der Tat nimmt eine solche Form nur reelle Werte an und kann daher eine Energiegröße darstellen.

Wir haben zu zeigen, daß die zeitliche Änderung der Größe u gleich der pro Zeiteinheit vom Felde am Molekül geleisteten Arbeit ist, wenn man voraussetzt, daß in jedem Augenblick die linearen Relationen (3) zwischen Feld und Moment bestehen. Diese Voraussetzung würde für beliebig mit der Zeit veränderliche Vorgänge nur näherungsweise erfüllt sein, nämlich wenn sie so langsam schwanken, daß die kinetische Energie vernachlässigt werden kann. Bei rein periodischen Vorgängen, wie wir sie hier allein betrachten, ist keine solche Einschränkung nötig, da die durch die Trägheit bedingten Phasenunterschiede zwischen Feld und Moment durch die Annahme komplexer α_{xy} schon berücksichtigt sind. Bei den energetischen Größen hat man (s. Kap. III, § 34) darauf zu achten, daß man vor dem Multiplizieren zu den reellen Werten übergeht. Wir haben daher zunächst mit einer reellen Feldstärke zu operieren (den Strich am Vektor $\mathfrak{E}$ wollen wir bei dieser Betrachtung fortlassen) und setzen diese aus zwei komplexen Ausdrücken zusammen wie in III, § 34 (2):

$$\mathfrak{E} = \tfrac{1}{2}(\mathfrak{A} e^{i\tau} + \mathfrak{A}^* e^{-i\tau}), \tag{6}$$

wo $\tau = \omega t$ ist. Dann wird trotzdem das induzierte Moment $\mathfrak{p}$ eine komplexe Zahl:

$$\mathfrak{p} = \mathfrak{p}_1 + i\mathfrak{p}_2 = \mathfrak{a} e^{i\tau} + \mathfrak{b} e^{-i\tau}, \tag{7}$$

wo $\mathfrak{a}$ und $\mathfrak{b}$ komplexe Vektoren sind. Der reelle Teil $\mathfrak{p}_1$ von $\mathfrak{p}$ stellt dann das reelle, von $\mathfrak{E}$ erzeugte Moment des Moleküls dar:

$$\mathfrak{p}_1 = \tfrac{1}{2}(\mathfrak{p} + \mathfrak{p}^*) = \tfrac{1}{2}(\mathfrak{a} + \mathfrak{b}^*) e^{i\tau} + \tfrac{1}{2}(\mathfrak{a}^* + \mathfrak{b}) e^{-i\tau}. \tag{8}$$

Die pro Zeiteinheit vom reellen Feld $\mathfrak{E}$ geleistete Arbeit ist daher

$$\dot{\mathfrak{p}}_1 \mathfrak{E} = \frac{i\omega}{4}\{(\mathfrak{a} + \mathfrak{b}^*)\mathfrak{A}^* - (\mathfrak{a}^* + \mathfrak{b})\mathfrak{A} + (\mathfrak{a} + \mathfrak{b}^*)\mathfrak{A} e^{2i\tau} - (\mathfrak{a}^* + \mathfrak{b})\mathfrak{A}^* e^{-2i\tau}\}. \tag{9}$$

Andererseits bilden wir die zeitliche Ableitung von $u = \frac{1}{2}\mathfrak{p}\mathfrak{E}^*$ und erhalten

$$\dot{u} = \tfrac{1}{2}(\dot{\mathfrak{p}}\mathfrak{E}^* + \mathfrak{p}\dot{\mathfrak{E}}^*). \tag{10}$$

Die zweite Summe in (10) formen wir auf Grund der Relation (4) der α um:

$$\mathfrak{p}\dot{\mathfrak{E}}^* = \sum_x \mathfrak{p}_x \dot{\mathfrak{E}}_x^* = \sum_{xy} \alpha_{xy}\mathfrak{E}_y \dot{\mathfrak{E}}_x^* = \sum_{xy} \alpha_{xy}^* \mathfrak{E}_x \dot{\mathfrak{E}}_y^* = \sum_x \dot{\mathfrak{p}}_x^* \mathfrak{E}_x = \dot{\mathfrak{p}}^* \mathfrak{E}. \tag{11}$$

Daher wird

$$\dot{u} = \tfrac{1}{2}(\dot{\mathfrak{p}}\mathfrak{E}^* + \dot{\mathfrak{p}}^*\mathfrak{E}).$$

Setzt man hierin die Ausdrücke (7) und (6) ein und vergleicht mit (9), so erkennt man, daß identisch gilt

$$\dot{u} = \dot{\mathfrak{p}}_1 \mathfrak{E}. \tag{12}$$

Rechts steht die (reelle) Deformationsarbeit, und die Gleichung zeigt, daß u die angegebene Bedeutung der Deformationsenergie hat. Man sieht aber auch ohne weiteres, daß dies im wesentlichen auf der Voraussetzung (4) beruht, ohne die die Gleichung (11) nicht gelten würde. Daher folgt aus der Forderung der Existenz einer Energiefunktion (von konservativen Kräften) das hermitische Verhalten des Tensors α.

Man kann aus dem Realteil der α_{xy} das *reelle Polarisationsellipsoid*

$$\sum_{xy} (\alpha_{xy} + \alpha_{xy}^*) xy = \text{konst.} \tag{13}$$

konstruieren und dieses dann auf Hauptachsen transformieren, so daß seine Gleichung die Gestalt

$$\sum_x \alpha_x x^2 = \text{konst.} \tag{14}$$

annimmt. Dann sind die nicht diagonalen Elemente α_{xy} rein imaginär, und zwar gibt es wegen der Bedingung (4) drei solcher Größen. Man kann setzen

$$\alpha_{yz} = -\alpha_{zy} = -i\mathfrak{d}_x, \qquad \alpha_{zx} = -\alpha_{xz} = -i\mathfrak{d}_y, \qquad \alpha_{xy} = -\alpha_{yx} = -i\mathfrak{d}_z, \tag{15}$$

wo $\mathfrak{d}_x$, $\mathfrak{d}_y$, $\mathfrak{d}_z$ die Komponenten eines reellen, axialen Vektors $\mathfrak{d}$ sind. Die Größe u hat dann, bezogen auf die Hauptachsen, die Form

$$u = \sum_x \{\alpha_x \mathfrak{E}_x \mathfrak{E}_x^* - i\mathfrak{d}_x(\mathfrak{E}^* \times \mathfrak{E})_x\}, \tag{16}$$

und man kann den Zusammenhang zwischen elektrischem Moment und erregendem Felde so schreiben:

$$\mathfrak{p}_x = \alpha_x \mathfrak{E}'_x + i(\mathfrak{d} \times \mathfrak{E}')_x. \tag{17}$$

Diese Gleichung (17) zeigt deutlich, was die Annahme komplexer α physikalisch bedeutet, nämlich, daß dem Molekül hinsichtlich seiner Kopplung mit dem elektrischen Lichtfeld ein rotatorisches Verhalten (man denke an einen Kreisel!) zukommt. Wir werden sehen, daß dieses hauptsächlich in zwei Fällen eintritt: 1. unter der Einwirkung eines Magnetfeldes (magnetisches Drehungsvermögen, § 78), und 2. bei Molekülen ohne Spiegelsymmetrie unter Berücksichtigung der Endlichkeit des Moleküldurchmessers im Verhältnis zur Wellenlänge (natürliches Drehungsvermögen, § 83).

Wir fügen hier noch die Bemerkung an, daß die aus den reellen Diagonalgliedern gebildete Größe

$$\alpha_{xx} + \alpha_{yy} + \alpha_{zz} = \alpha_x + \alpha_y + \alpha_z = 3\alpha \tag{18}$$

eine *Invariante* gegenüber Drehungen des Moleküls ist, und zwar ist es die einzige in den α lineare Invariante. Man nennt sie auch die *Spur des Polarisierbarkeitstensors*. Daneben gibt es Invarianten höheren Grades, unter denen z. B. auch das Quadrat der Länge des Vektors $\mathfrak{d}$ vorkommt.

Auf die Hauptachsendarstellung (16) kann man nun eine Einteilung der Moleküle (analog zu der entsprechenden der Kristalle) gründen, nämlich in

1. *allgemeine Moleküle*, $\alpha_x \neq \alpha_y \neq \alpha_z$,
2. *einachsige Moleküle*, $\alpha_x = \alpha_y \neq \alpha_z$,
3. *isotrope Moleküle*, $\alpha_x = \alpha_y = \alpha_z = \alpha$.

Da die α von der Frequenz abhängen, werden auch die Achsenrichtungen im allgemeinen sich mit dieser ändern. Insbesondere wird dies im allgemeinen beim Falle 1 statthaben; dagegen wird im Falle 2 die Z-Achse im Molekül festliegen. Im Falle 3 endlich kann irgendein Achsenkreuz im Molekül unabhängig von der Frequenz gewählt werden.

Von dieser Einteilung zu unterscheiden ist die der *mittleren Polarisierbarkeit der Volumeneinheit*; denn durch angelegte konstante äußere elektrische oder magnetische Felder, oder auch durch andere Einwirkungen kann die makroskopische Symmetrie von der mikroskopischen verschieden gemacht werden. Wir wollen hier nur den trivialen Fall erwähnen, daß keine solchen Einwirkungen vorliegen, durch die eine Raumrichtung vor der anderen ausgezeichnet wird.

Dann muß unter allen Umständen das Medium im Mittel isotrop, d. h. $\mathfrak{P}$ proportional $\mathfrak{E}'$ (also auch proportional $\mathfrak{E}$) sein:

(19) $$\mathfrak{P} = N\bar{\mathfrak{p}}\,, \quad \bar{\mathfrak{p}} = \alpha\,\mathfrak{E}'\,;$$

N ist die Anzahl der Moleküle in der Volumeneinheit, die LOSCHMIDTsche Zahl.

Wir haben jetzt auf den Unterschied zwischen dem Feld $\mathfrak{E}$ der Lichtwelle und dem wirkenden Feld $\mathfrak{E}'$ näher einzugehen. Diese beiden Begriffe stimmen nur bei großem Abstande der Moleküle, also in verdünnten Gasen, überein, bei dichterer Materie, insbesondere in Flüssigkeiten und festen Körpern, ist die elektrische Wechselwirkung der Dipole in den verschiedenen Atomen und Molekülen zu berücksichtigen.

Natürlich ist das Problem der Wechselwirkung der Dipole in Wahrheit äußerst verwickelt. Hat man es mit molekular ungeordneten, quasiisotropen Körpern zu tun, so muß man sich mit Näherungstheorien und Mittelungsmethoden begnügen. Dagegen kann man für den Fall hochgeordneter Moleküle, d. h. im Falle der Kristallgitter, die Gesetze der Wechselwirkung streng ableiten. Wir wollen zuerst eine einfache Näherungsmethode anwenden, die nicht auf die Wirkung der einzelnen Dipole eingeht, und nachher wenigstens die Grundgedanken einer strengen Theorie der Wechselwirkung der Dipole in nichtkristallinen Medien (§ 74) und in Kristallen (§ 75) angeben.

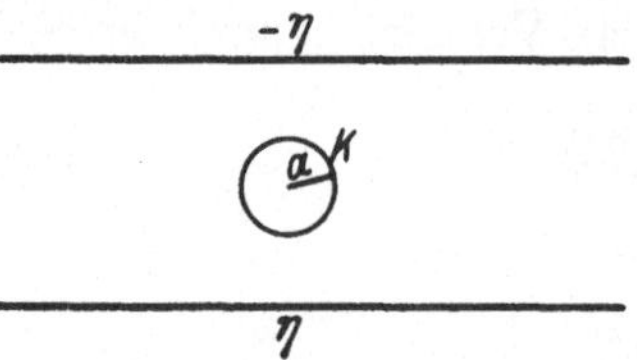

Fig. 185. Zur Theorie der „wirkenden Feldstärke".

In einem quasiisotropen Molekülgemenge betrachten wir ein einzelnes Molekül M unter der Wirkung aller übrigen. Dann können wir diese in zwei Gruppen teilen, die wir durch eine um M gelegte Kugel voneinander getrennt denken. Bei geeigneter Wahl des Radius dieser Kugel wird außerhalb von ihr die atomistische Struktur für die Einwirkung auf M nicht mehr wesentlich sein; die Einwirkung wird dieselbe sein wie die eines Kontinuums mit stetig veränderlicher Polarisation $\mathfrak{P}$. Die Gruppe der Moleküle im Innern der Kugel wird dagegen eine ganz unregelmäßige und unübersehbare Wirkung auf M ausüben. Im isotropen Fall kann man aber wohl als plausibel annehmen, daß alle diese unregelmäßigen Wirkungen sich im Mittel aufheben. Wir werden daher die in einem homogen polarisierten Körper auf ein einzelnes Molekül M wirkende Feldstärke $\mathfrak{E}'$ näherungsweise so berechnen:

Aus der Materie sei eine Kugel um M mit dem Radius a herausgeschnitten, die leer von Molekülen sei. Wir setzen voraus, daß a klein gegen die Wellenlänge λ des Lichts ist, und daß wir die Retardierungen vernachlässigen können. Außerhalb dieser Kugel herrscht dann bis zu einem gegen a großen Abstande von M die konstante durch (19) gegebene mittlere Polarisation.

Damit ist unsere Frage auf das elektrostatische Problem zurückgeführt, welchen Einfluß eine leere Kugel in einem homogen elektrisierten Medium auf die Feldverteilung hat.

Wir betrachten ein plattenförmiges Dielektrikum zwischen zwei metallischen Belegungen (s. Fig. 185), an denen eine Spannung angelegt sei. Die Dichte der wahren Ladung auf den Platten sei $-\eta$ bzw. $+\eta$; diese Dichte hängt mit der dielektrischen Verschiebung im Medium bekanntlich zusammen nach der Formel

(20) $$\mathfrak{D}_\nu = 4\pi\eta\,.$$

Die in einem Punkte des Platteninnern herrschende Feldstärke ist

(21) $$\mathfrak{E} = \mathfrak{D} - 4\pi\,\mathfrak{P}\,.$$

Wir denken uns nunmehr aus der Platte im Innern eine Kugel vom Radius a herausgeschnitten. Dann können wir das im Innern der Kugel herrschende Feld zusammensetzen aus drei Anteilen:

1. Dem Feld $4\pi\eta$ der wahren Ladung auf den Metallplatten,
2. dem Feld der freien Ladungen auf den ebenen Grenzflächen des Dielektrikums vom Betrage $-4\pi\mathfrak{P}_\nu$,
3. dem Feld der freien Ladungen auf der Oberfläche der Hohlkugel; letztere ist offenbar entgegengesetzt gleich der freien Ladung, die die herausgeschnittene homogen polarisierte Kugel an ihrer Oberfläche trägt.

Um sie zu berechnen, gehen wir aus von der Formel § 72 (31) und spezialisieren sie für eine homogene Polarisierung, wobei wir zugleich das Vorzeichen umkehren; dann ist das Feld der Oberflächenladungen in der Hohlkugel gegeben durch

$$\varphi = -\mathfrak{P}\int \operatorname{grad}' \frac{1}{r}\, dS', \tag{22}$$

wo die Differentiation grad' an den Koordinaten des Integrationselements dS' auszuführen ist. Wir können diese Differentiation mit der Operation grad, auszuführen an den Koordinaten des Aufpunkts, vertauschen, müssen aber dann das Vorzeichen umkehren. Dann wird

$$\varphi = \mathfrak{P}\operatorname{grad}\int\frac{dS'}{r} = -\mathfrak{P}\operatorname{grad}\varphi_0, \tag{23}$$

wo

$$\varphi_0 = -\int\frac{dS'}{r} \tag{24}$$

das Potential des mit der homogenen Ladungsdichte -1 erfüllten Raumteils ist, in dem die konstante Polarisation $\mathfrak{P}$ besteht.

Für die wirkende Feldstärke der Belegung auf der Hohlkugel folgt

$$-\frac{\partial\varphi}{\partial x} = \frac{\partial}{\partial x}\sum_y \mathfrak{P}_y\frac{\partial\varphi_0}{\partial y} = \sum_y \mathfrak{P}_y\frac{\partial^2\varphi_0}{\partial x\,\partial y}. \tag{25}$$

Nun sind aber aus Symmetriegründen die gemischten Ableitungen im Mittelpunkte offensichtlich Null, die übrigen einander gleich:

$$\frac{\partial^2\varphi_0}{\partial x\,\partial y} = 0,\ldots,\qquad \frac{\partial^2\varphi_0}{\partial x^2} = \frac{\partial^2\varphi_0}{\partial y^2} = \frac{\partial^2\varphi_0}{\partial z^2}. \tag{26}$$

Da nun das Potential der homogenen Dichte -1 der Gleichung

$$\Delta\varphi_0 = 4\pi \tag{27}$$

genügt, so hat jede der zuletzt genannten zweiten Ableitungen den Wert $4\pi/3$, und wir erhalten für den Anteil der wirkenden Feldstärke, der von der Oberflächenladung der Hohlkugel herrührt:

$$-\frac{\partial\varphi}{\partial x} = \frac{4\pi}{3}\mathfrak{P}_x. \tag{28}$$

Nun setzen wir das Gesamtfeld im Innern der Hohlkugel aus seinen drei Teilen zusammen:

$$\mathfrak{E}' = \mathfrak{D} - 4\pi\mathfrak{P} + \frac{4\pi}{3}\mathfrak{P}, \tag{29}$$

oder unter Einführung des Feldes, welches ohne das Herausschneiden der Kugel bestehen würde, nach (21)

$$\mathfrak{E}' = \mathfrak{E} + \frac{4\pi}{3}\mathfrak{P}. \tag{30}$$

Mit Hilfe dieser Formel läßt sich die Optik dichter Medien vollständig behandeln, insbesondere die Dichteabhängigkeit des Brechungsindex in guter Übereinstimmung mit der Erfahrung darstellen. Wir werden das in § 76 besprechen. Dazwischen aber werden zwei andere Abschnitte eingeschaltet, und zwar aus folgenden Gründen: Die vorstehend gegebene Ableitung des wirkenden Feldes (30) beruht auf Annahmen, die anfechtbar erscheinen könnten: die Moleküle, die sich in der kleinen, das gerade betrachtete Molekül umgebenden Kugel befinden, werden als unwirksam vorausgesetzt, und die außerhalb dieser Kugel sich befindenden Molekeln werden als Medium mit konstanter Polarisierbarkeit behandelt. Obwohl das anschaulich recht plausibel erscheint, so ist es doch notwendig, für eine so wichtige Formel eine strengere Begründung zu geben, bei der keine andere Annahme gemacht wird als die in jeder Statistik vorkommenden strengen Mittelbildungen über Moleküllagen und -richtungen. Das geschieht in § 74. Unsere Formel (30) erfordert außerdem eine weitere Ergänzung; denn aus ihrer Ableitung geht klar hervor, daß sie durchaus an die Voraussetzung der Isotropie gebunden ist.

Hat man eine anisotrope Substanz, so könnte man die verschiedene Wertigkeit der Richtung dadurch zum Ausdruck bringen, daß man statt einer Kugel ein Ellipsoid herausgeschnitten denkt. Man könnte die Polarisation dann wieder mit Hilfe der Gleichung (23) berechnen, wo φ_0 diejenige Lösung der Gleichung (27) ist, die der ellipsoidischen Begrenzung entspricht. Dann wären die sämtlichen zweiten Ableitungen von φ_0 im Mittelpunkte im allgemeinen von Null verschieden, und das wirkende Feld wäre nach (25) eine lineare Vektorfunktion von $\mathfrak{P}$. Nur wüßte man natürlich von vornherein nichts über die Form (Achsenverhältnis) des Ellipsoids und müßte darüber willkürliche Annahmen machen. Eine exakte Theorie anisotroper Medien ist also auf diese Weise nicht zu gewinnen. Wir werden daher in § 75 eine genauere Untersuchung dieser Verhältnisse auf Grund der Gittertheorie der Kristalle vornehmen und das wirkende Feld willkürfrei berechnen.

§ 74. Molekulare Theorie der Lichtfortpflanzung, Brechung und Reflexion in isotropen Medien.*

Wir geben jetzt eine strenge statistische Theorie der Lichtfortpflanzung in makroskopisch isotropen Medien, also Gasen, Flüssigkeiten und amorphen festen Körpern (Gläsern). Sie sind erstens dadurch gekennzeichnet, daß die Moleküle gleichmäßig nach allen Raumrichtungen orientiert sind, so daß die Gleichung § 73 (19)

$$\mathfrak{p} = \alpha\mathfrak{E}' \tag{1}$$

gilt, wo α die (im allgemeinen komplexe) mittlere Polarisierbarkeit des Moleküls ist; zweitens dadurch, daß die Schwerpunkte der Moleküle nicht nach regelmäßiger Anordnung, sondern statistisch über den Raum verteilt sind. Man hat also strenggenommen die Rechnung für alle möglichen Raumverteilungen durchzuführen und dann über diese zu mitteln. Man kann aber die optischen Erscheinungen in zwei Klassen zerlegen: 1. solche, die von der mittleren gleichmäßigen Verteilung der Moleküle über den Raum abhängen, und 2. solche, die von den Schwankungen um diese mittlere Verteilung abhängen. Hier haben wir es zunächst nur mit den ersteren zu tun, betrachten also die Moleküldichte N als Konstante; später werden wir dann die Schwankungserscheinungen (Lichtzerstreuung, § 81) betrachten[1].

Wir wollen den Vorgang der Lichtfortpflanzung in einem solchen isotropen Körper hier bis in alle Einzelheiten verfolgen:

Die äußere Lichtwelle trifft die in den Molekülen befindlichen Dipole und regt sie zu Schwingungen an. Von jedem Dipol geht dann eine sekundäre Lichtwelle aus (s. hierzu die in IV, § 52 behandelte Theorie der Beugung der Röntgenstrahlen). Alle diese Kugelwellen interferieren miteinander, und daraus müssen die Erscheinungen entstehen, die in der makroskopischen MAXWELLschen Theorie durch die geometrischen Gesetze der Reflexion und Brechung und die FRESNELschen Amplitudenformeln I, § 10 (14) und (15) beschrieben werden. Wir haben folgendes zu zeigen: Die sekundären Kugelwellen löschen im Innern der Substanz gerade die einfallende Welle aus, setzen sich nach rückwärts zu einer im Mittel ebenen Welle, der reflektierten, zusammen und nach vorwärts zu einer ebenen Welle anderer Phasengeschwindigkeit, der gebrochenen; und wenn man von den kleinen, auf der molekularen Struktur beruhenden Unregelmäßigkeiten absieht, besteht zwischen den Fortpflanzungsvektoren und den Amplituden der Wellen genau der von der makroskopischen Theorie geforderte Zusammenhang.

Zur bequemen Darstellung eines Dipolfeldes benutzt man am besten nicht die Potentiale Φ und $\mathfrak{A}$, sondern den sog. HERTZ*schen Vektor*, indem man setzt

$$\left.\begin{aligned} \Phi &= -\operatorname{div}\mathfrak{Z}, \\ \mathfrak{A} &= \frac{1}{c}\dot{\mathfrak{Z}}. \end{aligned}\right\} \tag{2}$$

Dann ist die Bedingung § 72 (13)

$$\operatorname{div}\mathfrak{A} + \frac{1}{c}\dot{\Phi} = 0$$

identisch erfüllt, und wenn man für $\mathfrak{Z}$ die Wellengleichung

$$\Delta\mathfrak{Z} - \frac{1}{c^2}\ddot{\mathfrak{Z}} = 0 \tag{3}$$

ansetzt, so genügen auch $\mathfrak{A}$ und Φ derselben Gleichung. Die Feldstärken $\mathfrak{E}$ bzw. $\mathfrak{H} = \mathfrak{B}$ kann man auf Grund von § 72 (10) bzw. (8) und § 74 (2) direkt aus $\mathfrak{Z}$ berechnen; man erhält mit Rücksicht auf (3):

$$\left.\begin{aligned} \mathfrak{E} &= \operatorname{grad}\operatorname{div}\mathfrak{Z} - \Delta\mathfrak{Z} = \operatorname{rot}\operatorname{rot}\mathfrak{Z}, \\ \mathfrak{H} &= \frac{1}{c}\operatorname{rot}\dot{\mathfrak{Z}}. \end{aligned}\right\} \tag{4}$$

Wir behaupten zunächst, daß das Wellenfeld eines einzelnen Dipols $\mathfrak{p}$ durch den Ansatz darstellbar ist:

$$\mathfrak{Z} = \frac{[\mathfrak{p}]}{r}, \tag{5}$$

wo die eckige Klammer wieder die Retardierung (Ersetzung von t durch $t - r/c$) bedeutet; denn nach (2) folgt hieraus

$$\Phi = \frac{[\mathfrak{p}]\mathfrak{r}}{r^3} + \frac{[\dot{\mathfrak{p}}]\mathfrak{r}}{c r^2}, \qquad \mathfrak{A} = \frac{1}{c}\,\frac{[\dot{\mathfrak{p}}]}{r}, \tag{6}$$

[1] Die hier dargestellte Optik amorpher Körper ist von folgenden Autoren behandelt worden: W. ESMARCH: Ann. Physik Bd. 42 (1913) S. 1257; C. W. OSEEN: Ebenda Bd. 48 (1915) S. 1; W. BOTHE: Dissert. Berlin 1914 u. Ann. Physik Bd. 64 (1921) S. 693. Eine ausgezeichnete Zusammenfassung stammt von R. LUNDBLAD: Univ. Arskrift, Upsala 1920. S. auch G. DARWIN: Trans. Cambr. Soc. Bd. 23 (1924) Nr. VI, S. 137.

und diese Ausdrücke stimmen mit § 72 (36), (37) überein. Zu diesem elektrischen Dipolfeld wird im allgemeinen [s. z. B. § 72 (30b)] noch ein Feld hinzukommen, das von dem magnetischen Moment $\mathfrak{m}$ des Atoms herrührt; es liefert nur einen Beitrag zum Vektor $\mathfrak{A}$, d. h. zum magnetischen Felde. Wir wollen diesen Beitrag zum Felde im folgenden fortlassen, und zwar aus diesem Grunde:

Wir nehmen an, daß die Atome des Mediums im natürlichen Zustande unmagnetisch sind. Hieraus folgt, daß das hier betrachtete, von der Magnetisierung herrührende Feld ohne die Einwirkung des Lichts im Mittel verschwindet. Strenggenommen müßten aber die durch das Licht erzeugten Schwankungen der Magnetisierung in Rechnung gezogen werden (s. § 84). Sie sind, wie man leicht erkennt, von der Größenordnung des Verhältnisses a/λ der Atomdimension a und der Wellenlänge λ, also für sichtbares Licht außerordentlich klein. Wir werden sie also im folgenden vernachlässigen; sie werden aber später (§ 83, 84) bei der optischen Aktivität berücksichtigt werden.

Das gesamte elektrische Feld $\mathfrak{E}'_j$, das an dem $j$ten Dipol im Innern des Mediums angreift, setzt sich zusammen aus der einfallenden Lichtwelle $\mathfrak{E}^e$ und aus den Beträgen $\mathfrak{E}_l$ der übrigen Dipole:

$$\mathfrak{E}'_j = \mathfrak{E}^e + \sum_l{}' \mathfrak{E}_{jl}, \tag{7}$$

wobei über alle Dipole mit Ausnahme des $j$ten zu summieren ist. Das Feld des $l$ten Dipols an der Stelle des $j$ten berechnet sich nach (4) und (5) zu

$$\mathfrak{E}_{jl} = \operatorname{rot}\operatorname{rot} \frac{\mathfrak{p}_0\left(t - \frac{R_{jl}}{c}\right)}{R_{jl}}; \tag{8}$$

R_{jl} ist die Entfernung des $l$ten Dipols vom Aufpunkt j. Die Operation rot rot ist an den Aufpunktskoordinaten vorzunehmen.

Wir ersetzen nun die (unbekannte, aber im Mittel gleichförmige) unstetige Verteilung der Dipolmittelpunkte durch eine stetige, d. h. wir sehen das Moment des Dipols als eine Funktion des Ortsvektors $\mathfrak{r}$ (und der Zeit t), $\mathfrak{p} = \mathfrak{p}(\mathfrak{r}, t)$, an. Ebenso soll die Dichte eine Ortsfunktion $N(\mathfrak{r})$ sein. Bezeichnen wir das Volumenelement an der Stelle des Dipols mit

$$dS' = dx'\,dy'\,dz' \tag{9}$$

und setzen

$$\mathfrak{R} = \mathfrak{r} - \mathfrak{r}', \qquad R = |\mathfrak{R}| = \sqrt{(x - x')^2 + (y - y')^2 + (z - z')^2}, \tag{10}$$

so wird das Feld an der Stelle x, y, z des $j$ten Dipols nach (7) und (8)

$$\mathfrak{E}'(\mathfrak{r}, t) = \mathfrak{E}^e(\mathfrak{r}, t) + \operatorname{rot}\operatorname{rot} \int N \frac{\mathfrak{p}\left(\mathfrak{r}', t - \frac{R}{c}\right)}{R}\, dS', \tag{11}$$

wobei zu integrieren ist über den ganzen vom Medium eingenommenen Raum bis auf den kleinen Raum, den das Atom einnimmt, auf das wir die wirkende Kraft beziehen. Wir werden das kleine Volumen, das vom Atom eingenommen wird, seinen „Wirkungsraum" nennen und als Kugel vom Radius a annehmen. Doch kommt es auf die spezielle Form nicht an, da wir schließlich zum Limes $a \to 0$ übergehen werden.

Setzt man hier für $\mathfrak{p}$ den Ansatz (1) ein, so erhält man eine Bestimmungsgleichung für $\mathfrak{E}'$, und zwar ist es eine lineare Integro-Differentialgleichung. Man könnte nun ein systematisches Lösungsverfahren für diese versuchen. Für ein unendlich ausgedehntes Medium mit konstanter Dichte N ist diese von LUNDBLAD durchgeführt worden; doch wollen wir darauf nicht eingehen.

Wir wollen vielmehr nach einem Verfahren von OSEEN den Fall behandeln, wo das betrachtete Medium den Halbraum $z < 0$ erfüllt, d. h. wir wollen nicht nur die Gesetze der Lichtfortpflanzung im Innern, sondern zugleich die der Reflexion und Brechung an der Grenze ableiten. Das OSEENsche Verfahren besteht darin, in die Integralgleichung gleich mit einem solchen Ansatz einzugehen, wie er zur Darstellung des tatsächlichen Vorganges nötig ist: Im Innern des Mediums pflanzt sich eine ebene Welle fort, die sich von der einfallenden $\mathfrak{E}^e$ durch Richtung und Wellenlänge unterscheidet. Wir setzen (mit $N =$ konst.) die Dipolverteilung im Innern des Mediums so an:

$$\mathfrak{P} = N\mathfrak{p} = N\alpha\mathfrak{E}' = \mathfrak{P}^0 e^{\frac{2\pi i}{\lambda}\mathfrak{s}\mathfrak{r}} e^{-i\omega t}, \tag{12}$$

und gehen mit diesem Ansatz in das Integralglied der Gleichung (11) ein; die Gleichung selbst schreiben wir abkürzend:

$$\mathfrak{E}' = \mathfrak{E}^e + \operatorname{rot}\operatorname{rot}\mathfrak{Z}, \tag{13}$$

mit

$$\mathfrak{Z} = \int \frac{\mathfrak{P}\left(\mathfrak{r}', t - \frac{R}{c}\right)}{R} dS', \tag{14}$$

wo das Integral über den Halbraum $z < 0$ zu erstrecken und der Wirkungsraum $R < a$ um den Aufpunkt auszuschließen ist.

Damit nun die Gleichung (13) erfüllt ist, muß offenbar folgendes statthaben: Das Integralglied $\operatorname{rot}\operatorname{rot}\mathfrak{Z}$ über die vorgeschriebene Dipolverteilung muß beim Ausrechnen sich im Innern des Mediums, $z < 0$, auf die Summe zweier ebenen Wellen reduzieren, die die beiden anderen Glieder der Gleichung, $\mathfrak{E}' - \mathfrak{E}^e$, gerade aufhebt. Man kann nun die eine Teilwelle durch Wahl ihrer Wellenlänge (unabhängig von der Richtung der Wellennormalen) so bestimmen, daß sie gerade gleich der linken Seite $\mathfrak{E}'$ der Gleichung (13) wird. Dann kann man die Wellennormale so wählen, daß die zweite Teilwelle im Innern des Mediums die einfallende Welle $\mathfrak{E}^e$ gerade aufhebt (gleiche Amplitude und entgegengesetzte Phase hat). Dies Resultat nennt man den OSEEN*schen Auslöschungssatz.*

Im Außenraum $z > 0$ gilt die Gleichung (13) natürlich nicht, aber man kann das Dipolfeld $\operatorname{rot}\operatorname{rot}\mathfrak{Z}$ auch dort ausrechnen. Man erhält eine ebene, von der Grenze fortlaufende Welle, die der reflektierten Welle entspricht. Unsere Gleichung muß dann von selbst die geometrischen Gesetze der Reflexion und Brechung und die FRESNELschen Formeln für die Amplitude liefern.

Dies Programm wollen wir jetzt durchführen.

Wir trennen von der Dipolwelle (12) den Zeitfaktor ab und schreiben

$$\mathfrak{P} = \mathfrak{F} e^{-i\omega t}, \tag{15}$$

wo

$$\mathfrak{F}(\mathfrak{r}) = \mathfrak{P}^0 e^{\frac{2\pi i}{\lambda}\mathfrak{s}\mathfrak{r}} \tag{16}$$

gesetzt ist.

Diese Funktion $\mathfrak{F}$ genügt der Gleichung

$$\Delta\mathfrak{F} = -\left(\frac{2\pi}{\lambda}\right)^2 \mathfrak{F} = -n^2\left(\frac{\omega}{c}\right)^2 \mathfrak{F}. \tag{17}$$

Da $\mathfrak{E}'$ quellenfrei ist, gilt nach (12) überdies

$$\operatorname{div}\mathfrak{F} = 0. \tag{18}$$

Gehen wir mit diesem Ansatz in das Integralglied von (13) ein, so wird aus (14)

$$\mathfrak{J} = \int \mathfrak{F}(\mathfrak{r}') \frac{e^{-i\omega\left(t-\frac{R}{c}\right)}}{R} dS' = e^{-i\omega t} \int \mathfrak{F}(\mathfrak{r}') \varphi(R) dS', \tag{19}$$

mit

$$\varphi(R) = \frac{e^{i\omega\frac{R}{c}}}{R}. \tag{20}$$

Diese Funktion φ stellt eine Kugelwelle im Vakuum dar, genügt also der Gleichung [s. § 43 (5) und (2)]

$$\Delta\varphi = \operatorname{div}\operatorname{grad}\varphi = -\frac{\omega^2}{c^2}\varphi, \tag{21}$$

die besagt, daß sich die Zustrahlung der Dipole im Vakuum mit der normalen Lichtgeschwindigkeit c vollzieht [die Gleichung (17) dagegen ist eine Identität für die Funktion (16), die wir zur Darstellung der ebenen Welle angesetzt haben; wir betonen das, um klarzustellen, daß in der vorliegenden Theorie in der Tat nur die MAXWELLschen Gleichungen für das Vakuum benutzt werden].

Multiplizieren wir die Gleichung (19) mit $-n^2\frac{\omega^2}{c^2}$ und benutzen (17), so können wir schreiben

$$-n^2\frac{\omega^2}{c^2}\mathfrak{J} = e^{-i\omega t}\int \Delta'\mathfrak{F}(\mathfrak{r}')\cdot\varphi(R)\,dS'. \tag{22}$$

Andererseits können wir die mit $-\omega^2/c^2$ multiplizierte Gleichung (19) nach (21) auch so schreiben:

$$-\frac{\omega^2}{c^2}\mathfrak{J} = e^{-i\omega t}\int \mathfrak{F}(\mathfrak{r}')\Delta'\varphi\,dS'. \tag{23}$$

Durch Subtraktion der Gleichung (22) von (23) folgt

$$\frac{\omega^2}{c^2}(n^2-1)\mathfrak{J} = e^{-i\omega t}\int\{\mathfrak{F}\Delta'\varphi - \varphi\Delta'\mathfrak{F}\}dS'. \tag{24}$$

Wir benutzen nun die GREENsche Formel IV, § 45 (1)

$$\int\{f\Delta g - g\Delta f\}dS = \int\left\{f\frac{\partial g}{\partial\nu} - g\frac{\partial f}{\partial\nu}\right\}d\sigma \tag{25}$$

und erhalten

$$\mathfrak{J} = \frac{c^2}{\omega^2}\frac{e^{-i\omega t}}{n^2-1}\int\left\{\mathfrak{F}\frac{\partial\varphi}{\partial\nu'} - \varphi\frac{\partial\mathfrak{F}}{\partial\nu'}\right\}d\sigma'. \tag{26}$$

Das Integral ist über die äußere Begrenzung Σ des Mediums und bei innerem Aufpunkt auch über die Oberfläche σ des kugelförmigen Wirkungsraumes um den Aufpunkt zu erstrecken. Das Feld des schwingenden Dipols, $\operatorname{rot}\operatorname{rot}\mathfrak{J}$, ist jetzt dargestellt durch eine fiktive Dipolverteilung auf diesen Grenzflächen.

Wir zerlegen das Integral in die beiden eben geschilderten Anteile $\mathfrak{J}_\Sigma$ und $\mathfrak{J}_\sigma$, wobei $\mathfrak{J}_\sigma$ im Falle eines äußeren Aufpunktes verschwindet. Diese beiden Anteile berechnen wir der Reihe nach und beginnen mit $\mathfrak{J}_\sigma$.

Nach (26) ist

$$\operatorname{rot}\operatorname{rot}\mathfrak{J}_\sigma = \frac{c^2 e^{-i\omega t}}{\omega^2(n^2-1)}\operatorname{rot}\operatorname{rot}\int_{R=a}\left(\mathfrak{F}\frac{\partial\varphi}{\partial\nu'} - \varphi\frac{\partial\mathfrak{F}}{\partial\nu'}\right)d\sigma'. \tag{27}$$

Um die Differentiation rotrot hier ausführen zu können, muß man das Integral für eine feste Wirkungskugel in einem variablen, dem Kugelmittelpunkt benachbarten Punkte x, y, z berechnen und dann nach x, y, z differenzieren. (Es genügt nicht, das Integral im Mittelpunkte zu berechnen; dann wird es zwar auch eine

Funktion der Lage x, y, z des Mittelpunktes, bei der Differentiation nach diesem ist aber dabei die Wirkungskugel fest an den Aufpunkt gebunden und nicht fest im Raum, wie es bei der Differentiation gefordert ist.) Wir können jedoch diese etwas schwierige Ausrechnung dadurch umgehen, daß wir die Operation rot rot unter dem Integralzeichen ausführen; dann genügt es, nachher den Wert des Integrals nur im Mittelpunkt zu berechnen, und das ist wesentlich einfacher. Somit schreiben wir

$$\operatorname{rot}\operatorname{rot}\mathfrak{J}_\sigma = \frac{c^2 e^{-i\omega t}}{\omega^2(n^2-1)}(\mathfrak{J}_2 - \mathfrak{J}_1), \tag{28}$$

wo

$$\text{(29)}\quad\begin{cases} \text{(a)}\quad \mathfrak{J}_1 = \displaystyle\int_{R=a} \operatorname{rot}\operatorname{rot}\left(\varphi \frac{\partial \mathfrak{F}}{\partial \nu'}\right) d\sigma', \\ \text{(b)}\quad \mathfrak{J}_2 = \displaystyle\int_{R=a} \operatorname{rot}\operatorname{rot}\left(\mathfrak{F} \frac{\partial \varphi}{\partial \nu'}\right) d\sigma'. \end{cases}$$

Hier sind nun $\mathfrak{F}$ und $\partial\mathfrak{F}/\partial\nu'$ Funktionen von $\mathfrak{r}'$, während sich die Operation rot rot auf den Aufpunkt $\mathfrak{r}$ bezieht. Wir haben daher die Aufgabe, die Größe $\operatorname{rot}\operatorname{rot}\psi\mathfrak{B}$ auszurechnen, wo ψ eine skalare Ortsfunktion und $\mathfrak{B}$ ein *konstanter* Vektor ist. Mit Hilfe der beiden einfach zu verifizierenden Formeln

$$\text{(30)}\quad\begin{cases} \text{(a)}\quad \operatorname{rot}\psi\mathfrak{B} = \operatorname{grad}\psi \times \mathfrak{B}, \\ \text{(b)}\quad \operatorname{rot}(\mathfrak{A}\times\mathfrak{B}) = (\mathfrak{B}\operatorname{grad})\mathfrak{A} - \mathfrak{B}\operatorname{div}\mathfrak{A} \end{cases}$$

erhält man

$$\operatorname{rot}\operatorname{rot}\psi\mathfrak{B} = \operatorname{rot}(\operatorname{grad}\psi\times\mathfrak{B}) = (\mathfrak{B}\operatorname{grad})\operatorname{grad}\psi - \mathfrak{B}\operatorname{div}\operatorname{grad}\psi. \tag{31}$$

Somit wird der Integrand von (29a):

$$\text{(32)}\quad\begin{cases} \operatorname{rot}\operatorname{rot}\left(\varphi\dfrac{\partial\mathfrak{F}}{\partial\nu'}\right) = \left(\dfrac{\partial\mathfrak{F}(\mathfrak{r}')}{\partial\nu'}\operatorname{grad}\right)\operatorname{grad}\varphi - \dfrac{\partial\mathfrak{F}(\mathfrak{r}')}{\partial\nu'}\operatorname{div}\operatorname{grad}\varphi \\ \qquad = \dfrac{\partial\mathfrak{F}(\mathfrak{r}')}{\partial\nu'}\dfrac{\varphi'(R)}{R} + \dfrac{1}{R}\dfrac{d}{dR}\left(\dfrac{\varphi'}{R}\right)\cdot\mathfrak{R}\left(\dfrac{\partial\mathfrak{F}(\mathfrak{r}')}{\partial\nu'}\mathfrak{R}\right) + \dfrac{\partial\mathfrak{F}(\mathfrak{r}')}{\partial\nu'}\dfrac{\omega^2}{c^2}\varphi, \end{cases}$$

wobei die Gleichung (21) benutzt und

$$\varphi' = \frac{d\varphi}{dR} \tag{33}$$

gesetzt ist.

Wir führen den Einheitsvektor vom Aufpunkt zum Integrationspunkt

$$\mathfrak{e} = \frac{\mathfrak{R}}{R} \tag{34}$$

ein. Ferner ist auf der Kugel

$$\frac{\partial}{\partial\nu'} = -\frac{\partial}{\partial R}. \tag{35}$$

Also wird

$$\operatorname{rot}\operatorname{rot}\left(\varphi\frac{\partial\mathfrak{F}(\mathfrak{r}')}{\partial\nu'}\right) = -\left(\frac{\varphi'}{R} + \frac{\omega^2}{c^2}\varphi\right)\frac{\partial\mathfrak{F}(\mathfrak{r}')}{\partial R} - R\frac{d}{dR}\left(\frac{\varphi'}{R}\right)\cdot\mathfrak{e}\cdot\left(\frac{\partial\mathfrak{F}(\mathfrak{r}')}{\partial R}\mathfrak{e}\right). \tag{36}$$

Zur Ausführung des Integrals $\mathfrak{J}_1$ ist nun $R = a$ zu setzen und dann über alle Richtungen zu integrieren, oder, was dasselbe besagt, mit $4\pi a^2$ zu multiplizieren und über alle Richtungen zu mitteln. Führen wir die Konstanten

$$A = -4\pi a^2\Phi(a), \qquad B = -4\pi a^2\Psi(a) \tag{37}$$

mit

$$\Phi(R) = \frac{\varphi'(R)}{R} + \frac{\omega^2}{c^2}\varphi(R), \qquad \Psi(R) = R\frac{d}{dR}\left(\frac{\varphi'(R)}{R}\right) \tag{38}$$

ein, so wird

$$\mathfrak{F}_1 = A\,\overline{\left(\frac{\partial\mathfrak{F}(\mathfrak{r}')}{\partial R}\right)_{R=a}} + B\,\overline{\mathfrak{e}\left(\frac{\partial\mathfrak{F}(\mathfrak{r}')}{\partial R}\,\mathfrak{e}\right)_{R=a}}, \tag{39}$$

wo der Strich Mittelung über alle Richtungen (des Vektors $\mathfrak{e}$) bedeutet.

In derselben Weise bestimmt sich nach (31) der Integrand von (29b):

$$\operatorname{rot}\operatorname{rot}\left(\mathfrak{F}\frac{\partial\varphi}{\partial\nu'}\right) = (\mathfrak{F}(\mathfrak{r}')\operatorname{grad})\operatorname{grad}\frac{\partial\varphi}{\partial\nu'} - \mathfrak{F}(\mathfrak{r}')\operatorname{div}\operatorname{grad}\frac{\partial\varphi}{\partial\nu'}. \tag{40}$$

Nun ist die Operation $\partial/\partial\nu'$ mit den Differentialoperationen nach $\mathfrak{r}$ vertauschbar; man hat also

$$\operatorname{rot}\operatorname{rot}\left(\mathfrak{F}\frac{\partial\varphi}{\partial\nu'}\right) = \left(\mathfrak{F}(\mathfrak{r}')\frac{\partial}{\partial\nu'}\operatorname{grad}\right)\operatorname{grad}\varphi - \mathfrak{F}(\mathfrak{r}')\frac{\partial}{\partial\nu'}\operatorname{div}\operatorname{grad}\varphi. \tag{41}$$

Vergleicht man dies mit (32), so erhält man die mit (39) analoge Gleichung

$$\mathfrak{F}_2 = A'\,\overline{(\mathfrak{F}(\mathfrak{r}'))_{R=a}} + B'\,\overline{\mathfrak{e}(\mathfrak{F}(\mathfrak{r}')\mathfrak{e})_{R=a}}, \tag{42}$$

wo jetzt aber statt der Konstanten (37) die Größen

$$A' = -4\pi a^2\left(\frac{d}{dR}\,\Phi(R)\right)_{R=a}, \qquad B' = -4\pi a^2\left(\frac{d}{dR}\,\Psi(R)\right)_{R=a} \tag{43}$$

einzusetzen sind.

Nun benutzen wir die Voraussetzung, daß die Wirkungskugel um den Aufpunkt klein ist, entwickeln also $\mathfrak{F}(\mathfrak{r}')$ und $\partial\mathfrak{F}(\mathfrak{r}')/\partial R$ nach Potenzen von R:

$$(44)\quad\begin{cases}\text{(a)} & \mathfrak{F}(\mathfrak{r}') = \mathfrak{F}(\mathfrak{r}) - R(\mathfrak{e}\operatorname{grad})\mathfrak{F} + \dfrac{R^2}{2}(\mathfrak{e}\operatorname{grad})^2\mathfrak{F} + \cdots,\\[2ex] \text{(b)} & \dfrac{\partial\mathfrak{F}(\mathfrak{r}')}{\partial R} = -(\mathfrak{e}\operatorname{grad})\mathfrak{F} + R(\mathfrak{e}\operatorname{grad})^2\mathfrak{F} + \cdots.\end{cases}$$

Setzen wir diese Entwicklungen in die beiden Gleichungen (39) und (42) ein, so haben wir offenbar die folgenden Mittelwerte zu berechnen:

$$(45)\quad\begin{cases}\overline{(\mathfrak{F}(\mathfrak{r}'))_{R=a}} = \mathfrak{F} + \dfrac{a^2}{2}\,\overline{(\mathfrak{e}\operatorname{grad})^2\mathfrak{F}},\\[2ex] \overline{\mathfrak{e}(\mathfrak{F}(\mathfrak{r}')\mathfrak{e})_{R=a}} = \overline{\mathfrak{e}(\mathfrak{F}\mathfrak{e})} + \dfrac{a^2}{2}\,\overline{\mathfrak{e}(\mathfrak{e}\cdot(\mathfrak{e}\operatorname{grad})^2\mathfrak{F})},\\[2ex] \overline{\left(\dfrac{\partial\mathfrak{F}(\mathfrak{r}')}{\partial R}\right)_{R=a}} = a\,\overline{(\mathfrak{e}\operatorname{grad})^2\mathfrak{F}},\\[2ex] \overline{\mathfrak{e}\left(\mathfrak{e}\dfrac{\partial\mathfrak{F}(\mathfrak{r}')}{\partial R}\right)_{R=a}} = a\,\overline{\mathfrak{e}(\mathfrak{e}\cdot(\mathfrak{e}\operatorname{grad})^2\mathfrak{F})},\end{cases}$$

wobei rechter Hand überall in $\mathfrak{F}$ die Koordinaten des Aufpunktes (Vektor $\mathfrak{r}$) einzusetzen sind.

Die Ausrechnung dieser Mittelwerte geschieht am einfachsten durch Komponentenzerlegung. Z. B. ist

$$(46)\quad\begin{cases}(\mathfrak{e}\operatorname{grad})^2\mathfrak{F}_x = \left(\mathfrak{e}_x\dfrac{\partial}{\partial x} + \mathfrak{e}_y\dfrac{\partial}{\partial y} + \mathfrak{e}_z\dfrac{\partial}{\partial z}\right)\left(\mathfrak{e}_x\dfrac{\partial\mathfrak{F}_x}{\partial x} + \mathfrak{e}_y\dfrac{\partial\mathfrak{F}_x}{\partial y} + \mathfrak{e}_z\dfrac{\partial\mathfrak{F}_x}{\partial z}\right)\\[2ex] \qquad = \mathfrak{e}_x\dfrac{\partial\mathfrak{e}_x}{\partial x}\dfrac{\partial\mathfrak{F}_x}{\partial x} + \mathfrak{e}_x\dfrac{\partial\mathfrak{e}_y}{\partial x}\dfrac{\partial\mathfrak{F}_x}{\partial y} + \mathfrak{e}_x\dfrac{\partial\mathfrak{e}_z}{\partial x}\dfrac{\partial\mathfrak{F}_x}{\partial z}\\[2ex] \qquad + \mathfrak{e}_x^2\dfrac{\partial^2\mathfrak{F}_x}{\partial x^2} + \mathfrak{e}_y^2\dfrac{\partial^2\mathfrak{F}_x}{\partial y^2} + \mathfrak{e}_z^2\dfrac{\partial^2\mathfrak{F}_x}{\partial z^2}\\[2ex] \qquad + 2\left(\mathfrak{e}_x\mathfrak{e}_y\dfrac{\partial^2\mathfrak{F}_x}{\partial x\,\partial y} + \mathfrak{e}_x\mathfrak{e}_z\dfrac{\partial^2\mathfrak{F}_x}{\partial x\,\partial z} + \mathfrak{e}_y\mathfrak{e}_z\dfrac{\partial^2\mathfrak{F}_x}{\partial y\,\partial z}\right).\end{cases}$$

Hier ist noch zu beachten, daß

$$\frac{\partial \mathfrak{e}_x}{\partial x} = \frac{\partial}{\partial x}\frac{x - x'}{R} = \frac{1}{R} - \frac{\mathfrak{e}_x}{R^3}, \ldots \tag{47}$$

ist. Die Mittelung läuft daher auf die Bestimmung der Mittelwerte der Quadrate und Produkte eines Einheitsvektors $\mathfrak{e}$ hinaus; bei den übrigen in (39) und (42) auftretenden Mittelungen kommen auch noch die Produkte der Komponenten zu dreien und vieren vor. Diese sind leicht zu berechnen; die ausführliche Rechnung ist in § 77 zu finden, wir geben hier nur die Resultate an: Von Null verschieden sind nur

$$\left\{\begin{aligned} &\overline{\mathfrak{e}_x^2} = \overline{\mathfrak{e}_y^2} = \overline{\mathfrak{e}_z^2} = \tfrac{1}{3}, \\ &\overline{\mathfrak{e}_x\mathfrak{e}_y\mathfrak{e}_z} = -\overline{\mathfrak{e}_x\mathfrak{e}_z\mathfrak{e}_y} = \cdots = \tfrac{1}{6}, \\ &\overline{\mathfrak{e}_x^4} = \overline{\mathfrak{e}_y^4} = \overline{\mathfrak{e}_z^4} = \tfrac{1}{5}, \\ &\overline{\mathfrak{e}_x^2\mathfrak{e}_y^2} = \cdots = \tfrac{1}{15}; \end{aligned}\right. \tag{48}$$

alle übrigen verschwinden.

Hieraus folgt zunächst, daß

$$\overline{\mathfrak{e}_x \frac{\partial \mathfrak{e}_x}{\partial x}} = \cdots = 0 \tag{49}$$

ist, und dann bleibt

$$\overline{(\mathfrak{e}\,\mathrm{grad})^2\mathfrak{F}_x} = \tfrac{1}{3}\Delta\mathfrak{F}_x. \tag{50}$$

Durch ebenso elementare, wenn auch längere Rechnung findet man entsprechend

$$\left\{\begin{aligned} &\overline{\mathfrak{e}(\mathfrak{F}\mathfrak{e})} = \tfrac{1}{3}\mathfrak{F}, \\ &\overline{\mathfrak{e}(\mathfrak{e}\cdot(\mathfrak{e}\,\mathrm{grad})^2\mathfrak{F})} = \frac{1}{15}\Delta\mathfrak{F} + \frac{2}{15}\,\mathrm{grad\,div}\,\mathfrak{F}. \end{aligned}\right. \tag{51}$$

Hier ist noch (18), $\mathrm{div}\,\mathfrak{F} = 0$, zu beachten; dann ergibt sich

$$\left\{\begin{aligned} &\overline{(\mathfrak{F}(\mathfrak{r}'))_{R=a}} = \mathfrak{F} + \frac{a^2}{2}\,\frac{1}{3}\Delta\mathfrak{F}, \\ &\overline{\mathfrak{e}(\mathfrak{F}(\mathfrak{r}')\mathfrak{e})_{R=a}} = \frac{1}{3}\mathfrak{F} + \frac{a^2}{2}\,\frac{1}{15}\Delta\mathfrak{F}, \\ &\overline{\left(\frac{\partial\mathfrak{F}(\mathfrak{r}')}{\partial R}\right)_{R=a}} = \frac{a}{3}\Delta\mathfrak{F}, \\ &\overline{\mathfrak{e}\left(\mathfrak{e}\frac{\partial\mathfrak{F}(\mathfrak{r}')}{\partial R}\right)_{R=a}} = \frac{a}{15}\Delta\mathfrak{F}. \end{aligned}\right. \tag{52}$$

Somit wird endlich

$$\left\{\begin{aligned} &\text{(a)} \qquad \mathfrak{J}_1 = A\cdot\frac{a}{3}\Delta\mathfrak{F} + B\cdot\frac{a}{15}\Delta\mathfrak{F}, \\ &\text{(b)} \qquad \mathfrak{J}_2 = A'\left(\mathfrak{F} + \frac{a^2}{6}\Delta\mathfrak{F}\right) + B'\left(\frac{1}{3}\mathfrak{F} + \frac{a^2}{30}\Delta\mathfrak{F}\right). \end{aligned}\right. \tag{53}$$

Dabei wollen wir noch einmal betonen, daß rechter Hand als Argumente von $\mathfrak{F}$ und $\Delta\mathfrak{F}$ die Koordinaten des Aufpunktes (Vektor $\mathfrak{r}$) zu nehmen sind.

Nach (28) und (53) erhalten wir das Resultat

$$\mathrm{rot\,rot}\,\mathfrak{J}_\sigma = \frac{c^2 e^{-i\omega t}}{\omega^2(n^2-1)}\left\{\left(A' + \frac{1}{3}B'\right)\mathfrak{F} + \left[-\frac{a}{3}\left(A + \frac{B}{5}\right) + \frac{a^2}{6}\left(A' + \frac{B'}{5}\right)\right]\Delta\mathfrak{F}\right\}. \tag{54}$$

Damit ist das von den Dipolen erzeugte Feld berechnet. Man hat nur noch die Koeffizienten zu bestimmen. Zu dem Zwecke entwickeln wir die Funktion φ nach steigenden Potenzen von R:

$$\varphi = \frac{e^{i\frac{\omega}{c}R}}{R} = \frac{1}{R} + \frac{i\,\omega}{c} - \frac{1}{2}\frac{\omega^2}{c^2}R - \frac{i}{6}\frac{\omega^3}{c^3}R^2 + \cdots. \tag{55}$$

Daraus folgt nach (38)

$$\left\{\begin{aligned} \Phi &= \frac{\varphi'}{R} + \frac{\omega^2}{c^2}\varphi = -\frac{1}{R^3} + \frac{1}{2}\frac{\omega^2}{c^2}\frac{1}{R} + \frac{2}{3}i\frac{\omega^3}{c^3} + \cdots \\ \Psi &= R\frac{d}{dR}\left(\frac{\varphi'}{R}\right) = \frac{3}{R^3} + \frac{1}{2}\frac{\omega^2}{c^2}\frac{1}{R} + \cdots \end{aligned}\right. \tag{56}$$

also nach (37) und (43)

$$\left\{\begin{aligned} &\text{(a)} \qquad A = -4\pi\left(-\frac{1}{a} + \frac{1}{2}\frac{\omega^2}{c^2}a + \cdots\right), \\ &\text{(b)} \qquad B = -4\pi\left(\frac{3}{a} + \frac{1}{2}\frac{\omega^2}{c^2}a + \cdots\right); \end{aligned}\right. \tag{57}$$

$$\left\{\begin{aligned} &\text{(a)} \qquad A' = -4\pi\left(\frac{3}{a^2} - \frac{1}{2}\frac{\omega^2}{c^2} + \cdots\right), \\ &\text{(b)} \qquad B' = -4\pi\left(-\frac{9}{a^2} - \frac{1}{2}\frac{\omega^2}{c^2} + \cdots\right). \end{aligned}\right. \tag{58}$$

Bei der Berechnung der in (54) auftretenden Verbindungen dieser Größen gehen wir gleich zur Grenze $a \to 0$ über und erhalten

$$\left\{\begin{aligned} A' + \frac{1}{3}B' &= \frac{4\pi}{3}\cdot 2\frac{\omega^2}{c^2}, \\ -\frac{a}{3}\left(A + \frac{1}{5}B\right) &= -\frac{4\pi}{3}\cdot\frac{2}{5}, \\ \frac{a^2}{6}\left(A' + \frac{1}{5}B'\right) &= -\frac{4\pi}{3}\cdot\frac{3}{5}, \end{aligned}\right. \tag{59}$$

also

$$-\frac{a}{3}\left(A + \frac{1}{5}B\right) + \frac{a^2}{6}\left(A' + \frac{1}{5}B'\right) = -\frac{4\pi}{3}. \tag{60}$$

Mithin wird aus (54)

$$\operatorname{rot}\operatorname{rot}\mathfrak{J}_\sigma = \frac{c^2 e^{-i\omega t}}{\omega^2(n^2-1)}\,\frac{4\pi}{3}\left(\frac{2\omega^2}{c^2}\mathfrak{F} - \Delta\mathfrak{F}\right). \tag{61}$$

Ersetzen wir hier noch nach (17) $\Delta\mathfrak{F}$ durch $\mathfrak{F}$, so wird schließlich

$$\operatorname{rot}\operatorname{rot}\mathfrak{J}_\sigma = \frac{4\pi}{3}\,\frac{n^2+2}{n^2-1}\,\mathfrak{F}e^{-i\omega t} = \frac{4\pi}{3}\,\frac{n^2+2}{n^2-1}\,\mathfrak{P}. \tag{62}$$

Wir bekommen also das Resultat, daß der Anteil des von den Dipolen erzeugten Feldes, der nichts mit der Oberfläche zu tun hat, für eine wellenförmig fortschreitende Dipolerregung dieser Dipolwelle selbst proportional ist. Nun können wir so schließen: Denken wir den Körper zunächst unendlich ausgedehnt, die Grenzebene so weit ins Unendliche gerückt, daß die Lichterregung sie gar nicht erreicht, so ist die Frage sinnvoll, unter welchen Bedingungen eine Dipolwelle unter der Wirkung der gegenseitigen Zustrahlung der Dipole sich aufrechterhalten kann. Dann haben wir in unserer Grundgleichung (11) die einfallende Welle fortzulassen und als Bedingung für diese Dipolwelle anzusetzen:

(63) $$\mathfrak{E}'(\mathfrak{r}, t) = \operatorname{rot}\operatorname{rot}\mathfrak{Z}_\sigma = \frac{4\pi}{3}\frac{n^2+2}{n^2-1}\mathfrak{P} = \frac{4\pi}{3}N\alpha\frac{n^2+2}{n^2-1}\mathfrak{E}'.$$

Daraus folgt

(64) $$\frac{4\pi}{3}\alpha N = \frac{n^2-1}{n^2+2}.$$

Bei gegebenem α läßt sich hieraus n bestimmen, und dann ist eine Dipolwelle mit der Wellenlänge $\lambda = \frac{1}{n}\frac{2\pi c}{\omega}$ im unbegrenzten Medium möglich. Diese Beziehung (64) wird das LORENTZ-LORENZ*sche Gesetz* genannt; wir kommen im nächsten Paragraphen ausführlich darauf zurück. Es stimmt genau mit der Bedingung überein, die von den MAXWELLschen Gleichungen für ein isotropes Medium der Dielektrizitätskonstante $\varepsilon = n^2$ geliefert wird, wenn man für die wirkende Feldstärke den in § 73 (30) begründeten Ansatz

(65) $$\mathfrak{E}' = \mathfrak{E} + \frac{4\pi}{3}\mathfrak{P}, \qquad \mathfrak{P} = \alpha\mathfrak{E}'$$

macht; denn die MAXWELLschen Gleichungen liefern für eine ebene Welle im isotropen Medium einfach

(66) $$\mathfrak{D} = \mathfrak{E} + 4\pi\mathfrak{P} = n^2\mathfrak{E},$$

und hieraus folgt leicht wieder die Relation (64) (vgl. § 76).

Diese Behandlung eines unbegrenzten Mediums ist aber nicht ganz befriedigend. Es fehlt noch der Beweis, daß eine aus dem Vakuum eintretende ebene Welle $\mathfrak{E}^e$ gerade einen solchen Dipolzustand in dem Medium erregen und erhalten kann. Wir zeigen nun, daß dieser Sachverhalt in unserer ursprünglichen Grundgleichung (11) mit enthalten ist, wenn wir den zweiten Anteil des Integrals, den wir mit $\mathfrak{Z}_\Sigma$ bezeichnet hatten, mit berücksichtigen. Dabei denken wir uns den Körper durch eine Ebene Σ begrenzt, durch welche das einfallende Licht $\mathfrak{E}^e$ eintritt. Wir legen das Koordinatensystem so, daß Σ die Ebene $z = 0$ wird und der Körper sich nach $z < 0$ erstreckt. Wir haben also das Integral

(67) $$\mathfrak{Z}_\Sigma = \frac{c^2 e^{-i\omega t}}{\omega^2(n^2-1)}\int\limits_\Sigma\left(\mathfrak{F}\frac{\partial\varphi}{\partial\nu'} - \varphi\frac{\partial\mathfrak{F}}{\partial\nu'}\right)d\sigma',$$

erstreckt über die Grenzebene $z = 0$, zu berechnen. Dabei nehmen wir an, der Aufpunkt $\mathfrak{r}$ befinde sich viele Lichtwellen weit von der Grenzfläche, so daß

(68) $$\frac{2\pi r}{\lambda_0} = r\frac{\omega}{c} \gg 1.$$

Nach (16) und (20) ist

$$\frac{\partial}{\partial\nu'}\mathfrak{F}(\mathfrak{r}') = \frac{\partial}{\partial\nu'}\mathfrak{P}^0 e^{\frac{i\omega}{c}n(\mathfrak{r}'\mathfrak{s})} = \frac{i\omega}{c}n\left(\mathfrak{s}\frac{\partial\mathfrak{r}'}{\partial\nu'}\right)\cdot\mathfrak{F}(\mathfrak{r}'),$$

$$\frac{\partial}{\partial\nu'}\varphi(R) = \frac{i\omega}{c}\cdot\frac{\partial R}{\partial\nu'}\varphi + \cdots,$$

wo die Punkte Glieder höherer Ordnung in der kleinen Größe $c/\omega r$ andeuten. Dies ergibt, in (67) eingesetzt:

(69) $$\mathfrak{Z}_\Sigma = \frac{c\mathfrak{P}^0 e^{-i\omega t}}{i\omega(n^2-1)}\int\limits_\Sigma\left\{\frac{\partial R}{\partial\nu'} - n\left(\mathfrak{s}\frac{\partial\mathfrak{r}'}{\partial\nu'}\right)\right\}\frac{e^{\frac{i\omega}{c}(R+n(\mathfrak{r}'\mathfrak{s}))}}{R}d\sigma'.$$

Wir denken uns (s. Fig. 186) nun die x-Achse in der Grenzebene $z = 0$ so gewählt, daß der Einheitsvektor $\mathfrak{s}$ der Wellennormale der Dipolwelle in der xz-Ebene liegt und die z-Achse durch den Aufpunkt geht, der zunächst im Innern des Mediums ($z < 0$) im Abstande $-r$ von der Oberfläche liegen möge. Dann sind die Komponenten von

$$(70)\quad \begin{cases} \mathfrak{r}: & 0, \quad 0, \quad -r; \\ \mathfrak{r}': & x', \quad y', \quad 0; \\ \mathfrak{R}: & x', \quad y', \quad -r; \\ \mathfrak{s}: & \sin\psi, \quad 0, \quad -\cos\psi, \end{cases}$$

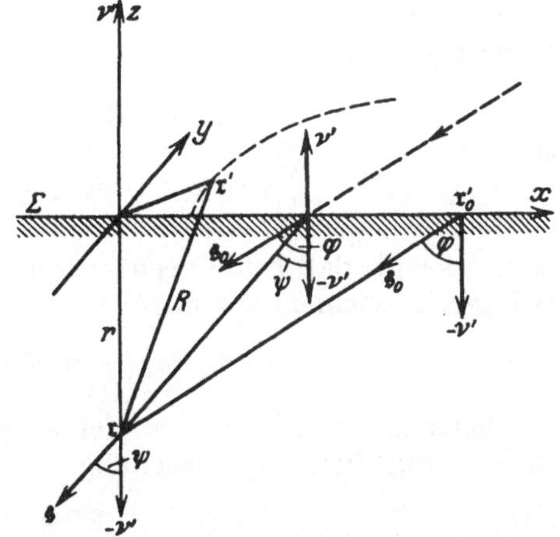

Fig. 186. Eindringen einer Welle in einen Körper, der als Dipolsystem aufgefaßt wird.

wo ψ den Winkel zwischen der inneren Normale $-\nu'$ und dem Normalenvektor $\mathfrak{s}$ bedeutet, d. h. den gewöhnlichen „Brechungswinkel" (Winkel des gebrochenen Strahls gegen das Einfallslot). Dann ist

$$\frac{\partial R}{\partial \nu'} = -\frac{z - z'}{R} = \frac{r}{R},$$

$$\left(\mathfrak{s}\frac{\partial \mathfrak{r}'}{\partial \nu'}\right) = \mathfrak{s}_z = -\cos\psi$$

und

$$\mathfrak{r}'\mathfrak{s} = \mathfrak{r}\mathfrak{s} - \mathfrak{R}\mathfrak{s} = \mathfrak{r}\mathfrak{s} - x'\sin\psi - r\cos\psi.$$

Mithin wird

$$(71)\quad \mathfrak{Z}_\Sigma = \frac{c\mathfrak{P}^0 e^{-i\omega\left(t - \frac{n}{c}(\mathfrak{r}\mathfrak{s})\right)}}{i\omega(n^2 - 1)} \iint_\Sigma \frac{1}{R}\left(\frac{r}{R} + n\cos\psi\right) e^{\frac{i\omega}{c}K}\, dx'\, dy',$$

wo

$$(72)\quad K = R - n(r\cos\psi + x'\sin\psi)$$

gesetzt ist.

Es ist nun naheliegend, solche krummlinigen Koordinaten in der Ebene Σ einzuführen, daß die eine Schar von Koordinatenlinien durch $K = \text{konst.}$ gegeben ist. Man sieht sofort, daß diese Linien Kegelschnitte sind; denn durch Quadrieren von (72) erhält man

$$R^2 = x'^2 + y'^2 + r^2 = (K + nr\cos\psi)^2 + 2x'n\sin\psi(K + nr\cos\psi) + x'^2 n^2 \sin^2\psi,$$

also eine quadratische Gleichung in x', y'. Wir schreiben diese in die Normalform um:

$$(73)\quad \frac{(x' - \xi)^2}{a^2} + \frac{y'^2}{b^2} = 1;$$

dann ist:

$$(74)\quad \xi = \frac{n\sin\psi(K + nr\cos\psi)}{1 - n^2\sin^2\psi},$$

$$(75)\quad b^2 = (1 - n^2\sin^2\psi)\, a^2 = \frac{K^2 + 2Krn\cos\psi + r^2(n^2 - 1)}{1 - n^2\sin^2\psi}.$$

Wir wollen nun voraussetzen, daß

$$(76)\quad \sin\psi < \frac{1}{n}$$

ist; dies bedeutet offenbar wegen $n > 1$ den Ausschluß des Falles der Totalreflexion und wird sich als von selbst erfüllt herausstellen, wenn die Lichtwelle vom Vakuum her in den Körper eindringt.

Damit a und b reell werden, muß der Zähler auf der rechten Seite von (75) positiv sein. Schreiben wir ihn in der Form

$$(K - K_1)\,(K - K_2)\,,$$

so muß also K größer sein als die größere der beiden Nullstellen K_1 und K_2. Diese bestimmen sich aus der Gleichung

$$K^2 + 2Krn\cos\psi + r^2(n^2 - 1) = 0$$

zu

$$\left.\begin{matrix} K_1 \\ K_2 \end{matrix}\right\} = r\left(-n\cos\psi \pm \sqrt{n^2\cos^2\psi - (n^2 - 1)}\right).$$

Man erkennt, daß beide negativ sind; die größere (d. h. die mit dem kleineren Betrage) bezeichnen wir mit

$$K_0 = r\left(-n\cos\psi + \sqrt{1 - n^2\sin^2\psi}\right).$$

Definieren wir den Winkel φ (der sich später als der „Einfallswinkel" herausstellen wird) durch die Gleichung

$$\sin\varphi = n\sin\psi\,, \tag{77}$$

so ist φ wegen (76) reell und $\varphi > \psi$. Dann wird

$$K_0 = r\,(-n\cos\psi + \cos\varphi)\,.$$

Der zugehörige Wert von ξ ist

$$\xi_0 = r\,\mathrm{tg}\,\varphi.$$

Damit haben wir eine bestimmte Ellipsenschar in der Ebene $z = 0$ herausgehoben, die sich um den Punkt $\mathfrak{r}_0'$ mit den Koordinaten

$$x_0' = \xi_0 = r\,\mathrm{tg}\,\varphi, \qquad y_0' = 0, \qquad z_0' = 0 \tag{78}$$

zusammenzieht; denn für diesen Punkt wird K gleich

$$K_0 = r\,(\cos\varphi - n\cos\psi)\,, \tag{79}$$

und daher $a = b = 0$, und für $K > K_0$ werden beide Halbachsen reell.

Nun können wir jeden Punkt der Ebene Σ durch den Wert von K und den Polarwinkel w vom Punkte $\mathfrak{r}_0$ aus gegen die x-Achse festlegen. Setzen wir

$$d\sigma = dx'dy' = f(K, w)\,dK\,dw \tag{80}$$

und

$$g(K, w) = \frac{1}{R}\left(\frac{r}{R} + n\cos\psi\right), \tag{81}$$

so wird unser Integral (71):

$$\mathfrak{J}_\Sigma = \frac{c}{i\omega(n^2 - 1)}\,\mathfrak{P}^0 e^{-i\omega t} e^{\frac{i\omega}{c} n(\mathfrak{r}\mathfrak{s})} \int_{K_0}^{\infty} e^{\frac{i\omega}{c} K}\, dK \int_0^{2\pi} g(K, w)\, f(K, w)\, dw. \tag{82}$$

Bei der weiteren Ausrechnung beachten wir die Voraussetzung, daß $2\pi r/\lambda \gg 1$ sein soll. Nach dem Mittelwertsatz der Integralrechnung ist

$$\int_0^{2\pi} g(K, w)\, f(K, w)\, dw = g(K, \overline{w}) \int_0^{2\pi} f(K, w)\, dw, \qquad 0 \leqq \overline{w} \leqq 2\pi,$$

und das rechts auftretende Integral, multipliziert mit dK, ist der Flächeninhalt des ringförmigen Gebietes zwischen den beiden Ellipsen K und $K+dK$:

$$F(K) = \int_0^{2\pi} f(K, w)\,dw = \frac{d}{dK}(\pi a b) = \pi \frac{d}{dK} \frac{K^2 + 2Krn\cos\psi + r^2(n^2-1)}{(1-n^2\sin^2\psi)^{3/2}},$$

also nach (77)

$$F(K) = 2\pi \frac{K + rn\cos\psi}{\cos^3\varphi}. \tag{83}$$

Dies ist einzusetzen in

$$\mathfrak{Z}_\Sigma = \frac{c}{i\omega(n^2-1)} \mathfrak{P}^0 e^{-i\omega t} e^{\frac{i\omega}{c} n(\mathfrak{r}\mathfrak{s})} \int_{K_0}^{\infty} g(K, \overline{w}) F(K) e^{\frac{i\omega}{c}K} dK. \tag{84}$$

Das Integral formen wir durch wiederholte partielle Integration um; da K_0 nach (79) proportional r ist, entsteht eine Reihe, die nach Potenzen der kleinen Größe $c/\omega r = \lambda/2\pi r$ fortschreitet:

$$\int_{K_0}^{\infty} gFe^{\frac{i\omega}{c}K} dK = \frac{c}{i\omega}\left[gFe^{\frac{i\omega}{c}K}\right]_{K_0}^{\infty} + \frac{c^2}{\omega^2}\left[\frac{\partial gF}{\partial K} e^{\frac{i\omega}{c}K}\right]_{K_0}^{\infty} + \cdots \tag{85}$$

Wir brechen diese Reihe nach dem ersten Gliede ab. Dann haben wir nur noch die Werte der Funktion gF bei $K = K_0$ und $K = \infty$ zu berechnen.

Was nun die obere Grenze $K = \infty$ betrifft, so entspricht der von ihr stammende Beitrag des Integrals keinem physikalisch vorhandenen Vorgang; denn der betrachtete Körper ist in Wirklichkeit sicher endlich, die Ebene Σ erstreckt sich gar nicht ins Unendliche. Wenn wir nun den Einfluß der übrigen Grenzflächen unseres Körpers außer acht lassen, ist es nur sinngemäß, auch den Einfluß der unendlich entfernten Teile der Ebene Σ fortzulassen. Physikalisch rechtfertigt sich das durch die Annahme, daß bei hinreichend großen Dimensionen des Körpers eine durch Σ eindringende Welle die anderen Grenzflächen noch gar nicht erreicht hat, während doch schon auf Σ selbst ein praktisch stationärer Wellenzustand herrscht. Wir setzen also

$$(gF)_{K=\infty} = 0.$$

Betrachten wir nun die untere Grenze K_0. Zunächst ist klar, daß dort alles von dem Mittelwerte $\overline{w}$ unabhängig wird, weil die Ellipsen für $K \to K_0$ auf den Punkt $\mathfrak{r}_0$ zusammenschrumpfen, dessen Koordinaten durch (78) gegeben sind. Der Vektor $\mathfrak{R} = \mathfrak{r} - \mathfrak{r}'$ hat für $\mathfrak{r}' = \mathfrak{r}_0'$ die Komponenten $-r\,\mathrm{tg}\,\varphi$, 0, $-r$; daher wird (wie auch aus der Figur abzulesen ist):

$$R = \sqrt{r^2\,\mathrm{tg}^2\varphi + r^2} = \frac{r}{\cos\varphi},$$

und damit erhält man aus (79), (81) und (83)

$$\left\{\begin{aligned} g &= \frac{\cos\varphi}{r}(\cos\varphi + n\cos\psi), \qquad F = \frac{2\pi r}{\cos^2\varphi}, \\ gF &= 2\pi \frac{\cos\varphi + n\cos\psi}{\cos\varphi} = 2\pi \frac{\sin(\psi+\varphi)}{\sin\psi\cos\varphi}. \end{aligned}\right. \tag{86}$$

Im Exponenten von $\mathfrak{Z}_\Sigma$ tritt die Größe

$$n(\mathfrak{r}\mathfrak{s}) + K_0 = nr\cos\psi + r(\cos\varphi - n\cos\psi) = r\cos\varphi = \mathfrak{r}\mathfrak{s}^0 \tag{87}$$

auf; dabei bedeutet $\mathfrak{s}^0$ den Einheitsvektor mit den Komponenten

$$\mathfrak{s}_x^0 = \sin\varphi, \quad \mathfrak{s}_y^0 = 0, \quad \mathfrak{s}_z^0 = -\cos\varphi. \tag{88}$$

Wir erhalten also schließlich

$$(89)\qquad \mathfrak{Z}_\Sigma = \frac{2\pi c^2}{\omega^2(n^2-1)}\,\mathfrak{P}^0\,\frac{\sin(\psi+\varphi)}{\sin\psi\cos\varphi}\,e^{-i\omega\left(t-\frac{1}{c}\mathfrak{r}\mathfrak{s}^0\right)}.$$

Dies ist eine in der Richtung $\mathfrak{s}^0$ mit Vakuum-Lichtgeschwindigkeit laufende Welle. Dasselbe gilt natürlich auch für rotrot$\mathfrak{Z}_\Sigma$, und damit ist der OSEENsche Auslöschungssatz bewiesen; denn diese Welle kann man benutzen, um das von der einfallenden Welle $\mathfrak{E}^0$ herrührende Glied in der Grundgleichung (13) für das Innere des Mediums zum Verschwinden zu bringen. Man hat nur die Wellenvektoren $\mathfrak{s}$ und $\mathfrak{s}^0$ gemäß dem Brechungsgesetz und die Amplituden in geeigneter Weise zu bestimmen. Zu diesem Zweck haben wir die Operation rotrot an $\mathfrak{Z}_\Sigma$ auszuführen. Nun ist aber

$$\operatorname{rot}\mathfrak{P}^0 e^{-i\omega\left(t-\frac{1}{c}\mathfrak{r}\mathfrak{s}^0\right)} = \frac{i\omega}{c}(\mathfrak{s}^0\times\mathfrak{P}^0)\,e^{-i\omega\left(t-\frac{1}{c}\mathfrak{r}\mathfrak{s}^0\right)};$$

also wird

$$(90)\qquad \operatorname{rotrot}\mathfrak{Z}_\Sigma = -\frac{2\pi}{n^2-1}\,\frac{\sin(\psi+\varphi)}{\sin\psi\cos\varphi}\,(\mathfrak{s}^0\times(\mathfrak{s}^0\times\mathfrak{P}_0))\,e^{-i\omega\left(t-\frac{1}{c}\mathfrak{r}\mathfrak{s}^0\right)}.$$

Bekanntlich gilt

$$(91)\qquad \mathfrak{s}^0\times(\mathfrak{s}^0\times\mathfrak{P}^0) = \mathfrak{P}^0 - \mathfrak{s}^0(\mathfrak{s}^0\mathfrak{P}^0).$$

Wir zerlegen nun die einfallende Welle $\mathfrak{E}^0$ und die Dipolwelle $\mathfrak{P}^0$ in Komponenten parallel und senkrecht zur Einfallsebene, unterschieden durch die Indizes p und s. Da diese Ebene die beiden Vektoren $\mathfrak{s}^0$ und $\mathfrak{s}$ enthält, die den Winkel $\varphi-\psi$ einschließen, so ist die s-Komponente des Vektors (91) mit der von $\mathfrak{P}^0$ selbst identisch; dagegen ist die p-Komponente dieses Vektors, der auf $\mathfrak{s}^0$ senkrecht steht, verschieden von der p-Komponente des Vektors $\mathfrak{P}^0$ selbst, der auf $\mathfrak{s}$ senkrecht steht, und sie entsteht aus dieser durch Multiplikation mit $\cos(\varphi-\psi)$. Daher liefert der OSEENsche Auslöschungssatz

$$(92)\qquad \mathfrak{E}^e + \operatorname{rotrot}\mathfrak{Z}_\Sigma = 0$$

für die s- und p-Schwingung:

$$(93)\qquad \left\{\begin{aligned} A_s &= \frac{2\pi}{n^2-1}\,P_s\,\frac{\sin(\varphi+\psi)}{\cos\varphi\sin\psi},\\ A_p &= \frac{2\pi}{n^2-1}\,P_p\,\frac{\sin(\varphi+\psi)\cos(\varphi-\psi)}{\cos\varphi\sin\psi},\end{aligned}\right.$$

wo A_s und A_p die Komponenten der Amplitude von $\mathfrak{E}^e$, P_s und P_p die von $\mathfrak{P}^0$ sind. Definiert man nun mittels der Beziehung

$$(94)\qquad 4\pi\mathfrak{P} = \mathfrak{D} - \mathfrak{E} = (n^2-1)\mathfrak{E}$$

[die auf Grund von (64) aus der MAXWELLschen Theorie der dielektrischen Substanzen übernommen werden kann] die „makroskopische Feldstärke" $\mathfrak{E}^d$ im Innern des Mediums und nennt ihre Komponenten $D_s = \frac{4\pi}{n^2-1}P_s$, $D_p = \frac{4\pi}{n^2-1}P_p$ („durchgehender" Strahl), so erhält man genau die FRESNEL*schen Formeln* [Kap. I, § 10 (14)] für die durchgehende Welle.

Jetzt bleibt noch übrig, $\mathfrak{Z}_\Sigma$ für den Außenraum des Mediums, also für $z>0$ zu berechnen. Die Rechnung verläuft ganz ebenso, nur ist überall $\mathfrak{r}$ durch $-\mathfrak{r}$ zu ersetzen; das läuft aber nach (87) darauf heraus, $\mathfrak{s}_z$ durch $-\mathfrak{s}_z$, also φ durch

$\pi - \varphi$ zu ersetzen. Führt man den zu $\mathfrak{s}^0$ spiegelbildlichen Einheitsvektor $\mathfrak{s}'$ mit den Komponenten

$$\mathfrak{s}'_x = \sin\varphi, \quad \mathfrak{s}'_y = 0, \quad \mathfrak{s}'_z = \cos\varphi \tag{95}$$

ein und bedenkt, daß der Winkel zwischen $\mathfrak{s}'$ und $\mathfrak{s}$ gleich $\varphi + \psi$ ist, so erhält man für die *reflektierte Welle*:

$$\left\{\begin{aligned} R_s &= \frac{2\pi}{n^2 - 1} P_s \frac{\sin(\varphi - \psi)}{\sin\psi\cos\varphi}, \\ R_p &= \frac{2\pi}{n^2 - 1} P_p \frac{\sin(\varphi - \psi)\cos(\varphi + \psi)}{\sin\psi\cos\varphi}, \end{aligned}\right. \tag{96}$$

und wenn man aus (93) und (96) die Größen P_s und P_p eliminiert, so entstehen die FRESNELschen Formeln [Kap. I, § 10 (15)] für die reflektierte Welle.

Damit haben wir für isotrope Körper streng gezeigt, daß der Einfluß der Substanz auf die Lichtfortpflanzung zurückgeführt werden kann auf die gegenseitige Zustrahlung von Dipolen im Vakuum. Allerdings gibt die Molekulartheorie mehr als die gewöhnliche MAXWELLsche Kontinuumstheorie, nämlich außer der normalen Lichtfortpflanzung auch noch die *Lichtstreuung*. Um dies einzusehen, erinnern wir uns, daß in (11) unter dem Integral die Anzahl N der Moleküle pro Volumeneinheit vorkommt; wir haben diese im vorstehenden als konstant angenommen und vor das Integralzeichen gezogen. In Wahrheit aber wird die Molekülzahl räumlichen Schwankungen unterliegen. Unsere Theorie liefert daher, wie schon gesagt, nur die Lichtfortpflanzung im Mittel; außer dieser muß noch eine auf den Schwankungen beruhende unregelmäßige Lichtausbreitung vorhanden sein. Da die Schwankungen der Molekülzahl für verschiedene Raumelemente ganz unabhängig voneinander sind, so wird die von ihnen erzeugte Ausstrahlung inkohärent sein. Man erhält so die Erklärung für das sog. TYNDALL*phänomen*, d. h. die Lichtstreuung auch in reinsten Medien. Wir werden diese in § 81 behandeln[1].

Zuvor jedoch soll im folgenden Paragraphen die normale Lichtausbreitung in Kristallen, d. h. in regelmäßigen, gitterartigen Anordnungen von Dipolen untersucht werden. Hier treten infolge der Anisotropie geometrisch verwickelte Verhältnisse auf; wir wollen uns daher begnügen, die Gesetze der Fortpflanzung des Lichts im Innern zu studieren (entsprechend der Berechnung von $\mathfrak{J}_\sigma$ in diesem Paragraphen), die Behandlung der Vorgänge an Grenzebenen aber fortlassen, wie wir es ja auch in der formalen Kristalloptik (Kap. V) getan haben.

§ 75. Gitteroptik der Kristalle*.

In diesem Paragraphen soll das Zusammenwirken der schwingenden Dipole untersucht werden für den Fall, daß ihre Träger, die Moleküle, ein Raumgitter bilden, wie es in Wirklichkeit bei Kristallen der Fall ist. Der Mechanismus der Reflexion und der Brechung ist hier genau derselbe wie bei nicht kristallinen Körpern. Auch hier ergibt die Gesamtstrahlung der Dipole die gebrochene, die reflektierte und die auslöschende Welle. Wir wollen hier aber nicht zum Grenzfall kontinuierlicher (im allgemeinen anisotroper) Dichteverteilung der Dipole übergehen, sondern bei der diskontinuierlichen Raumgitterstruktur stehenbleiben. An Stelle der leicht auswertbaren Integrale treten daher komplizierte Summen über alle Gitterpunkte. Die Resultate, die man so gewinnt, sind natürlich exakter als bei der früheren Mittelungsmethode. Wegen der Schwierigkeiten

[1] Näheres hierüber in den S. 314, Anm. 1 zitierten Arbeiten von LUNDBLAD und DARWIN.

der Rechnungen begnügen wir uns aber hier mit der Annahme, daß im Innern des Kristalls von der einfallenden Welle nichts mehr übrig ist. Indem wir so von der Grenzfläche absehen, haben wir zu zeigen, daß in einem unendlich ausgedehnten Kristall ein elektromagnetisches Feld möglich ist, das aus den Überlagerungen der Dipolkugelwellen der Gitterpunkte besteht und dabei im Mittel doch wie eine ebene Welle fortschreitet. Die Fortpflanzungsgeschwindigkeit (der Brechungsindex) wird dabei anders sein als im Vakuum. Wir werden den Beweis führen, daß diese Modifikation der Lichtgeschwindigkeit auch hier (wie in § 74) mit großer Näherung gerade durch die gewöhnliche MAXWELLsche Theorie — zusammen mit einem geeigneten Ansatz für die Polarisierbarkeit der einzelnen Dipole — geliefert wird.

Diese strenge Theorie der Gitteroptik ist von EWALD begründet worden[1]. Wir wollen hier nur ihre Grundzüge auseinandersetzen, und zwar insbesondere den Fall gewöhnlichen Lichts, der sich (vor allem vor dem Fall der Röntgenstrahlen) dadurch auszeichnet, daß *die Wellenlänge groß ist gegen den Atomabstand.*

Zur Darstellung des Gitters benutzen wir wieder den in § 74 durch die Gleichungen (2) bis (4) eingeführten HERTZschen Vektor $\mathfrak{Z}$. Das Gitter beschreiben wir wie in IV, § 52 durch Angabe der drei Grundvektoren $\mathfrak{a}_1$, $\mathfrak{a}_2$, $\mathfrak{a}_3$, die ein Parallelepiped, die *Gitterzelle* aufspannen, deren Volumen durch die Formel IV, § 52 (15)

$$V = \mathfrak{a}_1 (\mathfrak{a}_2 \times \mathfrak{a}_3) = \begin{vmatrix} \mathfrak{a}_{1x} & \mathfrak{a}_{1y} & \mathfrak{a}_{1z} \\ \mathfrak{a}_{2x} & \mathfrak{a}_{2y} & \mathfrak{a}_{2z} \\ \mathfrak{a}_{3x} & \mathfrak{a}_{3y} & \mathfrak{a}_{3z} \end{vmatrix} \tag{1}$$

gegeben ist. Ein beliebiger Gitterpunkt ist durch den Vektor

$$\mathfrak{r}_l = l_1 \mathfrak{a}_1 + l_2 \mathfrak{a}_2 + l_3 \mathfrak{a}_3 \tag{2}$$

[s. IV, § 52 (1)] dargestellt. Wir führen wie in IV, § 52 (16) das *reziproke Gitter* mit den Grundvektoren

$$\mathfrak{b}_1 = \frac{1}{V} \mathfrak{a}_2 \times \mathfrak{a}_3, \cdots \tag{3}$$

ein und bilden aus ihnen den *Wellenvektor*

$$\mathfrak{k}_l = 2\pi (l_1 \mathfrak{b}_1 + l_2 \mathfrak{b}_2 + l_3 \mathfrak{b}_3) . \tag{4}$$

Dieser dient zu folgendem Zwecke:

Es sei $f(x, y, z)$ oder kurz $f(\mathfrak{r})$ eine im Gitter periodische Funktion, d. h. es sei

$$f(\mathfrak{r} + \mathfrak{r}_l) = f(\mathfrak{r}) . \tag{5}$$

Eine solche Funktion läßt sich in eine FOURIERreihe entwickeln, und zwar lautet diese

$$f(\mathfrak{r}) = \sum_l c_l e^{i \mathfrak{k}_l \mathfrak{r}} . \tag{6}$$

In der Tat, vermehrt man den Vektor $\mathfrak{r}$ um eine Periode, ersetzt ihn also z. B. durch den Vektor $\mathfrak{r} + \mathfrak{a}_1$, so addiert sich im Exponenten des $l$ten Gliedes der Entwicklung wegen der aus den Formeln (3) folgenden Gleichungen

$$\mathfrak{a}_i \times \mathfrak{b}_k = \delta_{ik} \tag{7}$$

[s. auch IV, § 52 (17)] die Größe

$$i \mathfrak{k}_l \mathfrak{a}_1 = 2\pi i (l_1 \mathfrak{b}_1 + l_2 \mathfrak{b}_2 + l_3 \mathfrak{b}_3) \mathfrak{a}_1 = 2\pi i l_1 ;$$

jedes Reihenglied bleibt also ungeändert.

[1] P. P. EWALD: Dissert. München 1912; Ann. Physik (4) Bd. 49 (1916). Eine ausführliche Darstellung bei M. BORN: Atomtheorie des festen Zustandes. 2. Aufl. 1923. Leipzig u. Berlin. Siehe auch Enzyklop. d. math. Wiss. Bd. 5 Teil III 4, insbes. § 41 ff.

Zur Bestimmung der Koeffizienten $c_l = c_{l_1, l_2, l_3}$ multiplizieren wir die Gleichung (6) mit $e^{-i\mathfrak{k}_{l'}\mathfrak{r}}$ und integrieren über eine Zelle. Dabei treten rechter Hand die Integrale

(8) $$\int e^{i(\mathfrak{k}_l - \mathfrak{k}_{l'})\mathfrak{r}}\, dS$$

auf. In diese führen wir neue Integrationsvariable ein durch die linearen Gleichungen

(9) $$\xi = \mathfrak{b}_1\mathfrak{r}, \quad \eta = \mathfrak{b}_2\mathfrak{r}; \quad \zeta = \mathfrak{b}_3\mathfrak{r}.$$

Dann ist

(10) $$d\xi\, d\eta\, d\zeta = \frac{1}{V}\, dx\, dy\, dz = \frac{1}{V}\, dS.$$

Die Zelle bildet sich im $\xi\,\eta\,\zeta$-Raum auf den Einheitswürfel ab; denn z. B. geht der Gitterpunkt $\mathfrak{r} = \mathfrak{a}_1$ über in den Punkt $\xi = \mathfrak{b}_1\mathfrak{a}_1 = 1$, $\eta = \mathfrak{b}_2\mathfrak{a}_1 = 0$, $\zeta = \mathfrak{b}_3\mathfrak{a}_1 = 0$. Das Integral (8) geht also über in

(11) $$\frac{1}{V}\iiint e^{\frac{2\pi i}{\lambda}\{\xi(l_1 - l'_1) + \eta(l_2 - l'_2) + \zeta(l_3 - l'_3)\}}\, d\xi\, d\eta\, d\zeta,$$

erstreckt über den Einheitswürfel im $\xi\,\eta\,\zeta$-Raum. Dieses Integral verschwindet offenbar immer, außer wenn $l_1 = l'_1, \ldots$ ist. Daher erhält man

(12) $$c_l = \frac{1}{V}\int f(\mathfrak{r})\, e^{-i\mathfrak{k}_l\mathfrak{r}}\, dS.$$

Als Vorbereitung für die Berechnung der Dipolwirkung wollen wir das elektrostatische Potential berechnen, das von einer im Gitter periodischen Ladungsdichte erzeugt wird, die durch die periodische Funktion (6) dargestellt sei. Wir haben dann die POISSON*sche Differentialgleichung*

(13) $$\Delta\varphi = -4\pi f$$

durch eine ebenfalls periodische Funktion zu integrieren. Die Lösung lautet:

(14) $$\varphi(\mathfrak{r}) = \sum_l{}' \frac{4\pi c_l}{|\mathfrak{k}_l|^2}\, e^{i\mathfrak{k}_l\mathfrak{r}},$$

wie man durch Einsetzen in die Differentialgleichung sofort sieht. Der Koeffizient des konstanten Gliedes ($l_1 = l_2 = l_3 = 0$, also $\mathfrak{k}_l = 0$) wäre hier unendlich, wenn nicht $c_0 = 0$ ist. Wir müssen also $c_0 = 0$ voraussetzen. Das bedeutet nach (6), daß das konstante Glied in der FOURIERreihe der Dichte verschwindet, d. h. daß die in jeder Zelle im ganzen vorhandene Ladung Null ist.

Wir wollen nun insbesondere den Fall betrachten, daß in den Gitterpunkten statische Dipole vorhanden sind. Hierzu denken wir zunächst die Dichteverteilung in der Zelle auf zwei entgegengesetzt gleiche, punktförmige Ladungen konzentriert. Legen wir die Punktladung $-e$ in die Zellenecke, die Ladung e in einen um den Vektor $\mathfrak{a}$ verschobenen Punkt, so wird der FOURIERkoeffizient der Dichte nach (12)

(15) $$c_l = \frac{e}{V}\left(e^{-i\mathfrak{k}_l\mathfrak{a}} - 1\right),$$

und das Potential läßt sich nunmehr schreiben

(16) $$\varphi = \frac{e}{V}\left(\varphi_0(\mathfrak{r} - \mathfrak{a}) - \varphi_0(\mathfrak{r})\right),$$

wo

(17) $$\varphi_0 = \sum_l{}' \frac{4\pi}{|\mathfrak{k}_l|^2}\, e^{i\mathfrak{k}_l\mathfrak{r}}$$

gesetzt ist und der Strich am Summenzeichen bedeutet, daß das Glied mit $l = 0$ fortgelassen ist.

Die Funktion φ_0 hat eine anschauliche Bedeutung: Sie ist das Potential eines einfachen Punktgitters, in dessen Gitterpunkten die Ladung $+V$ sitzt, während gleichzeitig eine konstante Ladungsdichte -1 überall ausgebreitet ist. (Hierdurch ist die Bedingung der Neutralität des ganzen Gitters erfüllt.) Man kann diese Behauptung nicht einfach dadurch verifizieren, daß man die Funktion (17) in die Differentialgleichung

$$\Delta \varphi_0 = 4\pi$$

einsetzt; denn wegen der Singularitäten läßt sich weder die Reihe (17) zweimal gliedweise differentiieren, noch läßt sich aus ihr die Existenz von Singularitäten ohne weiteres ablesen.

Man kann aber den Beweis folgendermaßen führen:

Wir verwenden die GREENsche Formel § 74 (25):

$$\int (f \Delta g - g \Delta f) dS = \int \left(f \frac{\partial g}{\partial \nu} - g \frac{\partial f}{\partial \nu} \right) d\sigma. \tag{18}$$

Dabei soll das dreifache Integral hier und im folgenden über die Zelle erstreckt werden, ausgenommen eine kleine Kugel um den zur Zelle gehörenden geladenen Gitterpunkt; das Oberflächenintegral ist über die Begrenzung der Zelle und über die Oberfläche dieser kleinen Kugel zu erstrecken[1].

Wir wählen nun

$$f = e^{-i \mathfrak{k}_l \mathfrak{r}}, \qquad g = \varphi_0, \tag{19}$$

so daß

$$\Delta f = -|\mathfrak{k}_l|^2 f, \qquad \Delta g = \Delta \varphi_0 = 4\pi \tag{20}$$

ist. φ_0 soll außerdem in allen Gitterpunkten sich verhalten wie V/r. Dann heben sich die Oberflächenintegrale über je zwei gegenüberliegende Grenzflächen der Zelle wegen der Periodizität der Funktionen f und g fort; das Oberflächenintegral über die den Dipol umgebende Kugel läßt sich leicht berechnen. Es ist dort nämlich näherungsweise $g = 1/r$, also $\partial g/\partial \nu = -\partial g/\partial r = 1/r^2$, während $d\sigma = r^2 d\Omega$ wird, wo $d\Omega$ das Element des räumlichen Winkels bezeichnet. Da ferner f für $r = 0$ den Wert 1 annimmt, und da $\partial f/\partial \nu$ endlich bleibt, so verschwindet der zweite Teil des Oberflächenintegrals; der erste liefert den Wert $4\pi V$.

Die Formel (18) ergibt also

$$\int f \cdot (4\pi + \varphi_0 |\mathfrak{k}_l|^2) dS = 4\pi V. \tag{21}$$

Nun ist

$$\int f dS = \int e^{-i \mathfrak{k}_l \mathfrak{r}} dS = \begin{cases} 0 \text{ für } l \neq 0, \\ V \text{ für } l = 0. \end{cases} \tag{22}$$

Daher erhält man für den FOURIERkoeffizienten von φ_0:

$$\varphi_{0l} = \frac{1}{V} \int \varphi_0 e^{-i \mathfrak{k}_l \mathfrak{r}} dS = \frac{1}{V} \int \varphi_0 f dS = \begin{cases} 0 \quad \text{für } l = 0, \\ \frac{4\pi}{|\mathfrak{k}_l|^2} \text{ für } l \neq 0. \end{cases} \tag{23}$$

Man findet also für φ_0 genau die Reihe (17), womit unsere Behauptung bewiesen ist.

Wegen der Neutralität der Zelle genügt das Potential (16) der Gleichung $\Delta \varphi_0 = 0$ und hat die Singularitäten e/r bzw. $-e/r$ in den Punkten der beiden

[1] Man wird hierbei die Zelle nicht gerade so legen, daß die mit Ladung versehenen Gitterpunkte die Eckpunkte bilden; sondern man wird es so einrichten, daß die Ladungspunkte irgendwo im Innern der Zelle liegen.

gegeneinander verschobenen Gitter. Wir lassen nun die beiden Ladungen der Zelle und damit zugleich die beiden ineinander gesteckten Gitter gegeneinander konvergieren, und zwar in der Weise, daß das Produkt $e\mathfrak{a} = \mathfrak{p}$ endlich bleibt. Das Moment pro Volumeneinheit ist $\mathfrak{P} = \mathfrak{p}/V$. Dann folgt aus (16)

$$\varphi = -\mathfrak{P}\operatorname{grad}\varphi_0(\mathfrak{r}) \tag{24}$$

als das *Potential des Dipolgitters.*

Diese Darstellung der Lösung entspricht genau dem in § 73 (23) gegebenen Ausdruck des Potentials einer homogen polarisierten Substanz im Innern einer herausgeschnittenen Kugel. Man kann auch hier sofort wieder die wirkende Feldstärke in dem speziellen Falle berechnen, daß das Gitter kubisch und der betrachtete Aufpunkt ein Symmetriepunkt des Gitters ist. Er kann dabei auch mit einem Gitterpunkt selbst zusammenfallen, wobei dann aber die dort befindliche Ladung entfernt zu denken und das ihr entsprechende Potential von φ_0 abzuziehen ist. Aus Symmetriegründen gilt hier wieder, daß die gemischten Ableitungen von φ_0 verschwinden und die übrigen einander gleich, und zwar gleich $4\pi/3$ sind. Man erhält also ein von der Polarisation des ganzen Gitters herstammendes wirkendes Feld von der Stärke

$$\mathfrak{E}' = \mathfrak{E} + \frac{4\pi}{3}\mathfrak{P}, \tag{25}$$

wo $\mathfrak{E}$ die äußere Feldstärke ist. Damit ist auch für Kristalle die Formel § 73 (30) zunächst für statische Felder abgeleitet.

Jetzt gehen wir endlich dazu über, die strenge Berechnung des Wellenfeldes von Dipolen auszuführen, die in ganz analoger Weise vor sich geht.

Das Wellenfeld eines einzelnen Dipols ist nach § 74 (5) durch den Hertzschen Vektor

$$\mathfrak{Z} = \frac{[\mathfrak{p}]}{r} \tag{26}$$

gegeben. Dabei bedeutet wieder die eckige Klammer die Retardierung, also Ersetzung von t durch $t - r/c$.

Die Fortpflanzung einer Lichtwelle durch das Dipolgitter besteht nach der eingangs erklärten Vorstellung in nichts anderem als der Superposition von Kugelwellen, die von den Gitterpunkten ausgehen, die aber so in Phase verstimmt sind, daß eine mittlere Erregung resultiert, die wie eine ebene Welle fortschreitet. Anstatt nun diesen Vorgang durch wirkliche Summation von Kugelwellen mit geeigneten Phasen darzustellen, machen wir lieber den folgenden, mathematisch äquivalenten bequemeren Ansatz: Wir fassen den Vorgang als eine ebene Welle auf, deren Amplitude durch die Wirkung der Gitterpunkte moduliert ist, und zwar so, daß sie eine periodische Funktion im Gitter bildet, die in den Gitterpunkten die Dipolsingularität besitzt. Wir setzen

$$\mathfrak{Z} = \mathfrak{p}_0 Z e^{-i\omega t} e^{\frac{2\pi}{\lambda}(\mathfrak{s}\mathfrak{r})} \tag{27}$$

Dann muß die Funktion Z folgende Eigenschaften haben:

1. Sie ist periodisch im Gitter.
2. Sie ist überall regulär außer in den Gitterpunkten, und dort wird sie wie $1/r$ unendlich.
3. Sie genügt der aus der Wellengleichung § 74 (3) hervorgehenden Gleichung

$$\Delta Z + 2\frac{2\pi i}{\lambda}(\mathfrak{s}\operatorname{grad} Z) + \left(\frac{\omega^2}{c^2} - \frac{4\pi^2}{\lambda^2}\right)Z = 0. \tag{28}$$

Wir suchen diesen Bedingungen durch die FOURIERsche Reihe

$$(29)\qquad Z = \sum_{l} z_l e^{i\mathfrak{k}_l \mathfrak{r}}$$

zu genügen. Die erste Bedingung ist durch diesen Ansatz bereits erfüllt. Mit Hilfe der zweiten gewinnen wir leicht die Koeffizienten

$$(30)\qquad z_l = \frac{1}{V}\int Z e^{-i\mathfrak{k}_l \mathfrak{r}} dS.$$

Wir verwenden dazu wieder die GREENsche Formel (18), und zwar wählen wir hier

$$(31)\qquad f = e^{-i\mathfrak{k}_l \mathfrak{r}}, \qquad g = Z$$

und erhalten genau wie oben

$$(32)\qquad \int f\left\{-2\frac{2\pi i}{\lambda}(\mathfrak{s}\,\mathrm{grad}\, Z) - \left(\frac{\omega^2}{c^2} - \frac{4\pi^2}{\lambda^2}\right)Z + |\mathfrak{k}_l|^2 Z\right\} dS = 4\pi.$$

Nun läßt sich noch das Integral des ersten Gliedes durch partielle Integration umformen. Dabei liefern die Oberflächenintegrale sowohl über die kleinen Kugeln als auch über die Zellengrenzen keinen Beitrag, und es wird

$$(33)\qquad \int f(\mathfrak{s}\,\mathrm{grad}\, Z)\, dS = -\int Z(\mathfrak{s}\,\mathrm{grad}\, f)\, dS = i(\mathfrak{s}\mathfrak{k}_l) Z f\, dS.$$

Setzt man diesen Wert in (32) ein, so erhält man unter Benutzung der Definition (30)

$$(34)\qquad z_l = \frac{4\pi/V}{|\mathfrak{k}_l|^2 + 2\frac{2\pi}{\lambda}(\mathfrak{s}\mathfrak{k}_l) + \frac{4\pi^2}{\lambda^2} - \frac{\omega^2}{c^2}} = \frac{4\pi/V}{\left(\mathfrak{k}_l + \frac{2\pi}{\lambda}\mathfrak{s}\right)^2 - \left(\frac{2\pi}{\lambda_0}\right)^2},$$

wo $\lambda_0 = 2\pi c/\omega$ die Wellenlänge im Vakuum bedeutet, die von der Wellenlänge in der Substanz verschieden sein kann.

Nunmehr lautet die Lösung (29) der Wellengleichung

$$(35)\qquad Z = \frac{4\pi}{V}\sum_{l} \frac{e^{i\mathfrak{k}_l \mathfrak{r}}}{\left(\mathfrak{k}_l + \frac{2\pi}{\lambda}\mathfrak{s}\right)^2 - \left(\frac{2\pi}{\lambda_0}\right)^2}.$$

Diese Formel enthält die Gesetze der Fortpflanzung des Lichts für jede beliebige Wellenlänge im Gitter. Setzt man den Ausdruck (35) in (27) ein, so erhält man

$$(36)\qquad \mathfrak{Z} = \mathfrak{p}_0 e^{i\omega t}\frac{4\pi}{V}\sum_{l} \frac{e^{i\left(\mathfrak{k}_l + \frac{2\pi}{\lambda}\mathfrak{s}\right)\mathfrak{r}}}{\left(\mathfrak{k}_l + \frac{2\pi}{\lambda}\mathfrak{s}\right)^2 - \left(\frac{2\pi}{\lambda_0}\right)^2}.$$

Diese Gleichung bedeutet, daß man den Vorgang im Kristall als Superposition einer Reihe von ebenen Wellen verschiedener Amplitude auffassen kann. Die Wellenlänge λ (oder der Brechungsindex $n = \lambda_0/\lambda$) bestimmt sich erst nachträglich aus der Bedingung, daß die am einzelnen Oszillator infolge der Zustrahlung von allen übrigen Oszillatoren angreifende Kraft den dynamischen Schwingungsgleichungen (bzw. ihren quantenmechanischen Analoga) zu genügen hat.

Wir wollen zunächst den Fall sehr kurzer Wellen betrachten, um den Anschluß an die in IV, § 52 betrachtete Beugung von Röntgenstrahlen herzustellen. In diesem Falle schneller Schwingungen kann man ohne weiteres vorhersehen, daß die Wellenlänge durch den Kristall nicht wesentlich modifiziert wird, daß also λ und λ_0 nahezu einander gleich sind. Wenn außerdem λ von der Größenordnung der Gitterkonstante ist, kann es eintreten, daß einige der Nenner in unserer Summe nahezu verschwinden. Sei $\mathfrak{s}_0$ der Einheitsvektor, der die Richtung des einfallenden Röntgenstrahls kennzeichnet; dann haben wir in IV, § 52 gesehen, daß die LAUEsche Bedingung für die Interferenzrichtungen der Röntgenstrahlen in der Formel § 52 (20) geschrieben werden kann, die wegen § 75 (4) die Gestalt annimmt:

$$\mathfrak{s}_0 - \mathfrak{s} = \frac{\lambda}{2\pi}\mathfrak{k}_l. \tag{37}$$

Für diese Richtungen $\mathfrak{s}$ ist also

$$\left(\mathfrak{k}_l + \frac{2\pi}{\lambda}\mathfrak{s}\right)^2 = \left(\frac{2\pi}{\lambda_0}\right)^2. \tag{38}$$

Da nun der Unterschied von λ und λ_0 sehr klein ist, sind auch die entsprechenden Nenner in unserer Formel klein. Die Richtungen, welche gemäß der LAUEschen Betrachtung durch Interferenz verstärkte Streuung ergeben, sind also dieselben, zu denen gemäß unserer allgemeinen Formel für Wellen im Gitter große Intensitäten gehören. Wir sehen hier, wie die LAUE-BRAGGsche Theorie als Spezialfall der allgemeinen Gitterelektrodynamik erscheint. Man kann sie nach EWALD dadurch verfeinern, daß man den kleinen Unterschied zwischen λ und λ_0, d. h. die Abweichung des Brechungsindex für Röntgenstrahlen vom Werte 1, berücksichtigt und dadurch die Intensitätsverhältnisse der einzelnen Beugungsstrahlen präzisiert; doch können wir hier auf diese speziellen Untersuchungen nicht eingehen, sondern verweisen auf die Spezialliteratur über Röntgenstrahlen[1].

Nun kehren wir wieder zur Betrachtung von eigentlichen Lichtwellen zurück, bei denen die Wellenlängen (sowohl λ als auch λ_0) gegen die Lineardimensionen a der Zellen groß sind. Wir können dann die Funktion $\mathfrak{Z}$ nach Potenzen des Verhältnisses a/λ entwickeln, müssen aber dabei auf einen Punkt achten: In den Nennern der FOURIERkoeffizienten ist diese Entwicklung nur dann zulässig, wenn das von a/λ unabhängige Glied nicht verschwindet; dieses Glied ist aber gerade $|\mathfrak{k}_l|^2$, und es verschwindet für $l = 0$. Daher ist es notwendig, das konstante Glied der FOURIERreihe, also das Glied mit $l = 0$, abzutrennen. Nach Formel (35) wird es

$$\overline{Z} = \frac{4\pi/V}{\left(\frac{2\pi}{\lambda}\right)^2 - \left(\frac{2\pi}{\lambda_0}\right)^2}. \tag{39}$$

Das Moment pro Volumeneinheit hat die Amplitude

$$\mathfrak{P}_0 = \frac{\mathfrak{p}_0}{V}. \tag{40}$$

Dann wird das nullte Glied in (36) (mit $n = \lambda_0/\lambda$, $\omega/2\pi = c/\lambda_0 = c/n\lambda$)

$$\overline{\mathfrak{Z}} = 4\pi\mathfrak{P}_0 \cdot e^{-i\omega t} \frac{e^{\frac{2\pi i}{\lambda}\mathfrak{s}\mathfrak{r}}\, n^2 \frac{\lambda^2}{4\pi^2}}{n^2 - 1}. \tag{41}$$

Es entspricht dem *mittleren elektrischen Feld*. Durch eine kurze Rechnung erhalten wir nach § 74 (4), indem wir den Instantanwert des Momentes

$$\mathfrak{P} = \mathfrak{P}_0 e^{-i\omega t} e^{\frac{2\pi i}{\lambda}\mathfrak{s}\mathfrak{r}} \tag{42}$$

einführen,

$$(43)\quad \begin{cases} \text{(a)} & \overline{\mathfrak{E}} = 4\pi \dfrac{1}{n^2 - 1}\{\mathfrak{P} - n^2\mathfrak{s}(\mathfrak{P}\mathfrak{s})\}, \\ \text{(b)} & \overline{\mathfrak{H}} = 4\pi \dfrac{n}{n^2 - 1}(\mathfrak{s} \times \mathfrak{P}). \end{cases}$$

[1] Siehe etwa P. P. EWALD: Kristalle und Röntgenstrahlen. Berlin 1923; ferner auch das auf S. 328 zitierte Buch von BORN.

Wir zeigen nunmehr, daß dieses mittlere Feld nichts weiter ist als die einer ebenen Welle entsprechende Lösung der MAXWELLschen Gleichungen, wenn der Vektor $\overline{\mathfrak{D}}$ in $\overline{\mathfrak{E}}$ und $4\pi\mathfrak{P}$ aufgeteilt wird.

Hierzu schließen wir zunächst aus (43 a)

$$\overline{\mathfrak{E}}\mathfrak{s} = -4\pi\mathfrak{P}\mathfrak{s} \tag{44}$$

und durch Einsetzen in (43a)

$$4\pi\mathfrak{P} = (n^2-1)\overline{\mathfrak{E}} - n^2\mathfrak{s}(\overline{\mathfrak{E}}\mathfrak{s}), \tag{45}$$

und

$$4\pi\mathfrak{s}\times\mathfrak{P} = (n^2-1)(\mathfrak{s}\times\overline{\mathfrak{E}}), \tag{46}$$

also

$$\overline{\mathfrak{D}} = \overline{\mathfrak{E}} + 4\pi\mathfrak{P} = n^2(\overline{\mathfrak{E}} - \mathfrak{s}(\overline{\mathfrak{E}}\mathfrak{s})), \tag{47}$$

$$\overline{\mathfrak{H}} = n(\mathfrak{s}\times\overline{\mathfrak{E}}). \tag{48}$$

Das sind aber genau die Gleichungen (14), (13) aus V, § 58, die durch Einsetzen einer ebenen Welle des Brechungsindex n in die gewöhnlichen MAXWELLschen Gleichungen entstanden waren. Damit haben wir eine atomistische Rechtfertigung der elektromagnetischen Lichttheorie MAXWELLS für Kristalle gewonnen.

Unsere Theorie führt aber darüber hinaus, da sie ja nicht nur das mittlere Feld bestimmt, sondern außerdem auch die feinen periodischen Schwankungen im Gitter, die durch die übrigen Fourierglieder der Formel (35) bzw. (36) dargestellt werden. Der periodische Feldanteil ist

$$\tilde{Z} = Z - \overline{Z} = \frac{4\pi}{V}\sum_l{}' \frac{e^{i\mathfrak{k}_l\mathfrak{r}}}{\left(\mathfrak{k}_l + \frac{2\pi}{\lambda}\mathfrak{s}\right)^2 - \left(\frac{2\pi}{\lambda_0}\right)^2}. \tag{49}$$

Man sieht aus (39), daß $\tilde{Z}$ der Differentialgleichung

$$\Delta\tilde{Z} + 2\frac{2\pi i}{\lambda}(\mathfrak{s}\,\mathrm{grad}\,\tilde{Z}) + \left(\frac{\omega^2}{c^2} - \frac{4\pi^2}{\lambda^2}\right)\tilde{Z} = 4\pi \tag{50}$$

genügt, die sich von (28) nur dadurch unterscheidet, daß auf der rechten Seite die Null durch 4π ersetzt ist. Das bedeutet, daß eine homogene Ladung der Dichte -1 zur Kompensation der Punktladungen über das ganze Gitter ausgeschmiert ist. Die Funktion $\tilde{Z}$ läßt sich daher kennzeichnen als diejenige Lösung der Differentialgleichung (50), die im Gitter periodisch ist und in den Gitterpunkten die Singularität V/r besitzt. Aus $\tilde{Z}$ berechnet sich der HERTZsche Vektor des periodischen Feldanteils zu

$$\tilde{\mathfrak{Z}} = \mathfrak{P}_0 e^{-i\omega t} e^{\frac{2\pi i}{\lambda}\mathfrak{r}\mathfrak{s}}\tilde{Z} = \mathfrak{P}\tilde{Z}. \tag{51}$$

Will man nun das auf einen Dipol ausgeübte *wirkende Feld* ermitteln, so hat man hiervon noch das Dipolpotential des betrachteten Punktes abzuziehen. Nimmt man diesen, wie es erlaubt ist, im Nullpunkte an, so hat das Dipolpotential die Form

$$\psi = \mathfrak{p}_0\frac{e^{-i\omega\left(t-\frac{r}{c}\right)}}{r}. \tag{52}$$

Der HERTZsche Vektor des wirkenden Feldes bekommt die Gestalt

$$\mathfrak{Z}' = \overline{\mathfrak{Z}} + \tilde{\mathfrak{Z}} - \psi = \overline{\mathfrak{Z}} + \mathfrak{P}\Psi, \tag{53}$$

wo

$$\Psi = V\tilde{Z} - \frac{e^{2\pi i\left(\frac{r}{\lambda_0} - \frac{\mathfrak{r}\mathfrak{s}}{\lambda}\right)}}{r}. \tag{54}$$

Hieraus können wir nach den Formeln § 74 (4) das wirkende Feld berechnen und erhalten

$$(55)\quad \left\{\begin{aligned} \mathfrak{E}'_x &= \overline{\mathfrak{E}}_x + \sum_y \beta_{xy}\mathfrak{P}_y, \\ \mathfrak{H}'_x &= \overline{\mathfrak{H}}_x - \sum_y \gamma_{xy}\mathfrak{P}_y, \end{aligned}\right.$$

wo

$$(56)\quad \beta_{xy} = \beta_{yx} = \left[\frac{\partial^2 \Psi}{\partial x \partial y} + \frac{2\pi i}{\lambda}\left(\mathfrak{z}_x \frac{\partial \Psi}{\partial y} + \mathfrak{z}_y \frac{\partial \Psi}{\partial x}\right) + 4\pi^2 \Psi\left(\frac{\delta_{xy}}{\lambda_0^2} - \frac{\mathfrak{z}_x\mathfrak{z}_y}{\lambda^2}\right)\right]_0,$$

$$(57)\quad \gamma_{xy} = -\gamma_{yx} = \frac{2\pi i}{\lambda_0}\left(\frac{\partial \Psi}{\partial z} - \frac{2\pi i}{\lambda}\mathfrak{z}_z\right)_0$$

gesetzt ist. Der Index 0 in diesen Formeln bedeutet, daß der Wert der Funktion an der Stelle des betrachteten Dipols (Nullpunkt) zu nehmen ist. Das Symbol δ_{xy} ist 1 oder 0, je nachdem es sich um eine xx- oder xy-Komponente handelt.

Alle diese Betrachtungen lassen sich leicht auf den Fall verallgemeinern, daß die Dipole nicht ein einfaches Gitter bilden, sondern eine kompliziertere, gitterartige Struktur annehmen, wie sie in wirklichen Kristallen vorliegt; denn man kann jede Gitterstruktur als Überlagerung von ineinandergeschobenen einfachen Gittern auffassen, und es ist klar, daß sich dabei die Felder der einzelnen Gitter einfach addieren. Man kann daher sagen, daß sich die in (53) auftretende Funktion Ψ ganz allgemein durch die Gleichung (54) definieren läßt, wo $\tilde{Z}$ diejenige Lösung der Differentialgleichung (50) ist, die in dem Gitter periodisch ist und die in allen Dipolen des (aus mehreren einfachen zusammengesetzten) Gitters die Singularität V/r hat.

Die Formel (55) stellt, zusammen mit (47), (48) und § 73 (3), drei lineare Vektorrelationen zwischen den Vektoren $\overline{\mathfrak{D}}$, $\overline{\mathfrak{E}}$, $\mathfrak{P}$ dar; eliminiert man aus ihnen $\mathfrak{P}$, so erhält man die Grundgleichung V, § 58 (1), (2) der Kristalloptik zurück. Dabei ist aber jetzt die dielektrische Anisotropie

$$(58)\quad \overline{\mathfrak{D}}_x = \sum_y \varepsilon_{xy}\overline{\mathfrak{E}}_y$$

aufgespalten in die Anisotropie der einzelnen Atome, gegeben durch den Tensor α_{xy}, und die Anisotropie der Wechselwirkung im Gitter, gegeben durch den Tensor β_{xy}. Im allgemeinen hängt dieser Tensor β_{xy} noch von der Wellenlänge (sowohl λ als auch λ_0) ab. Für sichtbares Licht aber, wo λ groß ist gegen die Lineardimensionen der Zelle, kann man die Funktion Ψ und damit auch die Größen β nach Potenzen von a/λ entwickeln.

Der Betrag von $\mathfrak{k}_l$ ist von der Ordnung $1/a$. Man erhält somit in gröbster Näherung (d. h. für unendlich lange Wellen) für die Amplitude des Zusatzfeldes

$$(59)\quad \Psi = \varphi_0 - \frac{1}{r},$$

wo

$$(60)\quad \varphi_0 = 4\pi \sum_l{}' \frac{e^{i\mathfrak{k}_l \mathfrak{r}}}{|\mathfrak{k}_l|^2}$$

ist. φ_0 ist hier wieder die in (17) definierte Funktion, die das Potential eines durch gleichförmige Belegung der Dichte -1 kompensierten Gitters von Punktladungen bedeutet, und $\varphi_0 - 1/r$ ist dieses Potential, vermindert um das eines einzelnen Gitterpunktes. Der Tensor β reduziert sich auf

$$(61)\quad \beta_{xy} = \left(\frac{\partial^2 \Psi}{\partial x \partial y}\right)_0.$$

Für ein reguläres Gitter folgt in der schon mehrfach erläuterten Weise aus der Symmetrie, daß

$$(62)\quad \left\{\begin{aligned} &\beta_{yz} = \beta_{zx} = \beta_{xy} = 0, \\ &\beta_{xx} = \beta_{yy} = \beta_{zz} = \frac{4\pi}{3} \end{aligned}\right.$$

ist. Das Zusatzfeld zum mittleren Feld beträgt also wieder $\frac{4\pi}{3}\mathfrak{P}$. Die strenge Gittertheorie liefert aber mehr; sie gestattet es, dieses Resultat nach zwei Richtungen hin zu verallgemeinern:

Einmal kann man das wirkende Feld für beliebige Kristalle angeben. Beschränkt man sich wieder auf die Näherung langer Wellen (a/λ sehr klein), so hat man das Problem: Es ist die Lösung der Gleichung

$$(63)\quad \Delta\Psi_0 = 4\pi$$

zu bestimmen, die periodisch im Gitter ist und die in den Dipolen des Gitters punktförmige Singularitäten von der Art $1/r$ hat, ausgenommen in einem einzigen Gitterpunkte.

Dies ist eine rein mathematische Aufgabe, die von EWALD vollständig gelöst worden ist. Die in (60) angegebene Fourierreihe für φ_0 ist für die numerische Berechnung von Ψ_0 nicht ohne weiteres brauchbar; doch lassen sich andere gut konvergente Darstellungen für diese Funktion angeben. Diese *Theorie der Gitterpotentiale* bildet ein besonderes Kapitel der Molekularphysik und gehört nicht in den Rahmen des vorliegenden Buches[1]. Es sei hier nur erwähnt, daß es EWALD gelungen ist, für ein rhombisches Gitter die Komponenten der wirkenden Kraft nach drei aufeinander senkrecht stehenden Richtungen numerisch zu berechnen; es ergab sich eine Anisotropie, die mit der beobachteten der Größenordnung nach übereinstimmt. Mehr ist natürlich auch nicht zu erwarten; denn zu der Anisotropie infolge der Kristallstruktur kommt ja noch die Anisotropie der einzelnen Moleküle oder Atome[2] in den Gitterpunkten, gegeben durch α_{xy}, und über diese kann man nicht viel aussagen.

Die zweite Verallgemeinerung besteht in der Berücksichtigung der Endlichkeit des Verhältnisses a/λ. Wenn man im wirkenden Felde die Glieder erster Ordnung in a/λ mitnimmt, so erhält man die Erscheinungen des *optischen Drehvermögens* oder der *optischen Aktivität*, auf die wir in § 83, 84 zurückkommen werden. Die Fortsetzung der Entwicklung zu höheren Gliedern in a/λ hat bisher noch keine physikalische Anwendung gefunden; erst wieder der Fall, wo a/λ von der Ordnung 1 ist, ist in der Röntgenoptik realisiert (s. oben).

Eine prinzipiell wichtige Folgerung der hier skizzierten Theorie der Gitteroptik bezieht sich auf die Frage des *Ursprungs der Lichtstreuung* (TYNDALLeffekt), auf die wir schon am Ende des vorigen Paragraphen hingewiesen haben. Man kann bei den Kristallgittern besonders deutlich erkennen, unter welchen Voraussetzungen Abweichungen von der regelmäßigen Lichtfortpflanzung, d. h. Streuung zustande kommt.

Gewöhnliches Licht (a/λ klein) pflanzt sich, wie wir gesehen haben, im wesentlichen als ebene Welle mit durch das Gitter modulierter Amplitude fort. Von irgendwelcher seitlichen Streuung ist aus unseren Formeln nichts abzulesen. Daraus müssen wir schließen, daß in einem unbegrenzten idealen Kristall, dessen

---

[1] Siehe das auf S. 328 zitierte Buch von M. BORN: Atomtheorie des festen Zustandes, Kap. V.

[2] Auch Atome, die im Gaszustand isotrop sind, können im Gitterverband infolge der Einwirkung der Nachbarn optisch anisotrop sein.

Dipole, wie wir vorausgesetzt haben, sämtlich exakt in den Gitterpunkten sitzen, *keine Lichtstreuung* stattfinden kann. Die tatsächliche Existenz der Lichtstreuung muß also auf der Unvollkommenheit der regelmäßigen Lage und auf kleinen Bewegungen der Dipole beruhen. In der Tat, denkt man sich die Dipole irgendwie unregelmäßig ein wenig aus der Ruhelage verschoben, so wird das elektromagnetische Feld sich aufspalten lassen in einen regelmäßigen Anteil, der den Gesetzen genügt, die wir oben aufgestellt haben, und einen anderen, dessen Quellpunkte kleine, unregelmäßige Abweichungen von den Gitterpunkten haben. Die Phasen der Sekundärwellen dieses Anteils werden sich also nicht regelmäßig zusammensetzen; man kann auch sagen, daß die Dipolwellen sämtlich inkohärent sind. Daher entsteht ein Streulicht, dessen Stärke man berechnen kann, indem man die Intensitäten derjenigen Kugelwellen addiert, die den Schwankungen der elektrischen Momente der Dipole gegen ihre mittlere Amplitude entsprechen.

Bei nicht kristallinen, isotropen Medien, insbesondere bei Gasen, sind diese Verhältnisse nicht so durchsichtig, weil hier überhaupt keine ideal geordnete Lage existiert. Doch haben wir im vorigen Paragraphen gesehen, daß man auch hier genau zu denselben Resultaten kommt, indem man durch Mittelung eine gleichförmige Dipoldichte einführt, von der die wirkliche Dichte ein wenig abweicht. Das elektromagnetische Feld zerfällt in zwei Anteile, einen, der durch den Mittelwert $\overline{\mathfrak{P}}$ des elektrischen Momentes $\mathfrak{P}$ pro Volumeneinheit bestimmt wird und der den MAXWELLschen Gleichungen genügt, sowie einen zweiten, das Streulicht, das durch die quadratische Schwankung des Lichtmomentes

$$\overline{(\Delta\mathfrak{P})^2} = \overline{(\mathfrak{P} - \overline{\mathfrak{P}})^2} \tag{64}$$

bestimmt wird. Nach dieser Überlegung werden wir im folgenden (§ 81) die Streuerscheinungen behandeln.

§ 76. Fall der Isotropie. Das LORENTZ-LORENZsche Gesetz.

Wir kehren nunmehr zur Untersuchung isotroper Substanzen zurück, die wir als eine völlig ungeordnete Ansammlung von Atomen oder Molekülen auffassen können, deren jedes durch Angabe seines Polarisationstensors α_{xy} optisch beschrieben werden kann. Wir bezeichnen die Koordinaten in einem molekülfesten System mit X, Y, Z und die in einem raumfesten System mit x, y, z. Dann läßt sich nach den Betrachtungen in § 73 die Gleichung des Polarisationsellipsoids in den beiden Formen

$$\sum_{XY} \alpha_{XY} XY = \sum_{xy} \alpha_{xy} xy = \text{konst.} \tag{1}$$

darstellen.

Wir betrachten nun zwei Einheitsvektoren $\mathfrak{e}_1$, $\mathfrak{e}_2$ in beiden Koordinatensystemen. $\mathfrak{e}_1$ habe die Komponenten (X_1, Y_1, Z_1) bzw. (x_1, y_1, z_1), $\mathfrak{e}_2$ die Komponenten (X_2, Y_2, Z_2) bzw. (x_2, y_2, z_2). Dann ist die Polarform der quadratischen Form (1) gegeben durch

$$\sum_{XY} \alpha_{XY} X_1 Y_2 = \sum_{xy} \alpha_{xy} x_1 y_2. \tag{2}$$

Wir denken nun $\mathfrak{e}_1$, $\mathfrak{e}_2$ in bestimmten Lagen (die wir sogleich näher angeben werden) im Raume fest und das Molekül dabei in allen möglichen Stellungen. Dann sind in unserer Gleichung (2) die α_{XY} und die Produkte $x_1 y_2$ feste Zahlen;

dagegen hängen die α_{xy} und die Produkte $X_1 Y_2$ von der Lage des Moleküls ab. Daher liefert die Mittelbildung von (2) über alle Lagen des Moleküls

$$\sum_{XY} \alpha_{XY} \overline{X_1 Y_2} = \sum_{xy} \overline{\alpha_{xy}}\, x_1 y_2, \tag{3}$$

und dies gilt auch dann (wovon wir später Gebrauch machen werden), wenn ein beliebiges statistisches Gesetz für die Verteilung der Moleküle vorgegeben ist. Durch diese Formel sind die Mittelwerte der Tensorkomponenten, also die Werte $\overline{\alpha_{xy}}$, zurückgeführt auf die Mittelwerte der Produkte der Komponenten zweier Einheitsvektoren, $\overline{X_1 Y_2}$.

Im hier behandelten einfachsten Falle isotroper Richtungsverteilung wählen wir zunächst $\mathfrak{e}_1 = \mathfrak{e}_2 = \mathfrak{e}$. Dann ist offenbar $X_1 X_2 = X^2, \ldots$ und

$$\overline{X^2} = \overline{Y^2} = \overline{Z^2} = \tfrac{1}{3}, \qquad \overline{YZ} = \overline{ZX} = \overline{XY} = 0. \tag{4}$$

Legen wir nun $\mathfrak{e}$ der Reihe nach in die drei Koordinatenrichtungen, setzen also die raumfesten Koordinaten einmal gleich $(1, 0, 0)$, dann gleich $(0, 1, 0)$, endlich gleich $(0, 0, 1)$, so folgt aus (3)

$$\overline{\alpha_{xx}} = \overline{\alpha_{yy}} = \overline{\alpha_{zz}} = \tfrac{1}{3}(\alpha_{xx} + \alpha_{yy} + \alpha_{zz}) = \tfrac{1}{3}(\alpha_x + \alpha_y + \alpha_z) = \alpha, \tag{5}$$

wo $\alpha_x, \alpha_y, \alpha_z$ die Komponenten des Polarisationstensors in seinem Hauptachsensystem bedeuten.

Wir wählen nun $\mathfrak{e}_1$ und $\mathfrak{e}_2$ aufeinander senkrecht; dann sind offenbar die sämtlichen Produktmittel

$$\left\{\begin{aligned} &\overline{X_1 X_2} = \overline{Y_1 Y_2} = \overline{Z_1 Z_2} = 0, \\ &\overline{X_1 Y_2} = \overline{X_2 Y_1} = \cdots = 0. \end{aligned}\right. \tag{6}$$

Legen wir ferner die beiden aufeinander senkrechten Vektoren $\mathfrak{e}_1$, $\mathfrak{e}_2$ so, daß sie jeweils mit einem Paar der raumfesten Achsen zusammenfallen [also etwa zunächst $\mathfrak{e}_1 = (1, 0, 0)$, $\mathfrak{e}_2 = (0, 1, 0)$ und dann zyklisch vertauscht], so liefert unsere Formel (3)

$$\overline{\alpha_{yz}} = \overline{\alpha_{zx}} = \overline{\alpha_{xy}} = 0. \tag{7}$$

Nach dem hier ausführlich diskutierten Verfahren werden wir unten (§ 77) verwickeltere Mittelwerte berechnen, sei es, daß es sich um Funktionen der α_{xy} handelt, sei es, daß das Verteilungsgesetz der Moleküle allgemeiner ist; wir werden uns dann kürzer fassen.

Als Resultat der Betrachtung haben wir also dieses:

Das mittlere Polarisationsellipsoid ist eine Kugel; die mittlere Polarisierbarkeit α ist das arithmetische Mittel der Hauptpolarisierbarkeiten.

Mithin gilt

$$\mathfrak{p} = \alpha \mathfrak{E}'. \tag{8}$$

Ist, wie wir im folgenden in der Regel voraussetzen, der Polarisationstensor α_{xy} hermitisch (dem entspricht die Vernachlässigung von Dämpfungskräften im Atom), so sind die Diagonalelemente *reell*, und mithin ist es auch α. Ist aber ein merklicher Energieverlust vorhanden, so ist α komplex. Wir stoßen dann auf ein Verhalten ähnlich dem in Metallen, wo sich ein komplexer Brechungsindex ergab (s. Kap. VI). Wir kommen unten auf diesen Punkt noch zurück. Bei den folgenden allgemeinen Betrachtungen kann α sehr wohl komplex sein, bei den *Anwendungen* dagegen setzen wir vorläufig α als reell voraus.

Weiter nehmen wir an, daß nicht nur die *Richtungen* der Moleküle isotrop verteilt sind, sondern daß auch die *Anordnung* der Moleküle im Raum als quasiisotrop betrachtet werden kann, so daß zwischen wirkender Feldstärke $\mathfrak{E}'$ und mittlerem Felde $\mathfrak{E}$ die Relation § 73 (30),

$$\mathfrak{E}' = \mathfrak{E} + \frac{4\pi}{3}\mathfrak{P} \tag{9}$$

besteht. Ist nun N die Anzahl der Moleküle pro Volumeneinheit, also

$$\mathfrak{P} = N\mathfrak{p}, \tag{10}$$

so folgt durch Elimination von $\mathfrak{p}$ und $\mathfrak{E}'$ aus (8), (9), (10):

$$\mathfrak{P} = \frac{\alpha N}{1 - \frac{4\pi}{3}\alpha N}\mathfrak{E}. \tag{11}$$

Führen wir den Vektor der dielektrischen Verschiebung,

$$\mathfrak{D} = \mathfrak{E} + 4\pi\mathfrak{P}, \tag{12}$$

ein, so erhalten wir

$$\mathfrak{D} = \frac{1 + \frac{2}{3}4\pi\alpha N}{1 - \frac{1}{3}4\pi\alpha N}\mathfrak{E}. \tag{13}$$

Mithin hängt die *optische Dielektrizitätskonstante* ε oder das Quadrat des Brechungsindex [s. Kap. I, § 5 (1)] mit der Polarisierbarkeit α folgendermaßen zusammen:

$$\varepsilon = n^2 = \frac{1 + \frac{2}{3}4\pi\alpha N}{1 - \frac{1}{3}4\pi\alpha N}. \tag{14}$$

Solange wir α als reell voraussetzen, wie es im folgenden in der Regel der Fall ist, ist auch n reell. Wenn aber dämpfende Kräfte vorhanden sind, also α komplex wird, so stoßen wir auf einen komplexen Brechungsindex. Wir haben dieses Vorkommnis bereits in Kap. VI, § 67 besprochen und gesehen, daß in diesem Falle eine Absorption der Lichtwelle vorhanden ist. Wir wollen uns jedoch in diesem Kapitel auf die Behandlung von durchsichtigen Körpern (bzw. von Spektralgebieten guter Durchlässigkeit) beschränken; es wird uns hauptsächlich die Abhängigkeit der optischen Konstanten von der Dichte (Molekülzahl N), Temperatur und molekularen Anisotropie beschäftigen. Natürlich hängt auch die Absorption von all diesen Parametern ab, doch ist die Untersuchung dieser Verhältnisse nicht von derselben Wichtigkeit wie die des Brechungsindex. Dagegen werden wir im folgenden Kapitel, wo wir auf den Mechanismus der Wechselwirkung von Atom und Lichtfeld näher eingehen, auf die Absorption zurückkommen und sie dort eingehender studieren.

Löst man die Gleichung (14) nach α auf, so erhält man

$$\alpha = \frac{3}{4\pi N}\,\frac{\varepsilon - 1}{\varepsilon + 2} = \frac{3}{4\pi N}\,\frac{n^2 - 1}{n^2 + 2}. \tag{15}$$

Diese Formel ist merkwürdigerweise fast gleichzeitig von zwei Forschern fast gleichlautenden Namens entdeckt worden[1]. Man nennt sie nach diesen das LORENTZ-LORENZ*sche Gesetz*. Sein wesentlicher Inhalt ist folgender:

[1] H. A. LORENTZ: Wiedem. Ann. Bd. 9 (1880) S. 641; L. LORENZ: Wiedem. Ann. Bd. 11 (1881) S. 70.

Schon vorher haben R. CLAUSIUS [Mechanische Wärmetheorie Bd. 2 S. 62, 2. Aufl. Braunschweig 1879] und O. F. MOSSOTTI [Mem. della Soc. scient. Modena Bd. 14 (1850) S. 49] für statische Felder eine analoge Formel aufgestellt; sie suchten die dielektrischen Eigenschaften der Isolatoren dadurch zu erklären, daß sie die Atome als kleine leitende Kugeln ansahen, deren Abstand groß gegen ihren Durchmesser war, und erhielten für die relative Raumerfüllung g dieser Kugeln folgenden Ausdruck durch die Dielektrizitätskonstante

$$g = \frac{\varepsilon - 1}{\varepsilon + 2}.$$

Da α eine Atomkonstante ist, die höchstens noch von der Frequenz des Lichts abhängt, so muß dasselbe auch für die rechte Seite gelten. Statt der *Atompolarisation* α benutzt man häufig auch eine Größe, die Molrefraktion, die aus ihr durch Multiplikation mit $4\pi/3$ und der Anzahl der Moleküle im Mol, der LOSCHMIDTschen Zahl N, entsteht; berücksichtigt man, daß $\mathsf{N}/N = \mu/\varrho$, wo μ das Molekulargewicht, ϱ die Dichte bedeutet, so erhält man für die *Molrefraktion*

$$P = \frac{4\pi}{3}\mathsf{N}\alpha = \frac{\mu}{\varrho}\frac{\varepsilon - 1}{\varepsilon + 2} = \frac{\mu}{\varrho}\frac{n^2 - 1}{n^2 + 2}. \tag{16}$$

Der Faktor μ/ϱ bedeutet das Volumen des Mols. Die Größe P ist also, da α ein Volumen ist (s. § 73), von der Art und der Größenordnung des Molvolumens.

Für Gase ist n^2 nur sehr wenig von 1 verschieden; man kann daher in (16) den Nenner durch 3 ersetzen und hat dann die *Näherungsformel für Gase*

$$\alpha = \frac{n^2 - 1}{4\pi N}, \qquad P = \frac{\mu}{\varrho}\frac{n^2 - 1}{3}. \tag{17}$$

Die Formeln (16) und (17) beruhen auf der Annahme vollständiger Isotropie der Molekülrichtungen; dabei ist also stillschweigend die Voraussetzung gemacht, daß das elektromagnetische Feld des Lichts, das ja im allgemeinen eine bestimmte Raumrichtung auszeichnet, an dieser Richtungsverteilung nichts ändert. In der Tat wird man diese Voraussetzung für sichtbares und noch kurzwelligeres Licht unbedenklich machen dürfen, und zwar aus folgenden Gründen: Handelt es sich um ein einatomiges Gas, so ist im allgemeinen das Polarisationsellipsoid schon an sich eine Kugel[1]; handelt es sich aber um zwei- oder mehratomige Moleküle, so werden sie wegen der großen Masse der Kerne (große Trägheitsmomente) den schnellen Lichtschwingungen nicht folgen können. Nur bei ganz langsamen Schwingungen (im äußersten Ultrarot) und in statischen Feldern werden die Moleküle, insbesondere solche, die permanente elektrische Dipole tragen, sich nach dem äußeren elektrischen Felde einzustellen bestreben, soweit ihre Temperaturbewegung es zuläßt. In der Tat hat man im Bereiche HERTZscher Wellen (Wellenlänge von der Größenordnung einiger Dezimeter) bei Dipolflüssigkeiten (wie Wasser) ein temperaturabhängiges anomales Verhalten des komplexen Brechungsindex beobachtet, das nach DEBYE[2] als die Richtwirkung des Lichtfeldes auf die Moleküle gedeutet werden muß. Dieser Effekt wächst mit abnehmender Frequenz des Lichts und bewirkt den stetigen Übergang der optischen Dielektrizitätskonstanten in die statische. Wir werden diese Optik der Dipolflüssigkeiten in Kap. VIII, § 101 behandeln.

Hier dagegen wollen wir jetzt prüfen, wieweit die Formeln (16) und (17) mit der Erfahrung übereinstimmen. Sie enthalten offenbar die Abhängigkeit des Brechungsindex für eine vorgegebene Farbe von der Dichte und müßten bei allen solchen Änderungen der Dichte gelten, bei denen die Molekularstruktur und die Isotropie erhalten bleiben. Wir untersuchen daraufhin zunächst Änderungen der Temperatur und des Aggregatzustandes, sodann Mischungen verschiedener Stoffe, deren Molrefraktion sich bei Erhaltung der Molekülstruktur nach der gewöhnlichen additiven Mischungsregel aus der der Bestandteile berechnen lassen muß. Schließlich zeigen wir, daß man sogar bei der Vereinigung verschiedener Atome zu Molekülen bis zu gewissem Grade die Molrefraktion des

[1] Nach der modernen Quantenmechanik der Atome verhalten sich frei drehbare Atome unter allen Umständen isotrop gegenüber äußeren Lichtfeldern.

[2] Siehe VIII, § 101, S. 563, Anm. 1.

Moleküls aus geeignet gewählten Atomrefraktionen der Bestandteile zusammensetzen kann.

Was zunächst die *Gase* anbetrifft, so ist die Proportionalität (17) von n^2-1 mit ϱ sehr genau erfüllt, wie es ja auch zu erwarten ist, weil hier die Voraussetzungen der Theorie am besten verwirklicht sind. Es erübrigt sich, hierfür Belege anzugeben. Aber auch bei sehr stark komprimierten Gasen, bei denen der Brechungsquotient schon wesentlich von dem Werte 1 abweicht, bleibt die Molekularrefraktion weitgehend konstant, wie Tabelle 11 zeigt[1].

Tabelle 11. Molrefraktion für Luft für verschiedene Drucke, Natrium-D-Licht und etwa 14,5° C (s. Fig. 187).

Druck in at	n	P
1,00	1,0002929	2,170
14,84	1,004338	2,170
28,58	1,008385	2,170
42,13	1,01241	2,177
55,72	1,01643	2,178
69,24	1,02044	2,180
82,65	1,02440	2,178
96,16	1,02842	2,178
109,56	1,03242	2,179
123,04	1,03633	2,175
136,21	1,04027	2,174
149,53	1,04421	2,173
162,76	1,04818	2,172
176,27	1,05213	2,170

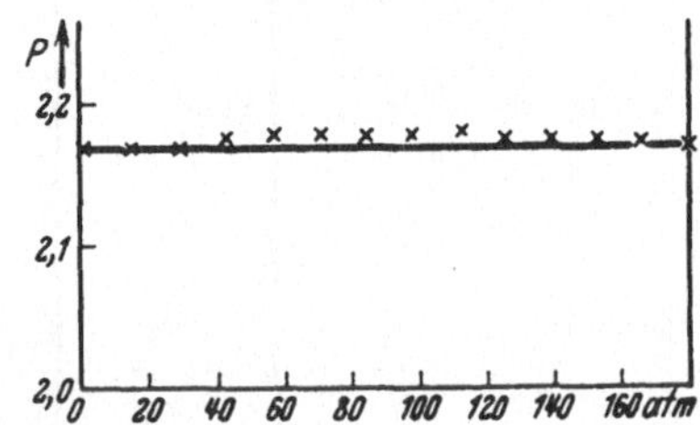

Fig. 187. Molrefraktion von Luft für verschiedene Drucke.

Wichtig ist, daß die Größe P auch bei der Verflüssigung nahezu konstant bleibt, wie Tabelle 12 (S. 342) zeigt.

Nunmehr betrachten wir eine Mischung mehrerer Flüssigkeiten und leiten die Mischungsregel für die Molrefraktion ab. Sind in der Volumeneinheit $N_1, N_2, \ldots$ Moleküle verschiedener Art enthalten, so wählen wir als Maß für die Konzentration die sog. *Molbrüche*

$$f_1 = \frac{N_1}{N}, \quad f_2 = \frac{N_2}{N}, \ldots; \qquad N = N_1 + N_2 + \cdots \tag{18}$$

Sind $\mu_1, \mu_2, \ldots$ die Molekulargewichte der Bestandteile, also $\mu_1/\mathsf{N}, \mu_2/\mathsf{N}, \ldots$ die Gewichte der einzelnen Atome, so ist die Masse der Volumeneinheit, d. h. die Dichte,

$$\varrho = \frac{\mu_1 N_1 + \mu_2 N_2 + \cdots}{\mathsf{N}}. \tag{19}$$

Führen wir nun das mittlere Molekulargewicht $\bar{\mu} = \mu_1 f_1 + \mu_2 f_2 + \cdots$ ein, so wird

$$\frac{\bar{\mu}}{\varrho} = \frac{\mu_1 f_1 + \mu_2 f_2 + \cdots}{\varrho} = \frac{\mathsf{N}}{N}. \tag{20}$$

Andererseits tritt nunmehr an die Stelle der Gleichung (15) offenbar

$$\frac{4\pi}{3}(N_1\alpha_1 + N_2\alpha_2 + \cdots) = \frac{n^2-1}{n^2+2}, \tag{21}$$

oder, wenn wir die *Partialmolrefraktionen* einführen:

$$P_1 = \frac{4\pi}{3}\mathsf{N}\alpha_1, \quad P_2 = \frac{4\pi}{3}\mathsf{N}\alpha_2, \ldots,$$

$$\frac{N}{\mathsf{N}} = \frac{\bar{\mu}}{\varrho}\frac{n^2-1}{n^2+2} = f_1 P_1 + f_2 P_2 + \cdots. \tag{22}$$

[1] Die Werte in den folgenden Tabellen sind nach Angaben in LANDOLT-BÖRNSTEIN: Physikalisch-Chemische Tabellen 5. Aufl. (Berlin 1923) von W. WEPPNER neu berechnet worden.

Tabelle 12. Molrefraktionen für verschiedene Aggregatzustände; Natrium-D-Licht. Die letzten drei Spalten geben oben die Werte für festen bzw. flüssigen Zustand, unten für den Gaszustand. Die Gasdichten sind aus der des Wasserstoffs (0,00009) berechnet.

Substanz	Formel	Mol.-Gew.	n	ϱ	P
Brom	Br_2	160	1,659	3,12	9,45
			1,000113		8,38
Chlor	Cl_2	71	1,367	1,33	5,99
			1,000773		5,72
Sauerstoff	O_2	32	1,221	1,124	2,00
			1,000271		2,01
Wasserstoff	H_2	2	1,10	0,071	0,92
			1,000139		1,02
Stickstoff	N_2	28	1,205	0,808	2,27
			1,000296		2,193
Schwefel	S_2	64	1,929	2,04	7,46
			1,001111		8,23
Phosphor	P_2	62	2,144	1,83	9,24
			1,001212		8,98
Bromwasserstoff	HBr	81	1,352	1,630	10,75
			1,000573		8,48
Chlorwasserstoff	HCl	36,5	1,245	0,95	6,88
			1,000447		6,62
Wasser	H_2O	18	1,334	1,000	3,71
			1,000249		3,70
Ammoniak	NH_3	17	1,325	0,616	5,55
			1,000373		5,53
Schwefelwasserstoff	H_2S	34	1,384	0,91	8,74
			1,000623		9,22
Phosphorwasserstoff	PH_3	34	1,317	0,622	10,75
			1,000789		11,68
Schwefeldioxyd	SO_2	64	1,410	1,359	11,67
			1,000690		10,22
Schwefelkohlenstoff	CS_2	76	1,628	1,264	21,34
			1,00147		21,78
Stickoxyd	NO	30	1,330	1,269	4,82
			1,000297		4,40
Stickoxydul	N_2O	44	1,193	0,870	6,25
			1,000516		7,64
Kohlensäure	CO_2	44	1,192	0,796	6,80
			1,000449		6,66
Methylalkohol	CH_4O	32	1,3308	0,7938	8,25
			1,000549		8,14
Chloroform	$CHCl_3$	119,5	1,4467	1,4898	21,42
			1,001436		21,28
Äthylalkohol	C_2H_6O	46	1,3623	0,800	12,76
			1,000871		12,92
Azetaldehyd	C_2H_4O	44	1,3316	0,800	11,27
			1,000811		12,02
Azeton	C_3H_6O	58	1,3589	0,791	16,13
			1,00108		15,98

Daher erhalten wir schließlich für die mittlere Molrefraktior

$$\overline{P} = \frac{\bar{\mu}}{\varrho}\,\frac{n^2-1}{n^2+2} = f_1 P_1 + f_2 P_2 + \cdots. \tag{23}$$

Wir geben als Bestätigung dieser Formel Tabelle 13 an (vgl. die Fig. 188 u. 189).

Tabelle 13. Molrefraktionen für Lösungen.

Die vorletzte Spalte gibt den Wert $f_1 P_1 + f_2 P_2$, die letzte den entsprechenden Wert $\frac{\bar{\mu}}{\varrho}\frac{n^2-1}{n^2+2}$.

Wasser—Schwefelsäure. D-Licht; 15° C.

Gewichts-Prozente	$f_1 = 1 - f_2$	$\bar{\mu}$	n	ϱ	$P_{\text{ber.}}$	$P_{\text{beob.}}$
0	0	18,00	1,3336	0,9991	3,72	3,72
19,98	0,044	21,52	1,3578	1,1381	4,16	4,15
39,76	0,109	26,72	1,3817	1,2936	4,80	4,81
59,98	0,216	35,28	1,4065	1,4803	5,88	5,87
80,10	0,425	52,00	1,4308	1,6955	7,95	7,93
100	1	98	1,4277	1,8417	13,68	13,68

Wasser—Azeton. D-Licht; 16° C.

Gewichts-Prozente	$f_1 = 1 - f_2$	$\bar{\mu}$	n	ϱ	$P_{\text{ber.}}$	$P_{\text{beob.}}$
0	0	18,0	1,334	0,999	3,71	3,71
25,0	0,098	21,7	1,352	0,967	4,86	4,85
50,0	0,243	27,2	1,364	0,924	6,59	6,56
66,9	0,394	33,0	1,367	0,888	8,37	8,35
89,9	0,741	46,2	1,365	0,827	12,48	12,48
100	1	56,0	1,361	0,796	15,55	15,55

Wasser—Äthylalkohol. F-Licht; 20° C.

Gewichts-Prozente	$f_1 = 1 - f_2$	$\bar{\mu}$	n	ϱ	$P_{\text{ber.}}$	$P_{\text{beob.}}$
0	0	18,00	1,337	0,998	3,75	3,75
20,75	0,093	20,61	1,3508	0,970	4,61	4,59
40,89	0,213	23,97	1,3616	0,939	5,69	5,66
59,98	0,370	28,36	1,3670	0,899	7,10	7,07
79,99	0,610	35,08	1,3693	0,854	9,29	9,27
100	1	46,00	1,3676	0,805	12,85	12,85

Azeton—Benzol. D-Licht; 16° C.

Azeton-Gew.-Proz.	$f_1 = 1 - f_2$	$\bar{\mu}$	n	ϱ	$P_{\text{ber.}}$	$P_{\text{beob.}}$
0	0	78	1,504	0,885	26,06	26,06
9,8	0,126	75,5	1,489	0,876	24,82	24,82
20,0	0,252	72,9	1,472	0,866	23,55	23,58
31,0	0,377	70,4	1,456	0,856	22,30	22,36
40,0	0,473	68,5	1,443	0,847	21,38	21,45
49,5	0,569	66,6	1,428	0,839	20,40	20,40
69,4	0,753	63,0	1,401	0,822	18,56	18,61
84,7	0,882	60,3	1,380	0,810	17,27	17,25
100	1	58,0	1,361	0,797	16,09	16,09

Endlich vergleichen wir die Molrefraktion einer Verbindung mit den Atomrefraktionen der sie bildenden Atome. Besteht das Molekül aus $\nu_1, \nu_2, \ldots$ Atomen der verschiedenen Arten, so muß offenbar gelten:

$$P = P_1 \nu_1 + P_2 \nu_2 + \cdots. \tag{24}$$

Auch dieses Additionsgesetz ist mit merkwürdiger Genauigkeit erfüllt. Im allgemeinen und vor allem bei anorganischen Verbindungen kann man dabei jedem Atom eine bestimmte Refraktion zuordnen, die es in der Verbindung behält. In organischen Verbindungen aber muß man den Einfluß der Bindungsart berücksichtigen, und zwar kann man es dadurch tun, daß man einem Atom je nach dem Partner, an den es gebunden ist, eine andere Atomrefraktion zuschreibt. Wir geben zunächst eine Übersicht über die Atomrefraktionen für Natriumlicht in Tabelle 14.

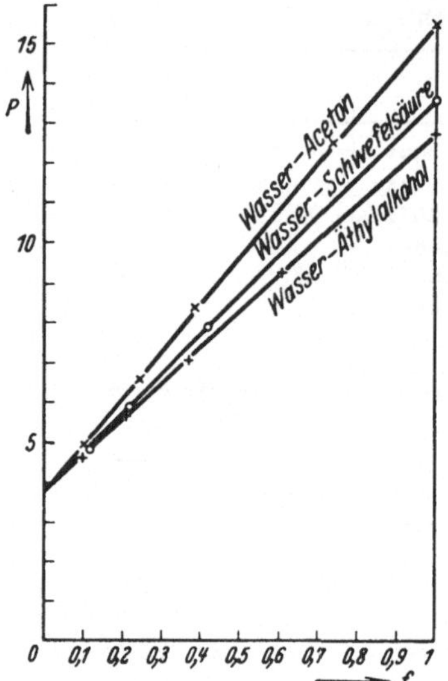

Fig. 188. Molrefraktion von Flüssigkeitsgemischen.

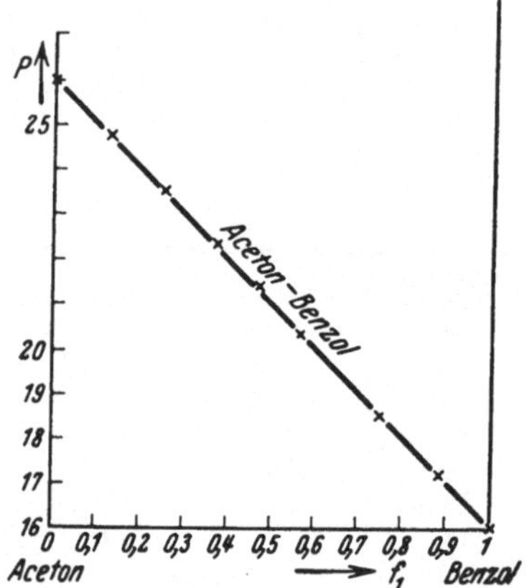

Fig. 189. Molrefraktion von Aceton in Benzol.

Tabelle 14. Atomrefraktionen der wichtigsten Elemente für Natrium-D-Licht.

Element	Atom-Gewicht	P
Wasserstoff	1	1,02
Kohlenstoff	12	2,11
Sauerstoff	16	2,01
Stickstoff, molekular	14	2,19
„ in primären Aminen		2,32
„ in sekundären Aminen		2,50
„ in tertiären Aminen		2,84
„ in Imiden		3,78
„ in Nitrilen		3,12
Phosphor	31	8,98
Schwefel	32	8,23
Chlor	35,5	5,72
Brom	80	8,38
Jod	126,9	13,90

Tabelle 15 zeigt, wie weit das Additivitätsgesetz für Verbindungen erfüllt ist. Während das Additivitätsgesetz der Molrefraktion für Mischungen aus der Theorie folgt (sofern man die über die optische Wechselwirkung gemachten einfachen Annahmen für eine Mischung ebenso gelten läßt wie für ihre Bestandteile), ist seine Gültigkeit für Verbindungen recht überraschend; denn die Verbindungen werden ja durch die Wechselwirkung von Elektronen zusammengehalten, und gerade diese Valenzelektronen sind es, die zugleich auch die optischen Eigenschaften bestimmen. Es ist daher nicht ohne weiteres einzusehen, daß die letzteren die einfache Additivitätseigenschaft zeigen, wie sie aus der Tabelle 15 hervorgeht. Allerdings deutet die Notwendigkeit, den Atomrefraktionen bei verschiedener Bindungsart des Stickstoffs (s. Tab. 14) verschiedene Werte zu geben, gerade darauf hin, daß eben die Valenzelektronen in verschiedenen Bindungen nicht gleichwertig sind.

Tabelle 15. Molrefraktionen von Verbindungen, aus den Atomrefraktionen ihrer Elemente berechnet ($P_{\text{ber.}}$) und nach der LORENTZ-LORENZschen Formel gewonnen ($P_{\text{beob.}}$).

Verbindung	Formel	$P_{\text{beob.}}$	$P_{\text{ber.}}$
Wasser	H_2O	4,06	3,71
Ammoniak	NH_3	5,28	5,53
Bromwasserstoff	HBr	9,41	8,48
Chlorwasserstoff	HCl	6,75	6,62
Phosphorwasserstoff	PH_3	12,07	11,68
Schwefelwasserstoff	H_2S	10,29	9,22
Schweflige Säure	SO_2	12,24	10,22
Schwefelkohlenstoff	CS_2	18,57	21,78
Kohlensäure	CO_2	6,11	6,67
Stickoxyd	NO	4,19	4,40
Stickoxydul	N_2O	6,38	7,64
Chloroform	$CHCl_3$	20,30	21,28
Methylalkohol	CH_4O	8,23	8,25
Azetaldehyd	C_2H_4O	10,42	11,56
Äthylalkohol	C_2H_6O	12,39	12,02
Azeton	C_3H_6O	14,50	15,98

Auf alle Fälle zeigen die voranstehenden Tabellen, daß die Refraktionskonstante bzw. die Polarisierbarkeit α wirklich eine gut definierte Atomeigenschaft ist. Wir bemerken hier noch, daß man von ihr bei der Deutung anderer Erscheinungen häufigen Gebrauch macht, vor allem bei der molekulartheoretischen Erklärung der VAN DER WAALSschen Kohäsion, der Adsorptionserscheinungen an der Oberfläche und schließlich auch beim Zustandekommen chemischer Valenzen (bei „Anlagerungsverbindungen") und der durch diese aufgebauten Kristalle (Molekülgitter). Bei diesen Wirkungen polarisiert ein Molekül ein anderes, wodurch eine Wechselwirkungsenergie entsteht. Wir gehen darauf aber nicht ein, da der Mechanismus nicht ohne Benutzung der Quantenmechanik verständlich gemacht werden kann[1].

§ 77. Erzwungene Anisotropie. Berechnung von Mittelwerten.

Man kann durch Einwirkung von äußeren elektrischen oder magnetischen Feldern von Natur optisch isotrope Substanzen künstlich anisotrop machen. Wir wollen hier die mittlere Polarisation eines ursprünglich isotropen Molekülgemenges unter der Einwirkung einer konstanten Kraft $\mathfrak{F}$ ausrechnen, wobei wir die Stärke F der Kraft als so gering annehmen, daß es genügt, die in F linearen und quadratischen Glieder zu berücksichtigen. Später werden wir dann die Formeln auf die Fälle spezialisieren, daß F von einem elektrischen bzw. magnetischen Felde erzeugt wird (s. § 78—80).

Wir denken die Stellung des Moleküls dadurch fixiert, daß wir die Lage des im Molekül festen Koordinatensystems (X, Y, Z) gegen das im Raum feste System (x, y, z) irgendwie durch drei Parameter, etwa die EULERschen Winkel ϑ, φ, ψ (s. Fig. 190, S. 349), beschreiben. Unter der Wirkung des Feldes $\mathfrak{F}$ hängt dann die Wahrscheinlichkeit, das Molekül in einer vorgeschriebenen Stellung zu finden, nur von der Energie W des Moleküls ab, und zwar wird nach dem MAXWELL-BOLTZMANNschen Satze die Wahrscheinlichkeitsdichte Φ, bezogen auf das Element $d\Omega = \sin\vartheta\, d\vartheta\, d\varphi\, d\psi$,

$$\Phi = C e^{-\frac{W}{kT}}, \tag{1}$$

[1] Genaueres s. F. LONDON: Z. physik. Chem. Abt. B Bd. 11 S. 222.

wo sich die Konstante C aus der Bedingung

$$(2)\qquad \int \Phi\, d\Omega = C \int e^{-\frac{W}{kT}}\, d\Omega = 1$$

bestimmen läßt. Dabei bedeutet T die absolute Temperatur und k die BOLTZMANNsche Konstante.

Die Energie W besteht aus Anteilen verschiedenen Ursprungs, die wir nach der Potenz anordnen, mit der die als klein angenommene Feldstärke F darin vorkommt. Hat das Molekül ein permanentes elektrisches oder magnetisches Moment $\mathfrak{p}^{(0)}$, so gibt es einen in F linearen Energieanteil

$$-\mathfrak{p}^{(0)}\mathfrak{F} = -\sum_X \mathfrak{p}_X^{(0)}\mathfrak{F}_X;$$

das Minuszeichen drückt aus, daß die Energie ein Minimum (nicht ein Maximum) hat, wenn der feste Dipol $\mathfrak{p}^{(0)}$ parallel zum äußeren Felde $\mathfrak{F}$ steht.

Ist das Molekül deformierbar, so gibt es einen statischen (elektrischen oder magnetischen[1]) Deformierbarkeitstensor $\alpha_{XY}^{(0)}$. In einem Felde $\mathfrak{F}$ hat nach § 73 (5) die Deformationsenergie den Wert

$$u = \tfrac{1}{2}\sum_{XY} \alpha_{XY}^{(0)}\mathfrak{F}_X\mathfrak{F}_Y$$

und es gilt nach § 73 (12)

$$\dot{u} - \dot{\mathfrak{p}}^{(0)}\mathfrak{F} = 0.$$

Wenn nun das Feld $\mathfrak{F}$, wie hier vorausgesetzt wird, zeitlich konstant ist, so kann man diese Gleichung integrieren und erhält

$$u - \mathfrak{p}^{(0)}\mathfrak{F} = W;$$

W bedeutet die potentielle Energie des Moleküls im Felde, gezählt vom feldfreien Zustand als Nullpunkt. Setzt man hier

$$\mathfrak{p}_X^{(0)} = \sum_Y \alpha_{XY}^{(0)}\mathfrak{F}_Y$$

ein, so findet man:

$$W = -\tfrac{1}{2}\sum_{XY} \alpha_{XY}^{(0)}\mathfrak{F}_X\mathfrak{F}_Y = -u;$$

die Energie im Felde ist also gerade entgegengesetzt gleich der potentiellen Energie der Deformation.

Vernachlässigen wir alle höheren Potenzen in F, so erhalten wir:

$$(3)\qquad W = -\sum_X \mathfrak{p}_X^{(0)}\mathfrak{F}_X - \tfrac{1}{2}\sum_{XY} \alpha_{XY}^{(0)}\mathfrak{F}_X\mathfrak{F}_Y.$$

Diese Energie wird im folgenden als Funktion der relativen Lage von Molekül und Feld betrachtet.

Den Polarisationstensor für das Lichtfeld, das mit dem äußeren statischen Felde $\mathfrak{F}$ zusammen auf das Molekül einwirkt, nennen wir A_{XY}; seine Komponenten werden Funktionen der Feldstärke $\mathfrak{F}$ sein. Wenn wir sie, wie oben die Energie, bis zu Gliedern zweiter Ordnung in F entwickeln, so erhalten wir

$$(4)\qquad \mathsf{A}_{XY} = \alpha_{XY} + \sum_Z \alpha_{XY,Z}\mathfrak{F}_Z + \tfrac{1}{2}\sum_{X'Y'} \alpha_{XY,X'Y'}\mathfrak{F}_{X'}\mathfrak{F}_{Y'}.$$

Die letzte Summe ist so zu verstehen: Man soll die Indizes X', Y' unabhängig die im Molekül festen Achsenrichtungen durchlaufen lassen.

---

[1] Der Deformierbarkeitstensor im magnetostatischen Feld hängt nach der Quantentheorie mit dem Tensor des elektrischen Trägheitsmomentes zusammen; doch können wir hier darauf nicht eingehen.

Unter der Voraussetzung verschwindender Dämpfung (s. § 73, S. 308) ist hier jeder Koeffizient in den beiden ersten Indizes X, Y hermitisch. Ferner sind alle Entwicklungskoeffizienten $\alpha_{XY,X'Y'}$ in der TAYLORreihe (4) in den hinteren beiden Indizes symmetrisch. Weitere Symmetrien bei Vertauschung vorderer oder hinterer Indizes werden aus der Natur des elektrischen oder magnetischen Feldes folgen.

Zur Berechnung der Mittelwerte der Komponenten A_{xy} des Tensors A im raumfesten System führen wir wie in § 76 zwei raumfeste Vektoren $\mathfrak{e}_1$, $\mathfrak{e}_2$ mit den Komponenten x_k, y_k, z_k im raumfesten, X_k, Y_k, Z_k ($k = 1, 2$) im molekülfesten Koordinatensystem ein. Wir werden sie später unabhängig voneinander mit jeder der raumfesten Koordinatenachsen zusammenfallen lassen. Außerdem führen wir einen Einheitsvektor $\mathfrak{e}_3$ ein, der immer mit der raumfesten z-Achse zusammenfallen soll, die wir in die Feldrichtung gelegt denken, setzen also

$$\mathfrak{F} = F\mathfrak{e}_3 \tag{5}$$

in den Ausdruck (3) der Energie ein. Da dieser bei kleinen Feldstärken selbst klein ist, können wir in der Verteilungsfunktion (1) die Exponentialfunktion nach der Feldstärke F entwickeln und erhalten

$$\Phi = C\left\{1 + \frac{F}{kT}\sum_X \mathfrak{p}_X^{(0)} X_3 + \frac{F^2}{2}\sum_{XY}\left(\frac{1}{kT}\alpha_{XY}^{(0)} + \frac{1}{k^2T^2}\mathfrak{p}_X^{(0)}\mathfrak{p}_Y^{(0)}\right)X_3Y_3\right\}. \tag{6}$$

Wir berechnen nun zunächst die Konstante C als Funktion der Feldstärke. Bei den Integralen, die hier und im folgenden auftreten, ist jede Lage des Moleküls als gleich wahrscheinlich zu betrachten, da ja die Anisotropie durch die Gewichtsfunktion Φ schon berücksichtigt ist. Da nun die Komponenten eines festen Vektors bei Drehung seines Koordinatensystems im Mittel verschwinden und die Produkte die in § 76 (4) angegebenen Werte besitzen, erhält man

$$\frac{1}{C} = 1 + \frac{F^2}{6}\sum_X\left(\frac{1}{kT}\alpha_{XX}^{(0)} + \frac{1}{k^2T^2}\mathfrak{p}_X^{(0)2}\right),$$

also

$$C = 1 - \frac{F^2}{6}\sum_X\left(\frac{1}{kT}\alpha_{XX}^{(0)} + \frac{1}{k^2T^2}\mathfrak{p}_X^{(0)2}\right). \tag{7}$$

Setzen wir diesen Wert für C in (6) ein, so ergibt sich

$$\left\{\begin{aligned}\Phi = {} & 1 + \frac{F}{kT}\sum_X \mathfrak{p}_X^{(0)} X_3 \\ & + \frac{F^2}{2}\left\{\sum_{XY}\left(\frac{1}{kT}\alpha_{XY}^{(0)} + \frac{1}{k^2T^2}\mathfrak{p}_X^{(0)}\mathfrak{p}_Y^{(0)}\right)X_3Y_3 - \tfrac{1}{3}\sum_X\left(\frac{1}{kT}\alpha_{XX}^{(0)} + \frac{1}{k^2T^2}\mathfrak{p}_X^{(0)2}\right)\right\}.\end{aligned}\right. \tag{8}$$

Wir können diesen Ausdruck so auffassen: Er bedeutet die Wahrscheinlichkeit dafür, daß der Vektor $\mathfrak{F}$ des äußeren Feldes eine vorgegebene Richtung $\mathfrak{e}_3 = (X_3, Y_3, Z_3)$ bezüglich des molekülfesten Koordinatensystems hat.

Um nun die Mittelwerte $\overline{\mathsf{A}_{xy}}$ der Raumkoordinaten des Tensors A im raumfesten System zu berechnen, benutzen wir die zu § 76 (3) analoge Formel

$$\sum_{xy}\overline{\mathsf{A}_{xy}}\,x_1y_2 = \sum_{XY}\mathsf{A}_{XY}\overline{\overline{X_1Y_2}}, \tag{9}$$

wo $\mathfrak{e}_1$, $\mathfrak{e}_2$ zwei *raumfeste* Vektoren sind. Die Mittelung rechter Hand haben wir durch zwei Striche bezeichnet, um anzudeuten, daß sie mit der anisotropen Gewichtsfunktion Φ auszuführen ist, d. h. z. B.

$$\overline{\overline{X_1Y_2}} = \int X_1Y_2\,\Phi\,d\Omega.$$

Setzen wir in (9) für A_{XY} den Wert (4) und für Φ den Wert (8) ein, so haben wir nunmehr die auftretenden Komponentenprodukte „isotrop" zu mitteln, so daß wir erhalten:

$$\sum_{x,y} \overline{\mathsf{A}_{xy}}\, x_1 y_2 = \text{Mittelwert von} \Big[1 + \frac{F}{kT} \sum_X \mathfrak{p}_X^{(0)} X_3$$

$$+ \frac{F^2}{2} \Big\{ \sum_{XY} \Big(\frac{1}{kT} \alpha_{XY}^{(0)} + \frac{1}{k^2 T^2} \mathfrak{p}_X^{(0)} \mathfrak{p}_Y^{(0)} \Big) X_3 Y_3 - \frac{1}{3} \sum_X \Big(\frac{1}{kT} \alpha_{XX}^{(0)} + \frac{1}{k^2 T^2} \mathfrak{p}_X^{(0)\,2} \Big) \Big\} \Big]$$

$$\cdot \Big[\sum_{XY} \alpha_{XY} X_1 Y_2 + F \sum_{XYZ} \alpha_{XY,Z} X_1 Y_2 Z_3 + \frac{F^2}{2} \sum_{XYX'Y'} \alpha_{XY,X'Y'} X_1 Y_2 X_3' Y_3' \Big],$$

also:

$$(10)\quad \left\{ \begin{aligned} &\sum_{x,y} \overline{\mathsf{A}_{xy}}\, x_1 y_2 = \sum_{XY} \alpha_{XY} \overline{X_1 Y_2} + F \sum_{XYZ} \Big(\alpha_{X,YZ} + \frac{1}{kT} \alpha_{XY} \mathfrak{p}_Z^{(0)} \Big) \overline{X_1 Y_2 Z_3} \\ &+ \frac{F^2}{2} \Big\{ \sum_{XYX'Y'} \Big[\alpha_{XY,X'Y'} + \frac{1}{kT} (\alpha_{XY} \alpha_{X'Y'}^{(0)} + 2 \alpha_{XY,X'} \mathfrak{p}_{Y'}^{(0)}) \\ &+ \frac{1}{k^2 T^2} \alpha_{XY} \mathfrak{p}_{X'}^{(0)} \mathfrak{p}_{Y'}^{(0)} \Big] \overline{X_1 Y_2 X_3' Y_3'} - \frac{1}{3kT} \sum_{XYZ} \alpha_{XY} \Big(\alpha_{ZZ}^{(0)} + \frac{1}{kT} \mathfrak{p}_Z^{(0)\,2} \Big) \overline{X_1 Y_2 Z_3} \Big\}. \end{aligned} \right.$$

Damit ist unsere Aufgabe der Berechnung der Mittelwerte der Komponenten des Tensors A_{xy} auf die der Berechnung der Mittelwerte von Produkten der Komponenten dreier aufeinander senkrecht stehender Einheitsvektoren für isotrope Verteilung zurückgeführt.

Die Mittelwerte der Produkte von zwei Vektorkomponenten haben wir bereits in § 76 (4) und (6) ermittelt. Ebenso einfach ist die Berechnung der Mittelwerte der Produkte von drei oder vier Vektorkomponenten, wenn man beachtet, daß unter den Drehungen des Koordinatensystems insbesondere auch die um eine Achse durch die Winkel $\pi/2$ und π vorkommen. Z. B. geht bei einer solchen Drehung um die z-Achse (x, y, z) in $(y, -x, z)$ bzw. $(-x, -y, z)$ über. Daraus folgt, daß von allen Produktmitteln bei Dreierprodukten allein diejenigen von Null verschieden sind, bei denen jeder der drei Vektoren $\mathfrak{e}_1$, $\mathfrak{e}_2$, $\mathfrak{e}_3$ auf eine *andere* Achse fällt, und die entstehenden Werte sind einander gleich oder entgegengesetzt gleich, je nachdem sie durch eine gerade oder eine ungerade Permutation der Indizes auseinander hervorgehen. Man hat also

$$(11)\quad \overline{X_1 Y_2 Z_3} = \overline{Y_1 Z_2 X_3} = \overline{Z_1 X_2 Y_3} = -\overline{X_1 Z_2 Y_3} = -\overline{Y_1 X_2 Z_3} = -\overline{Z_1 Y_2 X_3} = J.$$

Den Wert dieser Größe J bestimmt man am besten, indem man beachtet, daß die Determinante

$$(12)\quad \overline{\begin{vmatrix} X_1 & Y_1 & Z_1 \\ X_2 & Y_2 & Z_2 \\ X_3 & Y_3 & Z_3 \end{vmatrix}} = 6J$$

ist. Für drei aufeinander senkrechte Einheitsvektoren hat die Determinante (12) den Wert 1. Es wird also

$$(13)\quad J = \overline{X_1 Y_2 Z_3} = \cdots = \tfrac{1}{6}.$$

Von den Viererproduktmitteln sind offenbar nur die folgenden von Null verschieden:

$$(14)\quad \begin{cases} J_1 = \overline{X_1^4} = \overline{X_2^4} = \overline{X_3^4} = \cdots, \\ J_2 = \overline{X_1^2 Y_1^2} = \overline{X_2^2 Y_2^2} = \overline{X_3^2 Y_3^2} = \cdots, \\ J_3 = \overline{X_1^2 X_2^2} = \overline{X_1^2 X_3^2} = \overline{X_2^2 X_3^2} = \cdots, \\ J_4 = \overline{X_1 Y_1 X_2 Y_2} = \overline{X_1 Y_1 X_3 Y_3} = \cdots, \\ J_5 = \overline{X_1^2 Y_2^2} = \overline{X_1^2 Y_3^2} = \overline{X_1^2 Z_2^2} = \cdots. \end{cases}$$

Zwischen den Größen J_1 bis J_5 bestehen folgende Identitäten:

$$(15)\quad \begin{cases} 1 = \overline{e_1^4} = \overline{(X_1^2 + Y_1^2 + Z_1^2)^2} = \overline{X_1^4} + + + 2\overline{X_1^2 Y_1^2} + + = 3(J_1 + 2J_2), \\ 1 = \overline{e_1^2 e_2^2} = \overline{(X_1^2 + Y_1^2 + Z_1^2)(X_2^2 + Y_2^2 + Z_2^2)} \\ \quad = \overline{X_1^2 X_2^2} + + + \overline{X_1^2 Y_2^2} + + + + + = 3(J_3 + 2J_5), \\ 0 = \overline{(e_1 e_2)^2} = \overline{(X_1 X_2 + Y_1 Y_2 + Z_1 Z_2)^2} \\ \quad = \overline{X_1^2 X_1^2} + + + 2\overline{X_1 Y_1 X_2 Y_2} + + = 3(J_3 + 2J_4). \end{cases}$$

Es genügt also, J_1 und J_3 zu berechnen. Diese Rechnung kann man so durchführen, daß man den Vektor e_3 in der raumfesten z-Achse annimmt, von der aus der EULERsche Winkel ϑ zur molekülfesten Z-Achse führt, so daß

$$(16)\quad \begin{cases} Z_3 = \cos\vartheta, \\ Z_2 = \cos\varphi \sin\vartheta \end{cases}$$

wird (s. Fig. 190). Dann hat man offenbar

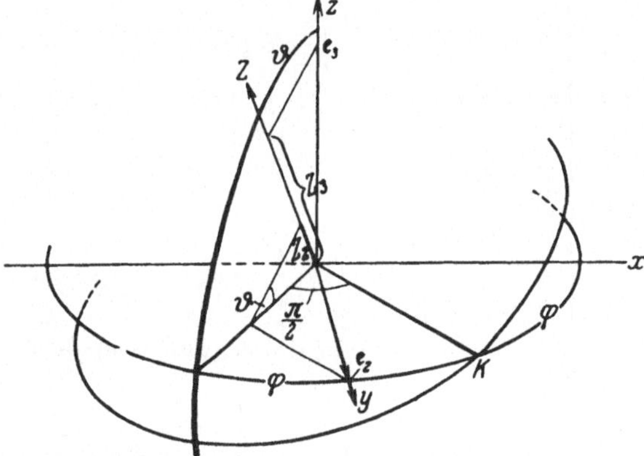

Fig. 190. Zur Mittelung von Produkten von Vektorkomponenten.

$$(17)\quad J_1 = \overline{Z_3^4} = \overline{\cos^4\vartheta} = \frac{\int_0^{2\pi}\int_0^{2\pi}\int_0^{\pi} \cos^4\vartheta \sin\vartheta\, d\vartheta\, d\varphi\, d\psi}{\int_0^{2\pi}\int_0^{2\pi}\int_0^{\pi} \sin\vartheta\, d\vartheta\, d\varphi\, d\psi} = \frac{1}{5}$$

und

$$(18)\quad J_3 = \overline{Z_2^2 Z_3^2} = \overline{\cos^2\varphi \cos^2\vartheta \sin^2\vartheta} = \frac{\int_0^{2\pi}\int_0^{2\pi}\int_0^{\pi} \cos^2\varphi \cos^2\vartheta \sin^3\vartheta\, d\vartheta\, d\varphi\, d\psi}{\int_0^{2\pi}\int_0^{2\pi}\int_0^{\pi} \sin\vartheta\, d\vartheta\, d\varphi\, d\psi} = \frac{1}{15}.$$

Aus den Identitäten (15) folgt dann

$$(19)\quad J_1 = \tfrac{1}{5}, \quad J_2 = \tfrac{1}{15}, \quad J_3 = \tfrac{1}{15}, \quad J_4 = -\tfrac{1}{30}, \quad J_5 = \tfrac{2}{15}.$$

Nunmehr sind wir in der Lage, die Mittelwerte $\overline{A_{zy}}$ nach (10) zu berechnen, indem wir den Vektoren e_1, e_2 (e_3 liegt fest parallel z) geeignete Lagen geben; man findet:

für $e_1 = e_2 \parallel x$ oder y:

$$(20)\quad \left\{\begin{aligned} \overline{A_{xx}} = \overline{A_{yy}} &= \tfrac{1}{3}(\alpha_{XX} + \alpha_{YY} + \alpha_{ZZ}) \\ &+ \frac{F^2}{2}\Big\{\frac{1}{15}(\alpha_{XX,XX}++) - \frac{1}{30}(\alpha_{XY,XY}+++++) + \frac{2}{15}(\alpha_{XX,YY}+++++) \\ &+ \frac{1}{kT}\Big[\frac{1}{15}(\alpha_{XX}\alpha^{(0)}_{XX}++) + \frac{2}{15}(\alpha_{XX}\alpha^{(0)}_{YY}+++++) - \frac{1}{30}(\alpha_{XY}\alpha^{(0)}_{XY}+++++) \\ &+ \frac{2}{15}(\alpha_{XX,X}\mathfrak{p}^{(0)}_X++) + \frac{4}{15}(\alpha_{XX,Y}\mathfrak{p}^{(0)}_Y+++++) \\ &- \frac{1}{9}(\alpha_{XX} + \alpha_{YY} + \alpha_{ZZ})(\alpha^{(0)}_{XX} + \alpha^{(0)}_{YY} + \alpha^{(0)}_{ZZ})\Big] \\ &+ \frac{1}{k^2T^2}\Big[\frac{1}{15}(\alpha_{XX}\mathfrak{p}^{(0)2}_X++) - \frac{1}{30}(\alpha_{XY}\mathfrak{p}^{(0)}_X\mathfrak{p}^{(0)}_Y+++++) \\ &+ \frac{2}{15}(\alpha_{XX}\mathfrak{p}^{(0)2}_Y+++++) - \frac{1}{9}(\alpha_{XX} + \alpha_{YY} + \alpha_{ZZ})(\mathfrak{p}^{(0)2}_X + \mathfrak{p}^{(0)2}_Y + \mathfrak{p}^{(0)2}_Z)\Big]\Big\}, \end{aligned}\right.$$

für $e_1 = e_2 = e_3 \parallel z$:

$$(21)\quad \left\{\begin{aligned} \overline{A_{zz}} &= \tfrac{1}{3}(\alpha_{XX} + \alpha_{YY} + \alpha_{ZZ}) \\ &+ \frac{F^2}{2}\Big\{\frac{1}{5}(\alpha_{XX,XX}++) + \frac{1}{15}(\alpha_{XX,YY}+++++) \\ &+ \frac{1}{kT}\Big[\frac{1}{5}(\alpha_{XX}\alpha^{(0)}_{XX}++) + \frac{1}{15}(\alpha_{XX}\alpha^{(0)}_{YY}+++++) \\ &+ \frac{2}{5}(\alpha_{XX,X}\mathfrak{p}^{(0)}_X++) + \frac{2}{15}(\alpha_{XX,Y}\mathfrak{p}^{(0)}_Y+++++) \\ &- \frac{1}{9}(\alpha_{XX} + \alpha_{YY} + \alpha_{ZZ})(\alpha^{(0)}_{XX} + \alpha^{(0)}_{YY} + \alpha^{(0)}_{ZZ})\Big] \\ &+ \frac{1}{k^2T^2}\Big[\frac{1}{5}(\alpha_{XX}\mathfrak{p}^{(0)2}_X++) + \frac{1}{15}(\alpha_{XX}\mathfrak{p}^{(0)2}_Y+++++) \\ &- \frac{1}{9}(\alpha_{XX} + \alpha_{YY} + \alpha_{ZZ})(\mathfrak{p}^{(0)2}_X + \mathfrak{p}^{(0)2}_Y + \mathfrak{p}^{(0)2}_Z)\Big]\Big\}, \end{aligned}\right.$$

für $e_1 \parallel x$, $e_2 \parallel y$, $e_3 \parallel z$:

$$(22)\quad \left\{\begin{aligned} \overline{A_{xy}} = -\overline{A_{yx}} &= \frac{F}{6}\Big[\alpha_{XY,Z} - \alpha_{YX,Z} + \alpha_{YZ,X} - \alpha_{ZY,X} + \alpha_{ZX,Y} - \alpha_{XZ,Y} \\ &+ \frac{1}{kT}\{\mathfrak{p}^{(0)}_X(\alpha_{YZ} - \alpha_{ZY}) + \mathfrak{p}^{(0)}_Y(\alpha_{ZX} - \alpha_{XZ}) + \mathfrak{p}^{(0)}_Z(\alpha_{XY} - \alpha_{YX})\}\Big], \end{aligned}\right.$$

und schließlich ist

$$(23)\qquad \overline{A_{xz}} = \overline{A_{zx}} = \overline{A_{yz}} = \overline{A_{zy}} = 0.$$

Wir führen eine übersichtliche Bezeichnung ein, indem wir die Abhängigkeit von der Feldstärke hervorheben:

$$(24)\quad \left\{\begin{aligned} &\text{(a)} & \overline{A_{xx}} = \overline{A_{yy}} &= \alpha + \frac{F^2}{2}(a - b), \\ &\text{(b)} & \overline{A_{zz}} &= \alpha + \frac{F^2}{2}(a + 2b), \\ &\text{(c)} & \overline{A_{xy}} = -\overline{A_{yx}} &= -iFf. \end{aligned}\right.$$

Hier ist die Größe

$$\alpha = \tfrac{1}{3}(\alpha_{XX} + \alpha_{YY} + \alpha_{ZZ})$$

mit der früher [§ 73 (18)] eingeführten mittleren Polarisierbarkeit identisch. Ferner ist

$$(25)\quad \begin{cases} \text{(a)} & a = a_0 + \frac{1}{kT} a_1 + \frac{1}{k^2 T^2} a_2, \\ \text{(b)} & b = b_0 + \frac{1}{kT} b_1 + \frac{1}{k^2 T^2} b_2, \\ \text{(c)} & f = f_0 + \frac{1}{kT} f_1, \end{cases}$$

wo die Koeffizienten $a_0, a_1, a_2, b_0, b_1, b_2, f_0, f_1$ nur noch von den Eigenschaften des Moleküls abhängen. Bei ihrer Ausrechnung kann man noch zur Vereinfachung das Koordinatensystem im Molekül so wählen, daß es mit den Hauptachsen des reellen *statischen Polarisierbarkeitstensors* zusammenfällt; dann verschwinden die gemischten Terme $\alpha^{(0)}_{XY}$.[1] Die Koeffizienten der Hauptglieder wollen wir statt mit $\alpha^{(0)}_{XX}, \ldots$ mit $\alpha^{(0)}_{X}, \ldots$ bezeichnen. Dann wird

$$(26)\quad \begin{cases} \text{(a)} & a_0 = \frac{1}{9}(\alpha_{XX,XX} ++) - \frac{1}{45}(\alpha_{XY,XY} +++++) \\ & \qquad + \frac{1}{9}(\alpha_{XX,YY} +++++), \\ \text{(b)} & a_1 = \frac{2}{9}(\alpha_{XX,X}\mathfrak{p}^{(0)}_X ++) - \frac{2}{45}(\alpha_{XY,X}\mathfrak{p}^{(0)}_Y +++++) \\ & \qquad + \frac{2}{9}(\alpha_{XX,Y}\mathfrak{p}^{(0)}_Y +++++), \\ \text{(c)} & a_2 = -\frac{1}{45}(\alpha_{XY}\mathfrak{p}^{(0)}_X\mathfrak{p}^{(0)}_Y +++++), \end{cases}$$

$$(27)\quad \begin{cases} \text{(a)} & b_0 = \frac{2}{45}(\alpha_{XX,XX} ++) + \frac{1}{90}(\alpha_{XY,XY} +++++) \\ & \qquad - \frac{1}{45}(\alpha_{XX,YY} +++++), \\ \text{(b)} & b_1 = \frac{2}{45}(\alpha_{XX}\alpha^{(0)}_X ++) - \frac{1}{45}(\alpha_{XX}\alpha^{(0)}_Y +++++) \\ & \qquad + \frac{4}{45}(\alpha_{XX,X}\mathfrak{p}^{(0)}_X ++) - \frac{2}{45}(\alpha_{XX,Y}\mathfrak{p}^{(0)}_Y +++++) \\ & \qquad + \frac{1}{15}(\alpha_{XY,X}\mathfrak{p}^{(0)}_Y +++++), \\ \text{(c)} & b_2 = \frac{2}{45}(\alpha_{XX}\mathfrak{p}^{(0)2}_X ++) + \frac{1}{90}(\alpha_{XY}\mathfrak{p}^{(0)}_X\mathfrak{p}^{(0)}_Y +++++) \\ & \qquad - \frac{1}{45}(\alpha_{XX}\mathfrak{p}^{(0)2}_Y +++++), \end{cases}$$

$$(28)\quad \begin{cases} \text{(a)} & f_0 = \frac{i}{6}(\alpha_{XY,Z} - \alpha_{YX,Z} + \alpha_{YZ,X} - \alpha_{ZY,X} + \alpha_{ZX,Y} - \alpha_{XZ,Y}), \\ \text{(b)} & f_1 = \frac{i}{6}\{\mathfrak{p}^{(0)}_X(\alpha_{YZ} - \alpha_{ZY}) + \mathfrak{p}^{(0)}_Y(\alpha_{ZX} - \alpha_{XZ}) + \mathfrak{p}^{(0)}_Z(\alpha_{XY} - \alpha_{YX})\}. \end{cases}$$

Bei verschwindender Dämpfung, also hermitischem A bzw. α, sind alle Größen a, b, f reell.

Wir wollen ferner die wichtige Bemerkung hinzufügen, daß alle unsere Mittelwertberechnungen auch dann richtig bleiben, wenn man an Stelle der klassischen die Quantenmechanik benutzt. Ihr Hauptmerkmal ist, daß ein System in einem äußeren Felde nicht alle möglichen Stellungen einnehmen kann, sondern nur eine bestimmte diskrete endliche Anzahl; es tritt sog. *Richtungsquantelung* ein. Für jede dieser diskreten Stellungen hat die Energie W einen bestimmten Wert,

---

[1] Da der dielektrische Tensor α_{XY} des Lichtes komplex (hermitisch) ist, ist es nicht möglich, die gemischten Glieder α_{XY} durch spezielle Wahl des Koordinatensystems fortzuschaffen; denn dazu ist eine komplexe unitäre Transformation nötig, und es genügt nicht eine reelle Drehung des Koordinatensystems.

der von zwei Quantenzahlen (die zum Gesamtimpuls und seiner Komponente in der Feldrichtung gehören) abhängt. An die Stelle der BOLTZMANNschen Mittelwertsformel mit dem Integral über alle Richtungen tritt dann die entsprechende Summenformel über die möglichen Werte der Richtungsquantenzahlen. Obwohl diese Formeln nun zunächst ganz anders aussehen als im klassischen Falle, ist doch das Ergebnis der Raummittelung nach einem allgemeinen Prinzip der Quantenmechanik genau dasselbe wie in der klassischen Theorie[1].

Für das mittlere elektrische Moment der Lichtwelle unter der Einwirkung des äußeren Feldes F erhalten wir nach (24)

$$(29)\quad \begin{cases} \text{(a)} & \bar{\mathfrak{p}}_x = \left\{\alpha + \frac{F^2}{2}(a-b)\right\}\mathfrak{E}'_x - iFf\mathfrak{E}'_y, \\ \text{(b)} & \bar{\mathfrak{p}}_y = iFf\mathfrak{E}'_x + \left\{\alpha + \frac{F^2}{2}(a-b)\right\}\mathfrak{E}'_y, \\ \text{(c)} & \bar{\mathfrak{p}}_z = \left\{\alpha + \frac{F^2}{2}(a+2b)\right\}\mathfrak{E}'_z. \end{cases}$$

Wir wollen nun die Annahme machen (die in Wirklichkeit nie ganz exakt erfüllt sein wird), daß die Verteilung der Molekülmittelpunkte im Raume durch das äußere Feld nicht wesentlich beeinflußt wird, so daß man auch hier

$$(30)\quad \mathfrak{E}' = \mathfrak{E} + \frac{4\pi}{3}\mathfrak{P}$$

setzen kann. Für verschwindendes Feld gelten dann die Formeln § 76 (14), (15), mit deren Hilfe wir die Dielektrizitätskonstante $\varepsilon = n^2$ (oder auch den Brechungsindex n) des feldfreien isotropen Mediums einführen. In den Gliedern mit F und F^2, die in jedem Falle klein sind, können wir $\mathfrak{E}'$ durch den Wert ersetzen, den es bei verschwindendem Felde $\mathfrak{F}$ hat, nämlich nach § 76 (11), (15) und nach § 77 (30)

$$(31)\quad \mathfrak{E}' = \frac{\varepsilon+2}{3}\mathfrak{E}.$$

Dann wird

$$(32)\quad \begin{cases} \text{(a)} & \mathfrak{D}_x = \varepsilon_{xx}\mathfrak{E}_x + \varepsilon_{xy}\mathfrak{E}_y, \\ \text{(b)} & \mathfrak{D}_y = \varepsilon_{yx}\mathfrak{E}_x + \varepsilon_{yy}\mathfrak{E}_y, \\ \text{(c)} & \mathfrak{D}_z = \varepsilon_{zz}\mathfrak{E}_z, \end{cases}$$

wo

$$(33)\quad \begin{cases} \text{(a)} & \varepsilon_{xx} = \varepsilon_{yy} = \varepsilon + \frac{F^2}{2}N(a-b)\frac{\varepsilon+2}{3}, \\ \text{(b)} & \varepsilon_{zz} = \varepsilon + \frac{F^2}{2}N(a+2b)\frac{\varepsilon+2}{3}, \\ \text{(c)} & \varepsilon_{xy} = -\varepsilon_{yx} = -iFNf\frac{\varepsilon+2}{3} \end{cases}$$

ist.

Man erkennt, daß die Substanz sich unter der Einwirkung des äußeren Feldes im wesentlichen wie ein einachsiger Kristall verhält, wobei die Koeffizienten der Polarisierbarkeit bzw. die Dielektrizitätskonstanten im allgemeinen komplex sind.

[1] Siehe M. BORN u. P. JORDAN: Elementare Quantenmechanik, Kap. IV, § 30. Berlin 1930.

§ 78. Der FARADAYeffekt.

Die Erscheinungen, die auf der Beeinflussung des Lichts durch elektrische und magnetische Felder beruhen, pflegt man heute unter dem Namen *Elektro- und Magneto-Optik* zusammenzufassen. Die erste Entdeckung auf diesem Gebiete gelang FARADAY im Jahre 1846[1], sie ist einer der großen Marksteine in der Entwicklung der Theorie des Lichts. FARADAY, der an die Einheit aller Naturvorgänge glaubte, suchte jahrelang nach einer Wechselwirkung zwischen Licht und elektromagnetischen Kräften. Nach zahllosen vergeblichen Versuchen gelang es ihm endlich, eine solche zu finden. Er war sich der Bedeutung dieser Entdeckung wohl bewußt und schrieb in seinen Experimental Researches[2] mit berechtigtem Stolz, daß es ihm gelungen sei, „einen Lichtstrahl zu magnetisieren und zu elektrisieren und eine magnetische Kraftlinie leuchtend zu machen".

In der Tat wurde diese Entdeckung ein Fundament der elektromagnetischen Lichttheorie. Sie gab auch den Anstoß zu vielen ähnlichen Versuchen, unter denen die Entdeckung des ZEEMANeffekts im Jahre 1896 (s. § 89, 96) die größte Tragweite hatte; er wurde eines der wirkungsvollsten Hilfsmittel bei der Erforschung des Mechanismus der Lichtemission und -absorption und der damit eng verbundenen Probleme der Atomstruktur.

Der FARADAYsche Versuch besteht[3] in folgendem: Ein durchsichtiger Körper (Bleiglas) wird zwischen die (durchbohrten) Pole eines starken Elektromagneten gesetzt und ein linear polarisierter Lichtstrahl *parallel zu den Kraftlinien* des Magneten hindurchgeschickt. Mit einem Analysator kann dann festgestellt werden, daß das austretende Licht bei Einschaltung des Feldes in einer anderen Ebene linear polarisiert ist. Der Drehwinkel χ der Polarisationsebene ist proportional der Feldstärke H und der Dicke l der durchstrahlten Schicht des Körpers im Felde:

$$\chi = R l H. \tag{1}$$

Dieses Gesetz wurde schon von FARADAY[4] aufgestellt, genauer aber von WIEDEMANN[5] und VERDET[6] geprüft. Die Größe R nennt man (eigentlich zu Unrecht) die *VERDETsche Konstante*. Sie hängt bei gegebenem Material noch von Frequenz und Temperatur ab.

Heute benutzt man zur genaueren Messung der Drehung sog. *Halbschattenapparate*, d. h. Polarisationsvorrichtungen, bei denen das Gesichtsfeld in zwei oder mehrere Teile zerlegt wird, die nur bei einer bestimmten Stellung des Analysators gleich hell erscheinen. Die durch die magnetische Drehung hervorgerufene Aufhellung wird durch Drehung des Analysators kompensiert. Dies Verfahren läßt sich auch mit einem Spektralapparat (Monochromator) kombinieren zur Bestimmung der Abhängigkeit des Drehvermögens von der Wellenlänge. Besonders geeignet ist hierzu die SAVARTsche Platte (Kap. V, § 65) als feinstes Reagenz auf Vorhandensein von Polarisation.

Besonders starkes Drehungsvermögen zeigt Schwefelkohlenstoff CS_2. Wir geben hier den Wert des Drehungsvermögens (l in cm, H in Gauß, Temperatur t

---

[1] M. FARADAY: Philos. Trans. Roy. Soc., Lond. 1846 S. 1; Pogg. Ann. Bd. 68 (1846) S. 105.

[2] Exp. Res. (London 1839) § 2148, Bd. III: „I have at last succeeded in magnetizing and electrifying a ray of light, and in illuminating a magnetic line of force."

[3] Genaueres s. R. LADENBURG: Die magnetische Drehung der Polarisationsebene (FARADAYeffekt) in MÜLLER-POUILLETS Lehrb. d. Physik, 11. Aufl., Bd. II, 2. Hälfte, 2. Teil, Kap. XXXVI S. 2119ff. Braunschweig 1929.

[4] M. FARADAY: Philos. Mag. Bd. 29 (1846) S. 153; Pogg. Ann. Bd. 70 (1847) S. 283.

[5] G. WIEDEMANN: Pogg. Ann. Bd. 82 (1851) S. 215.

[6] E. VERDET: Ann. Chim. et Phys. Bd. 41 (1854) S. 570.

in Celsiusgraden, Wellenlänge der Natrium-D-Linie, R in Bogenminuten) als Funktion der Temperatur für Schwefelkohlenstoff und außerdem für das häufig untersuchte Wasser:

$$\text{bei } CS_2\text{:} \quad R_t = 0{,}04347\,(1 - 1{,}69 \cdot 10^{-3}\,t),$$

$$\text{bei } H_2O\text{:} \quad R_t = 0{,}01311\,(1 - 3{,}2 \cdot 10^{-5}\,t - 3{,}2 \cdot 10^{-6}\,t^2).$$

Um eine Anschauung von der Größe des Effekts zu geben, berechnen wir hieraus, daß bei einer Feldstärke von 10000 Gauß, einer Schichtdicke von 1 cm, einer Temperatur von 0° C die Drehung für CS_2 7° 14,7′ beträgt. Bei Gasen ist die magnetische Drehung sehr viel kleiner und wurde viel später gefunden. Man verwendet dabei zur Vergrößerung des Effekts möglichst hohe Drucke; z. B. ergibt sich für Wasserstoff H_2 von 85 at bei 9,5° C, bei Beleuchtung mit der Natrium-D-Linie und bei einer Feldstärke von 10000 Gauß $\chi = 4{,}60$ Bogenminuten. Für Kohlendioxyd, CO_2, von 1 at bei 6,5° und sonst denselben Verhältnissen ergibt sich $\chi = 0{,}086$ Bogenminuten. Besonders große Werte der magnetischen Drehung zeigen nach KUNDT[1] durchsichtige Eisen-, Kobalt- und Nickelschichten. Z. B. liefert eine Eisenschicht von etwa $^1/_{50}$ mm Dicke bereits eine volle Drehung um 360°. Dies hängt natürlich mit der starken Magnetisierung dieser Substanzen zusammen. Tabelle 16 gibt eine Übersicht über die verschiedenen Größenordnungen[2].

Tabelle 16.

	5890 Å	10^4 Gauß
Wasser (25°)	2° 10′	1 cm Schichtd.
Schwefelkohlenstoff (25°)	6° 55′	
Quarz	2° 46′	
Sauerstoff	0,0559′	1 at
Wasserstoff	0,0537′	
Kohlensäure	0,0862	
Eisen	130°	10^{-5} cm Schichtd.
Nickel	50°	

Was nun die theoretische Erklärung des Effekts betrifft, so wurde diese zunächst an die FRESNELsche Theorie des natürlichen Drehungsvermögen (s. § 83) angeschlossen. FRESNEL hatte die bei manchen Körpern beobachtete natürliche Drehung (z. B. beim Quarz parallel zur Achse) zurückgeführt auf eine zirkulare Doppelbrechung; das linear polarisierte Licht wird beim Eintritt in den Kristall in zwei entgegengesetzt rotierende zirkulare Schwingungen gespalten, die sich verschieden schnell fortpflanzen und beim Austritt wieder zu einer linearen Schwingung mit gedrehter Schwingungsrichtung zusammensetzen.

Die im vorigen Paragraphen allgemein abgeleitete Theorie der künstlich anisotropen Substanzen vermag ohne weiteres von dieser Erscheinung Rechenschaft zu geben. Wir haben hier nur folgende Spezialisierungen vorzunehmen:

Die Feldstärke F ist hier mit dem Magnetfeld H zu identifizieren[3]. Die quadratischen Glieder sollen im folgenden zunächst entsprechend dem FARADAYschen Gesetz (1) fortgelassen werden. Dann reduzieren sich die Formeln § 77 (32) auf

$$(2)\quad \begin{cases} \text{(a)} & \mathfrak{D}_x = \varepsilon\,\mathfrak{E}_x - i\varepsilon'\,\mathfrak{E}_y\,, \\ \text{(b)} & \mathfrak{D}_y = i\varepsilon'\,\mathfrak{E}_x + \varepsilon\,\mathfrak{E}_y\,, \\ \text{(c)} & \mathfrak{D}_z = \varepsilon\,\mathfrak{E}_z\,, \end{cases}$$

[1] A. KUNDT: Wiedem. Ann. Bd. 23 (1884) S. 228, Bd. 27 (1885) S. 191.

[2] Nach R. LADENBURG (s. Anm. 3, S. 353) S. 2126.

[3] Da durchsichtige Körper immer nur schwach magnetisierbar sind, kann man bei ihnen die wirkende Feldstärke H' mit der gegebenen äußeren H gleichsetzen.

wo

$$\varepsilon' = i\varepsilon_{xy} = HNf\frac{\varepsilon+2}{3} \tag{3}$$

reell ist. Multiplizieren wir die Gleichung (2b) mit $\pm i$ und addieren sie zu (2a), so erhalten wir

$$(4)\quad \begin{cases} \text{(a)} & \mathfrak{D}_x \pm i\mathfrak{D}_y = (\varepsilon \mp \varepsilon')(\mathfrak{E}_x \pm i\mathfrak{E}_y)\,, \\ \text{(b)} & \mathfrak{D}_z = \varepsilon\mathfrak{E}_z\,. \end{cases}$$

Wir können nun jede beliebige Schwingung statt durch die rechtwinkligen Komponenten $\mathfrak{E}_x$, $\mathfrak{E}_y$, $\mathfrak{E}_z$ durch die Linearkombinationen

$$\mathfrak{E}_+ = \mathfrak{E}_x + i\mathfrak{E}_y\,,\qquad \mathfrak{E}_- = \mathfrak{E}_x - i\mathfrak{E}_y\,,\qquad \mathfrak{E}_z = \mathfrak{E}_z \tag{5}$$

darstellen. Dann zeigen unsere Gleichungen (4), daß die entsprechenden Komponenten von $\mathfrak{D}$, nämlich

$$\mathfrak{D}_+ = \mathfrak{D}_x + i\mathfrak{D}_y\,,\qquad \mathfrak{D}_- = \mathfrak{D}_x - i\mathfrak{D}_y\,,\qquad \mathfrak{D}_z = \mathfrak{D}_z \tag{6}$$

den Gleichungen genügen

$$(7)\quad \begin{cases} \text{(a)} & \mathfrak{D}_+ = (\varepsilon - \varepsilon')\mathfrak{E}_+\,, \\ \text{(b)} & \mathfrak{D}_- = (\varepsilon + \varepsilon')\mathfrak{E}_-\,, \\ \text{(c)} & \mathfrak{D}_z = \varepsilon\mathfrak{E}_z\,. \end{cases}$$

Nach der optischen Grundgleichung [s. V, § 58 (14) und auch VII, § 75 (47)], $\mathfrak{D} = n^2(\mathfrak{E} - \mathfrak{s}(\mathfrak{E}\mathfrak{s}))$, gilt für eine parallel zum äußeren Felde, d. h. zur z-Achse laufende Welle ($\mathfrak{s}_x = \mathfrak{s}_y = 0$, $\mathfrak{s}_z = 1$)

$$\mathfrak{D}_x = n^2\mathfrak{E}_x\,,\qquad \mathfrak{D}_y = n^2\mathfrak{E}_y\,,\qquad \mathfrak{D}_z = 0\,. \tag{8}$$

Unter Berücksichtigung von (7) erkennt man, daß sich in dieser Richtung zwei verschiedene Wellen fortpflanzen:

$$(9)\quad \begin{cases} \mathfrak{D}_+ = 0\,, \quad \text{d. h.} \quad \dfrac{\mathfrak{D}_y}{\mathfrak{D}_x} = i \quad \text{und} \quad n_-^2 = \varepsilon + \varepsilon'\,, \\ \mathfrak{D}_- = 0\,, \quad \text{d. h.} \quad \dfrac{\mathfrak{D}_y}{\mathfrak{D}_x} = -i \quad \text{und} \quad n_+^2 = \varepsilon - \varepsilon'\,, \end{cases}$$

oder näherungsweise:

$$(10)\quad \begin{cases} n_+ = n - \dfrac{\varepsilon'}{2n}\,, \\ n_- = n + \dfrac{\varepsilon'}{2n}\,, \end{cases}$$

wo $n = \sqrt{\varepsilon}$ der Brechungsindex im feldfreien Zustande ist. Nach I, § 8 (3) und (4) gehört zur Welle n_+ der positive Drehungssinn um die Fortpflanzungsrichtung; sie wird traditionsgemäß als *links* zirkular *polarisiert* bezeichnet.

Der Unterschied der Brechungsindizes, d. h. die *zirkulare Doppelbrechung*, wird dann

$$n_- - n_+ = \frac{\varepsilon'}{n}\,. \tag{11}$$

Damit ist die Grundlage zur Erklärung der Drehung der Polarisationsebene nach dem FRESNELschen Gedanken gewonnen.

Wir betrachten nun eine planparallele Schicht der Substanz von der Dicke l und legen die z-Achse und die Richtung des Feldes in die Plattennormale. Lassen wir nun lineares Licht in der positiven Feldrichtung einfallen, und legen wir die

x-Achse parallel zur Schwingungsrichtung in die Eintrittsebene, so sind die Amplituden der Lichtschwingungen (Zeitfaktor $e^{i\omega t}$) in der Eintrittsebene

(12) $$\mathfrak{D}_x = 1\,, \quad \mathfrak{D}_y = 0\,, \quad \text{d.h.} \quad \mathfrak{D}_+ = 1\,, \quad \mathfrak{D}_- = 1\,.$$

Nach Durchlaufen der Schicht sind die Amplituden demnach

(13) $$\mathfrak{D}_+ = e^{-\frac{2\pi i}{\lambda_0} n_+ l}\,, \quad \mathfrak{D}_- = e^{-\frac{2\pi i}{\lambda_0} n_- l}\,.$$

Hieraus ergibt sich

(14) $$\mathfrak{D}_x = \tfrac{1}{2}\left(e^{-\frac{2\pi i}{\lambda_0} n_+ l} + e^{-\frac{2\pi i}{\lambda_0} n_- l}\right) = \tfrac{1}{2} e^{-\frac{2\pi i}{\lambda_0} n l}\left(e^{\frac{2\pi i}{\lambda_0}(n - n_+) l} + e^{\frac{2\pi i}{\lambda_0}(n - n_-) l}\right).$$

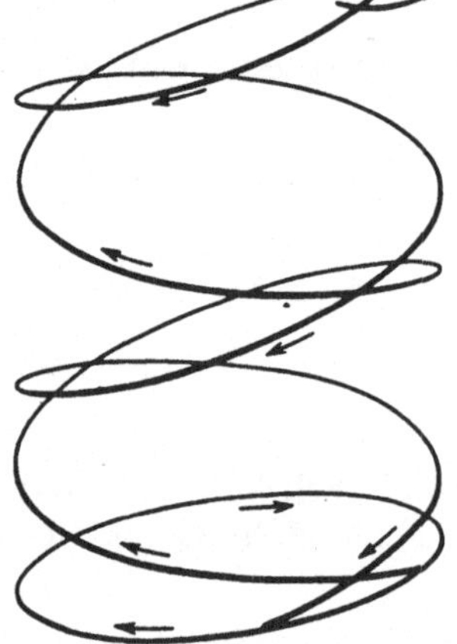
Fig. 191. Schraubungssinn mit Bezug auf die Fortpflanzungsrichtung.

Da nun auf Grund von (10) $n - n_+$ und $n - n_-$ entgegengesetzt gleich sind, kann man die Klammer durch einen Kosinus ersetzen und erhält

(15) $$\mathfrak{D}_x = e^{-\frac{2\pi i}{\lambda_0} n l} \cdot \cos\left(\frac{\pi}{\lambda_0} \frac{\varepsilon'}{n} l\right).$$

Ganz entsprechend wird

(16) $$\mathfrak{D}_y = e^{-\frac{2\pi i}{\lambda_0} n l} \cdot \sin\left(\frac{\pi}{\lambda_0} \frac{\varepsilon'}{n} l\right),$$

und wir erhalten für das Verhältnis der Amplituden

(17) $$\frac{\mathfrak{D}_y}{\mathfrak{D}_x} = \operatorname{tg}\left(\frac{\pi}{\lambda_0} \frac{\varepsilon'}{n} l\right).$$

Es ist reell, d. h. die Schwingung ist beim Austritt aus der Platte wieder linear, aber gedreht um den Winkel

(18) $$\chi = \frac{\pi}{\lambda_0} \frac{\varepsilon'}{n} l = \frac{\pi}{\lambda_0} (n_- - n_+)\, l = \frac{\pi}{\lambda_0} N \frac{\varepsilon + 2}{3} \frac{f}{n} H l\,.$$

Die VERDETsche Konstante wird nach (1)

(19) $$R = \frac{\chi}{H l} = \frac{\pi}{\lambda_0} (n_- - n_+) \frac{1}{H} = \frac{\pi}{\lambda_0} \frac{n^2 + 2}{3n} N f.$$

Läuft das Licht gegen die Feldrichtung, so kehrt sich das Vorzeichen des Drehwinkels um, d. h. die Rechtsschraube verwandelt sich in eine Linksschraube (s. Fig. 191). Läßt man daher den Strahl nach Passieren der Substanz durch Spiegelung denselben Weg zurücklaufen, so ist die resultierende Drehung doppelt so groß wie nach einfachem Durchgang (im Gegensatz zum Verhalten der natürlichen Drehung, s. § 83).

Für Gase ist der Faktor $(n^2 + 2)/3n$ nahezu gleich 1; für andere Substanzen ist er, ebenso wie die Größe f, von der Frequenz abhängig, allerdings in hinreichender Entfernung von den Absorptionsgebieten der Substanz nicht beträchtlich. Die Abhängigkeit des Drehungsvermögens von der Farbe steckt also hauptsächlich in $1/\lambda_0$.

Wir erinnern uns an die Definition von f [§ 77 (25c)] der FARADAY*konstanten*:

(20) $$f = f_0 + \frac{1}{kT} f_1.$$

Die Größen f_0, f_1 sind dem Atom eigentümliche Konstanten, die sich nach § 77 (28) aus Tensorkomponenten dritter Stufe zusammensetzen, und zwar aus solchen, bei denen nur *verschiedene* Achsenindizes auftreten.

Bei den meisten Substanzen ist das Drehungsvermögen ziemlich unabhängig von der Temperatur, d. h. es kommt nur die Größe f_0 in Betracht. Sie steht in engster Beziehung zum ZEEMANeffekt, d. h. der Erscheinung, daß sich eine Spektrallinie im Magnetfelde in mehrere Linien aufspaltet. Obwohl wir diese Erscheinung erst später (s. Kap. VIII, § 89) behandeln wollen, fügen wir doch schon hier eine Betrachtung von HENRY BECQUEREL (d. ä.) ein, durch die es gelingt, den Verlauf des Drehungsvermögens bei Atomen in einfachster Weise auf die Abhängigkeit des Brechungsindex von der Wellenlänge (Dispersion) zurückzuführen. Dazu dient ein ganz allgemeiner Satz von LARMOR über den Einfluß eines Magnetfeldes auf die Bewegung von Elektronen im Atom, den wir kurz ableiten wollen.

Bekanntlich wirkt ein Magnetfeld $\mathfrak{H}$ auf eine mit der Geschwindigkeit $\mathfrak{v}$ bewegte elektrische Ladung $-e$ (die Elektronen sind negativ geladen) mit der Kraft $-\frac{e}{c}\mathfrak{v}\times\mathfrak{H}$. Denken wir uns andererseits das Magnetfeld nicht vorhanden, statt dessen aber das Koordinatensystem mit einer Geschwindigkeit rotierend, die nach Größe und Richtung durch den Vektor $\mathfrak{u}$ parallel zum Magnetfeld dargestellt wird. Dann lauten bekanntlich in dem rotierenden Bezugssystem die NEWTONschen Bewegungsgleichungen „Masse × Beschleunigung = Kraft" genau so wie ohne Rotation, sofern nur zur äußeren Kraft Zusatzkräfte hinzugefügt werden, nämlich erstens die Zentrifugalkraft, die dem Quadrat der Winkelgeschwindigkeit proportional ist, und zweitens die Corioliskraft, die nach Größe und Richtung durch $2m\mathfrak{v}\times\mathfrak{u}$ gegeben ist. Ist die Winkelgeschwindigkeit klein, so kann man die (quadratische) Zentrifugalkraft fortlassen und erkennt dann, daß die Wirkung des Magnetfeldes auf das negative Elektron mit der eines rotierenden Bezugssystems äquivalent ist, wobei die Größe der Winkelgeschwindigkeit mit der Stärke des Magnetfeldes durch die Gleichung

$$\omega_L = \frac{e}{2mc}H \tag{21}$$

zusammenhängt. Man nennt diesen Ausdruck die LARMOR*frequenz* [s. § 89 (4)].

Die BECQUERELsche Überlegung ist nun diese: Da der Atomkern sehr schwer ist und alle Elektronen gleiche Masse und Ladung haben, so ist der Effekt des Magnetfeldes völlig gleichbedeutend damit, daß man das System aller Elektronen in gleichförmiger Rotation um den Kern mit der Frequenz ω_L und mit der Feldrichtung als Achse begriffen denkt. In dem rotierenden Bezugssystem werden dann alle inneren Frequenzen dieselben sein wie die des nicht rotierenden Systems mit Magnetfeld.

Denkt man nun eine in Richtung der Kraftlinien einfallende linear polarisierte Welle in zwei entgegengesetzt rotierende zirkulare Wellen der Frequenz ω zerlegt, so haben diese in bezug auf das fiktive rotierende Koordinatensystem verschiedene Frequenzen; die entgegen der LARMORfrequenz rotierende hat die Frequenz $\omega + \omega_L$, die andere $\omega - \omega_L$.

Ist nun $n(\omega)$ der Brechungsindex im feldfreien Zustand, so wird die Geschwindigkeit der Pluswelle durch den Wert dieser Funktion für die Frequenz $\omega - \omega_L$, die der Minuswelle durch den für die Frequenz $\omega + \omega_L$ bestimmt sein. Wir erhalten also (bis auf Glieder höherer Ordnung)

$$n_- - n_+ = n(\omega + \omega_L) - n(\omega - \omega_L) = 2\frac{\partial n}{\partial \omega}\omega_L. \tag{22}$$

Mit dem in (21) angegebenen Werte für ω_L und wegen

$$\omega\frac{\partial n}{\partial \omega} = -\lambda_0\frac{\partial n}{\partial \lambda_0} \tag{23}$$

ergibt sich also für die VERDETsche Konstante R die BECQUEREL*sche Formel*

(24)
$$R = -\frac{e}{2mc^2}\lambda_0\frac{\partial n}{\partial \lambda_0}.$$

Diese Formel gilt streng nur für Atome, bei denen natürlich nur der von der Temperatur unabhängige Teil des magnetischen Drehvermögens, d. h. die Größe f_0, vorhanden ist, für die man nach (19) erhält

(25)
$$Nf_0 = \frac{-e}{2\pi mc^2}\frac{3n}{n^2+2}\lambda_0^2\frac{\partial n}{\partial \lambda_0} = -9{,}35\cdot 10^{-5}\frac{3n}{n^2+2}\lambda_0^2\frac{\partial n}{\partial \lambda_0},$$

wo $e/mc = 1{,}76\cdot 10^7$ e.s.E.$\cdot$g^{-1} eingesetzt ist.

Wir wollen das Vorzeichen des Drehvermögens nach (24) feststellen. In allen Spektralbereichen, in denen eine Substanz durchsichtig ist, ist erfahrungsgemäß $\partial n/\partial \lambda < 0$, wovon, wie wir in Kap. VIII sehen werden, auch die Theorie Rechenschaft gibt. Man spricht in diesem Falle von normaler Dispersion. In diesen Bereichen folgt also aus unserer Gleichung (24), daß die VERDETsche Konstante positiv ist. Man kann diese Vorzeichenregel sich anschaulich so klar machen: Positive Drehung bedeutet rechtssinnige Schraubung um die Richtung des Magnetfeldes (Drehung von x auf dem nächsten Wege nach y während der Vorrückung nach z). Das ist aber die Richtung, in der ein elektrischer Strom fließen muß, der das Magnetfeld erzeugt. Demnach stimmt die positive Drehung mit der Richtung des Stromes im felderzeugenden Elektromagneten überein.

Tabelle 17. Berechnung von e/mc aus dem FARADAYeffekt nach der Formel (25).

Substanz	e/mc in e.s.E.$\cdot$g^{-1}	e/mc in % des wahren Werts
Wasserstoff . . .	$1{,}75\cdot 10^7$	99
Stickstoff	1,11	63
Kohlensäure . .	1,00	56
Wasser	1,58	89
Methylalkohol . .	1,08	61
Äthylalkohol . .	1,15	65
Hexan	1,10	62

Die BECQUERELsche Formel (24) würde für atomare Gase streng gelten, wenn die klassische Theorie der LARMORpräzession wirklich zuträfe. Das ist aber nicht der Fall, wie der sog. *anomale* ZEEMAN*effekt* zeigt. Nach der neueren Quantenmechanik rührt das daher, daß jedes einzelne Elektron bereits einen Elementarmagneten darstellt, der selbst im Felde eine Präzessionsbewegung ausführt, die sich mit der Umlaufsbewegung des Elektrons koppelt. Für verschiedene Spektrallinien hat man, wie die Quantentheorie lehrt, formal gewissermaßen verschiedene LARMORpräzessionen zu nehmen, die aus unseren ω_L durch Multiplikation mit gewissen Zahlen, den „LANDÉschen g-Faktoren", entstehen.

Bei molekularen Gasen ist eine genaue Gültigkeit von (24) schon deswegen nicht zu erwarten, weil bei mehreren Kernen die freie Drehbarkeit des Elektronensystems fortfällt. Aber die Formel (24) gilt doch wenigstens angenähert; um das zu zeigen, berechnen wir die spezifische Ladung des Elektrons e/m aus dem gegebenen FARADAYeffekt[1] (s. Tab. 17). Gute Übereinstimmung hat man nur beim Wasserstoff. Es ist aber bemerkenswert, daß die Größenordnungen in jedem Falle richtig herauskommen.

Daß bei diamagnetischen Körpern die Magnetorotation von der Temperatur fast unabhängig ist, stimmt mit der Erfahrung überein. Sie ist nur in wenig Fällen meßbar, z. B. bei CS_2, wo sie mit der aus der Dispersion berechneten gut übereinstimmt.

Die Prüfung der von der BECQUERELschen Formel geforderten Abhängigkeit des Drehungsvermögens von der Wellenlänge ist schwer auszuführen, weil $\partial n/\partial \lambda_0$

[1] Nach dem auf S. 353 zit. Artikel von R. LADENBURG: S. 2160.

in durchsichtigen Gebieten gewöhnlich äußerst klein und schwer zu messen ist. Man hat sie bei Wasserstoff von 85 at ausführen können[1]. Die Tabelle 18 zeigt die fast vollkommene Übereinstimmung[2]. Bei festen Körpern, z. B. Steinsalz, Sylvin usw., findet man ebenfalls gute Übereinstimmung, wenn man vom Brechungsindex den Anteil der ultraroten Kernschwingungen abzieht (siehe Kap. VIII, § 95).

Im unmittelbaren Bereich von Absorptionsgebieten versagt die einfache Theorie. Auf die genauere Theorie werden wir in Kap. VIII zurückkommen.

Bei Molekülen ist nach unserer Theorie ein temperaturabhängiger Anteil der Drehung (f_1/kT) zu erwarten. Diese *paramagnetische Drehung* wurde von LADENBURG aus verschiedenen, vorher unverstandenen Erscheinungen erschlossen und theoretisch erklärt. Schon vorher hatte JEAN BECQUEREL (d. j.) auf den Zusammenhang seiner Drehungsbeobachtungen an Kristallen bei tiefen

Tabelle 18. Vergleich von Dispersion q und Magnetorotation χ für Wasserstoff von 85 at. Für χ_0 ist willkürlich der Wert bei $\lambda = 4047$ Å verwendet.

λ	$q = \lambda_0 \frac{\partial n}{\partial \lambda_0} 10^4$	q/q_{4047}	χ/χ_{4047}	Δ in Prozent
5893 Å	0,0625	0,445	0,447	+0,8
5780	0,06447	0,460	0,465	+1,1
4358	0,11937	0,843	0,848	+0,6
4047	0,1409	1,000	1,000	—
3665	0,17628	1,25	1,233	−1,3
3130	0,25496	1,813	1,80	−0,7
2805	0,33316	2,362	2,395	+1,3
2654	0,38290	2,74	2,77	+1,1
2537	0,42992	3,054	3,12	+2,1
2482	0,45517	3,234	3,32	+2,5

Temperaturen mit dem Paramagnetismus hingewiesen. Führen wir den in § 73 (15) definierten Vektor $\mathfrak{d}$ mit den Komponenten $\mathfrak{d}_X = i\alpha_{YZ} = -i\alpha_{ZY}$ ein und ersetzen $\mathfrak{p}^{(0)}$ hier durch das permanente magnetische Moment $\mathfrak{m}^{(0)}$ des Moleküls, so wird nach § 77 (28b)

$$f_1 = \tfrac{1}{3}\,\mathfrak{m}^{(0)}\mathfrak{d}\,. \tag{26}$$

Die Existenz eines solchen Momentes $\mathfrak{m}^{(0)}$ ist das Kennzeichen *paramagnetischer Substanzen*. Die molekülfeste Z-Achse möge mit der Richtung von $\mathfrak{m}^{(0)}$ zusammenfallen, und es sei $\mathfrak{m}_Z^{(0)} = |\mathfrak{m}^{(0)}| = m_0$.

Ist $\mathfrak{e}$ ein Einheitsvektor in der Feldrichtung [raumfeste Koordinaten (0, 0, 1), molekülfeste Koordinaten (X, Y, Z)], so ist die magnetische Energie der Einstellung gleich $-m_0HZ$, und die Wahrscheinlichkeit einer solchen Stellung pro Raumwinkeleinheit ist

$$e^{\frac{m_0HZ}{kT}} = 1 + \frac{m_0HZ}{kT} + \cdots. \tag{27}$$

Das mittlere magnetische Moment der Volumeneinheit fällt aus Symmetriegründen in die z-Richtung und es ist

$$\overline{\overline{\mathfrak{M}_z}} = N\overline{\overline{\mathfrak{m}_z^{(0)}}} = Nm_0\overline{\overline{Z}} = Nm_0\overline{Z} + N\frac{m_0^2H}{kT}\overline{Z^2} = \frac{Nm_0^2H}{3kT}, \tag{28}$$

[1] S. M. KIRN: Ann. Physik Bd. 64 (1921) S. 572; L. H. SIERTSEMA u. M. DE HAAS: Physik. Z. Bd. 14 (1913) S. 568; J. F. SIRKS: Ebenda Bd. 14 (1913) S. 340.

[2] Nach R. LADENBURG, S. 2162.

und die *magnetische Suszeptibilität* pro Volumeneinheit beträgt

$$\varkappa = \frac{N m_0^2}{3kT}. \tag{29}$$

Das ist das bekannte CURIE*sche Gesetz* der Temperaturabhängigkeit des Paramagnetismus. Der paramagnetische Anteil des Drehungsvermögens zeigt also genau dieselbe Temperaturabhängigkeit wie der Paramagnetismus selbst, ist aber nicht dem Quadrate des paramagnetischen Momentes proportional, sondern nach (26) dem skalaren Produkt $\mathfrak{m}_0 \mathfrak{d}$ des Momentes mit einem im Molekül festen Vektor $\mathfrak{d}$ („Drehvektor"). Bei Molekülen mit Symmetrieachse muß $\mathfrak{d}$ zu $\mathfrak{m}_0$ parallel oder antiparallel sein; aber seine Größe ist eine vom paramagnetischen Moment unabhängige Moleküleigenschaft, die entsprechend ihrem Charakter als Deformation im allgemeinen von der Frequenz abhängt. Das Vorzeichen der Größe $\mathfrak{d}\mathfrak{m}_0$ kann positiv oder negativ sein, je nach dem Winkel zwischen $\mathfrak{d}$ und $\mathfrak{m}_0$; sogar beim rotationssymmetrischen Molekül ist parallele oder antiparallele Stellung von $\mathfrak{d}$ und $\mathfrak{m}_0$ möglich ($\mathfrak{m}^{(0)} \mathfrak{d} \gtrless 0$). Daher wird es vorkommen, daß der paramagnetische Anteil des Drehungsvermögens (in durchsichtigen Gebieten) das umgekehrte Vorzeichen hat wie der gewöhnliche diamagnetische, und unter Umständen das Vorzeichen der gesamten Drehung umkehrt. Dieser Fall ist in der Tat beobachtet worden, z. B. an Lösungen von Eisensalzen sowie an gelösten und kristallisierten Verbindungen anderer stark paramagnetischer Substanzen, besonders seltener Erden[1].

Die für die paramagnetische Drehung charakteristische Temperaturabhängigkeit ist experimentell bei einigen Kristallen (z. B. beim Tysonit) gefunden worden[2]. Dabei ist man mit der Temperatur bis zu der des flüssigen Heliums heruntergegangen. Tabelle 19 zeigt, daß das Verhältnis des Drehungsvermögens bei zwei verschiedenen Temperaturen unabhängig von der Wellenlänge und der Temperatur umgekehrt proportional ist. Daß es sich hier wirklich um den paramagnetischen Dreheffekt handelt, kann man übrigens auch durch das Verhalten der Dispersion der Erscheinung bekräftigen.

Tabelle 19. Verhältnis der Drehungsvermögen für verschiedene Wellenlängen und Temperaturen, verglichen mit dem reziproken Verhältnis der Temperatur.

$T_1 = 291°$	λ	5461	4358	4046	T_1/T_2
$T_2 = 20°{,}4$	χ_2/χ_1	13,1	13,9	13,9	14,5

$T_1 = 20°{,}4$	λ	6391	4850	4150	3800	T_1/T_2
$T_2 = 4°{,}2$	χ_2/χ_1	3,90	4,04	4,05	4,08	4,85

§ 79. Der COTTON-MOUTON-Effekt.*

Wir wollen nun untersuchen, wie das Licht sich in einem vom Magnetfeld beeinflußten Körper *senkrecht zu den Kraftlinien* fortpflanzt. Man sieht sogleich, daß bei Berücksichtigung der Glieder erster Ordnung in H keinerlei Beeinflussung eintritt, wohl aber dann, wenn man die Glieder in H^2 hinzunimmt. Dann muß man aber auch konsequenterweise die Abhängigkeit der Dielektrizitätskonstanten

[1] I. VERDET: Ann. Chim. et Phys. (13) Bd. 52 (1858) S. 151; H. BECQUEREL: Ebenda Bd. 5 (1908) S. 238.

[2] J. BECQUEREL, KAMERLINGH ONNES u. W. DE HAAS: C. R. Acad. Sci., Paris Bd. 181 (1925) S. 831; s. auch A. S. S. VAN HEEL: Dissert. Leiden 1925; Physik. Ber. 1926 S. 704.

ε_{xx} und ε_{zz} von H mit berücksichtigen. Wir schreiben demnach die Grundgleichungen § 77 (32) in der Gestalt

$$\text{(1)}\quad \left\{\begin{aligned} \mathfrak{D}_x &= \varepsilon_e \mathfrak{E}_x - i\varepsilon' \mathfrak{E}_y, \\ \mathfrak{D}_y &= i\varepsilon' \mathfrak{E}_x + \varepsilon_e \mathfrak{E}_y, \\ \mathfrak{D}_z &= \varepsilon_o \mathfrak{E}_z, \end{aligned}\right.$$

wo die Indizes o und e an die Bezeichnung „ordinär" und „extraordinär" in der Theorie der zweiachsigen Kristalle erinnern sollen, mit der die vorliegende Überlegung eine nahe Verwandtschaft hat. Man hat nach § 77 (33)

$$\text{(2)}\quad \left\{\begin{aligned} \varepsilon_o &= \varepsilon + H^2 N (a + 2b) \frac{\varepsilon + 2}{6}, \\ \varepsilon_e &= \varepsilon + H^2 N (a - b) \frac{\varepsilon + 2}{6}, \\ \varepsilon' &= H N f \frac{\varepsilon + 2}{3}. \end{aligned}\right.$$

Für eine senkrecht zum Feld, etwa parallel zur x-Achse laufende Welle folgt aus der Grundgleichung V, § 58 (14)

$$\text{(3)}\quad \mathfrak{D}_x = 0, \qquad \mathfrak{D}_y = n^2 \mathfrak{E}_y, \qquad \mathfrak{D}_z = n^2 \mathfrak{E}_z.$$

Aus der ersten Gleichung von (1) folgt

$$\text{(4)}\quad \mathfrak{E}_x = i \frac{\varepsilon'}{\varepsilon_e} \mathfrak{E}_y,$$

so daß die zweite Gleichung lautet

$$\text{(5)}\quad \mathfrak{D}_y = \frac{\varepsilon_e^2 - \varepsilon'^2}{\varepsilon_e} \mathfrak{E}_y.$$

Durch Elimination von $\mathfrak{E}_y$ und $\mathfrak{E}_z$ folgt

$$\text{(6)}\quad \left\{\begin{aligned} \mathfrak{D}_y \left(\frac{1}{n^2} - \frac{\varepsilon_e}{\varepsilon_e^2 - \varepsilon'^2}\right) &= 0, \\ \mathfrak{D}_z \left(\frac{1}{n^2} - \frac{1}{\varepsilon_o}\right) &= 0. \end{aligned}\right.$$

Es pflanzen sich also zwei linear polarisierte aufeinander senkrecht schwingende Wellen fort:

$$\text{(7)}\quad \left\{\begin{aligned} \mathfrak{D}_y &= 1, \quad \mathfrak{D}_z = 0; \\ \mathfrak{D}_y &= 0, \quad \mathfrak{D}_z = 1, \end{aligned}\right.$$

mit den Brechungsindizes

$$\text{(8)}\quad \left\{\begin{aligned} n_1 &= \sqrt{\frac{\varepsilon_e^2 - \varepsilon'^2}{\varepsilon_e}} = \sqrt{\varepsilon}\left\{1 + H^2 N \frac{\varepsilon + 2}{6\varepsilon}\left(a - b - f^2 N \frac{\varepsilon + 2}{3\varepsilon}\right)\right\}, \\ n_2 &= \sqrt{\varepsilon_o} = \sqrt{\varepsilon}\left\{1 + H^2 N \frac{\varepsilon + 2}{6\varepsilon}(a + 2b)\right\}. \end{aligned}\right.$$

Man hat somit gewöhnliche lineare Doppelbrechung, deren Stärke vom Felde abhängt. Wir bilden zunächst den mittleren Brechungsindex, wobei wir für den feldfreien Zustand $\sqrt{\varepsilon} = n$ setzen. Dann wird

$$\text{(9)}\quad \bar{n} = \frac{2n_1 + n_2}{3} = n\left\{1 + H^2 N \frac{n^2 + 2}{6n^2}\left(a - \frac{2}{3} f^2 N \frac{n^2 + 2}{3n^2}\right)\right\}.$$

Nunmehr folgt

$$(10)\quad \left\{\begin{aligned} n_1 - \bar{n} &= -H^2 N \frac{n^2+2}{6n}\left(b + \frac{f^2}{3} N \frac{n^2+2}{3n^2}\right),\\ n_2 - \bar{n} &= 2 H^2 N \frac{n^2+2}{6n}\left(b + \frac{f^2}{3} N \frac{n^2+2}{3n^2}\right),\end{aligned}\right.$$

und daraus die einfache Relation

$$(11)\quad \frac{n_2 - \bar{n}}{n_1 - \bar{n}} = -2.$$

Die Doppelbrechung erhält man nach (10) zu

$$(12)\quad n_2 - n_1 = H^2 N \frac{n^2+2}{6n}\left(3b + f^2 N \frac{n^2+2}{3n^2}\right).$$

Sie hängt sowohl von der Anisotropiekonstanten b als auch von dem Quadrate der FARADAYkonstanten f ab.

Die Erscheinung der transversalen Doppelbrechung im Magnetfelde wurde zuerst von COTTON und MOUTON[1] beobachtet. Sie ist auch unter den günstigsten Umständen außerordentlich klein und daher noch niemals bei Gasen, sondern nur bei Flüssigkeiten und wenigen glasartigen festen Substanzen gefunden worden. Zu ihrem Nachweis setzt man die Flüssigkeit zwischen gekreuzte Nicols. Beim Einschalten des zum Strahlengang transversalen Magnetfeldes wird dann das vorher dunkle Feld aufgehellt. Diese Erscheinung läßt sich nicht durch Drehen des Analysators, wohl aber durch Zwischenschalten eines Kompensators rückgängig machen.

Ist l der Lichtweg in der im Felde befindlichen Substanz, so ist die erzeugte Phasendifferenz

$$(13)\quad \Delta = \frac{n_2 - n_1}{\lambda_0} l = C l H^2,$$

wo der Wert der COTTON-MOUTON*schen Konstanten* C durch Einsetzen von (12) zu bestimmen ist. Die Doppelbrechung für das Feld 1, also den Wert $C\lambda_0 = (n_2 - n_1)/H^2$, bezeichnet man auch als ***absolute*** COTTON-MOUTON*sche Konstante*. Das Vorzeichen von C kann positiv oder negativ sein (z. B. positiv bei Nitrobenzol, negativ bei Schwefelkohlenstoff). Tabelle 20 gibt einige Meßresultate:

Tabelle 20. COTTON-MOUTONsche Konstante C von Flüssigkeiten.
t = Temperatur in Celsiusgraden, λ_0 = Wellenlänge in $m\mu$.

Flüssigkeit	t	λ_0	$C \cdot 10^{13}$
Azeton	20,2	578	37,6
Anilin	25,0	589	5,1
Benzol	26,5	580	7,5
Benzylalkohol	20,2	589	5,91
Chloroform	17,2	578	−65,8
Nitrobenzol	16,3	578	23,5
Schwefelkohlenstoff	28,0	580	−4,0
Toluol	19,4	589	6,71

Die Änderung des Absolutwertes des Brechungsindex oder die Beziehung (11) zum FARADAYeffekt ist wegen der Kleinheit des Effekts noch niemals experimentell geprüft worden.

[1] A. COTTON u. H. MOUTON: C. R. Acad. Sci., Paris Bd. 145 (1907) S. 229.

Was die *Temperaturabhängigkeit* betrifft, so liefert die Theorie nach den Betrachtungen in § 77, daß die COTTON-MOUTONsche Konstante die Form

$$C = C_0 + \frac{1}{T} C_1 + \frac{1}{T^2} C_2 \tag{14}$$

haben muß. Das Glied C_0 wird im allgemeinen gegen das folgende $\frac{1}{T} C_1$ klein sein; denn das erste entspricht dem Diamagnetismus und das zweite dem Paramagnetismus, und es ist bekannt, daß bei Substanzen, die überhaupt ein paramagnetisches (d. h. permanentes) Moment haben, der Diamagnetismus stets viel schwächer ist als der Paramagnetismus. Wir werden daher bei höheren Temperaturen näherungsweise Proportionalität der COTTON-MOUTONschen Konstante mit T^{-1} erwarten. Tatsächlich ist auch eine Temperaturabhängigkeit in dem richtigen Sinne beobachtet worden: Abnahme der Konstanten mit wachsender Temperatur[1].

Die Tatsache, daß die Doppelbrechung senkrecht zur Feldachse proportional H^2 ist, zeigt, daß, solange man den gewöhnlichen FARADAYeffekt als Effekt erster Ordnung in H allein in Rücksicht zieht, beim Übergang von longitudinaler zu transversaler Beobachtung die zirkulare Doppelbrechung stetig zu Null gehen muß; wenn man aber die quadratischen Glieder berücksichtigt, so muß für eine bestimmte Zwischenlage der Beobachtungsrichtung ein Übergang von zirkularer zu linearer Doppelbrechung stattfinden. Obwohl für die Beobachtungen solche schiefen Blickrichtungen kaum in Frage kommen, ist es doch interessant zu überlegen, wie dieser Übergang vor sich geht, und wir wollen daher jetzt kurz den

allgemeinen Fall des magneto-optischen Effekts

durchrechnen. Wir können ohne Einschränkung der Allgemeinheit das Koordinatensystem so um die Feldachse drehen, daß die Wellennormale in der xz-Ebene liegt:

$$\mathfrak{s}_x = \sin\vartheta, \quad \mathfrak{s}_y = 0, \quad \mathfrak{s}_z = \cos\vartheta. \tag{15}$$

Die Komponenten des Vektors $\mathfrak{D}$ parallel und senkrecht zur xz-Ebene sind

$$\mathfrak{D}_{\parallel} = \mathfrak{D}_x \cos\vartheta - \mathfrak{D}_z \sin\vartheta, \quad \mathfrak{D}_{\perp} = \mathfrak{D}_y. \tag{16}$$

Ferner gilt die Transversalitätsbedingung

$$\mathfrak{D}_x \sin\vartheta + \mathfrak{D}_z \cos\vartheta = 0. \tag{17}$$

Die Auflösung der Gleichungen (16), (17) liefert

$$\mathfrak{D}_x = \mathfrak{D}_{\parallel} \cos\vartheta, \quad \mathfrak{D}_y = \mathfrak{D}_{\perp}, \quad \mathfrak{D}_z = -\mathfrak{D}_{\parallel} \sin\vartheta. \tag{18}$$

Die optischen Grundgleichungen V, § 58 (14) geben dann

$$\mathfrak{D}_{\parallel} = n^2 \mathfrak{E}_{\parallel}, \quad \mathfrak{D}_{\perp} = n^2 \mathfrak{E}_{\perp}, \tag{19}$$

wo $\mathfrak{E}_{\parallel}$ und $\mathfrak{E}_{\perp}$ analog $\mathfrak{D}_{\parallel}$ und $\mathfrak{D}_{\perp}$ gebildet sind.

Wir lösen nun die Gleichungen (1) nach den Komponenten von $\mathfrak{E}$ auf und erhalten unter Benutzung von (16)

$$\left\{\begin{aligned} \mathfrak{E}_{\parallel} &= \left(\frac{\varepsilon_e \cos^2\vartheta}{\varepsilon_e^2 - \varepsilon'^2} + \frac{\sin^2\vartheta}{\varepsilon_o}\right) \mathfrak{D}_{\parallel} + \frac{i\varepsilon' \cos\vartheta}{\varepsilon_e^2 - \varepsilon'^2} \mathfrak{D}_{\perp}, \\ \mathfrak{E}_{\perp} &= -\frac{i\varepsilon' \cos\vartheta}{\varepsilon_e^2 - \varepsilon'^2} \mathfrak{D}_{\parallel} + \frac{\varepsilon_e}{\varepsilon_e^2 - \varepsilon'^2} \mathfrak{D}_{\perp}. \end{aligned}\right. \tag{20}$$

[1] G. SZIVESSY: Ann. Physik (4) Bd. 69 (1922) S. 236.

Die Verbindung von (19) und (20) liefert

$$(21)\quad \left\{\begin{aligned} &\mathfrak{D}_{\|}\left(\frac{\varepsilon_e\cos^2\vartheta}{\varepsilon_e^2-\varepsilon'^2}+\frac{\sin^2\vartheta}{\varepsilon_0}-\frac{1}{n^2}\right)+\mathfrak{D}_{\perp}\frac{i\varepsilon'\cos\vartheta}{\varepsilon_e^2-\varepsilon'^2}=0,\\ -&\mathfrak{D}_{\|}\frac{i\varepsilon'\cos\vartheta}{\varepsilon_e^2-\varepsilon'^2}+\mathfrak{D}_{\perp}\left(\frac{\varepsilon_e}{\varepsilon_e^2-\varepsilon'^2}-\frac{1}{n^2}\right)=0.\end{aligned}\right.$$

Hieraus folgt für das Amplitudenverhältnis die Doppelgleichung

$$(22)\quad \frac{\mathfrak{D}_{\|}}{\mathfrak{D}_{\perp}}=\frac{-\dfrac{i\varepsilon'\cos\vartheta}{\varepsilon_e^2-\varepsilon'^2}}{\dfrac{\varepsilon_e\cos^2\vartheta}{\varepsilon_e^2-\varepsilon'^2}+\dfrac{\sin^2\vartheta}{\varepsilon_0}-\dfrac{1}{n^2}}=\frac{\dfrac{\varepsilon_e}{\varepsilon_e^2-\varepsilon'^2}-\dfrac{1}{n^2}}{\dfrac{i\varepsilon'\cos\vartheta}{\varepsilon_e^2-\varepsilon'^2}}.$$

Das ergibt zunächst eine quadratische Gleichung für n^2, das Analogon zur Wellengleichung:

$$(23)\quad \left(\frac{\varepsilon_e\cos^2\vartheta}{\varepsilon_e^2-\varepsilon'^2}+\frac{\sin^2\vartheta}{\varepsilon_0}-\frac{1}{n^2}\right)\left(\frac{\varepsilon_e}{\varepsilon_e^2-\varepsilon'^2}-\frac{1}{n^2}\right)=\frac{\varepsilon'^2\cos^2\vartheta}{(\varepsilon_e^2-\varepsilon'^2)^2}.$$

Daraus folgt

$$(24)\quad \frac{1}{n^2}=\frac{1}{2}\left\{\frac{\varepsilon_e(2-\sin^2\vartheta)}{\varepsilon_e^2-\varepsilon'^2}+\frac{\sin^2\vartheta}{\varepsilon_0}\right\}\pm\sqrt{\frac{\sin^4\vartheta}{4}\left(\frac{\varepsilon_e}{\varepsilon_e^2-\varepsilon'^2}-\frac{1}{\varepsilon_0}\right)^2+\frac{\varepsilon'^2\cos^2\vartheta}{(\varepsilon_e^2-\varepsilon'^2)^2}},$$

Das Amplitudenverhältnis wird also nach (22)

$$(25)\quad \frac{\mathfrak{D}_{\|}}{\mathfrak{D}_{\perp}}=-i\,\frac{\dfrac{\sin^2\vartheta}{2}\left(\dfrac{\varepsilon_e}{\varepsilon_e^2-\varepsilon'^2}-\dfrac{1}{\varepsilon_n}\right)\mp\sqrt{\dfrac{\sin^4\vartheta}{4}\left(\dfrac{\varepsilon_e}{\varepsilon_e^2-\varepsilon'^2}-\dfrac{1}{\varepsilon_0}\right)^2+\dfrac{\varepsilon'^2\cos^2\vartheta}{(\varepsilon_e^2-\varepsilon'^2)^2}}}{\dfrac{\varepsilon'}{\varepsilon_e^2-\varepsilon'^2}\cos\vartheta}.$$

Diese Formeln verifizieren wir zunächst für die bekannten beiden Grenzfälle:

1. *Fortpflanzung parallel zur Feldrichtung*, $\vartheta=0$, liefert

$$\frac{1}{n^2}=\frac{\varepsilon_e\mp\varepsilon'}{\varepsilon_e^2-\varepsilon'^2}=\frac{1}{\varepsilon_e\pm\varepsilon'},\qquad \frac{\mathfrak{D}_{\|}}{\mathfrak{D}_{\perp}}=\pm i.$$

also wegen $\mathfrak{D}_{\|}=\mathfrak{D}_x$, $\mathfrak{D}_{\perp}=\mathfrak{D}_y$

$$(26)\quad n_{\pm}^2=\varepsilon_e\mp\varepsilon',\qquad \frac{\mathfrak{D}_y}{\mathfrak{D}_x}=\mp i.$$

Das entspricht der Fortpflanzung zweier zirkular polarisierter Wellen, wie wir sie in § 78 (9) bereits gefunden haben.

2. *Fortpflanzung senkrecht zur Feldrichtung*, $\vartheta=\pi/2$, liefert

$$(27)\quad \frac{1}{n^2}=\frac{1}{2}\left(\frac{\varepsilon_e}{\varepsilon_e^2-\varepsilon'^2}+\frac{1}{\varepsilon_0}\right)\pm\frac{1}{2}\left(\frac{\varepsilon_e}{\varepsilon_e^2-\varepsilon'^2}-\frac{1}{\varepsilon_0}\right),$$

also

$$(28)\quad \frac{1}{n_1^2}=\frac{\varepsilon_e}{\varepsilon_e^2-\varepsilon'^2},\qquad \frac{1}{n_2^2}=\frac{1}{\varepsilon_0},$$

analog zu (8), und entsprechend diesen beiden Fällen

$$(29)\quad \mathfrak{D}_{\perp}=0,\qquad \mathfrak{D}_{\|}=0.$$

Man hat also in diesem Falle lineare Doppelbrechung in Übereinstimmung mit den Überlegungen zu Beginn dieses Paragraphen.

Für *schiefe Fortpflanzungsrichtung* erhalten wir folgenden Sachverhalt:

Streicht man die quadratischen Glieder in H, d. h. setzt man $\varepsilon_e = \varepsilon_0 = \varepsilon$ und berücksichtigt nur das den FARADAYeffekt enthaltende Glied in f, so ist

$$\frac{1}{n^2} = \frac{1}{\varepsilon} \pm \frac{\varepsilon'}{\varepsilon^2} \cos\vartheta, \tag{30}$$

also

$$n_- - n_+ = \frac{\varepsilon'}{\varepsilon} \cos\vartheta \tag{31}$$

und

$$\frac{\mathfrak{D}_{\|}}{\mathfrak{D}_{\perp}} = \pm i. \tag{32}$$

Man erhält dann in jeder Richtung zirkulare Doppelbrechung, deren Größe proportional $\cos\vartheta$ ist; sie geht also beim Übergang von der Richtung parallel zum Felde zu der senkrecht zum Felde stetig gegen Null. Transversal würde überhaupt keine Doppelbrechung stattfinden.

Berücksichtigt man umgekehrt nur die quadratischen Glieder, setzt also $\varepsilon' = 0$, so fehlt der FARADAYeffekt, und es wird

$$\left(\frac{\mathfrak{D}_{\|}}{\mathfrak{D}_{\perp}}\right)_+ = \infty, \quad \left(\frac{\mathfrak{D}_{\|}}{\mathfrak{D}_{\perp}}\right)_- = 0. \tag{34}$$

Man erhält also gewöhnliche Doppelbrechung wie bei einem einachsigen Kristall:

$$n_- - n_+ = \frac{\varepsilon_e}{2} \sin^2\vartheta \left(\frac{1}{\varepsilon_e} - \frac{1}{\varepsilon_0}\right). \tag{35}$$

Im allgemeinen Fall hat man eine Überlagerung beider Arten von Doppelbrechung, wobei longitudinal die eine Art, die zirkulare, transversal die andere, die lineare Doppelbrechung allein zum Vorschein kommt. In jeder anderen Richtung herrscht elliptische Doppelbrechung, d. h. es pflanzen sich zwei Ellipsen fort, deren große Achsen parallel und senkrecht zum Hauptschnitt stehen, und zu denen etwas verschiedene Brechungsindizes gehören. Beim Übergang von $\vartheta = 0$ bis $\vartheta = \pi/2$ gehen die Ellipsen von der Kreisform stetig in die gestreckte Form über.

§ 80. Der elektrische KERReffekt.

Wir wollen jetzt den Fall betrachten, daß ein durchsichtiger Körper durch ein elektrisches Feld doppelbrechend gemacht wird. Diese Erscheinung, schon von FARADAY vergeblich gesucht, wurde 1875 von KERR gefunden[1] und wird seitdem nach ihm genannt. KERR hat den Effekt zuerst an dünnen Glasplatten zwischen Metallelektroden beobachtet. Wenn das Licht transversal zum elektrischen Felde des Kondensators durch die Platte hindurchtritt, erhält man bei gekreuzten Nicols eine Aufhellung, die sich nicht durch Drehen des Analysators beheben läßt; man hat also elliptisch polarisiertes Licht. Die allgemeine Untersuchung hat gezeigt, daß die Substanz sich unter der Einwirkung des Feldes verhält wie ein einachsiger Kristall mit der Achse parallel zum Felde.

Allerdings ist bei festen Körpern zu beachten, daß es sich um eine sekundäre Erscheinung handeln könnte, daß nämlich das elektrische Feld zunächst eine mechanische Deformation erzeugt, durch die dann sekundär die optische Anisotropie bewirkt wird. Man hat nun aber auf verschiedene Weise nachweisen können, daß es neben diesem indirekten Effekt auch den direkten gibt, bei dem das Feld unmittelbar die optische Anisotropie erzeugt. Erstens konnte KERR (1879) die Doppelbrechung an Flüssigkeiten wie Schwefelkohlenstoff nachweisen,

[1] J. KERR: Philos. Mag (4) Bd. 50 (1875) S. 337, 446; (5) Bd. 8 (1879) S. 85, 229; Bd. 13 (1882) S. 53, 248; Bd. 37 S. 380; Bd. 38 (1894) S. 144.

wo eine mechanische Anisotropie ausgeschlossen ist; sogar an Gasen ist der Nachweis der Doppelbrechung gelungen. Sodann kann man direkt die beiden Effekte voneinander trennen unter Benutzung der Tatsache, daß der mechanische Effekt beim plötzlichen Ein- oder Ausschalten des Feldes nicht ohne Trägheit folgt, während der eigentliche KERReffekt (wie er rein an Flüssigkeiten und Gasen erscheint) praktisch trägheitsfrei ist (s. hierzu S. 370).

Die Theorie der Erscheinung[1] ist in unseren allgemeinen Formeln § 77 (24) bis (29) enthalten. Wir haben diese nur in einem Punkte zu spezialisieren. Die Formeln § 77 (24) stellten die Mittelwerte des Polarisierbarkeitstensors für Licht in einer Substanz dar, die unter der Wirkung eines äußeren Feldes F in Richtung der Feldachse stand, wobei über alle Orientierungen der Moleküle gemittelt wurde. Nun besitzen aber das elektrische und das magnetische Feld in bezug auf Spiegelebenen verschiedene Symmetrieeigenschaften. Das magnetische Feld muß seiner Natur nach die zu seiner Richtung senkrechte Ebene als Symmetrieebene haben. Das elektrische Feld dagegen hat jede zu seiner Richtung parallele Ebene als Symmetrieebene. Diese beiden Tatsachen sind bei den Mittelungen von § 77 noch nicht berücksichtigt worden.

Was nun das magnetische Feld anbetrifft, so ergibt sich aus der Existenz der zum Felde normalen Symmetrieebene keine weitere Spezialisierung; denn die Umkehrung der Richtung der z-Achse hat offenbar keinen Einfluß auf die Größen § 77 (24), weil die einzige Komponente des Tensors $\overline{\mathsf{A}}$, in der z als Index erscheint, $\overline{\mathsf{A}}_{zz}$ ist.

Dagegen wird beim elektrischen Effekt durch die Existenz der zum Felde parallelen Spiegelebenen eine Spezialisierung eintreten. Kehrt man z. B. die Richtung der x-Achse durch Spiegelung an der yz-Ebene um, so bleiben die Beziehungen zwischen Polarisation $\mathfrak{p}$ und Lichtfeld $\mathfrak{E}'$ nur dann ungeändert, wenn $\overline{\mathsf{A}}_{xy} = 0$ ist. Das bedeutet aber nach § 77 (24c), daß im elektrischen Felde die Größe f verschwinden muß. Natürlich erkennt man diesen Sachverhalt auch an der Definition der Größe f durch molekulare Konstanten [§ 77 (28a, b)].

Bei dieser Spezialisierung fallen aber alle in der Feldstärke F linearen Glieder aus den Gleichungen § 77 (29) heraus. Für F hat man nicht direkt das äußere elektrische Feld E, sondern das wirkende Feld $E\frac{\varepsilon^0+2}{3}$ einzusetzen, wo ε^0 die statische Dielektrizitätskonstante ist. Dann stimmen die Gleichungen § 77 (33) exakt überein mit den Formeln für einen einachsigen Kristall mit den Hauptdielektrizitätskonstanten

$$(1)\quad \begin{cases} \varepsilon_e = \varepsilon + E^2 N(a-b)\,\dfrac{\varepsilon+2}{3}\left(\dfrac{\varepsilon^0+2}{3}\right)^2, \\[2ex] \varepsilon_o = \varepsilon + E^2 N(a+2b)\,\dfrac{\varepsilon+2}{3}\left(\dfrac{\varepsilon^0+2}{3}\right)^2. \end{cases}$$

[1] Die erste Theorie des KERReffekts stammt von W. VOIGT [Lehrb. d. Magneto- u. Elektrooptik, S. 353. Leipzig u. Berlin 1908]. Sie berücksichtigt nur den direkten Einfluß des Feldes auf den Deformierungstensor, also unsere Konstante b_0 von § 77 (27a). Die orientierende Wirkung des Feldes hat bereits KERR selbst [Philos. Mag. Bd. 50 (1875) S. 446] zur Erklärung der von ihm gefundenen Doppelbrechung herangezogen. P. LANGEVIN [Ann. Chim. et Phys. Bd. 5 (1905) S. 70; Le Radium Bd. 7 (1910) S. 249], J. J. LARMOR [Philos. Trans. Roy. Soc., Lond. (A) Bd. 190 (1897) S. 232] u. a. haben sodann diese Orientierungstheorie mathematisch durchgeführt, aber nur für den Fall, daß das Molekül kein elektrisches Moment hat; es handelt sich dabei also nur um die Glieder unserer Konstanten b_1 von § 77 (27b), die übrig bleiben, wenn man $\mathfrak{p}_0 = 0$ setzt. Der allgemeine Fall unter Berücksichtigung des elektrischen Eigenmomentes wurde von M. BORN [Abh. Berl. Akad. 1916 S. 614, spez. S. 647; Ann. Physik (4) Bd. 55 (1918) S. 177, spez. S. 215] behandelt. Hier erscheint außer Zusatzgliedern zu b_1 auch die Konstante b_2 von § 77 (27c) und damit die Temperaturabhängigkeit in der allgemeinen Form § 77 (25b).

Über die geometrischen Verhältnisse bei der Lichtfortpflanzung ist also nichts Neues zu sagen.

Als charakteristische Konstante für die Erscheinung benutzt man die Doppelbrechung senkrecht zur Feldachse. Man bezeichnet als KERR*konstante* den Ausdruck

$$B = \frac{n_o - n_e}{\lambda E^2} = N \frac{n^2+2}{6n} \left(\frac{n^{0\,2}+2}{3}\right)^2 \frac{3b}{\lambda}, \tag{2}$$

wobei die Formel § 79 (12) (für $f = 0$ und $F = E \frac{\varepsilon^0 + 2}{3^{\varepsilon}}$ statt $F = H$) benutzt ist. (Statt B findet sich häufig die Größe $B\lambda = K_e$.) Außerdem gilt, zum Unterschied von beliebigen einachsigen Kristallen, für die künstliche Doppelbrechung nach § 79 (11) die Relation

$$\frac{n_o - \overline{n}}{n_e - \overline{n}} = -2. \tag{3}$$

Der Wert der KERRkonstanten hängt natürlich noch von der Wellenlänge λ des benutzten Lichts und von der Temperatur der untersuchten Substanz ab. Für Schwefelkohlenstoff, der häufig als Normalsubstanz benutzt wird, gilt für 20° C und Na-Licht ($\lambda = 589\,\mathrm{m}\mu$)

$$B = 3{,}21 \cdot 10^{-7},$$

wobei E in absoluten elektrostatischen Einheiten zu messen ist (1 e.s.E. = 300 Volt pro cm). Relativmessungen an anderen Substanzen lassen sich leicht durch eine Art Kompensationsverfahren unter Benutzung des Schwefelkohlenstoffs als Normalflüssigkeit durchführen.

Die Zahlenwerte bewegen sich in weiten Grenzen, wie Tabelle 21 zeigt[1]:

Tabelle 21. KERRkonstanten für verschiedene Flüssigkeiten und Glassorten für 20° C und Na-Licht.

		$B \cdot 10^7$
Benzol	C_6H_6	0,60
Schwefelkohlenstoff	CS_2	3,21
Chloroform	$CHCl_3$	−3,46
Wasser	H_2O	4,7
Chlorbenzol	C_6H_5Cl	10,0
Nitrotoluol	$C_5H_7NO_2$	123
Nitrobenzol	$C_6H_5NO_2$	220
Flintglas von SCHOTT[2]		
Nr[3] O 3031		0,029
O 4818		0,099
S 350		0,14

Die Größe der elektrischen Doppelbrechung ist ein Maß für die Anisotropie des Moleküls, genauer für die in § 77 (27) angegebenen Konstanten b_0, b_1, b_2, aus denen b sich nach § 77 (25b) zusammensetzt:

$$b = b_0 + \frac{b_1}{kT} + \frac{b_2}{k^2T^2}.$$

Wir zerlegen entsprechend

$$B = B_0 + B_1 + B_2. \tag{4}$$

Die von der Temperatur abhängigen Glieder B_1 und B_2 sind bei gewöhnlichen und tiefen Temperaturen groß gegen das Glied B_0, das auf der direkten Deformation des Moleküls durch das Lichtfeld beruht.

Bei allen Molekülen einfacher Bauart, vor allem bei den zweiatomigen Molekülen, wird das optische Hauptachsensystem mit dem dielektrischen (statischen) exakt oder wenigstens mit großer Näherung zusammenfallen. Man kann dann die gemischten Glieder α_{XY} gleich Null setzen und für α_{XX} kurz

[1] Die Tabelle ist entnommen aus MÜLLER-POUILLET: Lehrb. d. Physik, 11. Aufl., Bd. II, 2. Hälfte, 2. Teil, S. 2218.

[2] Nach den Messungen von O. D. TAUERN [Ann. Physik Bd. 32 (1910) S. 1064]; die mechanische Doppelbrechung ist nach F. POCKELS Untersuchungen [Göttinger Abh. Bd. 39 (1893)] schon abgezogen.

[3] Die Nummern geben die Fabrikationsnummern der Schmelze an.

α_X schreiben. Für dipolfreie Substanzen ($\mathfrak{p}^{(0)} = 0$) wird dann die den KERReffekt bestimmende Konstante

$$(5)\qquad b_1 = \tfrac{1}{45}\{(\alpha_X - \alpha_Y)(\alpha_X^0 - \alpha_Y^0) + (\alpha_Y - \alpha_Z)(\alpha_Y^0 - \alpha_Z^0) + (\alpha_Z - \alpha_X)(\alpha_Z^0 - \alpha_X^0)\}.$$

Bei Substanzen mit Dipolen treten einmal noch Glieder mit $\mathfrak{p}^0$ hinzu, die aber unwesentlich sind, weil sie mit den kleinen Größen $\alpha_{XY,Z}$ multipliziert auftreten; außerdem erscheint das Glied

$$(6)\qquad b_2 = \tfrac{1}{45}\{(\alpha_X - \alpha_Y)(\mathfrak{p}_X^{02} - \mathfrak{p}_Y^{02}) + (\alpha_Y - \alpha_Z)(\mathfrak{p}_Y^{02} - \mathfrak{p}_Z^{02}) + (\alpha_Z - \alpha_X)(\mathfrak{p}_Z^{02} - \mathfrak{p}_X^{02})\},$$

und dieses ist erfahrungsgemäß im allgemeinen groß gegen die Glieder mit b_1.

Bei Flüssigkeiten sind allerdings die theoretischen Formeln, besonders hinsichtlich der Temperaturabhängigkeit, nicht ohne weiteres anwendbar, weil hier sehr häufig Assoziationen von Molekülen auftreten, die ihrerseits von der Temperatur abhängen. Dagegen sind neuerdings umfangreiche Untersuchungen über den KERReffekt von Gasen durchgeführt worden, durch welche die Theorie vollständig bestätigt worden ist[1].

Nimmt man an, daß die Gase der idealen Gasgleichung genügen, so hat man für die Anzahl der Moleküle pro Volumeneinheit beim Druck p

$$(7)\qquad N = \frac{p}{kT}.$$

Setzt man diesen Wert in (2) ein, so erhält man (mit $\varepsilon^0 = 1$)

$$(8)\qquad B = p\,\frac{n^2+2}{6n}\left(\frac{n^{02}+2}{3}\right)^2 \frac{3}{\lambda}\left(\frac{b_0}{kT} + \frac{b_1}{k^2T^2} + \frac{b_2}{k^3T^3}\right) = B_0 + B_1 + B_2.$$

In Tabelle 22 sind die bei verschiedenen Temperaturen und Drucken durchgeführten Messungen (Spalte 3) zunächst auf Normaldruck umgerechnet (Spalte 4). Zum Vergleich mit der Theorie hat man zu berücksichtigen, daß die beiden ersten Gase, Äthylchlorid und Methylbromid, molekulare Dipole haben, das letzte, Schwefelkohlenstoff, dagegen dipolfrei ist. Wenn man annimmt, daß die Konstante b_0 der direkten Feldeinwirkung klein ist, wird man erwarten, daß nach (8) bei den Dipolgasen näherungsweise das Produkt BT^3, bei Gasen ohne Dipole das Produkt BT^2 konstant ist. Man erkennt aus den beiden letzten Spalten, die diese Produkte angeben, daß dies tatsächlich der Fall ist.

Tabelle 22. Temperaturabhängigkeit der KERRschen Konstanten bei Gasen[2].

1 T	2 Druck in mm Hg	3 $B \cdot 10^{10}$ bei $\lambda = 589\,\mathrm{m}\mu$	4 $B \cdot 10^{10}$ bei $\lambda = 589\,\mathrm{m}\mu$, 760 mm, ideale Gasgl.	5 BT^2	 BT^3
			Äthylchlorid, C_2H_5Cl.		
291	880	10,59	9,16	$7{,}76 \cdot 10^5$	$2{,}26 \cdot 10^8$
328,7	951	8,07	6,46	6,98	2,29
377	1050	5,78	$4{,}19 \pm 0{,}04$	5,95	2,24
			Methylbromid, CH_3Br.		
293	950	9,37	7,49	$6{,}43 \cdot 10^5$	$1{,}88 \cdot 10^8$
368	1100	5,51	$3{,}80 \pm 0{,}08$	5,15	1,89
			Schwefelkohlenstoff, CS_2.		
329,7	903	4,27	3,59	$3{,}90 \cdot 10^5$	$1{,}29 \cdot 10^8$
379,7	1090	3,73	2,60	3,75	1,42

[1] H. A. STUART: KERReffekt und Molekülbau. Z. Physik Bd. 55 (1929) S. 358; Über den KERReffekt an Gasen und Dämpfen, Teil I, Z. Physik Bd. 59 (1930) S. 13; Teil II, ebenda Bd. 63 (1930) S. 533.

[2] Nach H. A. STUART: Über den KERReffekt usw. Teil II, S. 538.

Wir geben noch die Werte der KERRschen Konstanten für einige Gase an[1] (Tabelle 23):

Tabelle 23. KERRsche Konstante einiger Gase.

	Temperatur °C	Druck mm Hg	$B \cdot 10^{10}$ beob. bei 589 mμ	$B \cdot 10^{10}$ bei 589 mμ umger. auf 760 mm und id. Gasgleich.
Schwefelkohlenstoff	56,7	903	4,27	3,59
Tetrachlorkohlenstoff	99,4	1015	$<\pm 0{,}65$	$<\pm 0{,}03_5$
Äthyläther	62,7	1427	−1,24	−0,66
Äthylenoxyd	19,5	838	−1,90	−1,73
Azeton	83,1	1356	9,60	5,38
Methylalkohol	98,8	1350	$<\pm 0{,}13$	$<\pm 0{,}07$
Äthylalkohol	102,0	1258	$<\pm 0{,}14$	$<\pm 0{,}08$
Äthylchlorid	18,0	880	10,59	9,16

Wir schließen noch eine Bemerkung über das *Vorzeichen des* KERR*effekts* an. Wir beschränken uns auf die Betrachtung solcher Moleküle, bei denen das optische mit dem dielektrischen Hauptachsensystem zusammenfällt, setzen also die Konstanten b_1 und b_2 in den Formen (5) und (6) voraus. Erfahrungsgemäß kann die KERRkonstante B auch negativ werden. Nach unserer Voraussetzung folgt aus (5), daß b_1 stets positiv ist; denn da die Richtungen der maximalen dielektrischen und optischen Polarisierbarkeiten zusammenfallen, so haben die Faktoren der in (5) auftretenden Produkte stets gleiches Vorzeichen. Ist B negativ, so kann das negative Vorzeichen also nur von dem Dipolgliede b_2 herrühren. Es ist also von vornherein eine negative KERRkonstante nur bei Dipolsubstanzen zu erwarten, und in der Tat bestätigt die Erfahrung die Theorie in diesem Punkte. Das Glied b_2 kann nun aber nur dann negativ werden, wenn die Richtung der maximalen optischen Polarisierbarkeit nicht mit der des elektrischen Momentes zusammenfällt, sondern auf ihr senkrecht oder nahezu senkrecht steht.

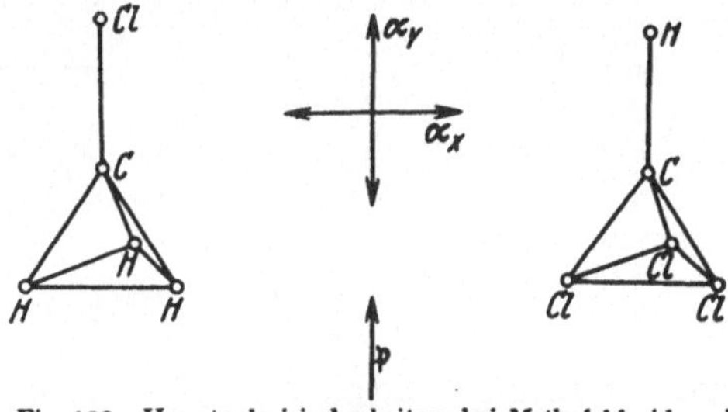

Fig. 192. Hauptpolarisierbarkeiten bei Methylchlorid und Chloroform.

Das läßt sich sehr schön am Beispiel Methylchlorid und Chloroform zeigen. Beide Moleküle haben Rotationssymmetrie, und das elektrische Moment fällt naturgemäß in die Richtung der Symmetrieachse $\alpha_y = C - Cl$ bzw. $C - H$ (s. Fig. 192). Beim CH_3Cl-Molekül ist $Cl - C$ die Achse größter Polarisierbarkeit (s. auch § 81, S. 387), die KERRkonstante wird also positiv; beim $CHCl_3$-Molekül dagegen ist wegen der starken Polarisierbarkeit und der Wechselwirkung der drei Cl-Atome $C - H$ die Achse kleinster Polarisierbarkeit, das elektrische Moment steht also senkrecht auf α_{max} und die KERRkonstante wird negativ.

In manchen Fällen kann nun ein negatives b_2 durch ein positives b_1 verschleiert werden. Man kann dann aber, da b_1 mit $1/kT$, b_2 mit $1/k^2T^2$ multipliziert auftritt, durch Messung der KERRkonstanten bei zwei verschiedenen Temperaturen b_1 und b_2 einzeln bestimmen und damit auch das Vorzeichen von b_2. Bei sehr hohen Temperaturen werden übrigens aus demselben Grunde alle Substanzen positiven KERReffekt aufweisen.

Erfahrungsgemäß fällt bei den meisten Substanzen die Richtung der maximalen Polarisierbarkeit mit der Richtung der größten räumlichen Ausdehnung des Moleküls zusammen. Wenn das Vorzeichen des KERReffekts und außerdem

[1] Nach H. A. STUART: Über den KERReffekt usw. Teil II, S. 538.

noch die Richtung des elektrischen Moments bekannt sind, so kann man daher auf den Bau des Moleküls Schlüsse ziehen (s. auch § 81).

Wir fügen noch einige Bemerkungen über die *Trägheit der elektrischen Doppelbrechung* an. Zu ihrer Messung dient eine Versuchsanordnung von ABRAHAM und LEMOINE[1]. In Fig. 193 ist das Schema dieser Anordnung dargestellt. Das elektrische Feld wird durch schnelle elektrische Schwingungen einer Kondensatorentladung erzeugt; der dabei verwendete Funke in E wird zugleich als Lichtquelle benutzt. Das Licht dieses Funkens geht einmal direkt durch die Flüssigkeit zwischen den Kondensatorplatten K hindurch, ein andermal läßt man es über die Spiegel S_1 bis S_4 einen Umweg durchlaufen, ehe es in den Kondensator eindringt. So vergeht eine aus der Länge des Umweges

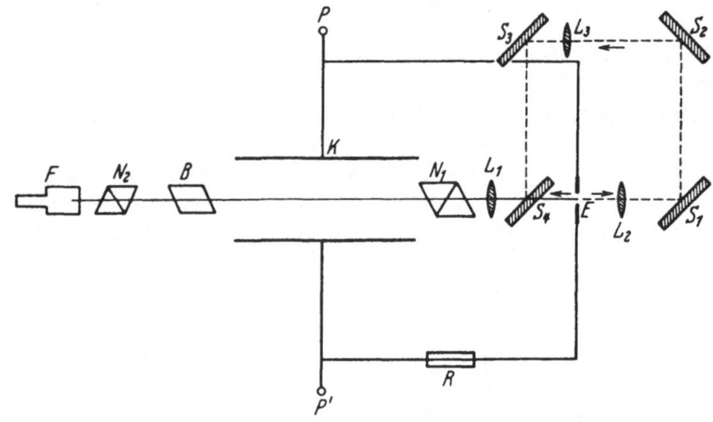

Fig. 193. Apparatur von ABRAHAM-LEMOINE.
PP' Pole eines Hochspannungstransformators, E Funkenstrecke als Lichtquelle, R Flüssigkeitswiderstand, K Kondensatorplatte in der untersuchten Flüssigkeit (KERRzelle), N_1, N_2 Nicols, B Doppelbrechendes Prisma, F Fernrohr, L_1, L_2, L_3 Linsen, S_1, S_2, S_3, S_4 Spiegel (S_4 wegklappbar).

und der Lichtgeschwindigkeit leicht berechenbare Zeit zwischen der Auf- und Entladung der Kondensatorplatten, die ja gleichzeitig mit dem Funkenübergang stattfindet, und dem Eintreffen des Lichtblitzes am Kondensator. Durch Drehen des Nicols N_2 läßt sich die Doppelbrechung messen, indem man auf gleiche Helligkeit der beiden in der doppelbrechenden Platte B entstehenden Bilder einstellt.

Man hat auf diese Weise gefunden, daß die Zeitdifferenz für das Verschwinden der Doppelbrechung in Schwefelkohlenstoff etwa 10^{-8} sec beträgt. Die Kürze dieser sog. *Relaxationszeit* zeigt klar, daß es sich um den eingangs geschilderten Primäreffekt (nicht um den Umweg über mechanische Anisotropie) handelt.

Auf Grund ihrer Trägheitslosigkeit ist die KERR*zelle* ein ideales Relais für die Übersetzung von optischen in elektrische Signale. Sie wird heute in der Technik vielfach verwendet[2], z. B. bei der elektrischen Bildübertragung und beim Tonfilm. Auch in der wissenschaftlichen Optik kann man Anordnungen von KERR-zellen zur Messung äußerst kurzer Zeiten verwenden, z. B. zur Messung der Abklingungszeiten der Fluoreszenzerscheinungen und ähnlichem[3].

---

[1] H. ABRAHAM u. J. LEMOINE: C. R. Acad. Sci., Paris Bd. 129 (1899) S. 206.

[2] Besonderes Verdienst bei der technischen Durchführung hat A. KAROLUS [Physik. Z. Bd. 29 (1928) S 698]

[3] Ausführliche Literaturangaben bei P. PRINGSHEIM: Fluoreszenz und Phosphoreszenz, 3. Aufl. Strukt. d. Mat. Bd. VI. Berlin 1928.

§ 81. Die Streuung des Lichts.

Wir haben bereits am Ende von § 74 und 75 darauf hingewiesen, daß nur in einem idealen Kristallgitter bei tiefsten Temperaturen das Licht sich nach den gewöhnlichen Gesetzen fortpflanzt, wie sie in den MAXWELLschen Gleichungen zum Ausdruck gebracht sind. In den wirklichen Substanzen tritt stets ein Lichtverlust durch *Streuung* ein, der darauf beruht, daß die Anordnung der Moleküle an sich oder infolge der Wärmebewegung nicht ideal regelmäßig ist.

Man pflegt die Erscheinung der Lichtstreuung auch als TYNDALL*effekt* zu bezeichnen. Zuerst hat TYNDALL[1] den leuchtenden Weg eines Lichtstrahls in trüben Medien (kolloidalen Lösungen) beobachtet; später hat er auch Versuche in Gasen vorgenommen und festgestellt, daß das Streulicht polarisiert ist. Die Streuung an suspendierten Teilchen haben wir bereits in Kap. VI, § 70–71 behandelt; wir werden hier noch einmal kurz darauf zurückkommen. Hauptsächlich aber haben wir es hier mit der *molekularen Lichtstreuung* zu tun, die auch in den reinsten Substanzen infolge der atomaren Struktur und der Wärmebewegung vorhanden ist. Der Vorgang verdient aus verschiedenen Gründen Interesse: einmal, weil er ein Maß für die Größe der spontanen Schwankungen und damit in verdünnten Gasen eine Zählung der Moleküle im cm^3 liefert, sodann aber auch, weil die Beobachtung der Polarisation des Streulichts Schlüsse auf die Anisotropie des Moleküls erlaubt in ganz analoger Weise, wie oben (§ 80) für den KERReffekt gezeigt wurde.

Wie wir schon am Ende von § 74 und 75 gesehen haben, hängt das Streulicht von der Schwankung des elektrischen Momentes $\mathfrak{P}$ pro Volumeneinheit um seinen Mittelwert $\overline{\mathfrak{P}}$ ab. Die mit dem Mittelwert $\overline{\mathfrak{P}}$ gekoppelten elektromagnetischen Wellen setzen sich zur glatten, durchgehenden Welle zusammen; die Überschüsse

$$\mathfrak{P} - \overline{\mathfrak{P}} = \Delta\mathfrak{P} \tag{1}$$

aber erzeugen inkohärente Kugelwellen, die sich nicht vollständig aufheben, sondern eben als Streulicht nach allen Seiten ausbreiten.

Wir haben daher zunächst allgemein zu überlegen, wie das elektrische Feld eines schwingenden Dipols beschaffen ist und wieviel Strahlungsenergie in jeder Richtung ausgesandt wird. Zu dem Zwecke knüpfen wir an die Formeln § 74 (4) und (3)

$$\left\{\begin{aligned} \mathfrak{E} &= \operatorname{grad}\operatorname{div}\mathfrak{Z} - \frac{1}{c^2}\ddot{\mathfrak{Z}}, \\ \mathfrak{H} &= \frac{1}{c}\operatorname{rot}\dot{\mathfrak{Z}} \end{aligned}\right. \tag{2}$$

an und setzen darin für den HERTZschen Vektor $\mathfrak{Z}$ nach § 74 (5)

$$\mathfrak{Z} = \frac{[\mathfrak{p}]}{r} = \frac{\mathfrak{p}\left(t - \frac{r}{c}\right)}{r}, \tag{3}$$

wo $\mathfrak{p}(t)$ das Moment des schwingenden Dipols ist und die eckige Klammer die Retardierung bedeutet. In größeren Abständen vom Dipol kommen nur die Glieder niederster Ordnung in $1/r$ in Betracht. Für diese erhält man durch Ausrechnen:

$$\left\{\begin{aligned} \mathfrak{E} &= \frac{1}{c^2 r^3}\mathfrak{r} \times (\mathfrak{r} \times \ddot{\mathfrak{p}}), \\ \mathfrak{H} &= -\frac{1}{c^2 r^2}(\mathfrak{r} \times \ddot{\mathfrak{p}}). \end{aligned}\right. \tag{4}$$

[1] J. TYNDALL: Proc. Roy. Soc., Lond. Bd. 17 (1868) S. 92, 222, 317.

Es möge nun der Dipol rein harmonisch schwingen:

(5) $$\mathfrak{p} = \mathfrak{p}_0 e^{i\omega t}.$$

Dann wird

(6) $$\begin{cases} \mathfrak{E} = -\dfrac{\omega^2}{c^2 r^3}\mathfrak{r} \times (\mathfrak{r} \times \mathfrak{p}), \\ \mathfrak{H} = \dfrac{\omega^2}{c^2 r^2}\mathfrak{r} \times \mathfrak{p}. \end{cases}$$

Bevor wir nun auf die molekulare Streuung eingehen, wollen wir kurz auf den TYNDALLeffekt in trüben Medien zurückkommen, den wir in Kap. VI, § 70—71 behandelt haben. Wir haben bereits dort behauptet, daß die Partialwellen erster Ordnung, die von kleinen dielektrischen, halbleitenden Kugeln gebeugt werden, sich als Felder schwingender Dipole auffassen lassen. Zum Beweise nehmen wir an, daß das Moment $\mathfrak{p}$ in der x-Richtung schwingt und führen Polarkoordinaten ein wie in Kap. VI, § 70 (8). Dann wird aus (6)

(7) $$\begin{cases} \mathfrak{E}_x = \dfrac{\omega^2}{c^2} p_0 (\sin^2\vartheta \sin^2\varphi + \cos^2\vartheta) \dfrac{e^{-\frac{i\omega}{c}r}}{r}, \\ \mathfrak{E}_y = -\dfrac{\omega^2}{c^2} p_0 \sin^2\vartheta \sin\varphi \cos\varphi \dfrac{e^{-\frac{i\omega}{c}r}}{r}, \\ \mathfrak{E}_z = -\dfrac{\omega^2}{c^2} p_0 \sin\vartheta \cos\vartheta \cos\varphi \dfrac{e^{-\frac{i\omega}{c}r}}{r}, \\ \mathfrak{H}_x = 0, \\ \mathfrak{H}_y = \dfrac{\omega^2}{c^2} p_0 \cos\vartheta \dfrac{e^{-\frac{i\omega}{c}r}}{r}, \\ \mathfrak{H}_z = -\dfrac{\omega^2}{c^2} p_0 \sin\vartheta \sin\varphi \dfrac{e^{-\frac{i\omega}{c}r}}{r}. \end{cases}$$

Durch Umrechnung auf Polarkoordinaten nach VI, § 70 (9), z. B.

(8) $$\mathfrak{E}_\vartheta = \mathfrak{E}_x \frac{\partial\vartheta}{\partial x} + \mathfrak{E}_y \frac{\partial\vartheta}{\partial y} + \mathfrak{E}_z \frac{\partial\vartheta}{\partial z},$$

erhält man

(9) $$\begin{cases} \mathfrak{E}_\vartheta = \dfrac{\omega^2}{c^2} p_0 \cos\vartheta \cos\varphi \dfrac{e^{-\frac{i\omega}{c}r}}{r}, \\ \mathfrak{E}_\varphi = -\dfrac{\omega^2}{c^2} p_0 \dfrac{\sin\varphi}{\sin\vartheta} \dfrac{e^{-\frac{i\omega}{c}r}}{r}, \\ \mathfrak{H}_\vartheta = \dfrac{\omega^2}{c^2} p_0 \sin\varphi \dfrac{e^{-\frac{i\omega}{c}r}}{r}, \\ \mathfrak{H}_\varphi = \dfrac{\omega^2}{c^2} p_0 \dfrac{\cos\vartheta\cos\varphi}{\sin\vartheta} \dfrac{e^{-\frac{i\omega}{c}r}}{r}. \end{cases}$$

Vergleichen wir diese Ausdrücke mit den Formeln VI, § 71 (11), so sehen wir, daß in der Tat die erste elektrische Partialwelle genau die Form der hier angegebenen Dipolwelle hat; nur handelt es sich hier bei (9) um eine Dipolschwingung im Vakuum mit reeller Amplitude, dort aber in Kap. VI, § 71 um eine

Dipolschwingung in einem Medium der Dielektrizitätskonstanten $\varepsilon^{(a)}$ und mit komplexer Amplitude, d. h. mit einer Phasendifferenz gegen die einfallende Welle. Lassen wir diese unbeachtet, so finden wir durch Vergleich für die maximale Amplitude des äquivalenten Dipols die Beziehung

$$\frac{\omega^2}{c^2} p_0 = \left| \frac{\alpha^3}{k_2^{(a)} \sqrt{\varepsilon^{(a)}}} \frac{\mathfrak{n}^2 - 1}{\mathfrak{n}^2 + 2} \right| . \tag{10}$$

Hieraus folgt unter Benutzung von (2) und § 70 (55c)

$$p_0 = R^3 \varepsilon^{(a)} \left| \frac{\mathfrak{n}^2 - 1}{\mathfrak{n}^2 + 2} \right| = R^3 \varepsilon^{(a)} \sqrt{\frac{\omega^2 (\varepsilon^{(i)} - \varepsilon^{(a)})^2 + 16\pi^2 \sigma^2}{\omega^2 (\varepsilon^{(i)} + 2\,\varepsilon^{(a)})^2 + 16\pi^2 \sigma^2}} . \tag{11}$$

Bei fehlender Leitfähigkeit ($\mathfrak{n}$ reell gleich n) erhält man

$$p_0 = R^3 \varepsilon^{(a)} \frac{n^2 - 1}{n^2 + 2} = R^3 \varepsilon^{(a)} \frac{\varepsilon^{(i)} - \varepsilon^{(a)}}{\varepsilon^{(i)} + 2\,\varepsilon^{(a)}} . \tag{12}$$

Wesentlich für die Streuung einer dielektrischen Kugel ist also ihr Brechungsindex, genauer der Faktor $(n^2 - 1)/(n^2 + 2)$, der uns aus der Theorie der Molrefraktion (§ 76) wohl bekannt ist.

Wir wenden uns nun zur molekularen Streuung. Dabei wollen wir insbesondere auf die Polarisation achten und führen zu dem Zwecke einen Einheitsvektor $\mathfrak{q}$ ein, der die Durchlässigkeitsstellung eines Analysators beschreiben soll. Er ist daher auf dem Radiusvektor $\mathfrak{r}$ senkrecht anzunehmen:

$$\mathfrak{q}\mathfrak{r} = 0 . \tag{13}$$

Dann ist die Komponente der als Vektor der Lichtschwingung geltenden elektrischen Feldstärke $\mathfrak{E}$ in der Richtung von $\mathfrak{q}$:

$$\mathfrak{E}\mathfrak{q} = -\frac{\omega^2}{c^2} \frac{1}{r^3} \mathfrak{q}(\mathfrak{r} \times (\mathfrak{r} \times \mathfrak{p})) = \frac{\omega^2}{c^2} \frac{\mathfrak{p}\mathfrak{q}}{r} . \tag{14}$$

Die Intensität der zur Beobachtung gelangenden Streuwelle eines Raumteils V ist gegeben durch [s. § 75, (64)]

$$\overline{|\varDelta \sum \mathfrak{E}\mathfrak{q}|^2} = J , \tag{15}$$

wo das Zeichen $\varDelta$ die Schwankung gegen den Mittelwert der Größe (14) bedeutet und die Summe über alle von den einzelnen Molekülen innerhalb V ausgehenden Kugelwellen zu erstrecken ist. Man erhält also durch Einsetzen von (14) in (15) für die Intensität der von V gestreuten Strahlung

$$J = \frac{\omega^4}{c^4} \frac{1}{r^2} \overline{\left| \varDelta \sum_k \mathfrak{p}_k \mathfrak{q} \right|^2} = \frac{(2\pi)^4}{\lambda^4 r^2} \overline{\left| \varDelta \sum_k \mathfrak{p}_k \mathfrak{q} \right|^2} , \tag{16}$$

wo $\mathfrak{p}_k$ das instantane Moment des $k$ten Moleküls ist.

J ist explizite proportional $1/\lambda^4$. Nun ist zwar auch der Faktor, der vom Schwankungsquadrat des Momentes herrührt, von der Frequenz bzw. Wellenlänge des Lichts abhängig, jedoch im allgemeinen (genauer: in genügendem Abstande von Absorptionslinien) sehr wenig. Daher kann man sagen: *Die Intensität des Streulichts ist im wesentlichen umgekehrt proportional der vierten Potenz der Wellenlänge.*

Hierdurch erklärt sich nach Lord RAYLEIGH[1] die blaue Farbe des Himmelslichts und die dazu komplementäre Erscheinung der roten Sonne bei tiefem Stande, wenn das direkte Licht eine dicke Luftschicht zu durchsetzen hat. Auf die Einzelheiten dieser Erscheinung kommen wir im folgenden noch zurück.

[1] Lord RAYLEIGH: Philos. Mag. (4) Bd. 41 (1871) S. 107, 447; (5) Bd. 47 (1899) S. 375; Sci. Pap. Bur. Stand. Bd. I Nr 8, 9, Bd. II Nr 247.

Die Schwankung der Größe $\sum_k \mathfrak{p}_k \mathfrak{q}$ hat nun offenbar zwei Ursachen: Einmal schwankt die Anzahl $\mathfrak{N}$ der Moleküle in V

$$\mathfrak{N} = \overline{\mathfrak{N}} + \Delta\mathfrak{N}. \tag{17}$$

Sodann schwankt auch das einzelne Moment:

$$\mathfrak{p}_k = \overline{\mathfrak{p}_k} + \Delta\mathfrak{p}_k. \tag{18}$$

Das instantane Moment in V ist somit

$$\sum_k \mathfrak{p}_k = \sum_{k=1}^{\mathfrak{N}} (\bar{\mathfrak{p}}_k + \Delta\mathfrak{p}_k) = \bar{\mathfrak{p}}_k(\overline{\mathfrak{N}} + \Delta\mathfrak{N}) + \sum_{k=1}^{\overline{\mathfrak{N}}} \Delta\mathfrak{p}_k, \tag{19}$$

und es wird

$$\Delta\sum_k \mathfrak{p}_k = \bar{\mathfrak{p}}_k \Delta\mathfrak{N} + \sum_{k=1}^{\overline{\mathfrak{N}}} \Delta\mathfrak{p}_k. \tag{20}$$

Wir können nun annehmen, daß die Schwankung von $\mathfrak{N}$ und die der Momente $\mathfrak{p}_k$ voneinander statistisch unabhängig sind. Mitteln wir dann die Größe $|\Delta\sum_k \mathfrak{p}_k \mathfrak{q}|^2$, so fällt das Produktglied fort, und man erhält

$$\overline{\left|\Delta\sum_k \mathfrak{p}_k \mathfrak{q}\right|^2} = \overline{\left(\Delta\sum_k \mathfrak{p}_k \mathfrak{q}\right)\left(\Delta\sum_k \mathfrak{p}_k \mathfrak{q}\right)^*} = |\bar{\mathfrak{p}}_k \mathfrak{q}|^2\, \overline{(\Delta\mathfrak{N})^2} + \overline{\left|\sum_{k=1}^{\overline{\mathfrak{N}}} \Delta\mathfrak{p}_k \cdot \mathfrak{q}\right|^2} \tag{21}$$

Wir können daher den Einfluß der Schwankungen der Teilchenzahl und der einzelnen Momente getrennt berechnen und am Schluß addieren.

Das Problem der Berechnung der Dichteschwankungen wird in der statistischen Mechanik gelöst. Wir wollen uns hier auf ideale Gase beschränken, wo die Wechselwirkung der Moleküle untereinander vernachlässigt wird. Dann erhält man

$$\overline{(\Delta\mathfrak{N})^2} = \overline{\mathfrak{N}} = NV, \tag{22}$$

wo N die Molekülzahl in der Volumeneinheit ist[1]; dabei ist angenommen, daß das betrachtete Volumen V klein ist gegen die Volumeneinheit. Ferner wird bei

[1] Wir geben hier einen einfachen Beweis. Wir denken uns die Volumeneinheit in zwei Teilvolumina V und $1 - V$ zerlegt, wo $V \ll 1$ ist. Es sei eine sehr große Anzahl N von Teilchen willkürlich in die Volumeneinheit hineingestreut. Die Wahrscheinlichkeit dafür, daß von ihnen $\mathfrak{N}$ in das Teilvolumen V fallen, beträgt

$$W(\mathfrak{N}) = \frac{N!}{N!(N-\mathfrak{N})!} V^{\mathfrak{N}}(1-V)^{N-\mathfrak{N}};$$

denn die Wahrscheinlichkeit dafür, daß ein willkürlich herausgegriffenes Molekül innerhalb V liegt, ist gerade V, die Wahrscheinlichkeit, daß zwei unabhängig voneinander innerhalb V liegen, ist V^2 usw. Ebenso gibt $(1-V)^{N-\mathfrak{N}}$ die Wahrscheinlichkeit dafür, daß $N - \mathfrak{N}$ Moleküle unabhängig voneinander außerhalb V liegen. Die Hinzufügung der Fakultäten ist notwendig, um auszudrücken, daß bei einer Permutation der innerhalb bzw. außerhalb V iegenden Moleküle der Verteilungszustand sich nicht ändert. Nach dem binomischen Satz ist

$$\sum_{\mathfrak{N}=0}^{N} W(\mathfrak{N}) = 1.$$

Wir berechnen nun den Mittelwert der Teilchenzahl in V:

$$\overline{\mathfrak{N}} = \sum_{\mathfrak{N}=0}^{N} \mathfrak{N} \cdot W(\mathfrak{N}) = NV \sum_{\mathfrak{N}=1}^{N} \frac{(N-1)!}{(\mathfrak{N}-1)!(N-\mathfrak{N})!} V^{\mathfrak{N}-1}(1-V)^{N-\mathfrak{N}}.$$

Ersetzen wir hierin $\mathfrak{N} - 1$ durch $\mathfrak{N}'$, so läuft die Summation über $\mathfrak{N}'$ von $\mathfrak{N}' = 0$ bis $N - 1$. Die Summe wird daher wieder nach dem Binomialsatz gleich 1, und man erhält

$$\overline{\mathfrak{N}} = NV,$$

idealen Gasen vorausgesetzt werden können, daß auch die Richtungsschwankungen der einzelnen Moleküle voneinander unabhängig sind, so daß wir in

$$\overline{\left|\sum_{k=1}^{\overline{\mathfrak{N}}} \Delta \mathfrak{p}_k \cdot \mathfrak{q}\right|^2} \tag{23}$$

die Produktglieder fortlassen können; es bleiben dann nur die Quadratglieder, deren Anzahl $\overline{\mathfrak{N}}$ ist und die alle als einander gleich angesehen werden können, so daß die ganze Summe (23) sich auf

$$\overline{\mathfrak{N}}\,\overline{|\Delta \mathfrak{p} \cdot \mathfrak{q}|^2}$$

reduziert; hier ist $\Delta \mathfrak{p}$ die Schwankung des Momentes eines einzelnen Moleküls. Die Gleichung (21) nimmt nunmehr die Gestalt an

$$\overline{\left|\Delta \sum_k \mathfrak{p}_k \cdot \mathfrak{q}\right|^2} = \overline{\mathfrak{N}}\{|\overline{\mathfrak{p}}\mathfrak{q}|^2 + \overline{|\Delta \mathfrak{p} \cdot \mathfrak{q}|^2}\}. \tag{24}$$

Die Formel kann man noch vereinfachen, indem man berücksichtigt, daß

$$\overline{|\Delta \mathfrak{p} \cdot \mathfrak{q}|^2} = \overline{|(\mathfrak{p} - \overline{\mathfrak{p}})\,\mathfrak{q}|^2} = \overline{|\mathfrak{p}\mathfrak{q}|^2} - |\overline{\mathfrak{p}}\mathfrak{q}|^2 \tag{25}$$

ist. Setzt man (25) in (24) ein, so erhält man schließlich

$$\overline{\left|\Delta \sum_k \mathfrak{p}_k \cdot \mathfrak{q}\right|^2} = \overline{\mathfrak{N}}\,\overline{|\mathfrak{p}\mathfrak{q}|^2}. \tag{26}$$

Diese Formel zeigt, daß die Stärke der Streuung der mittleren Zahl der streuenden Teilchen im Volumen V proportional ist; dabei sind die Anteile der von der Dichteschwankung und der von der Momentschwankung herrührenden Streuung zu einem einheitlichen Ausdruck vereinigt.

Wir wollen jetzt aber zuerst einmal annehmen, die Momentschwankungen kämen nicht in Betracht; diese Annahme trifft zu, wenn die streuenden Teilchen Atome oder allgemeiner kugelsymmetrische Moleküle sind. Die dann übrigbleibende vereinfachte Theorie wurde von Lord RAYLEIGH[1] zuerst aufgestellt und zur Erklärung der blauen Farbe des Himmelslichts benutzt (Streuung infolge der Schwankung der Luftdichte). Man spricht daher von RAYLEIGH*streuung*; sie ist gegeben durch die Formel (16) mit

$$\overline{\left|\Delta \sum_k \mathfrak{p}_k \cdot \mathfrak{q}\right|^2} = \overline{\mathfrak{N}}\,|\overline{\mathfrak{p}}\mathfrak{q}|^2. \tag{27}$$

d. h. der Mittelwert der im Teilvolumen V vorgefundenen Moleküle verhält sich zur Gesamtzahl wie die Größe des Teilvolumens V zum ganzen Volumen.

In analoger Weise berechnen wir den Mittelwert

$$\text{(a)}\quad \overline{\mathfrak{N}(\mathfrak{N}-1)} = \sum_{\mathfrak{N}=0}^{N} \mathfrak{N}(\mathfrak{N}-1)\,W(\mathfrak{N}) = V^2 N(N-1) \sum_{\mathfrak{N}=2}^{N-1} \frac{(N-2)!}{(\mathfrak{N}-2)!\,(N-\mathfrak{N})!}\, V^{\mathfrak{N}-2}(1-V)^{N-\mathfrak{N}}.$$

Auch hier ermöglicht wieder die Ersetzung von $\mathfrak{N}-2$ durch $\mathfrak{N}'$ die Anwendung des binomischen Satzes, und aus (a) folgt

$$\overline{\mathfrak{N}(\mathfrak{N}-1)} = N(N-1)\,V^2.$$

Nunmehr läßt sich leicht das gesuchte Schwankungsquadrat bestimmen:

$$\text{(b)}\quad \overline{(\Delta\mathfrak{N})^2} = \overline{(\mathfrak{N}-\overline{\mathfrak{N}})^2} = \overline{\mathfrak{N}^2} - \overline{\mathfrak{N}}^2 = \overline{\mathfrak{N}(\mathfrak{N}-1)} + \overline{\mathfrak{N}} - \overline{\mathfrak{N}}^2.$$

Wenn nun 1 neben N vernachlässigt werden kann, so wird

$$\overline{\mathfrak{N}(\mathfrak{N}-1)} = \overline{\mathfrak{N}}^2 = N^2 V^2,$$

so daß (b) übergeht in

$$\overline{(\Delta\mathfrak{N})^2} = \overline{\mathfrak{N}} = N V. \tag{22}$$

[1] Siehe S. 373 Anm. 1.

Obwohl dieser Ausdruck für die Streuung in Luft (zweiatomige Moleküle O_2 und N_2) zweifellos unzureichend ist, wollen wir ihn zunächst berechnen, um mit dem historischen Gang der Theorie in Einklang zu bleiben. Nach § 73 (19), (18) ist

$$\bar{\mathfrak{p}} = \alpha \mathfrak{E}', \quad \alpha = \tfrac{1}{3}(\alpha_{XX} + \alpha_{YY} + \alpha_{ZZ}). \tag{28}$$

Daher wird

$$\overline{\left|\Delta \sum_k \mathfrak{p}_k \mathfrak{q}\right|^2} = \overline{\mathfrak{N}} \alpha^2 |\mathfrak{E}' \mathfrak{q}|^2. \tag{29}$$

Bei Gasen können wir die wirkende Feldstärke $\mathfrak{E}'$ und die des einfallenden Lichts $\mathfrak{E}$ gleichsetzen, also nach § 76 (17)

$$\alpha = \frac{n^2 - 1}{4\pi N} \tag{30}$$

einführen. Beschränken wir uns auf den einfachen Fall, daß das einfallende Licht linear polarisiert, also $\mathfrak{E} = \mathfrak{E}'$ reell ist, so können wir das skalare Produkt

$$\mathfrak{E}'\mathfrak{q} = \mathfrak{E}\mathfrak{q} = E\cos\psi \tag{31}$$

setzen, wo ψ den Winkel zwischen dem Schwingungsvektor des primären Lichts und dem zur Beobachtung dienenden Analysator bedeutet. Dann wird schließlich nach (16) und (29) die *Intensität des* RAYLEIGH*lichts*

$$J = A E^2 \cos^2\psi, \tag{32}$$

wo mit Rücksicht auf (22) und (30)

$$A = \overline{\mathfrak{N}} \frac{\pi^2 (n^2 - 1)^2}{N^2 r^2 \lambda^4} = \frac{V}{N} \frac{\pi^2 (n^2 - 1)}{r^2 \lambda^4} \tag{33}$$

gesetzt ist. *Die Stärke der Streuung ist also bei fester Dichte (gegebenem N) der Anzahl $\overline{\mathfrak{N}}$ der an der Streuung des Volumens V beteiligten Moleküle proportional, bei festem Streuvolumen V ist sie der Dichte N umgekehrt proportional.*

Wir erörtern jetzt die *Polarisationsverhältnisse.*

Die auf der Blickrichtung senkrecht stehende Ebene H (die in Fig. 194 horizontal gezeichnet ist) enthält die Schwingungsrichtung $\mathfrak{q}$ des Analysators. Sei $\mathfrak{s}$ ein Vektor in der Richtung der Wellennormalen; die auf ihm senkrechte „äquatoriale" Ebene A enthält die Schwingungsrichtung $\mathfrak{E}$ der erregenden Welle (s. Fig. 194). Die Schnittlinie der Ebenen A und H, die Knotenlinie $\mathfrak{k}$, werde als Nullrichtung für die Zählung der Winkel genommen, welche die Richtungen $\mathfrak{q}$ und $\mathfrak{E}$ bestimmen, nämlich in der Ebene H der die Analysatorstellung bestimmende Winkel φ zwischen $\mathfrak{q}$ und $\mathfrak{k}$, in der Ebene A der die primäre Schwingungsrichtung bestimmende Winkel χ zwischen $\mathfrak{E}$ und $\mathfrak{k}$. Der Winkel zwischen der Blickrichtung $\mathfrak{r}$ und der Wellennormalen $\mathfrak{s}$ sei ϑ.

Dann gibt das sphärische Dreieck $\mathfrak{E}\mathfrak{k}\mathfrak{q}$ für den Winkel ψ zwischen primärer und sekundärer Schwingungsrichtung

$$\cos\psi = \cos\varphi\cos\chi + \sin\varphi\sin\chi\cos\vartheta. \tag{34}$$

Wir betrachten einige Spezialfälle.

1. Ist die *primäre Strahlung unpolarisiert* und bedeutet E^2 ihre Gesamtintensität, so ist die Intensität der in der Richtung $\mathfrak{q}$ schwingenden gestreuten Strahlung

$$\left\{\begin{aligned} \frac{1}{2\pi}\int_0^{2\pi} J\,d\chi &= A E^2 \tfrac{1}{2}(\cos^2\varphi + \sin^2\varphi\cos^2\vartheta) \\ &= A E^2 \tfrac{1}{2}(1 - \sin^2\varphi\sin^2\vartheta) \\ &= A E^2 \tfrac{1}{2}\sin^2\xi. \end{aligned}\right. \tag{35}$$

Der hier eingeführte Winkel ξ genügt der Beziehung

$$\pm\cos\xi = \sin\varphi\sin\vartheta; \tag{36}$$

nimmt man hier das Minuszeichen, so hat ξ nach Fig. 194 eine einfache geometrische Bedeutung: es ist der Winkel zwischen der Richtung des einfallenden Strahls $\mathfrak{s}$ und der Polarisationsrichtung $\mathfrak{q}$ des Streulichts.

a) Ist insbesondere die Blickrichtung dem primären Strahl *parallel* ($\vartheta = 0$, $\xi = \pi/2$), so hat der Faktor von AE^2 den von φ unabhängigen Wert $\frac{1}{2}$; die gestreute Strahlung ist also unpolarisiert und ihre Intensität (doppelt so groß wie die Komponente nach $\mathfrak{q}$) gleich AE^2.

b) Ist die Blickrichtung auf dem primären Strahl *senkrecht* ($\vartheta = \pi/2$), so ist die Intensität parallel $\mathfrak{q}$ gleich $\frac{1}{2}AE^2\cos^2\varphi$; die sekundäre Strahlung ist also total polarisiert, ihre Schwingungsrichtung steht auf dem Primärstrahl senkrecht.

2. Betrachtet man bei *polarisiertem Primärlicht* das Streulicht *ohne Analysator*, so ist die Intensität des gestreuten Lichts

$$\left\{\begin{aligned} \int_0^{2\pi} J\,d\varphi &= AE^2\pi(\cos^2\chi + \sin^2\chi\cos^2\vartheta)\\ &= AE^2\pi(1 - \sin^2\chi\sin^2\vartheta)\\ &= AE^2\pi\sin^2\eta, \end{aligned}\right. \tag{37}$$

wo

$$\pm\cos\eta = \sin\vartheta\sin\chi \tag{38}$$

ist; nimmt man das Pluszeichen, so ist η der Winkel zwischen Beobachtungsrichtung $\mathfrak{r}$ und Richtung des elektrischen Feldes $\mathfrak{E}$.

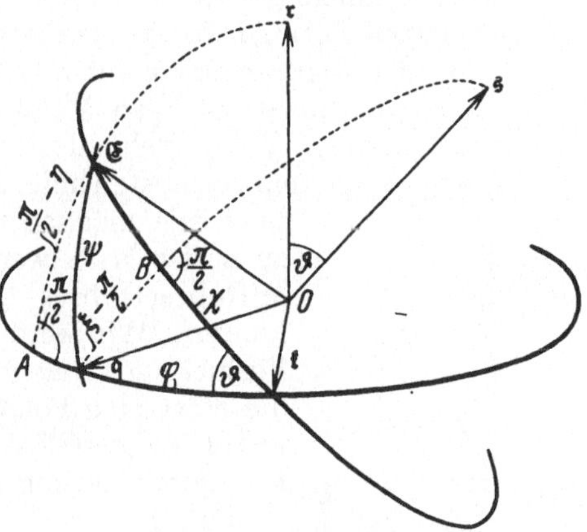

Fig. 194. Die geometrischen Verhältnisse bei der Lichtstreuung.

$\mathfrak{r}\mathfrak{E} = \eta$, $\mathfrak{E}A = \frac{\pi}{2} - \eta$, $\mathfrak{s}\mathfrak{q} = \xi$, $B\mathfrak{q} = \xi - \frac{\pi}{2}$,
$\mathfrak{k}\mathfrak{E} = \chi$, $\mathfrak{k}\mathfrak{q} = \varphi$, $\mathfrak{q}\mathfrak{E} = \psi$.

a) Ist die Blickrichtung dem primären Strahl *parallel*, so ist die Intensität des Streulichts gleich πAE^2, also von der Polarisationsrichtung des primären Strahls unabhängig.

b) Steht die Blickrichtung auf dem Primärstrahl *senkrecht*, so ändert sich die Streuintensität, wenn das Auge den Primärstrahl umkreist, nach dem Gesetz $AE^2\pi\cos^2\chi$, hat also ein Maximum senkrecht auf der primären Schwingungsrichtung ($\chi = 0$) und verschwindet parallel zu ihr ($\chi = \pi/2$).

3. Ist der *Primärstrahl unpolarisiert* und betrachtet man ihn *ohne Analysator*, so ist die Streuintensität

$$2\cdot\frac{1}{2\pi}\int_0^{2\pi}\int_0^{2\pi} J\,d\varphi\,d\chi = AE^2\pi(1 + \cos^2\vartheta). \tag{39}$$

Sie hat also parallel zum einfallenden Strahl ein Maximum, senkrecht dazu ein Minimum, das gleich der Hälfte des Maximums ist. Diese Formel (39) gibt die *Helligkeitsverteilung des Himmelslichts* wieder, wobei ϑ als der Winkel zwischen dem Sehstrahl nach der Sonne und der Blickrichtung anzusehen ist.

Endlich geben wir noch die *gesamte gestreute Energie* an, die von einem *nicht polarisierten Primärstrahl* herrührt. Sie beträgt

$$2\cdot\frac{1}{2\pi}\int_0^{2\pi}\int_0^{2\pi}\int_0^{\pi} J\,d\varphi\,d\chi\sin\vartheta\,d\vartheta = \frac{8\pi}{3}AE^2. \tag{40}$$

Die hier skizzierte Theorie reicht für anisotrope Moleküle mit Richtungsschwankungen nicht aus. Greifen wir z. B. den Fall heraus, daß man senkrecht zum unpolarisierten einfallenden Licht beobachtet, so müßte das Streulicht nach unseren Formeln (s. Fall 1 b) unter allen Umständen total polarisiert sein. Anschaulich ist das so zu verstehen: Die Vernachlässigung der Schwankung der einzelnen Molekülmomente ist gleichbedeutend mit der Annahme isotroper Molekularstruktur, bei der das vom Lichtvektor erzeugte Moment ihm selbst genau parallel ist. Ein Beobachter, der in der Ebene senkrecht zum einfallenden Strahl auf das streuende Molekül blickt, nimmt also nur die in dieser Ebene liegende Komponente der Schwingung wahr.

In Wirklichkeit liefert die Beobachtung an mehratomigen Gasen wie Luft auch in diesem Falle einen *unpolarisierten Anteil* des Lichts. Um diese Erscheinung verstehen zu können, muß man über die ursprüngliche RAYLEIGHsche Theorie hinausgehen, und diese Weiterführung der Theorie ist in unseren allgemeinen Formeln bereits enthalten. Anschaulich macht man sich diesen Vorgang der *Depolarisation* auf folgende Weise klar[1]:

Bei einem anisotropen Molekül ist das Moment $\mathfrak{p}$ mit dem Feldvektor $\mathfrak{E}'$ *nicht* parallel. Es entsteht also im allgemeinen eine auf dem primären Schwingungsvektor senkrecht stehende Komponente des Momentes $\mathfrak{p}$, und wenn man über alle möglichen Lagen des Moleküls mittelt, so verschwindet zwar der Mittelwert dieser Normalkomponente, nicht aber der Mittelwert ihres Quadrates, auf den es bei der Streuung ankommt. Wir werden in der Tat zeigen, daß aus der allgemeinen Formel (26) außer einem mit $\cos^2\psi$ proportionalen Gliede (das die erörterten Polarisationsverhältnisse darstellt) noch ein von φ unabhängiges Glied auftritt, das den unpolarisierten Anteil liefert. Die Durchführung der Rechnung gestaltet sich folgendermaßen:

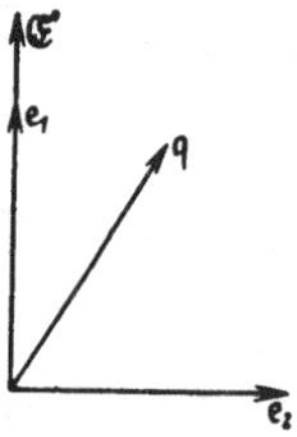

Fig. 195. Zur Theorie der Lichtstreuung.

Es ist

$$\mathfrak{p}\mathfrak{q} = \sum_{XY} \alpha_{XY} \mathfrak{q}_X \mathfrak{E}'_Y, \tag{41}$$

wo X, Y, Z das im Molekül feste Koordinatensystem bedeute, in dem die Größen α_{XY} Konstanten sind. Wir beschränken uns wieder auf linear polarisiertes Licht ($\mathfrak{E}'$ reell) und auf Gase ($\mathfrak{E}' = \mathfrak{E}$) und setzen (s. Fig. 195)

$$\left\{\begin{aligned} \mathfrak{E} &= E\mathfrak{e}_1, \\ \mathfrak{q} &= c\mathfrak{e}_1 + s\mathfrak{e}_2, \end{aligned}\right. \tag{42}$$

mit

$$\mathfrak{e}_1\mathfrak{e}_2 = 0, \qquad c = \cos\psi, \qquad s = \sin\psi, \tag{43}$$

[1] Für kolloidale Teilchen wurde eine Erklärung der Depolarisation wohl zuerst von R. GANS [Ann. Physik (4) Bd. 37 (1912) S. 881] gegeben, indem die Teilchen als leitende Ellipsoide angenommen wurden. Unabhängig davon wurde die Depolarisation bei molekularer Streuung von M. BORN [Verh. dtsch. physik. Ges. 1917 S. 243] aus dem allgemeinen Ansatz eines tensoriellen Zusammenhanges zwischen erregender Feldstärke und elektrischem Moment abgeleitet und in einer zweiten Arbeit [ebenda 1918 S. 16] verallgemeinert und für spezielle Molekülmodelle durchgerechnet. Später hat dann R. GANS [Ann. Physik (4) Bd. 62 (1920) S. 331] die Depolarisation zur Bestimmung der Form ultramikroskopischer Teilchen benutzt und schließlich auch zur Bestimmung der Asymmetrie von Molekülen [ebenda Bd. 65 (1921) S. 97]. Hieran schließt sich eine beträchtliche Literatur; hervorragende Forscher auf dem Gebiete der Lichtstreuung sind neben GANS vor allem CABANNES und RAMAN. Eine zusammenfassende Darstellung gibt J. CABANNES: La diffusion moléculaire de la lumière. Paris 1929.

wo $\mathfrak{e}_1$, $\mathfrak{e}_2$ aufeinander senkrecht stehende, raumfeste Einheitsvektoren sind. Wir erhalten nunmehr aus (41)

$$\overline{|\mathfrak{p}\mathfrak{q}|^2} = E^2 \sum_{XYX'Y'} \alpha_{XY}\alpha^*_{X'Y'} \overline{(cX_1 + sX_2)(cX'_1 + sX'_2)Y_1Y'_1}. \tag{44}$$

Damit ist der gesuchte Mittelwert auf die in § 77 (14) und (19) berechneten Mittelwerte der Produkte der Komponenten senkrechter Vektoren zurückgeführt. Offenbar ist

$$\overline{X_1X'_2Y_1Y'_1} = \overline{X_2X'_1Y_1Y'_1} = \cdots = 0, \tag{45}$$

und es bleibt

$$\overline{|\mathfrak{p}\mathfrak{q}|^2} = E^2\{c^2 \sum_{XYX'Y'} \alpha_{XY}\alpha^*_{X'Y'} \overline{X_1X'_1Y_1Y'_1} + s^2 \sum_{XYX'Y'} \alpha_{XY}\alpha^*_{X'Y'} \overline{X_2X'_2Y_1Y'_1}\}. \tag{46}$$

Führen wir die Abkürzungen

$$\left\{\begin{aligned} A_1 &= \alpha_{XX}\alpha^*_{XX} + \alpha_{YY}\alpha^*_{YY} + \alpha_{ZZ}\alpha^*_{ZZ}, \\ A_2 &= \alpha_{YY}\alpha^*_{ZZ} + \alpha_{ZZ}\alpha^*_{YY} + \alpha_{ZZ}\alpha^*_{XX} + \alpha_{XX}\alpha^*_{ZZ} + \alpha_{XX}\alpha^*_{YY} + \alpha_{YY}\alpha^*_{XX}, \\ A_3 &= \alpha_{YZ}\alpha^*_{ZY} + \alpha_{ZY}\alpha^*_{YZ} + \alpha_{ZX}\alpha^*_{XZ} + \alpha_{XZ}\alpha^*_{ZX} + \alpha_{XY}\alpha^*_{YX} + \alpha_{YX}\alpha^*_{XY}, \\ A_4 &= \alpha_{YZ}\alpha^*_{YZ} + \alpha_{ZY}\alpha^*_{ZY} + \alpha_{ZX}\alpha^*_{ZX} + \alpha_{XZ}\alpha^*_{XZ} + \alpha_{XY}\alpha^*_{XY} + \alpha_{YX}\alpha^*_{YX} \end{aligned}\right. \tag{47}$$

ein, so ergibt sich

$$\left\{\begin{aligned} \overline{|\mathfrak{p}\mathfrak{q}|^2} &= \frac{E^2}{30}\{c^2(6A_1 + 2A_2 + 2A_3 + 2A_4) + s^2(2A_1 - A_2 - A_3 + 4A_4)\} \\ &= \frac{E^2}{30}\{(2A_1 - A_2 - A_3 + 4A_4) + c^2(4A_1 + 3A_2 + 3A_3 - 2A_4)\}, \end{aligned}\right. \tag{48}$$

oder, wenn wir

$$\left\{\begin{aligned} \Omega_0 &= \tfrac{1}{9}(A_1 + A_2), \\ \Omega_1 &= \tfrac{1}{90}(2A_1 - A_2 + 9A_3 - 6A_4), \\ \Omega_2 &= \tfrac{1}{30}(2A_1 - A_2 - A_3 + 4A_4) \end{aligned}\right. \tag{49}$$

setzen:

$$\overline{|\mathfrak{p}\mathfrak{q}|^2} = E^2\{(\Omega_0 + \Omega_1)c^2 + \Omega_2\}. \tag{50}$$

Besonders wichtig ist der Fall, daß die Frequenz des einfallenden Lichts von jeder Absorptionslinie weit entfernt ist. Dann ist der Tensor α hermitisch $(\alpha_{XY} = \alpha^*_{YX})$, und es wird nach (47) $A_3 = A_4$, also $\frac{1}{3}\Omega_2 = \Omega_1 = \frac{1}{3}\Omega$, und damit[1] nach (50) und (43)

$$\overline{|\mathfrak{p}\mathfrak{q}|^2} = \Omega_0 \cos^2\psi \cdot E^2 + \Omega\left(1 + \frac{\cos^2\psi}{3}\right)E^2. \tag{51}$$

[1] Für den Spezialfall eines reellen Tensors α $(A_3 = A_4)$ wollen wir noch für spätere Zwecke die Mittelwerte der Quadrate und Produkte der Komponenten des Tensors α_{xy} einzeln berechnen. Das geschieht wie oben; für vier raumfeste Einheitsvektoren $\mathfrak{e}_1, \mathfrak{e}_2, \mathfrak{e}_3, \mathfrak{e}_4$ mit den Komponenten x_k, y_k, z_k im raumfesten, X_k, Y_k, Z_k im molekülfesten System gilt [s. § 76 (3)]

$$\sum_{xyx'y'} \overline{\alpha_{xy}\alpha^*_{x'y'}} x_1y_2x'_3y'_4 = \sum_{XYX'Y'} \alpha_{XY}\alpha^*_{X'Y'} \overline{X_1Y_2X'_3Y'_4}.$$

Wählen wir alle vier Vektoren parallel der x-Achse, so erhalten wir

$$\overline{\alpha^2_{xx}} = \sum_{XYX'Y'} \alpha_{XY}\alpha^*_{X'Y'} \overline{XYX'Y'},$$

In dieser Formel erscheint der RAYLEIGHsche Anteil der Streuung von dem auf den Momentschwankungen beruhenden Anteil getrennt; man sieht, daß beide im allgemeinen von derselben Größenordnung werden. Nur dann, wenn das Molekül optisch isotrop (kugelsymmetrisch) ist, fällt der zweite Anteil fort ($\Omega = 0$). Bei allen mehratomigen Molekülen wird das aber nicht der Fall sein. Daher ist die Schreibweise von (51) nicht sachgemäß; wir ordnen lieber nach polarisiertem und unpolarisiertem Anteil. Schreiben wir für die Intensität des einfallenden, linear polarisierten Lichts $E^2 = J_0$, so erhalten wir aus (16), (26) und (51) für die Streuung in einer beliebigen Richtung

$$J = J_0 \frac{(2\pi)^4}{\lambda^4 r^2} \overline{\mathfrak{N}} \left\{ \left(\Omega_0 + \frac{\Omega}{3} \right) \cos^2 \psi + \Omega \right\}. \tag{52}$$

Die Parameter Ω_0 und Ω ergeben sich in diesem Falle zu

$$\Omega_0 = \alpha^2 = \tfrac{1}{9} (\alpha_{XX} + \alpha_{YY} + \alpha_{ZZ})^2 = \left(\frac{n^2 - 1}{4\pi N} \right)^2 \tag{53}$$

[s. (30)] und

$$\left\{ \begin{aligned} \Omega &= \tfrac{1}{15} \{ (\alpha_{XX} + \alpha_{YY} + \alpha_{ZZ})^2 - 3 (\alpha_{YY}\alpha_{ZZ} + \alpha_{ZZ}\alpha_{XX} + \alpha_{XX}\alpha_{YY}) \\ &\qquad + 3 (\alpha_{YZ}^2 + \alpha_{ZX}^2 + \alpha_{XY}^2) \} \\ &= \tfrac{1}{30} \{ (\alpha_{YY} - \alpha_{ZZ})^2 + (\alpha_{ZZ} - \alpha_{XX})^2 + (\alpha_{XX} - \alpha_{YY})^2 \\ &\qquad + 6 (\alpha_{YZ}^2 + \alpha_{ZX}^2 + \alpha_{XY}^2) \}. \end{aligned} \right. \tag{54}$$

Eine weitere Vereinfachung dieses letzten Ausdrucks tritt ein, wenn wir annehmen, daß im Molekül ein (von der Frequenz unabhängiges) optisches Hauptachsensystem existiert. Diese Annahme wird z. B. bei zweiatomigen Molekülen, bei denen eine Hauptachse mit der Verbindungslinie der Zentren zusammenfällt, sicherlich erfüllt sein. In diesem Falle kann man setzen:

$$\alpha_{XY} = \cdots = 0. \tag{55}$$

Außerdem setzen wir zur Abkürzung der Schreibweise wie früher (s. § 80, S. 367) $\alpha_{XX} = \alpha_X, \ldots$ Dann wird

$$\left\{ \begin{aligned} \Omega &= \tfrac{1}{30} \{ (\alpha_Y - \alpha_Z)^2 + (\alpha_Z - \alpha_X)^2 + (\alpha_X - \alpha_Y)^2 \} \\ &= \tfrac{1}{15} \{ (\alpha_X^2 + \alpha_Y^2 + \alpha_Z^2) - (\alpha_Y \alpha_Z + \alpha_Z \alpha_X + \alpha_X \alpha_Y) \} \\ &= \tfrac{1}{5} \{ 3\Omega_0 - (\alpha_Y \alpha_Z + \alpha_Z \alpha_X + \alpha_X \alpha_Y) \}. \end{aligned} \right. \tag{56}$$

---

also nach § 77 (14), (19)

$$\overline{\alpha_{xx}^2} = \tfrac{1}{15} (3A_1 + A_2 + 2A_3). \tag{a}$$

Nun ist nach (49) für $A_3 = A_4$

$$A_1 + A_2 = 9\Omega_0, \quad A_3 - A_2 = 10\Omega - 6\Omega_0.$$

Mithin wird aus (a)

$$\overline{\alpha_{xx}^2} = \Omega_0 + \tfrac{4}{3}\Omega. \tag{b}$$

Nunmehr legen wir $\mathfrak{e}_1$ und $\mathfrak{e}_2$ parallel der x-Achse, $\mathfrak{e}_3$ und $\mathfrak{e}_4$ parallel der y-Achse; dann folgt in derselben Weise

$$\overline{\alpha_{xx}\alpha_{yy}} = \tfrac{1}{15} (A_1 + 3A_2 - A_3) = \Omega_0 - \tfrac{2}{3}\Omega. \tag{c}$$

Endlich legen wir $\mathfrak{e}_1$ und $\mathfrak{e}_3$ parallel der x-, $\mathfrak{e}_2$ und $\mathfrak{e}_4$ parallel der y-Richtung und erhalten

$$\overline{\alpha_{xy}^2} = \tfrac{1}{30} (2A_1 - A_2 + 3A_3) = \Omega. \tag{d}$$

Man kann natürlich die Berechnung von $\overline{|\mathfrak{p}\mathfrak{q}|^2}$ auch auf die hier angegebenen Mittelwerte zurückführen, statt die im Text gegebene Methode zu benutzen.

Da nun definitionsgemäß die Hauptpolarisierbarkeiten positive Zahlen sind, so folgt aus (56) die Ungleichung

$$\Omega \leqq \tfrac{3}{5}\Omega_0 . \tag{57}$$

Man erkennt leicht, daß das Gleichheitszeichen hier nur im Falle *vollständiger Anisotropie* gelten kann, d. h. dann, wenn der durch ein beliebiges Feld induzierte Dipol nur in einer einzigen festen Molekülrichtung schwingen kann; dann sind nämlich alle Komponenten des Tensors α Null außer einer, etwa α_X, und es gilt

$$\Omega_0 = \left(\frac{\alpha_X}{3}\right)^2, \quad \Omega = \frac{1}{15}\alpha_X^2 = \frac{3}{5}\Omega_0 . \tag{58}$$

Gibt es ein solches festes Hauptachsensystem im Molekül, so hat auch der statische Deformationstensor $\alpha^{(0)}$ dasselbe feste Hauptachsenkreuz. Zur Vereinfachung wollen wir überdies noch annehmen, daß die Frequenzabhängigkeit der Hauptdeformierbarkeiten α_X, α_Y, α_Z wesentlich dieselbe ist und daß sie sich nur durch konstante Faktoren von den statischen Deformierbarkeiten unterscheiden; man kann dann setzen

$$\left\{\begin{aligned} &\alpha^{(0)}_{XY} = \cdots = 0, \\ &\alpha^{(0)}_{XX} = \alpha^{(0)}_{X} = \sigma\alpha_X, \ldots, \end{aligned}\right. \tag{59}$$

wo

$$\sigma = \frac{n^{0\,2} - 1}{n^2 - 1} . \tag{60}$$

Nun ist für *dipolfreie Substanzen* der KERReffekt wesentlich durch die Konstante b_1 von § 80 (5) bestimmt, die in unserem Falle

$$b_1 = \frac{\sigma}{45}\{(\alpha_Y - \alpha_Z)^2 + (\alpha_Z - \alpha_X)^2 + (\alpha_X - \alpha_Y)^2\}, \tag{61}$$

also nach (56) und (60)

$$b_1 = \frac{2\sigma}{3}\Omega = \frac{2}{3}\,\frac{n^{0\,2} - 1}{n^2 - 1}\Omega \tag{62}$$

wird.

Da Ω_0 durch den Brechungsindex gegeben ist, so kommt in allen Ausdrücken, die durch Beobachtung bestimmt sind, nur die eine Konstante Ω vor. An ihrer Stelle führt man gewöhnlich eine andere Größe ein, den Depolarisationsgrad. Man bezeichnet als *Depolarisationsgrad für linear polarisiertes einfallendes Licht* das Verhältnis der kleinsten zur größten möglichen Streuintensität, d. h. der Werte, die sich für J aus (52) für $\cos\psi = 0$ und $\cos\psi = 1$ ergeben, also

$$\Delta = \frac{\Omega}{\Omega_0 + \frac{4}{3}\Omega} . \tag{63}$$

Der *Depolarisationsgrad für natürliches einfallendes Licht* ist hiervon verschieden; denn für dieses ist $\cos^2\psi$ als Funktion von χ, ϑ und φ über χ zu mitteln, also nach (35) durch $\frac{1}{2}(\cos^2\varphi + \sin^2\varphi\cos^2\vartheta) = \frac{1}{2}\sin^2\xi \leqq \frac{1}{2}$ zu ersetzen, wo ξ der Winkel zwischen Richtung $\mathfrak{s}$ des Primärstrahls und Analysatorstellung $\mathfrak{q}$ ist. Man erhält daher für das Verhältnis der kleinsten zur größten Streuintensität

$$\Delta' = \frac{2\Omega}{\Omega_0 + \frac{7}{3}\Omega} . \tag{64}$$

Die Größen Δ und Δ' sind beide monoton wachsende Funktionen von Ω, wie man sich sofort überzeugt. Setzt man für Ω nach (57) den Maximalwert ein, so ergibt sich

$$\Delta \leqq \tfrac{1}{3}, \qquad \Delta' \leqq \tfrac{1}{2}, \tag{65}$$

und zwar werden diese Werte im Falle vollständiger Anisotropie angenommen, d. h. für die Werte (58) von Ω_0 und Ω.

Man kann nun überall statt Ω den Depolarisationsgrad Δ' einführen und erhält

(66) $$\Omega = \Omega_0 \frac{3\Delta'}{6-7\Delta'},$$

also nach (56) und (53)

(67) $$(\alpha_Y - \alpha_Z)^2 + (\alpha_Z - \alpha_X)^2 + (\alpha_X - \alpha_Y)^2 = \frac{45}{8\pi^2} \frac{n^2-1}{N} \frac{\Delta'}{6-7\Delta'}.$$

Außer Δ' sind leicht zu beobachten die Gesamtstreuung, oder was bei geringer Absorption des Lichts im Gase auf dasselbe hinauskommt, der gesamte Lichtverlust des einfallenden Strahls, die *Extinktion*.

Wir haben aus (52) in derselben Weise die gesamte Streuung für einen nicht polarisierten Primärstrahl zu berechnen, wie das ohne Berücksichtigung der Anisotropie bereits in (40) geschehen ist (Mittelung über χ, Integration über φ und ϑ und Multiplikation mit 2; $\cos^2\psi$ ist demnach durch $8\pi/3$ zu ersetzen und die Konstante mit 8π zu multiplizieren). Dann wird

(68) $$J = J_0 \frac{(2\pi)^4}{\lambda^4 r^2} \overline{\mathfrak{N}}\, 8\pi \left\{\left(\Omega_0 + \frac{1}{3}\Omega\right)\cdot\frac{1}{3} + \Omega\right\}.$$

Also wird der *Extinktionskoeffizient*

(69) $$h = \frac{J}{J_0} = \frac{8\pi}{9} \frac{(2\pi)^4}{\lambda^4 r^2} \overline{\mathfrak{N}} (3\Omega_0 + 10\Omega).$$

Ferner kann man leicht die mittlere Intensität des senkrecht zum einfallenden Strahl, d. h. für $\vartheta = \pi/2$ gestreuten natürlichen Lichts (ohne Analysator) beobachten. Man erhält aus (52) für $\vartheta = \pi/2$ (durch Mittelung über φ und χ und Multiplikation mit 2):

$$J_\perp = J_0 \frac{(2\pi)^4}{\lambda^4 r^2} 2\overline{\mathfrak{N}} \left\{\left(\Omega_0 + \frac{1}{3}\Omega\right)\frac{1}{4} + \Omega\right\},$$

also

(70) $$J_\perp = J_0 \frac{(2\pi)^4}{\lambda^4 r^2} \overline{\mathfrak{N}} \frac{1}{2} \left(\Omega_0 + \frac{13}{3}\Omega\right).$$

Führt man nun in den beiden Ausdrücken (69) und (70) statt Ω die Größe Δ' vermöge der Formel (66) ein, so wird [mit $\overline{\mathfrak{N}} = VN$ nach (22)]

(71) $$h = 8\pi \frac{(2\pi)^4}{\lambda^4 r^2} \overline{\mathfrak{N}} \Omega_0 \frac{2+\Delta'}{6-7\Delta'} = \frac{8\pi^3 V}{N\lambda^4 r^2} (n^2-1)^2 \frac{2+\Delta'}{6-7\Delta'}$$

und

(72) $$J_\perp = J_0 \frac{3\pi^2 V}{N\lambda^4 r^2} (n^2-1)^2 \frac{1+\Delta'}{6-7\Delta'}.$$

Endlich wollen wir in die Beziehung (62) zwischen KERRkonstante und Streuung den Depolarisationsgrad nach (66) einführen. Es ergibt sich

(73) $$b_1 = 2 \frac{(n^{02}-1)(n^2-1)}{(4\pi N)^2} \frac{\Delta'}{6-7\Delta'}$$

und daraus für die KERRkonstante selbst nach § 80 (2) für Gase (mit $n \approx 1$, $b = b_1/kT$):

(74) $$B = \frac{3}{2} \frac{N}{\lambda} \frac{b_1}{kT} = \frac{3}{16\pi^2} \frac{1}{\lambda} \frac{1}{NkT} (n^{02}-1)(n^2-1) \frac{\Delta'}{6-7\Delta'}.$$

Diese Formel (74) verbindet nun zwei Konstanten, die auf gänzlich verschiedene Weise gewonnen werden. Die experimentelle Prüfung dieser Beziehung liefert eine besonders eindrucksvolle Bestätigung der Theorie. Die folgende Tabelle[1] 24 gibt einen kleinen Überblick. In der ersten Spalte ist der gemessene Depolarisationsgrad Δ' angegeben, in der zweiten das elektrische Moment p, in der dritten die aus Δ' nach (74) berechnete KERRkonstante und in der vierten die direkt gemessene KERRkonstante. Man sieht, daß in der Tat für die *dipolfreien* Substanzen eine recht gute Übereinstimmung besteht, keineswegs aber für die Dipolgase.

Tabelle 24. Vergleich der aus der Streuung berechneten KERRkonstanten mit der direkt gemessenen.

Substanz	Δ'	$p \cdot 10^{18}$	$B \cdot \lambda \cdot 10^{15}$ berechnet	$B \cdot \lambda \cdot 10^{15}$ beobachtet
N_2O	0,13$_5$	0?	3,2	3,08
CO_2	0,08	0	1,36	1,41
Cl_2	0,044	—	2,0	2,2
HCl	0,008$_3$	1,03$_4$	0,19	5,75
NH_3	0,01	1,44	0,10$_4$	3,48
SO_2	0,041	1,61	1,75	−9,85

Die Tabellen 25, 26 (S. 384) geben die Depolarisationsgrade verschiedener Gase und Dämpfe wieder. Die Versuchsanordnung geht aus Fig. 196 hervor.

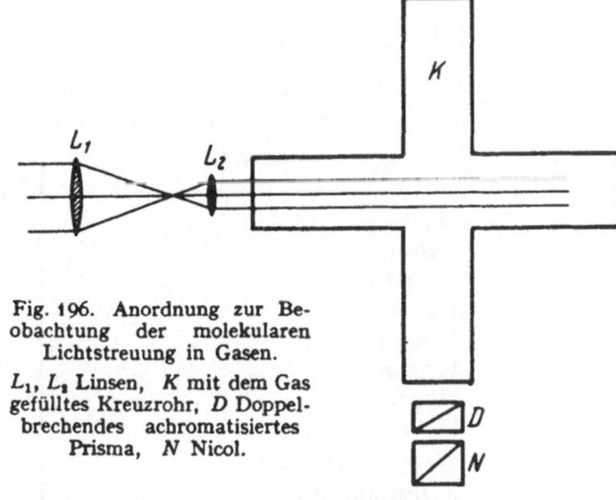

Fig. 196. Anordnung zur Beobachtung der molekularen Lichtstreuung in Gasen. L_1, L_2 Linsen, K mit dem Gas gefülltes Kreuzrohr, D Doppelbrechendes achromatisiertes Prisma, N Nicol.

Nach der in Tabelle 24 gegebenen vorläufigen Prüfung der Theorie an einer einfachen Körperklasse kann man sie nun dazu benutzen, die Anisotropiekonstanten α_X, α_Y, α_Z zu bestimmen. Das gelingt[2] durch die Annahme, die sicher bei vielen Molekülen wenigstens näherungsweise erfüllt sein wird, daß die Richtung des permanenten elektrischen Momentes mit einer der Deformationsachsen, etwa der Z-Achse, zusammenfällt. Dann hat man $\mathfrak{p}_x^0 = \mathfrak{p}_y^0 = 0$, $\mathfrak{p}_z^0 = p^0$ und erhält für die Anisotropiekonstanten folgende Formeln:

$$(75a)\begin{cases} \alpha_X + \alpha_Y + \alpha_Z = 3\alpha & [(\text{s. § 73 (18)}], \\ 2\alpha_Z - \alpha_X - \alpha_Y = 3\beta = \frac{45kT}{p^{02}}(kTb - b_1) \\ \quad = \frac{45kT}{p^{02}}\left\{kTb - 2\frac{(n^{02}-1)(n^2-1)}{(4\pi N)^2}\,\frac{\Delta'}{6-7\Delta'}\right\} & [\text{s. § 80 (6), § 77 (25b), § 81 (73)}], \\ (\alpha_X - \alpha_Y)^2 + (\alpha_Y - \alpha_Z)^2 + (\alpha_Z - \alpha_X)^2 = 3\gamma = \frac{45 b_1}{\sigma} \\ \quad = 90\left(\frac{n^2-1}{4\pi N}\right)^2 \frac{\Delta'}{6-7\Delta'} & [\text{s. § 81 (56), (60), (73)}]. \end{cases}$$

Durch Auflösung dieser quadratischen Gleichungen erhält man die Anisotropiekonstanten als Funktionen der KERRkonstanten und der Depolarisation, nämlich

$$(75b)\begin{cases} \alpha_Z = \alpha + \beta, \\ \alpha_X = \alpha - \frac{\beta}{2} \pm \frac{1}{2}\sqrt{2\gamma - 3\beta^2}, \\ \alpha_Y = \alpha - \frac{\beta}{2} \mp \frac{1}{2}\sqrt{2\gamma - 3\beta^2}. \end{cases}$$

[1] Nach H. A. STUART: KERReffekt und Molekülbau, S. 366.
[2] Nach H. A. STUART: Z. Physik Bd. 55 (1929) S. 367.

Tabelle 25. Depolarisationsgrad Δ' von Gasen[1].

Substanz	Rayleigh[2] 1918	Rayleigh[2] 1920	Gans[3] 1920	Cabannes u. Granier[4] 1923	Raman u. Rao[5] 1923	Rao[6] 1927
Wasserstoff	0,017	0,0383	—	0,022	0,036	0,0274
Stickstoff	0,030	0,0406	0,030	0,0375	—	0,0357
Sauerstoff	0,060	0,094	0,066	0,0645	0,084	0,0642
Luft	0,042	0,050	—	0,041	0,0437	0,0415
Kohlenoxyd	0,032	—	—	0,017	—	—
Kohlensäure	0,080	0,117	0,073	0,098	0,106	0,097
Stickoxydul	0,14	0,154	0,12	0,122	0,143	0,120
Stickoxyd	—	—	—	0,026	—	—
Ammoniak	—	—	0,010	—	—	—
Krypton	—	—	—	0,0055	—	—
Neon	—	—	—	<1	—	—
Argon	—	—	—	0,0055	—	—
Xenon	—	—	—	0,0055	—	—
Chlor	—	—	—	—	—	0,0437

Tabelle 26. Depolarisationsgrad Δ' von Dämpfen[1].

Substanz	Rao[7] 1927	Cabannes u. Granier[8] 1925/26
Methan	—	0,015
Äthan	—	0,016
Propan	—	0,016
Butan	—	0,017
Pentan	0,013	0,012
Hexan	0,013	0,015
Heptan	0,014	—
Octan	0,017	—
Methylalkohol	0,016	—
Äthylalkohol	0,009	—
Benzol	0,042	0,044
Toluol	0,046	0,0426
Chloroform	0,017	0,0167
Schwefelkohlenstoff	0,112	—
Äther	0,026	—

Die Größen α, β, γ sind durch Messungen des Brechungsindex, des Depolarisationsgrades und der gesamten Kerrkonstanten b (bei gegebener Temperatur) bekannt.

Die Zweideutigkeit in der Zuordnung der Achsen X, Y zu den beiden Lösungen α_X und α_Y, die in den Gleichungen (75b) noch enthalten bleibt, läßt sich, wie wir gleich sehen werden, in manchen Fällen durch andere physikalische Überlegungen beseitigen.

Für zweiatomige Moleküle vereinfachen sich die Formeln (75) noch weiter wegen $\alpha_X = \alpha_Y$.

---

[1] Vgl. auch die Tabellen des Depolarisationsgrades in J. Cabannes: La diffusion moléculaire, S. 87—89. Paris 1929, oder in Landolt-Börnstein: l. c. S. 88ff.

[2] Lord Rayleigh, Proc. Roy. Soc., Lond. Bd. 94 (1918) S. 453; Bd. 95 (1918) S. 155; Bd. 97 (1920) S. 435; Bd. 98 (1920) S. 57.

[3] R. Gans: Ann. Physik (4) Bd. 65 (1921) S. 97.

[4] J. Cabannes u. J. Granier, J. Physique Radium (6) Bd. 4 (1923) S. 276.

[5] C. V. Raman u. H. S. Rao, Philos. Mag. Bd. 46 (1923) S. 426.

[6] J. R. Rao: Indian J. Phys. Bd. 2 I (1927) S. 81.

[7] J. R. Rao: Indian J. Phys. Bd. 2 I (1927) S. 61.

[8] J. Cabannes u. J. Granier: C. R. Acad. Sci., Paris Bd. 182 (1926) S. 885.

Auf diese Weise erhält man z. B. für die Anisotropiekonstanten von HCl, NH_3 und SO_2 die in Tabelle 27 angegebenen Werte.

Welche der beiden Achsen X, Y der größeren Polarisierbarkeit entspricht, kann man dann angeben, wenn man aus anderen Gründen die „Form" des Moleküls ungefähr kennt, wie es bei SO_2 und NH_3 der Fall ist. Da SO_2 ein statisches elektrisches Moment besitzt, so können die drei Atome O, S, O nicht auf einer Geraden liegen, sondern müssen ein Dreieck bilden (s. Fig. 197); die Richtung des Moments, die Z-Achse, fällt in die durch den Eckpunkt S gehende Höhe. Legen wir die X-Achse in die Basis OO, also Y senkrecht zur Dreiecksebene, so wird $\alpha_X > \alpha_Y$ sein müssen; denn in einer Kette liegende Dipole wirken wechselseitig polarisierend, da einander entgegengesetzte Pole sich zukehren. Dieser Effekt ist in der X-Richtung vorhanden, offenbar aber nicht in der Y-Richtung. Es tritt also in der X-Richtung eine Verstärkung der Wirkung des äußeren Feldes ein.

Tabelle 27.

HCl	$\alpha_X = \alpha_Y = 23{,}9 \cdot 10^{-25}$ $\alpha_Z = 31{,}6$
NH_3	$\alpha_X = 23{,}3$ $\alpha_Y = 20{,}3$ $\alpha_Z = 24{,}2$
SO_2	$\alpha_X = 55{,}5$ $\alpha_Y = 28{,}0$ $\alpha_Z = 35{,}1$

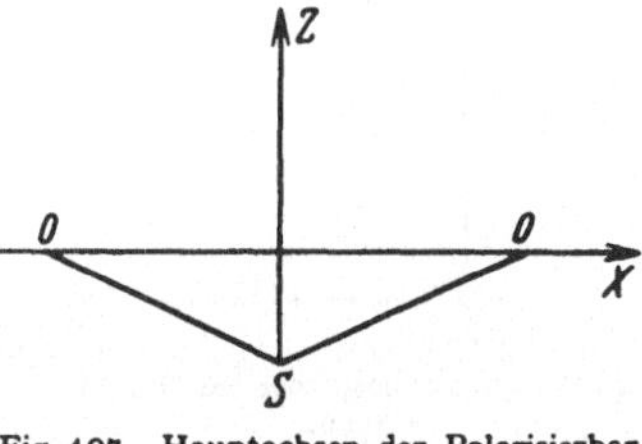

Fig. 197. Hauptachsen der Polarisierbarkeit bei SO_2.

Auch beim Ammoniak wollen wir eine derartige Zuordnung versuchen. Das Molekül ist eine dreiseitige Pyramide, deren Basis von einem gleichseitigen Dreieck $H_1H_2H_3$ gebildet wird. Die auf diesem senkrecht stehende Richtung ist offenbar die des elektrischen Momentes $\mathfrak{p}^0$, die Z-Achse. Als X-Achse wählen wir etwa die Kante H_1H_2 der Basis, als Y-Achse die darauf senkrecht stehende Höhe des Dreiecks. Der obenerwähnte Verstärkungseffekt äußert sich hier auf folgende Weise:

Ist r die Projektion des Abstandes zweier Atome auf die Strahlrichtung, so wird die Vergrößerung der Polarisation näherungsweise r proportional sein. Die Verstärkung bei einer Strahlrichtung parallel zu X wird dann für das Atompaar H_1H_2 proportional der Dreieckskante a (s. Fig. 198), für die Paare H_1H_3 und H_3H_2 aber nur halb so groß, also je $a/2$; zusammen also $2a$. Entsprechend ergibt sich für die Y-Richtung keine Verstärkung für die Atome H_1, H_2, für die Paare H_1H_3 und H_3H_2 aber je h, zusammen also $2h$, wo $h = a/2\sqrt{3}$ die Dreieckshöhe ist. Die Verstärkung in der Y-Richtung wird sich also zu der in der X-Richtung ungefähr wie $\frac{1}{2}\sqrt{3} : 1 = 0{,}866$ verhalten. Aus unserer Tabelle 27 ergibt sich nun $\alpha_X : \alpha_Y = 0{,}871$. Wenn auch diese Übereinstimmung zufällig sein mag, so wird doch die Reihenfolge der Achsenrichtungen bezüglich der Größe der Polarisierbarkeiten durch diese Überlegung festgelegt: Zur X-Achse gehört das größere α, wie wir in Tabelle 27 zunächst ohne Begründung angenommen haben.

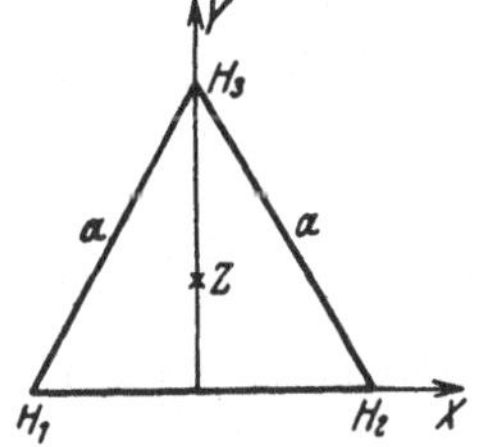

Fig. 198. Hauptachsen der Polarisierbarkeit bei NH_3.

Aus der durch die Anisotropiekonstanten bestimmbaren optischen Anisotropie eines Moleküls läßt sich häufig die geometrische, d. h. die Struktur bestimmen. So findet man[1] z. B., daß das Molekül des Methylalkohols CH_3OH nicht gestreckt, sondern gewinkelt ist. Im Falle des gestreckten Moleküls, wo das H-Atom also auf der Verlängerung der Achse $C - O$ läge, würde das

[1] H. A. Stuart: Kerreffekt in Gasen und Dämpfen, II. Z. Physik Bd. 63 (1930) S. 547; Ergebn. exakt. Naturwiss. Bd. 10 (1931) S. 196.

Moment $\mathfrak{p}^0$, das sich aus den Bindungsmomenten $\overset{-+}{OH}$ und $\overset{-+}{OCH_3}$ zusammensetzt, in die Richtung der maximalen Polarisierbarkeit fallen, und die KERRkonstante groß und positiv werden. Da die KERRkonstante praktisch Null ist, muß das Molekül gewinkelt sein (siehe Fig. 199). Nähere Angaben über den Winkel am O-Atom, die Richtung des elektrischen Momentes und der optischen Hauptachsen lassen sich erst durch Kombination von Beobachtungen der KERRkonstanten mit solchen des elektrischen Moments, der Molrefraktion usw. gewinnen.

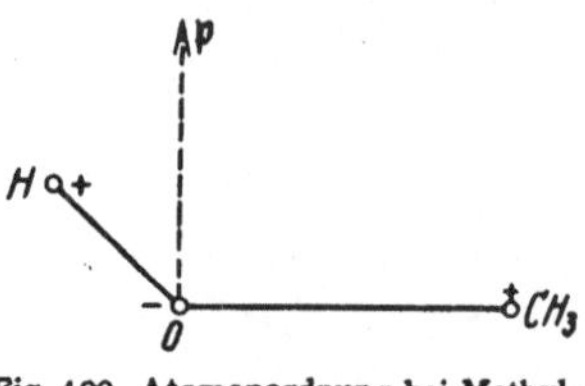

Fig. 199. Atomanordnung bei Methylalkohol.

Im Falle des Diäthyläthers $(C_2H_5)_2O$ führt die eingehende Diskussion des Polarisationsellipsoids eindeutig auf eine ganz bestimmte Konfiguration des Moleküls. Die Achsenwerte (s. Tab. 29) zeigen, daß das Molekül die z-Richtung nahezu als optische Symmetrieachse besitzt (s. Fig. 200); nach den Regeln der Stereochemie wäre zu erwarten, daß jede der CH_3-Gruppen um die Verbindungslinie $O - C$ frei drehbar ist. In diesem Falle wären die beiden in Fig. 200 mit I und II bezeichneten Stellungen gleichwertig (d. h. würden im Mittel gleich oft angenommen). Das aber ist mit der Auszeichnung der z-Richtung als optischer Symmetrieachse unvereinbar. Es muß daher die Stellung I bevorzugt sein, und zwar so, daß sie eine stabile Gleichgewichtslage darstellt, um die Drehschwingungen mit mäßigen Amplituden stattfinden. Die Konfiguration II dagegen ist als stabile Gleichgewichtslage unmöglich.

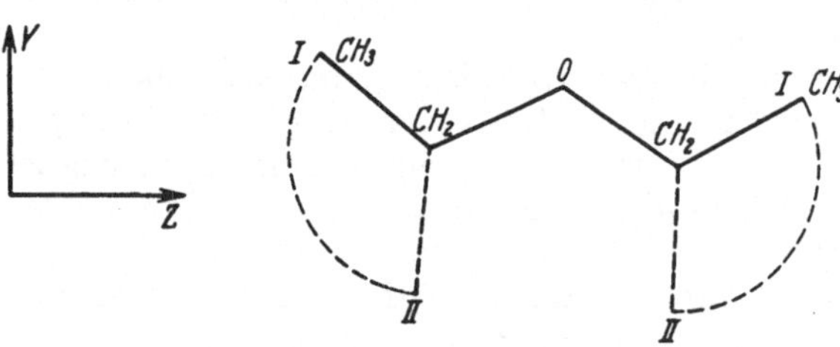

Fig. 200. Atomanordnung im Diäthyläther.

Bei Propylchlorid C_3H_7Cl zeigt sich, daß sowohl die „Wannenform" I wie die gestreckte „Zickzackform" II (s. Fig. 201) mit den Beobachtungen der KERRkonstanten und des Depolarisationsgrades unvereinbar sind. Diese Konfigurationen sind also nicht besonders stabil, und wir haben es mit starker Drehbarkeit der endständigen CH_3-Gruppen zu tun; sie beschreiben einen Kreis, die $C' - C''$-Richtung einen Kegelmantel mit $C - C'$ als Achse.

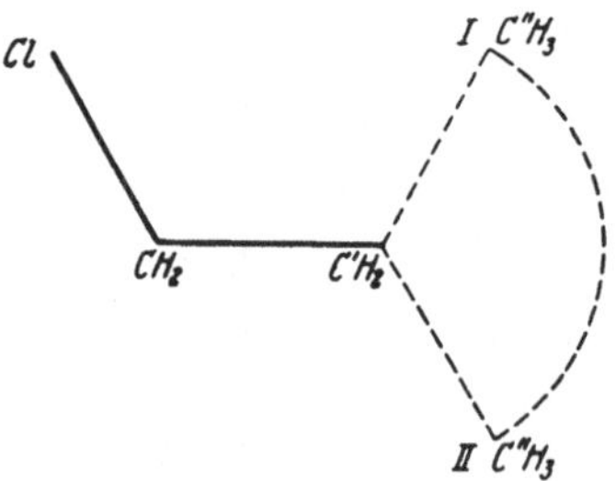

Fig. 201. Atomanordnung bei Propylchlorid.

Die folgenden beiden Tabellen 28 und 29 geben einige neuere Messungen[1] der Depolarisationsgrade und der KERRkonstanten an Gasen mit achsensymmetrischen Molekülen wieder, und zwar Tabelle 28 von solchen ohne Dipole, Tabelle 29 von solchen mit Dipolen. In Tabelle 28 sind aus dem gemessenen Depolarisationsgrad, der durch § 80 (4) definierten KERRkonstanten B_1 und der mittleren Polarisierbarkeit α die Polarisierbarkeiten α_Z und $\alpha_X = \alpha_Y$ berechnet. Außerdem ist dort die Anisotropie $\alpha_Z - \alpha_X$ angegeben. Die für hochsymmetrische Moleküle wie CH_4, CCl_4 und die Edelgase angegebenen Depolarisationsgrade sind wegen der Schwierigkeit der Messung sehr unsicher

[1] Nach H. A. STUART: KERReffekt und Molekülbau; KERReffekt in Gasen und Dämpfen; Ergebn. exakt. Naturwiss. Bd. 10; K. L. WOLF, G. BRIEGLEB u. H. A. STUART: Z. physik. Chem. Bd. 6 (1929) S. 163.

Tabelle 28. Anisotropie- und KERRkonstanten und Depolarisationsgrade für dipolfreie Gase.

Substanz	$\Delta' \cdot 10^3$	$B \cdot \lambda \cdot 10^{15}$ beobachtet	$B \cdot \lambda \cdot 10^{15}$ aus Δ' berechn.	Temperatur zu $B\lambda$ in Grad C	$\alpha \cdot 10^{25}$	$(\alpha_Z - \alpha_X) \cdot 10^{25}$	$\alpha_Z \cdot 10^{25}$	$(\alpha_X = \alpha_Y) \cdot 10^{25}$
H_2 . . .	2,7	—	0,034	20	8,2	3,77	10,7	6,9
N_2 . . .	3,6	—	0,23	20	17,6	9,28	23,8	14,5
O_2 . . .	6,4	—	0,33	20	15,9	11,4	23,5	12,1
Cl_2 . . .	4,3	2,30	2,03	20	45,3	26,4	63	36,5
CO_2 . .	9,8	1,43	1,70	18	26,5	24,2	43	18,8
CS_2 . .	14,3	21,0	16,4	56,7	87,4	97,0	151,4	55,4
N_2O . .	12,5	3,08	2,80	26	29,9	31,4	51	19,5
$(CN)_2$ . .	12,0	4,30	6,7	20	50,1	34,5	72,6	37,8
C_2H_2 . .	12	1,85	3,26	20	33,2	23,5	48,9	25,4
CCl_4 . .	0,52	$\pm 0,2$	0,67	99,4	105	0	105	105
CH_4 . .	1,5	—	0,22	20	26,1	(8,84)	(32,0)	(23,2)
C_2H_6 . .	1,6	—	0,72	20	45,0	15,6	56	40
C_6H_6 . .	4,2	5,9	5,8	105	107,3	61,0	66,7	127,7
C_6H_{12} . .	1,0	—	2,8	18	109	30,0	89	119
A . . .	0,6	—	0,031	18	16,8	(3,6)	(19,2)	(15,6)
Kr . . .	0,55	—	0,07	18	25,6	(5,2)	(29,1)	(23,9)

und alle zu hoch, so daß aus Messungen des Depolarisationsgrades nicht entschieden werden kann, ob vollkommene Kugelsymmetrie vorliegt oder ob eine kleine Anisotropie vorhanden ist. Im Falle des CCl_4 ergibt die Messung der KERRkonstanten, die hier sehr genau ist, für die Anisotropie $\alpha_Z - \alpha_X$ den Wert Null bzw. als obere Grenze einen Wert, der etwa zehnmal kleiner als der aus dem Depolarisationsgrade berechnete ist. In Tabelle 29 ist außer dem

Tabelle 29. Anisotropie- und KERRkonstanten, Dipolmomente und Depolarisationsgrade für Dipolgase.

Substanz	$p^{(0)} \cdot 10^{18}$	$\Delta' \cdot 10^3$	$B \cdot \lambda \cdot 10^{15}$	$B_1 \cdot \lambda \cdot 10^{15}$	$B_2 \cdot \lambda \cdot 10^{15}$	$\alpha \cdot 10^{25}$	$\alpha_Z \cdot 10^{25}$	$\alpha_X \cdot 10^{25}$	$\alpha_Y \cdot 10^{25}$
HCl	1,034	0,66	5,75	0,188	5,56	26,5	31,6	23,9	23,9
$(C_2H_5)_2O$ . .	1,14	2,56	$-3,8$	3,75	$-7,55$	87,3	112,6	70,7	78,7
$(C_3H_6)O$ . .	2,72	1,7	31,2	0,98	30,2	61,8	69,5	46,9	69,1
CH_3OH . .	1,68	1,6	$< \pm 0,4$	0,3	0,1 bis $-0,7$	36,7	44,3	29,9	35,7
CO	0,10	2,1	—	0,158	0,054	19,7	25,0	17,1	17,1
HCN . . .	2,65	—	93,0	1,08	92,0	25,8	38,9	19,2	19,2
H_2S	0,931	1,0	1,59	0,28	1,31	37,8	39,3	32,9	42,0
SO_2	1,61	4,3	$-9,84$	1,75	$-11,6$	39,6	35,1	28,0	55,5
NH_3 . . .	1,44	1,3	3,48	—	—	22,6	24,2	23,3	20,0
CH_3Cl . . .	1,89	1,5	35,6	0,58	35,0	50,3	60,0	45,5	45,5
$CHCl_3$ . . .	0,95	1,7	$-7,5$	1,4	$-8,9$	85,5	66,8	94,8	94,8

Depolarisationsgrad Δ' und der KERRkonstanten $B = B_1 + B_2$ (B_0 ist gegen B_1 und B_2 zu vernachlässigen, s. § 80, S. 368) das Dipolmoment p^0 angegeben. Schließlich sind auch hier die drei Hauptpolarisierbarkeiten aus dem Moment, dem Depolarisationsgrad oder der KERRkonstanten und der Molrefraktion (mittlere Polarisierbarkeit α) berechnet. Die Messungen sind sämtlich auf die Wellenlänge $\lambda = 5890$ Å reduziert.

Bei unseren bisherigen Betrachtungen ist die Kenntnis der LOSCHMIDTschen Zahl N vorausgesetzt. Man kann aber auch umgekehrt durch absolute Bestimmungen des Verhältnisses der Streuintensität zur einfallenden oder auch des Extinktionskoeffizienten und unter Benutzung des Depolarisationsgrades Δ' die LOSCHMIDTsche Zahl N ermitteln. Das kann sowohl im Laboratorium mit Hilfe des in Fig. 196 skizzierten Apparates geschehen, als auch durch Messung der

Streuung des Himmelslichts. Tabelle 30 gibt einige der Meßergebnisse wieder, und zwar umgerechnet auf Mol. Die Mittelwerte stimmen sehr gut mit den auf ganz andere Weise gefundenen Werten überein.

Tabelle 30. Bestimmung der LOSCHMIDTschen Zahl N pro Mol aus der Extinktion des Lichts in Gasen (Dämpfen) und des Himmelslichts.

Laboratoriumsversuche	$N \cdot 10^{-23}$	Himmelslicht	$N \cdot 10^{-23}$
EWING[1] (Äther)	5,95	FOWLE[3]	6,05
(Benzol)	6,05	DEMBER[4]	6,4
(Chloroform)	5,98		
(Methylalkohol)	6,24		
(Äthylalkohol)	6,08		
DAURE[2] (Äthylchlorid)	6,08		
Mittelwert	6,06		

Was den Polarisationsgrad des Himmelslichts betrifft, so liegt sein Maximum, wie schon ARAGO 1809 gefunden hat, entsprechend der Theorie in einem Abstand von etwa 90° von der Sonne. Dort ist die Polarisation nicht vollständig, aber viel größer, als auf Grund der Laboratoriumsmessungen zu erwarten wäre. Der Grund hierfür ist wahrscheinlich, daß „Mehrfachstreuung" stattfindet, die in unserer Theorie nicht berücksichtigt ist.

Auch für *Flüssigkeiten und feste Körper* hat man die Theorie der Lichtstreuung durchführen können. Unsere allgemeine Formel (16) bleibt auch dann richtig, nur fällt der einfache Zusammenhang zwischen Schwankungsbetrag des elektrischen Momentes und mittlerer Teilchenzahl fort; denn dieser beruhte auf der Annahme fehlender mechanischer Wechselwirkung der Moleküle, die nur im idealen Gase gemacht werden darf. Aber es ist möglich, auch für Flüssigkeiten die spontanen Schwankungen der Dichte und des Polarisationszustandes theoretisch zu berechnen. Der Gedanke, der von SMOLUCHOWSKI[5] und EINSTEIN[6] herrührt, ist der, daß man den BOLTZMANNschen Zusammenhang zwischen Entropie S und Wahrscheinlichkeit W eines Mikrozustandes,

$$S = k \cdot \log W, \tag{76}$$

umkehrt und die Wahrscheinlichkeit eines vom Gleichgewicht abweichenden Zustandes aus der Formel

$$\frac{W}{W_0} = e^{\frac{1}{k}(S - S_0)} \tag{77}$$

berechnet. Hierbei nimmt man S als Funktion der makroskopischen Parameter, z. B. der Dichte ϱ und der Temperatur T, und drückt die Schwankung $S - S_0 = \Delta S$ nach den thermodynamischen Gesetzen durch die Schwankungen $\Delta \varrho$ und ΔT aus. Will man die Schwankung der Polarisation $\mathfrak{P}$ hinzunehmen, so muß man überdies noch die Abhängigkeit der Entropie von $\mathfrak{P}$ kennen und in ΔS auch das Glied mit $\Delta \mathfrak{P}$ berücksichtigen. Wir wollen diese komplizierten Betrachtungen aber nicht durchführen[7], sondern nur berichten, daß die Dichteschwankungen proportional der Kompressibilität der Substanz werden und die Polari-

---

[1] SCOTT EWING: J. opt. Soc. Amer. Bd. 12 (1926) S. 15.
[2] P. DAURE: C. R. Acad. Sci., Paris Bd. 180 (1925) S. 2032.
[3] F. E. FOWLE: Astrophys. Journ. Bd. 40 (1914) S. 435.
[4] H. DEMBER: Ann. Physik (4) Bd. 49 (1916) S. 599.
[5] M. v. SMOLUCHOWSKI, Ann. Physik (4) Bd. 25 (1908) S. 205.
[6] A. EINSTEIN, Ann. Physik (4) Bd. 33 (1910) S. 1275.
[7] Siehe R. GANS: Z. Physik Bd. 17 (1923) S. 353.

sationsschwankungen in unmittelbaren Zusammenhang mit dem KERReffekt gebracht werden können. Für die Dichteschwankungen innerhalb eines vorgegebenen Volumens V erhält man die Formel[1]

(78) $$\overline{(\Delta \varrho)^2} = \frac{kT\varrho}{V\frac{dp}{d\varrho}} = \frac{kT\varrho^2\varkappa}{V},$$

wo

(79) $$\varkappa = \frac{1}{\varrho}\frac{d\varrho}{dp}$$

die Kompressibilität ist. Diese Formel geht für ideale Gase in unsere frühere über. Für diese hat man nämlich $p = \frac{RT}{\mu}\varrho = \frac{kT}{m}\varrho$, wo $\mu = \mathsf{N}m$ das Molekulargewicht ist (m die Molekülmasse, N die LOSCHMIDTsche Zahl pro Mol). Daraus folgt

(80) $$\overline{(\Delta \varrho)^2} = \frac{\varrho m}{V} = \frac{Nm^2}{V},$$

wo $N = \varrho/m$ die Molekülzahl pro Volumeneinheit ist. Die Schwankung der Teilchenzahl $\mathfrak{N} = \varrho V/m$ bei festem Volumen V ist also

(81) $$\overline{(\Delta \mathfrak{N})^2} = \frac{V^2}{m^2}\overline{(\Delta \varrho)^2} = VN = \overline{\mathfrak{N}},$$

und diese Formel stimmt mit unserer früheren Gleichung (22) überein.

---

[1] Wir geben eine kurze Ableitung für die Formel der Dichteschwankung. Der erste und zweite Hauptsatz der Thermodynamik lassen sich zusammenfassen in dem Ausdruck

$$TdS = pdV + dE,$$

wo E die Energie, S die Entropie ist. Hieraus folgt bei konstanter Temperatur

$$\frac{\partial S}{\partial V} = \frac{p}{T}, \qquad \frac{\partial^2 S}{\partial V^2} = \frac{1}{T}\frac{\partial p}{\partial V}.$$

Sieht man nun S als Funktion von V unter Festhaltung aller übrigen unabhängigen Variablen an und betrachtet die Schwankung für eine Flüssigkeitsmenge M um ihr Gleichgewicht, so fallen in der Entwicklung von ΔS nach Potenzen von $\xi = \Delta V$ und den übrigen unabhängigen Parametern die Glieder erster Ordnung fort, und es bleibt

$$\Delta S = \frac{1}{2}\frac{\partial^2 S}{\partial V^2}\xi^2 = \frac{1}{2T}\frac{dp}{dV}\xi^2.$$

Mithin wird

$$W = W_0 e^{-\beta\xi^2}, \qquad 2\beta = -\frac{1}{kT}\frac{dp}{dV},$$

wo für alle stabilen Gleichgewichtslagen ($dp/dV < 0$) β positiv ist.

Aus der Bedingung

$$\int_0^\infty W d\xi = 1$$

bestimmt sich W_0, und dann erhält man

$$\overline{(\Delta V)^2} = \overline{\xi^2} = \int_0^\infty W\xi^2 d\xi = \frac{1}{2\beta} = -kT\frac{dV}{dp}.$$

Nun ist $V = M/\varrho$, also

$$\Delta\varrho = -\frac{\varrho^2}{M}\Delta V,$$

und es wird

$$\overline{(\Delta\varrho)^2} = \frac{\varrho^4}{M^2}\overline{(\Delta V)^2} = \frac{kT\varrho}{V\frac{dp}{d\varrho}}.$$

In Flüssigkeiten ist die Kompressibilität sehr klein, wächst aber an, wenn man sich dem kritischen Punkt nähert, wo sie theoretisch unendlich wird. In der Nähe des kritischen Punktes wird also auch die Lichtstreuung sehr beträchtlich werden müssen, und tatsächlich beobachtet man dort eine Trübung der Flüssigkeit (*kritische Opaleszenz* genannt). Mit modernen Hilfsmitteln ist aber auch die Streuung an reinsten Flüssigkeiten (und auch in Kristallen[1]) deutlich wahrnehmbar und meßbar.

§ 82. Der RAMANeffekt.

Vor wenigen Jahren (1928) wurde von dem indischen Physiker RAMAN[2] (übrigens fast gleichzeitig und unabhängig von den russischen Physikern LANDSBERG und MANDELSTAM[3]) im Verfolg systematischer Untersuchungen über die Eigenschaften des Streulichts die Entdeckung gemacht, daß es außer dem normalen Streuphänomen, dem TYNDALL*effekt*, bei dem das gestreute Licht dieselbe Frequenz hat wie das primäre, noch eine zweite Art von Streustrahlen gibt, die eine vom einfallenden Licht *verschiedene Frequenz* haben. RAMAN konnte nachweisen, daß es sich dabei nicht um eine „Fluoreszenz" handelt, d. h. einen Vorgang, bei dem Licht erst absorbiert und dann in einem Sekundärprozeß mit etwas veränderter Farbe wieder emittiert wird.

Das Charakteristische dieser RAMAN*streuung* ist dies: Bei monochromatischer Einstrahlung besteht die Sekundärstrahlung aus einer Anzahl monochromatischer Wellen, derart, daß die Differenz ihrer Schwingungszahlen gegen die des einfallenden Lichts der streuenden Substanz eigentümlich ist.

In den wenigen seit der Entdeckung verflossenen Jahren ist die Beobachtung des RAMANeffekts eines der bequemsten und kräftigsten Hilfsmittel zur Erforschung der den Molekülen zugehörigen Eigenfrequenzen geworden[4].

Obwohl, wie wir sogleich sehen werden, das Zustandekommen des RAMANeffekts bei Molekülen[5] ohne weiteres auf klassischer Grundlage verständlich ist, so ist doch merkwürdigerweise die Möglichkeit der Erscheinung aus quantenmechanischen Betrachtungen heraus durch SMEKAL[6] vorhergesagt worden. Wir deuten den SMEKALschen Gedankengang kurz an:

Er benutzt die extreme Lichtquantenvorstellung, bei der man das Licht nicht als „Welle", sondern als „Regen von Teilchen" ansieht. Die Gründe hierfür werden wir in Kap. VIII, § 90 näher betrachten; doch können wir wohl die Grundvorstellung als bekannt voraussetzen: Der monochromatische Lichtstrahl der Frequenz ν wird aufgefaßt als ein Strom von Lichtquanten $h\nu$

---

[1] Neuere Untersuchungen über die Streuung in Kristallen sind ausgeführt von G. LANDSBERG, Z. Physik Bd. 43 (1927) S. 773; Bd. 45 (1927) S. 442; G. LANDSBERG u. K. WULFSON, Z. Physik Bd. 58 (1929) S. 95; G. LANDSBERG u. S. L. MANDELSTAM jr. Z. Physik Bd. 73 (1931) S. 502. Die Theorie ist zuerst von R. GANS [Ann. Physik Bd. 77 (1925) S. 317] in Angriff genommen, von M. LEONTOWITSCH u. S. L. MANDELSTAM jr. [Physik. Z. d. Sowjetunion Bd. 1 (1932) S. 317] weitergeführt.

[2] C. V. RAMAN u. K. S. KRISHNAN: Nature, Lond. Bd. 121 (1928) S. 501; C. V. RAMAN: Ebenda S. 619; Indian J. Phys. Bd. 2 (1928) S. 387; C. V. RAMAN u. K. S. KRISHNAN: Nature, Lond. Bd. 121 (1928) S. 711; Indian J. Phys. Bd. 2 (1928) S. 399; Proc. Roy. Soc., Lond. Bd. 122 (1929) S. 23.

[3] G. LANDSBERG u. L. MANDELSTAM: Naturwiss. Bd. 16 (1928) S. 557, 772; J. Russ. phys. chem. Soc. Bd. 60 (1928) S. 335. Auch zwei französische Physiker, ROCARD und CABANNES, haben unabhängig auf die Möglichkeit der Erscheinung aufmerksam gemacht und nach ihr gesucht. Y. ROCARD: C. R. Acad. Sci., Paris Bd. 186 (1928) S. 1107; J. CABANNES: Ebenda Bd. 186 (1928) S. 1201.

[4] Für eingehenderes Studium verweisen wir auf K. W. F. KOHLRAUSCH: Der SMEKAL-RAMAN-Effekt. Berlin 1931.

[5] Im Gegensatz zu Atomen.

[6] A. SMEKAL: Naturwiss. Bd. 11 (1923) S. 873.

(h PLANCKsche Konstante), und das molekulare System wird beschrieben durch Angabe einer diskreten Reihe stationärer Zustände bestimmter Energie.

Der Grundzustand eines Moleküls habe die Energie E_1, ein angeregter Zustand die Energie E_2 ($> E_1$). Dann ist die Frequenz des Lichts, das zur Anregung des Zustandes E_2 aus dem Grundzustand E_1 nötig ist, $(E_2 - E_1)/h = \nu_0$. Fällt irgendein „Lichtquant" $h\nu$ auf, so wird eine Wahrscheinlichkeit für seine „Reflexion", d. h. Streuung vorhanden sein, wobei das Atom im unteren Zustand E_1 verbleibt. Wenn aber $h\nu > E_2 - E_1$ ist, so ist der Vorgang denkbar, daß das Lichtquant unter Verlust der Energie $E_2 - E_1$ reflektiert wird; dann beobachtet man eine andersfarbige (und zwar langwelligere) Streustrahlung mit der Frequenz $\nu' = \nu - (E_2 - E_1)/h = \nu - \nu_0$. Sind im Gase auch angeregte Moleküle, also solche im höheren Zustand E_2 vorhanden, so kann das Lichtquant $h\nu$ beim Zusammenstoß sich um den Betrag der Molekülenergie vergrößern; dann ist am Schluß das Molekül im Grundzustand E_1, und die Streustrahlung hat die Frequenz $\nu' = \nu + \nu_0$. Diese kurzwelligere Streustrahlung wird natürlich im gleichen Verhältnis schwächer sein als die langwelligere, wie die Anzahl der angeregten Moleküle sich zur Anzahl der normalen verhält. SMEKAL hat demnach vorhergesagt, daß man zu jeder Eigenfrequenz ν_0 zwei monochromatische Streustrahlungen mit den „Kombinationsfrequenzen" $\nu - \nu_0$ bzw. $\nu + \nu_0$ zu erwarten habe, und zwar die erste stark, die letztere schwach.

Diese Überlegung wurde später auch als Folge der inzwischen systematisch ausgebildeten Quantenmechanik erkannt und wesentlich verfeinert[1]. Aber erst einige Zeit nach RAMANS Entdeckung des Effekts haben CABANNES und ROCARD darauf hingewiesen, daß man seine Hauptzüge ganz einfach mit Hilfe der klassischen Optik erklären kann[2]. Später hat dann PLACZEK[3] die Bedingungen für eine solche klassische Behandlung angegeben.

In den bisher beobachteten Fällen handelt es sich bei dem RAMANeffekt stets um Streuung an Molekülen, und die Frequenz ν_0, um die die Streustrahlung gegen die einfallende Primärfrequenz verschoben ist, ist eine Frequenz der *Kernbewegungen*. Die Bedingungen, unter denen eine klassische Behandlung des Problems möglich ist, sind die folgenden:

1. Die Kernbewegung erfolgt gegen die Elektronenbewegung so langsam, daß die Konfiguration des Elektronensystems in jedem Augenblick nahezu die gleiche ist, wie die, welche vorhanden wäre, wenn die Kerne in ihrer instantanen Lage ruhen würden. Diese Bedingung ist erfüllt, *wenn die Elektronenfrequenzen gegen die Kernfrequenzen groß sind.*

2. *Die Frequenz ν des erregenden Lichts ist groß gegen die Frequenz der Kernbewegungen.*

3. *Die Differenzen zwischen den Elektronenfrequenzen und der einfallenden Frequenz sind groß gegen die Frequenz der Kernbewegungen* (d. h. die primäre Frequenz ist von allen Absorptionsfrequenzen genügend weit entfernt, so daß keine störenden Resonanzeffekte auftreten).

---

[1] H. A. KRAMERS u. W. HEISENBERG: Z. Physik Bd. 31 (1925) S. 681; M. BORN, W. HEISENBERG u. P. JORDAN: Z. Physik Bd. 35 (1926) S. 557.

Nach der KRAMERS-HEISENBERGschen Dispersionstheorie ist der Effekt von C. MANNEBACK [Z. Physik Bd. 62 (1930) S. 224] und J. H. VAN VLECK [Proc. Nat. Ac. Amer. Bd. 15 (1929) S. 754] berechnet worden. Übrigens knüpfen die Arbeiten PLACZEKS (s. Anm. 3) an die MANNEBACKschen Untersuchungen an.

[2] J. CABANNES: C. R. Acad. Sci., Paris Bd. 186 (1928) S. 1714; J. CABANNES und Y. ROCARD: J. d. Phys. Bd. 10 (1929) S. 52.

[3] G. PLACZEK: Z. Physik Bd. 70 (1931) S. 84; Leipzig. Vorträge 1931, S. 71. Erst durch diese einfache Behandlungsweise ist es gelungen, den RAMANeffekt für Probleme des Molekülbaus voll auszunutzen. Die folgende Darstellung (hier und an vielen Stellen in VIII, § 100), die der Mitarbeit von E. TELLER zu danken ist, schließt sich eng an PLACZEK an.

Sind diese drei Bedingungen erfüllt, so wird zu jeder instantanen Lage der Kerne eine bestimmte Polarisierbarkeit gehören, die das Verhalten des Moleküls gegen das Licht beschreibt. Diese Polarisierbarkeit wird aber nicht mehr eine Konstante sein, sondern entsprechend dem Rhythmus der Kernbewegungen mit der Zeit variieren. Als einfachstes Beispiel betrachten wir ein Molekül, das isotrop ist und bei Schwingungen der Atome (Kerne) dauernd isotrop bleibt; dann ist das Polarisierbarkeitsellipsoid eine Kugel, und es ändert sich nur die Größe der Polarisierbarkeit infolge der Schwingungen. (Man denke etwa an die Schwingungen des tetraederförmigen CCl_4-Moleküls, bei denen sich alle Cl-Atome gleichzeitig dem C-Atom nähern; s. hierzu die Ausführungen in VIII, § 100.) Sieht man die Schwingungen in erster Näherung als harmonisch mit der Frequenz ν_0 an, so wird die Polarisierbarkeit durch den Ansatz

$$\alpha = \alpha^T + 2\alpha^R \cos(2\pi\nu_0 + \delta) \tag{1}$$

beschrieben[1], wo die Indizes T und R an TYNDALL- und RAMANeffekt erinnern sollen. Fällt nun Licht der Frequenz ν und der Feldstärke

$$\mathfrak{E} = \mathfrak{E}_0 \cos 2\pi\nu t \tag{2}$$

ein, so ist das induzierte Moment

$$\left\{\begin{aligned} \mathfrak{p} &= \alpha\,\mathfrak{E} = \{\alpha^T + 2\alpha^R\cos(2\pi\nu_0 t + \delta)\}\mathfrak{E}_0\cos 2\pi\nu t \\ &= \alpha^T\mathfrak{E}_0\cos 2\pi\nu t + \alpha^R\mathfrak{E}_0\{\cos[2\pi(\nu+\nu_0)t + \delta] + \cos[2\pi(\nu-\nu_0)t - \delta]\}. \end{aligned}\right. \tag{3}$$

Die Formel zeigt, daß das erregte Moment außer einem Bestandteil im Rhythmus ν des einfallenden Lichts noch zwei Bestandteile mit den *Kombinationsfrequenzen* $\nu - \nu_0$ und $\nu + \nu_0$ enthält, deren Stärke dem Koeffizienten α^R der durch die Eigenschwingungen bedingten Änderung der Polarisierbarkeit proportional ist. Das Streulicht wird daher außer der einfallenden Frequenz ν die beiden Kombinationsfrequenzen $\nu - \nu_0$ und $\nu + \nu_0$, die RAMAN*linien*, enthalten, und zwar werden diese gegen das einfallende Licht inkohärent sein, weil in den entsprechenden Gliedern die von Molekül zu Molekül nach Zufall variierende Phase δ der Kernschwingungen auftritt. Daher wird keinerlei Interferenz zwischen der gewöhnlichen und der RAMANstreuung bestehen; man kann jede für sich nach den Formeln des vorigen Paragraphen berechnen. Es sind nur folgende Unterschiede zu beachten:

1. Da die von den Schwingungen erzeugte Änderung der Polarisierbarkeit, deren Maximum α^R ist, im allgemeinen klein sein wird gegen ihren Wert α^T im nicht schwingenden Zustand, so wird die RAMANstreuung, die $|\alpha^R|^2$ proportional ist, äußerst schwach sein gegen die gewöhnliche TYNDALLstreuung, die $|\alpha^T|^2$ proportional ist.

2. Die kohärente Streustrahlung würde, wie wir gesehen haben (§ 74, 75) in einem ideal gleichförmigen Medium (unendliches Dipolgitter) gar nicht als abgebeugtes Licht in Erscheinung treten, sondern nur diejenige Modifikation der erregenden Welle erzeugen, die man als „Brechung“ und „Dispersion“ beschreibt; beobachtbares Streulicht entsteht nur durch die Dichte*schwankungen*, und nur bei Gasen sind diese der mittleren Molekülzahl selbst proportional. Im Gegensatz dazu kommt das *inkohärente* RAMAN*streulicht* immer unmittelbar als solches zur Beobachtung und ist der Anzahl der streuenden Teilchen proportional. Bei Gasen ist also für beide Arten der Streuung die Abhängigkeit von der Zahl der streuenden Teilchen dieselbe, für Flüssigkeiten und feste Körper aber nicht.

[1] Der Faktor 2 bei α^R ist hinzugefügt, um lästige Faktoren, die sonst später auftreten würden, zu vermeiden.

Bei diesen nimmt die gewöhnliche inkohärente Streuung mit abnehmender Temperatur ebenfalls ab, weil dabei die Dichteschwankungen klein werden, während die RAMANstreuung stets der Dichte selbst proportional bleibt. Allerdings nimmt auch die RAMANstreuung in Wirklichkeit mit sinkender Temperatur ab, weil die Schwingungsamplituden und damit die Größen α^R kleiner werden; nach der klassischen Theorie müßte sie somit beim absoluten Nullpunkt der Temperatur sogar verschwinden. Tatsächlich aber ist das nicht der Fall, vielmehr behält die Linie $\nu - \nu_0$ (im Gegensatz zur anderen Kombinationslinie $\nu + \nu_0$) *auch bei* $T = 0$ *eine endliche Amplitude.*

Wir stoßen hier auf einen klassisch nicht erklärbaren Zug der RAMANstreuung. Er folgt aber aus der oben erläuterten Quantenvorstellung SMEKALS; denn nach der Quantentheorie ist der Grundzustand eines Oszillators keineswegs schwingungsfrei, es existiert auch bei $T = 0$ eine *Nullpunktsschwingung*. Nun ist die Linie $\nu - \nu_0$ nach SMEKAL der Anzahl der Moleküle im Grundzustand proportional, die Linie $\nu + \nu_0$ der Anzahl im angeregten Zustand; mithin wird die erstere bei $T = 0$ bestehen bleiben, die letztere dagegen verschwinden.

3. Nach § 81 (16) ist das Streulicht der Frequenz $\omega = 2\pi\nu$ proportional zu ω^4 (ν^4 oder $1/\lambda^4$). Hiernach müßte sich die Intensität der beiden zur Eigenfrequenz ν_0 gehörenden RAMANlinien verhalten wie $[(\nu + \nu_0)/(\nu - \nu_0)]^4$, und die kurzwelligere müßte jedenfalls die stärkere sein (allerdings ist der Unterschied nicht groß, da ja $\nu \gg \nu_0$ vorausgesetzt ist). Der experimentelle Befund widerspricht dem: nach dem unter 2. Gesagten bleibt bei $T = 0$ überhaupt nur die Linie $\nu - \nu_0$ übrig.

Auch hier liegt wieder ein Fall vor, wo die klassische Erklärung versagt, während die SMEKALsche Quantenvorstellung den Sachverhalt richtig beschreibt. Die Linie $\nu - \nu_0$ entspricht ja dem Übergang des Atoms oder Moleküls vom Grundzustand in den angeregten, die Linie $\nu + \nu_0$ dem entgegengesetzten Übergang, und die Häufigkeit der Prozesse verhält sich wie die Anzahl der Moleküle im betreffenden Ausgangszustand. Der Grundzustand überwiegt im allgemeinen sehr stark, und zwar um so mehr, je tiefer die Temperatur ist.

Die Überlegenheit der Quantentheorie bei dieser Betrachtung ist keine Besonderheit, sondern ist immer dann vorhanden, wenn es sich um Intensitätsfragen in der Optik handelt. Die klassische Theorie versagt dort vollständig, während die Quantentheorie von den „Anregungsbedingungen" Rechenschaft gibt.

Die hier erörterten allgemeinen Grundzüge der Theorie des RAMANeffekts gelten auch in dem nachher zu behandelnden allgemeinsten Falle anisotroper Moleküle; es ist daher nicht nötig, noch einmal darauf zurückzukommen.

Ehe wir den Einfluß der Schwingungen auf den Streuvorgang weiter verfolgen, gehen wir kurz auf den

Einfluß der Molekülrotation auf den RAMANeffekt

ein, der natürlich nur im Gaszustand einfachen Gesetzen folgt.

Wenn der Polarisierbarkeitstensor im molekülfesten System (X, Y, Z) nicht isotrop ist, so sind seine Komponenten im raumfesten System (x, y, z) Funktionen der Zeit auch dann, wenn das Molekül nicht schwingt (was wir bis auf weiteres voraussetzen wollen); daher treten im Streulicht verschobene Linien auf. Nun sind aber die Frequenzen der Rotationen im allgemeinen viel kleiner als die der Oszillationen; entsprechend ist auch die Linienverschiebung viel kleiner. Die Oszillationsfrequenzen entsprechen dem kurzwelligen Ultrarot, nämlich Wellenlängen von 3 bis 50 μ, also Frequenzen von 0,1 bis $1{,}5 \cdot 10^{14}$ sec^{-1}; die Rotationsfrequenzen gehören zu Wellenlängen in der Gegend von 0,1 bis 1 mm,

d. h. Frequenzen von 0,3 bis $3 \cdot 10^{12}\,\mathrm{sec}^{-1}$. Die letztere Angabe kann man durch Abschätzung mit Hilfe des Gleichverteilungssatzes der statistischen Mechanik erhalten. Danach ist die mittlere kinetische Energie eines kinetischen Freiheitsgrades stets $\frac{1}{2}kT$, wo $k = 1{,}36 \cdot 10^{-16}$ erg/Grad die BOLTZMANNsche Konstante ist. Für ein Molekül vom Trägheitsmoment A und der Frequenz $\omega_0 = 2\pi\nu_0$ hat man also $\frac{\mathsf{A}}{2}\omega_0^2 = \frac{1}{2}kT$. Nun ist die Größenordnung des Trägheitsmomentes gegeben durch mr^2, wo m eine Atommasse (für Wasserstoff $m \approx 10^{-24}$ g) und r ein Kernabstand im Molekül ($\approx 10^{-8}$ cm) ist; hiernach wird für die leichtesten Atome A von der Ordnung $10^{-40}\,\mathrm{g\,cm}^2$. Durch Einsetzen folgt für Zimmertemperatur, $T \approx 300°$ abs., der Wert $\omega_0 \approx 10^{13}\,\mathrm{sec}^{-1}$, zu dem die Wellenlänge $\lambda_0 \approx 2 \cdot 10^{-2}$ cm gehört. Bei schweren Atomen ist sie entsprechend größer.

Nach der klassischen Theorie kommen alle möglichen Rotationsfrequenzen mit derjenigen Häufigkeit vor, die sich nach dem MAXWELLschen Verteilungsgesetz aus der zugehörigen Rotationsenergie berechnen. Man würde also als *Rotations-RAMANeffekt* eine kontinuierliche Verbreiterung der Streulinien erwarten. Die Quantentheorie dagegen sagt aus, daß in Wahrheit nur diskrete Rotationszustände möglich sind[1]. Ihre Häufigkeit wird durch die Energie nach dem MAXWELLschen Verteilungssatz bestimmt. Der Rotations-RAMANeffekt besteht danach wie der Schwingungseffekt aus *diskreten Linien*, die die ursprüngliche Linie eng umgeben. Wir behandeln im folgenden die Rotation nach der klassischen Mechanik; man erhält die diskreten quantentheoretischen Rotationszustände durch eine Auswahl aus der kontinuierlichen Mannigfaltigkeit der klassischen Möglichkeiten nach sog. „Quantenregeln". Doch brauchen wir hierauf nicht einzugehen.

In einem bestimmten Augenblick sind die Komponenten x, y, z im raumfesten System mit den Koordinaten X, Y, Z im molekülfesten verbunden durch eine orthogonale Transformation, die wir in leicht verständlicher Symbolik so schreiben:

$$X = \sum_x \cos(Xx) \cdot x. \tag{4}$$

Dreht sich das Molekül, so sind die Richtungskosinus Funktionen der Zeit. Wegen der Invarianzbeziehung § 76 (1),

$$\sum_{xy} \alpha_{xy} xy = \sum_{XY} \alpha_{XY} XY \tag{5}$$

wird

$$\alpha_{xy} = \sum_{XY} \cos(Xx)\cos(Yy)\,\alpha_{XY}. \tag{6}$$

Hier hat man noch für α_{XY} diejenige Zeitfunktion einzusetzen, die durch den Schwingungsvorgang bestimmt wird. Dann ist jede Komponente α_{xy} des Polarisationstensors eine Funktion der Zeit, $\alpha_{xy}(t)$.

Wir werden im folgenden immer die ***Voraussetzung machen, daß die Rotation und die Oszillation voneinander unabhängig*** sind; das soll heißen, daß die bei der Oszillation eintretende Deformation die Trägheitsmomente so wenig beeinflußt, daß sie als praktisch konstant angesehen werden können. Dann sind die Frequenz der Rotation ν_r und die der Oszillation ν_s feste, voneinander unabhängige Zahlen.

---

[1] Wir können auf diese Theorie der „Richtungsquantelung" nicht eingehen und verweisen auf die Lehrbücher der Quantentheorie, z. B. A. SOMMERFELD: Atombau und Spektrallinien. 5. Aufl. Braunschweig 1931.

In diesem Falle zeigt die Formel (6), wie die Rotationen und die Schwingungen die Zeitabhängigkeit der Funktion $\alpha_{xy}(t)$ bestimmen:

Die Rotation legt das Produkt der Richtungskosinus fest:

$$\cos(Xx)\cos(Yy) = D_{XY}^{xy}(t)\,. \tag{7}$$

Über die Rotationsbewegungen selbst brauchen wir nur dies zu wissen: Für jedes frei drehbare Molekül existiert eine raumfeste Impulsachse, und jede molekülfeste Achse beschreibt im allgemeinsten Falle eines dreiachsigen Trägheitsellipsoids eine Lissajous-artige Figur auf der Einheitskugel, die eine gewisse Zone mit der obenerwähnten Impulsachse als Zentrale überall dicht bedeckt. Nur im Falle zweiatomiger Moleküle (eines sog. *einfachen*, aus zwei Massenpunkten bestehenden *Rotators*) oder eines Kugelkreisels reduziert sich die Bewegung auf eine einfache Präzession mit nur einer Frequenz ω_r. Im allgemeinen aber ist die Bewegung eine beliebig periodische Zeitfunktion mit allen möglichen Frequenzen und läßt sich durch eine Fourierreihe darstellen. Wir schreiben demgemäß

$$D_{XY}^{xy}(t) = \sum_r d_{XY}^{xy}[\omega_r]\cos(\omega_r t + \delta_r)\,, \tag{8}$$

wobei die Summe über alle in der Bewegung vorkommenden Rotationsfrequenzen zu erstrecken ist.

Wegen der zu jeder Drehfrequenz gehörenden willkürlichen Phase sind die einzelnen Rotationsanteile voneinander statistisch unabhängig und erzeugen daher jede für sich eine RAMANlinie. Wir werden aber trotzdem vorläufig die Summe über r beibehalten, weil wir eine Überlegung anstellen müssen, die auch für den Fall gilt, daß die einzelnen RAMANlinien nicht aufgelöst sind.

Nach (7) ist durch (8) die Zeitabhängigkeit des ersten Faktors $\cos(Xx)\cos(Yy)$ der Summe (6) beschrieben. Der zweite Faktor $\alpha_{XY}(t)$ wird durch die Oszillationen bestimmt.

Hierbei ist wesentlich, daß sich jeder Schwingungsvorgang eines Systems von Massenpunkten bei hinreichend kleinen Amplituden als Superposition rein harmonischer Schwingungen auffassen läßt, der sog. *Eigenschwingungen*. Wir wollen hier auf diese Theorie näher eingehen, weil sie nicht nur hier, sondern auch später (VIII, § 98) in anderem Zusammenhange gebraucht wird.

Normalkoordinaten und Eigenschwingungen.

Ein System von n Massenpunkten $m_1, m_2, \ldots, m_n$ sei an Gleichgewichtslagen mit quasielastischen Kräften gebunden. Die Verrückung der Masse m_k sei $\mathfrak{u}_k$. Dann ist die kinetische Energie des Systems

$$T = \tfrac{1}{2}\sum_k m_k \dot{\mathfrak{u}}_k^2\,. \tag{9}$$

Wir nehmen an, daß alle Punkte miteinander gekoppelt seien, so daß die potentielle Energie eine allgemeine quadratische Form aller Verrückungskomponenten wird:

$$U = \tfrac{1}{2}\sum_{kl}\sum_{XY} a_{XY}^{kl}\mathfrak{u}_X^k\mathfrak{u}_Y^l\,, \qquad a_{XY}^{kl} = a_{YX}^{lk}\,. \tag{10}$$

Man kann nun sog. *Normalkoordinaten* einführen, in denen nicht nur die kinetische, sondern auch die potentielle Energie als Summe von Quadraten erscheint. Um zunächst die unbequemen Massenfaktoren wegzuschaffen, setzen wir

$$(11)\quad \left\{\begin{aligned} \sqrt{m_k}\,\mathfrak{u}_k &= \mathfrak{v}_k, \\ \frac{a_{XY}^{kl}}{\sqrt{m_k m_l}} &= \mathsf{K}_{XY}^{kl}. \end{aligned}\right.$$

Dann erhält man

$$(12)\quad U = \tfrac{1}{2}\sum_{kl}\sum_{XY}\mathsf{K}_{XY}^{kl}\,\mathfrak{v}_X^k\,\mathfrak{v}_Y^l, \qquad \mathsf{K}_{XY}^{kl} = \mathsf{K}_{YX}^{lk},$$

$$(13)\quad T = \tfrac{1}{2}\sum_k \dot{\mathfrak{v}}_k^2.$$

Man findet die Normalkoordinaten als Lösungen der homogenen Schwingungsgleichungen, die wir mit der Abkürzung

$$(14)\quad \mu = \omega^2$$

so schreiben:

$$(15)\quad \mu\,\mathfrak{v}_k = \sum_l\sum_Y \mathsf{K}_{XY}^{kl}\,\mathfrak{v}_{lY}.$$

Die Wurzeln der Säkulargleichung

$$(16)\quad |\mathsf{K}_{XY}^{kl} - \mu\,\delta_{kl}\,\delta_{XY}| = 0$$

seien $\mu_1, \mu_2, \ldots, \mu_j, \ldots$, und zu μ_j gehöre der „Eigenvektor“ $\mathfrak{e}_k^{(j)}$, d. h. es gelte identisch

$$(17)\quad \mu_j\,\mathfrak{e}_{kX}^{(j)} = \sum_l\sum_Y \mathsf{K}_{XY}^{kl}\,\mathfrak{e}_{lY}^{(j)}.$$

Schreibt man jeden Eigenwert so oft an, als seine Vielfachheit beträgt und numeriert durch ($j = 1, 2, \ldots, 3n$), so kann man das System der Eigenvektoren so wählen, daß ihre Komponenten im $3n$-dimensionalen Raume eine orthogonale Matrix

$$\begin{pmatrix} \mathfrak{e}_{1X}^{(1)} & \mathfrak{e}_{1X}^{(2)} & \ldots & \mathfrak{e}_{1X}^{(3n)} \\ \mathfrak{e}_{1Y}^{(1)} & \mathfrak{e}_{1Y}^{(2)} & \ldots & \mathfrak{e}_{1Y}^{(3n)} \\ \mathfrak{e}_{1Z}^{(1)} & \mathfrak{e}_{1Z}^{(2)} & \ldots & \mathfrak{e}_{1Z}^{(3n)} \\ \ldots & \ldots & \ldots & \ldots \\ \mathfrak{e}_{nY}^{(1)} & \mathfrak{e}_{nY}^{(2)} & \ldots & \mathfrak{e}_{nY}^{(3n)} \\ \mathfrak{e}_{nZ}^{(1)} & \mathfrak{e}_{nZ}^{(2)} & \ldots & \mathfrak{e}_{nZ}^{(3n)} \end{pmatrix}$$

bilden, d. h. daß, je nachdem man nach Zeilen oder Spalten summiert, die Gleichungen gelten

$$(18)\quad \sum_{k=1}^{n}\mathfrak{e}_k^{(j)}\,\mathfrak{e}_k^{(h)} = \delta_{jh},$$

$$(19)\quad \sum_{j=1}^{3n}\mathfrak{e}_{kX}^{(j)}\,\mathfrak{e}_{lY}^{(j)} = \delta_{kl}\,\delta_{XY}.$$

Man kann statt von dem System der n Eigenvektoren $\mathfrak{e}_k^{(j)}$ ($k = 1, 2, \ldots n$) im gewöhnlichen Raum auch von *einem Eigenvektor im $3n$-dimensionalen Konfigurationsraum* sprechen; die zu den verschiedenen Eigenfrequenzen ω_j ($j = 1, 2, \ldots 3n$) gehörigen Eigenvektoren $\mathfrak{e}_k^{(j)}$ bilden dann ein orthogonales Koordinatensystem im Konfigurationsraum.

Führt man nun die $3n$ Variabeln $\xi_j (j = 1, 2, \ldots, 3n)$ ein mit Hilfe der orthogonalen Transformationen

(20) $$\mathfrak{v}_{kX} = \sum_j \mathfrak{e}_{kX}^{(j)} \xi_j ,$$

deren Auflösung lautet:

(21) $$\xi_j = \sum_k \mathfrak{e}_k^{(j)} \mathfrak{v}_k ,$$

so erhält man durch Einsetzen in (12) und (13) mit Rücksicht auf die Orthogonalitätsrelationen (18) und (19)

(22) $$T = \tfrac{1}{2} \sum_j \dot{\xi}_j^2 ,$$

(23) $$U = \tfrac{1}{2} \sum_j \mu_j \xi_j^2 .$$

Die Bewegungsgleichungen der freien Schwingungen lauten nun

(24) $$\ddot{\xi}_j + \mu_j \xi_j = 0 , \qquad (j = 1, 2, \ldots, 3n) ;$$

sie zeigen, daß sich die Bewegung als Superposition von $3n$ *harmonischen Eigenschwingungen* ξ_j auffassen läßt; man hat nämlich aus (11) und (20)

(25) $$\mathfrak{u}_{kX} = \frac{1}{\sqrt{m_k}} \sum_j \mathfrak{e}_{kX}^{(j)} \xi_j , \qquad \xi_j = \xi_j^0 e^{i\omega_j t} , \qquad \mu_j = \omega_j^2 .$$

Das elektrische Moment des ganzen Systems läßt sich somit auf die Form bringen

(26) $$\mathfrak{p} = \sum_j \mathfrak{L}^{(j)} \xi_j ,$$

wo

(27) $$\mathfrak{L}^{(j)} = \sum_k \frac{e_k}{\sqrt{m_k}} \mathfrak{e}_k^{(j)} .$$

Diese *Eigenmomente* sind molekülfeste Vektoren, die durch den dynamischen Mechanismus eindeutig bestimmt sind.

Es kann vorkommen, daß zu einer Eigenfrequenz ω_j mehrere Eigenmomente $\mathfrak{L}^{(j)}$ gehören; dann ist offenbar jede Linearkombination der letzteren ebenfalls Eigenmoment zu ω_j. Man hat dann den Fall der *Entartung*.

Schwingungs- und Rotations-RAMANeffekt.

Kehren wir nun zum RAMANeffekt zurück, so haben wir zu beachten, daß jede Eigenschwingung hinsichtlich Amplitude und Phase von der anderen völlig unabhängig ist, also auch einen unabhängigen Anteil zum gesamten inkohärenten RAMANlicht liefert. Wir können daher jeden dieser Anteile des RAMANeffektes, genau wie es bei den Rotationsschwingungen der Fall war, für sich untersuchen und so tun, als führe das Molekül eine monochromatische Eigenschwingung $\omega_s = 2\pi\nu_s$ mit einem in ihm festen Eigenvektor $\mathfrak{L}^{(s)}$ aus. Dann wird der Polarisierbarkeitstensor im molekülfesten System die Form haben

(28) $$\alpha_{XY} = \alpha_{XY}^T + 2\alpha_{XY}^R \cos(\omega_s t + \delta_s) .$$

Setzen wir die Ausdrücke (7), (8) und (28) in (6) ein, so erhalten wir

(29) $$\alpha_{xy}(t) = \sum_{XY} \sum_r d_{XY}^{xy}[\omega_r] \cos(\omega_r t + \delta_r) \cdot \{\alpha_{XY}^T + 2\alpha_{XY}^R \cos(\omega_s t + \delta_s)\} .$$

Wir setzen

$$(30)\quad \begin{cases} \text{(a)} & \alpha_{xy}^T(t) = \sum_r \alpha_{xy}^T[\omega_r]\cos(\omega_r t + \delta_r), \\ \text{(b)} & \alpha_{xy}^R(t) = \sum_r \alpha_{xy}^R[\omega_r]\cos(\omega_r t + \delta_r), \end{cases}$$

wo

$$(31)\quad \begin{cases} \text{(a)} & \alpha_{xy}^T[\omega_r] = \sum_{XY} d_{XY}^{xy}[\omega_r]\,\alpha_{XY}^T, \\ \text{(b)} & \alpha_{xy}^R[\omega_r] = \sum_{XY} d_{XY}^{xy}[\omega_r]\,\alpha_{XY}^R \end{cases}$$

bedeutet. Dann wird aus (29)

$$(32)\quad \alpha_{xy}(t) = \alpha_{xy}^T(t) + 2\alpha_{xy}^R(t)\cos(\omega_s t + \delta_s).$$

Diese Gleichung tritt an die Stelle der einfachen Formel (1), die für isotrope Moleküle galt. Setzt man nun auch hier wieder $\mathfrak{E}$ in der Form (2) als periodische Zeitfunktion an und berücksichtigt die FOURIERentwicklung (30) für die Koeffizienten $\alpha_{xy}^T(t)$ bzw. $\alpha_{xy}^R(t)$, so erkennt man, daß das elektrische Moment eine Bewegung ausführt, die eine Superposition von einfachen harmonischen Schwingungen mit den Frequenzen

$$(33)\quad \omega' = \omega \pm \omega_r \pm \omega_s$$

ist:

$$(34)\quad \mathfrak{p}(t) = \sum_{\omega'} \mathfrak{p}[\omega']\cos(\omega' t + \delta').$$

Dabei kann sowohl die ursprüngliche Frequenz ω allein vorkommen ($\omega_r = 0$, $\omega_s = 0$), als auch reine Rotations- ($\omega_s = 0$) bzw. reine Oszillationsschwingungen ($\omega_r = 0$).

Die RAMANlinie ω' ist dann bestimmt durch den monochromatischen Anteil des elektrischen Moments $\mathfrak{p}[\omega']$ nach denselben Regeln, die wir in § 81 bei Berechnung der TYNDALLstreuung angewandt haben. Dabei ist jetzt aber das Quadrat des Gesamtmomentes und nicht das mittlere Schwankungsquadrat maßgebend; man hat also analog zu § 81 (16) für die Streuung des Volumens V, das im Mittel $\overline{\mathfrak{N}}$ Moleküle enthält, die Intensität

$$(35)\quad J = \frac{\omega'^4}{c^4}\,\frac{1}{r^2}\,\overline{\mathfrak{N}}\,\overline{|\mathfrak{p}[\omega']\cdot\mathfrak{q}|^2},$$

wobei über alle möglichen Lagen des Moleküls, d. h. seiner raumfesten Impulsachse zu mitteln ist.

Wir betrachten jetzt zunächst den Fall, daß die Rotationsfrequenz *nicht aufgelöst* ist, d. h. daß man ω_r neben $\omega \pm \omega_s$ vernachlässigen kann. Dann werden die Rotationslinien, die sich um die ursprüngliche Frequenz oder um eine Schwingungslinie herumgruppieren, eine *Verbreiterung* dieser Linien bewirken. Wir behaupten aber, daß *die Summe der Intensitäten aller Rotationslinien dieselbe ist, als ob man das Molekül nicht rotieren läßt, sondern nur die Mittelung über im Raum feststehende, aber beliebig orientierte Moleküle ausführt.* Insbesondere im Falle der Streuung der unveränderten Frequenz ν ist die Summe aller Rotationskomponenten genau identisch mit der im vorigen Paragraphen berechneten gewöhnlichen TYNDALLstreuung.

Der Beweis ist dieser: Aus (29) folgt bei Vernachlässigung von ω_r, daß die Summe aller Rotationsfrequenzen proportional mit $\sum_r |\mathfrak{p}[\omega \pm \omega_s \pm \omega_r]\cdot\mathfrak{q}|^2$ ist.

Nun ist aber bekanntlich die Quadratsumme aller FOURIERkoeffizienten gleich dem Zeitmittel des Quadrats der betreffenden Funktion, d. h. unsere Summe wird

$$\overline{|\mathfrak{p}[\omega \pm \omega_s, t] \cdot \mathfrak{q}|^2}. \tag{36}$$

Die erste Mittelung bezieht sich auf die Zeit, die zweite auf die räumliche Orientierung; beide kann man offenbar miteinander vertauschen. Mittelt man nun aber zunächst in einem festen Augenblick das in diesem Schwingungszustand vorhandene Moment über alle Lagen des Moleküls, so ist das Ergebnis natürlich zeitunabhängig, liefert also genau dasselbe Resultat, das wir im vorigen Paragraphen für im Raum feststehende, nicht rotierende Moleküle gewonnen haben. Die darauf folgende Zeitmittelung ändert daran nichts mehr, und unsere Behauptung ist bewiesen.

Wir beschränken uns zunächst auf diesen Fall der nicht aufgelösten Rotationsfeinstruktur. Nach dem eben Bewiesenen kann man dann statt der zeitabhängigen Größen $\alpha^T_{xy}(t)$ und $\alpha^R_{xy}(t)$ die Konstanten α^T_{xy}, α^R_{xy} nehmen, die dem in irgendeiner Lage fixierten Molekül entsprechen, und hat nach (34) und (32)

$$\mathfrak{p}_x = \sum_y \alpha_{xy} \mathfrak{E}_y = \sum_y (\alpha^T_{xy} + 2\alpha^R_{xy} \cos(\omega_s' t + \delta_s)) \mathfrak{E}^0_y \cos \omega t. \tag{37}$$

Behandelt man diese Gleichung genau wie die Formel (3), so erkennt man, daß für den Schwingungs-RAMANeffekt als Polarisationstensor α^R_{xy} maßgebend ist.

Wir können nunmehr die Ergebnisse des vorigen Paragraphen anwenden und finden für die Intensität der Oszillations-RAMANlinie nach § 81 (52)

$$J = J_0 \frac{(\omega \pm \omega_s)^4}{c^4} \frac{1}{r^2} \mathfrak{N} \left\{ \left(\Omega^R_0 + \frac{\Omega^R}{3} \right) \cos^2 \psi + \Omega^R \right\}. \tag{38}$$

Dabei sind Ω^R_0 und Ω^R genau so durch den Anteil α^R_{XY} des Polarisationstensors definiert, wie in § 81 (53), (54) durch die Komponenten des Tensors $\alpha_{XY} = \alpha^T_{XY}$ im nicht schwingenden Zustand, d. h.

$$\Omega^R_0 = \tfrac{1}{9} (\alpha^R_{XX} + \alpha^R_{YY} + \alpha^R_{ZZ})^2, \tag{39}$$

$$\Omega^R = \tfrac{1}{30} \{ (\alpha^R_{YY} - \alpha^R_{ZZ})^2 + (\alpha^R_{ZZ} - \alpha^R_{XX})^2 + (\alpha^R_{XX} - \alpha^R_{YY})^2 + 6(\alpha^{R2}_{YZ} + \alpha^{R2}_{ZX} + \alpha^{R2}_{XY}) \}. \tag{40}$$

Trotz dieser formalen Übereinstimmung besteht aber ein wesentlicher Unterschied des RAMANeffekts gegenüber der gewöhnlichen Streuung. Wenn man den Tensor α^R auf Hauptachsen transformiert, so können die Diagonalelemente $\alpha^R_{XX} = \alpha^R_X, \ldots$ auch negativ sein, d. h. das Polarisationsellipsoid kann durch die Schwingungen sowohl verlängert als auch abgeplattet werden. Daraus folgt aber, daß Ω^R_0 auch Null werden kann.

Der Depolarisationsgrad für linear polarisiertes einfallendes Licht, gegeben durch § 81 (63)

$$\Delta^R = \frac{\Omega^R}{\Omega^R_0 + \frac{4}{3}\Omega^R}, \tag{41}$$

der bei gewöhnlicher Streustrahlung $\leq \frac{1}{2}$ war, genügt hier der Ungleichung

$$\Delta^R \leq \tfrac{3}{4}, \tag{42}$$

wobei die obere Schranke $\frac{3}{4}$ für $\Omega^R_0 = 0$ erreicht wird.

Noch wesentlichere Unterschiede zwischen der RAMANstreuung und der TYNDALLstreuung als hinsichtlich des Maximalwertes der Depolarisation bestehen bei Einstrahlung mit *zirkularem Licht*. Wegen des indefiniten Charakters des Tensors α^R_{XY} kommt es nämlich vor, daß das Streulicht seinen Drehsinn gegenüber dem Einfallslicht umkehrt. Man kann dies folgendermaßen einsehen:

Wir betrachten eine in der z-Richtung fortschreitende Welle, haben also $\mathfrak{E}_z = 0$, und führen statt $\mathfrak{E}_x$ und $\mathfrak{E}_y$ die Linearkombinationen

$$\mathfrak{E}_r = \mathfrak{E}_x + i\mathfrak{E}_y, \quad \mathfrak{E}_l = \mathfrak{E}_x - i\mathfrak{E}_y \tag{43}$$

ein. Wenn $\mathfrak{E}_l = 0$ ist, so hat man offenbar rechtszirkulares Licht der Amplitude $\mathfrak{E}_r$, und umgekehrt. Entsprechend definieren wir

$$\mathfrak{p}_r = \mathfrak{p}_x + i\mathfrak{p}_y, \quad \mathfrak{p}_l = \mathfrak{p}_x - i\mathfrak{p}_y. \tag{44}$$

Setzt man hier

$$\left\{\begin{aligned} \mathfrak{p}_x &= \alpha_{xx}\mathfrak{E}_x + \alpha_{xy}\mathfrak{E}_y, \\ \mathfrak{p}_y &= \alpha_{yx}\mathfrak{E}_x + \alpha_{yy}\mathfrak{E}_y \end{aligned}\right. \tag{45}$$

ein, so erhält man

$$\left\{\begin{aligned} \mathfrak{p}_r &= \alpha_{rr}\mathfrak{E}_r + \alpha_{rl}\mathfrak{E}_l, \\ \mathfrak{p}_l &= \alpha_{lr}\mathfrak{E}_r + \alpha_{ll}\mathfrak{E}_l, \end{aligned}\right. \tag{46}$$

wo

$$\left\{\begin{aligned} \alpha_{rr} &= \alpha_{ll} = \tfrac{1}{2}(\alpha_{xx} + \alpha_{yy}), \\ \alpha_{rl} &= \tfrac{1}{2}(\alpha_{xx} - \alpha_{yy} + 2i\alpha_{xy}), \\ \alpha_{lr} &= \tfrac{1}{2}(\alpha_{xx} - \alpha_{yy} - 2i\alpha_{xy}). \end{aligned}\right. \tag{47}$$

Wir denken uns rechtszirkulares Licht auf das Molekül auffallen und fragen nach dem Intensitätsverhältnis der Rechts- und Linkszirkularkomponenten in dem der einfallenden Strahlung entgegen, unter dem Winkel 180° zurückgebeugten Licht. Wir setzen also in (46) $\mathfrak{E}_l = 0$; sodann bedenken wir, daß das im Sinne des einfallenden Lichts rechts rotierende Moment bei Beobachtung nach rückwärts links rotierend erscheint, und umgekehrt.

Daher ist das gesuchte Verhältnis, der *Umkehrkoeffizient*

$$\mathsf{P} = \frac{J_l}{J_r} = \frac{\overline{|\mathfrak{p}_r|^2}}{\overline{|\mathfrak{p}_l|^2}} = \frac{\overline{\alpha_{rr}\alpha_{rr}^*}}{\overline{\alpha_{lr}\alpha_{lr}^*}} = \frac{\overline{\alpha_{xx}^2} + \overline{\alpha_{yy}^2} + 2\overline{\alpha_{xx}\alpha_{yy}}}{\overline{\alpha_{xx}^2} + \overline{\alpha_{yy}^2} - 2\overline{\alpha_{xx}\alpha_{yy}} + 4\overline{\alpha_{xy}^2}} = \frac{\overline{\alpha_{xx}^2} + \overline{\alpha_{xx}\alpha_{yy}}}{\overline{\alpha_{xx}^2} - \overline{\alpha_{xx}\alpha_{yy}} + 2\overline{\alpha_{xy}^2}}, \tag{48}$$

wo die Mittelung über alle räumlichen Lagen zu erstrecken ist.

Die in (48) vorkommenden Mittelwerte haben wir bereits in den Gleichungen (b), (c) und (d) der Anmerkung 1, § 81, S. 379 bestimmt:

$$\overline{\alpha_{xx}^2} = \Omega_0 + \tfrac{4}{3}\Omega, \tag{49}$$

$$\overline{\alpha_{xx}\alpha_{yy}} = \Omega_0 - \tfrac{2}{3}\Omega, \tag{50}$$

$$\overline{\alpha_{xy}^2} = \Omega. \tag{51}$$

Es ergibt sich also für P (wir fügen wieder den oberen Index R hinzu):

$$\mathsf{P}^R = \frac{J_l}{J_r} = \frac{3\Omega_0^R + \Omega^R}{6\Omega^R}. \tag{52}$$

Ist die betrachtete Ramanlinie durch eine optisch isotrope Schwingung des Moleküls erzeugt, also $\Omega^R = 0$, so folgt $J_l/J_r = \infty$, d. h. das nach rückwärts (Ablenkung 180°) gestreute Licht, das durch rechts zirkulares einfallendes Licht erzeugt wird, ist vollständig links polarisiert, wie es auch anschaulich zu erwarten ist.

Bei solchen RAMANlinien aber, bei denen die Schwingung extrem anisotrop, also $\Omega_0^R = 0$ ist, ergibt sich eine sehr merkwürdige Folgerung. Man erhält nämlich alsdann

$$\mathfrak{p}^R = \frac{J_l}{J_r} = \frac{1}{6}, \tag{53}$$

d. h. es wird bei einfallendem rechtszirkularem Licht unter dem Winkel 180° (also nach rückwärts) 6mal soviel rechtszirkulares Licht wie linkszirkulares gestreut, und das bedeutet offenbar bezüglich des Drehsinns des Moments eine fast vollständige Umkehrung. Man kann dies überraschende Ergebnis[1] sich anschaulich klarmachen, indem man sich ein Molekül im Raum festgehalten denkt und die spezielle Annahme macht, daß die Beziehung zwischen Polarisierbarkeit und Feldstärke diese ist:

$$\left\{\begin{aligned} \mathfrak{p}_x &= \{\alpha^T + 2\alpha^R \cos(\omega t + \delta)\}\,\mathfrak{E}_x, \\ \mathfrak{p}_y &= \{\alpha^T - 2\alpha^R \cos(\omega t + \delta)\}\,\mathfrak{E}_y, \end{aligned}\right. \tag{54}$$

d. h. daß in derselben Schwingungsphase des Moleküls die Komponente $\mathfrak{E}_x$ des Feldes $\mathfrak{E}$ etwa dilatierend auf das Polarisierbarkeitsellipsoid in der x-Richtung wirkt (aber nicht auf seine Dimension in der y-Richtung), $\mathfrak{E}_y$ kontrahierend in der y-Richtung (aber nicht in der x-Richtung). Man kann dies auch so aussprechen: Es ist $\alpha_{xx}^R = -\alpha_{yy}^R = \alpha^R$, während alle anderen Komponenten des Zusatztensors verschwinden. Dann wird nach (47) $\alpha_{rr} = 0$, $\alpha_{rl} = \alpha^R$ und die Gleichung (48) zeigt direkt, daß $\mathfrak{p}^R = J_l/J_r = 0$ wird; rechtszirkular einfallendes Licht wird also rückwärts wieder als rechtszirkulares Licht gestreut, was Umkehrung des Drehsinns im Moment bedeutet. Hier sieht man den Mechanismus anschaulich: denn wenn der elektrische Vektor in der x-Richtung schwingt, so ist die Zusatzpolarisation ihm gleichgerichtet, wenn er in der y-Achse schwingt, ihm entgegen gerichtet. Daraus aber folgt, daß Rechtsrotation des elektrischen Vektors Linksrotation der Zusatzpolarisation bedeutet. Daß bei Mittelung über alle Lagen das Verhältnis $1:\infty$ sich in $1:6$ abschwächt, ist wohl ohne weiteres verständlich.

Bei der TYNDALLstreuung tritt dieser Umkehreffekt natürlich nicht auf. Hier ist nach § 81 (57) $\Omega \leqq \frac{3}{5}\,\Omega_0$, daher wird der § 82 (52) entsprechende Ausdruck für extreme Anisotropie ($\Omega = \frac{3}{5}\,\Omega_0$) gleich 1, d. h. $J_l = J_r$; das zurückgestreute Licht ist also völlig depolarisiert.

Die vorstehenden Betrachtungen beziehen sich auf den Fall, daß die Rotationsstruktur des RAMANeffekts nicht aufgelöst ist. Wir wenden uns nun zur Untersuchung des Falles, wo die *einzelne Rotationslinie* beobachtet werden kann. Zu einer genauen Beschreibung der hier auftretenden Erscheinungen müßte man die relative Lage des Trägheitsellipsoids und des Polarisationsellipsoids im Molekül kennen. Wir werden später (VIII, § 100) für einige einfache Molekülmodelle diese Frage genauer untersuchen. Hier wollen wir nur einige allgemeine Züge des Rotationseffekts ins Auge fassen.

Wir wiederholen: Der reine Rotations-RAMANeffekt wird durch den Tensor $\alpha_{xy}^T(t)$, der Oszillations-Rotations-RAMANeffekt durch den Tensor $\alpha_{xy}^R(t)$ [s. (30)] bestimmt, und zwar die einzelne Rotationslinie, die zu der Rotationsfrequenz ω_r

---

[1] Der Entdecker des RAMANeffekts hat geglaubt, daß die beobachtete Umkehr des Drehsinns bei zirkularem Licht auf elementarem Wege unverständlich und nur durch den „Spin" des Lichtquants erklärbar sei [C. V. RAMAN und S. BHAGAVANTAM, Ind. Journ. Phys. Bd. 6, S. 353 (1931); Nature, Bd. 128 (1931) S. 727; s. auch S. BHAGAVANTAM, Ind. Journ Phys. Bd. 7, S. 107, (1932)].
Die im Text gegebene einfache Erklärung stammt von G. PLACZEK (Leipz. Vortr. 1931 S. 71).

gehört, durch die FOURIERkoeffizienten (31) $\alpha^T_{xy}[\omega_r]$ bzw. $\alpha^R_{xy}[\omega_r]$. Man kann zu diesen Tensoren die Invarianten (39) und (40) definieren, und zwar werden, je nachdem man von den Tensoren als Zeitfunktionen oder von ihren FOURIERkoeffizienten ausgeht, auch die Invarianten Zeitfunktionen $\Omega_0(t)$ und $\Omega(t)$ oder Funktionen der Rotationsfrequenz $\Omega_0[\omega_r]$ und $\Omega[\omega_r]$. Aus den letzteren Größen kann man dann den Depolarisationsgrad $\Delta[\omega_r]$ für lineares Licht nach (41) und den Umkehrkoeffizienten $\mathsf{P}[\omega_r]$ nach (52) bilden.

Man sieht sofort, daß diese Effekte nur dann auftreten können, wenn die Anisotropiegrößen $\Omega^T(t)$ bzw. $\Omega^R(t)$ nicht verschwinden; sonst wäre nämlich die Polarisierbarkeit durch eine Kugel dargestellt, und die Rotation des Moleküls kann sich dann in der Streuung nicht auswirken. Die Rotationsstruktur ist umgekehrt unabhängig von den anderen Invarianten $\Omega^T_0(t)$ bzw. $\Omega^R_0(t)$, d. h. von der *Diagonalsumme* oder *Spur* des Polarisierbarkeitstensors:

$$(55)\quad \begin{cases} \alpha^T(t) = \frac{1}{3}(\alpha^T_{XX} + \alpha^T_{YY} + \alpha^T_{ZZ}), \\ \alpha^R(t) = \frac{1}{3}(\alpha^R_{XX} + \alpha^R_{YY} + \alpha^R_{ZZ}). \end{cases}$$

Denn sie wird bestimmt durch die bei der Rotation eintretenden Änderungen der raumfesten Komponenten des Polarisierbarkeitstensors, und diese bleiben dieselben, wenn man die Diagonalglieder des Tensors sich um denselben Betrag ändern läßt.

Wir denken uns den Polarisierbarkeitstensor $\alpha^T_{xy}(t)$ bzw. $\alpha^R_{xy}(t)$ in einen kugelsymmetrischen und einen spurfreien Anteil zerlegt, d. h. bilden (wir lassen die Unterscheidung, ob Oszillationen vorhanden sind oder nicht, d. h. den oberen Index fort):

$$(56)\quad \begin{cases} \begin{cases} \alpha'_{xy}(t) = \alpha(t)\cdot\delta_{xy} & \text{(kugelsymmetrisch)}, \\ \alpha''_{xy}(t) = \alpha_{xy}(t) - \alpha(t)\cdot\delta_{xy} & \text{(spurfrei)}, \end{cases} \\ \alpha_{xy}(t) = \alpha'_{xy}(t) + \alpha''_{xy}(t). \end{cases}$$

In ganz entsprechender Weise kann man die FOURIERkoeffizienten zerlegen:

$$(57)\quad \begin{cases} \begin{cases} \alpha'_{xy}[\omega_r] = \alpha[\omega_r]\cdot\delta_{xy} & \text{(kugelsymmetrisch)}, \\ \alpha''_{xy}[\omega_r] = \alpha_{xy}[\omega_r] - \alpha[\omega_r]\cdot\delta_{xy} & \text{(spurfrei)}, \end{cases} \\ \alpha_{xy}[\omega_r] = \alpha'_{xy}[\omega_r] + \alpha''_{xy}[\omega_r]. \end{cases}$$

Wir behaupten: Die beiden Anteile beteiligen sich an der Streuung unabhängig voneinander, d. h. es ist (unter Weglassung des Arguments ω_r):

$$(58)\quad \overline{\alpha^2_{xx}} = \overline{\alpha'^2_{xx}} + \overline{\alpha''^2_{xx}}, \qquad \overline{\alpha^2_{xy}} = \overline{\alpha'^2_{xy}} + \overline{\alpha''^2_{xy}}, \qquad \overline{\alpha_{xx}\alpha_{yy}} = \overline{\alpha'_{xx}\alpha'_{yy}} + \overline{\alpha''_{xx}\alpha''_{yy}}.$$

Der Beweis läuft offenbar darauf hinaus, zu zeigen, daß die drei Mittelwerte $\overline{\alpha'_{xx}\alpha''_{xx}}$, $\overline{\alpha'_{xy}\alpha''_{xy}}$, $\overline{\alpha'_{xx}\alpha''_{yy}}$ verschwinden. Für den zweiten ist das trivial, weil der Tensor $\alpha'[\omega_r]$ nur Diagonalelemente besitzt; für die beiden anderen folgt es daraus, daß die Diagonalelemente des kugelsymmetrischen Anteils $\alpha'[\omega_r]$ einander gleich und von der Orientierung des Moleküls unabhängig sind, so daß sich die beiden Mittelwerte auf $\alpha'\cdot\overline{\alpha''_{xx}}$ bzw. $\alpha'\cdot\overline{\alpha''_{yy}}$ reduzieren; nun ist aber $\overline{\alpha''_{xx}} = \overline{\alpha''_{yy}} = \frac{1}{3}(\overline{\alpha''_{xx}} + \overline{\alpha''_{yy}} + \overline{\alpha''_{zz}}) = \overline{\alpha''} = 0$, da ja der Tensor α'' spurfrei ist. Damit ist die Behauptung bewiesen.

Aus diesem Resultat folgt, daß man die Intensität der Rotations- und der Oszillations-Rotations-RAMANlinien erhält, indem man die Invarianten $\Omega^T_0[\omega_r]$ bzw. $\Omega^R_0[\omega_r]$ Null setzt; man hat also in beiden Fällen $\Delta = \frac{3}{4}$ und $\mathsf{P} = \frac{1}{6}$.

Der kugelsymmetrische Anteil des Polarisierbarkeitstensors trägt nur zu solchen Linien bei, die mit der Rotation nichts zu tun haben, also zur reinen

TYNDALLstreuung und zu reinen Oszillationslinien. In diesem Fall sagt der von uns bewiesene Satz nur so viel aus, daß man das Streulicht additiv aus einem kugelsymmetrischen und einem spurfreien Tensor zusammensetzen kann; d. h. die Invarianten Ω_0 und Ω setzen sich additiv zusammen aus den entsprechenden Tensoren. Man hat dann zur Berechnung des Depolarisationsgrades Δ und des Umkehrkoeffizienten P die allgemeinen Formeln (41) und (48) zu benutzen. Die Frage, wie groß die beiden Anteile sind bzw. ob der eine oder der andere unter Umständen verschwinden kann, läßt sich nur an Hand bestimmter Molekülmodelle beantworten. Wir kommen darauf in VIII, § 100 zurück.

§ 83. Optisches Drehungsvermögen isotroper Körper.

Wir haben bisher (s. § 73 bis 75) die ausdrückliche Voraussetzung gemacht, daß die Wellenlänge λ des betrachteten Lichts gegen die Moleküldurchmesser a (bzw. die Gitterabstände der Kristalle) sehr groß ist. Im folgenden wollen wir nun Erscheinungen betrachten, die sich unter dieser Annahme nicht mehr erklären lassen, und wir werden eine entsprechende Erweiterung der Theorie vornehmen, bei der das Verhältnis a/λ in erster Näherung berücksichtigt wird.

Die Entdeckung dieser Erscheinungen erfolgte 1811 durch ARAGO[1]. Erinnern wir uns an die in Kapitel V erörterten Gesetze der Lichtfortpflanzung in einachsigen Kristallen. Wir haben dort gesehen, daß ein solcher in Richtung der optischen Achse nicht doppelbrechend ist; ein parallel dieser Richtung einfallender, linear polarisierter Lichtstrahl passiert den Kristall unverändert.

Nun ist Quarz gemäß seiner Symmetrieverhältnisse ein einachsiger Kristall, sollte sich also optisch entsprechend verhalten. ARAGO beobachtete aber, daß eine senkrecht zur optischen Achse geschnittene planparallele Quarzplatte die Polarisationsebene des senkrecht hindurchtretenden linear polarisierten Lichtstrahls dreht. Diese Erscheinung wurde von BIOT näher erforscht, und FRESNEL erkannte (um 1820), daß sie auf eine *zirkulare Doppelbrechung* zurückführbar sei, ganz ähnlich, wie wir es bei Gelegenheit der durch ein Magnetfeld künstlich erzeugten Doppelbrechung (Faradayeffekt, s. § 78) erläutert haben. Doch besteht ein wesentlicher Unterschied zwischen dieser *natürlichen Drehung der Polarisationsebene* und der magnetischen:

Läßt man bei der Quarzplatte den linear polarisierten Lichtstrahl mit Hilfe eines Spiegels denselben Weg hin- und zurücklaufen, so wird die ursprüngliche Polarisationsebene wieder hergestellt, während, wie wir in § 78 sahen, bei der entsprechenden Anordnung im Magnetfeld die Drehung verdoppelt wird. Es verhält sich so, als ob in der Kristallplatte längs der optischen Achse eine für eine bestimmte Wellenlänge *feste Schraubenfläche* vorhanden sei, längs deren der Lichtvektor unabhängig von der Fortpflanzung sich entlangschraubt, während beim magnetischen Versuch der Schraubungssinn von der Fortpflanzungsrichtung des Lichts abhängt.

Die genauere Erforschung der Erscheinung hat dann gezeigt, daß sie bei allen solchen Kristallen auftritt[2], die in zwei enantiomorphen Formen vorliegen, d. h. solchen, die durch Spiegelung an einer Ebene auseinander hervorgehen (wie rechte und linke Hand).

---

[1] F. ARAGO: Mém. de la classe des sciences math. et phys. de l'Inst. 1811 (1) S. 115; Oeuvres compl. Bd. 10 S. 54. Paris-Leipzig 1858.

[2] Allerdings nicht nur bei solchen: Die theoretische Bedingung des Auftretens des Drehvermögens von Kristallen ist, wie wir sehen werden, das Fehlen eines Symmetriezentrums, (s. S. 418); bei Molekülen darf außerdem keine Symmetrieebene oder Drehspiegelachse auftreten (s. S. 410).

Das optische Verhalten eines Rechts- und eines Linkskristalls ist in dem einen durch eine Rechts-, in dem anderen durch eine Linksschraube für den Lichtvektor gegeben.

Dieser Effekt, den man auch mit dem etwas unbestimmten Namen *natürliche optische Aktivität* bezeichnet, tritt nicht nur für Strahlen parallel zur Achsenrichtung in Erscheinung; für jede Fortpflanzungsrichtung werden die in Kapitel V gegebenen Gesetze für die Brechungsindizes und Schwingungsverhältnisse ein wenig modifiziert. Wichtig ist die Tatsache, daß es auch *reguläre* Kristalle gibt (also solche, die nach der gewöhnlichen Kristalloptik isotrop sein müßten), die in jeder Richtung (gleiches) optisches Drehvermögen zeigen (wie z. B. Natriumchlorat).

Aber die Erscheinung ist überhaupt nicht auf Kristalle beschränkt, sondern tritt auch bei Flüssigkeiten, insbesondere bei Lösungen, auf. Hier muß man also annehmen, daß sie von der Struktur des einzelnen Moleküls herrührt. In jedem Molekül muß ein fester Schraubungssinn gegeben sein, und trotz der isotropen Verteilung der Molekülachsen muß im Mittel ein Drehungseffekt übrigbleiben. Es gibt z. B. Rechts- und Linkszucker, d. h. solchen, dessen wässerige Lösung die Polarisationsebene des Lichts nach rechts bzw. links dreht. Eine Lösung, die aus gleichen Teilen beider Arten besteht, dreht natürlich gar nicht. Eine chemische Substanz (eigentliche Verbindung oder Gemenge) die sich in zwei optisch aktive Komponenten spalten läßt, wird als *Razem* bezeichnet.

Für die Chemie ist die optische Aktivität ein ungeheuer wichtiges Hilfsmittel bei der Erforschung der Struktur der Moleküle. Bereits 1860 hat PASTEUR[1] den Gedanken ausgesprochen, daß die Aktivität auf einer Asymmetrie des Molekülbaues beruhen müsse. 1874 wurde diese Hypothese unabhängig und fast gleichzeitig von VAN'T HOFF[2] und LE BEL[3] für die organische Chemie fruchtbar gemacht. Sie erkannten, daß es zum Verständnis der optischen Aktivität notwendig sei, mit räumlichen Molekülmodellen zu operieren. Die Chemie hatte bis dahin versucht, die Mannigfaltigkeit der Verbindungen durch *ebene* Valenzschemata zu übersehen; jetzt aber wurde als notwendig erkannt, die Valenzrichtungen wirklich im *Raume* anzuordnen. Hier liegt der Ausgangspunkt der *Stereochemie*, der Lehre von der räumlichen Anordnung der Atome und Valenzen, die heute vor allem die organische Chemie beherrscht. Die Entdeckung von VAN'T HOFF und LE BEL beruhte auf der Erkenntnis, daß organische Verbindungen immer dann die Polarisationsebene drehen, wenn ein „asymmetrisches Kohlenstoffatom" vorhanden ist, d. h. ein solches, bei dem die vier Valenzen des Kohlenstoffatoms durch vier verschiedene Atome oder Radikale abgesättigt sind. Denkt man sich das Kohlenstoffatom mit seinen vier Valenzen unter dem Bilde eines Tetraeders, so ist die Bedingung für das Fehlen einer Symmetrieebene, daß die vier Ecken sämtlich mit verschiedenen Teilchen besetzt sind. Vertauscht man zwei dieser Teilchen, so entsteht eine spiegelbildliche Konfiguration, und zu dieser gehört ein Molekül mit umgekehrtem Drehungssinn. Man spricht dann von *optischer Isomerie*. Neuere Forschungen haben gezeigt, daß sie keineswegs auf Kohlenstoffverbindungen beschränkt ist, sondern immer dann auftritt, wenn das Molekül gemäß seiner chemischen Strukturformel keine Spiegelsymmetrie[4] besitzt.

[1] L. PASTEUR: Über die Asymmetrie bei natürlich vorkommenden organischen Verbindungen. 1868 (Ostwalds Klassiker 28).

[2] J. H. VAN'T HOFF: Voorsteel tot uitbriding der tegen woordig in de scheikunde gebruikte struktur-formules in de ruimte etc. Utrecht 1874; Bull. Soc. chim. France (2) Bd. 23 (1875) S. 296, 338; Ber. dtsch. chem. Ges. Bd. 10 (1877) S. 1620.

[3] J. A. LE BEL: Bull. Soc. chim. France (2) Bd. 22 (1874) S. 337.

[4] Genauere Bestimmung s. S. 410.

Die Gesetze der Lichtfortpflanzung in aktiven Substanzen suchte man früher (nach DRUDE und VOIGT[1]) dadurch zu beschreiben, daß man die Beziehung zwischen elektrischem Moment $\mathfrak{p}$ und wirkender Feldstärke $\mathfrak{E}'$ in geeigneter Weise so erweiterte, wie es dem Vorhandensein eines Schraubungssinnes im Molekül entspricht. Dabei wird auf eine modellmäßige Deutung dieses Zusammenhanges von $\mathfrak{p}$ und $\mathfrak{E}'$ verzichtet. Eine solche wurde unabhängig voneinander und fast gleichzeitig von OSEEN und dem Verfasser[2] gegeben, wobei als Hauptergebnis herauskam, daß im Grunde keine neue Annahmen nötig sind über die hinaus, die schon in der gewöhnlichen Theorie der Brechung und der Dispersion (s. Kap. VIII) gemacht werden. Das einfachste mechanische Modell für ein anisotropes Molekül ist ein System von miteinander gekoppelten harmonischen Resonatoren. Ein solches braucht man bereits, wenn man die in den vorhergehenden Paragraphen behandelten Erscheinungen der molekularen Anisotropie modellmäßig deuten will. Zu der Erklärung der optischen Aktivität ist es nun nicht nötig, an diesem Modell irgend etwas zu ändern, sondern man hat nur genauer zu rechnen:

Es genügt nicht mehr, die Wellenlänge als unendlich groß gegen den Durchmesser a des Moleküls anzusehen, sondern man muß die Glieder erster Ordnung in a/λ mitnehmen. Wir werden jetzt zeigen, daß man dadurch ohne weiteres eine Theorie der Aktivität erhält.

Hierbei muß man aber die Beschreibung des optischen Verhaltens unseres Moleküls ein wenig vertiefen: Die Angabe des Deformationstensors α genügt natürlich nicht mehr, um die Abhängigkeit des im Molekül vom Licht erzeugten Schwingungsvorganges von der Wellenlänge darzustellen.

Wir müssen vielmehr ein Modell benutzen, das die verschiedenen Teile des Moleküls einzeln zu betrachten erlaubt, ohne daß über den eigentlichen Mechanismus viel ausgesagt wird.

Erinnern wir uns an die in § 72 gegebene Definition des magnetischen Momentes, so sehen wir, daß auch dann, wenn dieses für das ungestörte Molekül Null ist, bei einer Störung ein Moment auftreten kann, das offenbar von der Größenordnung a/λ sein wird. Daher dürfen wir uns nicht mit der Berechnung des elektrischen Momentes $\mathfrak{p}$ des Moleküls begnügen, sondern müssen auch das durch die Lichtwelle erzeugte magnetische Moment $\mathfrak{m}$ berücksichtigen[3].

Wir denken uns das Molekül aus umlaufenden elektrischen Ladungen e_k bestehend, indem wir die Ortsvektoren $\mathfrak{r}_k$ als Zeitfunktionen ansehen. Dann ist das mittlere magnetische Moment definiert durch

$$\mathfrak{m} = \frac{1}{2c} \sum_k e_k \overline{(\mathfrak{r}_k \times \dot{\mathfrak{r}}_k)}\,. \tag{1}$$

Nach Voraussetzung soll dieses Moment für den ungestörten Zustand verschwinden. Die Lichtwelle bewirkt nun, daß $\mathfrak{r}_k$ durch $\mathfrak{r}_k + \mathfrak{u}_k$ zu ersetzen ist. Daher wird bei Vernachlässigung von quadratischen Gliedern in $\mathfrak{u}_k$:

$$\mathfrak{m} = \frac{1}{2c} \sum_k e_k \left\{\overline{(\mathfrak{r}_k \times \dot{\mathfrak{u}}_k)} + \overline{(\mathfrak{u}_k \times \dot{\mathfrak{r}}_k)}\right\}, \tag{2}$$

[1] W. VOIGT: Drudes Ann. Bd. 69 (1899) S. 307; Nachr. Ges. Wiss. Göttingen 1903 S. 155; P. DRUDE: Lehrbuch der Optik, II. Abschn., Kap. VI S. 368. Leipzig 1900; F. POCKELS: Lehrbuch der Kristalloptik, II. Teil, Kap. II, § 6 S. 319. Leipzig 1906; P. DRUDE: Nachr. Ges. Wiss. Göttingen 1892 S. 400; 1904 S. 1.

[2] M. BORN: Dynamik der Kristallgitter, § 36 S. 109. Leipzig 1915; Physik. Z. Bd. 16 (1915) S. 437, Bd. 16 (1915) S. 251; Ann. Physik (4) Bd. 55 (1917) S. 177; C. W. OSEEN: Ann. Physik (4) Bd. 48 (1915) S. 1.

[3] S. hierzu G. L. PALUMBO: Ann. Physik (4) Bd. 79 (1926) S. 533 (Anhang von R. GANS); V. BURSIAN u. A. TIMOREW: Z. Physik Bd. 38 (1926) S. 475.

wo die Striche Mittelungen über die Bewegungen der Elektronen im Molekül bedeuten. Da nun das Zeitmittel jeder totalen Ableitung nach der Zeit verschwindet, so ist

$$\overline{\mathfrak{r}_k \times \dot{\mathfrak{u}}_k} + \overline{\dot{\mathfrak{r}}_k \times \mathfrak{u}_k} = \overline{\frac{d}{dt}(\mathfrak{r}_k \times \mathfrak{u}_k)} = 0. \tag{3}$$

Daher wird

$$\mathfrak{m} = \frac{1}{c} \sum_k e_k \overline{(\mathfrak{r}_k \times \dot{\mathfrak{u}}_k)}. \tag{4}$$

Diese Umformung erlaubt uns nun auch im Falle der Berücksichtigung der magnetischen Erregung mit einem *statischen* Modell auszukommen, und zwar werden wir dieses folgendermaßen konstruieren:

Wir denken uns ein System diskreter Punktladungen e_k, die gegen ihre raumfesten Gleichgewichtslagen $\mathfrak{r}_k$ Verrückungen $\mathfrak{u}_k$ erfahren können. Dann werden wir das bei diesen Verrückungen entstehende elektrische und magnetische Moment so zu definieren haben:

$$(5)\begin{cases} \text{(a)} & \mathfrak{p} = \sum_k e_k \mathfrak{u}_k, \\ \text{(b)} & \mathfrak{m} = \frac{1}{c} \sum_k e_k (\mathfrak{r}_k \times \dot{\mathfrak{u}}_k) \end{cases}$$

wobei das Fortfallen des Faktors $\frac{1}{2}$ gegenüber der Formel (1) auf Grund von (4) zu beachten ist]. Wir nehmen weiter an, daß die Verrückungen *linear* von den Komponenten der Kräfte $\mathfrak{K}_k$, die an den Partikeln angreifen, und zwar simultan von sämtlichen abhängen:

$$\mathfrak{u}_{kx} = \sum_l \sum_y A_{xy}^{kl} \mathfrak{K}_{ly}. \tag{6}$$

Machen wir überdies die Annahme, daß die Wechselwirkungen der Teilchen konservativer Natur sind, so sind in (6) die Kraftkoeffizienten A_{xy}^{kl} symmetrisch in den Indexpaaren x, k und y, l:

$$A_{xy}^{kl} = A_{yx}^{lk}. \tag{7}$$

Von diesem diskreten Modell kann man zu einem solchen mit kontinuierlicher Ladungsverteilung, wie es in der Quantenmechanik angenommen wird, leicht übergehen, indem man die Dichte der Gleichgewichtslagen vergrößert und die Punktladungen e_k entsprechend abnehmen läßt. Über die Verteilung der Geschwindigkeiten (oder der AMPÈREschen Molekularströme) brauchen wir nichts weiter vorauszusetzen, weil sie bereits durch die obige Betrachtung über das magnetische Moment [Fortfall des Faktors $\frac{1}{2}$ in (5b)] berücksichtigt ist.

Die Koeffizienten A_{xy}^{kl} stellen bei festgehaltenen Indizes k, l einen Raumtensor zweiter Stufe dar. Einen solchen kann man in einen symmetrischen (s) und einen antisymmetrischen (a) Anteil zerlegen:

$$A_{xy}^{kl} = s_{xy}^{kl} + a_{xy}^{kl}; \tag{8}$$

hierbei ist

$$(9)\begin{cases} \text{(a)} & s_{xy}^{kl} = \frac{1}{2}(A_{xy}^{kl} + A_{yx}^{kl}) = s_{yx}^{kl}, \\ \text{(b)} & a_{xy}^{kl} = \frac{1}{2}(A_{xy}^{kl} - A_{yx}^{kl}) = -a_{yx}^{kl} = -\mathfrak{a}_z^{kl}. \end{cases}$$

In (9b) ist dabei noch die bekannte Tatsache benutzt, daß die drei von Null verschiedenen Komponenten eines antisymmetrischen Tensors zweiter Stufe sich transformieren wie die Komponenten eines (axialen) Vektors $\mathfrak{a}^{kl}$. Diese beiden Anteile werden in folgendem eine ganz verschiedene Rolle spielen.

Wir nehmen nun an, die in den einzelnen Punkten angreifenden äußeren Kräfte $\mathfrak{K}_k$ rühren von einer Lichtwelle her, die durch den Ansatz $\mathfrak{E} = \mathfrak{E}^0 e^{i\omega t} e^{-\frac{2\pi i}{\lambda}\mathfrak{r}\mathfrak{s}}$ dargestellt sei. Dann ist also

$$\mathfrak{K}_k = e_k \mathfrak{E}^0 e^{-\frac{2\pi i}{\lambda}\mathfrak{r}_k \mathfrak{s}} \tag{10}$$

Statt der Verrückungen $\mathfrak{u}_k$ führen wir ihre maximalen Amplituden $\mathfrak{U}_k$ vermöge der Gleichungen

$$\mathfrak{u}_k = \mathfrak{U}_k e^{-\frac{2\pi i}{\lambda}\mathfrak{r}_k \mathfrak{s}} \tag{11}$$

ein. Sie sind unabhängig von der zufälligen Lage des Atoms gegen die Phase der Lichtwelle, genau so wie die Amplitude $\mathfrak{E}^0$ der Lichtwelle selbst unabhängig von der Phase bestimmt ist. Der Exponentialfaktor fällt aus sämtlichen Gleichungen (MAXWELLsche Differentialgleichungen, Materialgleichungen) selbstverständlich heraus, und diese reduzieren sich auf Beziehungen zwischen den maximalen Amplituden.

Wir bilden die Amplitude des elektrischen Momentes unseres Moleküls:

$$\mathfrak{p}_0 = \sum_k e_k \mathfrak{U}_k . \tag{12}$$

Um es zu berechnen, setzen wir (10) und (11) in (6) ein und erhalten

$$\mathfrak{U}_{kx} = \sum_l \sum_y A_{xy}^{kl} e_l \mathfrak{E}_y^0 e^{\frac{2\pi i}{\lambda}(\mathfrak{r}_k - \mathfrak{r}_l)\mathfrak{s}} , \tag{13}$$

also

$$\mathfrak{p}_x = \sum_{k,l} \sum_y A_{xy}^{kl} e_k e_l e^{\frac{2\pi i}{\lambda}(\mathfrak{r}_k - \mathfrak{r}_l)\mathfrak{s}} \mathfrak{E}_y^0 . \tag{14}$$

Wir machen nun die Annahme, daß die Wellenlänge groß sei gegen die Dimension des Moleküls und entwickeln entsprechend die Exponentialfunktion in (14) bis zu Gliedern erster Ordnung:

$$\mathfrak{p}_x = \sum_{k,l} \sum_y A_{xy}^{kl} e_k e_l \left\{1 + \frac{2\pi i}{\lambda}(\mathfrak{r}_k - \mathfrak{r}_l)\mathfrak{s}\right\} \mathfrak{E}_y^0 . \tag{15}$$

Für diesen Ausdruck wollen wir kurz schreiben[1]:

$$\mathfrak{p}_x = \sum_y \alpha_{xy} \mathfrak{E}_y^0 + \sum_{y,z} \alpha_{xy,z} \mathfrak{E}_y^0 \mathfrak{s}_z . \tag{16}$$

wo

$$\alpha_{xy} = \sum_{k,l} A_{xy}^{kl} e_k e_l , \tag{17}$$

$$\alpha_{xy,z} = \frac{2\pi i}{\lambda} \sum_{k,l} A_{xy}^{kl} (z_k - z_l) e_k e_l \tag{18}$$

gesetzt ist. Dabei sind die α_{xy} *reell*, die $\alpha_{xy,z}$ *rein imaginär*.

Man erkennt nun leicht, daß die Größen (17) nur von dem symmetrischen, die Größe (18) nur von dem antisymmetrischen Anteil der A_{xy}^{kl} abhängen. Man

[1] Das hier eingeführte Dreiindizessymbol ist nicht dasselbe wie das in § 77 mit demselben Buchstaben bezeichnete.

kann nämlich die Summationsindizes k, l miteinander vertauschen, dann die allgemeine Symmetrierelation (7) anwenden, und erhält

$$\alpha_{xy} = \sum_{k,l} A_{yx}^{kl} e_k e_l, \tag{19}$$

$$\alpha_{xy,z} = -\frac{2\pi i}{\lambda} \sum_{k,l} A_{yx}^{kl} (z_k - z_l) e_k e_l. \tag{20}$$

Bildet man nun die halbe Summe der Ausdrücke (19) und (17) bzw. (20) und (18), so erhält man

$$\alpha_{xy} = \alpha_{yx} = \sum_{k,l} s_{xy}^{kl} e_k e_l, \tag{21}$$

$$\alpha_{xy,z} = -\alpha_{yx,z} = \frac{2\pi i}{\lambda} \sum_{k,l} a_{xy}^{kl} (z_k - z_l) e_k e_l. \tag{22}$$

Im Grenzfalle unendlich langer Wellen bleiben nur die α_{xy} übrig, die mit den Komponenten des früher (s. § 73) eingeführten Deformationstensors identisch sind. Die *neuen* Effekte, die wir hier zu behandeln haben, beruhen auf den Zusatzgliedern $\alpha_{xy,z}$. Diese kann man wegen des antisymmetrischen Verhaltens in den ersten beiden Indizes durch Einführung einer neuen Bezeichnungsweise einfacher schreiben. Die $\alpha_{xy,z}$ verschwinden, sobald die beiden ersten Indizes übereinstimmen; die übrigbleibenden Komponenten sind paarweise einander entgegengesetzt gleich; wir schreiben für diese

$$\left\{\begin{array}{lll} \alpha_{yz,x} = -\alpha_{zy,x} = -i g_{xx}, & \alpha_{yz,y} = -\alpha_{zy,y} = -i g_{xy}, & \alpha_{yz,z} = -\alpha_{zy,z} = -i g_{xz}, \\ \alpha_{zx,x} = -\alpha_{xz,x} = -i g_{yx}, & \alpha_{zx,y} = -\alpha_{xz,y} = -i g_{yy}, & \alpha_{zx,z} = -\alpha_{xz,z} = -i g_{yz}, \\ \alpha_{xy,x} = -\alpha_{yx,x} = -i g_{zx}, & \alpha_{xy,y} = -\alpha_{yx,y} = -i g_{zy}, & \alpha_{xy,z} = -\alpha_{yx,z} = -i g_{zz}. \end{array}\right. \tag{23}$$

Mit Hilfe des in (9b) eingeführten axialen Vektors $\mathfrak{a}^{kl}$ kann man nun kurz schreiben

$$g_{xy} = \frac{2\pi}{\lambda} \cdot \sum_{k,l} \mathfrak{a}_x^{kl} (y_k - y_l) e_k e_l. \tag{24}$$

Diese Größen g_{xy} bilden dabei die Komponenten eines (im allgemeinen nicht symmetrischen) Tensors, den wir als *Gyrationstensor* bezeichnen; er ist reell, wenn die Kopplungskoeffizienten A_{xy}^{kl} reell sind (was bei verschwindender Dämpfung der Fall ist; s. Kap. VIII, § 99).

Die Zusatzglieder in (16) schreiben sich nunmehr in folgender Weise[1]:

$$\left\{\begin{array}{l} \sum_{yz} \alpha_{xy,z} \mathfrak{E}_y \mathfrak{z}_z = -i \mathfrak{E}_y (g_{zx}\mathfrak{z}_x + g_{zy}\mathfrak{z}_y + g_{zz}\mathfrak{z}_z) + i \mathfrak{E}_z (g_{yx}\mathfrak{z}_x + g_{yy}\mathfrak{z}_y + g_{yz}\mathfrak{z}_z) \\ \qquad = -i (\mathfrak{E}_y \mathfrak{d}_z - \mathfrak{E}_z \mathfrak{d}_y), \end{array}\right. \tag{25}$$

wo

$$\mathfrak{d}_x = g_{xx}\mathfrak{z}_x + g_{xy}\mathfrak{z}_y + g_{xz}\mathfrak{z}_z, \ldots \tag{26}$$

gesetzt ist. Die Gleichung (16) selbst wird nunmehr

$$\mathfrak{p}_x = \sum_y \alpha_{xy} \mathfrak{E}_y + i (\mathfrak{d} \times \mathfrak{E})_x. \tag{27}$$

[1] Wir schreiben statt $\mathfrak{E}^0$ einfach $\mathfrak{E}$.

Diese Formel stimmt genau mit dem Ansatz § 73 (17) überein. Dort ist nur der Deformationstensor α_{xy} auf das im Molekül feste Koordinatensystem bezogen und statt $\mathfrak{E}$ ist die wirkende Feldstärke $\mathfrak{E}'$ gesetzt. Damit ist gezeigt, daß unser Modell gerade den allgemeinsten hermitischen Deformationstensor ergibt. Darüber hinaus ist die Abhängigkeit des Drehanteils $\mathfrak{d}$ von der Wellennormalen $\mathfrak{s}$ durch die Formel (26) gewonnen worden.

Wir bilden jetzt das magnetische Moment nach (5b) und erhalten durch Einsetzen von (6) und (10) in diese Gleichung mit $\dot{\mathfrak{E}} = i\omega\mathfrak{E} = \frac{2\pi c i}{\lambda_0}\mathfrak{E} = \frac{2\pi c i}{n\lambda}\mathfrak{E}$

$$(28)\quad \mathfrak{m}_x = \frac{2\pi i}{\lambda n}\sum_{k,l} e_k e_l\{\mathfrak{E}_x(y_k A^{kl}_{zx} - z_k A^{kl}_{yx}) + \mathfrak{E}_y(y_k A^{kl}_{zy} - z_k A^{kl}_{yy}) + \mathfrak{E}_z(y_k A^{kl}_{zz} - z_k A^{kl}_{yz})\}.$$

Denken wir jetzt die Zerlegung (8) von A in s und a vorgenommen, so behaupten wir zunächst, daß der Anteil, der von a herrührt, von der Wahl des Nullpunktes der Koordinatenzählung unabhängig ist; es ist nämlich

$$(29)\quad \left\{\begin{aligned} \sum_{k,l} e_k e_l y_k a^{kl}_{zx} &= \sum_{k,l} e_k e_l y_l a^{lk}_{zx} = \sum_{k,l} e_k e_l y_l a^{kl}_{xz} \\ &= -\sum_{k,l} e_k e_l y_l a^{kl}_{zx} = \tfrac{1}{2}\sum_{k,l} e_k e_l a^{kl}_{zx}(y_k - y_l)\,, \end{aligned}\right.$$

woraus die Behauptung hervorgeht.

Dagegen werden die in entsprechender Weise mit dem symmetrischen Anteil s gebildeten Größen davon abhängen, wo der Nullpunkt angenommen ist, oder umgekehrt ausgedrückt: wenn bei festem Nullpunkt das Molekül als ganzes verschoben wird, so werden diese symmetrischen Anteile alle möglichen Werte annehmen, und zwar werden sie linear mit der Verschiebung des Moleküls variieren. Da nun Moleküle aller möglichen Lagen vorkommen, so wird der Mittelwert dieses Anteils Null sein. Mithin bleibt nur der antisymmetrische Anteil übrig, und aus (28) wird

$$\begin{aligned} \mathfrak{m}_x &= \frac{2\pi i}{n\lambda}\cdot\frac{1}{2}\sum_{k,l} e_k e_l\{[a^{kl}_{zx}(y_k - y_l) - a^{kl}_{yx}(z_k - z_l)]\,\mathfrak{E}_x \\ &\quad + [a^{kl}_{zy}(y_k - y_l) - a^{kl}_{yy}(z_k - z_l)]\,\mathfrak{E}_y + [a^{kl}_{zz}(y_k - y_l) - a^{kl}_{yz}(z_k - z_l)]\,\mathfrak{E}_z\} \\ &= \frac{2\pi i}{n\lambda}\cdot\frac{1}{2}\sum_{k,l} e_k e_l\{[\mathfrak{a}^{kl}_z(z_k - z_l) - \mathfrak{a}^{kl}_y(y_k - y_l)]\,\mathfrak{E}_x \\ &\qquad + \mathfrak{a}^{kl}_x(y_k - y_l)\,\mathfrak{E}_y + \mathfrak{a}^{kl}_x(z_k - z_l)\,\mathfrak{E}_z\}, \end{aligned}$$

also nach (24)

$$(30)\qquad \mathfrak{m}_x = -\frac{i}{2n}\{(g_{yy} + g_{zz})\,\mathfrak{E}_x - g_{xy}\mathfrak{E}_y - g_{xz}\mathfrak{E}_z\}\,,$$

oder auch

$$(31)\qquad \mathfrak{m}_x = -\frac{i}{2n}\{3g\,\mathfrak{E}_x - \sum_y g_{xy}\mathfrak{E}_y\}\,,$$

wo

$$(32)\qquad g = \frac{1}{3}(g_{xx} + g_{yy} + g_{zz}) = \frac{2\pi n}{\lambda_0}\,\frac{1}{3}\sum_{k,l}\mathfrak{a}^{kl}(\mathfrak{r}_k - \mathfrak{r}_l)\,e_k e_l$$

gesetzt ist.

Die Formeln (31) zeigen, daß die Wirkung des Lichtvektors auf das magnetische Moment durch denselben Tensor g_{xy} bestimmt ist, der auch gemäß (25), (26) das elektrische Moment bestimmt.

Wir wollen zunächst die

optisch aktiven Flüssigkeiten und Gase

behandeln. Bei ihnen haben wir die Momente über eine isotrope Richtungsverteilung der Moleküle zu mitteln. Nach den Resultaten von § 76, 77 erhält man dann

$$(33)\quad \begin{cases} \overline{g_{xx}} = \overline{g_{yy}} = \overline{g_{zz}} = g, \\ \overline{g_{yz}} = \overline{g_{zx}} = \overline{g_{xy}} = 0 = \overline{g_{zy}} = \overline{g_{xz}} = \overline{g_{yx}}. \end{cases}$$

Die Invariante g wollen wir die *Gyrationskonstante* des Moleküls nennen (sie entspricht der in § 73 eingeführten mittleren Polarisierbarkeit α).

g ist nur dann von Null verschieden, wenn das Molekül weder ein Symmetriezentrum noch eine Symmetrieebene besitzt. (Symmetrieachsen beliebiger Zähligkeit sind zulässig.) Denken wir uns nämlich ein molekülfestes Koordinatensystem, so transformiert sich der Axialvektor $\mathfrak{a}^{kl}$ wie das Produkt zweier polarer Vektoren, $\mathfrak{r}_1 \times \mathfrak{r}_2$, das skalare Produkt $\mathfrak{a}^{kl}(\mathfrak{r}_k - \mathfrak{r}_l)$ also wie $(\mathfrak{r}_1 \times \mathfrak{r}_2) \cdot \mathfrak{r}_3$, d. h. wie die Volumendeterminante

$$\begin{vmatrix} x_1 & y_1 & z_1 \\ x_2 & y_2 & z_2 \\ x_3 & y_3 & z_3 \end{vmatrix};$$

diese aber wechselt ihr Zeichen sowohl bei jeder Spiegelung an einer Ebene ($x \to x$, $y \to y$, $z \to -z$) als auch bei jeder Spiegelung an einem Punkte ($x \to -x$, $y \to -y$, $z \to -z$). Bei jeder solchen Spiegelung wird also in der definierenden Summe (32) zu einem Punktepaar k, l ein zweites Paar k', l' gehören, für die die Ladungen übereinstimmen, $e_k = e_{k'}$, $e_l = e_{l'}$, während der Wert des Skalarproduktes bei beiden Punktepaaren entgegengesetzt ist, $\mathfrak{a}^{kl}(\mathfrak{r}_k - \mathfrak{r}_l) = -\mathfrak{a}^{k'l'}(\mathfrak{r}_{k'} - \mathfrak{r}_{l'})$. Die Glieder heben sich also paarweise auf.

Die Beziehungen (26) lauten nunmehr

$$(34)\qquad \mathfrak{d} = g\mathfrak{z},$$

und (27) bzw. (31) gehen bei der Mittelung über in

$$(35)\quad \begin{cases} \text{(a)} & \mathfrak{p} = \alpha\mathfrak{E}' + ig(\mathfrak{z} \times \mathfrak{E}'), \\ \text{(b)} & \mathfrak{m} = -\frac{i}{n} g\mathfrak{E}', \end{cases}$$

wobei wir gleich die wirkende Feldstärke $\mathfrak{E}'$ eingeführt haben.

Aus diesen Gleichungen (35) erhält man ohne weiteres die Momente der Volumeneinheit, $\mathfrak{P}$ und $\mathfrak{M}$, oder die dielektrische Verschiebung $\mathfrak{D}$ und die magnetische Induktion $\mathfrak{B}$:

$$(36)\quad \begin{cases} \text{(a)} & \mathfrak{D} = \mathfrak{E} + 4\pi\mathfrak{P} = \mathfrak{E} + 4\pi N\mathfrak{p}, \\ \text{(b)} & \mathfrak{B} = \mathfrak{H} + 4\pi\mathfrak{M} = \mathfrak{H} + 4\pi N\mathfrak{m}. \end{cases}$$

Um die Abhängigkeit der wirkenden Feldstärke $\mathfrak{E}'$ von dem Lichtfelde $\mathfrak{E}$ zu bestimmen, genügt es wie früher (§ 76), die Zusatzglieder mit g fortzulassen, so daß man wieder die Gleichung erhält [s. § 77 (31), § 76 (15)]

$$(37)\qquad \mathfrak{E}' = \frac{\varepsilon + 2}{3}\mathfrak{E}, \quad \text{wo} \quad \frac{\varepsilon - 1}{\varepsilon + 2} = \frac{4\pi N\alpha}{3}.$$

Dann lauten die *optischen Grundgleichungen für isotrope aktive Substanzen*

$$(38)\quad \begin{cases} \text{(a)} & \mathfrak{D} = \varepsilon \mathfrak{E} + i\gamma (\mathfrak{s} \times \mathfrak{E}), \\ \text{(b)} & \mathfrak{B} = \mathfrak{H} - \frac{i}{n} \gamma \mathfrak{E} \end{cases}$$

wo

$$(39)\quad \gamma = \frac{4\pi N}{3} (\varepsilon + 2) g$$

gesetzt ist.

Da es sich um isotrope Körper handelt, können wir ohne Einschränkung der Allgemeinheit die z-Achse parallel zur Wellennormalen legen. Dann lauten unsere Gleichungen (38)

$$(40)\quad \begin{cases} \mathfrak{D}_x = \varepsilon \mathfrak{E}_x - i\gamma \mathfrak{E}_y, & \mathfrak{B}_x = \mathfrak{H}_x - \frac{i\gamma}{n} \mathfrak{E}_x, \\ \mathfrak{D}_y = \varepsilon \mathfrak{E}_y + i\gamma \mathfrak{E}_x, & \mathfrak{B}_y = \mathfrak{H}_y - \frac{i\gamma}{n} \mathfrak{E}_y, \\ \mathfrak{D}_z = \varepsilon \mathfrak{E}_z, & \mathfrak{B}_z = \mathfrak{H}_z - \frac{i\gamma}{n} \mathfrak{E}_z. \end{cases}$$

Wir dürfen nun nicht wie früher (§ 78) die optischen Grundgleichungen V, § 58 (14) benutzen, da diese ja nur unter der Voraussetzung $\mathfrak{B} = \mathfrak{H}$ abgeleitet waren, sondern müssen auf die MAXWELLschen Gleichungen selbst zurückgehen, die für ebene Wellen [vgl. V, § 58 (13), wo $\mathfrak{H}$ statt $\mathfrak{B}$ steht]

$$(41)\quad n(\mathfrak{H} \times \mathfrak{s}) = \mathfrak{D}, \quad n(\mathfrak{E} \times \mathfrak{s}) = -\mathfrak{B}$$

lauten und die für unsere Wahl des Koordinatensystems

$$(42)\quad \begin{cases} n\mathfrak{H}_y = \mathfrak{D}_x, & -n\mathfrak{E}_y = \mathfrak{B}_x, \\ -n\mathfrak{H}_x = \mathfrak{D}_y, & n\mathfrak{E}_x = \mathfrak{B}_y, \\ 0 = \mathfrak{D}_z, & 0 = \mathfrak{B}_z \end{cases}$$

liefern. Aus diesen Gleichungen (42) folgt zunächst, daß die Welle in sämtlichen Vektoren transversal ist. Wir brauchen also nur noch die Verhältnisse in der xy-Ebene zu studieren und führen zu diesem Zwecke wie in § 78 (5) und (6) die Kombinationen

$$(43)\quad \begin{cases} \mathfrak{E}_+ = \mathfrak{E}_x + i\mathfrak{E}_y, \\ \mathfrak{E}_- = \mathfrak{E}_x - i\mathfrak{E}_y \end{cases}$$

und entsprechende Kombinationen für die übrigen Vektoren ein. Dann schreiben sich unsere vier Gleichungssysteme (40) und (42) in der Gestalt

$$(44)\quad \begin{cases} \text{(a)} & \begin{cases} \mathfrak{D}_+ = (\varepsilon - \gamma)\, \mathfrak{E}_+ & \mathfrak{B}_+ = \mathfrak{H}_+ - \frac{i\gamma}{n} \mathfrak{E}_+, \\ \mathfrak{D}_- = (\varepsilon + \gamma)\, \mathfrak{E}_- & \mathfrak{B}_- = \mathfrak{H}_- - \frac{i\gamma}{n} \mathfrak{E}_-, \end{cases} \\ \text{(b)} & \begin{cases} \mathfrak{D}_+ = -in\mathfrak{H}_+, & \mathfrak{B}_+ = in\mathfrak{E}_+, \\ \mathfrak{D}_- = in\mathfrak{H}_-, & \mathfrak{B}_- = -in\mathfrak{E}_-. \end{cases} \end{cases}$$

Man sieht, daß die Plus- bzw. Minusschwingungen voneinander entkoppelt sind.

Setzt man die beiden Ausdrücke (a) und (b) für $\mathfrak{D}_+$ und $\mathfrak{B}_+$ bzw. $\mathfrak{D}_-$ und $\mathfrak{B}_-$ einander gleich, so erhält man die vier Gleichungen

$$(45)\quad \begin{cases} (\varepsilon - \gamma)\mathfrak{E}_+ = -in\mathfrak{H}_+, & \mathfrak{H}_+ - \frac{i\gamma}{n}\mathfrak{E}_+ = in\mathfrak{E}_+, \\ (\varepsilon + \gamma)\mathfrak{E}_- = in\mathfrak{H}_-, & \mathfrak{H}_- - \frac{i\gamma}{n}\mathfrak{E}_- = -in\mathfrak{E}_-. \end{cases}$$

Die Elimination von $\mathfrak{H}_+$ bzw. $\mathfrak{H}_-$ liefert

$$(46)\quad \begin{cases} \text{(a)} & \mathfrak{E}_+\{n^2 + \gamma - (\varepsilon - \gamma)\} = 0, \\ \text{(b)} & \mathfrak{E}_-\{n^2 - \gamma - (\varepsilon + \gamma)\} = 0. \end{cases}$$

Man erkennt also, daß sich zwei zirkulare Wellen fortpflanzen, nämlich nach I, § 8 (3) und (4):

$$(47)\quad \begin{cases} \text{(a) rechtszirkular:} & \mathfrak{E}_+ = 0, \quad \text{also } \frac{\mathfrak{E}_y}{\mathfrak{E}_x} = i \quad \text{und } n_-^2 - \varepsilon - 2\gamma = 0, \\ \text{(b) linkszirkular:} & \mathfrak{E}_- = 0, \quad \text{also } \frac{\mathfrak{E}_y}{\mathfrak{E}_x} = -i \quad \text{und } n_+^2 - \varepsilon + 2\gamma = 0. \end{cases}$$

Daraus wird näherungsweise[1]

$$(48)\quad \left.\begin{matrix} \text{(a)} & n_+ = n - \frac{\gamma}{n}, \\ \text{(b)} & n_- = n + \frac{\gamma}{n}, \end{matrix}\right\} \quad n = \sqrt{\varepsilon}.$$

Dabei ist n ein mittlerer Brechungsindex[2].

Einfallendes linear polarisiertes Licht erfährt daher pro Längeneinheit die Drehung um den Winkel

$$(49)\quad \chi = \frac{\pi}{\lambda_0}(n_- - n_+) = \frac{2\pi\gamma}{\lambda_0 n} = \frac{8\pi^2}{3} N \frac{n^2+2}{n\lambda_0} g$$

[s. § 78 (18)], und zwar unabhängig von der Fortpflanzungsrichtung.

Unsere Formel (49) ist für die optische Aktivität ein Analogon zur Lorentz-Lorenzschen Formel § 76 (15). Bildet man nämlich die *spezifische Drehung* $[\chi] = \chi/N$, so müßte nach unserer Formel (32) der Ausdruck

$$(50)\quad \frac{[\chi]}{n^2+2} = \frac{8\pi^2}{3}\frac{g}{\lambda_0 n} = \frac{16\pi^3}{9}\frac{1}{\lambda_0^2}\sum_{kl} \mathfrak{a}^{kl}(\mathfrak{r}_k - \mathfrak{r}_l) e_k e_l$$

von der Dichte, bei Lösungen von der Konzentration unabhängig sein. Bei der Prüfung dieser Behauptung muß man aber genau beachten, welche Voraussetzungen gemacht worden sind. Es ist angenommen, daß die Moleküle der drehenden Substanz durch die Moleküle der Umgebung nicht wesentlich verändert werden und daß der Einfluß der Nachbarmoleküle mit Hilfe der „wirkenden Feldstärke" berücksichtigt werden kann. Wenn die Messung des Drehungsvermögens eine Abhängigkeit der Größe (50) von der Dichte ergibt, so kann man schließen, daß die Umgebung des Moleküls an ihm eine Deformation erzeugt. Messungen hierüber haben Wolf und Volkmann[3] ausgeführt, und zwar an zwei Substanzen,

[1] Würde man das magnetische Zusatzglied [in (45) die Terme mit $i\gamma/n$] fortlassen, so würde in (48) überall statt γ die Größe $\gamma/2$ stehen.

[2] Daß zwei zirkulare Wellen an Prismen unter verschiedenen Winkeln entsprechend den Brechungsindizes n_+ und n_- gebrochen werden, ist an Zuckerlösungen von E. v. Fleischl (s. § 84 S. 418 Anm. 1) direkt nachgewiesen worden, und zwar nach einer Methode, die Fresnel für aktive Kristalle ersonnen hat.

[3] K. L. Wolf u. H. Volkmann: Z. physik. Chem. Abt. B Bd. 3 (1929) S. 139; H. Volkmann: Ebenda Bd. 10 (1930) S. 161.

Menthon $C_{10}H_{18}O$ und Limonen $C_{10}H_{16}$ in verschiedenen Lösungsmitteln. Sie haben für diese Substanzen durch Bestimmung der Dielektrizitätskonstanten und der Molekularpolarisation das elektrische Dipolmoment bestimmt und gefunden, daß Menthon ein beträchtliches Dipolmoment ($2{,}8 \cdot 10^{-18}$ e.s.E.) hat, Limonen aber ein solches, das unterhalb der Grenze der sicheren Beobachtung liegt. Hiernach ist zu erwarten, daß die Moleküle von Menthon eine starke, die von Limonen aber eine schwache Wechselwirkung mit der Umgebung erfahren werden. In Übereinstimmung damit wurde auch festgestellt, daß der erste Stoff beim Übergang von einer Lösung im dipolfreien Lösungsmittel Heptan zum Dipollösungsmittel Methylalkohol eine beträchtliche Verschiebung der ultravioletten Absorption zeigt, der zweite Stoff aber nicht.

Sodann wurde das Drehungsvermögen bestimmt und gefunden, daß die Größe (50) in den verschiedensten Lösungsmitteln für Limonen nur wenig schwankt, für Menthon aber sehr beträchtlich (Tab. 31).

Tabelle 31. Vergleich des spezifischen Drehungsvermögens und der Größe (50) für Limonen und Menthon in Lösungen der Volumkonzentration q mit denselben Größen für reines Limonen und Menthon. Wellenlänge $\lambda = 589$ mμ.

Lösungsmittel	Limonen			Menthon		
	q	$\Delta[\chi]$ %	$\Delta \frac{[\chi]}{n^2+2}$ %	q	$\Delta[\chi]$ %	$\Delta \frac{[\chi]}{n^2+2}$ %
Heptan C_7H_{16}	2,404	−3,7	+1,6	11,734	− 0,44	+ 3,2
Methylalkohol CH_3OH	2,2692	−8,77	−0,1	8,3098	−21,6	−15,2
Azeton $(CH_3)_2CO$	3,5382	−6,1	+1,5	10,34	−11,3	− 6,32
Benzol C_6H_6	2,3436	+0,3	−2,1	12,224	39,3	−21,9
Schwefelkohlenstoff CS_2	3,9065	+0,7	−8,0	10,54	−12,6	−21,9
Nitrobenzol $C_6H_5NO_2$	5,9233	+9,3	+3,56	10,946	− 7,51	−13,4
Tetrachlorkohlenstoff CCl_4	2,9731	−5,61	−4,87			

Im ganzen zeigt sich, daß die Formel (50) bei weitem nicht so gut erfüllt ist wie die LORENTZ-LORENZsche Gleichung der Brechung; das Drehungsvermögen ist gegen äußere Störungen viel empfindlicher. Wir werden diese Tatsache später bei der näheren Betrachtung des Mechanismus in der Dispersionstheorie verstehen (s. VIII, § 99).

Man findet Angaben über die spezifische Drehung zahlreicher organischer Substanzen, insbesondere der viel untersuchten Zuckerarten bei LANDOLT-BÖRNSTEIN[1]. Daraus ersieht man, daß die spezifische Drehung (etwa bei 20° Temperatur und für Natrium-D-Licht) außerordentlich stark von der Konzentration abhängt. Für die beiden stereo-isomeren Traubenzucker $C_6H_{12}O_6$, L-Fruktose und D-Glukose, beträgt die spezifische Drehung, auf Konzentration 0 extrapoliert, −92° bzw. +52°. Dies diene zur Veranschaulichung der Größenordnung des Effekts.

§ 84. Optisch aktive Kristalle.*

Wir wollen uns jetzt mit der Theorie der optischen Aktivität der Kristalle beschäftigen, an denen die Erscheinung ja zuerst entdeckt worden ist (Quarz). Man hat dann für das elektrische und das magnetische Moment des einzelnen Atoms oder Moleküls im Gitter den Ansatz § 83 (5) zu machen, dazu aber diejenigen Glieder zu addieren, die von der Wechselwirkung der einzelnen Atome im Kristallgitter herrühren. Die entsprechende Methode haben wir in § 75 entwickelt.

[1] Physik.-chem. Tabellen, Bd. II Nr 188 S. 999.

Es ist ohne Rechnung evident, daß die Form der dadurch zum Moment der Volumeneinheit hinzutretenden Glieder genau dieselbe sein wird wie die eines einzelnen Moleküls; denn man kann ja den ganzen Kristall gewissermaßen als ein einziges riesiges anisotropes Molekül auffassen.

Wir wollen uns hier aber noch eine weitere Vereinfachung erlauben, indem wir das vom magnetischen Moment herrührende Zusatzglied fortlassen. Das ist strenggenommen zweifellos falsch, weil, wie wir gesehen haben, bei Flüssigkeiten dieses Glied einen Betrag von der gleichen Größe liefert wie das elektrische Moment.

Die vollständige Theorie ist in der Literatur noch nicht durchgearbeitet und wird, wie man sich leicht überzeugen kann, beträchtlich verwickelter als die, die wir sogleich unter Vernachlässigung des magnetischen Zusatzgliedes ableiten werden. Wir tun das, weil einige Hauptzüge der Erscheinungen schon dabei klar hervortreten. Die Resultate sind aber natürlich quantitativ und vielleicht auch qualitativ korrekturbedürftig[1].

Entsprechend den Formeln (27) in § 83 für das elektrische Moment $\mathfrak{p}$ setzen wir direkt die Beziehung zwischen dem Vektor $\mathfrak{D}$ der Verschiebung und dem elektrischen Felde $\mathfrak{E}$ an in der Form[2]

$$\mathfrak{D}_x = \varepsilon_x \mathfrak{E}_x + i(\mathfrak{G} \times \mathfrak{E})_x . \tag{1}$$

Dabei sind ε_x, ε_y, ε_z die früher (Kap. V) eingeführten Hauptdielektrizitätskonstanten unter Vernachlässigung des Drehungsvermögens und $\mathfrak{G}$ ein Gyrationsvektor, der von der Richtung der Wellennormalen nach der § 83 (24), (25) entsprechenden Formel

$$\mathfrak{G}_x = g_{xx}\mathfrak{s}_x + g_{xy}\mathfrak{s}_y + g_{xz}\mathfrak{s}_z \tag{2}$$

abhängt. Die g_{xy} sind dabei bei gegebener Frequenz Materialkonstanten, die von der Größenordnung des Verhältnisses von Gitterkonstante und Wellenlänge sind. Die Gleichungen (1) haben wir nun mit der Aussage der MAXWELLschen Gleichungen für ebene Wellen [s. V, § 58 (14)],

$$\mathfrak{D} = n^2(\mathfrak{E} - \mathfrak{s}(\mathfrak{s}\mathfrak{E})) , \tag{3}$$

zu verbinden. Setzt man die beiden Ausdrücke (1) und (3) einander gleich, so erhält man folgende lineare Gleichungen für die Komponenten von $\mathfrak{E}$:

$$\left\{ \begin{array}{l} \mathfrak{E}_x\{\varepsilon_x - (1-\mathfrak{s}_x^2)\, n^2\} + \mathfrak{E}_y\{n^2\mathfrak{s}_x\mathfrak{s}_y - i\mathfrak{G}_z\} + \mathfrak{E}_z\{n^2\mathfrak{s}_x\mathfrak{s}_z + i\mathfrak{G}_y\} = 0, \\ \dots\dots\dots\dots\dots\dots\dots\dots \\ \dots\dots\dots\dots\dots\dots\dots\dots \end{array} \right. \tag{4}$$

Durch Nullsetzen der Determinante ergibt sich für n^2 die quadratische Gleichung

$$\left\{ \begin{array}{l} n^4(\varepsilon_x\mathfrak{s}_x^2 + \varepsilon_y\mathfrak{s}_y^2 + \varepsilon_z\mathfrak{s}_z^2) \\ - n^2\{\varepsilon_y\varepsilon_z(\mathfrak{s}_y^2 + \mathfrak{s}_z^2) + \varepsilon_z\varepsilon_x(\mathfrak{s}_z^2 + \mathfrak{s}_x^2) + \varepsilon_x\varepsilon_y(\mathfrak{s}_x^2 + \mathfrak{s}_y^2) - (\mathfrak{s} \times \mathfrak{G})^2\} \\ + \varepsilon_x\varepsilon_y\varepsilon_z - (\varepsilon_x\mathfrak{G}_x^2 + \varepsilon_y\mathfrak{G}_y^2 + \varepsilon_z\mathfrak{G}_z^2) = 0 . \end{array} \right. \tag{5}$$

[1] Wir werden an der entscheidenden Stelle (s. S. 415) in einer Fußnote angeben, worin die Komplikation der strengen Theorie zu suchen ist.

[2] In dem „Lehrbuch der Optik" von KARL FÖRSTERLING (Leipzig 1928) ist die Theorie für drehende Kristalle mit Berücksichtigung der magnetischen Zusatzglieder völlig durchgeführt; aber es gelingt das nur deswegen, weil der Ansatz für die elektrischen Zusatzglieder von dem unserigen abweichend gewählt ist, nämlich die Form $\sum_y g_{xy}(\mathfrak{s} \times \mathfrak{E})_y$ hat; dieser Ansatz läßt sich nicht allgemein mit unserer Formel $\mathfrak{b} \times \mathfrak{E}$, wo $\mathfrak{b}_x = \sum_y g_{xy}\mathfrak{s}_y$ gesetzt ist, in Einklang bringen, stimmt allerdings bei isotropen Substanzen mit ihm überein. Der FÖRSTERLINGsche Ansatz läßt sich nicht molekulartheoretisch begründen, obwohl das auf S. 200 jenes Buches behauptet wird.

Für $\mathfrak{G} = 0$ geht diese in die FRESNELsche Gleichung V, § 59 (3) über, deren Wurzeln n_0' und n_0'' sein mögen; man kann daher (5) in der Form

$$(n^2 - n_0'^2)(n^2 - n_0''^2) = G^2 \tag{6}$$

schreiben, wo

$$G^2 = \frac{\varepsilon_x \mathfrak{G}_x^2 + \varepsilon_y \mathfrak{G}_y^2 + \varepsilon_z \mathfrak{G}_z^2 - n^2(\mathfrak{s} \times \mathfrak{G})^2}{\varepsilon_x \mathfrak{s}_x^2 + \varepsilon_y \mathfrak{s}_y^2 + \varepsilon_z \mathfrak{s}_z^2} \tag{7}$$

gesetzt ist. G ist der skalare Parameter der Gyration; dabei ist in G für n entweder n_0' oder n_0'' einzusetzen, je nachdem die Korrektion zu dem einen oder dem anderen der Brechungsindizes gerechnet werden soll. Die Abhängigkeit dieser beiden Zweige G', G'' von der Wellenrichtung $\mathfrak{s}$ ist recht verwickelt. Man pflegt sie nach W. VOIGT[1] dadurch zu vereinfachen, daß man in dem Ausdruck (7) für G die Doppelbrechung vernachlässigt; d. h. man setzt dort $\varepsilon_x = \varepsilon_y = \varepsilon_z = n^2$. Diese Annahme scheint praktisch völlig auszureichen[2]. Dann wird

$$G = \mathfrak{s}\mathfrak{G} \tag{8}$$

Setzt man hier den Ausdruck (2) für die Komponenten von $\mathfrak{G}$ ein, so erhält man

$$\left\{\begin{aligned} &G = g_{xx}\mathfrak{s}_x^2 + g_{yy}\mathfrak{s}_y^2 + g_{zz}\mathfrak{s}_z^2 + 2\bar{g}_{yz}\mathfrak{s}_y\mathfrak{s}_z + 2\bar{g}_{zx}\mathfrak{s}_z\mathfrak{s}_x + 2\bar{g}_{xy}\mathfrak{s}_x\mathfrak{s}_y, \quad \text{wo} \\ &\bar{g}_{xy} = \tfrac{1}{2}(g_{xy} + g_{yx}), \ldots \end{aligned}\right. \tag{9}$$

Trägt man die reziproke Quadratwurzel aus dem absoluten Betrage von G auf der zugehörigen Fortpflanzungsrichtung als Strecke auf, so erhält man eine Fläche zweiten Grades. Diese Fläche möge als *Gyrationsfläche* bezeichnet werden.

Wenn man voraussetzt, daß

$$n_0'^2 > n_0''^2 \tag{10}$$

ist, so lauten die Wurzeln von (6)

$$\left\{\begin{aligned} n'^2 &= \tfrac{1}{2}\{n_0'^2 + n_0''^2 + \sqrt{(n_0'^2 - n_0''^2)^2 + 4G^2}\}, \\ n''^2 &= \tfrac{1}{2}\{n_0'^2 + n_0''^2 - \sqrt{(n_0'^2 - n_0''^2)^2 + 4G^2}\}, \end{aligned}\right. \tag{11}$$

wobei immer der positive Wert der Quadratwurzel zu nehmen ist.

Die Zuordnung ist so getroffen, daß für verschwindendes G n' in n_0', n'' in n_0'' übergeht. Die Größe von G, die sich, wie wir sogleich sehen werden, aus der Drehung der Polarisationsebene parallel zur optischen Achse ermitteln läßt, ist erfahrungsgemäß immer klein, und zwar sogar klein gegen die Doppelbrechung $n_0' - n_0''$, sofern nur die Wellennormale nicht zu nahe an der optischen Achse liegt (wo ja die lineare Doppelbrechung verschwindet). Außerhalb der optischen Achse tritt daher nur eine geringe Verzerrung der beiden Mäntel der FRESNELschen Fläche ein (d. h. der Größen $c_n' = c/n'$, $c_n'' = c/n''$ als Funktionen der Wellenrichtung $\mathfrak{s}$). Dagegen hat man in unmittelbarer Umgebung der optischen Achse eine wesentliche Modifizierung dieser Fläche. Während ihre beiden Mäntel

[1] W. VOIGT: Drudes Ann. Bd. 69 (1899) S. 307; Nachr. Ges. Wiss. Göttingen 1903 S. 155; Ann. Physik (4) Bd. 18 (1905) S. 646.

[2] Wir wollen hier anmerken, was sich ändert, wenn man die Zusatzglieder beim magnetischen Moment berücksichtigt. Es wird G^2 ein viel komplizierterer Ausdruck in den Komponenten von $\mathfrak{s}$, und zwar, wenn man wieder in der VOIGTschen Näherung rechnet und in den Zusatzgliedern $\varepsilon_x = \varepsilon_y = \varepsilon_z = n^2$ setzt, ist G^2 eine allgemeine Form vierten Grades in $\mathfrak{s}_x, \mathfrak{s}_y, \mathfrak{s}_z$, aus der sich nicht mehr wie oben in Formel (8) die Wurzel ziehen läßt. G selbst erscheint also nicht als quadratische Form, sondern als Wurzel einer Form vierten Grades. Die Koeffizienten dieser Form vierten Grades aber sind quadratische Kombinationen der Koeffizienten des (unsymmetrischen) Tensors g_{xy}. Die möglichen Symmetriefälle lassen sich also wiederum durch Diskussion dieses Tensors erschöpfen.

für $G = 0$ in einem konischen Punkt zusammenhängen, sind sie bei endlichem G dauernd völlig getrennt. Die diesen Angaben entsprechenden Bilder für ein- und zweiachsige Kristalle sind in den Figuren 202, 203 dargestellt.

Um die Schwingungsform zu bestimmen, entnehme man aus (3)

$$\mathfrak{E} = \frac{1}{n^2}\mathfrak{D} + \mathfrak{s}(\mathfrak{s}\mathfrak{E}) \tag{12}$$

und setze diesen Ausdruck in die Glieder nullter Ordnung von (1) ein; dann erhält man

$$\mathfrak{D}_x\left(\frac{1}{n^2} - \frac{1}{\varepsilon_x}\right) = -\mathfrak{s}_x(\mathfrak{s}\mathfrak{E}) - \frac{i}{\varepsilon_x}(\mathfrak{E} \times \mathfrak{G})_x. \tag{13}$$

In dem Zusatzgliede ersetze man näherungsweise $\mathfrak{E}$ durch $\frac{1}{\bar{n}^2}\mathfrak{D}$ und $\varepsilon_x = \varepsilon_y = \varepsilon_z$ durch $\bar{n}^2$, wo $\bar{n}$ einen mittleren Brechungsindex bedeutet; dann erhält man mit derselben Annäherung, mit der die Formeln (11) gelten,

$$\mathfrak{D}_x\left(\frac{1}{n^2} - \frac{1}{\varepsilon_x}\right) = -\mathfrak{s}_x(\mathfrak{s}\mathfrak{E}) - \frac{i}{\bar{n}^4}(\mathfrak{D} \times \mathfrak{G})_x. \tag{14}$$

Diese Gleichungen lassen sich durch den Ansatz

$$n = n', \qquad \mathfrak{D} = \mathfrak{D}' - i k_1 \mathfrak{D}'', \qquad |\mathfrak{D}'| = |\mathfrak{D}''| \tag{15}$$

lösen, wo $\mathfrak{D}'$ und $\mathfrak{D}''$ die in V, § 60 eingeführten Schwingungsvektoren des nicht aktiven Kristalls sind, deren Längen einander gleich gewählt werden. Der Koeffi-

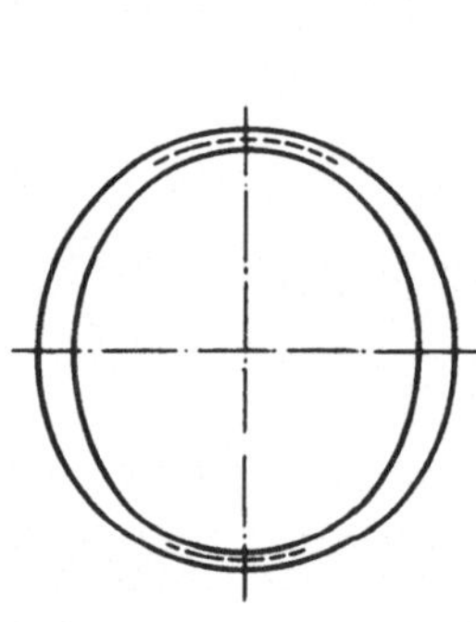

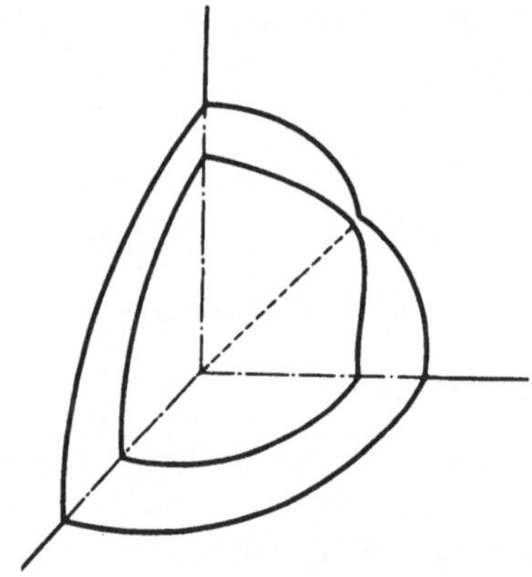

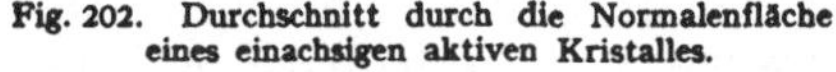

Fig. 202. Durchschnitt durch die Normalenfläche eines einachsigen aktiven Kristalles.

Fig. 203. Normalenfläche eines zweiachsigen aktiven Kristalles.

zient k_1 soll von der Größenordnung G sein und ist noch zu bestimmen. Zu dem Zwecke setze man den Ansatz (15) in (14) ein und trenne Real- und Imaginärteil, wobei Glieder zweiter Ordnung fortbleiben; dann erhält man

$$\mathfrak{D}'_x\left(\frac{1}{n'^2} - \frac{1}{\varepsilon_x}\right) + \mathfrak{s}_x(\mathfrak{s}\mathfrak{E}') = 0, \quad k_1\left\{\mathfrak{D}''_x\left(\frac{1}{n'^2} - \frac{1}{\varepsilon_x}\right) + \mathfrak{s}_x(\mathfrak{s}\mathfrak{E}'')\right\} = \frac{1}{\bar{n}^4}(\mathfrak{D}' \times \mathfrak{G})_x. \tag{16}$$

Nun genügen aber $\mathfrak{D}'$ und $\mathfrak{D}''$ den Gleichungen V, § 60 (10), wenn man darin n durch n_0' bzw. n_0'' ersetzt; zieht man diese von den vorstehenden, entsprechenden Gleichungen ab, so ergibt sich

$$\mathfrak{D}'_x\left(\frac{1}{n'^2} - \frac{1}{n_0'^2}\right) = 0, \quad k_1 \mathfrak{D}''_x\left(\frac{1}{n'^2} - \frac{1}{n_0''^2}\right) = \frac{1}{\bar{n}^4}(\mathfrak{D}' \times \mathfrak{G})_x. \tag{17}$$

Nach (11) unterscheidet sich n'^2 von $n_0'^2$ nur um Größen der Ordnung G, während $n'^2 - n_0''^2$ von endlicher Größenordnung $n_0'^2 - n_0''^2$ ist; also ist die erste dieser Gleichungen (17) mit hinreichender Annäherung erfüllt, die zweite dient zur Bestimmung von k_1. Da die Vektoren $\mathfrak{s}$, $\mathfrak{D}'$, $\mathfrak{D}''$ paarweise aufeinander senkrecht stehen, da ferner $|\mathfrak{D}'| = |\mathfrak{D}''|$ gewählt worden ist, so kann man

$$\mathfrak{D}' = \mathfrak{D}'' \times \mathfrak{s}$$

setzen und hat dann

$$\mathfrak{D}' \times \mathfrak{G} = \mathfrak{G} \times (\mathfrak{s} \times \mathfrak{D}'') = \mathfrak{s}(\mathfrak{G}\mathfrak{D}'') - \mathfrak{D}''(\mathfrak{G}\mathfrak{s}).$$

Setzt man diesen Ausdruck in (17) ein und multipliziert skalar mit $\mathfrak{D}''$, so folgt wegen $\mathfrak{s}\mathfrak{D}'' = 0$

$$k_1\left(\frac{1}{n'^2} - \frac{1}{n_0''^2}\right) = -\frac{G}{n^4}, \tag{18}$$

oder mit genügender Näherung

$$k_1 = \frac{G}{n'^2 - n_0''^2}. \tag{19}$$

Ganz ebenso beweist man, daß eine zweite Lösung

$$n = n'', \qquad \mathfrak{D} = \mathfrak{D}'' - i k_2 \mathfrak{D}', \qquad |\mathfrak{D}'| = |\mathfrak{D}''| \tag{20}$$

mit

$$k_2 = -\frac{G}{n''^2 - n_0'^2} \tag{21}$$

existiert. Da nun aus (11)

$$n'^2 + n''^2 = n_0'^2 + n_0''^2$$

folgt, so erkennt man, daß

$$k_1 = k_2 = \frac{2G}{n_0'^2 - n_0''^2 + \sqrt{(n_0'^2 - n_0''^2)^2 + 4G^2}} = k$$

ist. Man kann dafür auch schreiben

$$k = \frac{1}{2G}\left\{\sqrt{(n_0'^2 - n_0''^2)^2 + 4G^2} - (n_0'^2 - n_0''^2)\right\}. \tag{22}$$

Diese Größe ist stets $\leqq 1$.

Fügt man zu den beiden Lösungen (15) und (20) den Faktor $e^{i\varphi}$ hinzu, wo $\varphi = -\omega t + \frac{2\pi}{\lambda}(\mathfrak{s}\,\mathfrak{r})$ ist, und nimmt man dann die reellen Teile, so erhält man

$$\left\{\begin{array}{ll} n = n', & \mathfrak{D} = \mathfrak{D}'\cos\varphi + k\mathfrak{D}''\sin\varphi, \\ n = n'', & \mathfrak{D} = \mathfrak{D}''\cos\varphi + k\mathfrak{D}'\sin\varphi. \end{array}\right. \tag{23}$$

Legt man nun das Koordinatensystem so, daß die x-Achse parallel zu $\mathfrak{D}'$, die y-Achse parallel zu $\mathfrak{D}''$ wird, und setzt $|\mathfrak{D}'| = |\mathfrak{D}''| = D$, so werden die beiden Lösungen (23):

$$\left\{\begin{array}{llll} n = n', & \mathfrak{D}_x = D\cos\varphi, & \mathfrak{D}_y = kD\sin\varphi, & \mathfrak{D}_z = 0, \\ n = n'', & \mathfrak{D}_x = kD\sin\varphi, & \mathfrak{D}_y = D\cos\varphi, & \mathfrak{D}_z = 0. \end{array}\right. \tag{24}$$

Das sind zwei elliptische Schwingungen von gleichem Achsenverhältnis k und entgegengesetztem Umlaufssinn mit gekreuzten, zu $\mathfrak{D}'$ bzw. $\mathfrak{D}''$ parallelen großen Achsen.

In der Richtung der optischen Achse bei einachsigen Kristallen bzw. den Richtungen der Binormalen (optischen Achsen bei zweiachsigen Kristallen) ist

$n_0' = n'' = \bar{n}$; dort erreicht k sein Maximum 1, es pflanzen sich also zwei zirkulare, entgegengesetzt rotierende Wellen fort, deren Brechungsindizes n_l und n_r nach (11)

$$n_l = \bar{n} + \frac{G}{2\bar{n}}, \qquad n_r = \bar{n} - \frac{G}{2\bar{n}} \tag{25}$$

sind.

Der direkte Nachweis der verschiedenen Brechbarkeit von rechts- und linkszirkularer Welle wurde von FRESNEL[1] mit Hilfe von Quarzprismen erbracht; wegen der Kleinheit des Effekts schaltet man am besten mehrere solche Prismen hintereinander, z. B. in der in Fig. 204 dargestellten Weise zwei Rechtsprismen und ein Linksprisma.

Eine linear polarisierte Welle, die senkrecht auf eine normal zur Achsenrichtung geschliffene Kristallplatte von der Dicke 1 auffällt, erfährt eine Drehung der Polarisationsebene um den Winkel

$$\chi = \frac{\omega}{2c}(n_l - n_r) = \frac{\omega G}{2c\bar{n}} = \frac{\pi G}{\lambda \bar{n}^2}. \tag{26}$$

χ heißt *spezifisches Drehungsvermögen.*

Für alle von den optischen Achsen merklich abweichenden Richtungen ist k klein von erster Ordnung in G; denn für $G \ll n_0'^2 - n_0''^2$ gilt nach (22) in erster Näherung

$$k = \frac{G}{n_0'^2 - n_0''^2} = \frac{G}{2\bar{n}(n_0' - n_0'')}. \tag{27}$$

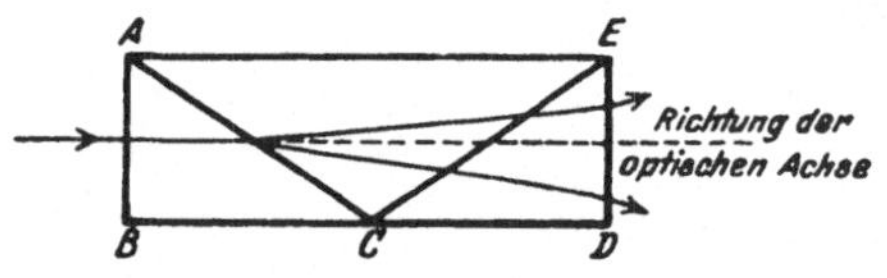

Fig. 204. FRESNELsche Prismenkonstruktion zum Nachweis der zirkularen Doppelbrechung.

Die Erfahrung lehrt, daß das Achsenverhältnis tatsächlich äußerst klein ist; dadurch wird unser Näherungsverfahren nachträglich empirisch gerechtfertigt.

Wir diskutieren jetzt die Besonderheiten der Form der Gyrationsflächen für verschiedene Symmetrieelemente des Kristalls. Dabei haben wir daran festzuhalten, daß die Drehung dadurch zustande kommt, daß einer bestimmten Fortpflanzungsrichtung im Kristall ein fester positiver Schraubungssinn zugeordnet ist. Daraus folgt, daß bei Vorhandensein eines Symmetriezentrums G identisch verschwinden muß; denn bei Umkehrung der Fortpflanzungsrichtung müßte dann G das Vorzeichen wechseln, und das ist bei der quadratischen Form (9) nur möglich, wenn sie identisch verschwindet. *Das Vorhandensein eines Symmetriezentrums schließt also das Auftreten optischer Aktivität überhaupt aus.*

Dagegen ist im Fall der Existenz einer Symmetrieebene oder einer Spiegeldrehachse sehr wohl die Möglichkeit optischer Aktivität vorhanden. Denn ist eine *Symmetrieebene* vorhanden, etwa die yz-Ebene, so müssen für zwei spiegelbildlich zu ihr gelegene Fortpflanzungsrichtungen die Drehungen entgegengesetzten Sinn und gleiche Größe haben (s. Fig. 205), d. h. G muß bei Vertauschung von $\mathfrak{s}_x$ in $-\mathfrak{s}_x$ in G übergehen. Daraus folgt, daß G sich reduziert auf

$$G = 2\mathfrak{s}_x(g_{xy}\mathfrak{s}_y + g_{xz}\mathfrak{s}_z). \tag{28}$$

Bei einer *Spiegeldrehachse* machen wir diese zur z-Achse. (Man kann sich auf den Fall einer zweizähligen Achse beschränken, weil alle anderen durch

[1] A. FRESNEL: Ann. Chim. Phys. (2) Bd. 28 (1825) S. 147 (Oeuvres compl. Bd. 1 S. 731 Paris 1866). S. auch J. BABINET: C. R. Acad. Sci., Paris Bd. 4 (1837) S. 900; J. STEFAN: Wien. Ber. (2) Bd. 50 (1864) S. 380; Poggend. Ann. Bd. 124 (1865) S. 623; V. v. LANG: Wien. Ber. (2) Bd. 60 (1869) S. 767; Poggend. Ann. Bd. 140 (1870) S. 460; A. CORNU: C. R. Acad. Sci., Paris Bd. 92 (1881) S. 1369; E. v. FLEISCHL: Wien. Ber. (2) Bd. 90 (1884) S. 378; Wiedem. Ann. Bd. 24 (1885) S. 127.

Kombination mit anderen Symmetrieelementen daraus gebildet werden können.) Dann muß bei Vertauschung von $\mathfrak{s}_x$, $\mathfrak{s}_y$, $\mathfrak{s}_z$ in $-\mathfrak{s}_y$, $\mathfrak{s}_x$, $-\mathfrak{s}_z$ die Größe G in $-G$ übergehen (s. Fig. 206). Folglich hat man

$$G = g_{xx}(\mathfrak{s}_x^2 - \mathfrak{s}_y^2) + 2g_{xy}\mathfrak{s}_x\mathfrak{s}_y. \tag{29}$$

Endlich betrachten wir noch den Fall einer *Symmetrieachse*. Richtungen, welche bei Drehung um diese Achse ineinander übergehen, müssen gleichen Werten von G entsprechen. Ist z. B. die z-Achse zweizählige Symmetrieachse, so ergibt sich

$$G = g_{xx}\mathfrak{s}_x^2 + g_{yy}\mathfrak{s}_y^2 + g_{zz}\mathfrak{s}_z^2 + 2g_{xy}\mathfrak{s}_x\mathfrak{s}_y, \tag{30}$$

Ist die Symmetrieachse mehr als zweizählig, so wird

$$G = g_{xx}(\mathfrak{s}_x^2 + \mathfrak{s}_y^2) + g_{zz}\mathfrak{s}_z^2. \tag{31}$$

In diesem Falle hat also die Gyrationsfläche Rotationssymmetrie.

Durch Kombination dieser Angaben kann man für jede Kristallklasse die Form der Gyrationsfläche bestimmen. Von den 32 Kristallsystemen gibt es 21 azentrische, und von diesen erweisen sich 15 als solche, bei denen Aktivität

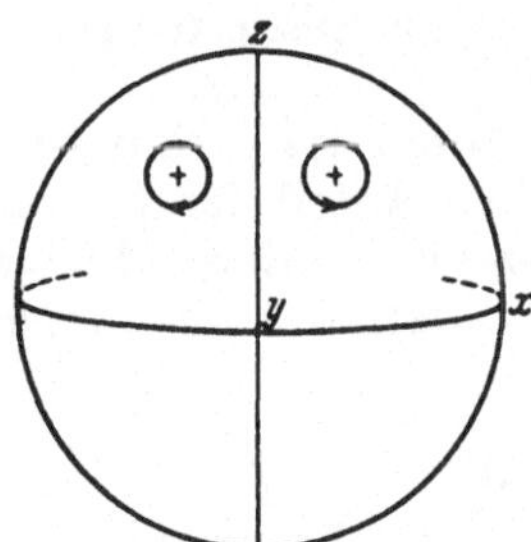

Fig. 205. Optische Drehung bei Vorhandensein einer Symmetrieebene.

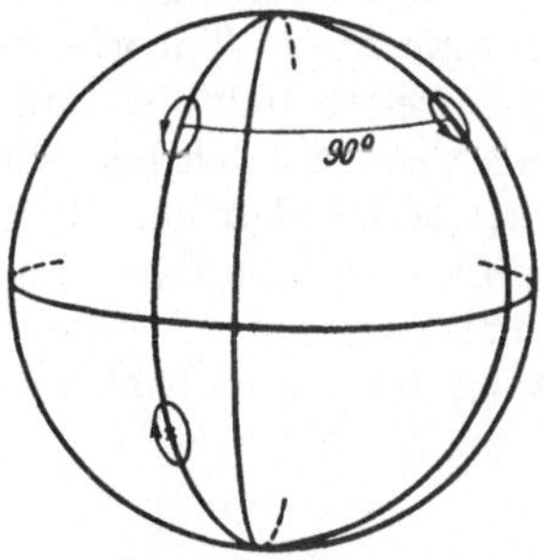

Fig. 206. Optische Drehung bei Vorhandensein einer Spiegeldrehachse.

überhaupt auftreten kann. Dabei handelt es sich hauptsächlich um die enantiomorphen Gruppen (d. h. solche ohne Spiegelebenen), aber außerdem noch einige andere mit Spiegelebene und Drehspiegelachse. Im ganzen gibt es 8 verschiedene Typen der Gyrationsfläche zweiten Grades, doch wollen wir sie hier nicht aufzählen. Übrigens sind keineswegs für alle diese 8 Typen Beispiele in der Natur gefunden worden.

Wir wollen die *optisch einachsigen Kristalle* noch etwas näher betrachten. Für diese gilt offenbar der zuletzt erörterte Fall (31), bei dem die Gyrationsfläche Rotationssymmetrie um die optische Achse hat. Bezeichnen wir mit ϑ den Winkel der Wellennormalen gegen die z-Achse ($\mathfrak{s}_z = \cos\vartheta$, $\sqrt{\mathfrak{s}_x^2 + \mathfrak{s}_y^2} = \sin\vartheta$), so hat man

$$G = g_{xx}\sin^2\vartheta + g_{zz}\cos^2\vartheta. \tag{32}$$

Die zirkulare Doppelbrechung parallel zur optischen Achse ist dann nach (25)

$$n_l - n_r = \frac{g_{zz}}{\bar{n}}. \tag{33}$$

Daneben betrachten wir das Verhalten des Lichts senkrecht zur optischen Achse. Bezeichnen wir wie früher die Brechungsindizes bei Vernachlässigung der Aktivität mit n_o und n_e (ordentlicher und außerordentlicher Strahl), so wird die Elliptizität der beiden aufeinander senkrecht stehenden Schwingungsellipsen bei Fortpflanzung senkrecht zur optischen Achse

$$k = \frac{g_{xx}}{2\bar{n}(n_o - n_e)}. \tag{34}$$

27*

Durch Messung der Doppelbrechung parallel und der Elliptizität senkrecht zur Achse lassen sich also die beiden Parameter g_{xx} und g_{zz} bestimmen. Sie sind (entgegen einer älteren Theorie von DRUDE) merklich voneinander verschieden. Nach VOIGT ist für *Quarz* $n_l - n_r = 0{,}000071$, $n_e - n_o = 0{,}00911$, $k = 0{,}0019$, $\bar{n} = 1{,}54880$ für $t = 18°$ und $\lambda = 5890$ Å. Daraus berechnen sich g_{zz} und g_{xx} nach (33) und (34) zu

$$g_{zz} = 0{,}00010996, \qquad g_{xx} = 0{,}00005362.$$

Die bei zweiachsigen Kristallen von der Theorie geforderte Drehung der Polarisationsebene in Richtung der Binormalen ist lange vergeblich gesucht worden, schließlich hat VOIGT[1] Andeutungen bei Rohrzuckerkristallen gefunden, und POCKLINGTON[2] hat sie an Kristallen von Rohrzucker und Seignettesalz (rechtsweinsaurem Kali-Natron) nachgewiesen.

Schneidet man aus aktiven Kristallen planparallele Platten aus, so werden die Interferenzerscheinungen, die wir für nichtaktive Kristalle in V, § 64 diskutiert haben, im allgemeinen ein wenig, in der Nähe der optischen Achsen aber wesentlich modifiziert. Die Untersuchung dieser Erscheinungen erlaubt eine genaue Prüfung dieser Theorie, doch wollen wir der komplizierten geometrischen Verhältnisse wegen nicht darauf eingehen.

Zum Schlusse sei noch bemerkt, daß man den Anteil des Drehungsvermögens, der von den Molekülen herrührt, dadurch von dem Anteil der Kristallstruktur trennen kann, daß man den Kristall in einer Flüssigkeit auflöst. Es bleibt dann nur der molekulare Bestandteil übrig, und zwar erhält man offenbar durch Mittelbildung über alle Richtungen

$$g = \tfrac{1}{3}(g_{xx} + g_{yy} + g_{zz}), \tag{35}$$

und insbesondere bei einachsigen Kristallen

$$g = \tfrac{2}{3} g_{xx} + \tfrac{1}{3} g_{zz}. \tag{36}$$

Hier ist g_{zz} direkt durch das Drehungsvermögen in Richtung der optischen Achse im Kristall bestimmbar. Man erkennt, daß dieser Ausdruck (36) nicht mit dem für die Flüssigkeit übereinstimmen wird (weil eben $g_{xx} \neq g_{zz}$ ist), selbst dann, wenn das Drehungsvermögen überhaupt nur von den Molekülen herrührt und nicht auch von ihrer Anordnung im Kristallverbande. Das Drehvermögen der Lösung verschwindet immer, wenn das Molekül irgendeine Spiegelsymmetrie besitzt, wie man direkt sieht, wenn man in den beiden Formeln (34) und (35) mittelt. Das ist in Übereinstimmung mit dem aus den Betrachtungen des vorigen Paragraphen (S. 410) folgenden Satze von PASTEUR, daß nur solche Kristalle optisch drehende Lösungen haben, die in enantiomorphen Formen kristallisieren.

Es kommt aber auch vor, daß Kristalle, für die die Summe (35) bzw. (36) verschwindet, ihr Drehvermögen in Lösung völlig verlieren, wie z. B. Quarz. In diesem Falle kann man mit Sicherheit schließen, daß das Drehvermögen im kristallisierten Zustande nicht molekularer Natur ist, sondern von dem unsymmetrischen Aufbau des Gitters herrührt. In der Tat konnte für Quarz die Größe des Drehvermögens aus der Gitterstruktur unter Annahme optischer Isotropie in den Gitterpunkten berechnet werden[3].

---

[1] Siehe die in der Anm. 1 auf S. 415 zitierten Arbeiten.
[2] H. C. POCKLINGTON: Philos. Mag. (6) Bd. 2 (1901) S. 368.
[3] E. A. HYLLERAAS: Z. Physik Bd. 44 (1927) S. 871.

Achtes Kapitel.

Emission, Absorption, Dispersion.

§ 85. Klassisches Modell einer Lichtquelle.

Wir haben uns jetzt der Frage nach der Erzeugung (*Emission*) und Vernichtung (*Absorption*) des Lichtes zuzuwenden; mit der letzteren Erscheinung aufs engste verknüpft ist auch die beim Durchgang des Lichts durch halbdurchlässige Körper eintretende Farbenzerstreuung (*Dispersion*). Die Schwierigkeit der Darstellung dieser Vorgänge innerhalb der klassischen Optik besteht darin, daß, wie die Untersuchungen der letzten Jahrzehnte gezeigt haben, hier ganz neue Gesetzmäßigkeiten auftreten, die sich den klassischen Methoden nicht unterordnen, ja, ihnen zum Teil widersprechen. Es handelt sich dabei um die Erscheinungen, die den Gegenstand der Quantentheorie bilden. Wir beschränken uns jedoch in diesem Buche auf die Darstellung der klassischen Methoden und treiben diese so weit, wie es möglich ist, ohne in das eigentliche Gebiet der Quantenprozesse einzudringen. Wir werden aber die Experimente, bei denen die klassische Optik versagt, angeben und die Grenzen der Gültigkeit dieser Lehre festlegen (§ 90).

Zunächst wollen wir auf Grund der klassischen Vorstellungen ein *Modell für ein Licht emittierendes Atom oder Molekül* gewinnen.

Wir haben bereits häufig von der Vorstellung Gebrauch gemacht, daß ein schwingender Dipol Zentrum einer elektromagnetischen Kugelwelle ist, die sich nach den klassischen Gesetzen der MAXWELLschen Theorie ausbreitet. Dabei war das zeitliche Gesetz, nach dem der Dipol selbst sein Moment ändert, noch willkürlich, bzw. es wurde in der Streuungstheorie dem Zeitverlauf der erregenden Feldstärke des einfallenden Lichts proportional gesetzt (s. Kap. VII, § 81). Beim Prozeß der *Lichterzeugung* hat man statt dessen einen Mechanismus anzugeben, auf Grund dessen der Dipol *freie Schwingungen* ausführen kann, für die er Energie durch elektrische oder thermische Anregung erhalten hat.

Nun sind erfahrungsgemäß die Schwingungen eines isolierten Atoms sehr *scharf monochromatisch,* wie man aus der Feinheit der Spektrallinien verdünnter Gase sieht. Daraus ist zu schließen, daß der Schwingungsvorgang nahezu *harmonisch* ist.

Das Modell eines Lichtzentrums wird daher als *harmonischer Oszillator* anzunehmen sein. Ein streng ungedämpfter linearer Oszillator mit der Amplitude $u(t)$ genügt einer Schwingungsgleichung der Form

$$m\ddot{u} + a u = 0, \tag{1}$$

wo m die Masse, a die quasielastische Konstante bezeichnet.

Die klassische Physik nahm an, daß in einem Atom Elektronen in Gleichgewichtslagen vorhanden sind, um die sie kleine Schwingungen ausführen können. Die x-Koordinate eines solchen Elektrons genügt dann der angegebenen Schwingungsgleichung (1). Genauer hat man für die Koordinaten aller Elektronen ein gekoppeltes System linearer Gleichungen; diese lassen sich jedoch durch Einführung sog. „Normalkoordinaten" auf die Form ungekoppelter Schwingungen, wie sie durch die Gleichung (1) beschrieben werden, zurückführen, wobei nur u jetzt nicht die einfache Bedeutung einer euklidischen Raumkoordinate hat (s. VII, § 82); wir werden auf solche Modelle unten noch zurückkommen (s. § 98).

Vorläufig dagegen denken wir immer an ein isotrop an seine Gleichgewichtslage gebundenes Elektron; seine vektorielle Amplitude $\mathfrak{u}$, deren jede Komponente der Gleichung (1) genügt, schwingt nach der Formel

$$\mathfrak{u} = \mathfrak{u}_0 e^{i\omega_0 t}, \qquad \omega_0^2 = \frac{a}{m}. \tag{2}$$

Ist die Ladung des Teilchens e, so gehört zum Ausschlag $\mathfrak{u}$ das Moment

$$\mathfrak{p} = e\mathfrak{u}. \tag{3}$$

Die zugehörige Lichtschwingung wird nach VII, § 81 (4) in größerem Abstande r vom Dipol dargestellt durch

$$\left\{\begin{aligned} \mathfrak{E} &= \frac{1}{c^2 r^3}\mathfrak{r} \times (\mathfrak{r} \times \ddot{\mathfrak{p}}), \\ \mathfrak{H} &= -\frac{1}{c^2 r^2}\mathfrak{r} \times \ddot{\mathfrak{p}}. \end{aligned}\right. \tag{4}$$

Wir berechnen zunächst die Ausstrahlung in einer bestimmten Richtung; sie wird gegeben durch den POYNTINGschen Vektor I, § 2 (7), der nach (4) die Gestalt erhält:

$$\mathfrak{S} = \frac{c}{4\pi}\mathfrak{E} \times \mathfrak{H} = \frac{c}{4\pi}\frac{1}{c^4 r^5}\mathfrak{r}(\mathfrak{r} \times \ddot{\mathfrak{p}})^2. \tag{5}$$

Diese Gleichung zeigt 1., daß nur die auf der Beobachtungsrichtung $\mathfrak{r}$ *senkrechte* Komponente von $\ddot{\mathfrak{p}}$ einen Beitrag zur Strahlung in einer Richtung liefert, und 2., daß der Strahlvektor mit der Beobachtungsrichtung übereinstimmt, also *radial* gerichtet ist. Sein Betrag wird

$$S = |\mathfrak{S}| = \frac{1}{4\pi}\frac{1}{c^3 r^2}(\ddot{\mathfrak{p}})^2 \sin^2\vartheta, \tag{6}$$

wo ϑ der Winkel zwischen der Richtung von $\ddot{\mathfrak{p}}$ und dem Radiusvektor $\mathfrak{r}$ nach dem Aufpunkt ist. Den Strahlungsverlust nach allen Richtungen oder die *Emission pro Zeiteinheit* erhält man hieraus durch Integration über die Kugel zu

$$\eta = \iint S\, r^2 \sin\vartheta\, d\vartheta\, d\varphi = \frac{2}{3}\frac{1}{c^3}(\ddot{\mathfrak{p}})^2, \tag{7}$$

oder, wenn wir für $\mathfrak{p}$ die harmonische Schwingung der Kreisfrequenz ω_0 einsetzen,

$$\eta = \frac{2}{3}\frac{\omega_0^4}{c^3}\mathfrak{p}^2 \tag{8}$$

Die Tatsache dieser Energieabgabe lehrt, daß unser Modell der Lichtquelle nicht streng richtig sein kann; denn eine ungedämpfte Schwingung ist nur bei konstanter Energie möglich, während tatsächlich die Schwingungsenergie allmählich in Strahlungsenergie umgesetzt und emittiert wird. Unser Ansatz kann also nur eine Annäherung sein in dem Sinne, daß der Energieverlust über eine große Anzahl von Schwingungen sehr klein ist gegen die mittlere im Resonator steckende Energie. Wir werden später durch numerische Rechnung die Berechtigung dieser Annahme zu beweisen haben (s. § 86, S. 428).

Außer dieser Strahlungsdämpfung gibt es nun noch andere Einwirkungen, die dem Resonator Energie entziehen und daher als Dämpfung wirken. Wir werden sie in den nächsten Paragraphen ausführlich behandeln.

Wir zählen hier nur kurz die wichtigsten verbreiternden Ursachen auf: Strahlungsverlust, DOPPLEReffekt infolge der Temperaturbewegung, Energieaustausch durch Stöße, elektrische und andere Wechselwirkung der Atome. Wir werden uns gewöhnlich auf den Fall beschränken, daß die durch diese Prozesse erzeugte Breite der Spektrallinien $\Delta\nu$ klein ist gegen den Absolutwert der Frequenz ν des Linienschwerpunktes.

Spektroskopisch läßt sich die Dämpfung als Verbreiterung der Spektrallinien beobachten, wie wir sogleich näher erläutern werden.

Die einfachste Beschreibung eines Ausstrahlungsvorganges von dieser Eigenschaft gelingt mit Hilfe einer gedämpften harmonischen Schwingung, dargestellt durch die Gleichung

$$m\ddot{u} + au + b\dot{u} = 0\,, \tag{9}$$

die aus der Gleichung (1) durch Hinzufügung des Dämpfungsgliedes $b\,\dot{u}$ hervorgeht. Ihre Lösung ist

$$u = u_0 \cdot e^{-\frac{\gamma}{2}t} \cdot e^{\pm i\omega_0 t}\,, \tag{10}$$

wobei jetzt

$$\left\{\begin{aligned} \omega_0 &= \sqrt{\frac{a}{m} - \left(\frac{b}{2m}\right)^2}\,, \\ \gamma &= \frac{b}{m} \end{aligned}\right. \tag{11}$$

ist. Gemäß unserer Voraussetzung kleiner Linienbreite ist

$$\gamma \ll \omega_0\,, \tag{12}$$

so daß man praktisch in den meisten Fällen wieder wie in (2) die vereinfachte Formel

$$\omega_0 = \sqrt{\frac{a}{m}} \tag{13}$$

benutzen kann. Die Hinzufügung des Faktors $\frac{1}{2}$ zu γ empfiehlt sich deswegen, weil man die Abklingung der Schwingungen nicht auf die Amplitude, sondern auf die Energie bezieht, die $|u|^2$ proportional ist, sich also schreiben läßt

$$W = W_0 e^{-\gamma t}. \tag{14}$$

Der reziproke Wert $\tau = 1/\gamma$ wird heute in Anlehnung an quantenmechanische Begriffe häufig als *mittlere Lebensdauer* des Schwingungszustandes bezeichnet[1].

Die Amplituden der Feldstärke des ausgestrahlten Lichts sind proportional dem elektrischen Moment

$$\mathfrak{p} = eu = \mathfrak{p}_0 e^{-\frac{\gamma}{2}t} \cdot e^{\pm i\omega_0 t} \tag{15}$$

oder, in reeller Schreibweise

$$\mathfrak{p} = \mathfrak{p}_0 e^{-\frac{\gamma}{2}t} \cdot \cos(\omega_0 t + \delta)\,, \tag{16}$$

unter δ die Phase verstanden.

---

[1] Diese Bezeichnung entspringt der quantenmäßigen Auffassung: Man denke sich statt des kontinuierlich emittierenden Resonators ein System von vielen Quanten-Emissions-Zentren, welche die volle Anfangsenergie W_0 nach dem radioaktiven Zerfallsgesetz in diskreten Elementarakten abgeben. Dann ist die Wahrscheinlichkeit, zur Zeit t noch das Quant vorzufinden, proportional $^{-\gamma t}$, und die mittlere Lebensdauer wird

$$\bar{t} = \frac{\int\limits_0^\infty t e^{-\gamma t} dt}{\int\limits_0^\infty e^{-\gamma t} dt} = \frac{1}{\gamma} = \tau\,.$$

Trifft die von einer solchen Schwingung ausgesandte Welle auf einen Spektralapparat, so entsteht nicht eine unendlich scharfe Spektrallinie, sondern eine solche von endlicher Breite. Um sie zu erhalten, haben wir die Funktion (16) nach dem FOURIERschen Lehrsatz in rein harmonische Komponenten zu zerlegen.

Wir nehmen an, daß der Oszillator von $t = -\infty$ bis $t = 0$ ruht (also $\mathfrak{p}(t) = 0$) und vom Augenblick $t = 0$ an bis $t = +\infty$ durch die Funktion (16) dargestellt wird. Die so definierte unstetige Funktion läßt sich durch ein konvergentes FOURIERintegral darstellen, nämlich durch

$$\mathfrak{p}(t) = \int_{-\infty}^{\infty} \mathfrak{q}(\nu) e^{2\pi i \nu t} d\nu . \tag{17}$$

Der FOURIERkoeffizient $\mathfrak{q}(\nu)$ ergibt sich durch die Umkehrformel

$$\mathfrak{q}(\nu) = \int_0^{\infty} \mathfrak{p}(t) e^{-2\pi i \nu t} dt , \tag{18}$$

wobei wir die untere Grenze gleich Null gesetzt haben, weil die Schwingung $\mathfrak{p}(t)$ bis zum Augenblick der Anregung identisch Null ist.

Wenn $\mathfrak{p}(t)$ reell ist, so ist

$$\mathfrak{q}(\nu) = \mathfrak{q}^*(-\nu) . \tag{19}$$

Licht von endlicher (meßbarer) Stärke entsteht dadurch, daß eine große Anzahl solcher Anregungs- und Abklingungsprozesse einander folgen. Nehmen wir an, daß die einzelnen Prozesse durch solche Zeitintervalle voneinander getrennt sind, daß ein neuer. Prozeß erst dann einsetzt, wenn der vorhergehende schon wesentlich abgeklungen ist, so ist die im Zeitmittel emittierte Energie proportional dem Ausdruck

$$\overline{\mathfrak{p}^2} = \frac{1}{T} \int_0^T \mathfrak{p}^2(t)\, dt = \frac{n}{N} \sum_{k=1}^{N} \int_{t_k}^{t_{k+1}} \mathfrak{p}^2(t)\, dt . \tag{20}$$

Dabei ist n die Anzahl der Anregungen pro Sekunde, N die entsprechende Anzahl innerhalb der Zeit T, also

$$n T = N ;$$

ferner sind $t_1, t_2, \ldots, t_k, \ldots$ die Zeitpunkte der Anregungen. Unter der gemachten Voraussetzung sind nun aber die in (20) auftretenden Integrale sämtlich einander gleich, nämlich gleich

$$\int_0^{\infty} \mathfrak{p}^2(t)\, dt = \int_0^{\infty} dt \int_{-\infty}^{\infty} d\nu\, \mathfrak{p}(t)\, \mathfrak{q}(\nu)\, e^{2\pi i \nu t} = 2 \int_0^{\infty} \mathfrak{q}(\nu) \cdot \mathfrak{q}^*(\nu)\, d\nu = 2 \int_0^{\infty} |\mathfrak{q}(\nu)|^2 d\nu . \tag{21}$$

Man erhält daher

$$\overline{\mathfrak{p}^2} = n \int_0^{\infty} \mathfrak{p}^2(t)\, dt = 2n \int_0^{\infty} |\mathfrak{q}(\nu)|^2 d\nu . \tag{22}$$

Nach (8) ist also die im Mittel pro Zeiteinheit emittierte Energie gegeben durch

$$\bar{\eta} = \frac{2}{3} \frac{\omega_0^4}{c^3} \overline{\mathfrak{p}^2} = \frac{4}{3} n \frac{16\pi^4}{c^3} \nu_0^4 \int_0^{\infty} |\mathfrak{q}(\nu)|^2 d\nu = n \int_0^{\infty} \varepsilon_\nu d\nu . \tag{23}$$

Hier bedeutet

$$\varepsilon_\nu = \frac{64\pi^4}{3c^3} \cdot \nu_0^4 \cdot |\mathfrak{q}(\nu)|^2 \tag{24}$$

die mittlere Strahlungsintensität pro Frequenzintervall $d\nu$ und pro Anregung.

Setzen wir in (18) für $\mathfrak{p}(t)$ den reellen Ausdruck (16) ein, wobei wir den Kosinus durch zwei Exponentialfunktionen ausdrücken, so wird

$$\left\{\begin{aligned} \mathfrak{q}(\nu) &= \frac{\mathfrak{p}_0}{2}\left\{\int\limits_0^\infty e^{\left(-\frac{\gamma}{2}+i\omega_0-2\pi i\nu\right)t+i\delta}\,dt + \int\limits_0^\infty e^{\left(-\frac{\gamma}{2}-i\omega_0-2\pi i\nu\right)t-i\delta}\,dt\right\} \\ &= \frac{\mathfrak{p}_0}{2}\left\{\frac{-e^{i\delta}}{i(\omega_0-\omega)-\frac{\gamma}{2}} + \frac{e^{-i\delta}}{i(\omega_0+\omega)+\frac{\gamma}{2}}\right\}, \end{aligned}\right. \tag{25}$$

wo

$$\omega_0 = 2\pi\nu_0, \qquad \omega = 2\pi\nu$$

gesetzt ist. Dieser Ausdruck (25) genügt natürlich der Bedingung (19). Aus (25) folgt nun

$$|\mathfrak{q}(\nu)|^2 = \frac{\mathfrak{p}_0^2}{4}\left\{\frac{1}{(\omega_0-\omega)^2+\frac{\gamma^2}{4}} + \frac{1}{(\omega_0+\omega)^2+\frac{\gamma^2}{4}} - 2\,\frac{\left(\omega_0^2-\omega^2-\frac{\gamma^2}{4}\right)\cos 2\delta + \gamma\omega_0\sin 2\delta}{\left(\omega_0^2-\omega^2-\frac{\gamma^2}{4}\right)^2+\omega_0^2\gamma^2}\right\}. \tag{26}$$

Diese Formel gibt die spektrale Lichtverteilung eines einzelnen Resonators wieder, der zur Zeit $t = 0$ seine Schwingung mit der willkürlichen Phase δ beginnt. Nun besteht die Emission unserer Voraussetzung gemäß darin, daß der Anregungsprozeß innerhalb der kleinsten der Messung zugänglichen Zeit intervalle außerordentlich oft vor sich geht, sei es bei demselben Atom, sei es bei mehreren einander gleichen. Dabei ist die Phase δ des Einsetzens jeder Anregung ganz willkürlich. Zur Beobachtung gelangt nur der über δ gemittelte Wert von (26), wodurch das von der Phase abhängende letzte Glied in Fortfall kommt. Eine weitere Vereinfachung der Gleichung (26) läßt sich auf Grund der Kleinheit von γ im Verhältnis zu ω_0 vornehmen. Danach kann der zweite Bruch in (26) niemals über die Größenordnung $1/\omega_0^2$ steigen, während der erste Bruch in der Nähe von $\omega = \omega_0$ bis zur Größenordnung $1/\gamma^2$ heraufgeht. Daher gilt mit großer Annäherung für die spektrale Emission

$$\varepsilon_\nu = \frac{16\pi^4}{3c^3}\,\nu_0^4\mathfrak{p}_0^2\;\frac{1}{4\pi^2(\nu_0-\nu)^2+\frac{\gamma^2}{4}}. \tag{27}$$

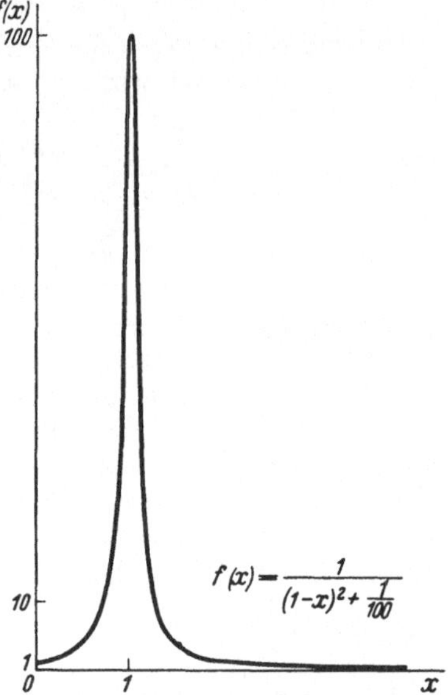

Fig. 207. Form einer Spektrallinie mit Dämpfungsbreite.

In Fig. 207 ist die Größe

$$f(x) = \frac{\varepsilon_\nu}{\frac{4\pi^2}{3c^3}\nu_0^2\mathfrak{p}_0^2} = \frac{1}{(1-x)^2+\frac{1}{4}\Gamma^2}, \tag{28}$$

wo

$$\frac{\nu}{\nu_0} = x, \qquad \Gamma = \frac{\gamma}{2\pi\nu_0} = \frac{\gamma}{\omega_0} \tag{29}$$

gesetzt ist, aufgetragen, und zwar für den Wert $\Gamma = \frac{1}{5}$, der natürlich viel zu groß ist; denn bei einigermaßen schmalen Spektrallinien in Gasen ist Γ von der Größenordnung 10^{-3} bis 10^{-4} (s. § 86). Daher erscheint die Breite der Linie in der Figur außerordentlich stark übertrieben.

Die Kurve läuft symmetrisch um die Stelle $x = 1$, doch hat nur der Teil mit $x \geqq 0$ physikalische Bedeutung, der an der Stelle $x = 0$ mit dem Werte $1/(1 + \frac{1}{4}\Gamma^2) \approx 1$ beginnt. Die Ordinaten von $f(x)$ sind überall außerordentlich klein, außer in geringem Abstande von der Resonanzstelle $x = 1$ (nämlich für $|x - 1| \ll \frac{1}{2}\Gamma$). Der Maximalwert wird bei $x = 1$ erreicht und beträgt nach (28) und (29)

$$f(1) = \frac{4}{\Gamma^2} = \frac{16\pi^2\nu_0^2}{\gamma^2}. \tag{30}$$

Die Stelle, an der die Kurve die Hälfte des Maximalwerts erreicht, wird gegeben durch

$$\frac{1}{(1 - x_h)^2 + \frac{1}{4}\Gamma^2} = \frac{2}{\Gamma^2},$$

woraus folgt

$$1 - x_h = \pm \tfrac{1}{2}\Gamma. \tag{31}$$

Der Abstand der beiden hierdurch bestimmten Frequenzen, die sog. *Halbwertsbreite*, ist also in der x-Skala $\Delta x = \Gamma$, mithin nach (29) in der ω- bzw. ν-Skala

$$\left\{\begin{aligned} \Delta\omega &= \omega_0 \Delta x = \omega_0 \Gamma = \gamma, \\ \Delta\nu &= \frac{1}{2\pi}\Delta\omega = \frac{\gamma}{2\pi}. \end{aligned}\right. \tag{32}$$

Die gesamte Lichtintensität erhält man durch Integration über ν bzw. x; indem man $x - 1 = \frac{1}{2}\xi\Gamma$ substituiert, wird

$$\int_0^\infty f(x)\,dx = \frac{2}{\Gamma}\int_{-\infty}^{\infty} \frac{d\xi}{\xi^2 + 1} = \frac{2\pi}{\Gamma},$$

wobei näherungsweise die ihrem Betrage nach sehr große untere Grenze $-2/\Gamma$ durch $-\infty$ ersetzt worden ist. Daraus folgt für die Gesamtemission

$$\varepsilon = \int_0^\infty \varepsilon_\nu\,d\nu = \frac{4\pi^2}{3c^3}\nu_0^3\mathfrak{p}_0^2 \int_0^\infty f(x)\,dx = \frac{8\pi^3}{3c^3}\frac{\nu_0^3}{\Gamma}\mathfrak{p}_0^2 = \frac{16\pi^4}{3c^3}\frac{\nu_0^4}{\gamma}\mathfrak{p}_0^2. \tag{33}$$

Dieser Ausdruck gibt die gesamte Energie an, die von einem Resonator der Anregungsstärke (Anfangsmoment des Resonators) $\mathfrak{p}_0$, gemittelt über die Anregungsphase, ausgestrahlt wird.

Diese Energie muß mit der gesamten zur Anregungszeit $t = 0$ im Resonator vorhandenen Energie dann übereinstimmen, wenn die Dämpfung *allein auf dem Strahlungsverlust* beruht, also keine anderen Ursachen für Linienverbreiterung vorhanden sind. Aus diesem Sachverhalt kann man sofort einen Schluß auf die Größe der Strahlungsdämpfung ziehen. Nach (16) ist nämlich die Anfangsamplitude des Momentes $\mathfrak{p} = \mathfrak{p}_0 \cos\delta$, also die Amplitude und ihre zeitliche Änderung im Augenblick der Anregung (bei Vernachlässigung der Dämpfung)

$$\mathfrak{u} = \mathfrak{u}_0 \cos\delta, \qquad \dot{\mathfrak{u}} = -\mathfrak{u}_0\omega_0 \sin\delta. \tag{34}$$

Daher wird die Anfangsenergie des Oszillators

$$W = \frac{m}{2}\dot{\mathfrak{u}}^2 + \frac{a}{2}\mathfrak{u}^2 = \frac{m}{2}\omega_0^2\mathfrak{u}_0^2\sin^2\delta + \frac{a}{2}\mathfrak{u}_0^2\cos^2\delta = \frac{a}{2}\mathfrak{u}_0^2, \tag{35}$$

oder bei Berücksichtigung von (3) und (13)

$$W = \frac{m\omega_0^2}{2e^2}\mathfrak{p}_0^2. \tag{36}$$

Vergleicht man diesen Ausdruck mit (33), so erhält man für die *Strahlungs-Dämpfungskonstante*, die wir durchgehends mit γ_0 bezeichnen wollen,

$$\gamma_0 = \frac{8}{3}\pi^2 \frac{e^2}{mc^3} \nu_0^2 = \frac{2}{3} \frac{e^2}{mc^3} \omega_0^2. \tag{37}$$

Wir werden diesen Wert der Strahlungsdämpfung in § 86 (5) noch auf andere Weise wieder ableiten und ihn mit anderen Dämpfungsursachen vergleichen. Diese weiteren Ursachen beruhen auf dem Energieaustausch des betrachteten Resonators mit anderen Atomen oder mit Feldern; daher ist in diesem Falle natürlich nicht zu erwarten, daß die Anregungsenergie W mit der ausgestrahlten Energie ε übereinstimmt.

§ 86. Breite von Emissionslinien. Strahlungsdämpfung und DOPPLEReffekt.

In diesem und den folgenden Paragraphen wollen wir die verschiedenen physikalischen Ursachen der Dämpfung bzw. der Linienbreite der Reihe nach näher betrachten.

I. Strahlungsdämpfung.

Wir haben schon im vorigen Paragraphen erkannt, wie sich die Strahlungsdämpfung durch die Frequenz des Oszillators und universelle Konstanten ausdrücken läßt, und wollen nun, wie wir dort bereits andeuteten, noch eine zweite Ableitung der Strahlungsdämpfung geben, welche die Fourierzerlegung des Momentes nicht benutzt.

Vorausgesetzt wird, daß der Energieverlust durch Strahlung so klein ist, daß man über eine beträchtliche Anzahl von Schwingungen mitteln und die so bestimmte mittlere Energie als langsam veränderliche Funktion der Zeit ansehen kann (eine nachträgliche Rechtfertigung dieser Voraussetzung wird auf S. 428 gegeben).

Bekanntlich ist die mittlere potentielle Energie eines harmonischen Oszillators gleich der mittleren kinetischen:

$$\frac{m}{2}\overline{\dot{\mathfrak{u}}^2} = \frac{a}{2}\overline{\mathfrak{u}^2}. \tag{1}$$

Die Gesamtenergie ist daher

$$W = \frac{m}{2}\overline{\dot{\mathfrak{u}}^2} + \frac{a}{2}\overline{\mathfrak{u}^2} = a\overline{\mathfrak{u}^2} = \frac{m\omega_0^2}{e^2}\overline{\mathfrak{p}^2}. \tag{2}$$

Ersetzen wir nun in § 85 (8) $\mathfrak{p}^2$ durch den aus (2) folgenden Mittelwert

$$\overline{\mathfrak{p}^2} = \frac{We^2}{m\omega_0^2},$$

so erhalten wir für den Energieverlust pro Zeiteinheit

$$\eta = -\frac{dW}{dt} = \frac{2}{3}\frac{e^2}{m}\frac{\omega_0^2}{c^3}W. \tag{3}$$

Diese Gleichung kann man als Differentialgleichung für die langsam mit der Zeit veränderliche Energie W des Oszillators auffassen. Ihre Lösung ist

$$W = W_0 e^{-\gamma_0 t}, \tag{4}$$

wo

$$\gamma_0 = \frac{2}{3}\frac{e^2}{mc^3}\omega_0^2 = \frac{1}{\tau_0} \tag{5}$$

gesetzt ist. Man nennt γ_0 die („klassische") *natürliche Linienbreite* (genauer Halbwertsbreite) in der ω-Skala (vgl. § 85, S. 427), bzw. τ_0 die *natürliche mittlere Lebensdauer*. Die *relative natürliche Linienbreite* [s. § 85 (29), (31), (32)] ist

$$(6) \qquad \Gamma_0 = \frac{\gamma_0}{\omega_0} = \frac{2}{3}\frac{e^2}{m c^3}\omega_0 = \frac{4\pi}{3}\frac{e^2}{m c^2}\frac{1}{\lambda_0},$$

wo λ_0 die Wellenlänge des Linienschwerpunktes ist.

Diese Größen kann man für jede Spektrallinie gegebener Frequenz berechnen, wenn man für e und m Ladung und Masse des Elektrons einsetzt, nämlich $e = 4{,}77 \cdot 10^{-10}$ e.s.E. und $e/mc = 1{,}76 \cdot 10^7$ e.s.E.:

$$(7)\begin{cases} \text{(a)} & \dfrac{1}{\gamma_0} = \tau_0 = \dfrac{3}{8\pi^2}\dfrac{1}{e\dfrac{e}{mc}}\lambda_0^2 = 4{,}53 \cdot \lambda_0^2, \\ \text{(b)} & \Gamma_0 = 1{,}17 \cdot 10^{-12} \cdot \dfrac{1}{\lambda_0}. \end{cases}$$

Setzt man hier die mittlere Wellenlänge des sichtbaren Spektrums, etwa $\lambda_0 = 5 \cdot 10^{-5}$ cm ein, so erhält man

$$(8)\begin{cases} \gamma_0 = 8{,}85 \cdot 10^7 \sec^{-1}, \\ \tau_0 = 1{,}13 \cdot 10^{-8} \sec, \\ \Gamma_0 = 2{,}34 \cdot 10^{-8}. \end{cases}$$

Man erkennt, daß die relative natürliche Linienbreite außerordentlich klein ist oder daß die natürliche Lebensdauer sehr groß ist gegen die Dauer einer Lichtschwingung, die für die angegebene Wellenlänge $1{,}67 \cdot 10^{-15}$ sec beträgt.

Damit ist unser Näherungsverfahren für sichtbares Licht nachträglich gerechtfertigt. Allgemein bestimmt man den Gültigkeitsbereich des Verfahrens durch die Forderung, daß $\tau_0 \nu_0 \gg 1$ sein muß oder

$$2\pi \Gamma_0 \ll 1,$$

d. h. nach (7)

$$\lambda_0 \gg 7{,}36 \cdot 10^{-12} \text{ cm}.$$

Diese Forderung ist noch für die kürzesten (technisch herstellbaren) Röntgenstrahlen erfüllt, deren Wellenlänge etwa $5 \cdot 10^{-10}$ cm beträgt; erst bei den härtesten γ-Strahlen mit Wellenlängen von der Größenordnung 10^{-11} cm würde die Methode versagen; doch sind bei diesen Strahlen an sich schon die Grundlagen unseres Verfahrens äußerst anfechtbar.

Einmal ist überhaupt die klassische Theorie der Kopplung eines Resonators mit dem Strahlungsfelde nicht richtig, sondern muß durch eine quantentheoretische Verfeinerung ersetzt werden, bei der die Linienbreite nicht durch eine universelle Formel, in die nur die Frequenz eingeht, gegeben wird, sondern in verwickelterer Weise von gewissen individuellen Konstanten der Linien (ihrer „Stärke") abhängt. Wir kommen darauf später (§ 90) zurück. Aber selbst die Quantentheorie in ihrer heute ausgebildeten Form versagt bei Wellenlängen von der Größenordnung des Elektronenradius, für die man aus guten Gründen 10^{-13} cm annimmt.

Eine unmittelbare Messung von τ_0 ist im Prinzip durch eine Methode von Wien[1] gegeben worden. Wien läßt Kanalstrahlen, bestehend aus leuchtenden Wasserstoffatomen, durch eine feine Blende in einen Raum treten, der durch stärkste Pumpen auf höchstem Vakuum gehalten wird. In diesem Raume finden

[1] W. Wien: Ann. Physik (4) Bd. 60 (1919) S. 597, Bd. 66 (1921) S. 229, Bd. 73 (1924) S. 483, Bd. 83 (1927) S. 1.

dann offenbar keine Störungen der Emission durch Zusammenstöße statt, und man beobachtet in dem Helligkeitsverlauf des Strahles direkt den Abfall der Intensität mit der Zeit. Indem man außerdem noch mit Hilfe des longitudinalen DOPPLEReffekts die Geschwindigkeit der Kanalstrahlen bestimmt, kann man die Längenskala auf Zeitskala umrechnen und erhält die Dämpfungskonstante γ_0 bzw. die mittlere Lebensdauer τ_0. Die Größenordnung dieses Ergebnisses stimmt mit unseren eben angestellten theoretischen Rechnungen überein, keineswegs aber die Zahlenwerte und die einfache Abhängigkeit (7) von der Wellenlänge λ_0 allein.

In der Tat ist eine solche Übereinstimmung auch aus verschiedenen Gründen nicht zu erwarten. Einmal ist das klassische Modell unserer Lichtquelle nicht zutreffend; sodann ist vom Standpunkt der Quantentheorie der Prozeß der Emission gar nicht so einfach, wie es zuerst scheint, weil gemäß dieser Lehre die verschiedenen Linien und ihre Häufigkeiten dadurch miteinander gekoppelt sind, daß die Ausgangszustände einer Linie Endzustände einer anderen sind. Wir wollen uns jedoch vorläufig dabei beruhigen, daß unser Modell die richtige Größenordnung der Strahlungsdämpfung liefert[1].

Eine andere Bestimmung der natürlichen Linienbreite beruht auf einer genauen Messung der Dispersionskurve und wird später besprochen werden (s. § 93).

Wir begnügen uns nicht nur mit der Berechnung des Energieabfalls, sondern wollen auch überlegen, ob man nicht das Abklingen des Momentes selbst durch ein Zusatzglied in der Schwingungsgleichung § 85 (1) zum Ausdruck bringen kann. Wir bezeichnen es als *dissipative Kraft* $\mathfrak{K}$ und schreiben die Schwingungsgleichung entsprechend

$$m\ddot{\mathfrak{u}} + a\mathfrak{u} = \mathfrak{K}. \tag{9}$$

Die von der Strahlungsdämpfung in einem Zeitintervall (t_1, t_2) geleistete Arbeit muß gleich dem Energieverlust in demselben Zeitintervall sein, d. h. nach § 85 (7)

$$\int_{t_1}^{t_2} (\dot{\mathfrak{u}}\mathfrak{K})\,dt = -\frac{2}{3}\frac{1}{c^3}\int_{t_1}^{t_2} (\ddot{\mathfrak{p}})^2\,dt. \tag{10}$$

Wählen wir nun insbesondere die Zeitpunkte t_1, t_2 so, daß in ihnen gerade die Beschleunigung des Elektrons verschwindet, so erhält man durch partielle Integration auf der rechten Seite von (10) die Gleichung

$$\int_{t_1}^{t_2} (\dot{\mathfrak{u}}\mathfrak{K})\,dt = \frac{2}{3}\frac{1}{c^3}\int_{t_1}^{t_2} (\dot{\mathfrak{p}}\dddot{\mathfrak{p}})\,dt = \frac{2}{3}\frac{e^2}{c^3}\int_{t_1}^{t_2} (\dot{\mathfrak{u}}\dddot{\mathfrak{u}})\,dt. \tag{11}$$

[1] Es gibt Fälle, wo die mittlere Lebensdauer τ_0 wesentlich größer ist als 10^{-8} sec. Die Quantentheorie deutet diese mit Hilfe des Begriffs des „metastabilen Zustandes"; das ist ein solcher, von dem aus überhaupt keine Übergänge zu niederen Zuständen möglich sind, wobei die Energie durch virtuelle Oszillatoren (Dipole) ausgestrahlt wird. Wohl kann aber eine viel langsamere Energieabgabe durch schwingende *Quadrupole* stattfinden. Für die indirekte Bestimmung solcher langen Lebensdauern gibt es verschiedene Methoden. Genannt sei ein von O. STERN und M. VOLLMER [Physik Z. Bd. 20 (1919) S. 183] angegebenes Verfahren, das auf dem Nachleuchten der Fluoreszenz beruht: Die durch einen begrenzten Lichtstrahl angeregten Moleküle diffundieren aus dem Strahl heraus, die Lebensdauer läßt sich durch den Diffusionsweg messen. Mit dieser Methode hat O. HEIL an NO_2 Lebensdauern von 10^{-5} sec nachweisen können [Z. f. Physik Bd. 77 (1932) S. 563]. Näheres über Quadrupolstrahlung, die hier nicht behandelt wird, s. A. RUBINOVICZ u. J. BLATON, Erg. d. exakten Naturw. Bd. 11 (1932), S. 176.

Sie gilt strenggenommen nur für die gewählten beiden speziellen Zeitmomente. Man kann sie durch den Ansatz erfüllen:

$$\mathfrak{K} = \frac{2}{3}\frac{e^2}{c^3}\dddot{\mathfrak{u}} = \frac{2}{3}\frac{1}{c^3}\dddot{\mathfrak{p}}, \tag{12}$$

aber es ist klar, daß dieser Ansatz keine notwendige Folge ist.

Man kann nun dies Resultat auch strenger begründen, indem man die Rückwirkung der Strahlung des Elektrons auf dieses selbst analysiert[1]. Hierzu scheint allerdings zunächst eine Annahme über die Ladungsverteilung innerhalb des Elektrons notwendig, und damit der Willkür ein beträchtlicher Raum offen. Tatsächlich ist aber das Ergebnis von diesen Annahmen völlig unabhängig. Wir wollen es daher für die folgenden Betrachtungen als gültig annehmen, soweit wir überhaupt mit der klassischen Elektronentheorie rechnen dürfen.

Die Bewegungsgleichung wird dann eine Differentialgleichung dritter Ordnung:

$$m\ddot{\mathfrak{u}} + a\mathfrak{u} - \frac{2}{3}\frac{e^2}{c^3}\dddot{\mathfrak{u}} = 0. \tag{13}$$

Die dissipative Kraft der Streuung wirkt also nach einem anderen Gesetz als die einfachen Dämpfungskräfte, die man in der gewöhnlichen Mechanik als proportional und entgegengesetzt gerichtet zur Geschwindigkeit annimmt.

Man löst nun die lineare Differentialgleichung (13) durch den Exponentialansatz

$$\mathfrak{u} = \mathfrak{u}_0 e^{\mu t} \tag{14}$$

und erhält dann für μ die charakteristische Gleichung

$$m\mu^2 + a - \frac{2}{3}\frac{e^2}{c^3}\mu^3 = 0. \tag{15}$$

Da das Zusatzglied klein ist, können wir diese Gleichung durch sukzessive Approximation lösen, indem wir als nullte Näherung

$$\mu_0 = i\omega_0 = i\sqrt{\frac{a}{m}} \tag{16}$$

setzen und diesen Ausdruck in das Zusatzglied in (15) einführen. Dadurch erhalten wir für μ die quadratische Gleichung

$$\mu^2 + \omega_0^2 + \frac{2}{3}\frac{e^2}{mc^3}i\omega_0^3 = 0,$$

oder nach (5)

$$\mu^2 + \omega_0^2 + i\omega_0\gamma_0 = 0, \tag{17}$$

und daraus in der angestrebten Näherung

$$\mu = i\omega_0\sqrt{1 + i\frac{\gamma_0}{\omega_0}} = i\omega_0 - \frac{\gamma_0}{2}. \tag{18}$$

Dabei ist das Vorzeichen der Wurzel so gewählt, daß der Realteil von μ negativ wird, so daß die Schwingung abklingt. Hätten wir als nullte Näherung statt (16)

[1] Siehe hierzu M. Abraham: Theorie der Elektrizität, 5. Aufl., Bd. II Kap. 2 u. 3. Leipzig u. Berlin 1923. An spezieller Literatur vgl. G. A. Schott: Electromagnetic Radiation, and the Mechanical Reactions Arising from it. Cambridge 1912; K. Schwarzschild: Nachr. Ges. Wiss. Göttingen 1903 I S. 128, II S. 132, III S. 245; G. Herglotz: Ebenda 1903 S. 257; P. Hertz: Ebenda 1906 S. 229; A. Sommerfeld: Ebenda 1904 I S. 99, II S. 363; Sitzgsber. bayer. Akad. 1907 S. 155.

$\mu = -i\omega_0$ gesetzt, so müssen wir auch in (18) einfach i durch $-i$ ersetzen. Wir erhalten also die gesamte Dipolschwingung zu

$$\mathfrak{p} = \mathfrak{p}_0 e^{-\frac{\gamma_0}{2}t} e^{\pm i\omega_0 t}, \tag{19}$$

in Übereinstimmung mit § 85 (15). Dieser Ausdruck genügt aber der Differentialgleichung § 85 (9) mit dem gewöhnlichen Dämpfungsglied erster Ordnung, wenn man für die Konstante b den Wert

$$b = m\gamma_0 = \frac{2}{3}\frac{e^2}{c^3}\omega_0^2 \tag{20}$$

einsetzt.

Diese ganze klassische Theorie der Strahlungsdämpfung ist natürlich mit der heutigen Quantentheorie des Lichts und der Materie nicht verträglich. Sie wird durch eine Betrachtung ersetzt, die im Prinzip ganz analog der klassischen ist, und die die Rückwirkung der an das Strahlungsfeld abgegebenen Energie (Quanten) auf die atomaren Schwingungsvorgänge in Rechnung setzt. Das Resultat ist dabei, daß die Linienbreite stets von der durch γ_0 [s. (5)] gegebenen Größenordnung ist; dabei treten aber zu λ_0 gewisse dimensionslose Konstanten hinzu, die von Linie zu Linie je nach deren Entstehung durch Quantensprünge verschieden sein, und zwar beträchtlich voneinander abweichen können. Wir werden hierauf in § 90 zu sprechen kommen.

II. Der DOPPLEReffekt.

Die natürliche Breite einer Spektrallinie kommt bei den Beobachtungen aus verschiedenen Gründen im allgemeinen nicht zur Geltung: einmal, weil — außer bei extrem hohen Verdünnungen — das freie Ausschwingen der Oszillatoren gestört wird, sodann und hauptsächlich, weil bei ihrer Berechnung die stillschweigende Voraussetzung gemacht wurde, daß der emittierende Dipol ruht.

In Wirklichkeit aber bewegen sich die Atome oder Moleküle mit großen Geschwindigkeiten, die (sofern nicht noch besondere äußere Felder einwirken) von der Temperatur des Gases abhängen. Durch diese Bewegung entsteht der bekannte DOPPLER*effekt*[1]: ein ruhender Beobachter mißt eine andere Frequenz als ein mit dem Emissionszentrum bewegter.

Wir haben in diesem Buche die Optik bewegter Systeme nicht berücksichtigt, da man sie systematisch nur im Rahmen einer Darstellung der Relativitätstheorie entwickeln kann[2]. Wir geben daher hier nur das Resultat, das die relativistische Kinematik für den DOPPLEReffekt (übrigens in Übereinstimmung mit elementaren, aber unstrengen Betrachtungen der klassischen Kinematik) liefert[3].

---

[1] CH. DOPPLER: Abh. d. K. Böhmischen Ges. d. Wiss. (5), Bd. II (1842) S. 465.

[2] Literatur s. Einleitung, S. 8, Anm. 1.

[3] Wir deuten kurz die relativistische Ableitung an. Es seien zwei mit der Geschwindigkeit v in der x-Richtung gegeneinander bewegte Systeme Σ und Σ' gegeben. Eine Lichtwelle (im Vakuum) habe im ersten die Frequenz ν, ihre Wellennormale bilde mit der x-Achse den Winkel ϑ; die entsprechenden Größen im zweiten System seien ν' und ϑ'. Nun ist die Phase der Welle gegenüber der LORENTZtransformation eine Invariante, d. h. es ist

$$\nu\left(t - \frac{x\cos\vartheta + y\sin\vartheta}{c}\right) = \nu'\left(t' - \frac{x'\cos\vartheta' + y'\sin\vartheta'}{c}\right).$$

Die LORENTZtransformation selbst lautet

$$x' = \frac{1}{\alpha}(x - vt), \quad y' = y, \quad z' = z, \quad t' = \frac{1}{\alpha}\left(t - \frac{v}{c^2}x\right); \quad \alpha = \sqrt{1 - \frac{v^2}{c^2}}.$$

Ist ξ die Komponente der Bewegung der Lichtquelle in Richtung auf den Beobachter zu, so erscheint diesem eine Ruhefrequenz ω_0 als die Frequenz

$$\omega = \omega_0\left(1 + \frac{\xi}{c}\right). \tag{21}$$

Die entsprechende Wellenlänge ist

$$\lambda = \lambda_0\left(1 - \frac{\xi}{c}\right). \tag{22}$$

Wir betrachten nun ein Gas im Temperaturgleichgewicht, dessen Moleküle je einen Oszillator der Frequenz ω_0 tragen. Die Wahrscheinlichkeit dafür, daß die Geschwindigkeitskomponente in der x-Richtung zwischen ξ und $\xi + d\xi$ liegt, ist gemäß dem MAXWELLschen Verteilungsgesetz

$$dw = \sqrt{\frac{\beta}{\pi}}\, e^{-\beta\xi^2} d\xi \tag{23}$$

mit

$$\beta = \frac{\mu}{2RT}, \tag{24}$$

wo $R = 8{,}313 \cdot 10^7$ erg/grad die absolute Gaskonstante, μ das Molekulargewicht ist. Den konstanten Faktor in (23) haben wir gleich so gewählt, daß die Gesamtwahrscheinlichkeit 1 wird:

$$\int_{-\infty}^{\infty} dw = \sqrt{\frac{\beta}{\pi}} \int_{-\infty}^{\infty} \epsilon^{-\beta\xi^2} d\xi = 1. \tag{25}$$

Nun ist durch die Formel (21) des DOPPLEReffekts jeder Geschwindigkeitskomponente ξ eine bestimmte Frequenz ω zugeordnet. Man kann daher statt ξ im Verteilungsgesetz ω einführen durch

$$\xi = \frac{c}{\omega_0}(\omega - \omega_0), \qquad d\xi = \frac{c}{\omega_0} d\omega, \tag{26}$$

und hat dann

$$dw = \sqrt{\frac{\beta}{\pi}}\, e^{-\beta\frac{c^2}{\omega_0^2}(\omega-\omega_0)^2} \cdot \frac{c}{\omega_0} d\omega. \tag{27}$$

Unter der Annahme, daß jedes Atom bezüglich eines mitbewegten Systems dieselbe Energie emittiert (und zwar streng monochromatisch), wird also die beobachtete Intensität

$$J = J_0 \cdot e^{-\left(\frac{\omega-\omega_0}{\delta/2}\right)^2}, \tag{28}$$

wo die *halbe* DOPPLER*breite*

$$\frac{\delta}{2} = \frac{\omega_0}{c\sqrt{\beta}} = \frac{\omega_0}{c}\sqrt{\frac{2RT}{\mu}} \tag{29}$$

Bei Beschränkung auf Größen erster Ordnung in v/c kann man $\alpha = 1$ setzen. Dann ergibt sich durch Vergleichung der Koeffizienten von x, y, t

$$\nu = \nu'\left(1 + \frac{v}{c}\cos\vartheta\right), \qquad \sin\vartheta = \sin\vartheta'\left(1 - \frac{v}{c}\cos\vartheta\right).$$

Nimmt man nun das System Σ' als dasjenige, in dem der Oszillator ruht, so hat man

$$\nu' = \nu_0, \qquad \xi = v\cos\vartheta$$

und damit die im Text angegebene Formel. Die Beziehung zwischen ϑ und ϑ' ist das Gesetz der Aberration des Lichts.

denjenigen Frequenzabstand von ω_0 bezeichnet, in dem die Intensitätsverteilung (28) auf den $e$ten Teil abgeklungen ist[1].

Wir führen (in Analogie mit der Bezeichnungsweise γ, Γ) die von der Frequenzskala unabhängige Größe

$$\Delta = \frac{\delta}{\omega_0} = \frac{2}{c}\sqrt{\frac{2RT}{\mu}} \tag{30}$$

ein. Da $d\nu/\nu = |d\lambda/\lambda|$ ist, gibt die Größe Δ auch die relative Linienbreite in der Wellenlängenskala an. Setzt man für R und c ihre numerischen Werte ein, so ergibt sich

$$\Delta = 8{,}60 \cdot 10^{-7}\sqrt{\frac{T}{\mu}}, \tag{31}$$

also z. B. für Luft bei Zimmertemperatur ($\mu = 29$, $T = 292$):

$$\Delta = 2{,}73 \cdot 10^{-6}.$$

Vergleicht man diesen Wert mit dem von Γ_0 in (8), so erkennt man, daß für sichtbares Licht ($\lambda_0 = 5 \cdot 10^{-5}$ cm), wo sich Γ_0 zu $2{,}34 \cdot 10^{-8}$ ermittelte, der DOPPLEReffekt bei gewöhnlicher Temperatur bei weitem überwiegt; es ergibt sich nämlich

$$\frac{\Delta}{\Gamma_0} = \frac{2{,}76 \cdot 10^{-6}}{2{,}34 \cdot 10^{-8}} = 117. \tag{32}$$

Die Temperatur, bei der die Dämpfungswirkungen von DOPPLEReffekt und Strahlungsverlust von gleicher Größenordnung wären, ist praktisch unerreichbar. (Auch bei schwersten Molekülen, bei denen diese Temperatur den höchsten möglichen Wert annehmen würde, liegt sie bei einigen hundertstel Graden absolut.)

Die ersten Messungen über den DOPPLEReffekt an Emissionslinien gelangen MICHELSON[2]; sie sind von SCHÖNROCK[3] ausführlich diskutiert worden. Tabelle 32 gibt für eine Reihe von Gasen und Dämpfen den Vergleich

Tabelle 32. Vergleich der von MICHELSON gemessenen DOPPLERbreiten mit den von SCHÖNROCK berechneten.

Element	Atomgewicht	Temperatur in °C	Wellenlänge in Å	Halbweite in Å beobachtet	Halbweite in Å berechnet
H	1,008	50	6563	0,047	0,042
			4861	0,061	0,031
O	16	600	6158	0,025	0,016
Na	23	250	6154	0,013	0,0100
			5688	0,012	0,0097
			5149	0,013	0,0088
			4984	0,010	0,0085
Zn	65,4	900	6362	0,014	0,0096
			4811	0,011	0,0073
Cd	112,4	280	6438	0,0066	0,0051
			5086	0,0048	0,0040
			4800	0,0079	0,0038
Hg	200	140	5791	0,0033	0,0030
			5770	0,0049	0,0030
			5461	0,0029	0,0028
			4358	0,0046	0,0022
Tl	204	250	5351	0,0030	0,0031

[1] Will man statt dessen eine Halbwertsbreite für den DOPPLEReffekt definieren, so hat man δ mit $\sqrt{\log 2}$ zu multiplizieren.

[2] A. A. MICHELSON: Philos. Mag. Bd. 34 (1892) S. 280.

[3] O. SCHÖNROCK: Ann. Physik Bd. 20 (1906) S. 995.

zwischen Theorie und Beobachtung, der sehr günstig ausfällt, zumal bei den Versuchen die Verbreiterung durch elektrische Felder (s. § 88) nicht völlig ausgeschlossen war[1].

Dies war der Fall bei den Messungen von FABRY und BUISSON[2], deren Resultate Tabelle 33 wiedergibt. Die Übereinstimmung mit den theoretischen Werten ist vorzüglich und bestätigt vor allem auch die Temperaturabhängigkeit.

Tabelle 33. Vergleich von gemessenen und berechneten Halbwertsbreiten bei zwei verschiedenen Temperaturen.

Element	Wellenlänge in Å	Halbweite bei Zimmertemperatur		Halbweite bei Temperatur der flüssigen Luft	
		beobachtet Å	berechnet Å	beobachtet Å	berechnet Å
He	5876	0,0180	0,0180	0,0108	0,0104
Ne	5852	0,0080	0,0080	0,0050	0,0047
Kr	5570	0,0041	0,0041	0,0026	0,0024

Wesentliche Voraussetzung der Gültigkeit der Formel (31) für den DOPPLEReffekt ist, daß die leuchtenden Gasmoleküle wirklich die der Temperatur entsprechende Geschwindigkeit besitzen. Es gibt sehr viele Fälle (Lumineszenzleuchten aller Art), wo diese Voraussetzungen nicht erfüllt ist, z. B. wenn angeregte Moleküle ihre Energie durch Stoß auf andere übertragen und diese dabei nicht nur zum Leuchten anregen, sondern ihnen auch noch Geschwindigkeit übermitteln, und ähnliches.

Das Verteilungsgesetz (28) ist symmetrisch bezüglich der Grundfrequenz ω_0, unterscheidet sich aber sonst wesentlich von dem, das durch die Dämpfung erzeugt wird: Die Intensität fällt exponentiell, also sehr rasch mit wachsendem Abstande von ω_0 ab, während die Formel § 85 (27) für den gedämpften Oszillator ein algebraisches, also langsamer abklingendes Abnahmegesetz liefert.

Wir wollen nun überlegen, was sich ergibt, wenn *Strahlungsdämpfung und* DOPPLER*effekt als verbreiternde Ursachen gleichzeitig* in Rechnung gesetzt werden. Wir bezeichnen jetzt die Frequenz in dem mit dem Atom bewegten System mit ω'; die Wahrscheinlichkeit, daß diese Frequenz im System des Beobachters in der Umgebung von ω beobachtet wird, beträgt nach (27)

$$dw = \frac{2}{\sqrt{\pi}\,\delta}\, e^{-\left(\frac{\omega-\omega'}{\delta/2}\right)^2} d\omega'. \tag{33}$$

Die Intensität des Oszillators der Eigenfrequenz ω_0 hat dann auf Grund der Dämpfungsformel § 85 (27) für die Frequenz ω' im mitbewegten System den Wert

$$J = J_0 \frac{(\gamma/2)^2}{(\omega_0-\omega')^2 + (\gamma/2)^2}, \tag{34}$$

wo J_0 die maximale Intensität bedeutet. Jede Frequenz ω' liefert einen Beitrag zur beobachteten Frequenz ω im ruhenden System, und zwar erhält man durch Zusammensetzung

$$J = J_0\left(\frac{\gamma}{2}\right)^2 \frac{2}{\sqrt{\pi}\,\delta} \int_0^\infty \frac{e^{-\left(\frac{\omega-\omega'}{\delta/2}\right)^2}}{(\omega_0-\omega')^2 + (\gamma/2)^2}\, d\omega'. \tag{35}$$

[1] Es ist zu beachten, daß die hier angegebenen Linienbreiten Halbwertsbreiten sind, die aus den mit unseren Formeln berechneten Breiten durch Multiplikation mit $\sqrt{\log 2} = 0{,}833$ hervorgehen.

[2] CH. FABRY u. H. BUISSON: C. R. Acad. Sci., Paris Bd. 154 (1912) S. 1224, 1500.

Setzen wir

$$(36) \qquad \frac{\omega - \omega_0}{\gamma/2} = \frac{4\pi(\nu - \nu_0)}{\gamma} = x, \qquad \frac{\omega' - \omega_0}{\gamma/2} = \frac{4\pi(\nu' - \nu_0)}{\gamma} = y, \qquad \frac{\delta}{\gamma} = \eta,$$

so wird aus (35)

$$(37) \qquad J = J_0 \frac{1}{\sqrt{\pi}\,\eta} \int_{-\infty}^{\infty} \frac{e^{-\left(\frac{x-y}{\eta}\right)^2}}{y^2 + 1}\, dy.$$

Dabei ist die ihrem absoluten Betrage nach sehr große untere Grenze $-\frac{\omega_0}{\gamma/2}$ des Integrals durch $-\infty$ ersetzt.

Wir werden sehen, daß genau dasselbe Integral den Verlauf der Absorption bestimmt und ein ähnlich gebautes die Dispersionskurve (s. § 93). Da diese beiden Kurven aufs engste zusammenhängen, wollen wir die Diskussion erst dort durchführen. Es sei hier nur erwähnt, daß für jeden Wert von η in hinreichend großem Abstande x von der Linienmitte die Funktion (37) in die einfache Funktion $J = J_0 \frac{1}{1 + x^2}$ übergeht, die mit der Emissionskurve eines gedämpften Oszillators [§ 85 (27)] übereinstimmt. Man kann also durch Messung des Intensitätsverlaufs in großem Abstand von der Linienmitte die Dämpfungskonstante γ bestimmen; dieses Verfahren ist für Absorption von MINKOWSKI ausgeführt worden (s. § 93, S. 484).

87. Breite von Emissionslinien. Stoßdämpfung.

Die durch den DOPPLEReffekt erzeugte Linienbreite ist offenbar unabhängig von der Gasdichte oder vom Druck (bei konstanter Temperatur). Erfahrungsgemäß hat nun aber eine isotherme Druckveränderung merklichen Einfluß auf die Breite und Form von Spektrallinien. Es muß also die Wirkung der Zusammenstöße der leuchtenden Atome oder Moleküle in Betracht gezogen werden. Nun kann man die molekularen Kräfte nach einem in der Gastheorie bewährten Verfahren in zwei Klassen zerlegen: solche, die nur bei unmittelbarer Einwirkung, „während eines Stoßes", wirksam sind, und solche, deren Reichweite endlich ist.

Wir behandeln zunächst die erste Art von Kräften. Genau so wie man in der Gastheorie in gröbster Annäherung die beim Stoß einsetzenden Abstoßungskräfte durch die Annahme ersetzen kann, daß die Atome sich wie ideal elastische Kugeln verhalten, die bei Berührung nach den mechanischen Stoßgesetzen voneinander abprallen, kann man auch hier in der Optik nach MICHELSON[1] und LORENTZ[2] den Einfluß des Stoßes auf die Lichtschwingungen durch eine analoge einfache Hypothese beschreiben.

Man nimmt an, daß bei jedem Zusammenstoß die vorhandene Schwingung des elektrischen Momentes augenblicklich aufhört, und daß in diesem Augenblicke eine neue Schwingung mit willkürlicher Phase und Amplitude angeregt wird.

Das kann noch in sehr verschiedener Weise geschehen, wobei zwei Grenzfälle besonders wichtig sind:

Erstens kann durch den Zusammenstoß die Schwingung wirklich vollkommen abgebrochen werden, wobei die ganze Schwingungsenergie in Translationsenergie der stoßenden Teilchen (Wärme) verwandelt wird.

---

[1] A. MICHELSON: Astrophys. J. Bd. 2 (1895) S. 251.

[2] H. A. LORENTZ: Versl. Afd. Natuurk. Akad. Wet. Amsterd. Bd. 14 (1905) S. 518, 577; Proc. Acad. Amsterd. Bd. 18 (1915) S. 134.

Zweitens kann aber auch bloß eine Beeinflussung der Schwingung mit geringem Energieverlust durch das vorbeifliegende Teilchen erzeugt werden. Die starken Störungen bei großer Annäherung der Teilchen verändern die Frequenz der Schwingung während der Stoßzeit; der Oszillator schwingt dann nach überstandenem Stoße zwar wieder mit der ursprünglichen Frequenz, aber mit geänderter Phase, bezogen auf den Zustand vor dem Stoß. Die Frequenzverstimmung während des Stoßes ist wegen der Kürze seiner Dauer nicht direkt beobachtbar; ihre Wirkung besteht nur in der Erzeugung einer Phasenänderung nach statistischem Gesetze.

Der Unterschied der beiden Mechanismen wird besonders deutlich in den Fällen, wo man das Ausklingen einer Anregung des Atoms (durch Stoß oder Lichtabsorption) direkt beobachten kann, z. B. bei der Fluoreszenz von Gasen. Im ersteren Falle erhält man durch Vermehrung der Stoßzahl eine Schwächung der Ausstrahlung, im letzteren nicht; wir kommen hierauf am Ende dieses Paragraphen noch zurück.

Vernachlässigt man zunächst Dämpfungen anderer Art und den DOPPLEReffekt, so besteht in beiden Fällen der gesamte Schwingungsvorgang in einer Aneinanderreihung von harmonischen Schwingungen der Eigenfrequenz ω_0, deren Amplituden und Phasen, a_k und δ_k, zu den Zeitpunkten t_1, t_2, ... willkürlich springen. Eine Komponente des elektrischen Momentes sei gegeben durch

$$(1) \quad p(t) = a_k \cos(\omega_0 t + \delta_k) \quad \text{für} \quad t_k \leqq t < t_{k+1} \quad (k = \cdots -2, -1, 0, 1, 2, \ldots).$$

Von dieser Schwingung haben wir den FOURIERkoeffizienten zu ermitteln, definiert durch

$$(2) \quad \left\{ \begin{aligned} q(\nu) &= \int_{-\infty}^{\infty} p(t) e^{-i\omega t} dt = \sum_{k=-\infty}^{\infty} \frac{a_k}{2} \int_{t_k}^{t_{k+1}} \{ e^{i[(\omega_0 - \omega)t + \delta_k]} + e^{-i[(\omega_0 + \omega)t + \delta_k]} \} dt \\ &= \sum_{k=-\infty}^{\infty} \frac{a_k}{2} \left\{ \frac{e^{i(\omega_0 - \omega)t_{k+1}} - e^{i(\omega_0 - \omega)t_k}}{i(\omega_0 - \omega)} e^{i\delta_k} - \frac{e^{-i(\omega_0 + \omega)t_{k+1}} - e^{-i(\omega_0 + \omega)t_k}}{i(\omega_0 + \omega)} e^{-i\delta_k} \right\}. \end{aligned} \right.$$

Um die spektrale Verteilung zu berechnen, haben wir $|q(\nu)|^2$ zu bilden und über die Phasen δ_k zu mitteln. Dabei verschwinden alle Produkte von Gliedern mit verschiedenem k, und in dem Quadrate eines Termes mit bestimmtem k bleiben nur zwei Summanden bestehen, nämlich die Quadrate der Beträge der oben auftretenden Quotienten. Man erhält

$$(3) \quad |q(\nu)|^2 = \sum_{k=-\infty}^{\infty} \frac{a_k^2}{4} \left\{ \left| \frac{1 - e^{i(\omega_0 - \omega)\tau_k}}{\omega_0 - \omega} \right|^2 + \left| \frac{1 - e^{i(\omega_0 + \omega)\tau_k}}{\omega_0 + \omega} \right|^2 \right\},$$

wo

$$(4) \quad \tau_k = t_{k+1} - t_k$$

gesetzt ist. Wir schreiben (3) in der Gestalt

$$(5) \quad |q(\nu)|^2 = \sum_{k=-\infty}^{\infty} \frac{a_k^2}{2} \left(\frac{1 - \cos(\omega_0 - \omega)\tau_k}{(\omega_0 - \omega)^2} + \frac{1 - \cos(\omega_0 + \omega)\tau_k}{(\omega_0 + \omega)^2} \right).$$

Nun sind die Größen τ_k die Zeiten zwischen je zwei Zusammenstößen, die ein Molekül erleidet, müssen also offenbar proportional der freien Weglänge zwischen diesen Zusammenstößen sein. Wir können daher annehmen, daß die Größen τ_k

denselben statistischen Gesetzen genügen wie die freien Weglängen: Die Wahrscheinlichkeit, daß τ_k zwischen τ und $\tau + d\tau$ liegt, sei gegeben durch

$$dw = \frac{1}{\bar{\tau}} e^{-\frac{\tau}{\bar{\tau}}} d\tau . \tag{6}$$

Dabei ist der Faktor so bestimmt, daß

$$\int_0^\infty dw = 1 \tag{7}$$

ist. Sodann ist

$$\int_0^\infty \tau \, dw = \bar{\tau} \tag{8}$$

die mittlere Zeit zwischen zwei Zusammenstößen oder die ungestörte Schwingungsdauer.

Wir ordnen nun die Glieder unserer Summe (5) nach der Größe der τ_k-Werte und fassen immer diejenigen zusammen, die in dasselbe Intervall $d\tau$ fallen. Der Wert der Summe ist daher

$$|q(\nu)|^2 = \frac{a^2}{\bar{\tau}} \int_0^\infty e^{-\frac{\tau}{\bar{\tau}}} \left\{ \frac{1 - \cos(\omega_0 - \omega)\tau}{(\omega_0 - \omega)^2} + \frac{1 - \cos(\omega_0 + \omega)\tau}{(\omega_0 + \omega)^2} \right\} d\tau , \tag{9}$$

wo a^2 ein Mittelwert der a_k^2 ist. Nach der Integralformel

$$\int_0^\infty e^{-\beta\tau} \cos \alpha\tau \, d\tau = \frac{\beta}{\alpha^2 + \beta^2} \tag{10}$$

erhält man

$$\left\{ \begin{aligned} |q(\nu)|^2 &= \frac{a^2}{\bar{\tau}} \frac{1}{(\omega_0 - \omega)^2} \left(\bar{\tau} - \frac{1/\bar{\tau}}{(\omega_0 - \omega)^2 + 1/\bar{\tau}^2} \right) + \frac{a^2}{\bar{\tau}} \frac{1}{(\omega_0 + \omega)^2} \left(\bar{\tau} - \frac{1/\bar{\tau}}{(\omega_0 + \omega)^2 + 1/\bar{\tau}^2} \right) \\ &= \frac{a^2}{(\omega_0 - \omega)^2 + 1/\bar{\tau}^2} + \frac{a^2}{(\omega_0 + \omega)^2 + 1/\bar{\tau}^2} . \end{aligned} \right. \tag{11}$$

Hier kann man den zweiten Quotienten der rechten Seite aus demselben Grunde fortlassen, den wir schon bei der Vereinfachung der Formel § 85 (27) herangezogen haben: In der Nähe der Eigenfrequenz ω_0 überwiegt das erste Glied, weil dort der Nenner klein (von der Größenordnung $1/\bar{\tau}$) wird. Man erhält daher schließlich

$$|q(\nu)|^2 = \frac{a^2}{(\omega_0 - \omega)^2 + (\gamma_s/2)^2} , \tag{12}$$

wo

$$\frac{\gamma_s}{2} = \frac{1}{\bar{\tau}} \tag{13}$$

gesetzt ist[1]. Die Zusammenstöße wirken also genau so wie eine Dämpfung der in § 85 betrachteten Art.

Wir wollen nunmehr die Größenordnung dieses Effektes, der wie die freie Weglänge vom Druck p und der Temperatur T abhängt, abschätzen. Ist

$$\bar{v} = \sqrt{\frac{8RT}{\pi\mu}} \tag{14}$$

[1] Die äquivalente mittlere Lebensdauer eines Quantenresonators, $\tau_s = 1/\gamma_s$, ist also gleich $\frac{1}{2}\bar{\tau}$, d. h. gleich der halben mittleren freien Laufzeit.

die mittlere Molekulargeschwindigkeit und l die freie Weglänge, so gilt offenbar

$$\bar{\tau}\bar{v} = l, \tag{15}$$

und man erhält für die Stoßdämpfungskonstante

$$\frac{\gamma_s}{2} = \frac{1}{\bar{\tau}} = \frac{\bar{v}}{l} = \frac{1}{l}\sqrt{\frac{8RT}{\pi\mu}}. \tag{16}$$

Bei einem Gasgemisch ist hier nach den Regeln der kinetischen Gastheorie für μ das *effektive Molekulargewicht* $\frac{mM}{m+M}$ einzusetzen[1].

Die halbe relative Stoßbreite ist daher

$$\Gamma_s = \frac{\gamma_s}{\omega_0} = \frac{\gamma_s}{2}\frac{\lambda_0}{\pi c} = \frac{\lambda_0}{l}\frac{1}{\pi c}\sqrt{\frac{8RT}{\pi\mu}}. \tag{17}$$

Vergleichen wir diesen Wert mit dem für die DOPPLERbreite in § 86 (30), so erhalten wir[2]

$$\frac{\Delta}{\Gamma_s} = \pi^{\frac{3}{2}} \cdot \frac{l}{\lambda_0} = 5{,}57 \cdot \frac{l}{\lambda_0}. \tag{18}$$

Die beiden Effekte sind also dann von gleicher Größenordnung, wenn die freie Weglänge nahezu gleich der Wellenlänge des benutzten Lichts ist. Dieser Fall tritt für sichtbares Licht und bei Zimmertemperatur ein. Beim Übergang zu höheren Drucken bei derselben Temperatur überwiegt die Stoßbreite, bei niederen Drucken die DOPPLERbreite. Bei den oben (§ 86, S. 434) erwähnten Versuchen von FABRY und BUISSON zur Messung der DOPPLERbreite betrug der Druck etwa 1 mm Hg, so daß der Einfluß der Stöße vernachlässigt werden konnte.

Die Druckabhängigkeit der Stoßbreite erhalten wir, indem wir etwa für die freie Weglänge die MAXWELLsche Formel[3]

$$l = \frac{kT}{\sqrt{2}\,\pi\sigma^2 p} \tag{19}$$

benutzen, wo σ den Moleküldurchmesser bedeutet. Die vollständige Abhängigkeit der Größe γ_s von p und T ist also gegeben durch

$$\gamma_s = 8\sqrt{\pi}\,\frac{\mathsf{N}\sigma^2}{\sqrt{R\mu}}\,\frac{p}{\sqrt{T}} = 9{,}43 \cdot 10^{20}\,\frac{p\sigma^2}{\sqrt{\mu T}}, \tag{20}$$

wo N die LOSCHMIDTsche Zahl pro Mol ist. Die relative Stoßbreite wird, wenn man durch Multiplikation mit $1{,}0133 \cdot 10^6$ zur Druckeinheit „Atmosphäre" übergeht:

$$\Gamma_s = \frac{\gamma_s}{2\pi c}\lambda_0 = 5{,}08 \cdot 10^{15} \cdot \lambda_0\,\frac{p\sigma^2}{\sqrt{\mu T}}. \tag{21}$$

Setzt man hier z. B. für Stickstoff die Werte $\mu = 28$, $\sigma = 3{,}1 \cdot 10^{-8}$ cm ein und nimmt sichtbares Licht ($\lambda_0 = 5 \cdot 10^{-5}$ cm), so erhält man

$$\Gamma_s = 4{,}60 \cdot 10^{-5}\,\frac{p}{\sqrt{T}},$$

d. h. für gewöhnliche Temperatur ($T = 300$) und 1 at Druck

$$\Gamma_s = 2{,}66 \cdot 10^{-6}.$$

[1] S. etwa J. H. JEANS: Dynamische Theorie der Gase, S. 318. Braunschweig 1926.

[2] Rechnet man die DOPPLERbreite als die Abklingung der Intensität auf die Hälfte statt auf den $e$ten Teil, so hat man noch mit dem Zahlenfaktor $\sqrt{\log 2} = 0{,}833$ zu multiplizieren. Statt (18) hat man dann

$$\frac{\Delta}{\Gamma_s} = 4{,}64 \cdot \frac{l}{\lambda_0}. \tag{18a}$$

[3] Vgl. etwa J. H. JEANS: Dynamische Theorie der Gase, S. 46.

In der Tat hat dieser Wert dieselbe Größenordnung wie der aus § 86 (31) berechnete Wert von Δ.

Wir bilden noch das Verhältnis von Stoß- zu Strahlungsdämpfung, Γ_s/Γ_0; nach § 86 (7) und § 87 (21) wird

$$\frac{\Gamma_s}{\Gamma_0} = 4{,}34 \cdot 10^{27} \cdot \lambda_0^2 \cdot \frac{p\,\sigma^2}{\sqrt{\mu T}}\,. \tag{22}$$

Für sichtbares Licht, $\lambda_0 = 5 \cdot 10^{-5}$ cm, und Zimmertemperatur, $T = 300°$, erhalten wir also für Stickstoff ($\sigma = 3{,}1 \cdot 10^{-8}$ cm, $\mu = 28$)

$$\frac{\Gamma_s}{\Gamma_0} = 115 \cdot p\,.$$

Hieraus erkennt man, daß unter diesen Umständen bei einem Druck von $^1/_{200}$ at die Stoßdämpfung bereits geringer geworden ist als die Strahlungsdämpfung. Von dieser Möglichkeit, durch Druckerniedrigung den Einfluß der Stoßdämpfung selbst im Verhältnis zur Strahlungsdämpfung vernachlässigen zu können, hat Minkowski Gebrauch gemacht in einer Arbeit zur Messung der natürlichen Linienbreite; wir werden später (§ 94) auf sie zurückkommen (s. auch § 86, S. 435).

Eine ausführliche Prüfung dieser Lorentzschen Theorie der Stoßdämpfung wurde von Füchtbauer und seinen Mitarbeitern vorgenommen, und zwar nicht an Emissionslinien, sondern in Absorption[1]. Um dabei den Dopplereffekt herabzudrücken, wurden die absorbierenden Atome möglichst schwer gewählt (Cäsium, Quecksilber), und um die Zahl der Stöße zu vermehren, wurden Zusatzgase von beträchtlichem Druck beigemengt. In der ersten Arbeit[2] wurde Cäsiumdampf mit Stickstoffzusatz bis zu etwa 3 at untersucht. Die gefundene Kurve des Intensitätsverlaufes entsprach in ihrer *Gestalt* recht gut der Formel der Dämpfungstheorie. Wir werden darauf zurückkommen, wenn wir die entsprechende Formel für die Absorption abgeleitet haben werden (s. § 94). Der *absolute Wert* der Linienbreite aber ergab sich viel zu groß gegenüber dem entsprechenden theoretischen Wert, den man aus der tatsächlichen Anzahl der Stöße berechnen kann. Um diese Linienbreite nach der Lorentzschen Dämpfungstheorie erklären zu können, müßte man annehmen, daß die Anzahl der Zusammenstöße in der Zeiteinheit etwa 2- bis 3 mal so groß wäre wie die gaskinetisch berechnete Anzahl.

In einer zweiten Arbeit[3] wurde Quecksilberdampf in verschiedenen Gasen (A, H_2, N_2, CO_2, O_2, H_2O) zum Leuchten gebracht und die Linie $\lambda_0 = 2537$ Å durchphotometriert. Dabei wurde das Zusatzgas bis zu 50 at verdichtet. Die gemessene Breite ergab sich entsprechend unserer Theorie sehr gut als der Dichte proportional. Die Form der Absorptionslinie war für verschiedene Zusatzgase nicht genau dieselbe: für H_2 war sie fast symmetrisch, bei den anderen Gasen etwas unsymmetrisch, und zwar entsprechend einer Linienverbreiterung nach Rot hin. Von dieser Asymmetrie werden wir sogleich zu sprechen haben.

Die Tabelle 34 enthält die Resultate der genannten Messungen. Man erkennt, daß die Größe $\Gamma_s \frac{\sqrt{T}}{p}$, welche nach (21) für jedes spezielle Gas konstant sein sollte, tatsächlich auch recht gut konstant ist, besonders bei Stickstoff und Wasserdampf. Dagegen treten bei den niedersten der gemessenen Drucke für die meisten Gase, besonders deutlich aber bei Wasserstoff, Abweichungen auf,

[1] Wir werden später (§ 91 bis 93) zeigen, daß der Verlauf der Absorption in dünnen Schichten mit dem der Emission übereinstimmt; siehe auch die Bemerkung am Ende von § 86 (S. 435).

[2] Chr. Füchtbauer u. W. Hofmann: Ann. Physik (4) Bd. 43 (1914) S. 96.

[3] Chr. Füchtbauer, G. Joos u. O. Dinkelacker: Ann. Physik (4) Bd. 71 (1923) S. 204.

Tabelle 34. Verbreiterung der Quecksilberlinie $\lambda_0 = 2537$ Å durch Fremdgaszusatz.

T = absolute Temperatur, p = Fremdgasdruck in at, $\Delta\lambda$ = gemessene Halbwertsbreite in cm, Γ_s = relative Dämpfung. In Spalte 5 ist die dem Molekül eigentümliche von Druck und Temperatur unabhängige Konstante $\Gamma_s \cdot \sqrt{T}/p$ aus den Werten der Spalte 4 berechnet. Für jedes Gas ist der Mittelwert dieser Größe angegeben.

1	2	3	4	5
T	p	$\Delta\lambda$	$\Gamma_s = \frac{\Delta\lambda}{\lambda_0}$	$\Gamma_s \cdot \frac{\sqrt{T}}{p}$
		Argon.		
292	10,4	$2{,}31 \cdot 10^{-9}$	$0{,}915 \cdot 10^{-4}$	$1{,}50 \cdot 10^{-4}$
292	14,0	2,74	1,08	1,32
300	25,5	4,62	1,82	1,24
301	25,5	4,98	1,96	1,33
312	50,0	9,85	3,88	1,37
312	50,3	10,0	3,94	1,38
			Mittelwert:	1,36
		Wasserstoff.		
301	17,8	5,21	2,05	2,00
302	17,5	5,21	2,05	2,04
304	30,0	6,75	2,66	1,55
308	30,0	7,67	3,02	1,77
308	30,0	7,16	2,82	1,65
308	36,0	8,05	3,17	1,55
314	50,0	11,9	4,67	1,65
			Mittelwert:	1,74
		Stickstoff.		
291	10,0	1,94	0,762	1,30
291	10,2	1,96	0,770	1,29
302	25,3	4,43	1,69	1,16
299	20,0	3,61	1,42	1,23
299	20,0	3,43	1,35	1,17
297	20,3	3,48	1,37	1,16
310	50,0	8,23	3,24	1,14
			Mittelwert:	1,21
		Sauerstoff.		
306	34,7	5,41	2,13	1,08
		Kohlensäure.		
300	9,5	2,54	1,00	1,82
300	10,1	2,97	1,17	2,00
312	25,2	5,64	2,22	1,56
322	42,5	13,0	5,12	2,15
324	46,7	14,7	5,77	2,22
			Mittelwert:	1,95
		Wasserdampf.		
495	23,7	3,73	1,47	1,38
497	24,7	3,78	1,49	1,35
498	25,0	3,71	1,46	1,30
			Mittelwert:	1,34

und zwar in dem Sinne, daß die Linienbreite größer wird, als es die Theorie verlangt. Es ist also hier sicherlich noch eine andere vom Druck abhängende verbreiternde Ursache vorhanden als die reine Stoßdämpfung. In § 88 werden wir solche Ursachen kennenlernen, vor allem den STARKeffekt; wir werden insbesondere sehen, daß gerade bei Wasserstoff bei niederen Drucken der STARKeffekt die Linienbreite bestimmt.

Tabelle 35. Vergleich des gaskinetischen Moleküldurchmessers mit dem nach (24) aus der Linienbreite berechneten Durchmesser. (μ = effektives Molekulargewicht.)

1	2	3	4	5	6
Gas	C	μ	σ_{opt}	σ_{kin}	$\frac{\sigma_{opt}}{\sigma_{kin}}$
Argon A	$3{,}2 \cdot 10^{-8}$	33,2	$7{,}7 \cdot 10^{-8}$	$2{,}8 \cdot 10^{-8}$	2,8
Wasserstoff H_2	3,7	1,96	4,4	2,3	1,9
Stickstoff N_2	3,1	24,6	6,9	3,1	2,2
Sauerstoff O_2	2,9	27,6	6,7	2,9	2,3
Kohlensäure CO_2	3,9	36,0	9,6	3,2	3,0
Wasserdampf H_2O	3,2	16,1	6,4	2,6	2,5

Es scheint also, daß sich auch im Gebiete hoher Drucke die Wirkung des STARKeffekts bereits ein wenig zeigt.

In der Tabelle 35 haben wir dann die Größe

$$C = \sqrt{\Gamma_s \frac{\sqrt{T}}{p} \frac{1}{5{,}08 \cdot 10^{15} \lambda_0}} \tag{23}$$

für die hier benutzte Wellenlänge $\lambda_0 = 2537$ Å für jedes Gas berechnet. Es sollte dann nach (21)

$$\sigma = C \cdot \sqrt[4]{\mu} \tag{24}$$

sein, wo für μ das *effektive* Molekulargewicht $\frac{mM}{m+M}$ des leuchtenden und des störenden Gases einzusetzen ist. Man sieht, daß besonders bei Argon und Wasserstoff ein deutlicher Gang mit dem Druck vorhanden ist; da aber die Werte unregelmäßig schwanken und uns nur die Größenordnung des Ergebnisses interessiert, rechnen wir weiter mit den Mittelwerten, die in Tabelle 34 (Spalte 5) für jedes Gas angegeben sind. Aus ihnen sind in Tabelle 35 (Spalte 2) die Werte für C berechnet; Spalte 3 gibt die effektiven Molekulargewichte μ, mittels derer in Spalte 4 die „optischen Molekulardurchmesser" σ_{opt} zusammengestellt sind. Zum Vergleich sind dann die gaskinetischen Durchmesser σ_{kin} der stoßenden Gasatome angegeben (Spalte 5) und die Verhältnisse beider Durchmesser bestimmt (Spalte 6). Man erkennt, daß diese Verhältnisse, wie wir schon oben berichteten, zwischen 2 und 3 liegen[1].

Neuerdings sind ähnliche Messungen von ZEMANSKY[2] für eine Anzahl anderer Gase vorgenommen, unter denen auch A, H_2, N_2 enthalten sind; seine Ergebnisse, die nach einem etwas anderen Rechenverfahren gewonnen sind, haben wir in Tabelle 36 wiedergegeben. Sie stimmen mit den in Spalte 4 der Tabelle 35 angegebenen einigermaßen überein.

Tabelle 36. Optische Wirkungsquerschnitte nach ZEMANSKY.

Gas	σ_{opt}	σ_{kin}	$\frac{\sigma_{opt}}{\sigma_{kin}}$
Argon A	$7{,}85 \cdot 10^{-8}$	$2{,}8 \cdot 10^{-8}$	2,8
Wasserstoff H_2	4,95	2,3	2,2
Stickstoff N_2	7,15	3,1	2,3
Helium He	3,88	1,9	2,0
Kohlenoxyd CO	6,68	3,2	2,1
Ammoniak NH_3	8,45	—	—
Methan CH_4	6,51	—	—
Propan C_3H_8	8,58	—	—

[1] Die auf S. 439 Anm. 3 zitierte Arbeit enthält außerdem noch eine Bestimmung des Absolutwertes der gesamten Absorption; auf die Resultate dieser Messungen, die mit der sog. „Linienstärke" zusammenhängen, werden wir in § 94 zurückkommen.

[2] M. W. ZEMANSKY: Physic. Rev. (2) Bd. 36 (1930) S. 219.

Auch für diese Gase ist der optische Wirkungsquerschnitt wesentlich größer als der gaskinetische.

Zur Lösung dieser Schwierigkeit gibt es nur zwei Möglichkeiten: entweder hält man die Grundlagen der LORENTZschen Theorie für bindend[1]; dann wird man zu der Annahme gezwungen, daß für optische Vorgänge die Wirkungsradien der Atome und Moleküle um das Vielfache größer sind als für die gaskinetischen Stöße. Oder aber man sucht überhaupt nach anderen Ursachen und Mechanismen zur Verbreiterung.

Es gibt einige Anhaltspunkte, die für den ersten Ausweg sprechen. Wird die Schwingung des strahlenden Atoms durch den Zusammenstoß abgebrochen, so muß sie nach dem Zusammenstoß erst von neuem erregt werden, wodurch eine Schwächung der Gesamtstrahlung entsteht. Diese wurde in manchen Fällen auch tatsächlich beobachtet in der *Auslöschung der Fluoreszenz durch Zusatzgase.* Allerdings läßt sich diese Erscheinung in durchsichtiger Weise nur quantenmechanisch verstehen und kann daher hier nur berührt werden.

Wie wir früher (VII, § 81) gesehen haben, streut jedes Gas eingestrahltes Licht nach allen Seiten; aber die Ausbeute hierbei ist im allgemeinen äußerst schwach. Sie ist wesentlich stärker, wenn das eingestrahlte Licht in seiner Frequenz mit einer Eigenfrequenz des streuenden Moleküls zusammenfällt. Es gibt aber besondere Linien, bei denen die Streuung von Licht derselben Frequenz die Ausbeute 1 hat, d. h. wo die gesamte einfallende Energie in Streulicht verwandelt wird. (Diese Linien sind quantentheoretisch dadurch charakterisiert, daß von einem oberen Term kein anderer Übergang zu einem anderen Term möglich ist als zu dem unteren der betrachteten Linie.) Wir werden einige Eigenschaften dieser Resonanzlinien, soweit sie sich klassisch behandeln lassen, später (§ 97) besprechen.

Setzt man nun einem Dampfe fremde Gase zu, so wird das Resonanzlicht geschwächt[2]. Es hat sich gezeigt, daß dieser Effekt sehr stark von der betrachteten Linie und der Art des Zusatzgases abhängt; in jedem Falle aber entspricht die Ausbeute durch die Stöße des Fremdgases Wechselwirkungen, deren Reichweite das Zehn- bis Hundertfache des gaskinetischen Querschnittes beträgt, ja unter Umständen noch größer ist[3].

---

[1] Man könnte vermuten, daß die LORENTZsche auf der klassischen Theorie beruhende Überlegung durch die Quantentheorie wesentlich modifiziert werden müßte. Dies ist aber nicht der Fall [s. H. KALLMANN u. F. LONDON: Z. Phys. Chem. Abt. B Bd. 2 (1929) S. 207; V. WEISSKOPF: Z. Phys. Bd. 75, S. 287 (1932)]. Die LORENTZsche Vorstellung der Phasensprünge läßt sich quantentheoretisch umdeuten. Die „Stoßdauer", d. h. die Zeit der unmittelbaren Nachbarschaft eines Leuchtatoms mit einem störenden Teilchen ist von der Größenordnung 10^{-13} sec, also groß gegen die Lichtfrequenz. Die bei der Wechselwirkung auftretenden Kräfte erzeugen daher eine nahezu „adiabatische" Termverschiebung. Die entsprechende Frequenzverstimmung ist aber wegen der Kürze ihrer Dauer nicht direkt beobachtbar; ihre Wirkung besteht nur darin, daß nach Trennung der beiden Teilchen die Phase gegen den Zustand vor dem Stoß geändert ist, und zwar rein statistisch. Damit kommt man wieder für das beobachtete Licht genau auf die LORENTZsche Vorstellung zurück.

[2] Die quantentheoretische Erklärung ist, daß durch die Zusatzstöße ein Teil der Atome im oberen Energiezustand ihre Energie an die fremden Atome abgeben, wodurch sie dem Strahlungsprozeß entzogen wird.

[3] Der Gedanke, die durch ein Zusatzgas erzeugte Auslöschung der Fluoreszenz zur Bestimmung eines „optischen Wirkungsquerschnittes" zu benutzen, stammt von O. STERN und M. VOLMER [Physik. Z. Bd. 20 (1919) S. 183]; sie verwendeten Joddampf mit Stickstoffzusatz und erhielten einen etwa 75mal so großen Durchmesser, als der gaskinetische Durchmesser beträgt.

Neuere Untersuchungen in dieser Richtung findet man dargestellt in J. FRANCK und P. JORDAN: Anregung von Quantensprüngen durch Stöße. Berlin 1926; P. PRINGSHEIM: Fluoreszenz und Phosphoreszenz im Lichte der neueren Atomtheorie, 3. Aufl. Berlin 1928; siehe ferner den Bericht von J. FRANCK in Naturwiss. Bd. 14 (1926) S. 211. Eine andere

Genau derselbe Querschnitt muß nun für die Linienbreite in Formel (20) eingesetzt werden, da jeder auslöschende Stoß die Schwingung abbricht.

Die Stoßdämpfungsverbreiterung ist aber nicht immer mit Auslöschung verbunden. Man hat beobachtet, daß z. B. der Zusatz von Edelgasen die Absorptionslinie eines Gases verbreitert in der Weise, wie man es nach der Theorie der Stoßdämpfung erwarten würde, ohne aber das Resonanzlicht zu schwächen. Der Edelgaszusatz wirkt verbreiternd, löscht aber die Fluoreszenz nicht aus. Man muß daraus schließen, daß die Schwingung des Atoms durch den Zusammenstoß in diesen Fällen nicht abgebrochen, sondern nur in ihrer Phase gestört wird. Es tritt also der zweite von den auf S. 436 erwähnten Mechanismen ein.

Wenn man die Wechselwirkungen kennt, die beim Zusammenstoß zweier Atome auftreten, so ist man imstande, den „optischen" Querschnitt in diesen Fällen zu berechnen[1]. Man erhält ihn aus der Maximaldistanz, in der das stoßende Atom beim Vorbeipassieren die Phase des strahlenden Atoms noch merklich ändern kann. Er ist, wie zu erwarten, größer als der gaskinetische Querschnitt. Bemerkenswert ist aber seine Abhängigkeit von der Temperatur; diese kommt dadurch zustande, daß bei langsameren Bewegungen selbst schwächere Wechselwirkungen die Phase bereits verändern können, so daß der wirkende optische Querschnitt mit sinkender Temperatur ansteigt[2]. Die Gleichung (20) gibt daher nur annähernd die Temperaturabhängigkeit der Stoßdämpfungsbreite wieder, da die Temperaturabhängigkeit von σ nicht berücksichtigt ist.

Man kann aber auch, wie gesagt, an ganz andere Ursachen der Verbreiterung denken. Eine Möglichkeit ist die Wirkung der von den streuenden Molekülen ausgehenden elektrischen Felder. Diese erzeugen ja bekanntlich Verschiebung und Aufspaltung von Linien, den sog. STARK*effekt*. Wir haben daher diesen Effekt jetzt zu untersuchen; dabei werden wir erkennen, daß er für die Erklärung der von FÜCHTBAUER und seinen Mitarbeitern gemessenen großen Linienbreiten nicht in Betracht kommt, außer etwa einmal zur Deutung der kleinen Asymmetrien in der Linienform, dann auch zur Erklärung der kleinen Druckabhängigkeit des Wirkungsquerschnitts (Nichtkonstanz der Größen in Spalte 5 der Tabelle 34).

Wohl aber ist der STARKeffekt bei anderen Linien sehr wesentlich, und wir wollen ihn daher jetzt näher ins Auge fassen.

Erscheinung, die noch empfindlicher gegen Störungen zu sein scheint als die Resonanzfluoreszenz selbst, ist das Intensitätsverhältnis der ZEEMANkomponenten; hier fand W. SCHÜTZ [Z. Physik Bd. 35 (1926) S. 260, 864] Wirkungsradien, die bis 100mal größer waren als die gaskinetischen. Derselbe Effekt äußert sich bei mangelnder spektraler Auflösung als Depolarisation des Resonanzlichts. Messungen von G. L. DATTA im FRANCKschen Institut [Z. Physik Bd. 37 (1926) S. 625] an der D_2-Linie des Na-Dampfes unter Zusatz von Hg- und K-Dämpfen haben einen merklichen Effekt noch bei freien Weglängen gegeben, die dem Zehntausendfachen des gaskinetischen Querschnitts entsprechen würden.

Was die Erklärung der großen Reichweiten betrifft, so ist diese quantenmechanisch leicht zu geben auf Grund der Bemerkung, die wir oben (S. 442 Anm. 1) gemacht haben. Wir haben dort gesehen, daß die Phasen vor und nach dem Stoß „inkohärent" sind, wenn während des Stoßes durch die Wechselwirkungskräfte eine merkliche Termverschiebung eintritt. Es ist ohne weiteres klar, daß die Gebiete, in denen das der Fall ist, unter Umständen weit über den gaskinetischen Querschnitt hinausreichen werden. (Näheres siehe in der S. 442 Anm. 1 zitierten Arbeit von V. WEISSKOPF.)

[1] Bei der Stoßdämpfung durch Stoß gleichartiger Atome (also bei hohem Druck des strahlenden Gases selbst, nicht eines Zusatzgases) ist die Temperaturabhängigkeit von σ so stark, daß die Breite selbst unabhängig von der Temperatur wird. Es ist nämlich σ^2 proportional $1/\sqrt{T}$. Setzt man das in (20) ein und beachtet, daß bei fester Dichte p proportional T ist, so fällt T heraus. [Siehe V. WEISSKOPF: Z. Physik Bd. 77 (1932) S. 393.]

[2] Siehe die in Anm. 1 zitierte Arbeit von WEISSKOPF.

§ 88. Breite von Emissionslinien. Verbreiterung durch STARKeffekt und Kopplung.*

Gleich nach der Entdeckung des STARKeffekts hat STARK selbst[1] darauf hingewiesen, daß durch die Einwirkung der von den Atomen ausgehenden elektrischen Felder die Spektrallinien Aufspaltungen und Verschiebungen zeigen müssen, die im Mittel eine vom Druck abhängige Verbreiterung der Linien ergeben. Diese Auffassung wurde durch einige Tatsachen gestützt: z. B. wächst die Verbreiterung innerhalb einer Serie genau so wie die Zerlegung durch den STARKeffekt, d. h. im allgemeinen mit steigender Gliednummer; ferner war in solchen Fällen, bei denen der STARKeffekt unsymmetrisch oder einseitig war, die Verbreiterung von derselben Art.

Eine quantitative Fassung dieses Gedankens ist auf Anregung DEBYES von HOLTSMARK[2] durchgeführt worden. Die Voraussetzungen seiner Theorie sind folgende:

Jedes Atom oder Molekül ist von einem elektrischen Felde $\mathfrak{F}_n$ umgeben; am stärksten ist es bei geladenen Teilchen, Ionen, aber ebenfalls vorhanden bei neutralen Teilchen, und zwar je nach der Ladungsverteilung als Feld eines Dipols, Quadrupols usw. Alle diese Felder erzeugen am Orte eines leuchtenden Teilchens ein resultierendes Feld

$$\mathfrak{F} = \sum_{n=1}^{N} \mathfrak{F}_n . \tag{1}$$

Von diesem resultierenden Felde wird angenommen, daß es 1. *konstant* ist, d. h. genauer, daß es sich im Verhältnis zur Schwingungsbewegung der Licht emittierenden Elektronen hinreichend langsam ändert; und 2. daß es über den Bereich des Atoms als praktisch *homogen* betrachtet werden kann. Unter diesen beiden Voraussetzungen berechnet man dann die Linienverschiebung als gewöhnlichen STARKeffekt.

Die beiden Voraussetzungen sind sicher nicht streng erfüllt. Doch kann man leicht überlegen, daß die erste für sichtbares Licht und nicht zu hohe Temperaturen weitgehend zutrifft: Wir schätzen ganz roh die Reichweite der molekularen Felder auf 10^{-7} cm (etwa das Zehnfache des Moleküldurchmessers) und nehmen eine mittlere Molekulargeschwindigkeit von der Größenordnung 10^5 cm/sec. Dann ist die „Passierzeit" eines Moleküls durch dieses Feld im Maximum 10^{-12} sec, während eine Lichtschwingung im sichtbaren Gebiete etwa 10^{-15} sec erfordert. Das Feld kann also in der Tat über eine beträchtliche Anzahl von Lichtschwingungen als konstant angesehen werden.

Schwieriger ist es, den Betrag der Inhomogenität des Feldes abzuschätzen. STERN[3] hat den STARKeffekt für inhomogene elektrische Felder berechnet und dabei auch darauf aufmerksam gemacht, daß dieser Effekt für die Linienbreite in Betracht kommen kann. Doch ist eine quantitative Berechnung noch nicht durchgeführt worden.

Wir wollen, hauptsächlich der Methodik halber, hier den Grundgedanken der HOLTSMARKschen Arbeiten darstellen. Es kommt dabei zunächst darauf an, die Wahrscheinlichkeit

$$W(X_0, Y_0, Z_0) \cdot \Delta X \cdot \Delta Y \cdot \Delta Z \tag{2}$$

[1] J. STARK: Elektrische Spektralanalyse chemischer Atome. Leipzig 1914.

[2] J. HOLTSMARK: Ann. Physik (4) Bd. 58 (1919) S. 577; Physik. Z. Bd. 25 (1924) S. 73; Z. Physik Bd. 31 (1925) S. 803; Bd. 34 (1925) S. 722.

[3] O. STERN: Physik. Z. Bd. 23 (1922) S. 476.

dafür zu berechnen, daß das Feld $\mathfrak{F}$, das an der Stelle des betrachteten leuchtenden Teilchens herrscht, Komponenten zwischen $X_0 - \frac{1}{2}\Delta X$ und $X_0 + \frac{1}{2}\Delta X, \ldots$ hat. Es seien $x_{11}, x_{21}, \ldots, x_{\nu 1}$ irgendwelche Bestimmungsstücke der Lage des ersten „störenden" Moleküls, ebenso $x_{12}, x_{22}, \ldots, x_{\nu 2}$ die eines zweiten, usw. Dann sind die Komponenten X_n, Y_n, Z_n von $\mathfrak{F}$ Funktionen dieser sämtlichen $\nu \cdot N$ Größen $x_{11}, x_{21}, \ldots, x_{\nu N}$. Die Wahrscheinlichkeit, daß die Koordinaten des $n$ten Teilchens in einem bestimmten Bereich liegen, ist der Bruchteil des zugehörigen Phasenraumes:

$$\sigma_n dx_{1n} dx_{2n} \ldots dx_{\nu n} = \sigma_n d\tau_n. \tag{3}$$

Dann ist offenbar

$$W(X_0, Y_0, Z_0) \cdot \Delta X \cdot \Delta Y \cdot \Delta Z = \frac{G_N}{V_N}, \tag{4}$$

wo

$$V_N = \int\int \ldots \int \sigma_1 \sigma_2 \ldots \sigma_N d\tau_1 d\tau_2 \ldots d\tau_N \tag{5}$$

über den gesamten Phasenraum zu erstrecken ist, während G_N dasselbe Integral ist, nur erstreckt über denjenigen Teil des Phasenraumes, der durch die Ungleichungen

$$G_N:\ X_0 - \tfrac{1}{2}\Delta X < X < X_0 + \tfrac{1}{2}\Delta X, \ldots \tag{6}$$

bestimmt ist. Die Integrale lassen sich nun nach einem von MARKOFF[1] herrührenden Verfahren unter Benutzung von DIRICHLETschen diskontinuierlichen Faktoren berechnen. Bekanntlich gilt

$$\frac{1}{\pi}\int_{-\infty}^{\infty} \frac{\sin\alpha\xi}{\xi} e^{i\beta\xi} d\xi = \begin{cases} 1 & \text{für} \quad |\beta| < |\alpha|, \\ 0 & \text{für} \quad |\beta| > |\alpha|, \end{cases} \tag{7}$$

so daß man schreiben kann

$$G_N = \frac{1}{\pi^3} \int \varrho^2 d\varrho\, d\Omega \cdot \Phi \int \ldots \int \sigma_1 \sigma_2 \ldots \sigma_N d\tau_1 \ldots d\tau_N \cdot e^{i\mathfrak{s}\left(\sum_n \mathfrak{F}_n - \mathfrak{F}_0\right)}. \tag{8}$$

Dabei ist $\mathfrak{s}$ der Vektor mit den Komponenten ξ, η ζ; $\varrho = |\mathfrak{s}|$ und

$$\varrho^2 d\varrho\, d\Omega = d\xi\, d\eta\, d\zeta, \tag{9}$$

$$\Phi = \frac{\sin \frac{\Delta X}{2}\xi}{\xi} \cdot \frac{\sin \frac{\Delta Y}{2}\eta}{\eta} \cdot \frac{\sin \frac{\Delta Z}{2}\zeta}{\zeta}. \tag{10}$$

Zieht man aus dem inneren Integral in (8) den Faktor $e^{-i\mathfrak{s}\mathfrak{F}_0}$ heraus, so zerfällt der Rest in ein Produkt von Integralen, die sämtlich einander gleich sind, weil $\mathfrak{F}_1, \mathfrak{F}_2, \ldots$ dieselben Funktionen ihrer Argumente $x_{11}, x_{21}, \ldots$ bzw. $x_{12}, x_{22}, \ldots$ sind. Setzen wir also

$$G = \int e^{i\mathfrak{s}\mathfrak{F}} \sigma d\tau, \quad V = \int \sigma d\tau, \tag{11}$$

so wird

$$G_N = \frac{1}{\pi^3}\int \varrho^2 d\varrho\, d\Omega \cdot \Phi e^{-i\mathfrak{s}\mathfrak{F}_0} G^N, \tag{12}$$

und entsprechend

$$V_N = V^N, \tag{13}$$

so daß (4) übergeht in

$$W(X_0, Y_0, Z_0) \Delta X \cdot \Delta Y \cdot \Delta Z = \frac{1}{\pi^3}\int \varrho^2 d\varrho\, d\Omega \cdot \Phi e^{-i\mathfrak{s}\mathfrak{F}_0} \left(\frac{G}{V}\right)^N. \tag{14}$$

---

[1] A. A. MARKOFF: Wahrscheinlichkeitsrechnung, deutsch von LIEBMANN, § 16 u. 33. Leipzig u. Berlin 1912. Siehe auch M. v. LAUE: Ann. Physik Bd. 47 (1915) S. 853.

Dieses Integral haben wir für den Grenzfall eines sehr großen N auszurechnen. Da es, wie wir sehen werden, gut konvergiert, so können wir unter dem Integralzeichen zu unendlich kleinen Gebieten $\Delta F = (\Delta X, \Delta Y, \Delta Z)$ übergehen; dabei verwandelt sich Φ in $\frac{1}{8}\Delta X\,\Delta Y\,\Delta Z$, und wir erhalten

$$W(X_0, Y_0, Z_0) = \frac{1}{8\pi^3}\int \varrho^2 d\varrho\, d\Omega\, e^{-i\mathfrak{s}\mathfrak{F}_0}\left(\frac{G}{V}\right)^N. \tag{15}$$

ϑ_0, φ_0 seien die Polarwinkel der Richtung von $\mathfrak{s}$, mit $\mathfrak{F}_0$ als Polarachse. Dann ist

$$\mathfrak{s}\mathfrak{F}_0 = \varrho F_0 \cos\vartheta_0, \quad d\Omega = \sin\vartheta_0\, d\vartheta_0\, d\varphi_0. \tag{16}$$

Das Integral G ist ein Mittelwert über alle möglichen Lagen des störenden Moleküls, kann daher nur noch von dem Betrage ϱ des Vektors $\mathfrak{s}$ abhängen:

$$G = G(\varrho); \tag{17}$$

das Integral V ist eine Konstante. Nunmehr wird aus (15)

$$W(X_0, Y_0, Z_0) = \frac{1}{8\pi^3}\int_0^{2\pi} d\varphi_0 \int_0^{\pi}\int_0^{\infty} \sin\vartheta_0\, d\vartheta_0\, \varrho^2\, d\varrho\, e^{-i\varrho F_0\cos\vartheta_0}\left(\frac{G(\varrho)}{V}\right)^N. \tag{18}$$

Hier lassen sich die Integrationen nach φ_0 und ϑ_0 ausführen, und man erhält

$$W(X_0, Y_0, Z_0) = \frac{1}{2\pi^2 F_0}\int_0^{\infty} \varrho\, d\varrho \sin(\varrho F_0)\cdot\left(\frac{G(\varrho)}{V}\right)^N. \tag{19}$$

Bezeichnet man mit $W(F_0)\,dF_0$ die Wahrscheinlichkeit dafür, daß der Betrag der Feldstärke zwischen F_0 und $F_0 + dF_0$ liegt, so ist

$$W(F_0)\,dF_0 = \int_{\text{Einheitskugel}} W(X_0, Y_0, Z_0)\,dX_0\,dY_0\,dZ_0 = W(X_0, Y_0, Z_0)\,F_0^2\,4\pi\,dF_0, \tag{20}$$

also

$$W(F_0) = \frac{2F_0}{\pi}\int_0^{\infty} \varrho\, d\varrho \sin(\varrho F_0)\left(\frac{G(\varrho)}{V}\right)^N. \tag{21}$$

Unsere Aufgabe läuft also schließlich darauf hinaus, die beiden Integrale $G(\varrho)$ und V zu berechnen. Zu dem Zwecke ist eine Annahme über das vom störenden Molekül ausgehende Feld notwendig.

Das Molekül bestehe aus einer Anzahl Ladungen ε_s an den Stellen $\mathfrak{r}_s = (x_s, y_s, z_s)$. Dann ist das Potential in einem Aufpunkte $\mathfrak{r} = (x, y, z)$

$$\varphi = \sum_s \frac{\varepsilon_s}{R_s}. \tag{22}$$

Dabei ist R_s der Abstand des Aufpunktes von der Ladung ε_s, also

$$R_s^2 = (x - x_s)^2 + (y - y_s)^2 + (z - z_s)^2 = r^2\left\{1 + \left(\frac{r_s}{r}\right)^2 - 2\frac{\mathfrak{r}\mathfrak{r}_s}{r^2}\right\}. \tag{23}$$

Hieraus ergibt sich leicht die Entwicklung für φ zu

$$\varphi = \frac{\sum\varepsilon_s}{r} + \frac{\mathfrak{r}\sum\varepsilon_s\mathfrak{r}_s}{r^3} - \frac{1}{2r^3}\left\{\sum\varepsilon_s r_s^2 - 3\sum\varepsilon_s\frac{(\mathfrak{r}\mathfrak{r}_s)^2}{r^2}\right\} + \cdots. \tag{24}$$

Das erste Glied auf der rechten Seite entspricht offenbar dem Coulombschen Felde der resultierenden Ladung $\varepsilon = \sum\varepsilon_s$. Ist diese nicht Null, handelt es sich also um Ionen, so kann man die folgenden Glieder vernachlässigen. Verschwindet es dagegen, so ist das zweite Glied maßgebend; es bedeutet das Feld eines Dipols vom Moment $\mathfrak{p} = \sum\varepsilon_s\mathfrak{r}_s$. Verschwindet auch dieses Glied ($\mathfrak{p} = 0$), so ist das dritte ausschlaggebend; es ist das Potential eines Quadrupols.

Beschränken wir uns auf diese Glieder, so haben wir also drei Fälle zu unterscheiden:

1. Ionen,
2. Dipole,
3. Quadrupole.

Im dritten Falle hat offenbar φ die Form

$$\varphi = -\frac{1}{2r^5}\{\Theta_{11}x^2 + \Theta_{22}y^2 + \Theta_{33}z^2 + \Theta_{23}yz + \Theta_{31}zx + \Theta_{12}xy\}. \tag{25}$$

Hier lassen sich die Koeffizienten Θ_{ik} der quadratischen Form auf folgende Weise ausdrücken: Man setzt zunächst

$$\Theta_1 = \sum \varepsilon_s x_s^2, \quad \Theta_2 = \sum \varepsilon_s y_s^2, \quad \Theta_3 = \sum \varepsilon_s z_s^2. \tag{26}$$

Dann wird

$$\begin{cases} \Theta_{11} = -2\Theta_1 + \Theta_2 + \Theta_3, \quad \Theta_{22} = \Theta_1 - 2\Theta_2 + \Theta_3, \quad \Theta_{33} = \Theta_1 + \Theta_2 - 2\Theta_3, \\ \Theta_{23} = -6\sum \varepsilon_s y_s z_s, \quad \Theta_{31} = -6\sum \varepsilon_s z_s x_s, \quad \Theta_{12} = -6\sum \varepsilon_s x_s y_s. \end{cases} \tag{27}$$

Nun kann man das Koordinatensystem bekanntlich immer so drehen, daß die quadratische Form auf Hauptachsen transformiert erscheint. Dann verschwinden die drei Größen Θ_{23}, Θ_{31}, Θ_{12}. Außerdem werden wir im folgenden noch die vereinfachende Annahme machen, daß das Molekül eine *Symmetrieachse* besitzt, wie es bei allen zweiatomigen Molekülen (N_2, O_2 usw.) und vielen wichtigen drei- und mehratomigen (H_2O, NH_3 usw.) der Fall ist. Dann ist $\Theta_1 = \Theta_2$, also

$$\Theta_{11} = \Theta_{22} = \Theta_3 - \Theta_1 = A, \quad \Theta_{33} = 2(\Theta_1 - \Theta_3) = -2A, \tag{28}$$

und das Potential φ wird

$$\varphi = -\frac{A}{2r^5}(x^2 + y^2 - 2z^2). \tag{29}$$

Nunmehr betrachten wir das Feld $\mathfrak{F}$ und das skalare Produkt $\mathfrak{s}\mathfrak{F}$ für die drei Fälle getrennt:

1. Ion.

Man hat

$$\begin{cases} \varphi = \frac{\varepsilon}{r}, \quad \mathfrak{F} = -\operatorname{grad}\varphi = \frac{\varepsilon}{r^3}\mathfrak{r}, \\ \mathfrak{s}\mathfrak{F} = \frac{\varepsilon}{r^3}\mathfrak{r}\mathfrak{s} = \frac{\varepsilon}{r^2}\varrho\cos\vartheta_1, \end{cases} \tag{30}$$

wo ϑ_1 der Winkel zwischen $\mathfrak{s}$ und $\mathfrak{r}$ ist.

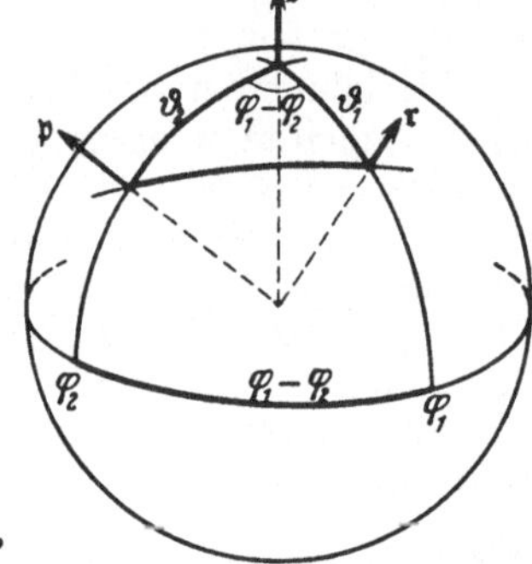

Fig. 208. Zur Berechnung des Feldes eines Dipol-(Quadrupol-)Moleküls.

2. Dipol.

Es ist

$$\begin{cases} \varphi = \frac{\mathfrak{r}\mathfrak{p}}{r^3}, \quad \mathfrak{F} = -\operatorname{grad}\varphi = -\frac{\mathfrak{p}}{r^3} + \frac{3\,\mathfrak{r}(\mathfrak{r}\mathfrak{p})}{r^5}, \\ \mathfrak{s}\mathfrak{F} = -\frac{1}{r^3}\mathfrak{s}\mathfrak{p} + \frac{3}{r^5}(\mathfrak{r}\mathfrak{p})(\mathfrak{s}\mathfrak{r}). \end{cases} \tag{31}$$

Wählen wir nun $\mathfrak{s}$ als Polarachse und bezeichnen wir die Polarwinkel von $\mathfrak{r}$ mit ϑ_1, φ_1 und von $\mathfrak{p}$ mit ϑ_2, φ_2, so ist offenbar (s. Fig. 208)

$$\begin{cases} \mathfrak{s}\mathfrak{r} = \varrho r\cos\vartheta_1, \\ \mathfrak{s}\mathfrak{p} = \varrho p\cos\vartheta_2, \\ \mathfrak{r}\mathfrak{p} = rp(\cos\vartheta_1\cos\vartheta_2 + \sin\vartheta_1\sin\vartheta_2\cos(\varphi_1 - \varphi_2)). \end{cases} \tag{32}$$

Mithin wird

$$\mathfrak{s}\mathfrak{F} = -\frac{1}{r^3}\varrho p\{\cos\vartheta_2 - 3\cos\vartheta_1(\cos\vartheta_1\cos\vartheta_2 + \sin\vartheta_1\sin\vartheta_2\cos(\varphi_1 - \varphi_2))\}. \tag{33}$$

3. Quadrupol.

Setzen wir abkürzend

$$-x^2 - y^2 + 2z^2 = \beta^2, \tag{34}$$

so wird das Potential

$$\varphi = \frac{A\beta^2}{2r^5} \tag{35}$$

und die Feldstärke[1]

$$\left\{\begin{aligned} X &= -\frac{\partial\varphi}{\partial x} = \frac{A}{2}\frac{x}{r^5}\left(2 + 5\frac{\beta^2}{r^2}\right), \\ Y &= -\frac{\partial\varphi}{\partial y} = \frac{A}{2}\frac{y}{r^5}\left(2 + 5\frac{\beta^2}{r^2}\right), \\ Z &= -\frac{\partial\varphi}{\partial z} = -\frac{A}{2}\frac{z}{r^5}\left(4 - 5\frac{\beta^2}{r^2}\right). \end{aligned}\right. \tag{36}$$

Wir nehmen jetzt $\mathfrak{r}$ als Polarachse und bezeichnen die Polarwinkel von $\mathfrak{r}$ mit ϑ_1, φ_1, die von $\mathfrak{s}$ mit ϑ_2, φ_2, setzen also

$$\left\{\begin{aligned} x &= r\sin\vartheta_1\cos\varphi_1, & \mathfrak{s}_x &= \varrho\sin\vartheta_2\cos\varphi_2, \\ y &= r\sin\vartheta_1\sin\varphi_1, & \mathfrak{s}_y &= \varrho\sin\vartheta_2\sin\varphi_2, \\ z &= r\cos\vartheta_1. & \mathfrak{s}_z &= \varrho\cos\vartheta_2. \end{aligned}\right. \tag{37}$$

Dann gibt die Ausrechnung

$$\left\{\begin{aligned} \mathfrak{s}\mathfrak{F} = \frac{3A\varrho}{2r^4}\{(5\cos^2\vartheta_1 - 1)\,(\cos\vartheta_1\cos\vartheta_2 - \sin\vartheta_1\sin\vartheta_2\cos(\varphi_1 - \psi_2)) \\ - 2\cos\vartheta_1\cos\vartheta_2\}. \end{aligned}\right. \tag{38}$$

In allen drei Fällen hat das skalare Produkt die Form

$$\mathfrak{s}\mathfrak{F} = \frac{\varrho}{r^k}\,\omega_k, \qquad (k = 2, 3, 4) \tag{39}$$

wo ω_k nur von Winkelgrößen abhängt.

Wir können nunmehr die Integrale G und V berechnen. Um Konvergenzschwierigkeiten zu entgehen, denken wir das ganze System innerhalb einer Kugel vom Radius R gelegen. Die Konfiguration eines Moleküls gegenüber dem leuchtenden Punkt ist bestimmt, wenn im Falle des Ions der Vektor $\mathfrak{r} = (r, \vartheta_1, \varphi_1)$ und im Falle des Dipols oder Quadrupols außerdem noch die Richtung (ϑ_2, φ_2) der Dipol- bzw. Quadrupolachse gegeben ist; der Einheitlichkeit der Formeln halber wollen wir auch dem Ion eine ausgezeichnete Achse (ϑ_2, φ_2) zuschreiben (die überschüssige Integration hebt sich natürlich im Resultat wieder heraus). Man hat also

$$\sigma\,d\tau = r^2\,dr\,d\Omega_1\,d\Omega_2, \tag{40}$$

wo

$$d\Omega_1 = \sin\vartheta_1\,d\vartheta_1\,d\varphi_1, \qquad d\Omega_2 = \sin\vartheta_2\,d\vartheta_2\,d\varphi_2 \tag{41}$$

ist. Mithin wird

$$V = \tfrac{16}{3}\pi^2 R^3 \tag{42}$$

---

[1] An dieser Stelle findet sich in der zitierten Annalenarbeit von HOLTSMARK ein Fehler. In einer folgenden Arbeit [Physik. Z. Bd. 25 (1924) S. 79], in der HOLTSMARK eine Verfeinerung der Theorie durch Berücksichtigung der endlichen Molekülvolumina durchführt, scheint dieser Fehler verbessert worden zu sein, da in der Endformel für den Quadrupolfall [Formel (62), S. 79] der Zahlenfaktor anders lautet als in der Annalenarbeit, nämlich 4,87 statt 11,49.

und

$$G = \iint d\Omega_1 d\Omega_2 \int_0^R r^2 e^{i\frac{\varrho\omega_k}{r^k}} dr. \tag{43}$$

Führen wir die Substitution

$$\varrho \frac{\omega_k}{r^k} = u, \qquad r^2 dr = -\frac{1}{k} (\varrho\omega_k)^{\frac{3}{k}} u^{-\frac{3+k}{k}} du \tag{44}$$

ein, so wird

$$G = \iint d\Omega_1 d\Omega_2 \frac{1}{k} (\varrho\omega_k)^{\frac{3}{k}} \int_\alpha^\infty e^{iu} u^{-\frac{3+k}{k}} du. \tag{45}$$

Dabei ist die untere Grenze

$$\alpha = \frac{\varrho\omega_k}{R^k} \tag{46}$$

und kann bei festem ϱ durch Wahl von R beliebig klein gemacht werden. Führen wir diesen Wert von α in den Faktor vor dem inneren Integral ein, so bekommen wir

$$\frac{G}{V} = \frac{3}{16\pi^2 k} \iint d\Omega_1 d\Omega_2 \alpha^{\frac{3}{k}} \int_\alpha^\infty e^{iu} u^{-\frac{3+k}{k}} du. \tag{47}$$

Das Integral

$$J_m(\alpha) = \int_\alpha^\infty e^{iu} u^{-m} du, \qquad m = \frac{k+3}{k}, \tag{48}$$

haben wir nach Potenzen der kleinen Größe α zu entwickeln. Wir führen diese Entwicklung für den Fall $k = 2$ (Ion) durch.

Zunächst liefert zweimalige partielle Integration

$$\left\{\begin{aligned} J_{\frac{5}{2}}(\alpha) &= \tfrac{2}{3}\alpha^{-\frac{3}{2}} e^{i\alpha} + \tfrac{4}{3} i\alpha^{-\frac{1}{2}} e^{i\alpha} - \tfrac{4}{3} J_{\frac{1}{2}}(\alpha) \\ &= \tfrac{2}{3}\alpha^{-\frac{3}{2}} (1 + 3i\alpha - \tfrac{5}{2}\alpha^2 + \cdots) - \tfrac{4}{3} J_{\frac{1}{2}}(\alpha). \end{aligned}\right. \tag{49}$$

Nun ist

$$\left\{\begin{aligned} J_{\frac{1}{2}}(\alpha) &= \int_0^\infty e^{iu} u^{-\frac{1}{2}} du - \int_0^\alpha e^{iu} u^{-\frac{1}{2}} du \\ &= e^{i\frac{\pi}{4}} \Gamma(\tfrac{1}{2}) - \int_0^\alpha (1 + iu - \tfrac{1}{2}u^2 + \cdots) u^{-\frac{1}{2}} du \\ &= \sqrt{\pi} e^{i\frac{\pi}{4}} - 2\alpha^{\frac{1}{2}} - \tfrac{2}{3} i\alpha^{\frac{3}{2}} + \tfrac{1}{5}\alpha^{\frac{5}{2}} + \cdots. \end{aligned}\right. \tag{50}$$

Setzen wir diesen Wert in (49) ein, so wird

$$\left\{\begin{aligned} \alpha^{\frac{3}{2}} J_{\frac{5}{2}}(\alpha) &= \tfrac{2}{3}(1 + 3i\alpha - \tfrac{5}{2}\alpha^2 + \cdots) - \tfrac{4}{3}\left(\sqrt{\pi}\,\alpha^{\frac{3}{2}} e^{i\frac{\pi}{4}} - 2\alpha^2 - \tfrac{2}{3} i\alpha^3 + \cdots\right) \\ &= \tfrac{2}{3}\left(1 + 3i\alpha - 2\sqrt{\pi}\,\alpha^{\frac{3}{2}} e^{i\frac{\pi}{4}} + \tfrac{3}{2}\alpha^2 + \cdots\right). \end{aligned}\right. \tag{51}$$

Führt man weiter diesen Ausdruck in (47) ein und berücksichtigt die Gleichung (46), so erscheinen die Richtungsmittelwerte

$$\overline{\omega_k} = \frac{1}{16\pi^2} \iint d\Omega_1 d\Omega_2 \omega_k, \qquad \overline{\omega_k^{\frac{3}{2}}} = \frac{1}{16\pi^2} \iint d\Omega_1 d\Omega_2 \omega_k^{\frac{3}{2}}, \ \ldots \tag{52}$$

Von diesen ist der erste stets Null (sowohl im Falle des Ions als auch des Dipols oder Quadrupols). Man erhält also im Falle des Ions ($k = 2$)

$$\frac{G}{V} = 1 - 2\sqrt{\pi}\, e^{i\frac{\pi}{4}} \frac{\varrho^{\frac{3}{2}}}{R^3} \overline{\omega_2^{\frac{3}{2}}} + \cdots \tag{53}$$

Ist nun n die Anzahl der störenden Moleküle in der Volumeneinheit, so ist die Gesamtzahl in unserer Kugel vom Radius R gegeben durch

$$N = \frac{4\pi}{3} R^3 n. \tag{54}$$

Daher wird

$$\frac{G}{V} = 1 - \frac{g_2}{N} \tag{55}$$

mit

$$g_2 = \frac{8\pi\sqrt{\pi}}{3} e^{i\frac{\pi}{4}} \varrho^{\frac{3}{2}} \overline{\omega_2^{\frac{3}{2}}} \cdot n. \tag{56}$$

Für den Grenzwert der Nten Potenz des Ausdrucks (55) erhalten wir dann

$$\left(\frac{G}{V}\right)^N = \left(1 - \frac{g_2}{N}\right)^N \rightarrow e^{-g_2}. \tag{57}$$

Durch Vergleich von (30) und (39) folgt für das Ion

$$\omega_2 = \varepsilon \cos\vartheta_1. \tag{58}$$

Mithin ist nach (41) und (52)

$$\overline{\omega_2^{\frac{3}{2}}} = \varepsilon^{\frac{3}{2}} \cdot \tfrac{1}{2}\int_0^\pi \cos^{\frac{3}{2}}\vartheta_1 \sin\vartheta_1 \, d\vartheta_1 = \tfrac{1}{2}\varepsilon^{\frac{3}{2}} \int_{-1}^{1} x^{\frac{3}{2}} dx = \tfrac{1}{5}\varepsilon^{\frac{3}{2}}(1 - i). \tag{59}$$

Setzt man in (56) auch noch

$$e^{i\frac{\pi}{4}} = \frac{i+1}{\sqrt{2}} \tag{60}$$

ein, so wird

$$g_2 = \frac{8\pi\sqrt{\pi}}{3} \frac{i+1}{\sqrt{2}} \frac{1}{5}(1 - i)\varrho^{\frac{3}{2}}\varepsilon^{\frac{3}{2}} \cdot n = \frac{8\pi\sqrt{2\pi}}{15} \varrho^{\frac{3}{2}}\varepsilon^{\frac{3}{2}} n = 4{,}21 \cdot \varrho^{\frac{3}{2}}\varepsilon^{\frac{3}{2}} n. \tag{61}$$

Im Falle des Quadrupols ($k = 4$) läuft die Rechnung ganz genau so; im Falle des Dipols ($k = 3$) entsteht eine kleine Schwierigkeit: Für $k = 3$ wird der Exponent m in dem Integral (48) ganzzahlig, nämlich $m = 2$; das Integral J_2 läßt sich durch partielle Integration auf

$$J_1 = \int_\alpha^\infty e^{iu} u^{-1} du \tag{62}$$

zurückführen. Dieses Integral wird aber bei $\alpha = 0$ logarithmisch unendlich. Man hat daher bei der Entwicklung nach Potenzen von α zunächst ein logarithmisches Glied abzuziehen, das man gewinnen kann, wenn man den Exponenten -1 zunächst durch $-1 + \lambda$ ersetzt, mit diesem die Entwicklung durchführt und dann zur Grenze $\lambda = 0$ übergeht. Wir wollen die Rechnungen nicht durchführen, sondern geben nur die Resultate nach HOLTSMARK an[1]:

---

[1] Beim Quadrupol geben wir nicht den ursprünglichen Zahlenfaktor von HOLTSMARK, sondern den späteren, richtigen (s. S. 448, Anm. 1).

Allgemein gilt entsprechend (57)

$$\left(\frac{G}{V}\right)^N \to e^{-g_k}. \tag{63}$$

Dabei ist

für Ionen [siehe (61)]:

$$g_2 = c_2 \varrho^{\frac{3}{2}}, \qquad c_2 = 4{,}21 \cdot \varepsilon^{\frac{3}{2}}\, n; \tag{64}$$

für Dipole:

$$g_3 = c_3 \varrho, \qquad c_3 = 4{,}54 \cdot p\, n; \tag{65}$$

für Quadrupole:

$$g_4 = c_4 \varrho^{\frac{3}{4}}, \qquad c_4 = 4{,}87 \cdot A^{\frac{3}{4}}\, n. \tag{66}$$

Wir führen nun in (21) statt ϱ die neue Integrationsvariable

$$v = \varrho F_0 \tag{67}$$

ein und definieren ferner

$$f = \frac{F_0}{c_k^{k/3}}. \tag{68}$$

Dann können wir die Wahrscheinlichkeit auf die f-Skala umrechnen und erhalten

$$W(F_0)\, dF_0 = W(f)\, df; \tag{69}$$

also wird unter Benutzung von (63)

$$W(f) = \frac{2}{\pi f} \int_0^\infty v\, dv \sin v\, e^{-\left(\frac{v}{f}\right)^{3/k}} \tag{70}$$

Man kann dabei die Größe f als „reduzierte Feldstärke" ansehen, nämlich als Wert der Feldstärke in Einheiten einer Normalfeldstärke

$$\overline{F^{(k)}} = c_k^{k/3}, \tag{71}$$

die für das Molekül des betreffenden Gases charakteristisch ist.

Im Falle des Dipols ($k = 3$) läßt sich das Integral in (70) geschlossen auswerten. Man erhält[1]

$$\int_0^\infty v\, dv \sin v\, e^{-\frac{v}{f}} = \Im\left(\int_0^\infty v\, dv\, e^{v\left(i - \frac{1}{f}\right)}\right) = \Im\left(\frac{1}{(i - 1/f)^2}\right) = \frac{2/f}{(1 + 1/f^2)^2}. \tag{72}$$

Also wird aus (70)

$$W(f) = \frac{4}{\pi} \frac{f^2}{(1 + f^2)^2}. \tag{73}$$

Man kontrolliert leicht, daß

$$\int_0^\infty W(f)\, df = 1 \tag{74}$$

ist.

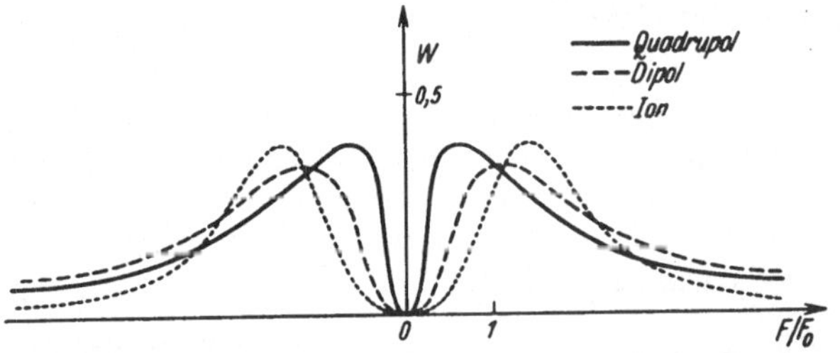

Fig. 209. Verteilungsfunktionen für die Feldstärke in der Umgebung eines Moleküls.

Im Falle des Ions oder Quadrupols läßt sich das entsprechende Integral nicht in geschlossener Form darstellen; HOLTSMARK hat es durch Reihenentwicklungen und numerische Quadraturen ausgewertet. Das Resultat ist in Fig. 209 wiedergegeben. Man erkennt, daß in jedem der drei Fälle sehr kleine Felder ebenso wie sehr große eine verschwindend kleine Wahr-

[1] Der Buchstabe $\Im$ bezeichnet den imaginären Teil.

scheinlichkeit haben. Es gibt ein Maximum der Wahrscheinlichkeit, das im Falle des Ions etwa bei 1,4, des Dipols bei 1,0 und des Quadrupols bei 0,6 liegt. Der Abfall der Wahrscheinlichkeitskurve nach innen ist viel steiler als der nach außen.

Der letzte Schritt der Rechnung besteht nun darin, mit der so gewonnenen Feldwahrscheinlichkeit die Linienform auszuwerten. Zu dem Zwecke ist natürlich die Kenntnis der Größe des STARKeffekts notwendig. Die Intensitätsverteilung sei in der Frequenzskala gegeben durch $J(F, \nu)$. Dann ist die beobachtete Intensität

$$J(\nu) = \int_0^\infty J(F', \nu)\, W(F')\, dF'. \tag{75}$$

Nun ist $J(F, \nu)$ im allgemeinen eine sehr komplizierte, in nur wenig Fällen bekannte Funktion. Für unsere angenäherte Betrachtung mag es genügen, sie nur in einem gewissen Frequenzintervall von Null verschieden und dort konstant anzunehmen, so daß der Inhalt des dadurch gebildeten Rechtecks gleich der Intensität J_0 der unzerlegten Linie ist. Wir setzen also

$$J(F, \nu) = \begin{cases} \dfrac{J_0}{2\sigma} & \text{für} \quad |\nu - \nu_m| < \sigma, \\ 0 & \text{für} \quad |\nu - \nu_m| > \sigma; \end{cases} \tag{76}$$

dabei sind sowohl die Mitte ν_m als auch der Abstand $\sigma = \nu_a - \nu_m$ der (schneller schwingenden) Außenkomponente ν_a von der Mitte der STARKeffekt-Zerlegung als Funktionen der Feldstärke F anzusehen. Zu einer Intensität der Frequenz ν werden nur diejenigen Rechtecke einen Beitrag liefern, für die $\sigma \geqq |\nu - \nu_m|$ ist. Die Intensität wird

$$J(\nu) = \frac{J_0}{2} \int_F^\infty \frac{W(F')}{\sigma(F')}\, dF' = \frac{J_0}{2} \int_f^\infty \frac{W(f')}{\sigma(\bar{F} f')}\, df', \tag{77}$$

wo $F = \bar{F} f$ die Feldstärke ist, die die Aufspaltung $2(\nu - \nu_m)$ hervorbringt.

Was nun den STARKeffekt als Funktion der Feldstärke betrifft, so sind zwei wesentlich verschiedene Fälle zu unterscheiden:

1. *Wasserstoffähnliche Linien:* In diesem Falle ist ν_m vom Felde unabhängig, gleich der Frequenz ν_0 der ursprünglichen Linie und die *Aufspaltung proportional der Feldstärke:*

$$2\sigma = aF. \tag{78}$$

Nach der Quantentheorie entstehen solche Linien durch den Sprung eines einzelnen mit dem Atomrest nur sehr locker gekoppelten Elektrons.

2. *Nicht wasserstoffähnliche Linien:* Hier besteht der STARKeffekt nicht in einer Aufspaltung, sondern in einer einseitigen *Verschiebung, die dem Quadrat der Feldstärke proportional ist*; es ist

$$\nu_m - \nu_0 = bF^2, \tag{79}$$

während σ als konstant und sehr klein angesehen werden kann. Dann wird aus (77)

$$J(\nu) = \frac{J_0}{2b} \frac{W(F)}{F} = \frac{J_0}{2b} \cdot \frac{W\left(\sqrt{\frac{\nu - \nu_0}{b}}\right)}{\sqrt{\frac{\nu - \nu_0}{b}}}.$$

Dieser Fall ist der weitaus häufigere und beruht quantentheoretisch darauf, daß das Leuchtelektron mit dem Atomrumpf eng gekoppelt ist. Die Verschiebung ν_m

ist in diesem Falle immer außerordentlich klein und nur in wenigen Fällen gemessen worden[1]. Wir gehen auf die Theorie der hierdurch erzeugten asymmetrischen Linienform nicht näher ein.

Wie wichtig die Unterscheidung in linearen und quadratischen STARKeffekt für die Frage der Linienbreite ist, kann man daraus ersehen, daß die in der Spektroskopie seit langem eingeführte *Namengebung der Serien* im Grunde auf dieser Einteilung beruht. Die hellsten Linien der Spektren von einwertigen Atomen ordnen sich in Serien, deren wichtigste als *Hauptserie, diffuse* und *scharfe Nebenserie* bezeichnet werden. Wie ist es gekommen, daß das mehr oder weniger scharfe Aussehen der Linien als so wichtiges Unterscheidungsmerkmal empfunden wurde, daß man die Einteilung der Linien danach vornahm, ja sogar heute noch in der Quantentheorie die entsprechenden Terme als s-, p-, d-Terme[2] bezeichnet?

Die s-Terme entsprechen langgestreckten Elektronenbahnen, bei denen das Leuchtelektron dem Kern sehr nahe kommt, also in den Atomrest eindringt und mit ihm gekoppelt ist; die Bewegung ist dann ganz anders als beim Wasserstoff, wo der Atomrest nur aus dem praktisch ausdehnungslosen Kern besteht. Hier, beim s-Term, ist die Bahn gegen die Störungen durch ein äußeres elektrisches Feld sehr unempfindlich, die Verschiebung der Energie ist sehr klein und geht quadratisch mit dem Felde.

Die d-Terme entsprechen Elektronenbahnen von rundlicher, mehr der Kreisbahn ähnelnder Gestalt, dringen daher nicht in den Atomrest ein, sind mit diesem also locker gekoppelt und verhalten sich so wie die entsprechende Bahn beim Wasserstoffatom: sie sind empfindlich gegen ein äußeres Feld, geben große und linear von der Feldstärke abhängende Energieverschiebung. Die p-Terme liegen zwischen diesen beiden Fällen.

Die Linien, die durch Kombination (ps) entstehen, bilden die scharfe, und die der Kombination (pd) entsprechenden Linien die diffuse Nebenserie; ihr Charakter wird also durch den s- bzw. d-Term bestimmt, und man versteht nun sofort, daß die Linien der (ps)-Kombination viel schärfer aussehen als die der (pd)-Kombination.

Allein diese Bemerkung genügt schon, die Wichtigkeit des STARKeffekts für die Frage der Linienbreite ins rechte Licht zu setzen.

HOLTSMARK hat in den zitierten Arbeiten zunächst den linearen STARKeffekt behandelt. Man hat dann

$$J(\nu) = \frac{J_0}{a\overline{F}} \int_f^\infty \frac{W(f')}{f'}\, df' \tag{80}$$

mit

$$f = \frac{2(\nu - \nu_0)}{a\overline{F}}. \tag{81}$$

Im Falle des Dipols läßt sich das Integral ausrechnen, und man erhält

$$J(\nu) = \frac{J_0}{a\overline{F^{(3)}}}\, \frac{4}{\pi} \int_f^\infty \frac{f'}{(1+f'^2)^2}\, df' = \frac{J_0}{a\overline{F^{(3)}}}\, \frac{2}{\pi}\, \frac{1}{1+f^2}, \tag{82}$$

---

[1] J. STARK: Ann. Physik Bd. 48 (1915) S. 210; H. LÜSSEM, Ann. Physik Bd. 49 (1916) S. 879; G. SIEBERT: Ann. Physik Bd. 56 (1918) S. 587 u. 593; R. LADENBURG: Physik. Z. Bd. 22 (1921) S. 549. Weitere Literatur findet sich in dem Bericht von LADENBURG: Die STARKeffekte höherer Atome. Physik. Z. Bd. 30 (1929) S. 369.

[2] s bedeutet scharf, p prinzipal, d diffus.

oder, wenn man

$$\frac{\gamma}{2} = a\overline{F^{(3)}}\pi \tag{83}$$

setzt,

$$J(\nu) = \frac{J_0}{a\overline{F^{(3)}}}\frac{2}{\pi}\frac{\left(\frac{\gamma}{4\pi}\right)^2}{(\nu-\nu_0)^2+\left(\frac{\gamma}{4\pi}\right)^2}. \tag{84}$$

In diesem Falle ist also die Intensitätsverteilung genau dieselbe wie bei einer Dämpfung vom Betrage γ. Diese Größe γ stellt, wie wir erkannt haben, zugleich die Halbwertsbreite in der $\omega = 2\pi\nu$-Skala dar.

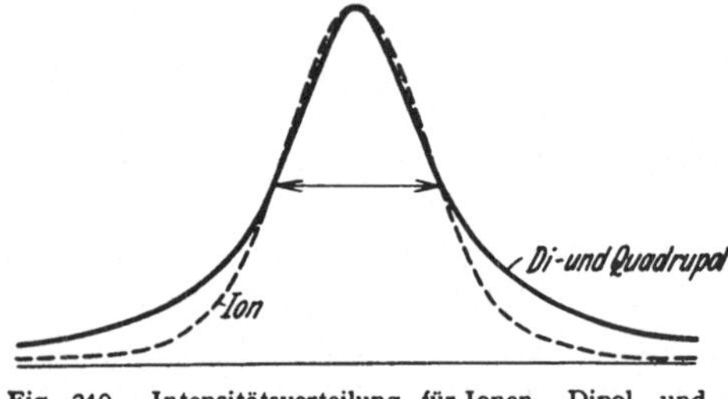

Fig. 210. Intensitätsverteilung für Ionen-, Dipol- und Quadrupolstrahlung.

Im Falle des Ions oder des Quadrupols kann man das (77) entsprechende Integral numerisch auswerten. In Fig. 210 ist das Resultat graphisch als Funktion von f dargestellt. Dabei zeigt es sich, daß die Kurven für Dipole und Quadrupole praktisch zusammenfallen. Die Abszisse ist so gewählt, daß die Halbwertsbreiten in allen drei Fällen dieselben sind. Durch Ausrechnung ergibt sich für die Halbwertsbreiten

$$(85)\quad \begin{cases} \text{(a)} & 1{,}25\,a\overline{F^{(2)}} = 3{,}25\,a\varepsilon n^{\frac{2}{3}} & \text{(Ion)}, \\ \text{(b)} & a\overline{F^{(3)}} = 4{,}54\,a p n & \text{(Dipol)}, \\ \text{(c)} & 0{,}67\,a\overline{F^{(4)}} = 5{,}52\,a A n^{\frac{4}{3}} & \text{(Quadrupol)}; \end{cases}$$

und zwar erhält man die Breite in Å, wenn man die Aufspaltung a in Å/e.s.E. rechnet.

Wir erhalten also folgendes Ergebnis:

Beim linearen STARK*effekt sind die Halbwertsbreiten 1. der Konstante a des* STARK*effekts, 2. der Ladungskonstante des störenden Moleküls* (ε, p, A), *und 3. einer charakteristischen Potenz der Anzahl der Moleküle* (*Dichte*) *proportional.*

HOLTSMARK hat die Formeln (85) an verschiedenen Substanzen geprüft. Am wichtigsten ist der Vergleich der Theorie mit Messungen von MICHELSON[1] über die Druckabhängigkeit der Wasserstofflinie H_α. Man kennt das Quadrupolmoment für das Wasserstoffmolekül H_2 aus einer Theorie von DEBYE[2], die es in Zusammenhang bringt mit der Größe der VAN DER WAALSschen Kohäsionskräfte. Auch diese beruhen auf den elektrischen Feldern, welche die Moleküle aufeinander ausüben, und erlauben daher eine Berechnung von A. Man findet

$$A = 4{,}4 \cdot 10^{-26}\,\mathrm{g}^{\frac{1}{2}}\,\mathrm{cm}^{\frac{7}{2}}\,\mathrm{sec}^{-1}. \tag{86}$$

Ist nun dem Molekülgas infolge einer elektrischen Entladung eine kleine Anzahl von H-Atomen beigemengt, so werden die von diesen ausgesandten Linien der BALMERserie (abgesehen vom DOPPLEReffekt) durch die Quadrupolfelder der Moleküle verbreitert sein. Der STARKeffekt beträgt für die erste BALMERlinie H_α etwa 1 Å für ein Feld von 15 e.s.E., d. h. es ist[3]

$$a = \tfrac{1}{15}\,\text{Å/e.s.E.}$$

---

[1] A. MICHELSON: Philos. Mag. (5) Bd. 34 (1892) S. 289.

[2] P. DEBYE: Münch. Ber. Math.-physik. Kl. 1915 S. 1.

[3] Theoretisch entspricht der angegebene Wert nicht der wirklichen Außenkomponente; es gibt vielmehr noch drei schwache Linien außerhalb (mit einer Intensität, die geringer als $\frac{1}{1000}$ der berücksichtigten ist).

Bei 0° C und 760 mm Druck ist die Molekülzahl

$$n = 27{,}7 \cdot 10^{18}\,\mathrm{cm}^{-3}.$$

Mit diesen Werten ist die letzte Spalte der Tabelle 37 nach (85c) berechnet, wobei überall die der Temperatur 10° C entsprechende halbe DOPPLERbreite nach § 86 (31) 0,048 Å hinzuaddiert ist. Die Übereinstimmung ist recht gut. HOLTSMARK hat auch die Verbreiterung von Spektrallinien im Lichtbogen zu berechnen versucht, indem er als Ursache das Vorhandensein von freien Elektronen und Ionen annahm. Auch in diesem Falle ergab sich die richtige Größenordnung.

Tabelle 37.
Halbe Halbwertsbreiten von H_α in Å.

Druck in cm	Halbe Halbwertsbreite nach MICHELSON in Å	Halbe Halbwertsbreite nach (85c) in Å
20	0,2	0,154
9	0,128	0,087
7,1	0,116	0,076
4,7	0,095	0,062
2,3	0,071	0,056
1,3	0,056	0,051
0,9	0,053	0,050
0,5	0,050	0,049
0,3	0,048	0,048

Schließlich hat HOLTSMARK noch die Intensitätsverteilung für den Fall des quadratischen STARKeffekts berechnet. In diesem Falle hat man, wie schon gesagt, keine Aufspaltung, sondern eine einseitige Linienverschiebung. Die daraus resultierende einseitige Verbreiterung hat HOLTSMARK in einer Figur dargestellt[1].

Dieser Effekt ist, wie wir schon bemerkt haben (s. § 87), möglicherweise die Ursache für die kleine Asymmetrie der Quecksilberlinie $\lambda = 2537$ Å, die FÜCHTBAUER und seine Mitarbeiter unter der Wirkung gewisser Zusatzgase hohen Druckes beobachtet haben.

Man kann noch andere Mechanismen angeben, die im Sinne einer Linienverbreiterung wirken. Wir nennen eine Arbeit von HOLTSMARK[2], in der die Wechselwirkung der strahlenden Dipole mit den Atomen als mechanischer Kopplungsvorgang angesetzt wird. Einen ähnlichen Gedanken in quantentheoretischer Fassung hat MENSING[3] ausgeführt. Da aber beide Ansätze mit der wechselseitigen Wirkung der strahlenden Teilchen allein operieren, können sie nicht die starke Verbreiterung durch Zusätze von Fremdgasen erklären. Wir kommen auf diese „Koppelungsverbreiterung" später (s. § 93) zurück und werden sehen, daß sie sich in einfachster Weise mit Hilfe der LORENTZ-LORENZschen Formel ohne jeden neuen Ansatz ergibt[4].

Für die grundlegenden Fragen der Natur der Lichtemission ist die Erscheinung der Linienverbreiterung durch Temperaturbewegung und gegenseitige Wechselwirkung der Moleküle nur ein störendes Moment. Für das ruhende, isolierte Atom kommt ja nur die natürliche, durch Strahlungsdämpfung erzeugte Linienbreite in Betracht. Wir werden uns im folgenden auf diesen idealen Fall beschränken und die Tragweite des Resonatormodells untersuchen.

§ 89. Elektronentheorie des ZEEMANeffektes.

Das Modell einer Lichtquelle als harmonischer Resonator schien eine Zeitlang allen Anforderungen zu genügen und fand eine besondere Stütze durch die Ent-

[1] J. HOLTSMARK: Physik. Z. Bd. 25 (1924) Fig. 3 S. 82.
[2] J. HOLTSMARK: Z. Physik Bd. 34 (1925) S. 722.
[3] L. MENSING: Z. Physik Bd. 34 (1925) S. 602.
[4] Eine wellenmechanische Behandlung der Verbreiterung durch STARKeffekt und Kopplung bei B. MROWKA: Ann. Physik (5) Bd. 12 (1932) S. 753.

deckung ZEEMANS[1], daß Spektrallinien in starken Magnetfeldern eine *Aufspaltung* erfahren.

Schon FARADAY hatte im Zusammenhang mit den Untersuchungen, die schließlich zur Entdeckung der magnetischen Drehung der Polarisationsebene führten (s. VII, § 78), das Ziel im Auge gehabt, die Veränderungen von Spektrallinien im Magnetfelde zu finden; doch reichten seine experimentellen Hilfsmittel (Stärke der Elektromagneten, Auflösungsvermögen der Spektroskope) nicht aus. Mit den technischen Mitteln unserer Zeit, die ZEEMAN zur Verfügung standen, ist aber der erwartete Effekt beobachtbar und heute mit großer Schärfe zu messen.

Gleich nach ZEEMANS erster Entdeckung hat H. A. LORENTZ darauf aufmerksam gemacht, daß eine Erklärung der Erscheinung in seiner Elektronentheorie[2] enthalten ist, wenn man der Lichtquelle ein Modell zugrunde legt, wie wir es in § 85 und 86 behandelt haben. Wir wollen zunächst untersuchen, welche Voraussagen diese Theorie gestattet. Dabei haben wir die Kraft in Ansatz zu bringen, die ein elektrisch geladenes Teilchen im Magnetfeld erfährt. Sie steht bekanntlich auf der Geschwindigkeit des Elektrons und auf der Richtung des Magnetfeldes senkrecht und ist den Beträgen dieser beiden Vektoren sowie der Ladung des Teilchens (nach Größe und Vorzeichen) proportional. Für ein *negatives* Elektron der Ladung $-e$ ist sie in elektrostatischen Einheiten

(1) $$\mathfrak{K} = -\frac{e}{c}\,\mathfrak{v} \times \mathfrak{H}\,.$$

Dies Glied haben wir auf der rechten Seite der Schwingungsgleichung § 86 (9) einzusetzen; dabei wollen wir aber das Dämpfungsglied fortlassen. Nach Multiplikation mit e/m wird dann

(2) $$\ddot{\mathfrak{p}} + \omega_0^2 \mathfrak{p} + \frac{e}{mc}\,\dot{\mathfrak{p}} \times \mathfrak{H} = 0\,, \qquad \omega_0^2 = \frac{a}{m}\,.$$

Für die Integration dieser Gleichung ist es bequem, das Koordinatensystem so zu legen, daß die z-Achse dem Magnetfeld parallel ist. Dann wird aus (2)

(3) $$\begin{cases} \ddot{\mathfrak{p}}_x + \omega_0^2 \mathfrak{p}_x + 2\omega_L \dot{\mathfrak{p}}_y = 0\,, \\ \ddot{\mathfrak{p}}_y + \omega_0^2 \mathfrak{p}_y - 2\omega_L \dot{\mathfrak{p}}_x = 0\,, \\ \ddot{\mathfrak{p}}_z + \omega_0^2 \mathfrak{p}_z \qquad\quad = 0\,. \end{cases}$$

Dabei ist

(4) $$\omega_L = \frac{e}{2mc}\,H$$

gesetzt. Man nennt diese für den ZEEMANeffekt maßgebende Größe (von der Dimension einer reziproken Zeit) die LARMOR*frequenz* [s. § 78 (21)].

Die Schwingungskomponente parallel den Kraftlinien bleibt ungeändert. Ihre Frequenz ist die des ungestörten Atoms, also ω_0. Dagegen koppeln sich die Schwingungen senkrecht zum Felde entsprechend seiner Stärke.

Wir suchen die beiden linearen Differentialgleichungen durch den üblichen Ansatz

(5) $$\mathfrak{p}_x = a e^{i\omega t}\,, \quad \mathfrak{p}_y = b e^{i\omega t}$$

---

[1] P. ZEEMAN: Akad. Wet. Amsterd. Bd. 5 (1896) S. 181, 242; Philos. Mag. Bd. 43 (1897) S. 226, Bd. 44 (1897) S. 265.

[2] H. A. LORENTZ: La théorie électromagnétique de Maxwell. Leiden 1892. Später hat sich LORENTZ ausführlich mit dem ZEEMANeffekt befaßt. Wir nennen einige dieser Arbeiten: Versl. Akad. Amsterd. Bd. 6 (1898), Bd. 8 (1900), Bd. 18 (1909); Arch. Néerl. Haarl. Bd. 7 (1902), Bd. 15 (1911).

zu lösen, wo a, b zwei im allgemeinen komplexe Konstanten sind, durch die Amplitude und Phase der Schwingung bestimmt werden. Durch Einsetzen von (5) in (3) erhält man die beiden linearen homogenen Gleichungen

$$(6)\quad \begin{cases} a(\omega_0^2 - \omega^2) + 2i\omega_L\omega b = 0\,, \\ b(\omega_0^2 - \omega^2) - 2i\omega_L\omega a = 0\,. \end{cases}$$

Das Nullsetzen der Determinante dieser Gleichungen ergibt für ω^2 die quadratische Gleichung

$$(7)\quad (\omega^2 - \omega_0^2)^2 = 4\omega_L^2\omega^2\,.$$

Bezeichnen wir mit ω' die kleinere, mit ω'' die größere ihrer beiden Lösungen, so erhalten wir

$$(8)\quad \begin{cases} \omega'^2 - \omega_0^2 = -2\omega_L\omega'\,, \\ \omega''^2 - \omega_0^2 = 2\omega_L\omega''\,, \end{cases}$$

und daraus, weil nur nichtnegative ω-Werte zulässig sind,

$$(9)\quad \begin{cases} \omega' = -\omega_L + \sqrt{\omega_0^2 + \omega_L^2}\,, \\ \omega'' = \quad \omega_L + \sqrt{\omega_0^2 + \omega_L^2}\,. \end{cases}$$

Im Magnetfeld gehen also die beiden Schwingungen senkrecht zu den Kraftlinien, die im ungestörten Falle gleiche Frequenz hatten, *in zwei Schwingungen ungleicher Frequenz über*, von denen die eine ω' langsamer, die andere ω'' schneller schwingt als die ursprüngliche ω_0.

Der Abstand der beiden Spektrallinien in der üblichen Frequenzskala (Schwingungszahl pro Sekunde, $\nu = \omega/2\pi$) beträgt

$$(10)\quad \nu'' - \nu' = 2\nu_L = \frac{e}{2\pi m c} H\,.$$

Die ursprüngliche Frequenz ω_0 liegt nach (9) nicht genau in der Mitte zwischen den beiden abgeänderten Schwingungen ω', ω''; doch darf man für nicht allzuhohe Felder näherungsweise das Quadrat von ω_L neben dem von ω_0 vernachlässigen; aus (9) wird dann

$$(11)\quad \omega' = \omega_0 - \omega_L\,, \qquad \omega'' = \omega_0 + \omega_L\,,$$

und ω_0 liegt in der Mitte zwischen ω' und ω''.

Die Form der zu ω' und ω'' gehörenden Schwingungen entnimmt man aus einer der beiden Gleichungen (6), indem man unter Berücksichtigung der Gleichung (8) die Verhältnisse bildet:

$$(12)\quad \begin{cases} \dfrac{b'}{a'} = \dfrac{\omega'^2 - \omega_0^2}{2i\omega_L\omega'} = i\,, \\[2ex] \dfrac{b''}{a''} = \dfrac{\omega''^2 - \omega_0^2}{2i\omega_L\omega''} = -i\,. \end{cases}$$

Diese beiden Gleichungen zeigen, daß es sich bei den abgeänderten Schwingungen um zwei *zirkulare* handelt, und zwar ist bei der *langsameren* Schwingung die y-Komponente der x-Komponente um $\pi/2$ an Phase voraus, die Kreisbewegung führt also auf nächstem Wege von der y- zur x-Achse, d. h. stellt eine negative Drehung um die mit der z-Achse zusammenfallende Richtung des Magnetfeldes dar. Einem auf der Seite der positiven Feldrichtung stehenden Beobachter erscheint die Kreisschwingung als die Drehung im Sinne des Uhrzeigers, d. h. als *rechtszirkulare Schwingung*. Die *schnellere* Schwingung verhält sich umgekehrt, sie erscheint für diesen Beobachter als *linkszirkular*.

Auf Grund dieser Feststellung läßt sich nun leicht einsehen, was ein Beobachter wahrnehmen müßte, der die im Magnetfeld befindliche Lichtquelle von irgendeiner Richtung her beobachtet.

Als Hauptrichtungen kommen die *parallel* und *senkrecht* zu den Feldlinien in Betracht; man spricht vom *longitudinalen* und *transversalen* ZEEMAN*effekt*. Um den ersteren beobachten zu können, müssen die Polschuhe des Magneten natürlich durchbohrt sein.

Wir erinnern uns nun an die im Anschluß an die Formel § 85 (5) gemachte Bemerkung, daß nur die auf der Blickrichtung senkrechte Komponente von $\ddot{\mathfrak{p}}$, bei harmonischen Schwingungen also von $\mathfrak{p}$ selbst, in Betracht kommt. Beobachtet man nun *longitudinal* durch ein Spektroskop, so sieht man nur die von den x- und y-Komponenten der Schwingung herrührende Welle; man beobachtet daher ein *Dublett* von Linien, und zwar ist, wenn man den Kraftlinien entgegenblickt, die *langwelligere* (nach *Rot* zu liegende) Komponente *rechts zirkular*, die *kurzwelligere* (nach *Violett* zu liegende) *links zirkular polarisiert*.

Der hier festgestellte Drehsinn der Schwingungen ist natürlich davon abhängig, daß das schwingende Teilchen gerade als *negativ* angenommen ist. Die Richtigkeit dieser Annahme läßt sich daher durch Beobachtung entscheiden. Die ersten von ZEEMAN und seinen Nachfolgern angestellten Messungen haben tatsächlich genau das von der Theorie für den longitudinalen Effekt vorausgesagte Ergebnis bestätigt. Durch Messung der Aufspaltung, d. h. der LARMORfrequenz (10), und durch gleichzeitige genaue Messung des Magnetfeldes erhält man den Wert für die *spezifische Ladung* e/m; auch dies Resultat war in guter Übereinstimmung mit den Werten, die man für die spezifische Ladung aus Ablenkungsversuchen an Kathodenstrahlen erhalten hatte.

Ebenso gab die Beobachtung des *transversalen* ZEEMAN*effekts* in einigen der zuerst untersuchten Fälle das von der Theorie erwartete Resultat. Liegt die Blickrichtung etwa parallel zur x-Achse, so ist die auf ihr senkrechte Ebene die yz-Ebene. Das emittierte Licht besteht also aus einer zur z-Richtung parallel schwingenden Komponente der ursprünglichen Frequenz ν_0 und zwei Schwingungen parallel zur y-Achse, die durch die Projektionen der zirkularen Schwingungen auf die yz-Ebene zustande kommen, und deren Frequenzen ν' und ν'' sind. Man hat also ein *Triplett* von Linien, wobei die *mittlere Linie parallel zu den Kraftlinien* schwingt, die beiden *äußeren senkrecht* dazu.

Die empirische Bestätigung dieser einfachen Theorie bei den ersten Beobachtungen muß uns heute als ein Glücksfall erscheinen. Denn man fand sehr bald Linien, bei denen die Aussagen der Theorie weder qualitativ noch quantitativ stimmten. So spalten sich z. B. schon die viel beobachteten D-Linien des Natriums keineswegs je in ein *normales* Triplett, sondern die eine in ein Quartett, die andere in ein Sextett. Andere Linien zeigen noch sehr viel verwickeltere Aufspaltungsbilder, besonders hinsichtlich der Polarisationsverhältnisse der einzelnen Komponenten. Auch sind die Abstände zweier aufgespaltener Komponenten keineswegs immer durch die LARMORfrequenz gegeben; allerdings herrscht hier auch in komplizierteren Fällen ein einfaches Gesetz[1], nach dem die Linienabstände rationale Vielfache der LARMORfrequenz mit relativ kleinen Nennern sind. Ferner ergab sich, daß Linien, die zur gleichen Serie gehören, die gleiche ZEEMANaufspaltung zeigen; ja sogar die Linien verschiedener Elemente, die zur gleichen Gruppe des periodischen Systems gehören, weisen in entsprechenden Serien gleiche Aufspaltung auf.

---

[1] Siehe C. RUNGE u. F. PASCHEN: Berl. Ber. 1902 S. 380, 720.

Alle diese Erscheinungen wurden zunächst als *anomaler* ZEEMANeffekt bezeichnet, eine Ausdrucksweise, die die Bedeutung veranschaulicht, die man dem zugrunde gelegten Modell der Lichtquelle als schwingendem Elektron beimaß. Später aber hat sich mehr und mehr gezeigt, daß die komplizierteren Zerlegungen keineswegs anomale Fälle sind, ja daß umgekehrt die einfachen Tripletts relativ selten erscheinen.

VOIGT[1] und LORENTZ[2] haben nun den Versuch gemacht, diesen anomalen ZEEMANeffekt darauf zurückzuführen, daß nicht einzelne, ungebundene Elektronen schwingen, sondern daß der Schwingungsvorgang von einem System gekoppelter Elektronen erzeugt wird. VOIGT ist hierin besonders glücklich gewesen und hat z. B. für die D-Linien des Natriums einen einfachen Kopplungsmechanismus angegeben, der die oben erwähnte Aufspaltung in ein Quartett und ein Sextett richtig darstellt, ja darüber hinaus das Aufspaltungsbild bei hohen Feldstärken. PASCHEN und BACK[3] haben empirisch festgestellt, daß bei außerordentlich hohen Feldstärken die Proportionalität der Aufspaltung mit H aufhört und eine kompliziertere Durcheinanderschiebung der Linien eintritt, wobei aber schließlich bei höchsten Feldern das Aufspaltungsbild sich vereinfacht und wieder das normale ZEEMANsche Triplett erscheint. Das VOIGTsche Modell war imstande, auch diesen Übergang zu hohen Feldern richtig darzustellen.

Trotzdem ist die neuere Entwicklung über solche Ansätze hinweggegangen, da inzwischen die Vorstellung vom Atombau sich auf Grund der Quantentheorie vollständig geändert hat (s. § 90). LANDÉ[4] hat als erster eine quantentheoretische Beschreibung der ZEEMANaufspaltung aus den empirischen Tatsachen herausgelesen. Das hierdurch gewonnene Material war einer der wichtigsten Bausteine beim Aufbau der Quantenmechanik selbst und ihrer Anwendung auf die Atomstrukturen. Es seien hier Arbeiten von SOMMERFELD, HEISENBERG, PAULI genannt. Sie gipfelten in der von PAULI[5] vorbereiteten, von UHLENBECK und GOUDSMIT[6] formulierten Entdeckung, daß dem Elektron selbst ein magnetisches Moment zuzuschreiben ist, daß es also zugleich das „Magneton" ist.

Wir besitzen heute eine vollständige Theorie der Atom- und Molekülspektren einschließlich ihres Verhaltens im Magnetfeld. Doch gehört die Darstellung hiervon nicht mehr in den Rahmen dieses Buches[7].

Es liegt nun die Frage nahe, ob auch ein *elektrisches Feld* eine Wirkung auf die Spektrallinien hat. Vom Standpunkt unseres Modells aus ist eine solche jedoch nicht zu erwarten; denn führt man die konstante elektrische Kraft

$$\mathfrak{K} = -e\mathfrak{E}^0 \tag{13}$$

in die Schwingungsgleichung § 86 (9) ein,

$$m\ddot{\mathfrak{u}} + a\mathfrak{u} = -e\mathfrak{E}^0, \tag{14}$$

so geht sie durch die Substitution

$$\mathfrak{u}' = \mathfrak{u} + \frac{e}{a}\mathfrak{E}^0$$

in

$$m\ddot{\mathfrak{u}}' + a\mathfrak{u}' = 0 \tag{15}$$

---

[1] W. VOIGT: Ann. Physik (3) Bd. 68 (1899) S. 352; Magneto- und Elektrooptik, S. 186. Leipzig 1908.

[2] H. A. LORENTZ: Ann. Physik (3) Bd. 63 (1897) S. 278.

[3] F. PASCHEN u. E. BACK: Ann. Physik (4) Bd. 39 (1912) S. 897, Bd. 40 (1913) S. 960.

[4] A. LANDÉ: Z. Physik Bd. 5 (1921) S. 231, Bd. 15 (1923) S. 189.

[5] W. PAULI: Z. Physik Bd. 31 (1925) S. 765.

[6] G. E. UHLENBECK u. S. GOUDSMIT: Naturwiss. Bd. 13 (1925) S. 953.

[7] Wir verweisen auf E. BACK u. A. LANDÉ: ZEEMANeffekt und Multiplettstruktur. Berlin 1925; ferner auf A. SOMMERFELD: Atombau und Spektrallinien. 5. Aufl. Braunschweig 1931.

über. Man hat also denselben Schwingungsvorgang um eine ein wenig verschobene Gleichgewichtslage.

Gleichwohl hat man experimentell nach dem Effekt gesucht, und zwar aus der theoretischen Erwägung heraus, daß vermutlich das quasi-elastische Kraftgesetz in § 86 (9) nicht streng richtig, sondern durch Zusatzglieder höherer Ordnung zu ergänzen ist[1]. In diesem Falle ist in der Tat, wie einfache Überlegungen zeigen, eine Abhängigkeit der Frequenz vom äußeren Felde zu erwarten. Es gelang auch schließlich STARK[2] im Jahre 1913 eine Aufspaltung der BALMER-linien des Wasserstoffs zu finden, und zwar mit Hilfe des technischen Verfahrens, daß er die Emission von Kanalstrahlen, die aus H-Atomen bestehen, spektroskopisch untersuchte. Aber gegenüber den verwickelten Aufspaltungsbildern, die sich hier zeigten, versagte die klassische Theorie vollständig. Die Quantentheorie dagegen hat zugleich mit dem ZEEMANeffekt die volle Aufklärung für den STARK-effekt gegeben.

Wir haben diesen Effekt bereits im vorigen Paragraphen bei der Deutung gewisser Typen von Linienverbreiterungen benutzt und dabei hervorgehoben, daß eigentliche Aufspaltungen keineswegs bei allen Linien, sondern nur bei der Klasse der wasserstoffähnlichen vorkommen können. Tiefergehende quantentheoretische Untersuchungen hierüber müssen wir aus diesem Buche fortlassen.

§ 90. Quantenprozesse und Grenzen der klassischen Theorie.

Den eigentlichen Anstoß zur Abänderung der klassischen Theorie haben aber nicht die eben besprochenen feinen optischen Erscheinungen der Zerlegung der Spektrallinien in magnetischen und elektrischen Feldern gegeben, sondern Leuchtvorgänge ganz anderer Art, nämlich solche, die von glühenden festen Körpern ausgehen.

Zerlegt man die von einem solchen Körper kommende Strahlung spektral, so erhält man eine Intensitätsverteilung, die allgemein von den Eigenschaften des Körpers abhängt, so daß z. B. die Strahlung in gewissen Spektralbereichen besonders intensiv ist, in anderen schwächer. Ein absolut schwarzer Körper aber hat, wie KIRCHHOFF mit thermodynamischen Methoden gezeigt hat, ein universelles Verteilungsgesetz der Strahlungsintensität über die Frequenzen, das nur noch von der Temperatur, aber nicht mehr von irgendwelchen anderen physikalischen Eigenschaften des emittierenden Körpers abhängt.

Eine absolut schwarze Oberfläche gibt es in der Natur nicht. Man kann sie aber auf künstlichem Wege nach WIEN und LUMMER[3] dadurch realisieren, daß man einen allseitig geschlossenen Hohlraum, einen Ofen, konstruiert und die in ihm bei Erhitzung vorhandene Strahlung durch ein kleines Loch beobachtet. Dieses Loch hat dann die Eigenschaften einer *absolut schwarzen Fläche*, weil nämlich ein von außen auffallendes Strahlenbündel, das in den Hohlraum gelangt, bei hinreichend unregelmäßiger Gestalt dieses Hohlraumes keinerlei Wahrscheinlichkeit mehr hat, aus ihm herauszufinden. Die Strahlung des Loches muß also dieselbe sein, wie die einer völlig absorbierenden schwarzen Fläche, und daher bezeichnet man die Strahlung selbst als „schwarz".

Man hat nun versucht, das spektrale Verteilungsgesetz der schwarzen Strahlung theoretisch zu gewinnen, indem man ein einfaches Modell für den Mechanismus der Absorption und Emission unter der Annahme konstruierte, daß das

[1] Siehe W. VOIGT: Magneto- und Elektrooptik, Kap. IX, X.

[2] J. STARK: Berl. Ber., Nov. 1913; Ann. Physik Bd. 43 (1914) S. 965, 983. Siehe auch J. STARK: Elektrische Spektralanalyse. Leipzig 1914. Ferner Nachr. Ges. Wiss. Göttingen 1914.

[3] W. WIEN und O. LUMMER: Wied. Ann. Bd. 56 (1895) S. 451.

Ergebnis immer richtig sein würde, solange das Modell mit den allgemeinen Naturgesetzen in Einklang sei. Das einfachste Modell, das diesen Forderungen genügt und das überdies die Eigenschaft der leuchtenden Gasatome besitzt, monochromatisch zu schwingen, ist der von uns in § 85 eingeführte harmonische Oszillator.

Nun stellte sich aber das merkwürdige Ergebnis heraus, daß sich bei Anwendung der in der Gastheorie und anderen thermodynamischen Disziplinen bewährten Gesetze der Statistik ein vollständig falsches und in sich widerspruchsvolles Strahlungsgesetz ergibt, das sog. Gesetz von RAYLEIGH[1] und JEANS[2], wonach die Intensität proportional dem Quadrat der Frequenz ist. Überdies fällt nach den elementarsten Erfahrungen die Intensität bei sehr hohen Frequenzen wieder zu Null ab.

Nachdem alle Versuche, diesen Widerspruch im Rahmen der klassischen Theorie zu beheben, fehlgeschlagen waren, stellte PLANCK[3] im Jahre 1900 eine gänzlich neue Hypothese über die Prozesse der Emission und Absorption des Lichts auf. Danach sollten diese Prozesse in *Elementarakten* vor sich gehen, bei denen jeweils eine endliche Energie ε aus korpuskularer Energie in Lichtenergie umgesetzt wird, und außerdem sollte noch die merkwürdige Beziehung bestehen, daß die Größe des *Energiequants* ε proportional der Frequenz des Lichts ist:

$$\varepsilon = h\nu . \tag{1}$$

Der Proportionalitätsfaktor h wird PLANCK*sche Konstante* oder auch *Wirkungsquant* genannt. Mit Hilfe dieser Hypothese gelang es PLANCK, ein Strahlungsgesetz aufzustellen, das sich bis auf den heutigen Tag vollständig bewährt hat; durch Vergleich mit Messungen konnte PLANCK die Größe h bestimmen zu

$$h = 6{,}57 \cdot 10^{-27} \,\mathrm{erg\,sec}.$$

Daneben gelang es auch, durch Bestimmung einer zweiten in dem PLANCKschen Gesetz auftretenden Konstanten, die erste genaue Angabe der LOSCHMIDTschen Zahl (Anzahl der Moleküle pro Mol) oder, was auf dasselbe herauskommt, des elektrischen Elementarquantums (der Elektronen- und Protonenladung) zu machen.

Seit dieser Zeit ist die PLANCK*sche Quantentheorie,* wie die neue Disziplin genannt wurde, immer mehr in den Mittelpunkt der Physik gerückt und hat sie heute vollständig erobert. Es hat sich gezeigt, daß die klassische Theorie nur ein Spezial- bzw. Grenzfall einer allgemeineren und umfassenderen Theorie ist, die heute weitgehend ausgebaut und imstande ist, den Bau der Atome und Moleküle und die in ihnen vorkommenden Prozesse, ihre Kopplung mit dem Lichtfeld und bis zu gewissem Grade auch die feinere Konstitution des Lichtfeldes selbst darzustellen.

Wir wollen hier nur einige wichtige Punkte herausgreifen, die für die Optik in Frage kommen. Es handelt sich dabei hauptsächlich um zwei Gesichtspunkte.

Der eine betrifft die Umsetzung der Energie zwischen den Atomen oder Molekülen einerseits und dem Licht andererseits; der andere bezieht sich auf die physikalische Konstitution des Lichts selbst.

Was den ersten Gesichtspunkt anbelangt, so verdankt man BOHR[4] die Grundzüge einer Theorie der Atomstrukturen auf Grund der PLANCKschen Hypothese. Danach gilt die klassische Theorie für die Bewegung der Elektronen

[1] Lord RAYLEIGH: Philos. Mag. Bd. 49 (1900) S. 539.

[2] J. H. JEANS: Philos. Mag. Bd. 10 (1905) S. 91.

[3] M. PLANCK: Verh. dtsch. physik. Ges. (14. Dez.) 1900; Ann. Physik (4) Bd. 4 (1901) S. 553, 564.

[4] N. BOHR: Philos. Mag. Bd. 26 (1913) S. 1, wieder abgedruckt in N. BOHR: Abhandlungen über Atombau. Braunschweig 1921; siehe auch N. BOHR: Drei Aufsätze über Spektrum und Atombau. 2. Aufl. Braunschweig 1924.

um den Atomkern nicht mehr. Statt ihrer wird behauptet, daß das Atom nur in einer Folge diskreter, „stationärer" Zustände existieren kann, denen bestimmte Energiewerte $E_1, E_2, \ldots$ zugeordnet werden. Tritt ein Atom in Energieaustausch mit einem anderen oder mit dem Licht, so wird jedesmal die endliche Energiedifferenz zwischen zwei derartigen Zuständen, $E_n - E_m$, umgesetzt. Insbesondere ergibt sich hieraus für die möglichen emittierten oder absorbierten Frequenzen

$$h\nu_{nm} = E_n - E_m, \tag{2}$$

und damit die Deutung des *Kombinationsprinzips* der Spektrallinien, das von RITZ[1] aufgestellt wurde und nach ihm benannt ist. RITZ hatte nämlich empirisch festgestellt, daß sich die Spektrallinien eines Gases so ordnen lassen, daß ihre Frequenzen als Differenzen zwischen einer Reihe von *Termen* T_n erscheinen. Nach BOHR ist also der Termwert ein Maß für die Energie eines stationären Zustandes, entsprechend der Gleichung

$$hT_n = E_n. \tag{3}$$

Außerdem ergeben sich aus dieser BOHRschen Vorstellung bestimmte Aussagen über die Anregungsbedingungen von Spektrallinien; z. B. ist zur Anregung der ersten Linie die Zuführung eines *endlichen* Energiebetrages (Hebung vom Energieniveau E_1 auf E_2) erforderlich. Diese Tatsache ist durch die Elektronenstoßversuche von FRANCK und HERTZ[2] bestätigt worden. Ähnliche Aussagen für kompliziertere Fälle sind inzwischen in ungezählter Anzahl experimentell verifiziert worden.

Die Berechnung der Energiewerte E_n aus modellmäßigen Vorstellungen hat BOHR zunächst in engem Anschluß an die klassische Mechanik durchzuführen versucht, indem er gewisse sog. „Quantenbedingungen" hinzufügte, die aus dem Kontinuum der mechanisch möglichen Bahnen eine diskrete Schar herausheben. Er hatte dabei den großen Erfolg, daß sich das Seriengesetz der Linien des Wasserstoffatoms, die sog. BALMERsche Formel, exakt ergab, wobei die in diese Formel eingehende Konstante sich durch Ladung und Masse des Elektrons und die PLANCKsche Konstante h ausdrücken ließ.

Der weitere Fortgang der Untersuchungen zeigte nun aber immer mehr, daß *wesentliche* Änderungen an den Gesetzen der klassischen Mechanik anzubringen sind, um mit der immer wachsenden Häufung von Erfahrungstatsachen auf dem Gebiete der Atomphysik in Einklang zu bleiben. Auf diese Weise entstand allmählich die moderne *Quantenmechanik* der Atome, die ein in sich geschlossenes, widerspruchsfreies Lehrgebäude darstellt, das die klassische Mechanik als Grenzfall enthält. Wir können in diesem Zusammenhang nicht darauf eingehen, sondern werden nur später an einzelnen Stellen Angaben über die Abweichungen der neuen Formeln von den alten hinsichtlich gewisser optischer Konstanten machen.

Wir gehen nun auf den anderen Gesichtspunkt, nämlich auf die Frage nach der *Konstitution des Lichts* selbst ein. Auch hier hat sich gezeigt, daß die MAXWELLsche Theorie, wie wir sie im voranstehenden zugrunde gelegt haben, nicht ausreicht. Man hat auch einige wesentliche Ansätze zu ihrer Verbesserung ausfindig gemacht; eine in sich geschlossene Quantentheorie des elektromagnetischen Feldes liegt aber gegenwärtig noch nicht vor. Wir wollen daher nur auf den wichtigsten Punkt eingehen, nämlich auf die Neubelebung der Emissionstheorie des Lichts durch EINSTEIN[3].

[1] W. RITZ: Astrophys. Journ. Bd. 28 (1908) S. 237; s. auch Ges. Werke, herausgeg. v. d. Schweizer Physik. Ges., S. 162. Paris 1911.

[2] J. FRANCK u. G. HERTZ: Verh. dtsch. physik. Ges. Bd. 15 (1913) S. 613.

[3] A. EINSTEIN: Ann. Physik (4) Bd. 17 (1905) S. 132; vgl. auch ebenda Bd. 20 (1906) S. 199.

EINSTEIN interpretierte nämlich im Jahre 1905 die PLANCKsche Vorstellung der quantenhaften Energieumsetzung zwischen Licht und Materie dahin, daß er dem Licht selbst den Charakter von „Korpuskeln" als Träger der Energie $h\nu$ zuschrieb. Seine Hauptargumente waren statistischer Natur und betrafen die Schwankungserscheinungen, die bei der Emission oder Absorption des Lichts im Atom auftreten. Berechnet man die unregelmäßigen Zitterbewegungen, die ein Atom mit einem klassischen Oszillator als lichtempfindlichem Organ im elektromagnetischen Felde des Hohlraumes ausführen würde, unter Voraussetzung des PLANCKschen Gesetzes für die spektrale Verteilung der Feldenergie auf Grund der klassischen Gesetze, so ergeben diese sich viel kleiner als die Zitterbewegungen auf Grund der gastheoretischen Zusammenstöße (BROWNsche Bewegung). Dieser Sachverhalt führt aber zu einem Widerspruch, weil dann dauernd Energie aus dem Atom in das Strahlungsfeld übergehen müßte. EINSTEIN zeigte, daß hier nur der Ausweg hilft, anzunehmen, daß der Emissionsprozeß nicht in einer klassischen Kugelwelle vor sich geht, sondern im Aussenden eines „Lichtquants" in bestimmter Richtung, wobei dem Atom der Rückstoßimpuls $h\nu/c$ erteilt wird. So kam EINSTEIN zu der Auffassung, das Licht wirklich als bestehend aus einzelnen *Lichtkorpuskeln* oder *Lichtquanten* aufzufassen.

Diese Auffassung steht aber im striktesten Gegensatz zu der durch unzählige Beobachtungen verifizierten Wellentheorie, und es hat daher längerer Zeit und der Anhäufung einer großen Menge von Erfahrungsmaterial zugunsten der korpuskularen Vorstellung EINSTEINS bedurft, bis sich diese neue Hypothese in der Physik durchgesetzt hat. Von diesen Erfahrungen zählen wir die wichtigsten auf.

Wenn kurzwelliges Licht (ultraviolettes Licht oder Röntgenstrahlen) auf eine Metallplatte fällt, treten aus dieser Elektronen aus. Man kann diese Erscheinung heute selbst in freier Luft beobachten und die Elektronen auszählen, indem man die GEIGERsche Methode des *Spitzenzählers* benutzt[1], bei der ein Elektron durch die von ihm erzeugten Ionen einen Entladungsstoß zwischen Spitze (oder feinem Draht) und Platte erzeugt. Für quantitative Messungen werden die Versuche jedoch im Hochvakuum angestellt. Man hat dabei folgende Gesetzmäßigkeit festgestellt: Die Geschwindigkeit v oder die kinetische Energie $\frac{m}{2}v^2$ der Elektronen hängt nicht von der Lichtstärke, sondern nur von der Frequenz ab, und zwar nach dem Gesetz

$$\frac{1}{2}mv^2 + A = h\nu; \tag{4}$$

das entspricht der PLANCKschen Formel unter Berücksichtigung des Umstandes, daß beim Austritt der Elektronen aus dem Metall eine *Austrittsarbeit A* zu leisten ist. Die Anzahl der austretenden Elektronen ist der Lichtintensität proportional. Durch Beobachtung an kleinen (kolloidalen) Metallpartikelchen, die in einem Kondensator schwebend gehalten werden und den Austritt des einzelnen Elektrons durch ihre Bewegung verraten, konnte ferner festgestellt werden, daß zum Einsetzen des *lichtelektrischen Effekts* keine Akkumulationszeit erforderlich ist; selbst bei beliebig schwachem Licht, bei dem die Aufhäufung der kinetischen Energie $\frac{m}{2}v^2$ in dem Metallkörperchen nach der Wellentheorie eine beträchtliche Zeit erfordern würde, erfolgen Emissionen von Elektronen unmittelbar nach Einsetzen der Beleuchtung.

Alle diese Beobachtungen widersprechen aufs schärfste der Vorstellung der klassischen Lichttheorie, lassen sich aber sofort beheben, wenn man das Licht

[1] W. BOTHE u. H. GEIGER: Z. Physik Bd. 32 (1925) S. 639.

als einen Hagel von Geschossen auffaßt, welche die Elektronen aus dem Metall herausschlagen.

Eine andere Erscheinungsgruppe, die diese Vorstellung noch besser fundiert, erhält man bei der Streuung von äußerst kurzwelligem Licht, d. h. von Röntgenstrahlen, an Substanzen mit lockeren Elektronen (Moleküle aus leichen Atomen, z. B. Kohlenwasserstoffen u. dgl.). COMPTON[1] entdeckte, daß die dabei entstehende Sekundärstrahlung etwas langwelliger ist als die primäre, d. h. ein etwas kleineres $h\nu$ hat. Die verlorengegangene Energie wurde dann wiedergefunden im Auftreten von „Rückstoßelektronen", die beim Streuprozeß aus dem Atom des streuenden Materials herausgeschlagen werden. Überdies aber gelang es auch noch, den Impulssatz für den COMPTON*effekt* zu bestätigen. Nimmt man nämlich an, daß die Bindung der Elektronen an die Atome schwach genug ist, um sie gegenüber den $h\nu$-Werten des Röntgenlichts vernachlässigen zu können, so kann man auf den Stoß von Lichtquant und Elektron die Sätze von der Erhaltung der Energie und des Impulses anwenden und damit sowohl den absoluten Wert des Energieverlustes als auch seine Abhängigkeit von der Richtung des gestreuten Quants bzw. des Rückstoßelektrons berechnen; beides ist durch die Beobachtung bestätigt worden.

Endlich konnte auch noch die vollkommene Gleichzeitigkeit des Auftretens von gestreutem Lichtquant und Rückstoßelektron nachgewiesen werden (mit Hilfe der WILSONschen[2] Nebelmethode).

Durch diese und noch andere Versuche ist jede Möglichkeit, an der Realität der Lichtquanten zu zweifeln, genommen.

Man hat also die paradoxe Lage, daß zwei anscheinend so widersprechende Vorstellungskreise wie Wellentheorie und Korpuskulartheorie des Lichts gleichzeitig gelten sollen, jede in einem gewissen Bereich von Erscheinungen, ohne daß man zunächst sieht, wie diese sich gegeneinander abgrenzen. Die Physik steht daher vor der schwierigen Aufgabe, eine Quantentheorie des Lichts oder allgemeiner des elektromagnetischen Feldes zu entwerfen, in der beide Auffassungen gleichmäßig vertreten sind.

Wenn auch eine in jeder Hinsicht befriedigende Theorie noch nicht vorhanden ist, so reicht doch für manche Zwecke die folgende Vorstellung aus: Im Lichtvorgang gibt es sowohl die Wellen als auch die Korpuskeln, und zwar bestimmen die Wellen die Wahrscheinlichkeit dafür, daß ein Lichtquant auftritt. Die Anzahl der in einem Volumen erscheinenden Lichtquanten der Frequenz ν ist gleich der dort herrschenden Lichtintensität (Energiedichte), dividiert durch $h\nu$. Diese Auffassung gibt z. B. von folgendem Versuch Rechenschaft, in welchem Wellen- und korpuskulare Vorstellung gemeinsam zur Geltung gelangen. Man entwirft durch irgendeinen Interferenzapparat — wir denken im folgenden z. B. an den FRESNELschen Doppelspiegel (s. III § 36) — räumlich feststehende Interferenzfransen und bringt die Spitze eines GEIGERschen Zählers in dieses Raumgebiet. Dann gibt dieser die von Ort zu Ort wechselnde Lichtintensität direkt durch Zählung der Anzahl sekundärer Quanten an.

Will man hier die Quantenvorstellung wörtlich nehmen und die Bahn einzelner Quanten von der Lichtquelle über den Interferenzapparat bis zur Spitze des Zählers verfolgen, so kommt man unweigerlich zu Vorstellungen, die mit denen der klassischen Mechanik unvereinbar sind. Solange man allerdings *eine einzelne* Bahn betrachtet, besteht keinerlei Schwierigkeit. Man denke etwa bei

---

[1] H. A. COMPTON: Bull. Nat. Res. Counc. Bd. 20 (1922) S. 10; Physic. Rev. Bd. 21 (1923) S. 483. Siehe auch P. DEBYE: Physik. Z. Bd. 24 (1923) S. 161.

[2] C. T. R. WILSON: Proc. Roy. Soc., Lond. A Bd. 85 (1911) S. 285; vgl. auch Jb. Radioaktivität Bd. 10 (1913) S. 34.

einer schwachen Lichtquelle in der Beobachtungszeit gerade eine Emission erfolgend, die durch ein ausgelöstes Elektron im Gesichtsfeld beobachtet wird. Dann wird dieses Elektron irgendwo im Gesichtsfeld erscheinen.

Man kann überdies auch die Richtung, aus der das Elektron kommt, mit einiger Genauigkeit bestimmen, indem man vor den Spalt des Zählers einen zweiten Spalt anordnet. (Die Spalte kann man so weit wählen, daß Beugungsphänomene an ihnen nicht in Betracht kommen und sie doch schmal sind gegen den Abstand zweier Interferenzfransen des Doppelspiegels.) Das Resultat wird sein, daß das Quant von irgendeinem Punkt des Doppelspiegels zu kommen scheint, genau so, wie nach der korpuskularen Vorstellung zu erwarten ist.

Neue Aussagen gegenüber der klassischen Emissionstheorie entstehen erst dann, wenn man *Quanten in großer Zahl* beobachtet und ihre Häufigkeit über die verschiedenen Teile des Gesichtsfeldes auszählt. Dann wird, da ja die Aussagen der Wellentheorie zweifellos richtig sind, die Häufigkeit, mit der ein Quant an einer bestimmten Stelle erscheint, von Stelle zu Stelle verschieden sein, je nachdem die Stelle gemäß der Interferenztheorie der Wellen stark oder schwach beleuchtet ist. In den Interferenzminima werden so gut wie keine Quanten auftreten, in den Interferenzmaxima die größte Anzahl. Will man dieses Verhalten unter dem Bilde der Korpuskeln darstellen, so stößt man auf folgende Paradoxie:

Das einzelne Korpuskel prallt doch nur an *einem* der beiden Spiegel ab. Sein Auftreten im Gesichtsfeld aber wird durch *beide* Spiegel in gleicher Weise bestimmt (da ja durch den zweiten Spiegel erst die Interferenzen zustande kommen). Denkt man sich also zwei Quanten, die beide den ersten Spiegel, aber zu verschiedenen Zeiten treffen, und ändert man in der Zwischenzeit die Stellung des zweiten Spiegels ein wenig und damit die Interferenzfigur im Gesichtsfeld derart, daß an die Stelle einer hellen Franse jetzt eine dunkle fällt, so ist damit das Erscheinen des zweiten Quants an der betrachteten Stelle ausgeschlossen, obwohl sich an dem ersten Spiegel, der ja allein für die Reflexion beider Quanten verantwortlich gemacht wurde, nichts geändert hat, also auch die Bahn beider Quanten dieselbe sein müßte.

Die Wurzel dieses Widerspruches liegt offenbar in der Voraussetzung, daß *beide Quanten denselben Spiegel* treffen. Man muß, um aus diesem Dilemma herauszukommen, eine kritische Betrachtung darüber anstellen, ob diese Annahme überhaupt physikalisch sinnvoll ist. Eine solche Betrachtung ist von HEISENBERG[1] und BOHR[2] durchgeführt worden.

Nur solche Aussagen sind physikalisch sinnvoll, deren Richtigkeit oder Falschheit durch ein Experiment entschieden werden kann.

Um zu zeigen, daß diese Entscheidung in dem oben angeführten Falle nicht möglich ist, haben wir zu fragen: Läßt sich überhaupt, und wenn ja, wie läßt sich entscheiden, ob ein Lichtquant einen bestimmten der beiden FRESNELschen Spiegel getroffen hat? Diese Entscheidung ist natürlich nur dadurch möglich, daß man an den Spiegeln irgendein Reagenz anbringt, das das Passieren des Quants anzeigt. Eine photographische Schicht oder ein sonstiges chemisches Reagenz würde das Quant ganz verschlucken; es würde also der folgende Teil des Versuches, seine Beobachtung im Interferenzfelde, zum Fortfall kommen. Man könnte das Quant auch dadurch nachzuweisen versuchen, daß man die Spiegel so außerordentlich leicht macht, daß sie durch das Auftreffen eines Quants einen merklichen Rückstoß (COMPTONeffekt) bekommen. Dann wird das Quant aber nicht mehr regulär reflektiert, sondern ein wenig abgelenkt, und

[1] W. HEISENBERG, Z. Physik Bd. 33 (1925) S. 879, Bd. 43 (1927) S. 172.

[2] N. BOHR: Naturwiss. Bd. 17 (1929) S. 483. Siehe auch die Aufsatzsammlung „Atomtheorie und Naturbeschreibung". Berlin 1931.

verliert außerdem an Energie, d. h. ändert seine Frequenz (Farbe); jedenfalls wird es an einer anderen Stelle im Interferenzfelde erscheinen, als die ursprüngliche Theorie mit festen Spiegeln annahm.

Auf diese Weise kann man überlegen, daß niemals ein Widerspruch zwischen korpuskularer und wellentheoretischer Auffassung zustande kommen kann, wenn man den Umfang der physikalischen Aussagen in der oben angegebenen Weise einschränkt.

Man verzichtet dabei allerdings auf ein Prinzip, das in der klassischen Physik zu den Fundamenten gezählt wurde, nämlich auf das *Kausalgesetz*, oder genauer auf den Satz, daß man den Ablauf einer Erscheinung nach den herrschenden physikalischen Gesetzen in allen Einzelheiten aus der genauen Kenntnis der Anfangslage berechnen kann[1]. Es hat sich herausgestellt, daß in der Quantentheorie die exakte Festlegung eines Anfangszustandes, d. h. die *gleichzeitige* Messung aller ihn bestimmenden Größen durch die Naturgesetze selbst eingeschränkt ist. In der Quantenmechanik der Korpuskeln (Elektronen und Protonen) läßt sich diese Einschränkung direkt aus dem Formalismus ableiten. Man kann sie aber auch anschaulich machen, indem man die wellentheoretischen Gesetze benutzt, um die Meßgenauigkeit korpuskularer Größen abzuschätzen, und umgekehrt. Beim Licht kann man dieses Verfahren an Hand der einfachsten Beugungsinstrumente auf folgende Weise klarmachen:

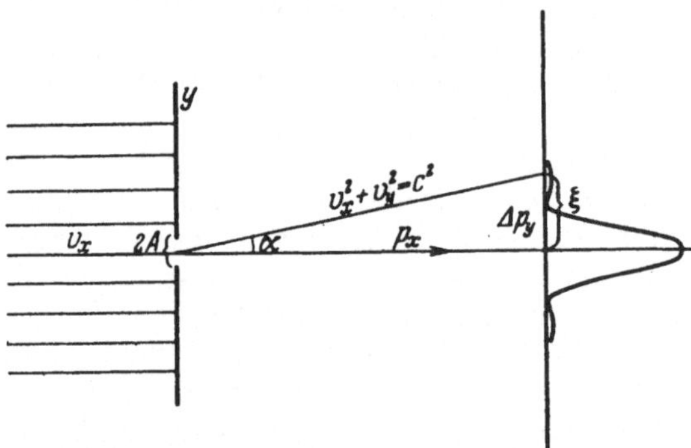

Fig. 211. Zur Heisenbergschen Ungenauigkeitsrelation.

Ein paralleles Lichtbündel falle normal auf einen Schirm mit einem Spalt von der Breite $2A$. Auf einem zur Spaltebene parallelen Auffangeschirm erscheint dann ein Beugungsbild, wie wir es in Kap. IV, § 48, S. 157, beschrieben und durch die Formel IV, § 48 (14) dargestellt haben (s. auch Fig. 211). Der wichtigste Zug der Lichtverteilung ist, daß fast alles Licht in die zentrale Beugungsfranse fällt, deren Breite $a = \sin\alpha$ (α Ablenkungswinkel) in der in IV, § 48 gewählten Bezeichnung durch

$$k a A = \frac{2\pi}{\lambda} a A = \pi \tag{5}$$

gegeben ist. Das den Spalt treffende Licht wird also im wesentlichen zur Beleuchtung eines Streifens von der Breite $2a = \lambda/A$ verwendet. Dieser Streifen ist, wie wir schon früher bei Behandlung der Beugungserscheinungen mehrfach hervorgehoben haben, um so breiter, je schmaler der Spalt ist.

Wir wollen nun diesen Vorgang der Beugung korpuskular fassen. Dann müssen wir also annehmen, daß ein Lichtquant mit dem Impuls $p = h\nu/c$ normal auf den Spalt fällt. Die Wahrscheinlichkeit seines Auftretens auf der Ebene des Auffangschirmes wird nun durch die Intensitätsverteilung der Beugungsfigur beschrieben. Wenn wir von den Feinheiten dieser Verteilung absehen, so muß das Lichtquant irgendwo in dem Streifen der Breite $2a = \lambda/A$ erscheinen. Für alle außerhalb des Zentrums der Beugungsfigur auftretenden Quanten ist also eine seitliche Ablenkung eingetreten, die durch das Vorhandensein des Spaltes

[1] Die Zeitrichtung spielt übrigens dabei keine Rolle; es handelt sich nur um die Determiniertheit des Ablaufs durch den Zustand in irgendeinem Zeitquerschnitt.

bedingt ist — ein vom konsequenten Standpunkt der korpuskularen Mechanik natürlich unverständliches Phänomen. Man kann also sagen, daß eine seitliche Impulskomponente des Lichtquants Δp_y entstanden sein muß. Dabei gilt

(6) $$p = \sqrt{p_x^2 + \Delta p_y^2} = \frac{h\nu}{c} = \frac{h}{\lambda}.$$

Nun folgt aus Fig. 211

(7) $$\frac{\Delta p_y}{p} = \sin\alpha = a = \frac{\lambda}{2A},$$

also

(8) $$\Delta p_y = \frac{\lambda}{2A}\frac{h}{\lambda} = \frac{h}{2A}.$$

Die beschriebene Apparatur kann man nun als Vorrichtung auffassen, eine Koordinate des Lichtquants mit einer gewissen Genauigkeit zu messen. Passiert nämlich das Lichtquant den Spalt von der Breite $2A$, so ist seine Koordinate y in der Spaltebene senkrecht zur Längsausdehnung des Spaltes bekannt mit einem Fehler

(9) $$\Delta y = 2A.$$

Setzen wir diesen Wert (9) in (8) ein, so erhalten wir

(10) $$\Delta y \Delta p_y = h,$$

eine (natürlich nur näherungsweise richtige) Relation, die folgendes besagt:

Mißt man mit Hilfe der Blendenvorrichtung *eine Koordinate des Lichtquants mit der Genauigkeit Δy, so entsteht dadurch von selbst* — nämlich infolge des undulatorischen Charakters des Vorganges — *eine Ungenauigkeit in der zugehörigen Impulskomponente Δp_y, wobei das Produkt beider Ungenauigkeiten den universellen Wert h besitzt.*

Diese HEISENBERG*sche Ungenauigkeitsrelation* läßt sich, wie schon gesagt, in verschärfter Fassung auch aus dem Formalismus der Quantenmechanik für jede Koordinate und den zugehörigen Impuls ableiten. Auf ihr beruht die Tatsache, daß die korpuskulare und die undulatorische Auffassung niemals in Widerspruch geraten können, solange man sich wirklich auf experimentell entscheidbare Aussagen beschränkt.

Auch in der *Quantenmechanik der Materieteilchen* (Elektronen, Protonen usw.) hat sich gezeigt, daß neben der korpuskularen eine undulatorische Auffassung möglich ist. Es handelt sich dabei um die Form der Theorie, die von DE BROGLIE[1] stammt und *Wellenmechanik* genannt wird. Als größter Erfolg dieser neueren Ausgestaltung der Quantentheorie ist anzusehen, daß es in der Tat gelungen ist, auch bei Materieteilchen Interferenzerscheinungen genau derselben Art experimentell nachzuweisen, wie wir sie beim Licht beschrieben haben. Die erste Entdeckung dieser Art stammt von DAVISSON und GERMER[2] und ist an Elektronenstrahlen ausgeführt, die an dem Gitter eines Nickelkristalls gebeugt werden. Später sind auch die LAUEschen Interferenzversuche von THOMSON[3], RUPP[4], KIKUCHI[5] und anderen mit Kathodenstrahlen nachgeahmt

[1] L. DE BROGLIE: Ann. Physique (10) Bd. 3 (1924) S. 22 (Thèses, Paris 1924).

[2] C. DAVISSON u. L. H. GERMER: Physic. Rev. Bd. 30 (1927) S. 705; Proc. Nat. Acad. Bd. 14 (1928) S. 317; Nature, Lond. Bd. 119 (1927) S. 558.

[3] C. P. THOMSON: Proc. Roy. Soc., Lond. A Bd. 117 (1928) S. 600; Bd. 119 (1928) S. 651.

[4] E. RUPP: Ann. Physik Bd. 85 (1928) S. 981.

[5] S. KIKUCHI: Japan. J. Physics Bd. 5 (1928) S. 83. S. auch den zusammenfassenden Bericht in der Physik Z. Bd. 31 (1930), S. 777.

worden. Schließlich ist es ESTERMANN und STERN[1] gelungen, materielle Atome (Wasserstoff und Helium) an Kristallgittern zur „Interferenz zu bringen".

In Fig. 212 ist ein Beugungsbild reproduziert, das man erhält, wenn man ein feines Büschel von Kathodenstrahlen durch eine dünne Silberschicht treten läßt. Dann hat man eine Anordnung, die der von DEBYE-SCHERRER bei Röntgenstrahlen analog ist, nämlich zahllose kleine Kristalliten in verschiedenen Orientierungen.

In diesem Buche wollen wir nur diejenigen Erscheinungen behandeln, bei denen der korpuskulare Charakter des Lichts nicht wesentlich in Betracht kommt. Trotzdem können wir der Quantenmechanik nicht entgehen, sobald wir die Wechselwirkung zwischen Licht und Materie etwas genauer untersuchen, wie es in diesem Kapitel geschehen soll. Aber es handelt sich dabei viel mehr um die Quantenmechanik der Atome als um die des Lichts. Strenggenommen müssen sowohl die Gesetze des Lichtfeldes wie die der Atome einer „Quantisierung" unterzogen werden. Für die Atome ist sie unvermeidlich, wenn man nicht zu ganz groben Verstößen gegen die Erfahrung gelangen will; beim Lichte aber kann man in weitem Maße die klassische MAXWELLsche Theorie beibehalten; sie läßt sich ohne weiteres mit dem Formalismus der Quantenmechanik der Atome vereinigen. Das Resultat, das wir hier nur berichten können[2], läßt sich dahin aussprechen:

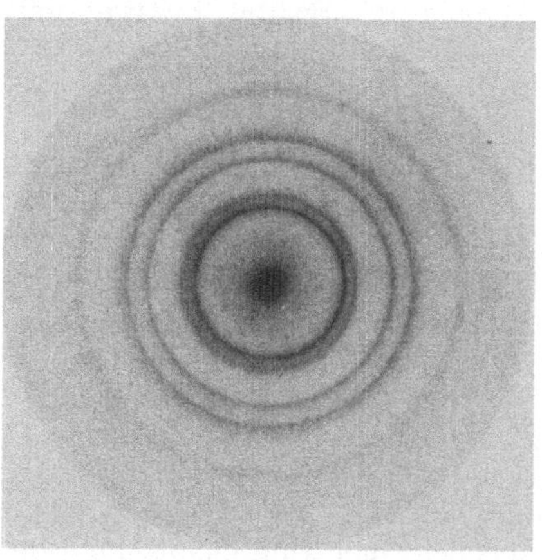

Fig. 212. Elektronenbeugung an Silberkristallen. Aufgenommen im physikalischen Laboratorium der I. G. Farbenfabrik Oppau.

Das Atom (ebenso jedes Molekül, jeder Kristall) verhält sich dem Lichte gegenüber wie ein System von harmonischen Oszillatoren mit Eigenfrequenzen, die durch die BOHRsche Beziehung zu den Energiestufen der stationären Zustände gegeben sind. Man kann ein grobes Bild von der Wechselwirkung zwischen Materie und Licht bekommen, indem man jedem Atom eine unendliche Zahl solcher Resonatoren, wie wir sie in den vorigen Paragraphen betrachtet haben, zuordnet, so daß jedem BOHRschen Übergang ein *virtueller Resonator* entspricht[3]. Nur sind dann die Konstanten des Oszillators nicht einfach durch Ladung und Masse des Elektrons gegeben, wie in § 85 (1). Mit LADENBURG[4], der solche Betrachtungen schon vor der systematischen Entwicklung der Quantentheorie durchgeführt hatte, drücken wir die Abweichungen dadurch aus, daß wir die Größe e^2/m mit einem Faktor f, *der Stärke des Oszillators* bzw. der zugehörigen Spektrallinie versehen. Es gilt dann der sog. *f-Summensatz* von THOMAS und KUHN[5], der in der Quantenmechanik bewiesen wird, daß die Summe der

[1] I. ESTERMANN u. O. STERN: Z. Physik Bd. 61 (1930) S. 95.

[2] Literatur s. S. 6, Anm. 3.

[3] Wir haben bereits früher (§ 86. S. 429, Anm. 1) darauf hingewiesen, daß die feinere Ausgestaltung der Quantentheorie nicht nur Dipole (lineare Oszillatoren) als Lichtquellen kennt, sondern auch Quadrupole (bzw. höhere Polsysteme). Quadrupolstrahlung tritt auf bei Quantensprüngen, die von „metastabilen" Zuständen hoher Lebensdauer ausgehen; sie ist im allgemeinen schwach und soll hier außer Betracht bleiben.

[4] R. LADENBURG: Z. Physik Bd. 4 (1921) S. 451; s. auch R. LADENBURG u. F. REICHE: Naturwiss. Bd. 11 (1923) S. 584.

[5] W. THOMAS: Naturwiss. Bd. 13 (1925) S. 627; W. KUHN: Z. Physik Bd. 33 (1925) S. 408. F. REICHE und W. THOMAS: Z. Physik Bd. 34 (1925) S. 510.

f-Werte für alle Spektrallinien, die in einem Niveau enden, vermindert um die f-Summe der Linien, die von dem Niveau ausgehen, gleich der Anzahl z der Elektronen ist, mit deren Sprung die Spektrallinien verknüpft sind. Wir werden später (§ 98) ein klassisches Modell betrachten, bei dem ein Analogon zu diesem f-Summensatz besteht, nämlich ein System ungedämpft schwingender gekoppelter Teilchen gleicher Ladung und Masse. Ein solches System ist also bezüglich seiner Schwingungen äquivalent mit der quantenmechanischen Emission von einem Niveau zu allen anderen.

Im folgenden werden wir eine Übersicht über die Erscheinungen der Emission, Absorption, Dispersion geben, soweit sie sich mit Hilfe dieses einfachen Ansatzes fassen lassen. Die Eigenfrequenzen und die zugehörigen Stärkefaktoren nehmen wir im allgemeinen als gegebene Atomkonstanten hin; ihre Bestimmung ist Sache der Quantenmechanik des Atoms. Nur in einem Grenzfalle werden wir hiervon eine Ausnahme machen, nämlich bei den *ultraroten* Eigenfrequenzen. Bei diesen handelt es sich um relativ langsame Schwingungen der Atomkerne gegeneinander. Für solche Schwingungen großer Massen gehen die quantenmechanischen Gesetze mit guter Annäherung in die der klassischen Mechanik über (BOHRsches Korrespondenzprinzip). Man kann daher in diesem Bereiche die gewöhnliche Theorie gekoppelter Oszillatoren anwenden und gelangt dadurch unter Berücksichtigung der Symmetrieverhältnisse des Moleküls zu einer Reihe wichtiger Folgerungen (s. § 100).

Eine prinzipiell wichtige Erscheinung, die sich in unser Verfahren nicht einfügt, wegen ihrer Kleinheit übrigens empirisch kaum in Betracht kommt, soll hier noch erwähnt werden: die sog. *negative Dispersion*. Es gibt nämlich in den strengen quantenmechanischen Formeln für die Wechselwirkung von Licht und Materie Glieder, bei denen e^2/m mit umgekehrtem Vorzeichen auftritt (also $f < 0$ ist). Auch hier kann man ein klassisches Analogon konstruieren: die Elektronenbahnen des vom Licht ungestörten Atoms sind komplizierte, mehrfach periodische Bewegungen, und wenn sie vom Lichtfeld gestört werden, so läßt sich die Störung nicht einfach durch Superposition gewöhnlicher Oszillatoren beschreiben, sondern in einer Weise, die mit den erwähnten Gliedern der negativen Dispersion korrespondiert[1].

Empirisch ist die Existenz der negativen Dispersion durch LADENBURG[2] sichergestellt.

§ 91. Erzwungene Schwingungen eines Resonators. Stärke und Strahlungsdämpfung der optischen Resonatoren.

Der harmonische Oszillator, der uns als Modell einer Lichtquelle diente, muß natürlich auch als dasjenige Organ der materiellen Atome angesehen werden, das für ihren Einfluß auf die *Fortpflanzung* (Brechungsindex) und schließlich auch für die *Absorption* des Lichts verantwortlich ist.

Wir untersuchen zunächst, was ein einfacher isotroper Resonator in dieser Hinsicht leistet. Wir denken uns einen solchen Oszillator von einer elektromagnetischen Welle mit der rein periodischen elektrischen Feldstärke $\mathfrak{E} = \mathfrak{E}_0\, e^{i\omega t}$ getroffen. Die Schwingungsgleichung des Resonators entsteht dann aus § 85 (9), indem man die Null auf der rechten Seite jener Gleichung durch $e\mathfrak{E}$ ersetzt:

$$(1) \qquad m\ddot{\mathfrak{u}} + a\mathfrak{u} + b\dot{\mathfrak{u}} = e\mathfrak{E}_0 e^{i\omega t}.$$

[1] Siehe hierzu H. A. KRAMERS: Nature, Lond. Bd. 113 (1924) S. 673, Bd. 114 (1924) S. 310; ferner H. A. KRAMERS u. W. HEISENBERG: Z. Physik Bd. 31 (1925) S. 681.

[2] R. LADENBURG: Z. Physik Bd. 65 (1930) S. 167, 189.

Die Ursache der Dämpfung, d. h. den physikalischen Sinn der Konstanten b, lassen wir dahingestellt. Wir werden zu zeigen haben, daß sowohl die Strahlungsdämpfung als auch die LORENTZsche Stoßdämpfung genau so wie im Falle der Emission auch bei der Absorption formal durch ein solches Dämpfungsglied $b\dot{u}$ dargestellt werden können. Der Einfluß des DOPPLEReffekts läßt sich natürlich nicht durch die Gleichung (1) berücksichtigen, kann aber, wie wir sehen werden, nachträglich leicht in Rechnung gestellt werden.

Die *allgemeine* Lösung der Differentialgleichung (1) erhält man aus einer beliebigen durch Hinzufügung der allgemeinen Lösung der *homogenen* Gleichung § 85 (9); diese stellt eine abklingende Schwingung dar, die nach Verlauf einer hinreichend langen Zeit vernachlässigt werden kann. Es muß dann eine Lösung übrigbleiben, die mit der einfallenden Welle synchron ist, also nach dem Gesetz $\mathfrak{u} = \mathfrak{u}_0 e^{i\omega t}$ abläuft. Durch Einsetzen dieses Ausdruckes in (1) erhält man für $\mathfrak{u}_0$ die lineare Gleichung

$$\mathfrak{u}_0(-m\omega^2 + a + ib\omega) = e\mathfrak{E}_0. \tag{2}$$

Dividieren wir durch m, so erscheint die Eigenschwingung des *freien* (ungedämpften) Oszillators, also $\omega_0 = \sqrt{a/m}$ [s. § 85 (2)]; führen wir noch die *Dämpfungskonstante* $\gamma = b/m$ aus § 85 (11) ein, so erhalten wir für die Amplitude $\mathfrak{p}_0$ des elektrischen Momentes $\mathfrak{p} = \mathfrak{p}_0 e^{i\omega t}$ die Gleichung

$$\mathfrak{p}_0 = e\mathfrak{u}_0 = \frac{e^2/m}{\omega_0^2 - \omega^2 + i\gamma\omega_0}\mathfrak{E}_0. \tag{3}$$

Dabei ist $\gamma\omega$ durch $\gamma\omega_0$ ersetzt, was wegen der Kleinheit von γ im Vergleich mit ω und ω_0 (vgl. § 85, S. 423) erlaubt ist.

Daß diese Größe (3) *komplex* ist, bedeutet, daß die erzwungene Schwingung gegen die einfallende Welle *in Phase verschoben* ist.

Handelt es sich insbesondere um *Strahlungsdämpfung*, so ist in Wirklichkeit das Dämpfungsglied in der Schwingungsgleichung genau wie in § 86 (13) nicht erster, sondern dritter Ordnung in $\mathfrak{u}$, liefert also an Stelle des in (2) auftretenden Gliedes $ib\omega$ den Ausdruck $-\frac{2}{3}\frac{e^2}{c^3}i\omega^3$. Man begründet genau wie in § 86, daß man hier mit genügender Näherung ω^3 durch ω_0^3 ersetzen kann. Dies läuft darauf hinaus, daß die Dämpfungskonstante γ den Wert γ_0 [s. § 86 (5)] der Strahlungsdämpfung annimmt. Wir wollen zunächst einmal allein diese Strahlungsdämpfung ins Auge fassen und sehen, welche Änderungen die Quantentheorie an ihr vornimmt.

Wir haben im vorigen Paragraphen berichtet, daß man der quantenmechanischen Struktur der Atome dadurch Rechnung tragen kann, daß man dem Oszillator einen Stärkefaktor f zuordnet, mit dem die Größe e^2/m zu multiplizieren ist. Wir haben also statt (3) zu schreiben

$$\mathfrak{p}_0 = e\mathfrak{u}_0 = \frac{f\frac{e^2}{m}}{\omega_0^2 - \omega^2 + i\gamma\omega_0}\mathfrak{E}_0. \tag{4}$$

Man könnte nun denken, daß, falls es sich um reine Strahlungsdämpfung handelt, man in dieser Gleichung einfach γ durch γ_0 zu ersetzen hat. Dies würde aber zunächst einmal unserer Regel widersprechen, daß überall e^2/m mit dem Faktor f zu versehen ist; da γ_0 nach § 86 (5) mit e^2/m proportional ist, so müßte also für einen Resonator der Stärke f die Strahlungsdämpfung nicht γ_0, sondern $f\gamma_0$ sein. Sodann läßt sich zeigen, daß dieser plausible

Ansatz in aller Strenge aus dem Satze von der Erhaltung der Energie abzuleiten ist[1].

Wenn jede andere Dämpfungsursache fehlt, so muß die vom Resonator der einfallenden Welle in der Zeiteinheit entzogene Energie W_a gleich der von diesem in derselben Zeit ausgestrahlten Energie W_s sein.

Nun ist $W_a = \overline{\dot{\mathfrak{p}}\mathfrak{E}}$ die im Mittel vom Oszillator geleistete Arbeit; nach § 85 (7) ist andererseits die ausgestrahlte Energie $W_s = \frac{2}{3c^3}\overline{\ddot{\mathfrak{p}}^2}$. Wir können diese Größen mit Hilfe von (4) ausrechnen, wobei wir aber, da es sich um quadratische Bildungen handelt, mit den Realteilen zu rechnen haben. Wir erhalten also für das Moment

$$\mathfrak{p} = \mathfrak{E}_0 \frac{e^2}{m} f \frac{(\omega_0^2 - \omega^2)\cos\omega t + \gamma\omega_0 \sin\omega t}{(\omega_0^2 - \omega^2)^2 + \gamma^2\omega_0^2}. \tag{5}$$

Differenziert man nach t und multipliziert dann mit $\mathfrak{E} = \mathfrak{E}_0 \cos\omega t$, so ergibt sich nach Mittelung über die Zeit

$$W_a = \overline{\mathfrak{E}\dot{\mathfrak{p}}} = \frac{1}{2}\mathfrak{E}_0^2 f \frac{e^2}{m} \frac{\gamma\omega_0^2}{(\omega_0^2 - \omega^2)^2 + \gamma^2\omega_0^2}. \tag{6}$$

Dabei haben wir im Zähler statt des beim Differenzieren auftretenden Faktors ω wieder dessen Wert an der Resonanzstelle, also ω_0 geschrieben (vgl. S. 470).

Ferner findet man aus $\ddot{\mathfrak{p}} = -\omega^2\mathfrak{p}$:

$$W_s = \frac{2}{3c^3}\overline{\ddot{\mathfrak{p}}^2} = \frac{1}{2}\mathfrak{E}_0^2 \frac{2}{3c^3} f^2 \frac{\left(\frac{e^2}{m}\right)^2 \omega_0^4}{(\omega_0^2 - \omega^2)^2 + \gamma^2\omega_0^2}, \tag{7}$$

wo wiederum im Zähler ω durch ω_0 ersetzt ist.

Da nun bei reiner Strahlungsdämpfung $W_a = W_s$ sein muß, so erhält man durch Vergleich von (6) und (7)

$$f\frac{e^2}{m}\gamma\omega_0^2 = \frac{2}{3c^3} f^2 \left(\frac{e^2}{m}\right)^2 \omega_0^4,$$

also

$$\gamma = \frac{2}{3}\frac{e^2}{m}\frac{\omega_0^2}{c^3} f = \gamma_0 f. \tag{8}$$

Damit ist unsere Behauptung bewiesen.

Gemäß der am Ende des vorigen Paragraphen gemachten Bemerkung über die Rolle der Resonatoren in der Quantentheorie werden wir nun nicht erwarten können, daß der angegebene Mechanismus mit einer einzigen Eigenfrequenz das optische Verhalten eines Atoms wirklich wiedergibt. Wir werden vielmehr, wie dort bereits erwähnt wurde, annehmen, daß das Atom eine ganze (unendliche) Reihe „virtueller" Oszillatoren trägt. Im klassischen Bilde entspricht jeder Resonator einer Oberschwingung in der FOURIERzerlegung der Bewegung des mechanischen Systems, das aus einer Anzahl z von Elektronen besteht, die sich um den Kern (bzw. den Atomrest) bewegen (s. § 98, S. 526 Anm. 1). Quantenmechanisch sind diese Oberschwingungen nicht harmonisch, sondern durch das RITZsche Kombinationsprinzip bzw. die BOHRsche Frequenzbedingung bestimmt. Die den z Elektronen entsprechende Größe $z\frac{e^2}{m}$ verteilt sich gewissermaßen auf die korrespondierenden virtuellen Resonatoren.

Jedem der Oszillatoren ordnen wir einen Stärkefaktor f_k zu (k die Nummer des Oszillators) und schreiben die zugehörige Eigenfrequenz (statt früher

---

[1] Vorausgesetzt, daß die betrachtete Spektrallinie mit keiner anderen „gekoppelt" ist; d. h. quantentheoretisch, daß von ihrem Anfangs- und ihrem Endniveau kein anderer Übergang mit merklicher Wahrscheinlichkeit möglich ist als eben der betrachtete (s. weiter unten S. 473).

$\omega_0 = 2\pi\nu_0$) jetzt $\omega_k = 2\pi\nu_k$, die zugehörige Dämpfung entsprechend (statt früher γ) jetzt γ_k. Bei reiner Strahlungsdämpfung sind alle γ_k wieder mit γ_0 aus § 86 (5) proportional; doch darf man nicht annehmen, daß einfach $\gamma_k = f_k\gamma_0$ wird, wo f_k der durch den Zähler der Formel (4) definierte Stärkefaktor der betreffenden Spektrallinie ist; denn das würde nach obiger Ableitung bedeuten, daß die aus einer einfallenden Strahlung absorbierte Energie vollständig in derselben Frequenz wieder emittiert wird. Nach der Quantentheorie aber ist das im allgemeinen nicht der Fall[1]: Wird nämlich durch die einfallende Strahlung ein höheres Energieniveau angeregt, so werden dadurch sämtliche Spektrallinien zur Emission gebracht, die durch (erlaubte) Übergänge zu niederen Energieniveaus entstehen. Der Energieverlust durch Ausstrahlung verteilt sich daher auf mehrere Spektrallinien. Jeder solchen Spektrallinie $n \rightarrow m$ gehört ein Stärkefaktor im Zähler der Dispersionsformel (6) zu, den wir jetzt mit f_{nm} bezeichnen wollen.

Summiert man diese f_{nm} bei festem n über *alle* Niveaus E_m des Systems überhaupt, so erhält man nach dem schon im vorigen Paragraphen (s. § 90, S. 468) erwähnten Summensatz von THOMAS und KUHN

$$\sum_{E_m > E_n} f_{mn} - \sum_{E_m < E_n} f_{nm} = z\,, \tag{9}$$

wo z die Anzahl der beim Leuchtprozeß beteiligten Elektronen ist[2]. Wäre der Mechanismus des Systems in Wahrheit der von z ungekoppelten, linearen, harmonischen, identischen Oszillatoren von der Masse m und der Ladung e, so würde diese Summenbeziehung nichts anderes besagen, als daß dies System $z$mal so stark ist wie der einzelne Oszillator.

In Wirklichkeit ist das System komplizierter. Es ist einer großen Zahl von Oszillatoren äquivalent; aber die Summe ihrer Stärken (immer bei festgehaltenem Ausgangszustand) bleibt unabhängig davon gleich der Zahl z der Elektronen.

Wir haben bereits bemerkt (§ 85, S. 423 Anm. 1), daß man quantentheoretisch die Dämpfungskonstante des einzelnen Oszillators mit der Lebensdauer des oberen Zustandes korrespondieren lassen muß. Bedient man sich dieses Begriffes der Lebensdauer, so erhält man eine übersichtliche Beschreibung der natürlichen Dämpfungsverhältnisse aller Spektrallinien[3]:

Man hat jedem Energieniveau n eine bestimmte Lebensdauer τ_n und ihr entsprechend eine gewisse spektrale Breite $\gamma_n = 1/\tau_n$ zuzuordnen. Dabei ist $\gamma_n = \gamma_0 \sum_m f_{nm}$, wo f_{nm} die Stärkefaktoren aller der Linien sind, die vom Niveau n aus nach den verschiedenen tiefer liegenden, von ihm aus durch spontane Emission erreichbaren Niveaus m gehen. Eine Spektrallinie ν_{nm}, die dem Übergang von n nach m entspricht, hat dann als „natürliche" oder „Strahlungs"-Linienbreite

$$\gamma_{nm} = \gamma_n + \gamma_m = \gamma_0\{\sum_l f_{nl} + \sum_k f_{mk}\}\,, \tag{10}$$

d. h. ihre Breite setzt sich additiv aus den Breiten des Anfangs- und Endzustandes zusammen. Dabei ist noch zu bemerken, daß das Grundniveau un-

---

[1] Der Ausnahmefall, wo von einem Niveau nur ein Strahlungsübergang zu einem tieferen möglich ist, kommt vor; man spricht dann von einer „Resonanzlinie" (s. § 87 und 97).

[2] Man kann statt (9) einfach $\sum_m f_{mn} = z$ schreiben, wenn man den f_{mn} ein Vorzeichen gibt: positiv für Emission, negativ für Absorption.

[3] V. WEISSKOPF u. E. WIGNER: Z. Physik Bd. 63 (1930) S. 54; s. auch V. WEISSKOPF: Ann. Physik (5) Bd. 9 (1931) S. 23.

endlich lange Lebensdauer, d. h. die Breite Null hat. Das darüber gelegene Energieniveau, das mit dem Grundniveau durch *einen* erlaubten Übergang verbunden ist, hat dann einen Stärkefaktor $f_{1,0}$, der, mit γ_0 multipliziert, direkt die Breite der entsprechenden Linie $\nu_{1,0}$, der sog. *Resonanzlinie* gibt. Sei 2 ein weiteres Niveau, von dem Übergänge nach 1 und 0 möglich sind, so hat es eine Breite $\gamma_0(f_{2,0} + f_{2,1})$. Man hat dann drei mögliche Spektrallinien, $\nu_{1,0}$ mit der Breite $\gamma_0 f_{1,0}$, $\nu_{2,0}$ mit der Breite $\gamma_0(f_{2,0} + f_{2,1})$ und $\nu_{2,1}$ mit der Breite $\gamma_0(f_{2,0} + f_{2,1} + f_{1,0})$. Hieraus ergibt sich eine gewisse Kopplung der Linienbreiten; denn es ist ja die Breite der Linie $\nu_{2,1}$ durch die der beiden anderen bereits völlig bestimmt.

Ist die Resonanzlinie $\nu_{1,0}$ stark ($f_{1,0}$ groß), so ist sie auch breit. Bei den übrigen Linien besteht kein solcher Zusammenhang; es kann z. B. die Linie $\nu_{2,1}$ schwach sein ($f_{2,1}$ klein) und doch große Breite haben (wenn nämlich die Resonanzlinie $\nu_{1,0}$ stark ist).

Nach diesem Beispiel kann man sich für jeden Fall die Verhältnisse von Stärke und Breite verschiedener Linien konstruieren. Eine theoretische Begründung ist natürlich nur mit den feineren Hilfsmitteln der Quantenmechanik möglich und muß hier unterbleiben.

§ 92. Einfluß von Stoßdämpfung und DOPPLEReffekt auf den Resonanzvorgang.

Wir wollen jetzt zeigen, daß sich die Theorie der LORENTZschen Stoßdämpfung ohne weiteres auf den Vorgang der Streuung und Absorption übertragen läßt. Das Resultat ist, daß sich die Wirkung der Stöße im Mittel ersetzen läßt durch eine Dämpfungskonstante, die in genau derselben Weise mit der mittleren freien Weglänge zusammenhängt wie im Falle der Emissionslinien (§ 87). Im Anschluß an diese Betrachtungen werden wir den DOPPLEReffekt behandeln und zeigen, daß auch hier sich dieselbe Formel ergibt, wie im Falle der Emission (§ 86).

Wir denken zunächst einen ruhenden Resonator, *der nur der Strahlungsdämpfung unterliegt*[1], also der Gleichung § 91 (1) genügt; b bedeutet dabei die Konstante der Strahlungsdämpfung.

Der Oszillator soll nun nicht frei ausschwingen, sondern möge entsprechend den in § 87 gemachten Voraussetzungen der LORENTZschen Stoßtheorie infolge von Zusammenstößen mit anderen Molekülen unregelmäßige Änderungen in Phase und Amplitude erleiden. Wir drücken diese dadurch aus, daß wir annehmen: Zu irgendeinem Zeitpunkt t_0 wird die Schwingung ausgelöscht und eine neue angeregt. Es sei also

$$\mathfrak{u}(t_0) = 0, \quad \dot{\mathfrak{u}}(t_0) = 0. \tag{1}$$

Diese Anregungszeitpunkte sollen mit einer Häufigkeit sich folgen, die dem Gesetz der freien Weglänge entspricht [s. § 87 (6)].

Wir werden daher jetzt nicht die Lösung § 91 (3) zu nehmen haben, die ja einem stationären Mitschwingen des Resonators mit der einfallenden Welle entspricht, sondern wir haben die Lösung zu untersuchen, die den angegebenen Anfangsbedingungen (1) genügt.

Nun erhält man, wie bereits in § 91 ausgeführt, die allgemeine Lösung der inhomogenen linearen Gleichung § 91 (1) aus der partikulären § 91 (3) durch

---

[1] Wir bezeichnen daher im folgenden die Dämpfungskonstante mit γ_0 (s. § 85, S. 427).

Hinzufügen der allgemeinen Lösung der entsprechenden homogenen Gleichung, d. h. der Gleichung § 85 (9). Deren Lösung aber war nach § 85 (10):

(2) $$\mathfrak{u} = \mathfrak{u}_0 e^{-\frac{\gamma_0}{2}t} e^{\pm i\omega_0 t}.$$

Wir wollen abkürzend

(3) $$\omega_1 = \omega_0 + i\frac{\gamma_0}{2}$$

einführen. Die beiden in (2) auftretenden Frequenzen sind alsdann ω_1 und deren mit -1 multiplizierte konjugiert Komplexe $-\omega_1^*$. Für eine beliebige Komponente u lautet daher das allgemeine Integral der Schwingungsgleichung § 91 (1)

(4) $$u = A e^{i\omega t} + \beta_1 e^{i\omega_1 t} + \beta_2 e^{-i\omega_1^* t}.$$

Dabei ist noch

(5) $$A = \frac{e/m}{\omega_0^2 - \omega^2 + i\omega_0\gamma_0} E_0$$

gesetzt; $E = E_0 e^{i\omega t}$ bedeute die Komponente des Lichtvektors $\mathfrak{E}$ in der Richtung u. β_1 und β_2 sind Integrationskonstanten, deren Werte sich aus den Randbedingungen (1) zu

(6) $$\left\{\begin{aligned} \beta_1 &= -A\frac{\omega + \omega_1^*}{2\omega_0} e^{i(\omega - \omega_1)t_0}, \\ \beta_2 &= A\frac{\omega - \omega_1}{2\omega_0} e^{i(\omega + \omega_1^*)t_0} \end{aligned}\right.$$

bestimmen.

Somit wird aus dem Integral (4), wenn wir noch

7) $$t - t_0 = \tau$$

einführen:

(8) $$u = A e^{i\omega t}\left\{1 - \frac{\omega + \omega_1^*}{2\omega_0} e^{-i(\omega - \omega_1)\tau} + \frac{\omega - \omega_1}{2\omega_0} e^{-i(\omega + \omega_1^*)\tau}\right\}.$$

Durch Multiplikation mit e bilden wir das elektrische Moment. Da der Resonator isotrop ist, so können wir wieder mit Vektoren rechnen. Das Moment selbst schreiben wir in der folgenden Gestalt:

(9) $$\mathfrak{p} = \frac{e^2}{m}\mathfrak{E}\Phi(\tau),$$

wo

(10) $$\Phi(\tau) = \frac{1 - \frac{\omega + \omega_1^*}{2\omega_0} e^{-i(\omega - \omega_1)\tau} + \frac{\omega - \omega_1}{2\omega_0} e^{-i(\omega + \omega_1^*)\tau}}{(\omega_1 - \omega)(\omega_1^* + \omega)}.$$

Hier hätte nach (5) der Nenner eigentlich zu lauten $\omega_0^2 - \omega^2 + i\gamma_0\omega_0$; wegen der Kleinheit von γ_0 stimmt

$$(\omega_1 - \omega)(\omega_1^* + \omega) = \omega_0^2 - \omega^2 + i\gamma_0\omega + \frac{\gamma_0^2}{4}$$

damit praktisch überein.

Nunmehr machen wir über die Häufigkeit der Stöße, also über die Verteilung der τ-Werte, dieselbe Annahme wie in § 87 (6), d. h. setzen

(11) $$dw = \frac{1}{\bar{\tau}} e^{-\tau/\bar{\tau}} d\tau.$$

Alsdann läßt sich der Mittelwert von Φ elementar berechnen. Man erhält

$$\int \Phi(\tau)\,dw = \frac{1}{\bar{\tau}}\int_0^\infty e^{-\tau/\bar{\tau}}\,\Phi(\tau)\,d\tau = \frac{1}{\left(\omega_1 - \omega + \frac{i}{\bar{\tau}}\right)\left(\omega_1^* + \omega - \frac{i}{\bar{\tau}}\right)}. \tag{12}$$

Der Nenner dieses Ausdruckes ergibt ausmultipliziert

$$\omega_1\omega_1^* + (\omega_1 - \omega_1^*)\left(\omega - \frac{i}{\bar{\tau}}\right) - \left(\omega - \frac{i}{\bar{\tau}}\right)^2.$$

Wir vernachlässigen konsequent Glieder, die im Vergleich zu den Quadraten der Frequenzen ω und ω_0 in den beiden Dämpfungskonstanten γ_0 und $1/\bar{\tau}$ von zweiter Ordnung sind, und ersetzen ω in dem Produkt mit einer dieser Größen durch ω_0. Dann wird nach (3)

$$\left\{\begin{aligned}\left(\omega_1 - \omega + \frac{i}{\bar{\tau}}\right)\left(\omega_1^* + \omega - \frac{i}{\bar{\tau}}\right) &= \omega_0^2 - \omega^2 + i\left(\gamma_0 + \frac{2}{\bar{\tau}}\right)\omega_0 \\ &= \omega_0^2 - \omega^2 + i\gamma\omega_0,\end{aligned}\right. \tag{13}$$

wo

$$\gamma = \gamma_0 + \gamma_s, \qquad \gamma_s = \frac{2}{\bar{\tau}} \tag{14}$$

gesetzt ist. Zur Strahlungsdämpfung γ_0 tritt also einfach die Stoßdämpfung $\gamma_s = 2/\bar{\tau}$ hinzu, in genauer Übereinstimmung mit § 87 (13). Das mittlere Moment wird also zufolge (9)

$$\overline{\mathfrak{p}_0} = \frac{e^2}{m}\,\mathfrak{E}_0\,\frac{1}{\omega_0^2 - \omega^2 + i\gamma\omega_0}. \tag{15}$$

Wir wollen hier gleich eine Vereinfachung einführen, von der wir später häufig Gebrauch machen werden. Im allgemeinen ist γ außerordentlich klein gegen ω_0 [s. § 85 (12)]. Beschränkt man sich dann auf Bereiche von ω, für die die Differenz $|\omega - \omega_0| \ll \omega_0$ ist, so kann man im Nenner $\omega_0^2 - \omega^2$ durch $2\,\omega_0(\omega_0 - \omega)$ ersetzen und hat

$$\overline{\mathfrak{p}_0} = \frac{e^2}{m}\,\frac{1}{2\omega_0}\,\mathfrak{E}_0\,\frac{1}{\omega_0 - \omega + i\,\frac{\gamma}{2}}. \tag{16}$$

Man kann nun weiter leicht auch den DOPPLER*effekt* berücksichtigen. Hierzu dient die folgende Überlegung:

Bewegt sich der Resonator so, daß seine Geschwindigkeitskomponente in der Richtung des Lichtstrahls ξ beträgt, so greift das Lichtfeld nicht mit der im Ruhesystem gegebenen Frequenz, sondern mit der durch den DOPPLEReffekt veränderten Frequenz [s. § 86 (21)]

$$\omega' = \omega\left(1 + \frac{\xi}{c}\right) \tag{17}$$

an. Der Oszillator schwingt also gemäß der soeben abgeleiteten „Resonanzkurve" (15) mit dem Moment

$$\overline{\mathfrak{p}_0} = \frac{e^2}{m}\,\mathfrak{E}_0\,\frac{1}{\omega_0^2 - \omega'^2 + i\gamma\omega_0}. \tag{18}$$

Die von dem Resonator emittierte Sekundärwelle hat in Richtung der einfallenden Welle, bezogen auf das mitbewegte System, die Frequenz ω', bezogen aber auf das ruhende System wiederum die ursprüngliche Frequenz ω; es tritt also keine Transformation der Frequenz, sondern nur eine solche der „Stärke des Mitschwingens" ein. Nimmt man nun wieder das in § 86 (23) abgeleitete Verteilungsgesetz für die Geschwindigkeiten an, so hat man für die Wahrscheinlichkeit, daß ein Resonator gerade mit der Frequenz ω' zum mittleren Moment beiträgt, den Ausdruck § 86 (33). Somit ergibt sich für das über alle Geschwindigkeiten gemittelte Moment:

$$\overline{\overline{\mathfrak{p}_0}} = \frac{e^2}{m}\mathfrak{E}_0 \frac{2}{\sqrt{\pi}\,\delta}\int_0^\infty \frac{e^{-\left(\frac{\omega-\omega'}{\delta/2}\right)^2} d\omega'}{\omega_0^2 - \omega'^2 + i\gamma\omega_0}. \tag{19}$$

Wir wollen nun voraussetzen, daß die DOPPLERbreite δ von etwa derselben Größenordnung ist wie die Dämpfungsbreite γ (das Verhältnis mag um eine Zehnerpotenz nach oben oder unten variieren, jedenfalls sollen γ und δ sehr klein gegen ω_0 sein). Dann ist die Exponentialfunktion in (19) schon auf Null abgeklungen für solche Teile des Integrationsgebietes ω', bei denen die Ungleichung $|\omega_0 - \omega'| \ll \omega_0$ verletzt ist; daher kann man dieselbe Annäherung wie oben (S. 475) benutzen und im Nenner $\omega_0^2 - \omega'^2$ durch $2\,\omega_0(\omega_0 - \omega')$ ersetzen.

Setzen wir nun wieder wie in § 86 (36)

$$\frac{\omega-\omega_0}{\gamma/2} = \frac{4\pi(\nu-\nu_0)}{\gamma} = x, \qquad \frac{\omega'-\omega_0}{\gamma/2} = \frac{4\pi(\nu'-\nu_0)}{\gamma} = y, \qquad \frac{\delta}{\gamma} = \eta, \tag{20}$$

so wird

$$\overline{\overline{\mathfrak{p}_0}} = -\frac{e^2}{m}\mathfrak{E}_0 \frac{1}{\sqrt{\pi}\,\delta}\frac{1}{\omega_0}\int_{-\infty}^{\infty} e^{-\left(\frac{x-y}{\eta}\right)^2}\frac{dy}{y-i}, \tag{21}$$

oder nach Zerlegung in Real- und Imaginärteil

$$\overline{\overline{\mathfrak{p}_0}} = -\frac{e^2}{m}\mathfrak{E}_0 \frac{1}{\sqrt{\pi}\,\delta}\frac{1}{\omega_0}\left\{\int_{-\infty}^{\infty} e^{-\left(\frac{x-y}{\eta}\right)^2}\frac{y\,dy}{y^2+1} + i\int_{-\infty}^{\infty} e^{-\left(\frac{x-y}{\eta}\right)^2}\frac{dy}{y^2+1}\right\}. \tag{22}$$

Dabei ist wieder in bekannter Weise die untere Grenze durch $-\infty$ ersetzt.

Man sieht, daß hier dasselbe (in x symmetrische) Integral auftritt wie das in § 86 (37) behandelte, das die Emission darstellte, und außerdem ein ähnliches in x antisymmetrisches Integral. In der Tat werden wir sogleich sehen (§ 93, II), daß der Verlauf der Absorption mit dem der Emission genau übereinstimmt.

§ 93. Verlauf von Dispersion und Absorption durch eine einzelne Spektrallinie.

Wir haben im Vorangehenden unter verschiedenen Voraussetzungen das elektrische Moment als Funktion der Feldstärke berechnet und in jedem Falle eine Formel der Gestalt

$$\mathfrak{p}_0 = \alpha\,\mathfrak{E}_0 \tag{1}$$

erhalten; wir haben gesehen, daß für Strahlungs- und Stoßdämpfung α die gleiche Funktion wird [s. § 91 (3) und § 92 (15)]; auch für die STARKeffekt-Linienbreite ist es im Dipolfalle diese Funktion, in anderen Fällen eine ähnliche, die man praktisch mit ihr identifizieren kann. Wir wollen also diese Fälle zugleich behandeln und die Dämpfungskonstante, gleichgültig welchen Ursprungs sie sei, mit γ bezeichnen. Wir wollen ferner im Zähler der Formeln den Stärkefaktor f hinzufügen und die Näherungsformel § 92 (16) benutzen. Dann wird *bei Vernachlässigung des* DOPPLER*effekts*

$$\alpha = f\frac{e^2}{m}\frac{1}{2\omega_0}\frac{1}{\omega_0 - \omega + i\frac{\gamma}{2}} = -f\frac{e^2}{m}\frac{1}{2\omega_0}\left\{\frac{\omega-\omega_0}{(\omega-\omega_0)^2+\left(\frac{\gamma}{2}\right)^2} + i\,\frac{\gamma/2}{(\omega-\omega_0)^2+\left(\frac{\gamma}{2}\right)^2}\right\}; \tag{2}$$

dagegen wird *bei Berücksichtigung des* DOPPLER*effekts*

$$\alpha = -f\frac{e^2}{m}\frac{1}{2\omega_0}\frac{2}{\gamma}\left\{\varphi\left(\frac{\omega-\omega_0}{\gamma/2},\eta\right) + i\psi\left(\frac{\omega-\omega_0}{\gamma/2},\eta\right)\right\}, \qquad \eta = \frac{\delta}{\gamma}, \tag{3}$$

wo

$$(4)\quad \left\{\begin{aligned} \varphi(x,\eta) &= \frac{1}{\sqrt{\pi}\,\eta}\int\limits_{-\infty}^{\infty}\frac{y\,e^{-\left(\frac{x-y}{\eta}\right)^2}\,dy}{y^2+1}, \\ \psi(x,\eta) &= \frac{1}{\sqrt{\pi}\,\eta}\int\limits_{-\infty}^{\infty}\frac{e^{-\left(\frac{x-y}{\eta}\right)^2}\,dy}{y^2+1} \end{aligned}\right.$$

gesetzt ist.

Mit der Formel (1) haben wir den Anschluß an die Betrachtungen des Kap. VII, § 73 hergestellt. Wir haben den Polarisierbarkeitstensor α_{xy} aus unserem Modell bestimmt, und zwar ergibt sich entsprechend der Isotropie dieses Modelles

$$(5)\qquad \alpha_{yz} = \alpha_{zx} = \alpha_{xy} = 0\,, \qquad \alpha_{xx} = \alpha_{yy} = \alpha_{zz} = \alpha.$$

Nach VII, § 76 (14) können wir jetzt ohne weiteres die optische Dielektrizitätskonstante bzw. den Brechungsindex angeben. Wir wollen uns hier zunächst auf die Betrachtung von *Gasen* beschränken (Molekülzahl N pro Volumeneinheit relativ klein). Bei ihnen gilt die einfache Formel [s. VII, § 76 (17)]

$$(6)\qquad \mathfrak{n}^2 = 1 + 4\pi N\alpha,$$

wo $\mathfrak{n}$ den in VI, § 67 (9) eingeführten komplexen Brechungsindex

$$(7)\qquad \mathfrak{n} = n(1 - i\varkappa)$$

und $\varkappa$ den Absorptionsindex bedeutet.

Hier haben wir für α die Summe der Beiträge aller Resonatoren des Moleküls einzusetzen, wie sie durch die eben angegebene Formel (2) bzw. (3) dargestellt sind.

Wir beschränken unsere Betrachtungen zunächst auf die Behandlung der *Umgebung einer einzelnen Resonanzstelle* ω_0. Nehmen wir an, daß die Eigenfrequenzen ω_0 hinreichend weit voneinander entfernt sind, daß ferner ihre Linienbreiten hinreichend klein sind, so wird der Beitrag aller übrigen Linien in dem Bereich der gerade betrachteten Linie praktisch als konstant anzusehen sein; und zwar wird der Imaginärteil von α klein gegen seinen Realteil, wie wir sogleich bei der Diskussion der Kurvenform des einzelnen Beitrags deutlich erkennen werden. Wir können daher die Summe der Beiträge aller übrigen Linien in einen praktisch konstanten reellen Wert n_0^2 zusammenfassen, also statt (6) schreiben

$$(8)\qquad \mathfrak{n}^2 = n_0^2 + 4\pi N\alpha\,,$$

wo jetzt für α direkt einer der Werte (2) oder (3) einzusetzen ist. Wir unterscheiden die beiden Fälle:

I. Dispersions- und Absorptionsverlauf bei Vernachlässigung des Dopplereffekts.

Wir betrachten zuerst den Fall so geringer Temperatur, daß man den Dopplereffekt vernachlässigen kann, also die Formel (2) zu verwenden hat[1].

Wir wollen wie üblich auf Schwingungszahlen ν pro Sekunde umrechnen. Ferner führen wir die Bezeichnung ein

$$(9)\qquad \varrho = Nf\frac{e^2}{\pi m}\,, \qquad \nu = \frac{\omega}{2\pi}\,.$$

[1] S. hierzu A. Goldhammer: Dispersion und Absorption des Lichts (Leipzig 1913). Ferner L. Natanson: Bull. Acad. de Cracovie (1907) S. 316; (1910) S. 907, 915.

Durch Vergleich von (7) und (8) mit (2) erhalten wir nun

$$(10)\quad \begin{cases} n^2(1-\varkappa^2) = n_0^2 + \dfrac{1}{2\nu_0}\,\dfrac{\varrho(\nu_0-\nu)}{(\nu_0-\nu)^2+(\gamma/4\pi)^2}, \\ 2n^2\varkappa = \dfrac{\gamma}{8\pi\nu_0}\,\dfrac{\varrho}{(\nu_0-\nu)^2+(\gamma/4\pi)^2}. \end{cases}$$

Vergleicht man weiter den zweiten Ausdruck (10) mit der Intensitätsverteilung der Emissionslinien (bei Vernachlässigung des DOPPLEReffekts), wie sie durch § 85 (27) gegeben ist, so erkennt man, daß beide Funktionen von ν in der gleichen Weise abhängen. Die Fig. 207, S. 425, stellt also zugleich auch den Verlauf der Funktion $2n^2\varkappa$ dar.

Wir wollen hier ein Diagramm entwerfen, in dem Brechung und Absorption durch universelle (für alle Substanzen geltende) Kurven dargestellt werden. Zu dem Zwecke führen wir wieder die Variable aus § 92 (20),

$$(11)\qquad \frac{4\pi(\nu-\nu_0)}{\gamma} = \frac{\omega-\omega_0}{\gamma/2} = x,$$

und die Konstante

$$(12)\qquad M = \frac{2\pi\varrho}{\nu_0\gamma} = \frac{2Nfe^2}{\gamma\nu_0 m}$$

ein. Dann hat man

$$(13)\quad \begin{cases} \text{(a)}\ \dfrac{1}{M}\{n^2(1-\varkappa^2)-n_0^2\} = -\dfrac{x}{1+x^2}, \\ \text{(b)}\ \dfrac{1}{M}\,2n^2\varkappa = \dfrac{1}{1+x^2}. \end{cases}$$

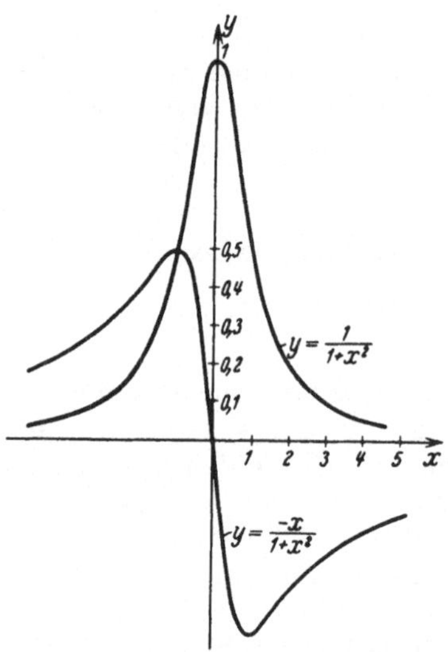

Fig. 213. Verlauf von Dispersion und Absorption in der Umgebung einer Spektrallinie eines Gases bei niedrigeren Drucken.

Im Falle *reiner Strahlungsdämpfung* hat M eine einfache Bedeutung; dann ist nämlich nach § 91 (8)

$$\gamma = \frac{8\pi^2}{3}\,\frac{e^2}{mc^3}\,\nu_0^2 f,$$

also

$$(14)\qquad M = \frac{3}{4\pi^2}\,\frac{c^3}{\nu_0^3}\,N = \frac{3}{4\pi^2}\,\lambda_0^3 N,$$

d. h. M ist bis auf einen Zahlenfaktor (etwa $\frac{1}{13}$) gleich der Molekülzahl im Wellenlängenkubus.

Der Verlauf der Kurven (13) wird in Fig. 213 dargestellt. Dabei haben wir den Ordinatenmaßstab viel größer genommen als den der Abszisse, damit das Bild dem wirklichen Sachverhalt einer schmalen Absorptionslinie näher kommt. Die Kurve (13b) ist mit der in § 85 diskutierten Emissionskurve identisch; die Kurve (13a) ist zur Ordinatenachse antisymmetrisch; sie geht durch den Ursprung und hat ein Maximum von der Größe $\frac{1}{2}$ bei $x=-1$ und ein Minimum vom Betrage $-\frac{1}{2}$ bei $x=1$.

Wenn M sehr klein ist, bekommt man offenbar (systematisch durch Entwicklung von n und $\varkappa$ nach Potenzen von M) eine Näherungslösung von (13), indem man $\varkappa^2$ neben 1 vernachlässigt, $n^2-n_0^2$ durch $2n_0(n-n_0)$ und $2n^2\varkappa$ durch $2nn_0\varkappa$ ersetzt, und hat dann

$$(15)\quad \begin{cases} \text{(a)}\quad \dfrac{n-n_0}{M/2n_0} = -\dfrac{x}{1+x^2}, \\ \text{(b)}\quad \dfrac{n\varkappa}{M/2n_0} = \dfrac{1}{1+x^2}. \end{cases}$$

Die Kurven in Fig. 213 stellen nun unmittelbar den Verlauf des Brechungs- und Absorptionsindex dar.

Bei größerem M hat man mit den allgemeineren Formeln (13) zu rechnen und sie nach n und $n\varkappa$ aufzulösen; man erhält dann ähnlich verlaufende Kurven, die aber etwas unsymmetrisch werden. In Fig. 214 sind diese Kurven für $n_0 = 1$ und $M = 3$ gezeichnet. Man erkennt, daß das Maximum von $n\varkappa$, ebenso auch die ganze n-Kurve, etwas nach der Seite größerer Frequenzen verschoben sind; außerdem ist die Absorptionskurve etwas verbreitert.

Die Verschiebung und die Verbreiterung hängen vom Drucke ab, da nach (12) M der Zahl N der dispergierenden Moleküle in der Volumeneinheit proportional ist. Sie werden merklich, wenn M von der Größenordnung 1 oder größer wird. [Handelte es sich um reine Strahlungsdämpfung, so würde das nach (14) bedeuten, daß sich etwa 13 Atome im Wellenlängenkubus befinden.] Wir haben hier einen Einfluß der Dichte, der ganz verschieden ist von der LORENTZschen Stoßdämpfung und einfach damit zusammenhängt, daß das elektrische Feld des Lichts ein Mittelwert über die Momente aller Moleküle pro Volumeneinheit ist. Man hat hier die erste Andeutung eines Effektes, den wir bereits oben als *Kopplungs-* oder auch *Resonanzverbreiterung* erwähnt haben. Man bekommt ihn vollständig, wenn man die Wechselwirkung der einzelnen Atomresonatoren genauer berücksichtigt; hierzu sind aber keineswegs neue Ansätze nötig, sondern diese Kopplungen sind bereits in der LORENTZ-LORENZschen Formel vollständig enthalten. Diese war ja nichts anderes als der Ausdruck der Wirkung der gegenseitigen Zustrahlung gleicher Resonatoren auf das mittlere Moment.

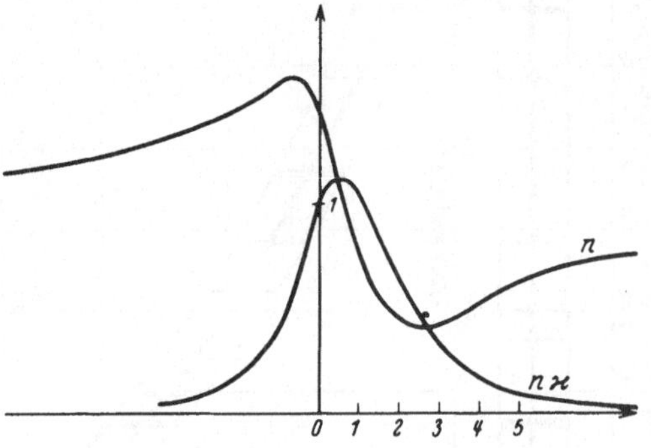

Fig. 214. Verlauf von Dispersion und Absorption in der Umgebung einer Spektrallinie eines Gases bei höheren Drucken.

Wir wollen noch kurz die Formel für die *Linienverschiebung und -verbreiterung durch Kopplung* ableiten (s. hierzu die analoge Rechnung in § 95, S. 503). Hierzu schreiben wir nach § 91 (4) die LORENTZ-LORENZsche Formel § 76 (15) in der Gestalt

$$\frac{n^2 - 1}{n^2 + 2} = \frac{4\pi}{3} N\alpha = \beta, \qquad \beta = \frac{4\pi^2}{3} \varrho \frac{1}{\omega_0^2 - \omega^2 + i\gamma\omega_0}, \tag{16}$$

aus der sofort folgt:

$$n^2 - 1 = \frac{3\beta}{1 - \beta} = \frac{4\pi^2 \varrho}{\omega_0^2 - \omega^2 + i\gamma\omega_0 - \frac{4\pi^2}{3}\varrho}$$

oder

$$n^2 - 1 = \frac{4\pi^2 \varrho}{(\overline{\omega}_0^2 - \omega^2) + i\overline{\gamma}\,\overline{\omega}_0}, \tag{17}$$

wo

$$\left\{\begin{aligned} \overline{\omega}_0 &= \omega_0 \sqrt{1 - \frac{4\pi^2}{3}\frac{\varrho}{\omega_0^2}} = \omega_0\left(1 - \frac{2\pi^2}{3}\frac{\varrho}{\omega_0^2} + \cdots\right), \\ \overline{\gamma} &= \gamma \sqrt{1 + \frac{4\pi^2}{3}\frac{\varrho}{\omega_0^2}} = \gamma\left(1 + \frac{2\pi^2}{3}\frac{\varrho}{\omega_0^2} + \cdots\right). \end{aligned}\right. \tag{18}$$

Die Gleichung (17) hat wieder genau die Form (6), wie bei Vernachlässigung der Kopplung zwischen den Resonatoren, nur daß in dem Ausdruck für α als Funktion der Frequenz statt ω_0 und γ die abgeänderten Werte $\bar{\omega}_0$ und $\bar{\gamma}$ einzusetzen sind; aus (18) erkennt man, indem man für ϱ seinen Wert (9) einsetzt, daß sowohl die Frequenz als auch die Dämpfung eine der Dichte proportionale Verschiebung erfahren. Berücksichtigen wir in (17) die Wirkung anderer Absorptionsstreifen, indem wir die 1 auf der linken Seite durch n_0^2 ersetzen, so erhalten wir

$$n^2 - n_0^2 = -\frac{M}{x - i}, \tag{19}$$

wobei aber jetzt in den Definitionen (11) und (12) von x und M die Größen $\nu_0(\omega_0)$ und γ durch $\bar{\nu}_0(\bar{\omega}_0)$ und $\bar{\gamma}$ zu ersetzen sind.

Diese Formel (19) ist völlig gleichwertig mit (13). Die durch (18) dargestellte Kopplungsverbreiterung steht nach WEISSKOPF[1] in guter Übereinstimmung mit

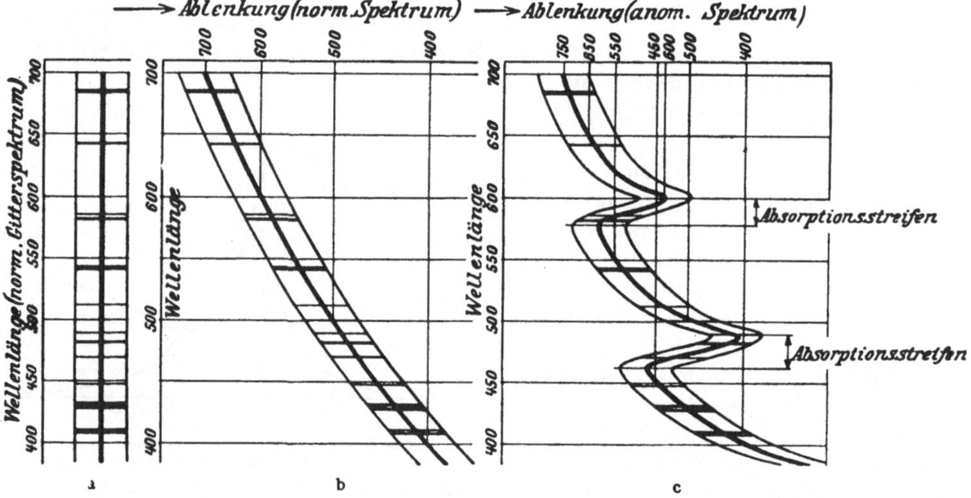

Fig. 215a—c. a) Lotrecht verlaufendes Gitterspektrum. — b) Gitterspektrum, schräg verschoben durch ein gekreuzt zum Gitter stehendes, normal zerstreuendes Prisma. — c) Gitterspektrum, verzerrt durch ein zum Gitter gekreuzt stehendes, anomal zerstreuendes Prisma. (Nach H. KESSLER aus Handb. d. Physik Bd. 18.)

der Erfahrung (z. B. bei den D-Linien des Natriums); doch wollen wir darauf nicht näher eingehen.

Gewöhnlich genügt die Beobachtung der einfachen Formel (15), da das Innere des Absorptionsstreifens der Beobachtung kaum zugänglich ist und außerdem dort die Wirkung des DOPPLEReffekts den Einfluß der Verzerrung durch die Absorption nach (13) überdeckt. In einigem Abstande von der Linienmitte genügen immer die Formeln (15).

In jedem Falle sieht man, daß der Brechungsindex außerhalb der Halbwertsbreite des Absorptionsstreifens mit wachsender Frequenz stets ansteigt (*normale Dispersion*); innerhalb des Absorptionsstreifens aber hat er den umgekehrten Verlauf: Man spricht in diesem Falle von *anomaler Dispersion*. Sie ist für schmale Absorptionsstreifen, wie bei Gasen, äußerst schwer nachzuweisen, weil sie ja gerade mit dem Bereich stärkster Absorption zusammenfällt. Jedoch gibt es Substanzen mit schwachen, ausgedehnten Absorptionsgebieten, bei denen

[1] V. WEISSKOPF: Z. Physik Bd. 75 (1932) S. 287.

man genügend dünne Schichten herstellen und damit das Absinken des Brechungsindex in dem anomalen Gebiete verfolgen kann.

1860 hat LEROUX[1] durch Messungen an einem mit Joddämpfen gefüllten Prisma entdeckt, daß die roten Strahlen mehr abgelenkt wurden als die blauen. (Für 700° C war der Brechungsindex für rotes Licht 1,0205, für violettes 1,019.) 1870 fand CHRISTIANSEN[2] anomale Dispersion in einer alkalischen Lösung von Fuchsin, einem Anilinfarbstoff, der im Grünen ein starkes Absorptionsband hat. Er arbeitete mit einem Prisma, das aus zwei unter nur 1° geneigten Glasplatten bestand, zwischen denen die Lösung durch Kapillarkräfte gehalten wurde. Auch hier wurde violettes Licht weniger abgelenkt als rotes. Ausführliche Untersuchungen stammen von KUNDT[3], der die Methode der gekreuzten Prismen einführte:

Das erste Prisma mit normaler Dispersion (statt dessen kann man auch ein Gitter nehmen) entwirft ein horizontales Spektrum. Dieses läßt man durch ein Prisma der zu untersuchenden Substanz hindurchtreten, wobei die brechende Kante zu der des ersten Prismas senkrecht steht. Solange die Dispersion im zweiten Prisma normal ist, entsteht durch die doppelte Ablenkung ein schräges Farbband (s. Fig. 215b). Wenn aber anomale Dispersion eintritt, so wird dieses Band unregelmäßig verzerrt (s. Fig. 215c). Bei feinen Absorptionslinien sieht man allerdings nicht die Teile des Bandes, die innerhalb der Linie liegen, erkennt aber trotzdem die anomale Dispersion an der Unstetigkeit des Verlaufes. Diese Erscheinung wurde von WOOD[4] an Natriumdämpfen demonstriert. Hier hat der in einer Bunsenflamme zum Leuchten gebrachte Natriumdampf einer kleinen Salzperle von selbst prismenähnliche Form. Da nun die D-Linie aus zwei eng benachbarten Komponenten besteht, so erhält man Bilder (s. Fig. 216), bei denen man das zweimalige Abbiegen in der Umgebung der beiden Linien deutlich erkennen kann.

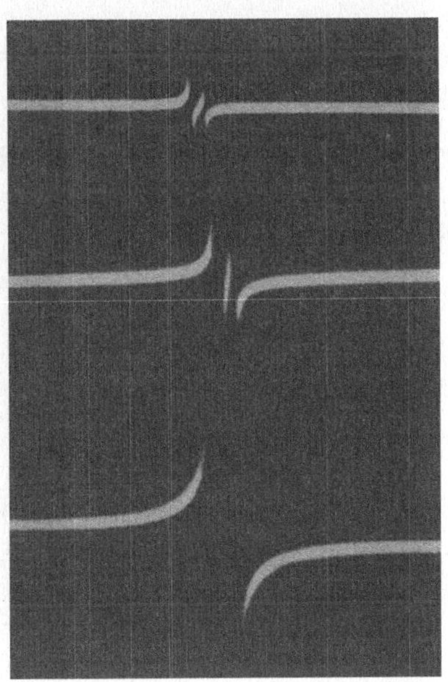

Fig. 216. Anomale Dispersion der Natrium-D-Linien bei 3 verschiedenen Dampfdrucken (Aufnahme von G. CARIO).

Theoretisch ist die anomale Dispersion bereits in den ersten Dispersionsformeln von KETTELER[5], SELLMEIER[6] und HELMHOLTZ[7] enthalten. Neuerdings ist sie von KOPFERMANN und LADENBURG[8] behandelt worden.

[1] F. P. LEROUX: Ann. Chim. et Physique (3) Bd. 41 (1861) S. 285; s. a. C. R. Bd. 55 (1862) S. 126.

[2] C. CHRISTIANSEN: Pogg. Ann. Bd. 141 (1870) S. 479; Bd. 143 (1871) S. 250.

[3] A. KUNDT: Pogg. Ann. Bd. 142 (1871) S. 163; Bd. 143 (1871) S. 149; Bd. 144 (1871) S. 128; Bd. 145 (1872) S. 67 u. 164.

[4] R. W. WOOD: Physical Optics, S. 116. New York 1923.

[5] E. KETTELER: Pogg. Ann. Bd. 140 (1870) S. 1–53, 177–219.

[6] W. SELLMEIER: Pogg. Ann. Bd. 143 (1871) S. 272.

[7] H. v. HELMHOLTZ: Pogg. Ann. Bd. 154 (1875) S. 582.

[8] H. KOPFERMANN u. R. LADENBURG: Z. physik. Chem. Abt. A (HABER-Bd., 1928) S. 375.

II. Dispersions- und Absorptionsverlauf bei Berücksichtigung des Dopplereffekts.

Wir haben also jetzt die Formel (3) für α zu benutzen[1]. Führen wir wieder die Variable x aus (11) und die Konstante M aus (12) ein, so erhalten wir entsprechend (13) jetzt die beiden Funktionen

$$(20)\quad \begin{cases} \frac{1}{M}\{n^2(1-\varkappa^2)-n_0^2\} = -\varphi(x,\eta)\,, & x = \frac{\omega-\omega_0}{\gamma/2}\,, \\ \frac{1}{M}\,2n^2\varkappa \qquad\qquad = \psi(x,\eta)\,, & \eta = \frac{\delta}{\gamma}\,. \end{cases}$$

Wir haben also die beiden durch (4) definierten Funktionen φ und ψ für verschiedene Werte des Parameters η aufzutragen. Man kann nun zeigen, daß sich diese Funktionen auf den Real- und Imaginärteil des GAUSSschen Fehlerintegrals für komplexes Argument zurückführen lassen; hierdurch kann man die bekannten Reihenentwicklungen dieses Integrals verwenden und erhält so mühelos die entsprechenden Entwicklungen unserer Funktionen φ und ψ. Wir setzen nämlich

$$(21)\qquad \chi(x,\eta) = \sqrt{\pi}\,\eta\,(\psi + i\varphi) = \int_{-\infty}^{\infty} e^{-\left(\frac{x-y}{\eta}\right)^2} \frac{dy}{1-iy}\,.$$

Nun ist

$$\frac{1}{1-iy} = \int_0^\infty e^{-(1-iy)\xi}\,d\xi\,,$$

also

$$\chi(x,\eta) = \int_{-\infty}^{\infty} dy\, e^{-\frac{1}{\eta^2}(x^2-2xy+y^2)} \int_0^\infty e^{-(1-iy)\xi}\,d\xi\,.$$

Durch Vertauschung der Integrations-Reihenfolge wird

$$\chi(x,\eta) = e^{-\frac{x^2}{\eta^2}} \int_0^\infty d\xi\, e^{-\xi} \int_{-\infty}^{\infty} dy\, e^{-\frac{1}{\eta^2}\left\{y-\left(x+i\frac{\eta^2\xi}{2}\right)\right\}^2} \cdot e^{\frac{1}{\eta^2}\left(x+i\frac{\eta^2\xi}{2}\right)^2}$$

$$= \int_0^\infty d\xi\, e^{-\xi+ix\xi-\frac{1}{4}\eta^2\xi^2} \int_{-\infty}^{\infty} du\, e^{-\frac{u^2}{\eta^2}}\,,$$

wo

$$u = y - \left(x + i\frac{\eta^2\xi}{2}\right)$$

[1] Eine kurze Darstellung der im folgenden behandelten Verhältnisse (ohne Beweise der Formeln) gibt F. REICHE (Verh. dtsch. physik. Ges. 1913 S. 3). Seine Darstellung der Funktion ψ, nämlich

$$\psi = \int_0^\infty d\xi\, e^{-\xi-\frac{1}{4}\eta^2\xi^2} \cdot \cos(x\xi)$$

erhält man aus der unseren durch Benutzung der Identität

$$\frac{1}{1+y^2} = \int_0^\infty e^{-\xi} \cdot \cos(y\xi)\,d\xi$$

nach einfacher Rechnung.

Ferner ist das Problem behandelt bei M. W. ZEMANSKY: Physic. Rev. (2) Bd. 36 (1930) S. 219.

gesetzt ist. Nun gilt bekanntlich

$$\int\limits_{-\infty}^{\infty} e^{-\frac{u^2}{\eta^2}}\,du = \eta\sqrt{\pi}\,.$$

Mithin wird

$$\chi(x,\eta) = \eta\sqrt{\pi}\, e^{\left(\frac{1-ix}{\eta}\right)^2}\int\limits_0^{\infty} d\xi\, e^{-\left(\frac{1}{2}\eta\xi + \frac{1-ix}{\eta}\right)^2}$$

$$= 2\sqrt{\pi}\, e^{\left(\frac{1-ix}{\eta}\right)^2}\int\limits_{\frac{1-ix}{\eta}}^{\infty} dw\, e^{-w^2}$$

Wir führen die Gaussѕche Fehlerfunktion

(22) $$\Phi(x) = \frac{2}{\sqrt{\pi}}\int\limits_0^x e^{-w^2}\,dw; \qquad \Phi(\infty) = 1$$

ein; dann wird

(23) $$\chi(x,\eta) = \pi e^{\left(\frac{1-ix}{\eta}\right)^2}\left\{1 - \Phi\left(\frac{1-ix}{\eta}\right)\right\}.$$

Nun gelten bekanntlich die folgenden Entwicklungen[1]: Für $|x| \gg 1$ ist asymptotisch

(24) $$1 - \Phi(x) = \frac{1}{\sqrt{\pi}}\,\frac{e^{-x^2}}{x}\left\{1 - \frac{1}{2x^2} + \frac{1\cdot 3}{(2x^2)^2} - \frac{1\cdot 3\cdot 5}{(2x^2)^3} + - \cdots\right\},$$

und für jedes x konvergiert

(25) $$1 - \Phi(x) = 1 - \frac{2}{\sqrt{\pi}}\left\{\frac{x}{1} - \frac{x^3}{1!\cdot 3} + \frac{x^5}{2!\cdot 5} - + \cdots\right\}.$$

Aus (23) erhält man hiernach:
die asymptotische Entwicklung[2] für $|x| \gg 1$:

(26) $$\chi(x,\eta) = \frac{\eta\sqrt{\pi}}{1-ix}\left\{1 - \frac{\eta^2\cdot 1}{2(1-ix)^2} + \frac{\eta^4\cdot 1\cdot 3}{2^2(1-ix)^4} - \frac{\eta^6\cdot 1\cdot 3\cdot 5}{2^3(1-ix)^6} + - \cdots\right\};$$

die beständig konvergente Potenzreihe:

(27) $$\chi(x,\eta) = \pi e^{\left(\frac{1-ix}{\eta}\right)^2}\left\{1 - \frac{2}{\sqrt{\pi}}\left\{\frac{1-ix}{\eta} - \frac{(1-ix)^3}{\eta^3\cdot 1!\cdot 3} + \frac{(1-ix)^5}{\eta^5\cdot 2!\cdot 5} - + \cdots\right\}\right\}.$$

Zerlegt man in Real- und Imaginärteil und fügt die Normierungsfaktoren wieder hinzu, so erhält man die folgenden Entwicklungen unserer gesuchten Funktionen:
für große x:

(28)
(a) $$\varphi = \frac{x}{1+x^2}\left\{1 - \frac{\eta^2\cdot 1}{2}\,\frac{\binom{3}{1} - \binom{3}{3}x^2}{(1+x^2)^2} + \frac{\eta^4\cdot 1\cdot 3}{2^2}\,\frac{\binom{5}{1} - \binom{5}{3}x^2 + \binom{5}{5}x^4}{(1+x^2)^4} - \frac{\eta^6\cdot 1\cdot 3\cdot 5}{2^3}\,\frac{\binom{7}{1} - \binom{7}{3}x^2 + \binom{7}{5}x^4 - \binom{7}{7}x^6}{(1+x^2)^6} + - \cdots\right\},$$

(b) $$\psi = \frac{1}{1+x^2}\left\{1 - \frac{\eta^2\cdot 1}{2}\,\frac{1 - \binom{3}{2}x^2}{(1+x^2)^2} + \frac{\eta^4\cdot 1\cdot 3}{2^2}\,\frac{1 - \binom{5}{2}x^2 + \binom{5}{4}x^4}{(1+x^2)^4} - \frac{\eta^6\cdot 1\cdot 3\cdot 5}{2^3}\,\frac{1 - \binom{7}{2}x^2 + \binom{7}{4}x^4 - \binom{7}{6}x^6}{(1+x^2)^6} + - \cdots\right\};$$

[1] S. Jahnke-Emde: Funktionentafeln, IX S. 31.

[2] Man kann die asymptotische Entwicklung auch direkt erhalten, indem man die Funktion $1/(1-iy)$ nach Potenzen von $i(y-x)/(1-ix)$ entwickelt und (21) gliedweise integriert.

für kleine x:

$$(29)\quad \begin{cases} \text{(a)} \begin{cases} \varphi = \frac{2}{\eta} e^{\frac{1-x^2}{\eta^2}} \Big\{\cos\frac{2x}{\eta^2}\cdot\Big[\frac{x}{\eta} - \frac{1}{\eta^3\cdot 1!\cdot 3}\big(\binom{3}{1}x - \binom{3}{3}x^3\big) \\ \qquad + \frac{1}{\eta^5\cdot 2!\cdot 5}\big(\binom{5}{1}x - \binom{5}{3}x^3 + \binom{5}{5}x^5\big) + - \cdots\Big] \\ \qquad - \sin\frac{2x}{\eta^2}\cdot\Big(\frac{1}{2}\sqrt{\pi} + \Big[-\frac{1}{\eta} + \frac{1}{\eta^3\cdot 1!\cdot 3}\big(1 - \binom{3}{2}x^2\big) \\ \qquad - \frac{1}{\eta^5\cdot 2!\cdot 5}\big(1 - \binom{5}{2}x^2 + \binom{5}{4}x^4\big) + - \cdots\Big]\Big)\Big\}, \end{cases} \\ \text{(b)} \begin{cases} \psi = \frac{2}{\eta} e^{\frac{1-x^2}{\eta^2}} \Big\{\sin\frac{2x}{\eta^2}\cdot\Big[\frac{x}{\eta} - \frac{1}{\eta^3\cdot 1!\cdot 3}\big(\binom{3}{1}x - \binom{3}{3}x^3\big) \\ \qquad + \frac{1}{\eta^5\cdot 2!\cdot 5}\big(\binom{5}{1}x - \binom{5}{3}x^3 + \binom{5}{5}x^5\big) + - \cdots\Big] \\ \qquad + \cos\frac{2x}{\eta^2}\cdot\Big(\frac{1}{2}\sqrt{\pi} + \Big[-\frac{1}{\eta} + \frac{1}{\eta^3\cdot 1!\cdot 3}\big(1 - \binom{3}{2}x^2\big) \\ \qquad - \frac{1}{\eta^5\cdot 2!\cdot 5}\big(1 - \binom{5}{2}x^2 + \binom{5}{4}x^4\big) + - \cdots\Big]\Big)\Big\}. \end{cases} \end{cases}$$

Die Reihen (28) zeigen zunächst das wichtige Resultat, daß für jedes η beide Kurven in hinreichendem Abstande von der Linienmitte gegen die einfachen Dispersionskurven (13) konvergieren. Diese Tatsache hat MINKOWSKI[1] benutzt, um die natürliche Linienbreite und die Verbreiterung durch Druckerhöhung ohne Störung durch den DOPPLEReffekt zu messen. Er hat die Absorptionskurve in hinreichendem Abstande von der Linienmitte ausphotometriert und gezeigt, daß sie den Verlauf der einfachen Dämpfungskurve (13) hat; aus dem Anstieg (Skala von x) konnte er γ bestimmen. Die Durchführung an den D-Linien des Natriums ergab für beide Komponenten als natürliche Linienbreite $\gamma_0 = 0{,}62 \cdot 10^8\ \mathrm{sec}^{-1}$. Die Druckverbreiterung wird bei einem Druck des reinen Na-Dampfes von 10^{-2} mm an merkbar; es zeigte sich dabei, daß der Verlauf dann nicht mehr dem der reinen Dämpfungskurve entspricht, was vermutlich durch den oben diskutierten Einfluß der Nachbaratome (Kopplungsverbreiterung) zu erklären ist.

Mit Hilfe unserer Reihen (28) und (29), deren Bereich guter Konvergenz ein wenig übereinander greift, und mit numerischer Quadratur lassen sich die Funktionen auswerten. Das Ergebnis zeigt die Tabelle 38, in der außerdem zum Vergleich die elementaren Funktionen $1/(1+x^2)$ und $x/(1+x^2)$ (in Fig. 217 gestrichelt gezeichnet) eingetragen sind. Der Verlauf der Funktionen ist in Fig. 217 veranschaulicht[2]. Man ersieht aus den Kurven folgendes:

Wir betrachten zunächst die symmetrische Absorptionskurve ψ. Hier überkreuzen alle Kurven (für verschiedene η) die Grenzkurve $1/(1+x^2)$ in der Gegend von $x = \pm 1$ (d. h. $\omega - \omega_0 = \pm\gamma/2$); innerhalb dieses Bereiches liegen sie sämtlich unterhalb der Grenzkurve, außerhalb liegen sie über ihr; in größerer Entfernung nähern sie sich asymptotisch der Grenzkurve an.

---

[1] R. MINKOWSKI: Z. Physik Bd. 36 (1926) S. 839. MINKOWSKI und viele andere Autoren, die sich mit dieser Frage beschäftigen, zitieren bei der Behandlung des gleichzeitigen Einflusses von Dämpfung und DOPPLEReffekt auf die Dispersion eine Abhandlung von W. VOIGT (Münch. Ber. 1912 S. 603). Die Ableitung der VOIGTschen Formeln ist aber anfechtbar, und die Formeln selbst sind verwickelt und undurchsichtig.

[2] Die numerische Berechnung der Funktionen ist von den Herren cand. math. R. BUNGERS und F. BOPP durchgeführt worden. Man findet eine unserer Fig. 217 ähnliche Darstellung bei M. W. ZEMANSKY; Physic. Rev. (2) Bd. 36 (1930) S. 219.

Auch bei der antisymmetrischen Dispersionskurve φ verlaufen sämtliche Kurven für verschiedene η bei hinreichend großem Abstande x von der Mitte oberhalb der Grenzkurve $x/(1+x^2)$, der sie sich ebenfalls asymptotisch nähern. Sie überschneiden die Grenzkurve aber bereits in viel größerem Abstande von der Mitte als die Kurven ψ, und zwar bei um so größeren x-Werten, je größer η ist. Hierin liegt es begründet, daß der DOPPLEReffekt den charakteristischen Verlauf der Dispersion in der nächsten Umgebung der Linie erheblich verwischt.

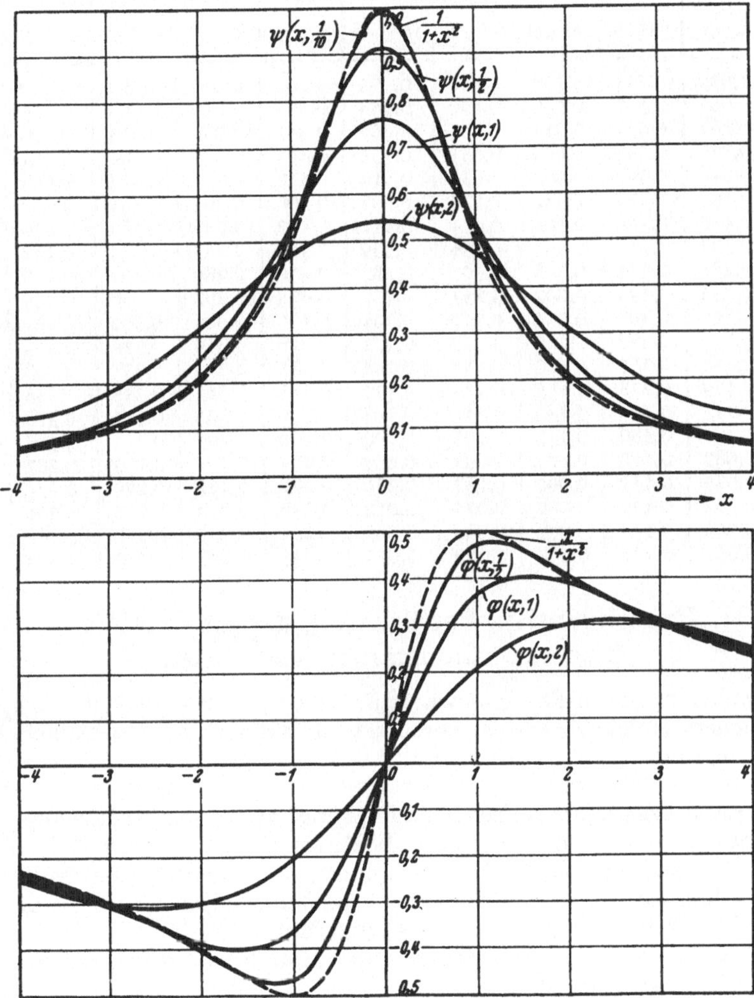

Fig. 217. Absorptions- und Dispersionsverlauf bei Berücksichtigung des DOPPLEReffekts.

Dieselben Bemerkungen, die wir an die Formel (13) geknüpft haben betreffs des unsymmetrischen Verlaufs der Größen n und $n\varkappa$ selbst, gelten auch für die hier gegebene vollständige Theorie, da ja die linken Seiten von (20) mit denen von (13) übereinstimmen. Ferner ist

$$\int\limits_{-\infty}^{\infty} \psi(x,\eta)\,dx = \int\limits_{-\infty}^{\infty} \frac{dy}{y^2+1} = \pi . \tag{30}$$

Das Gesamtintegral der Absorption hat also denselben Wert wie für die einfache Absorptionskurve.

Tabelle 38.

Die Integrale $\psi(x,\eta) = \frac{1}{\sqrt{\pi}\,\eta}\int\limits_{-\infty}^{\infty}\frac{1}{1+y^2}e^{-\left(\frac{x-y}{\eta}\right)^2}dy$ und $\varphi(x,\eta) = \frac{1}{\sqrt{\pi}\,\eta}\int\limits_{-\infty}^{\infty}\frac{y}{1+y^2}e^{-\left(\frac{x-y}{\eta}\right)^2}dy$

für die Parameterwerte $\eta = 2, 1, \frac{1}{2}, \frac{1}{10}$; sowie deren Grenzkurven.

x	$\frac{1}{1+x^2}$	$\psi(x,2)$	$\psi(x,1)$	$\psi(x,\frac{1}{2})$	$\psi(x,\frac{1}{10})$	$\frac{x}{1+x^2}$	$\varphi(x,2)$	$\varphi(x,1)$	$\varphi(x,\frac{1}{2})$	$\varphi(x,\frac{1}{10})$
0,0	1,000	0,545	0,758	0,910	0,995	0,000	0,000	0,000	0,000	0,000
0,2	0,962	0,542	0,749	0,890	0,958	0,192	0,045	0,093	0,145	0,189
0,4	0,862	0,534	0,714	0,835	0,861	0,345	0,090	0,173	0,270	0,341
0,6	0,735	0,518	0,663	0,751	0,735	0,441	0,133	0,264	0,361	0,439
0,8	0,610	0,497	0,606	0,632	0,610	0,488	0,171	0,322	0,438	0,487
1,0	0,500	0,473	0,532	0,525	0,501	0,500	0,204	0,361	0,470	0,499
1,2	0,410	0,444	0,461	0,434	0,411	0,492	0,238	0,388	0,474	0,491
1,4	0,338	0,410	0,405	0,356	0,339	0,473	0,257	0,399	0,467	0,473
1,6	0,281	0,374	0,346	0,301	0,282	0,450	0,280	0,402	0,446	0,450
1,8	0,236	0,342	0,292	0,251	0,237	0,425	0,292	0,400	0,425	0,425
2,0	0,200	0,308	0,254	0,212	0,201	0,400	0,304	0,392	0,401	0,400
2,2	0,171	0,286	0,212	0,179	0,171	0,376	0,310	0,374	0,379	0,376
2,4	0,148	0,255	0,180	0,156	0,148	0,355	0,314	0,357	0,358	0,355
2,6	0,129	0,228	0,155	0,134	0,129	0,335	0,311	0,338	0,338	0,335
2,8	0,113	0,201	0,138	0,117	0,113	0,316	0,305	0,321	0,318	0,316
3,0	0,100	0,180	0,117	0,103	0,100	0,300	0,299	0,307	0,302	0,300
3,2	0,089	0,162	0,101	0,092	0,089	0,285	0,291	0,293	0,287	0,285
3,4	0,080	0,149	0,090	0,082	0,080	0,272	0,282	0,279	0,274	0,272
3,6	0,072	0,140	0,080	0,074	0,072	0,259	0,272	0,266	0,261	0,259
3,8	0,065	0,133	0,072	0,066	0,065	0,246	0,259	0,252	0,247	0,246
4,0	0,059	0,127	0,065	0,060	0,059	0,235	0,243	0,240	0,236	0,235

§ 94. Experimentelle Bestimmung der Absorptions- und Dispersionskonstanten von Gasen.

Wir wollen in diesem Paragraphen zunächst Gase von so geringer Temperatur bzw. so hohem Molekulargewicht voraussetzen, daß wir den DOPPLEReffekt vernachlässigen können; auf seinen Einfluß werden wir gelegentlich zurückkommen.

Wir haben es also mit den Dispersionsformeln § 93 (10) bzw. (13) zu tun. Die Form des Absorptionsstreifens (n und $\varkappa$) hängt außer von der Eigenfrequenz ν_0 von den beiden Konstanten ϱ und γ ab. Beide setzen sich aus dem Molekül eigentümlichen Konstanten und solchen zusammen, die Eigenschaften des Gases als Ganzes beschreiben; so ist ϱ außer durch die universelle Konstante e^2/m durch das Produkt von Stärke f (Molekülkonstante) und Molekülzahl N (Dichte) bestimmt, und γ bei nicht zu geringem Drucke in der Hauptsache durch die freie Weglänge l (wirksamer Querschnitt), bei geringem Drucke aber wieder durch den Stärkefaktor f. Es handelt sich nun darum, die verschiedenen Methoden anzugeben, die zur Bestimmung jener Konstanten dienen. Zu diesem Zwecke kann man Messungen der Schwächung durch Absorption oder des Brechungsindex benutzen, die wir der Reihe nach besprechen.

I. Absorption.

Zur Bestimmung der beiden Konstanten ϱ und γ genügen zwei unabhängige Messungen an der Absorptionskurve; viel mehr gewinnt man natürlich, wenn man die Kurve vollständig aufnimmt. Wegen der Schmalheit der Linien ist dieses Verfahren aber sehr schwierig, wir besprechen daher zunächst die einfachen Methoden, die mit einzelnen, leicht bestimmbaren Extrem- oder Integralwerten operieren.

Benutzt man einen Spektralapparat von geringem Auflösungsvermögen, der gerade genügt, die betrachtete Linie von anderen zu trennen, aber nicht, um den Intensitätsverlauf innerhalb der Linie selbst durchzuphotometrieren, so kann man die Schwächung des Lichts einer Lichtquelle von irgendwelcher kontinuierlicher Intensitätsverteilung durch eine Schicht des betrachteten Gases im Bereiche der Spektrallinie messen. Man kann dabei eine Lichtquelle benutzen, die im Bereich der betrachteten Spektrallinie konstante Intensitätsverteilung hat; in diesem Falle spricht man von *Gesamtabsorption* schlechthin. Andererseits kann man als Lichtquelle auch eine leuchtende Schicht desselben Gases nehmen, dessen Absorption man studieren will. Man erhält dann die Absorption der Linie ,,in sich selbst“ und spricht von *Linienabsorption*.

Die in § 93 angegebenen Formeln liefern unmittelbar nur die Absorption einer unendlich dünnen Schicht. In Wirklichkeit hat man es nun meistens mit Schichten von endlicher Dicke zu tun; es wird sich also darum handeln, die verschiedenen Arten der Absorption für endliche Schichtdicken zu untersuchen. Dies ist darum von besonderer Bedeutung, weil man durch Variation der Schichtdicke einen Parameter zur Verfügung hat, der es unter geeigneten Umständen erlaubt, die beiden Konstanten ϱ und γ ohne wirkliche Auflösung der Linie getrennt zu bestimmen. Diese einfache Methode besprechen wir zuerst und schließen dann diejenigen Verfahren an, bei denen durch hohes Auflösungsvermögen eine wirkliche Durchphotometrierung des Absorptionsverlaufes durch das Spektrum ermöglicht ist.

1. Gesamtabsorption.

a) Unendlich dünne Schichten. Nach Kap. VI, § 67 (18), (19) ist die Energieabnahme in einer unendlich dünnen Schicht der Dicke d für monochromatisches Licht gegeben durch das Produkt χd, wo

$$\chi = \frac{4\pi\nu}{c} n\varkappa \tag{1}$$

gesetzt ist. Hat man als Lichtquelle ein kontinuierliches Spektrum, dessen Energie im Bereiche der betrachteten Absorptionslinie als konstant angesehen werden kann, so ist die gesamte Absorption

$$A = \int_0^\infty d\cdot\chi(\nu)\,d\nu = \frac{4\pi}{c} d\cdot\int_0^\infty \nu\cdot n\varkappa\cdot d\nu. \tag{2}$$

Beschränken wir uns auf den Fall schwacher Absorption [symmetrische Absorptionslinien, § 93 (15)] und führen statt ν die Integrationsvariable x nach § 93 (11) ein, so wird nach § 93 (15), wenn wir die untere Grenze $-4\pi\nu_0/\gamma$ durch $-\infty$ ersetzen,

$$A = \frac{\gamma M}{2cn_0}\cdot d\cdot\nu_0\int_{-\infty}^{\infty}\frac{dx}{1+x^2}. \tag{3}$$

Genau dasselbe gilt nach § 93 (30) auch dann, wenn wir die allgemeine Dispersionsformel mit Berücksichtigung des DOPPLEReffekts benutzen. Aus (3) folgt nach § 93 (12)

$$A = \frac{\pi}{c}\frac{M}{2n_0}\nu_0\gamma d = \frac{\pi^2\varrho}{cn_0} d = \frac{\pi N f e^2}{cmn_0} d. \tag{4}$$

An diesem Resultat ist bemerkenswert, daß *die Gesamtabsorption einer unendlich dünnen Schicht nur von ϱ, d. h. dem Produkt der Molekülzahl und der Linienstärke, Nf, aber gar nicht von der Dämpfung γ abhängt*[1].

Man kann Messungen der Gesamtabsorption zur Bestimmung des Stärkefaktors f benutzen, indem man die Anzahl der Moleküle aus dem Dampfdruck mit Hilfe der Gasgesetze berechnet. Dies ist in der oben ausführlich besprochenen Arbeit von FÜCHTBAUER, JOOS und DINKELACKER (s. § 87, S. 439, Anm. 2 u. 3) für die Quecksilberlinie $\lambda_0 = 2537$ Å ausgeführt worden. Dabei wurde aus den gemessenen Kurven der Grenzwert der Gesamtabsorption für unendlich kleine Drucke extrapoliert. Das Resultat lautet:

$$\text{Hg-Linie } 2537: \quad f = \tfrac{1}{35} = 0{,}0286$$

(s. hierzu die Tab. 41 auf S. 498).

---

[1] Wir wollen darauf hinweisen, daß die quantentheoretische Umdeutung der Formel (4) in Verbindung mit der Formel § 85 (37) für die natürliche Linienbreite zu der wichtigen EINSTEIN*schen Relation zwischen Absorptions- und Emissionswahrscheinlichkeit* von Lichtquanten führt. Wir haben nämlich in Anm. 1 zu S. 423 § 85 gesehen, daß $\tau = 1/\gamma$ als Lebensdauer eines angeregten Atoms aufgefaßt werden kann. Die natürliche Lebensdauer ist $\tau_0 = 1/f\gamma_0$, wo f der Stärkefaktor der betreffenden Linie und nach § 85 (37)

$$\gamma_0 = \frac{2}{3}\,\frac{e^2}{mc^3}\,\omega_0^2 = \frac{8\pi^2}{3}\,\frac{e^2}{mc^3}\,\nu_0^2$$

ist. Mit EINSTEIN bezeichnen wir die Größe

$$\mathsf{A} = \gamma_0 f$$

als Emissionswahrscheinlichkeit eines Lichtquantes $h\nu_0$ pro Sekunde.

Andererseits ist nach Formel (4) des Textes für den Fall einer isolierten Spektrallinie ($n_0 = 1$) die von einem Molekül ($Nd = 1$) aus einem parallelen, linear polarisierten Lichtstrahl der Intensität J herausabsorbierte Energie gleich

$$\frac{\pi f e^2}{cm}\,J.$$

Wir führen nun statt J die räumliche Strahlungsdichte u ein: nach I, § 2 (4) und (7) gilt

$$J = \frac{c}{4\pi}\,\overline{\mathfrak{E}_x^2}, \qquad u = \frac{1}{4\pi}\,\overline{\mathfrak{E}^2} = \frac{3}{4\pi}\,\overline{\mathfrak{E}_x^2} = \frac{3}{c}\,J.$$

Die in einem homogenen Strahlungsfeld der Dichte u absorbierte Energie ist dann

$$\frac{\pi f e^2}{3m}\,u,$$

und hieraus erhält man die Anzahl der absorbierten Quanten durch Division mit $h\nu_0$; wir schreiben sie:

$$\mathsf{B}u = \frac{\pi f e^2}{3m}\,\frac{1}{h\nu_0}\,u;$$

dann ist B die Absorptionswahrscheinlichkeit eines Lichtquants $h\nu_0$ pro Sekunde.

Dividieren wir die beiden erhaltenen Formeln

$$\mathsf{A} = \frac{8\pi^2}{3}\,\frac{e^2 f}{mc^3}\,\nu_0^2, \qquad \mathsf{B} = \frac{\pi}{3}\,\frac{e^2 f}{m}\,\frac{1}{h\nu_0}$$

durcheinander, so ergibt sich

$$\frac{\mathsf{A}}{\mathsf{B}} = \frac{8\pi h}{c^3}\,\nu_0^3.$$

EINSTEIN hat diese Relation zuerst bei Gelegenheit seiner berühmten Ableitung der PLANCKschen Strahlungsformel auf Grund der Begriffe Absorptions- und Emissionswahrscheinlichkeit eines Lichtquants aufgestellt [s. A. EINSTEIN: Physik. Z. Bd. 18 (1917) S. 121, oder auch M. BORN: Vorlesungen über Atommechanik, Bd. I § 2 S. 7. Berlin 1925].

b) Endliche Schichtdicke. Kontinuierlicher Hintergrund. In praxi wird man es immer mit endlicher Schichtdicke zu tun haben. In diesem Falle ist die Absorption gegeben durch[1]

$$A = \int_{\nu_0-\delta}^{\nu_0+\delta} (1 - e^{-\chi d})\, d\nu. \tag{5}$$

Wir setzen nun den Ausdruck (1) für χ in (5) ein; wir können darin noch ν durch ν_0 ersetzen und für $n\varkappa$ den Ausdruck § 93 (15b) benutzen. Führen wir ferner die Abkürzung

$$\zeta = \frac{2\pi\nu_0}{c n_0} M d = \frac{4\pi^2}{c n_0} \frac{\varrho}{\gamma} d = \frac{4\pi}{c n_0} \frac{e^2}{m} \frac{N f}{\gamma} d \tag{6}$$

ein, so wird

$$A = \frac{\gamma}{4\pi} \int_{-\infty}^{\infty} \left(1 - e^{-\frac{\zeta}{1+x^2}}\right) dx. \tag{7}$$

Partielle Integration liefert alsdann

$$A = \frac{\zeta\gamma}{2\pi} \int_{-\infty}^{\infty} e^{-\frac{\zeta}{1+x^2}} \frac{x^2\, dx}{(1+x^2)^2}. \tag{8}$$

Das Integral (8) läßt sich durch die Substitution

$$x = \operatorname{tg} \frac{\varphi}{2} \tag{9}$$

auf die bekannten BESSELschen Funktionen[2]

$$\left\{\begin{aligned} I_0(z) &= \frac{1}{\pi} \int_0^{\pi} e^{i z \cos\varphi}\, d\varphi, \\ I_1(z) &= -\frac{i}{\pi} \int_0^{\pi} e^{i z \cos\varphi} \cos\varphi\, d\varphi \end{aligned}\right. \tag{10}$$

zurückführen. Es nimmt nämlich hierdurch die Gestalt an

$$A = \frac{\zeta\gamma}{4\pi} e^{-\frac{\zeta}{2}} \int_0^{\pi} e^{-\frac{\zeta}{2}\cos\varphi} (1 - \cos\varphi)\, d\varphi = \frac{\zeta\gamma}{4} e^{-\frac{\zeta}{2}} \left\{ I_0\left(i\frac{\zeta}{2}\right) - i I_1\left(i\frac{\zeta}{2}\right) \right\}. \tag{11}$$

---

[1] Die folgende Theorie der Absorption in endlichen Schichten ist vor allem von LADENBURG und REICHE entwickelt worden; s. R. LADENBURG u. F. REICHE: Sitzgsber. Schles. Ges. vaterl. Kult. 21. Febr. 1912; R. LADENBURG u. F. REICHE: Ann. Physik (4) Bd. 42 (1913) S. 181. In dieser Arbeit ist die Absorption pro Einheit des Frequenzbereiches (Kreisfrequenz!) mit A bezeichnet, während hier derselbe Buchstabe die Gesamtabsorption über das Spektrum, soweit sie von einer Linie herrührt, bedeutet. Dadurch erklärt es sich, daß unsere Schlußformeln von denen der zitierten Abhandlungen einmal um den Faktor 2π, dann auch um den Faktor 2δ abweichen. Dabei ist δ eine solche Frequenzdifferenz, daß an den Stellen $\nu_0 \pm \delta$ die Absorption bereits praktisch Null ist; d. h. es soll δ groß sein gegen die Halbwertsbreite γ. Man kann daher in den folgenden Integralen die Grenzen $\pm 4\pi\delta/\gamma$ durch $\pm\infty$ ersetzen.

[2] Siehe Kap. IV, § 49 (4); in unserer Formel (10) ist jedoch eine andere Integraldarstellung (die HANSENsche) benutzt (s. JAHNKE-EMDE: Funktionentafeln, S. 169. Leipzig u. Berlin 1909).

Besonders wichtig sind die beiden Grenzfälle, die man aus den bekannten Eigenschaften[1] der BESSELschen Funktionen leicht erhält, nämlich der bereits behandelte *sehr dünner Schichten* ($\zeta \ll 1$) und der entgegengesetzte Fall *sehr dicker Schichten* ($\zeta \gg 1$). Im ersten Falle ergibt sich unter Benutzung der Potenzreihenentwicklung für die BESSELschen Funktionen:

$$A_0 = \frac{\zeta\gamma}{4}, \tag{12}$$

im zweiten Falle unter Benutzung der asymptotischen Entwicklungen

$$A_\infty = \frac{\gamma}{2\pi}\sqrt{\pi\zeta}. \tag{13}$$

In diese beiden Formeln setzen wir noch für ζ den Wert aus (6) ein; dann wird

$$(14)\quad \begin{cases} \text{(a)} & A_0 = \dfrac{\pi^2}{c n_0}\varrho d, \\ \text{(b)} & A_\infty = \sqrt{\dfrac{\pi\varrho\gamma d}{c n_0}}. \end{cases}$$

Die erste Formel ist mit der oben direkt abgeleiteten Gleichung (4) identisch und lehrt die Unabhängigkeit der Gesamtabsorption einer dünnen Schicht von der Dämpfungskonstanten. *Bei großer Dicke der absorbierenden Schicht aber ist die Gesamtabsorption sowohl von ϱ als auch von γ abhängig, und zwar ist sie der Wurzel aus ihrem Produkt proportional.* Man kann also, wie oben behauptet, durch Kombination der Messungen bei verschiedener Schichtdicke die beiden Konstanten ϱ und γ einzeln bestimmen.

c) Endliche Schichtdicke. Linienabsorption. Gelegentlich benutzt man bei der Messung der Absorption einer Spektrallinie genau dieselbe Spektrallinie als Lichtquelle. Die Verhältnisse sind dann einfach, wenn es sich um Temperaturleuchten handelt, oder jedenfalls in einem Fall, auf den das KIRCHHOFFsche Gesetz der Temperaturstrahlung[2] anwendbar ist: *Das Verhältnis von Emissionsvermögen zu Absorptionsvermögen ist für jede Temperatur eine universelle Funktion der Frequenz.* Diese Funktion kann man im Bereich einer schmalen Spektrallinie konstant setzen und hat dann für das *Emissionsvermögen*

$$E(\nu) = E_0(1 - e^{-\varkappa d}). \tag{15}$$

Mißt man den von dem Absorptionsgefäß absorbierten Bruchteil dieser Intensität, so erhält man die sog. *Linienabsorption*[3]

---

[1] Für kleine z gilt die Potenzreihenentwicklung (s. JAHNKE-EMDE: S. 92)

$$I_0(iz) = 1 + \frac{(\frac{1}{2}z)^2}{(1!)^2} + \cdots, \qquad I_1(iz) = \frac{iz}{2}\left\{1 + \frac{(\frac{1}{2}z)^2}{1\cdot 2} + \cdots\right\}$$

und für große z die asymptotische Entwicklung (s. JAHNKE-EMDE: S. 100)

$$I_0(iz) \to \frac{e^z}{\sqrt{2\pi z}}, \qquad I_1(iz) \to i\,\frac{e^z}{\sqrt{2\pi z}}.$$

[2] Siehe etwa M. PLANCK: Wärmestrahlung, 5. Aufl., 1. Abschn., 2. Kap. Leipzig 1923.

[3] Der Begriff stammt aus den in Anm. 1 S. 489 zitierten Arbeiten von LADENBURG-REICHE.

$$(16)\quad \begin{cases} A_L = \dfrac{\int\limits_{\nu_0-\delta}^{\nu_0+\delta} E(\nu)\left(1-e^{-\chi d}\right)d\nu}{\int\limits_{\nu_0-\delta}^{\nu_0+\delta} E(\nu)\,d\nu} = 1 - \dfrac{\int\limits_{\nu_0-\delta}^{\nu_0+\delta} E(\nu)\,e^{-\chi d}\,d\nu}{\int\limits_{\nu_0-\delta}^{\nu_0+\delta} E(\nu)\,d\nu} \\[2ex] \quad = 1 - \dfrac{\int\limits_{\nu_0-\delta}^{\nu_0+\delta} \left(1-e^{-\chi d}\right)e^{-\chi d}\,d\nu}{\int\limits_{\nu_0-\delta}^{\nu_0+\delta} \left(1-e^{-\chi d}\right)d\nu} \end{cases}$$

Mit § 93 (15b) und den oben eingeführten Bezeichnungen (6) kann man diese Formel überführen in

$$A_L = 1 - \frac{\int\limits_{-\infty}^{\infty}\left(1-e^{-\frac{\zeta}{1+x^2}}\right)e^{-\frac{\zeta}{1+x^2}}dx}{\int\limits_{-\infty}^{\infty}\left(1-e^{-\frac{\zeta}{1+x^2}}\right)dx} = 1 - \frac{\int\limits_{-\infty}^{\infty}\left(e^{-\frac{\zeta}{1+x^2}}-e^{-\frac{2\zeta}{1+x^2}}\right)dx}{\int\limits_{-\infty}^{\infty}\left(1-e^{-\frac{\zeta}{1+x^2}}\right)dx}$$

$$= 1 + \frac{\int\limits_{-\infty}^{\infty}\left\{\left(1-e^{-\frac{\zeta}{1+x^2}}\right)-\left(1-e^{-\frac{2\zeta}{1+x^2}}\right)\right\}dx}{\int\limits_{-\infty}^{\infty}\left(1-e^{-\frac{\zeta}{1+x^2}}\right)dx} = 2 - \frac{\int\limits_{-\infty}^{\infty}\left(1-e^{-\frac{2\zeta}{1+x^2}}\right)dx}{\int\limits_{-\infty}^{\infty}\left(1-e^{-\frac{\zeta}{1+x^2}}\right)dx}.$$

Dann liefert partielle Integration

$$A_L = 2\left\{1 - \frac{\int\limits_{-\infty}^{\infty} e^{-\frac{2\zeta}{1+x^2}}\frac{x^2}{(1+x^2)^2}\,dx}{\int\limits_{-\infty}^{\infty} e^{-\frac{\zeta}{1+x^2}}\frac{x^2}{(1+x^2)^2}\,dx}\right\}.$$

Durch Ausführung der Substitution (9) und unter Benutzung der Besselschen Funktionen erhält man dann schließlich

$$(17)\qquad A_L = 2\left\{1 - e^{-\frac{\zeta}{2}}\,\frac{\boldsymbol{I}_0(i\zeta) - i\boldsymbol{I}_1(i\zeta)}{\boldsymbol{I}_0\left(i\frac{\zeta}{2}\right) - i\boldsymbol{I}_1\left(i\frac{\zeta}{2}\right)}\right\}.$$

Hierbei interessiert wieder insbesondere der Grenzwert für große Schichtdicken, d. h. große ζ. Man erhält in diesem Grenzfall[1]

$$(18)\qquad A_L^{(\infty)} = 2 - \sqrt{2} = 0{,}58575.$$

Dieses bemerkenswerte Resultat sagt aus, daß im Falle der geschilderten Versuchsanordnung *die Linienabsorption sich bei wachsender Schichtdicke* nicht dem Werte 100%, sondern dem *universellen Werte von etwa 58,6% nähert.* Man kann dies Ergebnis auch so aussprechen: Setzt man zwei in jeder Beziehung gleiche leuchtende Schichten desselben Gases hintereinander und bezeichnet

[1] Vgl. die in Anm. 1 S. 490 angegebenen asymptotischen Ausdrücke für die Besselschen Funktionen.

mit J die bolometrisch oder photometrisch gemessenen Intensitäten einer Spektrallinie (nicht „aufgelöst“) einer der beiden Schichten, mit J' die ebenso gemessene Intensität, die von beiden Schichten zusammen ausgesandt wird, so ist

$$\frac{J'}{J} = K = \frac{J + J(1 - A_L)}{J} = 2 - A_L, \tag{19}$$

und diese Größe nähert sich mit wachsender Schichtdicke dem Werte $K_\infty = \sqrt{2} = 1{,}414$.

Daß dies Ergebnis wirklich mit der Erfahrung übereinstimmt, geht aus älteren Untersuchungen von GOUY[1] hervor. GOUY hat die Helligkeitsvermehrung gemessen, die man beobachtet, wenn man die Dicke einer mit Metallsalzen gefärbten, möglichst homogenen Flamme verdoppelt. Es kann das einfach mit Hilfe eines Spiegels ausgeführt werden. Fig. 218 zeigt die Resultate der Messung (Kreuze) und das Ergebnis der berechneten Intensitäten (ausgezogene Kurve). Als Abszisse ist nicht die Dicke der absorbierenden Schicht, sondern eine der Gesamthelligkeit der Lichtquelle proportionale Größe y aufgetragen. Diese Helligkeit ist nach (15) durch den Ausdruck

$$E = \int_{-\infty}^{\infty} E(\nu)\,d\nu = E_0 \frac{\gamma\zeta}{4} e^{-\frac{\zeta}{2}} \left\{ I_0\left(\frac{i\zeta}{2}\right) - i I_1\left(\frac{i\zeta}{2}\right) \right\} \tag{20}$$

gegeben. Die in Fig. 218 benutzte Abszissenskala ist dann $y = E/1{,}63 E_0 \gamma$. Die ausgezogene Kurve stellt die Größe $K = 2 - A_L$ als Funktion von y dar. Man erkennt, daß die Meßpunkte sich tatsächlich dem theoretischen Werte $\sqrt{2}$ annähern. GOUY selbst hat ohne Kenntnis der Theorie aus den Messungen den Grenzwert 1,410 erschlossen und den genauen Wert $\sqrt{2}$ vermutet.

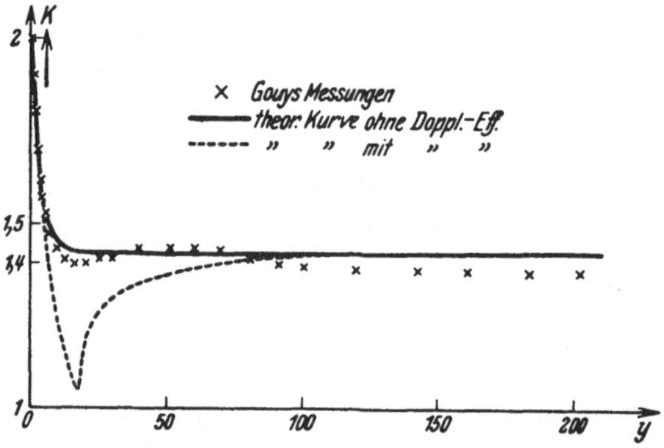

Fig. 218. Durchlässigkeit einer dicken absorbierenden Schicht.

Man kann dieselben Betrachtungen natürlich auch unter Voraussetzungen anderer Intensitätsverteilungen des Absorptionsindex $n\varkappa$ durchführen, z. B. unter Berücksichtigung der DOPPLERbreite nach § 93 (20)[2]. Man erhält dann statt der in Fig. 218 dargestellten theoretischen Kurve eine andere, die in der Gegend des Abszissenwertes $y = 20$ ein Minimum hat (gestrichelte Kurve). Tatsächlich sieht man an den in Fig. 218 eingetragenen Meßpunkten von GOUY die Andeutung eines solchen Minimums. Überwiegt der DOPPLEReffekt die Dämpfungsbreite, so ist das Minimum noch viel ausgeprägter. Der asymptotische Verlauf der Kurve gegen den Wert $\sqrt{2}$ bleibt von dieser Verschärfung der Theorie unberührt. Näher wollen wir auf diese Fragen nicht eingehen.

[1] G. L. GOUY: C. R. Acad. Sci., Paris Bd. 88 (1879) S. 418; Ann. Chim. et Physique (5) Bd. 18 (1879) S. 5; C. R. Acad. Sci., Paris Bd. 82 (1876) S. 269; Bd. 85 (1877) S. 70; Bd. 86 (1878) S. 876 u. 1078; J. Physique Radium Bd. 9 (1880) S. 19. S. ferner H. SENFTLEBEN: Ann. d. Phys. (4) Bd. 47 (1915) S. 949.

[2] Siehe R. LADENBURG und F. REICHE: Sitzgsber. Schles. Ges. vaterl. Kult. 27. Febr. 1914; R. LADENBURG und S. LEVY: Z. Physik Bd. 65 (1930) S. 189. Ferner W. SCHÜTZ: Z. Physik Bd. 64 (1930) S. 682; Bd. 71 (1931) S. 301; E. F. M. VAN DER HELD: Z. Physik Bd. 70 (1931) S. 508.

2. Absorptionsverlauf.

Die vollständige Durchphotometrierung einer Spektrallinie ist, wie schon bemerkt, sehr schwierig. Solche Messungen sind daher erst in neuerer Zeit ausgeführt worden. Dazu braucht man ein Spektralphotometer, d. h. einen Spektralapparat hoher Auflösung, mit dem man die Lichtintensität in ganz schmalen Spektralbereichen quantitativ messen kann. Wir nennen das HARTMANNsche[1] Spektralphotometer für visuelle Beobachtung.

Heute benutzt man fast ausschließlich registrierende Instrumente; bei ihnen wird gewöhnlich nicht das Spektrum selbst durchphotometriert, sondern erst eine photographische Aufnahme gemacht und die erzeugte Schwärzung nachher durchphotometriert. Dabei ist es nötig, absolute Intensitätsmarken auf dieselbe Platte zu drucken, um von der Schwärzung auf die Lichtstärken umrechnen zu können. Die Marken erzeugt man mit Hilfe einer konstanten Lichtquelle durch Vorsetzen von Filtern bekannter Absorption (Rauchglasplättchen) oder mit Hilfe rotierender Sektoren usw.

Die zur Photometrierung der Platten dienenden Registrierapparate benutzen als lichtempfindliches Organ entweder Thermoelemente (nach MOLL[2]) oder licht-

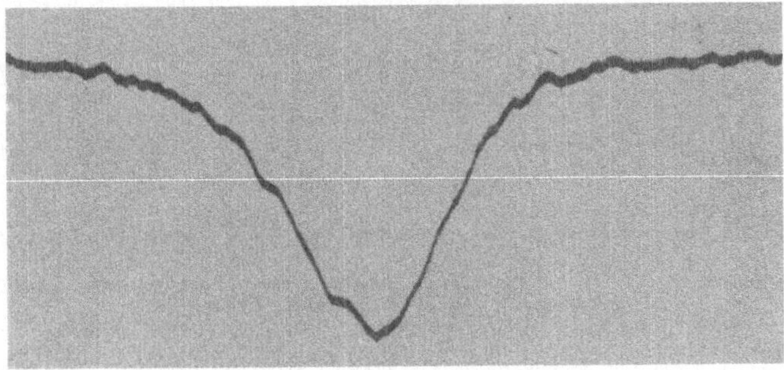

Fig. 219. Absorption der Cs-Linie 4555 Å bei 129,8° C und 2360 mm Hg Druck. (Nach CHR. FÜCHTBAUER und W. HOFMANN: Ann. Physik (4) Bd. 43 (1914) S. 96.

elektrische Zellen (nach KOCH[3]). Bei beiden Instrumenten wird die zu photometrierende Platte vor einem schmalen beleuchteten Spalt vorbeigeführt; das infolge der Schwärzung mit wechselnder Intensität leuchtende Spaltbild wird durch ein Linsensystem auf das lichtempfindliche Organ projiziert, und der Ausschlag des Galvanometers, der durch den Thermostrom bzw. den lichtelektrischen Strom erzeugt wird, auf einer zweiten photographischen Platte registriert, die sich mit konstanter, aber größerer Geschwindigkeit bewegt als die erste Platte. Durch Steigerung des Geschwindigkeitsverhältnisses der beiden Platten kann man die Skala, über der die Intensitätsverteilung als Kurve erscheint, in beträchtlichem Maße vergrößern (bis zum 50fachen).

Wir geben hier ein Beispiel des subjektiven und des Registrierverfahrens, und zwar beide aus der schon erwähnten Arbeit von FÜCHTBAUER und HOFMANN[4] über die Druckverbreiterung der Cäsiumlinie $\lambda_0 = 4555$ Å. Die in Fig. 219

---

[1] J. HARTMANN: Z. Instrumentenkde. Bd. 19 (1899) S. 97.

[2] W. J. H. MOLL, H. C. BURGER u. VAN DER BILT: Bull. Astr. Instr. Netherlands Bd. 3 (1925) Nr 21.

[3] P. P. KOCH: Ann. Physik Bd. 39 (1912) S. 705; F. GOOS: Z. Instrumentenkde. Bd. 41 (1921) S. 313.

[4] Ähnliche Messungen finden sich bei CH. FÜCHTBAUER, G. JOOS u. O. DINKELACKER: Ann. Physik (4) Bd. 71 (1923) S. 204, und zwar an den Gasen A, H_2, N_2, O_2, CO_2 und H_2O.

dargestellte Intensitätsverteilung ist mit einem KOCHschen Registrierphotometer aufgenommen. Dabei machen wir auf die schon in § 88 erwähnte geringfügige Asymmetrie aufmerksam. In Fig. 220 ist dieselbe Platte mit einem HARTMANNschen Photometer durchgemessen, und zwar sind die durchgegangenen Intensitäten aufgetragen (als Kreuze), sie sind reduziert auf konstante einfallende Intensität. Die ausgezogene Kurve stellt den Bruchteil $e^{-\chi d}$ dar, wo bei der Berechnung von χ der symmetrische Ausdruck von $n\varkappa$ [s. § 93 (15)] genommen ist. Man erkennt an den Meßpunkten, daß auf der Seite langer Wellen eine merkliche Abweichung von der symmetrischen Kurve vorhanden ist, die, wie wir oben (§ 88) bemerkten, möglicherweise auf den (quadratischen) STARKeffekt zurückzuführen ist.

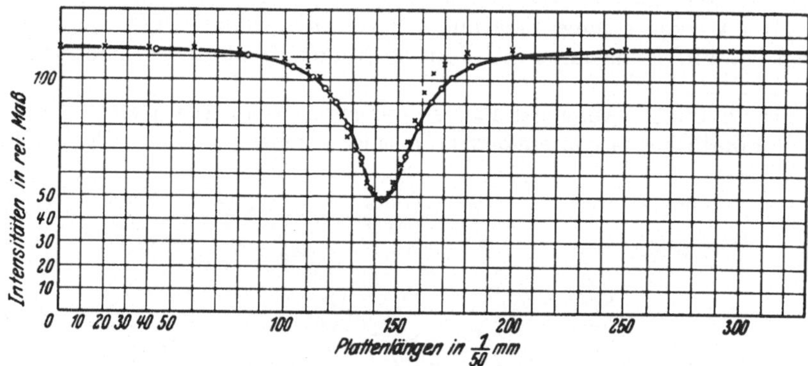

Fig. 220. Absorption der Cs-Linie 4555 Å bei 129,8° C und 2360 mm Hg Druck.

Ausgezogen: Theoretische Kurve $1 - e^{-\frac{c}{1+x^2}}$ (gerechnete Punkte: Kreise). Durchgegangene Intensitäten, reduziert auf konstante einfallende Intensität: Kreuze.

Wir haben in § 86, S. 435 gesehen, daß in hinreichendem Abstande von der Spektrallinie der Einfluß des DOPPLEReffekts verschwindet und die Intensitätsverteilung bei dünnen Schichten in Emission und Absorption nach § 93 (15) durch

$$n\varkappa = \frac{\pi^2 \varrho \gamma}{2\omega_0 n_0 (\omega - \omega_0)^2} \tag{21}$$

wiedergegeben wird. Mißt man das Verhältnis der von einer Schicht der Dicke d durchgelassenen Intensität zur einfallenden:

$$\frac{J}{J_0} = e^{-\frac{2n\varkappa\omega_0}{c}d} = e^{-\frac{4\pi n\varkappa}{\lambda_0}d}, \tag{22}$$

so erhält man daraus nach (21) mit $n_0 = 1$:

$$\varrho\gamma = -\frac{c(\omega - \omega_0)^2}{\pi^2 d}\log\frac{J}{J_0}. \tag{23}$$

Die Durchlässigkeit der Mitte der Linien ist bei etwas höheren Drucken (von $p = 0{,}01$ mm Hg an) praktisch Null, so daß überhaupt nur die äußeren Teile der Kurve für J der Messung zugänglich sind. Daher kommt es, daß man auch ruhig die oben (unter 1b, S. 490) gegebene Formel (14b) für die Gesamtabsorption einer Schicht, die unter Vernachlässigung des DOPPLEReffekts berechnet war, hier benutzen kann. Beide Verfahren [Gesamtabsorption (14b) und Absorptionsverlauf in den Außenteilen der Linien (23)] liefern das Produkt $\varrho\gamma$. Bei hinreichend niederen Drucken, wo die Stoßbreite zu vernachlässigen ist, erhält man also die reine Strahlungsdämpfung, sobald sich ϱ bestimmen läßt. Letzteres kann, wie wir sogleich sehen werden, durch Messung des Dispersionsverlaufs sowie des magnetischen Drehungsvermögens (s. S. 514) geschehen.

Nach diesem Verfahren hat MINKOWSKI[1] an den D-Linien des Natriums ($\lambda_0 = 5893$ Å) fast übereinstimmend den Wert $\gamma = 0{,}62 \cdot 10^8\ \mathrm{sec}^{-1}$ gefunden. Nach der klassischen Formel für die Strahlungsdämpfung [s. § 86 (7a)] ergibt sich $\gamma_0 = 0{,}636 \cdot 10^8\ \mathrm{sec}^{-1}$. Nun ist, wie wir sogleich sehen werden, der f-Wert für die beiden D-Linien (s. Tab. 40, S. 498) gleich 0,973. Ferner liegt zwischen dem oberen Niveau der D-Linien und dem Grundzustand des Natriumatoms kein weiterer Zustand. Daher ist nach den Überlegungen von § 91 die wahre Strahlungsbreite der Linie gegeben durch $\gamma = \gamma_0 \cdot f = 0{,}619 \cdot 10^8\ \mathrm{sec}^{-1}$ in erstaunlich guter Übereinstimmung mit der Messung.

Eine wirkliche Prüfung der Strahlungsbreite in ihrer Beziehung zu den f-Werten, die wir früher (§ 91) erörtert haben, müßte mit Hilfe von Linien ausgeführt werden, bei denen die f-Werte nicht so nahe an 1 liegen, und wo es nicht nur *einen* Übergang vom oberen Niveau gibt, so daß Abhängigkeiten zwischen den Größen der Linienbreite entstehen. Ein Ausbau der MINKOWSKIschen Methode in dieser Richtung wäre sehr erwünscht.

Zu bemerken ist noch, daß in der MINKOWSKIschen Untersuchung bei höheren Drucken (von 0,02 mm Hg aufwärts) der Verlauf der Absorption nicht mehr der Resonanzkurve (21) mit Dämpfungskonstante entsprach. Hier tritt vermutlich Kopplungsverbreiterung ein (s. § 93, S. 479).

II. Dispersion.

Man hat in den Interferenzapparaten außerordentlich feine Mittel zum Nachweis kleiner Änderungen des Brechungsindex und kann daher die Dispersionskurve bis weit außerhalb des eigentlichen Absorptionsgebietes verfolgen, also bis zu Wellenlängen, wo noch gute Durchsichtigkeit herrscht. Vor allem wird dabei die Methode des in Kap. III, § 40 geschilderten JAMINschen Refraktometers benutzt.

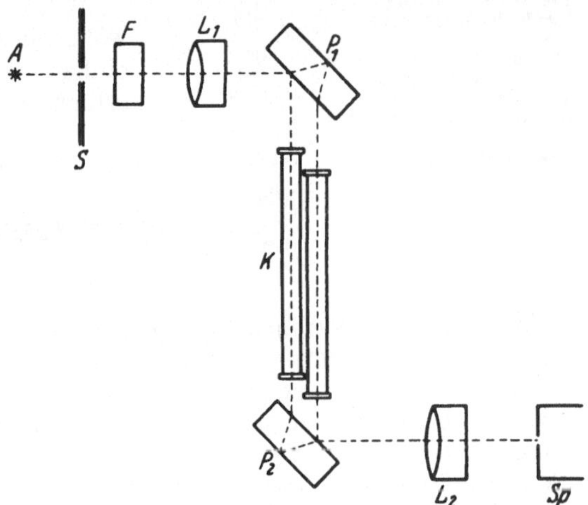

Fig. 221. Apparatur zur Beobachtung der anomalen Dispersion in der Umgebung einer Spektrallinie mit Hilfe des JAMINschen Interferometers.

A Bogenlampe, S Spaltblende, F Filter, L_1, L_2 Linsen, P_1, P_2 JAMINsche Platten, K Kompensatoren, Sp Spektrograph.

Von den Forschern, die in neuerer Zeit systematisch das Studium des Dispersionsverlaufs in der Umgebung der Spektrallinie zur Bestimmung der optischen Konstanten ϱ und γ gefördert haben, nennen wir vor allem LADENBURG. Eine seiner ersten Arbeiten[2] betraf den Nachweis der Absorption der roten Wasserstofflinie H_α (erstes Glied der Balmerserie des Atomspektrums); er verwandte hierzu als Lichtquelle und als Absorptionsrohr je ein GEISSLERsches Rohr (s. Fig. 221, 222), aber beide von verschiedener Dimensionierung und elektrischer Belastung: Die Lichtquelle, als enge Kapillare ausgebildet, wurde

[1] R. MINKOWSKI: Z. Physik Bd. 36 (1926) S. 839.

[2] R. LADENBURG: Verh. dtsch. physik. Ges. Bd. 10 (1908) S. 550.

mit einer kräftigen Funkenentladung betrieben; dadurch entstand eine sehr verbreiterte H_α-Linie. Die Absorptionskapillare war weit und wurde mit einer parallel geschalteten schwächeren Spannung durch denselben Entladungsfunken erregt. Man sah dann die schmale Absorption des zweiten Rohres auf dem Hintergrunde der breiten Emissionslinie des ersten.

Sodann haben LADENBURG und LORIA[1] die Dispersion in der Nähe der Linie H_α mit Hilfe derselben Anordnung nachgewiesen, indem das Absorptionsrohr in einen Strahl des JAMINschen Refraktometers gebracht wurde[2]. Man sieht dann die rote (und ebenso die blaugrüne) Wasserstofflinie als feine dunkle Linien auf hellem Grunde. Die Interferenzstreifen geben direkt den Verlauf des Brechungsindex an. Man erkennt in Fig. 223 deutlich das Abbiegen in der Nähe der Absorptionslinien, wie es die Theorie verlangt. Auf Grund der Annahme, daß der geradlinig auslaufende Zipfel der Interferenzstreifen in der Nähe der Absorptionslinie mit dem Inflexionspunkt der n-Kurve, d. h. mit dem Halbwertspunkt übereinstimmt, konnte die Halbwertsbreite und die Dispersionsstärke gemessen werden. Man fand

$$\gamma = 1{,}1 \cdot 10^{12}\,\mathrm{sec}^{-1}$$

$$\frac{M}{2n_0} = \frac{\pi\varrho}{n_0\nu_0\gamma} = 1{,}5 \cdot 10^{-6}\,\mathrm{cm}^3.$$

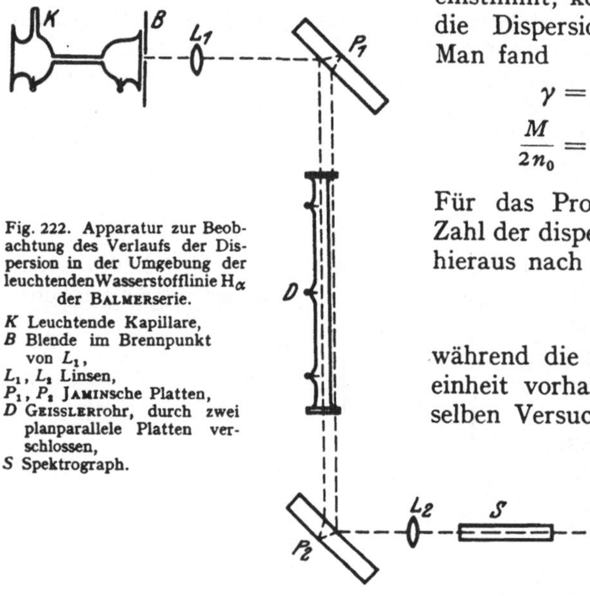

Für das Produkt von Stärkefaktor und Zahl der dispergierenden Atome ergibt sich hieraus nach § 93 (12) mit $n_0 = 1$

$$fN = 4{,}7 \cdot 10^{12},$$

während die Anzahl der in der Volumeneinheit vorhandenen Moleküle unter denselben Versuchsbedingungen etwa

$$N = 2 \cdot 10^{17}$$

betrug. Wäre $f = 1$, so hätte man also unter 50000 Molekülen nur ein dispergierendes H-Atom[3].

Fig. 222. Apparatur zur Beobachtung des Verlaufs der Dispersion in der Umgebung der leuchtenden Wasserstofflinie H_α der BALMERserie.
K Leuchtende Kapillare,
B Blende im Brennpunkt von L_1,
L_1, L_2 Linsen,
P_1, P_2 JAMINsche Platten,
D GEISSLERrohr, durch zwei planparallele Platten verschlossen,
S Spektrograph.

Von neueren Untersuchungen dieser Art wollen wir noch eine schöne Aufnahme von KOPFERMANN und LADENBURG bringen (Fig. 223), die den Verlauf der Dispersion im angeregten Neon zeigt[4].

Von den Konstanten ϱ und γ ist die zweite wesentlich von den Versuchsbedingungen (Druck, Temperatur usw.) abhängig. Die erste ϱ aber hängt außer von der Dichte oder der Atomzahl N von dem Stärkefaktor f ab, der eine wahre Atomkonstante ist.

Da nun die Quantentheorie der Atomstrukturen eine mehr oder weniger genaue Berechnung der f-Werte erlaubt, so war das Bestreben der Experimentatoren, empirische Bestimmungen von f zur Prüfung der Theorie durchzuführen. Hierzu gehört im Grunde nichts als die Bestimmung der Anzahl N der leuchten-

[1] R. LADENBURG u. ST. LORIA: Physik. Z. Bd. 9 (1908) S. 875.

[2] Bei späteren Arbeiten ist, wie auch in unserer Fig. 221 dargestellt, der zweite Strahl ebenfalls durch ein gleiches, aber unerregtes Rohr (Kompensator) geleitet.

[3] Zur Zeit der Versuche war der Ursprung des Linienspektrums der Atome gegenüber dem Bandenspektrum der Moleküle noch nicht aufgeklärt.

[4] H. KOPFERMANN u. R. LADENBURG: Z. Physik Bd. 48 (1928) S. 30.

den Atome. Sie ist einfach, wenn es sich um Absorptionslinien handelt, die dem Übergang vom Grundzustand zum angeregten Zustand des Atoms entsprechen; sie ist viel schwieriger, wenn der Anfangszustand selbst angeregt ist. Wir können auf die Einzelheiten dieser Verfahren hier nicht eingehen, da sie mit der Optik

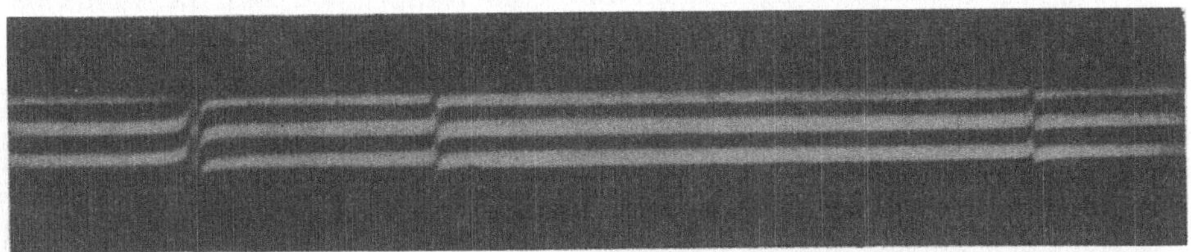

Fig. 223. Anomale Dispersion am leuchtenden Neon. (Nach H. KOPFERMANN und R. LADENBURG: Z. Physik Bd. 48.)

nur indirekt zu tun haben. Dagegen wollen wir eine Tabelle von gemessenen f-Werten zusammenstellen, da diese für viele Zwecke der Atomphysik wichtige Konstante sind[1].

Für das Wasserstoffatom kann man die f-Werte auch aus der SCHRÖDINGERschen Quantentheorie bestimmen und erhält nach SUGIURA[2] theoretisch folgende Zahlen für die LYMAN- und die BALMERserie:

Tabelle 39. f-Werte für die LYMANserie ($f_{n,1}$) und die BALMERserie ($f_{n,2}$) nach SUGIURA.

n	λ_0 in Å	$f_{n,1}$	λ_0 in Å	$f_{n,2}$
1	—	—	—	−0,104
2	1216	0,4162	—	—
3	1026	0,0791	6563	0,6408
4	972	0,0290	4861	0,1193
5	950	0,0139	4340	0,0447
6	938	0,0078	4102	0,0224
7	931	0,0048	3970	0,0127
8	926	0,0032	3889	0,0080
9	923	0,0022	3835	0,0054
$\sum_{10}^{\infty} f_n$		0,0079		0,0185
$\sum f_n$		0,5641		0,768
$\int_0^{\infty} df$		0,437		0,225
Gesamtsumme		1,001		0,993

Dabei ist auch die Summe der f-Werte für das an die Seriengrenze sich anschließende Kontinuum als Integral angegeben. Erst dadurch wird erreicht, daß der f-Summen-Satz § 91 (9) (S. 472) erfüllt ist[3] (*ein* Leuchtelektron, daher $z = 1$).

Die Verhältnisse der f-Werte lassen sich experimentell prüfen, da die Atomzahl N des Ausgangszustandes bei der Quotientenbildung herausfällt. LADENBURG und REICHE fanden für das Verhältnis der Stärken der beiden

[1] Sie bestimmen die Übergangswahrscheinlichkeiten bei der Wechselwirkung der Atome mit der Strahlung.

[2] M. Y. SUGIURA: J. Physique Radium (6) Bd. 8 (1927) S. 113.

[3] Der f-Wert des ersten Gliedes der BALMERserie $f_{1,2}$ ist mit negativem Zeichen angeschrieben, mit dem er bei der Summenbildung auftritt. Übrigens ist $f_{1,2} = \frac{1}{4} f_{2,1}$ wegen der Entartung des Zustandes $n = 2$: er zerfällt bei Aufhebung der Entartung in 4 Zustände (hat das Gewicht 4).

Tabelle 40. f-Werte für die Hauptlinien des Na-Atoms.

$n_2 - 3_1$	Spektrosk. Bezeichnung	λ_0 in Å	
$3_2 - 3_1$	$2\,^2P - 1\,^2S$	5893	0,9728
$4_2 - 3_1$	$3\,^2P - 1\,^2S$	3303	0,0144
$5_2 - 3_1$	$4\,^2P - 1\,^2S$	2853	0,0056
$6_2 - 3_1$	$5\,^2P - 1\,^2S$	2680	0,0028
$7_2 - 3_1$	$6\,^2P - 1\,^2S$	2594	0,0017
$8_2 - 3_1$	$7\,^2P - 1\,^2S$		0,0011
$\sum_3^8 f$			0,998
$2_2 - 3_1$			−0,043
$\sum f - f_{\text{kont.}}$			0,955

ersten BALMERlinien 4,5, wärend der theoretische Wert nach Tabelle 39 5,37 beträgt[1].

SUGIURA[2] hat die f-Werte für die Hauptlinien des Na-Atoms berechnet und nebenstehende Werte erhalten.

Übereinstimmend mit diesen Werten fand MINKOWSKI, daß die erste Linie $(3_2 - 3_1)$ einen Wert für f ergibt, der schon praktisch gleich 1 ist (s. S. 495).

Es gibt noch ein unabhängiges Verfahren, die ϱ-Werte und damit die f-Werte zu bestimmen, das den anomalen Verlauf des magnetischen Drehvermögens (FARADAYeffekt) in der Umgebung der Spektrallinien benutzt. Wir werden im folgenden (§ 96) darauf zurückkommen.

Zum Schluß geben wir noch eine Zusammenstellung von Meßresultaten von f-Werten für eine Reihe von Metalldämpfen[3]:

Tabelle 41. f-Werte für einige Metalldämpfe.

Element	Serienbezeichnung	Wellenlänge in Å	f
Na	$1\,^2S_{\frac{1}{2}} - 2\,^2P_{\frac{1}{2}}$	5896	0,35
	$1\,^2S_{\frac{1}{2}} - 2\,^2P_{\frac{3}{2}}$	5890	0,70
Hg	$1\,^1S_0 - 2\,^3P_1$	2537	0,0286
Cs	$1\,^2S_{\frac{1}{2}} - 3\,^2P_{\frac{1}{2}}$	4593	0,0048
	$1\,^2S_{\frac{1}{2}} - 3\,^2P_{\frac{3}{2}}$	4555	0,01
	$1\,^2S_{\frac{1}{2}} - 4\,^2P_{\frac{1}{2}}$	3899	0,00056
	$1\,^2S_{\frac{1}{2}} - 4\,^2P_{\frac{3}{2}}$	3877	0,002
	$1\,^2S_{\frac{1}{2}} - 5\,^2P_{\frac{1}{2}}$	3617	0,00012
	$1\,^2S_{\frac{1}{2}} - 5\,^2P_{\frac{3}{2}}$	3612	0,00064
Cd	$1\,^1S_0 - 2\,^3P_1$	3261	0,0019
	$1\,^1S_0 - 2\,^1P_1$	2288	0,20
Tl	$2\,^2P_{\frac{1}{2}} - 2\,^2S_{\frac{1}{2}}$	3776	0,08
	$2\,^2P_{\frac{1}{2}} - 3\,^2D_{\frac{3}{2}}$	3768	0,20

Dabei sind die f-Werte für die Multipletts getrennt angegeben. Beim Natrium ist die Summe der beiden f-Werte für die beiden D-Linien gleich 1 in Übereinstimmung mit dem oben Gesagten[4] bzw. Tabelle 40. Die Quecksilberlinie $\lambda_0 = 2537$ Å haben wir schon oben (s. § 94, S. 488) behandelt. Die übrigen Messungen stammen von FÜCHTBAUER (für die Cs-Linien) und von KUHN[5] (für die Linien des Cd und Tl).

[1] R. LADENBURG u. F. REICHE: Naturwiss. Bd. 11 (1923) S. 584. Eine neuere Bestimmung [A. CARST und R. LADENBURG: Z. Physik Bd. 48 (1928) S. 192] ergab für das Verhältnis $f_{4,2} : f_{3,2}$ den Wert 4,66.

[2] M. Y. SUGIURA: Philos. Mag. Bd. 4 (1917) S. 502.

[3] Vgl. R. MINKOWSKI: Müller-Pouillets Lehrb. d. Physik, 2. Aufl., Bd. 2 II S. 1702. Die f-Werte für Na stammen aus der Arbeit von R. LADENBURG und E. THIELE [Z. Physik Bd. 72 (1931) S. 697].

[4] Daß die Messung Werte gibt, deren Summe sogar ein wenig über 1 liegt, braucht kein Meßfehler zu sein, sondern kann auf der Mitwirkung der inneren Elektronen beruhen.

[5] W. KUHN: Kgl. Danske Vidensk. Selskab., Math.-fys. Medd. Bd. VII (1926) Nr. 12.

§ 95. Dispersionsverlauf in durchsichtigen Gebieten bei Gasen und festen Körpern.

Aus den Betrachtungen des vorigen Paragraphen geht hervor, daß schon in einem Frequenzabstand von einer Eigenfrequenz (Spektrallinie), der nur ein geringes Vielfaches der Dämpfungskonstanten γ ist, die Absorption unmerklich gering ist.

Wir betrachten jetzt Gebiete außerhalb dieser engen Umgebung der Spektrallinien, die wir kurz als *Gebiete der Durchsichtigkeit* bezeichnen. Hier haben wir in den Formeln, die die Beziehung zwischen Moment und Feldstärke angeben, die Dämpfungskonstante zu streichen; es liefern daher die Formeln § 91 (4) und § 92 (15) für den Beitrag einer einzelnen Spektrallinie

$$\mathfrak{p}_0 = f\frac{e^2}{m}\frac{1}{\omega_0^2-\omega^2}\mathfrak{E}_0. \tag{1}$$

Solche Beträge aber werden jetzt von *allen* Resonanzstellen herrühren; wir unterscheiden daher diese durch den Index k, schreiben also $2\pi\nu_k = \omega_k$, f_k sowie entsprechend § 93 (9)

$$\varrho_k = N\frac{e^2}{\pi m}f_k. \tag{2}$$

Entsprechend § 93 (10) erhalten wir also jetzt ($n_0 = 1$, $\gamma = \varkappa = 0$) für den Brechungsindex die Gleichung

$$n^2 - 1 = 4\pi N\alpha = \sum_k \frac{\varrho_k}{\nu_k^2-\nu^2} = \sum_k \frac{\varrho_k}{c^2}\frac{\lambda^2\lambda_k^2}{\lambda^2-\lambda_k^2}. \tag{3}$$

Hieraus wird auf Grund der Identität $\frac{\lambda^2}{\lambda^2-\lambda_k^2} = 1 + \frac{\lambda_k^2}{\lambda^2-\lambda_k^2}$

$$n^2 - 1 = a + \sum_k \frac{b_k}{\lambda^2-\lambda_k^2}, \tag{4}$$

wo

$$\left\{\begin{aligned} a &= \sum_k \frac{\varrho_k}{\nu_k^2} = \frac{1}{c^2}\sum_k \varrho_k\lambda_k^2, \\ b_k &= \frac{c^2\varrho_k}{\nu_k^4} = \frac{1}{c^2}\varrho_k\lambda_k^4 \end{aligned}\right. \tag{5}$$

gesetzt ist.

Wir betrachten nun zunächst den Grenzfall unendlich langer Wellen oder unendlich kleiner Frequenzen. Wie wir wissen (s. I, § 5), gelangen wir dann in das Gebiet, in dem für gewisse Substanzen die MAXWELLsche Beziehung $n^2 = \varepsilon$ erfüllt ist, wo ε die statische Dielektrizitätskonstante bedeutet: nämlich für solche Substanzen, die keinen statischen Dipol tragen. Bei Dipolsubstanzen dagegen muß man von ε zunächst den der Temperatur umgekehrt proportionalen Anteil abziehen, um den Grenzwert von n^2 zu erhalten[1]. Unsere Formeln (4) und (2) liefern also im Limes $\nu \to 0$:

$$\varepsilon = 1 + a = 1 + N\frac{e^2}{\pi m}\sum_k \frac{f_k}{\nu_k^2}. \tag{6}$$

Man kann also mit Hilfe der Kenntnis der Eigenfrequenzen und ihrer Stärken die Größe der Dielektrizitätskonstanten bestimmen. Wir wollen uns überzeugen,

[1] Die in I § 5 mit a bezeichnete Größe ist nicht genau dieselbe wie hier, da sie dort nur die Wirkung der Elektronenbewegungen enthält, hier aber die Kernschwingungen mit umfaßt.

daß selbst eine rohe Kenntnis des Absorptionsgebietes eines Gases die richtige Größenordnung für seine Dielektrizitätskonstante liefert.

Die Anzahl N der Moleküle pro Volumeneinheit drückt sich durch die Anzahl N pro Mol mit Hilfe der Dichte d und des Molekulargewichtes μ aus nach der Formel $N = \mathsf{N}\frac{d}{\mu}$. Ferner zerlegen wir $N\frac{e^2}{m} = \frac{d}{\mu}\mathsf{N}e\frac{e}{m}$. Dabei ist $\mathsf{N}e = F = 2{,}895 \cdot 10^{14}$ e.s.E. die FARADAYsche Konstante der Elektrolyse und $e/m = 5{,}3 \cdot 10^{17}$ e.s.E./g aus Kathodenstrahlmessungen bekannt. Als Dichte nehmen wir die der Luft bei Atmosphärendruck und $0°$ C, $d = 0{,}0012$, für μ das mittlere Molekulargewicht der Luft $\mu = 28{,}8$. Dann wird

$$N\frac{e^2}{\pi m} = 2{,}048 \cdot 10^{27}\,.$$

Nun ist Luft im sichtbaren Spektralbereich durchsichtig, hat aber im Ultravioletten Absorptionsgebiete bei $\lambda = 1860$ Å $= 1{,}86 \cdot 10^{-5}$ cm; entsprechend ist $\nu_k = 1{,}6 \cdot 10^{15}\,\mathrm{sec}^{-1}$. Die Summe wird daher von der Größenordnung $\nu_k^{-2} = 3{,}9 \cdot 10^{-31}$. Es wird also

$$\varepsilon - 1 = 8 \cdot 10^{-4}\,.$$

Tatsächlich gilt für die mittlere Dielektrizitätskonstante der Luft bei Atmosphärendruck und $0°$ C

$$\varepsilon - 1 = 5{,}9 \cdot 10^{-4}\,.$$

Nimmt man dieses Ergebnis zusammen mit der schon früher (VII, § 76) erörterten LORENTZ-LORENZschen Regel zur Umrechnung von Dielektrizitätskonstanten von einer Dichte auf die andere, so zeigt die Übereinstimmung, daß die Größenordnung von ε unter allen Umständen durch unsere Theorie richtig wiedergegeben wird.

Wir werden die Formel (6) erst dann genauer prüfen können, wenn wir die Eigenfrequenzen wirklich bestimmt haben.

Hierzu betrachten wir den Verlauf von n^2 im ganzen Spektralgebiet und erkennen, daß überall, wo unsere Gleichung (3) gilt, also in Durchsichtigkeitsgebieten, der Brechungsindex mit wachsender Frequenz, also mit abnehmender Wellenlänge, stetig wächst. Man spricht dann von *normaler Dispersion* (s. § 93,

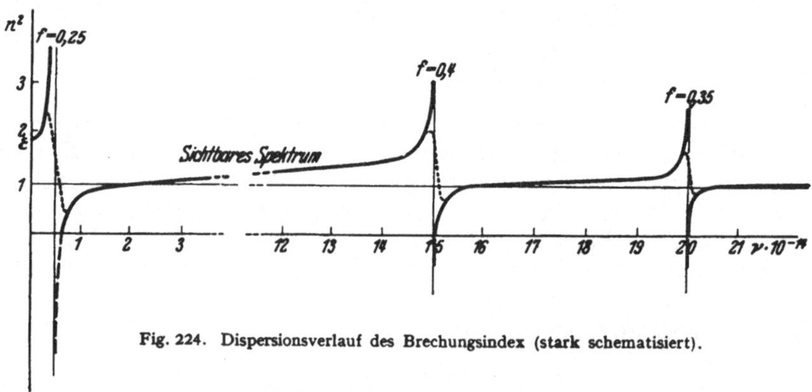

Fig. 224. Dispersionsverlauf des Brechungsindex (stark schematisiert).

S. 480). Die Eigenfrequenzen selbst erscheinen bei dieser Näherung als Unendlichkeitsstellen mit Vorzeichenwechsel von $n^2 - 1$. Es gibt also auf der kurzwelligen Seite in der Nachbarschaft jeder Eigenfrequenz ein kleines Gebiet, in dem n^2 negativ wird. Dieser Bereich, wo unsere Formel (4) sinnlos wird, fällt natürlich in diejenige Umgebung der Absorptionslinie, in der die Dämpfung γ eben nicht mehr vernachlässigt werden kann. Fig. 224 zeigt den Verlauf von n^2 in schematischer Darstellung; es sind in ihr drei Eigenfrequenzen angenommen. Die Grenzformel (3), die die Dämpfung nicht berücksichtigt, ist durch eine ausgezogene Linie dargestellt, soweit dabei $n^2 > 0$ ist. In den Absorptionsgebieten ist punktiert der wirkliche Verlauf von n^2 (mit anomaler Dispersion) eingetragen, so wie er sich aus § 93 (15) und Fig. 214, S. 479, ergibt.

Gewöhnlich genügt zur Darstellung des Brechungsindex über den ganzen zugänglichen Spektralbereich die Annahme einer oder zweier Eigenfrequenzen im Ultravioletten. So kann man z. B. nach KOCH[1] zwischen $\lambda = 0{,}436\,\mu$ und $\lambda = 8{,}68\,\mu$ für die Gase *Wasserstoff*, *Sauerstoff* und *Luft* eine einfache Formel der Gestalt

$$n^2 - 1 = a + \frac{b}{\lambda^2 - \lambda_0^2}. \tag{7}$$

gewinnen, wobei die Konstanten a, b, λ_0 folgende, aus Tabelle 42 zu entnehmende Werte haben:

Tabelle 42. Dispersion von Wasserstoff, Sauerstoff und Luft zwischen $\lambda = 0{,}436$ und $\lambda = 8{,}68\,\mu$ bei 0° C und 760 mm Hg.

Gas	$a \cdot 10^6$	$b \cdot 10^6$	λ_0^2 in 10^{-8} cm²	ν_0 in 10^{15} sec⁻¹
Wasserstoff	27216	211,2	0,007760	3,40
Sauerstoff	52842	369,9	0,007000	3,55
Luft	57642	327,7	0,005685	3,98

Mit Hilfe der so gewonnenen Zahlen können wir zunächst die Gültigkeit der Formel (6) für die Dielektrizitätskonstante etwas genauer prüfen. In Tabelle 43 sind die Werte von $1 + a$ nach Tabelle 42 mit den direkt gemessenen für ε bei gleicher Temperatur und gleichem Druck verglichen. Man sieht eine gute Übereinstimmung.

Tabelle 43. Vergleich der Dispersion mit der statischen Dielektrizitätskonstanten bei 0° C und 760 mm Hg.

Gas	$1 + a$	ε
Wasserstoff	1,00027216	1,000264
Sauerstoff	1,00052842	1,000547
Luft	1,00057642	1,000590

Wir wollen noch eine Bemerkung über die aus der Dispersionsformel extrapolierten Eigenfrequenzen ν_0 machen.

Man sieht, daß es sich um Absorptionsstreifen im äußersten Ultravioletten, dem sog. „SCHUMANN-Gebiet", handelt. Die Lage der wirklichen Absorptionslinien der Moleküle H_2, O_2, N_2 ist durch die Quantenmechanik der Atome ungefähr bekannt; sie befinden sich in derselben Gegend, in der die Absorptionslinien der betreffenden *Atome*, H, O, N, liegen. Bekanntlich ist die Grundlinie des H-Atoms das erste Glied der LYMANserie, das man gewöhnlich $\nu = \frac{3}{4} R$ schreibt, wo

$$R = 3{,}29 \cdot 10^{15}\,\text{sec}^{-1}$$

die sog. RYDBERG*frequenz* ist, die die Ionisierungsenergie des Atoms aus dem Grundzustand oder den Beginn der kontinuierlichen Absorption bestimmt. Die Tabelle 42 zeigt, daß die aus der Dispersion berechnete Eigenfrequenz tatsächlich in diese Gegend des Spektrums fällt. Genauere Angaben sind natürlich unmöglich, weil die Absorptionsspektren der Moleküle in Wirklichkeit höchst verwickelt sind. Daß man mit einer eingliedrigen Dispersionsformel überhaupt auskommt, liegt daran, daß die Ausdehnung des Absorptionsgebietes (das etwa zwischen $\frac{1}{2} R$ und $2 R$ liegt) relativ klein ist gegen seinen Frequenzabstand von

[1] J. KOCH: Nov. Act. Soc. Ups. (4) Bd. 2 (1909) Nr. 5 S. 61.

dem Gebiete, in dem der Brechungsindex dargestellt werden soll, so daß man es durch eine mittlere Frequenz ersetzen kann.

In einem solchen Spektralbereich, in den *keine* Eigenfrequenz fällt, kann man die genauere Formel (3) bzw. (4) oft noch mit genügender Näherung durch eine einfachere ersetzen. Für alle dem Auge durchsichtig erscheinenden Substanzen ist das *sichtbare* Gebiet des Spektrums ein solcher Bereich. Die nach der kurzwelligen Seite zu außerhalb dieses Spektrums gelegenen Eigenschwingungen wollen wir *violette* nennen und mit ν_v bezeichnen, die nach der langwelligen Seite gelegenen nennen wir *rote* Eigenschwingungen und bezeichnen sie mit ν_r. Dann kann man die Dispersionsformel (3) in eine Potenzreihe nach ν bzw. λ entwickeln und erhält

$$(8)\quad \begin{cases} n^2 - 1 = A + B\nu^2 + C\nu^4 + \cdots \\ \qquad - \dfrac{B'}{\nu^2} - \dfrac{C'}{\nu^4} - \cdots \\ \quad = A + \dfrac{B c^2}{\lambda^2} + \dfrac{C c^4}{\lambda^4} + \cdots \\ \qquad - \dfrac{B'\lambda^2}{c^2} - \dfrac{C'\lambda^4}{c^4} - \cdots. \end{cases}$$

Dabei sind die Konstanten

$$(9)\quad A = \sum_v \frac{\varrho_v}{\nu_v^2},\quad B = \sum_v \frac{\varrho_v}{\nu_v^4},\quad C = \sum_v \frac{\varrho_v}{\nu_v^6},\ \ldots,\quad B' = \sum_r \varrho_r,\quad C' = \sum_r \varrho_r \nu_r^2, \ldots.$$

In einem solchen absorptionsfreien Gebiete ist bei Gasen n so wenig von 1 verschieden, daß man $n^2 - 1$ durch $2(n-1)$ ersetzen kann. Gewöhnlich sind die Glieder B', C', die von den ultraroten Eigenfrequenzen herrühren, ohne großen Einfluß. Läßt man sie weg und bricht außerdem die Reihe (8) mit λ^{-2} ab, so erhält man die sog. CAUCHY*sche Dispersionsformel*, die schon vor der Resonanztheorie der Dispersion aufgestellt worden ist[1]; sie lautet also (für Gase):

$$(10)\qquad n - 1 = A_1\left(1 + \frac{B_1}{\lambda^2}\right)$$

Tabelle 44. Konstanten A_1 und B_1 der CAUCHYschen Dispersionsformel für verschiedene Gase.

Gas	$A_1 \cdot 10^5$	$B_1 \cdot 10^{11}$
Argon	27,92	5,6
Stickstoff	29,19	7,7
Helium	3,48	2,3
Wasserstoff	13,6	7,7
Sauerstoff	26,63	5,07
Luft	28,79	5,67
Äthan	73,65	9,08
Methan	42,6	14,41

mit

$$(11)\quad A_1 = \frac{A}{2},\qquad B_1 = \frac{B c^2}{A}.$$

Tabelle 45. Vergleich des beobachteten Brechungsindex für Luft mit dem aus der CAUCHYschen Formel (10) berechneten.

$\lambda \cdot 10^5$ cm	$(n-1) \cdot 10^4$ beobachtet	$(n-1) \cdot 10^4$ berechnet	Diff.
7,594	2,905	2,907	0,002
6,563	2,916	2,917	0,001
5,896	2,926	2,926	0,000
5,378	2,935	2,935	0,000
5,184	2,940	2,940	0,000
4,861	2,948	2,948	0,000
4,677	2,951	2,954	0,003
4,308	2,966	2,967	0,001
3,969	2,983	2,983	0,000
3,728	2,995	2,996	0,001
3,441	3,016	3,017	0,001
3,180	3,040	3,041	0,001
3,021	3,056	3,058	0,002
2,948	3,065	3,067	0,002

Wir geben die Werte von A_1 und B_1 für einige wichtige Gase an (Tab. 44). Um die Genauigkeit der Formel zu veranschaulichen, sind in Tabelle 45 die aus der CAUCHYschen Formel für Luft berechneten Werte des Brechungs-

[1] L. CAUCHY, Bull. des sc. math. Bd. 14 (1830) S. 9; Sur la dispersion de la lumière, Nouv. exerc. de math. 1836.

index mit den beobachteten verglichen worden. Man sieht, daß die Übereinstimmung vorzüglich ist.

Beim Übergang zu Substanzen großer Dichte, d. h. zum *flüssigen und festen (isotropen) Zustand*, gilt an Stelle der Formel (3) die LORENTZ-LORENZsche Gleichung [VII, § 76 (15)]; in Gebieten der Durchlässigkeit, also bei Vernachlässigung der Dämpfung, wird mithin

$$\frac{n^2-1}{n^2+2} = \frac{4\pi}{3} N\alpha \tag{12}$$

oder

$$n^2 - 1 = \frac{12\pi N\alpha}{3 - 4\pi N\alpha}, \tag{13}$$

wo

$$4\pi N\alpha = \frac{Ne^2}{\pi m} \sum_k \frac{f_k}{\nu_k^2 - \nu^2} = \sum_k \frac{\varrho_k}{\nu_k^2 - \nu^2}. \tag{14}$$

Achtet man aber nicht auf die Abhängigkeit von der Dichte oder der Teilchenzahl N, so kann man die Formel (13) wieder auf die Gestalt einer Dispersionsformel wie bei Gasen bringen, nur sind die Eigenfrequenzen abgeändert[1]. Ist nämlich die Anzahl der zu berücksichtigenden Eigenfrequenzen ν_k praktisch endlich, so stellt $n^2 - 1$ nach (13) eine rationale Funktion in ν^2 dar, die man in Partialbrüche zerlegen kann. Man hat dazu die Nullstellen des Nenners, also die Wurzeln der Gleichung

$$3 - 4\pi N\alpha = 3 - \sum_k \frac{\varrho_k}{\nu_k^2 - \nu^2} = 0 \tag{15}$$

zu bestimmen. Seien sie etwa $\bar{\nu}_k$; dann läßt sich der Ausdruck (13) auf die Form bringen

$$n^2 - 1 = \sum_k \frac{\bar{\varrho}_k}{\bar{\nu}_k^2 - \nu^2}, \tag{16}$$

die mit der Formel (3) für verdünnte Gase gleichlautet.

So ist z. B. in dem Falle, daß nur eine Eigenfrequenz zu berücksichtigen ist, $\bar{\nu}_1$ die Wurzel der Gleichung $3 - \varrho_1/(\nu_1^2 - \nu^2) = 0$, d. h.

$$\begin{cases} \bar{\nu}_1^2 = \nu_1^2 - \frac{1}{3}\varrho_1, \\ \bar{\varrho}_1 = \varrho_1 \end{cases} \tag{17}$$

[in Übereinstimmung mit § 93 (18)].

Nach dieser Formel hat man die Eigenfrequenzen des Gaszustandes in die des kondensierten umzurechnen. Im allgemeinen Falle ist diese Umrechnung komplizierter. Sie ist von geringem Wert, da sie Unveränderlichkeit der Moleküle bei der Kondensation voraussetzt, was in Wirklichkeit niemals zutrifft.

Tabelle 46. Konstanten der Dispersionsformel (4) für einige Kristalle. Vergleich der Konstanten $1+a$ mit der Dielektrizitätskonstanten ε. Einheit der Wellenlänge: $\mu = 10^{-4}$ cm.

	Flußspat	Steinsalz	Sylvin
b_1	0,00612	0,018	0,0150
λ_1^2	0,00888	0,0162	0,0234
b_2	5099	3977	10747
λ_2^2	1258	3149	4517
$1+a$	6,09	5,18	4,55
ε	6,7 bis 6,9	5,81 bis 6,29	4,94

Man hat die Dispersionsformel (3) oder (4) auf eine Reihe durchsichtiger Kristalle angewandt, vor allem auf die drei regulären Kristalle Flußspat, Steinsalz und Sylvin, bei denen zweigliedrige Formeln genügen. Die Konstanten sind in Tabelle 46 enthalten.

[1] Wir haben diese Umrechnung für eine einzelne Spektrallinie mit Dämpfung schon in § 93, S. 479, ausgeführt.

In der letzten Zeile sind zum Vergleich die Werte der Dielektrizitätskonstanten ε angegeben, die gleich denen von $1 + a$ sein sollten. Man erkennt, daß dies auch ungefähr zutrifft.

In der folgenden Tabelle 47 stellen wir noch einmal die aus den obigen Werten von λ_k^2 berechneten Wellenlängen und die zugehörigen Frequenzen für die drei Kristalle zusammen.

Auf Grund der Beobachtung des Brechungsindex im Durchsichtigkeitsgebiete, zu dem das sichtbare Spektrum gehört, muß man also erwarten, daß diese Kristalle zwei verschiedene Gruppen von Absorptionsstreifen zeigen, eine im Ultraroten in der Gegend von 30 bis 50 μ und eine im Ultravioletten in der Gegend von 100 bis 150 mμ.

Tabelle 47. Eigenwellenlängen und -frequenzen einiger Kristalle. Wellenlängen in μ, Frequenzen in $\sec^{-1}$.

	Flußspat	Steinsalz	Sylvin
λ_1	0,0940	0,127	0,153
λ_2	35,5	56,1	67,2
ν_1	$3{,}19 \cdot 10^{15}$	$1{,}75 \cdot 10^{15}$	$1{,}96 \cdot 10^{15}$
ν_2	$8{,}57 \cdot 10^{12}$	$5{,}35 \cdot 10^{12}$	$4{,}47 \cdot 10^{12}$

Diese Vorhersage der Dispersionstheorie ist durch spätere direkte Messungen in glänzender Weise bestätigt worden.

In das *ultrarote Gebiet* einzudringen, ist zuerst H. RUBENS und seinen Mitarbeitern[1] gelungen. Er bediente sich dabei hauptsächlich der „Methode der Reststrahlen“: Das starke Anwachsen des Brechungsindex in der Umgebung der Eigenschwingung bedingt ein entsprechendes Anwachsen des Reflexionsvermögens [vgl. I, § 11 (6)]. Durch mehrfache Reflexion kann man dann aus einer inhomogenen Wärmestrahlung die selektiv reflektierten Wellenlängen (Reststrahlen) aussondern.

In neuester Zeit ist es CZERNY und BARNES[2] gelungen, die Durchlässigkeit der Alkalihalogenide im ultraroten Gebiete durch das Absorptionsgebiet hindurch zu verfolgen. Sie benutzten dabei zur Herstellung äußerst dünner Schichten (von einigen μ Dicke) ein Verfahren, das von POHL und seinen Mitarbeitern in den später zu nennenden Untersuchungen über die ultravioletten Absorptionsmaxima der Salze ausgearbeitet worden ist (Verdampfung im Hochvakuum). Bei allen Kristallen fanden sie einen starken Absorptionsstreifen direkt bei den RUBENSschen Reflexionsmaxima.

In Tabelle 48 sind die wichtigsten Reststrahlwellenlängen, sodann die eben genannten Absorptionsmaxima und endlich die aus der Dispersionskurve im Sichtbaren extrapolierten Eigenschwingungen zusammengestellt.

Man erkennt, daß zwischen dem Maximum der selektiven Reflexion und dem der Absorption ein Unterschied besteht, und zwar in dem Sinne, daß das Absorptionsmaximum längeren Wellen, also kürzeren Eigenschwingungen entspricht. Das hängt damit zusammen, daß, wie wir in § 93 auseinandergesetzt haben, der Brechungsindex und damit auch das Reflexionsvermögen [s. I, § 11 (6)] in der Umgebung eines Absorptionsstreifens nicht genau symmetrisch verläuft (s. Fig. 214), und zwar ist die Kurve des Brechungsindex stärker nach kürzeren Wellen verschoben als die der Absorption. Das entspricht dem Sinne der beobachteten Verschiedenheit. Die aus der Dispersionskurve extrapolierten Werte

[1] H. RUBENS u. E. F. NICHOLS: Wied. Ann. Bd. 60 (1897) S. 45; H. RUBENS u. E. ASCHKINASS: Ebenda Bd. 65 (1898) S. 253; Bd. 67 (1899) S. 459; H. RUBENS u. H. HOLLNAGEL: Philos. Mag. 1910 S. 761; H. RUBENS: Verh. dtsch. physik. Ges. Bd. 13 (1911) S. 102; H. RUBENS u. G. HERTZ: Berl. Ber. 1912 S. 256; H. RUBENS: Ebenda 1913 S. 513; H. RUBENS u. H. v. WARTENBERG: Ebenda 1914 S. 169; H. RUBENS: Ebenda 1915 S. 4; 1916 S. 1280; TH. LIEBISCH u. H. RUBENS: Ebenda 1919 S. 198 u. 876.

[2] R. B. BARNES u. M. CZERNY: Z. Physik Bd. 72 (1931) S. 447; R. B. BARNES: Z. Physik Bd. 75 (1932) S. 723.

Tabelle 48. Ultrarote Eigenschwingungen einiger Kristalle[1]. Vergleich der Maxima der Absorption und Reflexion mit den aus der Dispersion extrapolierten Wellenlängen (in μ).

Substanz	Absorption	Reststrahlen	Dispersion
Lithiumfluorid LiF	32,6	17,0	—
Natriumfluorid NaF	40,6	35,8	—
Natriumchlorid (Steinsalz) NaCl	61,1	52,0	56,1
Kaliumchlorid (Sylvin) KCl	70,7	63,4	67,2
Rubidiumchlorid RbCl	84,8	73,8	—
Caesiumchlorid CsCl	102,0	—	—
Natriumbromid NaBr	74,7	—	—
Kaliumbromid KBr	88,3	81,5	—
Rubidiumbromid RbBr	114,0	—	—
Caesiumbromid CsBr	134,0	—	—
Natriumjodid NaJ	85,5	—	—
Kaliumjodid KJ	102,0	94,1	—
Rubidiumjodid RbJ	129,5	—	—
Chlorsilber AgCl	—	81,5	—
Bromsilber AgBr	—	112,7	—
Thalliumchlorür TlCl	117,0	91,9	—
Thalliumbromür TlBr	—	117,0	—
Thalliumjodür TlJ	—	151,8	—
Zinkblende ZnS	—	30,9	—
Flußspat CaF_2	—	31,6	35,5

liegen gerade zwischen den Absorptions- und den Reflexionswerten. Man kann also von einer sehr guten Übereinstimmung reden.

Es sei noch ein Wort über den physikalischen Vorgang gesagt, der diesen Schwingungen entspricht. Die Tatsache, daß die Eigenschwingungen vieler fester durchsichtiger Körper in zwei Gruppen zerfallen, von denen die eine im Ultraroten, die andere im Ultravioletten liegt, erklärt man nach DRUDE[2] dadurch, daß die ersteren auf Schwingungen von Atomen oder Ionen, die letzteren auf Schwingungen von Elektronen beruhen. Würden die rücktreibenden Kräfte für beide gleich sein, so müßten sich die Wellenlängen verhalten wie die Quadratwurzeln aus den Massen:

$$\frac{\lambda_r}{\lambda_v} = \sqrt{\frac{m_r}{m_v}}. \tag{20}$$

Ist μ das Molekulargewicht, m die Masse des Elektrons, m_H die des Wasserstoffatoms, so hat man

$$m_v = m, \quad m_r = \mu m_H,$$

und da $m_H/m = 1845$ ist, wird

$$\frac{\lambda_r}{\lambda_v} = \sqrt{1845\mu} = 43{,}0 \cdot \sqrt{\mu}. \tag{21}$$

Tabelle 49. Vergleich der Werte von λ_v und λ_r aus Tabelle 47 mit der Relation (21). Wellenlängen in μ.

	Flußspat	Steinsalz	Sylvin
μ	78,1	58,5	74,6
λ_v	0,094	0,127	0,153
λ_r	35,5	56,1	67,2
$\frac{\lambda_r}{\lambda_v\sqrt{\mu}}$	43	58	51

Tatsächlich ist diese von HABER[3] zuerst aufgestellte Relation bei den drei oben behandelten Kristallen recht gut erfüllt, wie Tabelle 49 zeigt.

Das bedeutet, daß die Bindungsstärken für Elektronen und Ionen nahezu gleich sind; die Abweichungen der Zahlen voneinander messen die Verschiedenheit der Kräfte.

[1] Vgl. die Zusammenstellung in H. RUBENS: Berl. Ber. 1917 S. 47.
[2] P. DRUDE: Ann. Physik (4) Bd. 14 (1904) S. 677.
[3] F. HABER, Verh. d. Deutsch. Phys. Ges. Bd. 13 (1911) S. 1117.

E. MADELUNG[1] hat die Lage der Reststrahlen mit den elastischen Konstanten des Kristalls in Beziehung gesetzt. Er hat zuerst (vor der Röntgenanalyse der Kristalle) die Hypothese aufgestellt, daß es sich bei den Salzkristallen der betrachteten Art um Ionengitter handle und daß die Reststrahlen den Schwingungen des Gitters der positiven Ionen gegen das der negativen entsprechen. Daraus konnte er eine Beziehung der Reststrahlenfrequenzen zur Kompressibilität des Kristalls ableiten, die allerdings nur die Größenordnungen richtig wiedergibt. Durch diese Betrachtung in Verbindung mit der Gültigkeit der Wurzelbeziehung (21) (gleiche Größenordnung für die Bindungskräfte für Ionen und Elektronen) wurde nahegelegt, daß die elastischen Kräfte der Kristalle im großen wesensgleich sind mit den inneratomaren Kräften, durch die die Elektronen im Atomverband zusammengehalten werden.

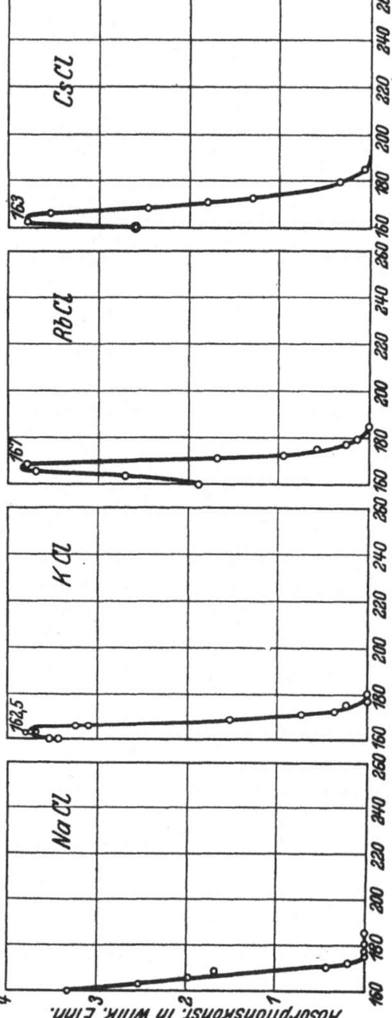

Von hier aus entstand die heutige elektrische Gittertheorie der Kristalle[2]. Sie betrachtet als elementare Bausteine der Salzkristalle Ionen; diese ziehen sich nach dem COULOMBschen Gesetz an und stoßen sich außerdem mit Kräften ab, die sehr rasch bei Annäherung der Ionen ansteigen. Die Mechanik solcher Ionengitter läßt sich vollständig durchrechnen[3] und liefert mit einem Schlage die wesentlichsten physikalischen Konstanten des Gitters (Elastizität, Piezoelektrizität, Dielektrizitätskonstante, ultrarote Eigenfrequenzen u. dgl.). Zugleich versteht man auf Grund dieser Gittermechanik, warum die Ionenbindung von derselben Größenordnung sein muß wie die der Elektronen im Atom: beide beruhen auf den COULOMBschen Kräften der Elementarladung in Abständen von der Größenordnung einiger Ångströmeinheiten. Doch sei bemerkt, daß eine vollständige Einsicht in diese Verhältnisse erst durch die Quantentheorie ermöglicht wird.

In neuester Zeit sind auch die *ultravioletten Absorptionslinien* vieler Alkalihalogenide von

[1] E. MADELUNG: Nachr. Ges. Wiss. Göttingen, math.-physik. Kl. 1909 S. 100; 1910 S. 43; Physik. Z. Bd. 11 (1910) S. 898.

[2] M. BORN u. A. LANDÉ: Berl. Ber. 1918 S. 1048; weitere Literaturangaben findet man in M. BORN: Atomtheorie des festen Zustandes. Berlin u. Leipzig 1921.

[3] Die hierzu nötige Berechnung von „Gitterpotentialen" wurde zuerst von MADELUNG [Physik. Z. Bd. 19 (1918) S. 542] durchgeführt. Siehe das soeben in Anm. 2 zitierte Buch von BORN. Die gittertheoretische Berechnung der ultraroten Eigenfrequenzen findet sich in einer Arbeit von M. BORN und E. BRODY [Z. Physik Bd. 11 (1922) S. 327]; die berechneten Werte stimmen vorzüglich mit den 10 Jahre später von BARNES (s. die in Anm. 2, S. 504 zitierte Arbeit) beobachteten Absorptionsmaxima überein [s. hierzu M. BORN: Z. Physik Bd. 76 (1932) S. 559].

Pohl und seinen Schülern[1] durch direkte Absorptionsmessungen gefunden worden. Tabelle 50 gibt die gemessenen Wellenlängen wieder. Dort kommen auch die beiden Kristalle Steinsalz und Sylvin vor, und man kann daher die

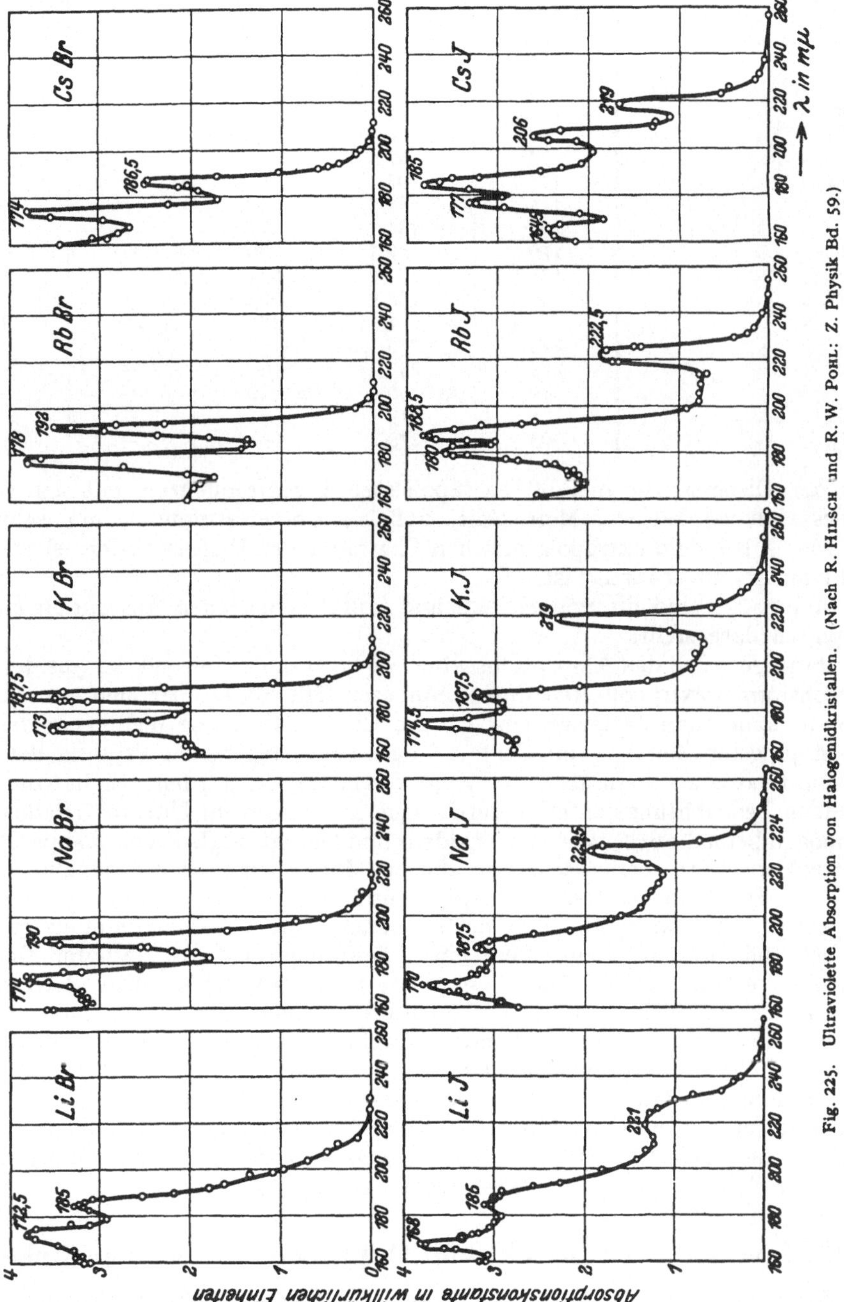

Fig. 225. Ultraviolette Absorption von Halogenidkristallen. (Nach R. Hilsch und R. W. Pohl: Z. Physik Bd. 59.)

[1] W. Flechsig: Z. Physik Bd. 36 (1926) S. 605; R. Hilsch u. R. W. Pohl: Ebenda Bd. 48 (1928) S. 384; Bd. 57 (1929) S. 145; Bd. 59 (1930) S. 812; Bd. 64 (1930) S. 606. Die Werte in Tabelle 50 sind den in R. Hilsch u. R. W. Pohl: Z. Physik Bd. 59 (1930) S. 817, dargestellten und von uns in Fig. 225 reproduzierten Kurven entnommen.

Tabelle 50. Ultraviolette Absorptionsmaxima einiger Halogenidkristalle.

Substanz	Wellenlänge des Absorptionsmaximums in $m\mu$				
	1	2	3	4	5
NaCl	> 160	—	—	—	—
KCl	162,5	—	—	—	—
RbCl	167	—	—	—	—
CsCl	163	—	—	—	—
LiBr	172,5	185	—	—	—
NaBr	174	190	—	—	—
KBr	173	187,5	—	—	—
RbBr	178	192	—	—	—
CsBr	174	186,5	—	—	—
LiJ	168	185	221	—	—
NaJ	170	187,5	229,5	—	—
KJ	174,5	187,5	219	—	—
RbJ	180	188,5	222,5	—	—
CsJ	164,5	177	185	206	219
TlCl	245	216	—	—	—
TlBr	273	239	—	—	—
TlJ	289	ca. 250	ca. 220	—	—
$PbCl_2$	271	219	—	—	—
PbJ_2	303	278	—	—	—

aus der Dispersionsformel (4) extrapolierten Eigenfrequenzen mit den direkt gemessenen vergleichen. Man sieht, daß die Übereinstimmung nur sehr roh ist, wie es bei dem extrapolatorischen Charakter der Dispersionsformel ja auch nicht anders zu erwarten ist.

In Fig. 225 sind die von HILSCH und POHL[1] gemessenen Absorptionskurven graphisch dargestellt.

Man sieht, daß das Absorptionsgebiet wirklich in die Gegend der aus der Dispersionsformel extrapolierten Eigenfrequenzen fällt; da es aber mehrere Maxima enthält, kann man natürlich eine genaue Übereinstimmung nicht erwarten.

In jüngster Zeit ist von CZERNY[2] eine neue eingehende Prüfung der Dispersionstheorie an Steinsalz und Sylvin vorgenommen worden. Er hat das vorhandene Beobachtungsmaterial durch neue Messungen im Ultrarot (Reflexionsvermögen bei nahezu senkrechter Inzidenz und Durchlässigkeit von planparallelen Platten) erweitert. Seine Resultate, die sich durch den ganzen zugänglichen Bereich des Spektrums erstrecken, werden durch unsere Formeln mit vier Gliedern dargestellt. Er hat dann auch noch versucht, die Übereinstimmung zu verbessern, indem er in jedem Gliede eine Dämpfungskonstante einfügte. Der allgemeine Verlauf läßt sich auf diese Weise recht gut wiedergeben, doch erhält man kleine Abweichungen, besonders im Ultraroten, die so aussehen, als ob weitere Absorptionsstellen vorhanden wären. Es ist sehr wahrscheinlich, daß diese von Verunreinigungen herrühren.

Für Flüssigkeiten und isotrope feste Körper werden die Dispersionsformeln in der Regel nur zum Interpolieren in mehr oder weniger ausgedehnten Spektralbereichen benutzt. Allgemeinere Gesetzmäßigkeiten kommen dabei nicht zum Vorschein. Wir wollen daher nicht darauf eingehen.

§ 96. Inverser ZEEMANeffekt und Dispersion des FARADAYeffektes.*

Wir haben jetzt die Aufgabe zu lösen, die Frequenzabhängigkeit der Parameter aller der optischen Effekte zu bestimmen, die wir im vorigen Kapitel untersucht haben, wie FARADAY-, COTTON-MOUTON- und KERReffekt, Licht-

[1] Siehe Anm. 1 auf S. 507. [2] M. CZERNY: Z. Physik Bd. 65 (1930) S. 600.

streuung und Drehungsvermögen. Wir haben dort diese Effekte durch Angabe des Polarisierbarkeitstensors A_{XY}, bezogen auf ein im Molekül festes Koordinatensystem X, Y, Z, und zwar gegebenenfalls als Funktion der Komponenten der äußeren Feldstärke $\mathfrak{F}$ (bis auf Glieder zweiter Ordnung einschließlich) dargestellt [s. Kap. VII, § 77 (4)]:

$$\mathsf{A}_{XY} = \alpha_{XY} + \sum_Z \alpha_{XY,Z}\,\mathfrak{F}_Z + \tfrac{1}{2}\sum_{X'Y'} \alpha_{XY,X'Y'}\,\mathfrak{F}_{X'}\mathfrak{F}_{Y'}\,. \tag{1}$$

Wir müssen also jetzt die Koeffizienten α_{XY}, $\alpha_{XY,Z}$, $\alpha_{XY,X'Y'}$ dieses Ausdruckes aus einem Modell, das die Resonanzeigenschaften des Moleküls wiedergibt, bestimmen und aus ihnen diejenigen invarianten Kombinationen bilden, durch welche die verschiedenen Effekte dargestellt werden. Dabei wollen wir aber keineswegs Allgemeinheit und Vollständigkeit anstreben, da ja, wie wir schon öfter betont haben, eine genaue Theorie der Wechselwirkung von Lichtfeld und Molekül nur auf Grund der Quantenmechanik möglich ist. Wir werden uns also damit begnügen, zu zeigen, daß man schon mit einfachen klassischen Modellen die wesentlichsten Züge der Erscheinungen wiedergeben kann.

Zunächst behandeln wir das Verhalten eines *Atoms*, das sich in einem *äußeren Magnetfeld* unter dem Einfluß einer Lichtwelle befindet, also die zum ZEEMANeffekt (§ 89) inverse Erscheinung. Dabei wird sich dann zugleich die Dispersion des FARADAYeffekts ergeben.

Als einfachstes Modell benutzen wir wie in § 89 ein isotrop gebundenes *negatives* Elektron, berücksichtigen aber eine der Geschwindigkeit proportionale Dämpfung. Wir erhalten die Schwingungsgleichung des Resonators unter der Einwirkung des elektrischen Lichtfeldes im konstanten magnetischen Felde $\mathfrak{H}$, indem wir in den Gleichungen § 89 (3) neben den Dämpfungsgliedern rechter Hand die elektrische Kraft des Lichtfeldes hinzufügen:

$$(2)\quad \begin{cases} \text{(a)} & \ddot{\mathfrak{p}}_x + \gamma\,\dot{\mathfrak{p}}_x + \omega_0^2\mathfrak{p}_x + 2\omega_L\dot{\mathfrak{p}}_y = \dfrac{e^2}{m}\,\mathfrak{E}_x^0\,,\\[2ex] \text{(b)} & \ddot{\mathfrak{p}}_y + \gamma\,\dot{\mathfrak{p}}_y + \omega_0^2\mathfrak{p}_y - 2\omega_L\dot{\mathfrak{p}}_x = \dfrac{e^2}{m}\,\mathfrak{E}_y^0\,,\\[2ex] \text{(c)} & \ddot{\mathfrak{p}}_z + \gamma\,\dot{\mathfrak{p}}_z + \omega_0^2\mathfrak{p}_z \qquad\qquad = \dfrac{e^2}{m}\,\mathfrak{E}_z^0\,, \end{cases}$$

wo γ die in § 85 eingeführte allgemeine Dämpfungskonstante und ω_L die LARMORfrequenz [s. § 89 (4)] ist. Hier sind die x- und die y-Komponente von $\mathfrak{p}$ miteinander gekoppelt; zur Trennung bilden wir

$$(3)\quad \begin{cases} \text{(a)} & \mathfrak{p}_x + i\mathfrak{p}_y = \mathfrak{p}_\xi\,, \quad \mathfrak{p}_x - i\mathfrak{p}_y = \mathfrak{p}_\eta\,,\\ \text{(b)} & \mathfrak{E}_x^0 + i\,\mathfrak{E}_y^0 - \mathfrak{E}_\xi^0\,, \quad \mathfrak{E}_x^0 - i\,\mathfrak{E}_y^0 = \mathfrak{E}_\eta^0\,. \end{cases}$$

Setzen wir ferner sämtliche variablen Größen proportional $e^{i\omega t}$, so erhalten wir

$$(4)\quad \begin{cases} \text{(a)} & \mathfrak{p}_\xi = \dfrac{\dfrac{e^2}{m}\,\mathfrak{E}_\xi^0}{\omega_0^2 - \omega^2 + \omega\,(2\omega_L + i\gamma)} = \alpha_\xi\,\mathfrak{E}_\xi^0\,,\\[4ex] \text{(b)} & \mathfrak{p}_\eta = \dfrac{\dfrac{e^2}{m}\,\mathfrak{E}_\eta^0}{\omega_0^2 - \omega^2 - \omega\,(2\omega_L - i\gamma)} = \alpha_\eta\,\mathfrak{E}_\eta^0\,,\\[4ex] \text{(c)} & \mathfrak{p}_z = \dfrac{\dfrac{e^2}{m}\,\mathfrak{E}_z^0}{\omega_0^2 - \omega^2 + i\omega\gamma} = \alpha_z\,\mathfrak{E}_z^0\,. \end{cases}$$

Da das Atom isotrop vorausgesetzt ist, gelten diese Formeln sowohl im raumfesten als auch im molekülfesten Koordinatensystem. Bringen wir sie auf die Form

$$\mathfrak{p}_x = \sum_y \mathsf{A}_{xy} \mathfrak{E}_y^0, \tag{5}$$

so ergibt sich

$$\left\{\begin{aligned} \mathfrak{p}_x &= \tfrac{1}{2}(\alpha_\xi \mathfrak{E}_\xi^0 + \alpha_\eta \mathfrak{E}_\eta^0) \\ &= \tfrac{1}{2}\{\alpha_\xi(\mathfrak{E}_x^0 + i\mathfrak{E}_y^0) + \alpha_\eta(\mathfrak{E}_x^0 - i\mathfrak{E}_y^0)\} \\ &= \frac{\alpha_\xi + \alpha_\eta}{2}\mathfrak{E}_x^0 + i\frac{\alpha_\xi - \alpha_\eta}{2}\mathfrak{E}_y^0 = \mathsf{A}_{xx}\mathfrak{E}_x^0 + \mathsf{A}_{xy}\mathfrak{E}_y^0, \end{aligned}\right. \tag{6}$$

und Analoges für die übrigen Komponenten, so daß der Tensor A im raumfesten System folgendermaßen lautet:

$$(7)\quad\left\{\begin{aligned} &\text{(a)} && \mathsf{A}_{xx} = \mathsf{A}_{yy} = \tfrac{1}{2}(\alpha_\xi + \alpha_\eta), \\ &\text{(b)} && \mathsf{A}_{xy} = -\mathsf{A}_{yx} = \frac{i}{2}(\alpha_\xi - \alpha_\eta), \\ &\text{(c)} && \mathsf{A}_{zz} = \alpha_z, \\ &\text{(d)} && \mathsf{A}_{xz} = \mathsf{A}_{zx} = \mathsf{A}_{yz} = \mathsf{A}_{zy} = 0. \end{aligned}\right.$$

Wegen der Isotropie des Atoms sind diese Ausdrücke zugleich die Mittelwerte der entsprechenden Komponenten, die wir in Kap. VII, § 77 (24) als Funktion der äußeren Feldstärke bis zu Gliedern zweiter Ordnung entwickelt haben; die hier abgeleiteten Formeln gelten aber streng für beliebige Feldstärken. Wir haben damit den Anschluß an unsere frühere allgemeine Theorie gewonnen, und zwar können wir direkt die in VII, § 79 gegebenen Formeln für den allgemeinen Fall der Lichtfortpflanzung in einem durch ein Magnetfeld beeinflußten Medium heranziehen, nur wollen wir zunächst nicht wie dort die Dielektrizitätskonstante nach Potenzen der Feldstärke H entwickelt denken [s. Kap. VII, § 79 (2)], sondern die durch unsere Formeln (7) gegebenen allgemeinen Abhängigkeiten annehmen. Wir beschränken uns auf ein Gas, für das wir die wirkende Feldstärke mit der einfallenden gleichsetzen können. Aus

$$\mathfrak{D} = \mathfrak{E} + 4\pi\mathfrak{P} = \mathfrak{E} + 4\pi N\mathfrak{p} \tag{8}$$

erhält man die Relationen VII, § 77 (32) oder die gleichbedeutenden § 79 (1) mit

$$(9)\quad\left\{\begin{aligned} &\text{(a)} && \varepsilon_{xx} = \varepsilon_{yy} = \varepsilon_e = 1 + 4\pi N\mathsf{A}_{xx} = 1 + 4\pi N\cdot\tfrac{1}{2}(\alpha_\xi + \alpha_\eta), \\ &\text{(b)} && \varepsilon_{xy} = -\varepsilon_{yx} = -i\varepsilon' = 4\pi N\mathsf{A}_{xy} = 4\pi N\cdot\tfrac{1}{2}(\alpha_\xi - \alpha_\eta), \\ &\text{(c)} && \varepsilon_{zz} = \varepsilon_o = 1 + 4\pi N\mathsf{A}_{zz} = 1 + 4\pi N\alpha_z. \end{aligned}\right.$$

Der einzige Unterschied gegen früher ist, daß wir jetzt die Dämpfung zu berücksichtigen und daher alle Brechungsindizes komplex zu nehmen haben.

Wir haben also nach § 78 (9), § 79 (7), (8) oder § 79 (26), (28), (29) die Hauptfälle:

1. *Fortpflanzung parallel zur Feldrichtung:* Zwei zirkulare Wellen

$$\frac{\mathfrak{D}_y}{\mathfrak{D}_x} = \pm i, \qquad n_\mp^2 = \varepsilon_e \pm \varepsilon'. \tag{10}$$

2. *Fortpflanzung senkrecht zur Feldrichtung:* Lineare Doppelbrechung

$$(11)\quad\left\{\begin{aligned} &\text{(a)} && \mathfrak{D}_\parallel = 0, \qquad n_1^2 = \varepsilon_e - \frac{\varepsilon'^2}{\varepsilon_e}, \\ &\text{(b)} && \mathfrak{D}_\perp = 0, \qquad n_2^2 = \varepsilon_o. \end{aligned}\right.$$

Für *beliebige Fortpflanzungsrichtung* hat man elliptische Polarisation, wie in VII, § 79 ausgeführt; doch wollen wir darauf nicht näher eingehen.

Wir betrachten nun den *longitudinalen* Effekt etwas genauer; setzen wir die Werte (9) ein, so erhalten wir aus (10) für die beiden Brechungsindizes mit Rücksicht auf (4)

$$(12)\quad \begin{cases} \text{(a)} & n_-^2 = 1 + 4\pi N \alpha_\eta = 1 + \dfrac{4\pi N \dfrac{e^2}{m}}{\omega_0^2 - \omega^2 - \omega(2\omega_L - i\gamma)}, \\ \text{(b)} & n_+^2 = 1 + 4\pi N \alpha_\xi = 1 + \dfrac{4\pi N \dfrac{e^2}{m}}{\omega_0^2 - \omega^2 + \omega(2\omega_L + i\gamma)}. \end{cases}$$

Ehe wir diese Formeln diskutieren, wollen wir sie so verallgemeinern, daß sie einem allgemeineren Modell als dem zugrunde gelegten isotropen Resonator entsprechen.

Wir denken das optische Verhalten des Moleküls durch mehrere Resonatoren beschrieben und fügen zu e^2/m den Stärkefaktor f hinzu [sofern γ Strahlungsdämpfung bedeutet, auch zu γ den entsprechenden Faktor aus § 91 (10)]. Setzen wir wie oben [§ 95 (2)]

$$(13)\qquad \varrho_l = N \frac{e^2}{\pi m} f_l$$

und führen die Frequenzen $\nu = \omega/2\pi$ ein, so erhalten wir

$$(14)\quad \begin{cases} \text{(a)} & n_-^2 = 1 + \sum\limits_l \dfrac{\varrho_l}{\nu_l^2 - \nu^2 - \nu\left(2\nu_L - i\dfrac{\gamma}{2\pi}\right)}, \\ \text{(b)} & n_+^2 = 1 + \sum\limits_l \dfrac{\varrho_l}{\nu_l^2 - \nu^2 + \nu\left(2\nu_L + i\dfrac{\gamma}{2\pi}\right)}. \end{cases}$$

Wir betrachten zunächst einen Bereich unmerklicher Absorption, in dem γ vernachlässigt werden kann. Dann werden die Brechungsindizes reell, und man hat, wenn man nach dem Zusatzglied $\nu\nu_L$ entwickelt,

$$(15)\qquad n_- - n_+ = \frac{n_-^2 - n_+^2}{2n} = \frac{2\nu\nu_L}{n} \sum_l \frac{\varrho_l}{(\nu_l^2 - \nu^2)^2},$$

wo n den Brechungsindex im feldfreien Zustand bedeutet.

Hierin setzen wir die Werte ϱ_l aus (13) und die LARMORfrequenz aus § 89 (4) oder § 89 (10) ein und berechnen das Drehungsvermögen, die VERDET*sche Konstante* [s. Kap. VII, § 78 (19)] zu

$$(16)\quad R = \frac{\pi}{\lambda_0}(n_- - n_+)\frac{1}{H} = \frac{e}{2mc^2}\frac{\nu^2}{n}\sum_l \frac{\varrho_l}{(\nu_l^2 - \nu^2)^2} = N\frac{e^3}{2\pi c^2 m^2}\frac{\nu^2}{n}\sum_l \frac{f_l}{(\nu_l^2 - \nu^2)^2}.$$

Diese Formel bedeutet das Gesetz der *Rotationsdispersion* in Spektralbereichen unmerklicher Absorption. Dabei ergibt sich für R überall ein positiver Wert; und das beruht auf der von uns gemachten Voraussetzung, daß die Ladung des Elektrons gleich $-e$ ($e > 0$) angenommen wurde. Damit befinden wir uns in Übereinstimmung mit der in Kap. VII, § 78 durchgeführten Diskussion des Vorzeichens der Drehung im Anschluß an die BECQUERELsche Relation, auf die wir sofort zurückkommen werden.

Man sieht, daß in der VERDETschen Konstanten R dieselben Parameter auftreten wie bei der Dispersion der Brechung, nämlich wesentlich nur die Konstante ϱ bzw. Nf. Man kann daher diese Atomkonstanten ebensogut durch

Beobachtung der Dispersion des FARADAYeffekts als durch gewöhnliche Dispersionsmessungen des Brechungsvermögens bestimmen. Wir kommen darauf noch zurück.

Ein wesentlicher Unterschied des Verlaufes von R als Funktion der Frequenz gegenüber dem der Brechung ist folgender: Im Nenner von (16) steht das Quadrat der Differenz $\nu_l^2 - \nu^2$, d. h. das Drehungsvermögen hat zu beiden Seiten einer Absorptionslinie dasselbe Vorzeichen, während die Differenz des Brechungsindex gegen seinen mittleren Wert das Vorzeichen wechselt.

Wir können nun auch die in Kap. VII, § 78 abgeleitete BECQUERELsche Relation (24) hier durch direkte Rechnung bestätigen. Durch Kombination der Gleichung (16) mit der Ableitung der Gleichung § 95 (3) erhält man

$$R = \frac{e}{2mc^2}\,\nu\frac{dn}{d\nu} = -\frac{e}{2mc^2}\,\lambda_0\frac{dn}{d\lambda_0}, \tag{17}$$

wo $\lambda_0 = c/\nu$ die Vakuumwellenlänge ist.

Mit Hilfe dieser Beziehung läßt sich nun sehr leicht die Potenzentwicklung § 95 (8) auf das Drehungsvermögen übertragen. Man findet

$$R = \frac{e}{2mc^2}\,\frac{\nu^2}{n}\left\{B + 2C\nu^2 + \cdots + \frac{B'}{\nu^4} + \frac{2C'}{\nu^6} + \cdots\right\}. \tag{18}$$

Unser Modell liefert nur den temperaturunabhängigen oder *diamagnetischen* Anteil des Drehvermögens. Den temperaturabhängigen oder *paramagnetischen* Anteil kann man natürlich auf diese Weise nicht erhalten, da er, wie die Ableitung in VII, § 77 und insbesondere die dortige Formel (28b) für f_1 zeigt, auf der Anisotropie des Moleküls beruht. Um die Dispersion dieses Anteils zu bestimmen, müßte man ein Molekülmodell zugrunde legen, für das der Tensor der Polarisierbarkeit, α_{XY}, nicht kugelsymmetrisch entartet ist, so daß die Differenzen $\alpha_{XY} - \alpha_{YX}$, ... von Null verschieden sind; außerdem muß das Molekül ein permanentes magnetisches Moment $\mathfrak{m}_0$ haben.

Bei schwacher Absorption ist der Tensor α hermitisch, und man kann ihn durch den axialen Vektor $\mathfrak{d}$ mit den Komponenten

$$\mathfrak{d}_X = i\,\alpha_{YZ} = -\,i\,\alpha_{ZY}, \quad \ldots \tag{19}$$

ersetzen. Dann galt die Formel VII, § 78 (26): $f_1 = \frac{1}{3}\,\mathfrak{m}_0\mathfrak{d}$. Das Vorzeichen von f_1 hängt also, wie wir sehen, von der gegenseitigen Lage der Vektoren $\mathfrak{m}_0$, $\mathfrak{d}$ ab. Nimmt man ferner an, daß sich die einzelnen Komponenten des Tensors α_{XY} bzw. die Vektorkomponenten $\mathfrak{d}_X$, $\mathfrak{d}_Y$, $\mathfrak{d}_Z$ bezüglich ihrer Frequenzabhängigkeit durch das Verhalten einfacher Resonatoren bestimmen lassen, so folgt, daß sie denselben Verlauf haben wie das Brechungsvermögen $n^2 - 1$, d. h. daß sie zu beiden Seiten einer Absorptionslinie verschiedene Vorzeichen haben.

Diese Verschiedenheit im Verhalten der Dispersion kann zur Trennung von diamagnetischem und paramagnetischem Effekt dienen.

Wir untersuchen nunmehr noch etwas näher das Verhalten der Drehung in unmittelbarer Nachbarschaft einer Absorptionslinie ν_0, indem wir genau so vorgehen wie beim entsprechenden Fall des Brechungsvermögens. Wir schreiben

$$n_\pm^2 = n_0^2 + \frac{\varrho_0}{\nu_0^2 - \nu^2 + i\nu\dfrac{\gamma}{2\pi} \pm 2\nu\nu_L}, \tag{20}$$

wo n_0 wieder der Anteil des Brechungsindex ist, der von allen Eigenfrequenzen außer ν_0 herrührt. Wir führen wieder die Variable x [s. § 93 (11)] ein durch

$$x = \frac{\omega - \omega_0}{\gamma/2} = \frac{4\pi(\nu - \nu_0)}{\gamma}. \tag{21}$$

In der Umgebung der Absorptionslinie können wir dann

$$\nu^2 - \nu_0^2 = \frac{\gamma \nu_0}{2\pi} x \tag{22}$$

setzen und in den übrigen Gliedern des Nenners ν_0 statt ν schreiben. Führt man

$$x_L = \frac{4\pi \nu_L}{\gamma} \tag{23}$$

ein, so wird mit $M = 2\pi \varrho_0/\gamma\nu_0$ [s. § 93 (12)]:

$$n_\pm^2 = n_0^2 - \frac{M}{x \mp x_L - i} \tag{24}$$

oder, wenn wir in Real- und Imaginärteil zerspalten,

$$(25)\quad \begin{cases} \text{(a)} & n_\pm^2 (1 - \varkappa_\pm^2) = n_0^2 - \dfrac{M(x \mp x_L)}{(x \mp x_L)^2 + 1}, \\ \text{(b)} & 2n_\pm^2 \varkappa_\pm \quad = \dfrac{M}{(x \mp x_L)^2 + 1}. \end{cases}$$

Der Vergleich mit § 93 (13) zeigt, daß, wie auch zu erwarten, Brechungs- und Absorptionsindex so verlaufen, als ob für die um die Fortpflanzungsrichtung rechtsrotierende (links zirkulare) Welle die Eigenfrequenz von $x = 0$ nach $x = x_L$ verschoben ist, für die linksrotierende (rechts zirkulare) Welle nach $x = -x_L$.

Achten wir zunächst auf den Absorptionsindex, so stellt die Formel (25b) den *longitudinalen inversen* ZEEMAN*effekt* dar: Die ursprüngliche Absorptionslinie spaltet in zwei Linien auf; die einfallende Welle wird in zwei verschieden schnelle von entgegengesetzter Zirkularpolarisation zerlegt, denen zwei verschiedene Absorptionsindizes entsprechen, wobei jeder der beiden Indizes genau so verläuft wie bei der ursprünglichen Linie, nur daß das Maximum der Absorption um $\pm \nu_L$ verschoben ist.

Für diesen Effekt gilt nun genau dasselbe, was wir schon im Fall der Emission gesagt haben: In Wirklichkeit ist das aus dieser klassischen Theorie gefolgerte sog. *normale Triplett* nur in seltenen Fällen realisiert. Vielmehr zerfällt die Absorptionslinie genau so wie die Emissionslinie in ein komplizierteres Liniensystem, von dem die Quantentheorie Rechenschaft gibt. Wir können hier jedoch auf diese Theorie nicht eingehen und wollen nur feststellen: Der Verlauf des Absorptionsindex wird in jedem Falle einfach dadurch erhalten, daß man für $\varkappa_+$ die Wirkungen derjenigen Aufspaltungslinien addiert, die im Emissionseffekt rechtsrotierendes (linkszirkulares) Licht ergeben, für $\varkappa_-$ die übrigen.

Wir betrachten nunmehr den *Verlauf des Brechungsindex*. Die Formeln zeigen, daß in der Nähe der Absorptionslinien ein starkes resonanzartiges Ansteigen der zirkularen Doppelbrechung zu erwarten ist. Man erhält (bei Vernachlässigung von $\varkappa^2$) für den Drehungswinkel pro Längeneinheit [§ 78 (18)]

$$\chi = \frac{\pi}{\lambda}(n_- - n_+) = \frac{\pi M}{2 n_0 \lambda} \left\{ \frac{x - x_L}{(x - x_L)^2 + 1} - \frac{x + x_L}{(x + x_L)^2 + 1} \right\}. \tag{26}$$

Den Verlauf dieses Drehungswinkels als Funktion der Frequenz übersieht man am besten, indem man die beiden Glieder in der Klammer auf der rechten Seite von (26), die jeweils n_- bzw. n_+ entsprechen, einzeln aufträgt. In Fig. 226 sind dabei drei verschiedene Werte für x_L gewählt worden, die sich wie die Zahlen 1, 3, 5 verhalten. Der Abstand der beiden Kurven jeder Figur ist stets proportional dem Drehungsvermögen, und zwar ergibt sich dieses positiv, wenn die n_--Kurve oberhalb der n_+-Kurve liegt. Dieser Fall tritt rechts und links außerhalb des Absorptionsbereichs ein; zwischen den Zeemankomponenten aber kehrt sich das Vorzeichen um.

Dieses eigenartige Verhalten der magnetischen Drehung als Funktion der Frequenz in der Umgebung einer Absorptionslinie wird nach seinen Entdeckern als MACALUSO-CORBINO-*Effekt* bezeichnet[1].

Diese beiden Forscher ließen linear polarisiertes Sonnenlicht ein Magnetfeld parallel den Kraftlinien durchlaufen, in dem sich eine mit Natriumdampf gefärbte Flamme befand, und dann durch einen Analysator auf den Spalt eines Gitterspektrographen fallen.

Bei gekreuzten Nicols und unerregtem Felde zeigte sich im Spektrum nur das Bild der D-Linien auf dunklem Grunde. Bei Erregung des Feldes entstanden zu beiden Seiten einer jeden D-Linie helle Banden, die bei abnehmender Feldstärke symmetrisch nach innen, bei zunehmender Feldstärke symmetrisch nach außen rückten.

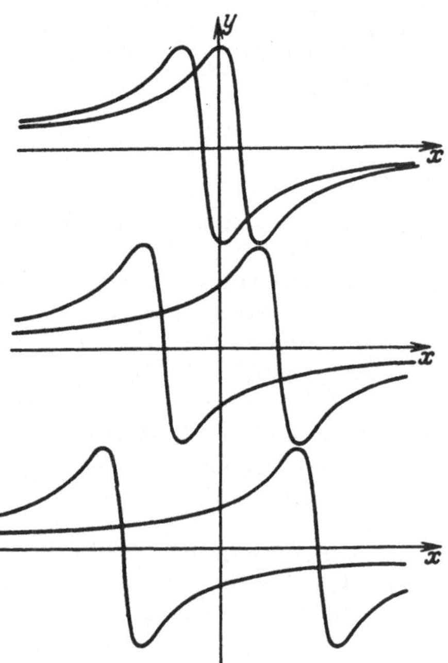

Fig. 226. Magnetische zirkulare Doppelbrechung in der Umgebung einer Spektrallinie (FARADAYeffekt).

Diese Beobachtung entspricht den Forderungen der Theorie.

Die Drehung erreichte bei hinreichend starken Feldern in unmittelbarer Nachbarschaft der Absorptionsstreifen große Beträge. Man erhielt Drehungen bis ca. 250 °.

Wenn der ZEEMANeffekt kein „normales" Triplett liefert, so haben sowohl n_+ als auch n_- mehrere Resonanzstellen, und der Verlauf des Drehungsvermögens wird entsprechend komplizierter. Für genaueres Studium verweisen wir auf die Spezialliteratur[2].

Heute benutzt man zur Beobachtung Interferenzverfahren, bei denen die Lage der Interferenzstreifen gegen eine Drehung der Polarisationsebene sehr empfindlich ist. Fig. 227 gibt eine Aufnahme von HANSEN[3] wieder. Man erkennt an ihr die anomale Drehung an den beiden D-Linien des Natriums (bei 27400 Gauß) und kann sogar an der D_2-Linie den Verlauf zwischen den inneren und äußeren Komponenten des Quartetts erkennen. Durch Ausmessen der Interferenzfransen außerhalb der Absorptionsbereiche kann man ϱ_0 und bei gleichzeitiger Messung der Dampfdichte die Stärke f der Linie bestimmen. Derartige Messungen sind in letzter Zeit vielfach ausgeführt worden[4]. Die Resultate sind von uns bereits in die Tabellen 39—41, § 94, aufgenommen.

---

[1] D. MACALUSO u. O. M. CORBINO: Vers. d. Ital. Phys. Turin 1898 23. Sept.; C. R. Acad. Sci., Paris Bd. 127 (1898) S. 548; Nuovo Cimento (4) Bd. 8 (1898) S. 257; Bd. 9 (1899) S. 381.

[2] W. VOIGT: Magneto- und Elektrooptik. Leipzig 1908; R. LADENBURG: Magneto- und Elektrooptik in MÜLLER-POUILLET; P. ZEEMAN u. T. L. DE BRUIN: Magnetische Zerlegung der Spektrallinien. Handb. d. physik. Optik Bd. 2, 2. Hälfte, 1. Teil; P. ZEEMAN: Researches in Magneto-optics. Deutsche Übers. Leipzig 1914; E. BACK u. A. LANDÉ: Zeemaneffekt. Berlin 1925.

[3] H. M. HANSEN, Ann. Physik (4) Bd. 43 (1914) S. 169.

[4] F. HABER u. H. ZISCH: Z. Physik Bd. 9 (1923) S. 302; R. MINKOWSKI: Z. Physik Bd. 36 (1926) S. 839; A. ELLET: J. opt. Soc. Amer. Bd. 10 (1925) S. 427.

Zum Schluß wollen wir kurz den *transversalen Effekt* besprechen. In diesem Falle hat man nach (11) lineare Doppelbrechung. Man kann nun (11a) leicht auf folgende Gestalt bringen:

$$\frac{1}{n_1^2} = \frac{\varepsilon_e}{\varepsilon_e^2 - \varepsilon'^2} = \frac{1}{2}\left\{\frac{1}{\varepsilon_e + \varepsilon'} + \frac{1}{\varepsilon_e - \varepsilon'}\right\} = \frac{1}{2}\left\{\frac{1}{n_-^2} + \frac{1}{n_+^2}\right\}. \tag{27}$$

Dadurch wird der transversale Effekt auf den longitudinalen zurückgeführt. Die Brechung der parallel zum Felde schwingenden Komponente ($\mathfrak{D}_\perp = 0$) ist nach (11b), (9c) und (4c) vom Felde unabhängig:

$$n_2^2 = \varepsilon_0 = 1 + 4\pi N \alpha_z = n^2, \tag{28}$$

wo n der Brechungsindex des feldfreien Mediums ist.

Aus (27) folgt zunächst streng

$$\frac{(1 + i\varkappa_1)^2}{n_1^2(1 + \varkappa_1^2)^2} = \frac{1}{2}\left\{\frac{(1 + i\varkappa_+)^2}{n_+^2(1 + \varkappa_+^2)^2} + \frac{(1 + i\varkappa_-)^2}{n_-^2(1 + \varkappa_-^2)^2}\right\}. \tag{29}$$

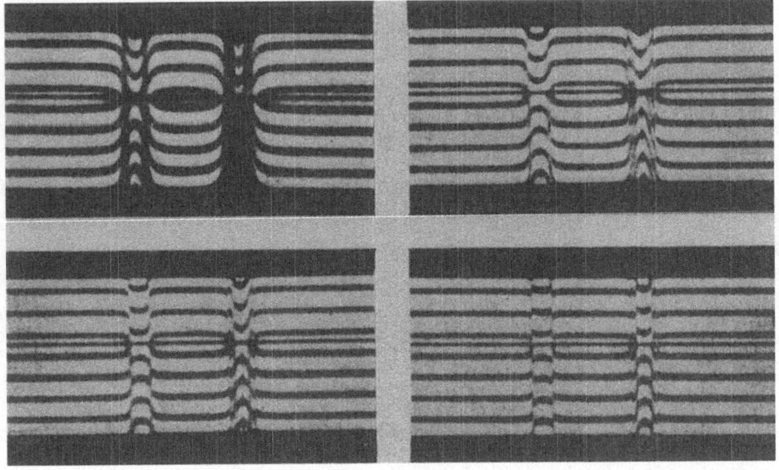

Fig. 227. Anomale Drehung in der Umgebung der Natrium-*D*-Linien. [Nach H. M. HANSEN: Ann. Physik (4) Bd. 43 (1914) S. 169.]

Daraus ergibt sich durch Zerlegung in Real- und Imaginärteil

$$(30)\quad \begin{cases} \text{(a)} \quad \dfrac{1 - \varkappa_1^2}{n_1^2(1 + \varkappa_1^2)^2} = \dfrac{1}{2}\left\{\dfrac{1 - \varkappa_+^2}{n_+^2(1 + \varkappa_+^2)^2} + \dfrac{1 - \varkappa_-^2}{n_-^2(1 + \varkappa_-^2)^2}\right\}, \\[2ex] \text{(b)} \quad \dfrac{\varkappa_1}{n_1^2(1 + \varkappa_1^2)^2} = \dfrac{1}{2}\left\{\dfrac{\varkappa_+}{n_+^2(1 + \varkappa_+^2)^2} + \dfrac{\varkappa_-}{n_-^2(1 + \varkappa_-^2)^2}\right\}. \end{cases}$$

Vernachlässigt man $\varkappa^2$ gegen 1, so folgen die formal sehr einfachen Beziehungen

$$\frac{1}{n_1^2} = \frac{1}{2}\left(\frac{1}{n_+^2} + \frac{1}{n_-^2}\right), \qquad \frac{\varkappa_1}{n_1^2} = \frac{1}{2}\left(\frac{\varkappa_+}{n_+^2} + \frac{\varkappa_-}{n_-^2}\right), \tag{31}$$

und wenn man schließlich noch annimmt, daß in der zweiten Gleichung n_+, n_-, n_1 praktisch einander gleich sind, so erhält man

$$\varkappa_1 = \tfrac{1}{2}(\varkappa_+ + \varkappa_-). \tag{32}$$

Nimmt man hier noch nach (28) die Aussage $\varkappa_2 = \varkappa$ hinzu, wo $\varkappa$ den Absorptionsindex der feldfreien Linie bedeutet, so erhält man für den *transversalen inversen*

ZEEMAN*effekt* das Ergebnis: Die einfallende Welle spaltet in zwei verschieden schnelle auf, von denen die eine parallel zum Feld schwingt und in der spektralen Verteilung ihrer Absorption die Form der ursprünglichen Absorptionslinie behält, während die andere senkrecht zum Feld schwingt und zwei Absorptionsmaxima hat, die gegen die ursprüngliche Linie um $\pm \nu_L$ verschoben sind. Man sieht also drei Absorptionslinien, das „normale ZEEMANtriplett". Ist, wie es meist der Fall ist, die Frequenzaufspaltung von der normalen verschieden, so erhält man den entsprechenden Absorptionsverlauf mit Absorptionsmaxima an den Stellen jeder ZEEMANkomponente, worauf einzugehen sich aber für uns erübrigt.

In einiger Entfernung von einer Absorptionslinie läßt sich lineare Doppelbrechung beobachten (s. Kap. VII, § 79, COTTON-MOUTON-Effekt).

Wir entwickeln $n_\pm$ [siehe (14)] nach der LARMORfrequenz in Bereichen schwacher Absorption und haben

$$(33)\quad \left\{\begin{aligned} n_\pm^2 &= 1 + \sum_l \frac{\varrho_l}{\nu_l^2 - \nu^2} \mp \nu_L \sum_l \frac{2\nu\varrho_l}{(\nu_l^2 - \nu^2)^2} + \nu_L^2 \sum_l \frac{4\nu^2\varrho_l}{(\nu_l^2 - \nu^2)^3} \mp \cdots \\ &= n_2^2 \mp \Sigma_1 + \Sigma_2 \mp \cdots, \end{aligned}\right.$$

wo

$$(34)\qquad n_2^2 = 1 + \sum_l \frac{\varrho_l}{\nu_l^2 - \nu^2} = n^2$$

ist; n bedeutet den Brechungsindex der zum Felde parallelen Schwingung oder, was dasselbe ist, den Brechungsindex im feldfreien Zustande. Dann ergibt sich mit (31)

$$(35)\qquad n_1^2 = \frac{2n_+^2 n_-^2}{n_+^2 + n_-^2} = \frac{(n^2 + \Sigma_2)^2 - \Sigma_1^2}{n^2 + \Sigma_2},$$

und angenähert

$$(36)\quad n_1 - n_2 = \frac{\Sigma_2 - \frac{1}{n^2}\Sigma_1^2}{2n} = \frac{1}{8n} H^2 \frac{e^2}{\pi^2 m^2 c^2} \left\{ \sum_l \frac{\nu^2 \varrho_l}{(\nu_l^2 - \nu^2)^3} - \frac{1}{n^2} \left(\sum_l \frac{\nu \varrho_l}{(\nu_l^2 - \nu^2)^2} \right)^2 \right\}.$$

Dadurch ist die in VII, § 79 (12) definierte transversale Doppelbrechung nach COTTON-MOUTON in ihrem Frequenzverlauf bestimmt.

Auch der COTTON-MOUTON-Effekt zeigt in der Nähe der Absorptionslinie eine starke Zunahme; sie ist von VOIGT zuerst beobachtet worden[1].

§ 97. Resonanzfluoreszenz und ihre Beeinflussung durch magnetische Felder.*

In Kap. VII, § 81, 82 haben wir gesehen, daß die von einer Lichtwelle in einem Molekül erzeugten elektrischen Momente sich außer durch ihren Einfluß auf den Brechungsindex (und Absorptionsindex) auch noch dadurch bemerkbar machen, daß sie eine Streustrahlung erzeugen (TYNDALL- und RAMANstreuung). Die Dispersion der Streuung ist durch die Abhängigkeit der Komponenten des Deformierbarkeitstensors von der Frequenz bestimmt; man sieht daher sofort, daß Licht, dessen Frequenz mit einer Eigenfrequenz des streuenden Moleküls übereinstimmt oder ihr sehr nahe kommt, besonders stark gestreut werden wird. Würde die klassische Theorie streng gelten, so müßte sogar das gesamte vom Resonator absorbierte Licht in Streustrahlung verwandelt werden. Wir haben

[1] W. VOIGT: Nachr. Ges. Wiss. Göttingen 1898 Nr. 4; Wied. Ann. Bd. 67 (1899) S. 359.

von diesem Gedanken in § 91 Gebrauch gemacht. In Wirklichkeit ist aber, wie wir auch an jener Stelle bemerkt haben, im allgemeinen der Vorgang infolge der quantenmechanischen Kopplung komplizierter: Wenn von dem durch das einfallende Licht erregten Zustande des Moleküls *mehrere* Übergänge zu tieferen Niveaus möglich sind, so teilt sich die absorbierte Energie auf diese in einem gewissen Verhältnis auf. Daher ist der Fall, wo nur ein einziger spontaner Übergang von dem erregten Niveau möglich ist, ausgezeichnet; man spricht nur in diesem Falle, wo die gesamte aufgenommene Energie wieder ausgestreut wird, von *Resonanzfluoreszenz*, und man kann dann den Vorgang weitgehend durch das Bild eines klassischen Resonators beschreiben.

Wir wollen nun hier die Frage stellen, wie sich das Resonanzlicht verhält, wenn durch *Einwirkung eines Magnetfeldes die Spektrallinie in mehrere Komponenten aufgespalten* wird. Da wir klassisch rechnen, handelt es sich dabei immer um das in § 96 besprochene ZEEMANtriplett. In Wirklichkeit sind, wie schon erwähnt, die Aufspaltungen auch von Resonanzlinien oft viel verwickelter, und die im folgenden gegebenen Formeln müssen entsprechend erweitert werden. Es liegt uns hier auch nicht daran, die Intensitäts- und Polarisationsverhältnisse des Resonanzlichtes im Magnetfelde zu studieren; derartige Untersuchungen gehören in die Quantentheorie der Atomspektren[1]. Vielmehr interessiert uns nur eine besondere Erscheinung, die in ganz schwachen Feldern zu beobachten ist.

Im allgemeinen wird bei solchen Versuchen die Lichtquelle (gewöhnlich ein Funken oder Vakuumlichtbogen) von höherer Temperatur und daher die Breite der Emissionslinie groß sein. Wir nehmen an, sie sei beträchtlich größer als die Breite der Absorption des streuenden Gases („Resonanzlampe"), ja sogar so groß, daß bei den betrachteten Magnetfeldern die ZEEMANkomponenten noch sämtlich innerhalb der Breite des erregenden Lichtes liegen. Ferner wollen wir voraussetzen, daß wir mit so geringer Dispersion beobachten, daß die Resonanzlinie unaufgelöst erscheint. Dann wird das Resonanzlicht natürlich nicht mehr die den einzelnen ZEEMANkomponenten zugehörigen Polarisationseigenschaften haben.

Ist *kein Magnetfeld* vorhanden, so sind die streuenden Atome isotrope Resonatoren und geben daher die gewöhnliche RAYLEIGHsche Streuung, die bei linear polarisiertem einfallenden Lichte ebenfalls linear polarisiert ist.

Wenn nun das Magnetfeld wächst und die ZEEMANkomponenten auseinanderrücken (aber immer noch innerhalb der Breite der einfallenden Linie bleiben), so tritt jetzt rotatorische Anisotropie um die Richtung des Magnetfeldes auf; es ist so, als ob die Atome in zwei Klassen zerfallen derart, daß die eine Hälfte rechts, die andere links um das Magnetfeld mit der LARMORfrequenz präzessiert. Die Folge davon ist einerseits, daß die Polarisation mit wachsender ZEEMANtrennung immer geringer wird, andererseits, daß die Richtung maximaler Polarisation (kurz: die „Polarisationsebene") sich dreht. Die Größe dieser beiden Erscheinungen hängt offenbar von der Linienbreite der resonierenden Atome ab.

Der Grenzfall völliger Depolarisation wird erreicht, sobald die Trennung der ZEEMANkomponenten größer als die Linienbreite ist.

Die *Depolarisation durch ein Magnetfeld* läßt sich beobachten[2] und gibt offenbar ein Maß für die Breiten der Linien, also für die Dämpfungskonstante.

---

[1] Wir verweisen für genaueres Studium der Erscheinung auf P. PRINGSHEIM: Fluoreszenz und Phosphoreszenz. 3. Aufl. Berlin 1928.

[2] Siehe W. HANLE: Erg. exakt. Naturwiss. Bd. 4 (1925) S. 214; Z. Physik Bd. 30 (1924) S. 93; Bd. 35 (1926) S. 346. Siehe auch R. W. WOOD u. A. ELLET: Proc. Roy. Soc., Lond. Bd. 103 (1923) S. 396; A. ELLET: Nature, Lond. Bd. 114 (1924) S. 431; J. opt. Soc. Amer. Bd. 10 (1924) S. 590.

Dieses Verfahren ist darum besonders wichtig, weil es sich bei geringsten Drucken ausführen läßt, wo die Linienbreite wesentlich nur auf der Strahlungsdämpfung beruht.

Wir wollen nun diese qualitativen Überlegungen in Formeln fassen, und zwar nur für den einfachen Fall, daß das Magnetfeld H senkrecht auf dem elektrischen Vektor $\mathfrak{E}$ des einfallenden, linear polarisierten Lichts steht. Wählen wir wie im vorigen Paragraphen die z-Achse als die Richtung von H, die x-Achse als die des Lichtfeldes $\mathfrak{E}$, so muß die einfallende Strahlung $\mathfrak{s}$ irgendwo in der yz-Ebene liegen (s. Fig. 228). Für das erregte Moment gelten die Formeln § 96 (4) mit

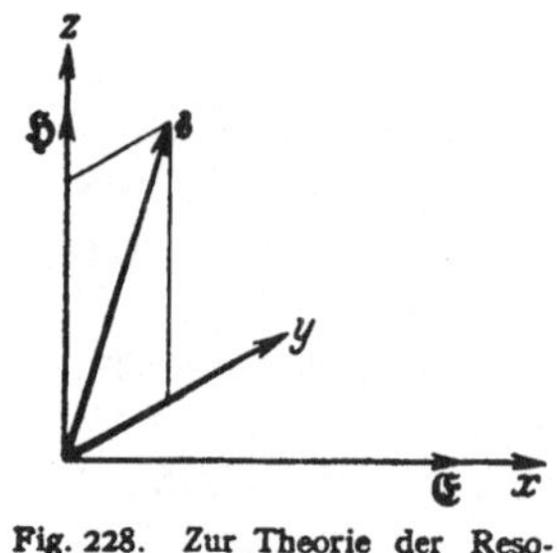

Fig. 228. Zur Theorie der Resonanzfluoreszenz.

$$(1)\qquad \mathfrak{E}_x = E\,,\qquad \mathfrak{E}_y = \mathfrak{E}_z = 0\,,\qquad \text{d. h.}\qquad \mathfrak{E}_\xi = \mathfrak{E}_\eta = E\,.$$

Ist nun (s. VII, § 81) $\mathfrak{q}$ ein Einheitsvektor senkrecht auf der Beobachtungsrichtung, der die Durchlaßrichtung eines analysierenden Nicols angibt, so ist die beobachtete Lichtstärke proportional

$$(2)\qquad J = |\mathfrak{p}_q|^2 = |\mathfrak{p}\mathfrak{q}|^2\,.$$

Hier ist nach § 96 (5), (7)

$$(3)\qquad \mathfrak{p}_x = \mathsf{A}_{xx} E\,,\qquad \mathfrak{p}_y = \mathsf{A}_{yx} E\,,\qquad \mathfrak{p}_z = 0\,;$$

mithin wird

$$(4)\qquad J = |\mathfrak{p}\mathfrak{q}|^2 = E^2\{|\mathsf{A}_{xx}|^2 \mathfrak{q}_x^2 + |\mathsf{A}_{yx}|^2 \mathfrak{q}_y^2 + (\mathsf{A}_{xx}\mathsf{A}_{yx}^* + \mathsf{A}_{yx}\mathsf{A}_{xx}^*)\,\mathfrak{q}_x\mathfrak{q}_y\}\,.$$

Dabei bedeutet nach § 96 (7)

$$(5)\qquad \begin{cases} \text{(a)} & \mathsf{A}_{xx} = \tfrac{1}{2}(\alpha_\xi + \alpha_\eta)\,, \\ \text{(b)} & \mathsf{A}_{yx} = -\dfrac{i}{2}(\alpha_\xi - \alpha_\eta)\,, \end{cases}$$

und α_ξ, α_η sind aus § 96 (4) zu entnehmen. Um diese Formeln einfach schreiben zu können, führen wir abkürzend

$$(6)\qquad \begin{cases} \text{(a)} & \dfrac{\omega_0 - \omega}{\gamma/2} = x\,,\qquad x + i = y\,, \\ \text{(b)} & \dfrac{\omega_L}{\gamma/2} = \xi\,,\qquad \dfrac{e^2}{m\gamma\omega_0} = C \end{cases}$$

ein. Dann wird

$$(7)\qquad \alpha_\xi = C\frac{1}{y+\xi}\,,\qquad \alpha_\eta = C\frac{1}{y-\xi}\,,$$

also nach (5)

$$(8)\qquad \mathsf{A}_{xx} = C\frac{y}{y^2-\xi^2}\,,\qquad \mathsf{A}_{yx} = Ci\frac{\xi}{y^2-\xi^2}\,.$$

Führen wir ferner die Abkürzungen

$$(9)\qquad \begin{cases} a = |y|^2 = x^2 + 1 = \left(\dfrac{\omega_0-\omega}{\gamma/2}\right)^2 + 1\,, \\ b = \dfrac{y^2 + y^{*2}}{2} = x^2 - 1 = \left(\dfrac{\omega_0-\omega}{\gamma/2}\right)^2 - 1 \end{cases}$$

ein, so wird nunmehr

$$(10)\qquad \begin{cases} \text{(a)} & |\mathsf{A}_{xx}|^2 = C^2 a K\,, \\ \text{(b)} & |\mathsf{A}_{yx}|^2 = C^2\xi^2 K\,, \\ \text{(c)} & \mathsf{A}_{xx}\mathsf{A}_{yx}^* + \mathsf{A}_{yx}\mathsf{A}_{xx}^* = 2C^2\xi K\,, \end{cases}$$

wo

$$K = \frac{1}{(y^2 - \xi^2)(y^{*2} - \xi^2)} = \frac{1}{a^2 - 2\xi^2 b + \xi^4} \tag{11}$$

oder auch

$$\left\{\begin{aligned} K &= \frac{1}{|y-\xi|^2\,|y+\xi|^2} = \frac{1}{((x-\xi)^2+1)((x+\xi)^2+1)} \\ &= \frac{1}{4\xi x}\left\{\frac{1}{(x-\xi)^2+1} - \frac{1}{(x+\xi)^2+1}\right\}. \end{aligned}\right. \tag{12}$$

Von den hier auftretenden Brüchen hat der eine sein Maximum bei $x = \xi$, der andere bei $x = -\xi$. Mit einer häufig benutzten Annäherung können wir in den Faktoren der Brüche die Variable x durch ξ bzw. $-\xi$ ersetzen. Dann wird in dieser Näherung

$$K = \frac{1}{4\xi^2}\left\{\frac{1}{(x-\xi)^2+1} + \frac{1}{(x+\xi)^2+1}\right\}. \tag{13}$$

Nunmehr wird nach (4)

$$J = E^2 C^2 K \{a\,\mathfrak{q}_x^2 + \xi^2 \mathfrak{q}_y^2 + 2\xi\,\mathfrak{q}_x \mathfrak{q}_y\}, \tag{14}$$

und mit derselben Näherung (a ersetzt durch $\xi^2 + 1$)

$$J = E^2 C^2 K\{\xi^2(\mathfrak{q}_x^2 + \mathfrak{q}_y^2) + \mathfrak{q}_x^2 + 2\xi\,\mathfrak{q}_x\mathfrak{q}_y\} = E^2 C^2 K\{\xi^2 \mathfrak{q}_x^2 + (\mathfrak{q}_x + \xi\,\mathfrak{q}_y)^2\}. \tag{15}$$

Bislang ist angenommen, daß die Anregung durch exakt monochromatisches Licht erfolgt. In Wirklichkeit soll nach unserer Voraussetzung die anregende Linie breit sein gegen die Absorptionslinie.

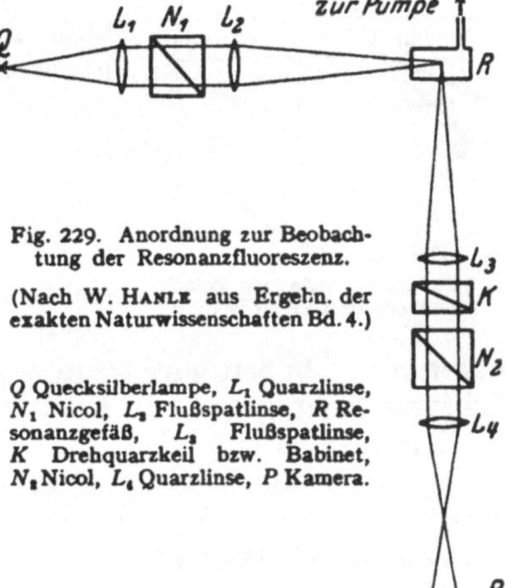

Fig. 229. Anordnung zur Beobachtung der Resonanzfluoreszenz.

(Nach W. HANLE aus Ergebn. der exakten Naturwissenschaften Bd. 4.)

Q Quecksilberlampe, L_1 Quarzlinse, N_1 Nicol, L_2 Flußspatlinse, R Resonanzgefäß, L_3 Flußspatlinse, K Drehquarzkeil bzw. Babinet, N_2 Nicol, L_4 Quarzlinse, P Kamera.

Die Versuche werden so angestellt, daß man die Spektrallinie eines Gases (Quecksilber) nach Durchgang durch einen Kollimator und Polarisator auf eine Resonanzlampe auffallen läßt, die dasselbe Gas unter einem anderen, gewöhnlich viel geringeren Drucke enthält, und das in irgendeiner Richtung austretende Streulicht durch einen Analysator betrachtet oder photographiert. Fig. 229 zeigt den Fall, wo die Beobachtungsrichtung senkrecht auf der Fortpflanzungsrichtung des erregenden Lichtes steht[1]. In ihr sind außer den Nicols die zur Abbildung nötigen Linsen eingetragen; ferner ist an Stelle des einfachen Analysators eine Kombination von einem Doppelquarzkeil und einem Nicol benutzt, die eine viel höhere Empfindlichkeit für die Bestimmung der Polarisation ermöglicht (vgl. Kap. V, § 65).

Sei nun α der Winkel der erregenden Strahlrichtung $\mathfrak{s}$ gegen das Magnetfeld, so daß in unserem Koordinatensystem $\mathfrak{s}$ die Komponenten 0, $\sin\alpha$, $\cos\alpha$ hat. Die Beobachtungsrichtung $\mathfrak{r}$ soll senkrecht auf $\mathfrak{s}$ stehen, so daß $\mathfrak{r}$ die Komponenten 0, $\cos\alpha$, $-\sin\alpha$ erhält. Dann hat der Einheitsvektor $\mathfrak{q}$ der Analysatorstellung die Komponenten

$$\mathfrak{q}: \quad \cos\psi, \quad \sin\alpha\sin\psi, \quad \cos\alpha\sin\psi. \tag{16}$$

[1] Vgl. W. HANLE: Erg. exakt. Naturwiss. Bd. 4 S. 218.

Dabei ist ψ das Azimut der Polarisation (s. Fig. 230), gezählt von der Stellung, wo die durchgelassene Schwingung parallel zum elektrischen Vektor des einfallenden Lichts (x-Achse) schwingt (s. VII, § 81, S. 377), und zwar wachsend bei einer Drehung, welche die Analysatorstellung auf kürzestem Wege in die zum einfallenden elektrischen Vektor antiparallele überführt.

Die Intensitätsverteilung des einfallenden Lichts, die wir nach der einleitend gegebenen Betrachtung als breit gegen die ZEEMANaufspaltung voraussetzen, sei in der x-Skala durch $J_0(x)$ gegeben. Setzen wir dann

$$A = C^2 \int_{-\infty}^{\infty} K(x)\, J_0(x)\, dx\,, \tag{17}$$

so wird die Intensität des ohne spektrale Zerlegung beobachteten Streulichts

$$\left\{\begin{aligned} J &= A\{\xi^2\cos^2\psi + (\cos\psi + \xi\sin\alpha\sin\psi)^2\} \\ &= A\{\cos 2\psi\cdot\tfrac{1}{2}(\xi^2\cos^2\alpha + 1) + \sin 2\psi\cdot\xi\sin\alpha + \tfrac{1}{2}[\xi^2(1+\sin^2\alpha) + 1]\}\,. \end{aligned}\right. \tag{18}$$

Die Konstante A hängt noch von der Form (Dämpfung) der einfallenden Linie, der Dämpfung γ der resonierenden Atome und der magnetischen Feldstärke H (durch Vermittlung von ω_L bzw. ξ) ab. Uns interessiert hier nur die Abhängigkeit der Streuintensität von der Analysatorstellung, d. h. die Art der Polarisation des zerstreuten Lichts.

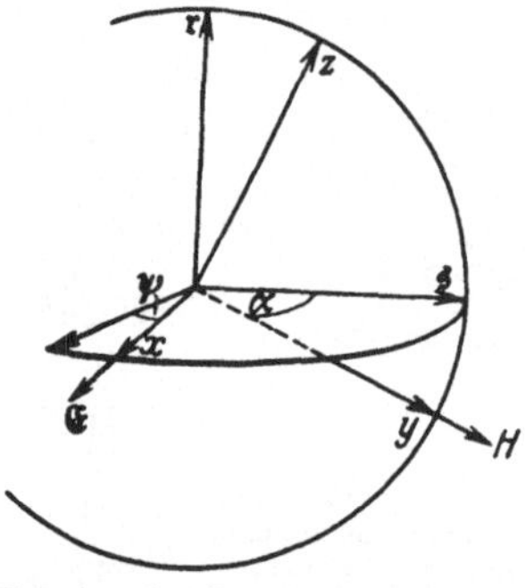

Fig. 230. Zur Theorie der Polarisation des Resonanzlichts.

Ist nun das Feld H sehr stark, also $\xi \gg 1$, so können wir in (18) alle von ξ unabhängigen oder in ξ linearen Glieder gegen die Glieder mit ξ^2 vernachlässigen und erhalten

$$J = A\,\xi^2(\cos^2\psi + \sin^2\alpha\sin^2\psi)\,. \tag{19}$$

Denken wir die Beobachtungsrichtung immer unter einem rechten Winkel gegen die Richtung $\mathfrak{s}$ und die elektrische Feldstärke des erregenden Lichts festgehalten und drehen das Magnetfeld herum, d. h. ändern α, so haben wir, wenn $\mathfrak{s}$ senkrecht auf $\mathfrak{H}$ steht, den Fall, daß wir in Richtung (oder gegen die Richtung) des Magnetfeldes beobachten. Dann wird die Klammer in (19) gleich 1; es ist also keine Polarisation vorhanden. Die beiden durch das Magnetfeld erzeugten zirkularen Schwingungen wirken inkohärent und geben keine beobachtbare Polarisation.

Bei geneigter Beobachtung, $\alpha \neq \pi/2$, tritt allmählich wachsende Polarisation ein, die bei $\alpha = 0$ ($\mathfrak{s} \parallel \mathfrak{H}$; Beobachtung $\perp \mathfrak{H}$) vollständig wird (der Faktor wird $\cos^2\psi$).

Ist das Magnetfeld von mittlerer Stärke, so daß ξ mit 1 vergleichbar wird, so erhalten wir partielle Polarisation und zugleich eine vom Felde abhängige Drehung der Polarisationsebene. Um dies einzusehen, ermitteln wir die Analysatorstellung ψ_0 maximaler Intensität. Durch Differenzieren der Klammer von (18) erhalten wir

$$\tfrac{1}{2}\sin 2\psi_0(\xi^2\cos^2\alpha + 1) - \xi\sin\alpha\cos 2\psi_0 = 0\,, \tag{20}$$

und daraus

$$\operatorname{tg} 2\psi_0 = \frac{2\xi\sin\alpha}{\xi^2\cos^2\alpha + 1}\,. \tag{21}$$

Diese Gleichung hat zwei Lösungen ψ_0, $\psi_0 + \pi/2$, von denen die eine, etwa ψ_0, das Maximum von J liefern möge.

Diesen Winkel ψ_0 wird man als den der Polarisationsebene des partiell depolarisierten Lichts zu bezeichnen haben. Indem man ihn und α mißt, hat man eine Bestimmung der Größe ξ und damit, da ja ω_L aus der Theorie des ZEEMANeffekts (mit quantenmechanischer Verschärfung) bekannt ist, auch γ.

Der Mittelwert der Intensität über alle ψ beträgt

$$\bar{J} = A\tfrac{1}{2}\{\xi^2(1 + \sin^2\alpha) + 1\}. \tag{22}$$

Als *Polarisationsgrad* bezeichnen wir den Wert, den die Größe

$$\frac{J(\psi) - \bar{J}}{\bar{J}} = \frac{(\xi^2\cos^2\alpha + 1)\cos 2\psi + 2\xi\sin\alpha\sin 2\psi}{\xi^2(1 + \sin^2\alpha) + 1} \tag{23}$$

für $\psi = \psi_0$ annimmt, d. h.

$$P = \frac{\sqrt{(\xi^2\cos^2\alpha - 1)^2 + 4\xi^2}}{\xi^2(1 + \sin^2\alpha) + 1}. \tag{24}$$

In dem oben betrachteten Grenzfalle $\mathfrak{s} \perp \mathfrak{H}$ (Beobachtung gegen $\mathfrak{H}$, $\alpha = \pi/2$) wird insbesondere

$$P = \frac{\sqrt{1 + 4\xi^2}}{1 + 2\xi^2}. \tag{25}$$

Für diesen Fall ist der Verlauf von ψ_0 und P als Funktionen von ξ in Fig. 231 aufgetragen. Mit wachsendem ξ wird $P \to 0$.

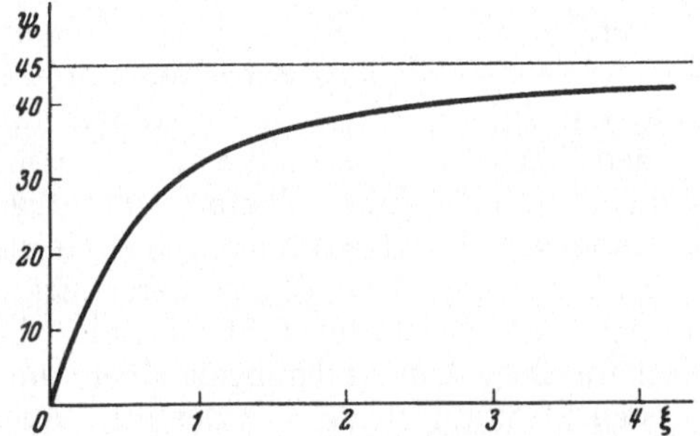

Fig. 231 a. Drehung der Polarisationsebene des Resonanzlichts im Magnetfeld. Die Funktion $\psi_0 = \frac{1}{2}\,\mathrm{arc\,tg}\,2\xi$.

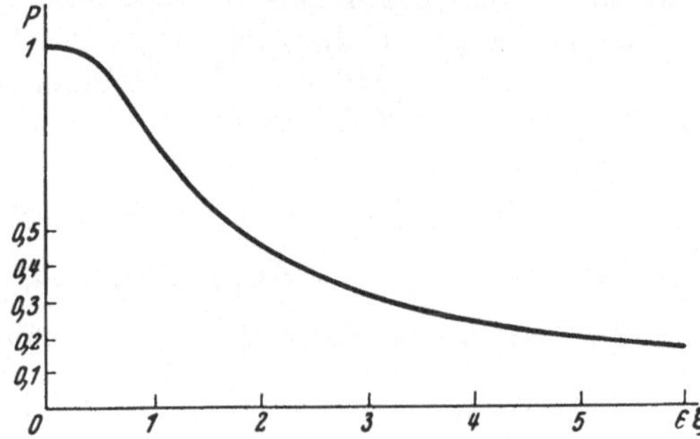

Fig. 231 b. Polarisationsgrad des Resonanzlichts im Magnetfeld senkrecht zum einfallenden Strahl und bei Beobachtung gegen das Magnetfeld. Die Funktion $P = \frac{\sqrt{1 + 4\xi^2}}{1 + 2\xi^2}$.

Im Falle $\mathfrak{s} \parallel \mathfrak{H}$ (Beobachtung $\perp \mathfrak{H}$, $\alpha = 0$) wird

$$\mathrm{tg}\,2\psi_0 = 0, \quad \psi_0 = 0, \quad P = 1, \tag{26}$$

d. h. man hat unabhängig vom Magnetfelde totale Polarisation in Richtung des einfallenden Strahls, wie es auch anschaulich klar ist.

Die Erscheinung der Depolarisation in kleinen Magnetfeldern wurde zuerst von WOOD, die der Drehung der Polarisationsebene von HANLE und später von WOOD und ELLET untersucht[1]. Die Messungen von ψ_0 und P als Funktionen der Feldstärke H haben den Verlauf der beiden Kurven in Fig. 231 recht gut bestätigt.

Sodann wurde mit Hilfe der bekannten LARMORfrequenz ω_L der Wert der Dämpfungskonstanten ermittelt. Dabei muß je nach der betrachteten Linie der klassische Wert von ω_L [s. § 89 (4)] durch den quantentheoretischen ersetzt werden, der sich um einen rationalen Bruch von ihm unterscheidet.

Bei den Natrium-D-Linien ergab sich aus den Messungen von ψ_0 und P übereinstimmend der Wert $\gamma = 0{,}71 \cdot 10^8\,\mathrm{sec}^{-1}$; wir haben oben (s. § 93, S. 484) mit dem ganz unabhängigen MINKOWSKIschen Verfahren der Absorptionsmessung in einigem Abstande von der Linie den Wert $\gamma_0 = 0{,}62 \cdot 10^8\,\mathrm{sec}^{-1}$ gefunden, der überdies sehr genau mit dem aus der klassischen Formel berechneten im

[1] S. Anm. 2, S. 517.

Einklang war, auch unter Berücksichtigung des f-Faktors. Der Gang der Drehung der Polarisationsebene mit der Feldstärke stimmt auch gut mit der Theorie, die Abhängigkeit der Depolarisation aber nur, wenn die Feldstärken nicht zu klein sind. Dies ist ja auch zu erwarten, da die entwickelte Theorie den DOPPLER-effekt nicht berücksichtigt, der den Verlauf der Dispersion und Absorption in der Nähe der Linienmitte wesentlich beeinflußt.

Die Feldstärke, für die bei Beobachtung $\parallel \mathfrak{H}$ die Depolarisation gerade vollständig wird [Polarisation P (25) nicht mehr feststellbar] beträgt bei den D-Linien etwa 100 Gauß.

Bei der Quecksilberlinie $\lambda_0 = 2537$ Å ist der Zustand völliger Depolarisation schon bei dem äußerst geringen Felde von etwa 2 Gauß erreicht; schon hieraus ist zu schließen, daß die Dämpfung in diesem Falle viel kleiner ist. In der Tat ergibt die Messung der Linienbreite für die Wellenlänge $\lambda_0 = 2537$ Å: $\gamma = 10^7$ sec^{-1}. Die klassische Linienbreite für diese Linie beträgt nach § 86 (7a): $\gamma_0 = 3{,}4 \cdot 10^8$ sec^{-1}, d. h. die wirkliche Breite ist nur der 34. Teil von dem klassischen Werte. Daraus muß man für diese Linie auf einen Stärkefaktor $f = 0{,}029$ schließen in glänzender Übereinstimmung mit der in § 94, Tabelle 41 gegebenen Messung von FÜCHTBAUER aus der Gesamtabsorption der Linie[1].

Daß bei der Behandlung dieser Erscheinungen die klassische Optik zu so vorzüglichen Resultaten führt, ist natürlich kein Zufall. Die neueren quantenmechanischen Untersuchungen über die Kopplung eines Atoms mit seinem eigenen Strahlungsfelde, auf der die Linienbreite beruht (s. § 90), sind zwar begrifflich viel komplizierter, führen aber schließlich zu mathematischen Gesetzmäßigkeiten, die von denen der klassischen Theorie nicht in der Form, sondern nur in der Bedeutung und der Bestimmung der Konstanten abweichen. Es läuft schließlich alles auf die Einführung der f-Faktoren und ihre richtige Zuordnung zu den Linien gemäß ihrer Entstehung aus Quantensprüngen hinaus, wie wir es in § 90 erläutert haben.

§ 98. Dispersion des KERReffektes und der Streuung. Kopplungsschwingungen.*

Wir wollen jetzt die Dispersion der übrigen in Kap. VII betrachteten Effekte ins Auge fassen, die auf der natürlichen bzw. der durch äußere Felder erzeugten Anisotropie der Moleküle beruhen. Zu dem Zwecke haben wir ganz allgemein die Komponenten des Deformationstensors A_{XY} für ein molekülfestes System zu berechnen, und zwar zunächst ohne Feld (α_{XY}) und sodann unter der Wirkung eines äußeren Feldes [s. Kap. VII, § 77 (4)].

Was zunächst ein anisotropes Molekül im feldfreien Zustand betrifft, so ist der einfachste Ansatz der eines Resonators, bestehend aus einem Massenteilchen, das nach drei im Molekül festen Koordinatenrichtungen mit verschiedenen Kräften gebunden ist, dessen potentielle Energie also die Form hat

$$U = \tfrac{1}{2}(a_X \mathfrak{u}_X^2 + a_Y \mathfrak{u}_Y^2 + a_Z \mathfrak{u}_Z^2)\,. \tag{1}$$

Dieses Modell ist äquivalent mit drei aufeinander senkrecht schwingenden linearen Oszillatoren verschiedener Frequenz. Ein solches Molekül hat also ein von der Frequenz unabhängiges Hauptachsensystem, wobei zu den verschiedenen Achsen verschiedene Hauptdeformierbarkeiten α_X, α_Y, α_Z gehören, und diese Größen

[1] Der Unterschied der Breite der Resonanzlinien bei Na und Hg beruht darauf, daß es sich bei Na um den Übergang innerhalb einer Termfolge (Dubletterm), bei Hg um den Übergang aus einer Termfolge in eine andere (Tripletterm), also um eine sog. Interkombinationslinie handelt. Die Quantentheorie gibt hiervon vollständig Rechenschaft.

sind jede für sich gleich der früher bestimmten Frequenzfunktion des linearen Oszillators.

Die Stärken der aufeinander senkrechten Schwingungen sind bei klassischer Rechnung einander gleich (nämlich gleich e^2/m); faßt man den anisotropen Resonator aber als Ersatz eines quantenmechanischen Systems auf, so hat man das Recht, den drei Schwingungen *verschiedene* Stärkefaktoren f_X, f_Y, f_Z zuzuweisen. Man kann dann sogar die Frequenzen einander gleich annehmen und erhält doch infolge der verschiedenen Stärkefaktoren ein anisotropes Gebilde, für das allerdings in der klassischen Theorie kein Analogon existiert.

Ein etwas allgemeineres Molekülmodell, bei dem das Hauptachsenkreuz der Deformierbarkeit von der Frequenz abhängt, erhält man durch Betrachtung eines beliebigen Systems gekoppelter Resonatoren, deren kinetische und potentielle Energie [s. VII, § 82 (9), (10)] dargestellt sind durch

(2) $$T = \tfrac{1}{2}\sum_k m_k \dot{\mathfrak{u}}_k^2,$$

(3) $$U = \tfrac{1}{2}\sum_{kl}\sum_{XY} a_{XY}^{kl}\,\mathfrak{u}_X^k \mathfrak{u}_Y^l, \qquad a_{XY}^{kl} = a_{YX}^{lk},$$

wo die Indizes k, l die Punkte des Systems durchlaufen. Wenn auch für den KERReffekt und die Streuung eine so allgemeine Anisotropie kaum meßbar in Erscheinung tritt, so ist sie doch ganz wesentlich für die Behandlung der optischen Aktivität (s. § 99).

Wir haben bereits in VII, § 82 gezeigt, wie man Normalkoordinaten einführen kann; man schafft zunächst die Masse weg durch den Ansatz VII, § 82 (11):

(4) $$\sqrt{m_k}\,\mathfrak{u}_k = \mathfrak{v}_k, \qquad \frac{a_{XY}^{kl}}{\sqrt{m_k m_l}} = \mathsf{K}_{XY}^{kl}.$$

Dann geht durch die orthogonale Transformation VII, § 82 (20)

(5) $$\mathfrak{v}_{kX} = \sum_j \mathfrak{e}_{kX}^{(j)} \xi_j,$$

deren Auflösung durch VII, § 82 (21) gegeben war:

(6) $$\xi_j = \sum_k \mathfrak{e}_k^{(j)} \mathfrak{v}_k,$$

die kinetische bzw. potentielle Energie in die Quadratsumme VII, § 82 (22), (23)

(7) $$T = \tfrac{1}{2}\sum_j \dot{\xi}_j^2,$$

(8) $$U = \tfrac{1}{2}\sum_j \mu_j \xi_j^2$$

über. Dabei sind $\mu_j = \omega_j^2$ die Wurzeln der Säkulargleichung [VII, § 82 (16)]

(9) $$|\mathsf{K}_{XY}^{kl} - \mu\,\delta_{kl}\delta_{XY}| = 0,$$

und die Eigenvektoren $\mathfrak{e}_k^{(j)}$ [s. VII, § 82 (18), (19)] bilden ein Orthogonalsystem:

(10) $$\sum_{k=1}^{n} \mathfrak{e}_k^{(j)} \mathfrak{e}_k^{(h)} = \delta_{jh},$$

(11) $$\sum_{j=1}^{3n} \mathfrak{e}_{kX}^{(j)} \mathfrak{e}_{lY}^{(j)} = \delta_{kl}\delta_{XY},$$

das den linearen Gleichungen VII, § 82 (17)

(12) $$\mu_j \mathfrak{e}_{kX}^{(j)} = \sum_l \sum_Y \mathsf{K}_{XY}^{kl} \mathfrak{e}_{lY}^{(j)}$$

genügt.

Wir haben jetzt zu untersuchen, wie das vorliegende System auf eine Lichtwelle anspricht. Wir nehmen an, daß diese am $k$ten Teilchen mit der Kraft $\mathfrak{K}_k$ angreift (die nur bei Vernachlässigung der Atomdimensionen gegen die Wellenlänge gleich $e_k\mathfrak{E}$ gesetzt werden kann).

Die Schwingungsgleichungen lauten in den ursprünglichen Verrückungskomponenten

$$m_k \ddot{\mathfrak{u}}_{kX} + \sum_l \sum_Y a_{XY}^{kl} \mathfrak{u}_{lY} = \mathfrak{K}_{kX}; \tag{13}$$

führt man die Bezeichnungen (4) ein, so lauten sie für eine Schwingung der Frequenz $\omega = \sqrt{\mu}$:

$$\mu \mathfrak{v}_{kX} - \sum_l \sum_Y \mathsf{K}_{XY}^{kl} \mathfrak{v}_{lY} = -\frac{1}{\sqrt{m_k}} \mathfrak{K}_{kX}. \tag{14}$$

Unterwerfen wir nun das System der Komponenten von $\frac{1}{\sqrt{m_k}} \mathfrak{K}_k$ derselben Transformation im $3n$-dimensionalen Raum wie oben [s. (5), (6)] das der $\mathfrak{v}_k$, also

$$\mathsf{K}_j = \sum_k \frac{1}{\sqrt{m_k}} \mathfrak{e}_k^{(j)} \mathfrak{K}_k, \tag{15}$$

so gehen die Bewegungsgleichungen (13) über in

$$\mu \xi_j - \mu_j \xi_j = -\mathsf{K}_j, \tag{16}$$

und die Lösung ist

$$\xi_j = \frac{\mathsf{K}_j}{\mu_j - \mu}. \tag{17}$$

Mithin ist die Lösung in den ursprünglichen Variablen

$$\mathfrak{u}_{kX} = \frac{1}{\sqrt{m_k}} \sum_j \mathfrak{e}_{kX}^{(j)} \frac{\mathsf{K}_j}{\mu_j - \mu}. \tag{18}$$

Setzen wir hier den Wert (15) ein, so sehen wir, daß dieser Ausdruck die Form hat

$$\mathfrak{u}_{kX} = \sum_l \sum_Y A_{XY}^{kl} \mathfrak{K}_{lY}; \tag{19}$$

der Koeffizient ist

$$A_{XY}^{kl} = \frac{1}{\sqrt{m_k m_l}} \sum_j \frac{\mathfrak{e}_{kX}^{(j)} \mathfrak{e}_{lY}^{(j)}}{\omega_j^2 - \omega^2}, \tag{20}$$

wobei μ durch ω^2 ersetzt und die Eigenfrequenz VII, § 82 (25) $\omega_j = \sqrt{\mu_j}$ eingeführt ist.

Machen wir nun die Voraussetzung, daß die Wellenlänge groß gegen die Atomdimension ist, daß also der Ansatz

$$\mathfrak{K}_{kX} = e_k \mathfrak{E}_X \tag{21}$$

gilt, und bilden das elektrische Moment, so finden wir

$$\mathfrak{p}_X = \sum_j \sum_Y \frac{\mathfrak{Q}_X^{(j)} \mathfrak{Q}_Y^{(j)}}{\omega_j^2 - \omega^2} \mathfrak{E}_Y, \tag{22}$$

wobei der Vektor [s. auch VII, § 82 (27)]

$$\mathfrak{Q}^{(j)} = \sum_k \frac{e_k}{\sqrt{m_k}} \mathfrak{e}_k^{(j)} \tag{23}$$

eingeführt ist. Er hat die physikalische Bedeutung des elektrischen Moments für die normierte (freie) $j$te Eigenschwingung. Aus den Orthogonalitätsrelationen (11) und (10) für die Eigenvektoren $\mathfrak{e}_k^{(j)}$ folgt für die Vektoren $\mathfrak{L}^{(j)}$

(24) $$\sum_j \mathfrak{L}_X^{(j)} \mathfrak{L}_Y^{(j)} = \sum_{j,k,l} \frac{e_k e_l}{\sqrt{m_k m_l}} \mathfrak{e}_{kX}^{(j)} \mathfrak{e}_{lY}^{(j)} = \sum_k \frac{e_k^2}{m_k} \delta_{XY},$$

oder, wenn wir annehmen, daß alle z schwingenden Partikel gleiche Ladung e und gleiche Masse m haben,

(25) $$\sum_j \mathfrak{L}_X^{(j)} \mathfrak{L}_Y^{(j)} = z \frac{e^2}{m} \delta_{XY}.$$

Die Formel (22) hat die in Kap. VII allen Betrachtungen zugrunde gelegte Gestalt:

(26) $$\mathfrak{p}_X = \sum_Y \alpha_{XY} \mathfrak{E}_Y,$$

wobei jetzt der Polarisierbarkeitstensor den bestimmten reellen Wert hat:

(27) $$\alpha_{XY} = \sum_j \frac{\mathfrak{L}_X^{(j)} \mathfrak{L}_Y^{(j)}}{\omega_j^2 - \omega^2}.$$

Man kann nachträglich eine Dämpfung dadurch einführen, daß man ω^2 durch $\omega^2 - i\gamma_j\omega$ ersetzt. Vergleichen wir die Formel (27) mit der in der allgemeinen Dispersionstheorie benutzten Formel § 95 (1), so erkennen wir, daß unser gekoppeltes System von Massenpunkten äquivalent ist mit einer Anzahl linearer Oszillatoren, wobei der $j$te Oszillator zur XY-Komponente des Polarisierbarkeitstensors mit einem Stärkefaktor $f_{XY}^{(j)}$ beiträgt, der gegeben ist durch

(28) $$f_{XY}^{(j)} \frac{e^2}{m} = \mathfrak{L}_X^{(j)} \mathfrak{L}_Y^{(j)}.$$

Nach (25) erhalten wir hieraus für die Größen $f^{(j)}$ den Summensatz

(29) $$\sum_j f_{XY}^{(j)} = z\delta_{XY}.$$

Er ist ein klassisches Analogon zu dem quantenmechanischen f-Summensatz, den wir in § 91, S. 472 besprochen haben. Dabei zeigt es sich, daß die f-Summen für die gemischten Komponenten des Polarisierbarkeitstensors α Null sind, für die Diagonalkomponenten α_{XX} gleich der Anzahl der schwingenden Partikel.

Bildet man die mittlere Polarisierbarkeit für ein frei drehbares Molekül:

(30) $$\alpha = \frac{1}{3}(\alpha_{XX} + \alpha_{YY} + \alpha_{ZZ}) = \frac{1}{3} \sum_j \frac{\mathfrak{L}^{(j)2}}{\omega_j^2 - \omega^2},$$

so gehört zu ihr als f-Wert die Spur

(31) $$f^{(j)} = \frac{1}{3}(f_{XX}^{(j)} + f_{YY}^{(j)} + f_{ZZ}^{(j)}) = \frac{1}{3} \frac{m}{e^2} \mathfrak{L}^{(j)2},$$

und es gilt der Summensatz

(32) $$\sum_j f^{(j)} = \frac{1}{3} \frac{m}{e^2} \sum \mathfrak{L}^{(j)2} = z,$$

in formaler Übereinstimmung mit den erwähnten Aussagen der Quantentheorie. Man darf aber nicht vergessen, daß der quantenmechanische f-Summensatz einen Inhalt hat, der weit über die klassische Theorie eines Resonatorensystems hinaus geht[1]. Man sieht das ja schon am Fall $z = 1$, in dem die klassische Resonatortheorie nur eine, die Quantentheorie aber bereits unendlich viele Frequenzen verschiedener Stärken liefert. Auch hier im Fall von beliebig vielen (z) schwingenden Elektronen würde die Quantentheorie eine unendliche Mannigfaltigkeit von Spektraltermen liefern, wobei jedem Übergang zwischen ihnen ein f-Wert zukommt. Der quantentheoretische f-Summensatz bezieht sich auf die unendlich vielen Frequenzen, die den Übergängen von einem Niveau zu allen übrigen entsprechen. Unsere klassischen Formeln sind also nur mit Vorsicht näherungsweise zu gebrauchen.

Für eine bestimmte Frequenz ω kann man den Tensor α_{XY} auf Hauptachsen transformieren; im allgemeinen wird aber das Hauptachsensystem für jede Frequenz ein anderes sein.

Wir haben früher (VII, § 80, 81) gesehen, daß der Deformationstensor des feldfreien Zustandes für die Frequenz ω und für die Frequenz 0 genügt, um die Erscheinungen der Streuung und den Hauptanteil des KERReffekts zu beschreiben, gegebenenfalls unter Hinzunahme des permanenten Dipolmomentes $\mathfrak{p}^{(0)}$. Dabei sind die Größen $\alpha_{XY,Z}$ und $\alpha_{XY,X'Y'}$, die die Abhängigkeit des Deformationstensors von der elektrischen Feldstärke beschreiben, als klein angenommen. Daß sie das in der Tat sind, kann man daraus entnehmen, daß der STARKeffekt für die meisten Substanzen (ausgenommen Wasserstoff und ähnliche Atome) sehr klein ist. Das elektrische Feld E hat beim quadratischen STARKeffekt folgende Wirkung: einmal eine Verschiebung der Eigenfrequenzen ω_k, die proportional E^2 ist, sodann eine entsprechende Änderung der Stärkefaktoren $f^{(j)}$, die linear in E ist. Beide Effekte sind äußerst geringfügig; die durch sie erzeugte Abhängigkeit der α_{XY} von der Frequenz ist ohne weiteres aus den Formeln (27) abzulesen; doch lohnt es nicht, darauf einzugehen.

Wir erinnern nun daran, daß sowohl der KERReffekt als auch die Streuung wesentlich durch die Konstanten b_1 und b_2 bestimmt sind, die im Falle eines von der Frequenz unabhängigen Hauptachsensystems der Deformation durch die Formeln VII, § 80 (5), (6) dargestellt sind. Die Frequenzabhängigkeit beider Größen ist demnach gegeben durch die der drei Größen $\alpha_X - \alpha_Y$, $\alpha_Y - \alpha_Z$, $\alpha_Z - \alpha_X$, die von der Frequenz wieder nach einer einfachen Dispersionsformel abhängen, nämlich bei unserem allgemeinen Modell nach

$$\alpha_X - \alpha_Y = \sum_j \frac{\varphi_{XY}^{(j)}}{\omega_j^2 - \omega^2}, \tag{33}$$

wo

$$\varphi_{XY}^{(j)} = \mathfrak{L}_X^{(j)2} - \mathfrak{L}_Y^{(j)2} \tag{34}$$

gesetzt ist. Für jede dieser drei Größen gilt die Summenformel

$$\sum_j \varphi_{XY}^{(j)} = 0. \tag{35}$$

Die zum praktischen Gebrauch dienenden Entwicklungen nach Frequenzen und Wellenlängen haben genau dieselbe Form wie beim Brechungsindex.

Betrachten wir nun die Streuung, so besteht diese aus zwei Anteilen, die beide mit $1/\lambda^4$ proportional sind. Bei Atomen und isotropen Molekülen hat man

[1] Nach dem Korrespondenzprinzip entspricht dem virtuellen Resonatorsystem der Quantentheorie nicht etwa ein klassisches Resonatorsystem, sondern ein mechanisches System von Massenpunkten, die sich mit COULOMBschen Kräften beeinflussen. Ein solches hat im allgemeinen unendlich viele Perioden, eine Grundperiode und deren harmonische Oberschwingungen. Diese korrespondieren in Wirklichkeit mit den virtuellen Resonatoren der Quantentheorie (s. § 91 S. 471).

nur die RAYLEIGHsche Streuung Ω_0, die nach VII, § 81 (53) noch vom Brechungsindex, und zwar von der Größe $(n^2 - 1)^2$, abhängt. Damit ist ihre Dispersion bestimmt. In Durchsichtigkeitsgebieten ist die Abhängigkeit dieses Faktors von der Wellenlänge gegen die von $1/\lambda^4$ gering. Kommt man aber in die Nähe einer Eigenfrequenz, so müßte ein Resonanzeffekt eintreten, also eine selektive Vergrößerung der Streuung. Letztere ist von LANDSBERG und MANDELSTAM[1] am Quecksilberdampf beobachtet worden. Dieser wurde mit dem Licht eines kräftigen Funkens zwischen Zinkelektroden beleuchtet, der die Wellenlängen $\lambda_0 = 2502$ Å und $\lambda_0 = 2558$ Å aussendet, zwischen denen die Resonanzlinie des Quecksilbers $\lambda_0 = 2537$ Å nicht symmetrisch liegt. Nach den Streuformeln wäre zu erwarten, daß die zweite Linie etwa 12mal stärkere Streuung liefert als die erste. In der Tat konnte die Linie 2502 Å im Streulicht überhaupt nicht, die andere aber deutlich gesehen werden.

Bei anisotropen Molekülen gibt es außer der RAYLEIGHschen Streuung noch das in VII, § 81 (51) abgeleitete Zusatzglied, das von der Invarianten Ω abhängt und die Depolarisation des Lichts erzeugt. Wir haben es dort nur für den Fall diskutiert, daß es ein festes Deformationsachsenkreuz im Molekül gibt und daß die Frequenzabhängigkeit der Hauptdeformierbarkeiten α_X, α_Y, α_Z praktisch dieselbe ist, so daß man [s. § 81 (59), (60)]

$$\alpha_X^0 = \sigma\alpha_X, \qquad \alpha_Y^0 = \sigma\alpha_Y, \qquad \alpha_Z^0 = \sigma\alpha_Z, \tag{36}$$

mit

$$\sigma = \frac{n^{0\,2} - 1}{n^2 - 1} \tag{37}$$

setzen kann. Überlegen wir, unter welchen Bedingungen diese Voraussetzung bei drei aufeinander senkrechten linearen Oszillatoren erfüllt ist, so sehen wir, daß es gerade der oben erwähnte Fall ist, wo die drei Frequenzen einander gleich und nur die Stärkefaktoren f_X, f_Y, f_Z verschieden sind.

Wenn (36) gilt, so ist nach § 81 (62) die Invariante Ω mit der oben diskutierten Konstanten b_1 des KERReffekts proportional und hängt wie diese nur von den Differenzen $\alpha_X - \alpha_Y$, $\alpha_Y - \alpha_Z$, $\alpha_Z - \alpha_X$ ab. Ihre Dispersion wird dann allein durch den in (37) angegebenen Faktor σ, d. h. durch $(n^2 - 1)$ bestimmt. Wir brauchen daher nicht darauf einzugehen.

§ 99. Dispersion des natürlichen Drehungsvermögens für Flüssigkeiten und Gase.*

Wir wir in VII, § 83 gezeigt haben, hängt die optische Aktivität nicht nur von dem Polarisierbarkeitstensor des Moleküls ab, sondern außerdem auch von der geometrischen Konfiguration der sie erzeugenden schwingenden Gebilde. Daher kann man diese Erscheinung umgekehrt dazu benutzen, Aufschluß über die Lage der Resonatoren im Molekül zu gewinnen. Dies ist besonders von KUHN und Mitarbeitern[2] durchgeführt worden, wobei sich Beziehungen zur chemischen Konstitution der Moleküle ergeben haben. Wegen der Wichtigkeit dieser Schlüsse wollen wir etwas näher auf die Dispersion des Drehungsvermögens eingehen.

---

[1] G. LANDSBERG u. L. MANDELSTAM: Z. Physik Bd. 72 (1931) S. 130.

[2] W. KUHN: Z. physik. Chem. Abt. B Bd. 4 (1929) Heft 1/2 S. 14; Trans. Faraday Soc. Bd. 26, Teil 6 (1930) Nr. 109 S. 293; W. KUHN u. E. BRAUN: Z. physik. Chem. Abt. B Bd. 8 (1930) Heft 4 S. 281; Bd. 8 (1930) Heft 5/6 S. 445; W. KUHN, K. FREUDENBERG u. J. WOLF: Ber. dtsch. chem. Ges. Bd. 63 (1930) Heft 9 S. 2367.

Wir gehen aus von der Formel VII, § 83 (32) für den Drehungsparameter

$$g = \frac{2\pi}{\lambda}\frac{1}{3}\sum_{kl} e_k e_l \mathfrak{a}^{kl}(\mathfrak{r}_k - \mathfrak{r}_l)\,. \tag{1}$$

Dabei war $\mathfrak{a}^{kl}$ der axiale Vektor, der zu den antisymmetrischen Komponenten des Tensors A^{kl}_{XY} gehört, den wir in § 98 (20) ausgerechnet haben. Wir finden mit Hilfe dieser Werte

$$-\mathfrak{a}^{kl}_Z = \frac{1}{2}(A^{kl}_{XY} - A^{kl}_{YX}) = \frac{1}{\sqrt{m_k m_l}}\frac{1}{2}\sum_j \frac{\mathfrak{e}^{(j)}_{kX}\mathfrak{e}^{(j)}_{lY} - \mathfrak{e}^{(j)}_{kY}\mathfrak{e}^{(j)}_{lX}}{\omega_j^2 - \omega^2}\,, \tag{2}$$

oder kurz

$$\mathfrak{a}^{kl} = \frac{-1}{\sqrt{m_k m_l}}\frac{1}{2}\sum_j \frac{\mathfrak{e}^{(j)}_k \times \mathfrak{e}^{(j)}_l}{\omega_j^2 - \omega^2}. \tag{3}$$

Setzen wir dies in (1) ein, so wird

$$g = \frac{2\pi}{\lambda}\frac{1}{3}\sum_j \frac{1}{\omega_j^2 - \omega^2}\frac{1}{2}\sum_{kl}\frac{e_k e_l}{\sqrt{m_k m_l}}(\mathfrak{r}_k - \mathfrak{r}_l)(\mathfrak{e}^{(j)}_l \times \mathfrak{e}^{(j)}_k)\,. \tag{4}$$

Vertauscht man in dem Gliede mit $\mathfrak{r}_l$ die Indizes k und l, so wird es gleich dem ersten Gliede mit $\mathfrak{r}_k$, und die Doppelsumme mit dem Faktor $\frac{1}{2}$ wird

$$\sum_{kl}\frac{e_k e_l}{\sqrt{m_k m_l}}\mathfrak{r}_k(\mathfrak{e}^{(j)}_l \times \mathfrak{e}^{(j)}_k) = \sum_{kl}\frac{e_k e_l}{\sqrt{m_k m_l}}\mathfrak{e}^{(j)}_l(\mathfrak{e}^{(j)}_k \times \mathfrak{r}_k)\,. \tag{5}$$

Führen wir hier den in § 98 (23) definierten Vektor $\mathfrak{L}^{(j)}$ und außerdem den Vektor[1]

$$\mathfrak{R}^{(j)} = \sum_k \frac{e_k}{\sqrt{m_k}}(\mathfrak{e}^{(j)}_k \times \mathfrak{r}_k) \tag{6}$$

ein, so wird die Doppelsumme gleich dem Skalarprodukt $\mathfrak{L}^{(j)}\mathfrak{R}^{(j)}$, und es folgt aus (4)

$$g = \frac{2\pi}{\lambda}\cdot\frac{1}{3}\sum_j \frac{\mathfrak{L}^{(j)}\mathfrak{R}^{(j)}}{\omega_j^2 - \omega^2}. \tag{7}$$

Diese Formel ist ganz analog zu dem Ausdruck § 98 (30) für die mittlere Polarisierbarkeit, doch besteht ein wesentlicher Unterschied in der Summe der Zähler. Es ist nämlich

$$\sum_j \mathfrak{L}^{(j)}\mathfrak{R}^{(j)} = \sum_{kl}\frac{e_k e_l}{\sqrt{m_k m_l}}\mathfrak{r}_k \sum_j \mathfrak{e}^{(j)}_l \times \mathfrak{e}^{(j)}_k\,, \tag{8}$$

und dieser Ausdruck verschwindet nach § 98 (11), weil in dem Vektorprodukt nur Komponenten nach verschiedenen Achsen miteinander multipliziert sind:

$$\sum_j \mathfrak{L}^{(j)}\mathfrak{R}^{(j)} = 0\,, \tag{9}$$

im Gegensatz zu § 98 (32):

$$\frac{1}{3}\sum_j \mathfrak{L}^{(j)2} = z\frac{e^2}{m}.$$

Wenn sich die Beiträge der einzelnen Frequenzen zum Brechungsindex gleichsinnig addieren, müssen bei der Drehung einzelne Frequenzen entgegengesetzte Beiträge liefern. Dieser Vorzeichenwechsel bewirkt, daß die zirkulare Doppel-

[1] Die Vektoren $\mathfrak{R}^{(j)}$ sind nicht unabhängig von der Wahl des Nullpunkts, wohl aber die für das Drehungsvermögen maßgebenden skalaren Produkte $\mathfrak{L}^{(j)}\mathfrak{R}^{(j)}$.

brechung in einigem Abstande von dem Absorptionsstreifen sehr klein sein wird, verglichen mit dem Werte des Brechungsindex selbst. Wir wollen an dieser Stelle einige Zahlenangaben machen:

Es gibt viele Substanzen von dem ungefähren spezifischen Gewicht 1, bei denen die spezifische Drehung im sichtbaren Gebiete ($\lambda_0 = 5 \cdot 10^{-5}$ cm) etwa 10° beträgt. Dann folgt aus der Formel VII, § 83 (49) für den Wert der Doppelbrechung

$$n_- - n_+ = \frac{\chi \lambda_0}{\pi} = \frac{2\pi}{360} \cdot 10 \frac{5 \cdot 10^{-5}}{\pi} = 2{,}8 \cdot 10^{-6}\,; \tag{10}$$

er ist also außerordentlich klein gegen den Wert des Brechungsindex selbst, der von der Größenordnung 1 ist.

Der Verlauf des Drehungsvermögens in beträchtlichem Abstande von der Absorptionslinie läßt sich genau so wie in der Dispersionstheorie (s. § 95) in eine Potenzreihe nach λ bzw. $1/\lambda$ entwickeln. Da nach (7) g proportional $\lambda^{-1} = n\lambda_0^{-1}$ ist, so wird χ gleich $1/\lambda_0^2$ multipliziert mit einem Faktor, der selbst von ω oder λ_0 abhängt, und der in eine Potenzreihe der genannten Art entwickelt werden kann. Man erhält

$$\chi = \frac{1}{\lambda_0^2}\left\{D_0 + \frac{D_1}{\lambda_0^2} + \cdots + E_1\lambda_0^2 + E_2\lambda_0^4 + \cdots\right\}. \tag{11}$$

Begnügt man sich mit dem ersten Gliede, so hat man die sog. BIOT*sche Formel*[1], die im sichtbaren Gebiet bereits eine einigermaßen brauchbare Darstellung des Drehvermögens liefert. Man kann dann nach Bedarf die Zusatzglieder bestimmen, wenn man den Spektralbereich erweitert. Erfahrungsgemäß ist der Beitrag der ultravioletten Frequenzen (Koeffizienten D) praktisch allein maßgebend. Die ultraroten (Koeffizienten E) tragen nicht wesentlich zum Drehungsvermögen bei.

Wir wollen uns aber nun nicht mit dieser groben Interpolationsformel begnügen, sondern Bereiche betrachten, in denen Absorptionsstreifen liegen. Hier haben wir die allgemeine Formel (7) zu benutzen; doch ist ihr Inhalt viel zu unbestimmt, und wir müssen daher versuchen, uns ein anschaulicheres Bild von der Entstehung des Drehvermögens zu machen.

In der Dispersionstheorie der Brechung haben wir der Quantentheorie dadurch Rechnung getragen, daß wir jedem Übergange von einem Niveau zu einem anderen einen „virtuellen *linearen* Oszillator von der Stärke f_j" zuordneten. Es liegt nun die Frage nahe, ob man nicht auch das Drehungsvermögen aus elementaren Beiträgen ähnlicher Art aufbauen kann. Aus unseren Formeln geht ohne weiteres hervor, daß ein einzelner Resonator hierzu nicht genügt; es muß außerdem noch seine „Lage" im Molekül bestimmt sein; denn in die Vektoren $\mathfrak{R}^{(j)}$ gehen nicht nur die Eigenschwingungsamplituden $\mathfrak{e}_k^{(j)}$ ein, sondern auch die Ortsvektoren $\mathfrak{r}_k$ der Resonatoren.

Das denkbar einfachste Gebilde, das von der absoluten Lage der Resonatoren im Molekül nicht abhängt, ist folgendes: Zwei lineare Resonatoren, die im Abstande d lokalisiert sind, und die senkrecht zu ihrer Verbindungslinie und zueinander schwingen.

Wir wollen ein solches Gebilde ein *Oszillatorpaar* nennen, in ähnlicher Weise, wie man in der Dynamik starrer Körper von einem Kräftepaar spricht[2]. Genau wie dort der Hebelarm des Kräftepaares verändert werden kann, wenn man zugleich die Größe der Kräfte reziprok ändert, so könnte man auch hier den Abstand d ändern, wenn man die Normierung der Eigenschwingungen reziprok

[1] J. B. BIOT: Mém. de l'Acad. des Sciences Bd. 2 (1817) S. 41.

[2] Dort sind die Kräfte antiparallel, hier dagegen sind die Schwingungen senkrecht zueinander.

ändert. Wir halten an der Normierung der Eigenschwingungen auf 1 fest und bekommen dadurch bei gegebener Größe von $\mathfrak{R}^{(\mathfrak{f})}\mathfrak{L}^{(\mathfrak{f})}$ ein ganz bestimmtes d, das wir den „Hebelarm des Oszillatorpaares" nennen. Er wird von der Größenordnung der atomaren Dimensionen sein.

Die Bestimmung von d ist dann von Interesse, wenn es sich darum handelt, daß ein nicht aktives Molekül durch Anlagerung eines Atoms oder Radikals (chemische Substitution) aktiv wird. Dann kann man annehmen, daß d ein Maß für den Abstand ist, in dem das durch die Aneinanderlagerung zweier ungekoppelter Resonatoren entstehende Resonatorpaar zu lokalisieren ist. Es ist klar, daß die Chemie von solchen Bestimmungen Vorteile ziehen kann.

Wir wollen nun unsere Formeln auf den Fall des Resonatorpaares spezialisieren.

Sei Z die Richtung der Achse des Paares, X die Schwingungsrichtung des ersten, Y die des zweiten Resonators. Nennen wir ihre reduzierten Amplituden kurz u_1 und v_2 (statt $\mathfrak{v}_{1X}$ und $\mathfrak{v}_{2Y}$), so schreiben sich die Schwingungsgleichungen § 82 (15) in der Gestalt

$$(12)\quad \begin{cases} \text{(a)} & \mu u_1 = \mathsf{K}_{XX} u_1 + \mathsf{K}_{XY} v_2\,, \\ \text{(b)} & \mu v_2 = \mathsf{K}_{XY} u_1 + \mathsf{K}_{YY} v_2\,. \end{cases}$$

Hier können wir die Diagonalterme in folgender Weise zerlegen:

$$(13)\quad \begin{cases} \text{(a)} & \mathsf{K}_{XX} = \omega_1^{0\,2} + \mathsf{K}'\,, \\ \text{(b)} & \mathsf{K}_{YY} = \omega_2^{0\,2} + \mathsf{K}'\,, \end{cases}$$

wo ω_1^0, ω_2^0 die Frequenzen der ungekoppelten Teilsysteme sein sollen und K' die durch die Kopplung erzeugte Verstimmung bedeutet, die wir der Einfachheit halber für beide Resonatoren gleich groß annehmen. Ferner schreiben wir für den eigentlichen Kopplungsparameter:

$$(14)\quad \mathsf{K}_{XY} = \mathsf{K}\,.$$

Nun können wir die Eigenvektoren ohne weiteres hinschreiben; denn da unser Schwingungsraum zweidimensional ist, so ist die Transformation § 82 (20) oder (21) eine Drehung in der Ebene, hat also notwendig die Gestalt

$$(15)\quad \begin{cases} \text{(a)} & \xi_1 = u_1 \cos\alpha + v_2 \sin\alpha\,, \\ \text{(b)} & \xi_2 = -u_1 \sin\alpha + v_2 \cos\alpha\,. \end{cases}$$

Setzt man nun die potentielle Energie einmal als Funktion von u_1, v_2, sodann als Funktion von ξ_1, ξ_2 [s. § 82 (23)] an:

$$(16)\quad 2U = \mathsf{K}_{XX} u_1^2 + 2\mathsf{K}_{XY} u_1 v_2 + \mathsf{K}_{YY} v_2^2 = \mu_1 \xi_1^2 + \mu_2 \xi_2^2\,,$$

und führt die Werte (15) ein, so erhält man nach leichter Umrechnung die folgenden Beziehungen:

$$(17)\quad \operatorname{tg} 2\alpha = \frac{2\mathsf{K}_{XY}}{\mathsf{K}_{XX} - \mathsf{K}_{YY}} = \frac{2\mathsf{K}}{\omega_1^{0\,2} - \omega_2^{0\,2}}\,,$$

$$(18)\quad \begin{cases} \left.\begin{matrix}\mu_1\\ \mu_2\end{matrix}\right\} = \frac{1}{2}(\mathsf{K}_{XX} + \mathsf{K}_{YY}) \mp \frac{1}{2}\sqrt{(\mathsf{K}_{YY} - \mathsf{K}_{XX})^2 + 4\mathsf{K}_{XY}^2} \\ \left.\begin{matrix}\omega_1^2\\ \omega_2^2\end{matrix}\right\} = \mathsf{K}' + \frac{\omega_1^{0\,2} + \omega_2^{0\,2}}{2} \mp \frac{(\omega_1^{0\,2} - \omega_2^{0\,2})}{2\cos 2\alpha}. \end{cases}$$

Ergänzt man die Eigenvektoren durch die identisch verschwindenden Komponenten, so hat man also zu μ_1:

(19a) $$e_1^{(1)} = (\cos\alpha, 0, 0), \qquad e_2^{(1)} = (0, \sin\alpha, 0),$$

und zu μ_2:

(19b) $$e_1^{(2)} = (-\sin\alpha, 0, 0), \qquad e_2^{(2)} = (0, \cos\alpha, 0).$$

Hieraus ergibt sich sofort nach § 98 (23) und § 99 (6)

(20)
$$\begin{cases} \text{(a)} & \mathfrak{L}^{(1)} = \left(\frac{e_1}{\sqrt{m_1}}\cos\alpha,\ \frac{e_2}{\sqrt{m_2}}\sin\alpha,\ 0\right), \\ \text{(b)} & \mathfrak{L}^{(2)} = \left(-\frac{e_1}{\sqrt{m_1}}\sin\alpha,\ \frac{e_2}{\sqrt{m_2}}\cos\alpha,\ 0\right), \\ \text{(c)} & \mathfrak{R}^{(1)} = \left(d\frac{e_2}{\sqrt{m_2}}\sin\alpha,\ 0,\ 0\right), \\ \text{(d)} & \mathfrak{R}^{(2)} = \left(d\frac{e_2}{\sqrt{m_2}}\cos\alpha,\ 0,\ 0\right), \end{cases}$$

und daraus für die Zähler der Dispersionsformeln:

(21)
$$\begin{cases} \text{(a)} & \mathfrak{L}^{(1)2} = \frac{e_1^2}{m_1}\cos^2\alpha + \frac{e_2^2}{m_2}\sin^2\alpha, \\ \text{(b)} & \mathfrak{L}^{(2)2} = \frac{e_1^2}{m_1}\sin^2\alpha + \frac{e_2^2}{m_2}\cos^2\alpha, \\ \text{(c)} & \mathfrak{L}^{(1)}\mathfrak{R}^{(1)} = d\frac{e_1 e_2}{\sqrt{m_1 m_2}}\sin\alpha\cos\alpha, \\ \text{(d)} & \mathfrak{L}^{(2)}\mathfrak{R}^{(2)} = -d\frac{e_1 e_2}{\sqrt{m_1 m_2}}\sin\alpha\cos\alpha. \end{cases}$$

Aus diesen Größen können wir nach § 98 (30) sofort die Deformierbarkeit

(22) $$\alpha = \frac{\frac{1}{3}\mathfrak{L}^{(1)2}}{\omega_1^2 - \omega^2} + \frac{\frac{1}{3}\mathfrak{L}^{(2)2}}{\omega_2^2 - \omega^2}$$

und nach (7) den Drehungsparameter

(23) $$g = \frac{2\pi}{\lambda}\left\{\frac{\frac{1}{3}\mathfrak{L}^{(1)}\mathfrak{R}^{(1)}}{\omega_1^2 - \omega^2} + \frac{\frac{1}{3}\mathfrak{L}^{(2)}\mathfrak{R}^{(2)}}{\omega_2^2 - \omega^2}\right\}$$

bilden. Man sieht, daß g der Größe $d\sin\alpha\cos\alpha$ proportional ist. Hieraus kann man alle wesentlichen Bedingungen für das Zustandekommen des Drehvermögens ablesen:

1. muß ein Hebelarm d des Oszillatorpaares vorhanden sein, dessen Länge gegen die Wellenlänge des Lichts nicht verschwindend klein ist,
2. müssen die beiden Oszillatoren des Paares gekoppelt sein und
3. müssen sie verschiedene Frequenzen haben.

Denn wenn $K = 0$ ist, so ist nach (17) der Winkel $\alpha = 0$ oder $\alpha = \pi/2$, also nach (21c, d) und (23) auch $g = 0$. Ferner folgt wegen $\mathfrak{L}^{(1)}\mathfrak{R}^{(1)} = -\mathfrak{L}^{(2)}\mathfrak{R}^{(2)}$ aus (23), daß $g = 0$ wird, sobald $\omega_1 = \omega_2$ ist; hierzu ist nach (18) notwendig und hinreichend, daß außer $K = 0$ noch $\omega_1^0 = \omega_2^0$ ist.

Man darf nun aber keineswegs glauben, daß ein aktives Oszillatorenpaar bereits bei einem zweiatomigen Molekül möglich ist; denn da ein solches axialsymmetrisch um die Kernverbindung ist, können dabei niemals die auf dieser senkrechten Richtungen x und y voreinander ausgezeichnet sein. Auch bei einem dreiatomigen Molekül ist noch kein Drehungsvermögen möglich; denn die Ebene durch die drei Kerne ist Symmetrieebene. Erst bei vier- oder mehratomigen Molekülen kann einem Oszillatorenpaar durch die Lagerung der vier Atome die nötige Asymmetrie aufgezwungen werden. So kommt man ohne weiteres zum Verständnis der VAN'T HOFF-LE BELschen Entdeckung, daß für das Drehungsvermögen ein asymmetrisches Kohlenstoffatom (oder ein anderes asymmetrisches Gebilde) nötig ist.

Für die folgenden Betrachtungen wollen wir uns die vereinfachende Annahme erlauben, daß der Brechungsindex n sehr wenig von 1 verschieden ist (wie es bei Gasen tatsächlich der Fall ist), so daß wir [s. VII, § 76 (15)]

$$n^2 - 1 = 4\pi N\alpha \tag{24}$$

setzen können. Für links- und rechtszirkulare Wellen kann man nun je eine besondere Deformationskonstante α_+ bzw. α_- einführen vermöge der Definitionen

$$n_+^2 - 1 = 4\pi N\alpha_+\,, \qquad n_-^2 - 1 = 4\pi N\alpha_-\,. \tag{25}$$

Nun ist nach VII, § 83 (47)

$$n_+^2 = n^2 - 2\gamma\,, \qquad n_-^2 = n^2 + 2\gamma\,, \tag{26}$$

wo jetzt

$$\gamma = 4\pi N g \tag{27}$$

ist. Dann erhält man

$$\alpha_+ = \alpha - \frac{2\gamma}{4\pi N} = \alpha - 2g\,, \qquad \alpha_- = \alpha + \frac{2\gamma}{4\pi N} = \alpha + 2g\,. \tag{28}$$

Man kann nun Stärkefaktoren einführen. Wir schreiben etwa

$$\alpha_+ = \frac{e^2}{m}\left(\frac{f_1^+}{\omega_1^2 - \omega^2} + \frac{f_2^+}{\omega_2^2 - \omega^2}\right), \tag{29}$$

und analog für α_-; dann ist

$$\left\{\begin{aligned} \frac{1}{3}\,\mathfrak{Q}^{(1)2} \mp \frac{4\pi}{3\lambda}\,\mathfrak{Q}^{(1)}\mathfrak{R}^{(1)} &= \frac{e^2}{m}\cdot\begin{cases} f_1^+\,,\\ f_1^-\end{cases}\\ \frac{1}{3}\,\mathfrak{Q}^{(2)2} \mp \frac{4\pi}{3\lambda}\,\mathfrak{Q}^{(2)}\mathfrak{R}^{(2)} &= \frac{e^2}{m}\cdot\begin{cases} f_2^+\\ f_2^-\,.\end{cases} \end{aligned}\right. \tag{30}$$

Außerdem führen wir jetzt die Stärkefaktoren bei Vernachlässigung der Kopplung (s. § 91) der beiden Oszillatoren ein, setzen nämlich

$$\frac{1}{3}\,\frac{e_1^2}{m_1} = \frac{e^2}{m} f_1^0\,, \qquad \frac{1}{3}\,\frac{e_2^2}{m_2} = \frac{e^2}{m} f_2^0\,. \tag{31}$$

Dann wird nach (21)

$$\left\{\begin{aligned} \left.\begin{matrix} f_1^+\\ f_1^-\end{matrix}\right\} &= f_1^0\cos^2\alpha + f_2^0\sin^2\alpha \mp \frac{4\pi}{\lambda} d\,\sqrt{f_1^0 f_2^0}\,\sin\alpha\cos\alpha\,,\\ \left.\begin{matrix} f_2^+\\ f_2^-\end{matrix}\right\} &= f_2^0\cos^2\alpha + f_1^0\sin^2\alpha \pm \frac{4\pi}{\lambda} d\,\sqrt{f_1^0 f_2^0}\,\sin\alpha\cos\alpha\,. \end{aligned}\right. \tag{32}$$

Nun stehen bekanntlich die Größen f in direkter Beziehung zur Gesamtabsorption der betreffenden Spektrallinien (s. § 94, I, 1a) in unendlich dünner Schicht. Es gilt nämlich unabhängig von der Dämpfungskonstanten (sofern diese nur nicht zu groß ist) nach § 94 (4) für die Absorption pro Schichtdicke 1:

$$A = \frac{\pi}{c}\,\frac{e^2}{m}\,N\,\frac{f}{n}\,. \tag{33}$$

Da nun der rechts- bzw. der linkszirkularen Welle für jeden Absorptionsstreifen zwei verschiedene f-Werte zugehören, so folgt unmittelbar, daß rechts- und linkszirkulares Licht verschieden absorbiert wird, und daß insbesondere die Gesamtabsorption jedes einzelnen Streifens für die beiden entgegengesetzt rotierenden Wellen verschieden ist. Man nennt diese Erscheinung ***zirkularen Dichroismus***. Er ist experimentell von COTTON[1] entdeckt worden und wird nach ihm auch COTTON*effekt* genannt. Als Maß für diesen Effekt sehen wir die Größe

$$\frac{A_1^- - A_1^+}{A_1} = \Gamma_1 \tag{34}$$

und die entsprechende Größe Γ_2 für den zweiten Streifen an: dabei ist der Nenner der Mittelwert

$$A_1 = \frac{A_1^+ + A_1^-}{2}. \tag{35}$$

Man erhält

$$\Gamma_1 = \frac{f_1^- - f_1^+}{f_1}, \qquad f_1 = \frac{f_1^+ + f_1^-}{2} \tag{36}$$

und

$$\Gamma_2 = \frac{f_2^- - f_2^+}{f_2}, \qquad f_2 = \frac{f_2^+ + f_2^-}{2}. \tag{37}$$

Durch Einsetzen aus (32) kann man diese beiden Ausdrücke durch die Funktion

$$\Gamma(\alpha) = \frac{8\pi}{\lambda} d \frac{\sqrt{f_1^0 f_2^0}\sin\alpha\cos\alpha}{f_1^0\cos^2\alpha + f_2^0\sin^2\alpha} \tag{38}$$

darstellen in der Form

$$\Gamma_1 = \Gamma(\alpha), \qquad \Gamma_2 = \Gamma\left(\alpha + \frac{\pi}{2}\right). \tag{39}$$

Man nennt $\Gamma(\alpha)$ den *Anisotropiefaktor* des Oszillatorpaares.

Das Drehungsvermögen wird nach VII, § 83 (49) und § 99 (23), (31)

$$\chi = 8\pi^2 N \frac{g}{n\lambda_0} = 16\pi^3 N \frac{e^2}{m} \frac{1}{\lambda_0^2} \left\{\frac{1}{\omega_1^2 - \omega^2} - \frac{1}{\omega_2^2 - \omega^2}\right\} d\sqrt{f_1^0 f_2^0}\sin\alpha\cos\alpha. \tag{40}$$

Wir können es in die Anteile der beiden Eigenschwingungen zerlegen, also $\chi = \chi_1 + \chi_2$ setzen. Statt dessen können wir aber auch die Anteile der Doppelbrechung [§ 83 (49)]

$$(n_- - n_+)_1 = \frac{\lambda_0}{\pi}\chi_1, \qquad (n_- - n_+)_2 = \frac{\lambda_0}{\pi}\chi_2 \tag{41}$$

nehmen. Wir dividieren diese beiden Anteile noch durch die entsprechenden Anteile von

$$n^2 - 1 = 4\pi N\alpha = 4\pi N \frac{\alpha_+ + \alpha_-}{2}$$

[s. (24)], d. h. nach (28) z. B. durch

$$\left\{\begin{aligned} (n^2 - 1)_1 &= 4\pi N\left(\frac{\alpha_+ + \alpha_-}{2}\right)_1 = 4\pi N \frac{e^2}{m} \frac{f_1^+ + f_1^-}{2(\omega_1^2 - \omega^2)} \\ &= 4\pi N \frac{e^2}{m} \frac{f_1^0\cos^2\alpha + f_2^0\sin^2\alpha}{\omega_1^2 - \omega^2}. \end{aligned}\right. \tag{42}$$

Dann wird also nach (38), wenn der Unterschied von λ und λ_0 vernachlässigt wird,

$$\left\{\begin{aligned} \left(\frac{n_- - n_+}{n^2 - 1}\right)_1 &= \frac{\lambda_0\chi_1}{\pi(n^2 - 1)_1} = \frac{1}{2}\Gamma(\alpha), \\ \left(\frac{n_- - n_+}{n^2 - 1}\right)_2 &= \frac{\lambda_0\chi_2}{\pi(n^2 - 1)_2} = \frac{1}{2}\Gamma\left(\alpha + \frac{\pi}{2}\right). \end{aligned}\right. \tag{43}$$

---

[1] A. COTTON: Ann. Chim. Physique Bd. 8 (1896) S. 360.

Der Beitrag der Doppelbrechung jedes Absorptionsstreifens wird also durch seinen Dichroismus Γ_1 bzw. Γ_2 bestimmt, und diese beiden Größen wiederum sind nach (39) durch den Anisotropiefaktor $\Gamma(\alpha)$ ausgedrückt. Wenn wir die Abkürzungen

$$\frac{\sqrt{f_1^0 f_2^0}}{f_1^0 + f_2^0} = \bar{f}\,, \qquad \frac{f_1^0 - f_2^0}{f_1^0 + f_2^0} = \delta \tag{44}$$

einführen, können wir den Anisotropiefaktor so schreiben:

$$\Gamma(\alpha) = \frac{8\pi d}{\lambda}\,\bar{f}\,\frac{\sin 2\alpha}{1 + \delta\cos 2\alpha}\,. \tag{45}$$

Wir fragen nun nach dem größten Werte, den dieser Ausdruck für ein Oszillatorpaar mit bestimmten Stärken f_1^0, f_2^0 im ungekoppelten Zustande bei verschiedenen Kopplungen, d. h. verschiedenen Werten von α annehmen kann. Da $\Gamma(\alpha)$ für $\alpha = 0$ und $\alpha = \pi/2$ verschwindet, muß zwischen diesen beiden Werten ein Extremum liegen. Man findet dafür die Bedingung

$$\cos 2\alpha = -\delta\,. \tag{46}$$

Der Maximalwert von $\Gamma(\alpha)$ ist

$$(\Gamma(\alpha))_{\max} = \frac{8\pi d}{\lambda}\,\bar{f}\,\frac{1}{\sqrt{1-\delta^2}}\,. \tag{47}$$

Der für den anderen Absorptionsstreifen maßgebende Wert $\Gamma(\alpha + \pi/2)$ hat sein Maximum bei

$$\cos 2\left(\alpha + \frac{\pi}{2}\right) = -\cos 2\alpha = -\delta\,. \tag{48}$$

Der Maximalwert selbst ist natürlich für beide Streifen gleich groß.

Wir betrachten nun zwei Grenzfälle:

1. *Die beiden ungekoppelten Oszillatoren seien von gleicher Stärke:*

$$f_1^0 = f_2^0\,. \tag{49}$$

Dann ist

$$\left\{\begin{aligned} &\bar{f} = \frac{1}{2}\,, \qquad \delta = 0\,, \qquad \alpha_{\max} = \frac{\pi}{4}\,,\\ &(\Gamma(\alpha))_{\max} = \frac{4\pi d}{\lambda}\,. \end{aligned}\right. \tag{50}$$

2. *Der eine Oszillator sei sehr viel schwächer als der andere:*

$$f_1^0 \gg f_2^0\,. \tag{51}$$

Wir setzen

$$\frac{f_2^0}{f_1^0} = p \ll 1\,.$$

Dann wird

$$\bar{f} = \sqrt{p}\,, \qquad \delta = \frac{1-p}{1+p} = 1 - 2p\,, \qquad \sqrt{1-\delta^2} = 2\sqrt{p}\,, \tag{52}$$

also

$$(\Gamma(\alpha))_{\max} = \frac{4\pi d}{\lambda}\,. \tag{53}$$

Wir erhalten also das wichtige *Resultat, daß in diesen beiden konträren Fällen der größte Wert des Anisotropiefaktors, der überhaupt durch geeignete Wahl der Kopplung erreicht werden kann, den gleichen Wert hat.*

Dieser Sachverhalt ist nun wesentlich zum Verständnis der quantitativen Verhältnisse, die man bei den drehenden organischen Substanzen beobachtet hat.

Die zitierten Untersuchungen von KUHN und Mitarbeitern betreffen Lösungen organischer Substanzen. Bei diesen beobachtet man häufig das folgende Verhalten: Geht man vom sichtbaren Gebiet nach dem violetten, so setzt an einer Stelle eine schwache Absorption ein, die man einer im nahen Ultraviolett liegenden Bande sehr geringer Stärke (f_2^0) zuordnen kann. Beim Weitergehen ins Ultraviolett steigt dann die Absorption sehr kräftig an; man wird daher eine sehr starke Bande (f_1^0) im fernen Ultraviolett anzunehmen haben.

Verfolgt man nun das Drehungsvermögen bzw. den Dichroismus in entsprechender Weise durch das Spektrum, so sieht man, daß diese Erscheinungen in der Umgebung der nahen Bande (f_2^0) ein singuläres Verhalten zeigen, wie es dem Vorhandensein des Absorptionsstreifens (mit Dämpfung) zukommt, und beim weiteren Fortschreiten ins Ultraviolett dann ebenso wie die Absorption ansteigen. Ein Beispiel hierfür zeigt Fig. 232.

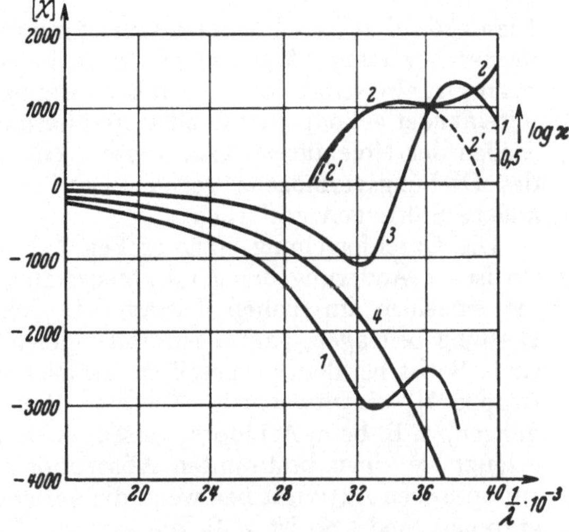

Fig. 232. Azidopropionsäuredimethylamid in Äther.
1 Molekulare Drehung beobachtet; *2* Absorption beobachtet; *2'* Absorption berechnet; *3* Drehungsbeitrag der Azidobande berechnet; *4* Differenz von beobachteter und berechneter Drehung.

Man kann nun den Beitrag der nahen Bande rechnerisch absondern: Aus der Absorption erhält man f_2^0, aus dem Drehungsvermögen die Größe $\Gamma_2 = \Gamma(\alpha + \pi/2)$; andererseits kann man die Summe $f_1^0 + f_2^0$ einfach durch Abzählen der am Absorptionsprozeß beteiligten Elektronen schätzen.

Als Beispiel geben wir den in Fig. 232 dargestellten Fall von Azidopropionsäuremethylamid $CH_3CHN_3CON(CH_3)_2$ in Äther[1]. Dort ist

$$f_2 = 4{,}7 \cdot 10^{-4}.$$

Die Anzahl der Elektronen in sämtlichen vorhandenen Atomen ist 76. Von diesen sind 20 sehr fest (in der K-Schale) gebunden, kommen also für das optische Verhalten nicht in Betracht. Die Gesamtheit der optisch wirksamen Elektronen ist also etwa 50, ein Wert, gegen den f_2 verschwindend gering ist. Man erkennt also, daß die im äußersten Violett liegende Absorptionsbande eine Stärke f_1 haben muß, die etwa 100000mal größer sein muß als die der nahegelegenen Bande (f_2).

Für den Anisotropiefaktor der nahen Bande findet man aus den Beobachtungen etwa den Wert $\Gamma_2 = 0{,}02$. Nehmen wir an, daß in dem beobachteten Falle die für den Dreheffekt optimale Kopplung vorliegt, so ist der Beitrag der fernen Bande zum Anisotropiefaktor genau so groß, nämlich beide Beträge nach (53) gleich $4\pi d/\lambda$. Selbst wenn dieser Grenzfall nicht vorliegt, sondern

[1] Nach W. KUHN u. E. BRAUN: Z. physik. Chem. Abt. B Bd. 8 (1930) S. 281. Diese Autoren begnügen sich nicht damit, für den einzelnen Absorptionsstreifen einen Dispersionsterm mit Dämpfung anzusetzen, sondern machen die Annahme, daß er in Wahrheit einer Bande von einzelnen Linien entspricht. Für die Verteilung der Absorption in dieser Bande nehmen sie ein Exponentialgesetz an, mit dessen Hilfe sie den Verlauf des Anteils der Bande an der Gesamtabsorption gut darstellen können. Wir sehen von einer genaueren Mitteilung dieser Rechnungen ab; denn die Zuverlässigkeit der quantitativen Ergebnisse ist doch keinesfalls beträchtlich, weil andere Vernachlässigungen gemacht werden (z. B. des Einflusses der Dichte nach dem LORENTZ-LORENZschen Gesetz).

der Beitrag der fernen Bande zum Anisotropiefaktor verhältnismäßig größer ist, so wird doch ihr Beitrag zum Drehungsvermögen selbst keineswegs entsprechend groß sein, weil sie eben weiter entfernt liegt als die schwache Bande, und ihr Einfluß im Sichtbaren daher bereits stark abgeklungen ist. Man erkennt das auch deutlich an Fig. 232.

Wir können nun aus der Formel (53) die Größe der für die Aktivität maßgebenden Abstände d berechnen und finden aus dem angegebenen Werte $\Gamma = 0{,}02$ und der Wellenlänge $\lambda = 2900$ Å für d den Wert

$$d = \frac{\Gamma\lambda}{4\pi} = \frac{0{,}02 \cdot 2{,}9 \cdot 10^{-5}}{4 \cdot \pi} = 4{,}6 \cdot 10^{-8}\,\text{cm}\,.$$

Dieses Resultat ist sehr interessant; denn man weiß, daß die molekularen Durchmesser nur einige Ångströmeinheiten betragen. Der Hebelarm des Oszillatorpaares ist also selbst von der Größenordnung des Moleküldurchmessers; die beiden miteinander gekoppelten Oszillatoren unseres Systems sind also an den äußersten Stellen der Moleküle zu lokalisieren. Hieraus ist vielleicht die Empfindlichkeit des Drehungsvermögens gegen Beeinflussungen durch Nachbarmoleküle und andere Störungen erklärlich.

Die Durchforschung einer großen Zahl chemischer Verbindungen mit systematischer Änderung der Zusammensetzung hat das Resultat ergeben, daß für die einzelnen im nahen Ultraviolett gelegenen Absorptionsstreifen, die zur Drehung beitragen, ganz bestimmte Molekülgruppen oder Radikale maßgebend sind. So ist bei dem mitgeteilten Beispiel für den nahen Absorptionsstreifen die Gruppe N_3 verantwortlich. Dieselbe Rolle spielt sie auch in anderen Verbindungen, z. B. beim Azidopropionsäuremethylester $CH_3CHN_3COCCH_3$. In ihnen erzeugt sie einen bestimmten Absorptionsstreifen; aber dieser trägt nur dann zur optischen Aktivität bei, wenn die übrigen Moleküle hinreichend asymmetrisch gruppiert sind. So ist z. B. die einfache Verbindung Äthylazid $(C_2H_3N_3)$ nicht optisch aktiv. Man kann daher durch Einführung von Substituenten eine schwache Absorptionsbande, die an sich nicht optisch aktiv zu sein braucht, aktiv machen. KUHN bezeichnet diesen Einfluß des Substituenten als *Vizinalwirkung*. Die Stärke der Vizinalwirkung auf ein und dieselbe absorbierende Gruppe wie N_3, ausgeübt von verschiedenen Substituenten, läßt sich quantitativ vergleichen. Z. B. kann man die Wirkung der Gruppe $COOCH_3$ mit der von $CON(CH_3)_2$ auf die N_3-Gruppe vergleichen, indem man unter Konstanthaltung der Konfiguration den Ester der Azidopropionsäure in das Dimethylamid verwandelt, und in beiden Fällen den Beitrag der N_3-Bande zur Drehung feststellt. Dabei zeigt sich ganz allgemein, daß eine solche Änderung des Substituenten, sofern nur die Konfiguration an sich hinreichend asymmetrisch ist, keine sehr große Änderung des von der N_3-Bande herrührenden Anteils der Aktivität hervorruft. Dagegen wird der von den ausgetauschten Gruppen direkt herrührende Anteil der Aktivität durch die Substitution stark verändert; z. B. sind die Beiträge der beiden eben erwähnten Gruppen $COOCH_3$ und $CON(CH_3)_2$ zum gesamten Drehvermögen diametral verschieden. Hieraus geht hervor, daß die Vizinalwirkung wesentlich von den starken, im äußersten Violett gelegenen Absorptionsbanden der Substituenten herrührt, deren Intensität und Charakter von chemischen Veränderungen wenig beeinflußt wird, während der Hauptanteil des Drehungsvermögens von den nahegelegenen schwachen Absorptionsbanden herrührt. Diese schwachen Banden sind naturgemäß Störungen viel stärker unterworfen als die starken.

Auf Grund dieser Regel läßt sich eine Übersicht über die bei chemischen Prozessen eintretenden Änderungen des Drehungsvermögens erlangen, ja sogar bis zu gewissem Grade die Größe der optischen Aktivität vorhersagen.

Eine vollständige Zurückführung des Drehungsvermögens auf Molekülkonstanten wird wohl wegen der Empfindlichkeit der Erscheinung gegen Strukturänderungen nur sehr schwer erreichbar sein.

§ 100. Ultrarote Schwingungen und RAMANeffekt.

In allen vorstehenden Betrachtungen wurden die Eigenfrequenzen und die zugehörigen Stärkefaktoren als charakteristische Konstanten der Atome oder Moleküle betrachtet, deren Ableitung aus der Struktur des Systems (Kerne und Elektronen) eine Aufgabe der Quantenmechanik ist. Wir haben aber bereits in § 90 bemerkt, daß die Quantentheorie im Falle von Bewegungen großer Massen asymptotisch in die klassische Mechanik übergeht, daß daher im ultraroten Frequenzbereich, der durch die Schwingungen der Kerne gegeneinander bedingt ist, mit großer Annäherung schon mit den Gesetzen der klassischen Mechanik gerechnet werden kann. Während im Rahmen dieses Buches auf eine Ableitung der Atom- oder Molekülfrequenzen, die auf der Elektronenbewegung beruhen, vollständig verzichtet werden muß, können wir die *ultraroten Eigenschwingungen des Kernsystems eines Moleküls* behandeln. Ziel ist dabei, aus den beobachteten Frequenzen und ihren Stärken Schlüsse auf den Bau des Moleküls zu ziehen, und zwar möglichst ohne spezielle Annahmen über die zwischen den einzelnen Atomen wirkenden Kräfte, die man erst auf Grund einer vollen Kenntnis der Elektronenkonfiguration bestimmen könnte.

Es sollen vielmehr hauptsächlich die *Symmetrieeigenschaften* der Moleküle benutzt werden, durch deren Vorhandensein das Auftreten oder Nichtauftreten von gewissen Eigenschwingungen im Spektrum bedingt wird. Man spricht von *Auswahlregeln* für das Auftreten von Spektrallinien, und diese geben oft scharfe Kriterien an die Hand, auf Grund von Beobachtungen zwischen verschiedenen möglichen Molekülstrukturen zu unterscheiden.

Außer den direkten Beobachtungen im *ultraroten Spektralgebiet,* die gewöhnlich in Absorption ausgeführt werden, kann man hierzu noch Messungen des RAMAN*effekts* heranziehen. Wir haben ja in VII, § 82 erkannt, daß man im inkohärenten Streulicht Frequenzen beobachtet, die sich von der eingestrahlten Frequenz um die Frequenz der Rotation ω_r oder um die der Kernschwingung ω_s unterscheiden. Man gewinnt dabei den Vorteil, durch Beobachtungen im sichtbaren Gebiet (Einstrahlung einer sichtbaren Frequenz) die ultraroten Frequenzen ω_r und ω_s durch die Abstände der Streulinien von den Ramanlinien bestimmen zu können. Wir werden hier beide Verfahren zusammen behandeln[1].

Wir denken uns die Kernschwingungen so langsam, daß das Elektronensystem in jedem Augenblick mit großer Annäherung dasselbe ist, als ob die Kerne in der betreffenden Stellung ruhten. Die Rolle, die das Elektronensystem in den folgenden Betrachtungen spielt, ist dann eine doppelte: 1. bestimmt es die zwischen den Kernen wirkenden Kräfte; auf das Gesetz dieser Kräfte wird es uns gar nicht ankommen, sondern nur auf die *Symmetrieverhältnisse,* die sich aus der Gleichheit oder der Ungleichheit der Kerne ohne weiteres ergeben. (Wir bemerken aber, daß für diese Kräfte als potentielle Energie gerade die Elektronenenergie, gemittelt über die Elektronenbewegung, berechnet für eine feste Kernkonfiguration, in Frage kommt.) 2. bestimmt das Elektronensystem in jeder Kernlage die beiden für die Optik maßgebenden Größen, das elektrische Dipolmoment $\mathfrak{p}$ des Moleküls und seine Polarisierbarkeit α_{XY}. Beides sind Mittelwerte über die Elektronenbewegung und hängen nur noch von den Kernlagen ab.

---

[1] An der folgenden Darstellung hat Dr. E. TELLER in dankenswerter Weise mitgewirkt.

Das Dipolmoment bestimmt nach § 85 (33) *die ultrarote Emission*, die $|\mathfrak{p}|^2$ proportional ist (die hinzutretenden Faktoren werden uns hier nicht interessieren) und die *ultrarote Absorption*.

Der Polarisierbarkeitstensor α_{XY} *bestimmt den* RAMAN*effekt* nach den Regeln von VII, § 82: man hat die Invarianten Ω_0 und Ω für die betreffenden RAMANlinien zu bilden, aus denen man die Intensität des RAMANlichts für jede Beobachtungsrichtung, insbesondere den Depolarisationsgrad Δ für lineares Licht und den Umkehrkoeffizienten P für zirkulares Licht berechnen kann.

Bei kleinen Schwingungsamplituden treten im Ultrarot und im RAMANeffekt nur die Frequenzen der Normalschwingungen selbst (Grundfrequenzen, nicht Obertöne) auf.

Wenn die Schwingungsamplituden etwas größer werden, so werden im allgemeinen sowohl im RAMANeffekt als auch bei ultraroten Schwingungen *Oberschwingungen* auftreten, und zwar aus zwei Gründen: Einmal wird das Kraftgesetz in der Nähe der Gleichgewichtslagen der Kerne nicht streng linear sein, die Kernbewegung selbst erhält dann Fourierglieder, die den Oberschwingungen $\pm n\,\omega_s$ und den Kombinationsschwingungen der Grundfrequenzen entsprechen. Sodann aber kann, selbst wenn die Kernbewegung noch rein harmonisch ist, die Abhängigkeit der Größen $\mathfrak{p}$ und α_{XY} von den Amplituden der Kernschwingungen bereits Quadrate oder höhere Glieder von merklichen Beträgen enthalten.

In diesem Falle werden die Oberschwingungen um so schwächer sein, je höher ihre Ordnung ist. Wir werden auf sie gelegentlich kurz zu sprechen kommen und in der Hauptsache nur die Grundschwingungen behandeln.

Wir gliedern nun die folgenden Betrachtungen nach der Anzahl der zum Molekül vereinigten Atome (oder der Anzahl der vorhandenen Kerne).

I. Zweiatomige Moleküle.

Ein reines ultrarotes Rotationsspektrum kann nur auftreten, wenn das Molekül ein permanentes Dipolmoment hat.

Eine Oszillations-Rotationslinie kann nur auftreten, wenn das Molekül für die betreffende Eigenschwingung asymmetrisch ist; denn andernfalls verschwindet das Dipolmoment für jede Schwingungsamplitude.

Für die RAMANlinien bestehen keine Beschränkungen dieser Art.

Wir beschreiben nun der Reihe nach die wichtigsten Eigenschaften des ultraroten und des RAMANspektrums.

1. Ultrarot.

a) Reine Rotation. Ein zweiatomiges Molekül (eine „Hantel") rotiert nach den Gesetzen der klassischen Mechanik um eine auf der Kernverbindungslinie, der Z-Achse, senkrechte, raumfeste Achse, die wir zur z-Achse machen. Dann sind die Komponenten des permanenten Moments im molekülfesten System $\mathfrak{p}_X^{(0)} = 0$, $\mathfrak{p}_Y^{(0)} = 0$, $\mathfrak{p}_Z^{(0)} = p^{(0)}$ (s. Fig. 233). Im raumfesten System gilt dann

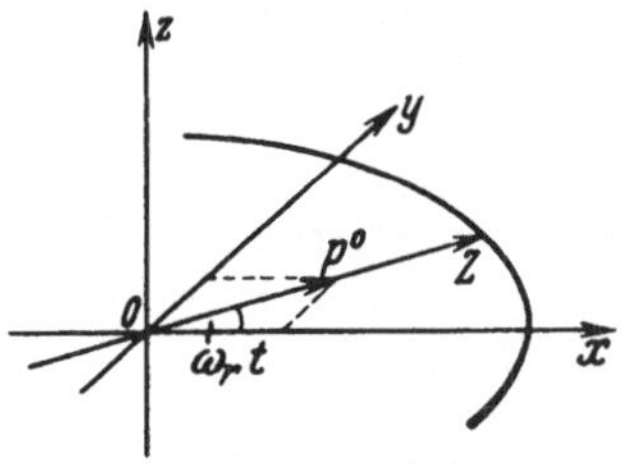

Fig. 233. Rotations-Hantelmolekül.

$$\mathfrak{p}_x = p^{(0)} \cos\omega_r t\,, \quad \mathfrak{p}_y = p^{(0)} \sin\omega_r t\,, \quad \mathfrak{p}_z = 0\,, \tag{1}$$

also

$$\overline{\mathfrak{p}^2[\omega_r]} = p^{(0)\,2}\,. \tag{2}$$

Zu jeder Rotationsfrequenz ω_r gehört also eine ultrarote Linie, und alle von einem Molekül ausgesandten Linien haben den gleichen Intensitätsfaktor $p^{(0)2}$. Das beobachtete Spektrum hat dann eine *Intensitätsverteilung*, die noch von der

Häufigkeit abhängt, mit der die verschiedenen Rotationsfrequenzen in statistischem Gleichgewicht vorhanden sind. Diese berechnet man nach dem BOLTZMANNschen Verteilungsgesetz:

(3) $$N_r = a g_r e^{-\frac{\varepsilon_r}{kT}},$$

wo ε_r die Rotationsenergie für die Frequenz ω_r und g_r das *statistische Gewicht* dieses Zustandes ist.

Letzteres hat folgende Bedeutung: Der Rotationszustand ω_r ist *entartet*, d. h. es gibt unendlich viele verschiedene Drehungen eines Moleküls mit derselben Frequenz ω_r; sie unterscheiden sich durch die Richtung des raumfesten Drehimpulses. Um g_r zu bestimmen, betrachten wir etwa die Bewegung des einen der Kerne um den gemeinsamen Schwerpunkt. Bei einer Rotation um eine feste Achse dreht sich der Impulsvektor dieses Massenpunktes einmal in einer Ebene herum; man erhält alle möglichen Impulsrichtungen (und zwar jede zweimal), wenn man diese Ebene um eine in ihr liegende Achse rotieren läßt. Das läuft darauf hinaus, die Rotationsachse in einer Ebene einmal herum zu drehen. Die Entartung ist also nicht zweifach unendlich, wie man zuerst glauben möchte, sondern nur einfach; das Gewicht g_r ist gleich dem Umfang des vom Drehimpulsvektor beschriebenen Kreises. Da der Drehimpuls mit ω_r proportional ist, so ist auch g_r proportional zu ω_r. Mithin erhalten wir für die Molekülzahl im Drehzustand ω_r

(4) $$N_r = b\omega_r e^{-\frac{\varepsilon_r}{kT}} = b\omega_r e^{-\frac{\mathsf{A}}{2kT}\omega_r^2},$$

wo A das Trägheitsmoment des Moleküls ist. Die Intensität der *Emission* erhält man hieraus durch Multiplikation mit ω_r^4:

(5) $$J_r \sim \omega_r^5 e^{-\frac{\mathsf{A}}{2kT}\omega_r^2} \sim x^5 e^{-x^2}, \qquad x = \sqrt{\frac{\mathsf{A}}{2kT}}\,\omega_r.$$

Die *Gesamtabsorption* einer Linie aber ist nach § 94 (4)

(6) $$A \sim N;$$

Man erhält daher

(7) $$A \sim x e^{-x^2}.$$

Der Verlauf dieser Funktion wird in Fig. 234 dargestellt. Ihr Maximum liegt bei $x = 1/\sqrt{2}$, $\omega_r = \sqrt{kT/\mathsf{A}}$, rückt also mit wachsender Temperatur zu höheren Frequenzen. Experimentelle Bestimmung der Lage des Maximums für eine gegebene Temperatur liefert das Trägheitsmoment A des Moleküls. Reine Rotationsspektren sind nur wenig bekannt, da diese im schwer zugänglichen äußersten Ultrarot liegen; Messungen in dieser Richtung gibt es vor allem für die Halogenwasserstoffe[1].

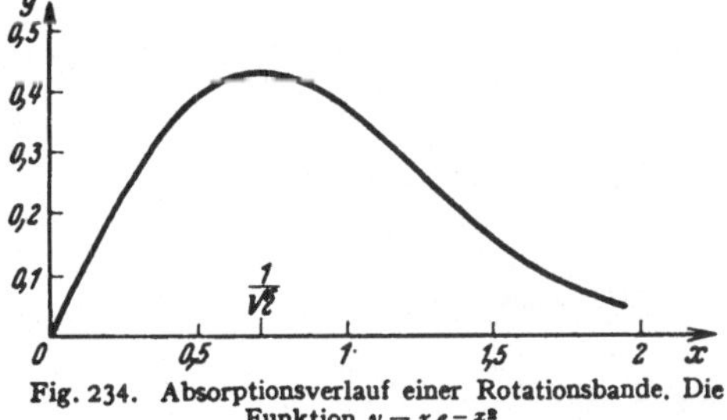

Fig. 234. Absorptionsverlauf einer Rotationsbande. Die Funktion $y = xe^{-x^2}$.

In Wirklichkeit sind keineswegs sämtliche Rotationsfrequenzen ω_r vorhanden; auf diesen Punkt, der von der Quantenmechanik aufgeklärt wird, haben wir schon in VII, § 82 hingewiesen;

[1] Die Beobachtungsmethode im ultraroten Spektrum und die damit gewonnenen Ergebnisse findet man in großer Vollständigkeit zusammengestellt in CL. SCHAEFER u. F. MATOSSI, Das ultrarote Spektrum. Berlin 1930.

es existiert nur eine diskrete Folge nahezu äquidistanter Rotationslinien. Das von uns gegebene Bild (Fig. 234) kommt nur bei unvollkommener spektraler Auflösung der Rotationsfeinstruktur zustande. Die moderne Experimentiertechnik hat die Auflösung der Rotationsstruktur erreicht; hierdurch läßt sich das Trägheitsmoment viel genauer bestimmen als durch die Festlegung des Maximums der Bande. Wir geben in Fig. 235 das Bild eines Stückes einer aufgelösten Rotationsbande wieder.

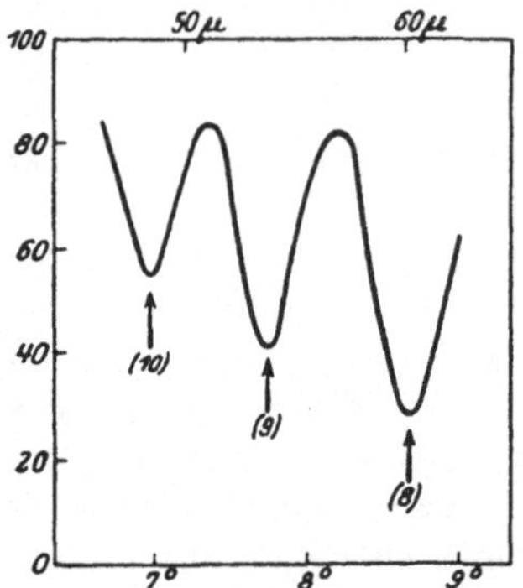

Fig. 235. Stück einer aufgelösten ultraroten Rotationsbande (HCl). (Nach C. SCHAEFER und F. MATOSSI. Das ultrarote Spektrum, Berlin 1930.)

b) Rotationsschwingungsbanden. Die Schwingung der beiden Atome des Moleküls in ihrer Verbindungslinie sei gegeben durch

$$p = p^{(0)} + 2p^{(1)}\cos\omega_s t\,. \tag{8}$$

Nehmen wir an, daß Rotation und Schwingung sich nicht merklich beeinflussen (s. VII, § 82, S. 394), so sind genau wie in (1) die Komponenten des Moments im raumfesten System

$$\left\{\begin{aligned} \mathfrak{p}_x &= (p^{(0)} + 2p^{(1)}\cos\omega_s t)\cos\omega_r t \\ &= p^{(0)}\cos\omega_r t + p^{(1)}\{\cos(\omega_s+\omega_r)t + \cos(\omega_s-\omega_r)t\}, \\ \mathfrak{p}_y &= (p^{(0)} + 2p^{(1)}\cos\omega_s t)\sin\omega_r t \\ &= p^{(0)}\sin\omega_r t + p^{(1)}\{\sin(\omega_s+\omega_r)t - \sin(\omega_s-\omega_r)t\}, \\ \mathfrak{p}_z &= 0\,. \end{aligned}\right. \tag{9}$$

Die ersten Glieder stellen wieder den schwingungsfreien Zustand dar, den wir oben behandelt haben (Intensität $p^{(0)2}$). Die folgenden Glieder zeigen, daß zu jeder Schwingungsfrequenz ω_s die Kopplungsfrequenzen $\omega_s \pm \omega_r$ gehören mit den *gleichen* Intensitäten $p^{(1)2}$; dagegen tritt die unverschobene Schwingungslinie im Spektrum nicht in Erscheinung (das Glied mit $\omega_s t$ allein fehlt; s. auch Fig. 237, wo die Zacke $\omega_r = 0$ fehlt). Das Gesamtspektrum besteht also aus zwei zu ω_s symmetrisch verlaufenden Zweigen. Man nennt diese im kurzwelligen Ultrarot liegenden Absorptionsbereiche BJERRUM*sche Doppelbanden*. Bei der Intensitätsberechnung in Emission haben wir mit $(\omega_s \pm \omega_r)^4$ zu multiplizieren, da aber im allgemeinen $\omega_r \ll \omega_s$ ist, so ist dieser Faktor für eine bestimmte Doppelbande konstant und kann weggelassen werden. Die Intensitätsverteilung in Emission oder Absorption lautet daher

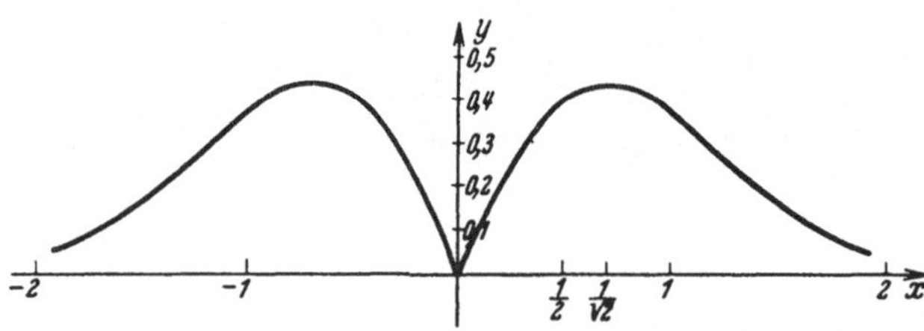

Fig. 236. Absorptionsverlauf einer Rotationsschwingungsbande. Die Funktion $y = |x|\,e^{-x^2}$.

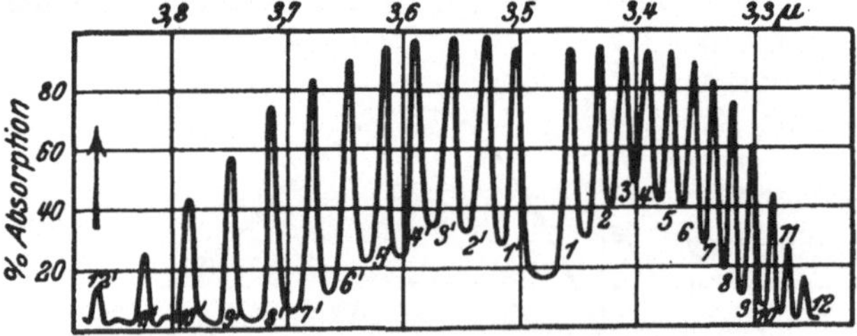

Fig. 237. Grundbande von HCl nach IMES. (Aus C. SCHAEFER und F. MATOSSI, Das ultrarote Spektrum, Berlin 1930.)

$$J \sim A \infty |x|\,e^{-x^2}, \qquad x = \sqrt{\frac{A}{2kT}}\,\omega_r, \tag{10}$$

und wird durch Fig. 236 dargestellt. Das Maximum liegt wieder bei $x = 1/\sqrt{2}$, $\omega_r = \sqrt{kT/A}$. In Wirklichkeit bestehen die Banden infolge der quantenmechanischen Gesetze aus vielen, nahezu äquidistanten Linien. Als Beispiel zeigen wir in Fig. 237 die Doppelbande von HCl (Grundschwingung) nach IMES[1].

2. RAMANeffekt.

Für ein zweiatomiges Molekül ist die Kernverbindung offenbar Symmetrieachse und als solche Hauptachse des Polarisationstensors; wir haben daher in unserem molekülfesten Koordinatensystem $\alpha_{XY} = \alpha_{YZ} = \alpha_{ZX} = 0$ zu setzen.

In VII, § 82, S. 402 haben wir gesehen, daß man bequemerweise den Polarisationstensor in einen kugelsymmetrischen und einen spurfreien Anteil zerlegt; der erstere trägt nichts zum Rotations-RAMANeffekt bei. Man kann daher zunächst den spurfreien Anteil bilden und mit ihm die Rotationslinie berechnen. Nachträglich hat man dann dazu den Betrag des symmetrischen Anteils für die rotationsfreie Linie zu addieren. Da die X- und Y-Richtungen äquivalent sind, so haben wir für den spurfreien Anteil

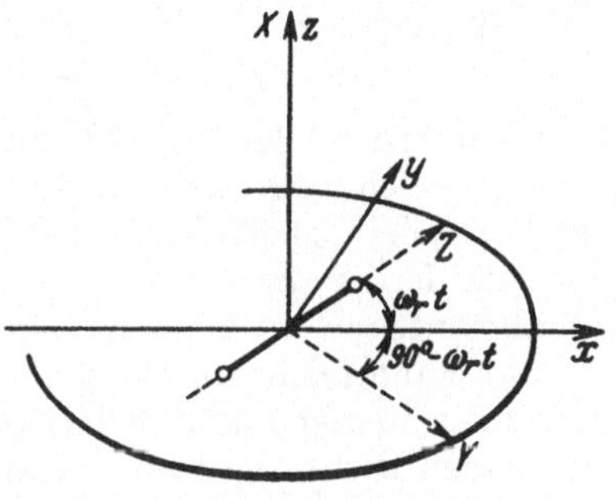

Fig. 238. Zum Rotations-RAMANeffekt des Hantelmoleküls.

$$\alpha_{XX} = \alpha_{YY} = -\tfrac{1}{2}\alpha_{ZZ} = -\tfrac{1}{2}\alpha_Z. \tag{11}$$

Wir berechnen nun die Komponenten im raumfesten System; dabei können wir die X-Achse mit der raumfesten z-Achse, der Rotationsachse des Moleküls, zusammenfallen lassen (s. Fig. 238). Dann ist das Schema der Richtungskosinus

	X	Y	Z
x	0	$\sin\omega_r t$	$\cos\omega_r t$
y	0	$-\cos\omega_r t$	$\sin\omega_r t$
z	1	0	0

Nun ergibt sich nach § 82 (6) wegen (11)

$$\alpha_{xy} = \sum_X \cos(xX)\cos(yX)\,\alpha_{XX}. \tag{12}$$

Daraus liest man ab:

$$(13)\quad \begin{cases} \text{(a)} \begin{cases} \alpha_{xx} = \alpha_{ZZ}\cos^2\omega_r t + \alpha_{YY}\sin^2\omega_r t = \frac{\alpha_Z}{4}(1 + 3\cos 2\omega_r t), \\ \alpha_{yy} = \alpha_{ZZ}\sin^2\omega_r t + \alpha_{YY}\cos^2\omega_r t = \frac{\alpha_Z}{4}(1 - 3\cos 2\omega_r t), \\ \alpha_{zz} = \alpha_{XX} \qquad\qquad = -\frac{1}{2}\alpha_Z. \end{cases} \\ \text{(b)} \begin{cases} \alpha_{yz} = 0, \\ \alpha_{zx} = 0, \\ \alpha_{xy} = -(\alpha_{YY} - \alpha_{ZZ})\cos\omega_r t\sin\omega_r t = \frac{3}{4}\alpha_Z\sin 2\omega_r t. \end{cases} \end{cases}$$

Um die Schwingungen zu berücksichtigen, haben wir analog (8) zu setzen

$$\alpha_Z = \alpha_Z^T + 2\alpha_Z^R\cos\omega_s t. \tag{14}$$

[1] E. S. IMES: Astrophysic. J. Bd. 50 (1919) S. 251.

Dann wird entsprechend (9)

$$
(15)\quad \begin{cases}
\text{(a)} \begin{cases}
\alpha_{xx} = \frac{1}{4}\{\alpha_Z^T + 2\alpha_Z^R \cos\omega_s t\} \\
\qquad + \frac{3}{4}\{\alpha_Z^T \cos 2\omega_r t + \alpha_Z^R[\cos(\omega_s + 2\omega_r)t + \cos(\omega_s - 2\omega_r)t]\}, \\
\alpha_{yy} = \frac{1}{4}\{\alpha_Z^T + 2\alpha_Z^R \cos\omega_s t\} \\
\qquad - \frac{3}{4}\{\alpha_Z^T \cos 2\omega_r t + \alpha_Z^R[\cos(\omega_s + 2\omega_r)t + \cos(\omega_s - 2\omega_r)t]\}, \\
\alpha_{zz} = -\frac{1}{2}\{\alpha_Z^T + 2\alpha_Z^R \cos\omega_s t\},
\end{cases} \\
\text{(b)} \begin{cases}
\alpha_{yz} = 0, \\
\alpha_{zx} = 0, \\
\alpha_{xy} = \frac{3}{4}\alpha_Z^T \sin 2\omega_r t + \frac{3}{4}\alpha_Z^R\{\sin(\omega_s + 2\omega_r)t - \sin(\omega_s - 2\omega_r)t\}.
\end{cases}
\end{cases}
$$

Man kontrolliert leicht, daß dieser Tensor spurfrei ist.

Die Gleichungen zeigen, daß außer der eingestrahlten Linie (Frequenz 0 in der Polarisierbarkeit) die reine Rotation, und zwar mit der doppelten Frequenz $2\omega_r$, und ferner die reine Schwingung mit der Frequenz ω_s, begleitet von zwei äquidistanten Rotationsschwingungslinien $\omega_s \pm 2\omega_r$ auftreten.

Man kann leicht anschaulich verstehen, warum beim Ramaneffekt die Rotationslinien immer nur mit der doppelten Frequenz der Drehung selbst erscheinen. Die beiden Richtungen einer Hauptachse des Polarisierbarkeitstensors sind nämlich physikalisch gleichwertig (auch bei asymmetrischen Molekülen wie HCl); der Tensor kommt also bereits bei einer halben Umdrehung um eine zu dieser Hauptachse senkrechte Gerade mit sich zur Deckung.

Um nun die Intensitäten der auftretenden Linien zu berechnen, muß man ganz so verfahren, wie in VII, § 82 (37) und (38). Man bildet

$$
(16)\qquad \mathfrak{p}_x = \sum_y \alpha_{xy}\mathfrak{E}_y = \sum_y \alpha_{xy}\mathfrak{E}_y^{(0)} \cos\omega t,
$$

wobei α_{xy} aus (15) einzusetzen ist. Dann führt man die Fourierzerlegung von $\alpha_{xy}\cos\omega t$ durch und wendet auf die einzelnen Frequenzen die Formel VII, § 81 (52) an[1]. Zu diesem Zwecke müssen die Asymmetrieinvarianten der Tensoren gebildet werden, die als Faktoren der verschiedenen Frequenzen in der Fourierzerlegung auftreten. Wir bezeichnen sie mit $\Omega[\omega_k]$, wobei ω_k die Frequenz ist, mit der die betreffende Raman linie gegen die des einfallenden Lichts verschoben ist[2]. Dann gilt

$$
(17)\quad \begin{cases}
\text{(a) Reine Tyndallstreuung:} & \Omega[0] = \frac{3}{80}\alpha_z^{T2}, \\
\text{(b) Reiner Rotations-R.E.:} & \Omega[\pm 2\omega_r] = \frac{9}{160}\alpha_z^{T2}, \\
\text{(c) Reiner Schwingungs-R.E.:} & \Omega[\pm\omega_s] = \frac{3}{80}\alpha_z^{R2}, \\
\text{(d) Rotations-Schwingungs-R.E.:} & \Omega[\pm\omega_s \pm 2\omega_r] = \frac{9}{160}\alpha_z^{R2}.
\end{cases}
$$

Nun ist wegen (11) die Asymmetrieinvariante der Polarisierbarkeit im körperfesten System

$$
(18)\qquad \Omega = \frac{3}{20}\alpha_Z^2,
$$

[1] Natürlich erhält man hierbei nur den Teil des Ramaneffekts, der von dem spurfreien Teil der Polarisierbarkeit herrührt, da ja die Spurfreiheit vorausgesetzt wurde. Deshalb kommt in den folgenden Formeln Ω_0 zunächst nicht vor.

[2] Dabei ist Ω ebenso definiert wie in VII, § 81 (54), nämlich

$$
\Omega = \frac{1}{30}\{(\alpha_{yy} - \alpha_{zz})^2 + (\alpha_{zz} - \alpha_{xx})^2 + (\alpha_{xx} - \alpha_{yy})^2 + 6(\alpha_{xy}^2 + \alpha_{yz}^2 + \alpha_{zx}^2)\},
$$

nur muß man, wie schon gesagt, für α_{xy} die betreffenden Fourierkoeffizienten einsetzen.

oder [Mittelung der mit $\cos\omega t$ multiplizierten Gleichung (14)]:

(19) $$\Omega^T = \tfrac{3}{20}\,\alpha_Z^{T2}, \qquad \Omega^R = \tfrac{3}{20}\,\alpha_Z^{R2}.$$

Mithin wird

(20) $$\begin{cases} \text{(a)} & \Omega[0] = \tfrac{1}{4}\Omega^T, \\ \text{(b)} & \Omega[\pm 2\omega_r] = \tfrac{3}{8}\Omega^T, \\ \text{(c)} & \Omega[\pm \omega_s] = \tfrac{1}{4}\Omega^R, \\ \text{(d)} & \Omega[\pm \omega_s \pm 2\omega_r] = \tfrac{3}{8}\Omega^R. \end{cases}$$

Beachtet man VII, § 81 (52), so erhält man schließlich für die Intensität

(21) $$J[\omega_k] = J_0 \frac{(\omega + \omega_k)^4}{c^4} \cdot \frac{1}{r^2}\, \overline{\mathfrak{R}} \left\{ \frac{\Omega[\omega_k]}{3} \cos^2\psi + \Omega[\omega_k] \right\}.$$

Es muß nun noch berücksichtigt werden, daß in (11) der kugelsymmetrische Anteil der Polarisierbarkeit zunächst nicht berücksichtigt wird. Dieser wird nach VII, § 82 nur zu der reinen Tyndallstreuung und zum reinen Schwingungs-RAMANeffekt einen Beitrag liefern. Die vollständige Formel für die Intensität lautet also

(22) $$J[\omega_k] = J_0 \frac{(\omega + \omega_k)^4}{c^4} \frac{1}{r^2}\, \overline{\mathfrak{R}} \left\{ \left(\Omega_0[\omega_k] + \frac{\Omega[\omega_k]}{3} \right) \cos^2\psi + \Omega[\omega_k] \right\}.$$

Dabei ist $\Omega_0[0] = \Omega_0^T$ der kugelsymmetrische Anteil der körperfesten Polarisierbarkeit. Ferner ist $\Omega_0[\pm \omega_s] = \Omega_0^R$ und $\Omega_0[\pm 2\omega_r] = \Omega_0[\pm \omega_s \pm 2\omega_r] = 0$.

Zur Kontrolle kann man $J[0]$ und $J[\pm 2\omega_r]$ addieren. Das Ergebnis muß der in VII, § 81 (52) berechneten Tyndallstreuung gleich sein, wenn man die Verschiedenheit der Faktoren $(\omega + \omega_k)^4$ vernachlässigt. Denn es wurden ja dort die Moleküle im Raum festgehalten gedacht und, was damit gleichbedeutend ist, angenommen, daß die Rotation unendlich langsam erfolgt und die Linien des reinen Rotations-RAMANeffekts die gleiche Frequenz haben wie die Linien des reinen Tyndalleffekts. Die Intensitäten $J[\pm 2\omega_r]$ sind also in der Formel VII, § 81 (52) bereits enthalten[1]. In ähnlicher Weise liefert die Summe von $J[\omega_s]$ und $J[\omega_s \pm 2\omega_r]$ die Formel VII, § 81 (52).

Es sei noch darauf hingewiesen, daß der spurfreie Anteil Ω der Polarisierbarkeit stets auch zu *den* RAMANlinien (20a, c) beiträgt, deren Frequenzverschiebung von den Rotationsfrequenzen ω_r unabhängig ist. Wenn der kugelsymmetrische Anteil Ω_0 der Polarisierbarkeit verschwindet [und wenn man Faktoren $(\omega + \omega_k)^4/(\omega + \omega_{k'})^4$ vernachlässigt], so erhält man

(23) $$\frac{J[0]}{J[2\omega_r]} = \frac{J[\omega_s]}{J[\omega_s + 2\omega_r]} = \frac{2}{3}.$$

Verschwindet Ω_0 nicht, so wird das Verhältnis $J[0]/J[2\omega_r]$ bzw. $J[\omega_s]/J[\omega_s + 2\omega_r]$ stets größer als $\tfrac{2}{3}$.

Im Rotations-RAMANeffekt erscheint also bei den zweiatomigen Molekülen stets auch die von der Rotation unbeeinflußte Linie (20a) oder (20c). Auf ihren beiden Seiten können zwei symmetrisch angeordnete Zweige (20b) bzw. (20d) auftreten, die voneinander den doppelten Abstand haben wie die BJERRUMschen Doppelbanden im ultraroten Spektrum.

II. Mehratomige Moleküle*.

Bei mehratomigen Molekülen wird die Behandlung der Ultrarotschwingungen und des RAMANeffekts viel verwickelter, aber auch entsprechend interessanter.

[1] Siehe zum Beweis dieser Behauptung auch VII, § 82, S. 402.

Das zentrale Problem ist: Was kann man aus Symmetriegründen über das Ultrarot- und das Ramanspektrum aussagen? Und umgekehrt: Wie kann man aus dem Ultrarot- und dem Ramanspektrum auf die Symmetrieeigenschaften des Moleküls schließen[1]?

1. Symmetrieeigenschaften und Auswahlregeln.

Zu diesem Zwecke müssen wir noch einige Worte über die Symmetrieeigenschaften der Schwingungen sagen.

Wie wir in VII, § 82 gesehen haben, gehören zu jeder Eigenfrequenz $\omega^{(j)}$ eine Anzahl linear unabhängiger Eigenschwingungen, deren jede durch ein N-Bein von Verrückungen $\mathfrak{e}_k^{(j)}$ beschrieben wird; $\mathfrak{e}_k^{(j)}$ ist dabei ein dem Punkte k des Systems zugeordneter Eigenvektor[2]. Man kann die Gesamtheit aller $\mathfrak{e}_k^{(j)}$ $(k = 1, 2, \ldots, N)$ bei einer bestimmten Eigenschwingung als einen *Eigenvektor im 3N-dimensionalen Konfigurationsraum* ansehen. Die Anzahl der linear unabhängigen Eigenvektoren $\mathfrak{e}_k^{(j)}$ einer Eigenfrequenz $\omega^{(j)}$ heißt die *Entartungszahl* von $\omega^{(j)}$; ist sie 1, so sagt man, die betreffende Eigenschwingung ist *unentartet*.

Die Aussage, das Molekül besitzt eine gewisse *Symmetrie*, bedeutet, daß es gewisse *Drehungen, Spiegelungen*[3] oder *Drehspiegelungen*[4] gibt, die, ausgeübt auf das Molekül in seiner *Ruhelage*, nur eine Vertauschung von gleichen Kernen zur Folge haben. Wenn das Molekül sich nicht in seiner Ruhelage befindet, so wird die betreffende Drehung, Spiegelung oder Drehspiegelung die Verrückungen der Kerne ändern.

Wir wollen nun unter einer *Symmetrieoperation* folgendes verstehen: Man führe erst eine bestimmte Drehung, Spiegelung oder Drehspiegelung aus, die, wenn das Molekül in seiner Ruhelage wäre, nur eine Permutation von gleichen Kernen bewirken würde, und nehme darauf diejenige Vertauschung der Kerne vor, die jeden Kern in die Nähe seiner ursprünglichen Ruhelage zurückbringt. Es sei gleich hier bemerkt, daß durch Ausübung einer Symmetrieoperation eine jede skalare Größe, die eine Funktion der Kernverrückungen ist, ungeändert bleibt. (Für Vektoren und Tensoren gilt dies nicht, da sich ihre Komponenten bei der Drehung, Spiegelung oder Drehspiegelung ändern.)

Wenn sich nun das Molekül in seiner Ruhelage befindet, so wird es durch Symmetrieoperationen stets in sich selbst übergeführt. Wenn aber das Molekül sich z. B. in der größten Elongation einer Eigenschwingung befindet und die Lagen der Atomkerne durch das System der Eigenvektoren $\mathfrak{e}_k^{(j)}$ oder kurz „den Eigenvektor $\mathfrak{e}_k^{(j)}$ im Konfigurationsraum" beschrieben werden, so kann bei einer Symmetrieoperation je nach der Art der betreffenden Eigenschwingung verschiedenes geschehen: Der Eigenvektor $\mathfrak{e}_k^{(j)}$ kann durch die Symmetrieoperation ungeändert bleiben; er kann aber auch (z. B. durch eine Spiegelung) sein Vorzeichen ändern, oder aber er geht in eine neue Verrückung über. Die Schwingungsfrequenz, die sich als skalare Funktion der Verrückungen darstellen läßt, ändert sich bei der Symmetrieoperation nicht. Wenn also der letztgenannte Fall vorliegt und der Eigenvektor in eine *neue* Verrückung übergegangen ist, so kann diese neue Verrückung als Eigenvektor zur selben Oszillationsfrequenz

---

[1] Die Züge der ultraroten und RAMANspektren, die von quantitativen Eigenschaften des Moleküls (z. B. der speziellen Art des Kraftansatzes) abhängen, also Größe der Frequenz und Intensität der auftretenden Linien, werden hier nicht besprochen.

[2] In den Figuren zeichnen wir die wahren Verrückungen und nicht die normierten Eigenvektoren (Unterschied: Faktor $\sqrt{m}$).

[3] Die Spiegelungen können dabei an einer Symmetrieebene oder an einem Symmetriezentrum stattfinden.

[4] Eine Drehspiegelung ist eine Drehung um eine Achse und darauffolgende Spiegelung an einer zur Achse senkrecht stehenden Ebene.

aufgefaßt werden. Zur selben Frequenz gehören mehrere Eigenschwingungen: Es liegt *Entartung* vor, und zwar bezeichnet man diese, da sie durch die Symmetrie des Moleküls bedingt ist, als *notwendige Entartung*. Daneben kann es Entartungen geben, die nicht durch Symmetrieeigenschaften bedingt sind; man nennt sie *zufällige Entartungen*.

Bei einer solchen werden nicht alle Verrückungen, die auseinander durch Symmetrieoperationen hervorgehen, zueinander orthogonal sein. Sie sind im allgemeinen sogar nicht einmal linear unabhängig. Man kann aber natürlich aus ihnen eine Anzahl von orthogonalen Eigenvektoren auswählen, aus denen sich dann alle übrigen linear zusammensetzen lassen.

Zusammenfassend kann man also sagen: ein Eigenvektor bleibt entweder bei allen Symmetrieoperationen ungeändert, dann heißt die Schwingung *totalsymmetrisch*; oder er ändert bei gewissen Symmetrieoperationen sein Vorzeichen, dann sagt man von der Schwingung, daß sie *bezüglich der betreffenden Symmetrieelemente antisymmetrisch* ist; oder aber es gibt mehrere Eigenvektoren, die sich bei den Symmetrieoperationen untereinander transformieren, und dann ist die Schwingung *entartet*.

Eine zufällige Entartung kann nur dadurch entstehen, daß die Kräfte, die auf die Kerne wirken, zufällig gewisse Bedingungen erfüllen[1]. Ein exaktes Erfülltsein solcher Relationen wäre unendlich unwahrscheinlich und kommt deshalb nie vor. Bei der Berechnung der Normalkoordinaten wurde ein harmonisches Kraftgesetz zugrunde gelegt. In Wirklichkeit sind aber die Kräfte etwas anharmonisch, und das bedingt, daß die Frequenzen nicht mehr scharf bestimmt sind, sondern auch von den Amplituden etwas abhängen. Wenn nun zwei Frequenzen so nahe zusammenfallen, daß ihr Abstand von derselben Größenordnung ist wie die eben besprochene Unschärfe, so treten eben die erwähnten neuen Effekte auf. Dies kommt aber bei Molekülen, die aus nicht zu viel Atomen bestehen, nur relativ selten vor und wird hier also nicht weiter behandelt.

Die allgemeine Aufgabe ist nun, zu entscheiden, welche Symmetrieeigenschaften die Schwingungen haben müssen, damit sie im ultraroten Spektrum bzw. im RAMANeffekt auftreten können. D. h. es muß untersucht werden, *ob und wie sich das elektrische Moment bzw. die Polarisierbarkeit des Moleküls bei der Schwingung mit den betreffenden Symmetrieeigenschaften ändert.* Die erschöpfende Beantwortung dieser Frage erfordert die vollständige Diskussion für jede mögliche Symmetrie, die sich mit Hilfe einiger allgemeiner Sätze durchführen läßt. Hier wollen wir aber nur einige Beispiele für solche Sätze besprechen und diese dann auf zwei sehr einfache Molekültypen anwenden.

In VII, § 82 wurde gezeigt, daß, falls die Spur der Polarisierbarkeit verschwindet, $\Omega_0 = 0$, die betreffende Linie den Depolarisationsgrad $\Delta = \frac{6}{7}$ hat. Über das Verschwinden der Spur, die sich also experimentell leicht feststellen läßt, kann man nun einen Satz beweisen, wenn man die (in erster Näherung recht gut erfüllte) Annahme macht, daß die Komponenten der Polarisierbarkeit von den Verrückungen linear abhängen:

1. Satz: *Die Spur der Polarisierbarkeitsänderung verschwindet bei jeder Schwingung, die nicht totalsymmetrisch ist.*

Wir beweisen zunächst einen Hilfssatz. Man betrachte einen Eigenvektor $e_k^{(j)}$ und wende auf ihn eine Symmetrieoperation S_i aus der Gruppe von Symmetrieoperationen an, die das in seiner Ruhelage befindliche Molekül in sich über-

[1] Darauf beruht z. B., daß bei CO_2 eine Frequenz in zwei benachbarte Frequenzen aufspaltet. Ähnlich ist es auch bei CCl_4 [s. E. FERMI: Z. Physik Bd. 71 (1931) S. 250].

führen. Die Verrückung, die dadurch aus $\mathfrak{e}_k^{(j)}$ entsteht, bezeichnen wir mit $S_i\,\mathfrak{e}_k^{(j)}$. Es gilt dann der

Hilfssatz: *Ist* $\mathfrak{e}_k^{(j)}$ *nicht totalsymmetrisch, so gilt*

$$\sum S_i \mathfrak{e}_k^{(j)} = 0\,, \tag{24}$$

wo die Summe über alle Symmetrieoperationen[1] *zu erstrecken ist.*

Wir führen für die Größe, deren Verschwinden wir zu zeigen haben, die Abkürzung

$$\overline{\mathfrak{e}_k^{(j)}} = \sum_i S_i \mathfrak{e}_k^{(j)} \tag{25}$$

ein; $\overline{\mathfrak{e}_k^{(j)}}$ ist dann ein Eigenvektor zum selben Eigenwert wie $\mathfrak{e}_k^{(j)}$ und hat die Eigenschaft, bei allen Symmetrieoperationen ungeändert zu bleiben:

$$S_l \overline{\mathfrak{e}_k^{(j)}} = \overline{\mathfrak{e}_k^{(j)}}\,. \tag{26}$$

Denn durch Anwendung von S_l auf die rechte Seite von (25) erhält man $\sum_i (S_l S_i)\, \mathfrak{e}_k^{(j)}$, wo $(S_l S_i)$ den Symmetrieoperator bedeutet, der entsteht, wenn man erst S_i, dann S_l anwendet; wenn nun S_i alle Symmetrieoperationen durchläuft, so auch $(S_l S_i)$, und man kann hierfür wieder S_i schreiben, da ja die Bezeichnung des Summenindex gleichgültig ist.

Der Beweis unseres Hilfssatzes besteht nun darin, daß wir unter der Voraussetzung, $\mathfrak{e}_k^{(j)}$ sei nicht totalsymmetrisch und $\overline{\mathfrak{e}_k^{(j)}} \neq 0$, einen Eigenvektor $\mathfrak{e}_k^{(j')}$ angeben können, der zwar zur gleichen Eigenfrequenz gehört wie $\mathfrak{e}_k^{(j)}$, aus dem aber durch Anwendung aller Operationen S_i ein System von Eigenvektoren $S_i \mathfrak{e}_k^{(j')}$ entsteht, das von dem System $S_i \mathfrak{e}_k^{(j)}$ sicher linear unabhängig ist; man hätte also alsdann eine zufällige Entartung, und da das ausgeschlossen ist, muß $\overline{\mathfrak{e}_k^{(j)}} = 0$ sein.

Diesen Vektor $\mathfrak{e}_k^{(j')}$ konstruieren wir so:

$$\mathfrak{e}_k^{(j')} = \mathfrak{e}_k^{(j)} - \frac{1}{N} \overline{\mathfrak{e}_k^{(j)}}\,, \tag{27}$$

wo N die Anzahl aller Symmetrieoperationen (einschließlich der Identität) ist. Durch Anwendung von S_i geht daraus nach (26) der Vektor

$$S_i \mathfrak{e}_k^{(j')} = S_i \mathfrak{e}_k^{(j)} - \frac{1}{N} \overline{\mathfrak{e}_k^{(j)}} \tag{28}$$

hervor, und man sieht, daß das System aller Vektoren (28) [in dem (27) enthalten ist, da unter den S_i die Identität vorkommt] sich bei allen Symmetrieoperationen in sich transformiert. Ferner gehören alle $S_i \mathfrak{e}_k^{(j')}$ als Linearkombinationen der $S_i \mathfrak{e}_k^{(j)}$ zu derselben Eigenfrequenz. Endlich sind die $S_i \mathfrak{e}_k^{(j')}$ dann und nur dann Null, wenn $\mathfrak{e}_k^{(j)}$ totalsymmetrisch, d. h. wenn $S_i \mathfrak{e}_k^{(j)} = \mathfrak{e}_k^{(j)}$ ist. Daß diese Bedingung für $S_i \mathfrak{e}_k^{(j')} = 0$ hinreicht, leuchtet ein; daß sie auch notwendig ist, sieht man so:

Wenn $S_i \mathfrak{e}_k^{(j')} = 0$ ist, so folgt für $S_i = 1$ aus (27)

$$\mathfrak{e}_k^{(j)} = \frac{1}{N} \overline{\mathfrak{e}_k^{(j)}}$$

und aus (28)

$$S_i \mathfrak{e}_k^{(j)} = \frac{1}{N} \overline{\mathfrak{e}_k^{(j)}}\,,$$

also $\mathfrak{e}_k^{(j)} = S_i \mathfrak{e}_k^{(j)}$, d. h. $\mathfrak{e}_k^{(j)}$ ist totalsymmetrisch.

[1] Unter diesen ist stets die Identität 1, d. h. diejenige Symmetrieoperation, die das Molekül überhaupt in Ruhe läßt, enthalten.

Wir nehmen nun an, $\mathfrak{e}_k^{(j)}$ sei nicht totalsymmetrisch, also

(29) $$S_i \mathfrak{e}_k^{(j')} \neq 0 .$$

Die Summe dieser Größen verschwindet aber nach (28) immer:

(30) $$\sum_i S_i \mathfrak{e}_k^{(j')} = 0 .$$

Wäre dann $\overline{\mathfrak{e}_k^{(j)}} \neq 0$, so würde das System der Vektoren $S_i \mathfrak{e}_k^{(j')}$ von dem System $S_i \mathfrak{e}_k^{(j)}$ sicher verschieden und linear unabhängig sein. Um letzteres einzusehen, zeigen wir, daß jeder Vektor $S_i \mathfrak{e}_k^{(j')}$ auf der Linearkombination $\overline{\mathfrak{e}_k^{(j)}}$ der $S_i \mathfrak{e}_k^{(j)}$ orthogonal ist.

Da jede skalare Funktion der Verrückungen sich bei Symmetrieoperationen nicht ändert, so gilt für das skalare Produkt

$$\sum_k \overline{\mathfrak{e}_k^{(j)}} \cdot S_i \mathfrak{e}_k^{(j')} = S_l \sum_k \overline{\mathfrak{e}_k^{(j)}} \cdot S_i \mathfrak{e}_k^{(j')} = \frac{1}{N} \sum_l \sum_k S_l \left(\overline{\mathfrak{e}_k^{(j)}} \cdot S_i \mathfrak{e}_k^{(j')}\right)$$

$$= \frac{1}{N} \sum_k \sum_l S_l \overline{\mathfrak{e}_k^{(j)}} \cdot (S_l S_i) \mathfrak{e}_k^{(j')} = \frac{1}{N} \sum_k \sum_l \overline{\mathfrak{e}_k^{(j)}} \cdot (S_l S_i) \mathfrak{e}_k^{(j')}$$

$$= \frac{1}{N} \sum_k \overline{\mathfrak{e}_k^{(j)}} \sum_l (S_l S_i) \mathfrak{e}_k^{(j')} = \frac{1}{N} \sum_k \overline{\mathfrak{e}_k^{(j)}} \sum_i S_i \mathfrak{e}_k^{(j')} = 0$$

nach (30).

Damit ist gezeigt, daß eine zufällige Entartung vorliegen müßte, wenn $\overline{\mathfrak{e}_k^{(j)}} \neq 0$ wäre, und (24) ist bewiesen.

Im allgemeinen Falle, wo man die zufälligen Entartungen nicht ausschließen will, muß man den Hilfssatz folgendermaßen aussprechen: $\overline{\mathfrak{e}_k^{(j)}}$ verschwindet für jede Schwingung, von welcher man keine totalsymmetrische Schwingung abspalten kann.

Wir können nun unseren Satz über das Verschwinden der Spur leicht zu Ende führen. Wir bezeichnen mit $\alpha(\mathfrak{e}_k^{(j)})$ die Änderung der Spur des Polarisierbarkeitstensors, die bei der Verrückung $\mathfrak{e}_k^{(j)}$ stattfindet. Da diese Änderung als skalare Größe bei Ausübung von Symmetrieoperationen dieselbe bleiben muß, so gilt

(31) $$\alpha(\mathfrak{e}_k^{(j)}) = \alpha(S_i \mathfrak{e}_k^{(j)}) = \frac{1}{N} \sum_i \alpha(S_i \mathfrak{e}_k^{(j)}) .$$

Da ferner vorausgesetzt wurde, daß die Polarisierbarkeit und mithin auch die Spur linear von den Verrückungen abhängt, so gilt

(32) $$\alpha(\mathfrak{e}_k^{(j)}) = \frac{1}{N} \sum_i \alpha(S_i \mathfrak{e}_k^{(j)}) = \frac{1}{N} \alpha\left(\sum_i S_i \mathfrak{e}_k^{(j)}\right) = 0 .$$

Die Spur der Polarisierbarkeitsänderung verschwindet, wie behauptet wurde. Daraus folgt, daß auch die α^2 proportionale Größe

(33) $$\Omega_0(\mathfrak{e}_k^{(j)}) = 0$$

ist.

Wir gelangen jetzt zum

2. Satz: *Wenn eine Schwingung zu irgendeinem bestimmten Symmetrieelement antisymmetrisch ist, so verschwindet die Spur der zugehörigen Polarisierbarkeitsänderung für die Grundfrequenz streng* (also nicht nur unter der Annahme, daß die Polarisierbarkeit linear von den Verrückungen abhängt). *Ferner verschwinden die Spuren derjenigen* FOURIER*koeffizienten der Polarisierbarkeit, die zu ungeraden*

Vielfachen der betreffenden Grundfrequenz gehören[1]. Mit anderen Worten: *Der Grundton und die geraden Obertöne der Schwingung haben streng den Depolarisationsgrad* $\frac{6}{7}$.

Der Beweis ist sehr einfach. Nach einer halben Periode der betreffenden Schwingung kehrt die Verrückung ihr Vorzeichen um. Da die Schwingung aber antisymmetrisch ist, gibt es eine Symmetrieoperation, bei der die Verrückung ebenfalls ihr Vorzeichen wechselt. Nach einer halben Periode der Schwingung befindet sich das Molekül in einer Lage, in die es aus seiner Lage am Anfang der Schwingung auch durch eine Symmetrieoperation hätte übergeführt werden können. Daraus folgt, daß die Spur der Polarisierbarkeit in diesen beiden Lagen dieselbe sein muß. Da also die Spur der Polarisierbarkeit schon nach einer halben Schwingung ihren ursprünglichen Wert annimmt, dürfen in der FOURIER-analyse die ungeraden Vielfachen der Grundfrequenz (die ihr Vorzeichen nach einer halben Schwingung ändern), nicht vorkommen.

Für den speziellen Fall, daß ein Symmetriezentrum vorhanden ist, kann man noch wesentlich mehr aussagen. Es verschwindet dann nämlich nicht nur die Spur für den Grundton und die geraden Obertöne der zum Symmetriezentrum antisymmetrischen Schwingungen, was heißen würde, daß der betreffende Depolarisationsgrad gleich $\frac{6}{7}$ ist, sondern diese Frequenzen dürfen im RAMAN-effekt überhaupt nicht auftreten. Es bleibt nämlich bei Spiegelung am Symmetriezentrum nicht nur die Spur, sondern der ganze Polarisierbarkeitstensor ungeändert und deshalb gilt das oben Gesagte für die FOURIERkoeffizienten von jeder Komponente der Polarisierbarkeit.

Bei *Vorhandensein eines Symmetriezentrums* gelten auch für das *ultrarote Spektrum* wichtige *Auswahlregeln*. Das Dipolmoment ändert bei Spiegelung am Symmetriezentrum sein Vorzeichen. Daraus folgt sofort, daß die Normalschwingungen, die zum Symmetriezentrum symmetrisch sind, im ultraroten Spektrum nicht auftreten können, sondern nur diejenigen, die bei der Spiegelung ihr Vorzeichen wechseln. Es sei übrigens bemerkt, daß von diesen antisymmetrischen Schwingungen die ungeraden Obertöne nicht auftreten dürfen. Der Grund hierfür ist, daß die Glieder in der FOURIERentwicklung, welche zu diesen Obertönen gehören, ihr ursprüngliches Vorzeichen schon nach einer halben Schwingungsdauer wieder annehmen, während dabei die Verrückungen und damit auch das Dipolmoment ihr Vorzeichen ändern. Man sieht, daß in diesem Fall im ultraroten Spektrum eben die Frequenzen nicht auftreten dürfen, die im RAMANeffekt erlaubt waren (falls weitere Symmetrien nicht weitere Auswahlregeln bedingen). Auf das Verhalten der Kombinationsschwingungen (in denen die Summe der Frequenzen der Normalschwingungen auftritt) soll nicht näher eingegangen werden.

2. Beispiele mehratomiger Moleküle.

Wir wenden uns nun der Besprechung *spezieller Beispiele* zu.

a) N_2O. Als erstes sei das Molekül N_2O betrachtet. Von diesem wurde (im wesentlichen auf Grund der Tatsache, daß es kein permanentes Dipolmoment besitzt) angenommen, daß es gestreckt und symmetrisch ist, d. h. daß die drei Atome in gleichem Abstande auf einer Geraden, und zwar in der Reihenfolge N—O—N liegen.

[1] Da zur Grundfrequenz der Grundton, zur doppelten Frequenz der erste Oberton, zur dreifachen Frequenz der zweite Oberton gehört, sieht man im allgemeinen, daß zu geraden Vielfachen der Grundfrequenz die ungeraden Obertöne und umgekehrt zu ungeraden Vielfachen die geraden Obertöne gehören. Diese Bezeichnungsweise ist etwas unbequem, läßt sich aber kaum ändern.

Auf Grund der Beobachtungen des ultraroten Spektrums aber konnte gezeigt werden, daß diese Anordnung nicht die richtige ist. Wir wollen hier auseinandersetzen, inwiefern sie mit dem ultraroten Spektrum in Widerspruch steht und welche Anordnung angenommen werden muß, um das Spektrum zu deuten.

Wir suchen zunächst die Normalschwingungen des Moleküls auf, haben also die Verrückungen $e^{(j)}_{kX}$ zu bestimmen, die die Gleichung VII, § 82 (17)

$$\mu_j e^{(j)}_{kX} = \sum_l \sum_Y K^{kl}_{XY} e^{(j)}_{lY} \tag{34}$$

erfüllen müssen. Man kann nun ohne Rechnung die Gesamtheit der Normalschwingungen auffinden, indem man die Symmetrieeigenschaften des Moleküls benutzt. Man sucht diejenige Normalschwingung auf, die sich bei Ausübung von Symmetrieoperationen in ganz bestimmter Weise transformiert.

Z. B. bestimmen wir für N_2O zunächst die *totalsymmetrische Schwingung*. Offenbar gibt es nur eine einzige totalsymmetrische Verrückung, nämlich die, bei der das O-Atom in Ruhe bleibt, während sich die beiden N-Atome auf der Figurenachse um gleiche Strecken dem O-Atom nähern (bzw. sich von ihm entfernen; s. Fig. 239). Wir bezeichnen ihre Frequenz mit ν_1.

Fig. 239. Symmetrisches gestrecktes Modell von N_2O. Totalsymmetrische Schwingung (ν_1).

Sodann bestimmen wir diejenige Normalschwingung, die bei Drehung um die Figurenachse invariant bleibt, bei Spiegelung am Symmetriezentrum, also am O-Atom, ihr Vorzeichen ändert. Eine solche Verrückung ist gewiß die *Translation in der Figurenachse*, die durch Fig. 240 dargestellt wird. Man erkennt ferner, daß diese Verrückung die Gleichung (34) erfüllt, und zwar mit $\mu_j = 0$. Die rechte Seite dieser Gleichung stellt ja die rücktreibende Kraft dar, die bei der betreffenden Verrückung auftritt, und im Falle der Translation ist diese Kraft gleich Null. Man kann in diesem Sinne die Translation als eine *uneigentliche* Normalschwingung bezeichnen. Sie ist gewiß unter den Eigenvektoren $e^{(j)}_{kX}$ enthalten.

Es gibt aber noch andere Verrückungen, die dieselbe Symmetrieeigenschaft haben wie die Translation. Um aus ihnen den Eigenvektor auszuwählen, erinnern wir an die Gleichung VII, § 82 (18):

$$\sum e^{(j)}_l e^{(h)}_l = \delta_{jh}. \tag{35}$$

Wählen wir für $e^{(h)}_l$ die Translation, so erhalten wir für $e^{(j)}_l$ eine Bedingung, und diese ist nichts anderes als der Schwerpunktssatz. Nun aber gibt es nur

Fig. 240. Symmetrisches gestrecktes Modell von N_2O. Translation in der Figurenachse.

Fig. 241. Symmetrisches gestrecktes Modell von N_2O. Schwerpunktsinvariante Schwingung in der Figurenachse (ν_2).

eine einzige Verrückung, die die gewünschte Symmetrieeigenschaft besitzt und bei der der Schwerpunkt ungeändert bleibt. Wir bezeichnen sie mit ν_2 und stellen sie in Fig. 241 dar. Die Verrückung eines N-Atoms verhält sich zu der des O-Atoms wie das Gewicht des O-Atoms zum doppelten Gewicht des N-Atoms.

Weiter bestimmen wir eine Schwingung, die bei Drehung um die Figurenachse nicht mehr ungeändert bleibt, aber zu einer Ebene, die durch die Figurenachse geht (z. B. zur Zeichenebene) symmetrisch ist und die sich außerdem bei Spiegelung am Symmetriezentrum antisymmetrisch verhält[1]. Eine uneigentliche Normalschwingung, die diese Transformationseigenschaft besitzt, ist die durch Fig. 242 dargestellte Translation. Die gesuchte Eigenschwingung muß zu ihr orthogonal sein (d. h. muß den Schwerpunktssatz erfüllen). Dadurch ist sie wieder eindeutig bestimmt, und wir erhalten die durch Fig. 243 dargestellte Schwingung ν_3. Bei ihr sind die Beträge der Verrückungen dieselben wie bei ν_2. Man sieht sofort, daß ν_3 zweifach entartet ist, denn die Schwingung kann ja auch ebensogut senkrecht zur Zeichenebene erfolgen.

Fig. 242. Symmetrisches gestrecktes Modell von N_2O. Translation senkrecht zur Figurenachse.

Wir haben also vier Normalschwingungen gefunden, nämlich ν_1, ν_2 und die doppelt zu zählende ν_3. Weitere eigentliche Normalschwingungen kann es nicht geben. Denn die Gesamtzahl der Normalschwingungen ist gleich der Differenz der Zahl der Freiheitsgrade (d. h. 9) und der fünf uneigentlichen Normalschwingungen (nämlich die drei Translationen und die zwei Rotationen). Damit haben wir die vier eigentlichen Normalschwingungen bestimmt.

Nun ist der Grundton von ν_2 und von ν_3 im RAMANeffekt verboten, da diese Schwingungen sich bei Spiegelung am Symmetriezentrum antisymmetrisch verhalten; dagegen ist die Schwingung ν_1 für das ultrarote Spektrum verboten, da sie bei Anwendung derselben Operation ihr Vorzeichen nicht ändert[2]. Bei ν_2 und ν_3 kann sich das Dipolmoment ändern, diese müssen also im Ultrarotspektrum auftreten; dagegen ändert sich bei der Schwingung ν_1 die Polarisierbarkeit, sie muß daher im RAMANspektrum auftreten.

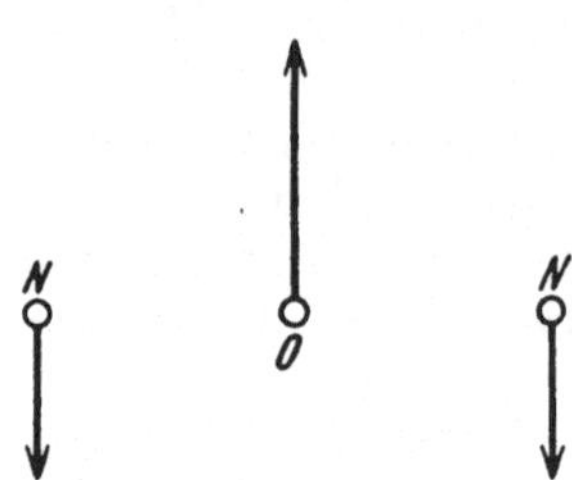

Fig. 243. Symmetrisches gestrecktes Modell von N_2O. Zweifach entartete uneigentliche Normalschwingung senkrecht zur Figurenachse (ν_3).

Nun ist tatsächlich eine RAMANlinie bei 1282 cm^{-1} gefunden worden[3], die also ν_1 entsprechen müßte. Es zeigte sich aber[4], daß N_2O im ultraroten Spektrum *drei* starke Absorptionsbanden besitzt, nämlich bei 592 cm^{-1}, 1290 cm^{-1} und 2220 cm^{-1}. Die Schwingung, die wir ihres Auftretens im RAMANeffekt wegen dem Schwingungsbild ν_1 zuordnen mußten, tritt also auch im ultraroten Spektrum auf, und das steht im schärfsten Widerspruche zu unseren theoretischen Folgerungen.

[1] Es ist leicht einzusehen, daß es keine eigentlichen Normalschwingungen zu geben braucht, die sich bei den Symmetrieoperationen des Moleküls in beliebig vorgegebener Weise transformieren. Beim zweiatomigen Molekül mit gleichen Atomen gibt es z. B. nur eine eigentliche Normalschwingung, und diese ist die totalsymmetrische. Zu allen anderen *Transformationseigenschaften* gehören nur uneigentliche Normalschwingungen (unter Transformationsgesetz oder Transformationseigenschaft einer Normalschwingung ist die Gesetzmäßigkeit zu verstehen, nach der sich die Normalschwingung bei Ausübung der Symmetrieoperationen verhält).

Wir wählen hier die Transformationsgesetze bereits in solcher Weise, daß wir zu den eigentlichen Normalschwingungen geführt werden. Hätten wir z. B. gefordert, daß die Verrückung zum Symmetriezentrum symmetrisch sein soll, so hätten wir nur eine uneigentliche Normalschwingung, nämlich die Rotation, erhalten.

[2] Man sieht auch anschaulich sofort, daß sich das Dipolmoment bei der totalsymmetrischen Schwingung ν_1 nicht ändert.

[3] R. G. DICKINSON, R. T. DILLON und F. RASETTI: Physic. Rev. Bd. 34 (1929) S. 582. Eine zweite RAMANlinie, die den abgeleiteten Auswahlregeln schon widerspricht, wurde von S. BHAGAVANTAM: Nature, Lond. Bd. 127 (1931) S. 817 bei 2226 cm^{-1} gefunden.

[4] E. F. BARKER und E. K. PLYLER: Physic. Rev. Bd. 38 (1931) S. 1827.

Daraus muß man schließen, daß die oben vorausgesetzte Anordnung der Atome im N_2O-Molekül nicht der Wirklichkeit entsprechen kann.

Zur Auffindung des richtigen Molekülmodells kann als Fingerzeig dienen, daß man N_2O durch Elektronenstoß in N_2 und O zerlegen kann[1]. Dadurch nämlich wird nahegelegt, daß die beiden N-Atome schon im N_2O-Molekül benachbart waren. Es gelingt nun tatsächlich, das ultrarote Spektrum von N_2O restlos zu deuten, wenn man annimmt, daß die drei Atome in der Reihenfolge N—N—O auf einer Geraden liegen[2]. Dabei muß man die lineare Anordnung der Atome deshalb annehmen, weil man nur in diesem Falle die *einfache* Rotationsstruktur der ultraroten Schwingungsbanden verstehen kann. Würde nämlich das Molekül gewinkelt sein, so wären seine drei Hauptträgheitsmomente verschieden und seine Rotation erfolgte im wesentlichen so wie die Bewegung eines asymmetrischen Kreisels. Dann aber würden wegen der Kompliziertheit der Bewegung in der FOURIERanalyse der Rotationsbewegung mehrere Glieder auftreten, und das Spektrum müßte sehr verwickelt sein. Die schwierige Frage, wie die Rotationsstruktur im Falle eines gewinkelten Moleküls aussehen muß, soll hier nicht näher diskutiert werden. Wir beschränken uns auf die Diskussion der linearen Anordnung, wobei man, wie gesagt, schon zu Ergebnissen kommt, die mit der Erfahrung übereinstimmen.

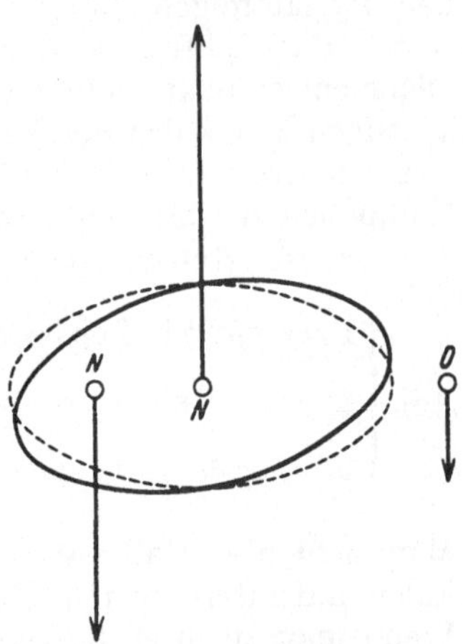

Fig. 244. Antisymmetrisches gestrecktes Modell von N_2O. Zweifach entartete uneigentliche Normalschwingung senkrecht zur Figurenachse (ν_3); Polarisierbarkeitsänderung dieser Schwingung.

Für die Anordnung N—O—N konnten wir die Normalschwingungen genau angeben. Der Grund dafür lag darin, daß es zu jedem Transformationsgesetz nur eine Normalschwingung gab, und diese folglich aus Symmetriebetrachtungen vollständig ableitbar waren. Bei der Anordnung N—N—O ist das im allgemeinen nicht mehr möglich. Die Normalschwingung wird auch von den Kräften, die die Kerne in ihren Gleichgewichtslagen festhalten, abhängen, kann also von vornherein nicht bestimmt werden.

Der Schwingung ν_3 wird übrigens eine Verrückung entsprechen, die auch jetzt eindeutig bestimmt werden kann, nämlich wieder nur eine Verrückung, die zur Zeichenebene, in der auch die Molekülachse liegen soll, symmetrisch ist, und die zu einer zweiten Ebene, die durch die Molekülachse hindurch geht und auf der Zeichenebene senkrecht steht, *antisymmetrisch* und zu allen uneigentlichen Normalschwingungen orthogonal ist[3]. Natürlich wird ν_3 wieder zweifach entartet sein (s. Fig. 244).

Von den Symmetrieeigenschaften der Schwingungen ν_1 und ν_2 bleibt nur so viel übrig, daß sie sich bei Umdrehung um die Figurenachse nicht ändern,

---

[1] Siehe den zusammenfassenden Artikel von H. D. SMYTH: Rev. Modern Physics Bd. 3 (1931) S. 389.

[2] Es gibt natürlich keinen Symmetriegrund dafür, daß das permanente Dipolmoment dieses Gebildes verschwinden soll. Daß man experimentell das Fehlen eines Dipolmomentes festgestellt hat, muß darauf beruhen, daß es zufällig sehr klein ist. Übrigens könnte man die Ultrarot- und die Ramanspektren ebensogut mit einer linearen Anordnung N—O—N verstehen, wobei aber die N-Atome vom O-Atom verschiedene Abstände haben müßte. Das aber würde mit dem erwähnten Elektronenstoßversuch nicht vereinbar sein.

[3] Man muß zu ihrer Bestimmung nicht nur wie bei der früheren Anordnung den Impulssatz, sondern auch den Drehimpulssatz verwenden, also berücksichtigen, daß die Schwingung zu der uneigentlichen Normalschwingung, die einer Drehung entspricht, orthogonal ist.

also nur in Richtung der Figurenachse erfolgen. Die Form der Verrückungen bei ν_1 und ν_2 wird von dem speziellen Kraftgesetz abhängen.

Was die Auswahlregeln betrifft, so werden alle Schwingungen sowohl im ultraroten Spektrum als auch beim RAMANeffekt auftreten können, da sich bei jeder der besprochenen Verrückungen sowohl das Dipolmoment als auch die Polarisierbarkeit ändern kann.

Die Rotationsstruktur für die Schwingungen ν_1 und ν_2 muß sowohl im ultraroten Spektrum als auch im RAMANeffekt genau so beschaffen sein wie bei zweiatomigen Molekülen. Da nämlich bei diesen Schwingungen die Bewegung in der Molekülachse erfolgt, ändert sich das Dipolmoment und die Polarisierbarkeit im wesentlichen ebenso wie bei zweiatomigen Molekülen.

Für die Schwingung ν_3 sind die Verhältnisse dagegen ganz anders als bei den zweiatomigen Molekülen. Betrachten wir zunächst das ultrarote Spektrum. Das elektrische Moment steht senkrecht zur Molekülachse, wird also im allgemeinen nicht mehr zur Rotationsachse senkrecht stehen (wie es bei zweiatomigen Molekülen der Fall war), sondern mit ihr einen Winkel ϑ einschließen, wobei ϑ jeden Wert mit gleicher Wahrscheinlichkeit annehmen kann. Für die Komponenten des elektrischen Momentes im raumfesten System erhält man [das Koordinatensystem ist so gewählt wie in (9)]:

$$(36)\quad \begin{cases} \mathfrak{p}_x = 2p^{(1)}\sin\vartheta\cos\omega_s t\cdot\cos\omega_r t = p^{(1)}\sin\vartheta\{\cos(\omega_s+\omega_r)t+\cos(\omega_s-\omega_r)t\}, \\ \mathfrak{p}_y = 2p^{(1)}\sin\vartheta\cos\omega_s t\cdot\sin\omega_r t = p^{(1)}\sin\vartheta\{\sin(\omega_s+\omega_r)t-\sin(\omega_s-\omega_r)t\}, \\ \mathfrak{p}_z = 2p^{(1)}\cos\vartheta\cos\omega_s t. \end{cases}$$

Man sieht also, daß außer den Zweigen, die auch bei den zweiatomigen Molekülen auftraten, hier noch die unverschobene Oszillationslinie vorhanden ist. Wenn man zu ihrer Berechnung die Momente quadriert und über ϑ mittelt, so erkennt man, daß die Summe der Intensitäten der verschobenen Linien $(\omega_s \pm \omega_r)$ der Intensität der unverschobenen Linie gleich ist. Dieses Resultat kann man sich plausibel machen, indem man die Änderung des Dipolmomentes in zwei Komponenten zerlegt, von denen die eine in der Rotationsachse, die andere senkrecht zu ihr schwingt. Die erste dieser Komponenten wird durch die Rotation überhaupt nicht beeinflußt und bewirkt die unverschobene Linie. Die zweite Komponente verhält sich genau so wie das elektrische Moment bei zweiatomigen Molekülen.

Für den RAMANeffekt der Schwingung ν_3 steht von vornherein fest, daß die Änderung der Polarisierbarkeit nur einen spurfreien Anteil besitzt; denn ν_3 ist entartet, und wir haben oben bewiesen, daß die Spur der Polarisierbarkeitsänderung für jede Schwingung verschwindet, die nicht totalsymmetrisch ist.

Wir bezeichnen die Molekülachse wieder mit Z. Mit X' sei die Richtung bezeichnet, in der die Änderung des elektrischen Momentes erfolgt. Y' sei zu X' und Z senkrecht. Dann erkennt man, daß nur die Komponente $\alpha^R_{X'Z}$ der Polarisierbarkeitsänderung von Null verschieden sein kann; denn nur sie hat dieselben Symmetrieeigenschaften wie die Normalschwingung, da nur sie sich zur Ebene $X'Z$ symmetrisch, zur Ebene $Y'Z$ aber antisymmetrisch verhält. Dem entspricht, daß die Hauptachsen der Polarisierbarkeit bei der Schwingung ν_3 ihre Größe nicht ändern, wohl aber ihre Richtung. Der Polarisierbarkeitstensor wird in der Ebene $X'Z$ schwingen, wie es in Fig. 244 angedeutet ist. Die Rotationsachse sei wieder X, ϑ der Winkel zwischen X und X'. Dann erhält man mit

Rücksicht auf das Schema S. 541 und VII, § 82 (6) die zu (15) analogen Gleichungen

$$
(37)\quad \left\{\begin{array}{l}
\left\{\begin{array}{l}
\alpha_{xx} = 2\alpha_{YZ}\cos\omega_r t\sin\omega_r t = \alpha_{YZ}\sin 2\omega_r t\,,\\
\alpha_{yy} = -2\alpha_{YZ}\sin\omega_r t\cos\omega_r t = -\alpha_{YZ}\sin 2\omega_r t\,,\\
\alpha_{zz} = 0\,;
\end{array}\right.\\
\left\{\begin{array}{l}
\alpha_{yz} = \alpha_{XZ}\sin\omega_r t\,,\\
\alpha_{zx} = \alpha_{XZ}\cos\omega_r t\,,\\
\alpha_{xy} = -\alpha_{YZ}(\cos^2\omega_r t - \sin^2\omega_r t) = -\alpha_{XZ}\cos 2\omega_r t\,.
\end{array}\right.
\end{array}\right.
$$

Man hat nun wieder die Invarianten $\Omega[\omega_k]$ zu bilden und dann über alle Werte von ϑ zu mitteln. Dabei muß man berücksichtigen, daß

$$
(38)\quad \left\{\begin{array}{l}
\alpha_{XZ} = \cos\vartheta\cdot\alpha_{X'Z}\,,\\
\alpha_{YZ} = \sin\vartheta\cdot\alpha_{X'Z}\,,
\end{array}\right.
\qquad \alpha_{X'Z} = \alpha^T_{X'Z} + 2\alpha^R_{X'Z}\cos\omega_s t
$$

ist. Da α_{XZ} und α_{YZ} in $\Omega[\omega_k]$ quadratisch eingehen, gibt die Mittelung über ϑ einen Faktor $\frac{1}{2}$. Man erhält:

$$
(39)\quad \left\{\begin{array}{l}
\overline{\Omega}[\pm\omega_s] = 0\,,\\
\overline{\Omega}[\pm\omega_s\pm\omega_r] = \tfrac{1}{20}(\alpha^R_{X'Z})^2\,,\\
\overline{\Omega}[\pm\omega_s\pm 2\omega_r] = \tfrac{1}{20}(\alpha^R_{X'Z})^2.
\end{array}\right.
$$

Es ergibt sich also, daß in diesem Falle die unverschobene Oszillationslinie im RAMANeffekt ausfällt, während vier Rotationszweige (mit $\pm\omega_r$ und $\pm 2\omega_r$) auftreten, die gleiche Intensität haben. Es tritt also auch die *einfache* Rotationsfrequenz im Spektrum auf; denn die Molekülachse bleibt bei der Schwingung nicht mehr Hauptachse der Polarisierbarkeit, und diese nimmt nicht mehr wie bei den zweiatomigen Molekülen, nach einer halben Umdrehung wieder ihre ursprüngliche Lage ein[1].

Es wurde schon oben erwähnt, daß die Rotationsstruktur im ultraroten Spektrum bei Annahme der Anordnung N—N—O mit der Theorie in Einklang ist. Tatsächlich liegen bei den Frequenzen 1290 cm^{-1} und 2220 cm^{-1} BJERRUMsche Doppelbanden, während bei 592 cm^{-1} eine Bande mit drei Maxima auftritt. Im RAMANeffekt sind bis jetzt nur die Schwingungen 1282 cm^{-1} und 2226 cm^{-1} beobachtet worden. Depolarisationsmessungen und Untersuchungen der Rotationsstruktur liegen nicht vor.

b) Tetraedermoleküle AB_4. Als zweites Beispiel sollen die Moleküle vom Typus AB_4 besprochen werden, wobei die B-Atome ein Tetraeder bilden, in dessen Mittelpunkt sich das A-Atom befindet. Solche Moleküle sind z. B. die Kohlenstofftetrahalogenide.

Wieder bestimmen wir zunächst die *Normalschwingungen* eines solchen Molekülmodells. Es wird sich auch hier herausstellen, daß sie durch die Symmetrieeigenschaften nicht eindeutig bestimmt sind, sondern daß sie noch von den Kräften abhängen, die zwischen den Atomen wirken. Es kommt uns aber gar nicht darauf an zu wissen, wie die Normalschwingungen genau aussehen; uns interessiert vielmehr nur die zu jeder Symmetrieeigenschaft gehörige *Anzahl* linear unabhängiger. Diese Anzahl hängt offenbar nicht von speziellen Annahmen über die Kräfte ab; wir können daher die Kräfte selbst willkürlich

---

[1] Eine ausführliche quantentheoretische Diskussion dieser und ähnlicher Rotationsstrukturen im RAMANeffekt geben G. PLACZEK und E. TELLER (erscheint demnächst in Z. Physik).

wählen[1] (verzichten also, wie schon eingangs, S. 544, Anm. 1, hervorgehoben wurde, auf quantitative Eigenschaften der Spektren). Wir setzen dementsprechend die Kräfte so an, daß die Normalschwingungen möglichst einfache werden:

Die B-Atome seien untereinander mit starken Kräften verbunden, sie bilden ein starres Tetraedergerüst, in dessen Mittelpunkt das A-Atom mit viel schwächeren Kräften festgehalten wird.

Bei diesem Kraftansatz zerfällt die Analyse der Schwingungen unseres Modells in zwei getrennte Probleme:

I. *Die Frage nach der Relativbewegung des starren Tetraeders in bezug auf das in seinem Mittelpunkt schwach gebundene A-Atom.*

II. *Die Frage nach der Bewegung der vier B-Atome gegeneinander.*

Da nach unserem Ansatz das A-Atom im Mittelpunkt nur *schwach* gebunden ist, so wird die Schwingung I mit *kleiner Frequenz* erfolgen. Umgekehrt werden die Schwingungen II wegen der *großen* Kräfte zwischen den einzelnen B-Atomen mit viel *größerer Frequenz* erfolgen, so daß man die Bewegung so behandeln kann, als wäre das A-Atom gar nicht vorhanden.

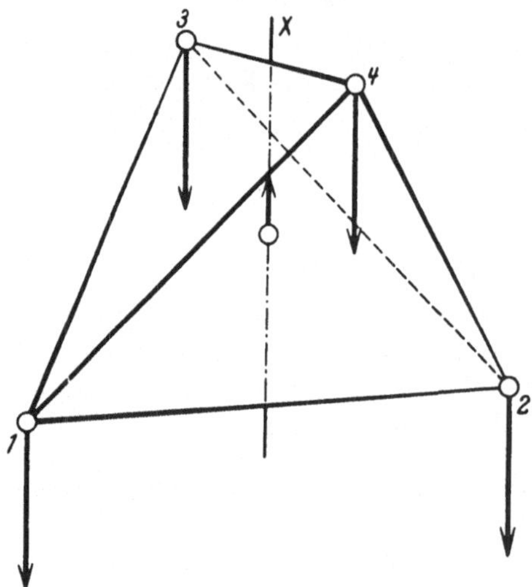

Fig. 245. Tetraedermolekül. Dreifach entartete Normalschwingung ($\nu_3^{(I)}$).

Wir suchen für beide Bewegungstypen die Normalschwingungen auf.

I. Der Relativbewegung des A-Atoms gegen das starre Tetraeder entsprechen drei Freiheitsgrade. Es gibt nur eine Normalschwingung, und diese ist *dreifach entartet.*

Die potentielle Energie muß nämlich unabhängig davon sein, welchem der vier B-Atome sich das A-Atom nähert; da sie eine quadratische Form der Verrückungskomponenten des A-Atoms ist, so muß sie kugelsymmetrisch sein, kann also nur vom Abstand des A-Atoms gegen das Tetraederzentrum abhängen. Die Schwingung erfolgt also in jeder Richtung des Raumes mit gleicher Frequenz, sie ist eine dreifach entartete Normalschwingung. Wir bezeichnen[2] sie mit $\nu_3^{(I)}$.

In Fig. 245 ist eine solche Schwingung dargestellt. Das A-Atom bewegt sich dabei auf der Verbindungslinie zweier Kantenmittelpunkte des Tetraeders. Man erkennt leicht, daß diese Gerade eine vierzählige Drehspiegelachse des Tetraeders ist; sie wird in den folgenden Betrachtungen eine große Rolle spielen; wir bezeichnen sie mit X. Ferner sieht man, daß das Verhältnis der Verrückungen der B-Atome zu der des A-Atoms gleich dem Verhältnis zwischen dem Atomgewicht des A-Atoms und dem vierfachen Atomgewicht von B ist[3].

II. Um die Schwingungen des Tetraeders beschreiben zu können, numerieren wir die Ecken mit 1, 2, 3, 4. Die Verrückungen der B-Atome zerlegen wir in jedem Eckpunkt in die schiefwinkligen Komponenten nach den drei Tetraeder-

---

[1] Diese Kräfte brauchen daher nicht dieselben zu sein, wie die im Molekül wirklich vorhandenen; in der Tat machen wir einen Kraftansatz, der von den realen Molekülkräften *erheblich abweicht.*

[2] Hier und im folgenden gibt der untere Index den Entartungsgrad an.

[3] In Fig. 245 sind die Verhältnisse der Massen wie bei CH_4 gewählt.

kanten durch diesen Punkt. Wir bezeichnen in leicht verständlicher Weise dies schiefwinklige System z. B. für den Punkt 1 mit 1_2, 1_3, 1_4. In Fig. 246 ist für den Punkt 1 die Komponentenzerlegung eines beliebigen Vektors dargestellt.

Für spätere Zwecke brauchen wir das Skalarprodukt zweier Vektoren in diesen Komponenten. Für ein beliebiges schiefwinkliges System ξ, η, ζ ist das skalare Produkt zweier Vektoren (ξ', η', ζ') und (ξ'', η'', ζ'') durch die Formel gegeben:

$$(\xi', \eta', \zeta') \cdot (\xi'', \eta'', \zeta'') = \xi'\xi'' + \eta'\eta'' + \zeta'\zeta'' + (\xi'\eta'' + \eta'\xi'')\cos(\xi, \eta) + (\eta'\zeta'' + \zeta'\eta'')\cos(\eta, \zeta) + (\zeta'\xi'' + \xi'\zeta'')\cos(\zeta, \xi).$$

In unserem Falle ist $\cos(\xi, \eta) = \cos(\eta, \zeta) = \cos(\zeta, \xi) = \cos\pi/3 = \frac{1}{2}$; das Skalarprodukt zweier Vektoren $(2_1', 2_3', 2_4')$ und $(2_1'', 2_3'', 2_4'')$ lautet also:

$$(40)\quad (2_1', 2_3', 2_4') \cdot (2_1'', 2_3'', 2_4'') = 2_1' 2_1'' + 2_3' 2_3'' + 2_4' 2_4'' + \tfrac{1}{2}\{2_1' 2_3'' + 2_3' 2_4'' + 2_4' 2_1'' + 2_3' 2_1'' + 2_4' 2_3'' + 2_1' 2_4''\}.$$

1. Zunächst bestimmen wir die *totalsymmetrische Normalschwingung* des Tetraeders. Offenbar gibt es nur eine Verrückung der B-Atome, die totalsymmetrisch ist, d. h. die durch jede Symmetrieoperation des Tetraeders in sich

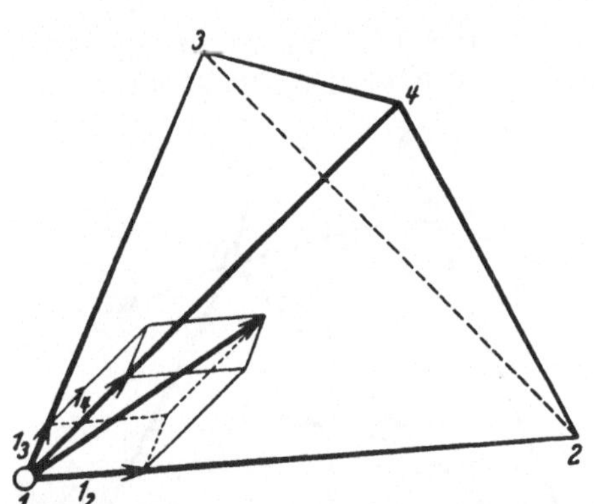

Fig. 246. Komponentenzerlegung eines Vektors im Tetraederkanten-Koordinatensystem.

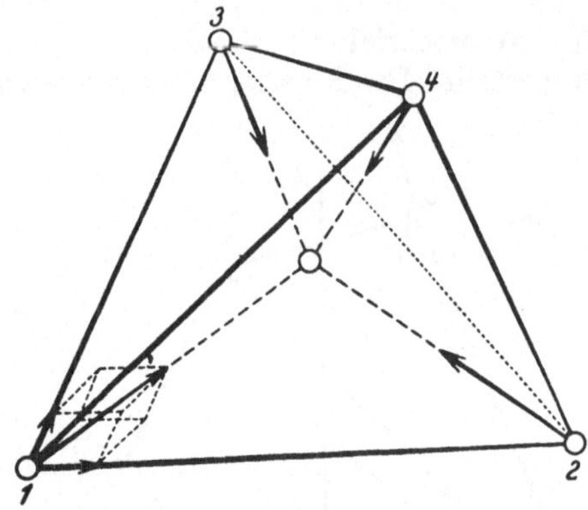

Fig. 247. Tetraedermolekül. Totalsymmetrische Normalschwingung $(\nu_1^{(II)})$.

übergeführt wird, bei der mit anderen Worten die Tetraedersymmetrie erhalten bleibt. Sie besteht in der Verrückung, bei der alle B-Atome sich dem Zentrum um gleiche Strecken nähern. Ihre Komponenten sind[1]:

$$(41)\quad 1_2^{(1)} = 1_3^{(1)} = 1_4^{(1)} = 2_1^{(1)} = 2_3^{(1)} = 2_4^{(1)} = 3_1^{(1)} = 3_2^{(1)} = 3_4^{(1)} = 4_1^{(1)} = 4_2^{(1)} = 4_3^{(1)}.$$

Wir bezeichnen diese Schwingung mit $\nu_1^{(II)}$. Sic ist in Fig. 247 dargestellt.

2. Wir suchen diejenige Normalschwingung, die bei Drehspiegelung an der X-Achse ungeändert bleibt, die außerdem zur Ebene durch X und die Kante (1, 2) symmetrisch ist, und die zur totalsymmetrischen Schwingung ν_1 (41) orthogonal ist.

Die geforderte Orthogonalität kann nur bestehen, wenn für die beiden Schwingungen die Verrückungen eines *jeden* B-Atoms zueinander orthogonal sind. Die Verrückungen der B-Atome bleiben nämlich durch die vierzählige Drehspiegelung an der X-Achse ungeändert; folglich ist das Skalarprodukt der beiden Verrückungen in jeder Tetraederecke das gleiche, die linke Seite von (35)

[1] Der obere Index (1) in den Komponenten entspricht dem Index 1 in ν_1, der untere Index bezeichnet die Achsen (Tetraederkanten).

ist also das Vierfache dieses Skalarproduktes, d. h. die Skalarprodukte verschwinden einzeln. Es muß daher gelten:

$$1_2^{(1)}1_2^{(2)} + 1_3^{(1)}1_3^{(2)} + 1_4^{(1)}1_4^{(2)} + \tfrac{1}{2}\{1_2^{(1)}1_3^{(2)} + 1_3^{(1)}1_4^{(2)} + 1_4^{(1)}1_2^{(2)} + 1_3^{(1)}1_2^{(2)} + 1_4^{(1)}1_3^{(2)} + 1_2^{(1)}1_4^{(2)}\} = 0\,. \tag{42}$$

Außerdem ist wegen der geforderten Symmetriebedingung:

$$1_3^{(2)} = 1_4^{(2)}\,.$$

Wegen (41) gilt also

$$1_2^{(2)} = -2\cdot 1_3^{(2)} = -2\cdot 1_4^{(2)}\,. \tag{43a}$$

Aus der Symmetrie folgt weiter

$$(43\,\mathrm{b})\quad \left\{\begin{aligned} 2_1^{(2)} &= -2\cdot 2_3^{(2)} = -2\cdot 2_4^{(2)}\,,\\ 3_4^{(2)} &= -2\cdot 3_2^{(2)} = -2\cdot 3_1^{(2)}\,,\\ 4_3^{(2)} &= -2\cdot 4_2^{(2)} = -2\cdot 4_1^{(2)}\,,\end{aligned}\right.$$

und ferner

$$1_2^{(2)} = 2_1^{(2)} = 3_4^{(2)} = 4_3^{(2)}\,. \tag{43c}$$

Die so beschriebene Schwingung bezeichnen wir mit $\nu_2^{(II)}$. Sie ist in Fig. 248a dargestellt. Die Schwingung ist, wie wir sogleich zeigen werden, *zweifach entartet.*

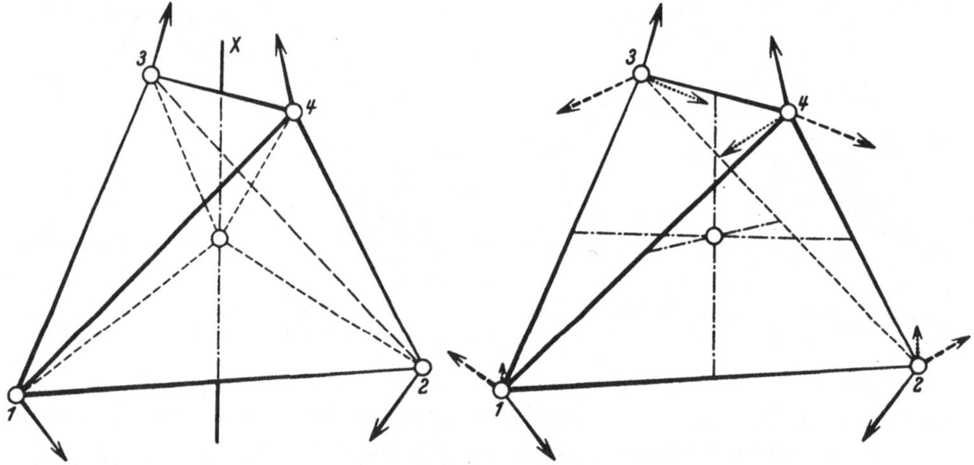

Fig. 248. Tetraedermolekül.
a. Zweifach entartete Normalschwingung $(\nu_2^{(II)})$. b. Die mit $\nu_2^{(II)}$ entarteten Normalschwingungen.

Man kann zunächst zwei Schwingungen angeben, die aus ν_2 durch Symmetrieoperationen folgen; sie entstehen aus (43) durch Vertauschung der Ecken 1, 2, 3, 4 mit 2, 3, 4, 1 bzw. 1, 3, 2, 4. Daß trotzdem eine nur zweifach entartete Schwingung vorliegt, ist darin begründet, daß zwischen den drei genannten Schwingungen eine lineare Relation besteht.

Fig. 248b zeigt das ursprüngliche Eigenvektorensystem (ausgezogen) und die beiden eben beschriebenen, die aus diesem hervorgehen (das durch Vertauschung von 1, 2, 3, 4 mit 2, 3, 4, 1 entstehende punktiert, das durch Vertauschung mit 1, 3, 2, 4 entstehende gestrichelt). Man erkennt leicht, daß die drei Vektoren in jedem Eckpunkt des Tetraeders in einer Ebene liegen und gegeneinander um den Winkel $2\pi/3$ gedreht sind. Ihre Summe verschwindet also in jedem Eckpunkt, also auch die Summe unserer drei Verrückungen.

Daher bleiben in der Tat nur zwei linear unabhängige Schwingungen übrig.

3. Schließlich suchen wir eine Normalschwingung, die bei der Drehspiegelung an der X-Achse sich mit -1 multipliziert, und die zur Ebene durch X-Achse und Kante (1, 2) symmetrisch ist. Eine uneigentliche Normalschwingung dieser Art ist die Translation in der X-Richtung. Aus der Forderung, daß die gesuchte eigentliche Normalschwingung zu dieser uneigentlichen orthogonal sein soll, folgt in ähnlicher Weise wie unter 2., daß die entsprechenden Verrückungsvektoren in jedem Eckpunkt des Tetraeders aufeinander orthogonal sein müssen, d. h. die Verrückung der B-Atome muß zur X-Richtung senkrecht stehen.

Die Verrückung des B-Atoms in der Ecke 1 muß außerdem wegen der geforderten Symmetriebedingung in der Ebene durch X und (1, 2) liegen. Daraus folgt, daß dies B-Atom sich einfach in der Kante (1, 2) bewegen muß. Folglich muß wegen der Antisymmetrie in bezug auf die Drehspiegelung an der X-Achse gelten:

$$1_2^{(3)} = 2_1^{(3)} = -3_4^{(3)} = -4_3^{(3)}, \quad \text{alle übrigen Komponenten} = 0. \tag{44}$$

Wir bezeichnen diese Normalschwingung mit $\nu_3^{(II)}$ (s. Fig. 249). Sie ist *dreifach entartet*. Ersetzt man nämlich 1, 2, 3, 4 durch 2, 3, 4, 1 bzw. 1, 3, 4, 2, so hat man drei Verrückungen, zwischen denen aber diesmal keine lineare Relation besteht. Wir werden nämlich sogleich zeigen, daß diese Eigenvektorensysteme zueinander orthogonal sind, woraus ihre lineare Unabhängigkeit folgt.

Zum Beweise der Orthogonalität betrachten wir z. B. die Verrückung, deren Komponenten durch (44) gegeben sind, und die Verrückung

$$2_3^{(3')} = 3_2^{(3')} = -4_1^{(3')} = -1_4^{(3')}, \quad \text{alle übrigen Komponenten} = 0. \tag{45}$$

Setzt man in die linke Seite von (35) diese beiden Komponentensysteme ein, so erhält man wegen (40)

$$1_2^{(3)} 1_4^{(3')} + 2_1^{(3)} 2_3^{(3')} + 3_4^{(3)} 3_2^{(3')} + 4_3^{(3)} 4_1^{(3')}.$$

Diese vier Summanden sind nach (44) und (45) dem Betrage nach gleich, zwei von ihnen aber sind positiv, zwei negativ. Die Summe ist also Null, und die Verrückungen sind orthogonal.

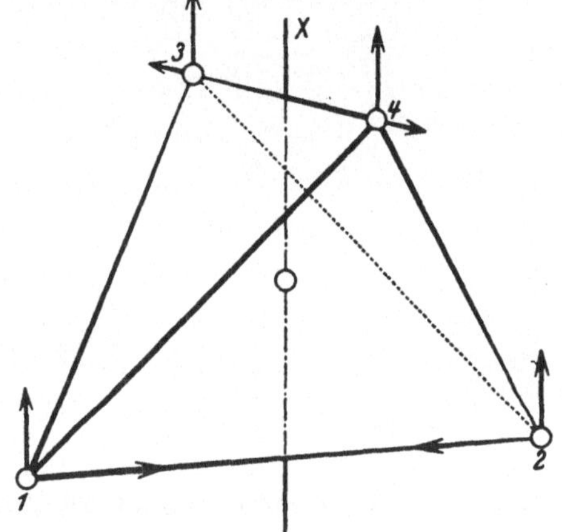

Fig. 249. Tetraedermolekül. Dreifach entartete Normalschwingung ($\nu_3^{(II)}$).

Man erkennt leicht, daß die Verrückung (44) bzw. die aus ihr durch Symmetrieoperation folgenden sich gegen Symmetrieoperationen genau so transformieren wie die in Fig. 245 dargestellte Schwingung $\nu_3^{(I)}$ bzw. deren durch Symmetrieoperationen entstehende[1].

Die Auswahlregeln werden also für $\nu_3^{(I)}$ und $\nu_3^{(II)}$ dieselben sein.

Da AB_4 fünf Massenpunkte besitzt, so gibt es $5 \cdot 3 - 6 = 9$ eigentliche Normalschwingungen. Wir haben genau so viele gefunden, nämlich *eine totalsymmetrische* $\nu_1^{(II)}$, *zwei dreifach entartete* $\nu_3^{(I)}$, $\nu_3^{(II)}$, *eine zweifach entartete* $\nu_2^{(II)}$.

Wir gehen nun zur Besprechung der *Auswahlregeln* über. Bei der *totalsymmetrischen Normalschwingung* $\nu_1^{(II)}$ ändert sich das elektrische Moment des Moleküls

[1] Die letzteren Schwingungen sind die drei Schwingungen, die in der Richtung der drei vierzähligen Achsen des Tetraeders erfolgen. Diese Achsen sind die Verbindungslinien der Kantenmitten (1,2) mit (3,4) bzw. (2,3) mit (4,1) bzw. (1,3) mit (2,4). Die drei Achsen sind zueinander orthogonal.

nicht. Die Schwingung tritt *im Ultrarotspektrum nicht auf*. Von der Polarisierbarkeit ändert sich nur der kugelsymmetrische Anteil. *Im* RAMAN*spektrum* tritt die Schwingung also auf, und zwar mit dem *Depolarisationsgrad Null*.

Um die zweifach und die dreifach entarteten Schwingungen besser behandeln zu können, führen wir folgendes rechtwinklige Koordinatensystem ein: Die Y- bzw. Z-Achse legen wir parallel zu (1,2) bzw. (3,4), die X-Achse senkrecht zu diesen beiden; sie ist also die bereits eingeführte vierzählige Drehspiegelachse. Y und Z dagegen sind selbst nicht Drehspiegelachsen, sondern gehen aus den beiden übrigen Drehspiegelachsen des Tetraeders durch Drehung um $\pi/4$ hervor.

Die Schwingung $\nu_2^{(II)}$ denken wir in der Form (43) dargestellt. Sie tritt im *Ultrarotspektrum nicht* auf, da bei ihr das Dipolmoment Null bleibt; das Moment muß nämlich bei der Drehspiegelung an X das Zeichen ändern, während die betrachtete Schwingung bei dieser Symmetrieoperation gerade invariant ist.

Da die Schwingung entartet ist, so ist die Änderung der Spur der Polarisierbarkeit Null. Im übrigen aber tritt die Schwingung im RAMAN*effekt auf*.

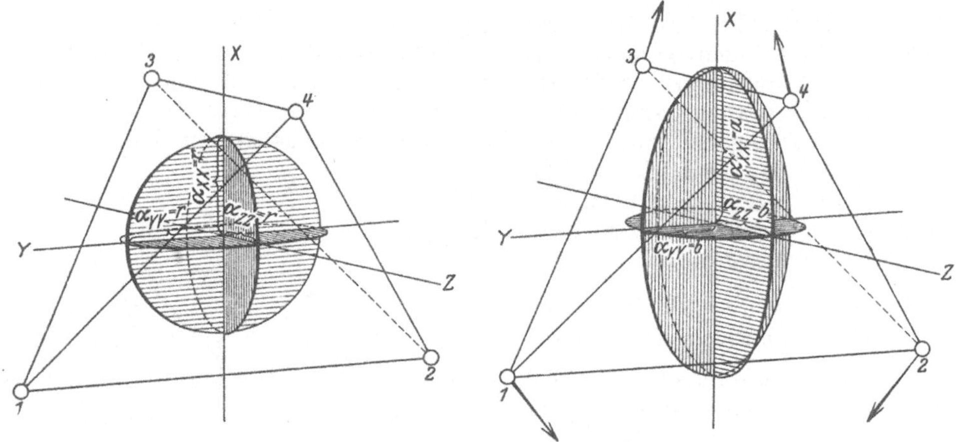

Fig. 250. Polarisierbarkeit des Tetraedermoleküls.
a. In der Ruhelage. b. Bei der Schwingung $\nu_2^{(II)}$.

Da während der Schwingung die XY- und die XZ-Ebene Spiegelebenen bleiben, ist die Änderung der Polarisierbarkeit ein Ellipsoid, dessen Hauptachsen X, Y, Z sind. Es ist folglich

$$\alpha^R_{XY} = \alpha^R_{YZ} = \alpha^R_{ZX} = 0 \,. \tag{46}$$

Da ferner die Schwingung gegen Drehspiegelung um X invariant ist, gilt

$$\alpha^R_{YY} = \alpha^R_{ZZ} \,, \tag{47}$$

und aus der Spurfreiheit folgt weiter

$$\alpha^R_{YY} = -\tfrac{1}{2}\,\alpha^R_{XX} \,. \tag{48}$$

In Fig. 250a ist die Polarisierbarkeit in der Ruhelage dargestellt. Sie ist eine Kugel, von der in der Figur die Meridianschnitte gezeichnet sind. Fig. 250b zeigt die Polarisierbarkeit bei der beschriebenen Verrückung $\nu_2^{(II)}$. Die Abweichungen der Hauptachsen von der Kugel sind α^R_{XX}, α^R_{YY}, α^R_{ZZ}. Die Polarisierbarkeit ist wegen (47) ein Rotationsellipsoid, von dem wieder die Meridianschnitte angegeben sind. Auf diese Weise sieht man anschaulich, wie sich die Polarisierbarkeit während der Schwingung verhält.

Die *dreifach entartete Normalschwingung* tritt im Ultrarotspektrum auf. Bei der Oszillation vom Typus I erkennt man ja sofort, daß sich das Moment ändern kann. Bei der Schwingung vom Typus II ist das nicht so evident; man muß aber bedenken, daß in Wirklichkeit nicht $\nu_3^{(I)}$ und $\nu_3^{(II)}$, sondern irgendwelche Linearkombinationen die tatsächlichen Normalschwingungen sind, da $\nu_3^{(I)}$ und $\nu_3^{(II)}$ nur bei dem von uns gewählten Kraftansatz Normalschwingungen werden. Außerdem kann auch bei einer Verrückung $\nu_3^{(II)}$ durch eine Verquetschung der Elektronenwolke in der X-Richtung ein Dipolmoment auftreten.

Im RAMAN*effekt* wird die Spur wieder verschwinden, im übrigen tritt die Schwingung im RAMANspektrum auf.

Wir beschreiben die Polarisierbarkeitsänderung auch bei dieser Schwingung. Zu diesem Zwecke nehmen wir $\nu_3^{(I)}$ in der in Fig. 245 angegebenen Form[1]. Die Hauptachsen der Polarisierbarkeitsänderung sind natürlich wieder X, Y, Z. Da die Schwingung zur Drehspiegelachse antisymmetrisch ist, verschwindet α_{XX}^R. $\alpha_{YY}^R = -\alpha_{ZZ}^R$ kann aber von Null verschieden sein. Die Polarisierbarkeit bei der Schwingung $\nu_3^{(I)}$ ist in Fig. 251 dargestellt.

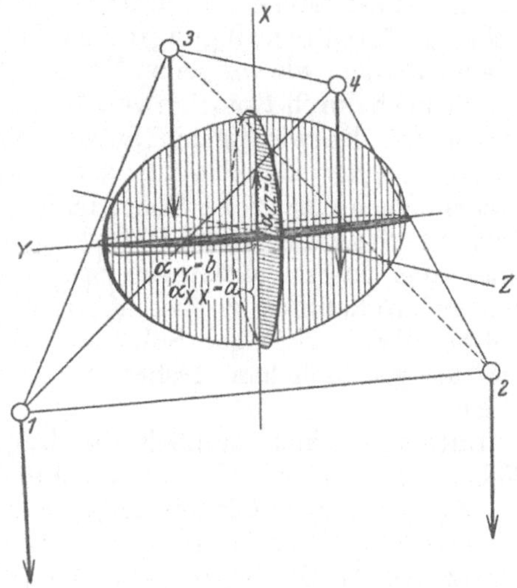

Fig. 251. Polarisierbarkeit des Tetraedermoleküls bei der Schwingung $\nu_3^{(I)}$.

Wir erkennen also: *Von den vier Normalschwingungen des Moleküls AB_4 treten im ultraroten Spektrum nur die zwei dreifach entarteten auf, während im Ramanspektrum sämtliche vier Schwingungen vorhanden sind.* Die totalsymmetrische Schwingung hat dabei den Depolarisationsgrad Null, die zwei- und dreifach entarteten den Depolarisationsgrad $\frac{6}{7}$.

Man kann also die drei Arten von Schwingungen aus ihrem Verhalten in den Spektren erkennen. Die totalsymmetrische z. B. ist diejenige, die im RAMANeffekt den Depolarisationsgrad Null hat; die zweifach entartete ist die, die im Ultrarotspektrum nicht auftritt und die im RAMANspektrum den Depolarisationsgrad $\frac{6}{7}$ hat; die dreifach entarteten sind die, die in beiden Spektren auftreten, im RAMANspektrum den Depolarisationsgrad $\frac{6}{7}$ haben.

Die Forderungen der Theorie sind bei den Molekülen vom Typus AB_4 im wesentlichen bestätigt worden. Es ergab sich[2], daß die Kohlenstofftetrahalogenide, ferner Methan und andere Verbindungen vom Typus AB_4 im Ultrarotspektrum zwei starke Frequenzen[3] besitzen. Beim CCl_4 z. B. liegen diese bei $315\,cm^{-1}$ und $774\,cm^{-1}$. Im RAMANeffekt sind z. B. beim CCl_4 alle vier Grundschwingungen gefunden worden. CABANNES[4] hat den Depolarisationsgrad der RAMANlinie von CCl_4 untersucht und gefunden, daß die Linie $457\,cm^{-1}$ sehr schwach depolarisiert ist, die übrigen ($217\,cm^{-1}$, $315\,cm^{-1}$, $774\,cm^{-1}$) sehr stark (ungefähr $\frac{6}{7}$).

---

[1] Natürlich würden wir dasselbe erhalten, wenn wir $\nu_3^{(II)}$ nehmen würden.

[2] Zusammenfassende Literatur siehe die zitierten Bücher von SCHAEFER und MATOSSI (S. 539, Anm. 1) und KOHLRAUSCH (S. 390, Anm. 4).

[3] Bei CCl_4 tritt eine Verdoppelung der Frequenz bei $780\,cm^{-1}$ auf. Der Grund hierfür scheint nach FERMI [Z. Physik Bd. 71 (1931) S. 250] darin zu liegen, daß diese Schwingung mit der Summe der Schwingungen $315\,cm^{-1}$ und $457\,cm^{-1}$ zufällig entartet ist.

[4] F. CABANNES, Trans. Faraday Soc. Bd. 25 (1929) S. 813.

Es ist also die Schwingung 217 cm^{-1} die zweifach entartete $\nu_2^{(II)}$, die Schwingung 457 cm^{-1} die unentartete $\nu_1^{(II)}$, und die Schwingungen 315 und 774 cm^{-1} sind die dreifach entarteten $\nu_3^{(II)}$, $\nu_3^{(I)}$.

Man sieht, daß bei den Molekülen vom Typus AB_4 die Untersuchung des Ultrarotspektrums und des RAMANeffekts die Vorstellung der Chemiker, daß es sich hierbei um ein tetraederförmiges Molekül handelt, in den bisher untersuchten Fällen erhärtet hat.

§ 101. Dispersion von Dipolflüssigkeiten.*

Schon bei der ersten Diskussion der MAXWELLschen Fundamentalbeziehung $n^2 = \varepsilon$ und ihres Gültigkeitsbereiches (s. I, § 5) haben wir darauf hingewiesen, daß die Abweichungen der optischen von den statischen Dielektrizitätskonstanten nicht nur durch Schwingungen von Elektronen oder Ionen im eigentlichen Sinne erzeugt werden, wie wir sie im Voranstehenden genauer diskutiert haben, sondern daß sie auch durch Rotation von Molekülen als starre Gebilde entstehen können. Gerade für die wichtigsten Substanzen — wie Wasser und ähnliche Flüssigkeiten — spielt der Einfluß der Rotationsbewegungen auf die Dispersionserscheinungen eine große Rolle; bei Wasser z. B. ist die statische Dielektrizitätskonstante (bei Zimmertemperatur) ungefähr gleich 81, das Quadrat des Brechungsindex aber ist (im sichtbaren Spektrum) etwa 1,8; man hat also gerade hier eine außerordentlich große Differenz. Nähere Untersuchungen haben gezeigt, daß bei diesen wichtigen Substanzen besondere Verhältnisse vorliegen, die sich mit der gewöhnlichen, bisher behandelten Dispersionstheorie nicht erledigen lassen.

Untersucht man nämlich die Dispersion des Wassers für immer längere Wellen, so zeigt sich, daß bis ins äußerste Ultrarot hinein der Brechungsindex von der gleichen Größenordnung bleibt; der Übergang zu den großen Werten bei langsam veränderlichen (quasistatischen) Feldern findet im Bereiche kürzester HERTZscher Wellen statt (Wellenlänge von der Größenordnung 1 m), also in einem experimentell recht schwer zugänglichen Gebiete; es liegt dort ein Absorptionsmaximum, in dessen Bereich die Dielektrizitätskonstante ziemlich gleichmäßig von den kleinen optischen zu den großen statischen Werten ansteigt.

Dieses Verhalten ist mit einer Erklärung durch Eigenschwingungen der Wassermoleküle schwer vereinbar; auch sind molekulare Eigenschwingungen von so niederer Frequenz ($\nu = c/\lambda \approx 10^8$ sec^{-1}) mit der bekannten Größenordnung von Atommassen und Molekularkräften nicht verträglich. Man wird so darauf geführt, dies Gebiet der *anomalen Dispersion durch Rotation* der Moleküle zu erklären. Aber auch hier stößt man zunächst auf Schwierigkeiten.

Wir wollen vorerst folgende Frage stellen: Wir betrachten eine aus starren Molekülen bestehende Substanz. Jedes Molekül trage einen festen Dipol; die Richtungen aller dieser Dipole seien im ungestörten Zustand im Raume gleichmäßig verteilt. Wenn auf dies System das elektrische Wechselfeld der Lichtwelle trifft, so erfahren die Dipolmoleküle *Drehmomente*, durch die die nach allen Richtungen gleichmäßige Verteilung in der Weise gestört wird, daß ein dem äußeren Felde paralleles mittleres Moment der Volumeneinheit entsteht. Wir fragen: Bei welchen Frequenzen wird der Einfluß dieser Einstellung auf den Brechungsindex merklich? Dabei sehen wir zunächst ganz ab von der Wärmebewegung, die jederzeit das Bestreben hat, die durch das äußere Feld erzeugte Ordnung wieder zu zerstören; auf diese Wirkung werden wir unten zurückkommen.

Gemäß der Verabredung, die Wärmebewegung zu vernachlässigen, denken wir uns das ungestörte Molekül ruhend unter dem Winkel ϑ_0 gegen die z-Richtung. Unter der Wirkung des elektrischen Lichtfeldes, das parallel zur z-Achse schwinge und die Stärke E habe, wird der Dipol um $\vartheta_1 = \vartheta - \vartheta_0$ von der Ruhelage abweichen; wir wollen voraussetzen, daß die Feldwirkung so klein ist, daß $|\vartheta_1| \ll \vartheta_0$ betrachtet werden kann. Bedeutet A das Trägheitsmoment des Moleküls um die zum Dipolmoment und zu z senkrechte Achse, so lauten die Bewegungsgleichungen der erzwungenen Drehschwingung

$$\mathsf{A}\ddot{\vartheta}_1 = -E p_0 \sin\vartheta_0, \tag{1}$$

wo das Minuszeichen bedeutet, daß das Drehmoment des Feldes den Winkel ϑ zu verkleinern strebt.

Ist nun $E = E_0 e^{i\omega t}$, und setzen wir ebenso $\vartheta_1 = \xi e^{i\omega t}$, so erhalten wir

$$\xi = \frac{p_0 \sin\vartheta_0}{\mathsf{A}\omega^2} E_0. \tag{2}$$

Nun ist die Komponente des elektrischen Moments in der z-Richtung

$$\left\{\begin{aligned} p = p_0\cos\vartheta &= p_0 \cos(\vartheta_0 + \vartheta_1) \\ &= p_0\cos\vartheta_0 - p_0 \sin\vartheta_0 \cdot \vartheta_1 + \cdots \\ &= p_0\cos\vartheta_0 - \frac{p_0^2 \sin^2\vartheta_0}{\mathsf{A}\omega^2} E + \cdots. \end{aligned}\right. \tag{3}$$

Nach unserer Annahme über die Gleichwahrscheinlichkeit aller Richtungen ist

$$\left\{\begin{aligned} &\overline{\cos\vartheta_0} = 0, \\ &\overline{\sin^2\vartheta_0} = \frac{1}{4\pi}\int_0^{\pi}\int_0^{2\pi} \sin^2\vartheta_0 \cdot \sin\vartheta_0 \, d\vartheta_0 \, d\varphi_0 = \frac{2}{3}. \end{aligned}\right. \tag{4}$$

Somit wird

$$\bar{p} = -\frac{2p_0^2}{3\mathsf{A}\omega^2} E = \alpha e^{i\pi} E, \tag{5}$$

mit

$$\alpha = \frac{2p_0^2}{3\mathsf{A}\omega^2}. \tag{6}$$

Dabei bedeutet also α den durch die Drehwirkung des Feldes erzeugten Anteil der mittleren Polarisierbarkeit; der Faktor $e^{i\pi} = -1$ rührt daher, daß ein freies Teilchen einer periodischen Kraft stets mit entgegengesetzter Phase folgt.

Wir wollen nun die für den Brechungsindex maßgebende Größe $\frac{4\pi}{3}N\alpha$ abschätzen, und zwar für *Wasser*. Wir schreiben

$$\frac{4\pi}{3}N\alpha = \frac{\omega_0^2}{\omega^2}, \qquad \omega_0 = p_0\sqrt{\frac{8\pi N}{9\mathsf{A}}}. \tag{7}$$

Der Einfluß der Drehwirkung wird in der Gegend des Spektrums merklich, wo ω von der Größenordnung ω_0 wird. Um ω_0 zu berechnen, brauchen wir das Dipolmoment und das Trägheitsmoment des Moleküls. Man schätzt die Größenordnung dieser beiden Momente direkt aus ihrer Definition ab; für zweiatomige Moleküle wäre

$$p_0 = er, \qquad \mathsf{A} = mr^2, \tag{8}$$

wo e die effektive Ladung, m die effektive Masse und r der Atomabstand ist.

Nun ist

$$e \approx 5 \cdot 10^{-10} \text{e.s.E.}, \quad r \approx 10^{-8}\,\text{cm},$$

und für Wasserstoff

$$m \approx 10^{-24}\,\text{g}.$$

Also folgt aus (8)

$$(9) \qquad p_0 \approx 5 \cdot 10^{-18}, \quad \mathsf{A} \approx 10^{-40}.$$

Tatsächlich kann man die Größen p_0 und A für einzelne Moleküle sehr genau bestimmen: p_0 aus der Temperaturabhängigkeit der Dielektrizitätskonstanten im Gaszustand, A aus den Linienabständen in den Bandenspektren des Moleküls; die so gewonnenen Werte stimmen der Größenordnung nach mit obigen Angaben überein, nur daß p_0 immer etwas kleiner ausfällt, was ja wegen der räumlichen Ladungsverteilung ohne weiteres plausibel ist; für Wasser ist $p_0 = 1{,}84 \cdot 10^{-18}$. Wir wollen mit $p_0 \approx 10^{-18}$ rechnen.

Berücksichtigen wir, daß für Wasser bei 0° C die Molekülzahl im cm^3

$$(10) \qquad N = \frac{\mathsf{N}}{18} \approx 3 \cdot 10^{22}$$

ist, so erhalten wir

$$(11) \qquad \omega_0 \approx 3 \cdot 10^{13}\,\text{sec}^{-1}.$$

Hierzu gehört eine Wellenlänge von

$$(12) \qquad \lambda_0 = \frac{4\pi c}{\omega_0} \approx 130\,\mu.$$

Hiernach wird also der Beginn des Einflusses der Drehschwingung auf den Brechungsindex im äußersten Ultrarot zu erwarten sein.

Es wäre aber gänzlich verkehrt, eine quantitative Theorie nach dem soeben skizzierten Verfahren durchzuführen, und zwar aus zwei Gründen: Einmal wird die Amplitude der Drehschwingung in der Nähe der kritischen Frequenz ω_0 keineswegs klein bleiben, wie wir es bei der Rechnung vorausgesetzt haben; man müßte also mit genaueren Formeln rechnen, die das Verhalten von starren Körpern unter der Wirkung periodischer Drehmomente in Strenge darstellen. Aber auch dies Verfahren würde den physikalischen Verhältnissen nicht gerecht werden wegen des zweiten der erwähnten Gründe: Die Wärmebewegung der Moleküle darf nicht vernachlässigt werden. Die thermische Bewegung hat nämlich die Tendenz, jede vorhandene Ordnung wieder zu zerstören. Wie schnell das geschieht, hängt offenbar von der Häufigkeit der Bewegungsstörungen (Zusammenstöße) ab, die das betrachtete Molekül von seinen Nachbarn erleidet. Im Dampfzustand kann man die Stoßzahl auf Grund der kinetischen Gastheorie berechnen. Die mittlere Zeit zwischen zwei Zusammenstößen ist

$$(13) \qquad \tau_s = \frac{l}{\bar{v}},$$

wo l die mittlere freie Weglänge, $\bar{v}$ die mittlere Geschwindigkeit der Teilchen bedeutet; wir haben diese Größen in § 87 (19) und (14) angegeben. Setzt man diese Werte in (13) ein, so erhält man

$$(14) \qquad \tau_s = \frac{1}{4\mathsf{N}\sigma^2 p}\sqrt{\frac{\mu R T}{\pi}}.$$

Dies liefert bei $p = 1$ at und $T = 300°$ für Wasser ($\mu = 18$, $\sigma \approx 10^{-8}$ cm) $\tau_s \approx 10^{-9}$ sec. Die Stoßzeit ist also sehr lang gegen die aus (11) folgende Schwingungsdauer $2\pi/\omega_0 \approx 10^{-13}$ sec, d. h. die Rotationsschwingungen werden sich praktisch ungestört durch die Wärmebewegungen vollziehen können. Bei

Wasser*dampf* wäre also der Übergang von der optischen zur statischen Dielektrizitätskonstanten durch den hier beschriebenen Mechanismus bestimmt; er würde in der Gegend von 100 μ einsetzen. Doch gehen wir hierauf nicht ein.

Bei *flüssigem* Wasser und ähnlichen *Flüssigkeiten* aber liegen die Verhältnisse ganz anders. Die Stoßzeit nimmt ja umgekehrt proportional der Dichte zu, und da die Flüssigkeiten mehr als 1000mal dichter sind als die Dämpfe, so rückt die Stoßzeit nahe an die Größenordnung der Drehschwingungen heran. Man kann dann aber überhaupt nicht mehr von Zusammenstößen, freier Weglänge u. dgl. sprechen; an Stelle der Betrachtung der kinetischen Gastheorie hat man andere statistische Methoden heranzuziehen, die dem Wesen der Flüssigkeiten angepaßt sind. Diese werden wir jetzt kurz auseinandersetzen und auf unseren Fall anwenden, wie es zuerst von DEBYE[1] ausgeführt worden ist.

Der Einfluß der thermischen Bewegungen besteht auch in Flüssigkeiten jedenfalls darin, die durch ein äußeres Feld hergestellte Ordnung wieder zu zerstören. Es wird hierfür eine charakteristische Zeit, eine sog. *Relaxationszeit* geben, die so zu definieren ist:

Man denke sich durch ein konstantes äußeres Feld eine bestimmte partielle Ordnung der Moleküle hergestellt, die durch eine nicht kugelsymmetrische Verteilungsfunktion der Dipolrichtungen beschrieben sei; läßt man nun das Feld plötzlich verschwinden, so wird sich diese asymmetrische Verteilung wieder in die kugelsymmetrische verwandeln, und zwar praktisch in einer bestimmten endlichen Zeit, eben der Relaxationszeit τ.

Wenn nun die Schwingungsdauer des äußeren Feldes von der Größenordnung τ wird, so haben wir einen wesentlichen Einfluß der thermischen Bewegung auf den Dispersionsvorgang zu erwarten, und es kommt daher darauf an, die Größenordnung von τ aus meßbaren physikalischen Eigenschaften der Substanz abzuleiten.

Es ist dies ein Problem der statistischen Dynamik, das in der Theorie der BROWN*schen Bewegungen* auftritt. Wir benutzen die von EINSTEIN[2] zuerst gegebene Methode zu seiner Lösung.

Wir denken uns ein Teilchen auf der x-Achse beweglich und unkontrollierbaren Einflüssen unterworfen, so daß die Frage: „Welches ist zur Zeit t der Ort des Teilchens?" nicht beantwortet werden kann, wohl aber die Frage sinnvoll ist: „Welches ist die Wahrscheinlichkeit, zur Zeit t das Teilchen im Intervall $(x, x+dx)$ zu finden?" Wir bezeichnen diese Wahrscheinlichkeit mit $W(x, t)\,dx$. Sie sei so normiert, daß für jedes t

$$\int_{-\infty}^{\infty} W(x, t)\,dx = 1 \tag{15}$$

gilt.

Die unkontrollierbaren Ortsänderungen lassen sich ebenfalls nur durch eine Wahrscheinlichkeitsfunktion beschreiben. Es sei eine kleine Zeit τ_0 fest gewählt und $\varphi(x, \xi)\,d\xi$ die Wahrscheinlichkeit dafür, daß das Teilchen in der Zeit τ_0 von der Stelle x aus eine Verrückung um ξ, d. h. in das Intervall $(x+\xi, x+\xi+d\xi)$ erfährt; die Normierung sei wieder so getroffen, daß

$$\int_{-\infty}^{\infty} \varphi(x, \xi)\,d\xi = 1 \tag{16}$$

ist. Ferner werde von $\varphi(x, \xi)$ vorausgesetzt, daß es nur in der unmittelbaren Umgebung des Ausgangspunktes, d. h. für kleine Werte von $|\xi|$ merklich von

[1] P. DEBYE: Ber. dtsch. physik. Ges. Bd. 15 (1913) S. 777; Physik. Z. Bd. 13 (1912) S. 97; s. auch das Buch dieses Autors: Polare Molekeln, Kap. V S. 88. Leipzig 1929.

[2] A. EINSTEIN: Ann. Physik (4) Bd. 19 (1906) S. 371.

Null verschieden ist, und daß es sich ungefähr wie eine Fehlerverteilung verhält (die aber nicht symmetrisch zu sein braucht).

Wir denken nun unser Teilchen sehr oft beobachtet, oder, was dasselbe ist, eine sehr große Zahl N voneinander unabhängiger Teilchen über das Intervall verstreut und gleichzeitig beobachtet. Sodann berechnen wir die Änderung der in dx befindlichen Teilchenzahl während der Zeit τ_0, also $\tau_0 N \frac{\partial W}{\partial t} dx$. Wählen wir das Zeitintervall τ_0 hinreichend lang, so werden sämtliche, ursprünglich in dx befindlichen Teilchen herausdiffundiert sein; andererseits werden aus einem bei $x - \xi$ liegenden Intervall der Länge $d\xi$, das ursprünglich $NW(x-\xi, t)\, d\xi$ Teilchen enthielt, der Bruchteil $NW(x-\xi, t)\, \varphi(x-\xi, \xi)\, d\xi\, dx$ Teilchen nach dx gewandert sein. Somit erhält man (unter Weglassung des gemeinsamen Faktors $N\,dx$) folgende Gleichung zur Bestimmung von $W(x, t)$:

$$\tau_0 \frac{\partial W}{\partial t} = \int_{-\infty}^{\infty} W(x-\xi, t)\, \varphi(x-\xi, \xi)\, d\xi - W(x, t). \tag{17}$$

Es ist das eine komplizierte Integro-Differentialgleichung; wir lösen sie nur für den Fall, daß die Verschiebungswahrscheinlichkeit den angegebenen Charakter einer engen Fehlerfunktion hat. Der Integrand der Gleichung ist eine langsam veränderliche Funktion des ersten Arguments $x - \xi$; wir können ihn also in eine TAYLORreihe nach diesem ξ entwickeln; dabei ist aber das zweite Argument der Funktion φ, nämlich ξ, festzuhalten. Man erhält

$$\left\{ \begin{aligned} & W(x-\xi)\, \varphi(x-\xi, \xi) \\ & = W(x)\, \varphi(x, \xi) - \xi \frac{\partial}{\partial x} \{W(x)\, \varphi(x, \xi)\} + \frac{1}{2} \xi^2 \frac{\partial^2}{\partial x^2} \{W(x)\, \varphi(x, \xi)\} - + \cdots . \end{aligned} \right. \tag{18}$$

Nunmehr läßt sich die Integration gliedweise ausführen. Dann treten außer dem Integral (16) noch die Mittelwerte

$$\left\{ \begin{aligned} \int_{-\infty}^{\infty} \xi\, \varphi(x, \xi)\, d\xi &= \overline{\xi}, \\ \int_{-\infty}^{\infty} \xi^2\, \varphi(x, \xi)\, d\xi &= \overline{\xi^2} \end{aligned} \right. \tag{19}$$

auf, die im allgemeinen noch Funktionen von x sein werden; sie bedeuten offenbar die mittlere Verschiebung und das mittlere Verschiebungsquadrat von der Stelle x aus infolge der äußeren Wirkungen.

Setzt man das ein, so verwandelt sich unsere Integralgleichung (17) in die Differentialgleichung

$$\frac{\partial W}{\partial t} = -\frac{\partial}{\partial x}\left(\frac{\overline{\xi}}{\tau_0} W\right) + \frac{1}{2} \frac{\partial^2}{\partial x^2}\left(\frac{\overline{\xi^2}}{\tau_0} W\right). \tag{20}$$

Sie ist die Gleichung eines Diffusionsvorganges längs der x-Achse.

Die störende Wirkung wollen wir nun in zwei Anteile zerlegen: eine stetig wirkende äußere Kraft und statistischen Gesetzen gehorchende „Stöße"; die stetige Kraft erzeuge in der Zeit τ_0 die Verrückung s. Die Stöße müssen im Mittel symmetrisch nach beiden Seiten erfolgen, so daß ihr Beitrag zur mittleren Verschiebung $\overline{\xi}$ verschwindet. Das mittlere Verschiebungsquadrat unregelmäßiger Stöße ist nach bekannten Gesetzen der Statistik nicht eine Größe zweiter Ordnung, wie das Quadrat der regelmäßigen Störungen, s^2, sondern muß berücksichtigt werden. Wir nehmen an, daß es vom Ort unabhängig ist und setzen

$$\frac{\overline{\xi^2}}{2\tau_0} = D. \tag{21}$$

Man nennt D die *Diffusionskonstante.*

Bei der Berechnung der Verschiebung s durch die äußere Kraft verfahren wir so, daß wir die Summe aller unregelmäßigen Störungen durch eine reibungsartige Kraft ersetzt denken, die so stark ist, daß die Trägheitskraft daneben vernachlässigt werden kann. Die Bewegung möge also nach der Gleichung

$$\frac{ds}{dt} = BK \tag{22}$$

erfolgen, wo K die äußere Kraft und B eine Konstante ist, die man *Beweglichkeit* nennt und die die Geschwindigkeit bedeutet, die das Teilchen unter der konstanten Kraft 1 annimmt. Für das kleine Intervall τ_0 wird

$$\frac{\overline{\xi}}{\tau_0} = \frac{s}{\tau_0} = BK. \tag{23}$$

Mit diesen Bezeichnungen lautet unsere Bewegungsgleichung (20)

$$\frac{\partial W}{\partial t} = -\frac{\partial}{\partial x}(BKW) + D\frac{\partial^2 W}{\partial x^2}. \tag{24}$$

Wir übertragen nun diese Betrachtungen auf ein im Raume bewegliches Teilchen, auf das eine vektorielle Kraft $\mathfrak{K}$ und unregelmäßige Stöße einwirken. Dabei machen wir die Annahme, daß die Stöße in den drei Raumrichtungen praktisch voneinander unabhängig und im Mittel gleich stark wirken, so daß also

$$\overline{\xi^2} = \overline{\eta^2} = \overline{\zeta^2} = 2\tau_0 D, \qquad \overline{\eta\zeta} = \overline{\zeta\xi} = \overline{\xi\eta} = 0 \tag{25}$$

ist. Dann hat man nur eine einzige Diffusionskonstante, und man erhält entsprechend (24) für $W(x, y, z; t)$ die Gleichung

$$\frac{\partial W}{\partial t} = -\operatorname{div}(BW\cdot\mathfrak{K}) + D\cdot\Delta W = \operatorname{div}\{-BW\cdot\mathfrak{K} + D\operatorname{grad} W\}. \tag{26}$$

Multipliziert man die in der geschweiften Klammer stehende Größe mit der Teilchenzahl N pro Volumeneinheit, so bedeutet

$$\mathfrak{Q} = N\{BW\cdot\mathfrak{K} - D\operatorname{grad} W\} \tag{27}$$

auf Grund des anschaulichen Sinnes der Divergenzoperation die „Stromdichte", d. h. die Anzahl der Teilchen, die sich durch eine zur Richtung des Vektors $\mathfrak{Q}$ senkrechte Fläche der Größe 1 in der positiven Richtung hindurchbewegen, vermindert um die entsprechende Zahl für die negative Richtung. $\mathfrak{Q}$ besteht aus den beiden Anteilen des von der Kraft $\mathfrak{K}$ erzeugten Stromes und des Diffusionsstromes.

Von hier aus kann man nun leicht zu dem uns interessierenden Fall übergehen, bei dem es sich nicht um Teilchen handelt, die im Raum herumdiffundieren, sondern um *Dipole, die sich um einen Punkt drehen,* und die dabei einem äußeren Drehmoment und unregelmäßigen Stößen unterworfen sind. Wir haben hierzu nur Polarkoordinaten r, ϑ, φ einzuführen, die Differentialquotienten nach r Null zu setzen und für r einen festen Wert r_0 zu nehmen. Setzen wir überdies noch voraus, daß die äußere Kraft $\mathfrak{K}$ um die Polarachse (z-Achse) symmetrisch sei und beschränken uns auf solche Lösungen W, die von φ nicht abhängen, so fallen auch noch alle Glieder mit Ableitungen nach φ fort.

Wir führen statt der am Dipolende angreifenden Kraftkomponente $\mathfrak{K}_\vartheta$ das Drehmoment um die zur Dipolachse und zur z-Achse senkrechte Richtung

$$r_0 \mathfrak{K}_\vartheta = L \tag{28}$$

ein, und statt der auf die lineare Bewegung bezüglichen Konstanten B und D definieren wir die auf die Drehung bezüglichen Größen

$$\frac{B}{r_0^2} = \beta, \quad \frac{D}{r_0^2} = \delta. \tag{29}$$

Dann erhalten wir aus (26) für $W(\vartheta, t)$ die Differentialgleichung

$$\frac{\partial W}{\partial t} = \frac{1}{\sin\vartheta} \frac{\partial}{\partial \vartheta} \left\{ \sin\vartheta \left(-\beta L W + \delta \frac{\partial W}{\partial \vartheta} \right) \right\}. \tag{30}$$

Die in der geschweiften Klammer stehende Größe, mit $-N$ multipliziert, also

$$Q = N \sin\vartheta \left(\beta L W - \delta \frac{\partial W}{\partial \vartheta} \right), \tag{31}$$

bedeutet die Stromdichte bezüglich des Durchganges durch einen Parallelkreis der Einheitskugel.

Für das Drehmoment haben wir seinen Wert wie in (1), also

$$L = -E p_0 \sin\vartheta \tag{32}$$

zu setzen.

Wir betrachten nun den Fall des *statistischen Gleichgewichts*. Dann muß nicht nur $\partial W / \partial t = 0$ sein, sondern (etwas schärfer) auch die Stromdichte (31) $Q = 0$ werden. Das bedeutet mit (32) die Gleichung

$$\beta E p_0 \sin\vartheta \cdot W + \delta \frac{\partial W}{\partial \vartheta} = 0. \tag{33}$$

Ihre Lösung ist

$$W = W_0 e^{\frac{\beta}{\delta} \cdot E p_0 \cos\vartheta} = W_0 e^{-\frac{\beta U}{\delta}}, \tag{34}$$

wo

$$U = -E p_0 \cos\vartheta \tag{35}$$

die Energie des Dipols in der Stellung ϑ ist.

Nun muß aber die Formel (34) mit der BOLTZMANNschen Verteilungsgleichung

$$W = W_0 e^{-\frac{U}{kT}} \tag{36}$$

identisch sein; durch Vergleich folgt

$$\beta k T = \delta = \frac{\overline{(\Delta\vartheta)^2}}{2\tau_0}. \tag{37}$$

Es ist dies die berühmte EINSTEINsche Formel für das mittlere Verschiebungsquadrat (hier des Drehwinkels), mit deren Hilfe sich die BOLTZMANNsche Konstante k und damit die LOSCHMIDTsche Zahl N bestimmen läßt, wenn nur die Beweglichkeit bekannt ist. Doch gehen wir auf diese Frage hier nicht ein; vielmehr interessiert uns die Relaxationszeit.

Eliminieren wir δ aus der Differentialgleichung (30), so lautet diese

$$\frac{\partial W}{\partial t} = \frac{\beta}{\sin\vartheta} \frac{\partial}{\partial \vartheta} \left\{ k T \sin\vartheta \frac{\partial W}{\partial \vartheta} + E p_0 \sin^2\vartheta \cdot W \right\}. \tag{38}$$

Wir haben zunächst diejenige Lösung zu suchen, die der Wiederherstellung des ungeordneten Zustandes bei Abschaltung des konstanten Feldes entspricht; wir setzen also $E = 0$ und erhalten die Differentialgleichung

$$\frac{\partial W}{\partial t} = \frac{kT\beta}{\sin\vartheta}\frac{\partial}{\partial\vartheta}\left\{\sin\vartheta\frac{\partial W}{\partial\vartheta}\right\} \tag{39}$$

Sie ist zu lösen unter der Anfangsbedingung, daß

$$W(\vartheta, 0) = W_0 e^{\frac{E_0 p_0}{kT}\cos\vartheta} \tag{40}$$

vorgegeben ist. E_0 bedeutet dabei den Wert des im Anfangsmoment $t = 0$ bestehenden, für $t < 0$ konstanten Feldes E.

Nun ist der in dieser BOLTZMANNschen Verteilung (40) auftretende Exponent in den praktisch interessierenden Fällen klein gegen 1. Man hat nämlich, wie wir sahen,

$$p_0 \approx 10^{-18}\,\text{e.s.E.}, \qquad k = 1{,}37 \cdot 10^{-16}\,\text{erggrad}^{-1}.$$

Also wird für Zimmertemperatur $T = 300°$ und ein Feld $E_0 = 1$ e.s.E. = 300 V/cm

$$\frac{p_0 E_0}{kT} = 2{,}4 \cdot 10^{-5};$$

hierzu ist noch zu bemerken, daß so hohe Felder im Licht nicht einmal vorkommen. Daher können wir die Exponentialfunktion durch das erste Glied ihrer Reihe ersetzen und die Anfangsbedingung (40) so schreiben:

$$W(\vartheta, 0) = W_0\left(1 + \frac{E_0 p_0}{kT}\cos\vartheta\right). \tag{41}$$

Wir versuchen nun die Differentialgleichung (39) durch den Ansatz

$$W = W_0\left(1 + \frac{E_0 p_0}{kT}\psi(t)\cos\vartheta\right) \tag{42}$$

zu lösen, wobei $\psi(t)$ eine noch zu bestimmende Funktion ist, die wegen (41) der Anfangsbedingung $\psi(0) = 1$ genügen muß. Durch Einsetzen von (42) in (39) erhält man für ψ die Bestimmungsgleichung

$$\frac{d\psi}{dt} = -2\beta kT\psi, \tag{43}$$

und die die Anfangsbedingung erfüllende Lösung lautet

$$\psi(t) = e^{-2\beta kT\cdot t} = e^{-\frac{t}{\tau}}, \tag{44}$$

wo

$$\tau = \frac{1}{2\beta kT} \tag{45}$$

gesetzt ist.

Diese Größe τ ist offenbar die gesuchte *Relaxationszeit*; denn sie bestimmt die Geschwindigkeit, mit der sich die ursprünglich anisotrope Dipolverteilung (41) in die gleichförmige $W = W_0$ verwandelt.

Der Wert von τ hängt von der Beweglichkeitszahl β ab. Bei Gasen wäre es denkbar, diese mit Hilfe der kinetischen Theorie exakt zu berechnen. Bei Flüssigkeiten aber ist das mangels einer durchgeführten kinetischen Theorie solcher dichten Packungen nicht möglich. EINSTEIN aber ist in kühner Weise folgendermaßen zur Abschätzung von β gelangt:

Wenn eine makroskopische Kugel vom Radius a in einer Flüssigkeit mit der inneren Reibung η gleichförmig rotiert, so läßt sich das zur Überwindung der Reibung nötige Drehmoment L aus der Hydrodynamik zäher Flüssigkeiten streng berechnen. Die „Winkelbeweglichkeit" β hängt mit dem Drehmoment L und der Winkelgeschwindigkeit durch die Gleichung

$$\frac{d\varphi}{dt} = \beta L \tag{46}$$

zusammen. Nach STOKES[1] gilt dabei

$$\beta = \frac{1}{8\pi\eta a^3}. \tag{47}$$

Man kann nun versuchen, diese Formel auch auf das einzelne Molekül anzuwenden, obwohl natürlich hier die Grundlagen ihrer Ableitung recht zweifelhaft sind. Aber EINSTEIN hat gezeigt, daß die entsprechende Formel für translative Bewegung, $B = 1/6\pi\eta a$, recht gut geeignet ist, die Diffusion von gelösten Molekülen darzustellen. Man kann daher erwarten, daß die obige Formel (47) wenigstens die Größenordnung des Effekts wiedergibt.

Machen wir diese Annahme, so finden wir für die Relaxationszeit (45)

$$\tau = \frac{4\pi\eta a^3}{kT}, \tag{48}$$

wo nun a den Molekülradius bedeutet. Bei Wasser ist für Zimmertemperatur $\eta = 0{,}01$, $a = 2 \cdot 10^{-8}$ cm, also wird

$$\tau = 2{,}4 \cdot 10^{-11}\,\text{sec}, \tag{49}$$

entsprechend einer Wellenlänge von rund 1 cm.

Da a und η stark von der Substanz, η auch von der Temperatur abhängen, so können wir erwarten, daß die kritische Wellenlänge, bei welcher „anomale Dispersion" vorhanden ist, sich über ein größeres Gebiet im Bereiche kürzester HERTZscher Wellen erstreckt.

Wir wollen in die Differentialgleichung (38) an Stelle von β die Relaxationszeit τ vermöge (45) einführen. Gleichzeitig schreiben wir E' statt E, um anzudeuten, daß in einem dichten Medium die auf das einzelne Molekül *wirkende* Feldstärke E' von der mittleren Feldstärke E verschieden ist. Dann lautet die Gleichung

$$2\tau \frac{\partial W}{\partial t} = \frac{1}{\sin\vartheta} \frac{\partial}{\partial\vartheta}\left\{\sin\vartheta \frac{\partial W}{\partial\vartheta} + \frac{E' p_0}{kT} \sin^2\vartheta \cdot W\right\}. \tag{50}$$

Wir betrachten nun den Fall einer periodischen Lichtwelle

$$E' = E'_0 e^{i\omega t} \tag{51}$$

und lösen die Gleichung (50) durch Überlagerung einer mit der Lichtfrequenz periodisch schwingenden Zusatzverteilung zur gleichmäßigen Kugelverteilung, d. h. wir setzen

$$W = W_0\left(1 + C \frac{E'_0 p_0}{kT} e^{i\omega t} \cos\vartheta\right) \tag{52}$$

in die Differentialgleichung (50) ein. Vernachlässigen wir die Glieder von höherer als erster Ordnung in E'_0, so ist die Gleichung (50) in der Tat erfüllt, wenn

$$C = \frac{1}{1 + i\omega\tau} \tag{53}$$

gesetzt wird. Die Verteilungsfunktion W lautet daher ausführlich

$$W = W_0\left(1 + \frac{1}{1 + i\omega\tau} \frac{E' p_0}{kT} \cos\vartheta\right). \tag{54}$$

---

[1] G. G. STOKES: Cambr. Trans. Bd. 8 (1845) S. 287; Math. a. Physic. Pap. I S. 75. Siehe auch H. LAMB: Hydrodynamik. Deutsch von J. FRIEDEL, § 322 S. 678 (11). Leipzig u. Berlin 1907.

Man sieht, daß für $\omega\tau = 0$ diese Funktion in die Näherungsformel (41) der BOLTZMANNschen Verteilung (36) übergeht, während sie für sehr große Werte von $\omega\tau$ konstant wird. Der Übergang von einem Grenzfall zum anderen wird bei solchen Frequenzen stattfinden, für die $\omega\tau$ von der Größenordnung 1 ist.

Wir berechnen nun das mittlere Moment des Moleküls in der z-Richtung und erhalten nach (54)

$$\overline{p} = \frac{1}{W_0}\int_0^\pi p_0 \cos\vartheta \cdot W \cdot \sin\vartheta\, d\vartheta = \frac{p_0^2}{3kT}\,\frac{E'}{1+i\omega\tau}. \tag{55}$$

Der durch die Richtungswirkung erzeugte Anteil der Polarisierbarkeit ist also gegeben durch

$$\alpha_1 = \frac{p_0^2}{3kT}\,\frac{1}{1+i\omega\tau}. \tag{56}$$

Da er komplex ist, so hat man nicht nur Dispersion, sondern auch Absorption.

Wir addieren zu diesem Anteil von α die Wirkung α_0, die auf der gewöhnlichen direkten Verzerrung der Moleküle durch das Feld beruht, und erhalten dann unter der Annahme, daß das LORENTZ-LORENZsche Gesetz gilt, für die Molrefraktion [s. VII, § 76 (16)]:

$$P = \frac{\mu}{\varrho}\,\frac{\varepsilon-1}{\varepsilon+2} = \frac{4\pi}{3}\,\mathsf{N}\alpha = \frac{4\pi}{3}\,\mathsf{N}(\alpha_0+\alpha_1) = \frac{4\pi}{3}\,\mathsf{N}\left(\alpha_0 + \frac{p_0^2}{3kT}\,\frac{1}{1+i\omega\tau}\right), \tag{57}$$

wo

$$\varepsilon = \boldsymbol{n}^2 = n^2(1-i\varkappa)^2 \tag{58}$$

die komplexe Dielektrizitätskonstante bedeutet [s. VI, § 67 (9)]. Anstatt nun die Eigenschaft der Flüssigkeit durch die beiden Größen α_0 und p_0 zu kennzeichnen, ist es bequemer, andere Größen für diesen Zweck zu verwenden. Wir führen die Molrefraktion für $\omega\tau = \infty$ und $\omega\tau = 0$ (d. h. bei festem τ für $\lambda = 0$ und $\lambda = \infty$) ein:

$$\left\{\begin{aligned} P_0 &= \frac{\mu}{\varrho}\,\frac{\varepsilon_0-1}{\varepsilon_0+2} = \frac{4\pi}{3}\,\mathsf{N}\alpha_0, \\ P_1 &= \frac{\mu}{\varrho}\,\frac{\varepsilon_1-1}{\varepsilon_1+2} = \frac{4\pi}{3}\,\mathsf{N}\left(\alpha_0 + \frac{p_0^2}{3kT}\right). \end{aligned}\right. \tag{59}$$

Dann ist ε_0 die Dielektrizitätskonstante für kurze Wellen bzw. große Frequenzdie wir kurz *optische* Dielektrizitätskonstante nennen; ε_1 aber ist die gewöhnliche *statische* Dielektrizitätskonstante. Die gesamte Molrefraktion wird dann

$$P = P_0 + \frac{P_1 - P_0}{1+i\omega\tau}. \tag{60}$$

Nun erhält man durch Auflösung der Gleichung (57) nach ε

$$\varepsilon = \frac{1 + 2\dfrac{\varrho}{\mu}P}{1 - \dfrac{\varrho}{\mu}P} \tag{61}$$

und durch Einsetzen des Wertes (60) für P

$$\varepsilon = \frac{\dfrac{\varepsilon_1}{\varepsilon_1+2} + i\omega\tau\,\dfrac{\varepsilon_0}{\varepsilon_0+2}}{\dfrac{1}{\varepsilon_1+2} + i\omega\tau\,\dfrac{1}{\varepsilon_0+2}}. \tag{62}$$

Führen wir noch die Variable

(63) $$x = \frac{\varepsilon_1 + 2}{\varepsilon_0 + 2}\,\omega\tau$$

ein, so erhalten wir nach (58) für den Brechungs- und den Absorptionsindex

(64) $$\begin{cases} n^2 = \frac{1}{2}\left\{\sqrt{\frac{\varepsilon_1^2 + \varepsilon_0^2 x^2}{1 + x^2}} + \frac{\varepsilon_1 + \varepsilon_0 x^2}{1 + x^2}\right\}, \\ n^2 \varkappa^2 = \frac{1}{2}\left\{\sqrt{\frac{\varepsilon_1^2 + \varepsilon_0^2 x^2}{1 + x^2}} - \frac{\varepsilon_1 + \varepsilon_0 x^2}{1 + x^2}\right\}. \end{cases}$$

Wenn x von 0 bis ∞ läuft, so läuft n^2 monoton von dem großen Wert ε_1 zu dem kleinen Wert ε_0; $n^2\varkappa^2$ beginnt mit 0 und geht über ein Maximum wieder zu 0 ($\varkappa$ verhält sich ebenso). Fig. 252 zeigt die Funktionen n, $n\varkappa$ und $\varkappa$ für $\varepsilon_1 = 81$, $\varepsilon_0 = 3$ (Wasser).

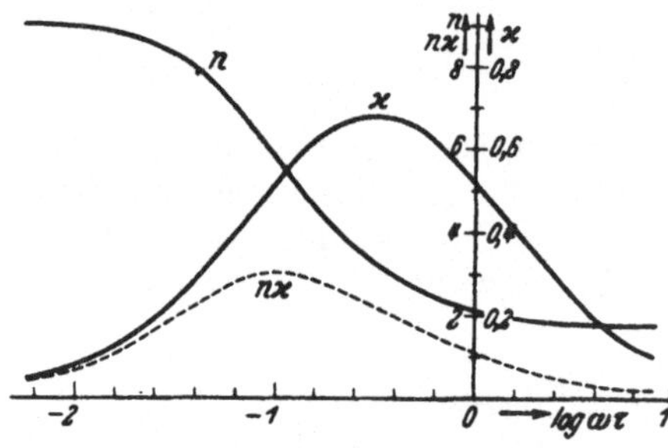

Fig. 252. Dispersion und Absorption einer Dipolflüssigkeit. (Nach P. Debye, Polare Molekeln. Leipzig 1929.)

Allgemein ist das Maximum von $\varkappa$ gegeben durch

(65) $$\omega\tau = \frac{\varepsilon_0 + 2}{\varepsilon_1 + 2}\sqrt{\frac{\varepsilon_1}{\varepsilon_0}},$$

und hat den Wert

(66) $$\varkappa_{\max} = \frac{\sqrt{\varepsilon_1} - \sqrt{\varepsilon_0}}{\sqrt{\varepsilon_1} + \sqrt{\varepsilon_0}}.$$

Das Quadrat des Brechungsindex für dieses $\omega\tau$ ist

(67) $$n^2 = \frac{1}{2}\,\frac{\sqrt{\varepsilon_0\varepsilon_1}}{\varepsilon_0 + \varepsilon_1}\left(\sqrt{\varepsilon_0} + \sqrt{\varepsilon_1}\right)^2.$$

Dadurch ist das qualitative Verhalten der anomalen Dispersion der Dipolflüssigkeiten theoretisch verständlich gemacht.

Man kann natürlich umgekehrt aus Messungen von n und $\varkappa$ die Konstante $\omega\tau$ (65), von der allein der Verlauf der beiden Größen abhängt, empirisch bestimmen. Dabei ist folgendes zu beachten:

Dipolflüssigkeiten, für welche die voranstehende Theorie eigentlich aufgestellt ist, haben, eben wegen der großen elektrischen Momente ihrer Moleküle, eine Neigung zur Assoziation, d. h. zur Aneinanderlagerung der Moleküle. Hierdurch entsteht eine Schwierigkeit für den Vergleich mit dem Experiment an reinen Flüssigkeiten. Der ideale Fall wäre der, daß man eine Dipolflüssigkeit in einer anderen dipolfreien Flüssigkeit löst und dadurch den Assoziationsgrad herabdrückt. Doch liegen Versuche hierüber nicht vor.

Debye benutzte zur Prüfung seiner Theorie Messungen von Mizushima[1], der Dielektrizitätskonstante und Absorption verschiedener Alkohole bei den drei Wellenlängen $\lambda_0 = 3{,}08$ m, 9,5 m, 50 m über ein Temperaturgebiet von $+60$ bis $-60°$ C gemessen hat. Nun ist nach (48) die Relaxationszeit τ der absoluten Temperatur T umgekehrt proportional; man hat

(68) $$\omega\tau = \frac{2\pi\tau}{\lambda} = \frac{8\pi^2 a^3}{k}\,\frac{\eta}{\lambda T}.$$

[1] S. Mizushima: Bull. chem. Soc. Japan Bd. 1 (1926) S. 47, 83, 115, 143, 163; Physik. Z. Bd. 28 (1927) S. 418. Siehe auch D. W. Kitchin u. H. Müller: Physic. Rev. Bd. 32 (1928) S. 979.

Hier hängt die Konstante der inneren Reibung η sehr stark von der Temperatur ab, und zwar nimmt sie mit sinkender Temperatur zu; also wird η/T erst recht mit fallender Temperatur stark anwachsen. Die in Fig. 252 dargestellte Kurve kann man also nicht nur lesen als „Dispersionskurve", d. h. Abhängigkeit von λ bei fester Temperatur, sondern auch als Kurve der Temperaturabhängigkeit bei festem λ. Man sieht, daß für konstante Wellenlänge ein Maximum der Absorption und gleichzeitig ein starkes Absinken des Brechungsindex mit fallender Temperatur eintreten muß. Da η als Funktion von T bekannt ist, so ist schließlich die einzige Unbekannte der Molekülradius a. DEBYE zeigt, daß die Messungen an Propylalkohol durch einen Radius $a = 2{,}2 \cdot 10^{-8}$ cm wiedergegeben werden, und dieser Wert fällt in die richtige Größenordnung; dasselbe gilt für die übrigen Alkohole. Die gewagte EINSTEINsche Hypothese über die Anwendbarkeit der STOKESschen Formel auf molekulare Gebilde bewährt sich also hier in überraschender Weise. Aber es gibt auch Ausnahmefälle, z. B. Glyzerin, wo sich der wesentlich zu kleine Radius $a = 0{,}35 \cdot 10^{-8}$ cm ergibt. Man kann dies auch so ausdrücken, daß die für die Drehung des einzelnen Moleküls geltende innere Reibung wesentlich kleiner ist als für die Rotation von makroskopischen Kugeln in der betreffenden Flüssigkeit. Eine Aufklärung, wieweit diese Erscheinung von der Assoziation verursacht wird, wäre möglich durch Untersuchung von Glyzerinlösung in nichtpolaren Flüssigkeiten.

Zum Schlusse sei noch bemerkt, daß auch feste Körper in der Nähe des Schmelzpunktes eine anomale Dispersion zeigen, welche auf Drehung von Molekülen in dem bereits stark aufgelockerten Kristallgitter zurückgeführt werden kann[1].

---

[1] Siehe J. ERRERA: J. Physique Radium (6) Bd. 5 S. 304. Näheres hierüber s. in dem auf S. 563 zitierten Buch von DEBYE.

Namen- und Sachverzeichnis.

Die kursiv gedruckten Ziffern beziehen sich auf eine Tabelle.

Berichtigungen[1].

Zu

M. Born

Optik.

Zu Seite 168, 2. Absatz von unten. ROWLAND[2] ritzte seine Konkavgitter nicht auf zylindrische, sondern sphärische Hohlspiegel.

Zu Seite 202 bis 209. Der Ansatz § 56 (23), S. 202, für den Lichtweg L_1 ist nicht richtig. Es fehlt ein Glied, das den Unterschied der Lichtwege für verschiedene Strahlen vom Objektpunkt zum Punkte Y_1, Z_1 in Ansatz bringt. Dieser Weg wird durch die HAMILTONsche Funktion H [§ 21, (1), S. 68] gegeben. Sie ist nach § 22 (1), S. 71, durch das Winkeleikonal $V = W$ auszudrücken; man hat also

$$H = W - n_0 (Y_0 p_0 + Z_0 q_0) + n_1 (Y_1 p_1 + Z_1 q_1).$$

Hier führe man die SEIDELschen Variablen aus § 27 (6), (7), S. 87, ein:

$$H = W - (y_0 \eta_0 + z_0 \zeta_0) + (y_1 \eta_1 + z_1 \zeta_1) + \frac{M_0}{n_0 \lambda_0^2} (y_0^2 + z_0^2) - \frac{M_1}{n_1 \lambda_1^2} (y_1^2 + z_1^2)$$

und ersetze W nach § 27 (9), S. 88, durch das SEIDELsche Eikonal S. Dann wird

$$H = S + \frac{M_0}{2 n_0 \lambda_0^2} (y_0^2 + z_0^2) - \frac{M_1}{2 n_1 \lambda_1^2} (y_1^2 + z_1^2) + (y_1 - y_0) \eta_1 + (z_1 - z_0) \zeta_1$$

oder unter Einführung der Differenzen $y_1 - y_0$, $z_1 - z_0$:

$$H = S + (y_1 - y_0)(\eta_1 - g y_0) + (z_1 - z_0)(\zeta_1 - g z_0),$$

wobei ein konstantes (nur von y_0, z_0 abhängiges) Glied weggelassen und die Abkürzung g nach § 56 (27), S. 203, eingeführt ist. Dieser Ausdruck H ist zu dem Lichtweg L_1 [§ 56 (23), S. 202] hinzuzufügen; dabei kann man in den mit g multiplizierten Gliedern y_0, z_0 und y_1, z_1 vertauschen. Dann erhält man

$$H + L_1 = S + (y - y_0)(\eta_1 - g y_1) + (z - z_0)(\zeta_1 - g z_1).$$

Diese Formel hat an die Stelle von § 56 (30), S. 203, zu treten; dabei ist S durch die niederste Näherung, also durch S_4 [§ 29 (3), S. 93] zu ersetzen.

Trotz dieser eingreifenden Änderung bleiben alle folgenden Rechnungen des § 56 ungeändert. Man zerlege wieder wie in (32)

$$H + L_1 = L_0 + \delta L.$$

---

[1] Die Herren SZIVESSY, ZERNIKE, TELLER, PLACZEK haben mich in liebenswürdiger Weise auf die hier berichtigten Fehler aufmerksam gemacht. Ich bin ihnen zu großem Dank verpflichtet.

[2] H. A. ROWLAND: Amer. J. Sci. Bd. 26 (1883) S. 214; Philos. Mag. Bd. 16 (1883) S. 210.

Dann gilt die Formel (33) unverändert, ebenso die Ausdrücke (34) für β und γ; nur steht in β versehentlich $3E$ statt $-3E$:

$$\beta = 1 - \{g(2C + D) - 3E\} y_0^2,$$
$$\gamma = 1 - gDy_0^2.$$

Dagegen tritt an die Stelle der ersten Formel (34) die einfachere

$$y^0 = y_0 - Ey_0^3.$$

Für die Verschiebung des Mittelpunktes der Beugungsfigur ist also nur der Verzeichnungsfehler E bestimmend (nicht die tangentiale Bildwölbung $2C + D$).

In δL ändert sich dank des Umstandes, daß es nur auf die in η und ζ ungeraden Glieder ankommt, nichts, als daß in (55) und den folgenden Formeln an die Stelle der Konstante $3F + gB$ einfach F tritt:

$$(55) \quad \delta L = y^0 F(\eta^3 + \eta\zeta^2) + (F - gB)\{(y - y^0)(\eta^3 + \eta\zeta^2) + z(\eta^2\zeta + \zeta^3)\}.$$

$$(61) \quad J = k^2(\sigma \operatorname{tg}\alpha_0)^4 \{K_0(s) - (F - gB)K_1(s) - \sigma k y^0 F K_2(s)\cos\vartheta\}.$$

Die Diskussion bleibt bis auf die Korrektur dieser einen Konstanten ungeändert.

Zu Seite 345. Tab. 15: Formel für Äthylalkohol C_2H_5OH.

Zu Seite 385. Die Diskussion der Anisotropie der Polarisierbarkeit beim Ammoniak NH_3 ist fehlerhaft. Bilden die drei H-Atome ein gleichseitiges Dreieck, so folgt aus der Symmetrie, daß $\alpha_X = \alpha_Y$ sein muß. Der beobachtete Unterschied von α_X und α_Y muß daher auf Meßfehlern beruhen.

Zu Seite 413. Zeile 10 von unten: Formel für Traubenzucker: $C_6H_{12}O_6$.

Zu Seite 420. Eine neuere Messung der optischen Aktivität von Quarz, ausgeführt von SZIVESSY und SCHWEERS[1], hat ergeben, daß die Resultate von VOIGT[2] nicht richtig sind. Vielmehr gilt $g_{zz} = 0$; die Gyrationsfläche ist ein langgestrecktes Rotationsellipsoid mit verschwindendem Äquatordurchmesser.

Zu Seite 469. Die Beobachtung der negativen Dispersion ist von H. KOPFERMANN und R. LADENBURG (Zitat S. 469, Anm. 2) ausgeführt worden.

Zu Seite 542. In den Formeln (17) ist der untere Index z an α durch Z zu ersetzen.

Zu Seite 546. Im Absatz: „Der Beweis unseres Hilfssatzes . . .", 5. Zeile, muß statt „das von dem System $S_i e_k^{(j)}$ sicher linear unabhängig ist" folgendes stehen: „das von $\overline{e_k^{(j)}}$ sicher linear unabhängig ist".

Zu Seite 557. In Fig. 249 sind die nach oben gerichteten Pfeile (Darstellung der Translation) überflüssig und störend.

[1] G. SZIVESSY u. C. SCHWEERS: Ann. Physik. Bd. 1 S. 891.

[2] W. VOIGT: Göttinger Nachr. 1903 S. 180; F. WEVER: Diss. Göttingen 1920.